Horst Czichos | Karl-Heinz Habig

Tribologie-Handbuch

Horst Czichos | Karl-Heinz Habig

Tribologie-Handbuch

Tribometrie, Tribomaterialien, Tribotechnik

3., überarbeitete und erweiterte Auflage

Mit 561 Abbildungen und 123 Tabellen

Unter Mitarbeit von

Jean-Pierre Celis, Alfons Fischer, Klaus Gerschwiler, Thomas Gradt, Erich Kleinlein, Fritz Klocke, Gunter Knoll, Eckard Schopf, Frank Talke, Eckart Uhlmann, Ward O. Winer und Mathias Woydt

STUDIUM

**VIEWEG+
TEUBNER**

Bibliografische Information der Deutschen Nationalbibliothek
Die Deutsche Nationalbibliothek verzeichnet diese Publikation in der
Deutschen Nationalbibliografie; detaillierte bibliografische Daten sind im Internet über
<http://dnb.d-nb.de> abrufbar.

1. Auflage 1992
2. Auflage 2003
3., überarbeitete und erweiterte Auflage 2010

Alle Rechte vorbehalten
© Vieweg+Teubner Verlag | Springer Fachmedien Wiesbaden GmbH 2010

Lektorat: Thomas Zipsner | Ellen Klabunde

Vieweg+Teubner Verlag ist eine Marke von Springer Fachmedien.
Springer Fachmedien ist Teil der Fachverlagsgruppe Springer Science+Business Media.
www.viewegteubner.de

Umschlaggestaltung: KünkelLopka Medienentwicklung, Heidelberg
Druck und buchbinderische Verarbeitung: MercedesDruck, Berlin
Gedruckt auf säurefreiem und chlorfrei gebleichtem Papier.
Printed in Germany

ISBN 978-3-8348-0017-6

Vorwort

Nachdem die zweite Auflage des Tribologie-Handbuches, die von unseren Fachkollegen Erich Santner und Mathias Woydt unter Mitwirkung von Erich Kleinlein, Fritz Klocke, Gunter Knoll, Eckard Schopf und Frank E. Talke bearbeitet wurde, zwischenzeitlich vergriffen war und nachgedruckt werden musste, hielt der Verlag eine dritte Auflage für sehr wünschenswert.

Das Arbeitsgebiet der Tribologie hat sich in den letzten Jahren durch neue wissenschaftliche Erkenntnisse, messtechnische Instrumentarien und Anwendungen der Mikrosystemtechnik und Mechatronik erheblich erweitert. Die dritte Auflage des Tribologie-Handbuches behandelt dementsprechend die Makrotribologie, die Mikrotribologie und die Nanotribologie. Für neue Beiträge zum Tribologie-Handbuch danken wir folgenden Kollegen:

- *Tribokorrosion bei Gleitbeanspruchung,* Kap. 7.4, Jean-Pierre Celis, KU Leuven
- *Messtechnik der Mikro- und Nanoskala,* Kap. 8.4, Heinz Sturm, BAM Berlin
- *Tribomaterialien für MEMS,* Kap. 13.5, Jean-Pierre Celis, KU Leuven
- *Tribologie in der Produktionstechnik,* Kap. 14, Eckart Uhlmann, TU Berlin
- *Vakuumtribologie,* Kap. 16, Thomas Gradt, BAM Berlin
- *Tieftemperaturtribologie,* Kap. 17, Thomas Gradt, BAM Berlin
- *Hochtemperaturtribologie,* Kap. 18, Mathias Woydt, BAM Berlin

Das für Entwicklung, Konstruktion und Instandhaltung tribologischer Systeme wichtige Kapitel *Tribotechnische Werkstoffe* hat Alfons Fischer, Universität Duisburg-Essen, überarbeitet und erweitert.

Für ihren internationalen Beitrag *Machinery Diagnostics* (Kapitel 22) sind wir unseren Kollegen Ward O. Winer und Robert Cowan vom Georgia Institute of Technology, Atlanta, USA dankbar. Wir danken Frau Treige-Wegener vom Deutschen Institut für Normung, DIN, für die sorgfältige Aktualisierung des Anhangs *Normen auf dem Gebiet der Tribologie.*

Ebenso herzlich gilt unserer Dank Herrn Thomas Zipsner, Frau Ellen-Susanne Klabunde und dem Lektorat Maschinenbau des Vieweg+Teubner Verlages für die wiederum ausgezeichnete Zusammenarbeit.

Die Aktualisierung und interdisziplinäre Erweiterung unter Mitarbeit von Experten der BAM und Fachkollegen aus dem In- und Ausland macht das Tribologie-Handbuch auch weiterhin zu einem aktuellen Nachschlagewerk und zuverlässigen Ratgeber für Wissenschaftler und Ingenieure, die sich in den verschiedenen Bereichen der Technik mit Fragestellungen zur Reibung und zu Verschleißproblemen beschäftigen und technische Systeme optimieren müssen: Konstrukteure, Maschinenbauer, Werkstoff- und Verfahrenstechniker, Ingenieure der Produktionstechnik, der Betriebstechnik und Instandhaltung sowie Physiker, Chemiker und Studierende dieser Fachrichtungen.

Berlin, Januar 2010 *Horst Czichos und Karl-Heinz Habig*

Vorwort der 1. Auflage

Eine wesentliche Aufgabe der Technik – von der Feinwerktechnik, dem Maschinenbau und der Produktionstechnik bis hin zu modernen Transport-, Roboter- und Datenverarbeitungstechnologien – besteht darin, Kräfte, Energien und Informationen zu übertragen sowie Bewegungen zu ermöglichen oder zu verhindern. Die von Leonardo da Vinci, Amontons und Coulomb beobachteten Reibungsregeln haben sich zu dem interdisziplinären Fachgebiet der Tribologie entwickelt, das sich in systematischer Weise mit den Problemen von Reibung, Verschleiß und Schmierung beschäftigt.

In diesem Tribologie-Handbuch werden zunächst die systematischen Grundlagen von Reibung und Verschleiß, einschließlich der charakteristischen Merkmale tribologischer Beanspruchungen, dargestellt. Es folgen Kapitel über die Methoden der Reibungs- und Verschleißprüfung, die Grundlagen der Schmierung und die wesentlichen Schmierstoffklassen. Ein Schwerpunkt des Buches betrifft das Reibungs- und Verschleißverhalten der wichtigsten metallischen, keramischen und polymeren Werkstoffe unter Einbeziehung von Oberflächenschutzschichten. In anwendungsorientierter Darstellung werden außerdem tribotechnische Bauteile des Maschinenbaus und Werkzeuge der Fertigungstechnik behandelt. Ein umfangreicher Anhang enthält Verschleißerscheinungsbilder tribologisch beanspruchter Werkstoffe, Reibungs- und Verschleißdaten von Gleitpaarungen sowie Normen der Tribologie.

Das vorliegende Werk ist das Ergebnis einer 25jährigen Zusammenarbeit der Autoren auf diesem Gebiet. In das Buch wurden neben den internationalen Stand der Kenntnisse besonders die Ergebnisse tribologischer Forschungsarbeiten in der Bundesanstalt für Materialforschung und -prüfung (BAM) einbezogen. Unser herzlicher Dank gilt allen Kolleginnen und Kollegen der BAM, die mit ihrer Arbeit zu diesem Werk beigetragen haben.

Das Tribologie-Handbuch wendet sich an Maschinenbauer, Werkstoff- und Verfahrenstechniker, Physiker, Chemiker sowie andere Wissenschaftler und Ingenieure, die in den verschiedenen Bereichen der Technik Reibung und Verschleißprobleme zu bearbeiten haben. Daneben soll es Studenten helfen, sich in das komplexe Gebiet der Tribologie einzuarbeiten.

Berlin, August 1992   *Horst Czichos und Karl-Heinz Habig*

Inhaltsverzeichnis

1 Technik und Tribologie

Die Tribologie ist eine interdisziplinäre Ingenieurwissenschaft, die für zahlreiche Bereiche der Technik von Bedeutung ist. Nach einer Übersicht über die Dimensionen der heutigen Technik werden die Aufgaben der Tribologie in Wissenschaft, Technik und Wirtschaft dargestellt.

1.1 Dimensionen der Technik

Die Dimensionen der heutigen Technik umfassen mehr als zehn Größenordnungen und sind in exemplarischer Form in **Bild 1.1** illustriert. Die Übersicht zeigt, dass – ausgehend vom klassischen Urmeter – das Größenverhältnis Meter/Nanometer vergleichbar ist mit dem Größenverhältnis des Erddurchmessers zum Durchmesser einer Haselnuss.

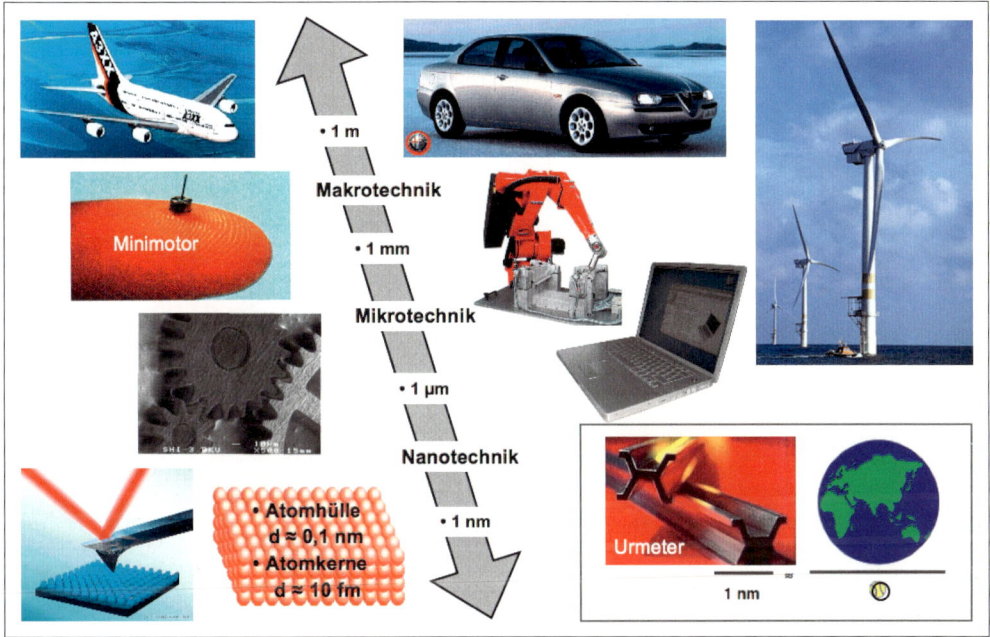

Bild 1.1 Dimensionen der heutigen Technik: Makrotechnik, Mikrotechnik, Nanotechnik

Makrotechnik ist die Technik der Maschinen, Apparate, Geräte und technischen Anlagen.

Mikrotechnik mit mm/µm-Bauteilabmessungen ist das Gebiet der Feinwerktechnik und Mikrosystemtechnik. Ein Mikrosystem vereint mit Mikro-Fertigungstechnik und miniaturisierter Aufbau- und Verbindungstechnik Funktionalitäten aus Mikromechanik, Mikrofluidik, Mikrooptik, Mikromagnetik, Mikroelektronik.

Nanotechnik, begründet durch Richard P. Feynman, Physik-Nobelpreisträger 1965, nutzt nanoskalige Effekte der Physik und Materialwissenschaft. Ein Beispiel der nanotechnischen Gerätetechnik ist das mit seinem Prinzip in Bild 1.1 unten links illustrierte Rasterkraftmikroskop. Das Rasterkraftmikroskop ermöglicht durch mechatronische Piezo-Aktorik die Darstellung von Materialoberflächen im atomaren Maßstab und die Bestimmung kleinster Kräfte.

Die Aufgabenfelder der Technik lassen sich durch den *Produktionszyklus* illustrieren, siehe **Bild 1.2**. Er kennzeichnet als *Materialkreislauf* die für den Weg der Rohstoffe und Werkstoffe zu Produkten und technischen Systemen erforderlichen Technologien:

- Rohstoff/Werkstoff-Technologien zur Erzeugung von Werkstoffen und Halbzeugen,

- Konstruktionsmethoden und Fertigungstechnologien für Entwicklung, Design und Produktion von Bauteilen und technischen Systemen,

- Betriebs-, Wartungs- und Reparaturtechnologien zur Gewährleistung von Funktionalität, Sicherheit und Wirtschaftlichkeit einschließlich Qualitätsmanagement,

- Recycling (notfalls Deponierung) zur ökologischen Schließung des Stoffkreislaufs.

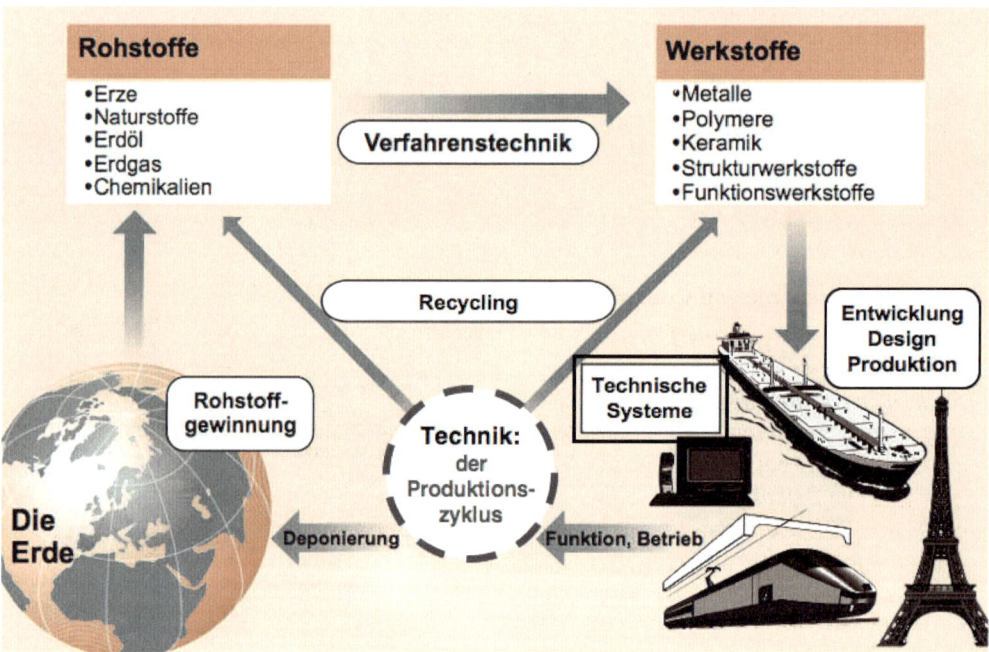

Bild 1.2   Technologien für die Produktion technischer Erzeugnisse: der Produktionszyklus

In ökonomischer Hinsicht ist der Produktionskreislauf – der von den erforderlichen Produktionsfaktoren sowie Energie-, Informations- und Kapitalflüssen begleitet sein muss – als wirtschaftliche *Wertschöpfungskette* zu betrachten (HÜTTE Das Ingenieurwissen, 2008).

1.2 Definition der Tribologie

Obwohl die heutige Technik sich in ihren Produkten und in ihren Dimensionen deutlich von der Technik früherer Zeiten unterscheidet, wurden ihre elementaren Begriffe bereits durch Aristoteles in seiner *Physica* geprägt. **Bild 1.3** gibt dazu eine kurze Übersicht. Der für dieses Buch zentrale Begriff Tribologie (griechisch tribein: reiben) bedeutet wörtlich Reibungslehre.

> **Technik:** Gesamtheit der Verfahren und Produkte, die durch Nutzung von Naturgesetzen und Stoffen geschaffen werden; Technikwissen wird als *Technologie* bezeichnet.
>
> – **Grundbegriffe** (Physica, Aristoteles, * 384 v. Chr.):
> Durch *techne* (Kunst, Technik) geschaffene Objekte werden gekennzeichnet durch:
> • *Raum* • *Zeit* • *Bewegung (Veränderung)*
> • *Vier-Kategorien-Schema des Ursächlichen*

		Bewegung	
Raum		**Objekt**	Zeit
Bewirkendes →		Stoff	→ Zweck
		Form	

Kategorie	Erläuterung	Beispiel: Rad
Stoff (causa materialis)	Material eines Objekts	Holz, Eisen
Form (causa formalis)	Gestalt eines Objekts	Ring/Speichen-Struktur
Bewirkendes (causa efficiens)	Anlass einer Veränderung	Muskelkraft
Zweck (causa finalis)	Ziel, Nutzen des Objekts	Transport

Bild 1.3 Grundbegriffe der Technik nach Aristoteles

Die Erforschung der Reibung beginnt mit Leonardo da Vinci und Coulomb, siehe **Bild 1.4**.

Reibungsuntersuchungen von Leonardo da Vinci: *Der Reibungswiderstand fester Körper verändert sich entsprechend der Beschaffenheit der sich berührenden Flächen. Er ist abhängig von der Glätte der Flächen, jedoch unabhängig von der Größe der berührenden Flächen und nimmt proportional zur Last zu. Die Reibung kann durch zwischengeschobene Rollen oder Schmiermittel verringert werden* (Leonardo da Vinci, Codex Madrid I, 1492).

Reibungsexperimente von Coulomb:

Zur Bewegung eines festen Körpers ist die Überwindung einer Reibungskraft F_R erforderlich Die Reibungskraft F_R kann experimentell durch eine gleich große Gewichtskraft G bestimmt werden $\Rightarrow$ $|F_R|=|G|$. *Die Reibungskraft ist von der Größe der Kontaktfläche unabhängig und der Belastungs-Normalkraft proportional: $F_R = f \cdot F_N$; f wird als Reibungszahl bezeichnet* (Coulomb, 1785).

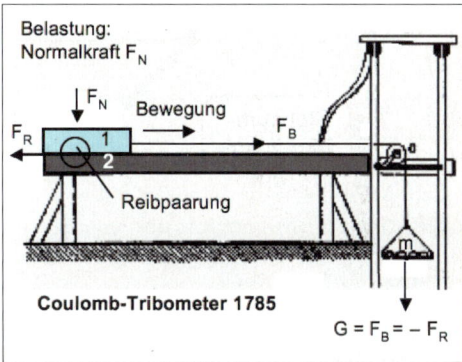

Coulomb-Tribometer 1785

$G = F_B = -F_R$

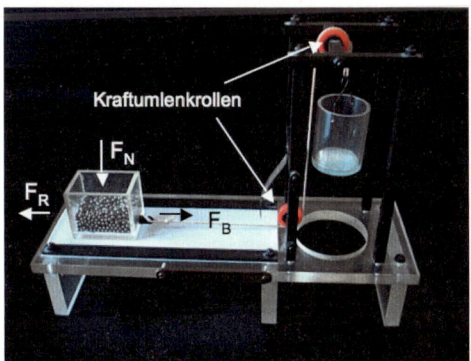
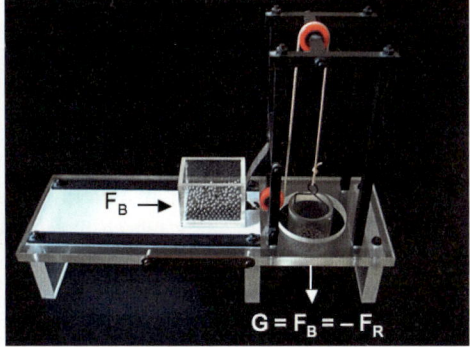

Bild 1.4 *Coulomb-Tribometer* zur experimentellen Bestimmung der Reibung und Modell-Nachbau (M. Gienau, Labor für Tribometrie und Tribophysik, BAM Berlin, 1987)

Das heutige Wissenschafts- und Technikgebiet Tribologie wurde erst Mitte des 20. Jahrhunderts nach einer umfassenden Studie zur volkswirtschaftlichen Bedeutung von Reibung und Verschleiß (Jost-Report, 1966) mit folgender Originaldefinition begründet:

- Tribology is the science and technology of interacting surfaces in relative motion and of related subjects and practices.

Im deutschen Sprachgebrauch kann die Wortkombination *interacting surfaces* durch den in der Konstruktionstechnik für „funktionelle Oberflächen" gebräuchlichen Begriff *Wirkflächen* übersetzt werden, womit die Tribologie-Definition wie folgt lautet:

- Tribologie ist die Wissenschaft und Technik von Wirkflächen in Relativbewegung und zugehöriger Technologien und Verfahren.

Als Ingenieurwissenschaft kann die Tribologie auch wie folgt definiert werden:

- Die Tribologie ist ein interdisziplinäres Fachgebiet zur Optimierung mechanischer Technologien durch Verminderung reibungs- und verschleißbedingter Energie- und Stoffverluste.

Zielsetzung und Aufbau dieses Tribologie-Handbuchs orientieren sich an dieser Definition.

1.3 Aufgaben und Bedeutung der Tribologie

Durch die Einführung des Begriffes Tribologie wurde der Rahmen zur integrierten Bearbeitung von Reibungs- und Verschleißproblemen unter Berücksichtigung des interdisziplinären Zusammenwirkens von Physik, Chemie, Werkstoffwissenschaften und Ingenieurdisziplinen geschaffen (Göttner, 1970; Zum Gahr, 1985; Fleischer, 1989). In jüngerer Zeit haben neue wissenschaftliche Erkenntnisse, messtechnische Instrumentarien und Anwendungen der Computertechnik zu einer Erweiterung der Tribologie bis hin zur Nanotechnik geführt (Singer, 1992; Bhushan, 1997). Während in der Vergangenheit sich die einzelnen Teilgebiete separat entwickelt hatten, erfordert die Tribologie als interdisziplinäre Ingenieurwissenschaft eine vereinheitlichende Terminologie und eine entsprechende Bearbeitungsmethodik unter Anwendung systemanalytischer und systemtechnischer Methoden (Wahl, 1948; Fleischer, 1970; Salomon, 1974; Czichos, 1974).

- Interdisziplinäre Aufgaben der Tribologie: Wissenschaft und Technik der mit Bewegungsvorgängen zusammenhängenden reibungs- und verschleißbedingten energetischen und stofflichen Prozesse und Optimierung von technischen Systemen, deren Funktionen *Wirkflächen in Relativbewegung* erfordern.

Zur Darstellung der Bedeutung der Tribologie in Wissenschaft, Technik und Wirtschaft werden einige grundlegende Aspekte betrachtet.

Wissenschaft

Nach den Gesetzen der Thermodynamik sind alle makroskopischen technischen Prozesse irreversibel und benötigen zu ihrer Durchführung Energie. Das gilt auch für die Funktion von Gleit- oder Rollelementen in technischen Anlagen. Kommen sich zwei Festkörper nahe genug, so treten Wechselwirkungen zwischen ihren Kontaktflächen auf, die bei der Einleitung oder Aufrechterhaltung einer Relativbewegung nichtkonservative Kräfte induzieren und so eine Dissipation von Bewegungsenergie bewirken. Je nach Art und Größe dieser Kräfte geschieht die Energiedissipation durch unterschiedliche Prozesse. Einer der wichtigsten Dissipationspfade führt über die Phononenerzeugung (Gitterschwingungen) und deren Ausbreitung im Festkörper, die Quelle der Reibungswärme. Größere Kräfte führen zu den makroskopisch bekannten inelastischen Prozessen wie z. B. plastisches Fliessen, viskoelastische Verluste, und viskoses Fliessen. Mit der Betrachtungsweise der klassischen Physik und ihren idealisierenden Vorgaben und Randbedingungen kann die Irreversibilität realer technischer Prozesse häufig nicht behandelt werden. So werden „Reibungseffekte" oft vernachlässigt oder die Reibung wird nur als „Störung" betrachtet. Zitat aus einem Physik-Lehrbuch von 2005:

> *Die Reibung spielt im täglichen Leben und bei allen technischen Geräten mit bewegten Bauteilen eine außerordentlich große Rolle. Es gibt aber für die Reibung kein einfaches Kraftgesetz, wie z. B. für die Schwerkraft. Da die Wirkung der Reibung auf die Bewegung von Körpern nur schlecht zu kontrollieren ist und damit auch schlecht zu reproduzieren ist, betrachten wir die Reibung zunächst als lästige Störung und versuchen sie zu vermeiden.*

Da Reibung und Verschleiß komplexe Vorgänge sind, muss die herkömmliche Betrachtungsweise erweitert werden. Zahlreiche grundlegende Untersuchungen der Tribophysik und Tribochemie haben gezeigt, dass die Elementarprozesse von Reibung und Verschleiß als dissipative, nichtlineare, dynamisch-stochastische Vorgänge in zeitlich und örtlich verteilten Mikrokontakten innerhalb der makroskopischen Wirkflächen ablaufen. Die in den letzten Jahren erfolgte Erweiterung der Tribologie bis in „Nano-Dimensionen" hat 500 Jahre nach den ersten Reibungsuntersuchungen von Leonardo da Vinci zu einer „Renaissance der Reibung" geführt (Urbakh and Meyer, 2010). Wissenschaftliche Aufgabe der Tribologie ist die Erforschung der Mechanismen und Pfade der Energiedissipationen in Reibkontakten und der auslösenden Prozesse der zum Verschleiß führenden Materialveränderungen.

Technik

Zahlreiche Aufgaben der Technik können – wie aus der Übersicht von Bild 1.1 ersichtlich – nur durch Wirkflächen in Relativbewegung, d. h. durch Tribotechnik, realisiert werden, z. B.

- Kinematik → Bewegungserzeugung, Bewegungsübertragung, Bewegungshemmung
- Dynamik → Kraftübertragung über Kontakt-Grenzflächen
- Arbeit, mechanische Energie → Übertragung, Umwandlung mechanischer Energie
- Transportvorgänge → Stofftransport fester, flüssiger oder gasförmiger Medien
- Formgebung → Spanende und spanlose Fertigung, Oberflächentechnik

Die Aufgaben der Tribologie erstrecken sich damit auf folgende wesentliche Bereiche der Technik und die zugehörigen Ingenieurwissenschaften:

- Entwicklung, Konstruktion, Fertigung, Betrieb, Wartung und Instandhaltung mechanischer Bewegungssysteme in den verschiedenen Industriezweigen, wie z. B.: Maschinenbau, Feinwerktechnik, Produktionstechnik, Antriebstechnik, Fahrzeugtechnik, Luft- und Raumfahrttechnik, Energietechnik, u. Ä.

In allen diesen Bereichen kann die Tribotechnik zur Erhöhung von Leistung und Wirkungsgrad, zur Verbesserung von Qualität, Zuverlässigkeit und Gebrauchsdauer, zur Energie- und Materialeinsparung sowie zur Verminderung von Umweltbelastungen beitragen.

Typische Aufgabengebiete der Tribologie zur Optimierung technischer Systeme gehen aus den Ergebnissen einer klassischen Studie der japanischen Gesellschaft der Maschinenbauindustrie und dem Ministry for International Trade and Industry (MITI) aus den Jahren 1980 bis 1982 hervor (Kubota, 1982). Als wichtigste Entwicklungserfordernisse wurden genannt:

(a) Fehlerdiagnosetechniken, (b) neue Tribomaterialien, (c) verbesserte Schmierungstechniken, (d) Standardisierung der tribologischen Prüftechnik, (e) neue Tribosysteme und Schmierstoffe, (f) verbesserte tribologische Beurteilungsmethoden, (g) tribologische Datenbank.

Zielsetzungen tribologischer Maßnahmen zu Optimierung maschinentechnischer Systeme sind in **Tabelle 1.1** zusammengestellt, sie sind grundlegende Aufgabenstellungen der Tribotechnik.

Tab. 1.1   Charakteristische Aufgabenstellungen der Tribologie in der Technik

Ziele tribologischer Maßnahmen zur Optimierung maschinentechnischer Systeme	Häufigkeit der Zielnennungen von Anwendern (100 % = 978 Nennungen)	
1. Lebensdauerverlängerung		32
2. Wartungsfreiheit		22
3. Belastungs/Drehzahl-Steigerung		9
4. Produktionsverbesserung		8
5. Minderung elektr. Verlustleistung		7
6. Verminderung von Leckage, Abdichtung		6
7. Geräuschreduzierung		5
8. Hochtemperaturanwendung		4
9. Vibrationsreduzierung		4
10. Gewichtsreduzierung		2
11. Sonstiges		1

Wirtschaft

Die große volkswirtschaftliche Bedeutung der Tribologie und die beträchtlichen Einsparungsmöglichkeiten durch verstärkte Forschung und Anwendung tribologischer Kenntnisse werden durch Studien in verschiedenen Industrieländern aus mehreren Jahrzehnten belegt. Das Bundesministerium für Forschung und Technologie (BMFT) brachte dies Mitte der 1980er Jahre wie folgt zum Ausdruck:

„Reibung, Verschleiß und Korrosion verschlingen in den Industrieländern etwa 4,5 % des Bruttosozialprodukts. Umgerechnet auf die Bundesrepublik Deutschland bedeutet dies rund 35 Milliarden € volkswirtschaftlicher Verluste (insbesondere an Rohstoffen und Energie) in jedem Jahr" (BMFT Report 1983).

In den USA werden nach einer Studie der American Society of Mechanical Engineers (ASME) ca. 25 % des Energieverbrauchs von Industrie und Transportwesen tribologischen Verlustprozessen zugeschrieben und beträchtliche jährliche Einsparung durch verstärkte Anwendung tribologischer Erkenntnisse für möglich gehalten (Pinkus and Wilcock, 1977). **Bild 1.5** nennt für diesen Bereich ein sicher auch heute nicht unrealistisches Einsparpotential von 11 %.

Für Kanada ergab eine, im Auftrag des National Research Council Canada von einer bedeutenden kanadischen Industriefirma durchgeführte Studie, dass in fünf ausgewählten grundlegenden Industriebereichen Verluste durch Reibung auf 1,5 Mrd. € und durch Verschleiß auf 4,5 Mrd. € pro Jahr beziffert werden, wovon auf dem Verschleißsektor mehr als 20 % als potentielle Einsparmöglichkeiten angesehen werden (Brockley, 1984). Bemerkenswert ist die aus **Tabelle 1.2** ersichtliche Zuordnung der Verschleißverluste auf grundlegende tribologische Schadensprozes se womit ein Ansatz für Maßnahmen zur Verschleißminderung gegeben wird (siehe Kap. 5.6). Der bedeutendste Schadensmechanismus in allen Wirtschaftszweigen ist die Abrasion – im Schienenverkehr mit den tribologisch zyklisch beanspruchten Rad/Schiene-Systemen ist es die Ermüdung. Die Schadensmechanismen werden in Kap. 5 detailliert dargestellt.

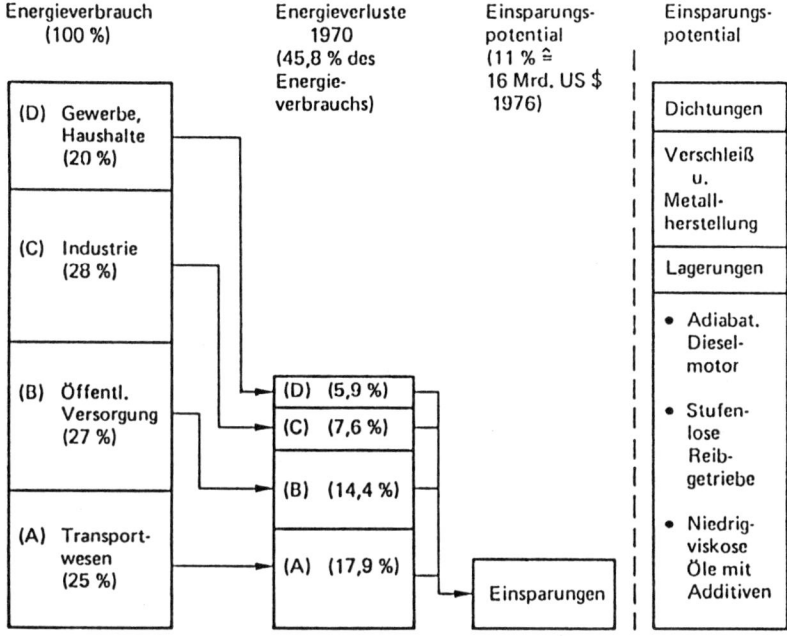

Bild 1.5 Energieverbrauch, Energieverluste und Einsparungspotential durch Tribologie, Beispiel USA

Tab. 1.2 Wirtschaftszweige und Schadensmechanismen, Beispiel Kanada

Wirtschaftszweig	Tribologische Schadensmechanismen und Schadensanteil in %					
	Abrasion	Adhäsion	Erosion	Fretting	Ermüdung	Tribochemie
Transportwesen						
- Schienenverkehr	29,7	27,5	–	1.0	37,2	4,4
- LkW- und Busverkehr	76,8	13,1	–	1,4	3,2	5.5
Elektrizitätsversorgung	33,4	16,6	13,9	17,8	18,3	–
Bergbau						
- Untertagebau	75,4	0,3	22,8	–	0,5	1,0
- Tagebau	88,8	4,0	–	0,3	6,4	0.5
- Raffinerien	55,6	3,8	30,5	–	4.4	5,3
Land- und Forstwirtschaft	76,3	11,8	4,9	1,3	5,4	0,3
Zellstoff- u. Papierindustrie	57.4	9,4	24,6	0,6	3,0	5,0
Alle Wirtschaftszweige	66,5	12,1	7,8	1,9	8,9	2,8

Neben diesen nunmehr klassischen Studien zur ökonomischen Bedeutung der Tribologie für Technik und Wirtschaft, weisen aktuelle Untersuchungen insbesondere auf die Wichtigkeit der Tribologie für die Funktion der in neuerer Zeit entwickelten Systemen der Mikrotechnik, wie z. B. der MEMS, der mikro-elektromechanischen Systeme, hin.

2 Tribologische Systeme

Die einleitende Übersicht hat deutlich gemacht, dass in der Technik zahlreiche Funktionen – von der Bewegungsmechanik bis zur Produktionstechnik – nur durch Wirkflächen in Relativbewegung realisiert werden können. Dies ist stets mit Reibung sowie häufig mit Verschleiß der betreffenden Werkstoffe, Bauteile und Konstruktionen verbunden. Reibung und Verschleiß sind keine Materialeigenschaften und können nicht durch einfache Werkstoffkenndaten (wie etwa Härte oder Elastizitätsmodul) gekennzeichnet werden. Reibung und Verschleiß sind „Systemeigenschaften". Sie erfordern stets die Analyse und Berücksichtigung der vielfältigen Parameter und Einflussgrößen des betreffenden tribologischen Systems. Dieses Kapitel gibt zunächst eine kurze Einführung in die systemtechnische Methodik und schildert dann mit kurzen Übersichten die Themen der Tribologie, die in den Folgekapiteln detailliert behandelt werden.

2.1 Einführung in die systemtechnische Methodik

Die systemtechnische Methodik kombiniert Methoden aus Biologie, Kybernetik und Informationstheorie (begründet von Ludwig von Bertalanffy, Norbert Wiener und Claude Shannon) und wendet sie auf die Technik an. Technische Systeme sind allgemein durch die Funktion gekennzeichnet, Energie, Stoffe (Materie) und/oder Information umzuwandeln, zu transportieren und/oder zu speichern, sie gliedern sich traditionell in

- Maschinen als primär energieumsetzende technische Gebilde
- Apparate als primär stoff- oder materieumsetzende technische Gebilde
- Geräte als primär signalumsetzende technische Gebilde.

Die Kennzeichen technischer Systeme können vereinfacht wie folgt beschrieben werden:

- Jedes System besteht aus interaktiven Elementen (Komponenten).
- Die Systemelemente lassen sich durch eine zweckmäßig definierte virtuelle Systemgrenze von der Umgebung (oder von anderen Systemen) abgrenzen, um sie modellhaft isoliert betrachten zu können.
- Die in das System eintretenden Eingangsgrößen (Inputs) werden als „Prozessgrößen" über die Systemelemente in Ausgangsgrößen (Outputs) überführt.
- Die Funktion eines Systems wird beschrieben durch Input/Output-Beziehungen zwischen operativen Eingangsgrößen und funktionellen Ausgangsgrößen; sie kann beeinflusst werden durch Störgrößen und Dissipationseffekte.
- Jeder Input und Output kann den kybernetischen Grundkategorien Energie, Stoffe (Materie), Information zugeordnet werden.
- Die bestimmungsgemäße Systemfunktion bildet die Rahmenbedingung für die zu gestaltende Systemstruktur mit ihren Elementen, Eigenschaften und Wechselwirkungen.

Für Entwicklung und Design technischer Systeme gilt die Regel *structure follows function*, d. h.: 1. Systemfunktion definieren, 2. Systemstruktur realisieren.

Die systemtechnische Methodik hat das Ziel, ein Fachgebiet der Technik in seiner „Ganzheit" zu behandeln. Der Begriff „Ganzheit" hat als methodischer Begriff im 20. Jahrhundert in vielen Wissenschaften Eingang gefunden. Ganzheit ist etwas, das nicht durch einzelne Eigenschaften seiner Bestandteile, sondern erst durch deren gefügehaften Zusammenhang (Struktur) bestimmt ist. Die Ganzheit ist mehr als die Summe der Teile, die selbst nur aus dem Ganzen heraus zu verstehen sind. Zentrale Begriffe der systemtechnischen Methodik sind die Systemfunktion und die Systemstruktur, siehe **Bild 2.1**.

> • Ein *System* ist ein Gebilde, das durch *Funktion* und *Struktur* verbunden ist und durch eine Systemgrenze von seiner Umgebung virtuell abgegrenzt werden kann.
> • Die *Systemfunktion* besteht in der Überführung operativer Eingangsgrößen in funktionelle Ausgangsgrößen, sie wird getragen von der Struktur des Systems.
> • Die *Systemstruktur* besteht aus der Gesamtheit der Systemelemente, ihren Eigenschaften und Wechselwirkungen.

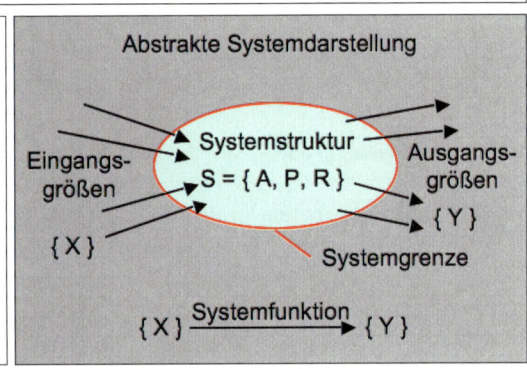

Systemstruktur: $S = \{A, P, R\}$, mit
 A: Systemelemente
   $A = \{a_1, a_2, \ldots, a_n\}$,
   (n Anzahl der Elemente)
 P: Eigenschaften der Elemente
   $P = \{P(a_i)\}$
 R: Wechselwirkungen der Elemente
   $R = \{R(a_i, a_j)\}$
Systemfunktion: $\{X\} \rightarrow \{Y\}$
 X: Eingangsgrößen
 Y: Ausgangsgrößen

Abstrakte Systemdarstellung

Eingangsgrößen $\{X\}$ → Systemstruktur $S = \{A, P, R\}$ → Ausgangsgrößen $\{Y\}$

Systemgrenze

$\{X\} \xrightarrow{\text{Systemfunktion}} \{Y\}$

Bild 2.1   Die systemtechnische Methodik in Stichworten

2.2 Funktion und Struktur tribologischer Systeme

Tribologische Systeme, oder kurz Tribosysteme, können nach ihrer funktionellen Aufgabe – Umsetzung von mechanischer Energie, Information, Stoffen mittels bewegter Wirkflächen – gemäß der kybernetischen Grundkategorien *Energie, Information, Stoff* in primär energie-, informations- und stoffdeterminierte Funktionsklassen eingeteilt werden.

Funktion von Tribosystemen

- *Energieumsetzende* tribologische Systeme → Maschinenbau, Feinwerktechnik
  - → Bewegungsübertragung   ↔ Führungen, Gelenke, Lager
  - → Bewegungshemmung   ↔ Bremsen
  - → Kraftübertragung   ↔ Kupplungen
  - → Energieübertragung   ↔ Getriebe

- *Informationsumsetzende* tribologische Systeme → Informationstechnik
  - → Speichertechnologien   ↔ Computer-Festplattenlaufwerk, CD, DVD
  - → Signalübertragung   ↔ Nocken/Stößel-Systeme, Schaltrelais
  - → Signalausgabe   ↔ Typenraddrucker, Tintenstrahldrucker

- *Stoffumsetzende* tribologische Systeme → Produktionstechnik, Transportwesen
  - → Urformen   ↔ Gieß-, Press-, Extrudierwerkzeuge
  - → Umformen   ↔ Biege, Walz-, Schmiede-, Ziehwerkzeuge

→ Trennen	↔ Bohr-, Dreh-, Fräs-, Schleifwerkzeuge
→ Fügen	↔ Passungen, Reibschweißen
→ Beschichten	↔ Oberflächentechnologien
→ Stoffeigenschaftändern	↔ Erodierverfahren, Lithografie
→ Stoffabdichtung	↔ Dichtungen, Ventile, Kolben/Zylinder
→ Stofftransport	↔ Fördersysteme, Pipeline, Fluidik
→ Gütertransport	↔ Reifen/Straße, Rad/Schiene

Struktur von Tribosystemen

Tribosysteme erfordern, wie alle technischen Systeme, für ihre bestimmungsgemäßen Systemfunktionen geeignete Systemstrukturen. **Bild 2.2** zeigt mit Beispielen aus dem Maschinenbau, πdass Tribosysteme stets Strukturen mit vier Strukturelementen (Bauteile und Fluide) haben:

(1)/(2) Wirkflächenpaar, (3) Zwischenstoff (z. B. Schmierstoff), (4). Umgebungsmedium.

Die Funktion von Tribosystemen wird über *Wirkflächen* realisiert. Diese sind durch die funktionellen Kräfte und Relativbewegungen *tribologischen Beanspruchungen* ausgesetzt. Die Stellen, an denen das physikalische Geschehen zur Wirkung kommt, werden nach der Terminologie der Konstruktionslehre als *Wirkorte* bezeichnet (DUBBEL, 2007). Reibung und Verschleiß resultieren aus Dissipationseffekten in örtlich und zeitlich stochastisch verteilten Mikrokontakten innerhalb der geometrischen Kontaktfläche in Abhängigkeit vom Beanspruchungskollektiv (Kräfte, Geschwindigkeit, Beanspruchungsdauer, Temperatur) und der Systemstruktur.

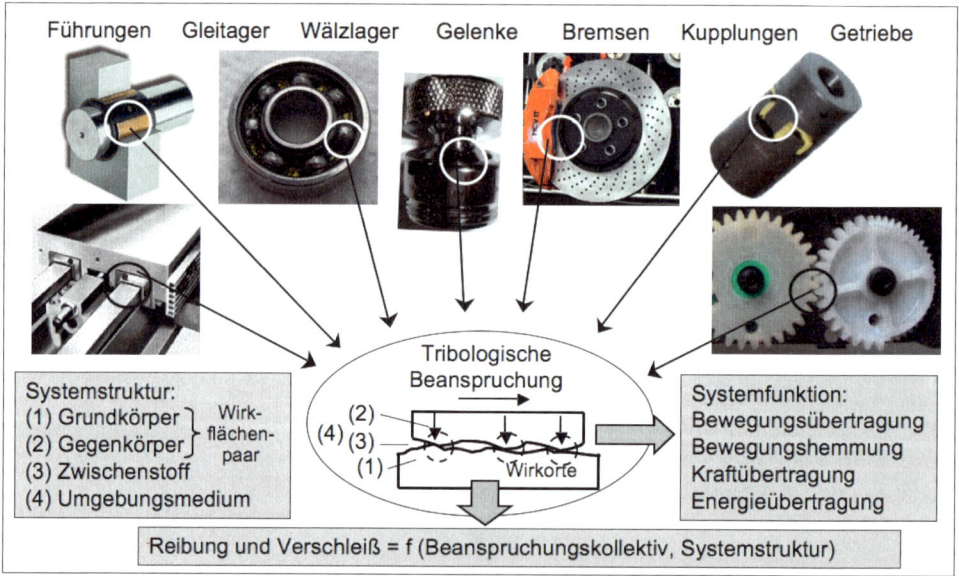

Bild 2.2   Struktur von Tribosystemen, Beispiele aus dem Maschinenbau

Bei der Struktur von Tribosystemen kann zwischen *geschlossenen* und *offenen* Systemstrukturen unterschieden werden. Geschlossene Systemstrukturen dienen funktionell hauptsächlich der Bewegungs-, Kraft-, Energie- oder Signalübertragung (wie z. B. Relais). Ihre Systemelemente unterliegen an den Wirkorten dauernd oder intermittierend den tribologischen Beanspruchungen. Tribosysteme mit offenen Systemstrukturen (z. B. Fördersysteme, Fertigungssysteme) sind primär stoffdeterminiert, d. h. bei ihnen findet ein ständiger „Stofffluss" in das System hinein und aus ihm heraus statt.

Reibung und Verschleiß von Werkstoffen werden labormäßig oft mit geometrisch einfachen Tribosystemen untersucht, die auch für die tribologische Modell- und Simulationsprüftechnik verwendet werden, (vgl. Bild 3.2.6 „Wirkgeometrien und Wirkflächen tribologischer Modellsysteme"). **Bild 2.3** zeigt zwei elementare Modell-Tribosysteme und erläutert die grundlegenden Reibungszustände. Kontraforme Kontakte haben einen „ punkt- oder linienförmigen" Wirkort mit Hertzschen Kontaktmechanik-Spannungsverteilungen. Bei konformem Kontakt (Gleitlagergeometrie) können im Regime III der Stribeck-Kurve durch geeignete Fluide als Zwischenstoff und die Wirkung von Hydrodynamik (z. B. Gleitlager) oder Aerodynamik (z. B. Computer-Festplattenlaufwerk) die Wirkflächen vollständig getrennt und eine praktisch verschleißfreie Funktion mit geringer Fluidreibung realisiert werden.

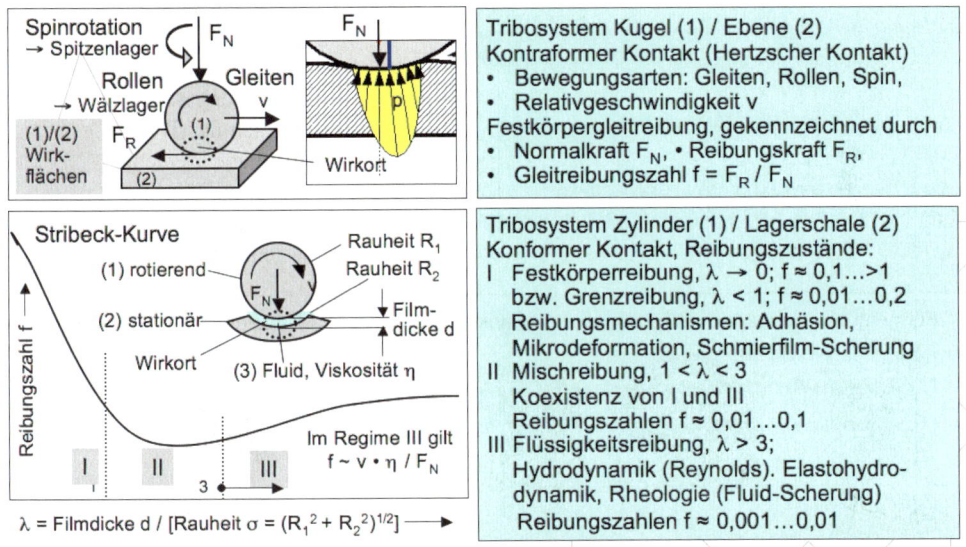

Bild 2.3   Modell-Tribosysteme mit einfachen Kontaktgeometrien, kennzeichnende Parameter

Reibung hat in der Technik eine „duale Rolle". Einerseits ist sie als Dissipationseffekt mit Energieverlusten verbunden. Anderseits basieren ganze Wirtschaftszweige, wie Transport und Verkehr, technisch auf *Hafttreibung* und *Traktion* von Reifen/Strasse- oder Rad/Schiene-Systemen. Reibung ermöglicht auch durch *Reibschluss* die Übertragung mechanischer Leistungsflüsse. **Bild 2.4** zeigt dazu Beispiele aus den Bereichen I und III der Stribeck-Kurve.

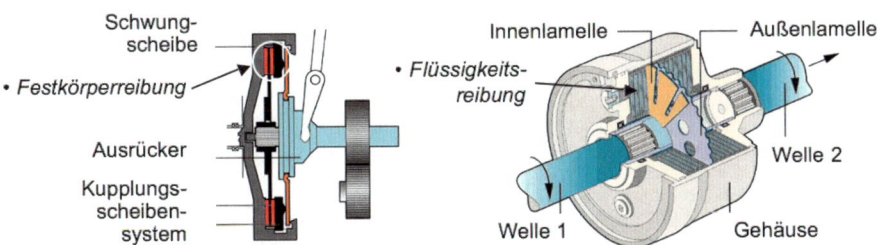

Bild 2.4   Tribotechnische Kupplungen, links Reibungskupplung, rechts Visco-Kupplung

2.3 Dimensionsbereiche tribologischer Systeme und Prozesse

Die Dimensionsbereiche tribologischer Systeme und Prozesse sind mit charakteristischen Längen- und Geschwindigkeitsbereichen in **Bild 2.5** illustriert. Für die Ingenieurwissenschaften sind die Funktionen und Strukturen von Tribosystemen im Mikrometer- bis Meterbereich von Interesse, während sich die Materialwissenschaften, Physik und Chemie mehr mit den mikro- und nanoskaligen tribologischen Prozessen beschäftigen (Williams and Le, 2006).

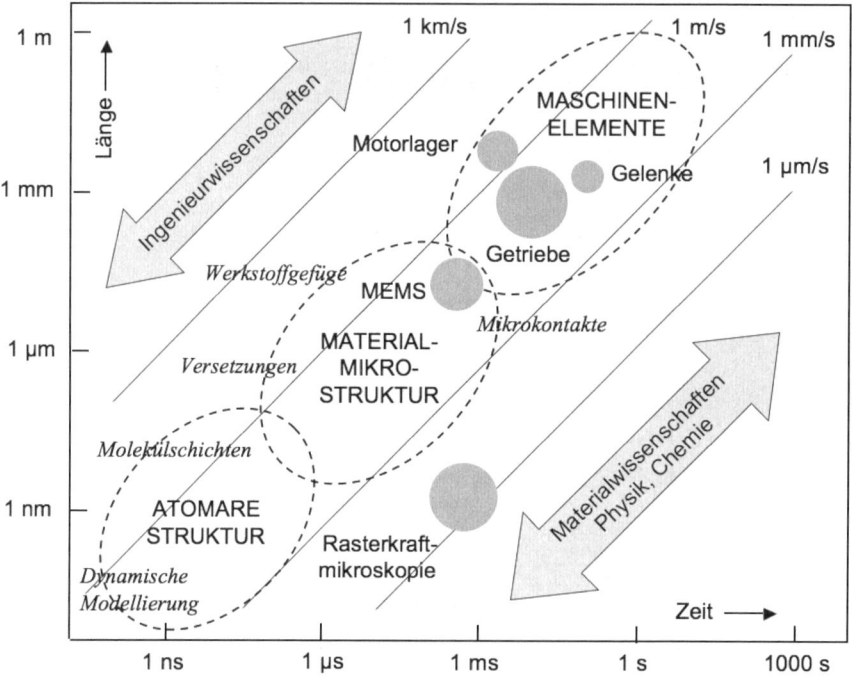

Bild 2.5   Charakteristische Dimensionsbereiche tribologischer Systeme und Prozesse

Reibung und Verschleiß in Tribosystemen resultieren aus tribologischen Prozessen in den Wirkflächen kontaktierender Triboelemente. Sie reichen von dissipativen, einer „in-situ-Beobachtung" nicht zugänglichen *Nano/Mikro-Effekten* in submikroskopischen Wirkorten bis in den Makrobereich der Triboelemente mit messbaren Kräften, Geschwindigkeiten und den Dämpfung-Masse-Feder-Charakteristika der Triboelemente, siehe **Bild 2.6**. Die folgenden Abschnitte geben kurze Übersichten zur *Nano-, Mikro- und Makrotribologie* (Czichos, 2001).

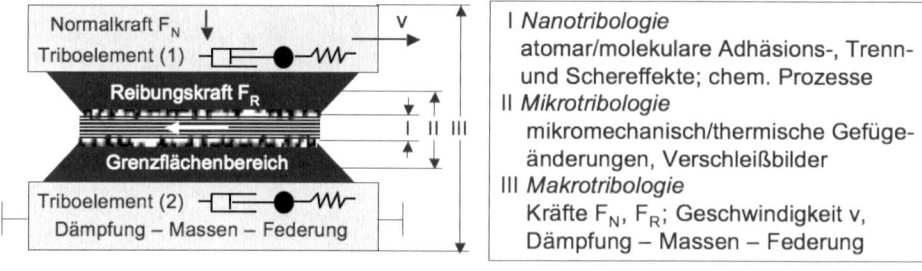

Bild 2.6   Dimensionsbereiche tribologischer Prozesse, schematische Darstellung

2.3.1 Nanotribologie

Die *Nanowissenschaft* wurde, wie bereits erwähnt (vgl. Bild 1.1), von dem Physik-Nobelpreisträger Feynman begründet (Feynman, 1960). Die Ursachen der Reibung auf der Nanoskala erklärt Feynman – in Anlehnung an eine erste „atomare Theorie der Reibung" (Tomlinson, 1929) – in seinen berühmten *Feynman Lectures on Physics* (1963, deutsch 2007) wie folgt:

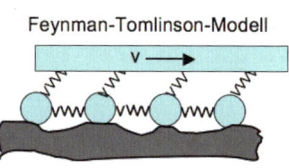

Beim Gleiten eines festen Körpers auf einem anderen wird eine Kraft benötigt, um die Bewegung aufrechtzuerhalten. Diese wird Reibungskraft genannt, und ihre Ursache ist sehr kompliziert. Beide Kontaktflächen sind in atomarer Dimension unregelmäßig. Es gibt Kontaktpunkte, an denen die Atome aneinander haften und wenn der Gleitkörper entlang gezogen wird, werden die Atome getrennt und es entstehen Schwingungen. Der Mechanismus des Leistungsverlustes ist, dass beim Bewegen des Gleitkörpers die atomaren Potentialschwellen deformiert werden, wodurch Wellen und atomare Bewegungen erzeugt werden, was sich nach einer Weile in beiden Körpern als Wärme äußert.

Die Nanotribologie führte, wie bereits im ersten Kapitel erwähnt, zu einer „Renaissance der Reibung" (Urbakh, Meyer, 2010). Nanoskalige Reibungs- und Verschleißprozesse werden heute mit *Molecular Modelling*. Elektronenmikroskopie und Rasterkraftmikroskopie (Gnecco and Meyer, 2007) untersucht. In diesem Buch wird die Tribologie der Mikro/Nano-Kontakte in Kapitel 3.3 und die Messtechnik der Mikro- und Nanoskala in Kapitel 8.4 behandelt.

Ein Beispiel *nanoskaliger Verschleißphänomene,* wie sie bei Laboruntersuchungen an Bremsmaterialien festgestellt wurden, zeigt **Bild 2.7**. Die in der Querschnittdarstellung des Bremsmaterials beobachteten Effekte – plastische Deformation, Rissentstehung, Nanopartikelbildung – konnten auch im Nano-Maßstab modelliert werden (Österle et al., 2007).

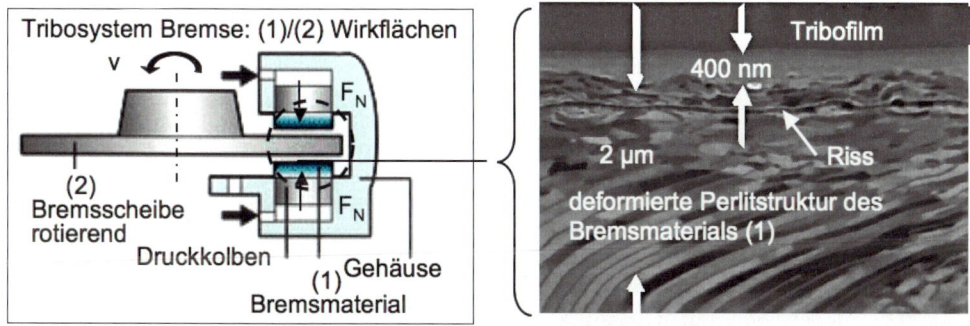

Bild 2.7   Nanoskalige Triboprozesse, experimentell beobachtet und theoretisch modelliert

2.3.2 Mikrotribologie

Die Mikrotribologie untersucht und beschreibt tribologische Prozesse im sub-mm Bereich. Dies sind Dimensionen der *Werkstoffmikrostruktur* technischer Oberflächen. **Bild 2.8** gibt eine schematische Übersicht über ihre metallphysikalischen Merkmale; sie können alle einen Einfluss auf die tribologischen Prozesse in den Mikrokontakten von Wirkflächenpaaren haben.

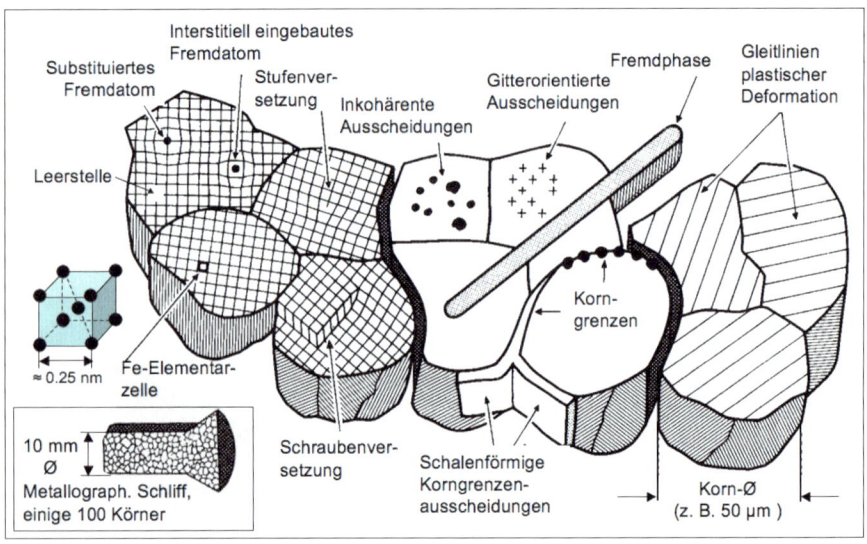

Bild 2.8   Übersicht über metallphysikalische Charakteristika der Werkstoff-Mikrostruktur

Mikro-Verschleißerscheinungsbilder konnten ab Mitte der 1960 Jahre mit dem Rasterelektronenmikroskop (REM) mit mehr als 10000facher Vergrößerung bei gleichzeitig hoher Schärfentiefe abgebildet und die grundlegenden Verschleißmechanismen kategorisiert werden. Sie sind in **Bild 2.9** übersichtsmäßig zusammengestellt und werden im Kapitel 5 detailliert behandelt.

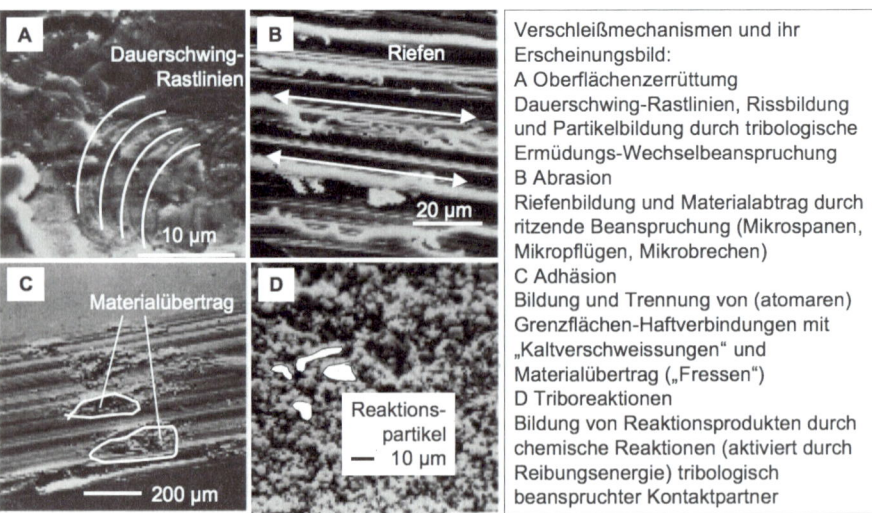

Bild 2.9   Erscheinungsbilder der grundlegenden Verschleißmechanismen

2.3.3 Makrotribologie

Während die Nano- und Mikrotribologie Dissipationseffekte im mikroskopischen Maßstab untersucht, hat die Makrotribologie die Aufgabe, in der Technik benötigte Funktionen der Kraft/Energieübertragung mittels geeigneter Wirkflächen zu realisieren und zur Verminderung reibungs- und verschleißbedingter Energie- und Materialverluste beizutragen, siehe **Bild 2.10**.

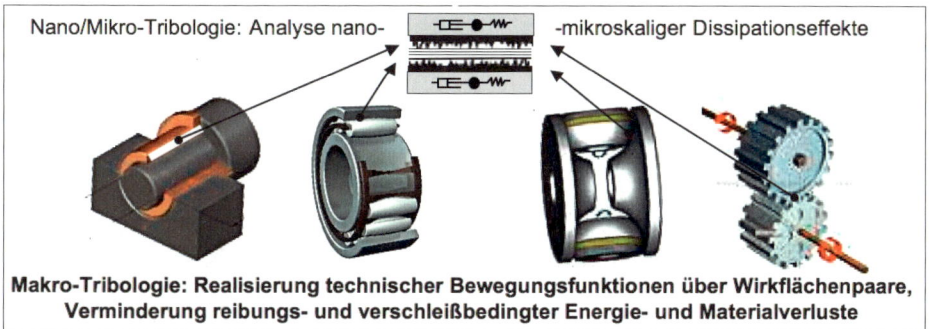

Bild 2.10 Zusammenwirken von Makro/Mikro/NanoTribologie zur Optimierung technischer Systeme

Die Makro-Tribosysteme der Technik sind außerordentlich vielfältig. **Bild 2.11** gibt dazu eine Übersicht mit kennzeichnenden Bereichen von Flächenpressungen und Geschwindigkeiten.

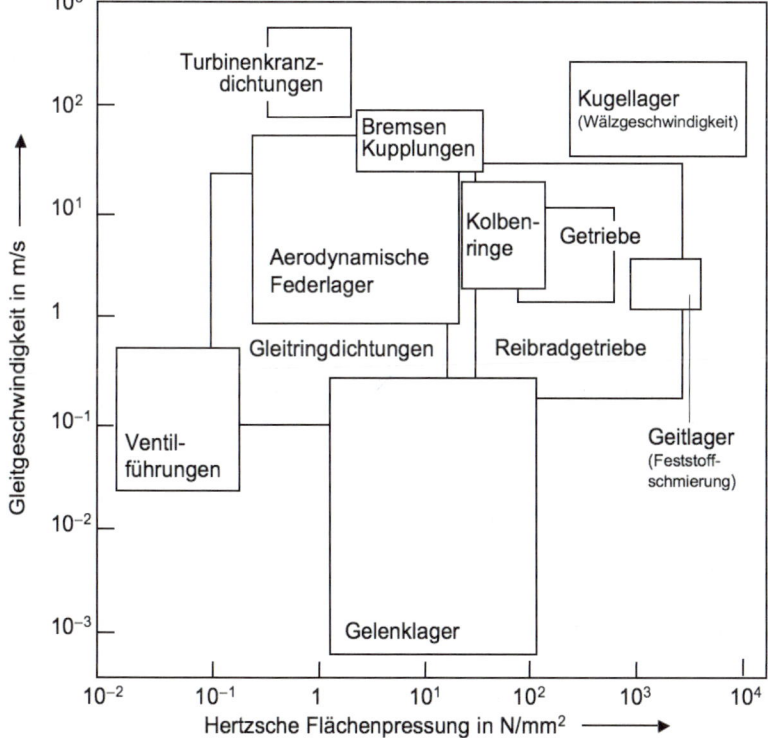

Bild 2.11 Tribotechnische Systeme mit kennzeichnenden Größenordnungen operativer Größen

Die mit ihren operativen Funktionsbereichen von Flächenpressungen und Geschwindigkeitsbereichen in Bild 2.11 gekennzeichneten Tribosysteme lassen sich wie folgt kategorisieren:

- Führungen, Gelenke, Lager   → Bewegungsübertragung
- Bremsen   → Bewegungshemmung
- Kupplungen   → Kraftübertragung
- Getriebe   → Energieübertragung

Die genannten Tribosysteme haben „geschlossene" Systemstrukturen. Sie sind damit Bewegungssysteme, die zusammen mit Belastung und Antrieb Masse-Feder-Dämpfer-Kombinationen bilden. **Bild 2.12** zeigt dazu ein einfaches Beispiel. Die dynamischen Eigenschaften können – insbesondere durch reibungsangeregte Schwingungen – das Verhalten gesamter Tribosysteme entscheidend beeinflussen, siehe *stick-slip,* Kapitel 4 *Reibung* .

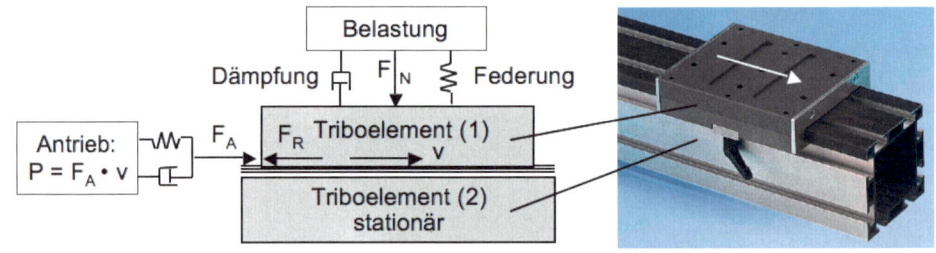

Bild 2.12   Makrotribologie eines Tribosystems mit geschlossener Systemstruktur, Beispiel Gleitführung

Bei tribologischen Systemen mit „offenen" Systemstrukturen ist zusätzlich zu beachten, dass häufig nur ein Triboelement (mit einer rotierenden Wirkfläche) permanent am tribologischen Wirkort ist und das andere Triboelement (unter Beeinflussung durch das Umgebungsmedium) kurzzeitig den Wirkort durchläuft. **Bild 2.13** illustriert dies am Triboystem Reifen/Straße.

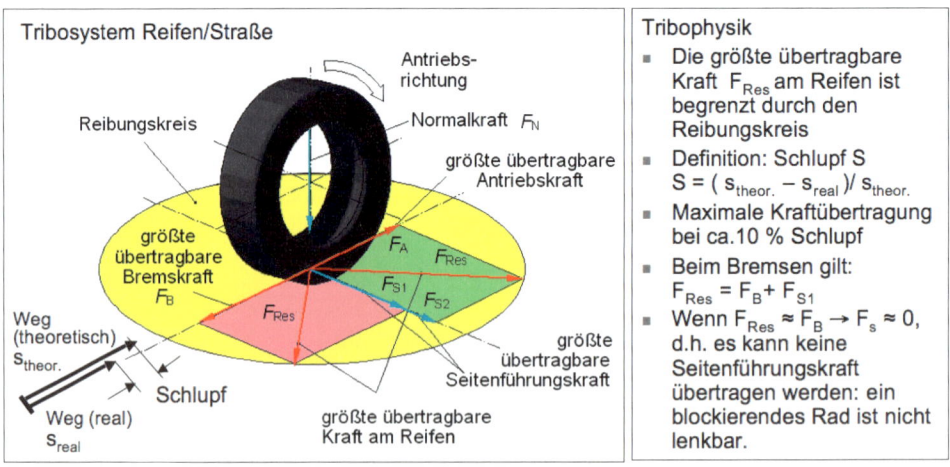

Bild 2.13   Makrotribologie eines Tribosystems mit offener Systemstruktur, Beispiel Reifen/Straße

Wie bei allen Tribosystemen mit offener Systemstruktur wird auch beim Tribosystem Reifen/Straße die Tribophysik durch die Umgebungsbedingungen beeinflusst siehe **Bild 2.14.**

Tribosystem Reifen/Straße

Fahrsituationen, Bodenhaftung und Bremsverhalten:

♦ 1. Weite Kurve: Große Längskräfte ermöglichen gutes Beschleunigungs- und Bremsverhalten.

♦ 2. Enge Kurve: Die Seitenkräfte nehmen zu und für Antriebskräfte bleibt weniger Potential; das Fahrzeug kann nicht mehr so stark beschleunigt oder gebremst werden.

♦ 3. Geringe Bodenhaftung (z.B. auf nasser Straße): Die Möglichkeit, enge Kurven zu fahren und die maximal möglichen Antriebs- und Bremskräfte sind eingeschränkt.

♦ 4. Gute Bodenhaftung (z.B. warmer Asphalt in der Mittagssonne): Kurven können schneller gefahren werden und das Fahrzeug lässt sich stärker bremsen.

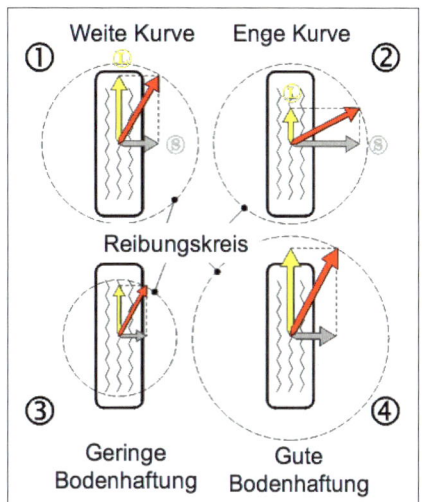

Bild 2.14 Einfluss der Umgebungsbedingungen auf die Tribophysik des Reifen/Straße-Systems

Tribosysteme können heute durch Mechatronik – *Mechanik-Elektronik-Informatik + Sensorik-Prozessorik-Aktorik-Regelung* – optimiert werden (Czichos, 2008). Als Beispiel zeigt **Bild 2.15** die Bremsoptimierung durch ABS, einer mechatronischen „Stotterbremse". Sensoren erfassen die Kenngrößen der Fahrdynamik. Bei einer Blockiertendenz der Räder ergehen von Prozessor und Regler Stellbefehle an einen Aktor, der den Bremsdruck senkt, die Bremswirkung reduziert und die Lauffunktion jeden Rades einzeln optimiert.

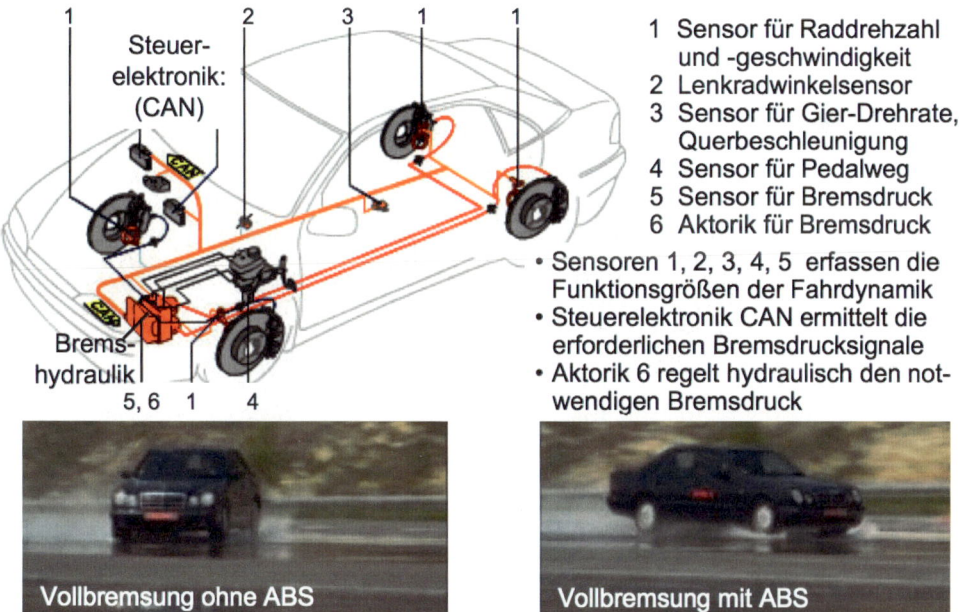

1 Sensor für Raddrehzahl und -geschwindigkeit
2 Lenkradwinkelsensor
3 Sensor für Gier-Drehrate, Querbeschleunigung
4 Sensor für Pedalweg
5 Sensor für Bremsdruck
6 Aktorik für Bremsdruck

• Sensoren 1, 2, 3, 4, 5 erfassen die Funktionsgrößen der Fahrdynamik
• Steuerelektronik CAN ermittelt die erforderlichen Bremsdrucksignale
• Aktorik 6 regelt hydraulisch den notwendigen Bremsdruck

Bild 2.15 Tribologisches System Reifen/Straße, optimiert mit ABS, Anti-Blockier-System

2.4 Methodik zur Reibungs- und Verschleißanalyse

Durch Anwendung der Systemanalyse auf die Tribologie können die Parameter und Einflussgrößen tribologischer Systeme systematisch geordnet werden, siehe **Bild 2.16**.

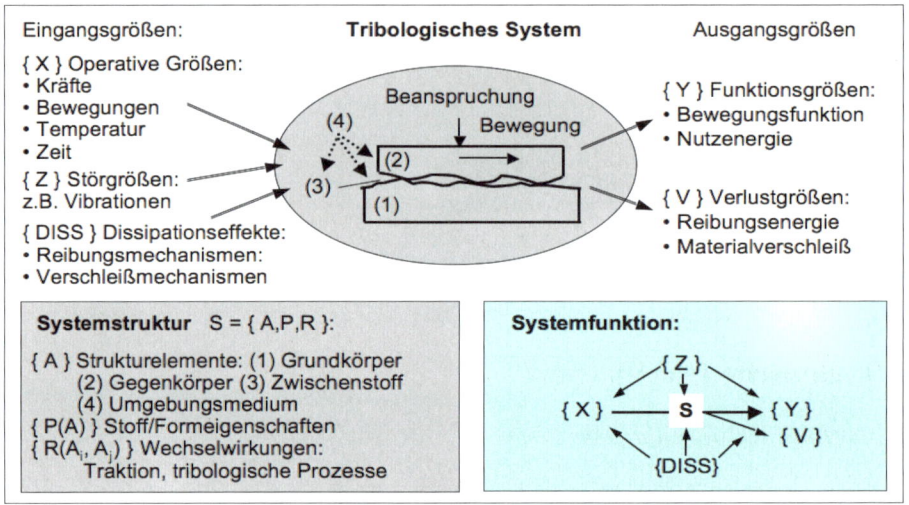

Bild 2.16   Allgemeine systemanalytische Darstellung eines tribologischen Systems

In erweiterter Analogie zur Festigkeitslehre ermöglicht die Systemanalyse die Charakterisierung von Reibung und Verschleiß als „Systemkenngrößen" (Czichos, (1978):

• *Festigkeitslehre:* Beanspruchung (Zug, Druck, etc.) $\rightarrow$ [Werkstoff] $\rightarrow$ Festigkeitswerte

$\rightarrow$ Materialkennwerte

• *Tribologie:* Beanspruchungskollektiv $\{X\}$ $\rightarrow$ [Systemstruktur] $\rightarrow$ Reibung, Verschleiß $\{V\}$

$\rightarrow$ Systemkennwerte

Daraus resultiert die in diesem Handbuch angewendete Methodik zur Reibungs- und Verschleißanalyse von Werkstoffen, Bauteilen und Konstruktionen, siehe **Bild 2.17**.

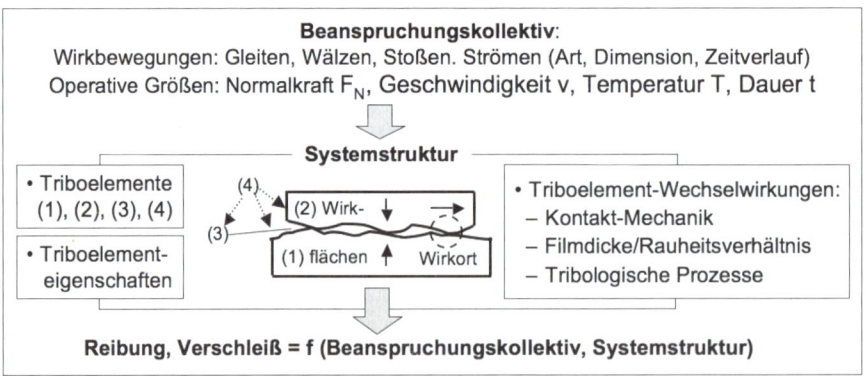

Bild 2.17   Systemmethodik zur Reibungs- und Verschleißanalyse

3 Tribologische Beanspruchung

Der Begriff tribologische Beanspruchung kennzeichnet die Beanspruchung der Oberfläche eines festen Körpers durch Kontakt- und Relativbewegung eines festen, flüssigen oder gasförmigen Gegenkörpers. Wie alle tribologischen Prozesse hat auch eine tribologische Beanspruchung eine duale Natur: sie ist einerseits erforderlich für die technisch nutzbare Umsetzung von Energie-, Stoff- oder Signalgrößen über Wirkflächen in tribotechnischen Systemen; andererseits sind tribologische Beanspruchungen stets mit Reibung verbunden und können zu Verschleiß führen. Die Analyse tribologischer Beanspruchungen muss sowohl den Aufbau technischer Oberflächen und ihre Physik und Chemie als auch geometrische, kinematische, kräftemäßige, energetische und thermische Verhältnisse in Kontaktgrenzflächen untersuchen.

3.1 Technische Oberflächen

3.1.1 Aufbau technischer Oberflächen

Technische Oberflächen stellen die geometrische Begrenzung technischer Bauteile dar. Während Werkstoffangaben für technische Bauteile z. B. bezüglich chemischer Zusammensetzung, Gefüge, Festigkeit, sich auf den Werkstoff als ganzes beziehen, zeichnen sich Werkstoffoberflächen gegenüber dem Werkstoffinneren durch wesentliche Unterschiede aus.

Nach der Festkörperphysik lässt sich die Oberfläche kristalliner Stoffe idealisiert als Abbruch eines mehr oder weniger periodischen Kristallgitters ansehen. Hierbei verursachen die Elektronen an der Begrenzung des periodischen Gitter-Potentials bzw. die unabgesättigten Bindungen der Oberflächenatome charakteristische Umordnungen. Durch Wechselwirkungen des Werkstoffs mit den Umgebungsmedien können Veränderungen der Oberflächenzusammensetzung und ein Einbau von Bestandteilen des Umgebungsmediums stattfinden. Je nach Reaktivität des Grundwerkstoffs kann eine Physisorption (Adsorptionsenthalpie $< 0,4 \cdot 10^5$ J mol^{-1}) über van-der-Waals-Bindungen oder eine festere Chemisorption (Adsorptionsenthalpie $> 0,4 \cdot 10^5$ J mol^{-1}) mit kovalenten oder ionischen Bindungsanteilen erfolgen (Wuttke, 1986). Bei metallischen Werkstoffen werden im allgemeinen mit Hilfe des Luftsauerstoffs Oxidschichten aufgebaut und darauf andere gasförmige oder flüssige Verunreinigungen physi- oder chemisorbiert.

Außerdem ist der Einfluss der Fertigung zu beachten. Spanend bearbeitete und umgeformte Oberflächen zeigen im Vergleich mit dem Grundwerkstoff in der Oberflächenzone folgende Änderungen:

- unterschiedliche Verfestigung,
- Aufbau von Eigenspannungen,
- Ausbildung von Texturinhomogenitäten zwischen Randzone und Werkstoffinnerem.

Der Schichtaufbau technischer Oberflächen ist für das Beispiel metallischer Werkstoffe schematisch vereinfacht in **Bild 3.1.1** wiedergegeben (Schmaltz, 1936).

Bei der Charakterisierung technischer Oberflächen werden von innen nach außen drei Bereiche unterschieden:

- Grundwerkstoff
- innere Grenzschicht
- äußere Grenzschicht

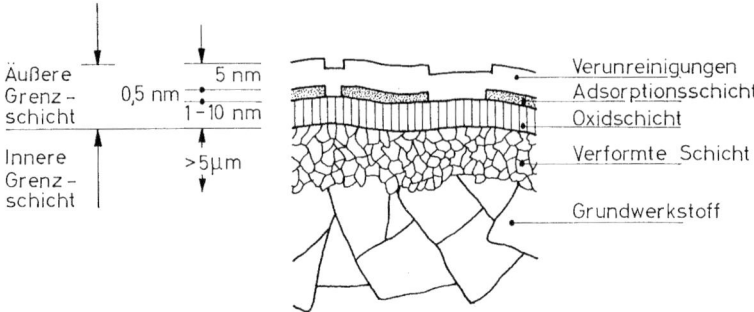

Bild 3.1.1   Aufbau technischer Oberflächen: schematische Darstellung des Querschnitts einer Metall-Oberfläche

Die innere Grenzschicht besteht in Abhängigkeit vom Fertigungsverfahren aus einer an den Grundwerkstoff anschließenden Verformungs- oder Verfestigungszone. Die äußere Grenzschicht besitzt meist eine vom Grundwerkstoff abweichende Zusammensetzung und kann aus Oxidschichten, Adsorptionsschichten und Verunreinigungen bestehen.

Wichtig für die Kontaktvorgänge bei tribologischen Beanspruchungen sind besonders die im folgenden kurz dargestellten Unterschiede zwischen Grundwerkstoff und Grenzschichtbereichen technischer Oberflächen. Der Begriff „Oberfläche" umfasst dabei die in Bild 3.1.1 dargestellten Grenzschichtbereiche.

Chemische Zusammensetzung

Die chemische Zusammensetzung von Oberflächen kann sich erheblich durch den Einbau von Bestandteilen des Umgebungsmediums von der des Grundwerkstoffs unterscheiden. Zu beachten ist, dass neben den Einflüssen des Umgebungsmediums auf die Zusammensetzung technischer Oberflächen bei Legierungen auch eine Anreicherung von Legierungsbestandteilen aus dem Werkstoffinneren an der Oberfläche erfolgen kann (Oberflächensegregation). So wurde z. B. bei einer Kupfer-Aluminium-Legierung mit einem volumenbezogenen Al-Anteil von 1 % eine 6,5-fach höhere Al-Konzentration an der Oberfläche festgestellt (Buckley, 1981). Oberflächenanreicherungen von Legierungsbestandteilen, die ein Mehrfaches der Volumenkonzentration erreichen können, wurden z. B. auch in den folgenden Systemen beobachtet: Nickel in Eisen, Aluminium in Eisen, Zinn in Kupfer, Kupfer in Nickel, Gold in Kupfer, Silber in Gold, Silber in Palladium, Platin in Osmium (Buckley, 1980). **Bild 3.1.2** illustriert die Unterschiede der chemischen Zusammensetzung äußerer Grenzschichten und Grundwerkstoffe anhand von Tiefenprofilen, die mit der Auger-Elektronenspektroskopie (AES) bestimmt wurden (siehe Abschnitt 8.7.2). Das AES-Tiefenprofil-Diagramm (a) zeigt, dass z. B. bei einer Kupplungs-Druckscheibe aus Grauguss direkt auf der Oberfläche eine zum Grundwerkstoff schnell abfallende, etwa 10-fache Kohlenstoffanreicherung festzustellen ist, verbunden mit einem erheblichen Gradienten des Eisenanteils. Auch bei einer Au/Ag/Cu-Kontaktlegierung (Bild 3.1.2 b) unterscheiden sich die Gold- und Silber-Anteile in den äußeren Atomlagen signifikant von der chemischen Zusammensetzung im eigentlichen Materialvolumen. Hieraus folgt, dass bei der Interpretation tribologischer Vorgänge in Werkstoffoberflächen im allgemeinen nicht von der üblichen volumenbezogenen chemischen Zusammensetzung ausgegangen werden kann, sondern die eigentliche chemische Zusammensetzung in den äußeren Grenzschichten bestimmt werden muss.

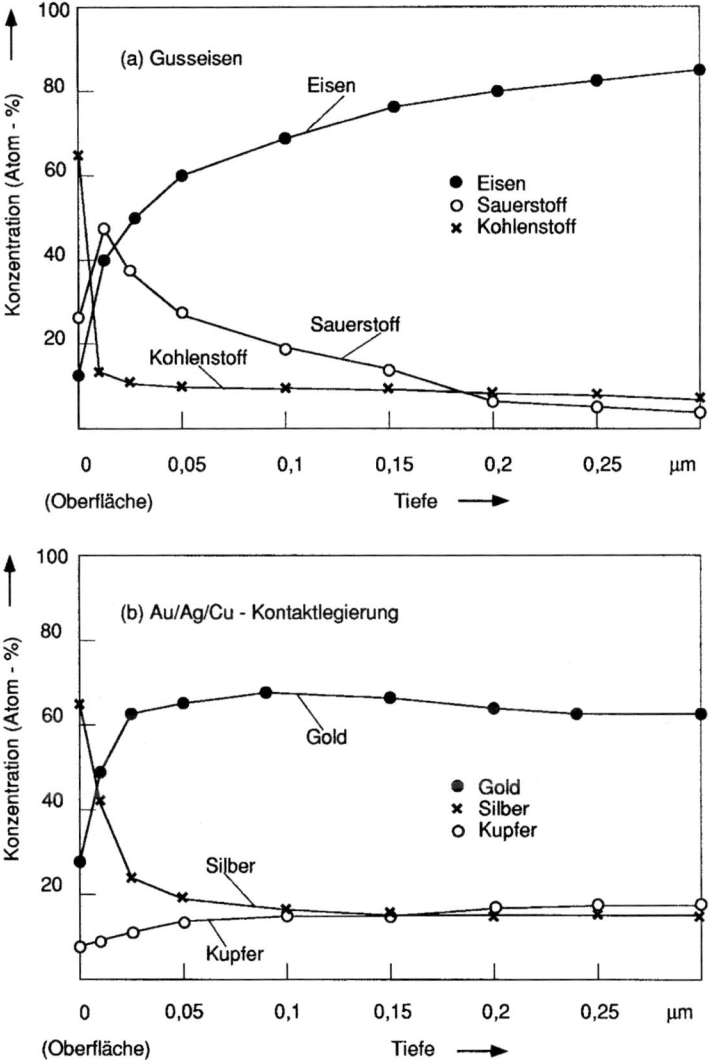

Bild 3.1.2   Tiefenprofile (AES) der chemischen Zusammensetzung technischer Oberflächen
(a) Kupplungs-Druckscheibe aus Grauguss, (b) Au/Ag/Cu-Kontaktlegierung

Gefüge

Beim Werkstoffgefüge (siehe Bild 2.8) können neben unterschiedlichen Korngrößen der Kristallite in Oberflächenbereichen und im Grundwerkstoff, wie es in schematisch vereinfachter Weise in Bild 3.1.1 illustriert ist, erhebliche Unterschiede z. B. auch in der Dichte von Leerstellen und von Versetzungen in Oberflächenbereichen und im Grundwerkstoff bestehen. Dies ist wiederum für die Festigkeitseigenschaften von Oberflächenbereichen von grundlegender Bedeutung. Während die Versetzungsdichte spannungsfreier Volumenbereiche von Werkstoffen Werte von ca. 10^4 bis 10^6 Versetzungen pro cm^3 aufweist, können sich diese Werte bei stark verformten Oberflächenbereichen bis auf 10^{11} bis 10^{12} erhöhen (Wuttke, 1986).

Härte

Oberflächenbereiche können sich auch in ihrer Härte erheblich vom Werkstoffinneren unterscheiden. Dies kann z. B. aus den erörterten Unterschieden von chemischer Zusammensetzung und Mikrostruktur resultieren. Aus Tabelle 3.1.1 wird ersichtlich, dass z. B. für metallische Werkstoffe das Verhältnis der Metallhärte des Grundwerkstoffs zur Metalloxid-Härte für verschiedene Metalle sehr unterschiedlich sein kann. Während im allgemeinen die Metalloxid-Härte größer ist als die eigentliche Metall-Härte, werden vereinzelt auch niedrigere Härtewerte für Metalloxide als die dem Grundwerkstoff entsprechenden beobachtet. Nach den in **Tabelle 3.1.1** zusammengestellten Daten für verschiedene Metalle umfasst das Härteverhältnis von Oberflächen und Grundwerkstoffen einen Bereich von 0,35 bis 130 (Habig, 1980).

Tab. 3.1.1   Härte von Metallen und Metalloxiden

Metall	Metall-Härte HV_{Metall} [daN/mm²]	Metalloxid	Metalloxid-Härte HV_{Oxid} [daN/mm²]	$\dfrac{HV_{Oxid}}{HV_{Metall}}$
Pb	4	PbO	80	20
Sn	5	SnO_2	650	130
Al	35	Al_2O_3	2000	57
Zn	35	ZnO	200	6
Mg	40	MgO	~ 400	10
Cu	110	Cu_2O	~ 175	1,6
		CuO	175	1,6
Fe	150	Fe_3O_4	400	2,7
		Fe_2O_3	500	3,3
Mo	230	MoO_3	80	0,35
Ni	230	NiO	400	1,7

3.1.2 Mikrogeometrie technischer Oberflächen

Neben der physikalisch-chemischen Natur ist die Oberflächenrauheit, d. h. die mikrogeometrische Gestaltabweichung von der idealen makroskopischen Geometrie von Bauteilen eine wichtige Charakteristik technischer Oberflächen. Die Oberflächenrauheit wird durch das Fertigungsverfahren geprägt und stellt eine dreidimensionale stochastische Verteilung von „Rauheitshügeln" und „Rauheitstälern" dar, exemplarisch illustriert in Bild **3.1.3**.

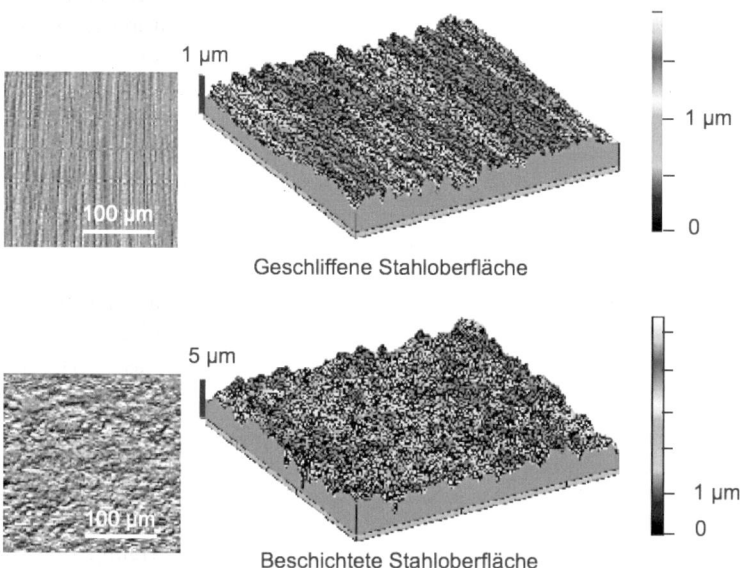

Geschliffene Stahloberfläche

Beschichtete Stahloberfläche

Bild 3.1.3 Erscheinungsbild der Mikrogeometrie unterschiedlich gefertigter technischer Oberflächen

Die Beschreibung der Oberflächenrauheit technischer Oberflächen erfolgt in konventionell vereinfachter Weise durch „Senkrechtkenngrößen" und „Waagerechtkenngrößen", die sich auf einen Profilschnitt der betrachteten technischen Oberfläche beziehen, der durch genormte Tastschnittverfahren gewonnen werden kann (siehe Abschnitt 8.7.1). Genormte Vorzugs-Messgrößen zur Kennzeichnung der Oberflächenrauheit nach DIN 4762 sind:

– Mittenrauwert R_a:

Arithmetisches Mittel der absoluten Beträge der Profilabweichungen innerhalb der Rauheitsbezugsstrecke l. R_a entspricht der Höhe eines Rechtecks mit der Bezugsstrecke l als Seitenlänge, das flächengleich ist der Summe der vom Profil und der Mittellinie eingeschlossenen Flächen.

$$R_a = \frac{1}{l} \int_0^l |z(x)| \, dx$$

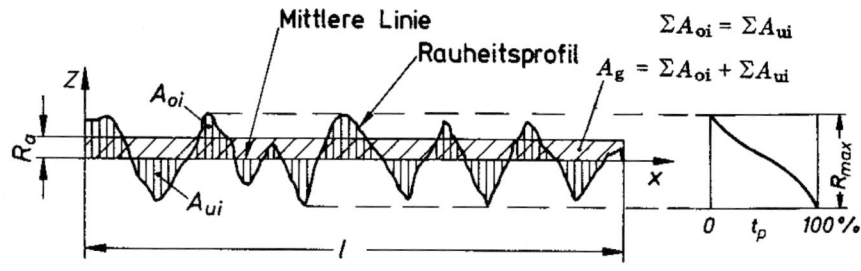

- Gemittelte Rautiefe R_z:
  Arithmetisches Mittel der absoluten Beträge der jeweils 5 größten Profilhöhen und
  Profiltiefen innerhalb der Rauheitsbezugsstrecke l.

$$R_z = \frac{1}{5} \sum_{i=1}^{5} Z_i$$

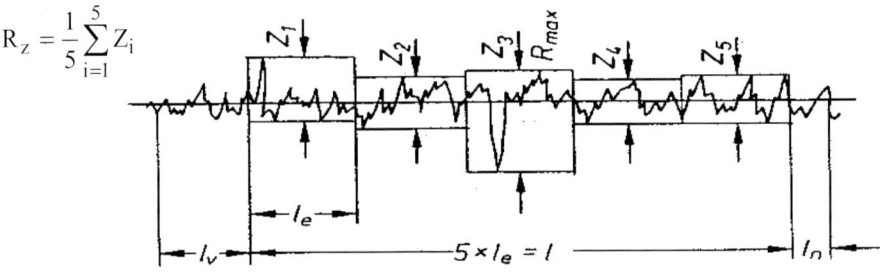

- Profiltraganteil t_p:
  Verhältnis der tragenden Längen l_t zur Rauheitsbezugsstrecke l.

$$t_p = 100 \frac{l_t}{l} \quad \text{in } \%$$

Hierbei ist die tragende Länge l_t die Summe der Schnittlängen, die innerhalb der Rauheitsbezugsstrecke im Werkstoff des Profils durch eine Schnittlinie äquidistant zur mittleren Linie mit dem Niveauabstand u entstehen .

Aus der Profiltraganteilkurve (auch Abbott-Kurve genannt) wurden weitere Rauheitskennwer-
te abgeleitet (vormals DIN 4776 nun DIN EN ISO 13565-2: 1998), durch die eine genauere
Beschreibung der Form des Rauheitsprofils möglich ist (**Bild 3.1.5**) (Schmidt, Bodschwinna,
Schneider, 1987):

Die *Kernrautiefe RK* ist die Tiefe des Rauheitsprofils unter Ausschluss herausragender Spitzen
und tiefer Riefen. Sie wird durch eine Ausgleichsrechnung über den mittleren Teil der Profiltraganteilkurve oder graphisch durch Einzeichnen einer entsprechenden Geraden bestimmt.

Die *Profilspitzenfläche FR1* ist die Querschnittsfläche der aus dem Kernprofil herausragenden
Profilspitzen je Längeneinheit der Messstrecke.

Die *Profilriefenfläche F_{R2}* kennzeichnet den Anteil der aus dem Kernprofil herausragenden
Riefen.

Die *Kennwerte M_{R1} und M_{R2}* sind die Materialanteile, die den Begrenzungslinien für die Kernrautiefe R_K zuzuordnen sind.

Für die praktische Anwendung erscheint es sinnvoll, anstelle des Flächenkennwertes F_{R1} eine
mittlere, d. h. eine reduzierte Spitzenhöhe R_{PK} und für F_{R2} eine reduzierte Riefentiefe R_{VK}
anzugeben. Diese Kennwerte entstehen, wenn aus den Flächen F_{R1} und F_{R2} flächengleiche
Dreiecke gebildet werden. Die zuletzt beschriebenen Rauheitskennwerte ermöglichen z. B.
eine genauere Beschreibung der elastohydrodynamischen Schmierfilmdicke, (vgl. Bild 2.3).

Technisch realisierbare Rauheitsdaten für R_a und R_z, die mit üblichen Fertigungsverfahren
hergestellt werden können, sind in **Bild 3.1.4** zusammengestellt (Noppen und Sigalla, 1985).

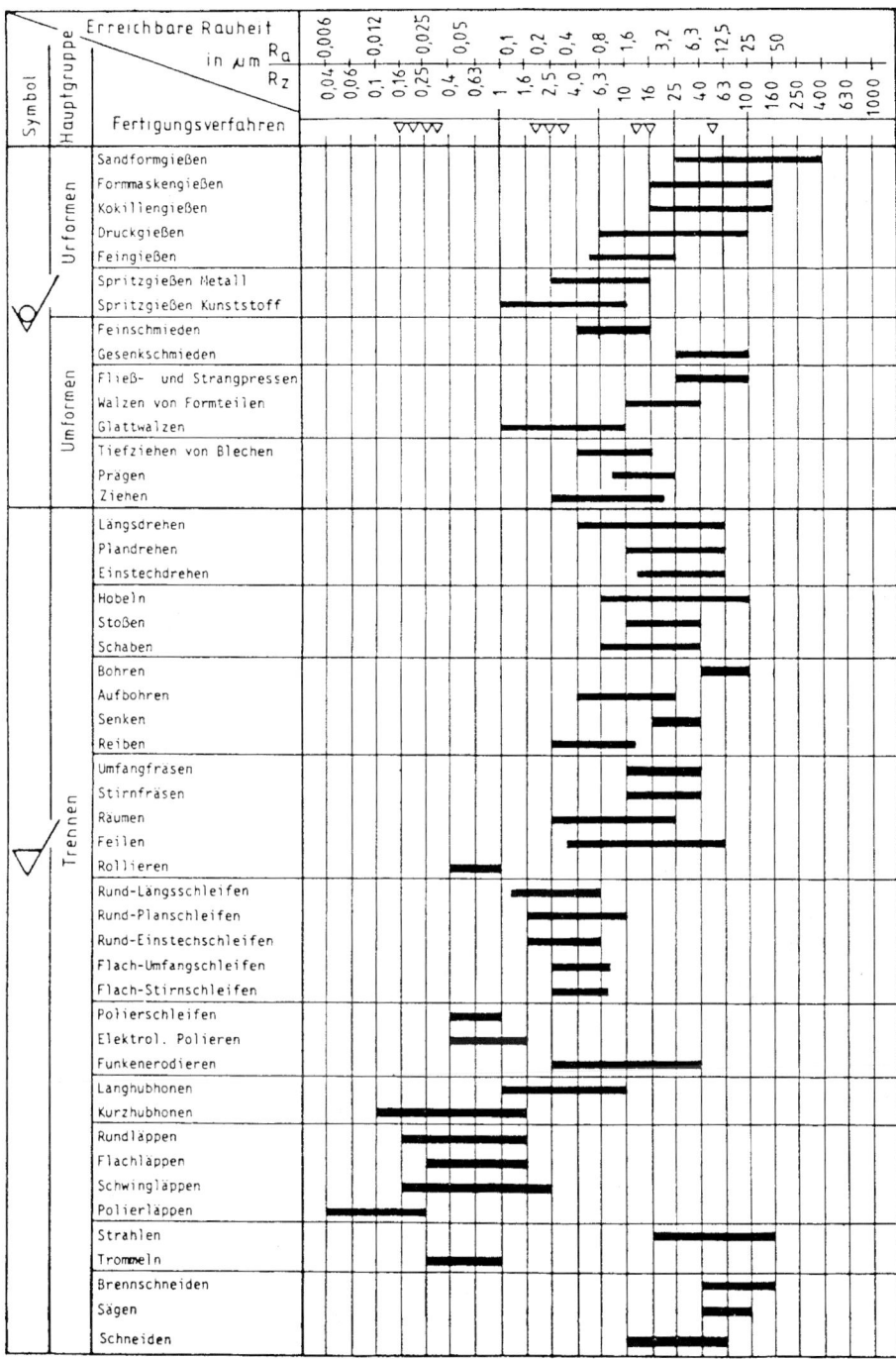

Bild 3.1.4 Rauheitsdaten technischer Oberflächen, die mit Fertigungsverfahren zu erzielen sind

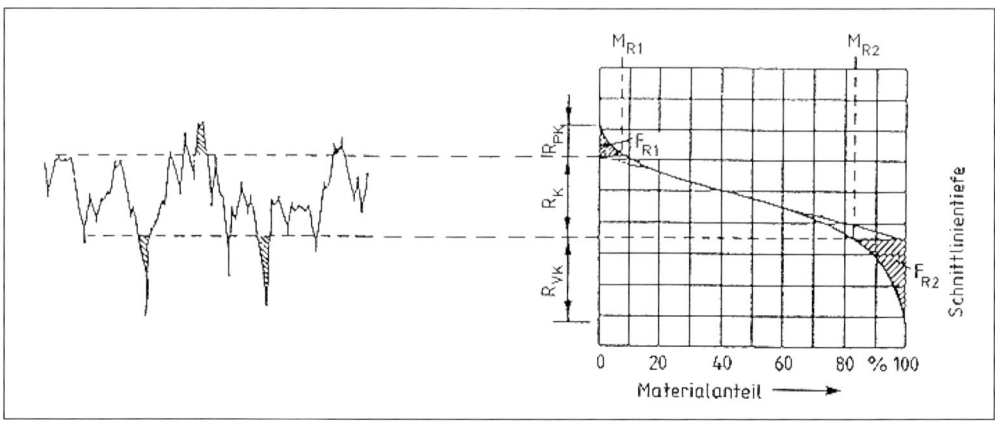

Bild 3.1.5   Kennwerte der Profiltraganteilkurve (Abbott-Kurve)

Neben den in der Technik gebräuchlichsten Kenngrößen der Oberflächenrauheit R_a, R_z, t_p sind verschiedene andere Möglichkeiten zur Charakterisierung der Mikrogeometrie von Oberflächen entwickelt worden. In wissenschaftlicher Betrachtungsweise kann die Oberflächenrauheit durch verschiedene statistische Parameter und Verteilungen sowie neuerdings auch durch „fraktale Kenngrößen" beschrieben werden.

Bei der Kennzeichnung der Oberflächenrauheit durch statistische Parameter werden in einem x, z-Koordinatensystem die Profilhöhen, d. h. die Ordinatenwerte z als Zufallsfunktion bzw. als stochastischer Prozess betrachtet. Innerhalb der Bezugsstrecke l ergibt sich aus der Gesamtheit aller Ordinaten z der Mittelwert

$$\overline{z} = \frac{1}{l} \int_0^l z(x)dx$$

Durch $\overline{z}$ verläuft parallel zur y-Achse die mittlere Linie m. Die zwischen dieser und dem Profil z (x) liegenden Abschnitte $(z - \overline{z})$ der Ordinaten z spielen in der Oberflächenstatistik eine wichtige Rolle. Der Ausdruck

$$M_n = \int_{-\infty}^{+\infty} (z - \overline{z})^n p(z)dy$$

wird als das n-te zentrale Moment bezeichnet. Aus **Tabelle 3.1.2** geht hervor, welche statistischen Oberflächenparameter mit Hilfe der Momente berechnet werden können (von Weingraber und Abou-Aly, 1989):

–   Das erste zentrale Moment als arithmetisches Mittel aller Abweichungen des Profils
     z (x) von der mittleren Linie m ist der arithmetische Mittenrauwert R_a.

–   Die Wurzel aus dem zweiten zentralen Moment M_2 ist die Standardabweichung σ_z,
     die mit dem sogenannten quadratischen Mittenrauwert R_q identisch ist.

–   Mit Hilfe des dritten zentralen Moments M_3 kann die „Schiefe" einer Oberflächen-
     rauheitsordinatenverteilung bestimmt werden.

Tab. 3.1.2   Die Aussagen der statistischen Momente von Oberflächenrauheitsprofilen

Moment	Definition	Oberflächenparameter
m_0	$\int\limits_{-\infty}^{\infty} z^0 p(z)dz$	$\lim\limits_{1\to\infty} \int\limits_0^1 z^0 dx = 1 = f_{ges}$ (Gesamthäufigkeit aller Ordinaten
m_1	$\int\limits_{-\infty}^{\infty} z\, p(z)dz$	$\lim\limits_{1\to\infty} \int\limits_0^1 z\, dx = \bar{z}$
M_1	$\int\limits_{-\infty}^{\infty} (\lvert z - \bar{z}\rvert)p(z)dz$	$\lim\limits_{1\to\infty} \int\limits_0^1 (\lvert z - \bar{z}\rvert)dx = \lvert\bar{h}\rvert = R_a$
M_2	$\int\limits_{-\infty}^{\infty} (z - \bar{z})^2 p(z)dz$	$\lim\limits_{1\to\infty} \int\limits_0^1 (z - \bar{z})^2 dx = \bar{h}^2 = \sigma_z^2 = R_q^2$
M_3	$\int\limits_{-\infty}^{\infty} (z - \bar{z})^3 p(z)dz$	$\lim\limits_{1\to\infty} \int\limits_0^1 (z - \bar{z})^3 dx \qquad \text{mit} \qquad \dfrac{M_3}{\sigma_z^3} = \dfrac{M_3}{M_2^{3/2}} = S_k$
M_4	$\int\limits_{-\infty}^{\infty} (z - \bar{z})^4 p(z)dz$	$\lim\limits_{1\to\infty} \int\limits_0^1 (z - \bar{z})^4 dx \qquad \text{mit} \qquad \dfrac{M_4}{\sigma_z^4} = \dfrac{M_4}{M_2^2} = E_z$

Der Grad der Abhängigkeit benachbarter Punkte des Abstands Δx eines Oberflächenprofils der Profillänge l wird mit Hilfe der Autokorrelationsfunktion

$$\Phi(\Delta x) = \lim\limits_{1\to\infty} \frac{1}{l} \int\limits_0^l z(x)z(x + \Delta x)dx$$

gekennzeichnet. Für periodische Profilverläufe resultiert eine periodische Autokorrelations-funktion, während sich bei völlig regellosem Profilverlauf die Autokorrelationsfunktion durch eine Exponentialfunktion approximieren lässt, die mit größer werdenden Δx sehr schnell gegen 0 abfällt. Eine Aussage darüber, mit welcher mittleren Amplitude die im Profil z (x) enthalte-nen Frequenzen auftreten, liefert das sog. Leistungsspektrum (von Weingraber und Abou-Aly, 1989).

Zur Kennzeichnung der Oberflächenrauheit werden neuerdings auch Methoden der „Fraktalen Geometrie" herangezogen (Ling, 1989, 1990). Die Fraktale Geometrie wurde von Mandelbrot (1977) begründet, indem er zeigte, dass für abnehmende Maßeinheiten der Messung die Länge einer natürlichen Küstenlinie nicht konvergiert, sondern im Gegenteil monoton zunimmt. Mit Hilfe der Fraktalen Geometrie kann gezeigt werden, dass bestimmte geometrische Strukturen „selbst-affin" sind. Dies ist in **Bild 3.1.6** für das Beispiel einer sogenannten Koch-Kurve illustriert (Gleick, 1987). Koch-Kurven sind durch das mathematische Paradoxon gekennzeichnet, dass sie mit „unendlicher Länge" eine endliche Fläche umschließen. Nimmt man an, dass die Flanken eines Oberflächen-Rauheitshügels mit einer Unterteilung von 1 : 3 jeweils unterstrukturiert werden können, so resultieren mit zunehmendem Unterteilungsgrad auch zunehmend feinere geometrische Strukturen, die zur Beschreibung von Oberflächenrauheiten herangezogen werden können. Eine wichtige Folgerung dieser Theorie ist, dass mit zunehmender „Vergrößerung" zunehmende Details der Oberflächenrauheit sichtbar werden und dem originalen Oberflächenprofil ähnlich erscheinen. Damit ließe sich die selbst-affine Topographie technischer Oberflächenrauheiten durch maßstabsunabhängige Parameter beschreiben, d. h. eine Abbildung technischer Oberflächen mit zunehmender Vergrößerung würde stets ein vergleichbar ähnliches Erscheinungsbild der Oberflächenrauheit darbieten (Ling, 1987).

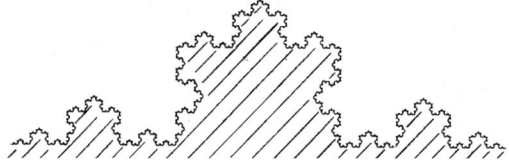

Bild 3.1.6   Modellierung eines Oberflächenrauheitshügels durch eine Koch-Kurve

3.2 Kontaktvorgänge

Kontaktvorgänge sind das zentrale Kennzeichen tribologischer Beanspruchungen; sie umfassen

(a) atomare und molekulare Wechselwirkungen, die in Form einer Adhäsion an Festkörper/Festkörper-Grenzflächen oder einer Physi- bzw. Chemiesorption an Festkörper/Flüssigkeit/Festkörper-Grenzflächen technisch von besonderer Bedeutung sind,

(b) Kontakt-Mechanik, d. h. mechanische Wechselwirkungen, verbunden mit einer Kontaktdeformation, der Ausbildung der realen Kontaktgeometrie und der Übertragung von Kräften, Drehmomenten oder mechanischer Energie.

3.2.1 Adhäsion

Bei der Berührung von Oberflächen kann durch molekulare Wechselwirkungen in der Kontaktgrenzfläche eine Adhäsion auftreten. Ein bekanntes Beispiel für das Wirken von Adhäsionskräften in der technischen Praxis ist das „Aneinandersprengen" von Endmaßen mit ihren extremen planen und glatten Oberflächen (**Bild 3.2.1**) (Althin, 1948). Ein weiteres Beispiel für das Wirken einer Adhäsion ist das gefürchtete „Fressen" metallischer Gleitpaarungen bei Mangelschmierung oder Überbeanspruchung z. B. von Kolben/Zylinder-Systemen in Motoren.

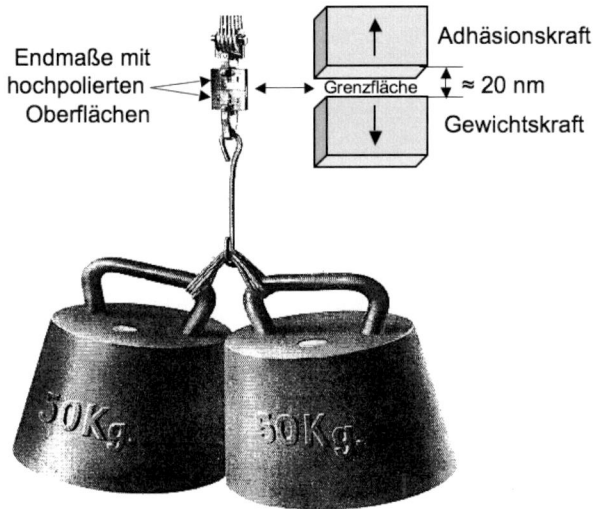

Bild 3.2.1   Adhäsion von Endmaßen: Die Adhäsionskraft übersteigt bei einer geometrischen Kontaktfläche von 3,15 cm² den Betrag von ca. 1000 N

Die Ursache einer Adhäsion kontaktierender Festkörper sind attraktive atomare Wechselwirkungskräfte und chemische Bindungen, die auch die Kohäsion, d. h. den inneren Zusammenhalt fester Körper, bewirken. Auf ihnen beruhen auch die chemischen Bindungen. Die Grundformen der chemischen Bindung werden eingeteilt in (starke) Hauptvalenzbindungen (Ionenbindung, Atombindung, metallische Bindung) mit einer typischen Bindungsenergie von 2 bis 8 eV/Atom sowie (schwache) Nebenvalenzbindungen (van-der-Waals-Bindungen) mit etwa 0,1 eV/Atom, sie können stichwortartig vereinfacht wie folgt charakterisiert werden (Plewinsky, 1991):

Ionenbindung (heteropolare Bindung):

Bildung von Kationen und Anionen durch Aufnahme oder Abgabe von Valenzelektronen; Bindung durch ungerichtete elektrostatische (Coulomb)-Kräfte zwischen den Ionen. Für kontaktierende Festkörper ist die für die Adhäsion maßgebliche Größe des Ladungsaustausches abhängig von der Größe der wahren Kontaktfläche, den Unterschieden der Elektronen-Austrittsarbeiten und der Dichte elektronischer Oberflächenzustände.

Atombindung (homöopolare oder kovalente Bindung):

Gemeinsame Elektronenpaare zwischen nächsten Nachbarn; gerichtete Bindung mit räumlicher Vorzugsrichtung der bindenden Elektronenpaare. Kovalente Bindungskräfte haben nur eine sehr kurze Reichweite, die in der Größenordnung von interatomaren Abständen liegt (0,5 nm oder weniger). Bei Grundlagenuntersuchungen mit dem Feldionenmikroskop wurde ein Übertrag von Polytetrafluoräthylen (PTFE) auf Wolfram in Form kovalenter adhäsiver Bindungen festgestellt (Buckley, 1981). **Bild 3.2.2 (a)** zeigt adhäsive molekulare PTFE Fragmente.

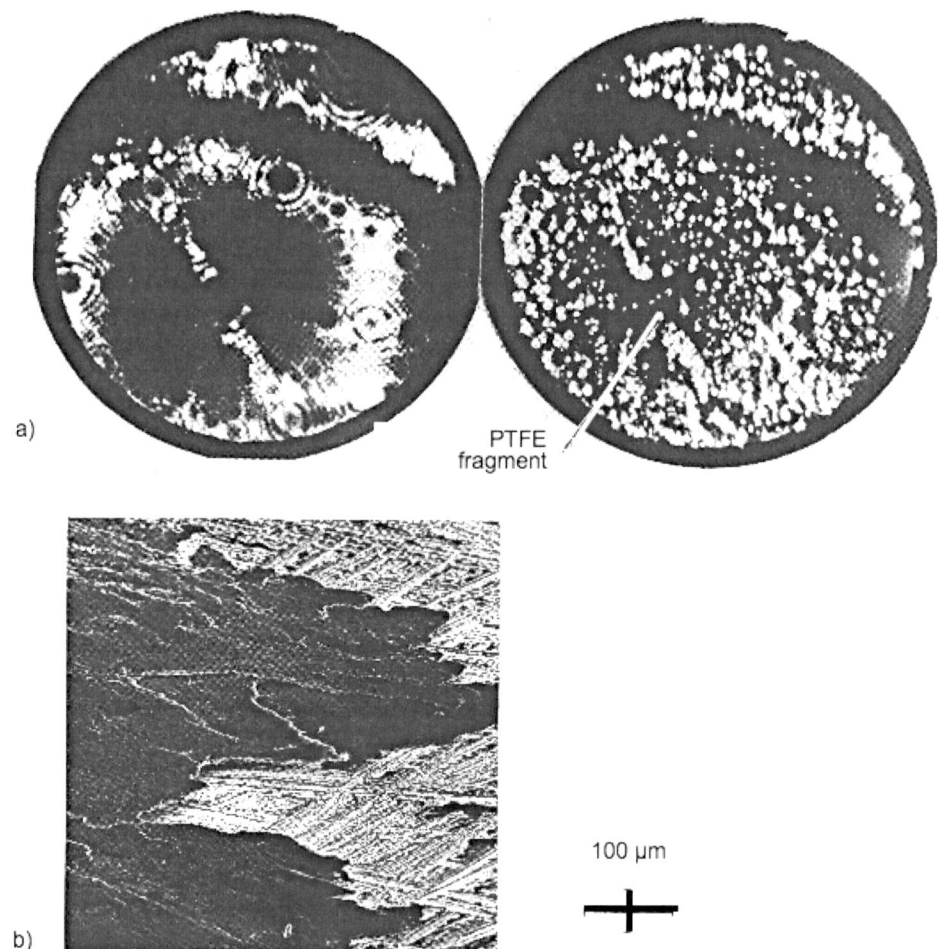

Bild 3.2.2   Erscheinungsbilder der Adhäsion:
(a): Materialübertrag von Polytetrafluoräthylen (PTFE) auf einer Wolframoberfläche (Feld-ionenmikroskop-Aufnahme). Links: Atomare Struktur der W-Oberfläche vor adhäsivem Kontakt; rechts: Atomare Struktur der W-Oberfläche nach adhäsivem Kontakt
(b): Materialübertrag von Magnesium (schwarz) auf Eisen nach Festkörpergleitreibung im Hochvakuum (Rasterelektronenmikroskop-Aufnahme)

Metallische Bindung:

Gemeinsame Valenzelektronen aller beteiligten Atome („Elektronengas"); ungerichtete Bindung zwischen dem Elektronengas und den positiv geladenen Atomrümpfen. Nach dem sogenannten „Jellium-Modell" (Ziman, 1963) hängt die Stärke der Adhäsion von der Dichte freier Elektronen im Kontaktgrenzflächenbereich ab. Darüber hinaus ist die Elektronenstruktur der Metalle und der Charakter (s, p, d) der an einer Adhäsion teilnehmenden Elektronen zu berücksichtigen. Bei ungleichen Metallen sind außerdem Unterschiede der Ferminiveaus, der elektronischen Austrittsarbeiten und der Struktur und der Dichte elektronischer Zustände zu beachten („Donator-Akzeptor-Modell"). Bild 3.2.2 (b) zeigt in einer rasterelektronenmikroskopischen Aufnahme einen adhäsiven Materialübertrag von Magnesium (schwarz) auf Eisen nach Festkörpergleitreibung im Hochvakuum (Habig, 1970).

Van-der-Waals-Bindung:

Interne Ladungspolarisation (Dipolbildung, Dispersionskräfte) benachbarter Atome oder Moleküle; schwache elektrostatische Dipoladsorptionsbindung und Wasserstoffbrücken. Eine van-der-Waals-Adhäsion kann zwischen Werkstoffen aller Art auftreten, sie ist daher die häufigste Ursache für Adhäsionskräfte; ihre Stärke nimmt bei ideal glatten Oberflächen für Kontaktabstände > 30 nm reziprok mit der vierten Potenz des Abstandes und für Kontaktabstände < 30 nm reziprok mit der dritten Potenz des Kontaktabstandes ab.

In energetischer Hinsicht ergibt sich bei einem Festkörper/Festkörper-Kontakt eine Änderung der Oberflächenenergie $\Delta\gamma$ dadurch, dass zwei Oberflächenenergien durch eine Grenzfläche niedrigerer Oberflächenenergie ersetzt werden. Für die Änderung der Oberflächenenergie je Flächeneinheit $\Delta\gamma$ resultiert der folgende Ausdruck

$$\Delta\gamma = \gamma_1 + \gamma_2 - \gamma_{12}$$

wobei γ_1 und γ_2 die Oberflächenenergien der kontaktierenden Festkörper und γ_{12} die Grenzflächenenergie darstellt.

Die obige Darstellung der Elementarvorgänge der chemischen Bindung als Grundlage einer Adhäsion von Festkörpern gilt nur für idealisierte Verhältnisse (z. B. Einkristalle, ideal glatte und atomar saubere Oberflächen etc.). Beim Kontakt realer technischer Bauteile wird eine Adhäsion entscheidend durch den Aufbau technischer Oberflächen (Bild 3.1.1) und ihre Mikrostruktur beeinflusst, so dass eine Berechnung oder Abschätzung der Wirkung von Adhäsionskräften für übliche technische Kontakte kaum möglich ist. Die einzige experimentelle Möglichkeit zur Bestimmung von Adhäsionskräften zwischen zwei unter einer Normalkraft F_N kontaktierenden Festkörpern besteht in der Messung der zu ihrer Trennung erforderlichen Trenn- oder Adhäsionskraft F_A. Der Quotient

$$a = \frac{F_A}{F_N}$$

wird als Adhäsionskoeffizient bezeichnet (Bowden and Tabor, 1954).

Diese Definition des Adhäsionskoeffizienten ist für mikro/nanoskopische Kontakte, wie sie mit Abtastspitzen von Rasterkraftmikroskopen (siehe Abschnitt 3.2.4) entstehen, nicht mehr sinnvoll, da dort die Trennkraft unabhängig von der Normalkraft ist, solange die Deformationen elastisch bleiben.

In zahlreichen experimentellen Untersuchungen mit zum Teil sehr speziellen Versuchsbedingungen (z. B. Ultrahochvakuum, einkristalline Kontaktflächen, hochreine Materialien etc.) ist versucht worden, Korrelationen zwischen experimentell bestimmten Adhäsionswerten und grundlegenden Materialeigenschaften der Adhäsionspartner herzustellen. Ergebnisse von Adhäsionsmessungen mit der „compression/twist/separation"-Technik zeigen (Sikorski, 1963), dass bei Metallen die Adhäsion mit steigender Härte abnimmt, wobei in Abhängigkeit von der Gitterstruktur eine Aufspaltung der Kurvenzüge auftritt (**Bild 3.2.3**). Diese Ergebnisse werden wie folgt gedeutet:

Das Formänderungsvermögen der Kontaktpartner stellt einen erheblichen Einflussfaktor auf die Adhäsion dar, da es die Größe der wahren Kontaktfläche beeinflusst (vgl. Abschnitt 3.2.2). Es lässt sich zeigen, dass die Bedingungen zur Ausbildung einer großen wahren Kontaktfläche (in der chemische Grenzflächenbindungen wirksam werden können) für kubisch flächenzentrierte (kfz) Metalle günstiger sind als für kubisch raumzentrierte (krz) Metalle oder Metalle mit hexagonaler Gitterstruktur (Buckley, 1968; Habig, 1968). Mit dieser Argumentation lässt sich die in Bild 3.2.3 dargestellte Aufspaltung experimentell gemessener Adhäsionswerte (Sikorski, 1963) und die Kleinheit der Adhäsionskoeffizienten hexagonaler Metalle qualitativ verstehen. Möglicherweise wird dieser Effekt aber von einem zweiten überlagert, der auf Unterschieden in der Wechselwirkung zwischen solchen Metallen, die stabile Oxide bilden und solchen die keine stabilen Oxide bilden können, beruht (Keller, 1963).

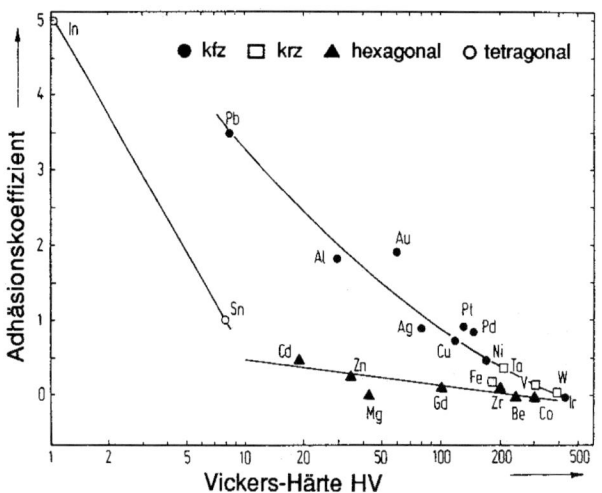

Bild 3.2.3
Zusammenhang zwischen dem Adhäsionskoeffizienten und der Vickers-Härte bei Paarungen reiner Metalle mit unterschiedlicher Gitterstruktur

Es wird angenommen, dass die Elektronenstruktur der Metalle und speziell die Grenzflächendichte freier Elektronen („Jellium Modell") für die Stärke der Adhäsionsbindungen metallischer Materialpaarungen maßgeblich sind (Czichos, 1972). Unter Benutzung der Elektronentheorie der metallischen Bindung wurden die Bindungsenergien einer Reihe ungleicher Metalle mit kubisch flächenzentrierter Gitterstruktur berechnet (Ferrante and Smith, 1973). Ergänzende experimentelle Adhäsionsmessungen an reinen Metallen im Ultrahochvakuum ergaben, dass für die untersuchten Metallpaarungen die Stärke der gemessenen Adhäsionskräfte in der Reihenfolge der theoretisch bestimmten Werte zunimmt (**Bild 3.2.4**) (Buckley, 1975).

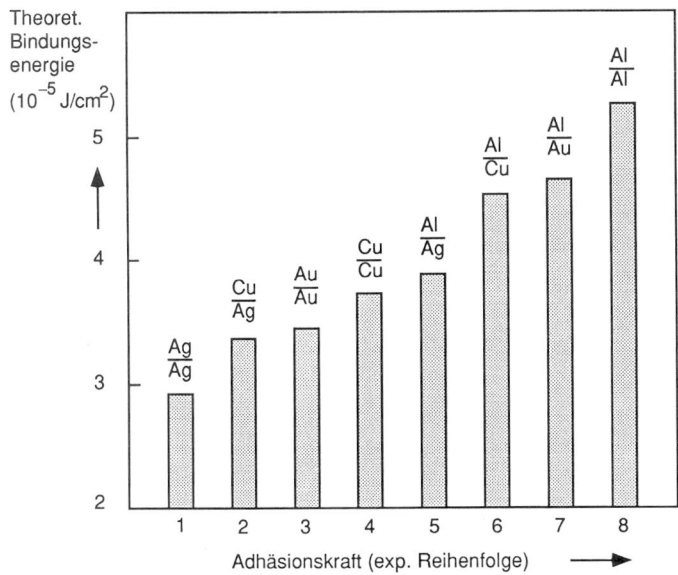

Bild 3.2.4   Zusammenhang zwischen Bindungsenergie und Adhäsionskraft ungleicher Metallpaarungen mit kubisch flächenzentrierter Gitterstruktur

Die Untersuchung der Adhäsion im atomaren Maßstab ist seit ca. 1990 durch experimentelle Methoden der Rasterkraftmikroskopie oder auch „Atomic Force Microscopy" (AFM) (siehe Kapitel 3.2.4 und Kapitel 8.3.2) möglich. Diese nanoskopischen Kontakte haben den Vorteil, dass sie relativ gut definierbar sind und zudem wegen ihrer Kleinheit der theoretischen Berechnung mit Hilfe der Molekulardynamik (MD) am Computer zugänglich sind.

In **Bild 3.2.5** sind typische Ergebnisse von AFM-Messungen bei einem Adhäsionsversuch (Diagramm a) und einem Eindringversuch (Diagramm b) für die Kontaktpaarung einer Nickelspitze (Radius ca. 200 nm) mit einer Goldoberfläche (Umgebungsmedium: trockener Stickstoff) zusammen mit den zugehörigen bildlichen Darstellungen der atomaren Konfiguration der Kontaktpartner dargestellt, die mit Molekulardynamik-Computersimulation berechnet worden sind (Landman et al., 1990). Diagramm (a) im Bild 3.2.5 und Bild 3.2.5 A zeigen, dass bei Annäherung der Kontaktpartner (Vorschubgeschwindigkeit 5 nm/s) bei einem Abstand von ca. 8 nm infolge des atomaren Anziehungspotentials – d. h. bei negativer Kontaktkraft – eine spontane Kontaktbildung erfolgt („jump-to-contact"). Die Kontaktdeformation ist mit Zugspannungen an der Kontaktperipherie von ca. 10^{10} N/m^2 verbunden. Bei einer anschließenden Trennbewegung tritt im Trennkraft-Weg-Verlauf eine Hysterese auf. Nach dem Trennen resultiert ein adhäsiver Materialübertrag von Goldatomen auf der Nickelspitze (Bild 3.2.5 B). Beim Eindringversuch, Diagramm (b) und Bild 3.2.5 C, werden als Folge der Kontaktkräfte unterhalb der Kontaktfläche Punktdefekte und Versetzungen erzeugt. Bei der Trennbewegung tritt ebenfalls eine Hysterese im Kraftverlauf auf, wobei eine duktile Einschnürung des an der Nickelspitze haftenden Goldes zu beobachten ist und ein wechselseitiger Materialübertrag resultiert (Bild 3.2.5 D).

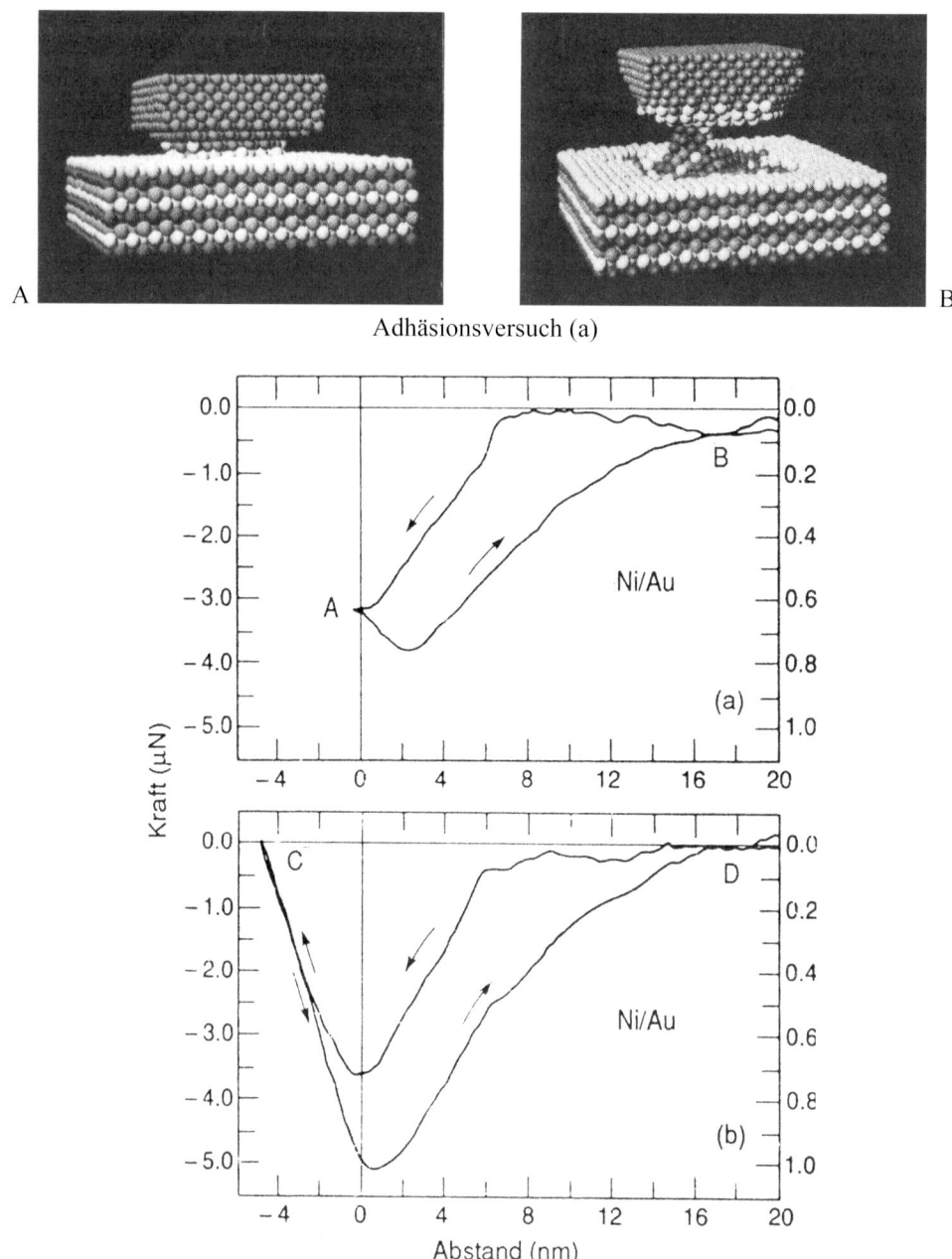

Bild 3.2.5   Kraft-Weg-Verläufe beim Annähern und Trennen eines Nickel-Gold-Kontaktes und atomare Computersimulation (a) Adhäsionsversuch, (b) Eindringversuch

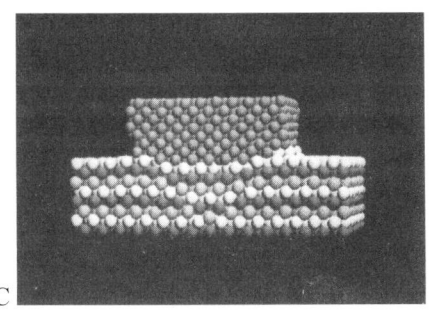

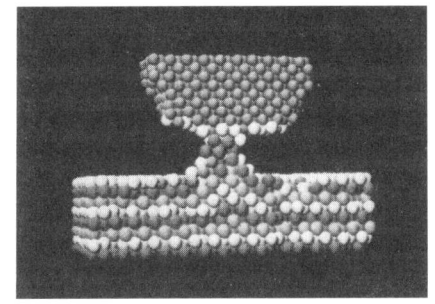

C D

Eindringversuch (b)

Mit diesen grundlegenden experimentellen und theoretischen Untersuchungen konnten erstmals verschiedene Details der Adhäsion direkt dargestellt werden, wie z. B. Wirkung eines elektronischen Anziehungspotentials, Kraft-Weg-Hysterese, elastisch-plastische Lokaldeformation, Auftreten von Zugspannungen im Kontaktbereich, Erzeugung von Punktfehlern und Versetzungen, duktile Einschnürungen, Adhäsionsbruch im Bruchmechanik-Mode I, wechselseitiger Materialübertrag im atomaren Maßstab. Es ist offensichtlich, dass diese Effekte wichtige Detailprozesse sowohl der Adhäsionskomponente der Reibung (siehe Abschnitt 4.3.1) als auch des Verschleißes (siehe Abschnitt 5.3.3) darstellen.

3.2.2 Kontaktgeometrie und Kontaktmechanik

Nach der Terminologie der Konstruktionssystematik bestehen tribotechnische Systeme aus „Wirkgeometrien" mit „Wirkflächenpaaren", deren wichtigste Kontaktformen für Systeme mit geschlossenen Systemstrukturen (vgl. Abschnitt 2.2) in **Bild 3.2.6** zusammengestellt sind (von Weingraber und Abou-Aly, 1989). Beim Kontakt zweier Bauteile tritt infolge der Mikrogeometrie technischer Oberflächen eine Berührung nur in diskreten Mikrokontakten auf, die sich unter der Wirkung der Normalkraft F_N deformieren. Es muss deshalb zwischen der geometrischen oder nominellen Kontaktfläche A_o (makroskopische Betrachtung) und der meist erheblich kleineren realen Kontaktfläche A_r, d. h. der Flächensumme der Mikrokontaktflächen (mikroskopische Betrachtung) unterschieden werden. Die wahre Kontaktfläche ist für alle tribotechnischen Systeme von zentraler Bedeutung, da in ihr primär die Reibungs- und Verschleißprozesse ablaufen. Im folgenden soll zunächst die sich unter der Wirkung einer reinen Normalkraft F_N ergebende Kontaktgeometrie zweier kontaktierender Festkörper und die damit verbundene Kontaktmechanik (Johnson, 1985) betrachtet werden.

Elastischer Kontakt: makroskopische Betrachtung

Die elastische Kontaktdeformation gekrümmter Körper („kontraforme" Kontakte) wird durch die Hertzsche Theorie unter den Voraussetzungen rein elastischer Materialien mit ideal glatten Oberflächen unter der ausschließlichen Wirkung von Normalkräften behandelt (Hertz, 1881). In **Bild 3.2.7** sind die Berechnungsgrundlagen der Hertzschen Theorie für den Kontakt Zylinder-Zylinder und Kugel-Kugel zusammengestellt (Wuttke, 1986). Mit ihnen lassen sich für Linien- und Punktkontakt die grundlegenden Größen der elastischen Kontaktdeformation, wie z. B. nominelle elastische Kontaktfläche, Normaldruckverteilung und maximale Flächenpressung berechnen (Berechnungsgrundlagen für elliptische Hertzsche Kontaktflächen: siehe Wittenburg, 1991).

Kontaktform		Fläche des Grundkörpers I	Gegenkörpers II	Skizze	Anwendungsbeispiele
Konform	Flächenberührung	Ebene	Ebene	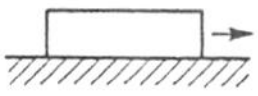	Geradführungen
		Hohlzylinder	Vollzylinder	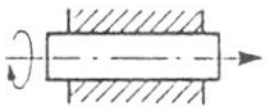	Gleitlager Rundpassungen, Zylinderlaufbahnen
		Hohlkegel $d_I \approx d_{II}$	Vollkegel	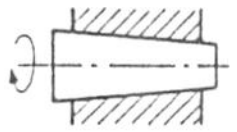	Lager Kegelpassungen
Kontraform	Linienberührung	Ebene	Zylinder	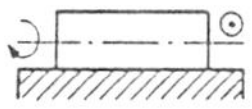	Rollenführungen
		Hohlzylinder $d_I \gg d_{II}$	Vollzylinder	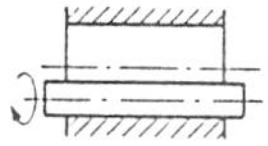	Nadellager
		Vollzylinder $d_I \lesssim d_{II}$	Vollzylinder	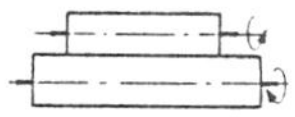	Walzenstühle Rollenlager
		Vollkegel	Vollkegel	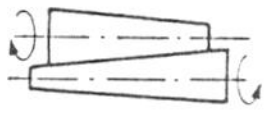	Kegelreibradgetriebe
		Hohlkegel	Kugelkalotte	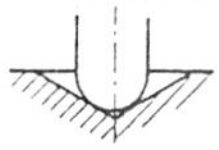	Spitzenlager
		Vollprisma	V-Prisma	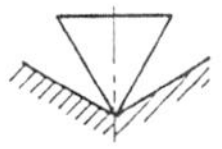	Schneidenlager
		Evolventenfläche	Evelventenfläche		Zahnräder
	Punktberührung	Ebene	Kugel	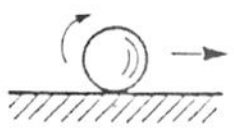	Kugelführungen
		Hohlzylinder	Kugel	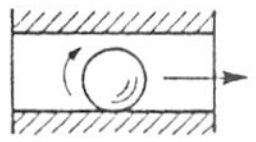	Kugelführungen
		Vollzylinder	Kugel	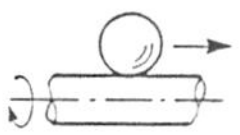	Kugelführungen
		Innenringfläche	Kugel	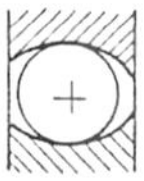	Wälzlager
		Außenringfläche	Kugel		

Bild 3.2.6   Wirkgeometrien und Wirkflächen tribologischer Modellsysteme: Übersicht

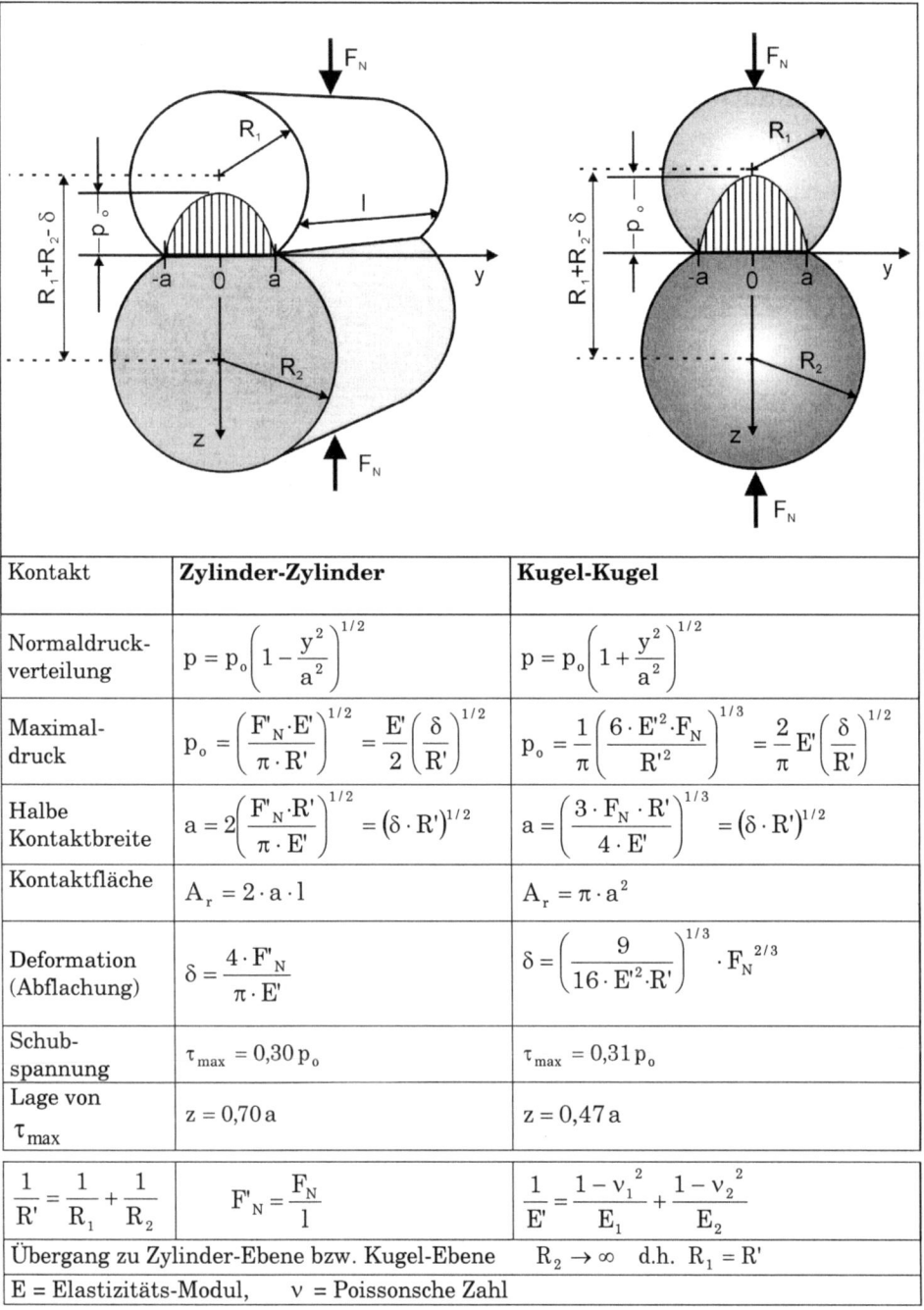

Kontakt	Zylinder-Zylinder	Kugel-Kugel
Normaldruck-verteilung	$p = p_0 \left(1 - \dfrac{y^2}{a^2}\right)^{1/2}$	$p = p_0 \left(1 + \dfrac{y^2}{a^2}\right)^{1/2}$
Maximal-druck	$p_0 = \left(\dfrac{F'_N \cdot E'}{\pi \cdot R'}\right)^{1/2} = \dfrac{E'}{2}\left(\dfrac{\delta}{R'}\right)^{1/2}$	$p_0 = \dfrac{1}{\pi}\left(\dfrac{6 \cdot E'^2 \cdot F_N}{R'^2}\right)^{1/3} = \dfrac{2}{\pi}E'\left(\dfrac{\delta}{R'}\right)^{1/2}$
Halbe Kontaktbreite	$a = 2\left(\dfrac{F'_N \cdot R'}{\pi \cdot E'}\right)^{1/2} = (\delta \cdot R')^{1/2}$	$a = \left(\dfrac{3 \cdot F_N \cdot R'}{4 \cdot E'}\right)^{1/3} = (\delta \cdot R')^{1/2}$
Kontaktfläche	$A_r = 2 \cdot a \cdot l$	$A_r = \pi \cdot a^2$
Deformation (Abflachung)	$\delta = \dfrac{4 \cdot F'_N}{\pi \cdot E'}$	$\delta = \left(\dfrac{9}{16 \cdot E'^2 \cdot R'}\right)^{1/3} \cdot F_N^{2/3}$
Schub-spannung	$\tau_{max} = 0,30\,p_0$	$\tau_{max} = 0,31\,p_0$
Lage von τ_{max}	$z = 0,70\,a$	$z = 0,47\,a$

$\dfrac{1}{R'} = \dfrac{1}{R_1} + \dfrac{1}{R_2}$	$F'_N = \dfrac{F_N}{l}$	$\dfrac{1}{E'} = \dfrac{1 - v_1^2}{E_1} + \dfrac{1 - v_2^2}{E_2}$
Übergang zu Zylinder-Ebene bzw. Kugel-Ebene		$R_2 \rightarrow \infty$ d.h. $R_1 = R'$
E = Elastizitäts-Modul, v = Poissonsche Zahl		

Bild 3.2.7   Berechnungsgrundlagen für den elastischen Kontakt gekrümmter Körper (Hertzsche Theorie)

Elastischer Kontakt: mikroskopische Betrachtung

Die Hertzsche Theorie ideal glatter Oberflächen wurde von Archard (1953) auf die elastische Kontaktdeformation von Festkörpern mit Oberflächenrauheiten ausgedehnt. Die Oberflächenrauheit wurde durch kugelförmige Rauheitshügel unterschiedlicher Radien approximiert.

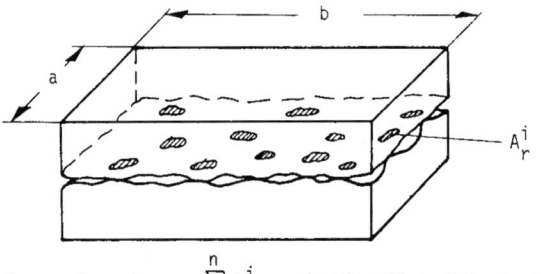

$$A_o = a \cdot b \gg A_r = \sum_{i=1}^{n} A_r^i \quad \text{(n : Anzahl der Mikrokontakte)}$$

Bild 3.2.8
Geometrische und reale Kontaktfläche

Obwohl dieses in **Bild 3.2.8** skizzieret Modell eine sehr starke Vereinfachung realer technischer Oberflächen darstellen, zeigen sie, dass die reale Kontaktfläche bei der elastischen Kontaktdeformation näherungsweise der Normalkraft F_N proportional ist, d. h., es gilt

$$A_r = \text{const} \left[\frac{F_N}{E} \right]^c \quad 4/5 < c < 44/45 \quad \text{(abhängig vom Modell)}$$

wobei E der reduzierte E-Modul der Kontaktmaterialien ist.

Eine andere Erweiterung der Hertzschen Theorie für den Fall elastischer gekrümmter rauer Körper mit einer Gauß-Verteilung der Oberflächenrauheitshügel wurde von Greenwood und Tripp (1967) vorgenommen. Ihr Modell wird durch drei Parameter definiert:

σ^*:   Standardabweichung der Gauß-Verteilung der Rauheitshügel
β: mittlerer Radius der Oberflächenrauheitshügel
n: Flächendichte der Rauheitshügel.

Die Analyse von Greenwood und Tripp ergab in mathematischer Form folgende Ergebnisse:

- die Gesamtzahl der Mikrokontakte ist etwa der Normalkraft F_N proportional,
- die wahre Kontaktfläche nimmt mit der Anzahl der Mikrokontakte zu, d. h., die wahre Kontaktfläche ist näherungsweise der Normalkraft proportional:
  $A_r = \text{konst.} \cdot F_N$,
- die mittlere Größe eines Mikrokontaktes ist nahezu von der Normalkraft unabhängig.

Der Einfluss der Oberflächenrauheit auf die Kontaktgeometrie und die Kontaktmechanik lässt sich mittels Computersimulation darstellen. Hierzu wurde – ausgehend von der klassischen Boussinesq-Theorie der Spannungen und Verformungen im elastischen Halbraum unter der Wirkung punktueller Oberflächenkräfte – ein Matrixmodell der lokalen Verteilung realer Mikrokontakte und Flächenpressungen entwickelt (West and Sayles, 1988).

Mit den in den 1980er Jahren für wissenschaftliche Berechnungen verwendeten FORTRAN Programmen wurde der Hertzsche Kontakt einer rauhen Stahloberfläche mit einer 2-dimensional gekrümmten (R_1 = 5 mm; R_2 = 15 mm) ideal glatten Gegenfläche für das Beispiel einer Normalkraft F_N = 25 N, p_0 (Hertz) = 1 GPa, mit maximal 1250 Datenpunkten des Kontaktes simuliert. **Bild 3.2.9** zeigt die Mikrogeometrie der rauen Stahloberfläche (Bild 3.2.9 a: Flächenausschnitt 0,5 mm^2; max. Rautiefe 4,4 µm) zusammen mit den realen Mikrokontakt-Flächenkonturen innerhalb des elliptischen Hertzschen Kontaktes (Bild 3.2.9 b: nominelle Halbachsen 78 µm und 162 µm) und der Verteilung lokaler Flächenpressungen in den Mikrokontakten (Bild 3.2.9 c: max. Spitzenwert p = 7,0 GPa). Die Größe der wahren Kontaktfläche als Summe der Mikrokontaktflächen beträgt in diesem Fall 39 % der Hertzschen Kontaktfläche für ideal glatte Flächen unter sonst gleichen Bedingungen.

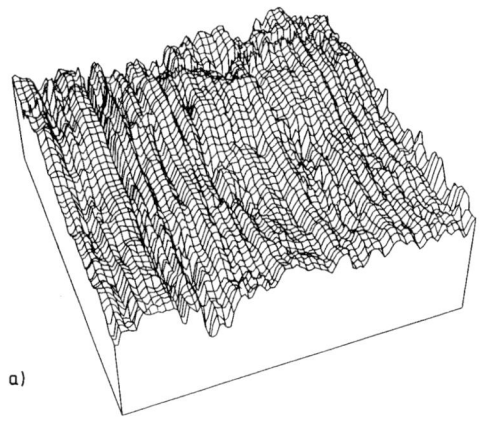

a)

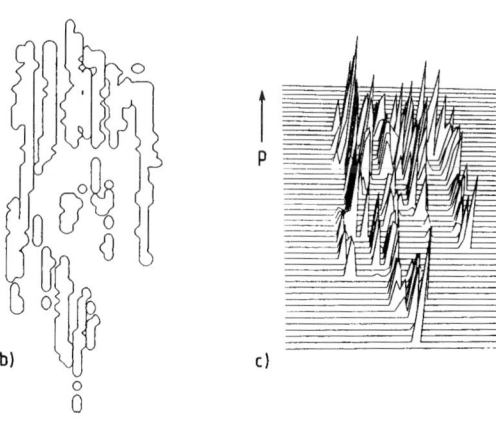

b)   c)

Bild 3.2.9
Computersimulation eines Hertzschen Kontaktes rauer Oberflächen (F_N = 25 N, p(Hertz) = 1 GPa, Kontaktflächenhalbachsen 78 µm und 162 µm)
(a) Darstellung einer rauen Stahloberfläche (Flächenausschnitt 0,5 mm^2, max. Rautiefe 4,4 µm),
(b) Flächenkonturen der Mikrokontakte,
(c) Verteilung der Flächenpressungen (max. Spitzenwert p = 7,0 GPa)

Bild 3.2.9 illustriert in exemplarischer Form die stochastische Natur der Mikrokontaktverteilung innerhalb der geometrischen Hertzschen Kontaktfläche. Es ist offensichtlich, dass bei einer Tangentialbewegung, d. h. einer Gleitbeanspruchung jeder Mikrokontakt einen Elementarbeitrag zum Reibungswiderstand („Reibungsquant") sowie zur reibbedingten Temperaturerhöhung („hot spot", vgl. Kap. 3.5) liefert und mit einer gewissen (material- und beanspruchungsabhängigen) Wahrscheinlichkeit zu lokalem Verschleiß führen kann.

Viskoelastischer Kontakt

Für den Kontakt viskoelastischer Materialien, wie z. B. von Polymerwerkstoffen, ist die Hertzsche Theorie der elastischen Kontaktdeformation unter Einbeziehung rheologischer Modelle zu erweitern.

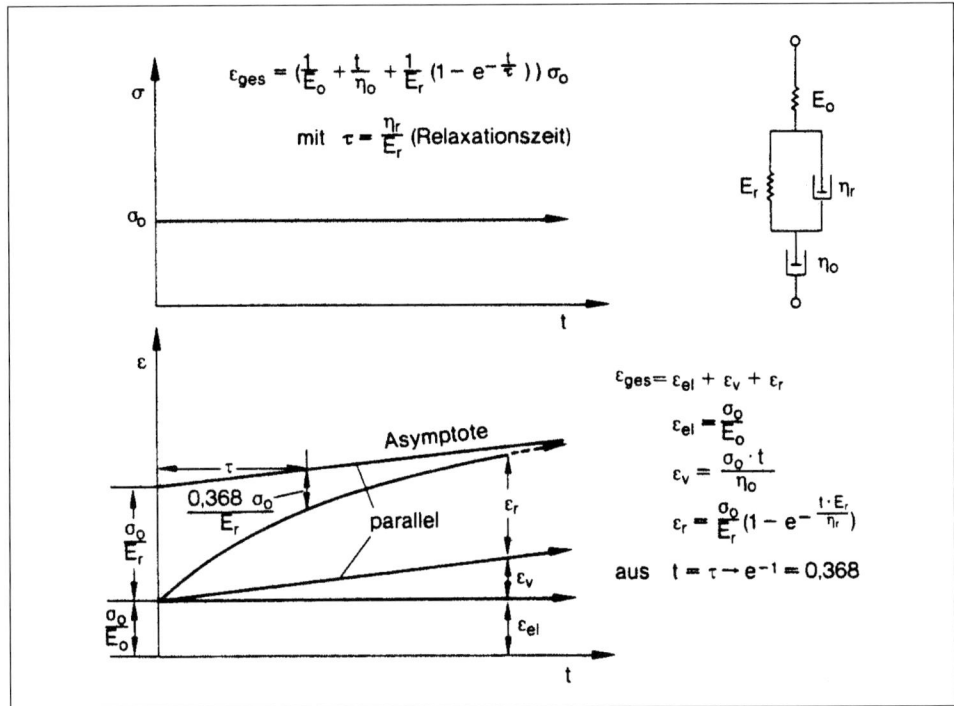

Bild 3.2.10   Viskoelastische (volumenbezogene) Deformation, gekennzeichnet durch das rheologische Burger-Modell (4-Parameter-Modell)

Wie in Bild **3.2.10** in vereinfachter Form dargestellt, kann eine volumenbezogene Deformation viskoelastischer Materialien durch das sog. Burger-Modell (4-Parameter-Modell) beschrieben werden, das aus einer Kombination von Federn und Dämpfungselementen besteht (Ehrenstein, 1978). Die Feder mit dem Elastizitätsmodul E_o kennzeichnet den rein elastischen Zustand, während die zeitabhängige viskoelastische Komponente durch die sog. Voigt-Kelvin-Kombination, d. h. eine Kombination zwischen einer Feder mit dem Relaxationsmodul E_r und einem Dämpfungsglied mit der Viskosität η_r modelliert wird. Hierbei kennzeichnet die Relaxationszeit τ – definiert als diejenige Zeit, nach der eine Anfangsspannung auf den e-ten Teil abgeklungen ist – die zeitabhängige Abnahme der Spannung. Darüber hinaus kann noch eine viskoplastische Komponente mit der Viskosität η_0 wirksam werden. Für dieses Modell resultiert beim spontanen Wirken einer einaxialen Spannung σ_0 eine Gesamtdeformation $\varepsilon_{total} = \Delta l/l_0$ mit folgenden Komponenten:

- elastische Deformation $\qquad \varepsilon_{el} = \sigma_0/E_0$
- viskoelastische Deformation $\qquad \varepsilon_r = \sigma_0/E_r\,[1 - \exp(t/\tau)]$
- viskoplastische Deformation $\qquad \varepsilon_v = \sigma_0 \cdot t/\mu_0$

Diese Deformationskomponenten und ihre Summation sind in Bild 3.2.10 dargestellt. Durch Anlegen einer Asymptote an die resultierende ε_{total}-Kurve kann der Relaxationsmodul E_r aus dem Schnittpunkt dieser Asymptote mit der ε-Achse bestimmt werden. Außerdem kann die Relaxationszeit τ, wie in Bild 3.2.10 illustriert, bestimmt werden.

In Analogie zu dem volumenbezogenen Deformationsverhalten nach Bild 3.2.10 kann die Kontaktdeformation viskoelastischer Materialien (mit vernachlässigbarer Viskoplastizität) durch eine Summation elastischer und viskoelastischer Deformationskomponenten approximiert werden. Hierbei wird für die viskoelastische Komponente der Elastizitätsmodul E_0 durch einen Term ersetzt, der den Relaxationsmodul E_r und die Relaxationszeit τ enthält. Für die Kontaktdeformation δ in der Belastungsphase eines Kugel-Ebene-Kontaktes ergibt sich (Czichos, 1985):

$\delta_{total} = \delta_{el} + \delta_r$

$\delta_{el} \leftrightarrow$ Hertzsche Theorie $\qquad \dfrac{1}{E_0} \rightarrow \dfrac{(1-e^{-t/\tau})}{E_r}$

$\delta_\rho \leftrightarrow$ Hertzsche Theorie mit

Damit folgt nach Bild 3.2.7

$$\delta_{total} = \left[\frac{9}{16 E_0^{'2} R}\right]^{1/3} F_N^{\,2/3} + \left[\frac{9(1-e^{-t/\tau})^2}{16 E_r^{\,2} R}\right]^{1/3} F_N^{\,2/3}$$

wobei

$$\frac{1}{E'} = \frac{1-v_1^{\,2}}{E_1} + \frac{1-v_2^{\,2}}{E_2}$$

v_1, v_2: Poissonsche Zahlen
E_1, E_2: Elastizitätsmoduli
R: Kugelradius
E': reduzierter Elastizitätsmodul

Für die Entlastungsphase ($t > t^*$; t^*: Belastungszeit) ergibt sich infolge der Zeitabhängigkeit der Viskoelastizität eine von der Belastungskurve verschiedene Entlastungskurve, die symbolisch durch die folgende Formel gekennzeichnet werden kann:

$$\delta_{total}(F_N < F_{N\,max}; t > t^*) = \delta_{el}(F_N) + \delta_r(F_N, t)$$
$$+ \left[\delta_r(F_{N\,max}, t^*) - \delta_r(F_N, t^*)\right]\exp\left[-(t - t^*)/\tau\right]$$

Obwohl diese Formeln starke Vereinfachungen darstellen, da sie von einer linearen Superposition von elastischen und viskoelastischen Kontaktdeformationskomponenten ausgehen und
nur mit einer Relaxationszeit τ (statt eines möglichen Relaxationszeitspektrums) arbeiten,
stellen sie brauchbare Näherungen dar, wie ein Vergleich von Messung und Theorie für das
Kontaktverhalten der Polymerwerkstoffe Polyoxymethylen (POM) und Polyamid (PA 66) in
einer Kugel(Polymer)-Scheibe(Glas)-Konfiguration zeigt **Bild 3.2.11** (Czichos, 1985).

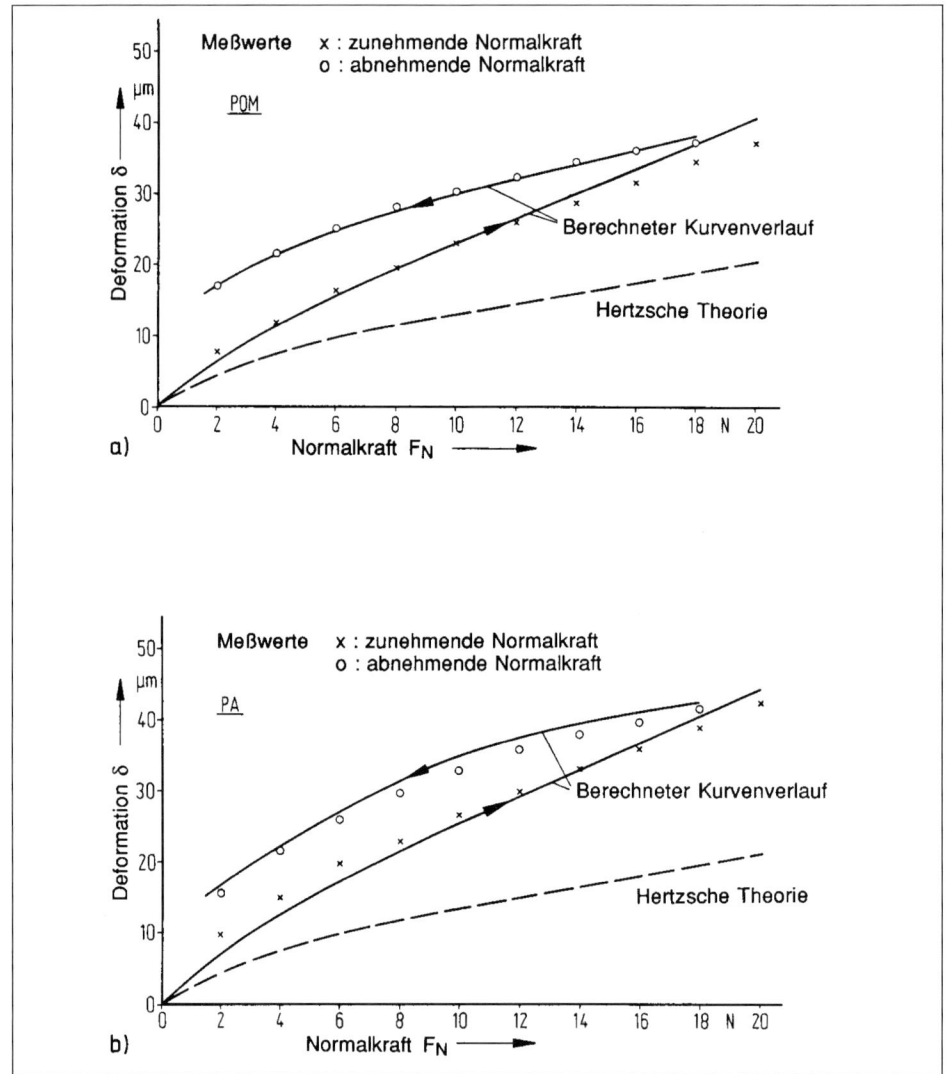

Bild 3.2.11 Viskoelastischer Kontakt von Polymerwerkstoffen, Vergleich zwischen erweiterter Hertzscher Theorie und Deformationsmessungen (Kontaktpartner: Glasscheibe, $R_a \sim 0,2$ - $0,3\mu m$;
Polymerkugeln 4 mm Ø, $R_z \sim 0,6$ - $1,0$ µm)
(a) Polyoxymethylen (POM), (b) Polyamid (PA 66)

Plastischer Kontakt

Für den Übergang von einer elastischen zu einer plastischen Kontaktdeformation sind in der Literatur verschiedene Kriterien entwickelt worden. Der sogenannte Plastizitätsindex nach Greenwood und Williamson (1966) ist folgendermaßen definiert:

$$\Psi = \left(\frac{E'}{H} \right) \cdot \left(\frac{\sigma^*}{\beta} \right)^{1/2}$$

Hierbei sind

    E':   reduzierter Elastizitätsmodul der Kontaktpartner

    H: Härte

    σ^*:   Standardabweichung der Rauheitshügelhöhenverteilung

    β: mittlerer Rauheitshügelradius

Nach diesem Kriterium soll für $\psi < 0{,}6$ eine elastische und für $\psi > 1$ eine plastische Kontaktdeformation resultieren. Nach einer Analyse der Bedingungen und der Resultate einer plastischen Kontaktdeformation ergeben sich für den plastischen Kontakt ähnliche allgemeine Schlussfolgerungen wie beim elastischen Kontakt:

- die reale Kontaktfläche ist der Normalkraft F_N direkt proportional; es gilt $A_r = F_N/H$

- bei zunehmender Normalkraft F_N nimmt die reale Kontaktfläche A_r vor allem durch eine Zunahme der Anzahl der Kontakte zu; die einzelne Mikrokontaktfläche bleibt annähernd konstant.

Kontaktmechanik mit Grenzflächenadhäsion

Bei der bisherigen Behandlung der Kontaktvorgänge wurde die Adhäsion im Grenzflächenbereich (siehe Abschnitt 3.2.1) separat von der reinen Kontaktmechanik auf der Basis der Hertzschen Theorie behandelt. Eine Analyse des elastischen Kontaktes gekrümmter glatter Körper unter Einbeziehung der Adhäsion – gekennzeichnet durch die Grenzflächenenergie γ – wurde von Johnson, Kendall und Roberts (1971) vorgenommen (JKR-Modell). Die Analyse zeigte, dass unabhängig von der wirkenden Normalkraft F_N eine Trennkraft ΔF_N erforderlich ist, um die beiden Kontaktpartner zu trennen:

$$\Delta F_N = -\frac{3}{2}\pi \cdot r \cdot \gamma$$

Die Kontaktsituation ist in vereinfachter Weise in **Bild 3.2.12** dargestellt. Die Kontaktpartner werden durch eine Kontaktkraft F_N zusammengepresst. Der Kontakt erstreckt sich über die infolge der Adhäsion vergrößerte Kontaktfläche mit dem Radius a_A. Wie im rechten Teil des Bildes dargestellt, resultieren Druckspannungen im mittleren Bereich der Kontaktfläche und Zugspannungen an den Randbereichen. Für das Verhältnis der Kontaktradien mit Adhäsion a_A und ohne Adhäsion a_H ergibt sich der folgende Ausdruck:

$$\frac{a_A}{a_H} = \left[\frac{F_N + 3\gamma\pi R + (6\gamma\pi R F_N + (3\gamma\pi R)^2)^{1/2}}{F_N} \right]^{1/3}$$

$$\text{wobei}\quad R = \frac{R_1 R_2}{R_1 + R_2}$$

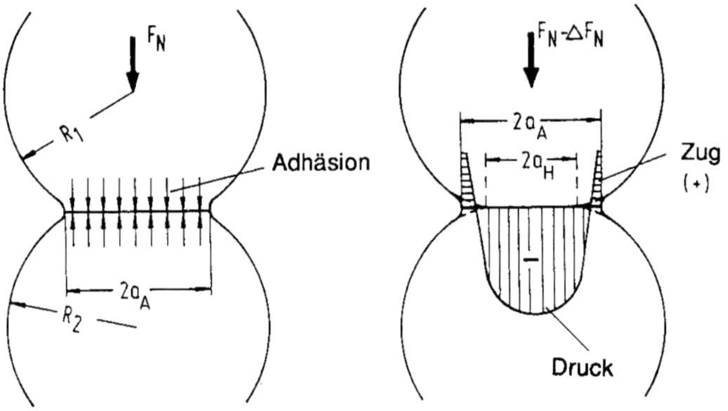

Bild 3.2.12   Elastischer Hertzscher Kontakt mit Grenzflächenadhäsion

Die Analyse von Johnson, Kendall und Roberts bezieht sich auf glatte Oberflächen. Von Fuller und Tabor (1975) wurde gezeigt, dass das Wirken einer Adhäsion bei der Kontaktdeformation erheblich durch eine zunehmende Oberflächenrauheit der Kontaktpartner beeinflusst werden kann. Die Größenordnungen für Oberflächenrauheiten, ab denen die Adhäsion auf vernachlässigbar niedrige Werte reduziert wird, liegen nach Angaben von Fuller und Tabor bei Werten von $R_a \approx 1$ µm für van-der-Waals Festkörper, wie z. B. Gummi, und $R_a \approx 5$ nm für Hartstoffe.

Elastischer Kontakt mit Tangentialbewegung

Eine Untersuchung des elastischen Kontaktes gekrümmter Körper mit beginnender Tangentialbewegung, d. h. einer überlagerten Tangentialkraft F_T zusätzlich zu der wirkenden Normalkraft F_N wurde in Erweiterung der Hertzschen Theorie von Mindlin (1949) vorgenommen. **Bild 3.2.13** illustriert die Situation für den Hertzschen Kontakt zweier kugelförmiger Bauteile. Die Analyse zeigte, dass durch die Überlagerung von Tangentialkräften F_T zu der wirkenden Normalkraft F_N im Randbereich die Spannungen nominell unendlich groß werden. Diese Spannungen können nur durch Mikroschlupf innerhalb einer ringförmigen Zone am Rande des Kontaktgebietes ausgeglichen werden. Hieraus resultiert, dass sich der Hertzsche Kontaktbereich in einen zentralen Bereich ohne Mikroschlupf und in einen äußeren Ringbereich mit Mikroschlupf aufteilt (Mixed stick-slip). Wenn als Kenngröße des Bewegungswiderstandes gegen Mikroschlupf die Reibungszahl f benutzt wird, so ergibt sich für das Verhältnis der Radien des inneren Haftbereiches a' zum Radius des gesamten Hertzschen Kontaktes a_H der folgende Ausdruck:

$$\frac{a'}{a_H} = \left[1 - \frac{F_T}{f \cdot F_N} \right]^{1/3}$$

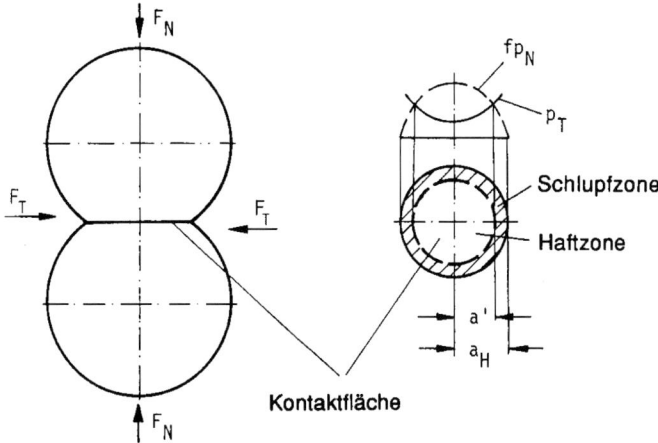

Bild 3.2.13 Elastischer Hertzscher Kontakt mit Tangentialbewegung: Aufteilung des Kontaktbereiches in Haft- und Mikroschlupfzone

Die Theorie von Mindlin wird durch experimentelle Untersuchungen statischer Kontakte mit überlagerter kleiner tangentialer Bewegungsamplitude bestätigt. Diese Untersuchungen zeigen, dass durch den Mikroschlupf im äußeren Kontaktbereich Oberflächenschädigungen in Form von „fretting" auftreten (vgl. Abschnitt 5.4.4).

Plastischer Kontakt mit Tangentialbewegung

Zur Untersuchung der plastischen Kontaktdeformation eines statischen Kontaktes mit der Normalkraft F_N und einer überlagerten Tangentialkraft F_T beim Einsetzen einer Tangentialbewegung wird in vereinfachter Weise von einem Plastizitätskriterium (z. B. von Mises, siehe Abschnitt 3.2.3) ausgegangen. McFarlane und Tabor (1950) machten dafür den folgenden Ansatz:

$$\sigma^2 + C \cdot \tau^2 = p^2$$

wobei σ, τ die vorgegebenen Normal- und Schubspannungen und p die Fließspannung des weicheren Kontaktpartners ist; C ist eine Konstante mit einem numerischen Wert von ungefähr 10. Das Modell bezieht sich z. B. auf einen sich plastisch deformierenden Rauheitshügelkontakt, dessen Größe unter der Wirkung der kombinierten Normal- und Tangentialspannungen zunimmt („junction growth").

Mit $\sigma = F_N/A_r$ und $\tau = F_T/A_r$ ergibt sich unter der kombinierten Wirkung von Normal- und Tangentialkraft eine reale Kontaktfläche mit der Größe

$$A_r = \left[\frac{F_N^2}{p^2} + C \frac{F_T^2}{p^2} \right]^{1/2}$$

$$A_r = A_{ro} \left[1 + C \frac{F_T^2}{F_N^2} \right]^{1/2}$$

wobei A_{ro} die Größe der Kontaktfläche bei reiner Normalkraftbeanspruchung ist. Aus **Bild 3.2.14** geht hervor, dass die Größe einer statischen Kontaktfläche bei kombinierter Wirkung von Normal- und Tangentialkräften und einem Verhältnis von $F_T/F_N = 0{,}3$ um etwa 40 % zunehmen kann.

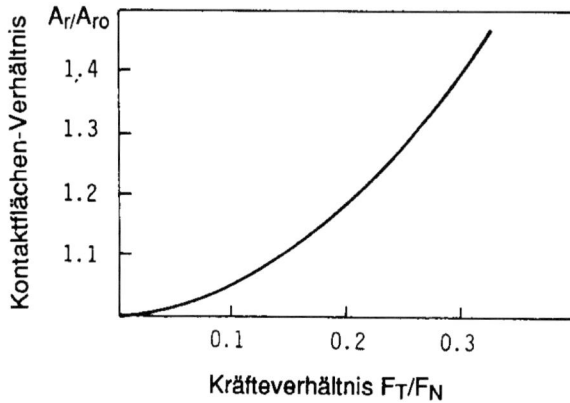

Bild 3.2.14
Kontaktflächenvergrößerung („junction growth") bei einer plastischen Kontaktdeformation mit der Normalkraft F_N und einer überlagerten Tangentialkraft F_T

3.2.3 Werkstoffanstrengung

Bei allen Kontaktvorgängen in tribotechnischen Systemen tritt durch die für technische Zwecke genutzte Kraft- oder Energieübertragung eine Beanspruchung der kontaktierenden Bauteile auf, die als „Werkstoffanstrengung" bezeichnet wird.

In der allgemeinen Festigkeitslehre werden zur Beurteilung der Werkstoffanstrengung mit Hilfe von Festigkeitshypothesen Vergleichsspannungen σ_V berechnet (Wittenburg, 1991), z. B.

Schubspannungshypothese (SH) nach Tresca:

$$\sigma_V = 2 \cdot \tau_{max} = \sigma_1 - \sigma_2$$

Hierbei bedeuten σ_1 die größte Normalspannung und σ_2 die kleinste Normalspannung.

Gestaltänderungsenergiehypothese (GEH) nach Huber und von Mises:

$$\sigma_V = \sqrt{0{,}5} \cdot \sqrt{(\sigma_1 - \sigma_2)^2 + (\sigma_2 - \sigma_3)^2 + (\sigma_3 - \sigma_1)^2}$$

mit σ_1, σ_2 und σ_3 als den Normalspannungen.

Ein Werkstoffversagen kann auftreten, wenn σ_V größer ist, als der für die gegebene Beanspruchungsart zutreffende Werkstoffkennwert, z. B. Streckgrenze R_p für Fließbeginn, Zugfestigkeit R_m für Bruch, Wechselfestigkeit σ_W für Dauerwechselbeanspruchung usw. Für den Bereich der Tribologie müssen diese allgemeinen Hypothesen der Werkstoffanstrengung auf Kontaktvorgänge übertragen werden.

Werkstoffanstrengung bei Normalkraftbeanspruchung

Grundlage für die Berechnung der Werkstoffanstrengung beim Kontakt ein- und zweidimensionaler gekrümmter Oberflächen unter Normalbeanspruchung ist die Hertzsche Theorie (Bild 3.2.8). Hiermit lassen sich die Größe der nominellen Kontaktfläche und die Flächenpressungsverteilungen sowie die maximale Hertzsche Pressung p_0 in der Kontaktfläche ermitteln. In **Bild 3.2.15** sind der Verlauf der Koordinatenspannungen σ_X, σ_Y, σ_Z und die maximalen Schubspannungen τ_{max} sowie der Verlauf der Vergleichsspannungen σ_V nach der Gestaltänderungsenergiehypothese (GEH) und der Schubspannungshypothese (SH) dargestellt (Broszeit, 1982). Sämtliche Spannungen in dieser Darstellung sind „normiert", d. h. auf die maximale Hertzsche Flächenpressung p_0 bezogen und aufgetragen über der bezogenen Tiefe Z/A bzw. Z/B. Die Darstellung gibt die Spannungsverhältnisse an der Stelle mit den Koordinaten X/A = Y/B = 0, d. h. den Mittelpunkt der Kontaktfläche wieder.

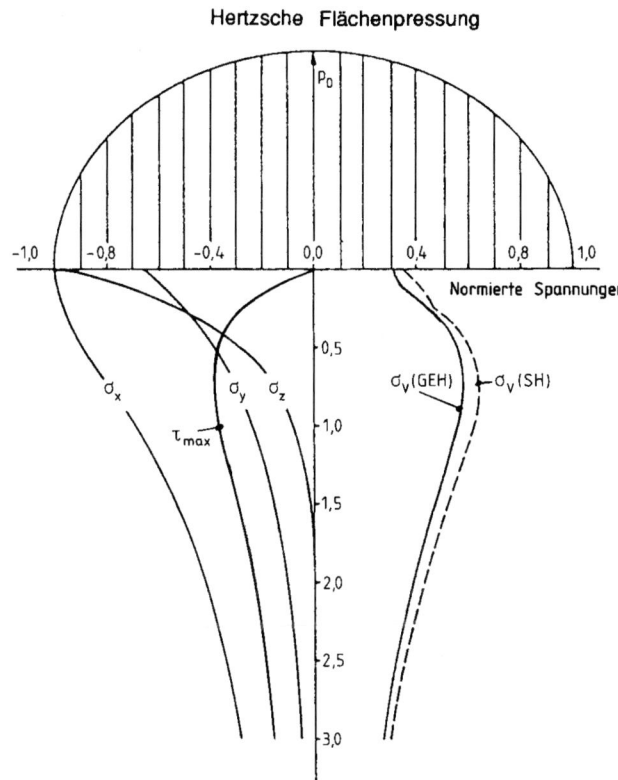

Bild 3.2.15
Werkstoffbeanspruchung zweidimensional gekrümmter Oberflächen (Modellrechnung für elliptische Kontaktfläche, Halbachsenverhältnis A/B = 6; σ_x, σ_y, σ_z Koordinatenspannungen; τ_{max} maximale Schubspannung; σ_V Vergleichsspannungen)

Man erkennt, dass sowohl das Maximum der Vergleichsspannung σ_V (GEH) als auch das Maximum nach der Schubspannungshypothese σ_V (SH) unterhalb der Werkstoffoberfläche liegen. Die Abhängigkeit der Werkstoffanstrengung von der Geometrie der Kontaktpartner ist am Beispiel des Überganges von ein- zu zweidimensional gekrümmter Oberflächen in **Bild 3.2.16** dargestellt (Broszeit, 1982). Der Verlauf der Vergleichsspannungen σ_V (GEH) für

„Punktberührung" (Kugel/Kugel-Kontakt) und „Linienberührung" (Zylinder/Zylinder-Kontakt) zeigt deutliche Unterschiede der Vergleichsspannungen der Oberfläche ($Z = 0$) sowohl in Bezug auf Größe des Maximums der Vergleichsspannungen als auch bezüglich des Ortes des Vergleichsspannungsmaximums unter der Oberfläche. Im Vergleich zur Linienberührung beginnt bei der Punktberührung die Vergleichsspannung bei niedrigeren Werten, steigt dann jedoch schneller an und erreicht ein größeres Maximum in einer geringeren Tiefe unter der Oberfläche und klingt dann schnell wieder ab. Der Werkstoff unterliegt plausiblerweise somit bei Punktkontakt bzw. kreisförmiger Kontaktfläche einer höheren Maximalbeanspruchung mit steileren Spannungsgradienten als bei Linienberührung bzw. rechteckiger Kontaktfläche. Bei konstanter Geometrie der Kontaktpartner vergrößert sich mit zunehmender maximaler Pressung p_0 die Kurve der Vergleichsspannung in geometrisch ähnlicher Form, wobei sowohl das Maximum als auch die Tiefenwirkung ansteigen.

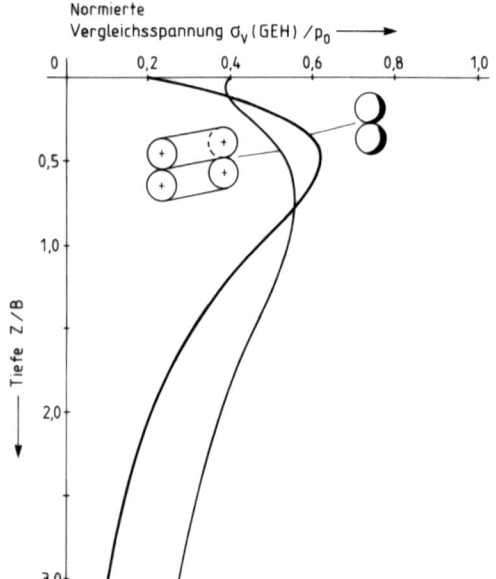

Bild 3.2.16
Vergleich der Vergleichsspannungen σ_V bei Linien- und Punktkontakt

Werkstoffanstrengung bei Normal- und Tangentialkraftbeanspruchung

Durch die Überlagerung von Normalbeanspruchungen und Tangentialbeanspruchungen – z. B. durch Reibungskräfte (siehe Kapitel 4) – tritt unter sonst gleichen Bedingungen eine Erhöhung der Werkstoffanstrengung und eine Unsymmetrie der Spannungsfelder in den Kontaktpartnern auf. Unter Annahme idealgeometrischer Oberflächen kann der Reibungsansatz $f = F_R/F_N$ auch in Spannungsgrößen umgeschrieben werden: $\tau_{ZY} = f \cdot \sigma_Z$, wenn σ_Z die senkrecht auf die Oberfläche wirksame Normalspannung und τ_{ZY} die in Tangentialbewegungsrichtung wirksame Schubspannung bedeuten. Durch Überlagerung der tangentialen Reib-Schubspannung wird der Normalspannungszustand in einen ebenen Spannungszustand verändert, wobei die Hauptspannungsrichtungen um einen Winkel verdreht werden. Eine vollständige Lösung des gesamten Spannungsfeldes, das sich durch Überlagerung von Normalspannungsfeld und Tangentialschubspannungsfeld ergibt, wurde erstmals von Karas (1941) angegeben. Die analytische Darstellung des dreiachsigen Spannungszustandes ist durch das Gleichungssystem in Tabelle 3.2.1 gegeben (Wuttke, 1985). Das Gleichungssystem gilt für Linienberührung, d. h. den Kontakt Zylinder-Ebene.

Tab. 3.2.1 Gleichungssystem der Spannungskomponenten bei Hertzschem Kontakt Zylinder/Ebene bei Normal- und Tangentialkraftbeanspruchung

---

Elliptische Koordinaten: $\quad y = a \cosh \alpha \cos \beta \quad \alpha \geq 0$
$$z = a \sinh \alpha \sin \beta \quad \beta \geq 0$$

mit Transformation

$$\sinh \alpha = \frac{1}{a} \sqrt{\frac{1}{2} \left[y^2 + z^2 - a^2 \pm \sqrt{\left(y^2 + z^2 - a^2\right)^2 + 4a^2 z^2} \right]}$$

$$\sigma_{yy} = -p_0 \left\{ (\sin \beta - 2\mu \cos \beta) e^{-\alpha} - \sinh \alpha \sin \beta \left[1 - \frac{\sinh 2\alpha + \mu \sin 2\beta}{\cosh 2\alpha - \cos 2\beta} \right] \right\}$$

$$\sigma_{zz} = -p_0 \sin \beta \left[\cosh \alpha - \sinh \alpha \frac{\sinh 2\alpha + \mu \sin 2\beta}{\cosh 2\alpha - \cos 2\beta} \right]$$

$$\sigma_{yz} = -p_0 \sin \beta \left[\mu\left(\sinh \alpha - e^{-\alpha}\right) - \left(\mu \sinh 2\alpha - \sin 2\beta\right) \frac{\sinh \alpha}{\cosh 2\alpha - \cos 2\beta} \right]$$

$$\sigma_{xx} = \nu\left(\sigma_{yy} + \sigma_{zz}\right)$$

p_0 **Hertzscher Maximaldruck**

a **halbe Kontaktbreite**

ν **Poissonsche Zahl**

Den Verlauf der Vergleichsspannung σ_V (GEH) bei Linienberührung (Zylinder/Zylinder-Kontakt) und reiner Normalkraftbeanspruchung ($f = 0$) sowie bei überlagerter Reibung in Y-Richtung mit Reibungszahlen von $f = 0,1$; $f = 0,2$ und $f = 0,3$ zeigt **Bild 3.2.17** (Broszeit, 1982). Bereits bei einer Reibungszahl von $f = 0,2$ erreicht die Vergleichsspannung an der Oberfläche ($Z/B = 0$) nahezu den Wert des Vergleichsspannungs-Maximums unterhalb der Oberfläche; bei $f = 0,3$ ist die Vergleichsspannung an der Oberfläche bereits deutlich größer als unterhalb der Kontakt-Grenzfläche. Aus einer Gegenüberstellung der Vergleichsspannungen für $f = 0$ (d. h. reine Normalkraft) und $f = 0,3$ wird deutlich, dass der Einfluss dieser relativ großen tangentialen Reibbeanspruchung bereits in einer Tiefe von $Z/B = 1$ vollständig abgeklungen ist. Bei der Überlagerung von tangentialen Reibungskräften und Normalkräften kann damit gerechnet werden, dass bereits bei Reibungszahlen f ≈ 0,2 eine plastische Verformung in Oberflächenbereichen eintritt, da die in Oberflächenzonen gelegenen Kristallite gegenüber den allseitig von Nachbar-Kristalliten umgebenen Bereichen des Werkstoffinneren einen niedrigeren Verformungswiderstand aufweisen.

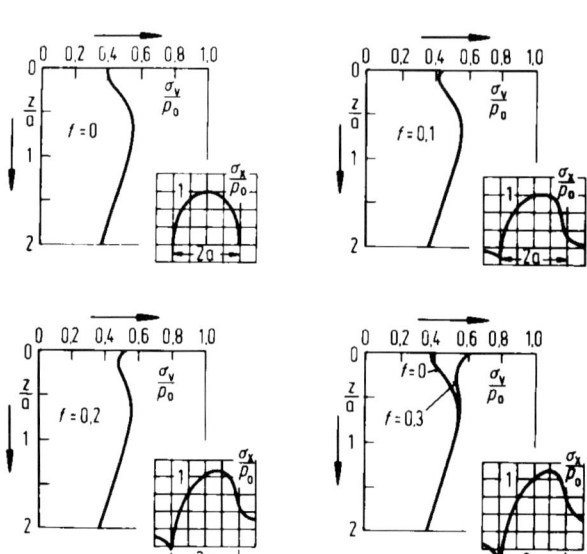

Bild 3.2.17
Normierte Vergleichsspannungen σ_V/p_0 bei Normalkraftbeanspruchung (Reibungszahl f = 0) und bei überlagerter Normal- und Tangentialkraftbeanspruchung (f = 0,1; 0,2; 0,3) (Linienkontakt Zylinder/Zylinder)

Für Punktberührung, d. h. den Fall des Kontaktes Kugel/Ebene ist in **Bild 3.2.18** der Verlauf der Differenz der Hauptspannungen ($\sigma_Z - \sigma_X$) bezogen auf die maximale Hertzsche Flächenpressung p_0 in einer Schnittdarstellung senkrecht zur Kontaktfläche für reine Normalkraftbeanspruchung (f = 0) und für die Überlagerung von Tangentialkräften mit Reibungszahlen von f = 0,25 und f = 0,5 dargestellt (Hamilton and Goodman, 1966). Man erkennt, dass bei reiner Normalkraftwirkung (f = 0) die Linien konstanter Hauptschubspannung ab einem Zahlenverhältnis von 0,15 geschlossen unterhalb der Kontaktfläche liegen, während sie sich bei der Überlagerung von Normal- und Tangentialkräften bereits bei diesen Werten bis auf die Kontaktoberflächen erstrecken. Hieraus kann entsprechend der Fließkriterien nach von Mises oder Tresca geschlossen werden, dass bei reiner Normalkraftbeanspruchung eine mögliche plastische Kontaktzone unterhalb des Kontaktbereiches ihren Ausgang nimmt, während sie sich bei der Überlagerung durch tangentiale Reibungskräfte bis auf die Oberflächengrenzzonen erstrecken kann.

Systemeinflüsse auf die Werkstoffanstrengung

In realen tribotechnischen Systemen sind außer den behandelten kräfte- und spannungsmäßigen Betrachtungen eine Anzahl weiterer Einflussgrößen auf die Werkstoffanstrengung zu berücksichtigen. Neben den Einflüssen der Kinematik (siehe Abschnitt 3.4) und der thermischen Verhältnisse (siehe Abschnitt 3.5) soll hier nur kurz auf die folgenden Einflussbereiche hingewiesen werden (Broszeit, 1982):

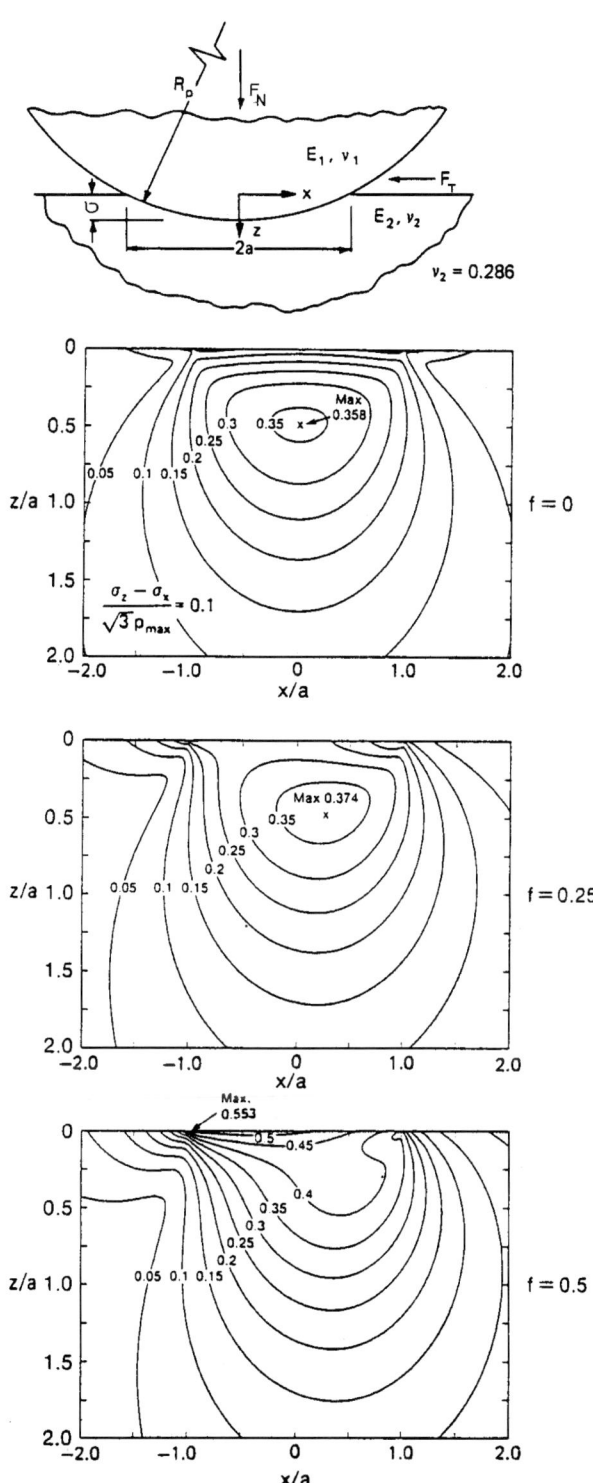

Bild 3.2.18
Vergleichsspannungen bei Normalkraftbeanspruchung (f = 0) sowie
Normal- und Tangentialkraftbeanspruchung (f = 0,25; 0,5) (Punktkontakt Kugel/Ebene)

- **Oberflächenrauheit**

  Die Ursache für den Einfluss der Oberflächenrauheit ist vor allem auf die Inhomogenität der Krafteinleitungsbedingungen im Vergleich zu idealgeometrischen Oberflächen und die dadurch verursachten örtlichen Spannungserhöhungen zurückzuführen. Unter der Voraussetzung, dass die Verformung der Rauheitshügel im elastischen Bereich bleibt, wird angenommen, dass sich die Beanspruchung auf eine – im Vergleich zur Hertzschen Situation mit ideal glatten Oberflächen – größere Kontaktbreite verteilt. Die Werkstoffanstrengung infolge der mittleren Pressungsverteilung ist zwar geringer und das Maximum der Vergleichsspannung ist gleichzeitig tiefer unter der Oberfläche verschoben, jedoch überlagern sich infolge von „Mikro-Hertz"-Kontakten höhere Vergleichsspannungsmaxima unterhalb der Oberfläche.

- **Eigenspannungen**

  Eigenspannungen sind Spannungen, die ohne Einwirkung äußerer Kräfte und Momente in einem Bauteil wirksam sind. Sie stellen einen inneren Zwangszustand dar, der durch Verformungsbehinderung entsteht. Mikroeigenspannungen sind Eigenspannungen im Bereich der Realstruktur, d. h. der Versetzungen, Leerstellen und Ausscheidungen. Die infolge plastischer Verformung auftretenden inhomogenen Versetzungsanordnungen können durch Überlagerung der Spannungsfelder der Einzelversetzungen zu Makroeigenspannungen führen. Bei der Analyse der Werkstoffanstrengung in tribologischen Kontakten werden Makroeigenspannungen σ_E additiv dem äußeren Beanspruchungsfeld zugerechnet.

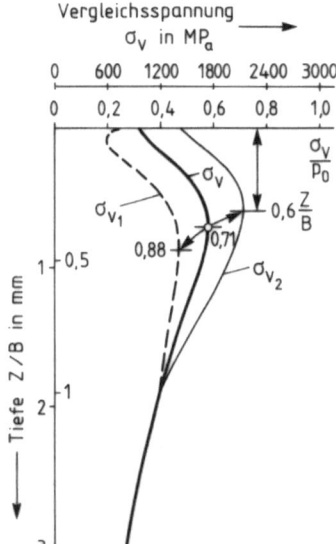

Bild 3.2.19
Einfluss von Eigenspannungen auf die Werkstoffanstrengung (Linienkontakt Zylinder/ Ebene); maximale Hertzsche Flächenpressung p_o = 3000 N/mm^2, Kontakt-Halbachsenverhältnis A/B = 6; $\sigma_{v1} = \sigma_v - \sigma_E$ (Druckeigenspannungen); $\sigma_{v2} = \sigma_v + \sigma_E$ (Zugeigenspannungen)

Nach den Ergebnissen der in **Bild 3.2.19** dargestellten Modellrechnungen für den Hertzschen Kontakt Zylinder/Ebene verschiebt sich das Maximum der Vergleichsspannung (GEH) – und damit die Werkstoffanstrengung – durch Zugeigenspannungen in Richtung Oberfläche und durch Druckeigenspannungen in Richtung größerer Tiefe

(Broszeit, 1982). In vereinfachter Schlussfolgerung bedeutet dies, dass Druckeigen-spannungen eine Werkstoffanstrengung in tribologischen Kontakten vermindern und Zugeigenspannungen sie erhöhen und damit einen negativen Einfluss bei tribologischen Beanspruchungen haben.

- **Grenzschichten**

  Grenzschichten in tribologischen Kontakten, die z. B. durch die Wirkung chemischer Additive in Schmierstoffen gebildet werden (siehe Kapitel 7), besitzen im allgemeinen niedrigere Reibungszahlen als reine Festkörperkontakte. Durch die damit verbundene Absenkung der Tangentialspannungen wird ebenfalls nach den obigen Ergebnissen das gesamte Kontaktspannungsfeld beeinflusst und die Werkstoffanstrengung herabgesetzt. Zu beachten ist, dass bestimmte Schmierstoffbestandteile tribochemische Reaktionen und damit örtliche Spannungsüberhöhungen auslösen können, die wiederum zu erhöhten lokalen Werkstoffanstrengungserhöhungen führen.

3.3 Mikro/Nano-Kontakte

Wie bereits im Abschnitt 3.2.1 über die Adhäsion erwähnt, ist es seit der Entwicklung des Rasterkraftmikroskops (AFM) im Jahre 1986 durch Binnig (1986) möglich, Reibkontakte im atomaren Maßstab zu untersuchen.

Mikrokontakt und Mikroadhäsion

Im Unterschied zum Rastertunnelmikroskop, dem Vorgänger des Rasterkraftmikroskops, wird beim AFM die Abtastspitze in Kontakt mit der Probe gebracht und dann mit konstanter Auf-lagekraft über deren Oberfläche gerastert (siehe Abschnitt 8.4). Die Kontaktabmessungen und die Kräfte liegen üblicherweise im nm- und nN-Bereich. Ein solcher Kontakt stellt einen Mik-ro-Nano-Reibkontakt dar, an dem man die auftretenden Haft- und Reibkräfte messen kann. Betreibt man solche Instrumente im Reinraum z. B. im Ultrahochvakuum (UHV), mit wohlde-finierten Spitzen, Federbalken und Probenoberflächen, so kann man damit Reibung und Adhä-sion mit atomarer Auflösung untersuchen. Adhäsionsmessungen liefern unter diesen Bedin-gungen direkt Informationen über die Kontaktbildung. Die Notwendigkeit sauberer Bedingun-gen im UHV für Adhäsionsmessungen demonstriert **Bild 3.3.1**. Im linken Diagramm ist die Kraft-Abstandkurve für eine Si-Spitze auf Ta vor der Reinigung der Tantaloberfläche wieder-gegeben und rechts nach der Reinigung im UHV durch Ionenbeschuss (sputtern). Die Kanten des „jump to contact" und beim Abreißen des Kontakts sind nur nach dem Reinigen der Ober-fläche scharf ausgeprägt. Vor der Probensäuberung im UHV geschieht die Kontaktaufnahme nicht sprungartig, sondern die Spitze wird allmählich durch die Adsorbatschichten gezogen. Bei der auf die Kontaktierung folgenden weiteren Annäherung ist die Steigung der Kraft-Abstandskurve kleiner als im Fall der gesäuberten Tantaloberfläche. Diese Steigung ist ein Maß für die Härte der Probe, die für Adsorbatschichten offensichtlich kleiner als für Tantal ist. Auch der Wert für die Adhäsion, den man aus einer Kraft-Abstandkurve für eine Kontaktpaa-rung ableitet, ist natürlich nur dann für den Kontakt richtig, wenn auch die äußersten Oberflä-chenschichten die gleiche Zusammensetzung haben wie die Probekörper.

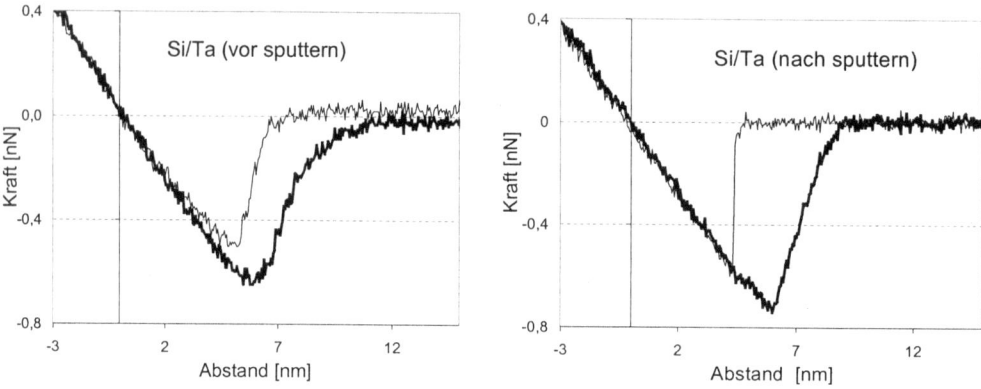

Bild 3.3.1   AFM Kraft-Abstandkurven im UHV mit einer Si-Spitze auf Ta
links: vor der Reinigung des Ta durch Ionenbeschuss
rechts: nach der Reinigung des Ta durch Ionenbeschuss

Die Bestimmung und Ableitung eines Maßes für die Adhäsion aus den so genannten Kraft-Abstandkurven eines AFM's sei im Folgenden anhand des **Bildes 3.3.2** erläutert. In diesem Bild sind typische AFM-Kraft-Abstandkurven für eine Si-Spitze und eine Si_3N_4-Spitze auf Au wiedergegeben (Santner, 2001). Über dem Abstand der Basis des Piezostellers, der den Federbalken mit der AFM-Spitze trägt (siehe Bild 8.4.4), von der Au-Kristalloberfläche ist die Kraft aufgetragen, die auf die AFM-Spitze wirkt. Die Kraft wird über die Verbiegung des Federbalkens mit bekannter Federkonstanten bestimmt. Durch die Biegung des Federbalkens wird ein Laserlichtstrahl abgelenkt, was zur Änderung der Photoströme in den Sektoren einer Photodiode führt. Aus der Kennlinie der Photodiode und der Federkonstanten kann der Photostrom in die Kraft umgerechnet werden, die auf die AFM-Spitze wirkt. Abstand 0 ist der Abstand des Piezos, bei dem die Kraft ebenfalls wieder 0 wird, nachdem sie vorher durch die attraktive atomare Wechselwirkung im negativen Bereich war („jump to contact"). Beim weiteren Annähern des Piezos drückt der Federbalken die AFM-Spitze stärker auf die Probenoberfläche, im vorliegenden Experiment bis 60 nN. Diese quantitative Angabe der Kraft ist bislang mit Vorsicht zu behandeln, da die Federkonstanten nur relativ genau bekannt sind und noch keine standardisierten Kalibrierverfahren für die AFM-Federbalken existieren. Nach Erreichen der vorgewählten Andruckkraft wird die Piezobewegung umgekehrt und die Kraft geht zurück auf Null. Die Abweichung der Kraft-Wegkurve für Be- und Entlasten ist auf die Hysterese des Stellpiezos zurückzuführen. (Als Maß für den Abstand wird die Treibspannung am Piezo genommen, der jedoch auf Spannungsänderungen etwas verzögert mit Längenänderung reagiert. Man kann diesen Versatz aber rechnerisch korrigieren.) Beim weiteren Wegziehen des Piezos wird das Kraftsignal negativ, da die Spitze an der Probe haftet. Die Größe dieser Haftkraft (im linken Teil von Bild 3.3.2 z. B. bei p) ist ein Maß für die Adhäsion. Mit dem Kontaktmodell von Johnson, Kendall und Roberts (1971) kann der bereits erwähnte Zusammenhang zwischen Abreißkraft ΔF_N und der Grenzflächenenergie γ für solche AFM-Kontakte hergestellt werden.

$$\Delta F_N = -\frac{3}{2}\pi \cdot r \cdot \gamma \qquad\qquad \text{(JKR-Formel, vgl. S.43)}$$

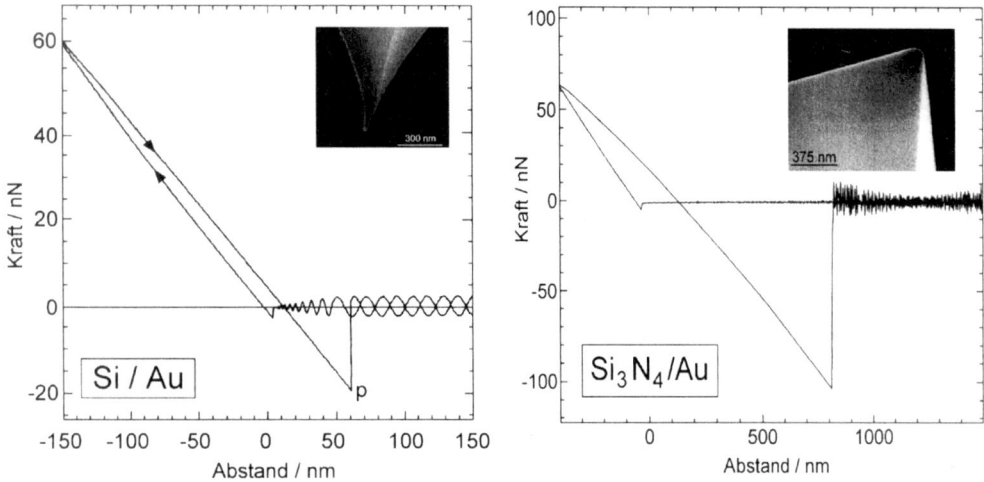

Bild 3.3.2   Kraft-Abstandkurven für Si/Au und Si_3N_4/Au im UHV. Die kleinen eingefügten Bilder sind REM-Aufnahmen der verwendeten AFM-Spitzen

Der Spitzenradius r ist entsprechend dieser JKR-Formel neben der Abreißkraft die zweite Größe, die in die Bestimmung von γ eingeht. Die beiden Kraft-Abstandkurven in Bild 3.3.2 sind mit AFM-Spitzen aufgenommen, die sich nicht nur im Material, sondern auch im Spitzen-radius unterscheiden, wie die eingefügten REM-Bilder zeigen. Die Unterschiede in den gemes-senen Abreißkräften sind also auch auf die unterschiedlichen Spitzenradien zurückzuführen. Leider sind auch die Radien kommerzieller AFM-Spitzen im Allgemeinen nur ungenügend bekannt und außerdem nicht ideal rund.

Die Kraftsignalkurve in Bild 3.3.2 weist für positive Abstände ohne Kontakt zwischen AFM-Spitze und Probe Schwingungen auf, die von den Eigenschwingungen des Federbalkens her-rühren. Im Annäherungsast der Kraft-Abstandkurve für Si/Au kann man sehen, wie diese Schwingung ab ca. 50 nm Abstand deutlich gedämpft wird. Dieser Effekt ist ebenfalls auf die existierende attraktive atomare Wechselwirkung zurückzuführen, die schließlich zum „jump to contact" führt. Sie wird bei der sog. NC-AFM-Messmethode (NC: Non Contact) zur Bestim-mung der Wechselwirkungskräfte genutzt .

Eine Möglichkeit, die Schwierigkeiten mit dem Kalibrieren von Federkonstanten im nN-Bereich (siehe dazu Kap. 8.4) und der exakten Spitzenradienherstellung zu umgehen, ist die Verwendung ein und desselben Federbalkens mit Spitze für vergleichende Messreihen. Im **Bild 3.3.3** sind die aus Kraft-Abstandskurven ermittelten Abreißkräfte für eine Si-Spitze in Kontakt mit Fe, Cu und Ta in Abhängigkeit von der aufgebrachten Normalkraft dargestellt (Santner, 2002). Diese Messungen wurden mit ein und derselben AFM-Spitze im UHV durch-geführt, nachdem die Oberflächen der Metallproben vorher im UHV durch Ionenbeschuss gereinigt worden waren. Die Adhäsionskräfte nehmen in der Reihenfolge Fe, Cu, Ta deutlich zu. Innerhalb der Messgenauigkeit sind die Abreißkräfte unabhängig von der extern aufgeb-rachten Normalkraft. Für Fe und Cu ist das nur bis zu einer Normalkraft von etwa 8 nN richtig. Die aufgebrachten Normalkräfte wurden so niedrig gehalten, um eine Veränderung der AFM-Spitze durch Deformation oder Metalltransfer zu vermeiden. Der Anstieg der Abreißkraft oberhalb von 8 nN Normalkraft könnte bei den weicheren Metallen durch bereits einsetzende plastische Verformung verursacht sein, da dann die nach der JKR-Formel geltende Unabhängigkeit von der Normalkraft nicht gegeben ist. Metallübertrag auf die Si-Spitze ist zwar nicht auszuschließen, es wurden aber bei diesen niedrigen Normalkräften keine Anzeichen dafür gefunden.

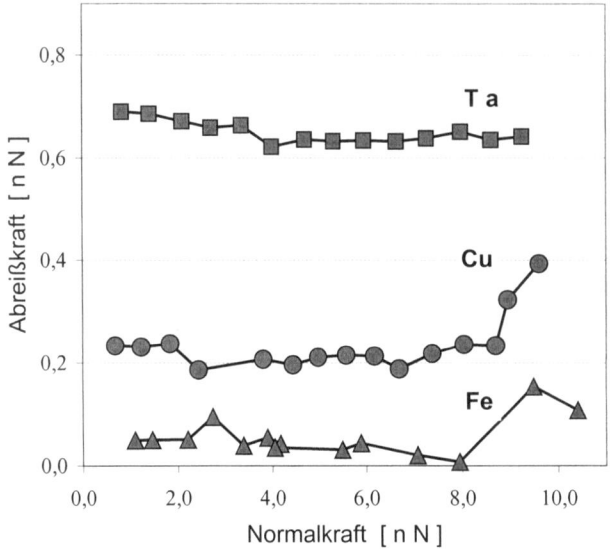

Bild 3.3.3
Abreißkraft einer AFM-Spitze
aus Si für Fe, Cu, Ta im UHV
in Abhängigkeit von der
aufgebrachten Normalkraft

Ganz anders ist die Situation bei Reibexperimenten mit Silizium/Aluminium Kontaktpartnern im Ultrahochvakuum (UHV). Die Kraft-Abstandkurven für Si/Al in **Bild 3.3.4** sind ebenfalls mit ein und derselben Spitze aufgenommen. Die Kraft-Abstandkurve links ist direkt nach der Reinigung der Al-Oberfläche aufgenommen. Trotz einer aufgebrachten Normalkraft von 60 nN ist die Abreißkraft < 5 nN. Nach Aufnahme dieser Kraft-Abstandkurve wurde mit derselben Spitze und einer Normalkraft von 60 nN eine Fläche von 7 µm x 7 µm reibend beansprucht. Das Ergebnis einer danach ebenfalls mit 60 nN Normalkraft aufgenommenen Kraft-Abstandkurve gibt die rechte Hälfte des Bildes 3.3.4 wieder. Eine Abreißkraft von 500 nN und ein „jump to contact" von über 400 nN am nominell gleichen Kontakt kann am ehesten durch Übertrag von Al auf die Si-Spitze erklärt werden. Dafür spricht auch, das der „jump to contact" im Abstand von ca. 400 nm von der Al-Oberfläche gemessen wurde, da wegen des Al-Übertrags auf die Spitze der Nullpunkt nicht mehr stimmte. Weitere Adhäsionsmessungen mit Si-AFM-Spitzen auf Al zeigten, dass Übertrag nicht durch bloßes Kontaktieren und Trennen entsteht, sondern die Lateralbewegung und Gleitreibung zu Übertrag führen.

Quantitative Adhäsionsbestimmung mit dem AFM sind bislang schwierig. Auch die Untersuchungen der Kontaktmechanik im Mikro/Nano-Maßstab zeigen: die Adhäsion ist ein atomar-molekularer Wechselwirkungsprozess. Da die Adhäsion einer der Grundmechanismen der Reibung ist und die Deformation, als zweiter Grundmechanismus der Reibung, von der Adhäsion abhängt, sind die Untersuchungen der Adhäsion in Mikro/Nano-Kontakten von grundlegender wissenschaftlicher Bedeutung für das Verständnis tribologischer Prozesse.

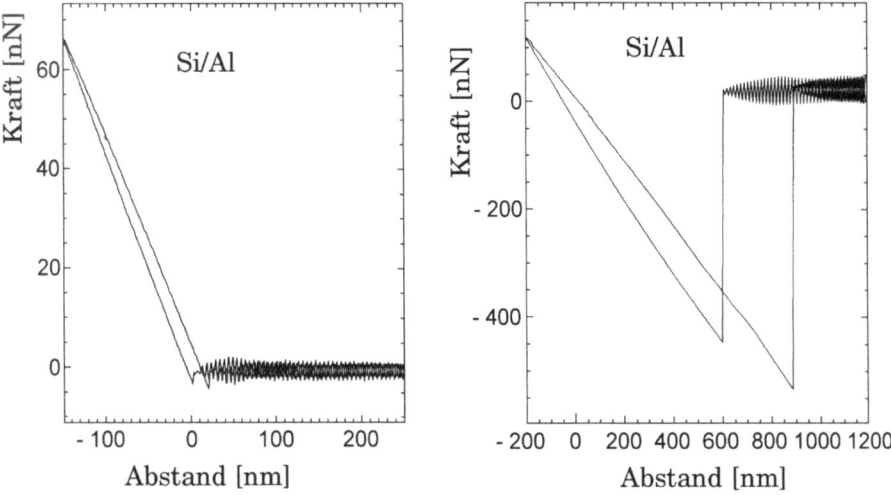

Bild 3.3.4   Kraft-Abstandkurven für eine Si-Spitze auf Al im UHV;
links: jungfräulicher Kontakt
rechts: „derselbe" Kontakt nach 1 min Reibbeanspruchung mit der Si-Spitze auf Al

Die Adhäsion spielt aber auch bei geschmierten tribotechnischen Systemen der Struktur Festkörper/Schmierstoff/Festkörper eine wichtige Rolle. Hochleistungsfähige Schmierstoffe enthalten chemisch wirksame Zusätze (Additive), wie z. B. Friction-Modifier-(FM-)Additive, Anti-Wear-(AW-)Additive oder Extrem-Pressure-(EP-)Additive. Durch physikalisch-chemische Grenzflächenreaktionen, die je nach tribotechnischem System und wirkendem Beanspruchungskollektiv durch Physisorption, Chemisorption oder chemische Deckschichtbildung wirksam werden können, ergeben sich reibungs- und verschleißmindernde Grenzschichten (siehe Kapitel 8.4).

Mikrokontakt und Mikrostrukturänderungen

Die durch AFM-Spitzen definierten Mikro/Nanokontakte bieten aber nicht nur die Möglichkeit Adhäsion zu messen, sondern mit einem AFM kann auch die Reibung in solchen Mikrokontakten gemessen werden. Wird nämlich ein AFM im Lateralkraftmodus (LFM) betrieben (siehe Abschnitt 8.3.2), so kann man damit Reibung mit hoher Ortsauflösung messen. Außerdem können Mikrostrukturänderungen detektiert werden. So zeigen beispielsweise Aufnahmen von Reibflächen eines Bremsbelags mit einem AFM/LFM, dass die verschiedenen Füllstoffe dieser Verbundwerkstoffe mikroskopisch unterschiedliche Höhen und unterschiedliche Reibniveaus besitzen (**Bild 3.3.5**). Wenn also die einzelnen Komponenten im Mikroskopischen unterschiedliche Höhen haben, stellen sie Mikroreibkontakte dar, von denen jeder einzelne einen Beitrag zur Reibkraft liefert, der seinem Reibniveau entspricht. Komponenten mit unterschiedlichen Reibniveau werden für ein ausgewogenes Bremsverhalten unter allen möglichen Bremsbedingungen gezielt in Reibbeläge eingebracht.

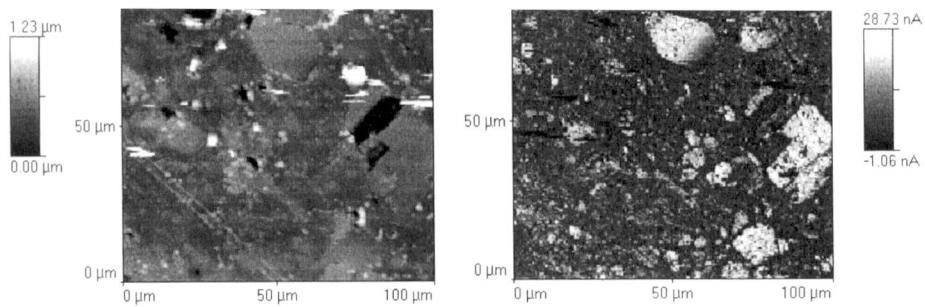

Bild 3.3.5   AFM/LFM Bilder einer Bremsbelagfläche
                  links: Topographie (AFM)
                  rechts: Reibkontrast (LFM)

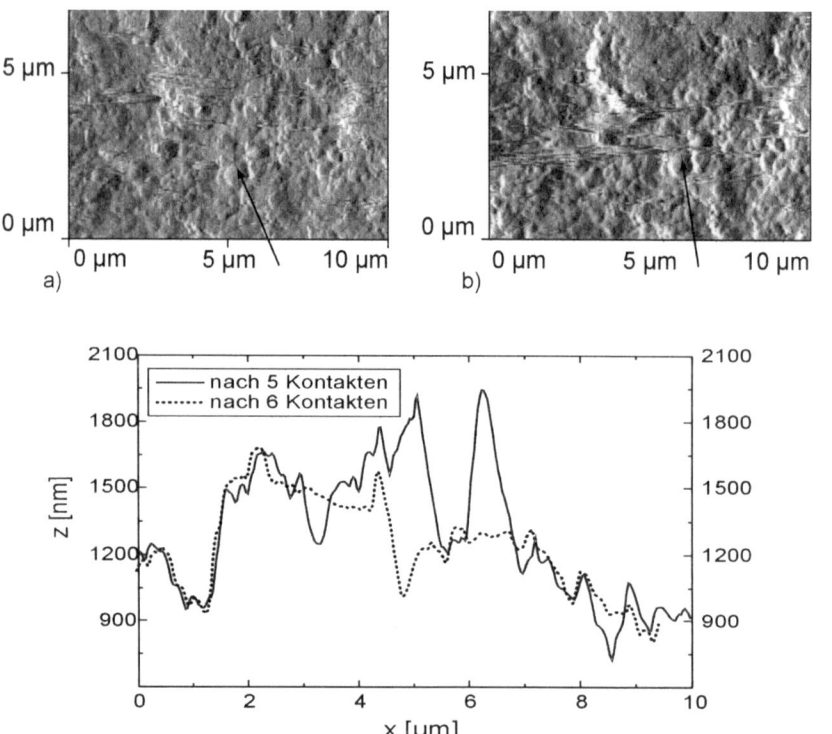

Bild 3.3.6   AFM Topographiebild einer elektrischen Widerstandsschicht,
                  a) nach 5 Kontakten mit dem Schleifer
                  b) nach 6 Kontakten
                  unten: Profil entlang der Linien in a) und b)

Durch Vermessen der Topographie von Reibflächen vor und nach einer Reibbeanspruchung mit dem AFM kann man Mikrokontaktveränderungen detektieren. Im Bild 3.3.6 ist die mit einem AFM aufgenommene Topographie einer elektrischen Widerstandsschicht nach 5 (links) und nach 6 (rechts) Kontakten mit dem metallischen Kontaktschleifer wiedergegeben. Die Pfeile markieren Topographiestrukturen, die sich durch den Kontakt nicht verändert haben. Daran kann erkannt und dokumentiert werden, dass es sich um denselben Oberflächenbereich in den auf einander folgenden Bildern handelt. Das Diagramm im unteren Bildteil gibt das Oberflächenprofil entlang der Linien in den Topographiebildern wieder. Man erkennt entlang der eingezeichneten Linie nach 5 Kontakten drei Hügel, die Füllstoffpartikeln zuzuordnen sind, und nach 6 Kontakten mit demselben Oberflächenbereich an der Stelle der Hügel Löcher. Die Bilder dokumentieren ein Einzel-Verschleißereignis.

3.4 Kinematik

Die Kinematik kennzeichnet die Bewegungsverhältnisse zwischen kontaktierenden Bauteilen und Stoffen in tribotechnischen Systemen. Dabei müssen durch eine geeignete Kontaktgeometrie die für die zu erfüllende technische Funktion erforderlichen „Wirkbewegungen" und die „Freiheitsgrade" der Bewegung realisiert werden. Nach einem grundlegenden Theorem der Mechanik kann jede Bewegung als Summation von Translationen und Rotationen dargestellt werden; der maximale Freiheitsgrad eines Körpers im Raum beträgt 6, d. h. je eine Translation und Rotation bezüglich der drei Achsen eines kartesischen Koordinatensystems. Zur Kennzeichnung der zur tribologischen Beanspruchung beitragenden Kinematik gehören Angaben zur Bewegungsart (Gleiten, Rollen, etc.), zum zeitlichen Bewegungsablauf, zur Geschwindigkeit und zum so genannten Kontakt-Eingriffsverhältnis der Kontaktpartner.

3.4.1 Bewegungsarten und Bewegungsablauf

Die einfachen makroskopischen Bewegungsarten zwischen zwei festen Körpern („Zwei-Körper-System") sind gekennzeichnet durch die elementaren Begriffe

- a. Gleiten: Translation in der Kontaktfläche
- b. Rollen: Rotation um eine „Momentanachse" in der Kontaktfläche (bei Rollvorgängen mit mikroskopischen oder makroskopischen Gleitanteilen spricht man auch von „Wälzen", siehe Abschnitt 4.4).
- c. Bohren (Spinbewegung): Rotation senkrecht zur Kontaktfläche
- d. Stoßen: Translation senkrecht zur Kontaktfläche mit intermittierendem Kontakt (hierfür wird auch der Begriff „Prallen" verwendet).

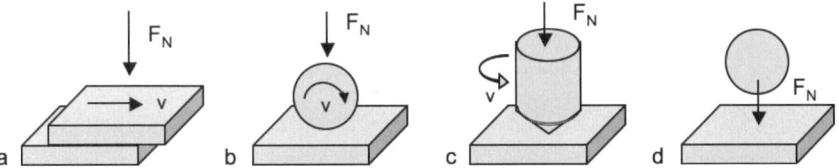

Bild 3.4.1 Elementarformen der Kinematik von Festkörpern

Bei der Bewegung von Fluiden (Flüssigkeiten, Gase mit oder ohne mitgeführte Partikel) im Kontakt mit Festkörpern können Gleitvorgänge, gekennzeichnet durch den Begriff „Strömen", und Stoß- oder Prallvorgänge auftreten. Die dadurch verursachten Verschleißarten werden unter den Begriffen „Strömungsverschleiß" oder „Erosion" zusammengefasst.

Der zeitliche Bewegungsablauf kann kontinuierlich oder unterbrochen (intermittierend) sein; die Bewegungsrichtung kann gleichsinnig sein oder sich auch umkehren (reversierend, oszillierend).

Die Kennzeichnung der kinematischen Verhältnisse in einem tribotechnischen System ist im allgemeinen dann relativ einfach, wenn nur ein Partner sich bewegt und der andere stillsteht. Falls beide Bewegungspartner, d. h. Grundkörper und Gegenkörper, eine Bewegung ausführen, können sich komplizierte kinematische Verhältnisse ergeben (**Bild 3.4.2**).

Wenn in einem Tribokontakt die Umfangsgeschwindigkeiten von Grundkörper (1) und Gegenkörper (2) mit den Buchstaben u_1 und u_2 bezeichnet werden, sind die folgenden Geschwindigkeitsbegriffe von Bedeutung:

–   Relativgeschwindigkeit $v_r = |u_1 - u_2|$

Die Relativgeschwindigkeit ist für die reibbedingte Energiedissipation (siehe Abschnitt 4.5) und die reibbedingte Temperaturerhöhung (siehe Abschnitt 3.5) maßgebend und beeinflusst in geschmierten Systemen die wirksame Ölviskosität im Kontaktbereich und damit auch die Schmierfilmdicke (siehe Abschnitt 6.1 und 6.2).

–   Summengeschwindigkeit $v_s = u_1 + u_2$

Die Summengeschwindigkeit ist bei geschmierten tribotechnischen Systemen für den Ölzufluss in die Kontaktstelle von Bedeutung und beeinflusst z. B. einen elastohydrodynamischen (EHD) Film in dem Sinne, dass mit zunehmenden Werten von v_s die EHD-Filmdicke zunimmt.

–   Schlupf $s = 2 \cdot \dfrac{|u_1 - u_2|}{|u_1 + u_2|}$

Der Schlupf („slide-roll-ratio") kennzeichnet die Translations- und Rotationsanteile in einem Tribokontakt zweier sich bewegender Körper.

Von den in Bild 3.4.2 zusammengestellten kinematischen Möglichkeiten sollen hier nur zwei Grenzfälle betrachtet werden.

–   Im Fall des reinen Gleitens (Bild 3.4.2 (a), mittlere Zeile) sind die beiden Einzel-Umfangsgeschwindigkeiten der beiden Körper gleich groß, aber entgegengesetzt gerichtet ($s = \infty$). In diesem Fall ergibt sich die von allen kinematischen Fällen höchste Relativgeschwindigkeit, während die Summengeschwindigkeit nominell $v_s = 0$ ist.

–   Beim reinen Rollen (Bild 3.4.2 (b), mittlere Zeile) sind die Umfangsgeschwindigkeiten beider Körper gleichgerichtet und gleich groß ($s = 0$). Damit ist die nominelle Relativgeschwindigkeit $v_r = 0$ und die reibbedingte Temperaturerhöhung minimal, während die Summengeschwindigkeit gleich der doppelten Einzelgeschwindigkeit der Prüfkörper ist und ein EHD-Film mit maximaler Dicke resultiert.

Bewegungsform	Einzelgeschwind. u_1	u_2	Relativgeschw. (→ ΔT_R) $v_r = \|u_1 - u_2\|$	Summengeschw. (→ EHD-Film) $v_s = \|u_1 + u_2\|$	Schlupf (slide-roll ratio) $s = 2\left[\frac{u_1 - u_2}{u_1 + u_2}\right]$
Gleiten (simple sliding) (1) (2)	$u_1 > 0$	$u_2 = 0$	$v_r = u_1$	$v_s = u_1$	$s = 2$
Gleiten (1) (2)	$u_1 > 0$; $\|u_1\| > \|u_2\|$	$u_2 < 0$	$v_r > u_1$	$v_s < u_1$	$2 < s < \infty$
Gleiten (pure sliding) (1) (2)	$u_1 > 0$	$u_2 = -u_1$	$v_r = 2u_1$	$v_s = 0$	$s = \pm\infty$
Gleiten (1) (2)	$u_1 > 0$; $\|u_1\| < \|u_2\|$	$u_2 < 0$	$v_r > \|u_2\|$	$v_s < \|u_2\|$	$-\infty < s < -2$
Gleiten (simple sliding) (1) (2)	$u_1 = 0$	$u_2 < 0$	$v_r = \|u_2\|$	$v_s = \|u_2\|$	$s = -2$

a)

Bewegungsform	Einzelgeschwind. u_1	u_2	Relativgeschw. (→ ΔT_R) $v_r = \|u_1 - u_2\|$	Summengeschw. (→ EHD-Film) $v_s = \|u_1 + u_2\|$	Schlupf (slide-roll ratio) $s = 2\left[\frac{u_1 - u_2}{u_1 + u_2}\right]$
Gleiten (simple sliding) (1) (2)	$u_1 > 0$	$u_2 = 0$	$v_r = u_1$	$v_s = u_1$	$s = 2$
Wälzen mit Schlupf (1) (2)	$u_1 > 0$; $u_1 > u_2$	$u_2 > 0$	$v_r < u_1$	$v_s > u_1$	$0 < s < 2$
Wälzen (Rollen) (1) (2)	$u_1 > 0$	$u_2 = u_1$	$v_r = 0$	$v_s = 2u_1$	$s = 0$
Wälzen mit Schlupf (1) (2)	$u_1 > 0$; $u_1 < u_2$	$u_2 > 0$	$v_r < u_2$	$v_s > u_2$	$-2 < s < 0$
Gleiten (simple sliding) (1) (2)	$u_1 = 0$	$u_2 > 0$	$v_r = u_2$	$v_s = u_2$	$s = -2$

b)

Bild 3.4.2 Kinematik der Komponenten tribologischer Systeme: (a) Gleiten, (b) Gleiten und Wälzen

Die Bedeutung der in Bild 3.4.2 zusammengestellten kinematischen Verhältnisse für die tribologische Beanspruchung und speziell die thermischen Verhältnisse im Kontaktbereich (siehe Abschnitt 3.5) geht exemplarisch aus den in **Bild 3.4.3** wiedergegebenen Abhängigkeiten hervor. In dem Diagramm ist die reibbedingte Temperaturerhöhung ΔT_{max}, wie sie in einem Kugel-Scheibe-Tribometer mit der Infrarotmesstechnik (siehe Abschnitt 3.5.1) von Nagaraj, Sanborn and Winer (1978) bestimmt wurde, als Funktion des Schlupfes (slide-roll-ratio) aufgetragen. Beim reinen Rollen, d. h. Schlupf s = 0, einer minimalen Relativgeschwindigkeit und einer maximalen Summengeschwindigkeit, tritt eine minimale reibbedingte Temperaturerhöhung auf, während mit Zunahme des Schlupfes die reibbedingte Temperaturerhöhung stark ansteigt und maximale Werte für den Fall des reinen Gleitens resultieren.

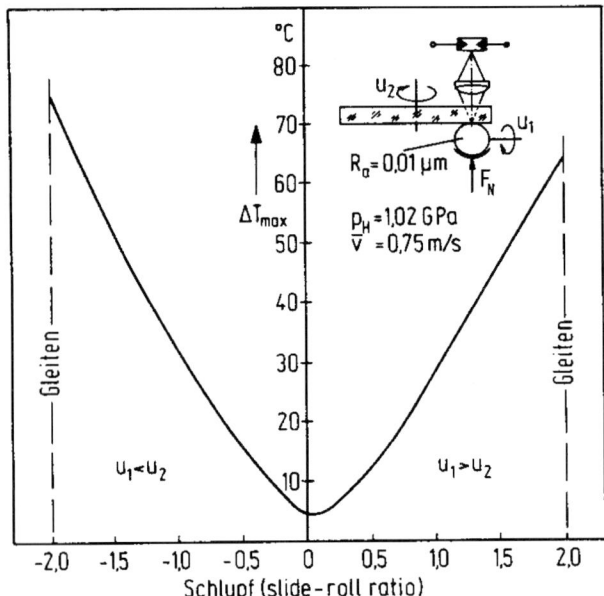

Bild 3.4.3
Einfluss der Kinematik auf die reibbedingte Temperaturerhöhung in einem tribologischen Prüfsystem

3.4.2 Grenzflächendynamik

Die im vorhergehenden Abschnitt in vereinfachter Form für tribologische „Zwei-Körper-Systeme", bestehend aus Grundkörper (1) und Gegenkörper (2), behandelten kinematischen Verhältnisse müssen bei Vorliegen eines Zwischenstoffs (3) auf „Drei-Körper-Systeme" erweitert werden (Godet, 1990). Falls der Zwischenstoff (3), z. B. ein Schmierstoff, einen vollständigen Flüssigkeitsfilm bildet, stellt sich bei einer Tangentialbewegung zwischen Grundkörper (1) und Gegenkörper (2) im Zwischenstoff (3) ein kontinuierlicher Geschwindigkeitsgradient ein, der durch die Rheologie der Flüssigkeit und die Hydrodynamik eindeutig beschrieben werden kann (siehe Kapitel 6). **Bild 3.4.4** zeigt in einer klassischen Illustration von Reynolds (1886) das Geschwindigkeitsprofil v und die Druckverteilung p zwischen zwei keilförmig angeordneten Gleitflächen.

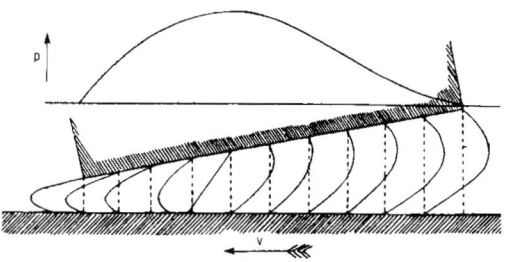

Bild 3.4.4
Geschwindigkeitsprofil v(x) und Druckverteilung p(x) zwischen zwei hydrodynamisch geschmierten ebenen Gleitflächen

Bei festen Stoffen besteht das tribologische Drei-Körper-System nach **Bild 3.4.5** aus Grundkörper (1), Gegenkörper (2), Mittelbereich des Zwischenstoffs (3), z B. eines Festschmierstoffs, und den Grenzflächenbereichen (1/3) und (2/3). Bei einer tangentialen Relativbewegung zwischen Grundkörper (1) und Gegenkörper (2) müssen sich die verschiedenen Stoffbereiche relativ zueinander verschieben („velocity accomodation"), wofür im wesentlichen 4 „Bewegungsmodi" M1 bis M4 denkbar sind, die prinzipiell in allen Stoffbereichen (1), (2), (3), (1/3), (2/3) auftreten können (Berthier, Brendle and Godet, 1988):

- M1: Elastische Deformation (Elongation)
- M2: Trennung normal zur Bewegungsrichtung (Bruchmechanik Mode I)
- M3: Scheren parallel zur Bewegungsrichtung (Bruchmechanik Mode II, III)
- M4: Rollbewegung

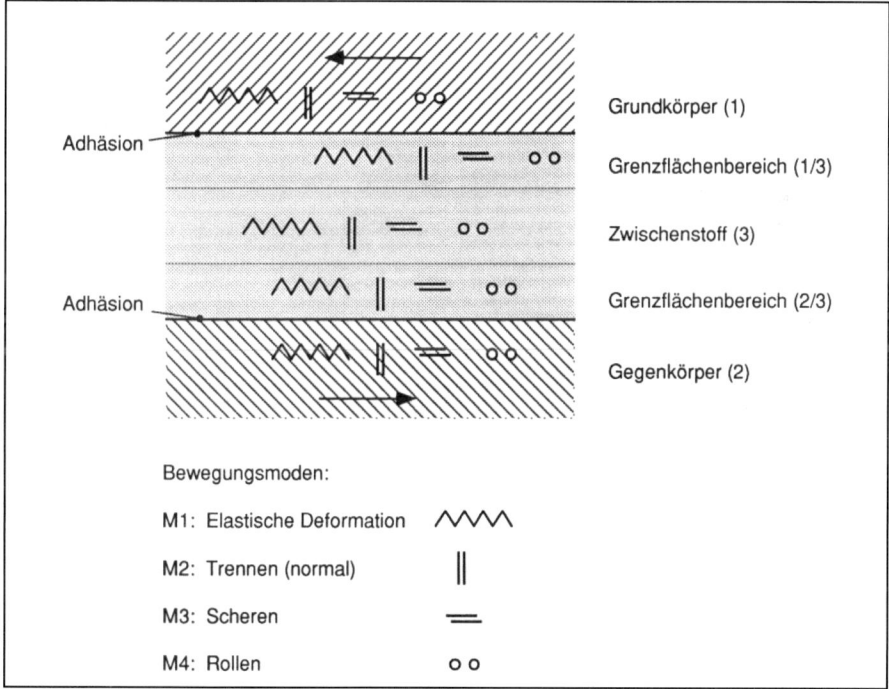

Bild 3.4.5   Modell eines tribologischen Drei-Körper-Systems und mögliche Bewegungsmoden der Grenzflächendynamik

Die Wirkung der vier unterschiedlichen Bewegungsmodi M1 bis M4 in Abhängigkeit verschiedener Festkörper/Festkörper/Festkörper-Systeme ist theoretisch untersucht und mittels Prüfanordnungen mit einem optisch transparenten Grundkörper oder Gegenkörper experimentell dargestellt und visualisiert worden (Berthier, 1990).

Für Grundlagenuntersuchungen zur Modellierung eines Drei-Körper-Systems im atomaren Maßstab kann das sogenannte „Seifenblasenmodell" verwendet werden. Das Seifenblasenmodell ist eine klassische Experimentiertechnik, mit der Bragg (1947) grundlegende Modelluntersuchungen zur dynamischen atomaren Struktur von Festkörpern und zum Nachweis von Gitterfehlern, wie z. B. Fehlstellen, Versetzungen, etc., durchgeführt hat. Die atomare Struktur von Festkörpern wird bei diesem 2-dimensionalen Modell dadurch simuliert, dass Seifenblasen auf einer Flüssigkeitsunterlage erzeugt werden, die wie die Atomlagen von Festkörpern unter der Wirkung äußerer Spannungen beweglich sind. **Bild 3.4.6** zeigt die experimentelle Anordnung des Seifenblasenmodells für die Simulation eines Drei-Körper-Systems, bestehend aus zwei kristallinen Körpern (1), (2) und einem amorphen Zwischenstoff (3) (Mazuyer, Georges and Cambou, 1988). Die tangentiale Verschiebung wird am Gegenkörper (2) eingeleitet und die über den Zwischenstoff (3) übertragene Tangentialkraft am Grundkörper (1) gemessen. Der Abstand h modelliert eine Dicke von ca. 40 Atomlagen. **Bild 3.4.7** illustriert das dynamische Verhalten der atomaren Bereiche des Drei-Körper-Systems in zwei Stadien bei einer Relativbewegung von Grundkörper (1) und Gegenkörper (2). Beim Einsetzen der Tangentialbewegung nimmt die Gleitspannung τ mit dem Schub y linear zu, wobei in der Anfangsphase der Bewegung sich unterschiedliche strukturierte Grenzflächenbereiche (1/3) und (2/3) ausbilden, siehe Punkt A in Bild 3.3.6. Bei Erreichen der Grenzschubspannung (Punkt B in Bild 3.4.7) sind die Grenzflächenbereiche (1/3) und (2/3) symmetrisch, und die „Gleitlinien" verlaufen parallel zur Bewegungsrichtung. Die experimentelle Simulation des Bewegungsverhaltens ist in Übereinstimmung mit dem theoretischen Drei-Körper-Modell nach Bild 3.4.5 und zeigt, dass die Grenzflächendynamik im vorliegenden Fall im wesentlichen durch den Bewegungsmodus M3, d. h. Scheren parallel zur Bewegungsrichtung, gegeben ist.

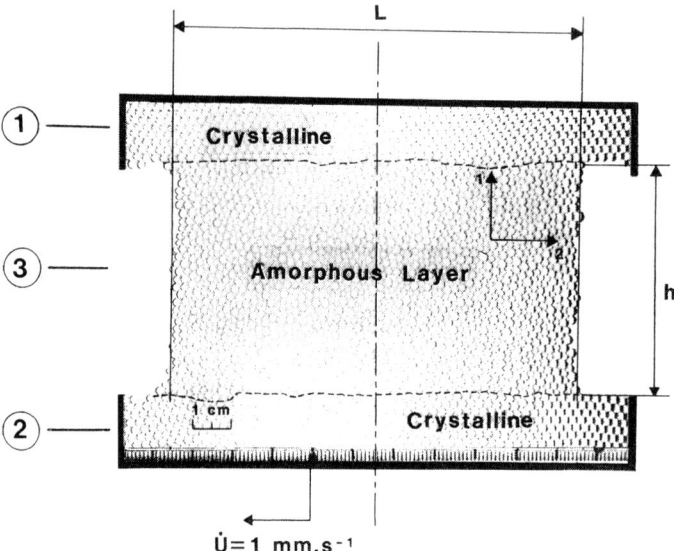

Bild 3.4.6
Seifenblasenmodell zur Simulation der Grenzflächendynamik in einem tribologischen Drei-Körper-System

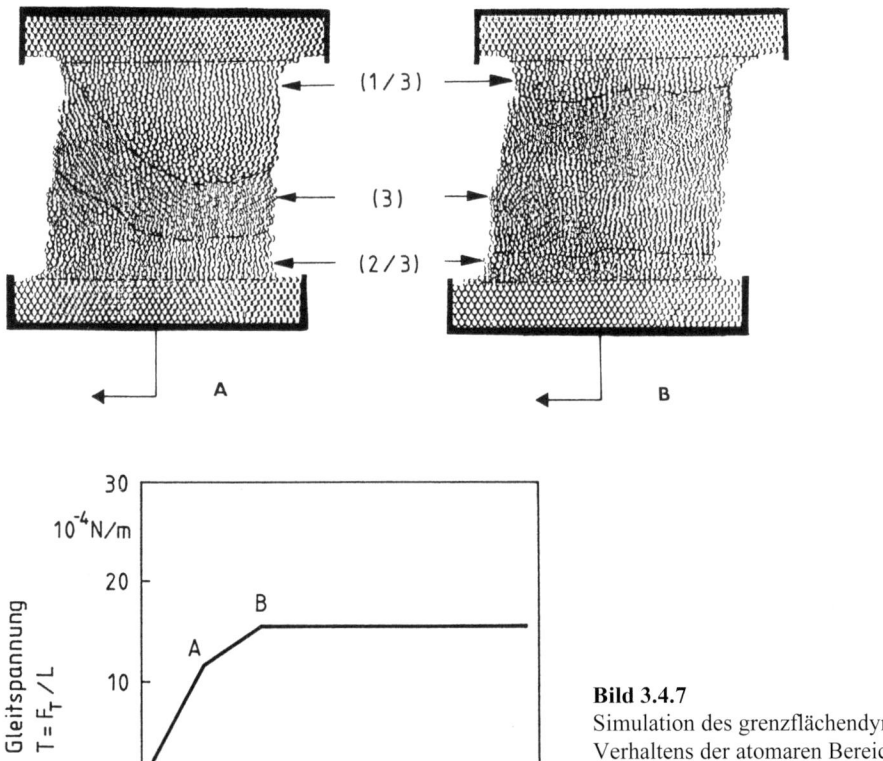

Bild 3.4.7
Simulation des grenzflächendynamischen Verhaltens der atomaren Bereiche eines tribologischen Drei-Körper-Systems bei einer tangentialen Gleitbewegung

3.4.3 Kontakt-Eingriffsverhältnis

In tribotechnischen Systemen können infolge der Relativbewegung von Grundkörper und Gegenkörper im zeitlichen Ablauf unterschiedlich große Oberflächenbereiche der beiden Kontaktpartner dem Kontaktvorgang unterworfen sein. Das Verhältnis der Größe der momentanen Tribokontaktfläche zur gesamten überstrichenen Laufläche auf einem Bauteil wird als Eingriffsverhältnis ε bezeichnet. In **Bild 3.4.8** ist das Eingriffsverhältnis für das Beispiel eines Stift-Scheibe-Systems illustriert (Czichos, 1978). Für dieses Beispiel ist für den Kontaktpartner (1), den Stift, das Eingriffsverhältnis $\varepsilon = 1$, und für den Kontaktpartner (2), die Scheibe, ist das Eingriffsverhältnis ε weit kleiner als 1. Tribotechnische Bauteile mit unterschiedlichen Eingriffsverhältnissen sind unterschiedlichen zeitlichen Beanspruchungen unterworfen:

Systemelemente mit $\varepsilon = 1$:

- permanenter Kontakt
- stationäre mechanische Beanspruchung (makroskopisch)
- permanente Reibungswärmeaufnahme
- eingeschränkte Möglichkeit tribochemischer Reaktionen mit dem Umgebungsmedium durch Adsorptionsprozesse und dem Wachstum von Reaktionsschichten

Systemelemente mit $\varepsilon < 1$:

- intermittierender Kontakt
- zyklische mechanische Beanspruchung
- intermittierende Reibungswärmeaufnahme
- Möglichkeit von Adsorptionsprozessen und tribochemischen Reaktionen mit dem Umgebungsmedium sowie Wachstum von Reaktionsschichten in der Verschleiß-spur, dem schraffierten Bereich in Bild 3.4.8 (siehe Kap. 7 „Tribokorrosion").

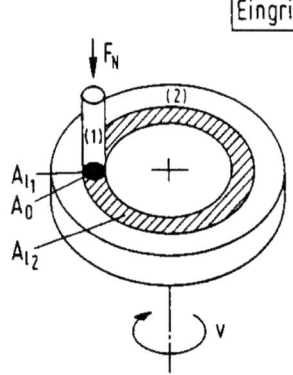

$\boxed{\text{Eingriffsverhältnis } \varepsilon}$

$$\varepsilon : \frac{\text{Tribokontaktfläche}}{\text{Gesamtlauffläche}}$$

$$\varepsilon_1 = \frac{A_0}{A_{l_1}} \; ; \; \varepsilon_2 = \frac{A_0}{A_{l_2}}$$

z.B.: Stift - Scheibe - System:
Stift: $\varepsilon_1 = 1$
Scheibe: $\varepsilon_2 \ll 1$

Bedeutung des Eingriffsverhältnisses	
Systemelemente mit $\varepsilon = 1$	**Systemelemente mit $\varepsilon < 1$**
• Permanenter Kontakt	• Intermittierender Kontakt
• Keine zykl. mechan. Bean-spruchung (makroskopisch)	• Zykl. mechan. Beanspruchung
• Permanente Reibungswärme-aufnahme	• Intermittierende Reibungs-wärmeaufnahme
• Eingeschränkte tribochem. Reaktion mit dem Umgebungs-medium	• Tribochem. Reaktion mit dem Umgebungsmedium im Bereich $A_l - A_0$

Bild 3.4.8
Eingriffsverhältnis: Definiti-on und Bedeutung für die Wirkung tribologischer Beanspruchungen und Pro-zesse auf die Komponenten tribologischer Systeme

In realen tribotechnischen Systemen müssen die Eingriffsverhältnisse sehr sorgfältig analysiert werden, um die Einzelheiten der wirkenden tribologischen Beanspruchungen spezifizieren zu können. In **Bild 3.4.9** wird eine vereinfachte Übersicht über typische tribotechnische Systeme, ihre kennzeichnende Kontaktgeometrie und die jeweiligen Eingriffsverhältnisse von Grund-körper und Gegenkörper gegeben (Czichos, 1984). Es ist offensichtlich, dass z. B. bei der Durchführung tribologischer Simulationsprüfungen das Prüfsystem so auszuwählen ist, dass die Eingriffsverhältnisse der Prüfkörper mit denen der zu simulierenden Bauteile des realen tribotechnischen Systems vergleichbar sind (vgl. Abschnitt 8.4). Werden z. B. Gleitwerkstoffe in vereinfachten Screening-Tests mit einem Stift-Scheibe-Prüfsystem untersucht, so muss der Werkstoff des Stiftes ($\varepsilon_1 = 100\,\%$) dem der Lagerschale und der Werkstoff der Scheibe ($\varepsilon_2 \ll 100\,\%$) dem der intermittierend beanspruchten Welle entsprechen.

Tribotechnisches System	Kontaktgeometrie	Eingriffsverhältnis ϵ $\left(\dfrac{\text{Tribokontaktfläche}}{\text{Gesamtlauffläche}} \right)$	
		Grundkörper ϵ_1 [%]	Gegenkörper ϵ_2 [%]
Gleitlager a) radial	quasi-konform	Lagerschale $\epsilon_1 = 100$	Welle $\epsilon_2 < 100$
b) axial	konform	Gleitschuh $\epsilon_1 = 100$	Zapfen $\epsilon_2 \approx 100$
Wälzlager	kontraform	Innen- bzw. Außen-ring $\epsilon_1 \ll 100$	Wälzkörper $\epsilon_2 \ll 100$
Zahnradgetriebe	kontraform	Antriebsrad $\epsilon_1 \ll 100$	Abtriebsrad $\epsilon_2 \ll 100$
Passungen	konform	Bohrung $\epsilon_1 = 100$	Welle $\epsilon_2 = 100$
Nocken-Stößel	kontraform	Stößel $\epsilon_1 = 100$	Nockenwelle $\epsilon_2 \ll 100$
Rad-Schiene	kontraform	Schiene $\epsilon_1 \rightarrow 0$	Rad $\epsilon_2 \ll 100$
Reibungsbremsen	konform	Bremsklotz $\epsilon_1 = 100$	Bremsscheibe $\epsilon_2 < 100$
Elektrische Schaltkontakte	konform	Brüste $\epsilon_1 = 100$	Kollektor $\epsilon_2 < 100$
Werkzeuge der Zer-spanungstechnik	konform	Werkzeug $\epsilon_1 = 100$	Werkstück $\epsilon_2 < 100$
Werkzeuge der Umformung	konform	Werkzeug $\epsilon_1 = 100$	Werkstück $\epsilon_2 < 100$

Bild 3.4.9
Übersicht über die Kontaktgeometrie tribotechnischer Systeme und die Eingriffsverhältnisse von Grundkörper und Gegenkörper

3.5 Thermische Vorgänge

In Tribokontakten tritt bei der Umsetzung mechanischer Energie durch Reibungsprozesse (siehe Kapitel 4) eine Energiedissipation auf, die mit einer Veränderung der thermischen Verhältnisse im Kontaktbereich verbunden ist (Carslaw and Jaeger, 1947). Makroskopisch betrachtet, ergibt sich bei einem Gleitkontakt in der Fläche A_0 beim Wirken von Normal- und reibbedingten Tangentialkräften F_N, F_R ein reibbedingter mittlerer Energie- bzw., Leistungsumsatz

$$E_R = F_R \cdot s_R \text{ m}, \quad E_R = f \cdot F_N \cdot s_R, \qquad s_R: \text{ Gleitweg}$$

$$P_R = E_R / t = F_R \cdot v = f \cdot F_N \cdot v \qquad v: \text{ Gleitgeschwindigkeit}$$

Bezogen auf die nominelle Kontaktfläche A_0 resultiert unter der Annahme, dass die Reibungsenergie vollständig in Wärme umgewandelt wird (vgl. dazu Abschnitt 4.3.4) eine flächenbezogene Reibleistung, die einer spezifischen Wärmebelastung bzw. einer Wärmedichte gleichgesetzt werden kann

$$Q_R = \frac{f \cdot F_N \cdot v}{A_0}$$

In Abhängigkeit der Wärmebelastung ergeben sich Temperaturerhöhungen und Änderungen temperaturabhängiger Eigenschaften der Kontaktpartner

3.5.1 Temperaturen in Tribokontakten

Der reibbedingte Energieumsatz in Tribokontakten ist mit Wärmeflüssen im Kontaktbereich verbunden und führt infolge der Mikrogeometrie der Kontaktpartner zu Temperaturverteilungen, die zu kennzeichnen sind durch

- die mittleren (volumenbezogenen) Temperaturerhöhungen der beiden Kontaktpartner

- Temperaturerhöhungen in den zeitlich und örtlich statisch verteilten Mikrokontakten („Blitztemperaturen")

Die Bestimmung oder Berechnung reibbedingter Temperaturerhöhungen bereitet sowohl in experimenteller Hinsicht infolge der Unzugänglichkeit der Kontaktgrenzfläche als auch in theoretischer Hinsicht wegen der Komplexheit der elastisch-plastischen Kontaktdeformationsprozesse, der stochastischen Natur der Energiedissipationsmechanismen und der Temperaturabhängigkeit relevanter Eigenschaften der Kontaktpartner erhebliche Schwierigkeiten (Czichos und Kaffanke, 1970). Untersuchungen des Einflusses der Kinematik zeigten, dass reibbedingte Temperaturerhöhungen besonders ausgeprägt bei Gleitvorgängen auftreten, so dass im folgenden nur Temperaturen in Tribokontakten unter Gleitbeanspruchung betrachtet werden.

Zur experimentellen Bestimmung von Temperaturen in Tribokontakten werden im wesentlichen die in **Bild 3.5.1** in vereinfachter Form zusammengestellten Messtechniken verwendet:

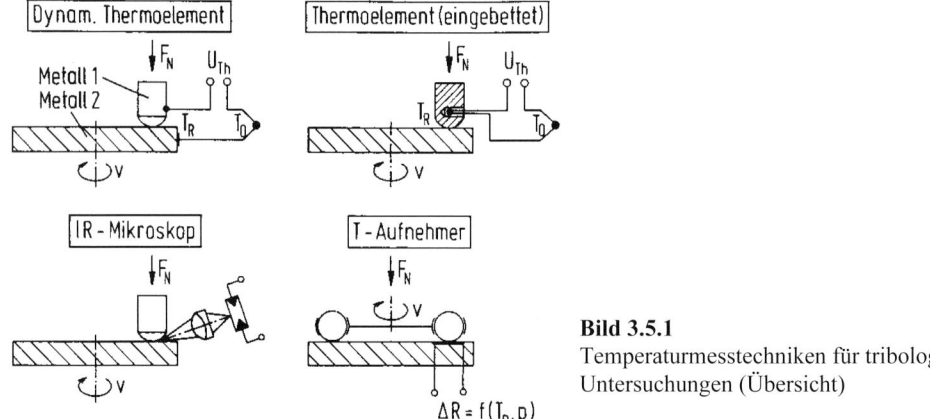

Bild 3.5.1
Temperaturmesstechniken für tribologische
Untersuchungen (Übersicht)

Dynamisches Thermoelement

Hierbei wirken die beiden Kontaktpartner, wenn sie aus unterschiedlichen Metallen bestehen, als Elemente der Thermopaarung. Obwohl mit dieser Methode bereits in den 30er Jahren von Bowden und Mitarbeitern Temperaturmessungen durchgeführt wurden, ist eine Zuordnung der gemessenen Thermospannungen zu den reibbedingten Temperaturen infolge verschiedener verfälschender Einflüsse, wie z. B. von Oxidfilmen, Oberflächenverunreinigungen etc., nur näherungsweise möglich.

Thermoelement (eingebettet)

Die am häufigsten verwendete Methode zur Bestimmung reibbedingter Temperaturerhöhungen besteht darin, Thermoelemente in die Prüfkörper einzubetten. Obwohl damit relativ genaue Temperaturbestimmungen möglich sind, ist die Extrapolation der im Volumen der Kontaktpartner gemessenen Temperaturen auf die Temperaturen in der realen Kontaktfläche schwierig.

Infrarot-Mikroskopie

Mit Hilfe der IR-Mikroskopie wird aus der temperaturbedingten Wärmestrahlung, die von der Reibstelle ausgeht, auf die Temperatur geschlossen. Die Schwierigkeiten liegen hier in dem unterschiedlichen Emissionsvermögen der Reibpartner und der Unzugänglichkeit der Kontaktstelle, so dass in Grundlagenuntersuchungen optisch transparente Kontaktpartner verwendet werden.

Temperaturaufnehmer (aufgedampft, eingebettet)

Mit aufgedampften bzw. eingebetteten Temperaturaufnehmern ist es heute möglich, Temperaturen direkt in der Kontaktstelle zu messen. Genutzt wird der Effekt der elektrischen Widerstandsänderung infolge Temperatur. Die aufgedampften Aufnehmer haben in der aktiven Zone eine Breite von 10 bis 15 μm, die eingebetteten Drahtaufnehmer eine Dicke von etwa 20 bis 30 μm. Die Probleme bei dieser Methode liegen in dem Verschleiß der Aufnehmer bei Festkörperreibungsbedingungen.

Mit Hilfe der Infrarotmesstechnik wurden in einer grundlegenden Untersuchung von Griffioen, Bair und Winer (1985) unter Verwendung eines optisch transparenten Gleitpartners (Saphirscheibe in einem Kugel-Scheibe- oder Stift-Scheibe-System, Kugeldurchmesser 6,35 mm) mit Hertzschen Flächenpressungen bis zu 2,0 GPa umfangreiche Untersuchungen reibbedingter Temperaturerhöhungen vorgenommen. Mit der Infrarotkamera wurde die vom Kontaktgebiet ($\varnothing \approx 2$ mm) durch die Saphirscheibe hindurchtretende Temperaturstrahlung mit einer lateralen Ortsauflösung von 100 μm zeilenförmig innerhalb von 400 μs in Gleitrichtung abgetastet. **Bild 3.5.2** zeigt eine charakteristische Abfolge von „Line-scans", die nacheinander innerhalb der Mittellinie des Kontaktes bestimmt wurden, zusammen mit einer Darstellung zugehöriger Isothermen.

Die Untersuchungen bestätigen das Auftreten von „Blitztemperaturen" in zeitlich und örtlich innerhalb der geometrischen Kontaktfläche verteilten Mikrokontakten („hot spots"). Für die „hot spots" wurden bei den genannten Versuchsbedingungen folgende typische Daten bestimmt.

- Mikrokontaktdurchmesser: $d = 6$ bis 10 μm ($F_N = 4,45$ N)
  $d = 8$ bis 14 μm ($F_N = 8,90$ N)

- Dauer eines „Temperaturblitzes": $t = 52$ bis 132 μs ($F_N = 4,45$ N)
  $t = 104$ bis 261 μs ($F_N = 8,90$ N)

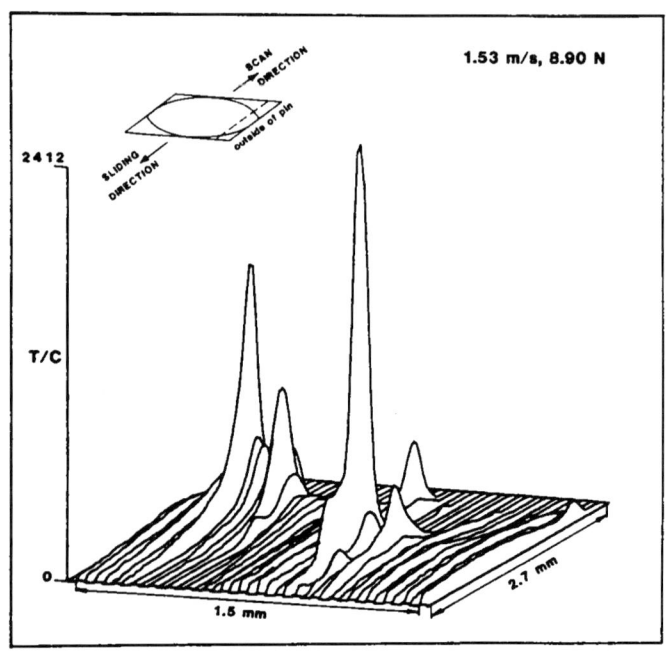

a)

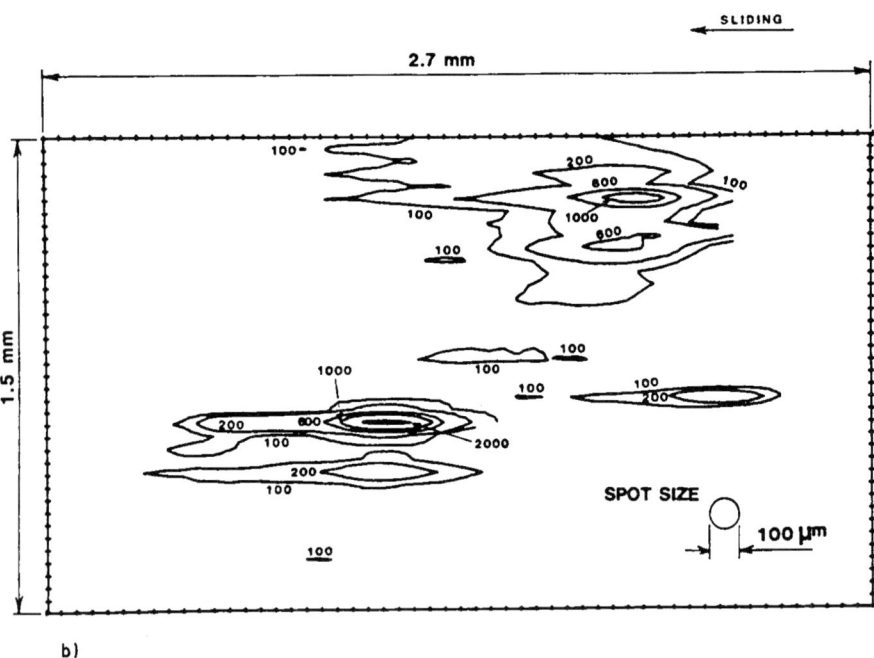

b)

Bild 3.5.2   Temperaturverteilung im Kontaktbereich eines Stift-Scheibe-Tribometers bei einer Normalkraft F_N = 8,9 N und einer Gleitgeschwindigkeit v =1,53 m
(a) Temperaturprofile, (b) Isothermen

In **Tabelle 3.5.1** sind die in den Untersuchungen bestimmten Werte der mit einem Thermo-
element gemessenen mittleren Volumentemperatur des stationären Kontaktpartners (Stift)
zusammen mit Werten der maximalen, minimalen und der mittleren Blitztemperatur zusammengestellt.

Tab. 3.5.1   Reibbedingte Temperaturen in einem Stift-Scheibe-Tribometer in Abhängigkeit von Normalkraft F_N und Gleitgeschwindigkeit v

Meßgröße		Temperaturen in °C			
		v = 0,305 m/s		v = 1,53 m/s	
		F_N = 4,45 N	F_N = 8,90 N	F_N = 4,45 N	F_N = 8,90 N
Umgebungstemperatur		25	25	25	25
Volumentemperatur (Stift)		30	36	56	77
Blitztemperatur	Mittel	105	117	396	1080
	Max.	148	200	2353	2703
	Min.	94	98	102	116
Reibungszahl (bei F_N = 11,1 N)		f = 0,57 ... 0,85		f = 0,50 ... 0,53	

Materialdaten von Si_3N_4-Stift (1) und Saphir-Scheibe (2):

Dichte ρ (kg/m³):	ρ (1) = 3190;	ρ (2) = 3980
E-Modul (GPa):	E (1) = 310;	E (2) = 365
Wärmeleitfähigkeit k (W/m · K):	k (1) = 24;	k (2) = 27
Spez. Wärme c (J/kg · K):	c (1) = 1078;	c (2) = 418

Mit der Infrarot-Meßtechnik wurden von Nagaraj, Sanborn und Winer (1978) auch Untersuchungen an Stahl-Saphir-Gleitkontakten unter Bedingungen einer (partiellen) elastohydrodynamischen (EHD) Schmierung vorgenommen. Für die Abhängigkeit der reibbedingten
Temperaturerhöhungen ΔT in Form von Blitztemperaturen von Normalkraft F_N bzw. Hertzscher Flächenpressung p_H und der Gleitgeschwindigkeit v wurden zusammenfassend folgende
Korrelationen gefunden (Winer and Cheng, 1980):

$$\Delta T \sim F_N^{2/3} \sim p_H^2, \qquad\qquad \Delta T \sim v^{0,7}$$

bei „niedrigen" Gleitgeschwindigkeiten

$$\text{sowie}\quad \Delta T \sim F_N^{1/2} \sim p_H^{3/2}; \qquad \Delta T \sim v^{0,21}$$

bei „hohen" Gleitgeschwindigkeiten.

3.5.2 Blitztemperaturhypothesen

Zur theoretischen Abschätzung der in Tribokontakten in Abhängigkeit des Beanspruchungs-
kollektives und der Systemstruktur auftretenden reibbedingten Temperaturerhöhungen sind
verschiedene „Blitztemperaturhypothesen" entwickelt worden. Infolge der stochastischen Natur der zu „Blitztemperaturen" führenden dissipativen Mikro-Kontaktprozesse, dem Auftreten
von chemischen Grenzschichten, der Fluktuation der lokalen Reibungskräfte und der meist
nicht genau bekannten Abhängigkeit der Stoffdaten von der Temperatur ist die Berechnung
reibbedingter Temperaturerhöhungen außerordentlich schwierig. Vereinfachende Theorien
gehen von den folgenden hauptsächlichen Annahmen aus:

–   Die vorhandenen Mikrokontaktstellen werden gedanklich zu einer resultierenden
    Kontaktfläche vereinigt, an der die Reibungsenergie in Wärme umgewandelt wird;
    sie wird als ebene Wärmequelle betrachtet.

–   Die entwickelte Wärme wird durch beide Kontaktpartner abgeleitet.

–   Die Oberflächen beider Körper an der Kontaktstelle besitzen dieselbe Temperatur.

–   Die berechnete Temperatur stellt eine Abschätzung der Temperaturerhöhung über
    der mittleren Temperatur der Oberfläche dar.

Im folgenden sind in knapper Form die bekanntesten Blitztemperaturhypothesen für den Fall
des Linienkontaktes (Theorie von Blok) und des Punktkontaktes (Theorie von Archard) zusammengestellt.

Blitztemperaturen bei Linienkontakt (Blok)

Nach der Theorie von Blok (1937) resultiert die maximale Kontakt-Grenzflächentemperatur
T_K aus der Summation der Volumentemperatur T_V und der reibbedingten Blitztemperatur T_R:

$$T_K = T_V + T_R$$

Die reibbedingte Blitztemperatur kann nach folgender Formel berechnet werden:

$$T_R = 1{,}11 \frac{f \cdot F_N \cdot v}{b_1\sqrt{v_1} + b_2\sqrt{v_2}} \cdot \frac{1}{l\sqrt{w}} \, (°C)$$

Die in dieser Formel enthaltenen Parameter können in drei Gruppen eingeteilt werden (Winer
and Cheng, 1980):

–   Beanspruchungsparameter:
    F_N :   Normalkraft (N)
    V   :   Relativgeschwindigkeit $v = v_1 - v_2$ (m/s) der Kontaktpartner (1) und (2),
                siehe Abschnitt 3.3.1
    F   :   Reibungszahl

–   Kontaktparameter
    l   :   Kontaktlänge senkrecht zur Bewegungsrichtung
    w   :   Kontaktbreite

– Stoffparameter

b_1, b_2 : thermische Kontaktkoeffizienten der Kontaktpartner, $b_i = \sqrt{k\rho c}$ (i = 1,2),

         mit

k   : Wärmeleitfähigkeit (W/m · K)

ρ : Dichte (kg/m³)

c   : spez. Wärme (kJ/kg · K)

Für Kontaktpartner aus dem gleichen Material resultiert für die maximale Blitztemperatur die folgende Formel:

$$T_R = 0,62 \cdot f \cdot \left(\frac{F_N}{l}\right)^{3/4} \cdot \left|\sqrt{v_1} + \sqrt{v_2}\right| \cdot \left(\frac{E^*}{R}\right)^{1/4} \cdot b^{-1}$$

wobei in Ergänzung der obigen Parameter folgende Größen eingehen:

$$E^* = E/(1 - v^2) \; ; \qquad\qquad v: \text{Poissonsche Zahl}$$

$$R \quad (\frac{1}{R_1} \quad \frac{1}{R_2})^{-1} ; \qquad\qquad R_1, R_2: \text{Radien der Kontaktpartner}$$

Die Bloksche Theorie kann durch folgendes Beispiel illustriert werden: Für den Linienkontakt zweier Stahlzylinder mit je einem Durchmesser von 10 mm und einer Länge von 30 mm, ergibt sich bei $F_N = 10^5$ N und unterschiedlichen Rotationsgeschwindigkeiten, $v_1 = 3$ m/s, $v_2 = 1$ m/s, einer Volumentemperatur von $T_K = 100$ °C und einer Reibungszahl von f = 0,1 eine maximale Kontakt-Grenzflächentemperatur von

$$T_K = 100 + 435 = 535 \text{ °C}$$

Blitztemperaturen bei Punktkontakt (Archard)

Das Modell zur Blitztemperaturberechnung nach Archard (1958) besteht aus dem Kontakt eines Rauheitshügels des Grundkörpers (1) mit einem ebenen Gegenkörper (2) und einer kreisförmigen Kontaktfläche mit dem Durchmesser 2 r, die sich mit der Geschwindigkeit v bewegt. Der Grundkörper (1) erhält somit reibbedingte Wärme von einer stationären Wärmequelle und der Gegenkörper (2) von einer bewegten Wärmequelle (**Bild 3.5.3**). Bei gleichen Werkstoffen von Grundkörper (1) und Gegenkörper (2) und der z. B. für metallische Kontaktpartner plausiblen Annahme einer plastischen Kontaktdeformation und gleichmäßigen thermischen Oberflächenleistung werden für den Gleichgewichtszustand folgende Parameter definiert:

$$N = f \cdot \frac{\pi \cdot HV}{\rho \cdot c} \qquad\qquad \text{(dimensionslos)}$$

$$L = \frac{\rho \cdot c}{2k(\pi \cdot HV)^{1/2}} F_N^{1/2} \cdot v \qquad \text{(Dimension °C)}$$

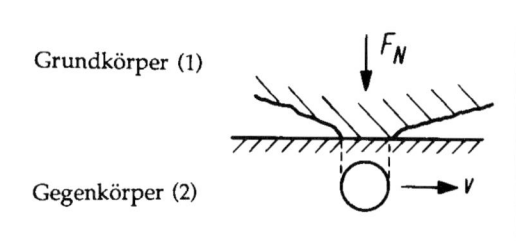

Bild 3.5.3
Modell eines Punktkontaktes (Gleitender
Rauheitshügel) zur Blitztemperaturhypothese
nach Archard

Hierin ist neben den unter Ziffer (a) definierten Parametern HV die Vickers-Härte des weicheren Kontaktpartners.

In Abhängigkeit von der Gleitgeschwindigkeit werden für die maximale Blitztemperatur T_R drei Fälle unterschieden:

  – Bei kleinen Geschwindigkeiten (L < 0,1) wird die reibungsbedingte Wärme gleichmäßig auf die Kontaktpartner (1), (2) verteilt:

$$T_R = 0,25 \cdot N \cdot L$$

  – Bei mittleren Geschwindigkeiten (0,1 < L < 5) wird weniger als die Hälfte der reibungsbedingten Wärme vom Grundkörper (1) aufgenommen

$$T_R = 0,25 \cdot \beta \cdot N \cdot L$$

wobei $\beta = 0,95$ für $L = 0,1$

$\beta = 0,5$ für $L = 5$

  – Bei großen Geschwindigkeiten (5 L < 100) wird überwiegend die reibbedingte Wärme vom Gegenkörper (2) aufgenommen

$$T_R = 0,435 \cdot \gamma \cdot N \cdot L^{1/2}$$

wobei $\gamma = \dfrac{1}{(1 + 0,87 \cdot L^{-1/2})}$

Ein Anwendungsbeispiel der Theorie nach Archard zur Abschätzung von Blitztemperaturen beim Gleitkontakt von Stahl der Härte 150 HV, 250 HV und 850 HV zeigt **Bild 3.5.4**.

Bei Anwendungen der Theorien nach Blok und Archard empfiehlt sich infolge der Temperaturabhängigkeit der in die Formeln einzusetzenden Stoffdaten ein iteratives Vorgehen: Ausgehend von Stoffdaten SD (T_0), die auf die Raumtemperatur T_0 und Normalbedingungen bezogen sind, wird zunächst in erster Näherung die reibbedingte Temperatur T_R berechnet; in weiteren Iterationsschritten werden dann möglichst Stoffdaten SD (T_R) verwendet, die der im vorgehenden Iterationsschritt bestimmten Temperatur zugeordnet sind.

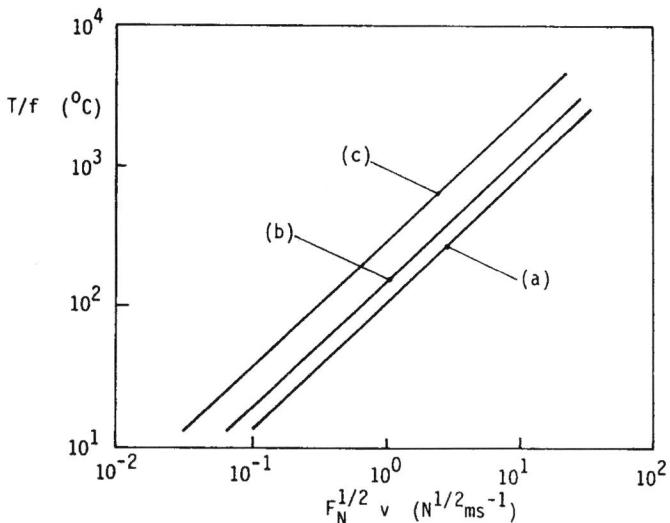

Bild 3.5.4 Relative Temperaturerhöhung nach Archard (Blitztemperatur T/Reibungszahl f) für Stahl-gleitpaarungen unterschiedlicher Härte ((a) 150 HV, (b) 250 HV, (c) 850 HV) als Funktion eines Produktes aus Normalkraft F_N und Gleitgeschwindigkeit v

3.5.3 Modellrechnungen von Reibtemperaturen

In Weiterentwicklung der dargestellten Blitztemperaturhypothesen wurde von Doris Kuhl-mann-Wilsdorf (1987) ein umfangreicher Formelapparat entwickelt, für den auf die entspre-chende Literatur verwiesen wird. Die Berechnung der hot-spot-Temperaturen von zwei aufei-nander gleitenden Oberflächen kann nach diesem Modell unter folgenden Voraussetzungen durchgeführt werden:

- Es gleiten mathematisch flache Oberflächenbereiche aufeinander.

- Die Oberflächen sind frei von Grenzflächenfilmen.

- Die Quelle der Temperaturerhöhung erstreckt sich auf einen an die Kontaktfläche angrenzenden Volumenbereich.

- Die Reibleistung wird in der Grenzfläche vollständig in Wärme umgesetzt.

- Die Oberflächen berühren sich über Mikrokontakte.

Aus der Gleichgewichtsbedingung für den Übergang vom elastischen zum plastischen Kontakt lässt sich die Anzahl der Mikrokontakte abschätzen,

$$N = \frac{4 \cdot F_N}{\pi \cdot d^2 \cdot H(T)}$$

wobei H(T) die Härte des Werkstoffes bei der hot-spot-Temperatur und d den Durchmesser des Mikrokontaktes bedeuten.

Am Beispiel einer Keramik-Keramik-Gleitpaarung (MgO-stabilisiertes Zirkonoxid, ZN40) wurden unter Verwendung des Modells von Kuhlmann-Wilsdorf Computer-Simulationen der Blitztemperatur unter Benutzung der von den Keramikherstellern mitgeteilten Temperaturab-hängigkeiten der Größen E-Modul, Härte, Dichte, Wärmekapazität und Wärmeleitfähigkeit vorgenommen (Woydt, 1989). Die Ergebnisse der Berechnung der Hot-Spot-Temperatur wer-den in den **Bildern 3.5.5** und **3.5.6** für eine niedrige und eine hohe Gleitgeschwindigkeit v wiedergegeben. Dargestellt ist die Temperaturerhöhung im Mikrokontakt als Funktion der Last und der Anzahl der Mikrokontakte sowie Last und Gleitgeschwindigkeit. Bei v = 0,03 m/s (Bild 3.5.5) hängt die Temperaturerhöhung in den Mikrokontakten erheblich von der Anzahl der Kontaktstellen ab, wobei unter den Versuchsbedingungen von 10 N und der von Winer (Winer, 1980) gemessenen Kontaktzahl 10 nur eine geringe, für ZrO_2 unkritische Tempera-turerhöhung errechnet wird.

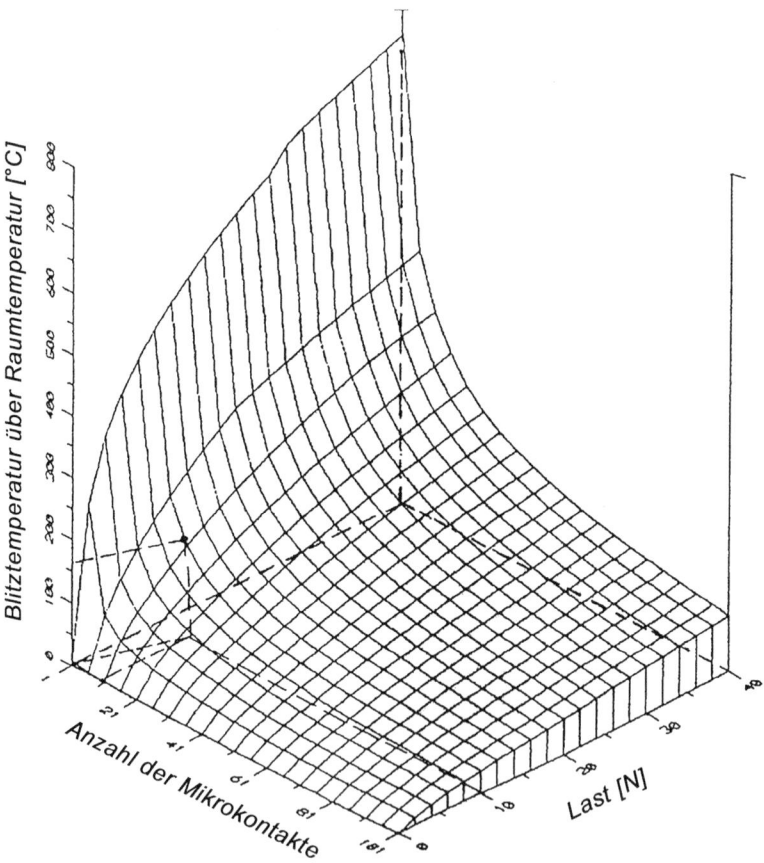

Bild 3.5.5   Blitztemperaturerhöhung für eine ungeschmierte Gleitpaarung aus Zirkonoxid (ZN40) in Abhängigkeit von der Last und der Anzahl der Mikrokontakte (Normalkraft F_N = 10 N; Gleitgeschwindigkeit v = 0,03 m/s; Reibungszahl f = 0,5; Kontaktfläche A_0 = 0,091 mm²)

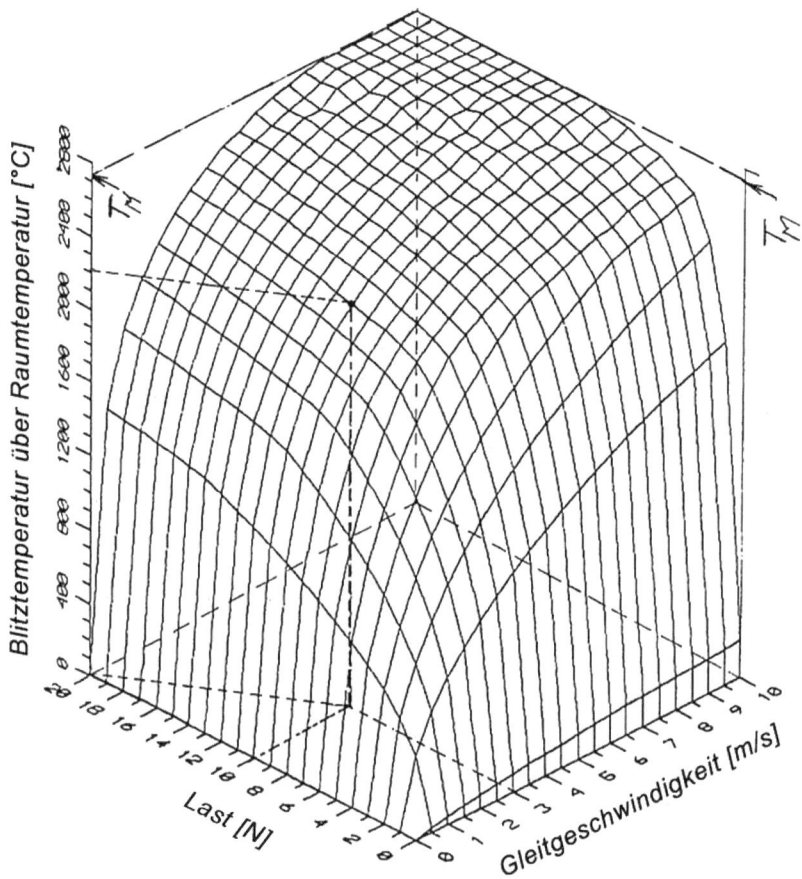

Bild 3.5.6 Blitztemperaturerhöhung für eine ungeschmierte Gleitpaarung aus Zirkonoxid (ZN40) in Abhängigkeit von der Last und der Gleitgeschwindigkeit (Normalkraft F_N = 10 N; Anzahl der Mikrokontakte 10; Reibungszahl f = 0,52)

Durch die Erhöhung der Gleitgeschwindigkeit auf 3 m/s entstehen Blitztemperaturen oberhalb von 1240 °C bzw. 1400 °C, so dass Phasenumwandlungen in die tetragonale bzw. kubische Phase stattfinden, die zu Zugspannungen in der Oberfläche führen.

Rechnerunterstützte Rechenprogramme, genannt „T-MAPS", zur Bestimmung reibbedingter Temperaturerhöhungen wurden auch von Ashby, Abulawi und Kong (1990) entwickelt. Die Rechenprogramme gehen davon aus – in ähnlicher Weise wie die Blitztemperaturhypothesen von Blok und Archard – dass sich bei einem Gleitkontakt die Reibungswärme in Abhängigkeit relevanter Stoff- und Formparameter auf beide Kontaktpartner aufteilt. Je nachdem, ob sich dies unter der Wirkung von Normalkraft F_N und Gleitgeschwindigkeit v modellmäßig auf die gesamte geometrische Kontaktfläche A_0 oder die wahre Kontaktfläche A_r als Summe der Mikrokontakte bezieht, ergeben sich die folgenden Abschätzungen:

– Mittlere Temperaturerhöhung T_V:

$$T_V - T_0 = \frac{f \cdot F_N \cdot v}{A_0} \left[\frac{1}{\frac{k_1}{l_1} + \frac{k_2}{l_2}} \right]$$

Hierbei sind T_0 die Temperatur der „Wärmesenke" (z. B. Halterung der Gleitkörper); k_1 und k_2 die Wärmeleitfähigkeiten der Gleitpartner, und l_1, l_2 sind für die jeweilige Kontaktgeometrie charakteristische „Wärmediffusionswege" zwischen der Kontaktfläche und den „Wärmesenken" der beiden Kontaktpartner.

– Blitztemperatur TR:

$$T_r - T_{or} = \frac{f \cdot F_N \cdot v}{A_r} \left[\frac{1}{\frac{k_1}{l_{1r}} + \frac{k_2}{l_{2r}}} \right]$$

In dieser Formel, die bezüglich der Größen F_N, v, A_0, k_1, k_2 mit der obigen Beziehung identisch ist, beziehen sich die Größen T_{or} und l_{1r}, l_{2r} in komplizierter Weise auf die den entsprechenden Größen in obiger Formel analogen Mikrokontakten, deren Bestimmung mit erheblichen Schwierigkeiten verbunden ist.

Zur Berechnung der reibbedingten Temperaturen T_V und T_R wurden von Ashby und Mitarbeitern Näherungslösungen entwickelt, die für die folgenden Kontaktgeometrien gültig sind:

– Fläche/Fläche

– Stift/Scheibe

– Kugel/Scheibe

– 4-Kugel-System

Diese Modellsysteme überdecken das Spektrum der Wirkgeometrien tribologischer Systeme von „konform" bis „kontraform".

Bild 3.5.7 zeigt das vereinfachte Flussdiagramm des Computerprogramms T-MAPS in der Originalform. Das Computerprogramm T-MAPS 2.0 ist vom Engineering Department der Cambridge University, England, entwickelt worden.

Die Ergebnisse der rechnerunterstützten Berechung der mittleren Temperaturerhöhung T_V und der Blitztemperatur T_R für diese Kontaktgeometrien werden in Form von Temperaturdiagrammen („Temperature maps") dargestellt. Hierbei werden unterschiedliche Isothermen von T_V und T_R als Funktion der Flächenpressung F_N/A_0 (MPa) und der Gleitgeschwindigkeit v (m/s) aufgetragen.

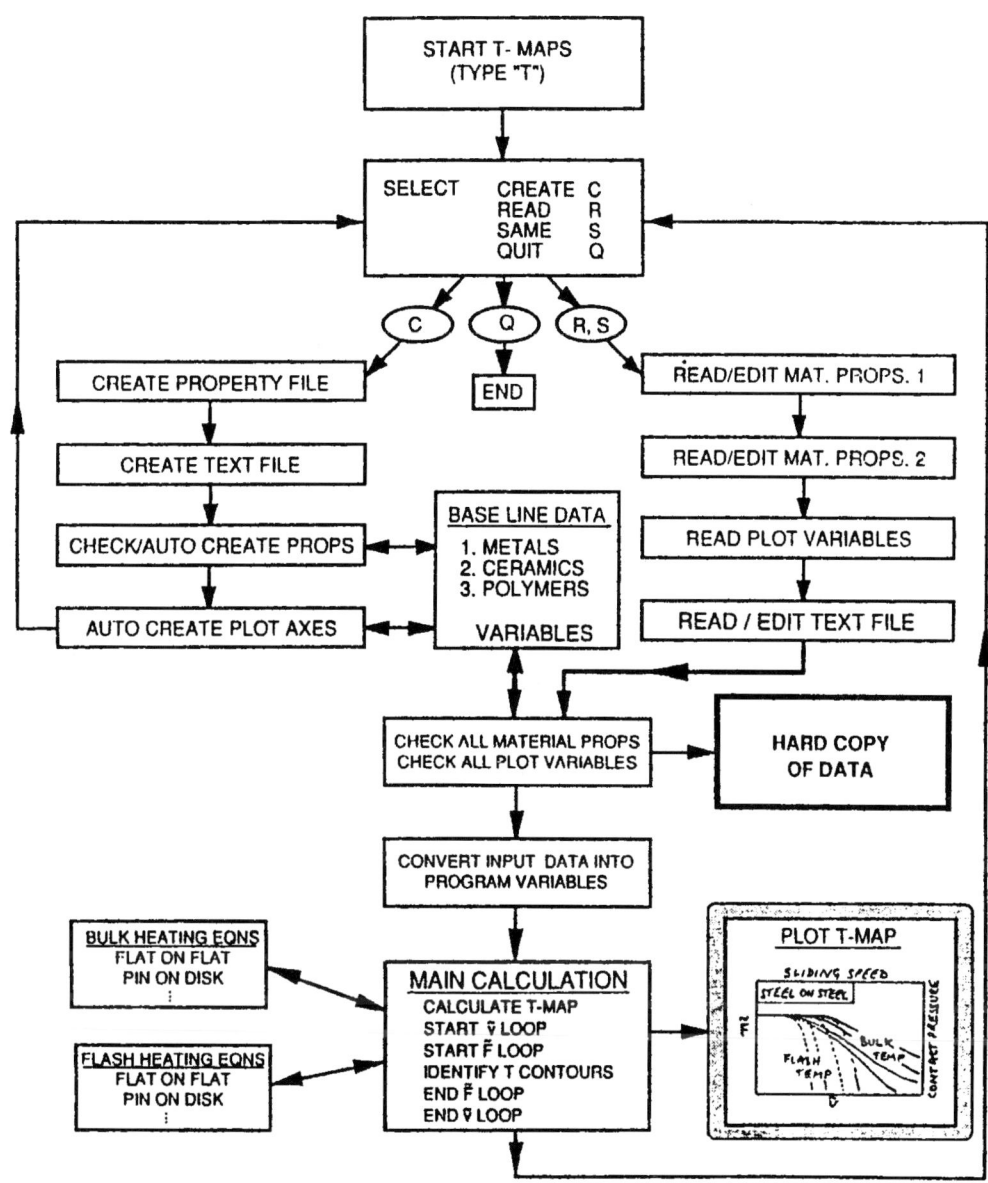

Bild 3.5.7 Schematisches Flussdiagramm des Computerprogramms „T-MAPS" zur Berechnung reibbedingter mittlerer Temperaturerhöhungen T_V und Blitztemperaturen T_R (Ashby, Abulawi
and Kong, 1990)

Bild 3.5.8 illustriert ein *Temperature map* für das Beispiel des Gleitkontaktes einer Gleitpaarung aus Kohlenstoffstahl in einer Stift-Scheibe-Konfiguration mit folgenden Kenndaten: Stiftdurchmesser 3 mm, Stiftlänge 15 mm, mittlerer Rauheitshügelradius 100 μm. In Bild 3.5.8 stellen die ausgezogenen Linien Isothermen der mittleren Temperaturerhöhung T_V und die gestrichelten Linien Isothermen der Blitztemperatur T_R dar; in beiden Fällen entspricht die Isotherme der höchsten Temperatur etwa der Schmelztemperatur der Kontaktpartner. Ergänzend zu den Computerberechnungen reibbedingter Temperaturerhöhungen sind in Bild 3.5.8 experimentell bestimmte Reibtemperaturen eingetragen, die aus der Beobachtung von Reibmartensit (Uetz und Sommer, 1977, Messpunkte •), d. h. $T_R > 900\ °C$ bzw. lokaler Schmelzprozesse (Montgomery, 1976, Messpunkte x), d. h. $T_V > 1500\ °C$, resultieren.

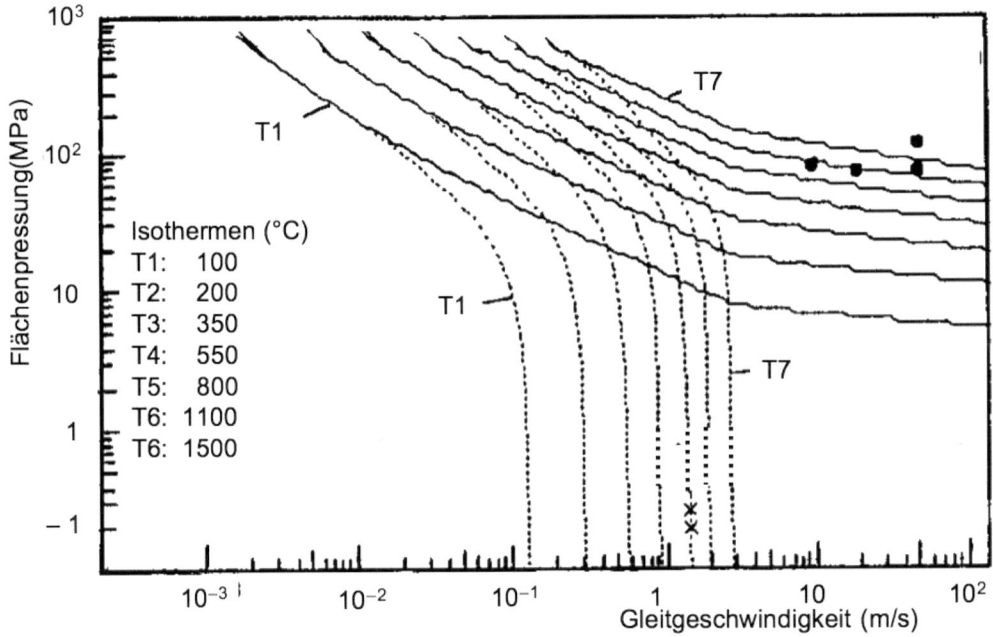

Bild 3.5.8   *Temperature map* für den Gleitkontakt von Kohlenstoffstahl in einer Stift-Scheibe-Konfiguration als Funktion von Flächenpressung und Gleitgeschwindigkeit

  – ausgezogene Linien: Isothermen der mittleren Temperaturerhöhung T_V

  – gestrichelte Linien: Isothermen der Blitztemperatur T_R

  – Messpunkte: • T_V bei Schmelzprozessen; x bei Reibmartensitbildung

Der befriedigende Vergleich zwischen den theoretisch berechneten und den experimentell bestimmten Daten verifiziert die Brauchbarkeit der computerunterstützten Rechenmethoden zur Bestimmung von Reibtemperaturen in Tribokontakten.

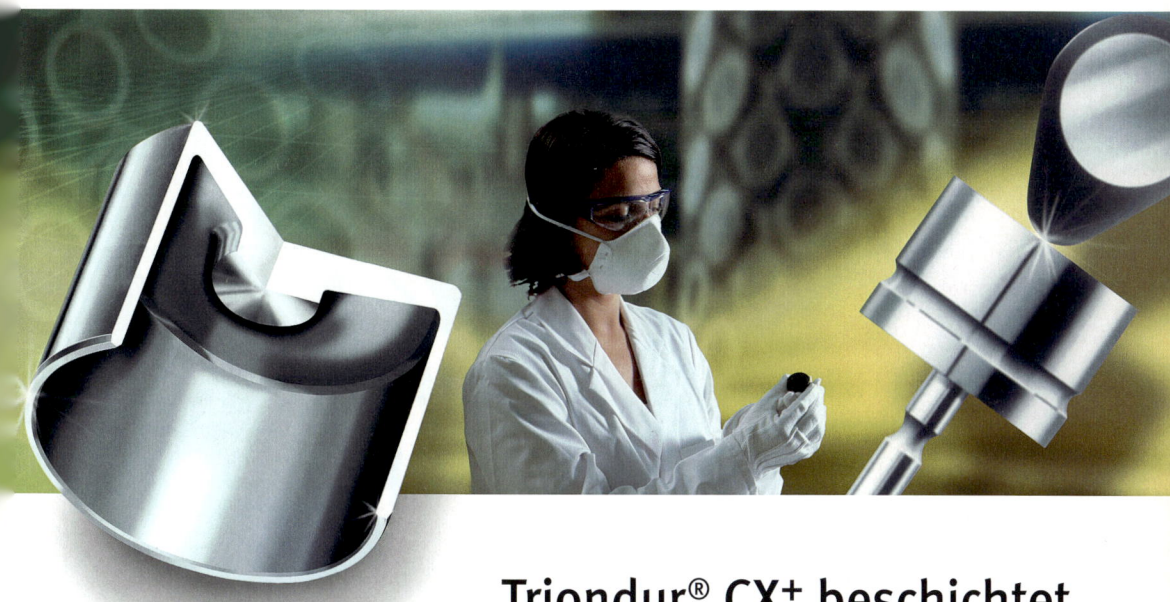

Triondur® CX⁺ beschichtet.
Reibung halbiert.

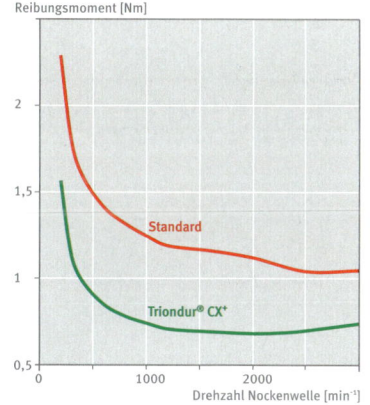

Reibung im Motor verschwendet wertvolle Antriebsleistung. Besonders hoch beanspruchte Bauteile liefern wir deshalb nur mit Spezialbeschichtung. Denn Oberflächenbeschichtung ist eine starke Waffe im Kampf gegen Reibung und Verschleiß.

Unter dem Stichwort Nanotechnologie haben wir eine Reihe neuer Schichtsysteme entwickelt. Diese werden umwelt-schonend auf INA-Produkte aufgebracht, ohne dass Maß- und Design-Änderungen nötig sind. Triondur® CX⁺ auf einem Tassenstößel z. B. halbiert nicht nur die Reibung im Gleit-kontakt mit der Nockenwelle, sondern verlängert auch ihre Lebensdauer.

Der Weg zum verbrauchs- und schadstoffarmen Automobil führt auch über innovative Oberflächen- und Beschichtungs-technik. Nutzen Sie unsere Kompetenz auf diesem Gebiet!

Schaeffler KG · Herzogenaurach · www.ina.de

4 Reibung

4.1 Grundlagen und Übersicht

Reibung ist ein *Bewegungswiderstand.* Er äußert sich als Widerstandskraft sich berührender Körper gegen die Einleitung einer Relativbewegung (Ruhereibung, statische Reibung) oder deren Aufrechterhaltung (Bewegungsreibung, dynamische Reibung). Neben dieser „äußeren Reibung" gibt es die „innere Reibung" von Stoffen *(Viskosität)*, sie gehört zur *Rheologie.*

Die Reibung eines tribologischen Systems wird durch Reibungsbegriffe beschrieben, (siehe **Bild 4.1.1**), die mittels der Stribeckkurve eingeteilt und auch zur Klassifikation des Verschleißes (Kapitel 5) und der Schmierung (Kapitel 6) verwendet werden:

- *Festkörperreibung:* Reibung beim unmittelbaren Kontakt fester Körper
- *Grenzreibung / Grenzschichtreibung:* Festkörperreibung, bei der die Oberflächen der Reibpartner mit einem molekularen Grenzschichtfilm bedeckt sind
- *Flüssigkeitsreibung:* Reibung in einem die Reibpartner lückenlos trennenden flüssigen Film, der hydrostatisch oder hydrodynamisch erzeugt werden kann
- *Gasreibung*: Reibung in einem die Reibpartner lückenlos trennenden gasförmigen Film, der aerostatisch oder aerodynamisch erzeugt werden kann
- *Mischreibung:* Reibung, bei Koexistenz von Festkörperreibung und Flüssigkeitsreibung

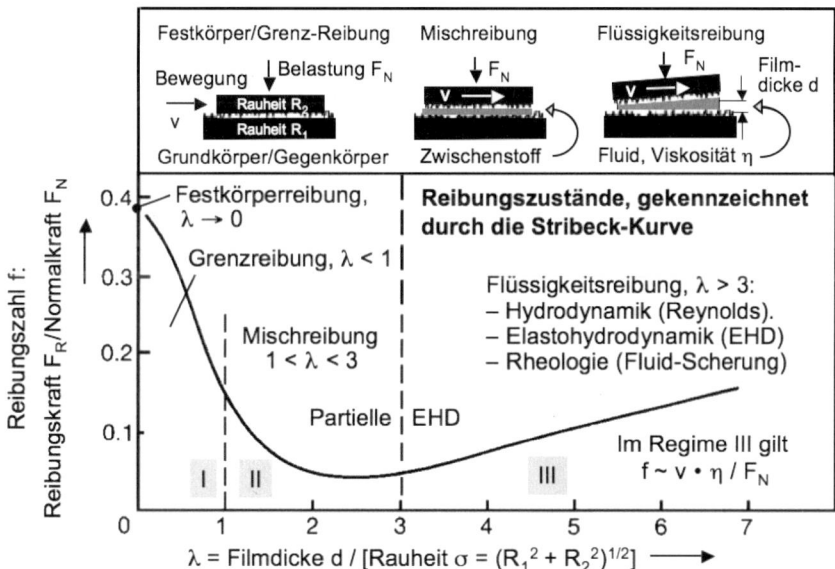

Bild 4.1.1   Reibungszustände und Reibungsbegriffe eines tribologischen Systems

4.2 Reibungsmessgrößen

Die Reibung kann durch kräftemäßige und energetische Messgrößen gekennzeichnet werden (frühere DIN 50281):

- Reibungskraft F_R

  Kraft, die infolge der Reibung als mechanischer Widerstand gegen eine (translatorische) Relativbewegung auftritt und der Bewegungsrichtung entgegengesetzt ist. Hierbei kann ggf. noch unterschieden werden zwischen der statischen Reibungskraft F_{Rs} (ohne Relativbewegung) und der dynamischen Reibungskraft F_{Rd} (mit Relativbewegung)

- Reibungsmoment M_R

  Moment, das infolge der Reibung als Widerstand gegen eine rotatorische Relativbewegung auftritt

- Reibungszahl $f = F_R/F_N$

  Quotient aus Reibungskraft F_R (parallel zur Kontaktfläche) und Normalkraft F_N (senkrecht zur Kontaktfläche)

- Reibungsarbeit A_R

  Die zur Aufrechterhaltung eines Bewegungsvorganges unter Reibung zu verrichtende (Verlust-)Arbeit, bezogen auf die vorliegende Kinematik

  Gleiten:
  $$A_{RG} = \int_{s_R} F_R \cdot ds_R$$

  Rollen:
  $$A_{RR} = \int_{\pi_R} M_R \cdot d\pi_R$$

  Bohren (Spin)
  $$A_{RB} = \int_{\pi_B} M_B \cdot d\pi_B$$

  mit s_R: Gleitweg; π_R: Rollwinkel; π_B: Bohrwinkel

- Reibungsleistung P_R

  Die zur Aufrechterhaltung eines Bewegungsvorgangs unter Reibung zu verrichtende (Verlust-)Leistung, definiert als Momentanleistung $P_R = dA_R/dt$ oder mittlere Leistung

  $$P_R = A_R / t = F_R \cdot v = f \cdot F_N \cdot v$$
  mit t: Bewegungsdauer; v: Geschwindigkeit

– Reibungswinkel ρ (**Bild 4.2.1**)

Winkel zwischen der Richtung der Normalkraft F_N und der Richtung der Resultierenden aus Reibungskraft F_R und Normalkraft F: $\rho = \arctan f$; $f = \tan \rho$

Der Reibungswinkel ρ beschreibt einen Kegel mit dem Kegelwinkel 2ρ um den Normalkraftvektor, wenn die Reibung im Kontakt rotationssymetrisch gleich ist (**Bild 4.2.1**). Gleiten liegt dann vor, wenn die Vektorsumme aus der Normalkraft F_N und der angreifenden Kraft F_g außerhalb des Kegels mit dem Kegelwinkel 2ρ liegt, der durch die Reibungszahl des Kontaktsystems f bestimmt ist ($\rho = \arctan f$).

Ruhereibungswinkel ρ_r nennt man den Betrag des Reibungswinkels, bei dessen Überschreiten Gleiten eintritt: $\rho_r = \arctan f_r$.

Zur Bestimmung von f_r kann ein Probekörper auf eine schiefe Ebene gelegt werden und der Neigungswinkel der Ebene so lange erhöht werden, bis bei einem Winkel von ρ_r der Körper ins Gleiten gerät (siehe Bild 4.2.1).

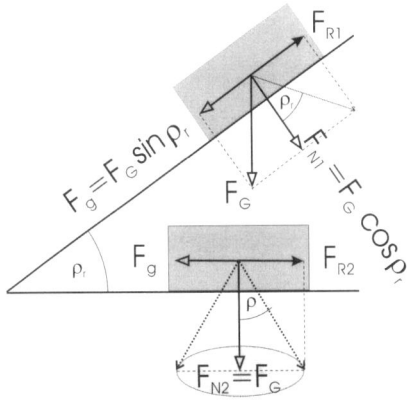

Bild 4.2.1
Schematische Darstellung des Reibungswinkels und der Bestimmung der Haftreibungszahl auf der schiefen Ebene

Die Reibung stellt definitionsgemäß einen Wechselwirkungsprozess kontaktierender Körper oder Stoffe dar. Eine Reibungsmessgröße bezeichnet daher nicht die Eigenschaft eines einzelnen Körpers oder Stoffes, sondern muss stets auf die Material-Paarung, d h. allgemein auf das betreffende tribologische System, bezogen werden. In vereinfachter symbolischer Form gilt, vgl. Abschnitt 2.4:

> Reibungsmessgröße = f(Systemstruktur, Beanspruchungskollektiv)

Hierbei sind durch die Systemstruktur die am Reibungsvorgang direkt beteiligten Körper und Stoffe sowie ihre relevanten Eigenschaften zu beschreiben. Das Beanspruchungskollektiv ist gegeben durch die Kinematik, die Normalkraft F_N, die Geschwindigkeit v, die Temperatur T und die Beanspruchungsdauer t, wie aus der allgemeinen Darstellung der Parametergruppen tribologischer Systeme von Bild 2.15 ersichtlich ist.

4.3 Reibungsmechanismen

Die Darstellung der Reibungsmessgrößen hat gezeigt, dass jeder Reibungsvorgang einen Energieaufwand erfordert. Aus physikalischer Sicht kann daher eine Energiebilanz zur Übersicht über die vielfältigen Einzelprozesse der Reibung vorgenommen werden (Czichos, 1971):

I. Energieeinleitung

- Berührung technischer Oberflächen
- Bildung der wahren Kontaktfläche
- Mikrokontaktflächenvergrößerung („junction growth")
- Delamination von Oberflächen-Deckschichten
- Grenzflächenbindung und Grenzflächenenergie

II. Energieumsetzung

- Deformationsprozesse (mikroskopisch/atomar und makroskopisch)
- Adhäsionsprozesse (führen erst bei einer Relativbewegung der Kontaktpartner zu einer Energieumsetzung durch das Trennen adhäsiver Bindungen)
- Furchungsprozesse (Deformation)

III. Energiedissipation

(a) Thermische Prozesse (makroskopisch)
- Erzeugung von Wärme (mechanisches Wärmeäquivalent)

(b) Energieabsorption
- Phononen-/Elektronenanregungen
- Elastische Hysterese
- Gitterdeformationen
- Erzeugung und Wanderung von Punktfehlern und Versetzungen
- Ausbildung von Eigenspannungen
- Mikro-Bruchvorgänge
- Phasentransformationen
- Tribochemische Reaktionen

(c) Energieemission
- Wärmeleitung
- Wärmestrahlung
- Schwingungsausbreitung/Phononenemission
- Schallemission
- Photonenemission (Tribolumineszenz)
- Elektronen- und Ionenemission

Alle in der Energiebilanz der Reibung stichwortartig genannten Phänomene sind experimentell festgestellt worden und können an der makroskopisch beobachteten Reibung beteiligt sein.

Die Phasen der Energiebilanz eines Reibungsvorgangs sind in **Bild 4.3.1** in einer vereinfachenden Darstellung illustriert:

Die „Energieeinleitung" (I) erfolgt bei einem tribotechnischen System durch die jeweils vorliegende tribologische Beanspruchung (siehe Kapitel 3).

Die „Energieumsetzung" (II) bei der Reibung wird durch *Reibungsmechanismen* verursacht, womit die im Kontaktbereich eines tribologischen Systems auftretenden bewegungshemmenden, energiedissipierenden Elementarprozesse der Reibung bezeichnet werden. Sie gehen von den im Kontaktbereich örtlich und zeitlich stochastisch verteilten Mikrokontakten aus.

Die „Energiedissipation" (III) erfolgt meist durch die Entstehung von „Reibungswärme" in den Kontaktpartnern, kann aber auch mit „Energieemissionsprozessen" verbunden sein.

Sämtliche Prozesse sind dynamisch und sind – wie in Abschnitt 2.4 erläutert – von der jeweiligen Systemstruktur und dem jeweiligen Beanspruchungskollektiv abhängig. Im Folgenden werden nach der Definition von Reibungsmessgrößen und -kenndaten die für die Phasen der „Energieumsetzung" (II) und der „Energiedissipation" (III) maßgebenden Prozesse diskutiert und anschließend die in der Technik wichtigen Reibungsarten und die Zusammenhänge zwischen Reibung und Wirkungsgrad technischer Systeme behandelt.

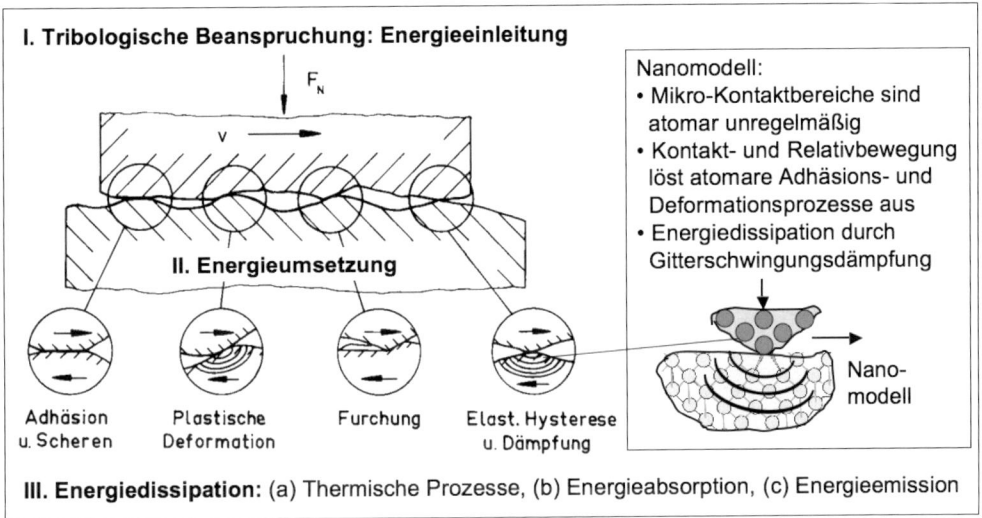

Bild 4.3.1 Energiebilanz der Reibung in einer schematisch vereinfachten Übersichtsdarstellung

Nach den Ergebnissen der Kontaktmechanik (siehe Abschnitt 3.2.2) nimmt bei einer Berührung technischer Oberflächen die Anzahl der Mikrokontakte etwa linear mit der Normalkraft F_N zu. Geht man davon aus, dass jeder Mikrokontakt einen elementaren Bewegungswiderstand darstellt, so ergibt sich für die makroskopische Reibungskraft näherungsweise der folgende Ansatz: Reibungskraft F_R ~ Anzahl der Mikrokontakte ~ Normalkraft F_N.

Hieraus resultiert für die Festkörperreibung das makroskopisch-empirische Reibungsgesetz nach Amontons-Coulomb (1699, 1785)

$$F_R = f \cdot F_N,$$

mit folgenden auf den oben genannten Näherungen basierenden Aussagen:

- Die Reibungskraft F_R ist bei Festkörperreibung der Normalkraft F_N proportional, der Proportionalitätsfaktor wird als Reibungszahl bezeichnet.
- Die Reibungskraft ist unabhängig von der Größe der nominellen geometrischen Kontaktfläche.

Die Reibungsmechanismen können nach der vereinfachten Darstellung von Bild 4.3.1 eingeteilt werden in

- Adhäsion und Scheren
- Plastische Deformation
- Furchung
- Elastische Hysterese und Dämpfung

Im Folgenden werden die hauptsächlichen Mechanismen der Festkörperreibung und grundlegende Modelle zu ihrer Beschreibung in vereinfachter Form einzeln betrachtet. Zu beachten ist, dass eine Korrelation zwischen wirkenden Reibungsmechanismen und der makroskopisch bestimmten Reibungskraft nur unter idealisierten vereinfachten Bedingungen möglich ist (Suh and Sin, 1981). In praktischen tribotechnischen Systemen überlagern sich im allgemeinen die elementaren Reibungsmechanismen mit nicht erfassbaren, zeitlich und örtlich im Kontaktbereich wechselnden Anteilen, so dass das praktische Reibungsverhalten nicht theoretisch, sondern nur experimentell charakterisiert werden kann (siehe Kapitel 8).

4.3.1 Adhäsion

Physikalische Ursache der Adhäsionskomponente der Reibung ist die Bildung und das Zerstören von Adhäsionsbindungen in der wahren Kontaktfläche A_r (vgl. Abschnitt 3.2.1). Die atomaren Adhäsionskräfte beim Gleiten können neuerdings mit dem „Atomic Force Microscope" (AFM) (vgl. Abschnitt 3.3) direkt gemessen werden. Für Gleituntersuchungen an Polymeroberflächen mit Flüssigkeitsfilmen wurde festgestellt, dass beim Gleiten durch das „Scheren" adhäsiver Bindungen erhebliche Variationen der atomaren Normalkräfte auftreten, die mit der Re-laxationsdynamik der Endketten der Flüssigkeitsmoleküle zusammenhängen sollen (Klein, Perahia and Warburg, 1991).

Ein einfaches Modell für die Adhäsionskomponente der Festkörperreibung von Metallen wurde von Bowden und Tabor (1964) entwickelt.

Wird mit $\tau_{sl,2}$ die Scherfestigkeit im Grenzflächengebiet bezeichnet, so gilt für die Reibungskraft

$$F_R = \tau_{sl,2} \cdot A_r$$

Für metallische Kontaktpartner ist bei einer plastischen Kontaktdeformation die wahre Kontaktfläche gegeben durch $A_r = F_N/p$, wobei p den Fließdruck des weicheren Reibpartners bezeichnet. Hieraus folgt für die Adhäsionskomponente der Reibungszahl

$$f_a = F_R/F_N = \tau_{sl,2}/p.$$

Verschiedene Untersuchungen, besonders an metallischen Werkstoffen, haben gezeigt, dass das Verhältnis von Scherfestigkeit und Fließdruck einen numerischen Wert von etwa 1 : 5 besitzt, woraus eine Reibungszahl von f ~ 0,2 resultiert. Bei Festkörperreibung werden in der Regel aber höhere Werte in der Größenordnung f = 1 gemessen. Dies deutet darauf hin, dass bei der plastischen Verformung zur Bildung der wahren Kontaktfläche das überlagerte Wirken von Normal- und Scherspannungen zu berücksichtigen ist, wodurch der Gesamtspannungszustand komplexer wird (Bowden und Tabor, 1964).

Dieses einfache Modell der Adhäsionskomponente der Reibung wurde durch verschiedene andere Theorien erweitert (**Bild 4.3.2**):

–   eine grenzflächenenergetische Theorie der Adhäsionskomponente der Reibung, bei der die Grenzflächenenergie γ als wichtiger Parameter eingeführt wird (Rabinowicz, 1965)

–   ein bruchmechanisches Modell der Adhäsionskomponente der Reibung, das den Mikroprozess der Reibung als Bruchvorgang einer adhäsiven Grenzflächenbindung auffasst und als Parameter einen kritischen Rissöffnungsfaktor und einen Verfestigungsparameter einführt (Marx und Feller, 1979).

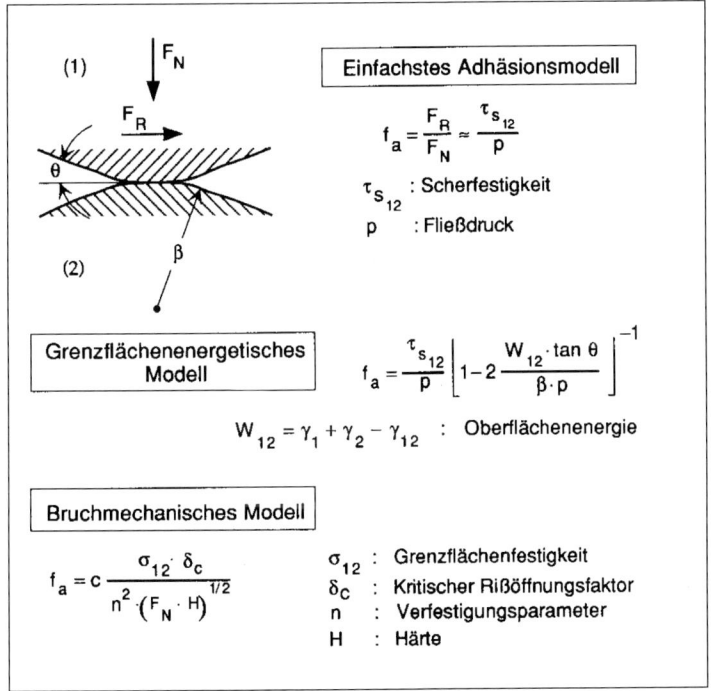

Bild 4.3.2   Modelle der Adhäsionskomponente der Reibung

Die Adhäsionskomponente der Reibung ist naturgemäß von zahlreichen Einflussfaktoren abhängig (Tabor, 1981; Woska und Barbehön, 1982). Modellmäßig kann die Adhäsionskomponente der Reibung als ein Stufenprozess mit den folgenden zwei hauptsächlichen Schritten und den damit zusammenhängenden Einflussfaktoren betrachtet werden:

I. Bildung von Mikro-Kontaktflächen:
    – Einfluss des Formänderungsvermögens der Kontaktpartner

II. Bildung von Adhäsionsbindungen:
    – Einfluss der Elektronenstrukturen
    – Einfluss von Oberflächenschichten und freien Oberflächenenergien
    – Einfluss von Zwischenstoffen und Umgebungsmedien

Mit dieser Modellüberlegung lassen sich die wichtigsten Einflussfaktoren auf die Adhäsionskomponente, die in verschiedenen experimentellen Untersuchungen, besonders an Metall-Metall-Paarungen, erforscht wurden, in vereinfachter Weise folgendermaßen zusammenfassen:

Einfluss des Formänderungsvermögens der Kontaktpartner

Bei der Ausbildung der wahren Kontaktfläche können plastische Formänderungen (besonders für metallische Kontaktpartner) unter der Annahme einkristalliner Rauheitshügel nach der Versetzungstheorie durch Abgleitung in vorhandenen kristallographischen Gleitsystemen beschrieben werden, vgl. Abschnitt 3.2.1. Für die kubisch-flächenzentrierten Metalle gibt es vier {111}-Gleitebenen und drei <110>-Gleitrichtungen, also zwölf Gleitsysteme. Die hexagonal dichtest gepackten Metalle besitzen dagegen bei {0001}<1120> Basisgleiten nur drei Gleitsysteme. Somit sind die Bedingungen zur Ausbildung einer kleinen wahren Kontaktfläche, in der Adhäsionsbindungen wirksam werden können, bei den hexagonalen Metallen günstiger als bei den kubisch flächenzentrierten Metallen, so dass für hexagonale Metalle auch eine niedrigere Adhäsionskomponente der Reibung resultieren sollte (Habig, 1968). Dies wird z. B. durch die Ergebnisse von Sikorski (1963) in Bild 3.2.3 bestätigt. Aber auch experimentelle Gleitreibungsuntersuchungen von Buckley (1968) an Kobalt, das bei Zimmertemperatur in der hexagonalen Modifikation vorliegt und bei ca. 420 °C eine Transformation in die kubisch flächenzentrierte Modifikation durchläuft, belegen dies. In Bild 9.4.4 ist die Reibungszahl von Kobalt/Kobalt als Funktion der Umgebungstemperatur aufgetragen. Unter den vorgegebenen experimentellen Bedingungen bleibt die Reibungszahl bis etwa 300 °C konstant und erfährt dann einen steilen Anstieg. Die vorgegebene Volumentemperatur der Reibpartner, wie sie auf der Abszisse aufgetragen ist, bewirkt in Verbindung mit der auftretenden Reibungswärme im Kontaktgrenzflächenbereich die Umwandlung der Gitterstruktur von der hexagonalen in die kubisch-flächenzentrierte Modifikation. Werden die Proben nach dem Verschweißen getrennt und danach auf Raumtemperatur abgekühlt, so ergibt sich wieder der ursprüngliche niedrige Wert der Reibungszahl der hexagonalen Phase. Damit wird gleichzeitig die Reversibilität der Umwandlung bestätigt.

Einfluss der Elektronenstruktur

Bei vorliegender wahrer Kontaktfläche sollte für den Kontakt reiner Metalle die Ausbildung der Adhäsionsbindung in metallphysikalischer Hinsicht mit der Elektronendichte im Kontaktgrenzflächenbereich zusammenhängen (siehe Abschnitt 3.2.1). Metalle mit hoher Dichte beweglicher Elektronen, wie die Edelmetalle, sollten eher zur metallischen Adhäsion neigen, als Metalle mit geringer Dichte freier Elektronen, wie z. B. die Übergangsmetalle. Diese Modellvorstellungen werden durch Ergebnisse experimenteller Untersuchungen sowohl unter Bedingungen der Rollreibung im elastischen Bereich (**Bild 4.3.3**) als auch unter Bedingungen der

Adhäsion reiner Metalle im Ultrahochvakuum (**Bild 4.3.4**) gestützt. Die Bilder 4.3.3 und 4.3.4 zeigen in einer vereinfachten Darstellung, dass die Adhäsionskomponente mit Stellung im Periodensystem der Elemente in der Reihenfolge Übergangsmetalle, Edelmetalle, B-Metalle zunimmt (Czichos, 1969, 1972). Nach der Elektronentheorie nimmt außerdem die in der Kontaktfläche verfügbare Dichte an freien Elektronen mit dem d-Bindungscharakter der Elektronen ab (Ohmae, Okuyama and Tsukizoe, 1980).

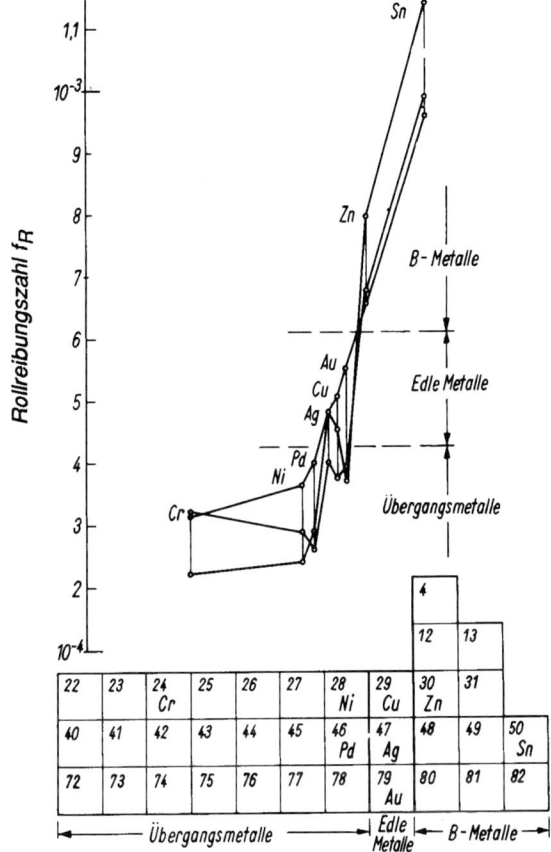

Bild 4.3.3
Abhängigkeit der Adhäsionskomponente der Rollreibung von der Elektronenstruktur, gekennzeichnet durch die Stellung der Metalle im Periodensystem der Elemente

Bild 4.3.5 zeigt die Ergebnisse experimenteller Untersuchungen, die unter idealisierten Modellbedingungen gewonnen wurden, und die darstellen, dass die experimentell gemessenen Reibungszahlen ebenfalls mit dem prozentualen Anteil von d-Bindungselektronen abnehmen (Buckley, 1981). Durch diese Ergebnisse wird die qualitative Korrelation zwischen Elektronenstruktur und Adhäsionskomponente der Reibung für Metalle bestätigt.

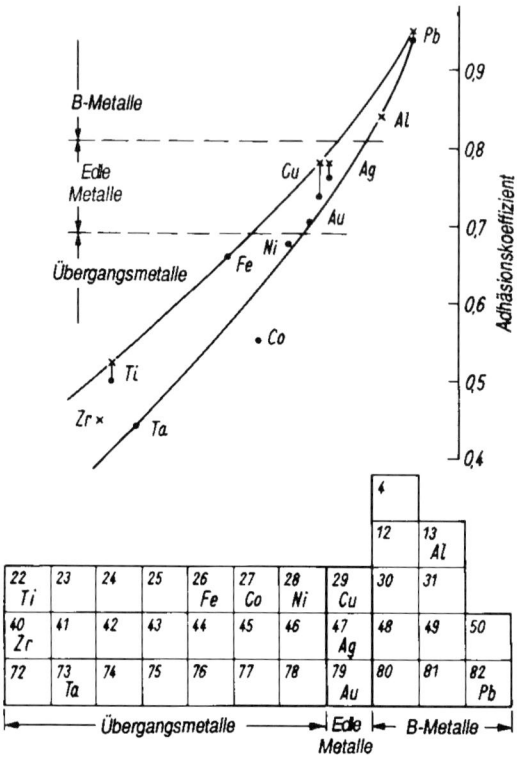

Bild 4.3.4
Abhängigkeit der Adhäsion von der
Elektronenstruktur, gekennzeichnet
durch die Stellung der Metalle im Periodensystem der Elemente (Ultrahochvakuum)

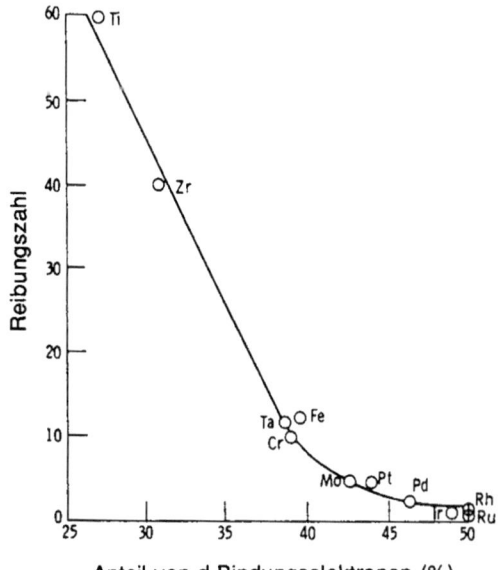

Bild 4.3.5
Abhängigkeit der Reibungszahl vom
prozentualen Anteil von d-Bindungs-
elektronen
(Ultrahochvakuum; Normalkraft
$F_N = 10^{-2}$ N; Flächenpressung $p = 10^{-8}$
N/m2; Gleitgeschwindigkeit $v = 0,7$
mm/min; Temperatur $T = 23$ °C)

Einfluss von Oberflächenschichten

Obwohl empirisch seit langem bekannt ist, dass Oberflächenschichten einen sehr großen Einfluss auf die Adhäsionskomponente der Reibung ausüben, konnte mit einer grundlegenden Erforschung dieses Einflusses erst begonnen werden, nachdem Vakuumsysteme entwickelt worden waren, mit denen es möglich wurde, ein Ultrahochvakuum von 10^{-10} Torr experimentell über lange Zeiten herzustellen. In **Bild 4.3.6** ist in einem charakteristischen Beispiel der Einfluss einer Sauerstoffzugabe auf die Gleitreibung von Reineisen wiedergegeben (Buckley, 1981). Unter den Bedingungen des Ultrahochvakuums von 10^{-10} Torr liegt eine extrem hohe Reibungszahl von $f \approx 4$ vor. Mit der zunehmenden Sauerstoffzugabe werden Eisenoxide gebildet, die mit der Hilfe der Auger-Elektronen-Spektroskopie und der ESCA-Analyse nachgewiesen wurden (siehe Abschnitt 6.7.2). Durch die Bildung von FeO, Fe_3O_4 und Fe_2O_3 wird die metallische Adhäsionsbindung im Kontaktbereich sukzessive erniedrigt und damit die Reibungszahl erheblich abgesenkt. Der Einfluss der Oberflächenschichten auf die Reibung beruht im wesentlichen auf der Änderung der freien Oberflächenenergie durch die Bildung von dünnsten Schichten.

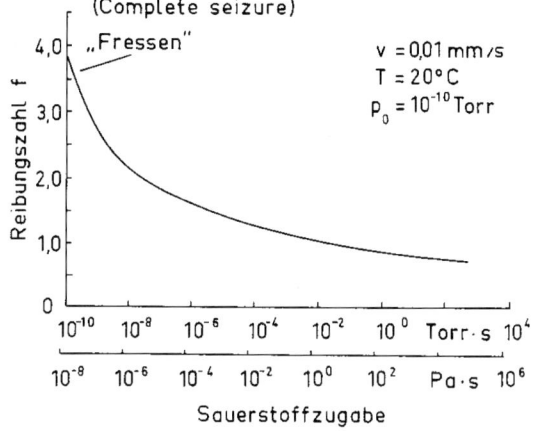

Bild 4.3.6
Abhängigkeit der Reibungszahl einer Eisen/Eisen-Gleitpaarung vom Sauerstoffgehalt des Umgebungsmediums

Einfluss von Zwischenstoffen und Umgebungsmedien

Die Adhäsionskomponente der Reibung wird naturgemäß auch durch eine Absättigung der Adhäsionsbindungskräfte durch Zwischenschichten im Kontaktbereich beeinflusst. In **Tabelle 4.3.1** sind die Reibungszahlen metallischer und nichtmetallischer Materialpaarungen unter den Bedingungen des Ultrahochvakuums, der Normalatmosphäre und mit einem Mineralöl als Zwischenstoff unter sonst gleichen experimentellen Bedingungen zusammengestellt (Buckley, 1981). Am ausgeprägtesten ist der Einfluss des Zwischenstoffs und des Umgebungsmediums für die Paarung Kupfer/Kupfer. So wird die extrem hohe Reibungszahl von > 100 durch die Normalatmosphäre auf den Wert 1, das heißt den 100sten Teil und im Beisein eines Mineralöles auf den Wert 0,08 abgesenkt. Es wird deutlich, dass mit der Ausnahme der Glas/Glas-Paarung die Reibungszahl durch die stärker wirkende Funktion von Adhäsionsbindungen im Vakuum erheblich höher ist als unter Normalbedingungen mit der Wirkung der atmosphärischen Medien. Einen außerordentlich wichtigen Einflussfaktor auf die Festkörperreibung stellt die Luftfeuchte des Umgebungsmediums dar (Lancaster, 1990).

Tab. 4.3.1   Reibungszahl von Materialpaarungen bei Festkörperreibung und Mischreibung sowie unterschiedlichen Umgebungsmedien

Materialpaarung	Reibungszahl bei		
	Festkörperreibung im Vakuum (10^{-9} bis 10^{-10}Torr)	Festkörperreibung in Luft (feucht)	Grenzreibung (Mineralöl)
Kupfer/Kupfer	> 100	1,0	0,08
NaCl/NaCl	1,3	0,7	0,22
Diamant/Diamant	0,9	0,1	0,05
Saphir/Saphir	0,8	0,2	0,2
Quartz/Quartz	0,7	0,35	0,2
Glas/Glas	0,5	1,0	0,28

4.3.2 Deformation

Da beim Kontakt und der tangentialen Relativbewegung sich berührender Körper stets eine Kontaktdeformation auftritt, können sich Energieverluste durch dissipative Prozesse bei der plastischen Kontaktdeformation ergeben (Gümbel, 1925). Die Deformationsverhältnisse eines Rauheitshügelkontaktes wurden von Green (1955) unter Benutzung der Schlupflinientheorie für einen ideal-plastischen Körper analysiert.

In ähnlicher Weise wurde unter Benutzung einer zweidimensionalen Spannungsanalyse nach Prandtl von Drescher (1959) ein Fließliniendeformationsmodell der Reibung erarbeitet (**Bild 4.3.7**). In diesem Modell wird angenommen, dass bei einem Rauheitshügelkontakt (AB in **Bild 4.3.8**) sich drei Zonen plastisch deformierten Materials entwickeln, die in Bild 4.3.8 durch die Bereiche ABF, BED und BDC gekennzeichnet sind. Die maximale Schubspannung in diesen Bereichen ist gleichzusetzen der Fließschubspannung in dem betreffenden Material. Ein wichtiger Parameter in diesem Modell ist der Faktor λ der Anteil der durch plastische Deformation getragenen Belastung, der in komplizierter Weise vom Verhältnis der Härte zu den Elastizitätsmoduln der beiden kontaktierenden Körper abhängt. Wenn der Rauheitshügelkontakt sich vollständig plastisch verhält und der Steigungswinkel der Rauheitshügel 55° beträgt, resultiert eine Reibungszahl von f = 1,0. Dieser Wert erniedrigt sich auf den Betrag von f = 0,55, wenn der Rauheitshügelwinkel gegen 0 geht. In der Diskussion dieses Deformationsmodells der Reibung wies Drescher darauf hin, dass in Erweiterung dieses sehr einfachen Modells auch noch andere Materialeigenschaften, wie die Mikrostruktur, Verfestigungseffekte, thermisch bedingte Endfestigungseffekte und Einflüsse von Grenzflächenschichten betrachtet werden müssten.

Ein anderes Schlupflinienmodell der Deformationskomponente der Reibung wurde von Challen und Oxley (1979) entwickelt. In dieses Modell gehen neben den Steigungswinkeln der kontaktierenden Rauheitshügel besonders auch ein „Adhäsionsfaktor" ein, der das Verhältnis der Grenzflächenadhäsion im Bereich AB von **Bild 4.3.7** in Relation zur Fließschubfestigkeit des weicheren Materials kennzeichnet.

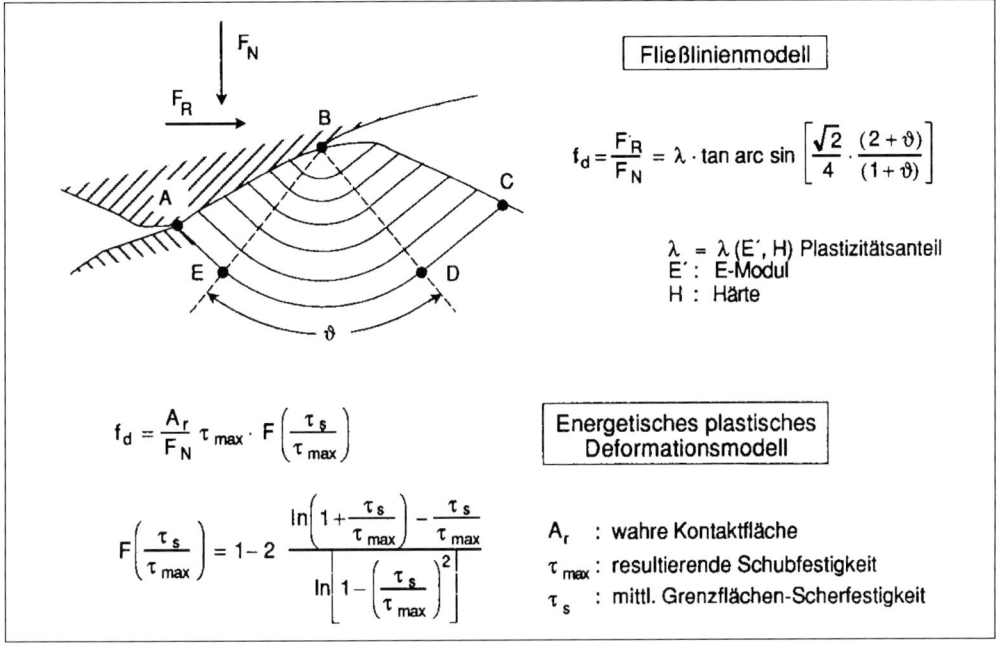

Bei den Formeln im Bild:

Fließlinienmodell

$$f_d = \frac{F_R}{F_N} = \lambda \cdot \tan \arc \sin \left[\frac{\sqrt{2}}{4} \cdot \frac{(2+\vartheta)}{(1+\vartheta)} \right]$$

$\lambda = \lambda(E', H)$ Plastizitätsanteil
E' : E-Modul
H : Härte

Energetisches plastisches Deformationsmodell

$$f_d = \frac{A_r}{F_N} \tau_{max} \cdot F\left(\frac{\tau_s}{\tau_{max}} \right)$$

$$F\left(\frac{\tau_s}{\tau_{max}} \right) = 1 - 2 \frac{\ln\left(1 + \frac{\tau_s}{\tau_{max}} \right) - \frac{\tau_s}{\tau_{max}}}{\ln\left[1 - \left(\frac{\tau_s}{\tau_{max}} \right)^2 \right]}$$

A_r : wahre Kontaktfläche
τ_{max} : resultierende Schubfestigkeit
τ_s : mittl. Grenzflächen-Scherfestigkeit

Bild 4.3.7   Modelle der Deformationskomponente der Reibung

Für nahezu glatte Oberflächen ergibt sich bei einer Variation dieses Adhäsionsfaktors von 0 (keine Adhäsion) bis 1 (maximale Adhäsion) eine Variation der Reibungszahl in Abhängigkeit dieser Deformationskomponente von $f = 0$ bis $f = 0,39$.

Ein weiteres Modell der Deformationskomponente der Reibung, bei der die Reibungsverluste im wesentlichen auf eine plastische Deformation zurückgeführt werden, wurde von Heilmann und Rigney (1981) vorgeschlagen. Die grundlegende Annahme dieses Modells geht davon aus, dass die Reibungsenergie als Arbeit zur plastischen Deformation beim Gleichgewichtsgleiten angesehen werden kann. Wie in Bild 4.3.7 formelmäßig zusammengefasst, wird dieses Modell durch die folgenden Parameter charakterisiert:

- die wahre Kontaktfläche
- die resultierende Schubfestigkeit des Werkstoffs, die sich während einer Scherbeanspruchung ergibt
- die mittlere Scherfestigkeit, die an der gleitenden Grenzfläche vorherrscht

Die genannten Größen hängen wiederum von zahlreichen experimentellen Parametern ab, wie z. B. den Beanspruchungsbedingungen (Belastung, Gleitgeschwindigkeit, Temperatur) und anderen Werkstoffkenngrößen, wie z. B. der Kristallstruktur, der Mikrostruktur und der Verfestigung.

4.3.3 Furchung

Beim Kontakt zweier Körper mit unterschiedlicher Härte können die härteren Oberflächenrauheitshügel in den weichen Gegenkörper eindringen. Bei einer Tangentialverschiebung ergibt sich eine Reibungskomponente als Resultat des Widerstandes des Materials gegenüber der Furchung durch den härteren Gegenkörper. Dies kann erheblich zum gesamten Reibungswiderstand beitragen, wie bereits im Jahre 1925 von Gümbel unterstrichen wurde.

Die beiden grundsätzlichen Möglichkeiten einer Reibungskomponente infolge Furchung sind gegeben durch eine mögliche Furchung durch Rauheitshügel des Gegenkörpers („Gegenkörperfurchung") oder durch eine mögliche Furchung durch eingebettete Verschleißpartikel („Teilchenfurchung") (**Bild 4.3.8**). Bei dem einfachsten Modell, d. h. dem Fall eines sich tangential bewegenden konischen Rauheitshügels, hängt die Reibungszahl von dem Tangens der Neigung des Rauheitshügels ab (Rabinowicz, 1965). Da übliche technische Oberflächen Rauheitshügel mit einer Steigung von etwa nur 5 bis 6° besitzen, sollte nach diesem Modell der die Reibungszahl einen Wert von $f \approx 0{,}04$ aufweisen. Dieser Wert kann nach dem einfachen Modell jedoch nur als ein niedriger Grenzwert der Reibungszahl für die Furchungskomponente angesehen werden, da dieses Modell die experimentell beobachtete Tatsache einer Materialanhäufung (Pile-up) vor dem furchenden Rauheitshügel vernachlässigt.

Da bei der Furchung spröder Materialien Mikrobruchvorgänge auftreten können, wurde ein erweitertes Modell der Deformationskomponente der Reibung vom vorgeschlagen (Zum Gahr, 1981). In diesem bruchmechanischen Modell der Furchung spielen Materialeigenschaften, wie die Bruchzähigkeit, der Elastizitätsmodul und die Härte, eine beeinflussende Rolle (Bild 4.3.8).

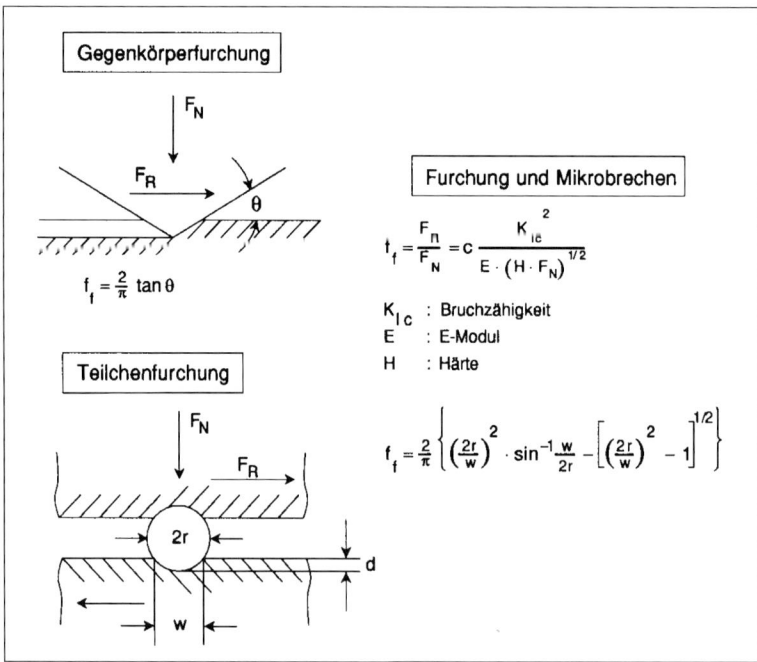

Bild 4.3.8   Modelle der Furchungskomponente der Reibung

Die andere Möglichkeit der Furchung, nämlich eine Furchung durch eingebettete Verschleiß-partikel, wurde von Sin, Saka und Suh (1979) untersucht. Ihre Analyse zeigte, dass der Beitrag der Furchungskomponente der Reibung sehr empfindlich von dem Verhältnis des Krüm-mungsradius der Verschleißpartikel zur Eindringtiefe abhängt (Bild 4.3.8). Umfangreiche Untersuchungen an Eisen- und Stahl-Gleitpaarungen zeigten, dass sich für das Verhältnis w/r nach Bild 4.3.8 ein experimentell bestimmter Wert von ungefähr 0,8 ergab. Hieraus resultiert für die untersuchten Gleitpaarungen eine mittlere Reibungszahl für die Furchungskomponente von $f \approx 0,2$. Dieses Modell unterstreicht die Bedeutung eingebetteter Verschleißpartikel (third bodies) in Ergänzung zu den für das Deformationsverhalten wichtigen Materialkenngrö-ßen von Grundkörper und Gegenkörper.

4.3.4 Energiedissipation

Die Wirkung der Reibungsmechanismen wird makroskopisch durch eine Reibungskraft oder eine Reibungsenergie gekennzeichnet und drückt sich in einer Energiedissipation, d. h. einer Umwandlung der mechanischen Bewegungsenergie in andere Energieformen aus. Der haupt-sächliche Prozess der reibbedingten Energiedissipation wird gekennzeichnet durch den Satz „Die Reibungsenergie geht als Wärme verloren" und wird bilanzmäßig beschrieben durch das mechanischen Wärmeäquivalent (Niedrig, 1991). Die physikalischen Prozesse der reibbeding-ten Energiedissipation sind sehr komplex. Neben der Weiterleitung der Reibungswärme und reibbedingter mechanischer Schwingungen über Bauelemente und Stoffe, die mit den unmit-telbaren Reibkörpern verbunden sind, findet eine Energieabsorption und eine Energieemission statt.

Energieabsorption

Die Reibungsmechanismen sind mit der Erzeugung von Gitterschwingungen verbunden: Bei einer elastischen Kontaktdeformation werden unter Mitwirkung der Rauheitshügel in örtlich und zeitlich stochastischer Verteilung Spannungs- und damit Schwingungsfelder auf- und abgebaut. Untersuchungen mit dem Atomic Force Microscope zeigten (siehe Bild 3.2.5), dass im Bereich einer plastischen Kontaktdeformation in den Berührungsgebieten Gitterfehler er-zeugt und durch das Gitter bewegt werden (Landman et al., 1990). Das Trennen von Adhä-sionsbindungen der mikroskopischen Kontaktflächen resultiert in einer Verformung und ruft Wellen und atomare Bewegungen der Gitterbausteine hervor (Andarelli, Maugis and Courtel, 1973). Stark vereinfacht lassen sich die folgenden hauptsächlichen Mechanismen des „Ener-gieverlustes" während einer Kontaktdeformation nennen (Nicholas, 1959):

– Die sich bewegenden Versetzungen erfordern eine bestimmte kinetische Energie, die frei wird, wenn die Versetzung blockiert wird.

– Die Versetzungen dissipieren kontinuierlich Energie durch eine thermoelastische Dämpfung und Streuung von akustischen Wellen.

– Versetzungslinien werden während der Deformation erzeugt und vernichtet.

– Punktfehler werden während der Deformation erzeugt und vernichtet.

In verschiedenen experimentellen Untersuchungen wurde bestätigt, dass eine Reibung in me-tallischen Festkörpern mit einer Zunahme der Versetzungsdichte verbunden ist. **Bild 4.3.9** zeigt Ergebnisse von Gleitreibungsuntersuchungen an Reineisen, nach denen die Versetzungsdichte parallel mit der Reibungskraft in Abhängigkeit von der Normalkraft zunimmt (Kostetski und Nazarenko, 1965). Es wurde abgeschätzt, dass die über Versetzungsmechanismen absorbierte reibungsinduzierte Energie jedoch nur weniger als 1 % des gesamten Reibungsverlustes ausmacht (Gane and Skinner, 1973).

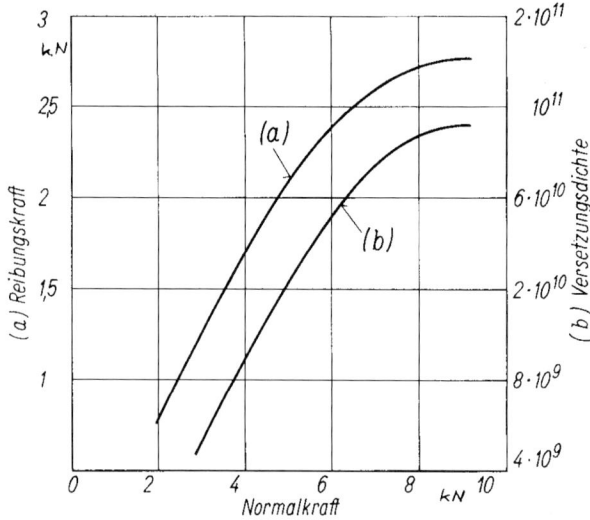

Bild 4.3.9
Reibungskraft und Versetzungsdichte bei der Gleitreibung von Reineisen

Energieemission

Neben einer möglichen Reibungselektrizität, d. h. der Erzeugung und Weiterleitung elektrischer Ladung durch Reibungsprozesse (Harper, 1967; Kornfeld 1976), sind für eine reibungsinduzierte Energieemission besonders die Vorgänge der reibbedingten Schallemission, einer Photonenemission (Tribolumineszenz) und einer Ionen- und Elektronenemission von Bedeutung.

Schallemission, Phononenemission

Die Abstrahlung akustischer Wellen (physikalisch: „Phononen"), gekennzeichnet durch eine Geräuschentwicklung bei vielen Reibungsvorgängen, ist ein bekanntes tribologisches Phänomen. Die Schallabstrahlung ist auf erzwungene und elastische Schwingungen bei der Bewegung der einzelnen Komponenten eines Tribokontaktes zurückzuführen (Tolstoi, 1967). Diese Schwingungen werden als Körperschall bezeichnet. Die Körperschwingungen induzieren Schwingungen der Luftteilchen im Tonfrequenzbereich und werden damit als Luftschall hörbar. Das Frequenzspektrum reibungsinduzierter Schallabstrahlungen kann sich über den gesamten Hörbereich, also von 16 Hz bis 16 kHz, mit unterschiedlichen Frequenzverteilungen erstrecken. Die Messung triboinduzierter Schallabstrahlungen mittels Schallemissionsanalyse und Vibrationsmessungen ist ein wichtiges Indiz nicht nur für reibungsbedingte Energiedissipationen, sondern auch für die Entstehung von reibbedingten Zerrüttungsrissen an tribologisch wechselbeanspruchten Tribokontakten, wie z. B. bei Kugellagern (Yoshioka and Fujiwara, 1988).

Photonenemission (Tribolumineszenz)

Mit Schallemissionsanalyse wird allgemein die Emission optischer Strahlung infolge von Reibungsprozessen bezeichnet, die bei Temperaturen weit unterhalb des Einsetzens einer thermisch bedingten Emission auftreten kann. Tribolumineszenz wurde an zahlreichen Stoffen beobachtet, insbesondere beim Reiben, Zerbrechen oder Spalten von Kristallen (z. B. LiF, ZnS, NaCl). Die physikalische Deutung der Triboluminesz geht davon aus, dass durch eine reibungsinduzierte mechanische Aktivierung eine Anregung von Elektronen der Oberflächenatome erfolgt. Durch Rekombinationsprozesse können die Elektronen wieder in den Grundzustand überführt werden, wobei optische Strahlung – beschrieben als Triboluminesz – emittiert wird. Aus den Spektren der Tribolumineszstrahlung können Informationen über mögliche Energiezustände der Ladungsträger im Reibungskontakt gewonnen werden (Heinicke, 1984).

Elektronen- und Ionenemission

Der Effekt der Elektronenemission („Exo-Elektronen"), d. h. der Austritt von Elektronen aus mechanisch durch Reibung beanspruchten Oberflächen, wurde Ende der 40er Jahre von Kramer bei der Physikalisch-Technischen Bundesanstalt (PTB) beobachtet. Ähnlich wie bei der Triboluminesz werden durch die umgesetzte Reibungsenergie Elektronen zur Emission aus den Reibungspartnern angeregt (Wortmann und Feller, 1976; Ferrante, 1976). Die Elektronenemission bei Reibungsvorgängen kann nach folgenden Gesichtspunkten eingeteilt werden (Heinicke, 1984):

– Mechanisch induzierte Emission: Durch die mechanischen Wechselwirkungen in Tribokontakten werden Defekte in den Reibpartnern erzeugt, die mit zusätzlichen Energieniveaus verbunden sind, von denen Elektronen emittiert werden können.

– Mechanisch-optisch induzierte Emission: Eine tribomechanische Beanspruchung kann zur Verschiebung von Oberflächendeckschichten der Kontaktpartner führen und damit für kurze Zeit „freie Oberflächen" erzeugen, die wiederum bei Lichteinwirkung Elektronen emittieren.

– Chemo-Emission: Hierbei erfolgt eine Elektronenemission an frisch gebildeten Oberflächen durch Adsorptionsprozesse. So kann z. B. eine Exo-Elektronenemission bei der Adsorption von Sauerstoff an reinen getemperten Magnesiumeinkristallen auftreten.

– Thermische Emission: Treten örtlich sehr hohe Temperaturen auf („Blitztemperaturen"), z. B. bei einer Stoßbeanspruchung von Kontaktpartnern, so ist eine Emission von thermisch induzierten Elektronen möglich.

– Feldemission: Durch Ladungstrennung, z. B. bei Riss- oder Spaltprozessen, können die für eine Feldemission erforderlichen Feldstärken erreicht werden.

Ein Beispiel für die Zusammenhänge von Exo-Elektronenemission und reibbedingter Energiedissipation bei der Gleitreibung einer Al/Al-Paarung ist in **Bild 4.3.10** wiedergegeben (Wortmann und Feller, 1976). Die Energie der bei Reibungsvorgängen emittierten Exo-Elektronen liegt im Bereich von 10^{-1} bis $10\,eV$. Bei Spaltprozessen von Festkörpern können auch Energien im keV-Bereich auftreten. Für Nichtleiter nimmt die Emissionsintensität negativ geladener Teilchen mit zunehmender Vickers-Härte ab (**Bild 4.3.11**) (Nakayama, Suzuki and Hashimoto,

1991). In neueren Arbeiten (Nakayama, 2002) wird davon ausgegangen, dass sich ein Mikroplasma um den Reibkontakt bildet.

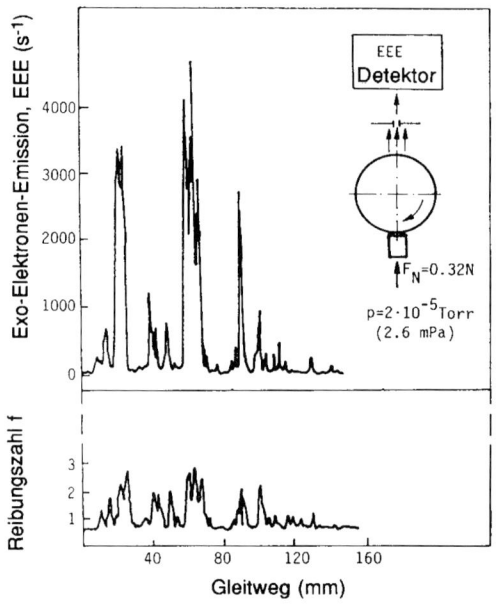

Bild 4.3.10
Exo-Elektronenemission bei der Gleitreibung von Al/Al-Paarungen

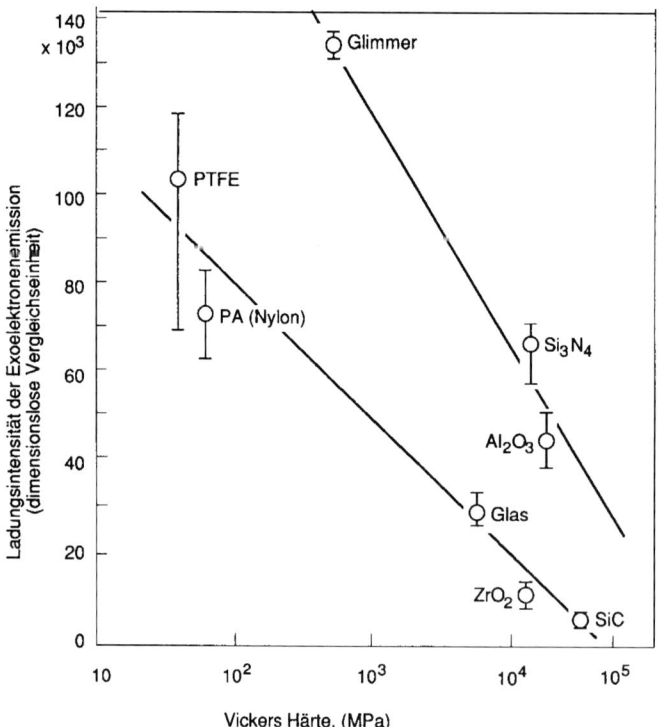

Bild 4.3.11
Abhängigkeit der triboinduzierten Emissionsintensität nichtmetallischer Werkstoffe von der Vickers Härte („Scratch-Test": Diamantspitze gegen rotierende Werkstoffprobe. Normalkraft F_N = 0,5 N; Scratch-Geschwindigkeit v = 7 cm/s; Normalatmosphäre)

4.4 Reibungsarten

Die Reibung als Eigenschaft tribotechnischer Systeme ist nach den Ergebnissen von Kapitel 2 durch systembezogene Kenngrößen zu charakterisieren. Für tribotechnische Anwendungen ist eine Unterteilung der Reibung nach der Kinematik gebräuchlich (vgl. Abschnitt 3.3.1). Je nach Art der Relativbewegung der Kontaktpartner werden die folgenden Haupt-Reibungsarten unterschieden:

- Gleitreibung
- Rollreibung
- Bohrreibung (Spin).

Unter Gleiten wird – wie in Abschnitt 3.3.1 definiert – eine translatorische Relativbewegung zweier Körper verstanden, bei denen ihre jeweilige Einzelgeschwindigkeiten nach Größe oder Richtung unterschiedlich sind. Eine Gleitbewegung ist im allgemeinen mit Gleitreibung verbunden. Ein typisches Maschinenelement, in dem Gleitbewegung und Gleitreibung vorliegen, ist das in vielen technischen Ausführungen verbreitete Gleitlager.

Bei einem Drehkörper, dessen Drehachse parallel zur Kontaktfläche angeordnet ist, und dessen Bewegungsrichtung senkrecht zur Drehachse verläuft, spricht man idealisiert von Rollen. Da bei technischen Rollvorgängen häufig im Kontaktbereich Mikroschlupf auftritt, wird für technische Rollbewegungen auch der Begriff Wälzen verwendet. Eine Roll- oder Wälzbewegung ist mit Roll- oder Wälzreibung verbunden. Typische Maschinenelemente mit Roll- bzw. Wälzreibung sind Kugel- oder Wälzlager.

Bei einem Drehkörper, dessen Drehachse senkrecht zur Kontaktfläche steht, und in dem nur eine Drehung um diese Achse stattfindet, während makroskopisch ein Beharrungszustand der Berührungsfläche in der Bezugsfläche vorliegt, spricht man von Bohren oder Bohrreibung. Die Bohrreibung kann phänomenologisch als Gleitreibung mit einem Geschwindigkeitsgradienten der kontaktierenden Flächenelemente vom Mittelpunkt der Drehachse in radialer Richtung bis an den Rand des Kontaktbereiches verstanden werden. In technischen Anwendungen ist die Bohrbewegung und die Bohrreibung z. B. in Spitzenlagern anzutreffen.

Neben diesen drei kinematisch definierten Reibungsarten sind auch Überlagerungen in technischen Anwendungen möglich. Die verschiedenen Reibungsarten können zusammen mit den sich ergebenden Überlagerungen in graphischer Form in einem „Reibungsdreieck" dargestellt werden. In **Bild 4.4.1** ist dieses „Reibungsdreieck" zusammen mit einer Angabe typischer entsprechender tribotechnischer Maschinenelemente wiedergegeben (Holland, 1982).

Die Größe der Reibung der einzelnen Reibungsarten – gekennzeichnet z. B. durch die Reibungszahl – wird in charakteristischer Form durch den „Reibungszustand" beeinflusst. Für den Reibungszustand maßgebend ist der Aggregatzustand im Kontaktbereich – nämlich fest, flüssig oder gasförmig – und ob dieser Reibungszustand ohne Verwendung eines Zwischenmediums (Festkörperreibung) oder mit einem Zwischenmedium (Flüssigkeitsreibung, Gasreibung) erzielt wird. In **Tabelle 4.4.1** sind in schematisch vereinfachter Form Größenordnungen der Reibungszahlen für die verschiedenen Reibungsarten und Reibungszustände zusammengestellt. Für technische Anwendungen kann z. B. die Erzielung eines besonders niedrigen Reibwertes durch geeignete Zwischenmedien (siehe Kapitel 6 *Schmierung*) oder aber auch die Erzielung eines besonders hohen Reibwertes, wie z. B. in Bremsen, wichtig sein. Die Reibung geschmierter Systeme wird in Kapitel 7 beschrieben, so dass im folgenden die technisch wich-

tigsten Reibungsarten „Gleitreibung" und „Rollreibung" für den Kontaktfall der reinen Festkörperreibung behandelt werden.

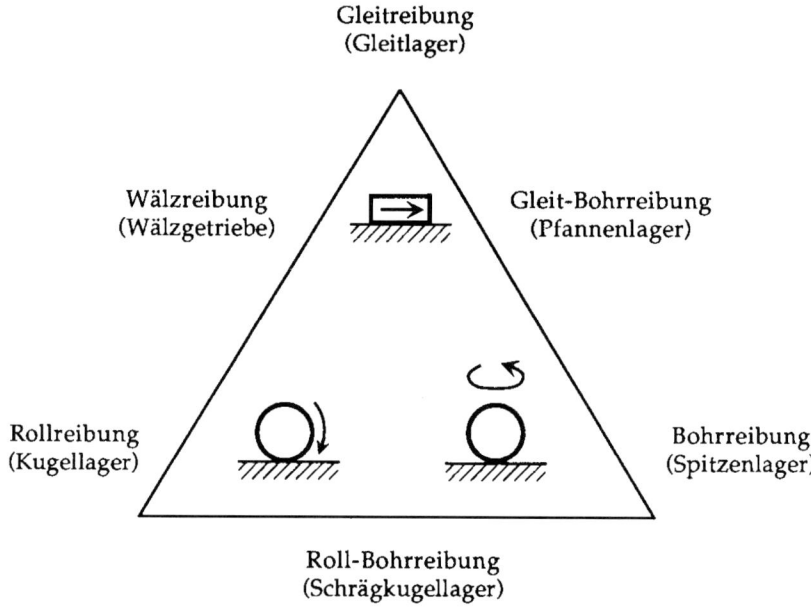

Gleitreibung
(Gleitlager)

Wälzreibung   Gleit-Bohrreibung
(Wälzgetriebe)   (Pfannenlager)

Rollreibung   Bohrreibung
(Kugellager)   (Spitzenlager)

Roll-Bohrreibung
(Schrägkugellager)

Bild 4.4.1   Einteilung der Reibungsarten nach der Kinematik („Reibungsdreieck")

Tab. 4.4.1   Reibungszahl-Größenordnung für die verschiedenen Reibungsarten und Reibungszustände
(Übersicht)

Reibungsart	Reibungszustand	Reibungszahl		
Gleitreibung	Festkörperreibung	0,1	...	> 1
	Grenzreibung	0,01	...	0,2
	Mischreibung	0,01	...	0,1
	Flüssigkeitsreibung	0,001	...	0,01
	Gasreibung	0,0001		
Rollreibung	Mischreibung	0,001	...	0,005

4.4.1 Gleitreibung

Bei der Gleitreibung findet eine translatorische Relativbewegung sich berührender Material-
bereiche im Kontaktgebiet statt. In der Technik ist die Gleitreibung für die Funktion zahlreicher tribotechnischer Systeme von grundlegender Bedeutung. Nach der Klassifikation von

Abschnitt 2.1 ist sie in verschiedenen technischen Ausführungen von energiedeterminierten, stoffdeterminierten und informationsdeterminierten Systemen anzutreffen. In **Bild 4.4.2** sind einige typische technische Systeme, in denen Gleitreibung auftritt, in vereinfachter Weise zusammengestellt.

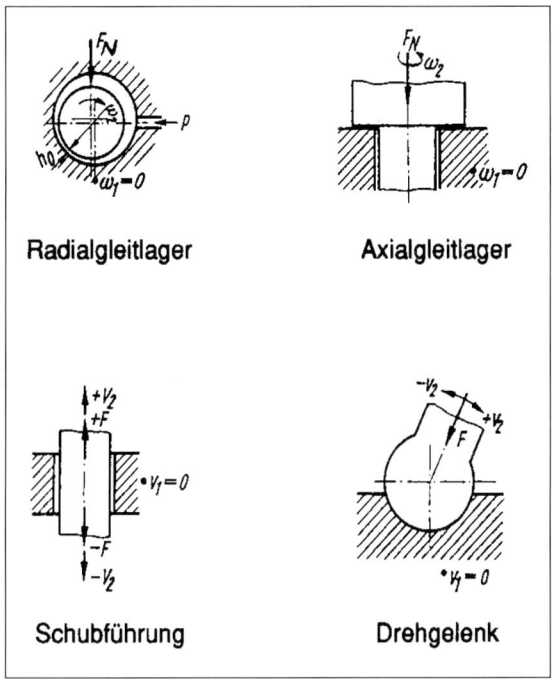

Bild 4.4.2
Tribotechnische Systeme mit
Gleitreibung (Beispiele, vereinfacht)

Die Gleitreibung ist – verglichen mit anderen Reibungsarten – mit den größten tribologischen Beanspruchungen im Kontaktgrenzbereich verbunden. Dies bezieht sich sowohl auf thermische Vorgänge (siehe Abschnitt 3.4) als auch auf einen möglichen Verschleiß (siehe Kapitel 5).

In physikalischer Hinsicht kommt die Festkörpergleitreibung im allgemeinen durch die Überlagerung mehrerer Reibungsmechanismen zustande (vgl. Abschnitt 4.3). Im folgenden wird eine vereinfachte Abschätzung der Beiträge der einzelnen Reibungskomponenten vorgenommen (Suh, N.P., 1986).

Adhäsionskomponente der Gleitreibung

Die Adhäsionskomponente der Festkörpergleitreibung wird für technische Oberflächen (z. B. Stahlgleitflächen) in Normalatmosphäre und mittleren Belastungen durch Reibungskoeffizienten von $f \approx 0,1$ bis $f \approx 0,6$ gekennzeichnet. Die Werte hängen von der chemischen Natur der äußeren Grenzschichten (siehe Bild 3.1.1) und der chemischen Natur der sich ausbildenden Adhäsionsbindungen ab. Die Adhäsionskomponente kann unter Bedingungen der Grenzreibung durch grenzflächenaktive chemische Additive in Schmierstoffen auf Werte von $f \approx 0,05$ abgesenkt werden bzw. unter Bedingungen des Ultrahochvakuums – besonders für metallische Gleitpaarungen – auf Werte $f > 1$ erhöht werden (siehe **Tabelle 4.3.1**).

Deformationskomponente der Gleitreibung

Die Deformationskomponente der Gleitreibung ist insbesondere für den Bewegungswiderstand zu Beginn einer Gleitbewegung, gekennzeichnet durch die statische Reibungszahl (Haftreibungszahl) verantwortlich. Nach Einsetzen der Bewegung und nach „Einebnen" der ursprünglichen Rauheitshügel nimmt der Einfluss der Deformationskomponente im allgemeinen ab. In Zusammenhang mit der Deformation von Oberflächenrauheitshügeln kann die Deformationskomponente Werte von $f \approx 0{,}4$ bis $f \approx 0{,}75$ einnehmen, wenn die gesamte Normalkraft durch Oberflächenrauheitshügel mit einem typischen Neigungswinkel von $4°$ bis $20°$ aufgenommen wird.

Furchungskomponente der Gleitreibung

Die Furchungskomponente und ihr Anteil auf die Reibungszahl variiert für metallische Werkstoffe zwischen $f \approx 0$ bis $f \approx 1$ gemäß einer theoretischen Abschätzung in Abhängigkeit von der Eindringtiefe. Normalerweise ist der Anteil der Furchungskomponente auf die Reibungszahl kleiner als $f \approx 0{,}4$. Hohe Werte einer Furchungskomponente können aus einer großen Eindringtiefe von Verschleißpartikeln ergeben. Ein niedriger Beitrag der Furchungskomponente resultiert, wenn entweder Verschleißpartikel nicht im Grenzflächenbereich enthalten sind, oder wenn eine weiche Oberfläche gegen eine harte, sehr glatte Oberfläche gleitet.

Zusammenfassend muss nochmals betont werden, dass bei realen technischen Gleitvorgängen stets eine Überlagerung der verschiedenen Reibungskomponenten auftreten kann, so dass eine theoretische Abschätzung von Reibungszahlen im allgemeinen nicht möglich ist. Die Bestimmung von Reibungszahlen in einem technischen Anwendungsfall kann somit nur durch experimentelle Messungen unter Berücksichtigung der verschiedenen Systemparameter des konkreten Anwendungsfalls vorgenommen werden (siehe Kapitel 6).

4.4.2 Rollreibung

Mit dem Begriff Rollreibung soll hier zusammenfassend die Reibungsart bezeichnet werden, die bei Rollen oder Wälzen (vgl. dazu Abschnitt 3.3.1) in tribologischen Systemen auftritt. Beim Rollen findet die Relativbewegung der zur Berührung kommenden Stoffbereiche der Kontaktpartner in kinematischer Hinsicht auf Zykloiden (Rollkurven) statt, wobei die gedachte Drehachse des Rollkörpers eine Parallelverschiebung erfährt. Die Drehachsen können auch räumlich stationär sein, wenn eine Rollbewegung zweier Zylinder vorliegt.

In technischer Hinsicht sind Rollbewegungen deshalb von besonderer Bedeutung, weil der Rollreibungswiderstand stets erheblich kleiner als ein Gleitreibungswiderstand ist. Dies ist im wesentlichen dadurch begründet, dass bei Rollvorgängen die kontaktierenden Stoffbereiche der beiden Kontaktpartner sich nur normal zur Kontaktfläche annähern und wieder entfernen, während bei Gleitvorgängen in großem Umfang Schubspannungen beteiligt sind. Die wichtigsten technischen Systeme mit Rollreibung sind Radsysteme und Wälzlager. Daneben sind in technischer Hinsicht eine Reihe von Maschinenelementen von Bedeutung, bei denen eine Überlagerung von Rollreibung und Gleitreibung im Kontaktbereich vorliegt, wie z. B. bei Zahnradgetrieben (**Bild 4.4.3**).

In physikalischer Hinsicht kommt die Rollreibung ähnlich wie die Gleitreibung durch die Überlagerung mehrerer Reibungsmechanismen zustande (Czichos, 1969).

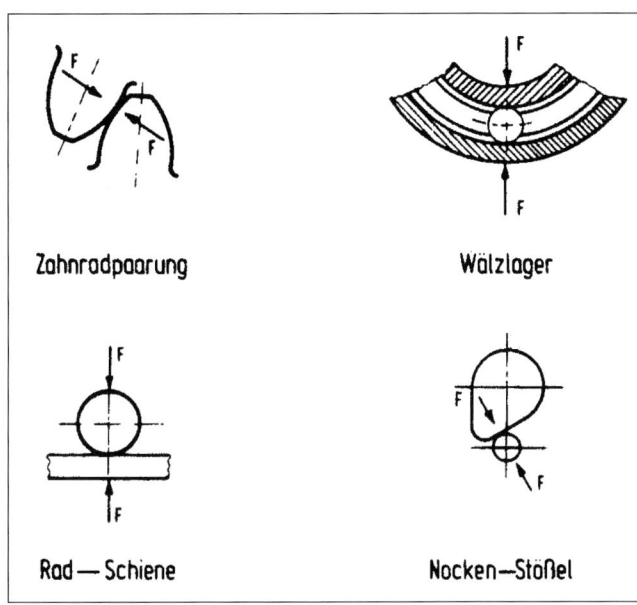

Bild 4.4.3
Tribotechnische Systeme mit
Rollreibung (Beispiele)

Zahnradpaarung   Wälzlager

Rad — Schiene   Nocken—Stößel

Mikroschlupfkomponente der Rollreibung

Nach den Ergebnissen der Kontaktmechanik (siehe Abschnitt 3.2.2) tritt beim Hertzschen Kontakt gekrümmter Körper bei der Überlagerung von Normal- und Tangentialkräften eine Aufteilung des Berührungsgebietes in Haft- und Schlupfzonen statt. In der Literatur werden drei Arten des Mikroschlupfes bei der Rollreibung unterschieden:

– Reynolds-Schlupf

  Betrachtet wird der Hertzsche Rollkontakt zweier Körper mit unterschiedlichen Elastizitätsmoduln. Bei einer Rollbewegung beider Körper werden die Flächenelemente der beiden Kontaktpartner unterschiedlich in Tangentialrichtung gestreckt, so dass sich Schlupf zwischen ihnen ergibt (Reynolds, 1876).

– Heathcote-Schlupf

  Bei unterschiedlichen Krümmungsradien der beiden Rollkörper ergibt sich eine gekrümmte (Hertzsche) Kontaktfläche. Infolge des ungleichen Abstandes der einzelnen Oberflächenelemente von der Rollachse wird während der Bewegung Schlupf erzwungen (Heathcote, 1921).

– Carter-Poritsky-Föppl-Schlupf

  Für den zweidimensionalen Rollkontakt (z. B. zwei abrollende Zylinder) mit einer Tangentialkraft in Rollrichtung kann der Mikroschlupfbereich berechnet werden. Es zeigt sich, dass zum Unterschied des statischen Kontaktes mit einer zentralen Haftzone und einer konzentrischen Schlupfzone beim dynamischen Rollkontakt die Adhäsions- bzw. Haftzone im vorderen Bereich der Hertzschen Kontaktfläche liegt (Carter, 1926; Poritsky, 1950).

Nach Untersuchungen von Bowden und Tabor (1964) tragen die Gleitanteile des Mikro-schlupfs bei der Rollreibung nur geringfügig zum Rollwiderstand bei, da die Rollreibungswer-te praktisch nicht durch eine Schmierung der Oberflächen verringert werden können, wie dies bei Gleitreibungsexperimenten stets der Fall ist. In ingenieurtechnischer Hinsicht ist die Auf-teilung der Kontaktfläche bei Rollbewegungen in Haft- und Schlupfbereiche von funktioneller Bedeutung, wie z. B. in Transmissionsgetrieben.

Adhäsionskomponente der Rollreibung

Bei jedem Rollkontakt findet eine kontinuierliche Annäherung und Kontaktierung von Materi-albereichen an der Vorderfront des Kontaktes und eine kontinuierliche Trennung von Materi-albereichen an der Rückseite des Kontaktes statt. Das Trennung adhäsiver Kontaktbrücken an der Rückseite eines Rollkontakes kann zur Energiedissipation und damit zum Rollwiderstand beitragen. Dies konnte in experimenteller Hinsicht sowohl für den Rollkontakt zwischen einem Glaszylinder und einer glatten Gummioberfläche (Kendall, 1975) als auch für den Rollkontakt metallischer Oberflächenschichten auf Stahlkugeln (Czichos, 1969) nachgewiesen werden. Wie bereits in Abschnitt 4.3.1 erläutert, ergibt sich für metallische Rollpartner nach Stellung der Metalle im Periodensystem der Elemente eine niedrige Adhäsion für die Übergangsmetal-le, eine mittelstarke Adhäsion für die Edelmetalle und eine starke Adhäsion für die B-Metalle (vgl. Bild 4.3.3). Bei Paarungen ungleicher Metalle tritt dann eine starke Adhäsion bei der Rollreibung auf, wenn der eine Partner als „Elektronendonator" und der andere als „Elektro-nenakzeptor" wirken kann. Beim Rollen von Halbleitern und Isolatoren sollen nach einer Theorie von Derjaguin und Smilga (1964) Rollpartner mit unterschiedlicher Elektronenaffini-tät sich gegenseitig aufladen. Beim Rollen müssen verlustbehaftete Ausgleichsströme fließen, die zum Rollwiderstand beitragen können.

Deformationskomponente der Rollreibung

Eine Analyse der Werkstoffanstrengung bei Rollkontakt zeigt (siehe Abschnitt 3.2.3), dass bei Überschreiten der Normal- und Tangentialspannungen über bestimmte Grenzen hinaus eine plastische Kontaktdeformation unterhalb der Berührungsfläche auftreten kann. Für den Fall des Rollens einer Kugel mit dem Radius r auf einer weichen Metallunterlage wurde folgende Relation zwischen der Rollreibungskraft F_R und der Normalkraft F_N gefunden (Eldredge and Tabor, 1955):

$$F_R = \text{konst} \cdot \frac{F_N^{2/3}}{r}$$

Überschreitet die Belastung eine bestimmte kritische Schubspannung, so ist das Material ei-nem kombinierten Effekt von Eigenspannungen infolge der vorhergehenden plastischen Ver-formung und den Kontaktspannungen des Rollkörpers ausgesetzt. Es findet zwar kein plasti-sches Eindringen normal zur Oberfläche statt, der Kontakt scheint rein elastisch zu sein. Die überlagerten Kontakt- und Eigenspannungen („residual stresses") können aber ein beträchtli-ches plastisches Scheren in Richtung parallel zur Oberfläche bewirken, so dass Material-bereiche unterhalb der Oberfläche in Rollrichtung verschoben werden können (Hamilton, 1963; Merwin and Johnson, 1963). Alle geschilderten plastischen Deformationsvorgänge tra-gen zum Rollwiderstand bei.

Hysteresekomponente der Rollreibung

Bei einem Rollkontakt muss zur Komprimierung der Kontaktflächen und ihrer Umgebung Energie aufgebracht werden. Um die Rollspur zu bilden, ist also bei konstanter Geschwindigkeit eine bestimmte mechanische Leistung nötig. Hierbei werden die Oberflächenelemente unter einem Rollkörper einer komplizierten gekoppelten Kompression und Torsion unterworfen (Greenwood, Minshall and Tabor, 1961). Die aufgebrachte Leistung wird zwar durch elastische Kräfte nach der Entlastung größtenteils wiedergewonnen; durch eine Spannungsrelaxation können diese Kräfte aber kleiner sein, als die vorher wirkenden, so dass sich aus der Differenz der Leistungen die Reibleistung ergibt. Mit der Theorie der elastischen Hysterese (vgl. Abschnitt 3.2.2 (b)) können die Rollreibungswiderstände besonders für elastoviskose Materialien (z. B. Gummi) befriedigend erklärt werden. Unter Benutzung verschiedener rheologischer Modelle wurde z. B. gefunden, dass für den Rollkontakt elastoviskoser Materialien die Rollreibungszahl bei einer bestimmten Geschwindigkeit, die der Retardationszeit der elastoviskosen Materialien entspricht, ein Maximum aufweist (Flom and Bueche, 1959).

Zusammenfassend muss für die Rollreibung – ähnlich wie für die Gleitreibung – festgehalten werden, dass bei einem konkreten praktischen Anwendungsfall der Rollreibungswiderstand sich aus mehreren Komponenten zusammensetzen kann, so dass eine genaue Bestimmung von Rollreibungszahlen nur durch experimentelle Untersuchungen möglich ist.

4.4.3 Stick-slip-Vorgänge

Bei der Gleitreibung wird häufig ein sogenanntes Ruckgleiten (Stick-slip) beobachtet. Dieses hat seine Ursache in makroskopischer Betrachtung darin, dass bei tribologischen Gleitkontakten die Gleitpartner an die Umgebung durch schwingungsfähige Systeme angekoppelt sind. In vereinfachter Weise können somit tribologische Gleitsysteme häufig durch ein Modell gemäß **Bild 4.4.4** dargestellt werden. Das Modell besteht aus einem Gleitkörper (1) der Masse m_1, der sich relativ zu einem Gegenkörper (2) der Masse m_2 bewegt, die wiederum mit einer festen Bezugsebene über eine Feder mit der Federkonstante c_{s2} und einem Dämpfungselement mit der Dämpfungskonstante c_d angekoppelt sind. Der Körper (1) wird über eine Feder mit der Federkonstanten c_{s1} mit einer konstanten Geschwindigkeit $v_0 = s/t$ angetrieben.

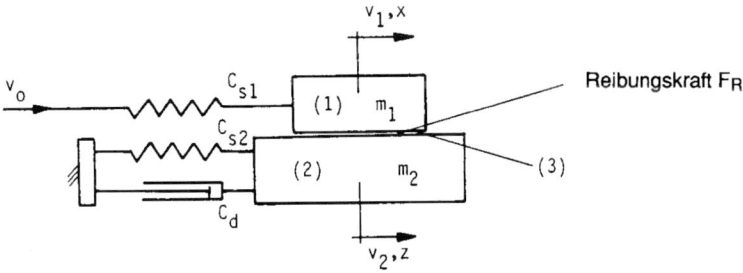

Bild 4.4.4   Schwingungsmodell der Ankopplung eines tribologischen Systems an seine Umgebung

Die Bewegung des Gleitkörpers (1) der Geschwindigkeit v_1 und des Abstandes x relativ zum Körper (2) der Geschwindigkeit v_2 und des Abstandes z wird durch die Reibungskraft F_R in der Grenzfläche (3) zwischen den Gleitkörpern (1) und (2) beeinflusst. Das Bewegungsverhalten des Gleitsystems wird durch die folgenden Differentialgleichungen modellmäßig gekennzeichnet.

$$\ddot{x} \quad \frac{c_{s1}}{m_1} x + \frac{c_{s1}}{m_1} v_0 t \quad \frac{F_R \; |\dot{x} \quad \dot{z}|}{m_1}$$

$$\ddot{z} \quad \frac{c_d}{m_2} \dot{z} - \frac{c_{s2}}{m_2} z \quad \frac{F_R \; |\dot{x} \quad \dot{z}|}{m_2}$$

Eine Analyse dieser Gleichungen zeigt, dass das Gleitreibungsverhalten einer schwingungsfähigen Masse-Feder-Dämpfungs-Kombination nach Bild 4.4.4 entscheidend durch die Geschwindigkeitsabhängigkeit der Gleitreibungszahl f bestimmt wird. Unter Berücksichtigung der elastischen Deformation kontaktierender Rauheitshügel kann auch die zeitabhängige „Kontaktsteifigkeit" zur Anregung von stick-slip-Bewegungen beitragen (Sherif, 1991). Stick-slip-Vorgänge treten besonders dann auf, wenn die statische Reibungszahl größer ist als die dynamische Reibungszahl, d. h. wenn gilt,

$f_{stat} > f_{dyn}$

In technischen Gleitsystemen wird die Abhängigkeit der Reibungszahl von der Geschwindigkeit häufig durch die Stribeck-Kurve gekennzeichnet (siehe Bild 4.1.1). In einer Computersimulation des Gleitverhaltens eines schwingungsfähigen Systems nach Bild 4.4.4, gekennzeichnet durch die oberen Differentialgleichungen, wurden in Abhängigkeit des Arbeitspunktes des Bewegungssystems (und damit der Größe von F_R) innerhalb der Stribeck-Kurve die folgenden wesentlichen Ergebnisse erzielt (Czichos, 1978) (**Bild 4.4.5**):

- Bei einem Betriebszustand im Minimum der Stribeck-Kurve ist das System instabil und kann sich selbst zu Eigenschwingungen anregen.

- Für Arbeitsbedingungen im linken Teil der Stribeck-Kurve, d. h. bei einer abnehmenden Reibungszahl mit zunehmender Gleitgeschwindigkeit, resultiert das typische Erscheinungsbild des Stick-slip-Verhaltens.

- Für Betriebsbedingungen im rechten Teil der Stribeck-Kurve ist das System stabil, d. h. eine Schwingungsanregung wird infolge der Zunahme der Reibungszahl mit der Gleitgeschwindigkeit automatisch gedämpft.

Nach den Ergebnissen dieser Modelluntersuchungen und nach praktischen Erfahrungen können Stick-slip-Vorgänge dadurch beeinflusst werden, dass durch geeignete Maßnahmen die dynamische Reibungszahl größer oder mindestens annähernd gleich der statischen Reibungszahl ist. Bei vorgegebener konstruktiver Gestaltung eines Gleitreibungssystems kann dies z. B. durch grenzflächenaktive chemische Additive versucht werden. Dies konnte experimentell mit Untersuchungen an einem Stift-Scheibe-System bestätigt werden. An diesem System wurden Gleitversuche unter Bedingungen der reinen Festkörperreibung (Hertzsche Pressung $p_H = 50 \cdot 10^7$ N/m^2; Gleitgeschwindigkeit v = 2 bis 20 cm/s) vor und nach Behandlung der Gleitflächen mit grenzflächenaktiven Substanzen durchgeführt. Aus **Bild 4.4.6** geht hervor, dass durch die Oberflächenbehandlung eine Annäherung der statischen und dynamischen Reibungszahlen erzielt und damit eine Veränderung des Stick-slip-Verhaltens erreicht werden konnte.

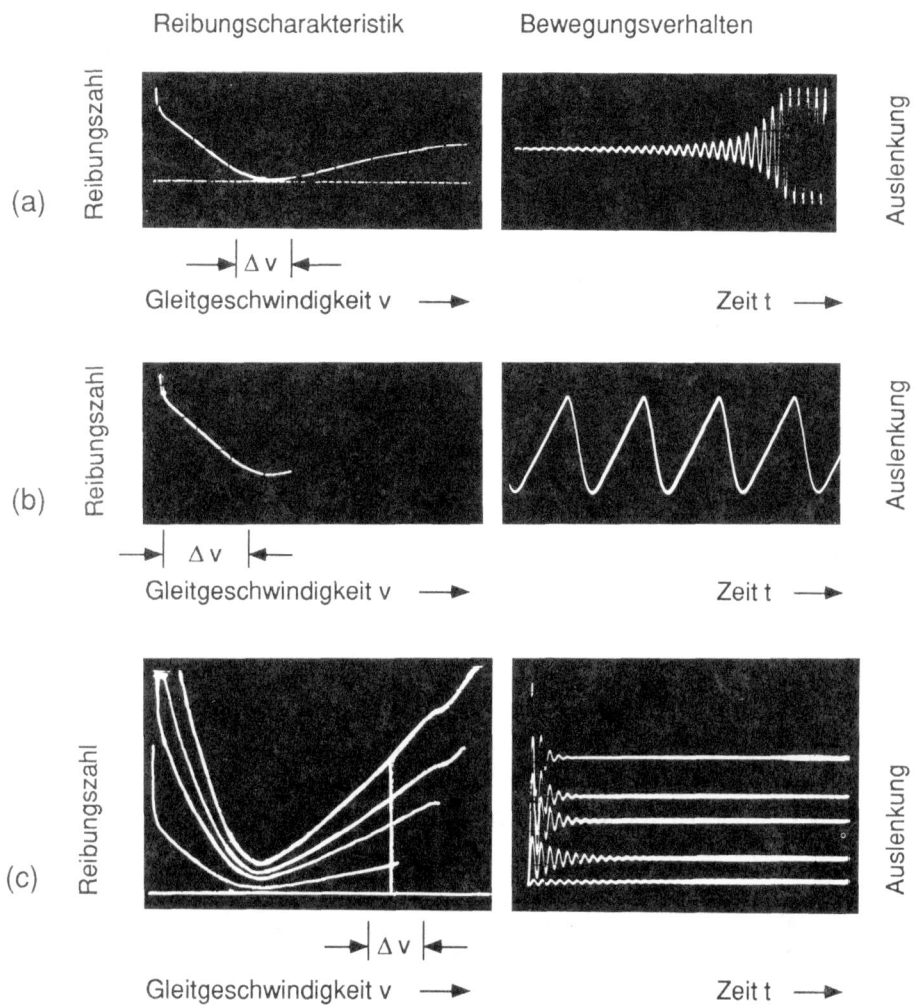

Bild 4.4.5 Computersimulation des Stick-slip-Verhaltens eines tribologischen Systems bei einer Variation der Gleitreibungszahl f in einem Bereich $\Delta = \Delta f(v)$
(a) Instabiles Verhalten im Minimum der Stribeck-Kurve
(b) Stick-slip-Bewegung für Bedingungen im linken Teil der Stribeck-Kurve ($f_0 = 0{,}6$)
(c) Stabiles Verhalten für Bedingungen im rechten Teil der Stribeck-Kurve ($f_0 = 1{,}0$; 0,7; 0,5; 0,3; 0,2)

In Ergänzung zur makroskopischen Modellierung des Stick-slip-Verhaltens nach Bild 4.4.4 sind für Bedingungen der Grenzreibung an atomar dünnen Flüssigkeitsfilmen molekulardynamische Simulationen durchgeführt worden (Thompson and Robbins, 1990). Danach wird die Ursache des Stick-slip-Verhaltens in einer thermodynamischen Instabilität der Gleitrate gesehen.

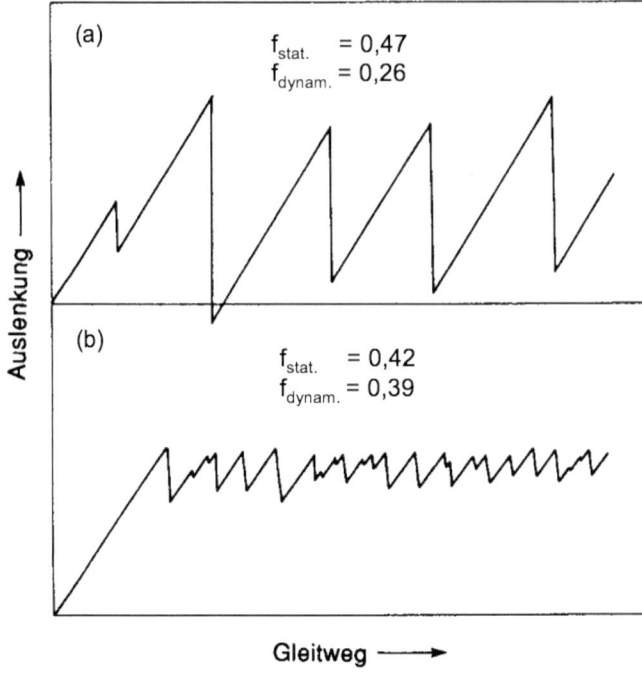

Bild 4.4.6
Stick-slip-Verhalten eines
Gleitsystems und Einfluss
einer physikalisch-
chemischen Oberflächenbe-
handlung der Gleitpartner;
(a) ohne, (b) mit Oberflächenbehandlung

4.5 Reibung und Wirkungsgrad

Die fundamentale Bedeutung der Reibung für die Funktion und den Energieverbrauch tribotechnischer Systeme wird aus dem Zusammenhang zwischen Reibung und Wirkungsgrad
ersichtlich. Der Wirkungsgrad η ist das Verhältnis von Nutzenergie E_N zu der zugeführten
Energie E_0 in einem bestimmten Zeitintervall: $\eta = E_N / E_0$. Die Energiebilanz technischer
Systeme zeigt, dass sich allgemein die einem technischen System zur Erfüllung seiner Funktion zugeführte Energie E_0 (bzw. die zugeführte Arbeit A_0 oder die Leistung P_0) in die äußere
„Nutzenergie" E_N und eine innere „Verlustenergie" E_V aufteilt.

In tribotechnischen Systemen führen Reibungsprozesse zu einer reibungsbedingten Verlustenergie $E_V = E_R$, so dass mit zunehmender Reibung eine Verminderung des Wirkungsgrades
verbunden ist. Da es infolge der Komplexität der Reibungsprozesse eine allgemein gültige
Relation zwischen Reibung und Wirkungsgrad der verschiedenen tribotechnischen Systeme
nicht gibt, sollen im folgenden die Zusammenhänge zwischen Reibung und Wirkungsgrad in
exemplarischer Form am Beispiel eines elementaren tribotechnischen Systems, nämlich eines
„Keiltriebs" betrachtet werden (Czichos, 1978).

In **Bild 4.5.1** ist im oberen Teil ein derartiger Keiltrieb in vereinfachter Form wiedergegeben.
Das System besteht aus einem in horizontaler Richtung sich bewegenden Keil (1) und einem
zweiten sich in vertikaler Richtung bewegenden Keil (2). Die technische Funktion dieses Systems besteht in der Überführung der Horizontalbewegung, d. h. der Translation x in eine Aus-
gangsbewegung y im rechten Winkel dazu. Hierbei wird eine horizontal wirkende Kraft F_y als
Ausgangsgröße durch die horizontal wirkende Eingangskraft F_x bewirkt. Das grundlegende

Prinzip der Überführung von Eingangsgrößen (Kraft F_x * Weg x) in technisch nutzbare Ausgangsgrößen (Kraft F_y * Weg y) durch eine „Keilwirkung" wird in verschiedenen tribomechanischen Systemen ausgenutzt, wie z. B. Bewegungsschrauben, Schneckengetriebe, Nocken-Stößelsysteme, Kurvengetriebe usw.

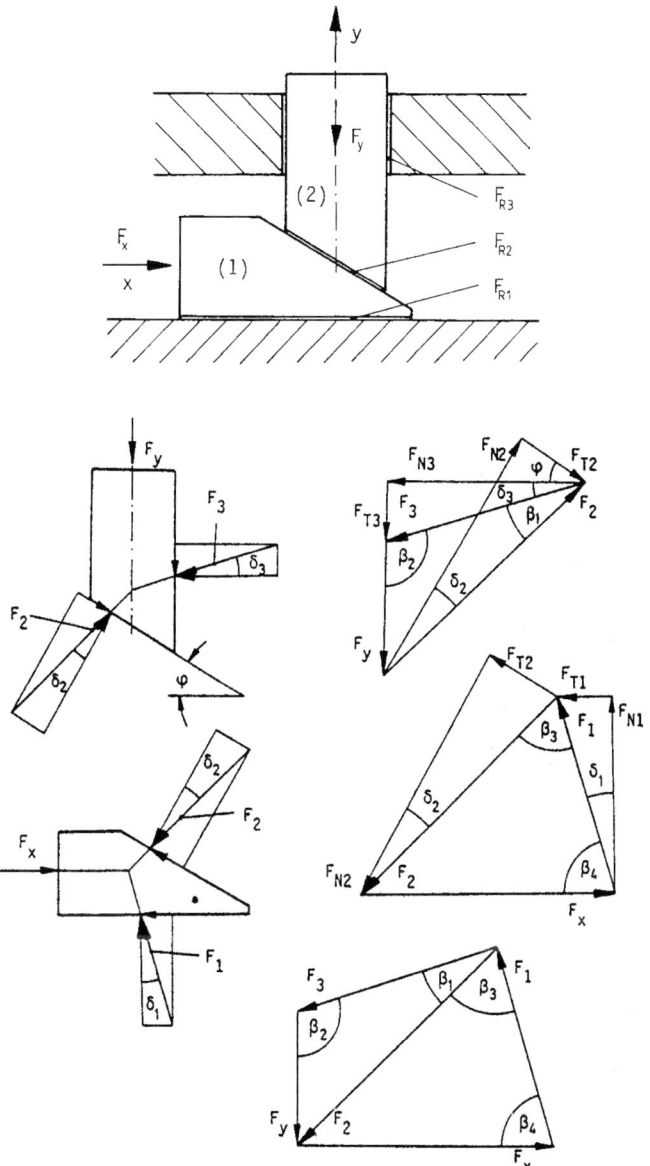

Bild 4.5.1   Schematisch vereinfachte Darstellung eines Keiltriebs und Kraftdiagramme zur Bestimmung des Wirkungsgrades

Der Wirkungsgrad des Keiltriebes nach Bild 4.5.1, definiert durch $\eta = \dfrac{F_y \cdot y}{F_x \cdot x}$,

kann durch die Aufstellung von Vektordiagrammen im Gleichgewichtszustand der Bewegungskomponenten bestimmt werden. Wie in Bild 4.5.1 dargestellt, wird die Übertragung der Eingangskraft F_x in die Ausgangskraft F_y durch drei Reibungsquellen beeinflusst:

- F_{R1} Reibung in der Gleitführung der Komponente (1)
- F_{R2} Reibung in der Grenzfläche zwischen den Elementen (1) und (2)
- F_{R3} Reibung in der Führung der Komponente (2)

Durch Aufspalten dieser Kräfte in Normal- und Tangentialkomponenten zu den Oberflächen bzw. Grenzflächen können die Kraftdiagramme, die im rechten unteren Teil von Bild 4.5.1 dargestellt sind, erhalten werden. In diesen Diagrammen bezeichnet die Größe δ den Winkel zwischen der tangentialen (Reibungs-) Kraftkomponente F_t und der Normal-Kraftkomponente F_N. Die Reibungszahl f ist gegeben durch die Beziehung $f = F_T/F_N = \tan \delta$. Aus der Zusammensetzung der Teilkräfte resultiert ein gesamtes Kraftvektordiagramm, das die Gleichgewichtsbedingungen zwischen den Kräften F_x, F_1, F_3, F_y kennzeichnet, wie im rechten unteren Teil von Bild 4.5.1 dargestellt ist. Aus den trigonometrischen Beziehungen für die beiden Dreiecke in diesem Diagramm ergeben sich die folgenden Beziehungen:

$$\frac{F_y}{\sin \beta_1} = \frac{F_2}{\sin \beta_2} \quad ; \quad \frac{F_y}{F_2} = \frac{\sin\left[90° - (\varphi + \delta_2 + \delta_3)\right]}{\sin\left(90° + \delta_3\right)} = \frac{\cos\left(\varphi + \delta_2 + \delta_3\right)}{\cos \delta_3} \quad ; \quad \frac{F_x}{\sin \beta_3} = \frac{F_2}{\sin \beta_4}$$

$$\frac{F_x}{F_2} = \frac{\sin\left(\varphi + \delta_1 + \delta_2\right)}{\sin\left(90° - \delta_1\right)} = \frac{\sin\left(\varphi + \delta_1 + \delta_2\right)}{\cos \delta_1}$$

Somit ist $\dfrac{F_y}{F_x} = \dfrac{\cos\left(\varphi + \delta_2 + \delta_3\right) \cdot \cos \delta_1}{\sin\left(\varphi + \delta_1 + \delta_2\right) \cdot \cos \delta_3}$

Unter der Annahme, dass alle Reibungsverhältnisse vergleichbar sind, d. h. dass

$f_1 = f_2 = f_3 = f$ folgt $\dfrac{F_y}{F_x} = \dfrac{1}{\tan\left(\varphi + 2\delta\right)}$

Da der Zusammenhang zwischen den Wegen x und y gegeben ist durch die Beziehung

$y = x \cdot \tan \delta$, resultiert für den Wirkungsgrad $\eta = \dfrac{F_y \cdot y}{F_x \cdot x}$, $\eta = \dfrac{\tan \varphi}{\tan\left(\varphi + 2\delta\right)}$.

Diese Beziehung zeigt, dass für einen gegebenen Wert des Keilwinkels φ der Wirkungsgrad durch die Reibungszahl $f = \tan \delta$ an den drei Reibungs-Grenzflächen bestimmt wird (Bild 4.5.1). Ähnliche Ausdrücke werden auch für andere tribomechanische Systeme erhalten. Zum Beispiel ist der Wirkungsgrad einer Bewegungsschraube gegeben durch die folgende

Beziehung: $\eta = \dfrac{\tan \varphi}{\tan\left(\varphi + \delta\right)}$

Diese Beziehung ist der für den Keiltrieb nach Bild 4.5.1 sehr ähnlich. Eine graphische Darstellung des Wirkungsgrades des Keiltriebs mit einem Keilwinkel von $\rho = 30°$ als Funktion der Reibungszahl f ist in **Bild 4.5.2** wiedergegeben.

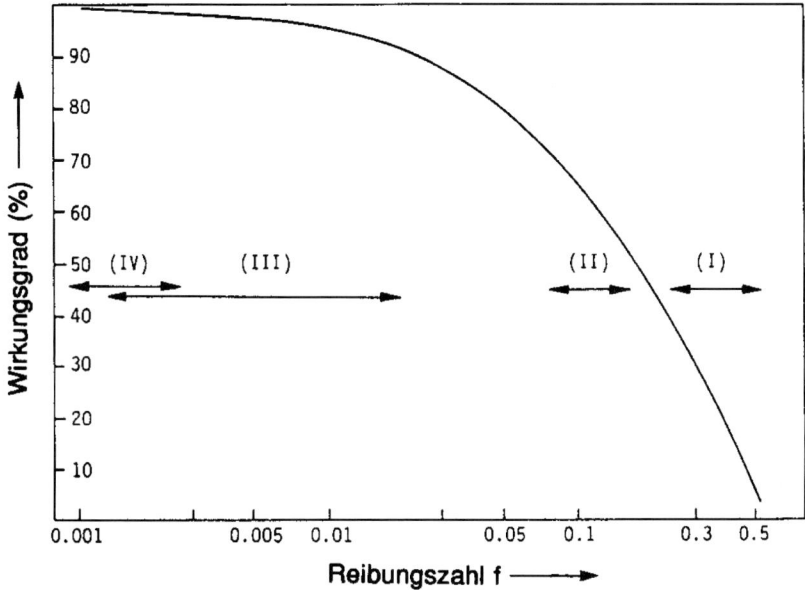

Bild 4.5.2   Wirkungsgrad eines Keiltriebs in Abhängigkeit der Reibungszahl f für die Reibungsarten (I) Festkörperreibung, (II) Grenzreibung, (III) Flüssigkeitsreibung, (IV) Rollreibung

Aus der Darstellung von Bild 4.5.2 lassen sich in vereinfachter Weise die folgenden Bereiche des Wirkungsgrades η für die grundlegenden Arten der Reibung entnehmen.

    (I)   Festkörperreibung :   η ≈ 5 bis 40 %

    (II)   Grenzreibung   :   η ≈ 60 bis 70 %

    (III) Flüssigkeitsreibung :   η ≈ 90 bis 98 %

    (IV) Rollreibung   :   η ≈ 97 bis 99 %

Diese Daten zeigen, dass für Gleitreibungsbedingungen überschlagsmäßig ein Wirkungsgrad > 90 % nur durch Realisierung einer Flüssigkeitsreibung (hydrodynamische Schmierung oder hydrostatische Schmierung) erreicht werden kann und dass sich die höchsten Wirkungsgrade durch eine Substitution der Gleitreibung durch Rollreibungselemente ergeben kann.

Daraus ergeben sich die folgenden elementaren tribologische Gestaltungsregeln für reibungsarme Lagerungen, exemplarisch illustriert in **Bild 4.5.3**:

- Ersatz von Festkörper-Gleitreibung durch Roll/Wälzreibung   → f ≈ 0,001...0,005

- Realisierung von Luftlagern und mechatronischen Lagern   → f ≈ 0,0001.

Tribologische Systeme für reibungsarme Führungen und Lager:

Rotationsbewegung: Kugellager
(a) Kugellager mit freien Rollbewegungen: Leonardo da Vinci (Codex Madrid, 1492)
(b) Kugellager-Urform: direkter Kugel/Kugel-Kontakt behindert Rollbewegungen
(c) Kugellager mit Kugelkäfig: Stand der Technik, Reibungszahl f ≈ 0,001...0,005

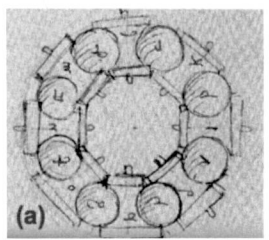 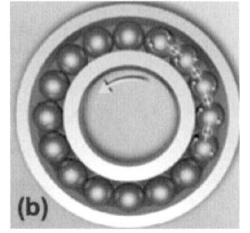 

Translationsbewegung: Kugelumlaufspindel
(a) Prinzip: geführte Kugel-Wälzbewegung zwischen Spindelnut und Spindelmutter
(b) Ausführungsbeispiele, Reibungszahl f ≈ 0,01...0,02; Wirkungsgrad 0,95 ... 0,99

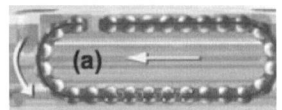 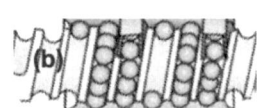 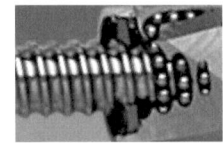

Translationsbewegung: Luftlager
Das linear bewegte Gleitelement wird durch komprimierte ausströmende Luft getragen.

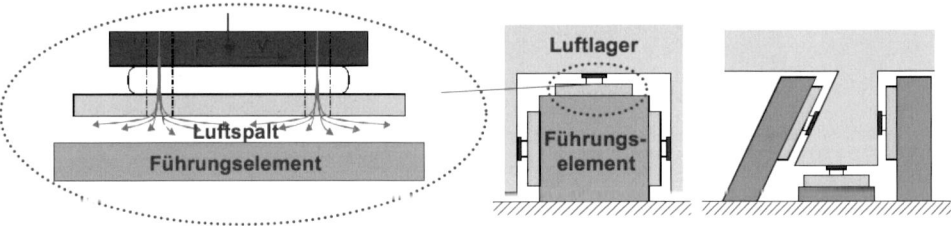

Mechatronisches Magnetlager :

Funktionsprinzip:
Trennung der rotierenden Welle (1) von den
Tragflächen (2) durch einen Luftspalt (3),
erzeugt durch magnetische Kräfte, die durch
Aktor-Stellmagnete in Verbindung mit
Positions-Sensoren geregelt werden:
Active Magnetic Bearings, AMB.
Anwendung z,B. in Werkzeugmaschinen-
Spindeln mit optimaler Spanleistung,
n > 20000 Umdrehungen/min.

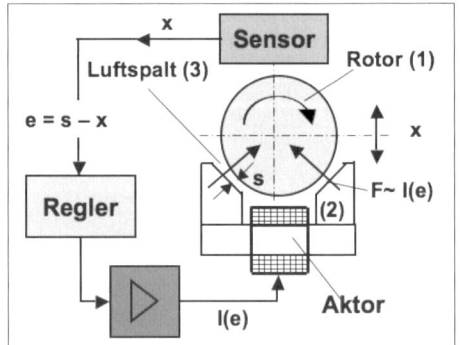

Bild 4.5.3   Tribologische Systeme für Translation und Rotation mit geringer Reibung

5 Verschleiß

5.1 Grundlagen und Übersicht

Verschleiß ist der fortschreitende Materialverlust aus der Oberfläche eines festen Körpers (Grundkörper), hervorgerufen durch tribologische Beanspruchungen, d. h. Kontakt- und Relativbewegung eines festen, flüssigen oder gasförmigen Gegenkörpers. Das mögliche „Verschleißspektrum" eines tribologisch beanspruchten Grundkörpers – gekennzeichnet durch das Verschleißvolumen W_V dividiert durch Normalkraft F_N und Weg s – in den verschiedenen Reibungszuständen eines tribologischen Systems zeigt **Bild 5.1.1**. Als Grenze zwischen „schwerem Verschleiß" (*severe wear*) bei Festkörperreibung und „mildem Verschleiß" *(mild wear)* bei Grenz- und Mischreibung gilt nach einer Konvention der International Research Group on Wear of Engineering Materials (IRG-OECD) (siehe Abschnitt 8.8.3) ein Verschleißkoeffizient von $W_V = 10^{-6}$ mm³/N · m.

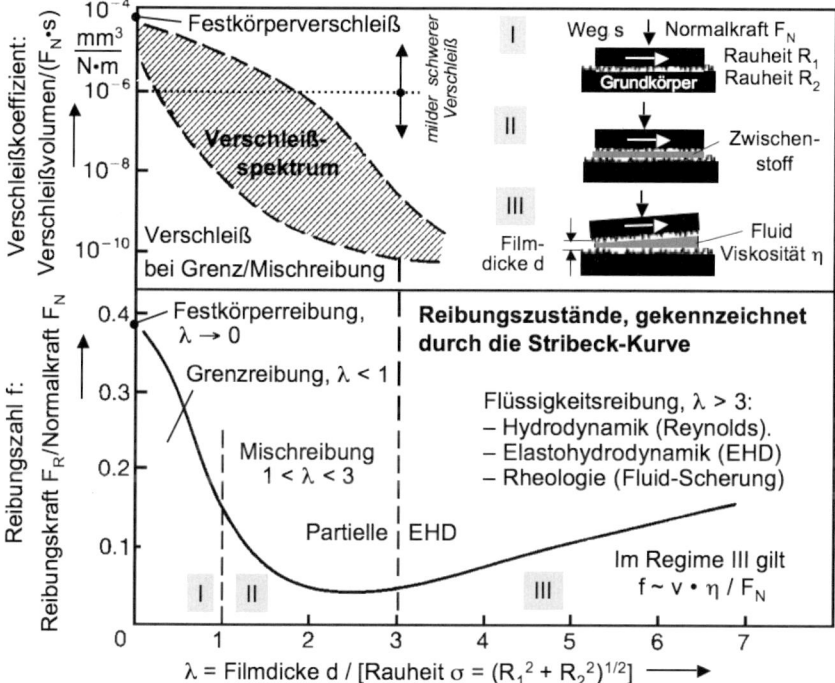

Bild 5.1.1   Das mögliche Verschleißspektrum für die Reibungszustände tribologischer Systeme

In der Technik wird das Verschleißgebiet in Abhängigkeit von der Struktur des tribologischen Systems und der Kinematik der tribologischen Beanspruchung nach *Verschleißarten* gegliedert. **Bild 5.1.2** gibt ein Übersicht über Verschleißarten und wirkende Verschleißmechanismen.

Elemente der Systemstruktur	Tribologische Beanspruchung (Symbole)	Verschleißart	Wirksame Mechanismen			
			Adhäsion	Abrasion	Oberflächenzerrüttung	Tribochemische Reaktionen
Festkörper (1) Zwischenstoff (3) (Hydrodynamik) Festkörper (2)	Gleiten Rollen Wälzen Prallen, Stoßen 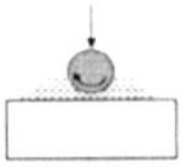	---			X	X
Festkörper (1) Festkörper (2) (Festkörperreibung, Grenzreibung, Mischreibung)	Gleiten 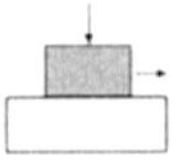	Gleitverschleiß	X	X	X	X
	Rollen Wälzen 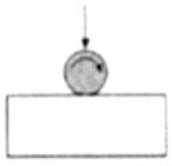	Rollverschleiß Wälzverschleiß	X	X	X	X
	Prallen Stoßen 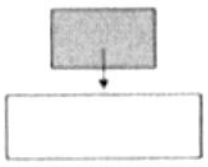	Prallverschleiß Stoßverschleiß	X	X	X	X
	Oszillieren 	Schwingungsverschleiß	X	X	X	X
Festkörper (1) Festkörperpartikel (2)	Gleiten 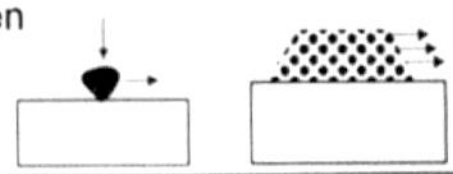	Furchungsverschleiß, Erosion		X		X
Festkörper (1) Festkörper (2) Festkörperpartikel (3)	Gleiten 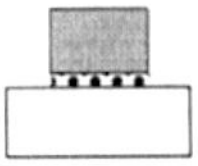	Korngleitverschleiß, Dreikörperverschleiß		X	X	X
	Wälzen 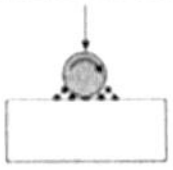	Kornwälzverschleiß		X	X	X
	Mahlen	Mahlverschleiß		X	X	X
Festkörper (1) Flüssigkeit mit Partikeln (2)	Strömen 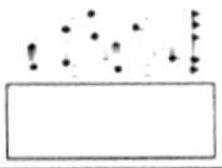	Spülverschleiß (Erosionsverschleiß)		X	X	X
Festkörper (1) Gas mit Partikeln (2)	Strömen 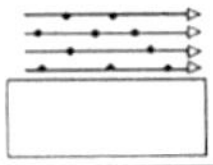	Gleitstrahlverschleiß (Erosionsverschleiß)		X	X	X
	Prallen 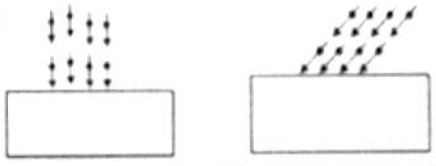	Prallstrahl-, Schrägstrahlverschleiß		X	X	X
Festkörper (1) Flüssigkeit oder Gas (2)	Strömen Schwingen 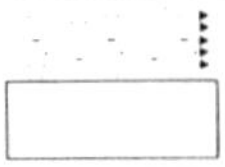	Werkstoffkavitation, Kavitationserosion			X	X
	Stoßen 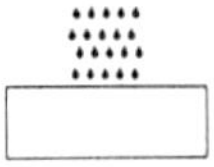	Tropfenschlag			X	X

Bild 5.1.2   Gliederung des Verschleißgebietes nach Verschleißarten

5.2 Verschleißmessgrößen

Die messtechnische oder zahlenmäßige Kennzeichnung des Verschleißes und der Resultate von Verschleißvorgängen erfolgt im wesentlichen durch die folgenden zwei Begriffsarten:

- Verschleißmessgrößen kennzeichnen durch Maßzahlen die Änderung der Gestalt oder der Masse eines Körpers durch Verschleiß (siehe frühere DIN 50321).
- Verschleißerscheinungsformen beschreiben die sich durch Verschleiß ergebenden Veränderungen der Oberflächen tribologisch beanspruchter Werkstoffe oder Bauteile (chemische Zusammensetzung, Mikrostruktur usw.) sowie die Art und Form von anfallenden Verschleißpartikeln.

Maßzahlen für den Verschleiß können als Verschleißbeträge in unterschiedlichen messtechnischen Dimensionen angegeben werden, wie anhand des vereinfachten Beispiels von Bild 5.2.1 illustriert wird. (Reziprokwerte der Verschleißbeträge heißen „Verschleißwiderstände".)

- Verschleiß-Längen W_l, d. h. eindimensionale Veränderungen der Geometrie tribologisch beanspruchter Werkstoffe oder Bauteile, senkrecht zu ihrer gemeinsamen Kontaktfläche (linearer Verschleißbetrag).
- Verschleiß-Flächen W_q, d. h. zweidimensionale Veränderungen von Querschnittsbereichen tribologisch beanspruchter Werkstoffe oder Bauteile senkrecht zu ihrer gemeinsamen Kontaktfläche (planimetrischer Verschleißbetrag).
- Verschleiß-Volumen W_V, d. h. dreidimensionale Veränderungen geometrischer Bereiche tribologisch beanspruchter Werkstoffe oder Bauteile im gemeinsamen Kontaktbereich (volumetrischer Verschleißbetrag). Verschleiß-Volumen sind über die Dichte oder Wichte der verschleißenden Werkstoffe oder Bauteile mit Verschleiß-Massen oder Verschleiß-Gewichten verbunden.

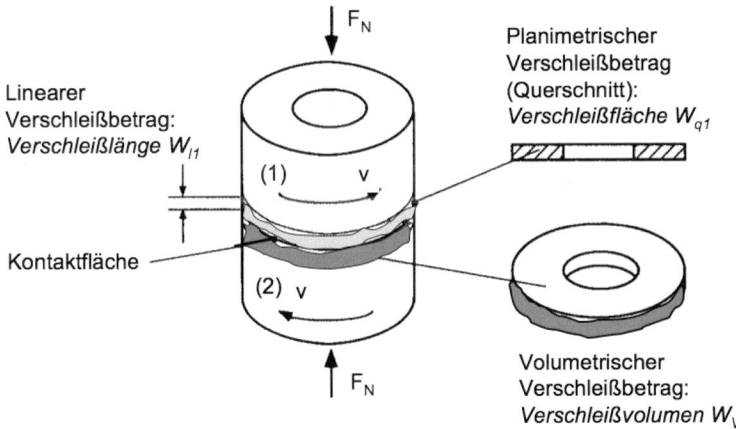

Bild 5.2.1   Verschleiß-Messgrößen, illustriert für das Beispiel eines tribologischen Systems bestehend aus zwei rotierenden Zylindern (1), (2); F_N Kraft normal zur Kontaktfläche, v Gleitgeschwindigkeit

Neben diesen „direkten" Verschleißmessgrößen werden noch die folgenden „indirekten" Verschleißmessgrößen unterschieden, bei denen der Verschleiß in Relation zu einer Bezugsgröße gesetzt wird und die auch als „Verschleißraten" bezeichnet werden:

– Verschleißgeschwindigkeit, mit der Zeit (d. h. der effektiven Beanspruchungsdauer während des Verschleißvorgangs) als Bezugsgröße

– Verschleiß-Weg-Verhältnis oder Verschleißintensität, mit dem Weg als Bezugsgröße

– Verschleiß-Durchsatz-Verhältnis, mit dem Durchsatz als Bezugsgröße

Weltweit wird heute als Verschleißreferenzgröße der in Bild 5.1.1 zur Übersicht über das Verschleißspektrum benutzte „Verschleißkoeffizient", nach ASTM die „specific wear rate", kurz auch „wear rate" oder „wear factor" (ASM Handbook, 1992) verwendet. Er gibt eine auf die Belastung normierte Verschleißrate an, d. h. das Verschleißvolumen W_V (mm^3) pro Gleitweg s (m), dividiert durch die Normalkraft F_N (N)

$$k = \frac{W_V}{F_N \cdot s}$$

Diese Gesetzmäßigkeit wurde von ARCHARD 1953 (Archard, 1953) vorgestellt, wobei dort k noch mit der Raumtemperatur-Härte des weicheren Reibpartners multipliziert wird, so dass eine dimensionslose Größe K (engl.: wear coefficient) entsteht (siehe auch Kapitel 5.3).

Die makroskopische Kenngröße k gibt den bei einer konstanten Last nach einem bestimmten Gleitweg (nicht Roll- oder Wälzweg) eingetretenen Volumenverlust pro Lasteinheit eines Tribosystems an. Er setzt eine proportionale Abhängigkeit des Verschleißvolumens von diesen Größen voraus. Allgemein gesehen, hat der volumetrische Verschleißkoeffizient [mm^3/Nm] deshalb eine breite Verwendung gefunden, weil er in einer ersten Näherung Verschleißergebnisse untereinander vergleichbar macht (siehe Datenbank-Anwendungen), die mit unterschiedlichen Geometrien, Dichten, Versuchszeiten und Lasten gewonnen wurden. Man wendet ihn nur im Reibungszustand des Trockenlaufes und der Misch-/Grenzreibung an. Dort umspannt er eine Größenordnung zwischen 10^{-10} mm^3/Nm bis 10^{-2} mm^3/Nm (vgl. Bild 5.1.1).

– „Anwendungswarnhinweis": Es ist darauf zu achten, dass die miteinander verglichenen Werte unter „ähnlichen" Pressungs-, Last- und Temperaturbereichen sowie Reibungszuständen und Verschleißintensitäten ermittelt wurden. In der Bremsbelagindustrie bezeichnet man beispielsweise den Volumenverlust pro Energieumsatz in [mm^3/J] oder [mm^3/MJ] als volumetrischen Verschleißkoeffizient.

Der Verschleißkoeffizient beinhaltet keine Aussagen zum Verschleißmechanismus und stellt auch keine Werkstoffkonstante dar, da Verschleiß aus Wechselwirkungsprozessen kontaktierender Körper oder Stoffe resultiert. Eine Verschleißmessgröße bezeichnet daher nicht die Eigenschaft eines einzelnen Körpers oder Stoffes, sondern muss stets – wie auch bei der Behandlung der Reibung betont – auf die Material-Paarung, d. h. allgemein auf das betreffende tribologische System, bezogen werden. In symbolischer Form gilt:

> Verschleißmessgröße = f (Systemstruktur; Beanspruchungskollektiv)

Wegen der Systembezogenheit des Verschleißes müssen zur eindeutigen Kennzeichnung des Ergebnisses eines Verschleißvorganges die Verschleißdaten von beiden Kontaktpartnern und ggf. auch die Verschleißdaten des gesamten Systems jeweils einzeln angegeben werden. Somit sind zu unterscheiden:

–   Komponentenverschleiß, d. h. die einzelnen Verschleißmessgrößen von Grundkörper (1) und Gegenkörper (2)

–   Systemverschleiß, d. h. die Summe der Verschleißmessgrößen von Grundkörper (1) + Gegenkörper (2)

Infolge der Komplexität des Verschleißes ist es im allgemeinen nicht möglich, Verschleißkenngrößen theoretisch zu berechnen; sie müssen vielmehr mit geeigneten Mess- und Prüftechniken experimentell bestimmt (siehe Abschnitt 8.3) und in aussagefähiger Form dargestellt werden (siehe Abschnitt 8.8). Die methodischen, metrologisch-systemtechnischen Grundlagen dafür und die Möglichkeiten einer tribologischen Datenbank sind in Kapitel 21 dargestellt

Zur Kennzeichnung der Verschleißerscheinungsformen der tribologisch beanspruchten Oberflächen können verschiedene Mess- und Analysetechniken eingesetzt werden (siehe Abschnitt 8.7). In Kapitel 20 sind typische Erscheinungsformen von Verschleiß-Oberflächen in Form eines Verschleiß-Atlas wiedergegeben.

5.3 Verschleißmechanismen

Als Verschleißmechanismen werden die im Kontaktbereich eines tribologischen Systems ablaufenden physikalischen und chemischen Wechselwirkungen bezeichnet. Diese lösen Elementarprozesse aus und führen schließlich zu Stoff- und Formänderungen der Kontaktpartner. Sie gehen, wie bereits mehrfach erwähnt, von den im Kontaktbereich örtlich und zeitlich stochastisch verteilten Mikrokontakten aus und ihr Beitrag zum Verschleiß ist sowohl von der Struktur des tribologischen Systems als auch vom Beanspruchungskollektiv abhängig.

Nach den Ergebnissen der Kontaktmechanik (siehe Abschnitt 3.2) nimmt bei der Berührung technischer Oberflächen in vielen Fällen die Größe der wahren Kontaktfläche und damit die Anzahl der Mikrokontakte näherungsweise linear mit der Normalkraft F_N zu. Bei einer Gleitbewegung nimmt außerdem die Anzahl der Beanspruchungen von Mikrokontakten mit dem Gleitweg s zu. Geht man davon aus, dass jede Beanspruchung eines Mikrokontakts mit einer gewissen Wahrscheinlichkeit zu einem Verschleißpartikel führt, so ergeben sich für ein resultierendes Verschleißvolumen näherungsweise folgende Ansätze:

– Verschleißvolumen W_V ~ Normalkraft F_N

– Verschleißvolumen W_V ~ Weg s

$$\Rightarrow W_V = k \cdot F_N \cdot s \quad \text{mit dem Verschleißkoeffizienten } k \left[\frac{mm^3}{N \cdot m} \right]$$

Dieses ist in vereinfachter Schreibweise das Archard'sche Gesetz des Gleitverschleißes (Archard, 1953) (siehe Abschnitt 5.3.3).

Die zu Verschleiß führenden elementaren Wechselwirkungen kontaktierender Werkstoffe können vereinfacht wie folgt eingeteilt werden:

–   Kräftemäßige, spannungsmäßige oder energetische Wechselwirkungen, die zu Rissvorgängen und Stoffabtrennungen der kontaktierenden Partner führen und zusammenfassend durch die Verschleißmechanismen „Oberflächenzerrüttung" und „Abrasion" gekennzeichnet werden

> – Atomare und molekulare Wechselwirkungen, die auf das Auftreten chemischer Bin-
> dungen im Kontaktbereich kontaktierender Werkstoffe oder Bauteile zurückgeführt
> werden können und die unter Mitwirkung des Umgebungsmediums und unter Betei-
> ligung von Materialabtrennprozessen zusammenfassend durch die Verschleiß-
> mechanismen „Adhäsion" und „Tribochemische Reaktionen" beschrieben werden.

Vereinfachte Illustrationen der elementaren Verschleißmechanismen sind in **Bild 5.3.1** wiedergegeben. Der mittlere Teil von Bild 5.3.1 zeigt skizzenmäßig mikrotribologische Erscheinungsbilder, sie werden ergänzt durch nanoskalige Darstellungen, wie sie mit den heutigen
Methoden des „Molecular Dynamic Modelling" MD (vgl. Bild 3.2.5) und der „Moveable Cel-
lular Automata" MCA (vgl. Bild 2.7) möglich sind:

- Oberflächenzerrüttung: Rissdarstellung durch MCA-Simulation (Österle et al., 2007)

- Abrasion: Nanomodellierung mit MD (Bhushan, 2007)

- Adhäsion: Nanomodellierung mit MD (Bhushan, 2007)

- Triboreaktionen: Partikeldarstellung durch MCA-Simulation (Österle et al., 2007).

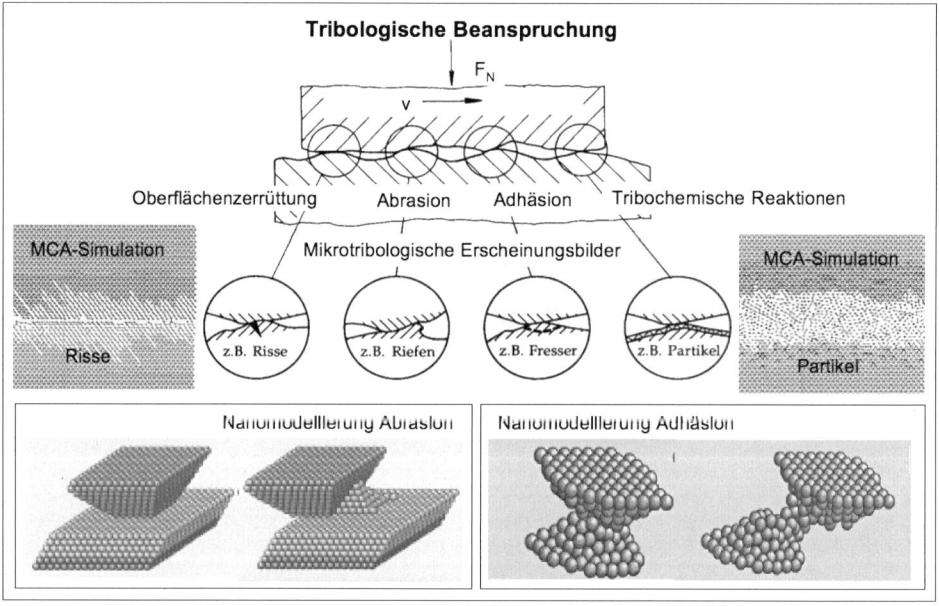

Bild 5.3.1   Vereinfachte Illustration der grundlegenden Verschleißmechanismen

Im folgenden werden die hauptsächlichen Mechanismen des Festkörperverschleißes und
grundlegende Modelle in vereinfachter Form einzeln betrachtet. Zu beachten ist, dass in praktischen tribotechnischen Systemen meist eine Überlagerung der verschiedenen elementaren
Verschleißmechanismen auftritt, so dass das Verschleißverhalten im praktischen Betrieb nicht
theoretisch abgeschätzt, sondern nur experimentell durch entsprechende Verschleißversuche
bestimmt werden kann (siehe Kapitel 8). Typische Verschleißerscheinungsformen für die einzelnen Verschleißmechanismen sind in Kapitel 20 zusammengestellt.

5.3.1 Oberflächenzerrüttung

In jedem tribologischen System müssen die kontaktierenden Oberflächenbereiche Kräfte aufnehmen, die in Zusammenhang mit der Relativbewegung der Kontaktpartner eine Werkstoffanstrengung verursachen (siehe Abschnitt 3.2). Bei Flüssigkeitsreibung erfolgt die Kraftübertragung über einen trennenden Schmierfilm (Lang, 1977), bei Misch-, Grenz- und Festkörperreibung nehmen die Mikrokontakte die wirkenden Normal- und Tangentialkräfte teilweise oder ganz auf. Diese Beanspruchung in den Mikrokontakten von Grund- und Gegenkörper erfolgt häufig periodisch, so dass es in den beanspruchten Gebieten zu einer Schadensakkumulation im Sinne einer Werkstoffermüdung kommen kann. Besonders ausgeprägt kann der Mechanismus einer Oberflächenzerrüttung in Hertzschen Kontakten, wie z. B. in Wälzlagern, Zahnradpaarungen und ähnlichen Elementen, die einer tribologischen Wechselbeanspruchung unterworfen sind, auftreten (Broszeit, 1982).

Wie in Abschnitt 3.2 erläutert, können bei überlagerten Normal- und Tangentialbeanspruchungen in einem tribologischen Kontakt Spannungsmaxima in und unterhalb der Kontaktgrenzflächenbereiche vorhanden sein. Bei einer zyklischen Beanspruchung können somit ständige Wechsel von mehrachsigen Zug- und Druckspannungen in und unterhalb der kontaktierenden Grenzflächenbereiche auftreten.

Die Oberflächenzerrüttung weist gewisse Ähnlichkeiten mit der volumenbezogenen Ermüdung von Massivmaterialien auf. So werden z. B. an zyklisch beanspruchten Gleitkontakten Verschleißerscheinungsformen beobachtet (Czichos, 1978), wie sie von volumenbezogenen Ermüdungsschäden bei Dauerwechselbeanspruchung in Form von „Schwingungslinien" oder „Rastlinien" bekannt sind und abschnittsweise vordringende Rissfronten kennzeichnen (**Bild 5.3.2**).

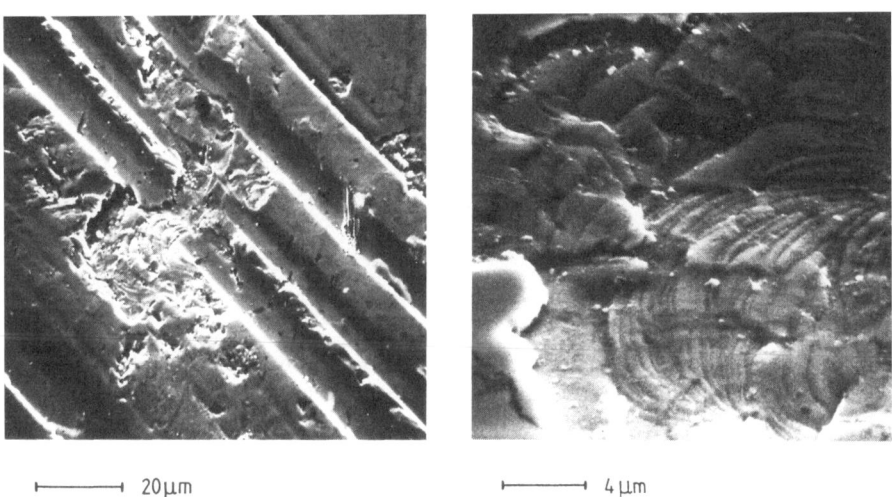

├────────────┤ 20 μm   ├──────────┤ 4 μm

Bild 5.3.2   Verschleißerscheinungsform der Oberflächenzerrüttung

Bekanntlich wird allgemein eine Werkstoffermüdung durch die Belastungsamplitude und die Zyklenzahl bestimmt. Im Bereich der Kurzzeitermüdung kann ein quasistatischer Bruch bei Spannungsamplituden erfolgen, die der Zugfestigkeit entsprechen. Hier kann bereits der erste Belastungszyklus zur Zerstörung führen. Das Gebiet der Langzeitermüdung ist dagegen durch niedrige Belastungsamplituden und eine große Lebensdauer gekennzeichnet. Der Ermüdungs-prozess kann in Abhängigkeit von der Lastspielzahl hinsichtlich der Entwicklung der ver-änderten Mikrostruktur in die folgenden Perioden eingeteilt werden: (a) Inkubationsperiode (Akkumulation von Gitterverzerrungen und -fehlern), (b) Entstehung und Entwicklung von Submikronrissen bis zu Mikrorissen, (c) Rissausbreitung; Vereinigung von Rissen, (d) endgül-tiger Bruch.

Für die Phasen der Rissbildung und Rissausbreitung sind Kraft- und Energiekriterien aufges-tellt worden. Außerdem wurden verschiedene mikrostrukturelle Modelle entwickelt, die die Reaktionen der Gitterfehler zugrunde legen (Aurich, 1978). Das grundlegende Versetzungs-modell der Rissbildung besteht in der Annahme, dass ein Submikroriss durch die Vereinigung mehrerer Versetzungen gleichen Vorzeichens entsteht. Das Kraft- oder Spannungskriterium verlangt, dass die lokale Spannung σ am Ort der Rissbildung und an der Spitze eines wachsen-den Risses die theoretische Festigkeit σ_0 überschreitet und die Bindungen zwischen den Ato-men löst:

$$\sigma > \sigma_0 = \frac{G}{2\pi(1-\nu)} \qquad \text{G Schubmodul}$$

Auf der Grundlage des Energiekriteriums wurde unter der Annahme eines „spröden" Werk-stoffzustandes bei Berücksichtigung der bei der Rissbildung aufzubringenden freien Oberflä-chenenergie γ_0 und der freiwerdenden elastischen Energie der Rissumgebung von Griffith die kritische Risslänge, oberhalb derer der Riss instabil ist, bestimmt:

$$C = 2\gamma_0 \frac{E}{\sigma^2} \qquad K = \sigma \cdot C^{1/2} \quad \text{Spannungsintensitätsfaktor}$$

Für Stahl mit $\sigma = 700$ N/mm^2, $\gamma_0 = 1,2 \cdot 10^{-4}$ J/cm^2 ergibt sich z. B. theoretisch eine kritische Risslänge von $C \approx 1$ µm.

Das Verschleißverhalten von reibbeanspruchten Werkstoffbereichen wird nun nicht nur von einer Mikrorissbildung, sondern auch von den Bedingungen des Wachstums entstandener Risse bis zur Bildung loser Verschleißpartikel bestimmt (Wuttke, 1986). In vereinfachter Wei-se werden folgende Grundmodelle der Rissausbreitung unterschieden:

- Sprödes Risswachstum: sukzessives Trennen von Bindungen an der Rissspitze bei Spannungen, die etwa gleich der theoretischen Festigkeit sind; die Bruchflächen sind atomar glatt.

- Quasi-sprödes Risswachstum: Es existiert eine plastische Zone vor dem Riss mit Mikrorissen, die sich spröde mit dem Riss vereinigen. Es erfolgt eine sprunghafte Rissausbreitung senkrecht zur Hauptnormalspannung; die Bruchfläche erscheint wellenartig.

- Zähes Risswachstum; Mikroporen vor der Rissspitze vereinigen sich über Brücken-bildung mit dem Riss. Es erfolgt eine Rissausbreitung parallel zur Hauptschubspan-nung.

Das Auftreten von Oberflächenrissen in einem Tribokontakt bei Einfachübergleiten und das Entstehen von Verschleißpartikeln bei Mehrfachübergleiten wurde bei Gleitexperimenten an Kupfer beobachtet (**Bild 5.3.3**) (Buckley, 1981). Bereits beim einmaligen Übergleiten trat in den zum Beanspruchungsfeld der Normal- und Tangentialkräfte passend geneigten Gleitbän-dern ein Riss auf. Bei Mehrfachübergleiten führte die Adhäsion zwischen den beanspruchten

Oberflächenpartien und dem Gleitkörper zu einer Risserweiterung und schließlich durch Abscheren zu losen Verschleißpartikeln. Für die Entwicklung von Rissen unterhalb der Kontakt-Grenzflächen sollen nach den Ergebnissen photoelastischer und bruchmechanischer Analysen gekoppelte Werte der Spannungsintensitätsfaktoren (K_I für Rissöffnung; K_{II} für Scherung) den „effektiven" Spannungsintensitätsfaktor darstellen (Dally, Chen and Jahanmir, 1990).

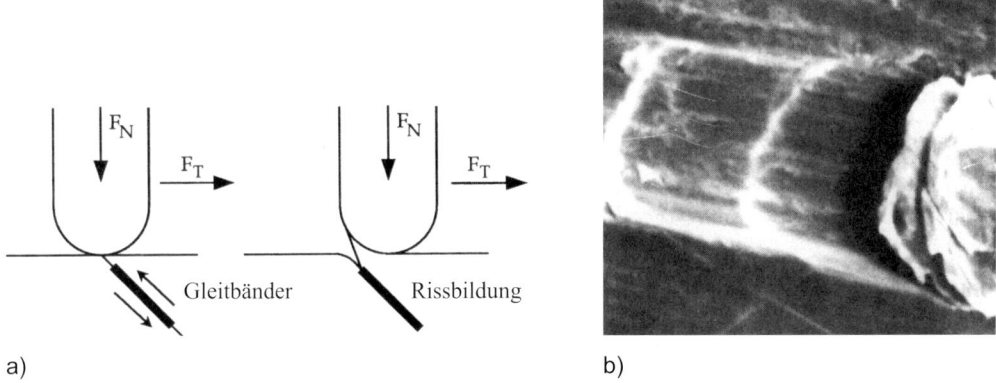

a)   b)

Bild 5.3.3   Rissbildung bei Gleitbeanspruchung von Kupfer ($F_N = 1$ N; $v = 1{,}4$ mm/min) a) Modell der Rissentstehung b) Rasterelektronenmikroskopische Aufnahme nach Einfachübergleiten (Draufsicht, 1500fache Vergrößerung) (Buckley, 1981)

Ein zahlenmäßiges Modell für ein sich ergebendes Verschleißvolumen, das durch den Mechanismus der Oberflächenzerrüttung resultiert, wurde von Halling (1975) entwickelt. Dieses Modell umfasst das Konzept des Ermüdungsversagens und ebenfalls eines einfachen plastischen Versagenskriteriums, wobei der elementare Verschleißprozess als Ermüdungsversagen in einem Lastzyklus betrachtet wird. Die wesentlichen Zusammenhänge dieses Modells sind in **Bild 5.3.4** zusammengestellt.

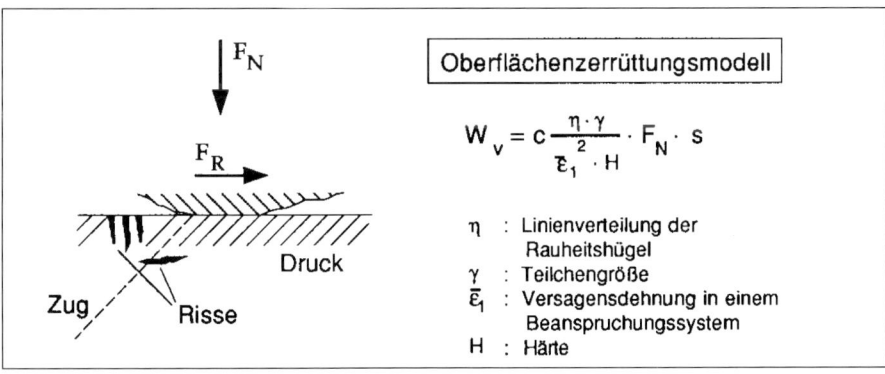

Bild 5.3.4   Modell der Oberflächenzerrüttungskomponente des Verschleißes

Die von Nam P. Suh (1973) entwickelte „Delaminationstheorie" des Verschleißes ist im weiteren Sinne der Oberflächenzerrüttung zuzurechnen. Nach dieser Theorie wird das in zahlreichen Gleitreibungsexperimenten beobachtete Auftreten von plättchenförmigen Verschleißpartikeln beim Kontakt metallischer Gleitpartner durch das Ablaufen folgender partieller Prozesse unter tribologischer Wechselbeanspruchung erklärt:

- Erzeugung von Versetzungen unterhalb der tribologisch beanspruchten Oberfläche
- Aufstauung von Versetzungen
- Bildung von Fehlstellen und submikroskopischen „Löchern" (voids)
- Vereinigen der voids zu Rissen parallel zur beanspruchten Oberfläche
- Entstehen von Verschleißpartikeln, wenn die Risse eine bestimmte kritische Länge erreichen

Mit diesen auf den modernen Modellen der Versetzungstheorie und der Bruchmechanik basierenden Konzepten (Hirth and Rigney, 1976) erscheint es nunmehr möglich, das Auftreten von plättchenförmigen Verschleißpartikeln theoretisch fundiert zu erklären, wie sie bereits im Jahre 1929 von Füchsel experimentell beobachtet wurden und durch einen Prozess von spannungsinduzierten Materialtrennungen („Abblättern") in vereinfachter Form gedeutet wurden.

5.3.2 Abrasion

Eine Abrasion tritt in tribologischen Kontakten auf, wenn der Gegenkörper beträchtlich härter und rauer ist, als der tribologisch beanspruchte Grundkörper oder wenn harte Partikel in einen tribologisch beanspruchten Werkstoff eingedrückt werden (Wellinger und Uetz, 1955; Föhl, 1982). Bei einer Relativbewegung der Beanspruchungspartner kann aus dem weichen Grundkörper durch verschiedene Materialabtrennprozesse abrasiver Verschleiß entstehen.

Nach **Bild 5.3.5** können die verschiedenen Formen der Wechselwirkung zwischen einem abrasiv wirkenden Teilchen und der verschleißenden Werkstoffoberfläche und damit die Detailprozesse der Abrasion wie folgt beschrieben werden (Zum Gahr, 1987):

- Das *Mikropflügen* ist dadurch gekennzeichnet, dass der Werkstoff unter der Wirkung des abrasiven Teilchens stark plastisch verformt und zu den Furchungsrändern hin aufgeworfen wird. Beim idealen Mikropflügen tritt bei einmaliger Beanspruchung durch ein einzelnes abrasives Teilchen noch kein Werkstoffabtrag auf.
- Beim *Mikroermüden* kann infolge lokaler Werkstoffermüdungsprozesse bei einer wiederholten mikropflügenden Beanspruchung der Oberfläche durch mehrere abrasive Teilchen ein Materialabtrag erfolgen (dieser Teilprozess ist eigentlich der Oberflächenzerrüttung zuzuordnen).
- Beim *Mikrospanen* bildet sich vor dem abrasiv wirkenden harten Teilchen ein „Mikrospan", dessen Volumen im Idealfall gleich dem Volumen der entstehenden Verschleißfurche ist.
- Das *Mikrobrechen* tritt oberhalb einer kritischen Belastung besonders bei spröden Werkstoffen auf, wodurch es durch Rissbildung und Rissausbreitung zu größeren Materialausbrüchen längs der Verschleißfurche kommt.

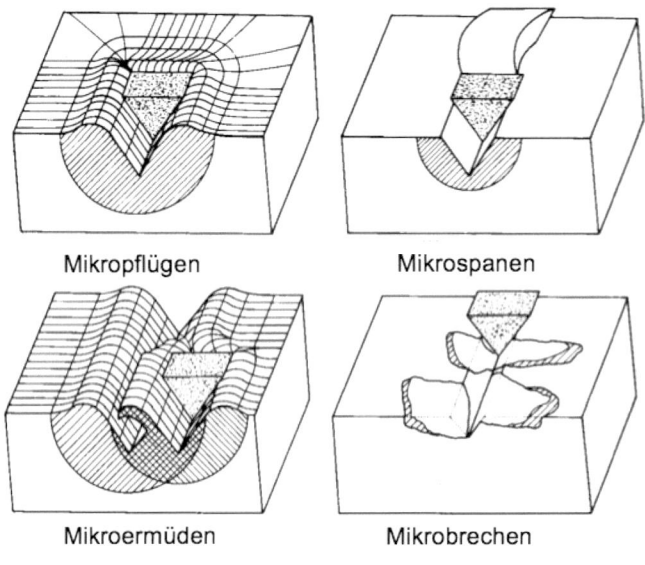

Mikropflügen   Mikrospanen

Mikroermüden   Mikrobrechen

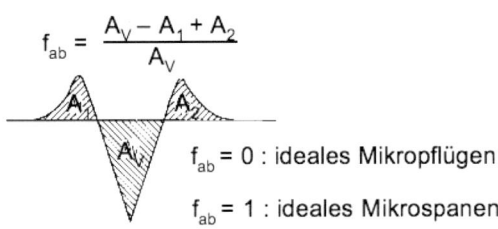

$f_{ab} = 0$: ideales Mikropflügen

$f_{ab} = 1$: ideales Mikrospanen

Bild 5.3.5   Detailprozesse der Abrasionskomponente des Verschleißes (Zum Gahr, 1987)

Bei der Überlagerung mehrere abrasiver Teilprozesse nach Bild 5.3.5 kann der relative Anteil der Teilprozesse Mikrospanen und Mikropflügen durch den sogenannten f_{ab}-Wert gekennzeichnet werden:

$$f_{ab} = \frac{A_V - (A_1 + A_2)}{A_V}$$

Beim reinen Mikropflügen ist $f_{ab} = 0$ und beim reinen Mikrospanen ist $f_{ab} = 1$; $f_{ab} > 1$ tritt beim Mikrobrechen auf. Das Verhältnis der Teilprozesse Mikropflügen und Mikrospanen wird auch durch den Neigungswinkel des abrasiv wirkenden Kontaktpartners beeinflusst, der in dieser Hinsicht als „ Spanwinkel „ bezeichnet werden könnte (**Bild 5.3.6**) (Zum Gahr, 1987).

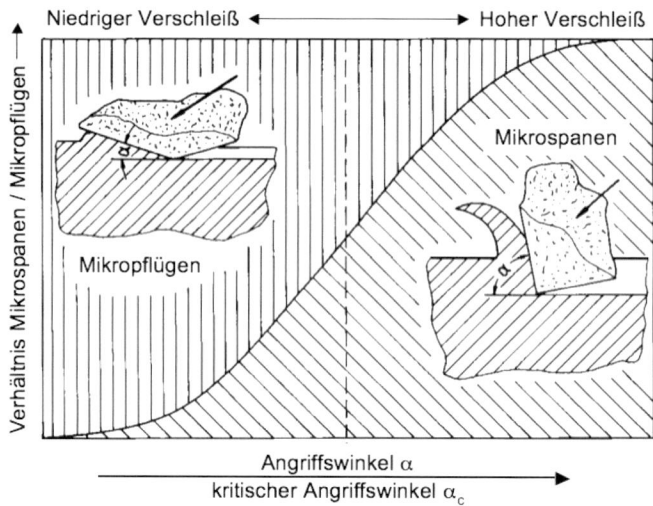

Bild 5.3.6   Abhängigkeit der Detailprozesse der Abrasion (Mikropflügen und Mikrospanen) vom Neigungswinkel des abrasiv wirkenden Kontaktpartners (Zum Gahr, 1987)

Für den Abrasionsprozess des idealen Mikrospanens ist von Rabinowicz (1965) ein einfaches
Modell angegeben worden (**Bild 5.3.7**). Danach nimmt das abrasive Verschleißvolumen linear
mit der Normalkraft F_N und dem Abrasivweg s zu, wobei das Verschleißvolumen von dem
Neigungswinkel des abrasiv wirkenden Teilchens und der Härte des Grundkörpers abhängt.

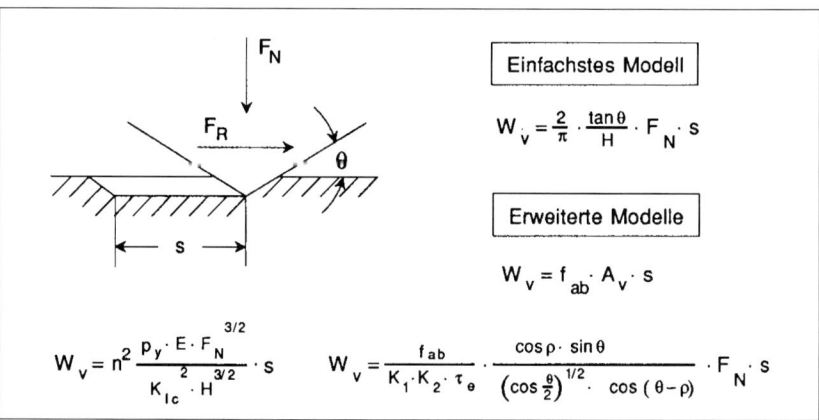

Bild 5.3.7   Modelle der Abrasionskomponente des Verschleißes

In Ergänzung zu dem einfachen Modell des Abrasivprozesses durch ideales Mikrospanen nach
Rabinowicz kann die kombinierte Wirkung von Mikrospanen und Mikropflügen aus der Geo-
metrie der abrasiven Verschleißfurche A_V abgeschätzt werden (Zum Gahr, 1982). Für das
Verschleißvolumen W_V ergibt sich die Beziehung $W_V = f_{ab} \cdot A_V \cdot s$.

Eine Analyse abrasiver Verschleißprozesse mit bruchmechanischen Modellen zeigt, dass der Detailprozess Mikrobrechen einsetzt, wenn eine kritische Belastung überschritten wird. Der Prozess des Mikrobrechens wird durch eine zunehmende Größe der abrasiven Teilchen, durch eine abnehmende Bruchzähigkeit und durch eine zunehmende Härte des verschleißenden Werkstoffs begünstigt. Ein von Hornbogen (1975) vorgeschlagenes Modell für das Verschleißvolumen W_V bei einem dominierenden Mechanismus des Mikrobrechens ist formelmäßig ebenfalls in Bild 5.3.7 angegeben.

5.3.3 Adhäsion

Während die Verschleißmechanismen Oberflächenzerrüttung und Abrasion im wesentlichen durch die Kontaktmechanik, d. h. Kräfte, Spannungen und Deformationen, ausgelöst werden, spielen bei dem Verschleißmechanismus Adhäsion stoffliche Wechselwirkungen auf atomarer und molekularer Ebene die entscheidende Rolle (Holm, 1946, 1967). Der Verschleißmechanismus Adhäsion besteht darin, dass bei einer tribologischen Beanspruchung infolge hoher lokaler Pressungen an einzelnen Oberflächenrauheitshügeln schützende Oberflächendeckschichten durchbrochen werden und lokale Grenzflächenbindungen entstehen (de Gee, 1982). Diese Grenzflächenbindungen, die im Falle metallischer Kontaktpartner auch als „Kaltverschweißungen" bezeichnet werden, können eine höhere Festigkeit besitzen, als das ursprüngliche Material der Kontaktpartner. Daher kann bei einer Relativbewegung der Kontaktpartner eine Trennung oder Verschiebung der kontaktierenden Materialbereiche nicht in der ursprünglichen Kontakt-Grenzfläche, sondern im angrenzenden Volumen eines der Partner erfolgen. **Bild 5.3.8** zeigt den adhäsiven Materialübertrag nach lokalem „Fressen" einer Stahl/Stahl-Gleitpaarung.

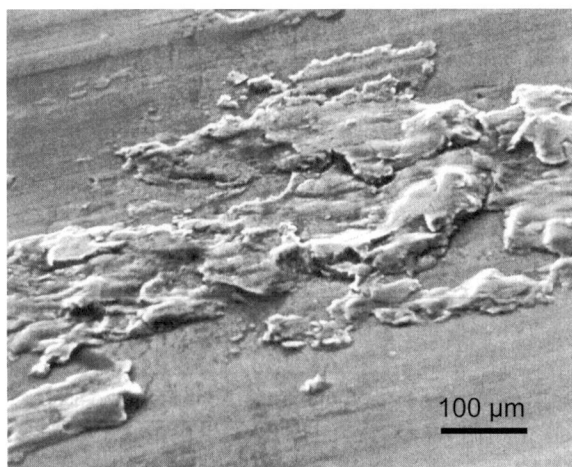

100 µm

Bild 5.3.8
Adhäsiver Materialübertrag nach dem lokalen „Fressen" einer Stahl/Stahl-Gleitpaarung (Rasterelektronenmikroskopische Aufnahme)

Wie in Abschnitt 3.3.1 dargestellt, können zu einer Adhäsion kontaktierender Festkörper alle chemischen Bindungen beitragen, die auch an der Kohäsion, d. h. dem inneren Zusammenhalt fester Körper beteiligt sind. Wie die anderen Verschleißmechanismen setzt sich auch der Verschleißmechanismus Adhäsion aus verschiedenen Einzelprozessen zusammen, die in vereinfachter Weise in ihrem Ablauf wie folgt gekennzeichnet werden können (Mølgaard, 1976):

– Deformation kontaktierender Rauheitshügel unter den wirkenden lokalen Normal-
  und Tangentialspannungen

– Zerstörung von Oberflächen-Deckschichten (speziell Oxidschichten bei metallischen Kontaktpartnern)

– Bildung adhäsiver Grenzflächenbindungen in Abhängigkeit von der chemischen Natur der Kontaktpartner

– Zerstörung von Grenzflächenbindungen und Materialübertrag

– Modifikation übertragender Materialfragmente (z. B. Verfestigung, tribochemische
  Effekte)

– Abtrennung übertragener oder zurückübertragender Materialfragmente in Form von
  Verschleißpartikeln (unterstützt durch Materialabtrennprozesse, wie z. B. Ermü-
  dungs- oder Abrasionsprozesse)

Es ist offensichtlich, dass bei dem Verschleißmechanismus Adhäsion vergleichbare Einflussgrößen, Parameter und Prozesse beteiligt sind, wie bei der Adhäsionskomponente der Reibung
(siehe Abschnitt 4.3.1), nämlich:

– die elastisch-plastische Kontaktdeformation bei der Bildung der wahren Kontaktfläche und das Formänderungsvermögen der Kontaktpartner

– die chemische und mikrostrukturelle Schichtstruktur von Werkstoffoberflächen und
  das Durchbrechen von Oberflächen-Deckschichten

– die chemische Natur adhäsiver Grenzflächenbindungen und die Elektronenstruktur
  der Kontaktpartner

– die Bruchmechanik zur Trennung von Adhäsionsbrücken und Entstehung loser Verschleißpartikel

Beim Kontakt unterschiedlicher Metalle erfolgt beispielsweise im allgemeinen ein Materialübertrag von dem kohäsiv schwächer gebundenen Partner zu dem kohäsiv stärker gebundenen
Partner (Buckley, 1981).

In verschiedenen Modellen ist versucht worden, quantitative Relationen zwischen dem durch
den Verschleißmechanismus Adhäsion entstehenden Verschleißvolumen und Beanspruchungsparametern, wie z. B. Normalkraft F_N und Gleitweg s und Materialeigenschaften, wie
der Härte H des weicheren Kontaktpartners herzuleiten (Archard, 1980). Nach der Beziehung
von Archard gilt entsprechend der vereinfachten Darstellung von **Bild 5.3.9** die empirische
Relation

$$W_V = K \cdot \frac{F_N \cdot s}{H}$$

Die Größe K ist der Archard'sche Verschleißkoeffizient, der in einer statistischen Deutung die
Wahrscheinlichkeit des Abtrennens adhäsiver Verschleißpartikel beschreibt und über mehrere
Größenordnungen je nach tribologischem System variieren kann. Aus der obigen Betrachtung
des Verschleißmechanismus Adhäsion als Stufenprozess resultiert, dass der Verschleißkoeffizient K von einer Vielzahl von Einflussgrößen und Parametern der beiden Kontaktpartner
abhängt. Da die Adhäsion nur als Wechselwirkung kontaktierender Körper definiert werden
kann, müssen auch Verschleißkenngrößen für den Verschleißmechanismus Adhäsion stets auf
das betreffende tribologische System bezogen werden und können nicht aus Stoffeigenschaften
einzelner Partner abgeleitet werden.

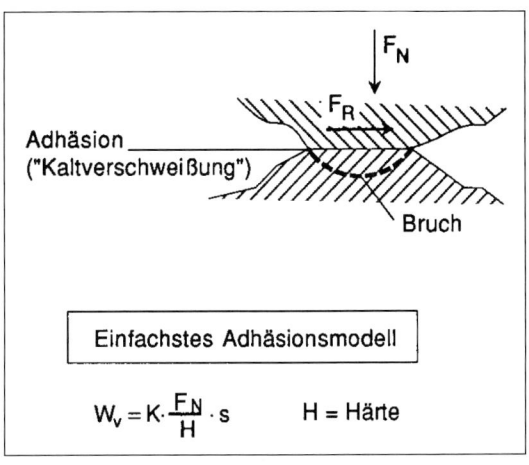

Bild 5.3.9
Modell der Adhäsionskomponente des
Verschleißes

5.3.4 Tribochemische Reaktionen

Tribochemische Reaktionen sind chemische Reaktionen von Grund- oder Gegenkörper eines tribologischen Systems mit Bestandteilen des Zwischenstoffs oder Umgebungsmediums infolge von tribologischen Beanspruchungen oder zumindest durch diese verstärkt. Die tribologisch beanspruchten Oberflächen reagieren mit dem Umgebungsmedium, so dass bei einer Relativbewegung ständig neue Reaktionsprodukte erzeugt und abgerieben werden (Fink und Hofmann, 1932), siehe Kapitel 7 „Tribokorrosion".

Die durch reibbedingte Temperaturerhöhungen und entstandene Gitterfehler begünstigten tribochemischen Reaktionen verändern die Festigkeitseigenschaften der Oberflächenbereiche. Infolge thermischer und mechanischer Aktivierung besitzen die an die Mikrokontaktstellen angrenzenden Oberflächenbereiche eine erhöhte chemische Reaktionsbereitschaft, so dass bevorzugt dort chemische Reaktionen ablaufen und beispielsweise bei metallischen Kontaktpartnern Oxidinseln aufwachsen können. Die speziell bei metallischen Kontaktpartnern gebildeten Oxidinseln können mechanische Spannungen nur begrenzt durch plastische Deformation abbauen; sie neigen vielmehr beim Erreichen einer kritischen Dicke zum spröden Ausbrechen und damit zum Entstehen von Verschleißpartikeln. **Bild 5.3.10** zeigt ein typisches Erscheinungsbild tribochemischer Verschleißpartikel.

Bei tribochemischen Reaktionen können für die Beschleunigung des Reaktionsablaufes unterschiedliche Prozesse verantwortlich sein (Thiessen, Meyer und Heinicke, 1967; Heidemeyer, 1975):

- Entfernung von reaktionshemmenden Deckschichten
- Beschleunigung des Transportes der Reaktionsteilnehmer
- Vergrößerung der reaktionsfähigen Oberfläche
- Temperaturerhöhung infolge der Reibungswärme
- Entstehung von Oberflächenatomen mit freien Valenzen infolge von Gitterstörungen, die durch plastische Deformationsprozesse hervorgerufen werden

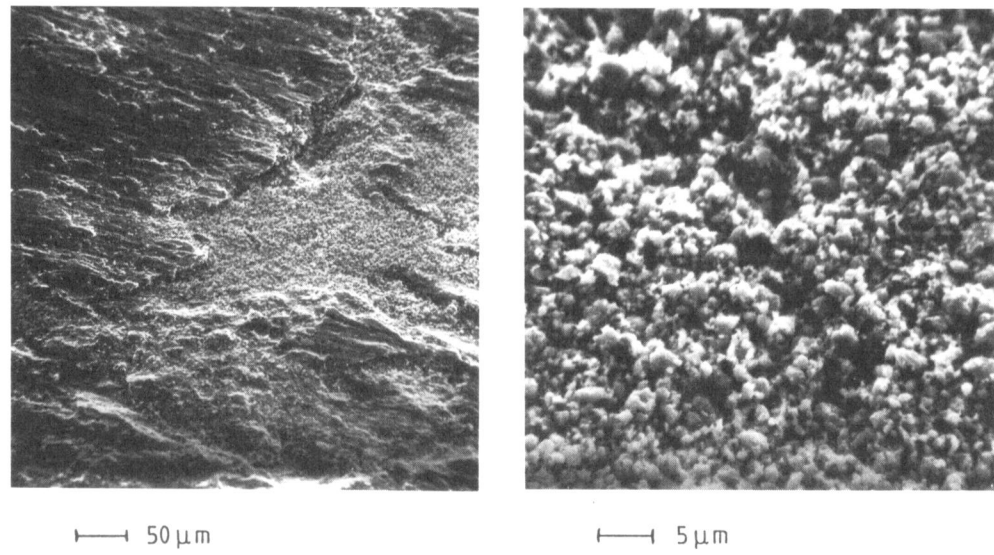

├────┤ 50 μm   ├────┤ 5 μm

Bild 5.3.10   Erscheinungsbild tribochemischer Verschleißpartikel
                  (Rasterelektronenmikroskopische Aufnahmen)

Durch tribochemische Reaktionen ändern sich vor allem die Eigenschaften der äußeren Grenzschichten kontaktierender Partner eines tribologischen Systems. Dadurch kann der Verschleißbetrag erhöht, in zahlreichen Fällen aber auch erniedrigt werden. Eine Abnahme des Verschleißbetrages ist vor allem dann möglich, wenn die Reaktionsschichten z. B. bei metallischen
Kontaktpartnern, einen unmittelbaren metallischen Kontakt von Grund- und Gegenkörper
verhindern, so dass die Wirkung der Adhäsion, die zu schwerem metallischem Verschleiß führen kann, eingeschränkt wird. Einen außerordentlich wichtigen Einflussparameter stellt die
Luftfeuchte des Umgebungsmediums dar (Lancaster, 1990).

Der Verschleiß von tribochemisch erzeugten Reaktionsschichten setzt nach einem von Quinn
(1962) entwickelten Modell beim Erreichen einer kritischen Schichtdicke ein, weil die Sprödigkeit solcher Schichten mit wachsender Dicke zunimmt. In **Bild 5.3.11** sind die wesentlichen
Parameter zusammengestellt, die beim Vorliegen tribochemischer Reaktionen zu einem Verschleißvolumen W_V führen. Neben den auf die tribochemische Reaktionsschicht bezogenen
Kenngrößen sind als stoffbezogene Parameter die Härte H und der Geschwindigkeitsfaktor der
Oxidation k″ beteiligt. Nach neueren Untersuchungen ist der Geschwindigkeitsfaktor k″ nicht
durch ein parabolisches, sondern durch ein lineares Wachstum l″ gekennzeichnet (Hong,
Hochman and Quinn, 1988). Im Hinblick auf die tribologische Beanspruchung ist bemerkenswert, dass Normalkraft F_N und Gleitgeschwindigkeit v den Verschleiß gegenläufig beeinflussen. Da sowohl die Normalkraft als auch die Gleitgeschwindigkeit zur Erhöhung reibbedingter
Temperaturen nach den Blitztemperaturhypothesen von Abschnitt 3.4.2 beitragen, ist nicht von
vornherein ersichtlich, wie sich eine Erhöhung der jeweiligen Parameter, die zu einer Steigerung der Reibleistung und damit auch zu einer Temperaturerhöhung führt, auf den Verschleiß
auswirken.

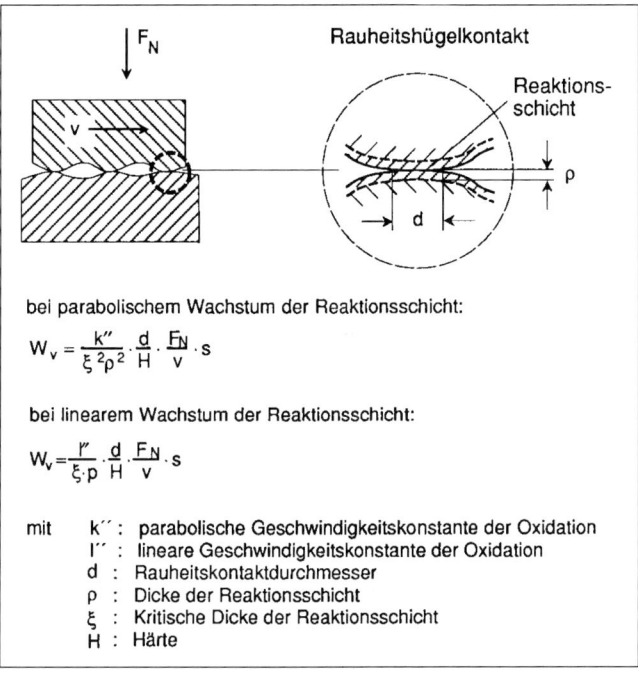

bei parabolischem Wachstum der Reaktionsschicht:

$$W_v = \frac{k''}{\xi^2 \rho^2} \cdot \frac{d}{H} \cdot \frac{F_N}{v} \cdot s$$

bei linearem Wachstum der Reaktionsschicht:

$$W_v = \frac{l''}{\xi \cdot \rho} \cdot \frac{d}{H} \cdot \frac{F_N}{v} \cdot s$$

mit
k'' : parabolische Geschwindigkeitskonstante der Oxidation
l'' : lineare Geschwindigkeitskonstante der Oxidation
d : Rauheitskontaktdurchmesser
ρ : Dicke der Reaktionsschicht
ξ : Kritische Dicke der Reaktionsschicht
H : Härte

Bild 5.3.11
Modell der Tribochemischen
Komponente des Verschleißes

5.3.5 Materialdissipation

Die geschilderten Hauptmechanismen des Verschleißes führen zu Stoff- und Formänderungen von Grund- und Gegenkörper eines tribologischen Systems und zu einer Materialdissipation in Form von Verschleißpartikeln, die das System verlassen und damit einen Materialverlust darstellen. Die geschilderten Grundmechanismen des Verschleißes können dabei in Abhängigkeit der diskutierten Einflussgrößen einzeln auftreten, sich bei einer Änderung äußerer Parameter oder interner Prozesse ablösen, oder auch gleichzeitig einander überlagert sein.

Eine Übersicht über die Stoff- und Formänderungsprozesse unter tribologischer Beanspruchung und dem Wirken der Verschleißmechanismen gibt **Bild 5.3.12** (Czichos, 1984). Danach werden die Verschleißmechanismen ausgelöst durch tribologische Beanspruchungen, die in kräftemäßigen und stofflichen Wechselwirkungen bestehen und durch die sich ergebende Reibungsenergie unterstützt werden. Wie in den obigen Abschnitten erläutert, führen die kräftemäßigen Wechselwirkungen primär zu den Verschleißmechanismen „Oberflächenzerrüttung" und „Abrasion" und die stofflichen Wechselwirkungen zu den Verschleißmechanismen „Adhäsion" und „Tribochemische Reaktionen". Durch Oberflächenzerrüttung und Abrasion können durch die in Bild 5.3.12 aufgeführten Detailprozesse aus den beanspruchten Oberflächenbereichen unmittelbar Verschleißpartikel abgetrennt werden. Bei den Verschleißmechanismen Adhäsion und tribochemische Reaktionen führen Reaktionen mit dem Umgebungsmedium oder dem Zwischenstoff zunächst zu Änderungen der stofflichen Zusammensetzung der tribologisch beanspruchten Werkstoffoberflächen. Die Adhäsion kann dabei als Wechselwirkung zwischen Festkörpern angesehen werden, während tribochemische Reaktionen durch Reaktion der Kontaktpartner mit flüssigen oder gasförmigen Bestandteilen des Zwischenstoffs (z. B. Schmierstoff) oder des Umgebungsmediums zustande kommen. Durch beide Mechanismen werden die Eigenschaften der Oberflächen der Kontaktpartner verändert, und zwar im allgemeinen verschlechtert, wodurch die Bildung von losen Verschleißpartikeln vorbereitet wird. Für die Entstehung loser Verschleißpartikel sind hier zusätzlich noch Materialabtrennprozesse (z. B. in der Form von Zerrüttungs- oder Abrasionsprozessen) erforderlich.

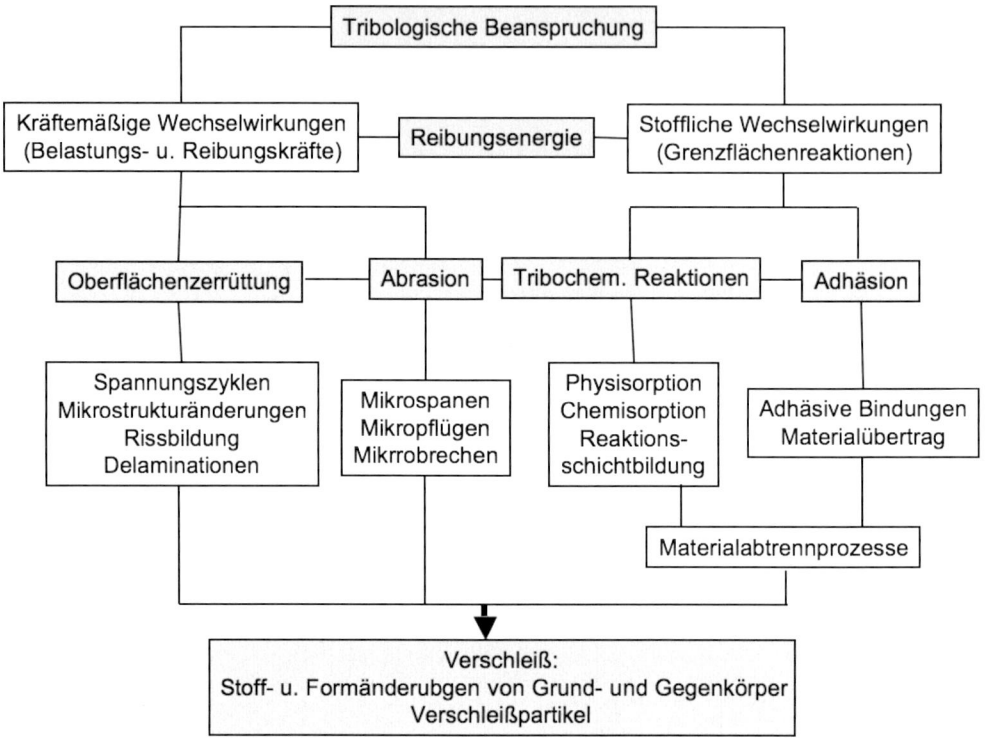

Bild 5.3.12   Verschleißmechanismen: Übersicht über Stoff- und Formänderungsprozesse unter tribologischer Beanspruchung

5.4 Verschleißarten

Zur Kennzeichnung des Verschleißes in tribotechnischen Anwendungen ist ähnlich wie bei der Klassifizierung der Reibung (vgl. Abschnitt 4.4) eine Unterteilung nach „Verschleißarten" üblich. Ein gemeinsames Kennzeichen aller Verschleißarten ist, dass an ihnen mit unterschiedlichen Anteilen die in Abschnitt 5.3 erörterten Verschleißmechanismen (Oberflächenzerrüttung, Abrasion, Adhäsion, Tribochemische Reaktionen) beteiligt sein können. Je nach Art des betrachteten tribologischen Systems und der dominierenden Kinematik hat sich für die Verschleißarten die folgende Einteilung bewährt:

- Verschleißarten, die primär in Tribosystemen mit geschlossener Systemstruktur auftreten:
  - Gleitverschleiß
  - Wälzverschleiß

- Stoßverschleiß
- Schwingungsverschleiß
- Furchungsverschleiß (Gegenkörperfurchung)

- Verschleißarten, die primär in Tribosystemen mit offener Systemstruktur auftreten:
  - Furchungsverschleiß (Teilchenfurchung)
  - Strahlverschleiß
  - Erosion (Strömungsverschleiß)

Die genannten Verschleißarten sind im Hinblick auf technische Anwendungen besonders für die folgenden Bereiche von Bedeutung:

- Konstruktionselemente: geschlossene Systemstruktur (Kap. 11)
- Werkzeuge der Zerspanungs- und Umformtechnik: offene Systemstruktur (Kap. 15)

Für diese Anwendungsbereiche werden die damit verbundenen Verschleißarten ausführlich im Teil D Tribotechnik behandelt, so dass im vorliegenden Kapitel nur die wichtigsten grundlegenden Aspekte in knapper Form dargestellt werden. Typische Verschleiß-Erscheinungsformen für die einzelnen Verschleißarten sind im Kapitel 20 zusammengestellt.

5.4.1 Gleitverschleiß

Als Gleitverschleiß werden Ablauf und Ergebnis von Verschleißprozessen bei einer Gleitbewegung kontaktierender Werkstoffe oder Bauteile bezeichnet. Je nachdem, ob in dem betreffenden tribologischen System ein Zwischenstoff (z. B. ein Schmierstoff) vorhanden ist oder nicht, spricht man auch von Gleitverschleiß bei Misch- oder Grenzreibung bzw. von Festkörper-Gleitverschleiß oder Trocken-Gleitverschleiß. Gleitverschleiß ist mit Gleitreibung (siehe Abschnitt 4.4.1) und den damit verbundenen thermischen Prozessen und Temperaturveränderungen (siehe Abschnitt 3.4) verbunden. An den Verschleißprozessen bei Gleitverschleiß können – je nach tribologischem System – alle grundlegenden Verschleißmechanismen (Oberflächenzerrüttung, Abrasion, Adhäsion, Tribochemische Reaktionen) beteiligt sein. Hierbei können sich die einzelnen Verschleißmechanismen im Kontaktbereich örtlich und zeitlich überlagern oder auch einander ablösen. Auf das Wirken der einzelnen Verschleißmechanismen bei Gleitverschleiß kann aus der Erscheinungsform der Verschleißflächen und aus der Art und der Form entstandener Verschleißpartikel geschlossen werden.

In welchem Umfang die einzelnen Verschleißmechanismen bei Gleitverschleiß in einem konkreten tribologischen System beteiligt sind, hängt von der Art des Tribokontaktes und den konkreten Systemparametern ab. Im folgenden sind in einer groben Abschätzung einige Kriterien für das Auftreten der verschiedenen Einzelprozesse bei Gleitverschleiß zusammengestellt (Czichos, 1984):

- Elastische Kontaktdeformation: Plastizitätsindex < 0,6
- Plastische Kontaktdeformation: Plastizitätsindex > 1
- Spannungsverteilung im Kontaktbereich:
  - maximale Schubspannung primär im Werkstoffinneren bei Werten der Reibungszahl $f < 0,2$
  - maximale Schubspannung auch in Oberflächenbereichen bei Werten der Reibungszahl $f > 0,2$

- Adhäsion und plastisches Fließen:

$$\frac{\text{Grenzflächen} - \text{Scherspannung}}{\text{Fließ} - \text{oder Streckgrenze des Materials}} > 0,5$$

- Oberflächenzerrüttung (Kurzzeitermüdung):

$$\frac{\text{maximal aufgebrachte Hertzsche Schubspannung}}{\text{Schub}-, \text{Fließ} - \text{oder Streckgrenze}} > 0,2$$

- Bruch von Rauheitshügeln: $\dfrac{\text{aufgebrachte Dehnung}}{\text{Streckgrenzendehnung}} > 1$

- Abrasive Materialabtrennung: $\dfrac{\text{Abrasivstoffhärte}}{\text{Werkstoffhärte}} > 1$

Die Erscheinungsformen des Gleitverschleißes betreffen sowohl Mikrostrukturänderungen technischer Oberflächen unter Gleitverschleiß, siehe **Bild 5.4.1 (a)** als auch die Erzeugung loser Verschleißpartikel, siehe **Bild 5.4.1 (b).**

Mikrostrukturänderungen technischer Oberflächen unter Gleitverschleiß

Die Veränderungen der Mikrostruktur technischer Oberflächen unter Gleitverschleiß sind in exemplarischer Form in Bild 5.4.1 (a) am Beispiel des Querschnitts einer tribologisch bean-spruchten Metalloberfäche dargestellt und durch Fettdruck hervorgehoben (Büscher, 2005).

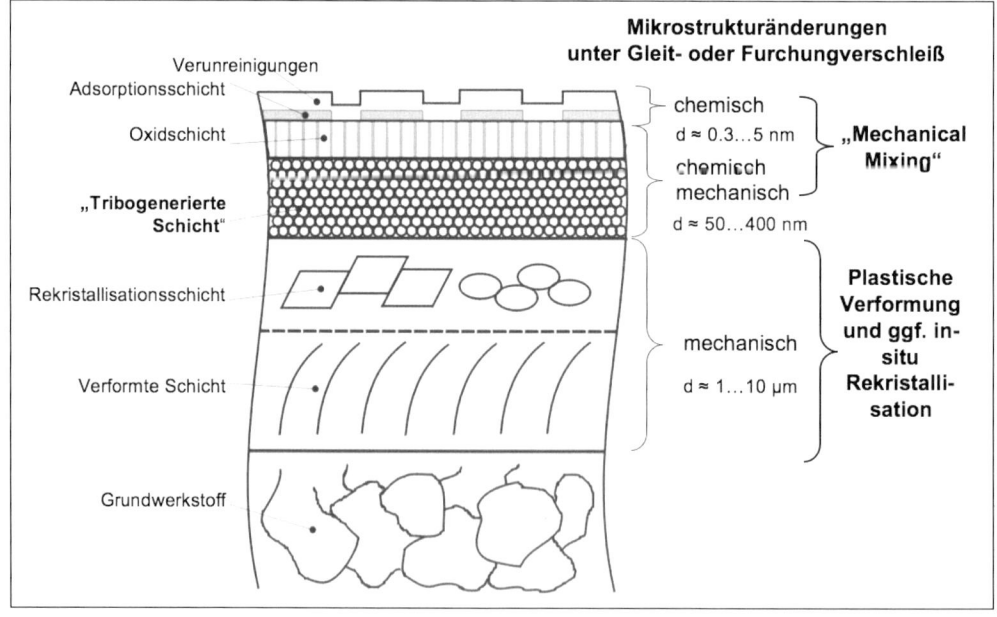

Bild 5.4.1 (a) Mikrostrukturänderungen unter Gleit- oder Furchungsverschleiß, vgl. Bild 3.1.1

Verschleißpartikelbildung unter Gleitverschleiß

Auf das Wirken der einzelnen Verschleißmechanismen bei Gleitverschleiß kann auch aus der Art und Form loser Verschleißpartikel geschlossen werden. Die bei Gleitverschleiß durch das Wirken der einzelnen Verschleißmechanismen entstehenden Verschleißpartikel können vereinfacht in die in Bild 5.4.1 (b) dargestellten Gruppen eingeteilt werden (Wuttke, 1986):

Verschleißmechanismus	Entstehungsprozess	Partikel-form	Partikel-kennzeichnung
Tribochemische Reaktionen (+ Abtrennprozesse)	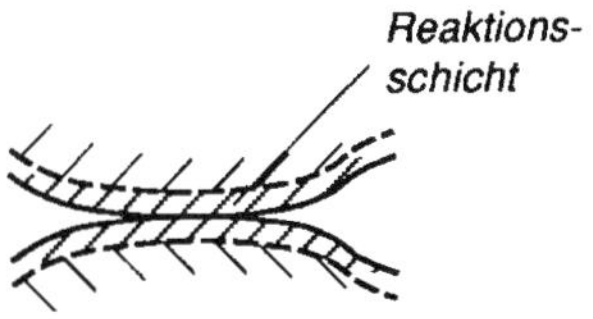 *Reaktions-schicht*		(a) pulverförmig bzw. amorph
Abrasion (Mikrospanen)	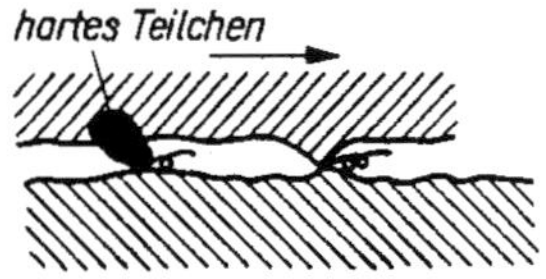 *hartes Teilchen*		(b) spiral- bzw. spanförmig
Oberflächenzerrüttung (Delamination)	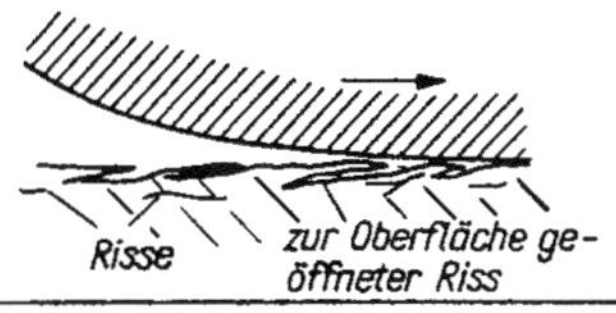 *Risse* *zur Oberfläche ge-öffneter Riss*		(c) schuppen- bzw. lamellenförmig
Oberflächenzerrüttung (Ermüdung)	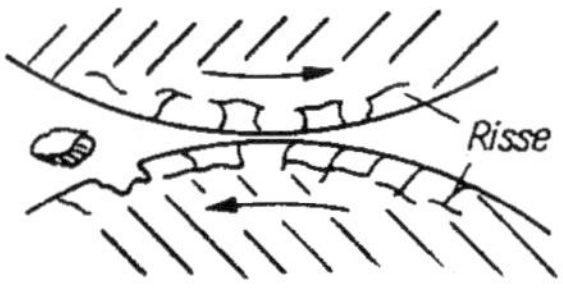 *Risse*		(d) splitterförmig
Kontaktdeformation Triboschmelzen	 *Schmier-stoff* *Riss zur Oberfläche*		(e) kugelförmig

Bild 5.4.1 (b)   Schematische Darstellung von Verschleißpartikeln (VP) und ihre Entstehung

Pulverförmige bzw. amorphe Verschleißpartikel, deren Abmessungen im Mikrometerbereich liegen können, werden im sogenannten Gebiet des „milden Verschleißes" bei Bedingungen der Festkörpergleitreibung besonders bei metallischen Gleitpartnern durch den Mechanismus tribochemischer Reaktionen gebildet. Zum Beispiel bestehen die bei Trocken-Gleitreibung von Eisen, Kobalt oder Magnesium gebildeten Verschleißpartikeln aus α-Fe_2O_3, CoO und MgO.

Spiral- bzw. spanförmige Verschleißteilchen entstehen durch abrasiv wirkende Zwischenstoffe bzw. durch die spanende Wirkung sehr harter Rauheitshügel beim Gleiten gegen einen weicheren Kontaktpartner. Dies ist ein Charakteristikum des Mikrospanens (siehe Abschnitt 5.3.2) und stellt eine ernsthafte Schädigung der Gleitflächen dar. Schuppen- bzw. lamellenhafte Verschleißteilchen sind eine sehr häufige Form von Verschleißpartikeln. Sie können durch adhäsiven Materialübertrag initiiert werden, gehen häufig aber auch auf den Mechanismus einer Oberflächenzerrüttung zurück und werden dabei durch zyklische tribologische Kontaktspannungen, die Ausbildung einer Ermüdungsstruktur, Rissbildung und Rissausbreitung parallel zur Oberfläche gebildet. Größere splitterförmige Verschleißpartikel können bei hoch beanspruchten Kontaktpartnern, z. B. nahe der Spitze von hochbelasteten Zähnen von Zahnradgetrieben auftreten. An dem Auftreten kugelförmiger Verschleißpartikel können lokale triboinduzierte Schmelzprozesse, aber auch Umformprozesse flacher Teilchen beteiligt sein.

5.4.2 Wälzverschleiß

Der Begriff Wälzverschleiß bezeichnet hier zusammenfassend die Verschleißart, die bei Rollen oder Wälzen (vgl. dazu Abschnitt 3.3.1) in tribologischen Systemen auftritt. Bei Wälzverschleiß ist der dominierende Verschleißmechanismus die Oberflächenzerrüttung (siehe Abschnitt 5.3.1).

In tribologischen Systemen mit kontraformen Kontakten, wie z. B. den Kontaktpartnern von Kugellagern, treten infolge der kontraformen Kontaktgeometrie Hertzsche Pressungen auf, wobei das gesamte Spannungsfeld aus der Überlagerung von Normalspannungen durch die wirkenden Belastungskräfte und Tangentialspannungen durch die wirkenden Reibungskräfte resultiert (siehe Abschnitt 3.2). Bei den Wälzkörpern treten bei Mehrfachüberrollungen damit wechselnde mechanische Beanspruchungen in den Oberflächenbereichen der Kontaktpartner auf. Die wechselnden Beanspruchungen führen zu Gefügeänderungen, Rissbildungs- und Risswachstumsvorgängen bis hin zur Abtrennung von Verschleißpartikeln, die in den Werkstoffoberflächen häufig sogenannte „Grübchen" zurücklassen (Littman, 1970). Die Grübchenbildung („Pitting") ist die wesentliche Verschleißerscheinungsform des Wälzverschleißes und stellt eine der Hauptursachen des Ausfalls von Wälzlagern und Zahnrädern dar (Broszeit, 1982). Da die zyklischen dynamischen Beanspruchungen bei Roll- oder Wälzvorgängen auch durch hydrodynamische oder elastohydrodynamische Schmierfilme übertragen werden können, lässt sich die zugrunde liegende Oberflächenzerrüttung auch durch eine Schmierung nicht vollständig unterdrücken. Werden die Beanspruchungspartner nämlich durch einen Schmierfilm voneinander getrennt, so dass in den kontaktierenden Oberflächenbereichen nur relativ kleine Tangentialkräfte wirken, so setzt eine mögliche Rissbildung unterhalb der kontaktierenden Oberflächen in demjenigen Bereich ein, in dem die nach verschiedenen Anstrengungshypothesen abschätzbare maximale Vergleichsspannung liegt (siehe Abschnitt 3.2.3).

Bei Stahl-Wälzkörpern, z. B. bei Kugellagern, treten die Risse häufig in der Nachbarschaft sogenannter „Butterflies" auf, die auch „White Etching Areas" (oder „White Etching Layers, WEL") genannt werden (Schlicht, 1970). Die „Butterflies" bestehen höchstwahrscheinlich aus Martensit hoher Härte, der durch die tribologische Beanspruchung gebildet wird.

In Wälzkörpern können erhebliche Druckspannungen auftreten, die größtenteils zum Aufbau eines hydrostatischen Druckes in den Kontaktpartner dienen und nur zu einem kleineren Teil als Schubspannung wirksam werden. Diese Schubspannungen ermöglichen aber noch eine lokale plastische Verformung, die zunächst zu Verfestigungen und dann infolge des Aufstaus von Versetzungen zur Rissbildung führen kann. Die Versetzungen können sich vor Hindernissen, z. B. vor harten oxidischen Einschlüssen in Wälzlagerstählen aufstauen. Durch eine Erhöhung der Reinheit der Wälzkörper kann der Gehalt an rissbildungsfördernden oxidischen Einschlüssen erheblich vermindert und die Grübchenbildung eingeschränkt werden, so dass die Gebrauchsdauer z. B. von Kugellagern damit erheblich erhöht werden konnte. **Bild 5.4.2** illustriert die beiden grundlegenden Möglichkeiten der Rissentstehung bei Wälzverschleiß in und unterhalb tribologisch wechselbeanspruchter Oberflächen.

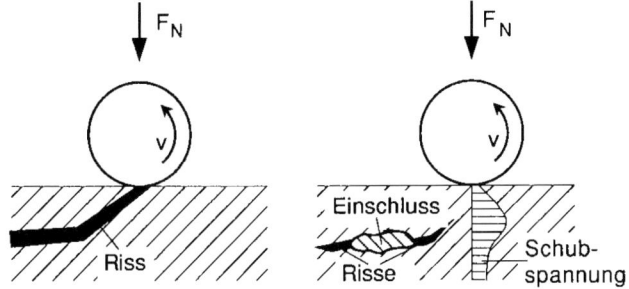

Bild 5.4.2
Möglichkeiten der Rissentstehung bei Wälzverschleiß

Infolge der hohen Druckspannungen bei Wälzkontakten können für die entsprechenden tribologischen Bauteile nur Materialien mit einer hohen Festigkeit und damit auch einer hohen Härte verwendet werden. Im Hinblick auf den Einfluss der Härte auf die Gebrauchsdauer tribologischer Systeme, in denen Wälzverschleiß auftritt, werden gegenläufige Tendenzen beobachtet (Lorösch, 1976):

- Mit steigender Härte nimmt einerseits die plastische Verformung und damit auch die Verfestigung, die der Rissbildung vorangeht, ab. Der Beginn der Rissbildung wird also hinausgezögert.

- Wenn jedoch ein Riss entstanden ist, so kann bei harten Werkstoffen die Spannungskonzentration an der Rissspitze kaum durch eine plastische Verformung abgebaut werden, wodurch das Wachstum des Risses begünstigt wird.

Hieraus resultiert, dass für ein günstiges Verschleißverhalten von Wälzkörpern die Werkstoffhärte in einem geeigneten Bereich optimiert werden muss.

Die Verschleißerscheinungsform des Wälzverschleißes besteht im allgemeinen aus lokalen Oberflächenschädigungen der beanspruchten Rollkörpern, den bereits erwähnten Grübchen. Aus der Erscheinungsform der Grübchen lassen sich häufig Rückschlüsse über die Schadenseinflüsse, wie werkstoffbedingte Einflüsse (z. B. Schlackeneinschlüsse als Ausgangspunkt für die Grübchenbildung) oder durch überhöhte Belastung ausgelöste Risse und strukturelle Gefügeänderungen ziehen. Ein wichtiges Charakteristikum des Wälzverschleißes ist außerdem die mit einer entstehenden Grübchenbildung einhergehende Geräuschabstrahlung, die messtechnisch mit geeigneten Körperschall- oder Luftschallaufnehmern erfasst werden kann (siehe Abschnitt 4.3.4 und 6.5) und ein Indiz für die Entstehung und Ausbildung des Wälzverschleißes dienen kann.

5.4.3 Stoßverschleiß

Mit dem Begriff Stoßverschleiß wird hier zusammenfassend die mit dem Zusammenstoßen oder Aufprallen fester Körper verbundene Verschleißart bezeichnet (Engel, 1978). Diese Verschleißart wird durch die dabei wirkenden impulsförmigen kräftemäßigen und energetischen Wechselwirkungen ausgelöst. Die im Kontaktbereich umgesetzte Stoßenergie führt zu lokalen Formänderungen (plastische Deformation, Rissbildung) sowie zu Stoffänderungen der Kontaktpartner infolge mechanischer Aktivierung und Temperaturerhöhungen und eine damit gestiegene Reaktionsfähigkeit der beanspruchten Kontaktpartien mit dem Umgebungsmedium. Die durch das Aufprallen von Partikeln, Gasen, Dampf- oder Flüssigkeitstropfen auf eine Werkstoff- oder Bauteiloberfläche entstehenden Verschleißarten werden unter dem Oberbegriff „Erosion" zusammengefasst, siehe Abschnitt 5.4.7.

Die grundlegenden Vorgänge bei Stoß- oder Prallverschleiß können durch die vereinfachte Betrachtung eines tribologischen Systems illustriert werden, das aus zwei aufeinanderprallenden Werkstoffen oder Bauteilen (1), (2) mit den Massen m_1, m_2 und den Geschwindigkeiten v_1, v_2 vor dem Stoß bzw. v_1', v_2' nach dem Stoß besteht („zentraler Stoß") siehe **Bild 5.4.3**. Aus dem Newtonschen Kraftgesetz folgt für eine während der Stoßzeit $\Delta t = t_2 - t_1$ wirkende Kraft F (t), dass sie eine Impulsänderung $\Delta p = p_1 - p_2$ hervorruft

$$\Delta p = p_1 - p_2 = \int_{t_1}^{t_2} F(t)\,dt$$

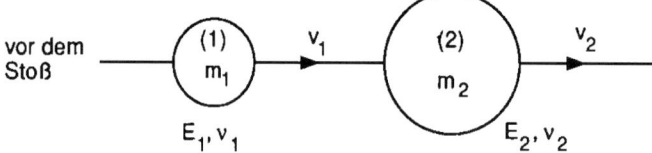

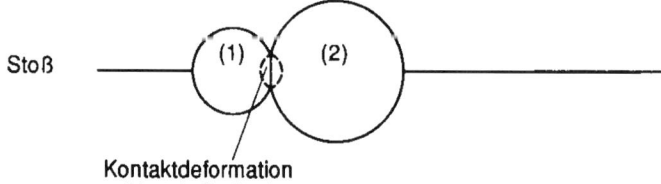

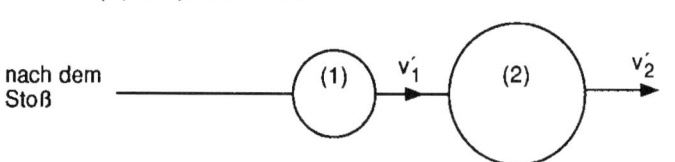

Bild 5.4.3
Modelldarstellung des zentralen Stoßes zwischen zwei Bauteilen (1), (2); m_1, m_2 Masse; E_1, E_2 Elastizitätsmodul; v_1, v_2 Poissonsche Zahl

Kennzeichnet man den bei einem Stoßvorgang dissipierten Anteil der kinetischen Energie mit e^2 ($0 < e < 1$), so kann die Energiebilanz wie folgt dargestellt werden:

$$[(m_1 \cdot v_1'^2)/2 + (m_2 \cdot v_2'^2)/2] = [[(m_1 \cdot v_1^2)/2 + (m_2 \cdot v_2^2)/2]$$

wobei die sogenannte Stoßzahl gegeben ist durch

$$e = \frac{v_2' - v_1'}{v_1 - v_2}$$

Der ideal elastische Stoß wird durch e = 1 gekennzeichnet, während bei e = 0 die gesamte kinetische Energie dissipiert wird (z. B. durch plastische Deformation). Die bei Stoßvorgängen in den Kontaktpartnern auftretende Werkstoffanstrengung kann nach den in Abschnitt 3.2.3 erläuterten Festigkeitshypothesen, z. B.

– Schubspannungshypothese (SH)
– Gestaltänderungsenergiehypothese (GEH)

abgeschätzt werden. Die für Stoß- und Prallvorgänge charakteristischen Verschleißerscheinungsformen der Rissbildung und der plastischen Deformation können dann auftreten, wenn die Vergleichsspannung σ_v größer ist als der für die entsprechende Beanspruchungsart zutreffende Werkstoffkennwert, z. B. Dehngrenze R_p oder Streckgrenze R_{eH} für Fließbeginn, Zugfestigkeit R_m für Bruchprozesse.

Die mit Stoß- und Prallvorgängen verbundenen Temperaturerhöhungen können für Hertzsche Kontakte aus einer Energiebilanz abgeschätzt werden (Engel, 1978). Hierzu wird angenommen, dass die maximale „Stoßwärme" Q aus der „Dehnungsenergie" U resultiert:

$$Q = (1 - e^2) \cdot U$$

Die maximale Dehnungsenergie beim Hertzschen Kontakt kugelförmiger Körper (Elastizitätsmodul E, Poissonsche Zahl $\nu = 0,3$) und der maximalen Hertzschen Pressung p_{Hmax} ist gegeben durch

$$U_{max} = 0,47 \cdot p_{H\,max}^2 / E$$

Die maximale Temperaturerhöhung ΔT bei dem Stoßvorgang folgt aus der Beziehung $\Delta T = Q / c \cdot m$ (m Masse, c spezifische Wärmekapazität):

$$\Delta T = \frac{0,47 \cdot (1 - e^2) \cdot p_{H\,max}}{c \cdot m \cdot E}$$

Die bei einem zentralen Stoß Hertzscher Stahlkontakte an der Fließgrenze auftretenden Temperaturerhöhungen liegen im Bereich von wenigen Grad Celsius; bei der Überlagerung von Normal- und Tangentialspannungen – z. B. beim Aufprallen eines Bauteils auf einen rotierenden Drehkörper – können jedoch erheblich höhere Temperaturimpulse auftreten.

5.4.4 Schwingungsverschleiß

Schwingungsverschleiß entsteht, wenn die Kontaktpartner eines tribologischen Systems oszillierende Relativbewegungen mit kleinen Schwingungsamplituden ausführen und ist als Verschleißart schwer sichtbar. Es wird indirekt über die Erzeugung von Oberflächenrissen die Dauerschwingfestigkeit vorzeitig herabgesetzt. Man unterteilt in drei mikroskopische Zustände:

a. Stick regime, < 2 μm (Haften mit elastischer Verformung der Mikrokontakte ohne Gleitung),

b. Mixed stick-slip (Teilgleitung, meist am Rand der Mikrokontaktfläche) und

c. Gross slip regime >10 μm (volles Abgleiten der Mikrokontakte)

Die Amplitude der Relativbewegung ist dabei im Allgemeinen kleiner als der Durchmesser der momentanen geometrischen Kontaktfläche; das Kontakt-Eingriffsverhältnis ε (siehe Abschnitt 3.3.3) für einen oder auch beide Kontaktpartner liegt zwischen 1/2 und 1, d. h. $1/2 < \varepsilon < 1$. Typische Beispiele tribotechnischer Systeme, in denen Schwingungsverschleiß auftreten kann, sind in Bild 5.4.4 in vereinfachter Form dargestellt. Bei den zu Schwingungsverschleiß führenden relativen Oszillationen der beiden Kontaktpartner sind zwei makroskopische Fälle zu unterscheiden (Deyber, 1982):

– Quasistatischer Tribokontakt

   Bei fest verbundenen statischen Kontaktflächen (z. B. Presspassungen, Schraubverbindungen) erzeugen wechselnde oder vibrierende Kräfte schwingende elastische Verformungen von Grund- oder Gegenkörper.

– Dynamischer Tribokontakt

   Hierunter werden Schwingungen verstanden, die funktionsbedingt bei Gleit-, Wälz- oder Prallbewegungen auftreten (z. B. Kupplungen, Federgelenke, Stellgetriebe, Seile). Ein durch derartige Relativbewegungen ausgelöster Schwingungsverschleiß ist gekennzeichnet durch

   - Oberflächenschädigungen und tribochemisch gebildete Verschleißpartikel, die eine freie Bewegung des Tribokontaktes blockieren können

   - Verminderung der Dauerfestigkeit des Grundwerkstoffes durch das Entstehen von Mikrorissen mit dem Resultat eines „Reibdauerbruchs" (z. B. Brüche an Gasturbinenschaufeln oder an Bolzenverbindungen bei Flugzeugteilen)

Am Schwingungsverschleiß können alle hauptsächlichen Verschleißmechanismen, also Oberflächenzerrüttung, Abrasion, Adhäsion und Tribochemische Reaktionen beteiligt sein. Bei Stahl-Kontaktpartnern ist das charakteristische Merkmal von Schwingungsverschleiß die Bildung von „Passungsrost" oder „Reibrost", und zwar in der Form von schwarzem Eisenoxid Fe_3O_4, das bei Anwesenheit von Sauerstoff und Wasserdampf zu dem rötlichen oder braunen α-Fe_2O_3 verändert werden kann. Die Luftfeuchtigkeit ist somit ein außerordentlich wichtiger Einflussparameter beim Schwingungsverschleiß, nicht nur von Metallen, sondern auch von keramischen Werkstoffen (Klaffke, 1989). Aufgrund dieser triboinduzierten Oxidationsvorgänge wird der Schwingungsverschleiß auch als Reibkorrosion (Fretting corrosion) bezeichnet (Waterhouse, 1972).

Die zu Schwingungsverschleiß führenden Schwingbewegungen können innerhalb der Grenze des Kontakt-Eingriffsverhältnisses von $1/2 < \varepsilon < 1$ mehrere Größenordnungen überdecken, vom Nanometerbereich bis zu 100 Mikrometer oder mehr, je nach Größe der Tribokontaktfläche. Amplituden im Nanometerbereich können bei engen Passungen von Stahlpartnern bereits zur Reiboxidation (Passungsrost) führen. Bei größeren Schwingungsamplituden, $\varepsilon < 1/2$, ist es zutreffender, von reversierendem Gleitverschleiß statt von Schwingungsverschleiß zu sprechen, weil in diesem Fall die Konstellation der Verschleißmechanismen zu anderen Erscheinungsformen als denen des typischen Schwingungsverschleißes führt.

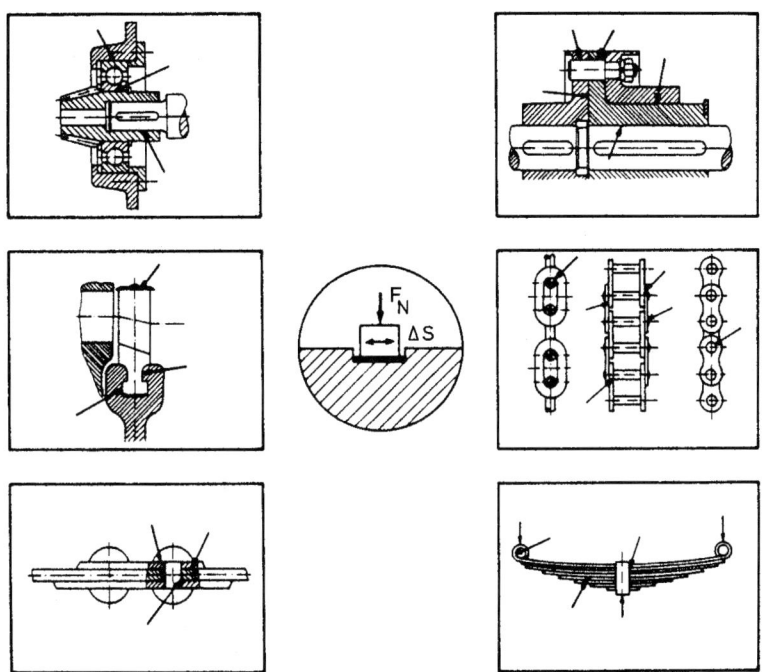

Bild 5.4.4 Typische Beispiele tribotechnischer Systeme, in denen Schwingungsverschleiß auftreten kann

Die Verschleißerscheinungsformen des Schwingungsverschleißes sind nach den Ergebnissen von Laboruntersuchungen an schwingenden Stahl-Stahl-Tribokontakten durch unterschiedliche Veränderungen der Kontaktpartner im Tribokontakt begleitet, die folgendermaßen charakterisiert werden können (Deyber, 1982):

– Metallisch blanke, extrem glatte Partien im Kontaktbereich
– Abrasion durch harte, kaltverformte Verschleißpartikel
– Materialübertrag vom Gegenkörper durch Adhäsion
– Ermüdungsschuppen, die durch Adhäsion herausgerissen werden
– Ermüdungszungen, die im Laufe des Schwingungsverschleißvorganges ausgewalzt werden und zu harten Partikeln führen
– Oxidierte Risse in der plastifizierten Schicht
– Ermüdungsrisse, die im Grundmaterial weiterwandern können.

Werden in einem Tribokontakt, der mit Schwingungsverschleiß verbunden ist, die eingeleiteten Schwingungen unterbrochen, so hören die typischen Schädigungsprozesse, speziell die Tribokorrosion, auf, siehe Kapitel 7. In dieser Hinsicht unterscheidet sich die Tribokorrosion von der üblichen atmosphärischen Korrosion, die in Abhängigkeit von der Luftfeuchte oder anderen korrosionsfördernden Agenzien von selbst einsetzt und in Abhängigkeit der Umweltverhältnisse fortbestehen kann.

5.4.5 Furchungsverschleiß

Beim Furchungsverschleiß dringen raue Rauheitshügel eines kontaktierenden Partners oder harte Partikel in die Oberflächenbereiche des beanspruchten Werkstoffs oder Bauteils ein und erzeugen durch Abrasionsprozesse (s. Abschnitt 5.3.2) Kratzer oder Riefen bzw. Furchen. Es ist üblich, den Furchungsverschleiß in zwei Untergruppen einzuteilen (**Bild 5.4.5**):

I. Gegenkörperfurchung, auch Abrasiv-Gleitverschleiß genannt (Zwei-Körper-Abrasion)

II. Teilchenfurchung, je nach Kinematik gegliedert in Korngleitverschleiß, Kornwälzverschleiß, Kornstoßverschleiß (Drei-Körper-Abrasion)

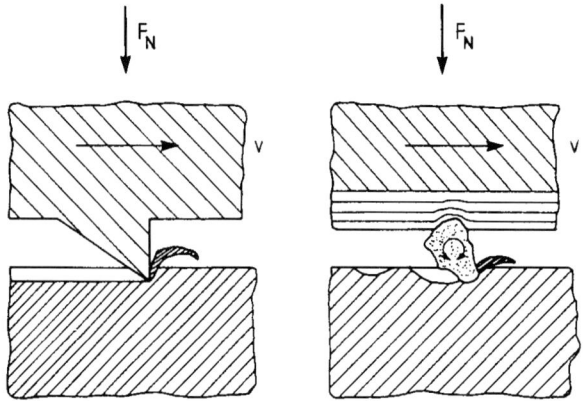

Bild 5.4.5
Furchungsverschleiß in Form von Gegenkörperfurchung (Zwei-Körper-Abrasion, links) oder Teilchenfurchung (Drei-Körper-Abrasion, rechts)

Zur Beschreibung des Furchungsverschleißes unter abrasiven Verschleißbedingungen sind die folgenden Begriffe gebräuchlich

$-$ Verschleißwiderstand $\qquad w = \dfrac{1}{W_V}$

$-$ Relativer Verschleißwiderstand $\qquad w_r = \dfrac{w \ (\text{Probekörper})}{w \ (\text{Standard})}$

Ein wichtiges Charakteristikum des Furchungsverschleißes ist die sogenannte Tieflage-Hochlage-Charakteristik (Wahl, 1951; Wellinger und Uetz, 1955). Sie besteht darin, dass in vielen Fällen einen Korrelation zwischen der Härte des beanspruchenden Abrasivstoffes H_A und der Härte des abrasiv beanspruchten Materials H_M besteht, wobei drei Verschleißbereiche zu unterscheiden sind (**Bild 5.4.6**):

I.   Verschleiß-Tieflage, wenn
     $H_A < H_M$

II. Übergangsgebiet, wenn
     $H_A \approx H_M$

III. Verschleiß-Hochlage, wenn
     $H_A > H_M$

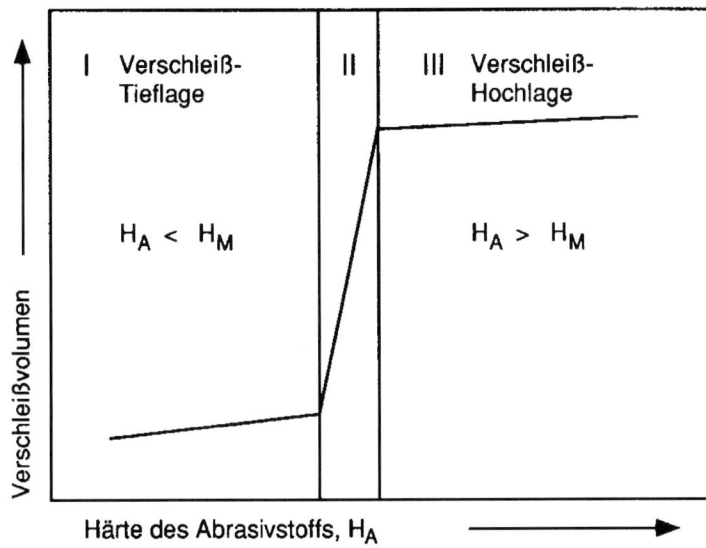

Bild 5.4.6
Einfluss der Härte des Abrasivstoffes H_A auf den Verschleiß eines Materials mit der Härte H_M (schematisch vereinfachte Darstellung)

Hieraus ergibt sich die zur Verminderung des Furchungsverschleißes in technischen Anwendungen sehr bedeutsame Folgerung, die heute Allgemeinwissen darstellt, dass die Härte eines abrasiv beanspruchten Materials H_M um einen Faktor von etwa 1,3 höher sein muss, als die Härte des angreifenden Abrasivstoffes, d. h. dass

$$H_M > 1,3 \cdot H_A$$

gelten muss, damit der Furchungsverschleiß in der Verschleiß-Tieflage bleibt.

Das Modell zum Abrasivverschleiß von Rabinowicz (1977) geht davon aus, dass ein Abrasivteilchen in die Oberfläche nur bis zur Fließgrenze des beanspruchten Werkstoffes eindringen kann, d. h. bis zum Härtewert. Das vom Abrasivpartikel erzeugte Verschleißvolumen errechnet sich einfach aus der Projektionsfläche in Gleitrichtung des Eindruckes multipliziert mit dem Gleitweg. Zur Vereinfachung wird das Abrasivpartikel selber als verschleißlos angenommen. Das Modell von Rabinowicz unterschiedet drei Bereiche, weil das Eindringen selber auch von der Härte der eindringenden Partikel abhängt.

$$V = \tan\theta \, \frac{F_N \, s}{3\,H_w} \ , \qquad \text{mit} \qquad \frac{H_w}{H_a} < 0,8 \qquad\qquad (1)$$

$$V = \tan\theta \, \frac{F_N \, s}{5,3\,H_w} \left(\frac{H_a}{H_w}\right)^{2,5}, \qquad \text{mit} \qquad 0,8 < \frac{H_w}{H_a} < 1,25 \qquad (2)$$

$$V = \tan\theta \, \frac{F_N \, s}{2,43\,H_w} \left(\frac{H_a}{H_w}\right)^{6}, \qquad \text{mit} \qquad \frac{H_w}{H_a} > 1,25 \qquad\qquad (3)$$

V   Verschleißvolumen

Θ Winkel der Form des eindringenden Abrasivpartikels

F_N Normalkraft

H_a Härte des Abrasivpartikels

H_w Härte des beanspruchten Werkstoffes

s   Gleitweg des Partikels

In der Praxis sollten Betrachtungen zum Abrasivverschleiß erst mal mit den härtesten, natürlich vorkommenden Mineralien angestellt werden. So haben sich in der Automobil- und Baumaschinenindustrie als extreme, abrasive Modellsubstanzen der feuergetrocknete Quarzsand (7.500 MPa< H_V < 12.000 MPa), Arizonasand (bestehend aus ~65 vol.-% Quarz und -+17 vol.-% Feldspat und Reste) und Turkeysand (bestehend aus ~77 vol.-% Quarz und ~22 vol-% Calcit) herausgebildet. Die Härte von Calcit ($CaCO_3$, Scheuerpulver) beträgt ca. 1.090 MPa und die von Feldspat (Albit, $NaAlSi_3O_8$) ~ 6.000 MPa.

Der Furchungsverschleiß verschiedener Werkstoffe unter abrasiven Verschleißbedingungen ist in umfangreichen Laboruntersuchungen bei Verwendung von Korund (H_A = 23.000 MPa) als Abrasivstoff und einer weichen Blei-Zinn-Antimonlegierung als Vergleichsstandard untersucht worden. Für die verschiedenen Werkstoffgruppen ergaben sich die folgenden wesentlichen Zusammenhänge (Khrushov, 1974):

– Technische reine Metalle im weichgeglühten Zustand und weichgeglühter Stahl zeigen eine direkte Proportionalität zwischen dem relativen Verschleißwiderstand w_r und der Härte H_M:

$$w_r = c_{Met} \cdot H_M$$

wobei $c_{Met} = 13{,}8 \cdot 10^{-3} \, N^{-1} \, mm^2$

– Für harte Werkstoffe und Mineralstoffe resultiert ein ähnlich linearer Zusammenhang mit erheblich kleinerem Proportionalitätsfaktor c zwischen relativem Verschleißwiderstand und Härte:

$$w_r = c_{Min} \cdot H_M$$

wobei $c_{Min} = 1{,}3 \cdot 10^{-3} \, N^{-1} \, mm^2$

– Bei metallischen Werkstoffen führen Härtesteigerungen, die durch Kaltverfestigung oder Ausscheidungshärtung bewirkt werden, kaum zur Erhöhung des Verschleißwiderstandes.

– Eine Wärmebehandlung (Härten und Anlassen) von Stählen reduziert den Furchungsverschleiß und erhöht damit den abrasiven Verschleißwiderstand.

Die Zusammenhänge zwischen dem abrasiven Verschleißwiderstand und der Werkstoffhärte sind für die verschiedenen Materialgruppen in verallgemeinerter, schematisch vereinfachter Form zusammen mit der Kennzeichnung der jeweils wirkenden Abrasionsmechanismen (vgl. Abschnitt 5.3.2) in **Bild 5.4.7** dargestellt (Zum Gahr, 1987). Für eine vorgegebene Werkstoffhärte ist der Verschleißwiderstand um so größer, je geringer der in Abschnitt 5.3.2 definierte f_{ab}-Wert ist. Dies bedeutet, dass der Verschleißwiderstand mit zunehmender Verformungsfähigkeit des beanspruchten Werkstoffs zunimmt.

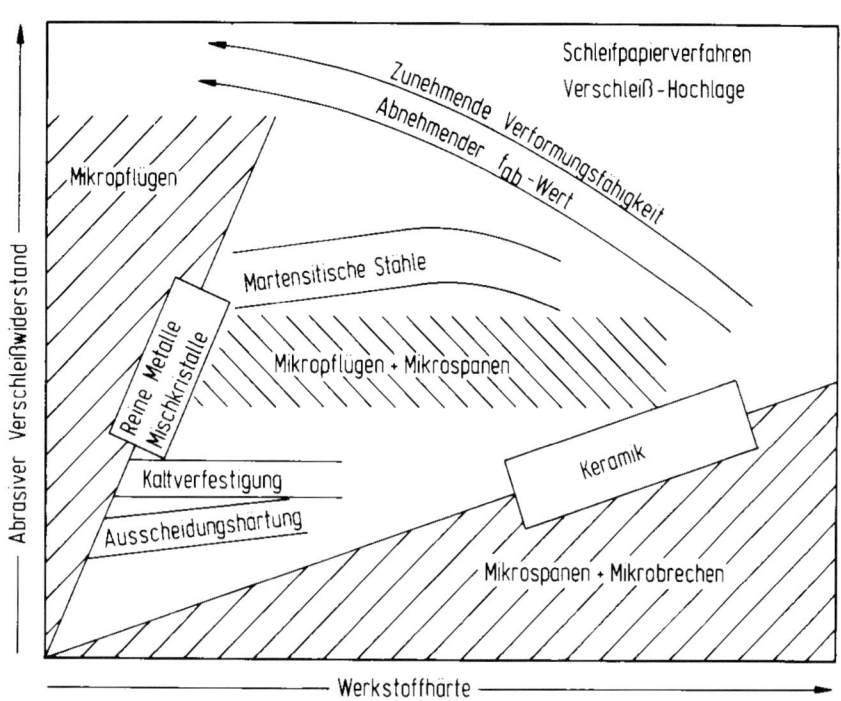

Bild 5.4.7 Zusammenhang zwischen abrasivem Verschleißwiderstand und Werkstoffhärte

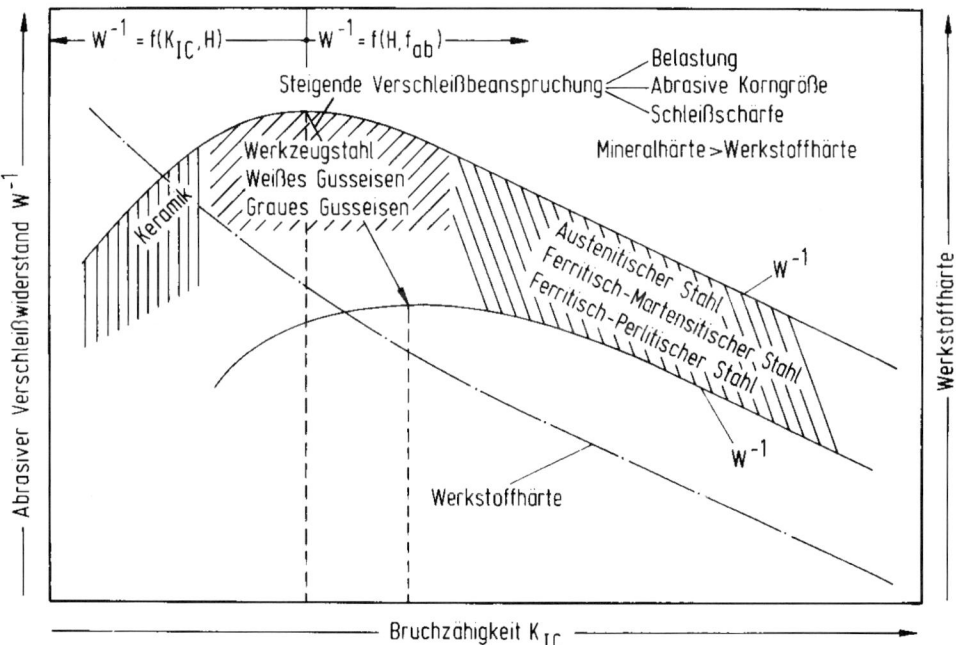

Bild 5.4.8 Abhängigkeit des abrasiven Verschleißwiderstandes von Bruchzähigkeit und Werkstoffhärte

Neben der Härte wird der Furchungsverschleiß auch von der Bruchzähigkeit der beanspruchten Werkstoffe erheblich beeinflusst (**Bild 5.4.8**). Das Diagramm zeigt den Zusammenhang zwischen dem abrasiven Verschleißwiderstand und der Bruchzähigkeit für keramische Werkstoffe, Stähle und Gusseisen (Zum Gahr, 1987). Die einhüllende Kurve über alle Messdaten ergibt ein Maximum im Verschleißwiderstand bei einem bestimmten Bruchzähigkeitswert. Links vom Maximum, das heißt bei Werkstoffen mit geringer Bruchzähigkeit, steigt der Verschleißwiderstand mit zunehmender Bruchzähigkeit an, obwohl die Härte der beanspruchten Werkstoffe abnimmt. Die Erscheinungsformen des Furchungsverschleißes werden hier durch die Merkmale des Mikropflügens, Mikrospanens und Mikrobrechens bestimmt. Bei größeren Bruchzähigkeitswerten, d. h. rechts vom Maximum des Verschleißwiderstandes, sind die Erscheinungsformen des Furchungsverschleißes vor allem durch die Mechanismen Mikropflügen und Mikrospanen gekennzeichnet. Hier wird der Verschleißwiderstand nicht durch die Bruchzähigkeit, sondern primär durch die abnehmende Härte der beanspruchten Werkstoffe bestimmt.

5.4.6 Strahlverschleiß

Strahlverschleiß entsteht beim Auftreffen körniger Teilchen auf eine Werkstoff- oder Bauteiloberfläche. Die Nomenklatur für diese Verschleißart ist nicht eindeutig; der Strahlverschleiß wird teilweise dem Furchungsverschleiß und teilweise der Erosion (siehe Abschnitt 5.4.7) zugerechnet. In technischen Anwendungen tritt Strahlverschleiß beispielsweise in Sandstrahldüsen auf; in der Fertigungstechnik wird dagegen das „Sandstrahlen" als Bearbeitungsverfahren zum flächigen Stoffabtragen angewendet.

Strahlverschleiß wird je nach dem Anstrahlwinkel α, mit dem die Partikel auf die Werkstoffoberfläche treffen, wie folgt eingeteilt:

- Gleitstrahlverschleiß   ($\alpha \approx 0°$)
- Prallstrahlverschleiß   ($\alpha \approx 90°$)
- Schrägstrahlverschleiß   ($0° < \alpha < 90°$)

Beim Gleitstrahlverschleiß ($a \approx 0°$) wird die tribologische Beanspruchung durch die gleichen Prozesse wie bei der Teilchenfurchung hervorgerufen (siehe Abschnitt 5.4.5). Durch die Abrasionsmechanismen Mikropflügen, Mikrospanen oder Mikrobrechen können dabei je nach tribologischem System und den Beanspruchungsbedingungen, unter denen Strahlverschleiß auftritt, die charakteristischen Erscheinungsformen der Abrasion auf den Verschleiß-Oberflächen beobachtet werden.

Prallstrahlverschleiß liegt bei Anstrahlwinkeln $\alpha \approx 90°$ vor. Durch das wiederholte Auftreffen von Partikeln auf die Werkstoff- oder Bauteiloberfläche laufen Vorgänge ab, die dem Verschleißmechanismus der Oberflächenzerrüttung zuzuordnen sind.

Bei Anstrahlwinkeln, die zwischen $\alpha = 0°$ und $\alpha = 90°$ liegen, kommt es zum Schrägstrahlverschleiß. Den Impuls p eines unter einem Winkel α auf ein Bauteil auftreffenden Partikels kann man in eine Gleitstrahl- und eine Prallstrahlkomponente zerlegen (Bild 5.4.9).

Die Analyse der Teilprozesse des Strahlverschleißes zeigt, dass der Anstrahlwinkel α die Größe der Stoßkomponenten und damit auch die zu erwartenden Verschleißraten bestimmt (Uetz und Khosrawi, 1980). Von der kinetischen Anfangsenergie der Körner werden je nach dem

Oberflächenzustand und den Stoffeigenschaften des beaufschlagten Werkstoffs oder Bauteils mehr oder weniger große Impulsanteile für die folgenden Teilprozesse verbraucht:

- Elastisch-plastische Verformung
- Bruchenergie zur Erzeugung einer veränderten Oberfläche
- Energie zur Auslösung von Sekundärprozessen (z. B. Bildung von Reaktionsschichten)

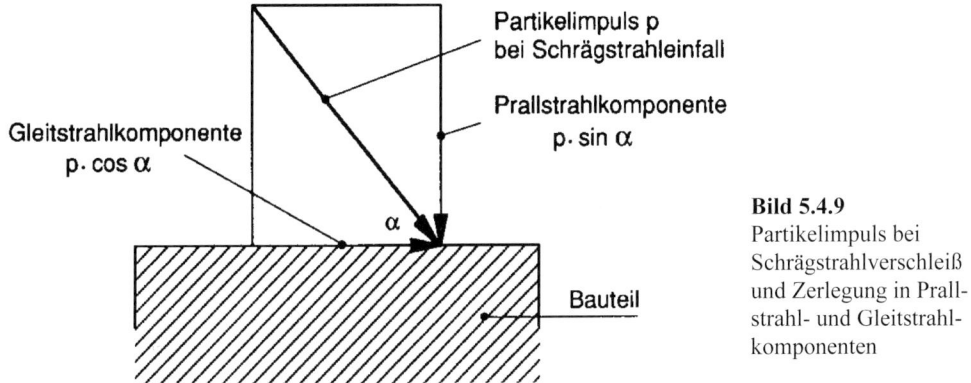

Bild 5.4.9
Partikelimpuls bei Schrägstrahlverschleiß und Zerlegung in Prallstrahl- und Gleitstrahlkomponenten

Mit abnehmender Stoßenergie geht die für den Verschleiß maßgebliche elastisch-plastische Verformung immer mehr in eine rein elastische Deformation über, so dass der Verschleißprozess allmählich aufhört. Wie bereits erwähnt, ist die Verschleißerscheinungsform des Gleitstrahlverschleißes vorwiegend von Furchungsvorgängen geprägt, während beim Prallstrahlverschleiß hauptsächlich mehr oder weniger große kraterähnliche Vertiefungen mit verformten Rändern zu beobachten sind. Aufgrund der sich in Abhängigkeit des Anstrahlwinkels verändernden Verschleißmechanismen können sich Materialeigenschaften in unterschiedlicher Form auf die Teilprozesse des Strahlverschleißes auswirken (Uetz, 1969). Hartes Material verhält sich bei kleinen Anstrahlwinkeln (dominierende Abrasion) günstiger als weiches Material. Bei senkrechtem Prallstrahl (Dominanz der Oberflächenzerrüttung) können sich aber die Verhältnisse umkehren, wenn der Härteanstieg mit einem Duktilitätsverlust verbunden ist. Neben den Beanspruchungsparametern Strahlimpuls p und Anstrahlwinkel α geht auch die Strahlgeschwindigkeit v bei duktilen Werkstoffen mit dem Quadrat bei spröden Werkstoffen mit noch höherer Potenz in den bei Strahlverschleiß resultierenden Verschleißbetrag ein.

Von den Parametern der Systemstruktur spielen die Korngröße und die Kornhärte beim Strahlverschleiß eine wichtige Rolle (Uetz und Föhl, 1972). Mit zunehmender Korngröße vermindert sich bei sonst gleichen Verhältnissen der Anteil der plastischen Verformung. Bezüglich der Materialhärte H_M ist auch beim Strahlverschleiß eine Tieflage-Hochlage-Gesetzmäßigkeit in Abhängigkeit vom Verhältnis der Materialhärte H_M zur Strahlkornhärte H_S zu beobachten. Ist das angreifende Kornmaterial härter als der härteste Gefügebestandteil des beanspruchten Materials, d. h. ist $H_S > H_M$, so liegt der Strahlverschleiß in der Hochlage. Der Verschleißbetrag hängt dann weniger von der Härte des beanspruchten Materials als von dessen Zähigkeit ab. Während der Verschleißwiderstand reiner Metalle nahezu linear mit ihrer Härte ansteigt, nimmt er bei wärmebehandelten Stählen mit zunehmender Härte mehr und mehr ab.

5.4.7 Erosion

Unter dem Oberbegriff Erosion (oder „Strömungsverschleiß") werden Verschleißarten zusammengefasst, bei denen infolge Gas- oder Flüssigkeitsströmung ohne bzw. mit darin enthaltenen Teilchen Kräfte auf Werkstoff- oder Bauteiloberflächen (z. B. Umschließungen, Führungen) übertragen werden und auf diese Weise Materialschädigungen entstehen. Die hauptsächlichen Erosionsarten – gekennzeichnet durch die unterschiedlichen Beanspruchungsmedien, also strömendes Fluid (Gas, Dampf, Flüssigkeit), bewegte Materie oder deren Kombinationen – sind:

Erosionsart:	Beanspruchungsmedium:
– Gaserosion	Gas
– Kavitationserosion	Flüssigkeit (Unterdruckzonen)
– Tropfenschlagerosion	Flüssigkeit (Tropfen)
– Flüssigkeitserosion	Flüssigkeit + Partikel
– Erosionskorrosion	Flüssigkeit + Partikel + Fluidphasen

Typische Verschleißerscheinungsformen der Erosion sind bei scharfer Beanspruchung, (wenn die Körner infolge ihrer Trägheit nicht der Strömung folgen) Mulden oder sonstige großflächige Gestaltänderungen. Die durch Strömungsprozesse verursachten Oberflächenveränderungen können sich in Quer- und Längswellen oder Riffeln äußern (**Bild 5.4.10**).

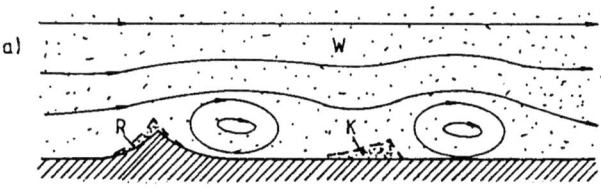

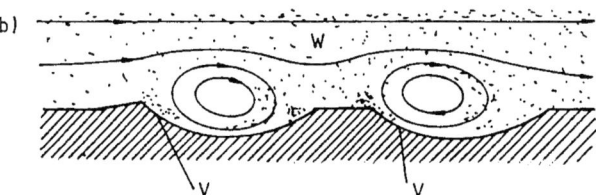

Bild 5.4.10 Erscheinungsform des Erosionsverschleißes: (a) Verschleißbeginn, (b) Muldenbildung. Symbole: W Wasser mit mineralischen Partikeln, R Rauheitskugel, K Kornanhäufungen, Y Bereiche des größten abrasiven Verschleißes

Gaserosion

Eine Erosion durch strömende Gase kann durch eine hohe örtliche Reibungsbeanspruchung bei einer hinreichend großen Relativgeschwindigkeit auftreten. Der Verschleiß-Abtragsmechanismus kann zu Materialverlusten, nicht nur in Form fester Partikel, sondern vor allem in Form von Molekülen und Ionen führen, bedingt durch Diffusionsprozesse, Verdampfen, Tribosublimation und chemische Umsetzungen. Bei „Thermischer Erosion", wie sie typischerweise an Hitzeschilden von Raumfahrzeugen beobachtet wird, zersetzen sich die zum Schutz vorgesehenen Materialien durch hohe Reibungswärme beim Eintauchen in die Erdatmosphäre unter Ablauf eines endothermen Prozesses.

Kavitationserosion

Materialschädigungen durch Kavitation treten in der Technik als Verschleißprobleme im tribologischen System Werkstoff/Flüssigkeit auf. Ursache einer Materialschädigung durch Kavitation (und Tropfenschlag als „Umkehrung" der Kavitation) ist eine wiederholte Beanspruchung von Werkstoffoberflächen durch kurzzeitig wirkende Flüssigkeitsstöße (Rieger, 1977). Bei der Kavitation werden die Materialoberflächen durch implodierte Flüssigkeitshohlräume (und beim Tropfenschlag durch aufprallende Flüssigkeitstropfen) stoßartig beansprucht. Durch diese Beanspruchung werden die Oberflächenbereiche von metallischen Werkstoffen plastisch verformt und verfestigt, bis die Verformungsfähigkeit lokal erschöpft ist und es im Sinne einer Oberflächenzerrüttung zur Bildung und zum allmählichen Wachstum von Rissen kommt, so dass schließlich Partikel abgetrennt werden, die in den beanspruchten Oberflächenbereichen Löcher zurücklassen.

Kavitation kann auftreten, wenn an irgendeiner Stelle eines Flüssigkeitsstromes der statische Strömungsdruck auf das Niveau des Dampfdruckes p_d absinkt. Der Druckabfall $(p - p_d)$ ist nach einem einfachen Ansatz dem Produkt $\rho \cdot v^2/2$ (ρ Dichte der Flüssigkeit, v Strömungsgeschwindigkeit) proportional:

$$p - p_d = \sigma_c \cdot \rho \cdot v^2 / 2$$

Hierbei ist σ_c die so genannte Kavitationszahl.

Ausgangspunkt der Kavitation sind die sich in einem Flüssigkeitskontinuum bildenden diskontinuierlichen Gas- oder Dampfphasen (Blasen). Die von der Flüssigkeitsströmung mitgerissenen Blasen haften zum Teil an der Bauteilwandung, zum Teil brechen sie infolge örtlich und zeitlich begrenzter Druckerhöhungen (sogenannter Wasserschlag) an der Werkstoffoberfläche oder in deren Nähe zusammen (Implosion). Beim Zusammenbruch wird die auf der Blasenoberfläche vorhandene potentielle Energie in sehr kurzer Zeit (Milli- oder Mikrosekunden) freigesetzt. **Bild 5.4.11** zeigt eine photographische Aufnahme einer implodierenden Blase und ein Modell der Entstehung des sogenannten „Mikrojets" im mittleren Teil der Blase (Plesset and Chapman, 1971). Diese Mikrojets entstehen bei der torusförmigen Implosion von Hohlräumen durch Absinken des hydrostatischen Drucks der Flüssigkeit unter einem kritischen Druck. Die Energiekonzentration auf kleinstem Bereich wirkt ähnlich wie eine plötzliche sehr hohe Temperatursteigerung. Jeder Stoßimpuls kann eine mikroskopisch kleine kraterförmige Vertiefung erzeugen, wobei die Vielzahl von räumlich statistisch verteilten Impulsen zu einer zunehmenden Aufrauung der Bauteilwandung führen kann. Mit fortschreitender Kavitationsbeanspruchung bilden sich größer werdende lochfraßähnliche Aushöhlungen und schließlich schwammartige Zerstörungen. Dieser Mechanismus der Oberflächenzerrüttung wird oft noch von Korrosionsprozessen begleitet, die durch aggressive Beimengungen in der Flüssigkeit ausgelöst werden können (Kavitationskorrosion).

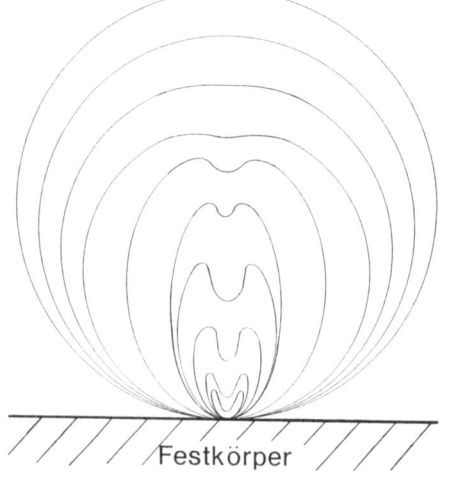

Festkörper

Bild 5.4.11
Photographische Aufnahme einer implodierenden Gasblase und Modell der Entstehung
eines kavitationsauslösenden Mikrojets
(Plesset and Chapman, 1971)

Das Entstehen von Kavitationsschäden ist von den beanspruchenden Strömungsverhältnissen, wie Strömungsgeschwindigkeit, Druck, Temperatur und den Flüssigkeitseigenschaften, wie Viskosität, Kompressibilität und Oberflächenspannung, abhängig (Rieger, 1977).

Die Verschleißerscheinungsformen bei Kavitation werden ebenfalls durch den Gefügezustand des beanspruchten Werkstoffs maßgeblich beeinflusst (Sitnik, Berger und Pohl, 1984). Bei duktilen Werkstoffen erfolgt bei Beginn der Kavitationseinwirkung ein plastisches Fließen in lokalen Oberflächenbereichen, sobald der Verformungswiderstand des Werkstoffes örtlich überschritten wird. Bei polykristallinen Metallen ist ein Einfluss der unterschiedlichen Gitter-orientierung der Kristallite mit ihrem unterschiedlichen Fließvermögen auf die Kavitations-resistenz festzustellen, wobei Korngrenzen eine Behinderung darstellen. Dabei kann es zum Materialaufstau an den Korngrenzen und zur Bildung von Extrusionen (Wulsten) kommen. Ist nach fortdauernder Wechselbeanspruchung infolge der aus unterschiedlichen Richtungen auf-treffenden Stoßimpulse von implodierenden Kavitationsblasen örtlich die Wechselfestigkeit des Materials erreicht, so bilden sich Ermüdungsrisse, und es kommt zum Abtrennen von Werkstoffpartikeln. Bei mehrphasigen Werkstoffen, wie z. B. ferritisch-perlitischen Stählen, erfolgt die Kavitationserosion zuerst im duktileren Ferrit durch Dellen- und Wulstbildung mit nachfolgendem Abtrag von Werkstoffpartikeln durch Ermüdungsbruch. Erst nach längerer Beanspruchungsdauer beginnt die Werkstoffzerstörung durch Aufblättern des Perlits infolge der Verformung des Ferrits zwischen den Zementitlamellen bzw. durch das Ablösen von Phasengrenzflächen.

Spröde Werkstoffe bilden unter der Wirkung von Kavitation Ermüdungsrisse nach einer längeren Inkubationszeit ohne wesentliche vorausgegangene Verformung. So zeigen keramische Werkstoffe, etwa das folgende Materialschädigungsverhalten: Inkubationsphase, progressiver Anstieg der Abtragsgeschwindigkeit und Einstellung einer konstanten Abtragsrate. Hier scheidet jedoch die Verfestigung als Grund für die abtragsfreie Inkubationsphase aus. Bei dieser Werkstoffgruppe setzt eine Zerrüttung des Kristallverbundes ein, bis nach genügender Anzahl von Anrissen Materialabtrag auftritt. Als Versagensmechanismen können Vorgänge des Grenzflächenversagens, aber auch transkristalline Brüche beteiligt sein.

Tropfenschlagerosion

Der Tropfenschlag stellt in gewissem Sinne eine „Umkehrung" der Kavitation dar und kann phänomenologisch mit dem Prallstrahlverschleiß des Auftreffens von Partikeln auf einer Werkstoffoberfläche verglichen werden. Im Hinblick auf die resultierenden Verschleißerscheinungsformen bestehen jedoch zwischen einem Festkörperstoß (Prallstrahlverschleiß) und einem Flüssigkeitsstoß (Tropfenschlag) die folgenden charakteristischen Unterschiede (Rieger, 1977):

— Beim Tropfenschlag entstehen insbesondere bei duktilen Materialien in einer ringförmig um das Aufschlagzentrum angeordneten Zone wellenförmige Deformationsstrukturen. Beim reinen Festkörperstoß werden entsprechende Strukturen nicht beobachtet.

— Während beim Festkörperstoß immer das Aufschlagzentrum am stärksten geschädigt ist, treten beim Tropfenschlag, sofern die Tropfengeschwindigkeit nicht zu hoch ist, bei gewissen Materialien die stärksten Schäden häufig in der ringförmigen Zone wellenförmiger Deformationsstrukturen auf.

Flüssigkeitserosion

Flüssigkeitserosion (auch hydroabrasiver Verschleiß oder Spülverschleiß genannt) tritt auf, wenn Werkstoffoberflächen durch Flüssigkeitsströmungen beansprucht werden, die außerdem Partikel enthalten. Hierdurch entstehen häufig Mulden mit wellenförmigem Profil, die durch Wirbel verursacht werden. Einer Flüssigkeitserosion sind besonders solche Stellen von Bauteiloberflächen ausgesetzt, an denen die Strömung gestört wird, wie z. B. an Kanten oder Umlenkungen. Es reichen außerdem bereits kleine Erhebungen an den Führungsflächen – wie z. B. Rauheitsspitzen oder bereits abgelagertes Partikelgut – zur Bildung von Wirbeln aus, die das abrasiv wirkende Korn entgegen der Strömungsrichtung gegen die Werkstoffoberfläche schleudern. In experimentellen Untersuchungen ist festgestellt worden, dass die Flüssigkeitserosion in Abhängigkeit von einem Wasser-Sand-Mischungsverhältnis ein Maximum durchläuft (Wellinger und Uetz, 1963). Bei kleinen Wassergehalten soll infolge der Adhäsion zwischen den Körnern die für den Verschleiß verantwortliche Reibung stark zunehmen. Übersteigt der Wassergehalt einen kritischen Wert, so nimmt der Verschleiß durch die kühlende und schmierende Wirkung des Wassers wieder ab. Dieses Verhalten ist in unterschiedlichem Maße bei Stählen zu beobachten. Gummiartige Werkstoffe, die sich elastisch verformen können, sind offensichtlich gegen erosive Wirkungen der Flüssigkeitsströmung mit Partikeln weniger anfällig als Metalle.

Erosionskorrosion

Die Erosionskorrosion ist durch die Überlagerung mechanischer und chemischer Wechselwirkungen einer reinen Flüssigkeit oder einer partikelhaltigen Flüssigkeit mit dem strömungsmäßig beanspruchten Material gekennzeichnet. An einer Metalloberfläche können dabei elektrochemische oder chemische Vorgänge ablaufen, die von der Flüssigkeitsströmung in unterschiedlicher Weise beeinflusst werden können (Heitz und Ehmann, 1990):

- Antransport von Reaktanden oder Entfernung von Zwischenprodukten sowie Endprodukten der Korrosion an der Metalloberfläche durch Stofftransport
- Erosion von Oberflächenschichten, Passivschichten oder Grundmetall mit der Folge der Ausbildung reaktiver Metalloberflächen, die zur Bildung neuer Schichten führen
- Stabilisierung von Oberflächenschichten durch verstärkten Stofftransport, wobei das Löslichkeitsprodukt der Schichten näher an der Oberfläche überschritten wird und deshalb eine bessere Haftung bewirkt
- Strömungsinduzierte Bildung von elektrochemischen Makroelementen

Bei der Diskussion der Schädigungsmechanismen der Erosionskorrosion ist es zweckmäßig, zwischen ein- und mehrphasigen Strömungen zu unterscheiden. In einphasigen Strömungen ist die mechanische Zerstörung im allgemeinen durch die Stabilität der Oberflächenschicht bedingt. Haftfestigkeit, Kohäsion und Härte der Schichten bestimmen die mechanische Stabilität. Chemische Änderungen in diesen Schichten können zu einer Verschlechterung der mechanischen Eigenschaften und damit zu Erosionskorrosion führen. In zweiphasigen Strömungen flüssig/fest kann man entsprechend den Ergebnissen aus tribologischen Untersuchungen Einflüsse des beanspruchten Wandmaterials (Härte, Zugfestigkeit, Zähigkeit, Gefüge) und der erosiven Partikel (Härte, Größe, Konzentration, Dichte) unterscheiden. Zusätzlich zu diesen Größen muss die Korrosionsbeständigkeit des Werkstoffes, die wiederum eine Funktion der chemischen Zusammensetzung und des Gefüges ist, mit berücksichtigt werden.

5.5 Verschleiß und Zuverlässigkeit

Der Verschleiß von Werkstoffen führt zu Materialschädigungen und kann in tribotechnischen Systemen infolge verschleißbedingter Stoff- und Formänderungen von Bauteilen zu einem Ausfall des gesamten technischen Systems führen, wenn gewisse Bauteil- oder Funktionstoleranzen überschritten werden. Damit ist in technischen Anwendungen der Verschleiß ein wichtiger Einflussfaktor auf die Zuverlässigkeit technischer Systeme (Fleischer, Gröger und Thum, 1980).

Theoretische Methoden zur Zuverlässigkeitsanalyse

In der Technik ist die Zuverlässigkeit die Eigenschaft einer Betrachtungseinheit, funktionstüchtig zu bleiben. Sie wird allgemein definiert als die Wahrscheinlichkeit, dass ein technisches Bauteil oder System seine bestimmungsgemäße Funktion für eine bestimmte Zeitperiode unter den gegebenen Funktions- und Beanspruchungsbedingungen ausfallfrei, d. h. ohne Versagen, ausführt (Apostolakis, 1990).

Zur Untersuchung der Zusammenhänge zwischen Verschleiß und Zuverlässigkeit soll die typische Zeitabhängigkeit des Verschleißes betrachtet werden (**Bild 5.5.1**).

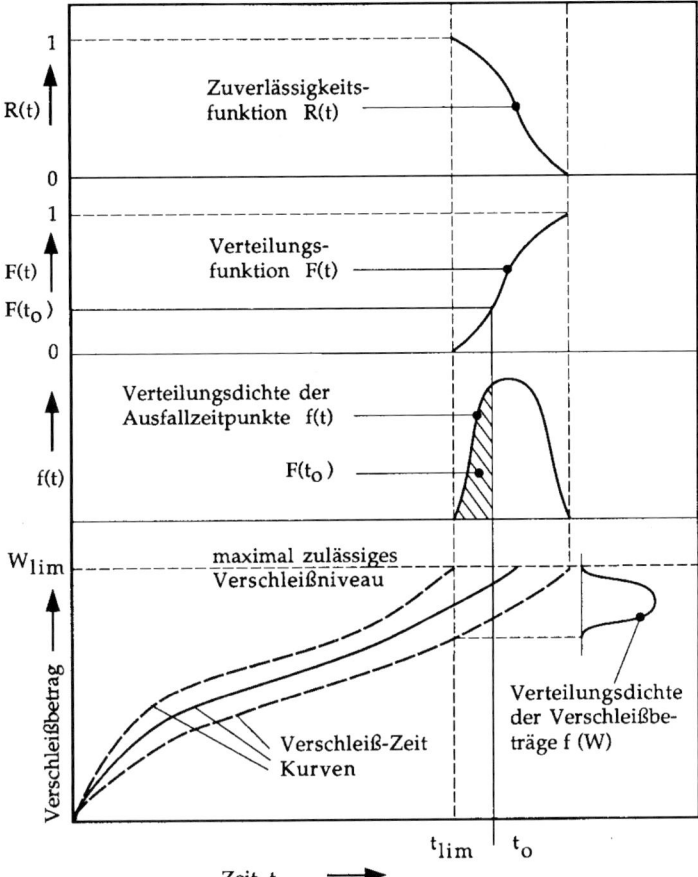

Bild 5.5.1   Verschleiß-Zeit Kurven und Kennzeichnung der Zusammenhänge zwischen Verschleiß und
Zuverlässigkeit durch die Zuverlässigkeitsfunktion R(t), die Verteilungsfunktion F(t) und
die Verteilungsdichte der Ausfallzeitpunkte

Der typische Zeitablauf eines Verschleißvorganges ist häufig durch drei charakteristische Phasen gekennzeichnet (siehe Kap. 8.8.1, Bild 8.8.2):

I.   Einlaufverschleiß mit im allgemeinen abnehmender Verschleißgeschwindigkeit

II. Verschleiß im Beharrungszustand mit im allgemeinen konstanter Verschleißgeschwindigkeit

III. Progressiver Verschleißverlauf mit im allgemeinen zunehmender Verschleißgeschwindigkeit

Diese Phasen können bei einem konkreten Verschleißfall nacheinander folgen, wobei in Bild 5.5.1 mit W_{lim} das maximal zulässige Verschleißniveau gekennzeichnet ist, bei dem ein verschleißbedingter Ausfall des Bauteils oder des Systems auftritt. In Wiederholversuchen kann dieses Niveau zu unterschiedlichen Zeiten, den Ausfallzeitpunkten, erreicht werden, so dass die verschleißbedingten Ausfälle durch verschiedene mathematische Zuverlässigkeits-funktionen beschrieben werden können.

Zur Kennzeichnung der Zuverlässigkeit durch mathematische Verteilungsfunktionen werden im allgemeinen die folgenden Definitionen verwendet (Birolini, 1990), die zum Teil in Bild 5.5.1 zur Kennzeichnung der Zusammenhänge zwischen Verschleiß und Zuverlässigkeit eingetragen sind (vgl. dazu auch Abschnitt 6.2.2).

$F(t)$:	Verteilungsfunktion der Ausfallzeitpunkte („Ausfallwahrscheinlichkeit")
$f(t) = \dfrac{dF(t)}{dt}$:	Verteilungsdichte der Ausfallzeitpunkte
$\lambda(t) = \dfrac{f(t)}{1 - F(t)}$:	Ausfallrate
$R(t) = 1 - F(t)$ $= \exp\left(-\displaystyle\int_0^t \lambda(\tau)dt\right)$:	Zuverlässigkeitsfunktion, Wahrscheinlichkeit, dass das Bauteil oder das System nicht innerhalb des Zeitintervalls (0, t) versagt („Überlebenswahrscheinlichkeit")
$MTTF = \displaystyle\int_0^\infty t \cdot f(t)dt$:	Mittlere versagensfreie Zeit bis zum Ausfall („mean time to failure")

Bezieht man in dem Verschleiß-Zeit-Diagramm von Bild 5.5.1 die Darstellungen statt auf ein maximal zulässiges Verschleißniveau W_{lim} auf eine bestimmte Zeit t_{lim}, so resultieren Verteilungsfunktionen, wie z. B. die Verteilungsdichte der Verschleißbeträge f (W) und die zugehörigen (in Bild 5.5.1 nicht dargestellten) Funktionen F(W) und R(W).

Ein einzelnes Betrachtungsobjekt, z. B. ein bestimmtes tribologisches System, wird im allgemeinen zunächst durch die Verteilungsfunktion F(t) charakterisiert. Seine Zuverlässigkeitsfunktion, d. h. die Wahrscheinlichkeit (Pr) für keinen Ausfall im Intervall (0,t) d. h. für eine ausfallfreie Arbeitszeit τ ist nach den obigen Definitionen gegeben durch

$$R(t) = Pr\ \{kein\ Ausfall\ in\ (0,t)\} = Pr\ \{\tau > t\} = 1\text{-}F(t)$$

In der Regel wird R(0) = 1 angenommen. Der Mittelwert der ausfallfreien Arbeitszeit lässt sich dann berechnen aus

$$MTTF = Erwartungswert\ von\ \ \tau = E\{\tau\} = \int_0^\infty R(t)dt$$

In Fällen, wo die Betrachtungseinheit eine auf t_l beschränkte Brauchbarkeitsdauer aufweist, gilt

$$MTTF_l = \int_0^{t_l} R(t)dt$$

Zur allgemeinen theoretischen Modellierung von Zufallsexperimenten und zur Abschätzung von Zuverlässigkeitskenngrößen dienen Wahrscheinlichkeitsverteilungen in unterschiedlicher mathematischer Form (Wermuth, 1991; McCormick, 1981). Im folgenden sind die für die Tribologie wichtigsten Verteilungsfunktionen mit ihren Kenngrößen sowie einigen typischen Anwendungsbeispielen, die dadurch gekennzeichnet werden können, in knapper Form zusammengestellt.

Exponentialverteilung

$$\lambda\,(t) \quad = \quad \lambda = \text{const}$$

$$f\,(t) \quad = \quad \lambda \cdot \exp(-\lambda t)$$

$$R(t) \quad = \quad \exp\,(-\lambda t)$$

$$\text{MTTF} \quad = \quad 1/\lambda$$

Bei technischen Anwendungen, die durch die Exponentialverteilung gekennzeichnet werden, ist die Ausfallrate von der Zeit unabhängig. Das bedeutet, dass jedes Versagen durch ein Zufallsereignis eintritt, ohne eine Schädigungsakkumulation (z. B. durch Ermüdungseffekte) während der Funktionsdauer. Werkstoffe und Bauteile versagen z. B. in dieser Art bei Sprödbruch. **Bild 5.5.2** zeigt als Beispiel die Verteilungsdichte der Ausfallzeitpunkte der Regler von Dieselmotoren in Form einer Exponentialverteilung (Fleischer, 1972).

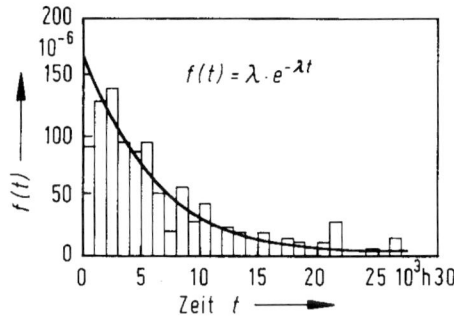

Bild 5.5.2
Verteilungsdichte der Ausfallzeitpunkte der Regler von Dieselmotoren (Exponentialverteilung) (Fleischer, 1972)

Normalverteilung

$$f(t) = \frac{1}{\sigma\sqrt{2\pi}} \exp\left\{ -\frac{1}{2}\left(\frac{t-\mu}{\sigma}\right)^2 \right\}$$

$$\lambda(t) = \frac{f(t)}{1 - \Phi((t-\mu)/\sigma)}$$

mit Φ Standardnormalverteilung

$$R(t) = 1 - \Phi((t-\mu)/\sigma)$$

$$\text{MTTF} = \mu$$

Durch eine Normalverteilung können zahlreiche verschleißbedingte Versagensfälle gekennzeichnet werden, besonders wenn das Versagen durch die Überlagerung mehrerer Schädigungsprozesse zustande kommt, wie z. B. bei Gleitverschleiß.

Lognormalverteilung

$$f(t) = \frac{1}{t \cdot \sigma \cdot \sqrt{2\pi}} \exp\left\{ -\frac{1}{2} \left(\frac{\ln(t) - \mu}{\sigma} \right)^2 \right\}$$

$$\lambda(t) = \frac{f(t)}{1 - \Phi((\ln(t) - \mu)/\sigma)}$$

$$R(t) = 1 - \Phi\left(\frac{\ln(t) - \mu}{\sigma} \right)$$

$$MTTF = \exp\left(\frac{\mu + \sigma^2}{2} \right)$$

Die Lognormalverteilung konzentriert sich auf die positive Zeitachse und tritt überall dort auf,
wo das Zusammenwirken einer großen Anzahl statistisch unabhängiger Zufallsgrößen sich
multiplikativ auswirkt. Die Ausfallrate nimmt bis zu einem Maximum zu und fällt dann relativ
schnell auf Null ab. Daher kann diese Funktion der Modellierung von Überlebenswahrschein-
lichkeiten nach extremen Beanspruchungen – wie z. B. bei zeitraffenden Zuverlässigkeitsprüfungen – verwendet werden.

Weibull-Verteilung

$$\lambda(t) = \frac{C}{t_0} \cdot t^{C-1}$$

$$f(t) = \frac{C}{t_0} \cdot t^{C-1} \exp\left(-\frac{t^C}{t_0} \right)$$

$$R(t) = \exp\left(-\frac{t^C}{t_0} \right)$$

$$MTTF = t_0^{1/C} \cdot \Gamma\left(\frac{C+1}{C} \right)$$

Dies ist in ihrer einfachsten Form eine Verteilung mit zwei Parametern, der charakteristischen
Lebensdauer t_0 (Maßstabsparameter) und der Konstanten C, dem sogenannten Formparameter.
Für C = 1 ergibt sich die Exponentialverteilung. Für C > 1 ist die momentane Ausfallrate monoton steigend (z. B. „progressiver Verschleiß"), für C < 1 monoton fallend (z. B. „Einlaufverschleiß"). In der Tribologie werden z. B. die Ausfälle von Kugellagern, die im wesentlichen
durch den Verschleißmechanismus Oberflächenzerrüttung ausgelöst werden, durch die Wei-

bull-Verteilung beschrieben. **Bild 5.5.3** zeigt als typisches Beispiel die Ausfallwahrscheinlichkeit einer Versuchsreihe mit 500 fettgeschmierten Rillenkugellagern bei einer Drehzahl von 1000 min^{-1} (Bergling, 1976).

Gamma-Verteilung

$$f(t) = C \cdot \frac{(C \cdot t)^{x-1}}{\Gamma(x)} \exp(-C \cdot t)$$

$$\lambda(t) = C \cdot t^{x-1} \exp \frac{-C \cdot t}{[\Gamma(x) - \Gamma(x, C \cdot t)]}$$

$$R(t) = \frac{\Gamma(x) - \Gamma(x, C \cdot t)}{\Gamma(x)}$$

$$MTTF = x / C$$

mit $\Gamma(x)$ Gammafunktion

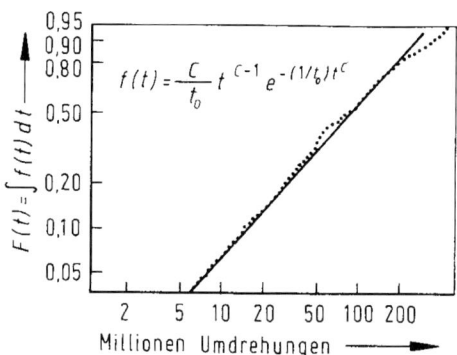

Bild 5.5.3
Ausfallwahrscheinlichkeit von Rillenkugellagern (Weibull-Verteilung)
(Bergling, 1976)

Die Bedeutung dieser Verteilungsfunktion besteht in theoretischer Hinsicht in ihrem Zusammenhang mit der Exponential-Verteilung. Dies bedeutet in anwendungstechnischer Hinsicht, dass ein Bauteil oder technisches System bei einem x-ten Beanspruchungsimpuls versagt, der sich als Poisson-Verteilung mit dem Parameter C darstellt. Als Beispiel zeigt **Bild 5.5.4** die Verteilungsdichte der Ausfallzeitpunkte der Kolben von Dieselmotoren in Form einer Gamma-Verteilung mit x = 2 (Fleischer, 1972).

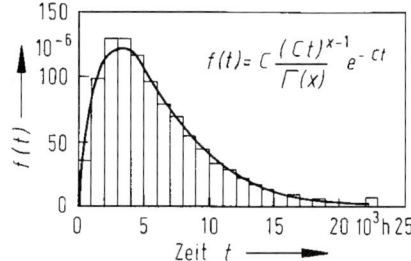

Bild 5.5.4
Verteilungsdichte der Ausfallzeitpunkte der Kolben von Dieselmotoren (Gamma-Verteilung) (Fleischer, 1972)

Die aufgeführten Beispiele illustrieren, dass den verschiedenen tribologischen Schadens- und Versagensprozessen unterschiedliche statistische Verteilungsfunktionen zugeordnet werden können, wobei andererseits auch aus beobachteten Verteilungsfunktionen auf die wirkenden Schädigungsprozesse geschlossen werden kann. In vereinfachter Weise besteht übersichtsmäßig der folgende Zusammenhang:

- Versagen bei impulsförmiger tribologischer Beanspruchung
  → Exponentialverteilung, γ-Verteilung

- Versagen bei Werkstoffermüdung
  → Weibull-Verteilung

- Versagen bei überlagerten Verschleißmechanismen
  → Normalverteilung, Lognormalverteilung

Wenn die verschleißbedingte Ausfallrate $\lambda(t)$ als Funktion der Betriebsdauer eines tribologischen Systems aufgetragen wird, so resultiert häufig eine Darstellung, die als „Badewannenkurve" bekannt ist (**Bild 5.5.5**).

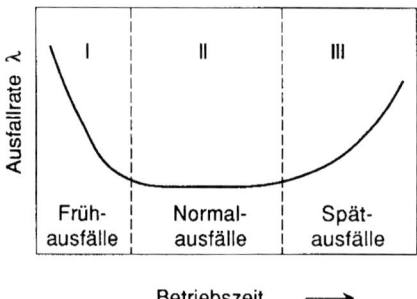

Bild 5.5.5
Ausfallrate in Abhängigkeit von der Betriebszeit

In dieser Darstellung können drei Bereiche unterschieden werden:

  I.   Degressive Ausfallrate
  II. Konstante Ausfallrate
  III. Progressive Ausfallrate

Keine der oben genannten Verteilungsfunktionen besitzt diese „Badewannen"-Charakteristik, jedoch können ausreichende Näherungen durch Auswahl einzelner Versagensdichtefunktionen für die Teilbereiche der drei Regime gewählt werden. Das Regime (I.) beschreibt das Gebiet der „Frühausfälle". Dieses Gebiet mit abnehmender Versagensrate kann zum Beispiel bei tribologischen Systemen durch ein erfolgreiches Einlaufverhalten beeinflusst werden. Das Gebiet (II.) mit konstanter Versagensrate ist im allgemeinen der Bereich der üblichen Betriebsbedingungen. Ein Versagen tritt hier im allgemeinen als eine Konsequenz statistisch voneinander unabhängiger Faktoren auf. Das Regime (III.) mit zeitlich zunehmender Verschleißrate kann aus der Schadensakkumulation wirkender Verschleißmechanismen resultieren. Daher ist dieser Bereich besonders charakteristisch für das verschleißbedingte Versagen tribotechnischer Systeme.

Das Zuverlässigkeitsverhalten tribotechnischer Systeme hängt von der Konstellation wirkender Verschleißmechanismen ab und kann durch eine Variation von Einflussgrößen aus den beiden grundlegenden Parametergruppen

(A) Beanspruchungskollektiv

z. B. Belastung, Geschwindigkeit, Temperatur

(B) Systemstruktur

z. B. Materialpaarung und Materialeigenschaften sowie Schmierstoff und Schmierstoffeigenschaften

beeinflusst werden, wie in den **Bildern 5.5.6** und **5.5.7** in exemplarischer Form dargestellt ist (Fleischer, Gröger und Thum, 1980).

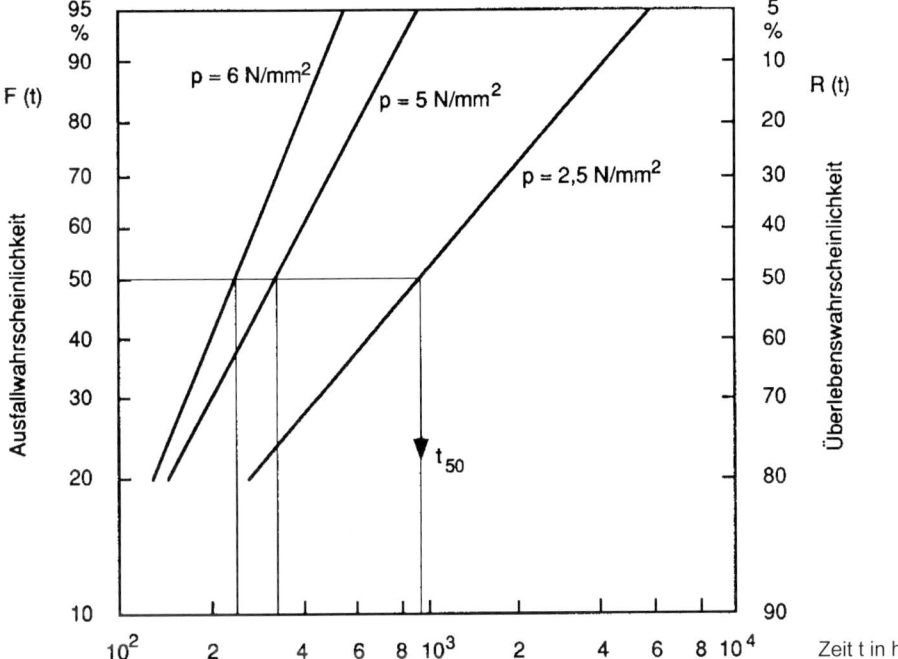

Bild 5.5.6 Einfluss der Flächenpressung p auf die Ausfall- bzw. Überlebenswahrscheinlichkeit einer Gleitpaarung (Fleischer, Gröger und Thum, 1980)

Den Einfluss des Beanspruchungskollektivs (A), z. B. der Flächenpressung auf die Ausfallwahrscheinlichkeit F(t) bzw. die Überlebenswahrscheinlichkeit R(t) einer Gleitpaarung illustriert Bild 5.5.6. Die verschleißbedingten Ausfallzeiten der Gleitpaarung – experimentell bestimmt als Funktion der Flächenpressung p bei Konstanz aller anderen Systemparameter – wurden in ein „Weibull-Netz" eingetragen.

Im Weibull-Netz (Abszissenteilung ln t, Ordinatenteilung ln ln $[1/(1-F(t))]$ wird der Graph einer Weibullverteilung $F(t) = 1-\exp(-t^C/t_0)$ als Gerade wiedergegeben. Der Parameter C kann

graphisch aus der Steigung der Ausgleichsgeraden und der Parameter t_0 aus dem Abszissen-
wert für die Ausgleichsgerade bei F = 0,632 (d. h. in ln ln [1/(1-F(t))] = 0) bestimmt werden.
Man erkennt, dass erwartungsgemäß eine Verminderung der Flächenpressung p zu einer längeren Nutzungsdauer t führt, verbunden allerdings mit einer größeren Streuung der Ausfallzeitpunkte. Die mittlere Betriebszeit t_{50} – gekennzeichnet durch die Ausfall- bzw. Überlebenswahrscheinlichkeit von 50 % – erhöht sich in diesem Beispiel von t_{50} auf ≈ 1000 Stunden.

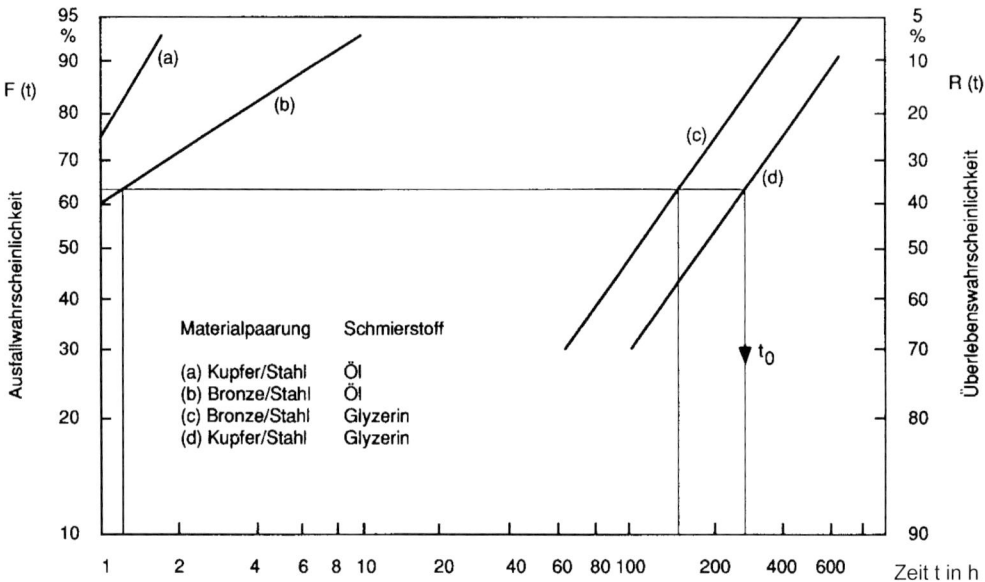

Bild 5.5.7   Einfluss der Systemstruktur (Materialpaarung und Schmierstoff) auf die Ausfall- bzw.
                  Überlebenswahrscheinlichkeit von Gleitpaarungen (Fleischer, Gröger und Thum, 1980)

Den Einfluss der Systemstruktur (R) auf das Zuverlässigkeitsverhalten von Gleitpaarungen
illustriert **Bild 5.5.7**.

Bei konstant vorgegebenem Beanspruchungskollektiv wurden in Laborprüfungen die Ausfallzeiten für zwei Materialpaarungen mit unterschiedlichen Schmierstoffen bestimmt und die
zugehörigen Ausfallwahrscheinlichkeiten in ein Weibull-Netz eingetragen. Bei der Gleitpaarung (a) ist der Formparameter der zugrundegelegten Weibullfunktion C > 1. Die sehr kurzen
Ausfallzeiten deuten hier auf einen Verschleißmechanismus hin, der zu einer Überbeanspruchung der Gleitpaarung führt. Für die Paarung (b) ist C < 1, d. h. dieses tribologische System
befindet sich bei dem vorgegebenen Beanspruchungskollektiv noch im Bereich des Einlauf-
vorgangs („Frühausfälle"). Bei Wechsel des Schmierstoffs resultieren für die Gleitpaarungen
(c) und (d) in den Weibull-Graphen Formparameter von C ≈ 1 und erheblich höhere Betriebs-
zeiten, gekennzeichnet durch eine Erhöhung der charakteristischen Lebensdauer t_0 um etwa 2
Größenordnungen. Dies weist darauf hin, dass hier der Betrieb in der normalen Nutzungszeit
erfolgte (Regime II von Bild 5.5.5), in der die Ausfallrate den für die vorliegenden Bedingungen kleinstmöglichen Wert annimmt.

Zusammenfassend resultiert für die experimentelle Untersuchung des Zuverlässigkeitsverhaltens tribologischer Systeme – dargestellt durch die Ausfallzeiten t bei vorgegebenem Verschleißniveau W_{lim} – eine vereinfachte Vorgehensweise in folgenden Schritten. (Die Vorgehensweise kann sinngemäß auch auf die Verschleißbeträge W bei vorgegebener Betriebsdauer t_{lim} bezogen sein, vgl. Bild 5.5.1):

I. Experimentelle Bestimmung der Ausfallzeiten t eines tribologischen Systems (mit gekennzeichneter Systemstruktur und definiertem Beanspruchungskollektiv) beim Erreichen eines vorgegebenen maximalen Verschleißniveaus W_{lim} (vgl. Bild 5.5.1), wobei sich mit n(t), der Versuchs-Nr. d. h. der Anzahl der ausgefallenen Systeme, und N, der Gesamtzahl der untersuchten Systeme, die folgende Zuordnung ergibt:

- Versuchs-Nr. n(t) :   1;   2;   3;   ...;   N
- Ausfallzeit t   : t_1; t_2; t_3;   ...; t_N

II. Empirische Bestimmung der Ausfallwahrscheinlichkeiten F(t) für die einzelnen Ausfallzeiten t_1 bis t_N gemäß der folgenden Näherungsformel

$$F(t) = \frac{n(t) - 0{,}3}{N + 0{,}4}$$

(Die Näherungsformel stellt eine Abschätzung dar, bei der sich negative und positive Schätzungsfehler annähernd ausgleichen.) Damit resultiert z. B. für N = 10 die folgende Zuordnung

- Versuchs-Nr. n(t):   1;   2;   3;   ...;   10;
- Ausfallzeit t: t_1; t_2; t_3;   ...; t_{10};
- Ausfallwahrscheinlichkeit F(t):   0,067;   0,163;   0,260;   ...;   0,933;

III. Auswahl einer geeigneten Verteilungsfunktion (z. B. Weibullfunktion bei zyklisch beanspruchten tribologischen Systemen)

IV. Eintragen der empirisch abgeschätzten Ausfallwahrscheinlichkeit F(t) nach Ziffer II in Abhängigkeit von der Ausfallzeit t in das Wahrscheinlichkeitsnetz der ausgewählten Verteilungsfunktion (vgl. die Beispiele für das „Weibull-Netz", Bild 5.5.6 und 5.5.7). Die Überprüfung der Richtigkeit der Verteilungshypothese kann mit verschiedenen Tests, z. B. χ^2-Test oder Kolmogorow-Test durchgeführt werden.

V. Graphische Bestimmung der kennzeichnenden Parameter der ausgewählten Verteilungsfunktion (z. B. der Größen t_0 und C für die Weibullfunktion) in dem Wahrscheinlichkeitsnetz, oder, wenn möglich, Berechnen von „Maximum-Likelihood-Schätzwerten" dieser Parameter.

VI. Berechnung von Vertrauensbereichen für die Parameter der betreffenden Zuverlässigkeitsfunktion, z. B. der Vertrauensbereiche der Größen C, t_0 für die Weibullverteilung oder der Größen μ, σ für die Normalverteilung (siehe Abschnitt 6.2.2).

VII. Interpretation des Zuverlässigkeitsverhaltens des betrachteten tribologischen Systems anhand der verifizierten Verteilungsfunktion sowie der Parameter der Verteilungsfunktion (z. B. Ausfallrate $\lambda(t)$) und der statistischen Erwartungswerte (z. B. mittlere Betriebszeit t_{50}).

Experimentelle Methoden zur Zuverlässigkeitsanalyse: Zerstörungsfreie Prüfung (ZfP) Ergänzend zu den theoretischen Darstellungen zur Thematik Verschleiß und Zuverlässigkeit wird auch noch eine stichwortartige Übersicht über experimentelle Methoden der Zerstörungsfreien Prüfung (ZfP) gegeben; Anwendungen der ZfP bei tribologischen Prüfungen – international als Macjine Diagnostics bezeichnet – sind in Kapitel 22 dargestellt.

Ultraschall (US)-Sensorik: Durch Luft/Körperschall-Analysen (Frequenzanalysen, Fourieranalysen) können mit geeigneten Sensoren mit inversem piezoelektischen Effekt in Verbindung mit computerunterstützter Signalverarbeitung laufende Maschinenanlagen, wie Motoren oder Turbinen, überwacht und Hinweise auf eventuelle Betriebsstörungen gewonnen werden *(machinery condition monitoring)*. Durch elektronisch gesteuerte Schallfelder mit Signal- und Bildverarbeitung können mittels US-*Echotomo-graphie* aufschlussreiche Schnittbilder erzeugt werden: von einem Prüfkopf werden US-Impulse einer Frequenz von 0,05 bis 25 MHz (Spezialanwendungen bis 120 MHz) in das Prüfobjekt gestrahlt und nach Reflexion an einer Wand oder an Fehlern von demselben oder einem zweiten Prüfkopf empfangen, in ein elektrisches Signal umgewandelt, verstärkt und auf einem Bildschirm dargestellt (DIN EN 583). Schallrichtung und Laufzeit entsprechen der Weglänge zwischen Prüfkopf und Reflexionsstelle und geben Auskunft über die Lage der Reflexionsstelle im Prüfobjekt. Merkmale von US-Impulsechogeräten: Messbereich < 1 mm bis 10 m; Ableseunsicherheit < 0,1 mm; Prüfobjekttemperatur: < 80 °C, mit Spezialprüfköpfen bis 600 °C

Elektrische und magnetische ZfP-Verfahren: Sie dienen hauptsächlich zum Nachweis von Materialfehlern im Oberflächenbereich von Werkstoffen und Bauteilen. Das *Wirbelstromverfahren* (DIN EN 12 084) nutzt die durch den Skineffekt an der Oberfläche konzentrierten, bei der Wechselwirkung eines elektromagnetischen Hochfrequenz-(HF-)Feldes mit einem leitenden Material induzierten Wirbelströme aus ($f \approx$ 10 kHz bis 5 MHz, für Sonderfälle auch tiefer, z. B. 40 Hz bis 5 kHz). Inhomogenitäten in Bauteiloberflächen oder Gefügebereiche mit veränderter Leitfähigkeit (z. B. Anrisse, Härtungsfehler, Korngrenzenausscheidungen) verändern die Verteilung der Wirbelströme in der Oberflächenschicht und beeinflussen dadurch das Feld und die Impedanz einer von außen einwirkenden HF-Spule.

Radiographische Verfahren: Sie basieren auf der Durchstrahlung von Prüfobjekten mit kurzwelliger elektromagnetischer Strahlung und vermitteln durch Registrierung der Intensitätsverteilung nach der Durchstrahlung eine schattenrissartige Abbildung der Dicken- und Dichteverteilung. Die Bildaufzeichnung hinter dem Prüfobjekt erfolgt überwiegend mit Röntgenfilmen, sowie zunehmend durch direkte Aufzeichnung der Intensitätsverteilung der Strahlung mit Gamma-Kamera, Bildverstärker, Fluoreszenzschirm und zugehöriger Fernsehkette (Radioskopie-System, DIN EN 13068).

Computertomographie: Bei der Computertomographie wird das zu untersuchende Bauteil mit einem fein gebündelten Röntgen- oder Gammastrahl in einer bestimmten Querschnittsebene in zahlreichen Positionen und Richtungen (Translation und Rotation des Bauteils) durchstrahlt. Alle Intensitätswerte des durchgetretenen Strahls werden von einem Detektor gemessen und einem Rechner zugeführt, der den lokalen Absorptionskoeffizienten, d .h. die Dichte jedes Querschnittselements im Bauteil berechnet. Als Ergebnis werden berührungslos und zerstörungsfrei gewonnene Querschnittsbilder des Bauteils in beliebigen Schnittebenen konstruiert, auf einem Bildschirm dargestellt, elektronisch gespeichert und als Bilddateien ausgegeben. Die CT wird in vielen Bereichen der Technik angewendet, z. B. im Turbinenbau. Die CT-Sensorik kann für Bauteile und für Systeme mit geschlossenen Sytemstrukturen bei Ortsauflösungen bis zu 1 μm (Mikro-CT) eingesetzt werden.

5.6 Maßnahmen zur Verschleißminderung

Infolge der Vielfalt der Verschleißarten und der Verschleißmechanismen sowie der zugehörigen Einflussgrößen und Parameter müssen sich Maßnahmen zur Verschleißminderung an dem speziellen Einzelfall orientieren. Die folgende Zusammenstellung gibt einen kurzen allgemeinen Überblick über grundlegende Möglichkeiten.

Verschleißbeeinflussende Maßnahmen müssen in jedem Falle von einer individuellen Systemanalyse des jeweiligen Problems ausgehen. Zunächst muss generell geprüft werden, ob der betreffende Tribokontakt „eliminiert" werden kann, d. h., ob die „äußere Reibung" durch „innere Reibung" (z. B. Fluide, elastische Festkörper) ersetzt werden kann. Falls dies nicht möglich ist, können verschleißmindernde Maßnahmen entweder das Beanspruchungskollektiv modifizieren – z. B. Vermindern der Flächenpressung, Verbessern der Kinematik (Wälzen statt Gleiten) – oder die Struktur des tribologischen Systems durch geeignete Konstruktion, Werkstoffwahl oder Schmierung beeinflussen (Peeken, 1976). Von besonderer Bedeutung für den Verschleißschutz ist dabei die gezielte Beeinflussung der wirkenden Verschleißmechanismen, z. B. durch folgende Maßnahmen (Habig, 1982):

- **Beeinflussung der Abrasion:**
  Für den Widerstand gegenüber der Abrasion ist die sogenannte Verschleiß-Tieflage-Hochlage-Charakteristik besonders wichtig. Danach ist der Verschleiß nur dann gering, wenn der tribologisch beanspruchte Werkstoff härter als das angreifende Material ist. Für die Werkstoffauswahl gilt demnach folgendes:
  - Härte des beanspruchten Werkstoffs mindestens um den Faktor 1,3 größer als die Härte des Gegenkörpers
  - harte Phasen, z. B. Carbide in zäher Matrix
  - wenn das angreifende Material härter als der Werkstoff ist: zäher Werkstoff

- **Beeinflussung der Oberflächenzerrüttung:**
  - Werkstoffe mit hoher Härte und hoher Zähigkeit (Kompromiss)
  - homogene Werkstoffe (z. B. Wälzlagerstähle)
  - Druckeigenspannungen in den Oberflächenzonen, z. B. durch Aufkohlen oder Nitrieren

- **Beeinflussung der Adhäsion**
  - Schmierung
  - Vermeiden von Überbeanspruchungen, durch welche der Schmierfilm und die Adsorptions- und Reaktionsschichten von Werkstoffen durchbrochen werden
  - Verwendung von Schmierstoffen mit EP-Additiven (extreme pressure)
  - Vermeidung der Paarung Metall/Metall; statt dessen; Kunststoff/Metall, Keramik/Metall, Kunststoff/Kunststoff, Keramik/Keramik, Kunststoff/Keramik
  - bei metallischen Paarungen: keine kubisch flächenzentrierten Metalle, sondern kubisch raumzentrierte und hexagonale Metalle; Werkstoffe mit heterogenem Gefüge

- **Beeinflussung tribochemischer Reaktionen:**
  - keine Metalle, höchstens Edelmetalle, statt dessen Kunststoffe und keramische Werkstoffe
  - formschlüssige anstelle von kraftschlüssigen Verbindungen
  - Zwischenstoffe und Umgebungsmedium ohne oxidierende Bestandteile
  - hydrodynamische Schmierung

Die möglichen Maßnahmen zur Beeinflussung und Verminderung des Verschleißes können – in Ergänzung der speziellen Möglichkeiten zur Beeinflussung der Verschleißmechanismen – übersichtsmäßig wie folgt zusammengefasst werden:

I. Eliminierung des Tribokontaktes
  - Ersatz der „äußeren" Reibung durch „innere" Reibung:
    - Fluide
    - Elastische Festkörper
  - Mechatronische Aktoren, d. h. Ersatz von Tribokontakten durch lasttragende elektromagnetische Felder

II. Beeinflussung des Beanspruchungskollektivs
  - Verminderung tribologischer Beanspruchungen durch Modifikation von
    - Kinematik
    - Belastung und Flächenpressung
    - Thermischem Verhalten und Temperatur
    - Beanspruchungsdauer

III. Beeinflussung der Struktur des tribologischen Systems
  - Konstruktive Maßnahmen
  - Werkstofftechnische Maßnahmen
    - Werkstoffsysteme
    - Werkstoffeigenschaften
    - Oberflächentechnologien
  - Schmierungstechnische Maßnahmen

Die geschilderten Möglichkeiten zur Verschleißminderung sind als generelle Hinweise aufzufassen; spezielle Angaben können den Kapiteln von Teil C Tribotechnik im Hinblick auf den Verschleiß von Werkstoffen, Konstruktionselementen und Werkzeugen entnommen werden.

6 Schmierung

Durch die Anwendung von Schmierstoffen können Reibung und Verschleiß stark vermindert werden, indem der unmittelbare Kontakt von Grund- und Gegenkörper unterbrochen wird. Hier soll nur die Schmierung mit flüssigen Schmierstoffen behandelt werden. Über die Fett- und Feststoffschmierung wird in Kapitel 10 berichtet.

In Abhängigkeit von der geometrischen Gestaltung und Anordnung der Kontaktpartner, ihrer Oberflächenrauheit, der Schmierstoffviskosität, der Geschwindigkeit und der Belastung werden unterschiedliche Reibungs- bzw. Schmierungszustände durchlaufen, die mit der Stribeck-Kurve (vgl. Bild 4.1.1 und 5.1.1) gekennzeichnet werden können, siehe **Bild 6.1**. In Abhängigkeit vom Verhältnis der Filmdicke d zum Rauheitswert σ der relativ zueinander bewegten Triboelemente werden folgende Reibungs- bzw. Schmierungszustände durchlaufen:

Festkörperreibung → Grenzreibung → Mischreibung → EHD → Hydrodynamik

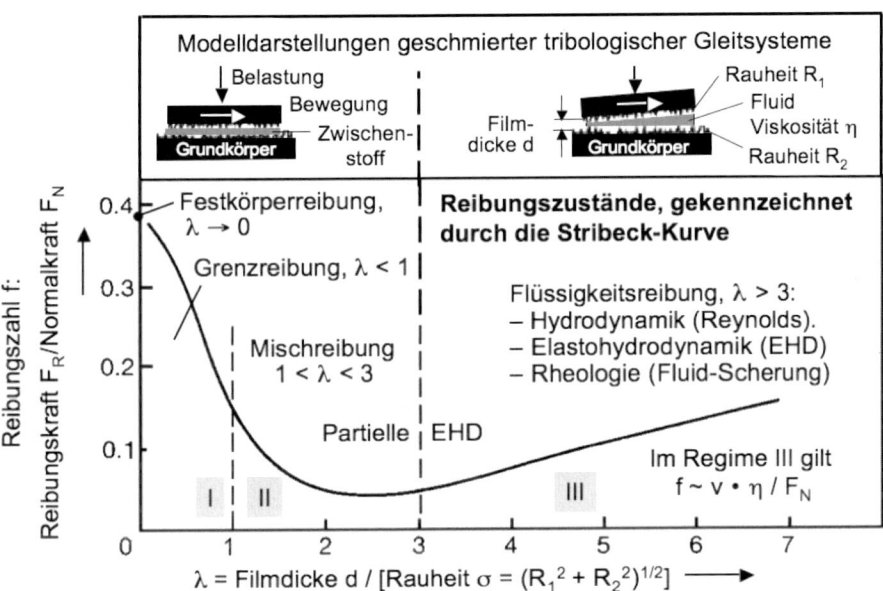

Bild 6.1 Reibungs- und Schmierungszustände, gekennzeichnet durch die Stribeck-Kurve

Die Grenzreibung ist als ein Sonderfall der Festkörperreibung anzusehen, bei der die tribologisch beanspruchten Oberflächen mit einer Adsorptionsschicht aus Schmierstoffmolekülen bedeckt sind. Die Belastung wird von den kontaktierenden Rauheitshügeln der Kontaktpartner aufgenommen, während bei der Relativbewegung die Scherung überwiegend in den adsorbierten Schmierstoffmolekülen erfolgt.

Bei der Mischreibung wird ein Teil der Belastung vom Schmierfilm, der elastohydrodynamisch oder hydrodynamisch erzeugt werden kann, und ein anderer Teil von den kontaktierenden Rauheitshügeln aufgenommen.

Die elastohydrodynamische Schmierung ist eine Folge der elastischen Deformation der Kontaktpartner und der Zunahme der Ölviskosität mit steigendem Druck. Die Schmierfilmdicke ist in der Regel gering. Wenn die Anordnung der Kontaktpartner die Bildung eines sich in Strömungsrichtung des Öles verengenden Spaltes zulässt, werden die Kontaktpartner durch einen dickeren, hydrodynamisch gebildeten Schmierfilm voneinander getrennt.

Im Folgenden werden die Bedingungen zur Bildung von hydrodynamischen und elastohydrodynamischen Schmierfilmen erläutert. Darauf folgen Ausführungen über die Grenzreibung.

6.1 Hydrodynamische Schmierungstheorie

Eine reibungsarme und verschleißsichere Kraftübertragung an relativ zueinander bewegten Tribo-Kontakten kann erzielt werden, wenn Grund- und Gegenkörper durch einen tragfähigen Schmierfilm getrennt werden, der den äußeren Lasten das Gleichgewicht hält. Grundsätzlich sind als Schmierstoff hierfür sowohl gasförmige wie fluide Medien geeignet. Im Folgenden sollen nur inkompressible Fluide, wie die Schmieröle betrachtet werden.

Die konstruktiven und physikalischen Voraussetzungen für die Schmierfilmausbildung lassen sich anschaulich mit der nach O. Reynolds benannten Druckdifferentialgleichung der hydrodynamischen Schmierungstheorie darstellen, siehe **Bild 6.1.1**. Die Reynolds´sche Differentialgleichung wurde unter konsequenter Vernachlässigung von Termen, die gegenüber anderen klein sind, aus den vollständigen Navier-Stokes-Gleichungen des allgemeinen dreidimensionalen Strömungszustandes abgeleitet. Dies betrifft im Wesentlichen die folgenden vereinfachenden Annahmen:

– Schmierspalthöhe h wesentlich kleiner ist als die Gesamtabmaße der Gleitflächen

– konstanter Schmierfilmdruck p(x,z) über der Spalthöhe h(x,z)

– Vernachlässigung von Trägheitswirkungen im Fluid

– Gültigkeit der Stokesschen Haftbedingung

– ideal glatte Oberflächen

Die Differentialgleichung liefert die Druckverteilung p(x,z) im Schmierfilm, abhängig vom definierten Integrationsgebiet sowie Randbedingungen für die Schmierspaltgeometrie h(x,z), die Geschwindigkeiten u, v, w der Gleitflächen sowie den Schmierstoffkennwerten (Dichte ρ, dynamische Viskosität η). Beschränkt man den Anwendungsbereich auf die Gleitlagertechnik, so kann in den meisten Fällen von einer mittleren Schmierfilmtemperatur ausgegangen werden. Die Schmierstoffkennwerte sind damit im Betriebszustand ebenfalls gemittelte Werte.

Die geschwindigkeitsabhängigen Terme auf der rechten Seite der Reynolds´schen Differentialgleichung kennzeichnen unterschiedliche Strömungszustände im Schmierfilm, die sich ergeben aus:

– der Tangentialgeschwindigkeiten u und w → Scherströmung sowie

– der Normalgeschwindigkeit dh/dt → Verdrängungsströmung.

Der Verdrängungsanteil ist kennzeichnend für den squeeze film instationärer Belastungszustände und bestimmt z. B. den Tragdruckaufbau in Kolbenbolzenlagerungen. Der Scherströmungsanteil leistet nur dann einen Beitrag zur Druckentwicklung, wenn ein konvergenter Schmierspalt (dh/dx, dh/dz > 0) vorliegt.

Zur Ausnutzung hydrodynamischer Ähnlichkeitskriterien wird eine dimensionslose Form der Reynoldsschen Differentialgleichung verwendet, die aus Bild 6.1.1 durch Einführung problemspezifischer Koordinatensysteme und Bezugsgrößen hervorgeht, siehe **Bild 6.1.2**. Die dimensionslose Formulierung ist Grundlage für einfach anwendbare kennfeldbasierte Berechnungsverfahren, auf denen die Richtlinien zur betriebssicheren Lagerauslegung nach DIN und VDI aufbauen.

Die wesentlichen vereinfachenden Annahmen betreffen:

- konstante mittlere Viskosität im Schmierfilm,
- zylindrische Lagerbohrung ohne Störungen durch Taschen oder Nuten,
- achsparallele Verlagerung der Welle.

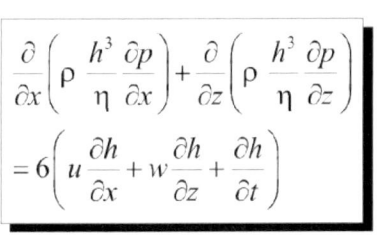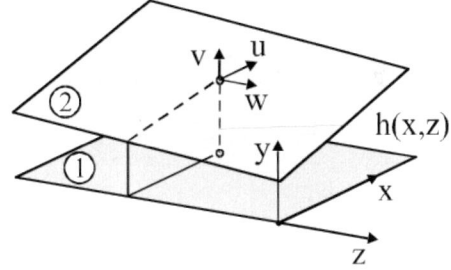

$$\frac{\partial}{\partial x}\left(\rho\,\frac{h^3}{\eta}\,\frac{\partial p}{\partial x}\right)+\frac{\partial}{\partial z}\left(\rho\,\frac{h^3}{\eta}\,\frac{\partial p}{\partial z}\right)$$
$$=6\left(u\,\frac{\partial h}{\partial x}+w\,\frac{\partial h}{\partial z}+\frac{\partial h}{\partial t}\right)$$

hydrodyn. Druckverteilung $\quad p = p(x,z);\ p(y) = \text{const}$

Spaltgeometrie $\quad\quad\quad\quad\ h = h(x,z)$

Viskosität $\quad\quad\quad\quad\quad\quad \eta = \eta(x,z);\ \eta(y) = \text{const}$

Dichte $\quad\quad\quad\quad\quad\quad\quad \rho = \rho(x,z)$

hydrodyn. wirksame Geschwindigkeit
   - Scherströmung $\quad\quad\quad u = u_1 + u_2 \quad\quad w = w_1 + w_2$
   - Verdrängungsströmung $\quad v_2 - v_1 = \partial h/\partial t$

Bild 6.1.1   Druckdifferentialgleichung der hydrodynamischen Schmierungstheorie nach Reynolds

In Zylinderkoordinaten erhält man eine dimensionslose Spaltfunktion $H(\varphi,z)$, deren Grenzwerte – minimaler und maximaler Schmierspalt – nur von der relativen Exzentrizität ε bestimmt werden. Bei vorgegebener Exzentrizität ε liefert die dimensionslose Reynolds-Differentialgleichung, abhängig vom Lagerbreitenverhältnis b, die Druckverteilung p * (φ, z) und nach Integration über das Druckgebiet die dimensionslose Tragkraftkennzahl So, die im deutschsprachigen Raum als Sommerfeldzahl bezeichnet wird.

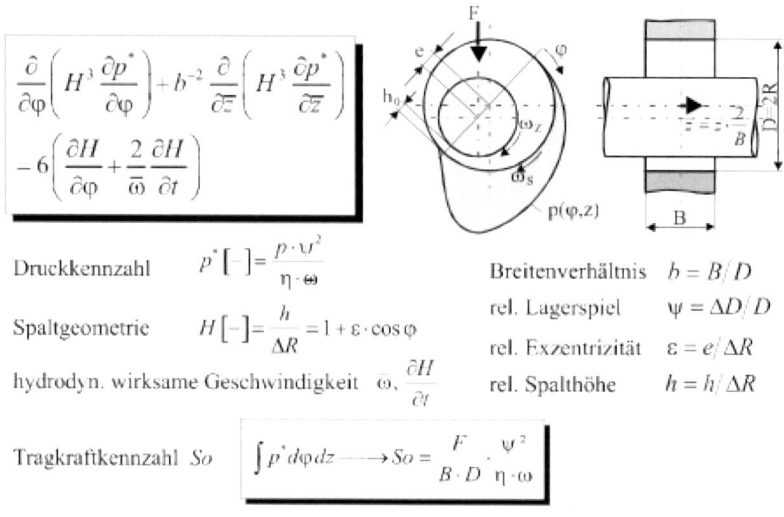

$$\frac{\partial}{\partial\varphi}\left(H^3\frac{\partial p^*}{\partial\varphi}\right)+b^{-2}\frac{\partial}{\partial\overline{z}}\left(H^3\frac{\partial p^*}{\partial\overline{z}}\right)$$

$$-6\left(\frac{\partial H}{\partial\varphi}+\frac{2}{\overline{\omega}}\frac{\partial H}{\partial t}\right)$$

Druckkennzahl $\quad p^*[-]=\dfrac{p\cdot\psi^2}{\eta\cdot\omega}$

Spaltgeometrie $\quad H[-]=\dfrac{h}{\Delta R}=1+\varepsilon\cdot\cos\varphi$

hydrodyn. wirksame Geschwindigkeit $\quad \omega,\dfrac{\partial H}{\partial t}$

Breitenverhältnis $\quad b=B/D$

rel. Lagerspiel $\quad \psi=\Delta D/D$

rel. Exzentrizität $\quad \varepsilon=e/\Delta R$

rel. Spalthöhe $\quad h=h/\Delta R$

Tragkraftkennzahl $So \quad \int p^*\,d\varphi\,dz\longrightarrow So=\dfrac{F}{B\cdot D}\cdot\dfrac{\psi^2}{\eta\cdot\omega}$

Bild 6.1.2   Dimensionslose Reynolds'sche Differentialgleichung für Radiallager

Die Sommerfeldzahl So ist eine Ähnlichkeitskennzahl. Bei gleicher Sommerfeldzahl sind Lager mit gleichem Lagerbreitenverhältnis b – unabhängig von der Baugröße B und D, dem Lagerspiel ψ, der Schmierstoffviskosität η sowie Drehzahl ω – hydrodynamisch ähnlich. Dies bedeutet, dass die Exzentrizität ε und damit die minimale Spaltweite Hmin (= $1-\varepsilon$) sowie die Reibungskennzahl μ/ψ gleich sind, siehe **Bild 6.1.3**.

Die minimale Spaltweite Hmin ist ein Kriterium für die Bewertung der Verschleißsicherheit. Ein zweites Kriterium für die Betriebssicherheit ist die mittlere Schmierfilmtemperatur, die sich aus dem thermischen Gleichgewicht zwischen der dissipativen Energieumsetzung im Schmierfilm und der abgegebenen Wärmemenge einstellt.

Nach dem Newtonschen Schubspannungsgesetz $\tau=\eta\,du/dh$ sind die Reibungsverluste proportional dem Schergefälle du/dh und der Schmierstoffviskosität η. Ein einfacher Zusammenhang zwischen Reibungskennzahl μ und Lagerbelastung folgt aus der Annahme, dass das Schergefälle du/dh gleich dem Verhältnis aus Umfangsgeschwindigkeit u und radialem Lagerspiel Δr ist. Die Substitution der Reibkraft F_R in der Schubspannung τ durch die Sommerfeldzahl, führt dann auf den einfachen Zusammenhang $\mu/\psi=\pi/So$ zwischen Reibwert μ und Sommerfeldzahl So, siehe Bild 6.1.3.

Aufgrund der vereinfachenden Annahme für das Schergefälle, die strenggenommen nur für eine Exzentrizität $\varepsilon=0$ gilt, wird diese Beziehung bei Sommerfeldzahlen So > 1 durch einen Korrekturfaktor K modifiziert (Es gilt: $\mu/\psi=K/\sqrt{So}$). Übliche Werte für den K-Faktor liegen bei $K\cong 3$.

Mit den beiden Kennfeldern für Tragkraftkennzahl So(b,ε) und den Reibwert $\mu/\psi=f(So)$ sind die Voraussetzungen für ein einfaches Berechnungsschema zur Ermittlung der mittleren Lagertemperatur ϑ und der minimalen Spaltweite h_{min} gegeben, siehe Bild 6.1.3.

Der Berechnungsgang geht davon aus, dass im Betriebspunkt eines Gleitlagers thermisches Gleichgewicht zwischen dissipativer Energieumsetzung im Schmierfilm und abgeführter Wärmemenge vorliegt. Die mittlere Schmierfilmtemperatur ϑ, die im Allgemeinen a priori nicht bekannt ist, wird iterativ unter Berücksichtigung der nichtlinearen Temperaturabhängigkeit der Viskosität $\eta(\vartheta)$ ermittelt, wie in Bild 6.1.3 schematisch dargestellt.

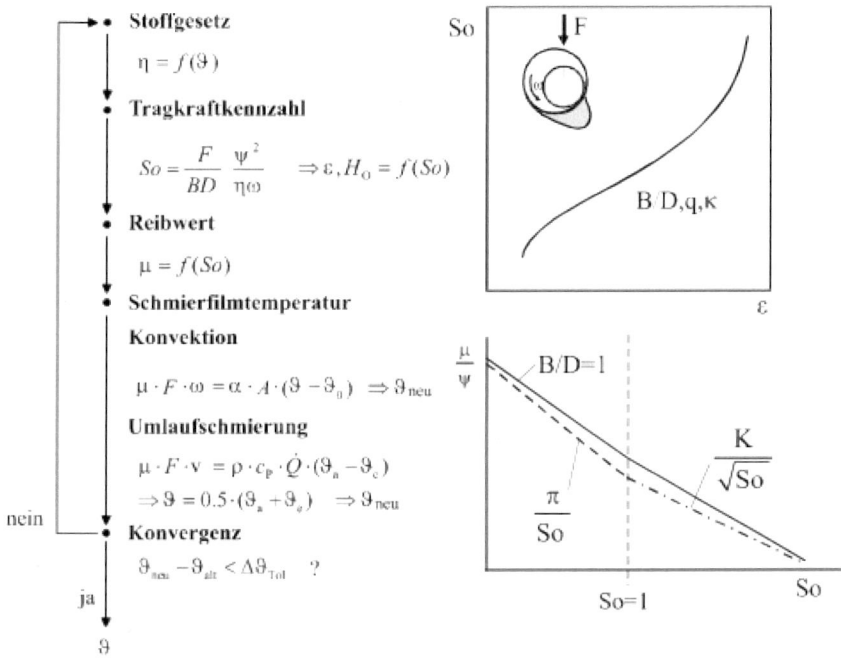

Bild 6.1.3 Berechnungsschema zur betriebssicheren kennfeldbasierten Auslegung hydrodynamischer Gleitlager

Ausgehend von den Betriebsparametern (Lagerlast F, Drehzahl ω), den konstruktiven Lagerabmessungen (Lagerbreitverhältnis b, Lagerspiel ψ) sowie der Viskositätsklasse des Schmierstoffs, wird in einem ersten Berechnungsschritt zunächst eine Starttemperatur $\vartheta = \vartheta_{start}$ angenommen. Die schmierstoffspezifische Temperaturabhängigkeit liefert dann die zugehörige mittlere Viskosität $\eta(\vartheta)$ (step 1), so dass eine erste Sommerfeldzahl So berechnet werden kann, (step 2). Mit der Sommerfeldzahl So folgt im Schritt (step 3) aus $\mu = f(So)$ der Reibwert μ. Das thermische Gleichgewicht zwischen der Reibleistung $P_r = \mu\, F\, v$ und der abgeführten Wärmemenge aus dem Lager liefert dann eine neue mittlere Schmierfilmtemperatur ϑ_{neu}, (step 4). Hierbei kann unterschieden werden zwischen der Wärmeabfuhr durch Konvektion oder durch Umlaufschmierung (Kühler). Bei unzureichender Übereinstimmung der beiden Temperaturen aus step 1 und step 4, wird die Iteration mit einer neuen gemittelten Temperatur wiederholt, bis Konvergenz vorliegt.

6.2 Elastohydrodynamische Schmierung

Wie aus der Reynoldsschen Differentialgleichung ersichtlich, wird die Druckentwicklung im Schmierspalt neben anderen Parametern auch von den Schmierstoffparametern Dichte und Viskosität sowie mit der dritten Potenz exponentiell vom Spaltverlauf bestimmt. In hochbelasteten Tribokontakten treten Schmierfilmdrücke auf, bei denen sowohl die Druckabhängigkeit der Schmierstoffkennwerte (Viskosität und Dichte) als auch die Änderung der Schmierspaltgeometrie durch die Verformung der Gleitflächen zu berücksichtigen sind. Diese Problemstellung führt auf das elasto-hydrodynamische Schmierungsproblem.

Die hierzu notwendigen theoretischen Grundlagen wurden zunächst für das Hertzsche Kontaktproblem von konkaven bzw. konvexen Wälz- und Gleitkontakten mit Punkt- und Linienberührung entwickelt. Mit zunehmender Leistungsdichte und verstärkter Anwendung von Leichtbauprinzipien war es notwendig, auch spezielle Verfahren für die elastohydrodynamische Auslegung von Gleitlagern zu entwickeln. Aufgrund unterschiedlicher Verfahren und auftretender Beanspruchungen werden die beiden Problemstellungen getrennt behandelt.

6.2.1 Elastohydrodynamik Hertzscher Kontakte

Elastohydrodynamische Hertzsche Wälz-Gleitkontakte treten an einer Vielzahl unterschiedlicher Maschinenelementen auf, wie: Wälzlager, Verzahnungen, Kettentriebe, Nocken-Stößel-Paarungen und Reibgetriebe.

Basierend auf der Dimensionsanalyse leiten Dowsen und Higgenson eine Beziehung zur Berechnung der elasto-hydrodynamischen Spaltweite H ab und differenzieren hierbei zwischen belastungs-, material- und geschwindigkeitsspezifischen Parametern. Der Ansatz – basierend auf drei Kennzahlen, deren Einfluss durch unterschiedliche Exponenten gewichtet wird – hat sich für die EHD-Spaltweitenberechnung grundsätzlich bewährt. In zahlreichen Untersuchungen wurden teilweise abweichende Exponenten ermittelt, die auf unterschiedliche Problemstellungen zurückzuführen sind, siehe **Bild 6.2.1**.

Messungen und numerische Lösungen der Reynoldsschen Differentialgleichung unter EHD-Randbedingungen zeigen, dass die elasto-hydrodynamische Druckverteilung annähernd der Hertzschen Druckverteilung folgt. Hierbei verläuft die Spaltweite h_0 im zentralen Bereich unter der Hertzschen Druckverteilung parallel und fällt am Ende der Druckentwicklung auf einen Minimalwert h_{min} ab. Nach Dowson, Higginson (1971) gilt annähernd $h_{min}/h_0 \cong 0,75$.

Bereits 1975 veröffentlichte Untersuchungen von Lui, Taillian und McCool (Liu, 1975) zeigen, dass neben der statistischen Ausfallwahrscheinlichkeit und den Materialeigenschaften auch die elasto-hydrodynamische Spaltweite h_{min} die Lebensdauer maßgeblich bestimmt. Dieser Einfluss wird in der erweiterten Lebensdauerdauerberechnung L_{na} von Wälzlagern durch den a_3-Beiwert berücksichtigt. Bild **6.2.2** zeigt die Abhängigkeit des a_3-Beiwertes von der zentralen EHD-Schmierspaltweite h_0, ermittelt aus Lebensdauerversuchen an Wälzkontakten mit Punkt und Linienberührung von Skurka und Tallian.

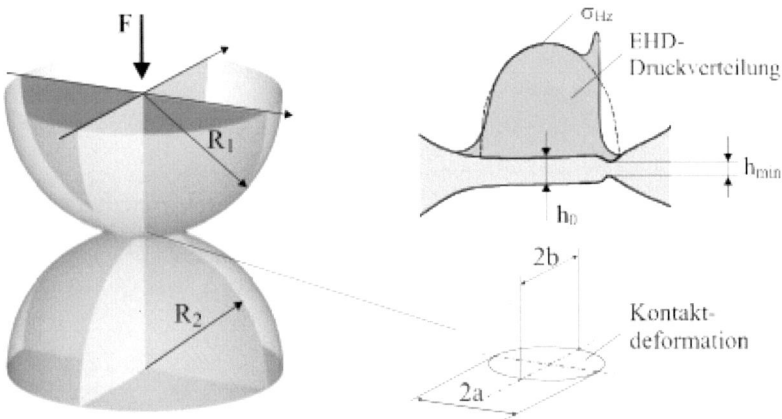

Grund-/Gegenkörper Index 1, 2

Ersatzradien konkav - ; konvex +

$$\frac{1}{R_{x(y)}} = \frac{1}{R_{1x(y)}} + \frac{1}{R_{2x(y)}}$$

$$\frac{1}{R} = \frac{1}{R_x} \pm \frac{1}{R_y}$$

Stoffkonstante

➤ Ersatz-Elastizitätsmodul

$$\frac{1}{E} = 0,5\left[(1 - v_1)/E_1 + (1 - v_2)/E_2\right]$$

➤ dyn. Viskosität η_0

➤ Druck-Viskositätskoeffizient α

$$H_0\left(= \frac{h_0}{R}\right) = e_0 \cdot G^{e_1} \cdot U^{e_2} \cdot W^{e_3}$$

Werkstoffkennzahl

$$G = \alpha \cdot E$$

Geschwindigkeitskennzahl

- stationär $U = \eta_0 \cdot u \left(E' \cdot R\right)^{-1}$

- instationär $V = \eta_0 \cdot v \left(E' \cdot R\right)^{-1}$

Belastungskennzahl

$$W = w\left(E' \cdot R\right)^{-1}$$

Kontakt	Schmierfilmexponent H_0	e_0	e_1	e_2	e_3
Punkt	Archard	1,40	0,74	0,74	0,074
	Cameron	5,81	1,00	1,00	0,33
	Cheng	2,21	0,725	0,725	0,058
	Hamrock/Dowson	1,90	0,53	0,67	0,067
Linie	Ertel/Grubin	1,95	0,73	0,73	0,091
	Dowson/Toyoda	3,06	0,56	0,69	0,10
	Dowson/Higginson	1,60	0,60	0,70	0,13
	Crook	2,14	0,75	0,75	0,125

Bild 6.2.1   EHD-Schmierfilmhöhengleichung nach Dowson und Higgenson für Wälz- und Gleitkontakte

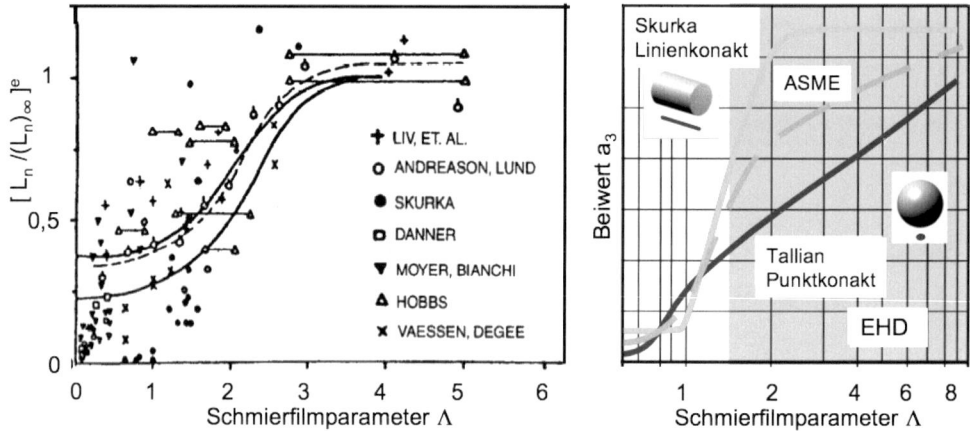

Bild 6.2.2   Einfluss der EHD-Schmierfilmhöhe h_0 auf die Wälzlagerlebensdauer
Schmierfilmhöhenparameter $\lambda = h_0/\sigma$
(σ: Standardabweichung der Rauheit)

6.2.2   Elastohydrodynamische Gleitlagerung

Insbesondere im Bereich der Motorenentwicklung sind Vorgaben für erhöhte spezifische Leistungsdichten im Allgemeinen auch mit neuen konstruktiven und werkstofftechnischen Konzepten verbunden, die eine konsequente Umsetzung von Leichtbauprinzipien zur Gewichts- und Bauraumreduktion erfordern. In der Gleitlagertechnik wird das konstruktive Optimierungspotential hierbei bestimmt durch Kriterien, die eine optimale Anpassung bzw. Schmierung der Gleitraumgeometrie sicherstellen. Aus konstruktiver Sicht ist zu beachten, dass die Auswirkung elastischer Bauteilverformungen durch eine steifigkeitsoptimierte Gestaltung der Partner eines Tribosystems kompensiert wird.

Die Abhängigkeit der hydrodynamischen Tragfähigkeit und Betriebssicherheit von der Lager- und Wellenverformung zeigt das Beispiel eines DIN-Flanschlagers nach **Bild 6.2.3**.

Die besten Voraussetzungen für die hydrodynamische Druckentwicklung in einem Radiallager sind gegeben, wenn der Schmierspalt über der Lagerbreite konstant verläuft. Veränderungen des Parallelspaltes durch Wellenschiefstellung oder durch Lagerverformung mindern dementsprechend die Tragfähigkeit bzw. die Betriebssicherheit. Infolge der Wellendurchbiegung verläuft der Schmierspalt über der Lagerbreite keilförmig, sofern die Wellenschiefstellung nicht durch eine entsprechende Verformung des Lagers kompensiert wird. In Bild 6.2.3 gegenübergestellt ist die Abhängigkeit der Sommerfeldzahl *So* von der minimalen Spaltweite H_{min} bei Parallelspalt $q = 0$ und bei Wellenschiefstellung $q > 0$. Bei gleicher Lagerbelastung $So = $ const. sinkt hierbei die minimale Spaltweite H_{min} mit zunehmender Schiefstellung q. Unter Berücksichtigung der Lagerelastizität wird die Wellenschiefstellung teilweise durch die Lagerdeformation kompensiert wie der Verlauf unter EHD-Bedingungen zeigt. Das konstruktive Optimierungspotential einer elasto-hydrodynamischen Gleitlagerauslegung verdeutlicht der Verlauf des Spaltweitenverhältnisses $H_{min-elast} / H_{min-starr}$ in Abhängigkeit von der Schiefstellung q, siehe Bild 6.2.3.

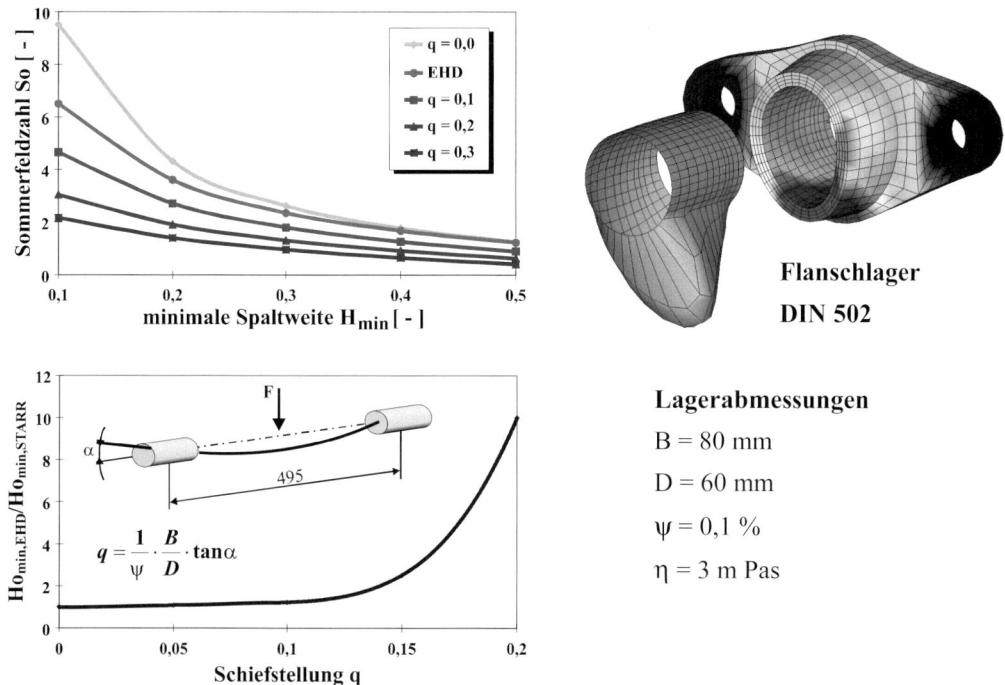

Bild 6.2.3 Einfluss der Wellenbiegung und Lagerverformung auf die hydrodynamische Tragfähigkeit
minimale Spaltweite:
$H_{min,starr}$ Lager starr, Welle elastisch
$H_{min,elast}$ Lager und Welle elastisch

Mit steigenden spezifischen Belastungen sind die Entwicklungsziele bei Gleitlagerungen technisch nur umsetzbar, wenn auch Beanspruchungszustände im Bereich des Überganges zwischen Hydrodynamik und Mischreibung sicher beherrscht werden. Voraussetzung für eine Vollausnutzung der Festigkeitsgrenzwerte von Gleitlagerwerkstoffen ist hierbei eine gleichmäßige Lastverteilung in der tragenden Zone. Zur Vermeidung von Beanspruchungskonzentrationen erfordert dies aus konstruktiver Sicht eine beanspruchungs- bzw. steifigkeitsoptimierte Lagergestaltung.

Bei einem Schmierspalthöhenverhältnis $\lambda(= h^*/\sigma) < 3 \div 5$, beeinflusst der strukturelle Aufbau der Oberfläche zunehmend den lokalen Schmierstofftransport und damit den hydrodynamischen Druckaufbau. Gleichzeitig nimmt der Anteil diskreter Festkörperkontakte zu, so dass die Gesamtbelastung anteilig übertragen wird, durch lokal begrenzte hydrodynamische Traganteile sowie durch partielle Festkörpertraganteile im Mikrokontakt. Für die Auslegung von hochbelasteten Gleitlagern mit partiellen Mischreibungskontakten mussten Verfahren entwickelt werden, welche geeignet sind, die mikrogeometrischen Eigenschaften der Rauheitsstruktur mit der makrogeometrischen elasto-hydrodynamische Druckentwicklung zu verknüpfen.

Für die mikrohydrodynamischen Eigenschaften sowie die Festkörpertraganteile wurden physikalisch/mechanisch basierte Verfahren entwickelt, welche die reale Oberflächentopografie berücksichtigen. **Bild 6.2.4** zeigt eine spezielle Form der Reynoldsschen Differentialgleichung

(Berthe und Godet, 1973), welche durch Flussfaktoren $\phi^{s,p}$ erweitert wurde. Die Wirkung der Druck- und Scherflussfaktoren $\phi^{s,p}$ in der Reynoldsschen Differentialgleichung kann als Änderung der Viskosität η interpretiert werden.

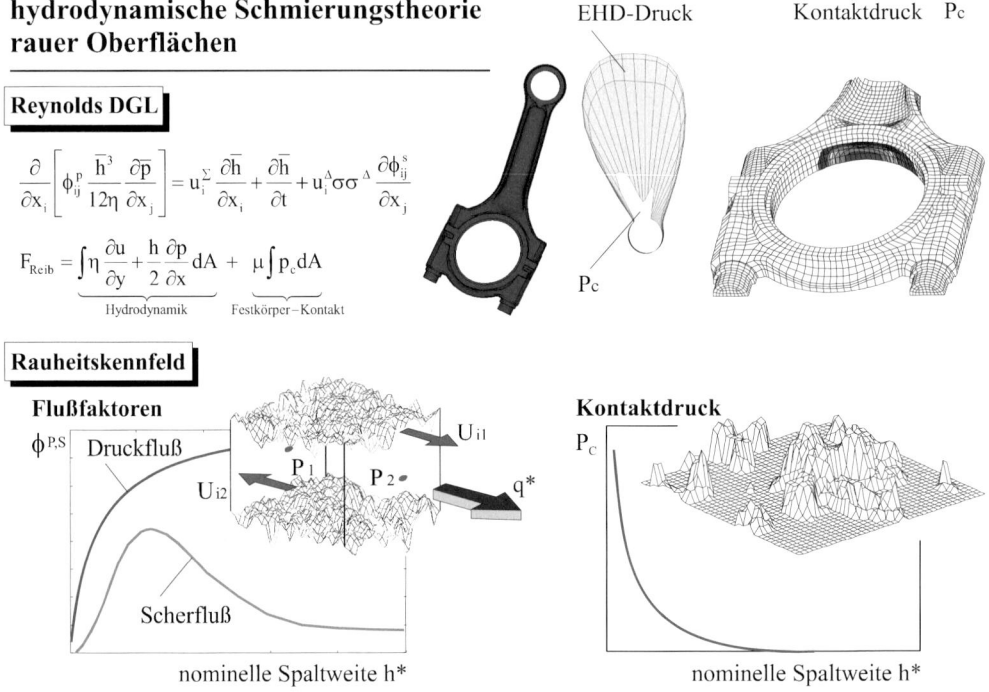

hydrodynamische Schmierungstheorie rauer Oberflächen

EHD-Druck   Kontaktdruck P_c

Reynolds DGL

$$\frac{\partial}{\partial x_i}\left[\phi^p_{ij}\frac{\overline{h}^3}{12\eta}\frac{\partial \overline{p}}{\partial x_j}\right] = u^\Sigma_i \frac{\partial \overline{h}}{\partial x_i} + \frac{\partial \overline{h}}{\partial t} + u^\Delta_i \sigma\sigma^\Delta \frac{\partial \phi^s_{ij}}{\partial x_j}$$

$$F_{Reib} = \underbrace{\int \eta \frac{\partial u}{\partial y} + \frac{h}{2}\frac{\partial p}{\partial x} dA}_{\text{Hydrodynamik}} + \underbrace{\mu \int p_c dA}_{\text{Festkörper-Kontakt}}$$

P_c

Rauheitskennfeld

Flußfaktoren

$\phi^{P,S}$ Druckfluß U_{i1}
P_1 P_2 q^*
U_{i2}

Scherfluß

nominelle Spaltweite h*

Kontaktdruck

P_C

nominelle Spaltweite h*

Bild 6.2.4   Erweiterte Schmierfilmtheorie für raue Oberflächen und Mischreibungskontakte

Die mikrohydrodynamischen Eigenschaften rauer Oberflächen sind zurückzuführen auf Unterschiede im Schmierstofftransport, der sich aus der Flussbilanz bei Scher- und bei Druckströmung ergibt (Patir, 1978; Patir, 1979; Peklenik, 1965; Peklenik, 1967). Die Flussfaktoren werden spaltweitenabhängig ermittelt, indem die Reynolds´sche Differentialgleichung auf die reale 3-dimensionale Oberflächentopografie angewendet wird.

Für den Festkörpertraganteil und zur Charakterisierung der mechanischen Beanspruchung rauer Oberflächen wurden Kontaktdruckmodelle entwickelt, welche sowohl die Topographie von Grund- und Gegenkörper als auch elasto-plastische Materialgesetze berücksichtigen (Boussinesq, 1885; Greenwood, 1966; Greenwood, 1970; Knoll, 2002).

Bild 6.2.4 zeigt beispielhaft die den prinzipiellen Verlauf der Flussfaktoren $\phi^{s,p}$ und des Kontaktdrucks p_c als Funktion der nominellen Spaltweite h*. Die nominelle Spaltweite ist definiert als Abstand der Profilmittelebenen von Grund- und Gegenkörper.

Folgt man dem Vorschlag von Vogelpohl für ein Mischreibungsmodell, so setzt sich – entsprechend den Tragteilen – die Reibung aus hydrodynamischer Flüssigkeitsreibung (Newtonsches Schubspannungsgesetz) und Festkörperreibung zusammen. Die Einbindung dieses

Modells in die EHD-Simulationstechnik liefert neben Aussagen über die Reibungsverluste auch Informationen über die lokale Reibenergiedichte, als Maß für die Verschleißgefährdung. Hierzu wird aus der Lösung der Reynoldssche Differentialgleichung der Anteil der Flüssigkeitsreibung und aus dem Kontaktdruckmodell der Festkörpertraganteil $\int p_c dA_c$ ermittelt. Korrelationsbetrachtungen durch Gleitlagerversuche zeigen, dass die Festkörperreibwerte abhängig von der Intensität des Mischreibungskontaktes Werte von $\mu \approx 0,04 \div 0,07$ annehmen.

Bild 6.2.5 zeigt beispielhaft für ein Pleuellager die Druckverteilung unter Mischreibungsbedingungen im Bereich des oberen Zündzeitpunktes, mit dem elastohydrodynamischen Traganteil $p_{EHD}(h^*)$ und dem Festkörperkontaktdruck p_c auf der Grundlage von Kennfeldern für die Flussfaktoren $\phi^{s,p}(h^*)$ und den Kontaktdruck $p_c(h^*)$. Zum Einfluss der Schmiegung zwischen Lagerschale und Wellenzapfen sind in Bild 6.2.5 die elastische Lagerdeformation sowie der Druck- und Spaltweitenverlauf p^*, H über dem Lagerumfang im Bereich Gaswechsel-OT dargestellt. Infolge der Schmiegung zwischen Lagerschale und Wellenzapfen erstreckt sich die minimale Spaltweite nahezu über die gesamte Unterschale (Umschlingungswinkel ca. 180°). Das Optimierungspotential einer elastohydrodynamischen Lagergestaltung leitet sich aus der Reduktion der Spitzendrücke ab, die sich unter EHD-Bedingungen und bei starrer Gleitraumgeometrie einstellen (Knoll,1995; Knoll 1997; Peeken, 1996).

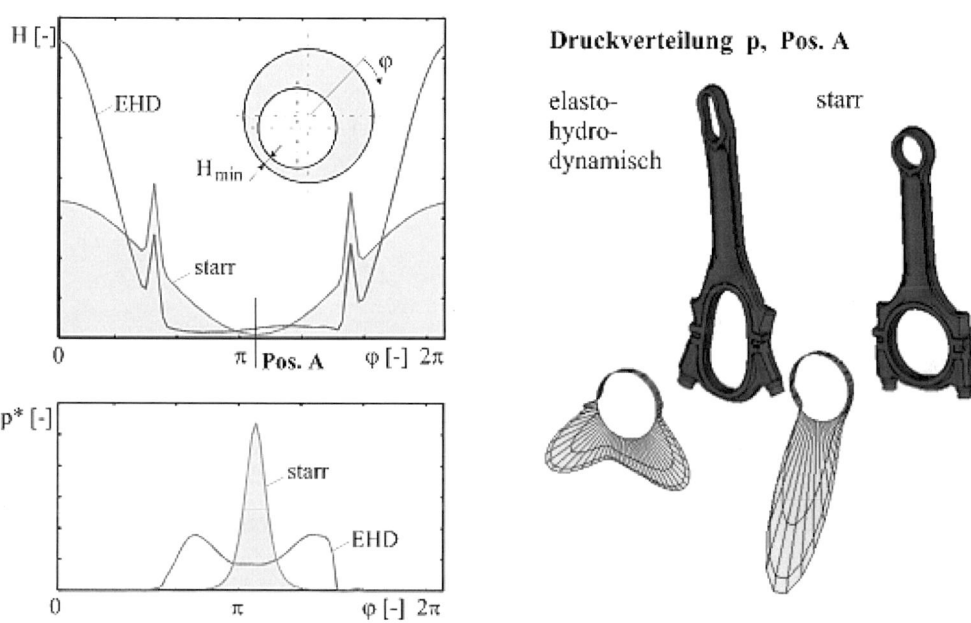

Bild 6.2.5   Elastohydrodynamische Pleuellagerberechnung
Druck- und Spaltweitenverlauf p, H im Zündzeitpunkt über dem Lagerumfang

6.3 Grenzreibung

Lassen die Beanspruchungsbedingungen von ölgeschmierten Werkstoffpaarungen die Bildung hydrodynamischer oder elastohydrodynamischer Schmierfilmtraganteile nicht zu, weil z. B. die Geschwindigkeit zu niedrig oder die Belastung zu hoch ist, so herrscht Grenzreibung (engl.: boundary lubrication) vor. Reibung und Verschleiß werden von den Eigenschaften der sich auf den Werkstoffoberflächen bildenden Grenzschichten beeinflusst, die primär von den Eigenschaften des Schmierstoffes – insbesondere der Schmierstoffadditive – aber auch von den Eigenschaften der Werkstoffoberflächen abhängen. Diese Grenzschicht kann im Wesentlichen durch folgende Prozesse gebildet werden:

- Physisorption
- Chemisorption
- Tribochemische Reaktion

Physisorption

Bei der Physisorption werden im Schmieröl enthaltene Zusätze wie z. B. Fettsäuren, Alkohole oder Ester auf den tribologisch beanspruchten Oberflächen adsorbiert. Die Belegung der Oberflächen erfolgt nach den Gesetzen der Adsorption, d. h. sie ist temperatur- und konzentrationsabhängig.

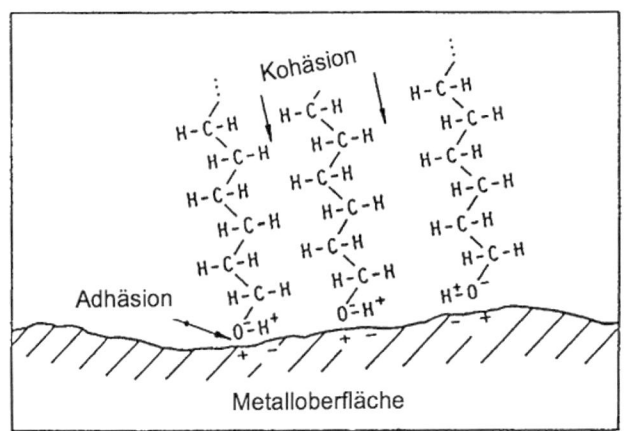

Bild 6.3.1 Physisorption von Schmierstoffmolekülen (schematisch)

Die Belegungsdichte hängt ferner vom Bau der adsorbierten Moleküle und der Lage der polaren Gruppe ab. Langkettige Moleküle mit polarer Endgruppe erniedrigen die Reibung in besonders starkem Maße (Daniel, 1951; Studt, 1989), weil sich ihre Kettenachse senkrecht zur Oberfläche ausrichten kann (**Bild 6.3.1**). Die Reibungsminderung nimmt mit steigender Kettenlänge zu (Zismann, 1959). Nach Untersuchungen von Studt (1989) ist eine Mindestkettenlänge von Fettsäuren für eine effektive Reibungsminderung erforderlich, siehe **Bild 6.3.2**. Dies kann darauf beruhen, dass mit zunehmender Kettenlänge die Wechselwirkungen zwischen den Oberflächen vermindert werden (Fuller, 1960) oder dass sich die Moleküle mit zunehmender Länge besser abstützen können.

Eine Voraussetzung für die Adsorption von polaren Gruppen besteht darin, dass die Werkstoffoberfläche ebenfalls einen polaren Charakter aufweist, damit van-der-Waals-Bindungen entstehen können.

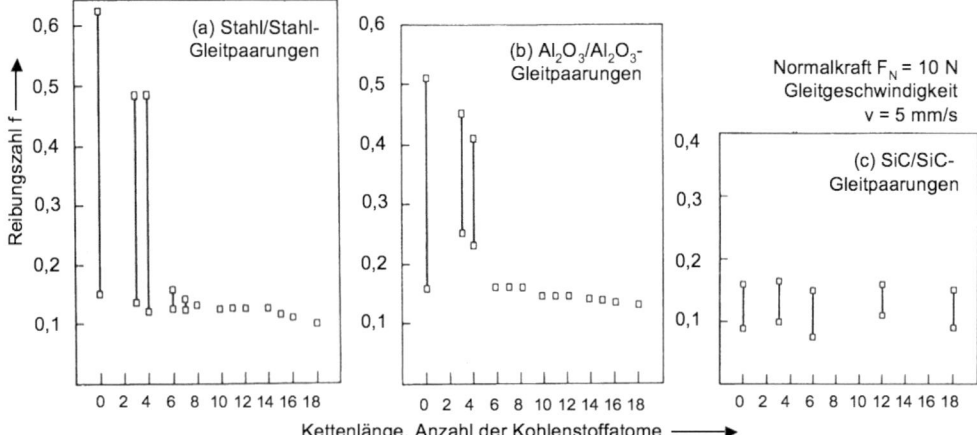

Bild 6.3.2   Grenzreibung und Physisorption: Einfluss der Kettenlänge von Kohlenwasserstoffen auf die Grenzreibung von Werkstoffen (a) Metall, (b) Keramik mit ionischer Bindung, (c) Keramik mit kovalenter Bindung

Bei metallischen Werkstoffen, z. B. Stahl, wird dies in der Regel durch die auf den Oberflächen gebildeten Oxidschichten erreicht, siehe Bild 6.3.2 (a). Bei keramischen Werkstoffen werden unterschiedliche Effekte beobachte. Während z. B. auf Aluminiumoxid mit ionischer Bindung Fettsäuren mit polaren Endgruppen leicht adsorbiert werden, so dass ab einer gewissen Kettenlänge die Reibung erniedrigt wird Bild 6.3.2 (b), findet auf Siliciumcarbid mit kovalenter Bindung offenbar keine Adsorption statt, so dass die Reibungszahl nicht beeinflusst wird, siehe Bild 6.3.2 (c).

Auch zyklische Verbindungen können auf Oberflächen adsorbiert werden, wodurch die Reibung erniedrigt wird. Die Erniedrigung der Reibung fällt aber geringer aus als bei langkettigen Verbindungen. Dieses Verhalten dürfte durch die geringere Belegungsdichte der Oberflächen mit zyklischen Molekülen bedingt sein.

In **Tabelle 6.3.1** sind die Reibungszahlen von Gleitpaarungen aus Stahl bei Punkt- und Flächenkontakt sowie die Fresslasten bei Flächenkontakt wiedergegeben, bei denen als Schmierstoff n-Hexadecan mit unterschiedlichen zyklischen und langkettigen Verbindungen verwendet wurde. Sowohl bei Punkt- als auch bei Flächenkontakt reduzieren die langkettigen Verbindungen (Stearinsäure, 1-Octadecanol, Sterylamine) die Reibungszahl stärker als die zyklischen Verbindungen. Die unterschiedliche Stahlzusammensetzung machte sich nicht bemerkbar. Die Fresslast wurde durch die aromatischen Verbindungen stärker angehoben, was auf der Bildung von Kohlenstoff oder von kohlenstofffreichen Zersetzungsprodukten beruht, wie durch Auger-Analysen nachgewiesen wurde (Nakayama u. Studt, 1987). Eine durch Physisorption gebildete Grenzschicht ist sehr temperaturempfindlich, weil mit steigender Temperatur Desorption, Zerstörung der Orientierung oder Schmelzen einsetzen kann. Daher ist die thermische und mechanische Belastbarkeit so gebildeter Schichten begrenzt.

Tab. 6.3.1   Reibungszahl und Fresslasten von Stahlgleitpaarungen in Hexadecan mit Zusätzen polarer organischer Verbindungen (Studt, 1989)

| Verbindung | Reibungszahl f | | Fresslast F in N bei Flächenkontakt |
	Punktkontakt[1]	Flächenkontakt[2]	
Hexadecan	0,2 - 0,6	0,15 - 0,17	62, 62
a-Naphthylamin	0,11 - 0,125	0,11 - 0,14	950, 1000
b-Naphthol	0,125 - 0,14	0,11 - 0,14	950, 1050
9-Phenanthrol	0,13 - 0,14	0,11 - 0,14	1100, 1200
Phenol	0,14 - 0,2	0,12 - 0,16	750, 800
Chinolin	0,13 - 0,15	-	-
Cyclohexanol	0,15 - 0,30	0,125 - 0,135	100, 100
Decahydro-2-naphthol	0,15 - 0,22	0,12 - 0,16	300, 420
Stearinsäure	0,10	0,10	500, 600
1-Octadecanol	0,10	0,10	170, 200, 260
Stearylamin	0,10	-	-
9-Octadecanol	0,25 - 0,60	0,12 - 0,15	100, 150

1) Kugel/Scheibe (Stahl 100Cr6); F_N = 10 N; v = 0,005 m/s

2) Stift/Scheibe (Stahl Ck15); v = 0,02 m/s

Schmierung mit Hexadecan und Lösungen von polaren Verbindungen in Hexadecan
Molare Konzentration der polaren Verbindungen: $2{,}5 \cdot 10^{-3}$; Stearinsäure $2{,}5 \cdot 10^{-4}$, 9-Phenanthrol 10^{-3}; Temperatur 25 °C

Chemisorption

Werden die Moleküle durch Chemisorption an die Oberflächen gebunden, so entstehen we-sentlich stabilere Grenzschichten, weil an der Grenzfläche chemische Bindungen mit größeren Bindungskräften (siehe Abschnitt 3.1.1) gebildet werden. Ein bekanntes Beispiel der Chemi-sorption ist die Reaktion von Stearinsäure mit Eisenoxid bei der Anwesenheit von Wasser, wodurch sich eine Metallseife in Form von Eisenstearat bildet. Metallseifen haben nicht nur günstige Schereigenschaften, sie haben auch Schmelzpunkte, die deutlich höher als die der ursprünglichen Fettsäuren sind. So beträgt der Schmelzpunkt von Stearinsäure 69 °C, der ihrer Metallseifen liegt bei 120 °C. Chemisorbierte Schichten haben bis zu ihrem Schmelzpunkt gute Schmiereigenschaften, siehe Bild **6.3.5**. Sie können bei mittleren Belastungen, Tempera-turen und Geschwindigkeiten eine anhaltende Reibungsminderung bewirken.

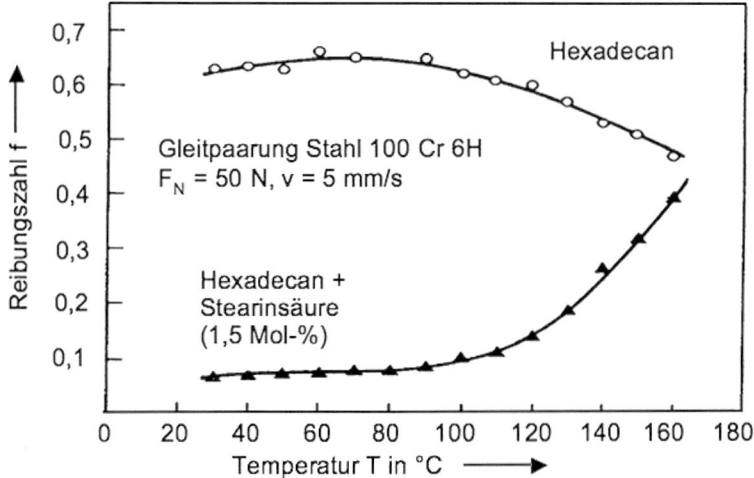

Bild 6.3.3   Reibungszahl einer Stahlgleitpaarung in Hexadecan ohne und mit Stearinsäure

Tribochemische Reaktion

Durch tribochemische Reaktionen zwischen Bestandteilen des Schmieröles und der metalli-schen Werkstoffoberfläche werden Reaktionsschichten gebildet, die im Allgemeinen thermisch und mechanisch höher belastbar als physi- oder chemisorptiv gebildete Schichten sind. Dazu werden den Schmierölen Chlor-, Phosphor- oder Schwefelverbindungen als Additive zuge-setzt. Die Wirksamkeit solcher Additive hängt von der Geschwindigkeit der Reaktionsschicht-bildung ab, die von der Aktivierungsenergie der Reaktion, der Oberflächentemperatur und der Additiv-Konzentration beeinflusst wird. Von besonderer Bedeutung ist die Konzentration der Zusätze an der Grenzfläche Metall/Schmieröl. Eine Erhöhung der Adsorbierbarkeit – d. h. der Konzentration an der Oberfläche – erhöht ihre Wirkung, die Verdrängung dieser Zusätze von der Metalloberfläche durch andere polare Verbindungen wirkt entgegengesetzt (Studt, 1968).

Der Einfluss unterschiedlicher Adsorbierbarkeit von organischen Chlorverbindungen, die als EP-Additive an Stahloberflächen verwendet werden können, wurde am Beispiel von Verbin-dungen untersucht, die jeweils die gleiche reaktive Gruppe im Molekül enthalten, sich aber durch eine zweite Gruppe unterschiedlicher Polarität und damit unterschiedlicher Affinität zu

Stahloberflächen unterscheiden. Folgende Verbindungen mit Chlorgruppen wurden in unterschiedlicher Konzentration n-Hexadecan zugegeben:

I. $C_3H_3Cl_4$-$(CH_2)_8$-CH_3

II. $C_3H_3Cl_4$-$(CH_2)_8$-CO_2CH_3

III. $C_3H_3Cl_4$-$(CH_2)_8$-CH_2OH

IV. $C_3H_3Cl_4$-$(CH_2)_8$-$COOH$

Alle Moleküle enthalten die gleiche reaktive Gruppe $C_3H_3Cl_4$, sie unterscheiden sich in der polaren Gruppe, wobei die Stärke der Polarität in der Reihenfolge $-CH_3$, $-CO_2CH_3$, $-CH_2OH$, $-COOH$ zunimmt.

Die Beeinflussung des Lasttrageverhaltens wurde in einem Shell-Vier-Kugel-Apparat mit Halbzoll-Kugeln aus Stahl 100Cr6H untersucht. Die Drehzahl betrug 1500 Umdrehungen/min, die Versuchszeit 5 s pro Lauf. Ermittelt wurde die Normalkraft pro Kugel, bei der ein Anstieg des Verschleißes von einer Tieflage in eine Hochlage erfolgte. Aus **Bild 6.3.4** erkennt man, dass das so ermittelte Lasttragevermögen mit zunehmender Polarität d. h. mit zunehmender Adsorbierbarkeit der Moleküle ansteigt. Laurinsäure (C_3H_7-$(CH_2)_8$-$COOH$) ohne die reaktive Chlorgruppe hat keine Wirkung (Studt, 1968).

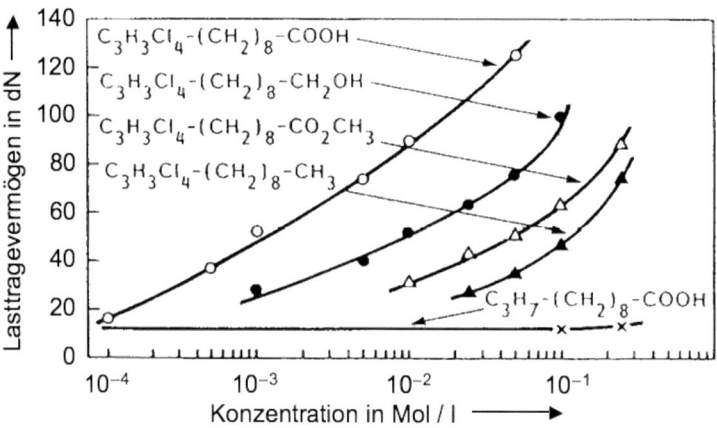

Bild 6.3.4 Lasttragevermögen von Chlorverbindungen unterschiedlicher Additive

Unter Grenzreibungsbedingungen besonders wirksame Schmierstoffadditive sind die Zinkdialkyldithiophosphate. Sie wirken als Verschleißminderer, Hochdruckzusätze, aber auch als Korrosions- und Oxidationsinhibitoren. Während der tribologischen Beanspruchung können auf den Metalloberflächen Schichten aus Zersetzungsprodukten gebildet werden, ohne dass es zu einer ausgeprägten chemischen Reaktion mit der Metalloberfläche kommen muss (Uetz, Khosrawi u. Föhl, 1984).

In **Tabelle 6.3.2** sind die unter Grenzreibungsbedingungen mit einem LFW-1-Prüfgerät in einem größeren Belastungs- und Geschwindigkeitsbereich gemessenen Reibungszahlen verschiedener Gleitpaarungen zusammengestellt (Willermet, 1987).

Die Öle A und C enthielten Zinkdialkyldithiophosphat, das Öl C außerdem einen Reibungs-
minderer in Form einer Molybdänverbindung. Man erkennt aus Tabelle 6.3.2, dass die Werkstoffpaarung nur einen untergeordneten Einfluss auf die Reibungszahl hat. Während mit dem
Öl A relativ schnell ein stabiler Reibungszustand erzeugt wurde, trat die niedrigere Reibungszahl bei Verwendung des Öles C erst nach längeren Beanspruchungszeiten mit starken
Streuungen auf. Dafür werden die unterschiedliche chemische Zusammensetzung und Morphologie der Oberflächen verantwortlich gemacht. Das Fressen der Paarung Chrom/Chrom
beruht wahrscheinlich auf der schlechten Ölbenetzbarkeit.

Tab. 6.3.2 Reibungszahlen von Gleitpaarungen mit additivierten Ölen.
Öl A: Viskosität (mm^2/s) 76.3 (T = 40 °C), 9,2 (T = 1000 °C).
Öl B: Viskosität (mm^2/s) 77,6 (T = 40 °C), 9,3 (T = 1000 °C).

	Chem. Zusammensetzung in ppm				
	Zn	P	Mo	Mg	B
A	1308	1185	-	1190	141
C	1243	1099	1998	998	125

Paarung		Reibungszahl f	
Ring	Klötzchen	Öl A	Öl C
Graues Gusseisen	Nockenfolger-Gusseisen	0,103 / 0,110 / 0,105 / 0,106	0,037 / 0,048
EAC Gusseisen	Nockenfolger-Gusseisen	0,105	0,038
Graues Gusseisen	Siliciumcarbid	0,104	0,045
Stahl	Stahl	0,125	0,048
Stahl	Titannitrid	0,122	0,055
Titannitrid	Titannitrid	0,119	0,050
Nickel, fremdstromlos	Nickel, fremdstromlos	0,102	0,052
Nickel, fremdstromlos	Stahl	0,119	
Chrom	Chrom	0,102	Fressen
Chrom	Stahl	-	0,051
Siliciumnitrid	Siliciumnitrid	0,106	0,054
Zirkondioxid	Zirkondioxid	0,08 - 0,12	0,03 - 0,07

Die Bildung von Schichten kann aber auch stärker von den Eigenschaften des Grundwerkstoffes abhängen. So kommt es bei Aluminiumoxidgleitpaarungen offenbar bei niedrigen Beanspruchungen nicht zur Schichtbildung, während Stahlgleitpaarungen eine Schichtbildung aufweisen (Studt, 1989). Lockwood, Bridger u. Hsu (1989) beobachteten eine Abnahme von Reibungszahl und Verschleißkoeffizient mit der Zunahme der Immersionswärme der Öle, die aus der Differenz der Grenzflächenenergien Festkörper/gesättigter Dampf und Festkörper/Öl bestimmt wurde. Bild **6.3.7** zeigt die Abhängigkeit der Tragfähigkeit von Hochdruckzusätzen (EP-Additive) auf Schwefel- und Chlorbasis in Abhängigkeit von der chemischen Reaktivität, die durch die Korrosion eines dünnen, elektrisch beheizten Drahtes gemessen wurde (Sakurai u. Sato, 1966).

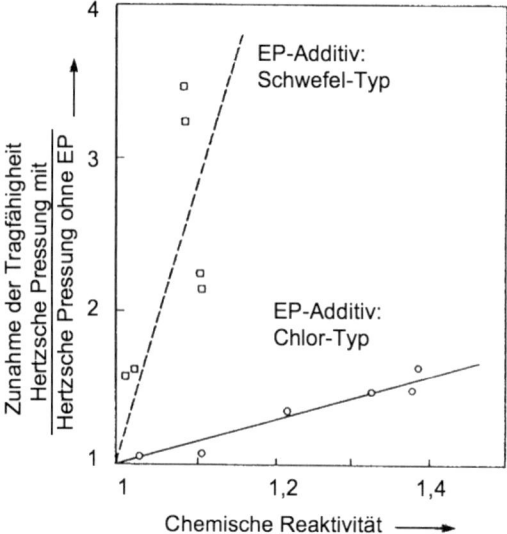

Bild 6.3.5
Tragfähigkeit unterschiedlicher Additive in Weißöl

Die Tragfähigkeit wurde durch das Verhältnis der ertragbaren, mittleren Hertzschen Pressung (M.H.P.) bei Verwendung eines Weißöls mit und ohne EP-Additiv ausgedrückt. Zur Kennzeichnung der chemischen Reaktivität diente dementsprechend das Verhältnis der Korrosionsgeschwindigkeitskonstanten K, die bei 400 °C ermittelt wurden.

Die getrennten Geraden der schwefel- und chlorhaltigen Additive demonstrieren, dass die Wirksamkeit der Reaktionsprodukte ein wichtiger Parameter ist. Innerhalb eines Additivtyps haben die Verbindungen, die als verschleißmindernde Additive am wenigsten wirksam sind, das höchste Lasttragevermögen. Dies liegt darin begründet, dass bei mäßigen Beanspruchungen der tribochemische Verschleiß stärker als notwendig ist, unter hohen Beanspruchungen verhindern die Reaktionsprodukte aber schweren adhäsiven Verschleiß bzw. Fressen (Rowe, 1980).

In **Tabelle 6.3.3** sind die Verschleißkoeffizienten K für eine Reihe von Additiven in gereinigtem Mineralöl bei Belastungen zwischen 15 und 60 daN dargestellt; die Ergebnisse wurden mit dem Vier-Kugel-System mit Kugeln am Stahl 100 Cr6 gewonnen. Die Drehzahl betrug 120 Umdrehungen/min, die Versuchszeit 1 h und die Öltemperatur 57 °C. Der Verschleißkoeffizient K ist durch folgende Beziehung gegeben: $K = Wv \, H / (F_N \, s)$ mit dem Verschleißvolumen Wv, der Härte H (725 HV), der Normalkraft F_N und dem Gleitweg s.

Tabelle 6.3.4 zeigt, wie einige Additive (Trikresylphosphat und Bleinaphtenat) bei niedrigen Normalkräften wirksam und bei hohen Belastungen unwirksam sind, während andere wie (Zink-0,0-Dialkylphospatdithioat oder Perfluoroctanolsäure) über einen weiten Belastungsbereich wirken. Die Wirksamkeit von Zusätzen unter Grenzreibungsbedingungen hängt auch vom Grundöl ab. So wurden mit den gleichen Zusätzen in Hexadecan höhere Verschleißkoeffizienten als in Paraffinöl gemessen (Groszek, 1962). Schließlich sind auch die chemisch-physikalischen Eigenschaften der Werkstoffoberflächen für die Wirksamkeit von Zusätzen unter Grenzreibung wichtig, wie dies für verschiedene Gleitlagerwerkstoffe gezeigt werden konnte (Habig u. Kelling, 1983). Eine grundlegende Zusammenfassung über Reibung und Verschleiß unter Grenzreibungsbedingungen enthält die Monographie von Iliuc (1980).

Tab. 6.3.3 Verschleißkoeffizienten im Vier-Kugel-System (Stahl 100Cr6) in Öl mit unterschiedlichen Additiven (Quilty und Martin, 1969)

Additiv	Konz.	Verschleißkoeffizient K ($\times 10^{-8}$)		
	Gew.-%	$F_N = 15$ daN	$F_N = 35$ daN	$F_N = 60$ daN
ohne (gereinigtes Mineralöl)	-	10,2	20,3	178
Ölsäure	2,0	8,7	5,4	182
1-Chlor-Hexadecan	2,0	10,2	31,2	137
Hexachlor-1,3-Butadien	2,0	9,4	32,6	28,5
Trikresylphosphat	1,5	1,9	7,7	187
Bis-(ß-Chlorethyl)-Vinylphosphat	1,0	17,7	23,6	28,5
Zink-0,0-Dialkyldithiophosphat	2,0	0,02	1,3	16,2
Antimon-Dialkyldithiocerbamat	2,0	4,8	12,5	40,3
Bleinaphtenat	1,0	5,3	15,6	173
Perfluoroctansäure	0,05	8,1	6,3	6,7
Trykresylphosphat + Ölsäure	1,5	0,06	0,88	178

Vier-Kugel-System, 1200 U/min; 1 h; 57 °C

7 Tribokorrosion

Während die Grundlagen von Reibung und Verschleiß in den Kapiteln 4 und 5 und die Wirkung eines „Zwischenstoffs" im Kapitel 6 „Schmierung" dargestellt wurden, werden in diesem Kapitel die chemischen und korrosiven Einflüsse des Umgebungsmediums betrachtet.

7.1 Einfluss des Umgebungsmediums auf tribologische Systeme

Das Umgebungsmedium ist gemäß der bekannten Prinzipdarstellung von **Bild 7.1.1**, (vgl. Bild 2.15), das „Strukturelement (4)" jedes Tribosystems. (Eine Ausnahme bildet die „Vakuumtribologie", siehe Kap. 16). Das im Allgemeinen gasförmige Umgebungsmedium kann – wie durch die Pfeile (4) → (1), (2) und (4) → (3) symbolisch gekennzeichnet – sowohl Grund- und Gegenkörper chemisch beeinflussen (z. B. durch Oxidation, Deckschichtbildung, etc.) als auch den Zwischenstoff verändern (z. B. durch Diffusion in einen Schmierstoff).

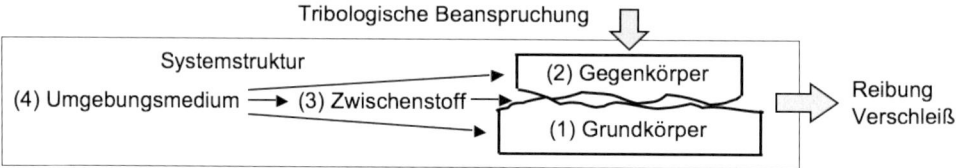

Bild 7.1.1   Prinzipdarstellung tribologischer Systeme mit den vier Strukturelementen

Für den Fall der Festkörper-Gleitreibung, modelliert durch ein Stift-Scheibe-Tribometer, ist der prinzipielle Einfluss des Umgebungsmediums in vereinfachter Weise in **Bild 7.1.2** dargestellt.

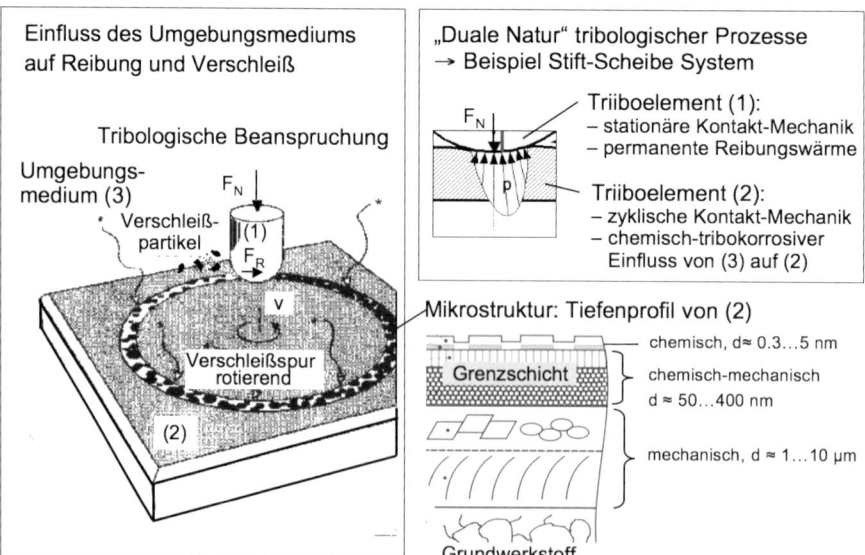

Bild 7.1.2   Einfluss des Umgebungsmediums auf tribologische Prozesse (Modelldarstellung)

Bild 7.1.2 illustriert, dass die tribologische Beanspruchung mechanisch und thermisch „stationär" primär auf den Stift (Eingriffsverhältnis $\varepsilon = 1$) und „zyklisch" auf die Kontakt-Flächenelemente der rotierenden Verschleißspur ($\varepsilon \ll 1$) wirkt (vgl. Bild 3.4.8). Das Umgebungsmedium kann die nicht im Kontakt befindenden Flächenelemente der rotierenden Verschleißspur unterschiedlich chemisch beeinflussen:

- Deckschichtbildung (z. B. Oxidation), „Ausheilen" von lokalen Verschleißschäden

- Reibungsminderung bei tribochemisch erzeugten Deckschichten geringer Scherfestigkeit („Festschmierstoffeffekt", vgl. Kap. 10)

- Chemische Reaktionsschichtbildung durch den Verschleißmechanismus „Tribochemische Reaktionen" (vgl. Kap. 5.3.4) und Abrieb als lose Verschleißpartikel bei Durchlaufen der Kontaktfläche

- Auftreten von „Tribokorrosion", wenn das Umgebungsmedium einen korrosiven Einfluss auf die Triboelemente hat.

Im rechten Teil von Bild 7.1.2 sind die Mikrostrukturänderungen – chemisch, chemisch-mechanisch, mechanisch – in einem vereinfachten „Tiefenprofil" dargestellt (vgl. Bild 5.4.1). Bei der Tribokorrosion sind die „mechanisch-tribologischen" und die „elektro-chemischen" Prozesse nicht unabhängig voneinander. Sie können durch synergistische Effekte – aktiviert durch die Reibungsenergie – zu speziellen tribokorrosiven Verschleißerscheinungen führen.

Zur Einführung in das komplexe Gebiet der Tribokorrosion wird zunächst ein Überblick über die Definition, die Mechanismen und die Arten der Korrosion gegeben.

7.2 Definition und Mechanismen der Korrosion

Korrosion ist eine „Reaktion eines metallischen Werkstoffes mit seiner Umgebung, die eine messbare Veränderung des Werkstoffes bewirkt" (DIN 50900-2 und DIN EN ISO 8044). Von einem Korrosionsschaden spricht man, wenn die Korrosion die Funktion eines Bauteiles oder eines ganzen Systems beeinträchtigt. In den meisten Fällen ist die Korrosionsreaktion elektrochemischer Natur, sie kann jedoch auch chemischer (nichtelektrochemischer) oder metallphysikalischer Natur sein.

Ursache aller Korrosionserscheinungen ist die thermodynamische Instabilität von Metallen gegenüber Oxidationsmitteln. Am häufigsten handelt es sich dabei um elektrochemische Korrosion, die nur in Gegenwart einer ionenleitenden Phase abläuft. Die Reaktion setzt sich aus zwei Teilschritten zusammen: Zuerst wird das Metall oxidiert, d. h. den reagierenden Metallatomen werden Elektronen entzogen:

1. Anodischer Teilschritt: Metallauflösung

$$\text{Me} \rightarrow \text{M}^{ez} + + \text{ze}$$

Die abgegebenen Elektronen müssen dabei auf einen Bestandteil der angrenzenden Elektrolytlösung übergehen, der selbst reduziert wird. Man unterscheidet hierbei zwischen Säurekorrosion, bei der Wasserstoffionen zu molekularem Wasserstoff reduziert werden, und Sauerstoffreduktion, bei der Sauerstoff als Oxidationsmittel wirkt:

2. Kathodischer Teilschritt: Reduktionsreaktion

   a) Säurekorrosion:

   $$2H + 2e \rightarrow H_2$$

   b) Sauerstoffkorrosion

   $$O2 + 2H_2O + 4e^- \rightarrow 4OH^-$$

Es bildet sich ein Stromkreis aus, bestehend aus einem Elektronenstrom im Metall und einem Ionenstrom im Elektrolyten. Beide Teilvorgänge erfolgen gleichzeitig, entweder unmittelbar benachbart oder räumlich getrennt. Als Reaktionsprodukt entstehen meist Metalloxide oder -hydroxide.

Unter physikalischer Korrosion versteht man u. a. Diffusionsvorgänge entlang der Korngrenzen, während Absorption von Wasserstoff bei niedrigen Temperaturen in Metallen zur metallphysikalischen Korrosion zählt. Bei der chemischen Korrosion handelt es sich z. B. um die Auflösung von Metallen in nicht ionenleitenden Flüssigkeiten.

7.3 Korrosionsarten

Eine Übersicht über die Korrosionsarten gibt in schematischer Form **Bild 7.3.1** (Isecke, 2006).

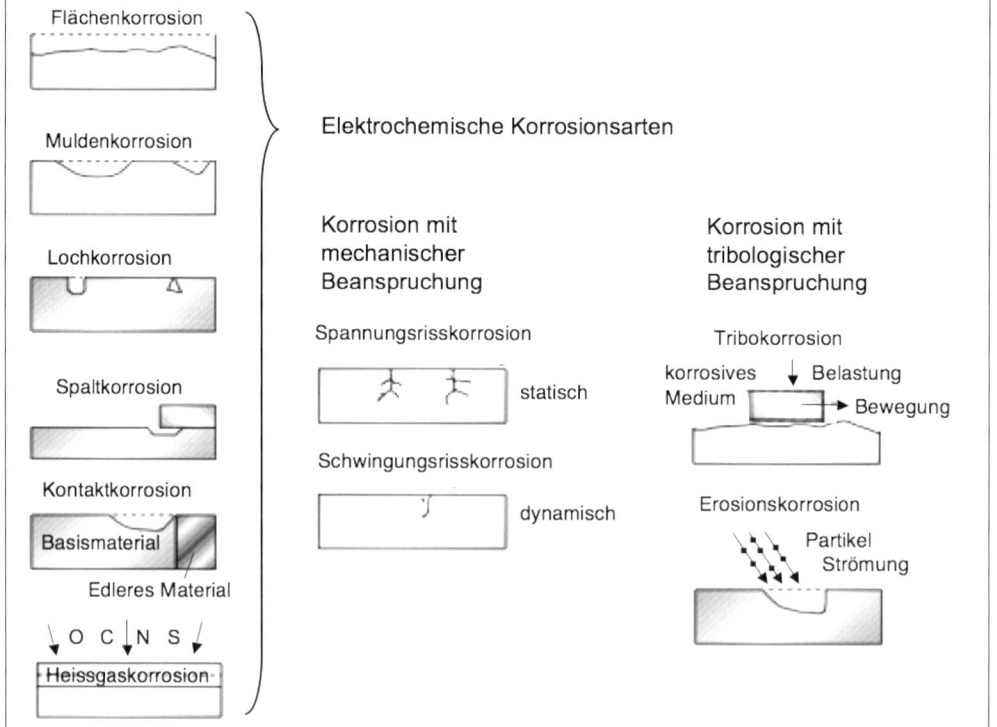

Bild 7.3.1   Übersicht über Korrosionsarten: Elektrochemische Korrosionsarten (links), Korrosion mit mechanischer Beanspruchung (Mitte), Korrosion mit tribologischer Beanspruchung (rechts)

Zu der Korrosion ohne mechanische Beanspruchung gehören im Wesentlichen:

- Flächenkorrosion: Der Werkstoff wird an der Oberfläche mit nahezu gleichmäßiger Abtragungsrate aufgelöst.

- Muldenkorrosion: Eine ungleichmäßige Werkstoffauflösung an der Oberfläche, die auf einer örtlich unterschiedlichen Abtragungsrate infolge von Korrosionselementen beruht. Sie führt zu Mulden, deren Durchmesser größer ist als ihre Tiefe.

- Lochkorrosion: Die Metallauflösung ist auf kleine Bereiche begrenzt und führt zu kraterförmigen, die Oberfläche unterhöhlenden oder nadelstichförmigen Vertiefungen, dem so genannten Lochfraß. Sie hat ihre Ursache in der Entstehung von Anoden geringer örtlicher Ausdehnung an Verletzungen von Deckschichten.

- Spaltkorrosion: Auflösung des Werkstoffes in Spalten durch Konzentrationsunterschiede des korrosiven Mediums (z. B. durch Sauerstoffverarmung) innerhalb und außerhalb des Spaltes.

- Kontaktkorrosion: Beschleunigte Auflösung eines metallischen Bereichs, der in Kontakt zu einem Metall mit höherem freien Korrosionspotential steht.

- Heißgaskorrosion: Korrosion von Metallen in Gasen, die mindestens eines der Elemente O, C, N oder S enthalten, bei hohen Temperaturen.

Zur Korrosion bei zusätzlicher mechanischer Belastung zählen die

- Spannungsrisskorrosion: Rissbildung in metallischen Werkstoffen unter gleichzeitiger Einwirkung einer Zugspannung (auch als Eigenspannung im Werkstück) und eines bestimmten korrosiven Mediums. Kennzeichnend ist eine verformungsarme Trennung oft ohne Bildung sichtbarer Korrosionsprodukte.

- Schwingungsrisskorrosion: Verminderung der Schwingfestigkeit eines Werkstoffes durch Korrosionseinflüsse, die zu einer verformungsarmen, meist transkristallinen Rissbildung führt.

Der Versagensmechanismus bei der Spannungsrisskorrosion umfasst (wie allgemein bei Bruchvorgängen) die Phasen der Rissbildung und der Rissausbreitung. Durch das Entstehen von Lokalelementen an mechanisch beanspruchten Teilen und durch korrosiven Angriff wird die Anrissbildung begünstigt. Da an der Rissspitze eine erhebliche Spannungskonzentration besteht, setzt dort bevorzugt eine anodische Metallauflösung an, d. h., auch die Rissausbreitungsphase wird durch die elektrochemischen Mechanismen beeinflusst. Der Spannungsintensitätsfaktor zur Rissausbreitung in korrosiver Umgebung ist niedriger als der Spannungsintensitätsfaktor in neutraler Umgebung.

Bei den Korrosionsarten unter gleichzeitiger tribologischer Beanspruchung (vgl. Kap. 5.4 Verschleißarten) unterscheidet man zwei hauptsächliche Kategorien:

- Tribokorrosion ist grundsätzlich bei jeder tribologischen Beanspruchung in einem korrosiven Umgebungsmedium möglich. Tribokorrosion im engeren Sinn ist die *Tribokorrosion bei tribologischer Gleitbeanspruchung*, da dabei die größten Werkstoffanstrengungen (vgl. Kap. 3.2.3) und die höchsten reibbedingten Temperaturerhöhungen (vgl. Kap. 3.5.1) zur Aktivierung chemisch-korrosiver Prozesse auftreten.

- Erosionskorrosion ist die Überlagerung von korrosiven Prozessen und tribologischer Beanspruchung durch Partikel in strömenden Flüssigkeiten. In der Technik tritt Erosionskorrosion beispielsweise an Schiffsschrauben und in Kühlwasserkreisläufen, in der Medizintechnik aber auch an Amalgamfüllungen auf.

7.4 Tribokorrosion bei Gleitbeanspruchung

Zur experimentellen Untersuchung der Tribokorrosion wird die Tribometrie (siehe Kap. 8.3 „Tribologische Laborprüftechnik") durch elektrochemische Messtechniken erweitert, so dass an tribologisch beanspruchten Werkstoffen sowohl Reibungs- und Verschleißmessgrößen bestimmt als auch chemisch-korrosive Oberflächenveränderungen untersucht werden können.

Den Grundaufbau elektrochemischer Messzellen illustriert **Bild 7.4.1**. Die obere Darstellung zeigt die elementare Methode der elektrochemischen Potentialmessung einer Probe in einem Elektrolyten. In der unteren Darstellung ist die zur Untersuchung der Tribokorrosion verwendete elektrochemische Dreielektrodenmesstechnik dargestellt. Bei der elektrochemischen Dreielektrodenmesstechnik wird zwischen der Arbeitselektrode (Probe) und einer Gegenelektrode eine elektrische Zellspannung U angelegt. Gemessen wird das Elektrodenpotential E und der Zellstrom I, der ein Indikator für elektrochemische Reaktionen der Probe ist.

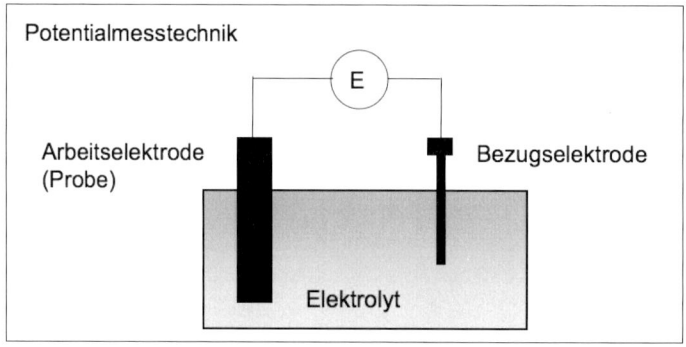

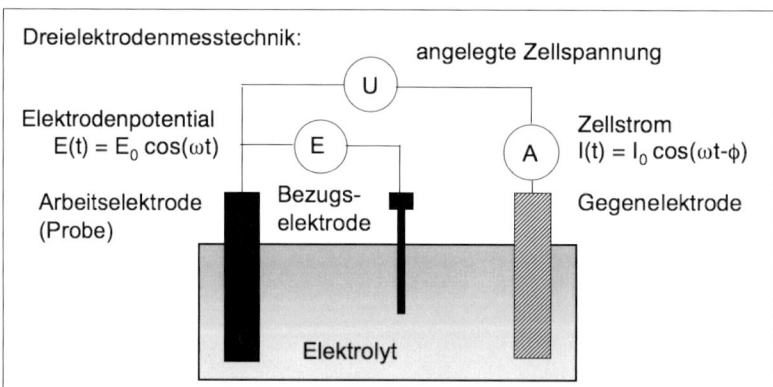

Bild 7.4.1   Grundprinzipien der elektrochemischen Messtechnik

Bei der Untersuchung der Tribokorrosion unter Gleitbeanspruchung werden die korrosiv-tribologischen Prozesse mit der Kombination von Tribometrie und elektrochemischer Messtechnik untersucht. Dabei wird ein Grundkörper (1) durch einen Gegenkörper (2) tribologisch beansprucht, wodurch auf dem Grundkörper eine Verschleißspur entsteht, siehe **Bild 7.4.2**.

Die durch die triblgische Beanspruchung und die Reibungswärme akiivierten Oberflächenbereiche der Verschleißspur reagieren mit dem Umgebungsmedium (bzw. mit chemisch aktiven

Bestandteilen eines Fluids), so dass bei der Relativbewegung ständig neue Reaktionsprodukte erzeugt und abgerieben werden. Mit der elektrochemischen Messtechnik kann der Verschleiß-mechanismus der tribochemischen Reaktionen verfolgt werden.

Bild 7.4.2 zeigt als eine elementare Messanordnung für die Tribokorrosionsforschung ein Stift-Scheibe-Tribometer mit dem Grundkörper (1) als Arbeitselektrode und den ihn tribologisch beanspruchenden Gegenkörper (2) in einer elektrochemischen Messzelle in Dreielektroden-messtechnik.

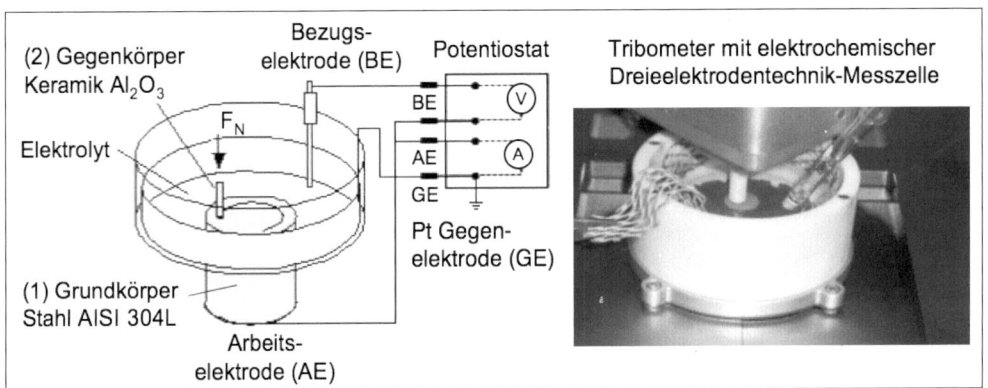

Bild 7.4.2   Prinzip eines elektrochemischen Tribometers für die Tribokorrosionsforschung

Der typische Ablauf tribokorrosiver Prozesse auf einer Stahloberfläche – tribologisch beans-prucht durch einen Keramik-Gegenköper (Al$_2$O$_3$-Kugel, Ø 10 mm) – ist in **Bild 7.4.3** illust-riert. Dargestellt ist der zeitliche Verlauf des open circuit Potentials (Celis, 2002).

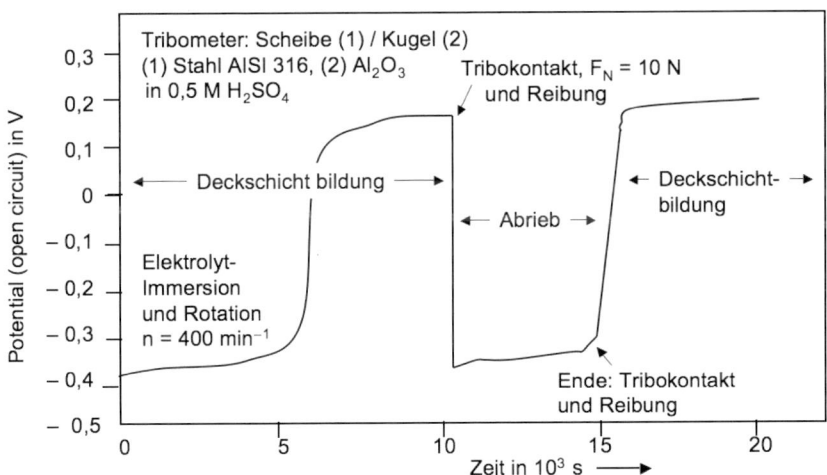

Bild 7.4.3   Indikation von Deckschichtbildung und Abrieb bei der Tribokorrosion

Die erste Versuchsphase beginnt – zunächst ohne tribologische Beanspruchung – mit der Rota-tion der Stahlprobe in einem schwefelsäurehaltigen Elektrolyten, wodurch sich nach etwa 10^4 s eine stabile Oberflächendeckschicht (Passivschicht) entwickelt, angezeigt durch einen Anstieg des open circuit Potentials.

Bei Einsetzen der tribologischen Beanspruchung findet durch den Tribokontakt ein Abrieb der Oberflächendeckschicht statt und das Potential fällt rapide ab. Nach Beendigung der tribologischen Beanspruchung setzt eine erneute Deckschichtbildung ein und das open circuit Potential steigt auf die für die Passivschicht charakteristischen Werte.

Die Verschleißprozesse in der Abriebphase der Tribokorrosion hängen von der Art und Höhe der den Abrieb verursachenden tribologischen Beanspruchung ab. Die Abhängigkeit der Tribokorrosion von der Normalkraft des Tribokontaktes ist exemplarisch in der vereinfachten Übersicht von **Bild 7.4.4** dargestellt.

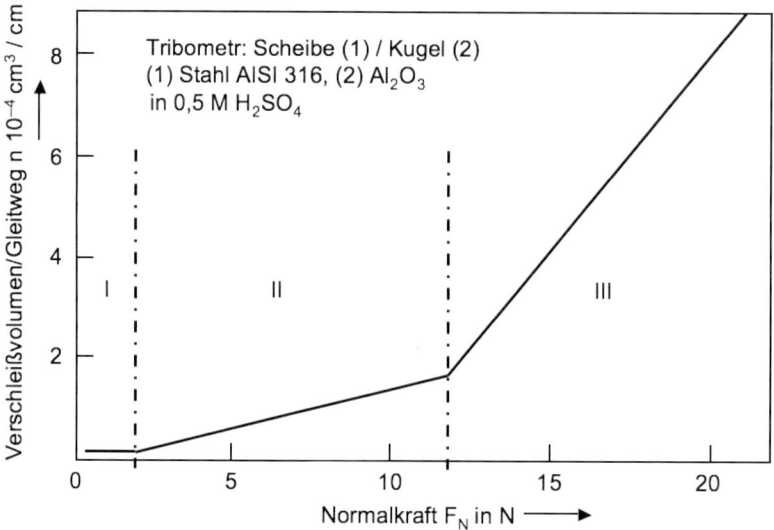

Bild 7.4.4   Tribokorrosiver Verschleiß in Abhängigkeit von der beanspruchenden Normalkraft

Bei geringer tribologischer Beanspruchung ist die natürliche Deckschicht (typische Dicke 2...5 nm) stabil (Regime I in Bild 7.4.4). Ein Materialverlust unter diesen Beanspruchungsbedingungen beruht hauptsächlich auf elektrochemischen Auflösungsprozessen der natürlichen Oxidschicht.

Bei zunehmender Normalkraft setzen ab einer kritischen Beanspruchung ($F_N = 2$ N in Bild 7.4.4) kombinierte Korrosions-Verschleißprozesse ein (Regime II in Bild 7.4.4). Die gemessenen Verschleißbeträge korrelieren gut mit dem in Kap. 5.3.4 beschriebenen Modell der tribochemischen Komponente des Verschleißes nach Quinn (1962).

Nach diesem Modell wächst unter Gleitreibungsbedingungen ein Oxidfilm bis er eine bestimmte kritische Dicke erreicht, bei der er durch den Reibkontakt aus dem Kontaktbereich entfernt wird. Unter diesen Gleitbedingungen resultiert der korrosive Verschleiß aus der periodischen Delamination des Oxidfilmbereiches der Verschleißspur, der elektrochemischen Auflösung des Grundmaterials in den freigelegten Bereichen und einer Repassivierung der chemisch aktiven Oberflächenbereiche.

Bild 7.4.5 zeigt die grundlegenden Zusammenhänge des Modells (vgl. Bild 5.3.11).

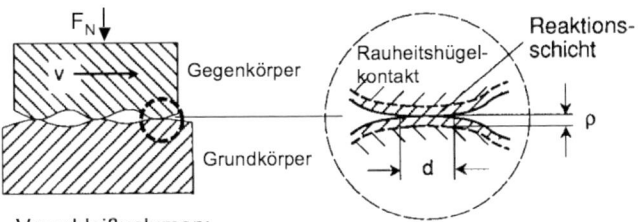

Verschleißvolumen:

bei parabolischem Wachstum der Reaktionsschicht:

$$W_v = \frac{k''}{\xi^2 \rho^2} \cdot \frac{d}{H} \cdot \frac{F_N}{v} \cdot s$$

bei linearem Wachstum der Reaktionsschicht:

$$W_v = \frac{l''}{\xi \cdot \rho} \cdot \frac{d}{H} \cdot \frac{F_N}{v} \cdot s$$

k'' : parabolische Geschwindigkeitskonstante der Oxidation
l'' : lineare Geschwindigkeitskonstante der Oxidation
d : Rauheitskontaktdurchmesser
ρ : Dicke der Reaktionsschicht
ξ : Kritische Dicke der Reaktionsschicht
H : Härte

Bild 7.4.5   Modelldarstellung tribochemischer Verschleißmechanismen

Bei höheren Belastungen findet im Regime III von Bild 7.4.4 infolge zusätzlicher Degradationsprozesse, wie z. B. Abrasion oder Materialabtrag außerhalb der Oxidschichten, ein steilerer Anstieg der Verschleißrate statt.

Abschließend sind noch charakteristische Verschleißerscheinungsbilder der Tribokorrosion von austenitischem Stahl AISI 316 (X5CrNiMo 17-12-2) nach oszillierender Gleitbeanspruchung in Elektrolyten mit unterschiedlichem pH-Werten dargestellt. In einem Elektrolytmedium mit einem pH-Wert von 5,5 findet Abrasion durch in die Verschleißspur eingebettete Verschleißpartikel statt, siehe **Bild 7.4.6 a**. Dagegen bildet sich bei einem pH-Wert von 12 eine Phosphatdeckschicht infolge einer tribochemischen Reaktion siehe **Bild 7.4.5 b**. Auch diese Bilder illustrieren das komplexe Zusammenwirken der verschiedenen Verschleißmechanismen bei der Tribokorrosion.

Bild 7.4.6   Erscheinungsformen der Tribokorrosion nach Gleitbeanspruchung in unterschiedlichen Medien: (a) Elektrolyt mit saurer Wirkung (pH 5,5). (b) Elektrolyt mit basischer Wirkung (pH 12)

7.5 Erosionskorrosion

Die Erosionskorrosion wurde bei der Darstellung der verschiedenen Verschleißarten in Kap. 5.4.7 wie folgt definiert: *Die Erosionskorrosion ist durch die Überlagerung mechanischer und chemischer Wechselwirkungen einer reinen Flüssigkeit oder einer partikelhaltigen Flüssigkeit mit dem strömungsmäßig beanspruchten Material gekennzeichnet.*

Zur experimentellen Analyse der Erosion werden unterschiedliche Methoden und Geräte verwendet. **Bild 7.5.1** gibt eine vereinfachte Übersicht:

(a) Untersuchung der Erosionskorrosion durch Partikel in einem Gasstrom mit der Partikelstrahltechnik.

(b) Untersuchung der Erosionskorrosion durch Partikel in einem Gasstrom mit der Zentrifugentechnik.

(c) Untersuchung der Erosionskorrosion mit „slurry jets". Bei dieser Methode werden abrasive Partikel in verschiedenen (korrosiven) Medien aufgeschlämmt und mit Pumpen auf Proben gesprüht.

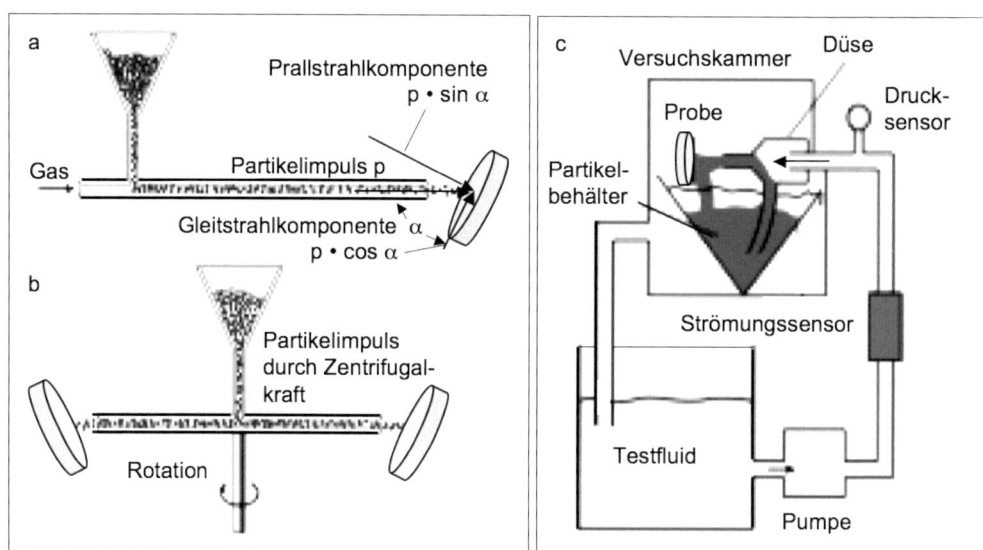

Bild 7.5.1   Experimentelle Methoden zur Untersuchung der Erosionskorrosion, (a) Partikelstrahltechnik, (b) Zentrifugentechnik, (c) slurry jet

Die experimentellen operativen Parameter sind vor allem die Partikelgeschwindigkeit und der Auftreffwinkel zwischen Flüssigkeitsstrom und Probe. Gemessen werden im Allgemeinen Gewichtsverlust, Erosionsrate, Potentialabhängigkeit und De- und Repassivierungstransienten unter verschiedenen Auftreffwinkeln und –geschwindigkeiten.

Das Auftreffen der Partikel hat bei ausreichender kinetischer Energie eine lokale Schädigung der Passivschicht des beanspruchten Probematerials zur Folge. Aus elektrochemischer Sicht äußert sich dies, wenn der Prozess potentiostatisch kontrolliert wird, in einer sprunghaften Änderung des Stroms. Durch die Depassivierung der lokal geschädigten Oberflächenbereiche stellt sich kurzfristig ein negatives Potential ein, das vom Kontakt der blanken Metalloberfläche mit dem Elektrolyten herrührt. Dieses Potential kehrt mit zunehmender Repassivierung, d. h. dem „Ausheilen" der lokalen Oberflächenschädigungen häufig schnell zum stationären Korrosionspotential zurück. Der Schwellenwert der kinetischen Energie, der notwendig ist, um einen Schaden in der Oxidschicht zu verursachen, ist abhängig von der Masse sowie von der Geschwindigkeit, aber auch von der geometrischen Form der Teilchen; scharfkantige Partikel sind auch mit niedrigerer kinetischer Energie in der Lage, das Oxid zu schädigen. Neben dem Schaden am Oxid treten auch plastische Deformationen der Metalloberfläche auf.

Zur Untersuchung der Mikro-Mechanismen der Erosionskorrosion wurden Methoden zur Detektion von Einzelpartikeltreffern unter Verwendung von erosiv beanspruchten µm-Scheibenelektroden entwickelt (Hassel and Smith, 2007). Voraussetzungen für die Detektion von Einzelpartikeltreffern sind vor allem eine ausreichende Partikelhärte zur Zerstörung des Oxids der beanspruchten Metallprobe und eine hohe Partikelgeschwindigkeit. Charakteristische Ergebnisse, erzielt mit einer miniaturisierten slurry-jet-Technik, zeigt **Bild 7.5.2**.

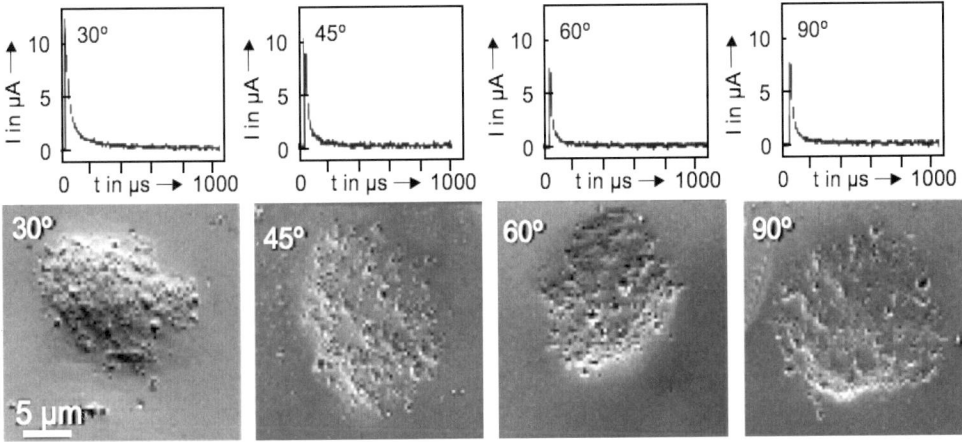

Bild 7.5.2   Erscheinungsformen der Erosionskorrosion bei unterschiedlichen Partikel-Aufprallwinkeln

Wie aus den Diagrammen ersichtlich, verursacht das auf die Probe auftreffende Teilchen einen Schaden der Oxidschicht, so dass es zu einem sprunghaften Anstieg des Stroms in der elektrochemischen Zelle kommt. Der mikroskopische Erosionsschaden heilt sehr schnell aus, angezeigt durch den schnellen Stromabfall, der nach ca. 200 µs wieder den Untergrundwert erreicht hat. Rasterelektronenmikroskopische Aufnahmen für die untersuchten Auftreffwinkel von 30°, 45°, 60° und 90° zeigen deutlich den Übergang der Erscheinungsform des tribokorrosiven „Schrägstrahlverschleißes" (30° < α < 90°) zu „ Prallstrahlverschleiß (α ≈ 90°). Die Verschleißerscheinungsformen ähneln denen des in Kap. 5.4.6 beschriebenen Strahlverschleißes, bei dem mit zunehmendem Auftreffwinkel abrasive, kratzerförmige Oberflächenschäden in lokale Prallstrahlschäden übergehen.

Details mikroskopischer Erosionsschäden bei der partikelinduzierten Strömungskorrosion wurden mit einer miniaturisierten Versuchstechnik untersucht (Hassel, 2004). Dabei gelang es, die Wahrscheinlichkeit eines Aufpralls von Zirkoniumsdioxidpartikeln auf einer Aluminiumoberfläche soweit zu verringern, dass die Stromtransienten, die eine lokale Oberflächenschädigung anzeigen, zeitlich voneinander getrennt werden konnten, siehe **Bild 7.5.3**.

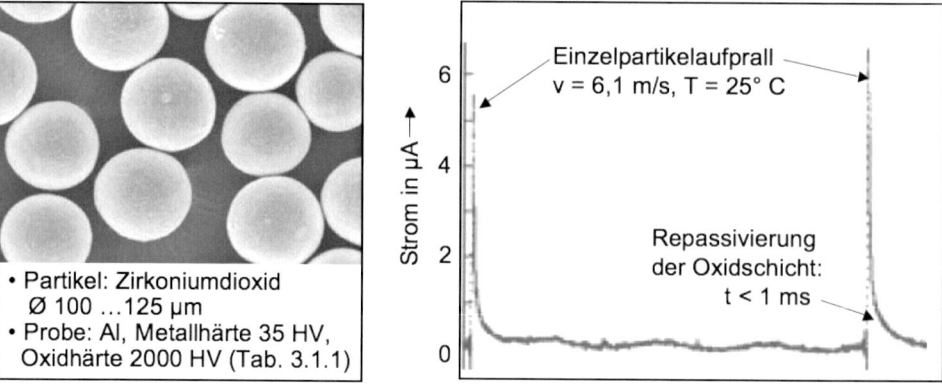

Bild 7.5.3   Mikrountersuchungen der Elektrokorrosion: mechanische und elektrochemische Parameter

Die elektrochemische Repassivierung der schützenden Oxidschicht erfolgt in weniger als einer Millisekunde. Rasterelektronenmikroskop-Aufnahmen der geschädigten Oberflächenbereiche zeigen, dass ein aufprallendes Partikel einen zu seiner Größe relativ kleinen Bereich schädigt, siehe **Bild 7.5.4**. Bei dem Materialschädigungsmechanismus spielt der Härteunterschied zwischen Grundwerkstoff und Oxid eine wichtige Rolle (vgl. Tab. 3.1.1). Unter dem Partikelaufprall bricht lokal die harte und spröde Oxidschicht und wird in das erheblich weichere Metall eingedrückt, der in den Mikrorissen freigelegte Grundwerkstoff repassiviert sofort elektrochemisch. Dies illustriert nochmals die charakteristischen „synergistischen Effekte" des Zusammenwirkens von „mechanisch-tribologischen" und „elektro-chemischen" Effekten bei der Erosionskorrosion.

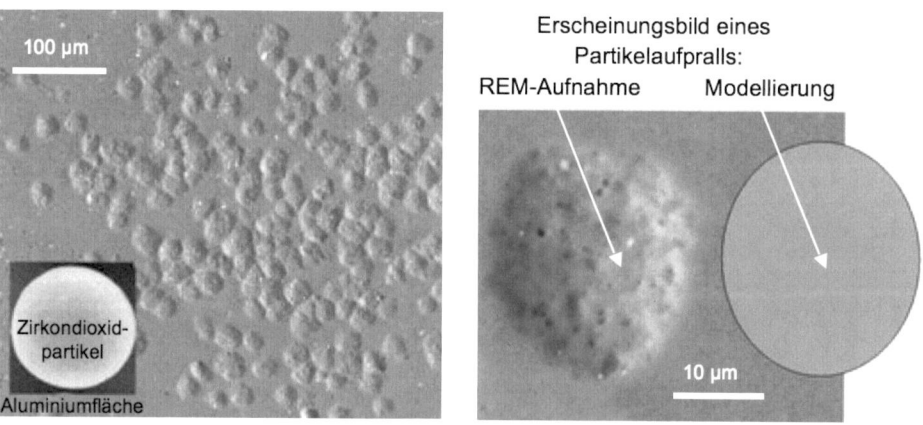

Bild 7.5.4   Erscheinungsform der Oberflächen-Mikroprozesse bei der Elektrokorrosion

8 Tribologische Mess- und Prüftechnik

Die tribologische Mess- und Prüftechnik, kurz als *Tribometrie* bezeichnet, reicht von Untersuchungen an kompletten technischen Systemen unter realen Betriebsbedingungen bis zu labormäßigen Modellprüfungen mit einfachen Probekörpern. Sie betrifft – entsprechend den in Bild 1.1 illustrierten Dimensionsbereichen der heutigen Technik – die Makrotechnik, die Mikrotechnik und die Nanotechnik. Die metrologisch-systemechnischen Grundlagen der Tribometrie sind im Kapitel 21 „Reibungs- und Verschleißdaten" und die Anwendung der tribologischen Mess- und Prüftechnik im Kapitel 22 „Machinery Diagnostics" dargestellt. Inhalt dieses Kapitels sind die mess- und prüftechnischen *Prinzipien, Methoden und Instrumentarien*.

8.1 Aufgaben und Kategorien der tribologischen Prüftechnik

Das breite Aufgabenfeld der tribologischen Mess- und Prüftechnik wurde mit Blick auf seine Bedeutung in der Technik in der ehemaligen DIN 50322 wie folgt dargestellt:

- Bestimmung verschleißbedingter Einflüsse auf die Gesamtfunktion von Maschinen
- Überwachung der verschleißabhängigen Einsatzfähigkeit von Maschinen
- Diagnose von Betriebszuständen
- Optimieren von Bauteilen bzw. tribotechnischen Systemen zum Erreichen einer vorgegebenen verschleißbedingten Gebrauchsdauer
- Schaffung von Daten für die Instandhaltung
- Vorauswahl von Werkstoffen und Schmierstoffen für praktische Anwendungsfälle
- Qualitätskontrolle von Werkstoffen und Schmierstoffen
- Verschleißforschung, mechanismenorientierte Verschleißprüfung.

Unter Berücksichtigung dieser Ziele und der Funktion und Struktur tribotechnischer Systeme und Bauteile lässt sich die tribologische Prüftechnik – speziell die Verschleißprüfung – in sechs unterschiedliche Kategorien einteilen, siehe **Bild 8.1.1**. Hierbei bedeutet eine höhere Kategorie jeweils eine Vereinfachung des Systems bezüglich des Beanspruchungskollektivs und/oder der Struktur des betreffenden Systems gegenüber der vorhergehenden Kategorie:

I. Betriebsversuch: Prüfung und Untersuchung originaler kompletter tribotechnischer Systeme unter originalen Betriebs- und Beanspruchungsbedingungen („Feldversuch")

II. Prüfstandversuch: Prüfung und Untersuchung originaler kompletter tribotechnischer Systeme unter praxisnahen Betriebsbedingungen auf einem Prüfstand

III. Aggregatversuch: Prüfung und Untersuchung originaler Einzelaggregate unter praxisnahen Bedingungen

IV. Bauteilversuch: Bauteiluntersuchungen (Original-Bauteile oder vereinfachte Bauteile) unter praxisnahen Betriebsbedingungen

V. Probekörperversuch: Beanspruchungsähnlicher Versuch mit bauteilähnlichen Probekörpern

VI. Modellversuch: Grundlagenorientierte Untersuchung von Reibungs- und Verschleißprozessen mit speziellen Probekörpern unter beliebigen, aber definierten Beanspruchungen.

Kategorie	Mess- und Prüftechnik		System, Baugruppe, Modell
I	Betriebs-versuche und betriebs-ähnliche Versuche: Original-System-struktur, Beanspru-chung verein-facht	Betriebsversuch	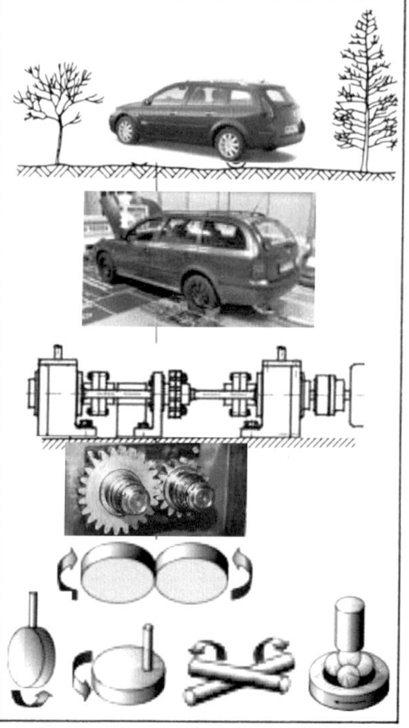
II		Prüfstandsversuch	
III		Aggregatversuch	
IV		Bauteilversuch	
V	Modell-Struktur und einfache Beanspru-chung	Probekörperversuch	
VI		Modellversuch	

Bild 8.1.1   Kategorien der tribologischen Prüftechnik

Die generellen Kennzeichen der Kategorien der tribologischen Prüftechnik sind, dass von
Kategorie I. bis zur Kategorie III. die Systemstruktur des zu prüfenden originalen tribologischen Aggregates erhalten bleibt und nur das betreffende Beanspruchungskollektiv vereinfacht
wird. Eventuell wird noch der Einfluss von Umgebungsmedien, wie z. B. Staub, vernachlässigt. Vorteil bei den Kategorien II. und III. gegenüber der Kategorie I. ist das reproduzierbare
Beanspruchungskollektiv. Ab Kategorie IV. bis hinunter zur Kategorie VI. wird auch die Systemstruktur des Prüfsystems immer stärker verändert mit dem Nachteil sinkender Sicherheit
der Übertragbarkeit der Prüfergebnisse auf vergleichbare praktische tribotechnische Systeme.
Vorteile der Prüfkategorien IV. bis VI. sind der messtechnisch immer besser zugängliche Tribokontakt, die geringeren Prüfkosten und die kürzeren Prüfzeiten.

Die Vorteile der einzelnen Prüfkategorien macht man sich zunutze, wenn man tribologische
Messungen und Prüfungen in einer so genannten „Prüfkette" durchführt (Heinke, 1975). **Bild
8.1.2** illustriert eine derartige Prüfkette für das Beispiel der Untersuchung von Schwingungsverschleiß (SV) in Verstelllagern für PKW-Anwendungen (Heinz, 1982). Die Prüfkette umfasst sowohl werkstoffbezogene Modelluntersuchungen und schmierstoff- bzw. konstruktions-
bezogene Bauteilprüfungen als auch Funktionsprüfungen von Erzeugnissen im Dauerlauf mit
dem Ziel der Beurteilung der Betriebslebensdauer im Feldeinsatz.

Innerhalb einer Prüfkette müssen beim Übergang von einer Kategorie zur anderen u.a. folgende Korrelationsprüfungen durchgeführt werden:

– Vergleich der Verschleißerscheinungsformen bzw. Verschleißmechanismen

– Vergleich von Verschleißraten

– Vergleich von Bewährungsfolgen von Werkstoffen, Schmierstoffen, konstruktiven Varianten.

Die Prüfkette muss für den jeweiligen Feldeinsatz tribotechnischer Erzeugnisse individuell entwickelt und durch geeignete Korrelationsprüfungen abgesichert werden. Einzelheiten der Verfahren und Methoden der Laborprüftechnik, der Modell- und Simulationsprüftechnik und der Betriebsprüftechnik werden in den Abschnitten 8.3 bis 8.5 behandelt.

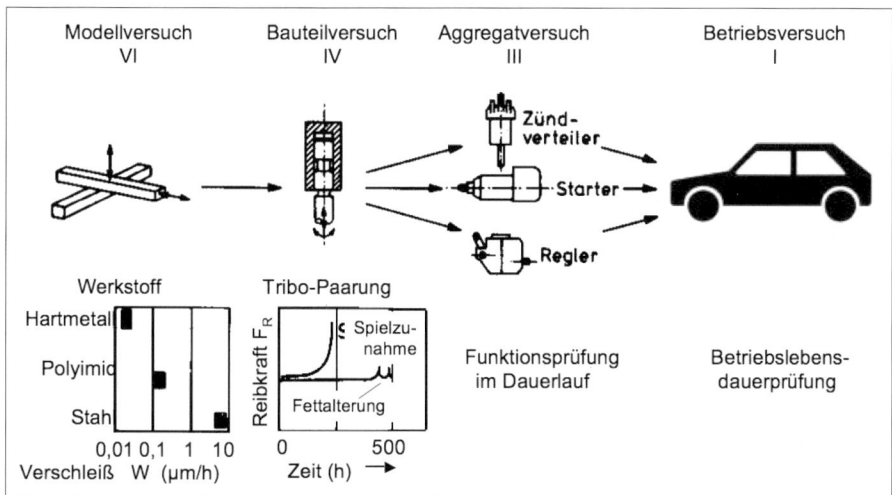

Bild 8.1.2   Tribologische Prüfkette, dargestellt am Beispiel der Untersuchung von Schwingungsverschleiß in Verstelllagern für Pkw-Anwendungen

8.2 Planung und Auswertung tribologischer Prüfungen

Infolge der bei tribologischen Prüfungen zu berücksichtigenden zahlreichen Einflussgrößen ist eine sorgfältige Planung und Auswertung tribologischer Prüfungen erforderlich. Eine Analogbetrachtung zur physikalischen Messtechnik ist in Kapitel 21 dargestellt.

In der konventionellen Vorgehensweise der Laborprüftechnik wird im Allgemeinen eine bestimmte tribologische Mess- oder Prüfgröße (y) als Funktion einer unabhängigen Variablen (x_1) aus den folgenden drei Einflussgruppen ausgewählt:

– Versuchsdauer t

– eine Beanspruchungsgröße, zum Beispiel Belastung, d. h. Normalkraft oder Pressung

– ein Parameter der Systemstruktur, zum Beispiel Härte.

Alle anderen Parameter und Bedingungen werden in der Laborprüftechnik konstant gehalten.

Durch Variation der unabhängigen Variablen (x_1) in einer Versuchsserie wird ein Zusammenhang in der Form $y = f(x_1)$ erhalten. In weiteren Versuchsserien wird häufig der Einfluss anderer unabhängiger Variablen (x_2) bestimmt. Bei der Durchführung von zwei Versuchsserien kann die Abhängigkeit einer tribologischen Mess- oder Prüfgröße y von zwei unabhängigen Variablen x_1, x_2 in Form einer dreidimensionalen Darstellung y = f(x_1, x_2) dargestellt werden. Der Vorteil derartiger nacheinander durchgeführter Versuchsreihen mit jeweils der Variation nur einer unabhängigen Variablen liegt darin, dass der Einfluss dieser Variablen auf die gemessene Größe klar dargestellt werden kann. Es ist jedoch ein großer experimenteller Aufwand erforderlich, um den Einfluss mehrerer unabhängiger Variablen auf die Messgröße abzuschätzen.

8.2.1 Versuchsplanung

Die statistische Versuchsplanung ist eine Methode zur Beurteilung der Signifikanz des Einflusses einzelner unterschiedlicher Parameter auf ein Mess- oder Prüfergebnis. In mathematischer Hinsicht handelt es sich dabei um Varianzanalysen im Zusammenhang mit so genannten Faktorenplänen (John, 1971). Obwohl die Methode in ihrer einfachen Form von der Voraussetzung einer linearen Abhängigkeit zwischen der Messgröße und jeder der unabhängigen Variablen („Einflussgrößen") ausgeht, kann die Methode auch näherungsweise für die üblicherweise nicht linearen Zusammenhänge in der Tribologie angewendet werden (Mücke, 1980).

Am Beispiel einer PTFE-Stift/Stahl-Scheibe-Gleitpaarung wird die Anwendung der statistischen Versuchsplanung zur Untersuchung der Einflüsse der Variablen

– Flächenpressung bei Variation von p = 0,62 bis 6,2 N/mm^2
– Gleitgeschwindigkeit bei Variation von v = 10^{-5} bis 10 m/min
– Temperatur bei Variation von T = 23 bis 70 °C

auf die Reibungszahl illustriert. Zielsetzung in diesem Beispiel ist es, die Haupteinflüsse und die Wechselwirkungseinflüsse der drei Beanspruchungsparameter p, v, T, von denen jeder auf jeweils zwei Niveaus variiert wird (bezeichnet als „hoch" (h) und „niedrig" (n)) auf die Messgröße Reibungszahl f abzuschätzen. Das erforderliche Versuchsprogramm besteht aus acht Versuchen und geht von 2^3-Faktorenplänen aus; der Parameterraum kann graphisch als Würfel dargestellt werden, siehe **Bild 8.2.1**.

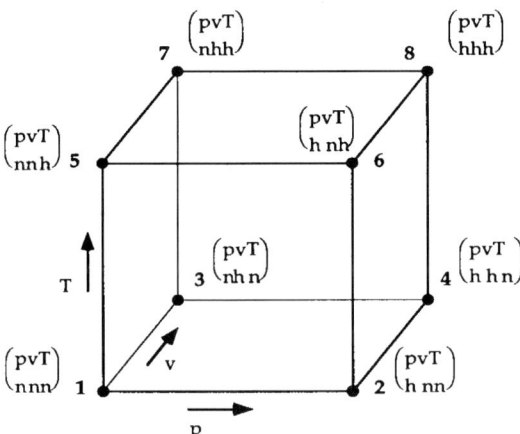

Bild 8.2.1   Geometrische Darstellung der Versuchsbedingungen mit 2^3 Faktorenplänen

Die Zahlen 1…8 in Bild 8.2.1 bezeichnen die durchzuführenden Versuche. Die Zahlenwerte der Variablen p, v, T für „hoch" (h) und „niedrig" (n), zusammen mit den in den Versuchen 1…8 gemessenen Werten der Reibungszahl f sind in **Tabelle 8.2.1** zusammengestellt.

Tab. 8.2.1   Versuchsbedingungen und gemessene Reibungszahlen (Trockengleitpaarung PTFE/Stahl)

Versuchs-Nr.	Niveau von (pvT)	Flächen-pressung p (N/mm²)	Gleitge-schwindigkeit v (m/min)	Temperatur T (°C)	Reibungs-zahl f
1	(nnn)	0,62	10^{-5}	23	0,05
2	(hnn)	6,2	10^{-5}	23	0,03
3	(nhn)	0,62	10	23	0,36
4	(hhn)	6,2	10	23	0,22
5	(nnh)	0,62	10^{-5}	70	0,05
6	(hnh)	6,2	10^{-5}	70	0,02
7	(nhh)	0,62	10	70	0,18
8	(hhh)	6,2	10	70	0,09

Reibungszahl-Mittelwert: $\bar{f} = (0,05 + 0,03 + 0,36 + 0,22 + 0,05 + 0,02 + 0,18 + 0,09)/8 = 0,125$

Aus den acht durchgeführten Messungen können nun die Haupteinflüsse der Flächenpressung p, der Geschwindigkeit v und der Temperatur T, die zwei-Variablen Wechselwirkungen pv, pT, vT und die drei-Variablen Wechselwirkungen pvT unter Benutzung der Messdaten von Tabelle 8.2.1 abgeschätzt werden.

– Einfluss der Flächenpressung p

  Der Einfluss von p auf f – wenn v und T auf dem niedrigen Niveau sind – ergibt sich aus der Differenz der Versuche zwei und eins, d. h. Δf ~ (2 – 1). Der Einfluss von p bei hohem Niveau von v und niedrigem Niveau von T ist (4 – 3) und wenn T auf dem hohen Niveau und v auf dem niedrigen Niveau, ist der Einfluss auf p (6 – 5). Der Einfluss auf p wenn sowohl v als auch T auf dem hohen Niveau sind ist (8 – 7). Der mittlere Einfluss von p ist dann der Mittelwert dieser vier Effekte, d. h.

  $$\Delta f(p) \sim (2 - 1 + 4 - 3 + 6 - 5 + 8 - 7)/4$$

  Diese Gleichung kann auch dargestellt werden als Unterschied zwischen den vier Versuchskombinationen in der rechten Begrenzungsfläche des Würfels von Bild 8.2.1 (p auf hohem Niveau) und den vier Versuchskombinationen in der linken Begrenzungsfläche des Würfels (niedriges Niveau von p). Hieraus folgt wie oben

  $$\Delta f(p) \sim (2 + 4 + 6 + 8 - 1 - 3 - 5 - 7)/4$$

  $$\Delta f(p) = - 0,070$$

  Das Ergebnis bedeutet, dass in diesem Beispiel eine Zunahme der Flächenpressung eine Erniedrigung der mittleren Reibungszahl f zur Folge hat.

– Einfluss der Gleitgeschwindigkeit v

  Der Einfluss von v resultiert aus der Differenz der vier Versuchskombinationen in der Vorder- und Rückseite des Parameterraumes von Bild 8.2.1. Daraus folgt,

$\Delta f(v) \sim (3 + 4 + 7 + 8 - 1 - 2 - 5 - 6)/4$

$\Delta f(v) = + 0,175$

Dies bedeutet, dass mit zunehmender Gleitgeschwindigkeit die Reibungszahl erheblich zunimmt.

– Einfluss der Temperatur T

Der Einfluss von T ergibt sich als Unterschied der vier Versuchskombinationen an der Ober- und der Unterseite des Würfels des Parameterraums nach Bild 8.2.1, d. h.

$\Delta f(T) \sim (5 + 6 + 7 + 8 - 1 - 2 - 3 - 4)/4$

$\Delta f(T) = - 0,08$

Dies bedeutet, dass eine Zunahme der Temperatur zu einer Erniedrigung der Reibungszahl führt (ähnlich wie der Einfluss von p).

– Wechselwirkungseinflüsse von p, v, T

Bei niedrigem Niveau von T ist der Einfluss der p, v-Wechselwirkung die mittlere Differenz des p-Einflusses auf den beiden Niveaus von v, d. h. $[(4 - 3) - (2 - 1)]/2$. Bei hohem Niveau von T ist die p, v-Wechselwirkung $[(8 - 7) - (6 - 5)]/2$. Die mittlere p, v-Wechselwirkung ist dann der Mittelwert dieser beiden, also

$\Delta f(p, v) \sim (4 - 3 - 2 + 1 + 8 - 7 - 6 + 5)/4$

$\Delta f(p, v) = - 0,045$

Dies zeigt, dass der zusätzliche Einfluss von v den oben geschilderten Einfluss von p abschwächt. Die mittleren Einflüsse von p,T und v,T sind

$\Delta f(p,T) \sim (1 - 2 + 3 - 4 - 5 + 6 - 7 + 8)/4$

$\Delta f(p,T) = + 0,01$

$\Delta f(v,T) \sim (1 + 2 - 3 - 4 - 5 - 6 + 7 + 8)/4$

$\Delta f(v,T) = - 0,075$

Dies bedeutet in dem Beispiel, dass die kombinierten Einflüsse von p und T vernachlässigbar sind, während der Einfluss von T auf die zwei Niveaus von v zu einer erheblichen Verminderung der Reibungszahl führt.

Die Ergebnisse dieses Beispiels der Anwendung der statistischen Versuchsplanung sind in **Bild 8.2.2** dargestellt. Die linke Darstellung zeigt die aus nur vier Messpunkten (Versuchs-Nr. 1 bis 4 in Tab. 8.2.1) und Verbindungen mit vier Schätzwerten gemäß obigen Berechnungen (gestrichelte Linien) konstruierte Darstellung des Zusammenhangs Reibungszahl f = f (p, v) bei T = 23 °C. Die rechte Darstellung zeigt die in konventioneller Versuchstechnik aus 24 Versuchen mit Zwischenwerten von p und v experimentell bestimmten Ergebnisse f = f (p,v,T). Obwohl die unter Anwendung der statistischen Versuchsplanung mit erheblich geringerem experimentellem Aufwand gewonnene Darstellung nur eine grobe Abschätzung darstellt, wird ein bedeutender Einfluss der „operativen Variablen v" deutlich sichtbar: die häufig als sehr niedrig angesehene Festkörpergleitreibung von PTFE (Handelsnahme *Teflon*) gegen Stahl („Erwartungswert" f < 0,1) gilt nur für sehr kleine Gleitgeschwindigkeiten (v < 0,1 m/min). Mit statistischer Versuchsplanung konnte damit mit geringem experimentellem Aufwand ein für technische Anwendungen von Teflon wichtiges tribologisches Kriterium verifiziert werden.

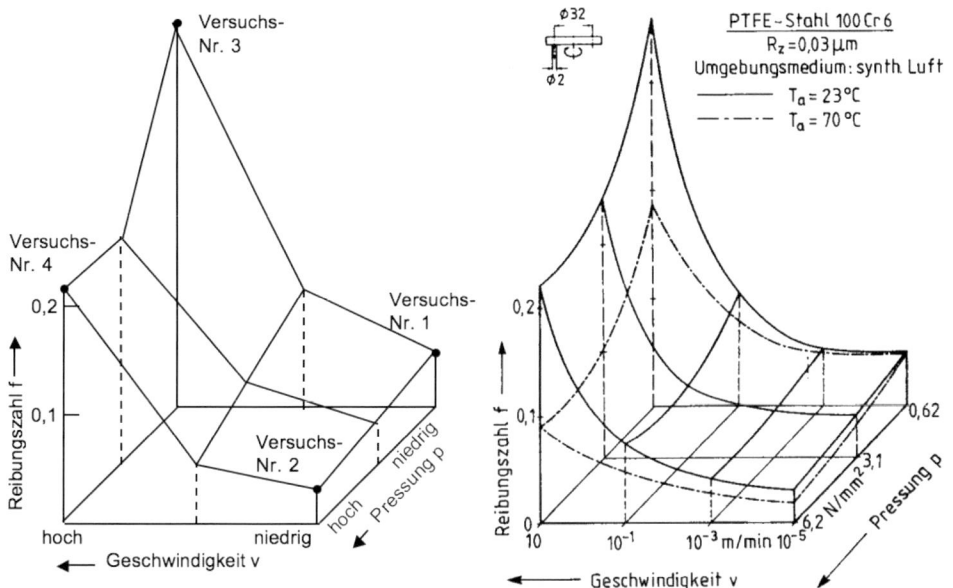

Bild 8.2.2   Festkörpergleitreibung PTFE/Stahl. Links: Schätzdaten mit statistischer Versuchsplanung. Rechts: konventionelle Versuchsführung und Ergebnisdarstellung

8.2.2 Versuchsauswertung

Ein grundlegendes Problem bei der Auswertung tribologischer Prüfungen und der Bestimmung von Reibungs- und Verschleißkenngrößen ist die Streuung der Messwerte. Eine Streuung kann bei jeder tribologischen Messung infolge der Vielfalt der Einflussgrößen sowie ihrer Fluktuationen und Zeitabhängigkeiten auftreten, so dass eine sorgfältige Versuchsauswertung vorzunehmen ist. Hierzu wird eine kurze allgemeine Übersicht über folgende Methoden gegeben:

– Messunsicherheit und Messunsicherheitsbudget

– Präzision und Richtigkeit von Messungen

– Grenzwert-Beurteilungen von Messwerten

– Qualitätsmanagement im Mess- und Prüfwesen.

Die Anwendbarkeit dieser Methoden auf die sehr vielfältige tribologische Mess- und Prüftechnik ist ggf. im Einzelfall zu prüfen. Die für tribologische Messungen und Prüfungen relevanten Systemparameter und die metrologisch-systemtechnischen Grundlagen sind im Kapitel 21 „Reibungs- und Verschleißdaten" dargestellt.

Messunsicherheit und Messunsicherheitsbudget

Ein Messergebnis ist nur dann vollständig, wenn es eine Angabe der Messunsicherheit enthält. Hierunter versteht man den Bereich der Werte, die der Messgröße vernünftigerweise zugeordnet werden können, da jede Messung von Unsicherheitsquellen beeinflusst wird. Grundlage zur Ermittlung der Messunsicherheit ist der internationale *Guide to the Expression of Uncertainty in Measurement (GUM)*.

Die Messunsicherheit setzt sich aus *zufälligen* und *systematischen* (d. h. „systembezogenen")
Messabweichungen zusammen.

Zufällige Messabweichungen werden durch die Standardabweichung als Maß der Streuung der
Einzelwerte um den arithmetischen Mittelwert einer – durch eine definierte Probennahme
(sampling) genau zu kennzeichnenden – Stichprobe von Einzelmessungen gekennzeichnet.
Bild 8.2.3 nennt die Grundlagen (A) der statistischen Analyse von Messreihen und (B) der
Umwandlung einer Höchst/Mindestwert-Angabe („Spannweite") in eine Standardunsicherheit.

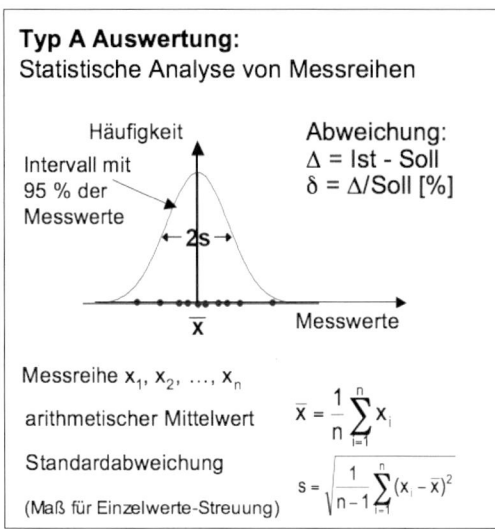
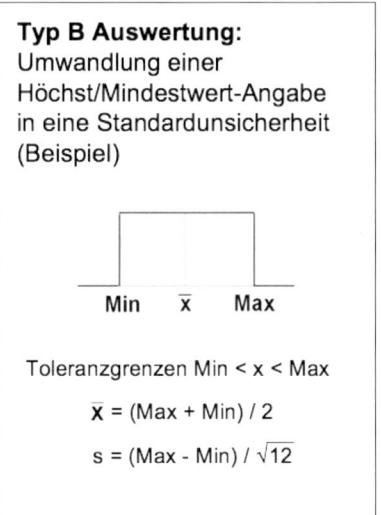

Bild 8.2.3   Methodik zur Bestimmung zufälliger Messabweichungen

Systematische Messabweichungen sind häufig vorzeichenbehaftet und können dann korrigiert
werden. (Klassisches Beispiel: Korrektur der elastischen Kontaktdeformation bei der taktilen
Längenmessung.) Die folgende Übersicht zeigt schematisch vereinfacht die verschiedenen
möglichen Komponenten von Messabweichungen.

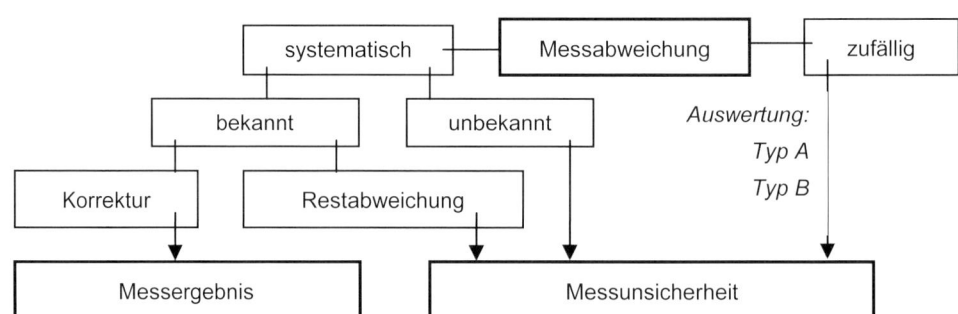

Bild 8.2.4   Übersicht über die möglichen Komponenten von Messabweichungen

Resultiert das Messergebnis aus einer mathematischen oder methodischen Verknüpfung von
Einzelmessgrößen, ist ein *Messunsicherheitsbudget* zu ermitteln.

Die Grundzüge der Ermittlung eines Messunsicherheitsbudgets vermittelt **Bild 8.2.5**.

Messunsicherheitsbudget: Gaußsches Fehlerfortpflanzungsgesetz

In technischen Aufgabenstellungen ist vielfach das anzugebende Messergebnis
$y = f(A, B, C)$ eine Funktion mehrerer unabhängiger Messgrößen A, B, C, z. B.:
• Mechanische Spannung = Kraft/Fläche • Elektrischer Widerstand = Spannung/Strom

Bei Kenntnis der Messunsicherheiten Δ bzw. $\delta(\%)$ der Messgrößen A, B, C
ergibt sich für die gesamte Funktion y das folgende Messunsicherheitsbudget:
$\Delta y = \sqrt{[(\partial y/\partial A)(\Delta A)]^2 + [(\partial y/\partial B)(\Delta B)]^2 + \ldots}$ mit folgenden Spezialfällen:
• Summen/Differenzfunktion $y = A + B$; $y = A - B$ $\Rightarrow$ $\Delta y = \sqrt{(\Delta A)^2 + (\Delta B)^2}$
• Produkt/Quotientenfunktion $y = A{\cdot}B$; $y = A/B \Rightarrow \Delta y/y = \delta y = \sqrt{(\delta A)^2 + (\delta B)^2}$
• Potenzfunktion $y = A^p \Rightarrow \Delta y/y = \delta y = |p|(\Delta A)/A = |p|\delta A$

Die bei der Auswertung von Messungen erhaltenen Messergebnisse
• Messwerte • Messunsicherheiten • Messunsicherheitsbudget
sind unter Zusammenstellung aller zu einer Reproduzierung der betreffenden
Messung erforderlichen Angaben in einem Messprotokoll zusammenzufassen.

Bild 8.2.5   Methodik zur Bestimmung von Messunsicherheit und Messunsicherheitsbudget

Präzision und Richtigkeit von Messungen

Zur zusammenfassenden Beurteilung, ob die Messungen einer Messreihe präzise und richtig
sind, dienen folgende Begriffe, die im „Zielscheibenmodell" von **Bild 8.2.6** zusammen mit
den Formeln zur Bestimmung der Messunsicherheit (vgl. Bild 8.2.3) dargestellt sind :

–   Richtigkeit: Ausmaß der Übereinstimmung des Mittelwertes von Messwerten mit dem
    „wahren Wert" der Messgröße

–   Präzision: Ausmaß der Übereinstimmung zwischen den Ergebnissen unabhängiger
    Messungen

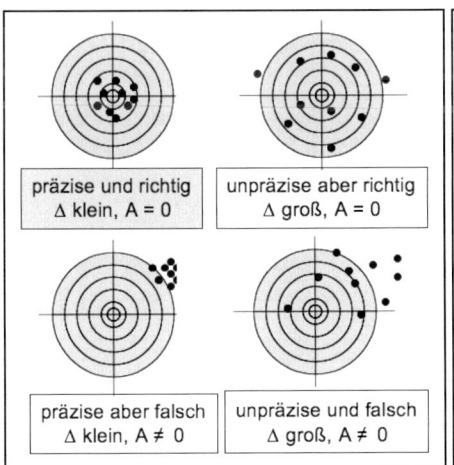
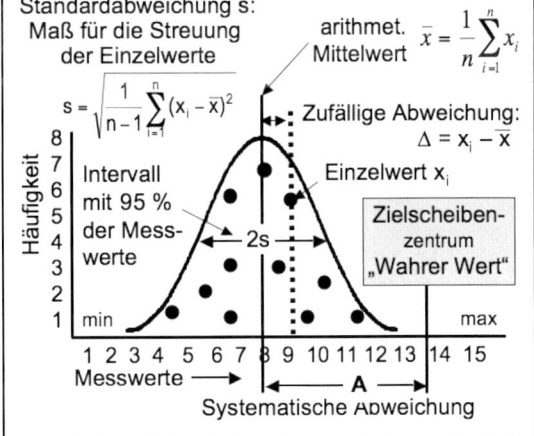

Bild 8.2.6   Kennzeichnung von Messreihen mittels Zielscheibenmodell und Häufigkeitsverteilung

Grenzwert-Beurteilungen von Messwerten

Die Messunsicherheit ist unabdingbar wichtig für „Grenzwert-Beurteilungen", d. h. Entscheidungen, ob gemessene Werte festgelegte Grenzwerte (z. B. zulässige Festigkeitsgrenzwerte von Bauteilen, zulässige Schadstoffemissions-Grenzwerte, etc.) unter- oder überschreiten.

Beispiel: Grenzwert-Beurteilungen für Messwerte (a) ohne und (b) mit Messunsicherheitsangabe, die sowohl unterhalb als auch oberhalb eines zulässigen Grenzwertes liegen.

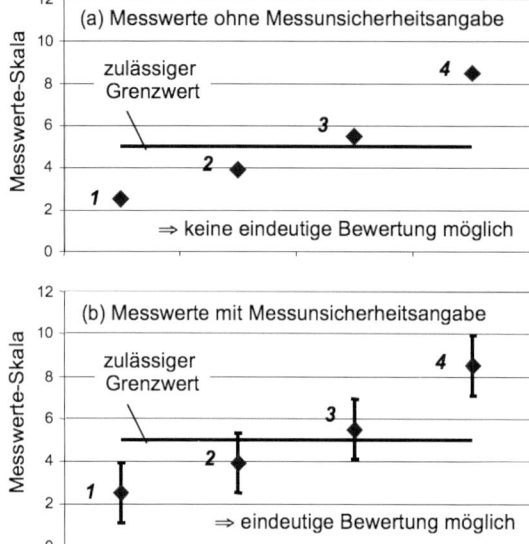

Bild 8.2.7
Beispiel von vier Messwerten, die auf einer Messwerte-Skala ohne (a) und mit (b) Messunsicherheitsangaben dargestellt und die im Hinblick auf die Frage, ob sie einen zulässigen Grenzwert unter- oder überschreiten zu beurteilen sind.

Beurteilung (a): Die nahe liegende Annahme, dass die Messwerte *1, 2* unterhalb und die Messwerte *3, 4* oberhalb des Grenzwertes liegen ist unzulässig, da eine Einzelmessung nur einen „Zufallswert" der Messgröße liefert. Eine eindeutige Beurteilung ist nicht möglich.

Beurteilung (b): Der Messwert *1* liegt eindeutig unterhalb des zulässigen Grenzwertes und der Messwert *4* eindeutig oberhalb, da sich ihr gesamter „Unsicherheitsbereich" unterhalb bzw. oberhalb des zulässigen Grenzwertes befindet. Als „Unsicherheitsbereich" wird im Allgemeinen das „3s-Intervall" (s: Standardabweichung) verwendet, das 98 % der Messwerte einer Messreihe umfasst, siehe **Bild 8.2.8**. Dementsprechend sind für die Messwerte *2* und *3* nur „Wahrscheinlichkeitsaussagen zum Unter- bzw. Überschreiten" möglich.

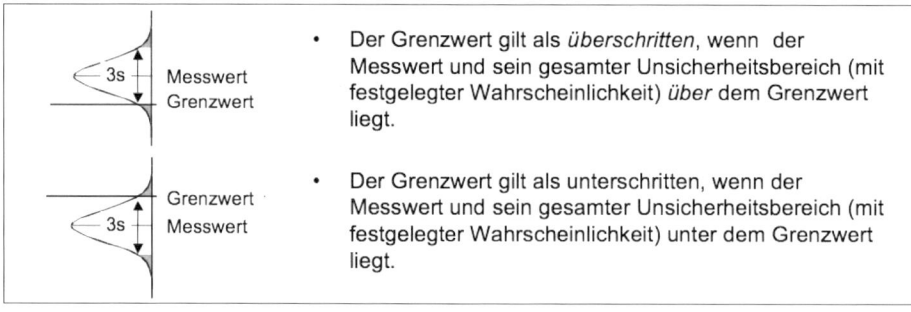

Bild 8.2.8   Kriterien für die Grenzwert-Beurteilung von Messwerten

Qualitätsmanagement im Mess- und Prüfwesen

Durch ein geeignetes Qualitätsmanagement ist sicherzustellen, dass im Mess- und Prüfwesen bestimmungsgemäße Funktionen sowie festgelegte und vorausgesetzte Regeln erfüllt werden. Wichtige Hilfsmittel für die Qualitätssicherung im Mess- und Prüfwesen sind *Referenzmaterialien* und *Referenzverfahren*:

– *Referenzmaterial*: Material oder Stoff von ausreichender Homogenität, von dem ein oder mehrere Merkmalwerte so genau festgelegt sind, dass sie zur Kalibrierung von Messgeräten, zur Beurteilung von Messverfahren oder zur Zuweisung von Stoffwerten verwendet werden. (ISO Guide 30, 1992)

– *Referenzverfahren*: Eingehend charakterisiertes und nachweislich beherrschtes   Prüf-, Mess- oder Analyseverfahren zur

  o Qualitätsbewertung anderer Verfahren für vergleichbare Aufgaben

  o Charakterisierung von Referenzmaterialien und Referenzobjekten

  o Bestimmung von Referenzwerten.

Die Ergebnisunsicherheit eines Referenzverfahrens muss angemessen abgeschätzt und dem Verwendungszweck entsprechend beschaffen sein.

Europaweite Regelungen zum Betreiben von Mess- und Prüflaboratorien wurden mit der Bildung der Europäischen Union durch den Vertrag von Maastricht vom November 1993 und der Gründung des europäischen Binnenmarkts geschaffen (Euro-Norm EN 45 001). In der Norm DIN EN ISO 17 025 sind die jetzt international geltenden Allgemeinen Anforderungen an die Kompetenz von Prüf- und Kalibrierlaboratorien festgelegt. Die Norm ist gegliedert in die Hauptabschnitte

– Anforderungen an das Management

– Technische Anforderungen.

Die Norm 17 025 enthält alle Erfordernisse, die Prüf- und Kalibrierlaboratorien erfüllen müssen, wenn sie nachweisen wollen, dass sie ein Qualitätsmanagement betreiben, technisch kompetent und fähig sind, fachlich begründete Ergebnisse zu erzielen. Die Akzeptanz von Prüf- und Kalibrierergebnissen zwischen Staaten wird vereinfacht, wenn Laboratorien dieser Internationalen Norm entsprechend akkreditiert sind. Laboratorien können ihre Eignung zur Durchführung bestimmter Prüfungen in Intercomparisons und Proficiency Tests feststellen, siehe EPTIS, European Information System on Proficiency Testing Systems, www.eptis.bam.de.

8.3 Tribologische Laborprüftechnik

Die Laborprüftechnik in der Tribologie bezieht sich auf die Prüfkategorien V und VI von Bild 8.1.1. Wesentliche Zielsetzungen der tribologischen Laborprüftechnik betreffen die Erforschung von Reibungs- und Verschleißvorgängen, die mechanismenorientierte Verschleißprüfung sowie die Beurteilung und die Vorauswahl von Werkstoffen und Schmierstoffen für praktische Anwendungsfälle.

8.3.1 Prüfsysteme und Prüfmethodik

Für die Durchführung tribologischer Laborprüfungen sind eine Vielzahl von Mess- und Prüfapparaten (kurz *Tribometer*) entwickelt worden. In Tribometern werden meist geometrisch einfache Prüfkörper verwendet, die sich an den Grundformen technischer Kontaktgeometrien und Wirkflächenkonfigurationen orientieren (vgl. Bild 3.2.6) und in einer Übersicht in **Bild 8.3.1** zusammengestellt sind.

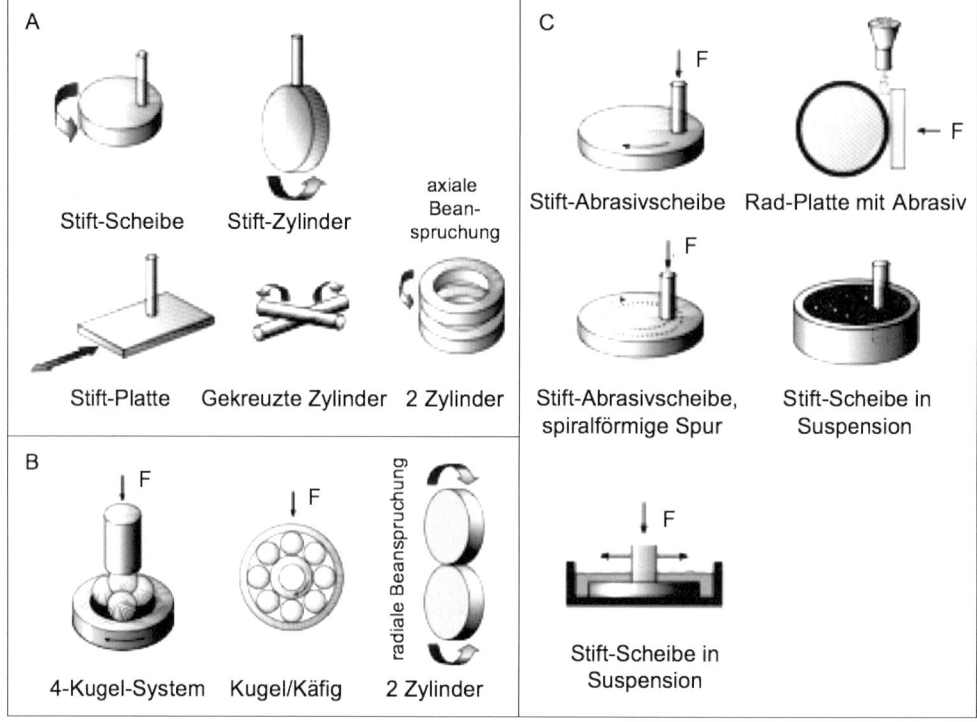

Bild 8.3.1   Prüfkörper: A Gleitbeanspruchungen, B Wälzbeanspruchungen, C Abrasivbeanspruchungen

Es ist offensichtlich, dass die tribologischen Beanspruchungen in den verschiedenen Systemen – wie in Kapitel 3 detailliert dargestellt – unterschiedlich sind und bzgl. Kontaktgeometrie (Punkt, Linie, Fläche) Kontaktmechanik, Kinematik (siehe **Bild 8.3.2**) und der reibungsinduzierten thermischen Vorgänge genau zu analysieren und in ihrem Einfluss zu beachten sind.

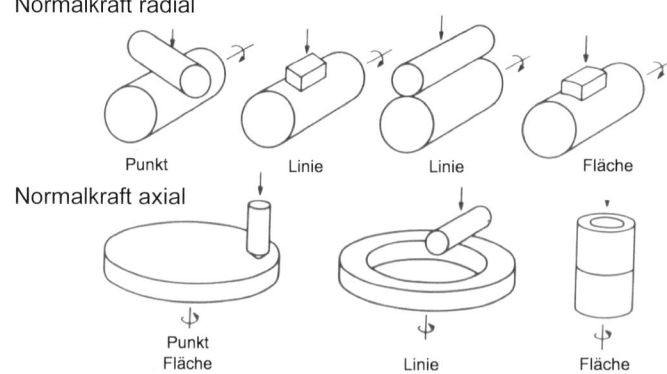

Bild 8.3.2   Prüfkörper für Gleitbeanspruchung, gegliedert nach der Kontaktgeometrie und Normalkraft

Die Darstellung einfacher Prüfkörpergeometrien für die Tribometrie wird in **Bild 8.3.3** erweitert durch eine Angabe der Anwendungshäufigkeit von Labortribometern mit konformen bis kontraformen Kontaktgeometrien. Außerdem sind die damit zu realisierenden Beanspruchungsbedingungen der Bewegungsform und des Bewegungsablaufs sowie die möglichen Bereiche des Beanspruchungskollektivs (Flächenpressung, Geschwindigkeit, Temperatur) dargestellt (Czichos, 1984).

Die Übersichten von Bild 8.3.1, 8.3.2 und 8.3.3 zeigen, dass sich Tribometer durch eine außerordentliche Vielfalt ihrer Ausführungsformen und Einsatzmöglichkeiten auszeichnen, so dass im konkreten Anwendungsfall eine genaue Spezifizierung erforderlich ist.

Struktur des Prüfsystems	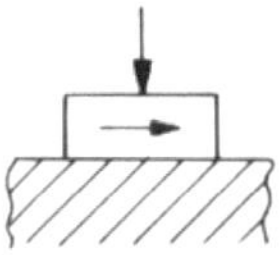	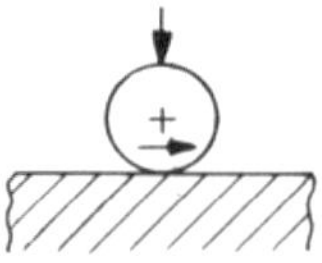	
Kontakt-geometrie	konform (Flächenkontakt)	kontraform (Linien bzw. Punktkontakt)	
Ausführungs-beispiele	Stift-Scheibe Siebel-Kehl	Walze-Platte Kugel-Scheibe	Amsler Vierkugel
Anwendungs-häufigkeit [%]	35	40	25
Bewegungsform	Gleiten Bohren (Stoßen)	Gleiten Rollen bzw. Wälzen Bohren (Stoßen)	Rollen bzw. Wälzen (Stoßen) (Gleiten)
Bewegungs-ablauf	kontinuierlich oszillierend intermittierend	kontinuierlich oszillierend intermittierend	kontinuierlich intermittierend
Flächenpressung [N/mm²]	10^{-4} bis 4.10^3	3.10^{-4} bis 5.10^3 (nach Hertz)	10^{-4} bis 5.10^3 (nach Hertz)
Geschwindigkeit [m/s]	10^{-4} bis 40	10^{-5} bis 80	10^{-1} bis 60
Temperatur [°C]	− 100 bis 1500		

Bild 8.3.3   Struktur und Kenndaten tribologischer Mess- und Prüfanordnungen (Übersicht)

Prüfmethodik

Die Durchführung einer tribologischen Laborprüfung – möglichst mit einem Tribometer mit abgeschlossener Versuchskammer zur Kontrolle des Umgebungsmediums oder der Umgebungsatmosphäre, siehe **Bild 8.3.4** – erfordert allgemein die folgenden Schritte:

    I. Auswahl einer geeigneten Testkonfiguration für die Prüfkörper von Triboelement (1) und Triboelement (2) mit der Spezifikation von:

        – Geometrie der Prüfkonfiguration

        – Materialdaten und -eigenschaften

        – Oberflächendaten (Mikrogeometrie, chemische Zusammensetzung, etc.)

II. Auswahl und Kennzeichnung des Zwischenstoffs (3) (z. B. Schmierstoff) und des Umgebungsmediums oder der Umgebungsatmosphäre (4) im Hinblick auf

- Stoffart
- Zusammensetzung
- chemische und physikalische Eigenschaften

III. Spezifikation des Beanspruchungskollektivs, bestehend aus:

- Bewegungsart
- Belastung FN
- Geschwindigkeit v
- Temperatur T
- Versuchs- bzw. Prüfdauer t

IV. Durchführung der tribologischen Tests als Funktion einer Variation der

- Strukturparameter der Triboelemente (z. B. Härte, Rauheit etc.)
- Parameter des Beanspruchungskollektivs (z. B. Belastungszyklen, Geschwindigkeitsvariation usw.)

Die Versuchsbedingungen, wie z. B. die Zeitabhängigkeit der Beanspruchungsparameter, sollte durch geeignete Sensoren im zeitlichen Ablauf erfasst und die Versuchsdurchführung möglichst rechnerunterstützt gesteuert und kontrolliert werden.

V. Messung interessierender tribometrischer Kenngrößen, wie z. B.

- Reibungsmessgrößen, siehe Abschnitt 4.2
- Verschleißmessgrößen, siehe Abschnitt 5.2
- Triboinduzierte thermische Messgrößen (z. B. reibbedingte Blitztemperaturen)
- Triboinduzierte akustische Messgrößen (z. B. reibungsinduzierter Körper- oder Luftschall, Vibrationen)

VI. Charakterisierung von Verschleißpartikeln und Verschleißflächen von Triboelement (1) und Triboelement (2) im Hinblick auf

- Oberflächenrauheit (z. B. Tastschnittdiagramme, Rasterelektronenmikroskopie), siehe Abschnitt 8.7.1
- Oberflächenzusammensetzung und -struktur (z. B. mittels Mikrosonde, Augerelektronenspektroskopie (AES)), siehe Abschnitt 8.7.2

In messtechnischer Hinsicht kommt es bei der tribologischen Laborprüftechnik darauf an, Beanspruchungsgrößen, wie Normalkraft, Gleitgeschwindigkeit, Temperatur, zu überwachen und eventuell zu regeln und die wichtigsten tribologischen Messgrößen, wie Reibungskraft und Verschleißbetrag, zu erfassen. Testapparaturspezifische Störgrößen, wie Schwingungen oder Wärmeausdehnung, sind ebenfalls zu registrieren und ihr Einfluss auf die Messergebnisse zu berücksichtigen.

Für diese Aufgaben können heute zur Wandlung nichtelektrischer Versuchsparameter in elektrische Signale Methoden der Sensorik eingesetzt werden. Sensoren ermöglichen die Anwendung der leistungsfähigen elektrischen Messtechnik auf die Sensor-Ausgangssignale, die Nutzung der elektronischen Signal/Bild-Verarbeitung und den Einsatz der programmierbaren computerunterstützten Versuchssteuerung. In **Bild 8.3.4** sind mit Stichworten sensor- und computertechnischer Möglichkeiten die grundlegenden Parametergruppen labormäßiger Tribometer zusammengestellt.

• Beanspruchungskolletiv • Systemstruktur • Tribologische Messgrößen • Oberflächengrößen

Die Ergebnisdarstellung tribologischer Messungen und Prüfungen kann – mit den erforderlichen Angaben zur Messunsicherheit – analog oder digital erfolgen.

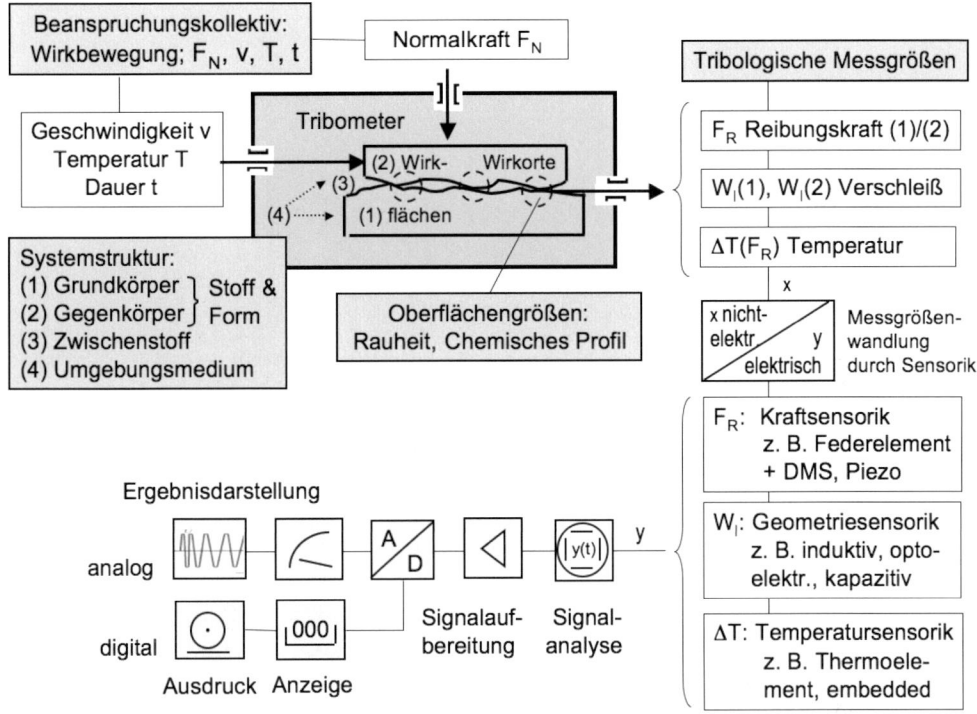

Bild 8.3.4   Prinzipdarstellung eines Tribometers mit Systemparametern, Sensorik und Prozessorik

Rechnerunterstützte tribologische Prüftechnik

Mit Hilfe der rechnerunterstützten Laborprüftechnik kann eine außerordentlich große Empfindlichkeit von Verschleißmessungen, verbunden mit der Möglichkeit der Korrektur systematischer Fehler, erzielt werden. Dies geht aus dem in Bild **8.3.5** wiedergegebenen Beispiel eines Verschleiß-Weg-Diagramms für eine geschmierte Polyimid (PI)-Aluminium/hartcoat-Gleitpaarung bei einer Normalkraft F_N = 400 N, einer Gleitgeschwindigkeit v = 0,5 m/s und einem Laufweg von 250 km hervor (Santner, 1990). Durch die gleichzeitige Messung von Verschleiß- und Temperaturverläufen und die rechnerunterstützte Korrektur des Temperatureinflusses kann die äußerst geringe Verschleißrate von 0,007 µm/km vom Rechner direkt errechnet werden – eine derartig hochempfindliche temperaturkorrigierte Verschleißmessung erscheint mit herkömmlichen analogen Methoden nicht möglich.

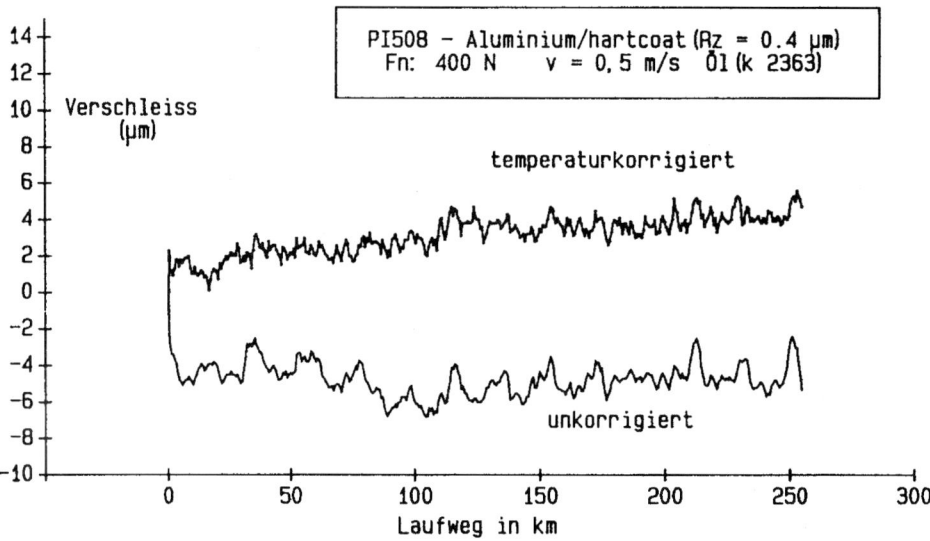

Bild 8.3.5   Verschleiß-Weg-Diagramm für eine geschmierte Polyimid (PI)-Aluminium/hartcoat-Gleitpaarung ohne und mit Temperaturkompensation (rechnerunterstütztes Lineartribometer)

Einfluss von Umgebungsatmosphäre und Luftfeuchte

Der gravierende „grenzflächenverändernde" Einfluss der Luftfeuchte kann zu völlig unterschiedlichen Verschleißkoeffizienten führen, siehe Kap. 7.1 „Einfluss der Luftfeuchte auf tribologische Systeme. Dies wird in **Bild 8.3.6** am Beispiel von Stahl/Keramik-Paarungen bei Schwingungsverschleiß unter sonst identischen Bedingungen illustriert, (Klaffke, 2000).

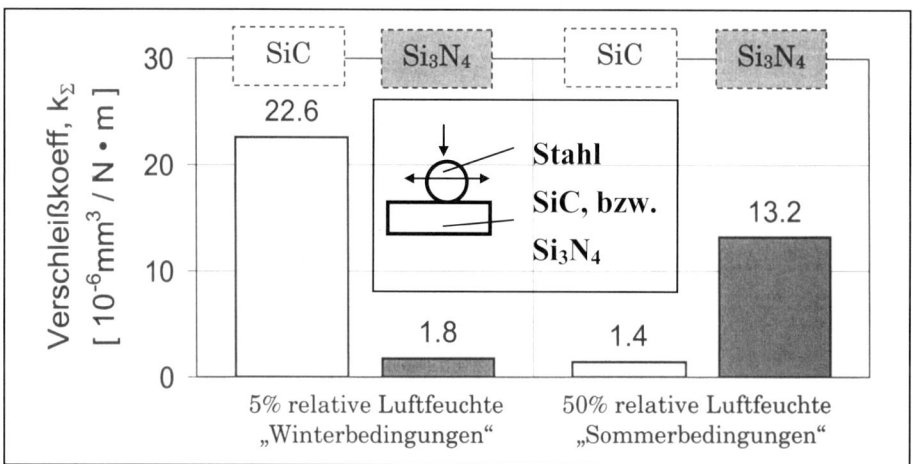

Bild 8.3.6   Verschleißraten der Paarungen Stahl (100Cr6) gegen SiC- und Si3N4-Keramik, gemessen in zwei Luftfeuchten der Umgebungsatmosphäre unter sonst gleichen Versuchsbedingungen

8.3.2 Charakterisierung tribologisch beanspruchter Oberflächen

In der Übersicht zur Tribometrie, Bild 8.3.4, sind die Oberflächengrößen „Rauheit" und „chemisches Profil" aufgeführt. Die Untersuchung der Oberflächen verschleißbeanspruchter Werkstoffe und Bauteile ist ein wichtiges Hilfsmittel bei tribologischen Prüfungen und dient der Analyse der Konstellation wirkender Verschleißmechanismen und der Veränderungen der Mikrostruktur durch tribologische Beanspruchungen. Neben Methoden der Oberflächenrauheitsmesstechnik und der Oberflächenanalytik sind Verfahren zur Kennzeichnung der Mikrostruktur tribologisch beanspruchter Werkstoffbereiche von besonderem Interesse. **Bild 8.3.7** gibt nochmals eine Übersicht über die Charakteristika technischer Oberflächen.

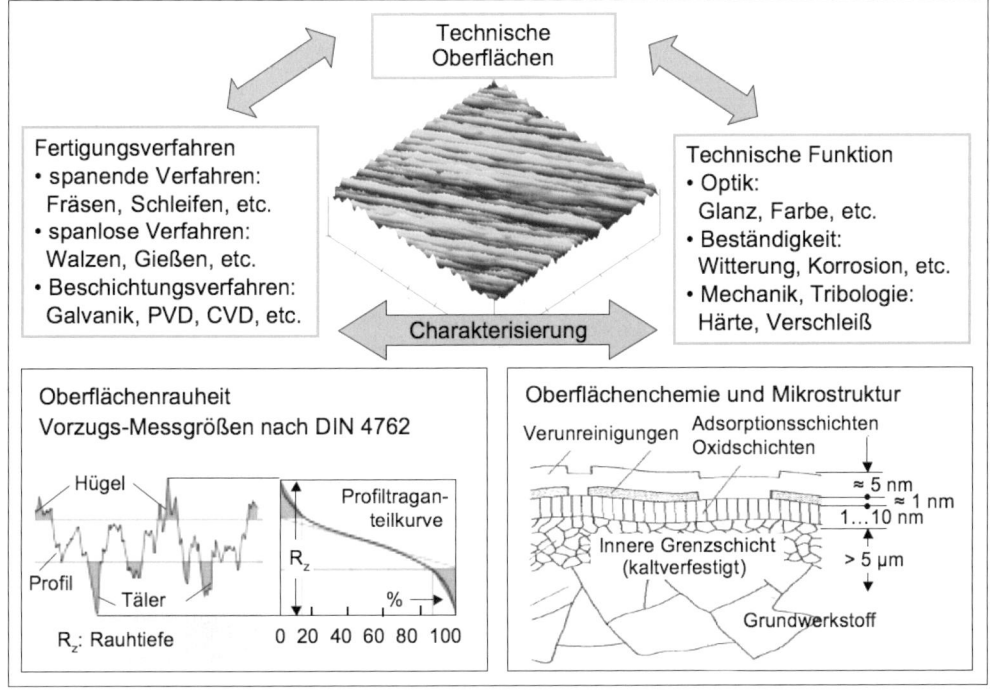

Bild 8.3.7   Technische Oberflächen und ihre Charakteristika

Feinstrukturuntersuchungen

Die bekannten Methoden der Feinstrukturuntersuchungen mittels Transmissionselektronenmikroskopie (**TEM, STEM, HRTEM** siehe Bild 8.3.8) sind infolge des hohen präparativen Aufwands zur Herstellung durchstrahlbarer Proben (Dicke < 0,1 μm) nur bei tribologischer Grundlagenforschung im Einsatz. Eine Möglichkeit, das Gefüge sowie Risse oder Delaminationen von Schichten unter der Werkstoffoberfläche zu beobachten, bietet das Verfahren der Ultraschallrastermikroskopie. Das laterale Auflösungsvermögen liegt bei 0,5 μm. Durch Variation der Fokusebene können Informationen auch aus mehreren 100 μm Tiefe gewonnen werden. Ebenfalls zur Untersuchung von unter der Oberfläche verborgenen Inhomogenitäten kann die Wärmewellenmikroskopie eingesetzt werden. Die zu untersuchende Werkstoffoberfläche wird von einem modulierten Infrarot-Laser erwärmt. Die Temperatur nach der Erwärmung wird von einem IR-Detektor gemessen. Werkstoffinhomogenitäten führen zu unterschiedlichem Wärmeabfluss, d. h. zu unterschiedlichen Oberflächentemperaturen. Die rasternde Bewegung des Laserstrahls über die Oberfläche erlaubt eine Abbildung der Oberfläche mit 1 μm lateraler Auflösung und materialabhängiger Informationstiefe zwischen 5 μm (Gummi) und 2 μm (Kupfer). Eine geringere Informationstiefe und damit eine hohe Oberflächenempfindlichkeit weisen neuere Geräte der Röntgenfeinstrukturuntersuchung auf. Die Proben werden unter extrem kleinen Glanzwinkeln bestrahlt, so dass die Struktur von Oberflächenschichten mit nur 10 nm Dicke untersucht werden kann.

Abbildung von Oberflächen

Zur Darstellung und Charakterisierung von Oberflächen gibt es heute vielfältige Methoden mit Skalen vom Zentimeterbereich bis in den Nanometerbereich, **Bild 8.3.8** gibt eine Übersicht.

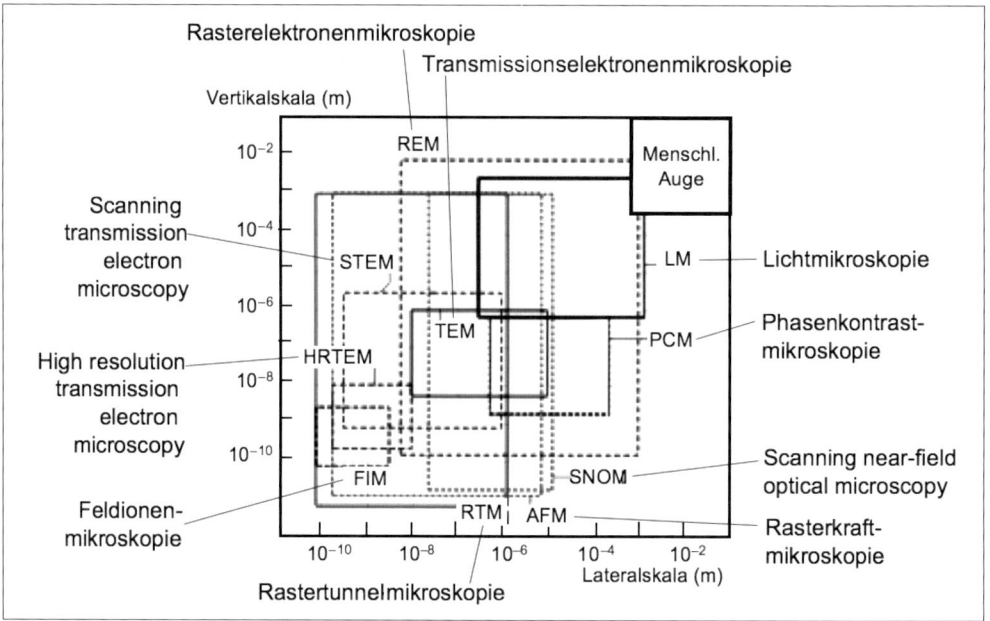

Bild 8.3.8   Methoden zur Darstellung und Charakterisierung von Oberflächen

LM: Lichtmikroskopische Verfahren zur Abbildung technischer Oberflächen arbeiten mit Hellfeld- oder Dunkelfeldbeleuchtung; sie gestatten mittels Okularmikrometern ein laterales Ausmessen von Oberflächenstrukturen und Verschleißspuren oder der Verschleißkalotten von kugelförmigen tribologisch beanspruchten Probekörpern. Lichtmikroskopische Verfahren sind durch folgende Grenzdaten gekennzeichnet:

- maximale Vergrößerung ca. 1000fach
- laterales Auflösungsvermögen in der Objektebene ca. 0,3 μm
- Steigerung der Tiefenauflösung ($\approx$ 1 nm) durch Interferenzkontrast (Nomarski).

Ein wichtiges Hilfsmittel zur Untersuchung verschleißbeanspruchter Oberflächen ist die Stereomikroskopie. Sie bietet bei günstigen Vergrößerungen von etwa 5 bis 100fach die Möglichkeit der Gewinnung eines räumlichen Eindruckes durch eine stereoskopische Betrachtung.

PCM: Mit dem Phasenkontrastmikroskop ist eine direkte Abbildung von Strukturen möglich, die nur einen geringen Eigenkontrast aufweisen und sich z. B. nur geringfügig in der Dichte und damit im Brechungsindex unterscheiden.

SNOM: Ein optisches Rasternahfeldmikroskop (Scanning near-field optical microscope) erweitert die Auflösungsgrenze des Lichtmikrokops, indem es nur Licht auswertet, das zwischen einer sehr kleinen (< 100 nm) Nahfeldsonde und der untersuchten Probe ausgetauscht wird. Mit dem optischen Rasternahfeldmikroskop kann eine räumliche Auflösung von < 30 nm erreicht werden.

REM: Gleichzeitig hohe Vergrößerung (bis zu 10^5-fach) und große Tiefenschärfe (> 10 μm bei 5000facher Vergrößerung) liefert das Rasterelektronenmikroskop. Beim REM wird in einer Probenkammer unter Hochvakuum ein Elektronenstrahl rasterförmig über die Probenoberfläche bewegt und die in Abhängigkeit von der Oberflächen-Mikrogeometrie rückgestreuten Elektronen (oder ausgelöste Sekundärelektronen) werden zur Helligkeitssteuerung (Topographiekontrast) einer Fernsehröhre verwendet. Mit Methoden der Bildverarbeitung (zum Beispiel Graustufenanalyse) oder stereoskopische Auswerteverfahren kann außer der Oberflächenabbildung eine numerische Klassifizierung der Oberflächenmikrogeometrie vorgenommen werden. Moderne Rasterelektronenmikroskope können durch wesentlich gesteigerte Abbildungsqualität bei niedrigen Beschleunigungsspannungen auch empfindliche oder schlecht leitende Oberflächen (zum Beispiel Polymere, Halbleiter) direkt abbilden. Außerdem sind auch transportable, sich auf großen Bauteilen festsaugende kommerzielle Rasterelektronenmikroskope verfügbar.

FIM: Die Sichtbarmachung von Oberflächenstrukturen im atomaren Bereich gelingt mit dem Feldionenmikroskop. Als Probe dient eine sehr feine Metallspitze (W, Ni, Pt), an die im Vakuum ein elektrisches Feld angelegt wird. Durch die hohe Feldstärke werden an der Spitze Elektronen emittiert, die auf einem Leuchtschirm sichtbar gemacht werden können. Die Struktur der Probenspitze wird dadurch mit Vergrößerungen von 10^6 abgebildet.

RTM: Das Rastertunnelmikroskop erzielt die Abbildung und berührungslose Ausmessung von Oberflächen im atomaren Maßstab mit Hilfe einer Abtastnadel in einem elektronisch geregelten Piezokristall-Aktorsystem. Der zwischen Abtastnadel und auszumessender Oberfläche bestehende Tunnelstrom wird bei rasterförmiger äquidistanter Abtastung der Oberfläche durch das Aktorsystem konstant gehalten; das elektronische Regelgrößensignal ist ein Maß für die Oberflächenmikrogeometrie im Nanometerbereich. Die Instrumente arbeiten an Luft und sogar unter Fluiden, wobei nicht nur Oberflächen abgebildet, sondern mit geeigneten Zusatzgeräten auch Informationen über die chemische Zusammensetzung und chemische Oberflächenreaktionen gewonnen werden können.

AFM (Atomic/scanning force microscope), Modifikation des Rastertunnelmikroskops. Sein Prinzip und seine Anwendungsmöglichkeiten in der Tribologie sind in Kap. 8.4 dargestellt.

Bestimmung von Rauheitsmessgrößen

Aufgabe der Oberflächenrauheitsmesstechnik ist allgemein die Erfassung der Mikrogeometrie technischer Oberflächen und speziell in der Tribologie die numerische Kennzeichnung der Veränderung tribologisch beanspruchter Oberflächen im Vergleich zum unbeanspruchten Ausgangszustand. Oberflächenmessgrößen können sich in integraler Art auf gesamte Oberflächenbereiche oder auf Profilschnitte, Tangentialschnitte oder Äquidistanzschnitte beziehen (siehe Bild 3.1.3). Da örtlich verschiedene Profilschnitte einer tribologisch beanspruchten Oberfläche naturgemäß auch unterschiedliche Rauheitsprofilkurven und darauf bezogene Rauheitsgrößen ergeben, werden zur Kennzeichnung von Verschleiß-Oberflächen, wie allgemein zur Darstellung technischer Oberflächen üblich, auch mathematisch-statistische Methoden, wie zum Beispiel Autokorrelationsfunktionen, Fourier-Analysen oder Spektraldarstellungen herangezogen (siehe Abschnitt 3.1.2).

Die Tastschnitttechnik besteht aus der Abtastung des Oberflächenprofils durch eine Diamantnadel mit einem Tastsystem (z.B. Einkufentastsystem, Pendeltastsystem, Bezugsflächentastsystem), der Aufzeichnung eines überhöhten Profilschnittes mit elektronischen Hilfsmitteln und der Berechnung von Rauheitsmessgrößen. Verfahrenskennzeichen: vertikale Auflösung besser als 0,01 μm, horizontale Auflösung begrenzt durch Spitzenradius (z. B. 5 μm) und Kegelwinkel (z. B. 60 °), Problematik der Nichterfassung von „Profil-Hinterschneidungen" und plastischer Kontaktdeformation, z. B. bei der Abtastung weicher Oberflächen.

Beim Lichtschnittmikroskop erfährt eine unter 45° auf eine technische Oberfläche projizierte schmale Lichtlinie (optisches Spaltbild) durch die Oberflächenmikrogeometrie eine affine Verzerrung, die fotografisch dargestellt oder mit einem Okularmikrometer mikroskopisch ausgemessen werden kann und eine Bestimmung von Rautiefen > 1 μm gestattet.

Das Interferenzmikroskop arbeitet mit „optischen Schnitten" parallel zur auszumessenden Oberfläche. Lichtinterferenzen ergeben ein Höhenschichtlinienbild von (spiegelnden, nicht zu rauen) Oberflächen mit Niveaulinien im Abstand von einer halben Lichtwellenlänge; die messbaren Rautiefenunterschiede betragen ca. 0,01 μm. Durch elektronische Signalbehandlung lassen sich Auflösungen bis in den Nanometerbereich erzielen.

In **Bild 8.3.9** sind die Auflösungs- und Messbereiche der dargestellten Verfahren dargestellt; ergänzend wurden auch die Bereichsdaten der Rasterelektronenmikroskopie (REM) und der Rasterkraftmikroskopie (AFM) aufgenommen.

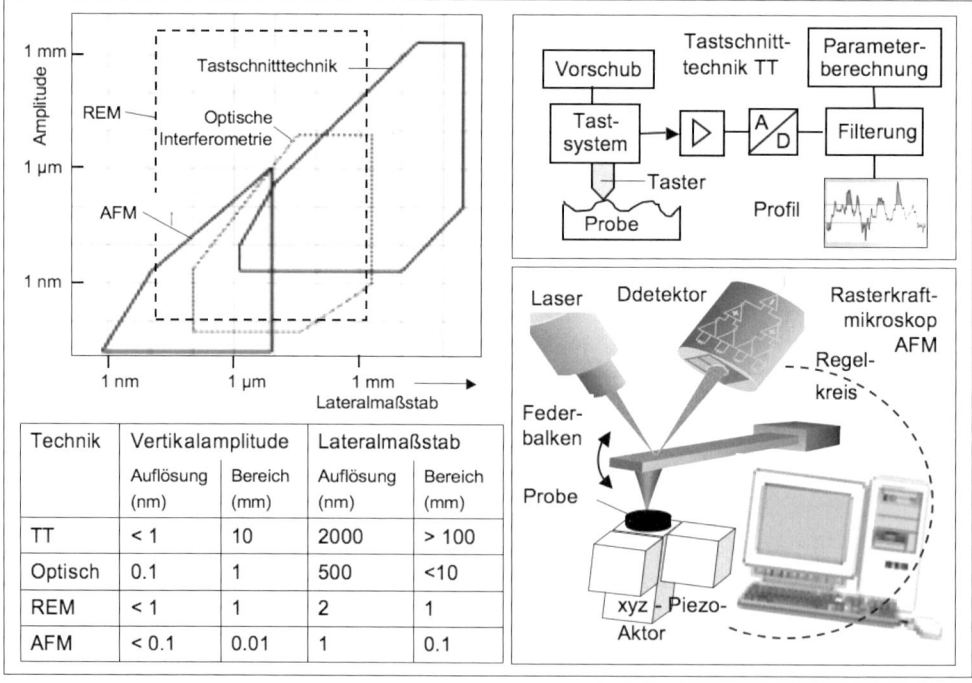

Technik	Vertikalamplitude		Lateralmaßstab	
	Auflösung (nm)	Bereich (mm)	Auflösung (nm)	Bereich (mm)
TT	< 1	10	2000	> 100
Optisch	0.1	1	500	<10
REM	< 1	1	2	1
AFM	< 0.1	0.01	1	0.1

Bild 8.3.9   Oberflächenmessverfahren: von der Tastschnitttechnik bis zum Rasterkraftmikroskop

Oberflächenanalytik

Mit Methoden der Oberflächenanalytik, d. h. der Untersuchung der chemischen Eigenschaften und der atomaren Zusammensetzung sowie der chemischen Bindungszustände von Oberflächen kann auf wirkende Verschleißmechanismen (speziell tribochemische Reaktionen und Adhäsion) geschlossen werden. Bei den physikalischen Verfahren der Oberflächenanalytik kann man durch Beschuss der zu untersuchenden Oberfläche mit Photonen, Elektronen, Ionen oder Neutralteilchen, durch Anlegen hoher elektrischer Feldstärken oder durch Erwärmen Informationen über die Oberfläche erhalten, wenn die dabei emittierten Photonen, Elektronen, Neutralteilchen oder Ionen analysiert werden. **Tabelle 8.3.1** nennt stichwortartig die wichtigsten Verfahren und ihre Anwendungsmöglichkeiten.

Tab. 8.3.1 Physikalische Methoden der Oberflächenanalytik und Anwendungsmöglichkeiten

Verfahren	Sonde	Informationsträger
ESCA (XPS): Elektronenspektrometrie für die chemische Analyse	hv: Röntgen	e⁻: Photoeffekt
AES: Auger-Elektronen- Spektrometrie	e⁻	e⁻:Auger-Emission
SIMS: Sekundärionen-Massenspektrometrie TOF-SIMS: *Time of flight*-SIMS	Ionen	Sekundär-Ionen

Anwendungsmöglichkeiten	Methode	Lateralauf-lösung	Probenmaterialien und Methoden-spezifikationen
Tiefenprofile (< 500 nm)an dünnen Schichten (Elemente, z. T. auch Verbindungen)	AES ESCA TOF-SIMS	< 100 nm ≈ 100 µm ≈ 200 nm	Metalle, Halbleiter Metalle, Halbleiter, Nichtleiter Metalle, Halbleiter, Nichtleiter
Kopplung mit Präparation z. B. Metallisierung, Plasma-, Gas-Temperatur-Behandlung	AES ESCA TOF-SIMS		Simulation von Technologie-verfahrensschritten
Elementverteilungsbilder an Oberflächen	AES ESCA TOF-SIMS	< 100 nm < 50 µm < 200 nm	Metalle, Halbleiter Metalle, Halbleiter, Nichtleiter Metalle, Halbleiter, Nichtleiter
Chemische Analyse an Oberflächen (Speziation)	AES ESCA TOF-SIMS	<< 1 µm 50 µm < 1 µm	nur Metalle und Halbleiter sub-µm am Synchrotron substanzspezifisch, Datenbank erf.
Elementspuren, (Profilanalytik, Elementverteilungen)	TOF-SIMS	< 1 µm	Empfindlichkeit sehr elementspezifisch

Bei der Elektronenstrahlmikroanalyse (Mikrosonde) wird die von einem Elektronenstrahl ausgelöste stoffspezifische Röntgenstrahlung mit Hilfe von wellenlängendispersiven oder energiedispersiven (EDAX, Energy Dispersive Analysis of X-Rays) Spektrometern analysiert. Die Mikrosonde erfordert für eine Elementaranalyse (Ordnungszahl Z > 3) ein Untersuchungsvolumen von ca. 1 µm³ und ist damit nur zur Analyse relativ dicker Schichten einsetzbar. Bei der Analyse organischer Werkstoffe werden zur Identifizierung vornehmlich die auf der Adsorption von Licht im Wellenbereich von 2 bis 25 µm beruhende Infrarot(IR)- und Raman-Spektroskopie (RS) herangezogen. Durch Kombination der Oberflächenanalyseverfahren mit einer Ionenkanone, die durch Ionenbeschuss die Oberfläche molekülweise abträgt (Sputtern), können auch Tiefenprofilanalysen, d. h. sukzessive analytische Informationen über die Schichtstrukturen unterhalb von Werkstoffoberflächen gewonnen werden.

8.3.3 Mechanismenorientierte Prüftechnik

Die tribologische Laborprüftechnik ist im Wesentlichen dadurch gekennzeichnet, dass damit tribologische Untersuchungen an Prüfsystemen mit genau definierter Systemstruktur und vorgegebenem Beanspruchungskollektiv durchgeführt werden können. Darüber hinaus bietet die Laborprüftechnik die Möglichkeit, durch geeignete Wahl von Prüfsystemstruktur und Beanspruchungskollektiv eine Dominanz der einzelnen grundlegenden Verschleißmechanismen (siehe Abschnitt 5.3) zu erreichen und somit eine Prüfung tribotechnischer Werkstoffe oder Schmierstoffe in Abhängigkeit nur eines dominierenden Verschleißmechanismus zu verwirklichen.

Auf der Basis der mechanismenorientierten Verschleißprüfung ist eine detaillierte Kennzeichnung des Werkstoffverhaltens und der Aufstellung von „Bewertungsfolgen" unter der Wirkung der einzelnen Verschleißmechanismen möglich, wie mit den folgenden Beispielen illustriert wird.

Untersuchung des Einflusses von Materialeigenschaften auf den Verschleißwiderstand

Mit der mechanismenorientierten Verschleißprüfung ist eine differenzierte Analyse des Einflusses grundlegender Materialeigenschaften – wie beispielsweise der Härte – auf das Verschleißverhalten von Werkstoffen möglich. Dies wird in Folgenden am Beispiel von tribologischen Laborprüfungen bei Gleitverschleiß, Furchungsverschleiß, Wälzverschleiß dargestellt (Czichos, 1984). Hierzu wurde aus ein- und derselben Materialcharge von Kohlenstoffstahl C 60 eine große Anzahl von Probekörpern (Stifte mit einem Kontaktradius von R = 6 mm; Scheiben 80 mm $\varnothing$) gefertigt und für diesen Werkstoff durch unterschiedliche Wärmebehandlungen vier verschiedene Härtegrade und Gefüge hergestellt:

    I.   Härte $\approx$ 200 HV, Gefüge: Perlit und Ferrit

    II. Härte $\approx$ 300 HV, Gefüge: angelassener Martensit, Carbidausscheidungen (CA)

    III. Härte $\approx$ 450 HV, Gefüge: angelassener Martensit, weniger CA als bei I

    IV. Härte $\approx$ 600 HV, Gefüge: angelassener Martensit, weniger CA als bei I und II.

Die Probekörper wurden nach den Härten durch eine metallurgische Schleifbehandlung mit Oberflächenrauheiten der Werte $R_z \approx$ 1 µm und $R_z \approx$ 4 µm versehen. Für die einzelnen Versuchsreihen wurden die Probekörper innerhalb enger Klassengrenzen von Härte und Oberflächenrauheit ausgesucht.

Durch geeignete Wahl der Prüfsystemstruktur und des Beanspruchungskollektivs wurden mit verschiedenen Tribometern unterschiedliche dominierende Verschleißmechanismen realisiert, deren Wirkungen durch rasterelektronenmikroskopische Untersuchungen identifiziert wurden. Die Versuchsbedingungen sind in **Tabelle 8.3.2** zusammengestellt.

Tab. 8.3.2 Versuchsbedingungen für die mechanismenorientierte Verschleißprüftechnik

(a)	Gleitverschleiß bei Festkörperreibung

(a) Gleitverschleiß bei Festkörperreibung
- Systemstruktur: Stift-Scheibe-System in abgeschlossener
  Versuchskammer
  — Stiftradius 6 mm
  — Scheiben-Verschleißspurdurchmesser 60 mm
  — Probekörperrauheit $R_z \approx 1$ μm
  — Normalatmosphäre, 50 % rel. Feuchte
- Beanspruchungskollektiv
  — Normalkraft $F_N = 10$ N
  — Gleitgeschwindigkeit $v = 0{,}1$ m/s
  — Temperatur $T = 23$ °C
  — Gleitweg $s = 1$ km

(b) Gleitverschleiß bei Mischreibung
- Systemstruktur: Stift-Scheibe-System in temperiertem Schmierölbad
  — Stiftradius 6 mm
  — Scheibe-Verschleißspurdurchmesser 32 mm
  — Probenrauheit $R_z \approx 1$ μm
  — Mineralöl SAE 10 (η/23 °C = 66 Pa · s)
- Beanspruchungskollektiv
  — Normalkraft $F_N = 200$ N
  — Gleitgeschwindigkeit $v = 0{,}1$ m/s
  — Temperatur $T = 23$ °C
  — Gleitweg $s = 8$ km

(c) Furchungsverschleiß bei Festkörperreibung
- Systemstruktur: Schleifteller-Prüfsystem
  — Probekörperfläche 900 mm²
  — Flint-Schleifpapier (Härte ca. 900 HV)
- Beanspruchungskollektiv
  — Normalkraft $F_N = 17$ N
  — Schleiftellerdrehzahl $n_1 = 125$ min⁻¹
  — Probekörperdrehzahl $n_2 = 3$ min⁻¹
  — Temperatur $T = 23$ °C
  — Beanspruchungsdauer $t = 3$ min

(d) Wälzverschleiß bei Mischreibung
- Systemstruktur: 2-Scheibe-Prüfsystem (Amsler)
  — Scheibendurchmesser 42 mm
  — Probenrauheit $R_z \approx 4$ μm
  — Mineralöl SAE 10 (η/23 °C = 66 mPa · s)
- Beanspruchungskollektiv
  — Normalkraft $F_N = 2000$ N
  — Umfangsgeschwindigkeit $u_1 = 0{,}759;\ u_2 = 0{,}836$ m/s
  — Temperatur $T = 23$ °C
  — Beanspruchungsdauer $N = 2 \cdot 10^6$ Überrollungen

Das tribologische Verhalten des Kohlenstoffstahls C 60 wurde mit Triboelement-Paarungen gleicher Härte (A bis D) und ungleicher Härte (E,F) bei den verschiedenen Versuchsbedingungen untersucht. Zur Erzielung eines Vergleichs der unterschiedlichen Verschleißwerte unter den einzelnen Versuchsbedingungen wurde der relative Verschleißwiderstand der Paarung mit der Härte 300 HV/300 HV zu 1 normiert. Die Ergebnisse lassen sich anhand der zusammenfassenden Darstellung von **Bild 8.3.10** stichwortartig wie folgt charakterisieren:

– Beim Gleitverschleiß bei Festkörperreibung (a) tritt mit Zunahme der Härte von 300 auf 450 HV eine beträchtliche Zunahme des Verschleißwiderstandes auf. Während bei niedriger Härte (Paarungen A und B) der Verschleißmechanismus Adhäsion mit geringem Verschleißwiderstand vorliegt, zeigt sich bei höherer Härte (Paarungen C bis F) ein günstigeres Verschleißverhalten unter Wirkung der Verschleißmechanismen Abrasion und tribochemische Reaktionen.

– Beim Gleitverschleiß bei Mischreibung (b) bilden sich Grenzschichten und es herrschen tribochemische Reaktionen vor, wobei sich die Paarung E (stationärer Stift 300 HV; rotierende Scheibe 600 HV) durch den höchsten Verschleißwiderstand auszeichnet.

– Im Fall des Furchungsverschleißes bei Festkörperreibung (c) wirkt primär die Abrasion, wobei der Verschleißwiderstand erwartungsgemäß mit steigender Härte zunimmt.

– Für die Bedingungen des Wälzverschleißes bei Mischreibung (d) dominiert der Verschleißmechanismus Oberflächenzerrüttung, wobei das Optimum des Verschleißwiderstandes bei mittleren Härtewerten liegt (vgl. dazu Abschnitt 5.4.2).

Das Beispiel zeigt, dass mit der mechanismenorientierten Verschleißprüfung für technische Anwendungen verschleißbeanspruchter Werkstoffe wichtige Grundlageninformationen über den Einflusses von Materialeigenschaften, wie der Härte, bei Kenntnis der dominierenden Verschleißmechanismen gewonnen werden können.

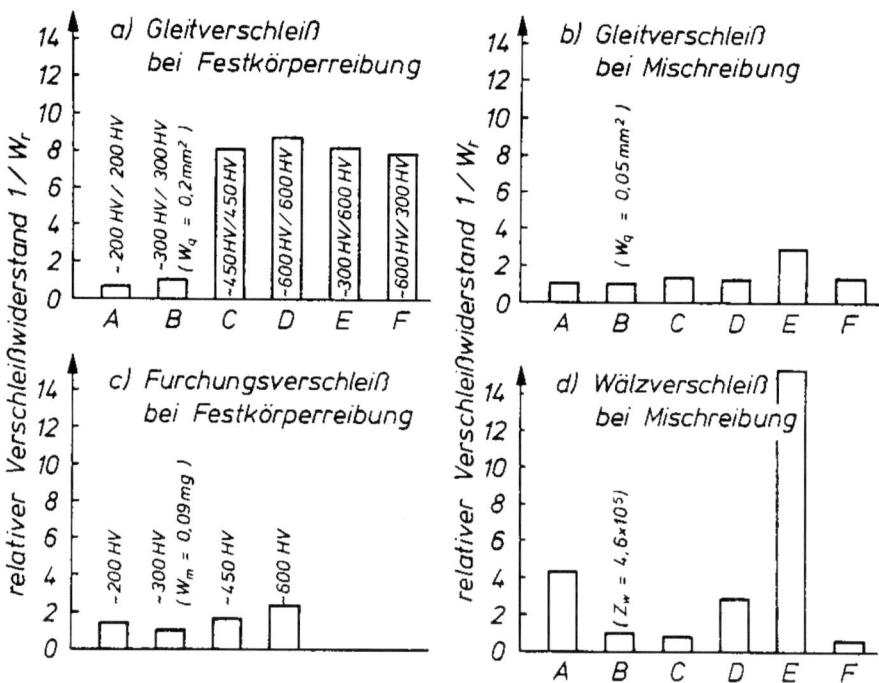

Bild 8.3.10 Verschleißwiderstand von Stahlpaarungen verschiedener Vickers-Härte (HV): unterschiedliche Bewertungsfolgen bei unterschiedlichen Verschleißarten

Bewertung von Verschleißschutzschichten

Die Möglichkeiten der mechanismenorientierten Verschleißprüfung zur Kennzeichnung von Verschleißschutzschichten bei verschiedenen Beanspruchungen sollen am Beispiel der für technische Anwendung interessanten gehärteten, nitrierten und borierten Stählen demonstriert werden (Habig, 1980 und 1981). Durch geeignete Wahl der Prüfsystemstrukturen und des Beanspruchungskollektivs wurde mit verschiedenen Tribometern ein Dominieren einzelner Verschleißmechanismen realisiert, die sich mit Hilfe des Rasterelektronenmikroskops nachweisen ließen.

In vereinfachter Form können die einzelnen Verschleißmechanismen durch die folgenden Labor-Versuchsbedingungen realisiert werden (Habig, 1980):

- Adhäsion (a): Gleitverschleiß bei Festkörperreibung besonders von Metall-Metall-Gleitpaarungen unter Vakuum bzw. definierten Gasatmosphären (z. B. Inertgas)

- Tribooxidation (b): Gleitverschleiß bei Festkörperreibung oder Mischreibung bei Reaktionsschichtbildung durch Wirkung von vorgegebenen Umgebungsmedien in einer abgeschlossenen Versuchskammer

- Abrasion (c): Furchungsverschleiß eines Probekörpers unter Festkörperreibung bei Beanspruchung durch einen härteren und rauen Gegenkörper (Gegenkörperfurchung) oder abrasiver Zwischenstoffe (Teilchenfurchung), z. B. mit Schleifteller- oder Schleiftopf-Verfahren

- Oberflächenzerrüttung (d): Verschleiß durch tribologische Wechselbeanspruchung besonders bei Rollkontakt, d. h. Wälzverschleiß bei Festkörperreibung oder Mischreibung

Die Ergebnissee, gegliedert nach den in den einzelnen Versuchsserien dominierenden Verschleißmechanismen, sind in Bild **8.3.11** dargestellt.

a. Bei Festkörperreibung im Vakuum dominiert die Adhäsion. Unter diesen Bedingungen hat die nitrierte Stahlpaarung den höchsten Verschleißwiderstand.

b. Bei Festkörperreibung in Luft ist die Tribooxidation von entscheidender Bedeutung. Die borierte Stahlpaarung hat dabei den höchsten Verschleißwiderstand, weil sich auf den Eisenboridschichten eine schützende, oxidische Reaktionsschicht bildet. Die Eisennitridschicht wird dagegen durch die Tribooxidation zerstört, so dass sie unter diesen Bedingungen einen niedrigen Verschleißwiderstand hat.

c. Bei der Beanspruchung durch mineralische Korundkörner haben Eisenboridschichten wegen ihrer hohen Härte einen hohen Widerstand gegen Abrasion. Dies bestätigt, dass bei Abrasivbeanspruchung durch eine geeignete Härte der Verschleißwiderstand erheblich erhöht werden kann.

d. Dominiert bei Wälzbeanspruchungen die Oberflächenzerrüttung, so zeichnet sich die einsatzgehärtete Stahlpaarung durch den höchsten Verschleißwiderstand aus. Verschleißschutzschichten, die bei Gleitbeanspruchungen beim Dominieren von Adhäsion (a), Tribooxidation (b) oder Abrasion (c) den Verschleißwiderstand von Stahl erhöhen können, haben bei den zyklischen (Hertzschen) Material-Ermüdungsprozessen der Oberflächenzerrüttung keinen, den Verschleißwiderstand erhöhenden Effekt.

Die in den Bildern 8.3.10 und 8.3.11 zusammengefassten Ergebnisse illustrieren, dass durch mechanismenorientierte Verschleißprüfungen das tribologische Verhalten von Werkstoffpaarungen in Abhängigkeit der Konstellation wirkender Verschleißmechanismen untersucht werden kann, wobei je nach Dominanz der einzelnen Verschleißmechanismen unterschiedliche Bewertungsfolgen resultieren können. Sind bei praktischen technischen Anwendungen die dominierenden Verschleißmechanismen bekannt, ist die mechanismenorientierte Verschleißprüfung eine wichtige tribometrische Methode zur Werkstoffwahl und zur Optimierung tribotechnischer Systeme.

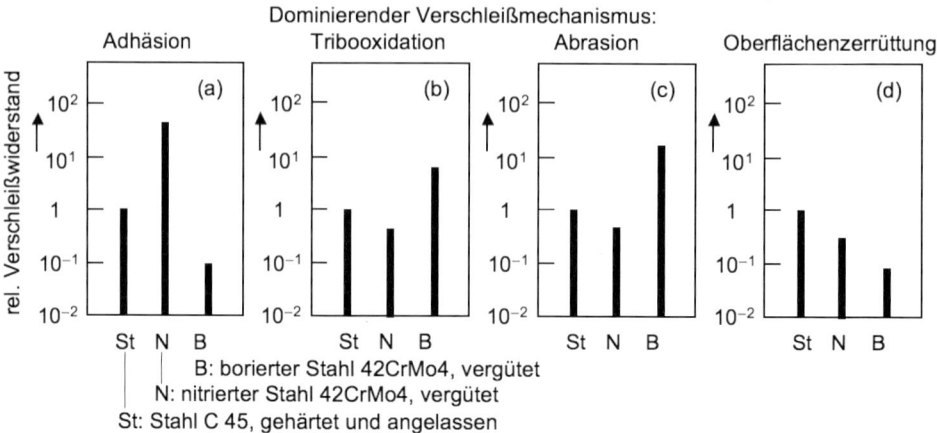

(a) Festkörpergleitverschleiß. Stift/Scheibe, Vakuum 10^{-6} bar, F_N = 10 N, v = 0,1 m/s; s = 1 km
(b) Festkörpergleitverschleiß. Stift/Scheibe, Luft 50 % Feuchte, F_N = 10 N, v = 0,1 m/s; s = 1 km
(c) Furchungsverschleiß. Schleifteller Korundpapier, F_N = 17 N, n = 125 min^{-1}, t = 6 min
(d) Wälz/Stoß-Verschleiß, 10 % Schlupf. Zylinder/Zylinder, Öl SAE 10, $3 \cdot 10^5$ Zyklen, $f_{Stoß}$ = 4 Hz

Bild 8.3.11   Verschleißwiderstand von gehärteten, nitrierten und borierten Werkstoffen in Abhängigkeit wirkender Verschleißmechanismen: unterschiedliche Bewertungsfolgen bei unterschiedlichen Verschleißmechanismen

8.3.4 Tribologische Ringversuche

Ringversuche *(Round Robin Tests)* dienen in zahlreichen Bereichen der Technik zur Bestimmung und Kennzeichnung der Wiederholbarkeit und Reproduzierbarkeit von Messungen und Prüfungen. In der Tribologie wurde ein umfangreicher internationaler Ringversuch zur Kennzeichnung der Wiederholbarkeit und Reproduzierbarkeit von Reibungs- und Verschleißprüfungen im Rahmen der Kooperation VAMAS (Versailles Project on Advanced Materials and Standards) durchgeführt (Czichos, Becker und Lexow, 1987, 1989).

Die Ringversuche erfolgten an Probekörpern aus α-Al_2O_3 Keramik und Stahl unter Beteiligung von 31 Institutionen aus den sieben Ländern des Weltwirtschaftsgipfels. Anhand dieses Beispiels werden Organisation, Durchführung und Auswertung tribologischer Ringversuche in exemplarischer Form erläutert. Die tribologischen Ringversuche wurden unter den Bedingungen der Festkörperreibung mit einem Kugel-Scheibe-Prüfsystem unter genau definierten Prüfbedingungen durchgeführt, siehe **Bild 8.3.12**.

Die Probekörper wurden in einheitlicher Form von einem zentralen Hersteller im Hinblick auf Geometrie, Abmessungen und Oberflächenbehandlung hergestellt. Auf der Basis einer gründlichen Systemanalyse wurden die folgenden Versuchsbedingungen spezifiziert und den teilnehmenden Laboratorien in der Form einer genau einzuhaltenden „Check-Liste" mitgeteilt.

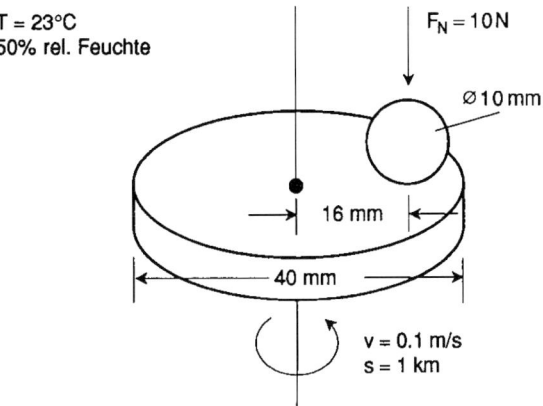

T = 23°C
50% rel. Feuchte

$F_N = 10\,N$

Ø10 mm

16 mm

40 mm

v = 0.1 m/s
s = 1 km

Werkstoffpaarungen			Messungen
Kugel / Scheibe	Stahl 100 Cr 6	Keramik $\alpha\text{-}Al_2O_3$	• Reibungskraft
Stahl 100 Cr 6	Paarung 1	Paarung 2	• Verschleißdaten (Komponenten, System)
Keramik $\alpha\text{-}Al_2O_3$	Paarung 3	Paarung 4	• Verschleißerscheinungsform (REM, Profilometrie)

Bild 8.3.12
Übersicht über die Versuchsbedingungen des VAMAS-Ringversuchs:
F_N Normalkraft,
v Gleitgeschwindigkeit,
s Gleitweg,
T Umgebungstemperatur,
relative Luftfeuchtigkeit

I. Prüfsystem (Kugel-Scheibe-Konfiguration)

(1) Stationäre Kugel (10 mm Durchmesser), rotierende Scheibe (40 mm Außendurchmesser, Verschleißspurdurchmesser 32 mm)

(2) Horizontale Lage der Probenscheibe

(3) Rotationsrichtung der Scheibe ist von jedem Teilnehmer anzugeben

(4) Verschleißpartikel von Kugel und Scheibe sind zu sammeln und geschlossen aufzubewahren

(5) Halterungen für Kugel und Scheibe können von den Teilnehmern selbst gefertigt werden

(6) Mögliche Vibrationen des Prüfsystems beim Versuch sind zu kennzeichnen (z. B. Vibrationsamplituden und Frequenzverteilungen an zu kennzeichnenden Positionen)

(7) Steifheitskennzeichen der Testkonfiguration (wenn bekannt) sollten angegeben werden

II. Werkstoffe

$\alpha\text{-}Al_2O_3$ Keramik und Stahl 100 Cr6 (Daten über Zusammensetzung, Rauheit, Härte und Mikrostruktur wurden den Teilnehmern mitgeteilt).

III. Atmosphäre

Laborluft (relative Luftfeuchtigkeit = 50 ± 10 %; T = 23 ± 1 °C)

IV.   **Schmierstoff**

Es wurde kein Schmierstoff verwendet; die Versuche wurden unter Bedingungen der Festkörper-Gleitreibung durchgeführt.

V.   **Beanspruchungskollektiv**

(1) Bewegungsform: kontinuierliches einsinniges Gleiten

(2) Normalkraft, $F_N = 10$ N

(3) Gleitgeschwindigkeit, $v = 0,1$ ms-1

(4) Temperatur, $T = 23 + 1$ °C

(5) Gleitweg, $s = 1$ km

(6) Anzahl der Versuche: 3 bis 5

VI.   **Oberflächenbehandlung der Probekörper**

(1) Keine mechanische Oberflächenbehandlung durch die Teilnehmer erforderlich, da alle Probekörper in einheitlicher Weise von einer zentralen Stelle hergestellt wurden

(2) Die Probekörperoberflächen sind unmittelbar vor dem Versuch zu reinigen:

Reinigung mit Freon ($Cl2FC-CF2Cl$), Trocknen in warmer Luft, Abspülen mit Hexan, Trocknen in einer Temperierkammer bei 100 °C für 30 Minuten

(3) Chemikalien hoher Reinheit sind zu verwenden.

(4) Die Probekörper sind in Exsikkatoren aufzubewahren und zu transportieren.

VII. **Messungen**

VII.1 Verschleiß

Es ist anzugeben, ob der Verschleiß der Kugel, der Scheibe oder der Systemverschleiß von Kugel und Scheibe gemessen wurde:

(1) Linearer Verschleißbetrag, d. h. Längenänderungen der Probekörper senkrecht zur Kontaktfläche, kontinuierlich zu messen und aufzuzeichnen

(2) Die Probekörper sind vor und nach den tribologischen Prüfungen zu wiegen.

(3) Verschleißkalottendurchmesser der Kugeln sind mikroskopisch auszumessen.

(4) Tastschnittdiagramme beider Prüfkörperoberflächen vor und nach den Versuchsläufen sind aufzunehmen.

VII.2 Reibung

Es ist anzugeben, ob die Reibungskraft oder das Reibdrehmoment gemessen wurde. Es sollte ein Reibungsdiagramm mit einer Kennzeichnung der Fluktuationen bei Beginn und am Ende der Versuche mit einer Darstellung minimaler und maximaler Abweichungen während der Versuchsdurchführung hergestellt werden.

VIII. **Oberflächenuntersuchungen**

Verschleiß-Oberflächen und Verschleiß-Partikel sind durch lichtmikroskopische Farbaufnahmen und rasterelektronenmikroskopische Aufnahmen zu dokumentieren.

IX. Auswertungen

Ein detailliertes Formblatt zur Versuchsdurchführung, das die obigen Punkte der Abschnitte I. bis VIII. enthält, wurde zusammen mit prüffertigen, in Plastikbehälter eingeschweißten Probekörpern von einer Zentralstelle an alle Versuchsteilnehmer gesandt. Zur Auswertung der numerischen Reibungs- und Verschleißdaten wurden die Ergebnisse der einzelnen teilnehmenden Laboratorien in der folgenden Weise behandelt, um statistisch gesicherte Daten zu erhalten:

- Es wurden nur Ergebnisse von Teilnehmern berücksichtigt, die mehr als einen Versuchslauf pro Probekörperpaarung durchgeführt hatten.

- Wenn die einzelnen Teilnehmer Mittelwerte angaben, die sie selbst in Wiederholmessungen gewonnen hatten, wurden diese so behandelt, als ob sie aus drei Messungen entstanden wären.

X. Messergebnisse

Aus den Resultaten der Einzelteilnehmer wurden die folgenden vier Arten numerischer Daten bestimmt:

(1) die Reibungszahl nach einem Gleitweg von 1000 Metern

(2) die Verschleißrate des Systems im Gleichgewichtszustand, d. h. die Längenänderung der Probekörper senkrecht zur Kontaktfläche bei einem Laufweg zwischen 300 und 1000 Meter, dividiert durch den Gleitweg (Hinweis: Diese Messgröße ist geometrieabhängig und kann nicht direkt mit Verschleißraten anderer Prüfsysteme verglichen werden)

(3) der Verschleißkalottendurchmesser der Kugel

(4) die Verschleißspurbreite auf der Versuchsscheibe.

In **Tab. 8.6.1** sind die tribologischen „Systemdaten", d. h. die arithmetischen Mittelwerte von Reibungszahl und Verschleißrate mit der jeweiligen Standardabweichung zusammengestellt.

Tab. 8.3.3   Ergebnisse des tribologischen Ringversuchs, Versuchsbedingungen siehe Bild 8.3.12

Reibungszahl $f = F_R / F_N$			System-Verschleißrate in µm/km		
Kugel / Scheibe	Stahl 100 Cr 6	Keramik $\alpha - Al_2O_3$	Kugel / Scheibe	Stahl 100 Cr 6	Keramik $\alpha - Al_2O_3$
Stahl 100 Cr 6	Paarung 1: 0,60 ± 0,11	Paarung 2: 0,76 ± 0,14	Stahl 100 Cr 6	Paarung 1: 70 ± 20	Paarung 2: sehr gering
Keramik $\alpha - Al_2O_3$	Paarung 3: 0,60 ± 0,12	Paarung 4: 0,41 ± 0,08	Keramik $\alpha - Al_2O_3$	Paarung 3: 81 ± 29	Paarung 4: sehr gering

Ein Vergleich der Ergebnisse der Teilnehmer ergab, dass alle teilnehmenden Institutionen in der Lage waren, die tribologischen Prüfungen unter den spezifizierten Bedingungen von Normalkraft, Geschwindigkeit und Umgebungstemperatur durchzuführen. Die Werte der relativen Luftfeuchtigkeit der Umgebungsatmosphäre variierten jedoch bei den einzelnen Versuchen zwischen 13 % und 78 %, d. h. weniger als die Hälfte der Teilnehmerinstitutionen waren in der Lage, die relative Luftfeuchtigkeit der Testapparatur innerhalb der vorgegebenen Grenzen von 50 % ± 10 % Feuchtigkeit zu halten.

Die Ergebnisse der tribologischen Ringversuche zeigten, dass eine gute Reproduzierbarkeit der numerischen Reibungs- und Verschleißmessdaten $\overline{y}$ erzielt werden kann, die zusammenfassend in Form der relativen Standardabweichung $((s/\overline{y})\cdot 100)\%$ gekennzeichnet werden kann, wobei nach dem ASTM Standard E 691 zwischen den folgenden Größen unterschieden wird:

- s_r: Reproduzierbarkeit zwischen den Messwerten eines Laboratoriums
- s_R: Reproduzierbarkeit bezüglich der Messwerte aller Laboratorien

Mit dieser Unterscheidung ergeben sich zusammenfassend die folgenden Ergebnisse:

(1)   Reproduzierbarkeit der Reibungsmessdaten
       $s_r = \pm\,9\,\%$ bis $\pm\,13\,\%$; $s_R = \pm\,18\,\%$ bis $\pm\,20\,\%$

(2)   Reproduzierbarkeit der Verschleißmessdaten (Komponentenverschleiß)
       $s_r = \pm\,5\,\%$ bis $\pm\,7\,\%$; $s_R = \pm\,15\,\%$ bis $\pm\,20\,\%$

(3)   Reproduzierbarkeit der System-Verschleißmessdaten
       $s_r = \pm\,14\,\%$; $s_R = \pm\,29\,\%$ bis $\pm\,38\,\%$

Nach den Ergebnissen dieser tribologischen Ringversuche ist die Reproduzierbarkeit von Rebungs- und Verschleißmessungen vergleichbar mit der anderer ingenieurtechnischer Größen, vorausgesetzt, dass die Prüfungen unter genau spezifizierten Versuchsbedingungen entsprechend den Standardvorgaben der Ringversuch-Prüftechnik durchgeführt werden.

Die in Tabelle 8.6.1 zusammengestellten Ergebnisse der Ringversuche können als Referenz-Messdaten für die untersuchten tribologischen Werkstoffpaarungen unter den angegebenen Referenzbedingungen der Systemstruktur des Prüfsystems und des vorgegebenen Beanspruchungskollektivs angesehen werden. Sie können damit zur Kalibrierung von Tribometern mit vergleichbaren Prüfsystemen dienen.

8.4 Messtechnik der Mikro- und Nanoskala

Die tribologische Mess- und Prüftechnik ist in den letzten Jahren von der Makrotechnik und Mikrotechnik bis in den Bereich der Nanotechnik erweitert worden. Die folgenden experimentellen Mikro/Nanotechniken haben wesentlich zum Verständnis der Reibung und allgemein der Tribologie beigetragen:

- *Surface Force Apparatus* SFA (McGuiggan, 2007; Israelachvili, 1990; Gee, 1990; Homola, 1989)
- *Rasterkraftmikroskop* im Kontakt-Modus (SFM Scanning Force Microscope, AFM Atomic Force Microscope) (Binning 1986)
- Friction Force Microscope FFM; Lateral Force Microscope LFM zur Messung der durch Reibung hervorgerufenen lateralen Kräfte (Mate, 1987)
- *Mikro-Quarzkristall-Waage* (QCM Quarz-Crystal Microbalance) (Krim, 2007).

In diesem Kapitel werden die Messtechniken von SFA und SFM behandelt, die auf kleiner und kleinster Skala, also im Längenbereich zwischen einigen Picometern (pm), Nanometern (nm) und Mikrometern (µm), Reibung erzeugen und messen sowie die beteiligten Prozesse und Stoffe analysieren. Der Begriff *Oberfläche* ist dabei auf den zu betrachtenden Skalenbereich eingeschränkt. Die kleinsten zu berücksichtigenden Abmessungen sollen hier Größen und Abstände auf atomarer Skala sein.

Zusatzbemerkung: Zwar sind durchaus SFM-Messungen der Wechselwirkung zwischen Spitzen und Oberflächen auf sub-atomarer Skala bekannt und zeigen z. B. die Substruktur auf einer Oberfläche aus Wolfram-Atomen mit einer Auflösung von 77 pm (Hembacher, 2004). Die Nutzung dieser Verfahren innerhalb einer tribologischen Fragestellung führte zur Messung der Kräfte die benötigt werden, um ein einzelnes Cobalt-Atom (Co) auf einer Platin<111>-Oberfläche (Pt) oder ein Kohlenmonoxid-Molekül (CO) auf einer Kupfer<111>-Oberfläche (Cu) zu verschieben (Ternes, 2008). Grundsätzlich ist dies der nächste und folgerichtige Schritt *on the way to the bottom* (Feynman, 1959): Die definitionsgemäße Grundvoraussetzung für das Vorliegen von Reibung bleibt auch bei der Betrachtung einzelner Elektronen erfüllt. Trotzdem sollen diese neuesten Verfahren der Rasterkraftmikroskopie hier noch nicht vertieft werden.

8.4.1 Surface Force Apparatus (SFA)

Der bekannten makroskopischen Versuchsanordnung der gekreuzten Zylinder (vgl. Bild 8.3.1 A) kommt anschaulich der SFA (Israelachvili, 1991) am nächsten, die Oberflächen werden hier aber nicht aufeinander abgerollt, sondern lateral gegeneinander verschoben. Ursprünglich wurde die Methode entwickelt, um die Adhäsion zwischen den zwei Glimmer-Oberflächen mit und ohne Flüssigkeit zu messen, dazu musste lediglich der Abstand der beiden gewölbten Platten gezielt variiert werden. Mittlerweile wurden Techniken entwickelt, die es ermöglichen auch andere Materialien als Glimmer in einem tribologischen Experiment einzusetzen, wie nachfolgend beschrieben wird. **Bild 8.4.1** zeigt den prinzipiellen Aufbau des SFA (Zappone, 2007).

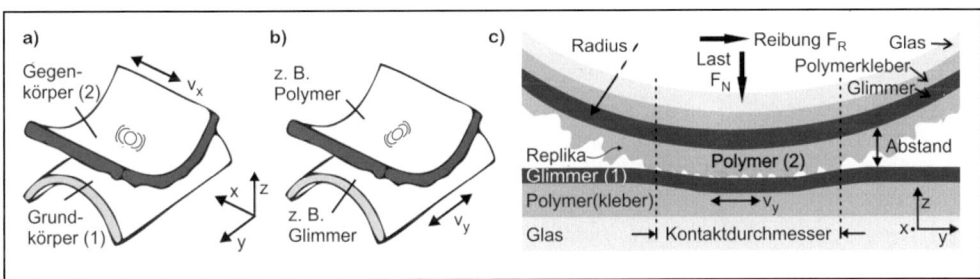

Bild 8.4.1   Im SFA (Surface Force Apparatus) können Oberflächen gegeneinander bewegt und die Veränderung der Kontaktgeometrie interferometrisch vermessen werden

Zwei Glimmerscheiben von 2 μm bis 6 μm Dicke werden gebogen auf Zylinderlinsen (Radius 2 cm) aufgeklebt. Eine der Glimmerscheiben wurde zuvor mit einem Polymer beschichtet, das als Replikat einer zu untersuchenden Oberflächenrauigkeit hergestellt wurde. Mechanische und geometrische Eigenschaften können somit unabhängig voneinander variiert werden. Die Oberflächen werden im SFA in der Geometrie gekreuzter Zylinder montiert, was dem Kontakt einer Kugel auf einer flachen Fläche entspricht.

Der Grundkörper (1) ist so an Blattfedern befestigt, dass deren gemessene Auslenkung zur Berechnung der Kräfte F_N und F_R verwendet werden kann. Grund- und Gegenkörper können in laterale Richtungen gegeneinander bewegt werden.

Der Laserstrahl des Interferometers beleuchtet senkrecht den Kontakt. Mittels optischer Interferometrie durch die transparenten Zylinder lässt sich mit der lateralen Auflösung einiger Mikrometer der lokale Abstand zwischen den Glimmerplatten mit einer Auflösung im Nanometerbereich bestimmen. Die Kontaktgeometrie und Deformationen, die durch Last F_N oder Reibung F_R entstehen, sind mit der genannten Auflösung experimentell zugänglich. Die Versuchsanordnung ist trocken (Festkörperreibung) oder mit einer Flüssigkeit als Zwischenstoff zu betreiben, der Brechungsindex der Flüssigkeit ist anzupassen.

Eine mit Elektroden modifizierter SFA (Frechette, 2009) konnte eingesetzt werden, um auf der Nanoskala den Einfluss von Oberflächenaufladung auf die Kontaktgeometrie und Oberflächenseparation zu studieren.

Ein gravierender Nachteil der Methode besteht in der geringen lateralen Auflösung durch die große Kontaktfläche. Ein entscheidender Vorteil ist, dass durch die komplett transparente Geometrie spektroskopische Verfahren ergänzend angewendet werden können, so konnte bereits in einem sehr ähnlichen apparativen Aufbau der Einfluss der geometrischen Bewegungseinschränkung im Kontakt (*confinement*) auf die Fluoreszenz von Molekülen nachgewiesen werden (Steiner, 2008). Der optische Mikroresonator der entsteht, wenn der Abstand (s. 6.3.5. c)) kleiner wird als die halbe Wellenlänge des verwendeten Lichtes $\lambda/2$, ermöglicht das Studium der Verstärkung oder Abschwächung der spontanen Emission und die einhergehende Verkleinerung der Linienbreite.

In Zukunft lassen sich also Probleme der Grenzreibung mit Flüssigkeitsfilmen in engen Kontakten mit einem optischen Verfahren mit hoher Sensitivität bis hinunter zum Einzelmolekül studieren unter der Voraussetzung, dass fluoreszierende Moleküle oder Molekülfragmente vorhanden sind oder eingebracht wurden.

8.4.2 Raster-Tunnel-Mikroskopie

Das Raster-Tunnel-Mikroskops (STM - Scanning Tunneling Microscope; Binnig, 1982; Scheel 1982), für dessen Erfindung Binnig und Rohrer 1986 den Nobelpreis erhielten, nutzt den physikalischen" Tunneleffekt" zur Untersuchung von Festkörperoberflächen im atomaren Maßstab. Wichtige Vorarbeiten zum Phänomen des Tunnelns von Elektronen über kleine Elektrodenabstände im Vakuum führten Binnig, Rohrer, Gerber und Weibel erst 1981 durch (Binnig 1982), dabei wurde die für die Höhenempfindlichkeit des STM so wichtige logarithmische Abhängigkeit zwischen Abstand und Tunnelstrom experimentell nachgewiesen.

Im STM wird eine feine, elektrisch leitfähige Spitze mittels auf der Sub-Nanometerskala präzisen Positioniereinheiten (i. d. R. piezoelektrische Stellelemente) über eine ebenfalls elektrisch leitfähige Oberfläche bewegt. Zuvor wird die Spitze der Oberfläche so weit angenähert, dass ein vorgewählter Tunnelstrom fließen kann, der durch Auf- oder Abwärtsbewegung mit einem dritten Wegversteller (z-Piezo) über einen Regelkreis konstant gehalten wird. Da man den Zusammenhang zwischen an den z-Piezo angelegter Spannung und seiner Auslenkung kalibrieren kann, erhält man direkt aus einer zweidimensionalen Auftragung der aus der Piezospannung berechneten Wegverstellung die Topographie der Oberfläche. Insbesondere auf atomarer Skala ist STM durch die hohe mechanische Steifigkeit des Systems eine geeignete Methode. Verschleiß zwischen Spitze und Oberfläche ist nahezu ausgeschlossen, solange die untersuchte Fläche nicht mit elektrisch zu schlecht leitenden Filmen oder Partikeln kontaminiert ist.

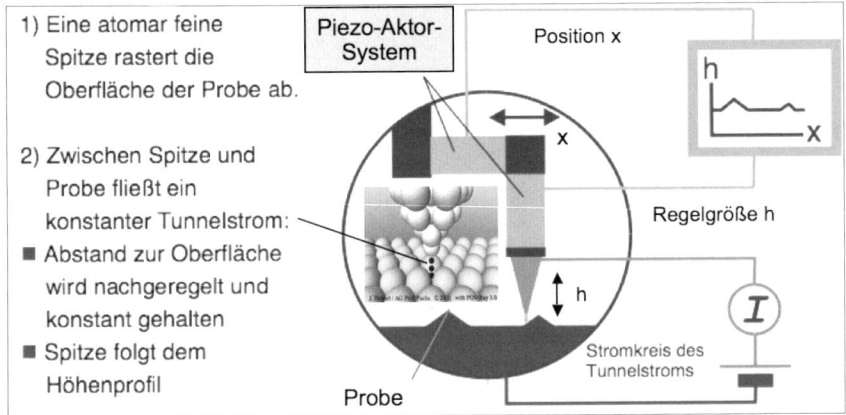

1) Eine atomar feine Spitze rastert die Oberfläche der Probe ab.

2) Zwischen Spitze und Probe fließt ein konstanter Tunnelstrom:
- Abstand zur Oberfläche wird nachgeregelt und konstant gehalten
- Spitze folgt dem Höhenprofil

Bild 8.4.2   Aufbau und Funktionsprinzip eines Rastertunnelmikroskops (STM)

Reibungsmessungen auf der Nanoskala

Grundsätzlich ist die Wechselwirkung zwischen einer STM-Spitze und einer Oberfläche nicht vollständig reibungsfrei und kann durch Lateralkraftmessungen bestimmt werden. Befestigt man nämlich die STM-Spitze so an einer beidseitig aufgehängten Blattfeder, dass deren Torsion während des STM-Betriebs messbar ist, lassen sich Reibkräfte nachweisen (Kageshima, 2002). So konnte gezeigt werden, dass das Verschieben von *Buckminster*-Fulleren C_{60}, einem kugelförmigen Molekül von ~ 1 nm Durchmesser, auf einer Silizium<001>-Oberfläche zu einer Lateralkraft von einigen Nano-Newton führt. Daraus folgt, dass die aufgewandte Energie zur Lageveränderung etwa 0,1 eV bis 0,7 eV beträgt. Dieser kleine Wert belegt, dass das Molekül über die Oberfläche gerollt und nicht verschoben wird. Endgültig sind die Bedingungen, unter denen das Molekül einer Roll- statt einer Gleitreibung unterliegt, theoretisch noch nicht abschließend geklärt und die experimentelle Umsetzung der Simulationsbedingungen (Martsinovich, 2009) ist schwierig. Dennoch werden *Buckminster*-Fulleren oder ähnliche Moleküle bereits als „Räder" für sog. *nanocars, nanotrucks* und *nanotrains* synthetisiert (Vives, 2009). Auch der Einsatz von *Buckminster*-Fulleren als Festschmierstoff ist längst in der Diskussion (Krätschmer, 1990; Bhushan, 1993; Zhang , 2001).

Erste Messungen lateraler Kräfte mit atomarer Auflösung (Mate, 1987) wurden mit einer Spitze am Ende eines Wolframdrahtes gemessen, der auf eine Graphitoberfläche gedrückt und lateral bewegt wurde. Die Auslenkung des Wolframdrahts bei reversierender Lateralbewegung der Probe wurde mit einem Interferometer gemessen. Daraus ergab sich mit der Federkonstanten des Wolframdrahts die Reibkraft zwischen der Wolframspitze und dem Graphit. Bei einer Belastung von $2{,}4 \cdot 10^{-5}$ N zeigte diese Reibkraft Maxima und Minima mit einer Periode von 2,5 Å (250 pm), was der doppelten Periodizität der C–C-Bindungen im Graphit entspricht.

Kombiniert man zur Verifizierung dieser Beobachtung die Tunnelmikroskopie mit der im folgenden Abschnitt erläuterten Rasterkraftmikroskopie, in dem man den Strom durch eine leitfähige Spitze simultan zur Kraftwechselwirkung misst (Sturm, 1996), ergibt sich das gleiche Phänomen scheinbar fehlender Kohlenstoffatome, bekannt als „carbon site asymmetry": Nur jedes zweite Kohlenstoffatom wird im elektrischen oder mechanischen Kontrast sichtbar, dies hat quantenmechanische Gründe (Wiesendanger, 1992). **Bild 8.4.3** zeigt das Ergebnis dieser simultanen SFM/STM-Messungen.

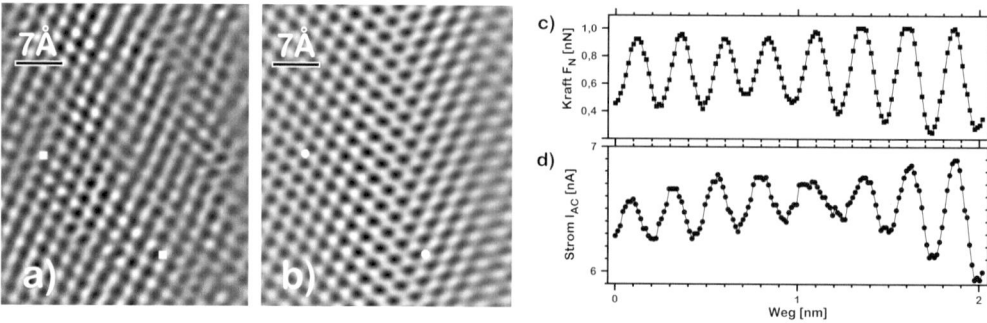

Bild 8.4.3   a) Kraftwechselwirkung und b) durch den Kontakt fließender Wechselstrom in einem kombinierten SFM/STM-Experiment auf Graphit (HOPG), Grauwertskalierung s. c) und d).
Wie die Linienprofile zwischen den zwei weißen Quadraten in a) resp. den weißen Kreisen
in b) zeigen, sieht man auch in simultanen Messungen, dass in beiden Fällen nur jedes
zweite Kohlenstoffatom sichtbar wird. Der gemessene mittlere C–C-Abstand beträgt ~ 248
pm, die C-C-Bindung im Graphit ist aber 142 pm lang. Wechselspannungsanregung 3,9 mV
bei 102 kHz, Auflagekraft F_N ~ 100 nN, die lokale Wechselwirkung moduliert F_N um etwa
0,6 nN. Nach Munz et al. (2003)

8.4.3 Techniken im Rasterkraftmikroskop (SFM, AFM)

Die Grundzüge des SFM entsprechen dem Raster-Tunnel-Mikroskops. In der kontaktierenden
Rasterkraftmikroskopie wird die Spitze, die sich am Ende einem Federbalkens befindet, mit
einer von Null verschiedenen Auflage- oder Normalkraft F_N auf die Oberfläche gedrückt
(Binnig, Rohrer, Gerber 1986). Die Rasterbereiche liegen je nach Instrument zwischen etwa
1 µm · 1 µm und 200 µm · 200 µm. Der Höhenrasterbereich liegt bei ca. 1 µm bis 20 µm. Bei
gegebener digitaler Auflösung der Digital-Analog-Wandler erhöhen kleinere Rasterbereiche
der Piezosteller die Abtastgenauigkeit. Die Ortsauflösung ist für kleine Rasterbereiche im
Idealfall sub-atomar. Der Kontakt der SFM-Spitze mit der Probenoberfläche stellt ein Reibsys-
tem dar, sobald eine Relativbewegung zwischen Spitze und Oberfläche realisiert wird (*Scan*-
Vorgang). Das Prinzip des SFM ist in **Bild 8.4.4** dargestellt.

Zur Regelung auf konstante Kraft während des Abrasterns der Oberfläche wird die Verbiegung eines Federbalkens in Normalrichtung verwendet. Auf einem Positionsdetektor, i. d. R.
einer Vierquadranten-Diode (Photodetektor), wandert bei Erhöhung der repulsiven Wechselwirkung (Auflagekraft) der vom Balken reflektierte Laserfleck nach oben (Bild 8.4.4, links),
als Messsignal dafür werden die Lichtintensitäten

$$(I1 + I2) - (I3 + I4) = F_N \qquad \text{(Normalkraftsignal)}$$

nach analoger elektronischer Verrechnung verwendet. Ähnlich wie beim STM hält nun ein
Regelkreis diesen Wert während des Abrasterns der Oberfläche konstant, der Laserfleck be-
wegt sich somit idealerweise nicht mehr in der senkrechten Richtung. Bilder dieses Regelfeh-
lers geben Aufschluss über die Konstanz der Auflagekraft (hell = Kraft F_N zu hoch, dunkel =
Kraft F_N zu klein) und ähneln kantendominierten Bildern aus der Elektronenmikroskopie
(Abb. 6.3.8, links). Wird die Abtastrichtung senkrecht zur Längsachse des Federbalkens gewählt führt die Torsion des Balkens zu einem Auswandern des Lichtflecks in horizontaler
Richtung (Bild 8.4.4, rechts), vereinfacht ist die für Balkentorsion aufgewendete Kraft gleich
der Lateralkraft des reibenden Kontaktes auf der Oberfläche, die laterale Verbiegung des Balkens in der Balken-Ebene und die Deformation der Spitze werden meist vernachlässig. Es gilt

$$(I1 + I3) - (I2 + I4) = F_L \qquad \text{(Lateralkraftsignal)}$$

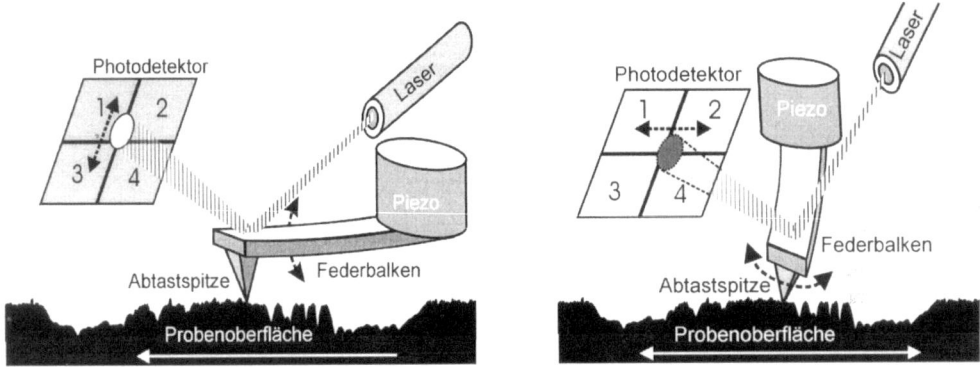

Bild 8.4.4   Raster-Kraft-Mikroskop. Links: Kontakt-SFM-Modus. Rechts: Simultan wird im LFM-
Modus (Lateral Force Microscope) die Torsion des Balkens gemessen

Da es bislang für diesen Signalanteil der Lateralkraft keinen eigenen Regelkreis zur Konstant-
haltung gibt, ändert sich die Position des Laserflecks auf der Positionsdiode und die aktuelle
Kontaktfläche an der Spitze ist nicht konstant. Trotz aller Versuche der Kalibrierung der lateralen Federbalkenkräfte ist dies ein noch zu behebendes Manko dieser Technik, es entstehen
grundsätzliche Unterschiede zwischen Hin- und Rückbewegung, zudem ist der Zusammenhang zwischen Reibung und Mess-Signal nicht streng linear.

Bild 8.4.5 zeigt links die Reibfläche eines Keramikverbundwerkstoffs aus Siliziumcarbid SiC
und Titandiborid TiB_2 im F_N-Kontrast und rechts den Reibkontrast F_R derselben Fläche. Die
Bilder sind gleichzeitig in einer Rasterung über 10 µm · 10 µm aufgenommen. Helle Stellen
bedeuten hohe Werte und dunkle entsprechen niedrigen Werten der Kraft, in beiden Bildern
lassen sich die Gefügebestandteile des zweiphasigen Werkstoffs erkennen. Das Reibkraft-Bild
zeigt, dass die beiden Bestandteile der Keramik unterschiedliche Reibniveaus besitzen: Das
SiC weist die höhere Reibung im Kontakt mit der SFM-Spitze aus Si_3N_4 auf.

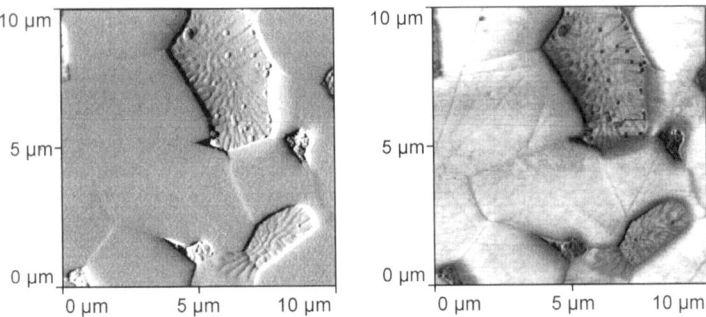

Bild 8.4.5   Normal- und Lateral-Kraft-Bild eines Keramik-Verbundwerkstoffs aus SiC und TiB_2. Das
SiC besitzt im Vergleich zum TiB_2 die höhere Reibung (hellere Bereiche im Reibkontrast,
rechts) gegen die Si_3N_4-SFM-Spitze. Die Graustufen sind auf maximalem Kontrast

Kalibrierung

Achtet man bei der Durchführung eines Reibkraftexperiments im AFM auf korrekte Lagejustierung bei Probe und Balken und minimiert selbst kleine Abweichungen von der lateralen Mittenposition des Laserspots auf dem Balken, so lassen sich verschiedene Methoden der Kalibrierung des Lateralkraftsignals einsetzten. Der Quotient der Empfindlichkeiten in normaler und lateraler Richtung hängt stark von der Position des Beleuchtungsflecks auf dem Federbalken ab: Hohe Empfindlichkeit für F_N ist am Ende des Balkens, direkt über der Spitze, gegeben.

Das bekannteste Kalibrierverfahren für die Lateralkraftmessung ist die sog. *wedge*-Methode, die auf Ogletree et al. (Ogletree, 1996) zurück geht. Hier wird an einer wellenförmigen oder trapez-förmigen Oberflächentopographie einheitlicher Zusammensetzung die Torsionsantwort des Balkens bei positiver und negativer Steigung gemessen. Der bekannte geometrisch bedingte Beitrag zur gesamten Lateralkraft ergibt eine direkte Kalibrierung in Abhängigkeit der Normalkraft, die bekannt und konstant sein muss. Auch die Bestimmung der Sensitivität des Federbalkens auf Normalkräfte benötigt eine nicht immer modellfreie oder exakte Kalibrierung, eine Übersicht geben Burnham et al. (Burnham, 2003). Ist die Normalkraft unkalibriert, so lässt sich aber zumindest der Reibungskoeffizient μ quantitativ ermitteln. Man vergleicht bei der *wedge*-Methode also Lateralkraft-Signale bei unterschiedlicher Steigung. Nach einem Vorschlag von Sheiko (Sheiko, 1993) werden dazu die Kristallfacetten von Strontiumtitantat $SrTiO_3$ verwendet, die von diesem bereits zur Bestimmung der Spitzengeometrie eingesetzt wurden. Eine Optimierung der Methode (Varenberg, 2003) verwendet kommerziell erhältliche Testproben aus oxidiertem Silizium, deren <100>-Oberfläche wagerecht und deren schiefe <111>-Facetten 54°44′ dazu gekippt liegen. Die wagerechten Flächen erleichtern die Durchführung und Berechnung erheblich. Ursachen für Fehlmessungen (Übersprechen, s. u.) und die Verfahrensweise ihrer Vermeidung erläuterten Prunici und Hess (Prunici, 2008).

Li, Kim und Rydberg (Li, 2006) legten die Probleme der bisher dahin bekannten Kalibrierverfahren offen, eine davon ist die Notwendigkeit, geometrische Parameter des Federbalkens und der Position und Form der Abtast-Spitze exakt, beispielsweise in einem Elektronenmikroskop, zu bestimmen. Ein weiteres Problem besteht darin, dass für die Messung die Spitze über eine Oberfläche gleiten muss und dabei beide Reibpartner einem Verschleiß, d. h. sowohl einer Formveränderung als auch einer Änderung der Zusammensetzung, unterliegen. Das Verfahren von Li et al. dagegen besteht in dem Aufbau einer speziellen Kalibriervorrichtung, einer für laterale Kräfte sensitiven Kraftmessdose mit einem Empfindlichkeitsbereich von einigen Nanonewton bis Mikronewton. Sie verwenden dafür einen diamagnetischen Stoff wie Graphit (HOPG) mit bekannter magnetischer Suszeptibilität und bringen ihn in mittels vier unter der Probe montierten Permanentmagneten zum Schweben. Die Probe wird zuvor auf den Graphit geklebt. Der Aufbau verhält sich wie ein Feder-System, dessen laterale Auslenkung mit einem laserbasierten Messsystem bestimmt werden kann, typischerweise beträgt die Federkonstante einige 10 pN/nm. Montiert man diesen Kraftmesser in ein Rasterkraftmikroskop, betrieben im Kontakt-Modus, so wird die vertikale Position über den Regelkreis unter Zuhilfenahme des Höhenpiezos gehalten und der komplette Aufbau kann mit dem Scanpiezo quer zur Längsrichtung des Federbalkens hin und her bewegt werden. Die Spitze reibt nicht über die Oberfläche, sondern bewegt lediglich die schwebende Probe in lateraler Richtung, was mit dem laserbasierten Auslenkungsmessgerät detektiert wird. Das im SFM-Positionsdetektor gemessene Signal wird dann zu der lateralen Auslenkung, die auf eine Kraft rückführbar ist, in Beziehung gesetzt. In ähnlicher Weise lässt sich ergänzend auch die Feder in Normal-Richtung kalibrieren. Da der Laser des SFM, die Gleichmäßigkeit der spiegelnde Rückseite des Federbalkens und die Position, der Kippwinkel und die Rotation der Positionsdiode nicht exakt kontrollierbar sind, kommt es zu einem Übersprechen zwischen den Signalen für F_N und F_R, Signalanteile der Lateral-Komponente finden somit sich im Messsignal für die Normal-Richtung und umgekehrt. Auch diese Abweichung lässt sich mit dem sog. *diamagnetic lateral force calibrator* (D-LFC) von Li, Kim und Rydberg bestimmen.

Betrachtet man Bilder eines Reibungskontrastes etwas genauer erkennt man, dass jede Topographieänderung auf der Oberfläche das Bild verändert, nicht nur Variationen des Reibungskoeffizienten, also lokal geänderte Adhäsion und Deformation. **Bild 8.4.6** erläutert dies. Gegeben ist eine Oberfläche mit zwei verschiedenen Reibungseigenschaften und getrennt davon einer topographischen Stufe. Die Auslenkung des Laserstrahls durch die Balkentorsion und der Verlauf der Torsionskraft bei Hin- und Rückweg sind schematisch und idealisiert wiedergegeben (Reibungsschleife, *friction loop*). Durch Subtraktion der Signale nach zeilenweiser Kompensation des Linienversatzes, der im Umkehrpunkt der Abtastung durch lokal variierende Haftung entsteht, lassen sich Topographieartefakte und materialinduzierte Anteile (μ-Kontrast) trennen. Die beiden Reibkontrastbilder von Hin- und Rückweg zeigen den Versatz um etwa 1,5 μm und den Kontrastwechsel. Die Oberfläche des Polyanilins wurde lokal mit wässriger Salzsäure dotiert, dadurch wird das Polymer nicht nur lokal elektrisch leitfähig sondern die dotierte Zone wird auch weicher, wodurch die Reibung zunimmt.

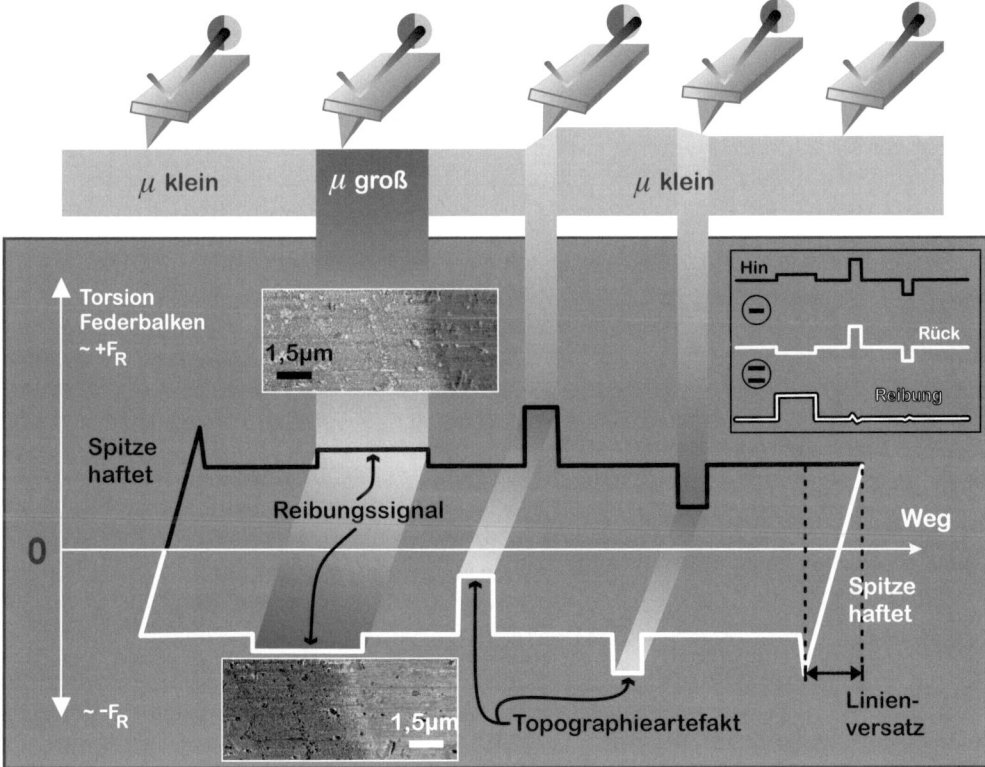

Bild 8.4.6 Schematische Darstellung der Kontrasterzeugung bei Reibungsbildern, vergleichend für Hin- und Rückweg

Bilder der Federbalkentorsion stellen also nicht automatisch die korrekten Verhältnisse der lokalen Reibkraft dar, da sie mit Fehlern behaftet sind, die grundsätzlich bei jeder Abweichung der Topographie von der Horizontalen auftreten. Zudem haftet in jedem Umkehrpunkt die Spitze, in Abhängigkeit der Geschwindigkeit, des Materials und der gewählten Auflagekraft, unterschiedlich stark. Das Ergebnis der zeilenweisen Subtraktion der Signale ist deshalb fehlerbehaftet, weil man nicht davon ausgehen darf, dass in jedem Umkehrpunkt der erzeugte Linienversatz dem Betrage nach gleich ist. Ist der Laser ungenau auf dem Federbalken justiert, ist der Federbalken zur kompletten Abdeckung des Laserfokus zu schmal oder ist der Balken sehr dünn und damit teilweise transparent, ergibt sich ein neues Problem: Auch die Oberfläche der zu untersuchenden Probe wird beleuchtet, das Licht wird teilweise reflektiert und erreicht dann den Photodetektor, wo die beiden Strahlanteile interferieren. Tordiert nun der Federbalken oder ändert sich die effektive Reflektivität der Probe aus geometrischen Gründen oder aufgrund der Materialzusammensetzung, ändern sich somit auch die Intensitäten des reflektierten Lichts und damit der Signale für F_R. Dies führt zu wellenförmigen, überlagerten Mustern im Reibungskontrast bis hin zur völligen Unbrauchbarkeit.

Modulierte Reibkraftmikroskopie

Das Interferenz-Problem, die Unbestimmtheit des Linienversatzes zur Erzielung artefaktfreierer Reibungsmessungen sowie die Nachfrage nach einem empfindlicheren Verfahren zur Messung der Reibung insbesondere auf Polymeroberflächen, führten 1999 zur verstärkten Nutzung der modulierten Reibkraftmikroskopie (*modulated lateral force microscopy* - MLFM oder *dynamic scanning friction force microscopy* - DSFFM), (Krotil, 1999; Sturm, 1999). Bei der MLFM wird senkrecht zur Federbalkenlängsachse während des *Scan*-Vorgangs mittels eines Piezos eine Wegmodulation von einigen Nanometern oder weniger aufgebracht und die resultierende, hochfrequente Federbalkentorsion mit einem phasenempfindlichen Gleichrichter oder Trägerfrequenzverstärker (*lock-in amplifier*) gemessen. Die Grundidee stammt von Colchero et al. (Colchero, 1996), der mit dieser Technik Heterogenitäten der Reibungswechselwirkung auf einer Si-Oberfläche fand, bei der eine homogene Bedeckung mit Siliziumoxid erwartet wurde.

Die Anwendung von Modulationstechniken im MLFM bei weitgehend freier Wahl der Frequenz ist für Polymere wegen der Frequenzabhängigkeit des Moduls sehr interessant. Vereinfacht gesagt: Polymere im gummielastischen Zustand erhöhen ihren Modul mit steigender Frequenz in einem für sie charakteristischen Übergangsbereich und verhalten sich wie ein Polymerglas, umgekehrt verhält sich ein glasiges Polymer unter sehr langsamer, lang anhaltender Belastung durchaus wie ein Gummi oder eine Polymerschmelze (s. a. Glasübergang, Relaxation und *time-temperature superposition principle*; Painter, 1998; Elias , 2001; Mark 1996). Durch geschickte Auswahl der Frequenz kann man somit Polymere unterscheiden, die unter langsamerer Beanspruchung den gleichen Reibwert resp. Modul aufweisen. Ein besserer Anschluss an den makroskopisch relevanten Geschwindigkeitsbereich bei Reibvorgängen kommt bei MLFM ergänzend hinzu. Üblicherweise können Rasterkraftmikroskope nicht sehr viel schneller als mit 150 µm/s betrieben werden. MLFM mit 64 MHz Modulationsfrequenz erreicht schon bei einer Vibrationsamplitude von 1 nm eine Geschwindigkeit von über 6 cm/s (Sturm, 2007). Während die Nützlichkeit höherer Reibgeschwindigkeiten für Messungen an technisch relevanten, harten Werkstoffoberflächen wie Titannitrid TiN (Bonse, 2000) auf der Hand liegt, bedarf ihre Bedeutung für die Reibung auf Polymeroberflächen einer weitergehenden Erläuterung.

Kommen die Asperiten der Reibfläche und des Testkörpers miteinander in reibenden Kontakt, entsteht an einigen, lokalen Stellen eine so hohe Spannung, dass sie die Fließgrenze übersteigt.

Dadurch wird die Oberfläche durch plastische Deformation genau so lange verändert, bis die Last ausreichend gleichmäßig verteilt ist (Berg, 2003) und die Fließgrenze wieder unterschritten wird. Es ist einsichtig, dass eine solche selbstregulierende Werkstoffumformung ein stark nicht-linearer Prozess innerhalb der Mechanik des Kontaktes ist, welcher nicht zwangsläufig erwünscht ist. Er führt aber dazu, dass bei gleitender Reibung die Reibkraft bei vielen Stoffsystemen weitestgehend unabhängig von der Reibgeschwindigkeit ist (Perssons, 1998). Bei Polymeren ist dies nicht zwangsläufig der Fall: Auch nach Ausgleich der Last durch plastische Deformation verbleibt eine Abhängigkeit von der Geschwindigkeit, also der Frequenz der mechanischen Belastung. Die Beweglichkeit von Kettensegmenten oder Seitengruppen der Kette lässt sich nämlich verschiedenen Relaxationsmechanismen zuordnen, die zu jeweils eigenen Frequenzabhängigkeiten der Beweglichkeit, damit des Moduls und damit auch der Reibung führen. Im Frequenzbereich der Relaxation, welche die innere viskoelastische Dissipation kontrolliert, steigt die Reibung an (Tocha, 2005). Eine quantitative Untersuchung der Oberflächenreibung, hier der obersten 1 nm bis 3 nm auf Polymethylmethacrylat (PMMA) im Frequenzbereich zwischen 1 und 10^7 Hz, zeigen die Hauptketten-Relaxation (α, Glasübergang) und die β–Relaxation der Seitenkette. Da die gemessenen Aktivierungsenergien etwa dreifach höher und die Relaxationsfrequenzen ebenfalls größer sind als die typischen Werte für das PMMA-Volumen, kann man zudem schließen, dass das freie Volumen an der Oberfläche größer ist und dort auch eine höhere Kettenmobilität vorliegt (Tocha, 2009).

Ist die Kontaktsituation ausreichend präzise definiert und die Oberflächen glatt und sauber, lässt sich ein sogenannter *single asperity contact* realisieren, wo also nur eine Spitze auf atomar glatter Oberfläche reibt (Meyer, 1996). Diese spezielle Kontaktsituation, die Anlass zu der Bezeichnung „Nanotribologie" (Bhushan, 1995) gab, findet sich auch auf Polymeroberflächen (Sturm, 1999) und führt bei Reibexperimenten im Rasterkraftmikroskop zu einem nichtlinearen Zusammenhang zwischen Reibungskraft und Normalkraft, beschreibbar durch das JKR-Modell nach Johnson, Kendall und Roberts (Johnson, 1971). Auf die Vielzahl anderer Modelle und ihre Gültigkeitsbereiche soll hier nicht weiter eingegangen werden (Johnson, 1997). Es gilt nach dem JKR-Modell:

$$F_R = \pi \cdot {}_0 \cdot (R/E^*)^{2/3} \cdot [(F_N - F_H) + 2F_H + \{4 \cdot F_H \cdot (F_N - F_H) + (2 \cdot F_H)^2 \}^{1/2}]^{2/3}$$

mit der Scherfestigkeit ${}_0$, dem Kontaktradius R, der Reibkraft F_R, der Normalkraft F_N, der Haftkraft (*pull-off-force*) F_H und dem Kehrwert des reduzierten Moduls E^* als

$$1/E^* = (1 - {}_S)^2 / E_S + (1 - {}_P)^2 / E_P,$$

wobei E_S und E_P der Youngsche Modul von Spitze (S) und Probe (P) sowie ${}_S$ und ${}_P$ die entsprechenden Querkontraktionszahlen (*Poisson ratio*) sind. Betrachtet man die Gleichung nach JKR, dann fällt auf, dass lokale Änderungen des Moduls eine Ursache sind für örtlich variierende Reibung und dass lokal variierende Haftung zwischen Spitze und Probe zusätzlichen Einfluss nimmt auf die Reibungskontraste.

Selbst an komplexen Oberflächen wie Drei-Komponenten-Modellsysteme für Bremsbeläge, die wegen ihres Gehalts an Polybutadien (PB) in flüssigem Stickstoff unter strengem Ausschluss Wasser poliert werden müssen, lassen sich auch die beiden weiteren Bestandteile beschreiben, nämlich Phenolharz (PH) und Antimon(III)sulfid (Sb_2S_3) (Munz, 2002). **Bild 8.4.7** a) und b) geben die konventionell durch die Federbalkentorsion gemessene Reibkraft F_R für Hin- und Rückweg, die Bilder sind hinsichtlich der Kontraste invertiert, wie zu Bild 8.4.6 bereits erläutert. Die beiden organischen Phasen heben sich deutlich voneinander ab, durch die starken topographie-bedingten Störungen ist das Sb_2S_3 nicht erkennbar. Dies ist im Amplituden-Bild des MLFM anders (e), hier ist der Wert der dynamischen Reibung (61,1 kHz) signifikant unterscheidbar. Der Phasenkontrast der MLFM zeigt insbesondere eine große Verschiebung für PB. Eine der hier nicht weiter zu erläuternden Methoden der Kraftmodulationstechniken zur Messung der Steifigkeit, die *Force Modulation Microscopy* (FMM), bei der ähnlich zur MLFM die Normalkraft moduliert wird, bietet bestätigende Informationen. Die größere Steifigkeit (Bild 8.4.7, g) des Sb_2S_3 (hohe Signalstärke entspricht hoher Steifigkeit) unterscheidet sich beträchtlich von der umgebenden, weicheren Phenolharzmatrix und den noch weicheren Einschlüssen aus PB, die Phasenverschiebung auf PB ist, wie im MLFM-Bild, entsprechend groß. Durch Nachgiebigkeit des PB erklärt sich auch die hohe Reibkraft F_R an den entsprechenden Stellen in (c) und (d): Die erhöhte Kontaktfläche geht einher mit größerer Reibung.

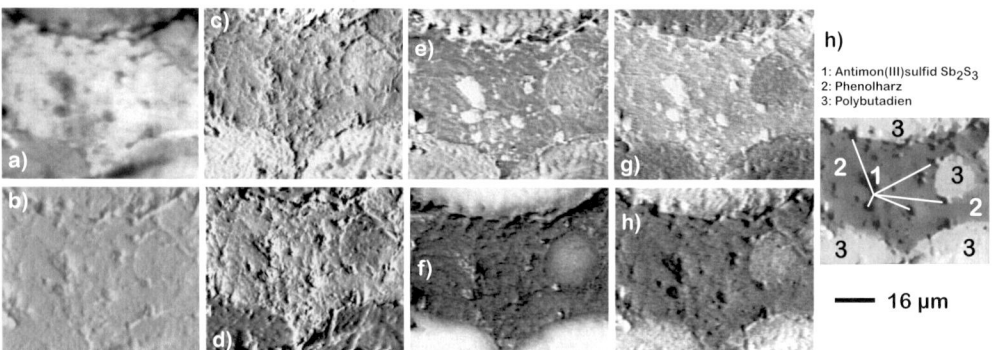

Bild 8.4.7   Topographie mit $z_{max} = 2903$ nm (a) Normalkraft F_N, (b) quasi-statische Lateralkraftsignale, (c) Hinscan von links nach rechts, (d) Rückscan, Signale der modulierten Reibung, (e) Amplitude, (f) Phase und Signale einer Steifigkeitsmessung mittel FMM, (g) Amplitude, (h) Phase. Hohe Signalstärken korrespondieren mit hellen Farben. Die Karte der Oberflächenzusammensetzung gibt i). Bildbreite 80 µm; Scan-Geschwindigkeit ~50 µm s⁻¹. Die Modulationen können simultan bei 61,1 kHz (MLFM) und 59,0 kHz (FMM) durchgeführt werden ohne sich zu stören. Nach Munz (2002)

Man sieht, dass die Mechanismen der frequenzabhängigen Energiedissipation bei genauerer Betrachtung der Reibung von Bedeutung sind. Aber auch die Masse der Atome, die aneinander reiben, kann eine wichtige Rolle spielen: Eine höhere Masse reduziert die Reibung. In einem SFM in einer evakuierbaren Kammer wurden zwei verschiedene Oberflächen (Silizium, Si und Diamant, C) entweder mit Wasserstoff oder mit Deuterium abgeschlossen. Deuterium hat, bei ansonsten weitgehend gleichen chemischen Eigenschaften, durch sein zusätzliches Neutron eine in etwa doppelte Masse. Gleitet die SFM-Spitze über die Oberfläche, nimmt sie Teile der kinetischen Energie der Spitze auf und die Schwingungen der Oberflächenatome werden stärker. Je leichter in diesem Experiment das Atom ist, desto höher kann die Schwingfrequenz, damit die mögliche Energiedissipation und somit die Reibung sein (Cannara, 2007).

Vielfältige Anwendungsmöglichkeiten und Simulationsrechnungen zur Methodik geben Song et al. (Song, 2008), Meyer et al. (Meyer, 1995) sowie Munz et al. (Munz, 2003). Informationen zu den hier nicht behandelten Methoden zur Messung der Adhäsion finden sich bei Butt, Cappella und Kappl (Butt, 2005). Die Grundlagen zu verschiedenen Messtechniken lassen sich aus dem „*Handbook of Nanotechnology*" (Bhushan, 2004) und dem Buch „*Kontaktmechanik und Reibung*" (Popov, 2009) erarbeiten, wo in idealer Weise der Brückenschlag zwischen der Nano- und Makroskala erfolgt. Wichtige Schritte in Richtung einer quantitativen Analyse können durch den Übersichtartikel von Reinstädtler et al. (Reinstädtler, 2005) erschlossen werden.

Reibungsminderung und stick-slip Eliminierung durch Normalkraftvibration im MLFM

Die *Modulierte Reibkraftmikroskopie MLFM* ist eine sehr geeignete Methode um das Phänomen reduzierter Reibung bei der Einkopplung von Ultraschall in den gleitenden Kontakt zu erforschen. Vibrationen im Ultraschallbereich zeigen auch auf makroskopischer Skala ihre Wirkung (Pohlmann, 1966; Littman, 2001). Erste LFM-Experimente mit Vibrationen *vertikal* zur Probenoberfläche zeigten starke Reduktion der Reibung (Dinelli, 1997). Bei Einführung moderater *lateraler* Vibrationen kann aber sowohl auf Polymeren (Sturm, 1999) als auch auf Siliziumoxid (Sturm, 2007) gezeigt werden, dass sogar der *stick-slip*-Effekt im Umkehrpunkt eines SFM-scans ausgeschaltet werden kann. **Bild 8.4.8** illustriert und erläutert die Methode.

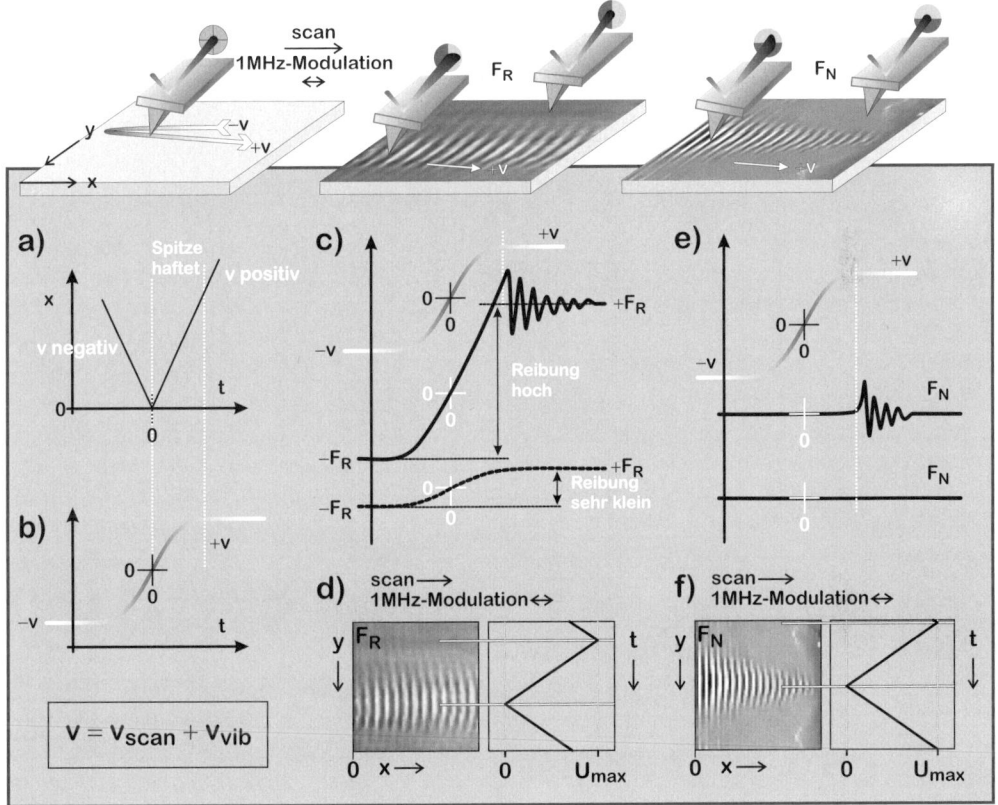

Bild 8.4.8   Reibungsminderung und stick-slip Eliminierung durch Normalkraftvibration im MLFM

Erläuterungen zu Bild 8.4.8, Beeinflussung der Reibungskraft F_R mittels lateraler Weg-Modulation mit 1 MHz senkrecht zur Längsachse des Federbalkens:

   (a) Vom Scanner vorgegebener Weg x.

   (b) Für einen kurzen Moment ist die Geschwindigkeit $v_{scan} = 0$. Aus technischen Gründen erfolgt die Änderung von v_{scan} nicht abrupt.

(c) Am Umkehrpunkt des scans steht idealerweise der Federbalken wieder parallel zur Oberfläche, die Torsion resp. F_R sind Null. Ohne überlagerte Modulation löst sich die Spitze ruckartig, sobald die Torsionskraft des Balkens die Haftkraft der Spitze übersteigt, der Federbalken wird bei seinen Kontaktresonanzfrequenzen angeregt. Mit überlagerter Modulation verschwinden nicht nur die durch das ruckartige Ablösen der Spitze entstehenden Eigenschwingungen, sondern es sinkt auch die Reibungskraft FR.

(d) Bild von FR, aufgenommen mit unterschiedlichen Modulationsamplituden U. Die Schwingung in lateraler Richtung verschwindet.

(e) Das Haften und ruckartige Ablösen der Spitze führt auch zu Schwingungen des Federbalkens in Normalrichtung, auch diese Schwingung wird unterdrückt.

(f) Bild der Normalkraft F_N, die Eingangsgröße des SFM-Regelkreises ist. Auch hier erkennt man den Zusammenhang zwischen der Anregungsamplitude U der Modulation und der Unterdrückung der parasitären Eigen-Schwingungen des Balkens.

Bild 8.4.9 demonstriert das geänderte Verhalten der Wechselwirkung zwischen Silizium-Spitze und Silizium-Oberfläche im Detail (Hinrichsen, 2001), durchgeführt während eines scans mit einer Geschwindigkeit von 19,8 µm/s.

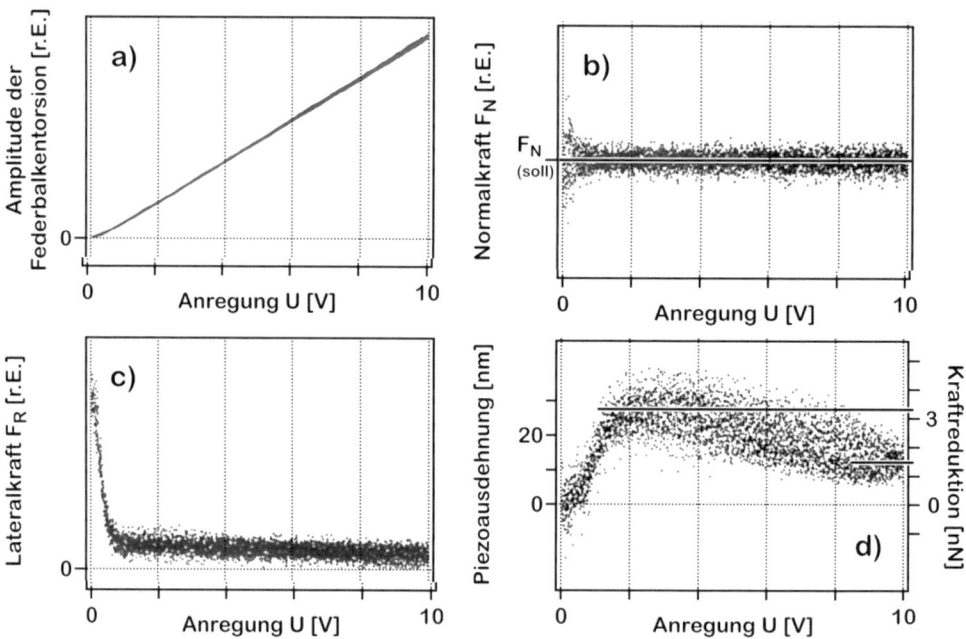

Bild 8.4.9   MLFM-Experiment mit variierender Anregungsspannung zum Einfluss der Hochfrequenzmodulation auf die Reibung zwischen Si-Oberfläche und Si-SFM-Spitze. a) Amplitude der hoch-frequenten Federbalkentorsion, b) Nachgeregelte Auflagekraft F_N, c) Federbalkentorsion F_R, d) Längenausdehnung des z-Piezos durch die Regelung auf konstante F_N. Der Federbalken hat die Federkonstante k ~0,12 N/m, Resonanzfrequenz ~11 kHz. Die Frequenz der lateralen Modulation senkrecht zur Federbalkenlängsachse beträgt 14 MHz. Die Scangeschwindigkeit während des Experiments ist 19,8 µm/s

Zunächst erkennt man den linearen Zusammenhang zwischen der Anregungsspannung am Piezo, der den Federbalken senkrecht zur seiner Längsachse bewegt, und der gemessenen Amplitude der Federbalkentorsion (Bild 8.4.9 a). Hinsichtlich der Stimulation gibt es also keine Ursache für Nichtlinearitäten. Die Spannung wurde zudem mehrfach über den Bereich erhöht und wieder abgesenkt, eine Hysterese ist nicht zu erkennen. Der Regler des Mikroskops soll die Auflagekraft F_N konstant halten, bis auf eine Störung bei geringer Anregungsamplitude gelingt dies auch. Man kann vermuten, dass zu geringe Amplituden der Weg-Modulation ein kurzfristiges Haften der Spitze nicht ganz verhindern kann. Der Effekt ist klein, weil er im nachfolgend gezeigten Reibkontrast F_R nur schwach zu erkennen ist (Bild 8.4.9 c). Dort sieht man nämlich, dass mit erhöhter lateraler Weg-Modulation die Reibung zwischen Spitze und Oberfläche sofort stark abnimmt, bis dieser Vorgang bei $U \sim 0{,}7$ V abklingt und F_R nur noch schwach absinkt. Diese Anregungsspannung entspricht dem Wert der notwendig ist, um auch die Störungen in F_N zu beseitigen, was die Annahme des ab diesem Moment beseitigten *stick-slip*-Verhaltens stützt. Da die glatte Siliziumoberfläche auf der betrachteten *z*-Skala keine Topographie aufweist, sollte der *z*-Piezo stillstehen. Dies ist, wie Bild 8.4.9 d zeigt, nicht der Fall: Der Piezo dehnt sich scheinbar grundlos um nicht ganz 30 nm aus, bis er sich ab der Modulationsanregung von $U \sim 2$ V wieder um etwa die Hälfte zusammenzieht. Da Topographie als Grund ausscheidet und dieses Phänomen reversibel ist (auch hier tritt keine merkliche Hysterese auf), muss sich die Kraftwechselwirkung zwischen Oberfläche und Spitze geändert haben. Genauer: Der Piezo wird vom Regelkreis ausgedehnt, damit er einen Verlust an Kraftwechselwirkung im Kontakt ausgleicht. Über das Hookesche Gesetz lässt sich die Kraftreduktion berechnen (Bild 8.4.9 d, rechte Achse), sie beträgt bei $U \sim 2$ V etwas mehr als 3 nN und fällt bis $U \sim 10$ V auf ca. 1,5 nN ab. Bemerkenswert ist, dass die charakteristischen Modulationswerte für die Änderung der Kraftwechselwirkung und der Reduktion der Reibung F_R bei der Anregungsfrequenz von 14 MHz nicht übereinstimmen, bei einer Frequenz von 1 MHz aber durchaus (Hinrichsen, 2001; Sturm, 2007).

Welcher frequenzabhängige Mechanismus als Ursache der dargestellten Effekte in Frage kommt ist noch unklar. Experimente mit kalibrierten und höheren Wegamplituden stehen noch aus, da sowohl eine solcherart hochfrequente Bewegung der Masse von Federbalken und Halter als auch eine so schnelle Wegmessung im Nanometerbereich nicht einfach auf kleinstem Raum im Kopf eines Rasterkraftmikroskops zu realisieren ist. Das System Si-Spitze auf Si-Wafer ist auch nur scheinbar einfach, Oxidschichten und der allgegenwärtige dünne Wasserfilm können ebenso eine Rolle spielen wie tribochemische Einflüsse. Im Jahr 2006 erfolgte eine grundsätzliche Bestätigung der besprochenen Phänomene (Socoliuc, 2006). Hier wurde der Federbalken bei seiner Resonanzfrequenz (56,7 kHz) in Normalrichtung angeregt und im Ultrahochvakuum eine Oberfläche aus einem Kochsalz-Einkristall (NaCl) vermessen. Auch hier fällt F_R mit steigender Spannung am die Modulation erzeugenden Piezo ab. Dank der erfolgten Kalibrierung des Federbalkens lässt sich dabei feststellen, dass die Reibung zwischen Si-Spitze und NaCl-Oberfläche auf unter 10 pN abgesenkt wird. Molekulardynamische Rechnungen (MD) zeigen, dass auf der Nanoskala bei kleinen Kontakten und hohen Temperaturen auf NaCl, ähnlich wie beim Gleiten eines Schlittschuhs auf Eis, ein Zustand stark reduzierter Reibungswechselwirkung erreicht werden kann, der mit einer lokalen Verflüssigung des Festkörpers erklärt wird (Zykova-Timan, 2007).

Neuste MD-Simulationen geben zudem tieferen Einblick in die Frage, wie weit Modelle der Kontinuumsmechanik beim Übergang zur Nanoskala noch tragfähig sind (Mo, 2009). Hier wurde eine Oberfläche aus Diamant simuliert, auf der eine Spitze mit Radius 30 nm aus amorphem Kohlenstoff reibt. Es wurde u. a. gezeigt, dass die Reibung linear von der Anzahl der

Atome abhängt, die eine chemische Bindung im Kontakt aufbauen. Dies weicht ab von den bisherigen Ansätzen, welche den Auf- und Abbau chemischer Bindungen während des Reibvorgangs vernachlässigten. Die Reibung wird nach diesem Modell auf allen Längenskalen proportional zur wahren Kontaktfläche, die lediglich nach dem obigen Ansatz definiert sein muss: Nicht die geometrische Kontaktfläche, sondern die Fläche in chemischer Wechselwirkung dominiert das Geschehen. Das Modell sagt weiterhin voraus, dass bei reduzierter Adhäsion zwischen den kontaktierenden Oberflächen ein Übergang von nichtlinearer zu linearer Abhängigkeit der Reibung von der Auflagekraft stattfindet, was viele Reibexperimente, auch bei unterschiedlichen Geschwindigkeiten (Sturm, 1999), auf der Nano- und Mikroskala bestätigen (Colburn, 2007; Gao, 2004). Simulationsmethoden von Mehrkörpersystemen, welche die oft komplexen Verhältnisse im Reibkontakt korrekt berücksichtigen können, über sehr viele Längengrößenordnungen skalenübergreifend funktionieren und trotzdem schnell und mit vertretbarem Aufwand zu Ergebnissen führen, wurden unlängst vorgestellt (Geike, 2008). Wichtig dabei ist, dass die Eingangsparameter für Simulationen komplett sind und während der Experimente die Normalkraft auf jeder zu betrachtenden Zeitskala konstant gehalten wird, eine Bedingung, die Rastersondenmikroskope leichter gewährleisten können als bei Makro-Tribometern.

8.5 Tribologische Simulationsprüftechnik

Die tribologische Simulationsprüftechnik (Kategorien IV bis VI der tribologischen Prüfsystematik nach Bild 8.1.1) ist außerordentlich schwierig, da hier nicht die aus Physik und Technik bekannten „Simulations- oder Ähnlichkeitsmodelle" angewendet werden können. Diese basieren nämlich auf „Kontinuitäts- und Kompatibilitätsvoraussetzungen", die in der Tribologie – *interacting surfaces in relative motion* – nicht gegeben sind.

Ein pragmatischer – aber dennoch aufwendiger – Ansatz für die tribologische Modell- und Simulationsprüftechnik kann aus der Anwendung der systemtechnischen Methodik abgeleitet werden. In **Bild 8.5.1** ist im oberen Teil nochmals die bekannte allgemeine systemanalytische Beschreibung tribologischer Systeme wiedergegeben (vgl. Kap. 2.4). Aus den systemtechnischen Parametergruppen des Beanspruchungskollektivs und der Systemstruktur lassen sich die im unteren Teil von Bild 8.5.1 stichwortartig aufgeführten „Modellierungskriterien" ableiten. Ausgehend von dieser Methodik sind im Folgenden einige Regeln für die tribologische Simulationsprüftechnik aufgeführt.

Auswahl der Struktur des Prüfsystems (PS) und zugehöriger Strukturparameter

Der erste Schritt bei der Durchführung tribologischer Modell- oder Simulationsprüfungen besteht darin, die an einem Reibungs- und Verschleißvorgang direkt beteiligten stofflichen Elemente bzw. Bauteile des zu simulierenden tribologischen Systems (TTS) zu charakterisieren. Hat man die grundsätzlichen Elemente, also Grundkörper (1), Gegenkörper (2), Zwischenstoff (3) und Umgebungsmedium (4) des tribotechnischen Systems (TTS) analysiert, ist ein geeignetes Prüfsystem mit vergleichbarer Struktur auszusuchen. Es müssen nun die Kontaktverhältnisse zwischen dem tribotechnischen System und dem Prüfsystem verglichen werden (siehe Bild 3.2.6). Ein wichtiges Auswahlkriterium für Prüfsysteme besteht also darin, Systeme mit vergleichbarer, d. h. konformer oder kontraformer Wirkflächenpaarung zu verwenden. Der nächste Schritt in der Bearbeitungsmethodik besteht darin, die Eingriffsverhältnisse ε von Grundkörper und Gegenkörper zu bestimmen (siehe Bild 3.3.7). Nachdem die

Kontaktverhältnisse und die Eingriffsverhältnisse von tribotechnischem System und Prüfsystem verglichen wurden, können die Werkstoffe des Prüfsystems unter Berücksichtigung der jeweiligen Eingriffsverhältnisse festgelegt werden. Außerdem muss bei tribologischen Prüfungen dasselbe Umgebungsmedium wie im entsprechenden tribotechnischen System verwendet werden.

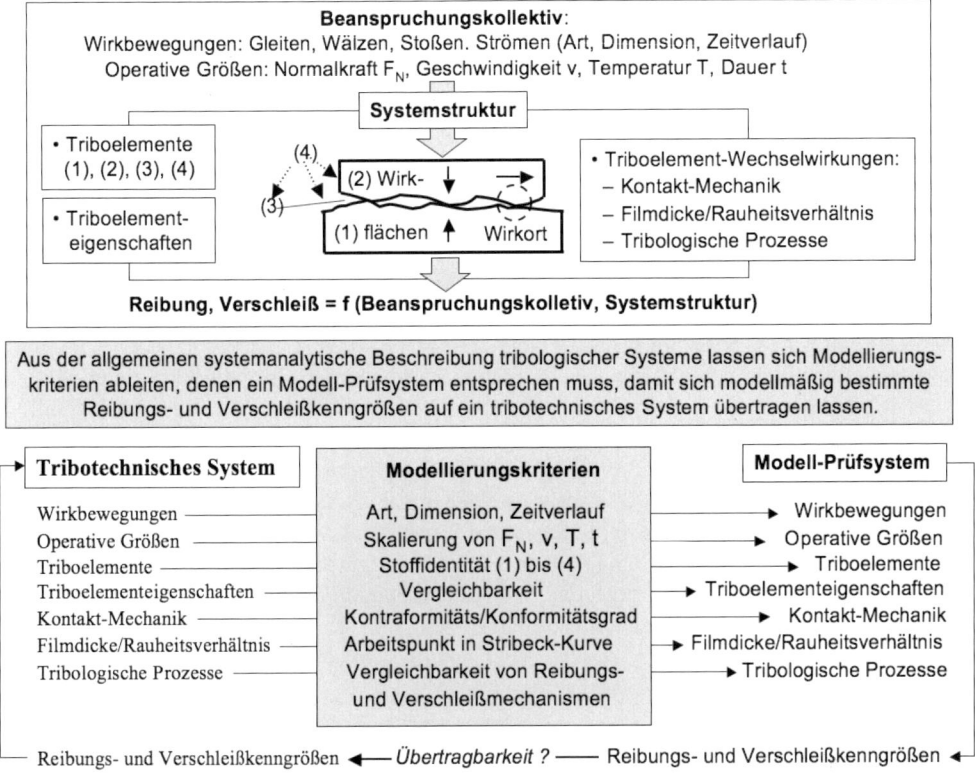

Bild 8.5.1 Systemtechnische Grundlagen für die tribologische Modell- und Simulationsprüftechnik

Spezifikation von Beanspruchungsparametern und Prüfkörpereigenschaften

Wenn die Struktur des entsprechenden tribologischen Prüfsystems, d. h. die Prüfkörpergeometrien und die zugehörigen Eingriffsverhältnisse festliegen, muss anschließend das Beanspruchungskollektiv spezifiziert werden. Als Ausgangspunkt muss eine Abschätzung – so möglich – der Flächenpressungen und Werkstoffanstrengungen im zu simulierenden tribotechnischen System (TTS) vorgenommen werden. Hiervor ausgehend wird eine Vorauswahl von Geometrie und Abmessungen der Prüfkörper durchgeführt. Es sollten dann die vorzugebenden Normalkräfte, die Flächenpressungen und Werkstoffanstrengungen im Prüfsystem abgeschätzt werden. Aufgrund derartiger Abschätzungen können die Bereiche der zulässigen Belastungen im Prüfsystem im Vergleich mit der Situation im entsprechenden praktischen tribotechnischen System abgegrenzt werden. Damit können auch endgültig Geometrie und Abmessungen der Prüfkörper festgelegt werden. Nachdem die Formeigenschaften der Prüfkörper bestimmt sind, müssen jetzt die Stoffeigenschaften in praxisgerechter Weise festgelegt und charakterisiert werden. Hierbei sind drei Punkte von besonderer Bedeutung, nämlich (a) Werkstoff- und

Oberflächenbehandlung, (b) Härte, (c) Oberflächenrauheit. Mit Härte- und Rauheits- sowie Gefügeuntersuchungen muss überprüft werden, ob diese Kenndaten der Prüfkörper praxisnah und mit denen der zu simulierenden tribotechnischen Bauteile vergleichbar sind.

Prüfungen bei Festkörperreibung (siehe Stribeck-Kurve, Regime I, Bild 4.1.1)

Bei tribologischen Untersuchungen unter Bedingungen der Festkörperreibung, d. h. im trockenen oder ungeschmierten Zustand, müssen die Oberflächen der Prüfkörper einer sorgfältigen Oberflächenbehandlung unterworfen werden. Es muss dann im Prüfsystem dieselbe Wirkbewegung (d. h. z. B. Gleiten, Wälzen, Prallen etc.) wie im tribotechnischen System realisiert werden. Außerdem ist eine praxisgerechte Geschwindigkeit vorzugeben. Ein ganz wesentlicher Punkt ist nun, dass die thermischen Verhältnisse im Prüfsystem praxisnah sind. Hierzu ist eine thermische Analyse im Prüfsystem durchzuführen. Dies ist sicherlich eine der schwierigsten Aufgaben der gesamten tribologischen Mess- und Prüftechnik, worauf in Abschnitt 3.4 hingewiesen wurde. Die wesentlichen Messgrößen bei der Durchführung tribologischer Prüfungen betreffen nun die Reibung und den Verschleiß. Falls die durchgeführten Reibungsmessungen nicht zu Reibungswerten führen, die dem Praxisfall entsprechen, muss gegebenenfalls das Beanspruchungskollektiv verändert oder es müssen Parameter der Prüfstruktur variiert werden. Welche Maßnahme konkret zu treffen ist, hängt ausschließlich vom jeweiligen Einzelfall ab und kann nicht in allgemeiner Form diskutiert werden. Ein wichtiges Kriterium für die Vergleichbarkeit tribologischer Laborprüfungen stellt die Analyse der Verschleißerscheinungsformen bzw. der Vergleich der Verschleißmessgrößen dar. Falls sich in tribologischen Prüfungen eine Vergleichbarkeit der Verschleißmessgrößen nicht zeigt, sind auch wieder gegebenenfalls das Beanspruchungskollektiv oder Parameter der Systemstruktur zu verändern. Auch hier hängen die notwendigen Variationen vom konkreten Einzelfall ab. Die letzte wichtige Variable bei der Durchführung tribologischer Prüfungen stellt nun die Versuchsdauer dar, die auch wieder angemessen zu wählen ist, wobei gegebenenfalls auf die Wirksamkeit von Stillstandzeiten im praktischen Betrieb geachtet werden muss.

Prüfungen bei Flüssigkeitsreibung (siehe Stribeck-Kurve, Regime III, Bild 4.1.1)

Bei tribologischen Prüfungen im geschmierten Zustand ist es erforderlich, denselben Zwischenstoff wie im tribotechnischen System zu verwenden. Der Begriff „Zwischenstoff" wird – wie auch in der früheren DIN 50320 – bewusst verwendet, da in den verschiedenen tribotechnischen Systemen natürlich nicht nur Schmierstoffe, sondern auch andere Zwischenstoffe, wie z. B. verschmutzte Flüssigkeiten oder Flüssigkeiten mit Sandpartikeln oder harten Körnern im praktischen Betrieb vorkommen. Bei Prüfungen im geschmierten Zustand ist es außerdem sehr wichtig, dass dieselbe Bewegungsform im Prüfsystem wie im entsprechenden tribotechnischen System realisiert wird. Für die tribologische Prüfung ist maßgebend, ob die Kontaktflächen im entsprechenden tribotechnischen System vollständig durch einen Schmierfilm getrennt sind oder nicht. Die vollständige Trennung in erster Näherung wird dadurch angezeigt, dass das Verhältnis von Schmierfilmdicke zur Oberflächenrauheit größer als 3 ist, siehe Bild 6.1.1. Bei tribologischen Prüfungen unter diesen Bedingungen stehen naturgemäß Untersuchungen von Reibungs- und Schmierungszuständen im Vordergrund. Ohne hier auf weitere Einzelheiten eingehen zu können, sollte bei tribologischen Prüfungen unter Vollschmierung versucht werden, vergleichbare Arbeitspunkte in den Stribeck-Kurven des praktischen Systems und des Prüfsystems zu realisieren.

Prüfungen bei Grenz- und Mischreibung (siehe Stribeck-Kurve, Regime II, Bild 4.1.1)

Bei tribologischen Prüfungen im Misch- und Grenzreibungsgebiet (siehe Bild 6.1.1) ist nach Wahl eines geeigneten Beanspruchungskollektivs eine Abschätzung des Verhältnisses Schmierfilmdicke zur Oberflächenrauheit durchzuführen. Auch unter Mischreibungsbedingungen sind sowohl Abschätzungen von Flächenpressungen und Werkstoffanstrengungen (ggf. unter Berücksichtigung von Verkantungseffekten, etc.) und eine angemessene thermische Analyse des Prüfsystems als auch Bestimmungen von Reibungskoeffizient und von Verschleißkenngrößen durchzuführen.

Mit der systemtechnischen Bearbeitungsmethodik von Bild 8.4.1 sollte es möglich sein, die wesentlichen Schritte für tribologische Simulationsprüfungen durchführen zu können. Natürlich stellt diese Bearbeitungsmethodik nur eine große Richtlinie dar, die im Einzelfall entsprechend zu modifizieren ist. Obwohl die Bearbeitungsmethodik formalisiert wirken kann, stellt sie jedoch nur eine Auflistung derjenigen Vorgehensschritte dar, die von einem erfahrenen Prüfingenieur meist intuitiv durchgeführt werden. Die Formalisierung in Form einer Bearbeitungsmethodik kann dazu dienen, dass wesentliche Parameter nicht übersehen werden und die Aussagefähigkeit von tribologischen Laborprüfungen gesteigert wird.

8.5.1 Fallstudie Motortechnik: Tribosystem Kolbenring/Zylinderlaufbahn

In der Motortechnik ist das Ziel einer modellmäßigen, außermotorischen Charakterisierung, mit Modellprüfungen (Kategorien V und VI, Bild 8.1) vor den motorischen Versuchen zu klären, ob unter Mischreibungsbedingungen ein vergleichbares oder günstigeres tribologisches Verhalten gegenüber dem aktuellen Serienzustand zu erwarten ist. Damit soll die Zahl der Kandidatwerkstoffe und -schmierstoffe zuverlässig reduziert bzw. eingeengt werden. Die Prüfparameter beziehen sich auf ein Kolbenring/Zylinderlaufbahn-System und zwar auf die Verhältnisse im sog. „Zwickelbereich" am oberen Totpunkt, (siehe Kap. 11.4, Bild 11.4.1) . Die dortigen Beanspruchungsbedingungen wurden im Prüfgerät abgebildet (Woydt, 2001).

Wahl der Prüfgeometrie

Bild 8.5.2 stellt alle vier verwendeten Prüfgeometrien dar. Die „Kolbenringsegment/Scheibe"-Anordnung (oben links) wird dann angewandt, wenn aus einem Werkstoff oder einer Beschichtung noch keine motorischen Komponenten darstellbar sind oder der Kostenaufwand dafür gescheut wird, weil das tribologische Verhalten noch unbekannt ist. Die fehlende Honbearbeitung stellt unter Umständen einen Nachteil bezüglich der Bewertung dar. Die Entwicklung hat deutlich gezeigt, dass die Anordnung „Kolbenringsegment/gehonter Zylinderabschnitt" (unten rechts) die geeignetste Modell-Geometrie darstellt, da die Prüfkörper die meisten Fertigungseinflüsse mitbringen.

Prüfkörper

Ein großer Fortschritt hinsichtlich der Aussagefähigkeit ist die Verwendung von Bauteilen, bei denen die gehonte „Mantelinnenfläche" eines Zylinderabschnittes tribologisch belastet wird. Damit gelingt es, zusätzlich die Einflüsse der Oberflächenendbearbeitung und des gesamten Herstellungsprozesses von Zylinderlaufbahnen anwendungsnah mit Versuchskörpern zu untersuchen, die aus der Motorenfertigung stammen. Dafür werden die Versuchskörper für das Tribometer einbaufertig aus gehonten Kurbelgehäusen herausgearbeitet oder stranggepresste Aluminiumrohre bei beschichteten Laufbahnen benutzt. Dies bedeutet zwar einen erhöhten Kostenaufwand, jedoch verbessert sich erheblich die Übertragbarkeit.

Zwischenmedium

Das Ölvolumen beträgt ca. 500 ml und ist damit um den Faktor 10 größer als beim reversierenden Gleitverschleiß. Damit werden Ölalterungen bei 170 °C und einer Versuchszeit 22,5 Stunden minimiert. Die beiden Gleitpartner werden unter Tauchschmierung tribologisch belastet.

Einbausituation

Im Gegensatz zur Prüfanordnung unter reversierendem Gleitverschleiß, werden die Prüfkörper
beim Gleitverschleiß derart eingebaut, dass entstehende Verschleißpartikel aus dem Kontakt
herausfallen können oder vom Öl weggespült werden können. Beim reversierendem Gleitverschleiß beansprucht ein Kolbenringsegment einen darunter liegenden Zylinderlaufbahnab-
schnitt, so dass die Verschleißpartikel im Kontakt verbleiben.

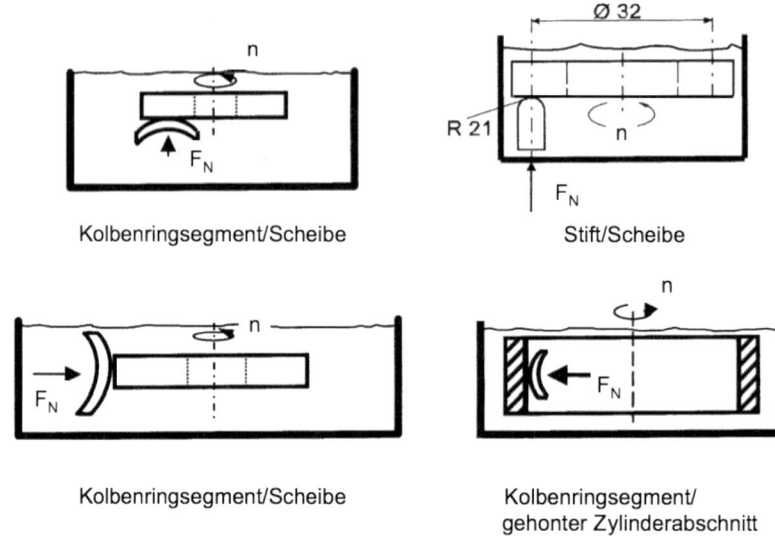

Kolbenringsegment/Scheibe   Stift/Scheibe

Kolbenringsegment/Scheibe   Kolbenringsegment/
                                       gehonter Zylinderabschnitt

Bild 8.5.2   Prüfkörpergeometrien für die modellmäßige, außermotorische Charakterisierung des tribologischen Verhaltens unter kontinuierlichem Gleitverschleiß

Normalkraft

Die Normalkraft F_N und die Temperatur T werden den statischen Betriebsbedingungen im
oberen Totpunkt angepasst. Den Verbrennungsdruck rechnet man über die Höhe des 1. Kolbenringes in eine Normalkraft um. Für Kolbenringe ergeben sich so Normalkräfte zwischen 30
N und 100 N.

Gleitgeschwindigkeit

Aus Profilmessungen in axialer Richtung von gelaufenen Zylinderlaufbahnen erkennt man,
dass der Zwickelbereich bzw. die Mischreibung nur auf einer Länge von ca. 5–10 % der Hub-
länge des Kolbenweges auftritt. Im 80 % Beanspruchungsfall ergibt sich dort typischerweise
eine Gleitgeschwindigkeit um 0,3 m/s.

Reibungszustand

Mit einer Normalkraft von $F_N = 50$ N, einer Gleitgeschwindigkeit von 0,3 m/s und einer Öltemperatur von T = 170 °C stellt sich der Reibungszustand der Misch-/Grenzreibung ein, was

an den Reibungszahlen abgelesen werden kann. Die Normalkraft von 50 N wendet man vorzugsweise für Dieselmotoren an, während für Ottomotoren 30 N geeigneter sind.

Gleitweg und Beanspruchungsdauer: Zeitraffereffekt

Erfahrungsgemäß ergibt 1 km Gleitweg im Tribometer ca. 100 bis 200 km Gleitweg im Motor bzw. eine Beanspruchungsdauer von ein bis vier Betriebsstunden. Aus der Praxis ist bekannt, dass „Altöle" verschleißerhöhend wirken. Da ein Öl nur zum Ende des Wechselintervalls altert, tritt durch die Verwendung eines „Altöls" ein weiterer Zeitraffungseffekt ein. Üblicherweise verwendet man bei Werkstoffuntersuchungen Altöle aus Lieferfahrzeugen im Stadtverkehr, die womöglich einen Ölwechselintervall ausgelassen hatten. Vor jeder Ölentnahme für einen Versuch wird der Vorratsbehälter durchgemischt, um Sedimentierungen aufzuheben.

Übertragbarkeit Modell/Praxis

Aus den Ergebnissen der modellmäßigen tribologischen Prüfungen ergeben sich Empfehlungen für die Normalkraft 50 N und für die Öltemperatur 170 °C, die überwiegend angewendet werden und von den ursprünglichen Parametern T = 150 °C und F_N = 100 N abweichen. Ebenso zeigte sich zwischen dem Tribometer und den Motorversuchen eine qualitative Übereinstimmung in der Morphologie der Verschleißflächen und in der qualitativen Bewertung der Verschleißreihenfolge. Der Vergleich ergab auch, dass eine zusätzliche Ansäuerung des Altöles mit HNO_3 und H_2SO_4 kontraproduktiv ist.

Mit der modellmäßigen, außermotorischen Reibungs- und Verschleißprüfung wurden Erkenntnisse über das tribologische Verhalten von Kolbenring/Zylinderlaufbahn-Paarungen gewonnen, die sich im Motor später entweder ähnlich ergaben oder vorher schon aus dem Motor bekannt waren bzw. die im Motor nicht erarbeitet hätten werden können:

– Einfluss des Titan- [in 0,01 Gew.-%] und des Vanadium-Gehaltes bei Grauguss
– Einfluss unterschiedlicher Wärmebehandlungen bei Aluminium-Kurbelgehäusen
– Silizium-Gehalt [bis 30 Gew.-%] und Kornfeinung in Aluminiumlegierungen
– thermische Spritzschichten aus modifizierten Aluminiumlegierungen
– Endbearbeitungsverfahren und Oberflächengüten bei Grauguss
– Kolbenringwerkstoffe und -beschichtungen
– Mangelschmierungstaugliche Verschleißschutzschichten
– biologisch abbaubare Grundöle und Additive
– Prozessparameter beim Lasernitrieren von Aluminium
– Mischreibungszahl der Paarung in Wechselwirkung mit dem Öl
– Vergleich mit Wettbewerbsprodukte

Die hier vorgestellte Fallstudie erlaubt eine Bewertung des Reibungs- und Verschleißverhaltens im Normalbetrieb bei warmem Motor, d. h. keine Kaltstart- oder Trockenlaufbedingungen sowie keine Aussagen bei überhitztem Motor.

8.6 Tribologische Betriebsprüftechnik

Aufgabe der tribologischen Betriebsprüftechnik ist die Untersuchung realer tribotechnischer Systeme oder Bauteile gemäß den Kategorien I bis III der tribologischen Prüfsystematik (siehe Bild 8.1.1) unter den realen Betriebs- und Beanspruchungsbedingungen. Die Vorgehensweise und Prüfmethodik kann naturgemäß infolge der Vielfalt tribotechnischer Systeme und Komponenten und ihrer technisch-funktionellen Aufgaben außerordentlich vielfältig sein, so dass hier keine generelle Prüfmethodik für tribologische Betriebsprüfungen vorgegeben werden kann. Aus allgemeiner Sicht sind zwei Vorgehensweisen zu unterscheiden:

– Prüfung originaler tribotechnischer Systeme und Bauteile in Feldversuchen und Ermittlung von Reibungs- und Verschleißdaten mit geeigneten Detektoren und Sensoren beim Originalbetrieb (Prüfkategorie I, Bild 8.1.1)

– Analyse realer Beanspruchungsbedingungen im Feldversuch; Prüfung originaler tribotechnischer Systeme und Bauteile unter den vorher bestimmten realen Beanspruchungsbedingungen unter Ermittlung von Reibungs- und Verschleißdaten im Prüfstand (Prüfkategorie II, Bild 8.1.1)

Eine grundlegende Voraussetzung für die Durchführung von Prüfstandversuchen an originalen tribotechnischen Systemen und Bauteilen (Kategorie II und Kategorie III, Bild 8.1.1) ist die Ermittlung der realen Beanspruchungskollektive unter Feldbedingungen. Diese Beanspruchungsbedingungen sollten auf geeigneten Datenträgern aufgezeichnet und den Belastungseinrichtungen bei einem Prüfstandversuch eingegeben werden, so dass möglichst im Prüfstandversuch die originalen Beanspruchungsbedingungen vorliegen. Ein Beispiel für diese Vorgehensweise sind die Topogramme gemessener Beanspruchungskollektive von Kraftfahrzeug-Getrieben (Heinz, 1982). Hierbei wurden Drehmoment und Temperatur über der Drehzahl und deren Häufigkeit für typische Fahrstrecken (Autobahn, Stadtfahrt, Gelände) aufgrund von jeweils etwa 4 Millionen Einzelmesswerten ermittelt und in Form von Topogrammen zusammengestellt (**Bild 8.6.1**). Nur mit dieser aufwendigen Beanspruchungsanalyse war es möglich, für die Hinterachs-Getriebeölprüfung auf Getriebe-Prüfständen verkürzte aber repräsentative Simulations-Fahrprogramme zu erarbeiten. Die Versuchsergebnisse korrelieren mit der Praxis.

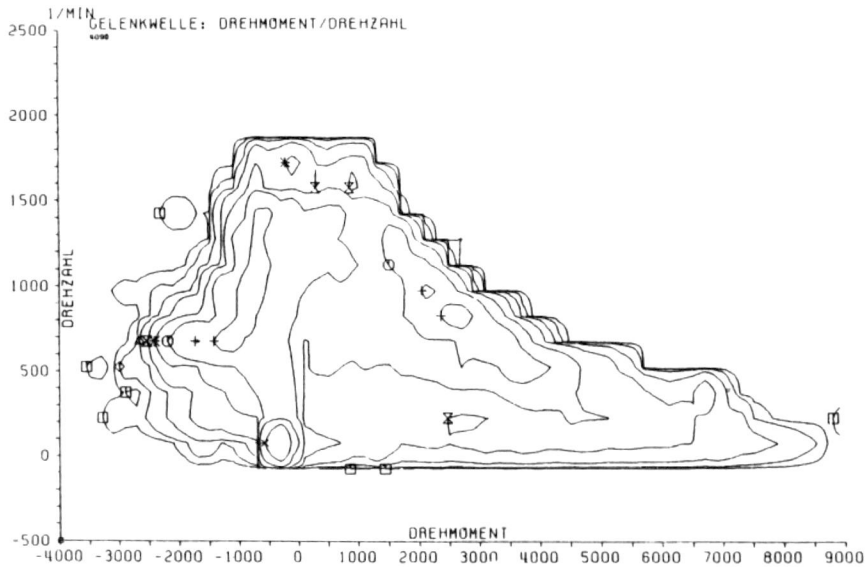

Bild 8.6.1   Aufnahme eines realen Beanspruchungskollektivs im Feldversuch: Drehmoment-Drehzahl Kollektiv am Hinterachsgetriebeeingang, 16,2 t-Lastzug, 6 kW/t, Autobahnstrecke

Bei betrieblichen Verschleißuntersuchungen an originalen tribotechnischen Systemen und Bauteilen im Originalbetrieb müssen empfindliche Verschleißmeßmethoden verwendet werden. Hiermit sollte ggf. auch eine Früherkennung eines progressiven Verschleißverhaltens „insitu" möglich sein. Beispielsweise gestattet eine Verschleißmessung mit Radionukliden eine fortlaufende Beobachtung des Verschleißzustandes ohne Betriebsunterbrechung des betreffenden tribologischen Systems oder Ausbau der betreffenden tribologischen Bauteilkomponente (Gerve, 1982; Razim und Rodrian, 1985). Beim sogenannten Konzentrationsmessverfahren (Durchflussverfahren) werden abgeriebene Verschleißteilchen mit einer Messflüssigkeit, zum Beispiel dem Schmieröl, an den Messort (Messkopf) transportiert. Die Auflösung des Verfahrens liegt bei ca. 10^{-6} g Abrieb/l Messflüssigkeit; Verschleißgeschwindigkeiten von ca. 10^{-3} µm/h können noch gemessen werden. Beim Differenzverfahren wird über die Messung der Aktivität eines dünnschichtaktivierten Maschinenteils die infolge Verschleiß auftretende Abnahme der auf dem Bauteil verbliebenen Aktivität und damit die Zunahme des Verschleißes bestimmt. Es können Abriebschichten von weniger als 0,5 µm Dicke mit einer Genauigkeit von 10 % bestimmt werden. Die erforderliche Aktivierung der verschleißenden Bauteile kann durch Neutronenaktivierung oder durch Dünnschichtaktivierung an einem Teilchenbeschleuniger durchgeführt werden. Ein Anwendungsbeispiel der betrieblichen Verschleißprüftechnik an Gleitlagern mit der Radionuklidtechnik ist die Bestimmung des Übergangs von der vollhydrodynamischen Schmierung (nahezu kein Verschleiß) zur Mischreibung, bei dem progressiver Verschleiß einsetzt. **Bild 8.5.2** zeigt, dass mit der hochauflösenden Radionuklidtechnik direkt im betrieblichen Versuch die Verschleißrate sehr empfindlich gemessen und damit die Übergangsgrenze genau bestimmt werden kann.

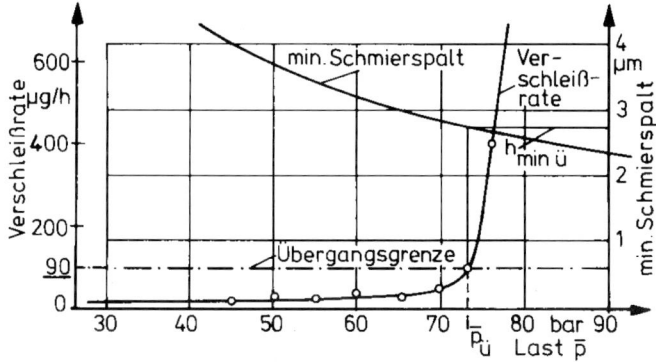

Bild 8.6.2
Anwendungsbeispiel der Radionuklidtechnik in der tribologischen Betriebsprüftechnik: Bestimmung des Übergangs von der hydrodynamischen Schmierung zur Mischreibung aus dem Verlauf der Verschleißrate

Eine wichtige Aufgabe der tribologischen Betriebsprüftechnik betrifft auch die Überwachung laufender Maschinenanlagen und die Früherkennung von Verschleißschädigungsprozessen (Rabinowicz, 1990).

Vibrations- und Geräuschanalysen untersuchen die für den Betriebs- und Verschleißzustand typische Luftschall- oder Körperschallemission im Frequenzbereich von 10 bis 20 kHz. Eine Zunahme des Geräuschpegels oder eine Verschiebung des Geräusch-Frequenzbandes kann auf eine Änderung des Verschleißzustandes im Betrieb hindeuten (Boness, McBridge and Sobczyk, 1990). **Bild 8.6.3** zeigt in einer hier nicht im Einzelnen diskutierten Blockschaltbilddarstellung eine Schwingungsmessanlage, mit der unter Rechnerunterstützung der Maschinenzustand der Turbosätze auf nuklear betriebenen Eisbrechern (Taymyr-Klasse, 150 m lang, 28 m breit, Tiefgang 8 m, Antriebsleistung 32,5 MW, max. Geschwindigkeit 18,5 Knoten) überwacht wird (Lattka und Utz, 1990). Unter Einsatz moderner Sensorik und Rechentechnik (Personal Computer, Transientenrecorder, Fourieranalysator, etc.) können sowohl der Ist-Zustand der verschiedenen Aggregate analysiert als auch Trendrechnungen und Trendüberwachungen durchgeführt werden.

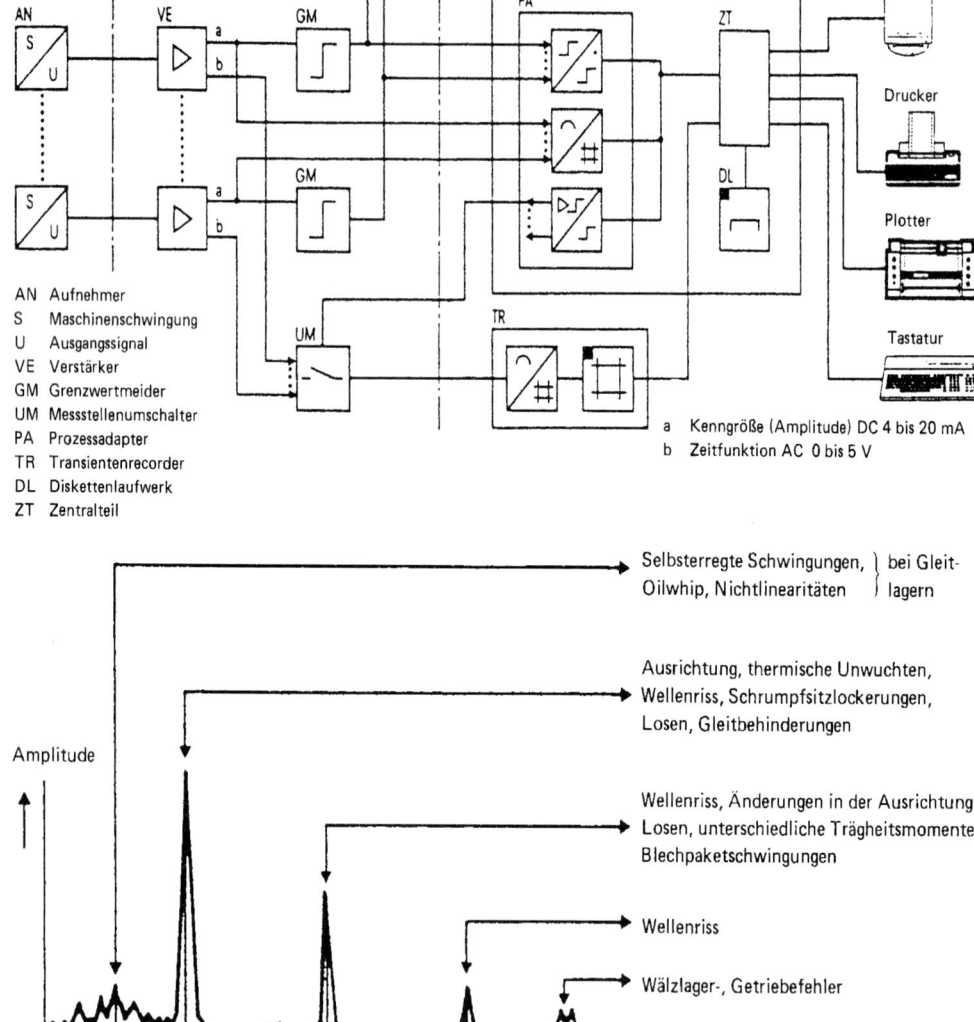

Bild 8.6.3   Schematisches Blockschaltbild einer rechnerunterstützten Schwingungsmessanlage zur Betriebsüberwachung und Schadensfrüherkennung von rotierenden Maschinen (oben). Schwingungsanalyse und potentielle Störungen am Turbosatz nuklear betriebener Eisbrecher (unten)

Der thermische Zustand tribotechnischer Systeme kann durch Temperaturfühler (z. B. Thermoelemente, Thermistoren) im Ölkreislauf oder mittels Strahlungsanalyse einer triboinduzierten Temperaturstrahlung mit Infrarotdetektoren vorgenommen werden, siehe Kap. 3.5.

Die Betriebsprüftechnik von Maschinen und Maschinenelementen wird international als *Machinery Diagnostics* bezeichnet. Dies wird in Kapitel 22 mit den Themen *Failure Prevention Strategies, Condition Monitoring,* und *Nondestructive Evaluation* behandelt.

8.7 Ergebnisdarstellung tribologischer Prüfungen

Bei der Darstellung der Ergebnisse tribologischer Prüfungen sind alle relevanten mess- und prüftechnischen Parameter anzugeben, damit eine Anwendbarkeit der Prüfergebnisse und ein Vergleich mit anderen Prüfungen möglich sind. Die methodischen, metrologisch-systemtechnischen Grundlagen der Gewinnung und Darstellung von Reibungs- und Verschleißdaten sind in Kapitel 21 zusammengestellt.

Bei der Ergebnisdarstellung tribologischer Prüfungen können – je nach Art der tribologischen Prüfung und ihrer Zielsetzung – die folgenden hauptsächlichen Arten unterschieden werden:

A. Darstellung der Zeitabhängigkeit tribologischer Mess- oder Prüfgrößen

B. Darstellung der Abhängigkeit tribologischer Mess- oder Prüfgrößen von Parametern der Systemstruktur und des Beanspruchungskollektivs

C. Kennzeichnung der Funktionsgrenzen tribologischer Systeme durch kritische Beanspruchungsbedingungen: „Versagens-Diagramme" („Transition Diagrams")

D. Kennzeichnung der Wirkungsbereiche tribologischer Prozesse – speziell von Verschleißmechanismen – durch Angabe zugehöriger Grenzbereiche von Beanspruchungsparametern: „Tribomechanismen-Diagramme" („Tribomaps")

8.7.1 Zeitabhängigkeit von Reibung und Verschleiß

Die einfachste Durchführung einer tribologischen Prüfung besteht darin, diese Prüfung bei einer Konstanz aller Parameter des Beanspruchungskollektivs und der Struktur des betreffenden tribologischen Prüfsystems durchzuführen und dabei nur Reibung oder Verschleiß als Funktion der Beanspruchungsdauer zu messen. Bei derartigen Untersuchungen werden charakteristische Reibungs-/Zeit-Diagramme oder Verschleiß/Zeit-Diagramme erfasst, die im Folgenden in vereinfachter Weise beschrieben werden:

Reibungs-Zeit Diagramme

Ein typisches Reibungs-Zeit Diagramm, wie es häufig bei der Gleitreibung von z. B. Stahl/Stahl-Paarungen unter Bedingungen der Festkörperreibung beobachtet wird, ist in **Bild 8.7.1** mit einer Einteilung in vier typische Phasen I bis IV in vereinfachter Form wiedergegeben.

Der Anfangswert der Reibungszahl f_0 im Bereich I beträgt üblicherweise $f_0 \approx 0{,}1$ und hängt bei niedrigen Normalkräften F_N im wesentlichen von der Scherfestigkeit von Oberflächenverunreinigungen ab und ist somit im Anfangsbereich tribologischer Prüfungen nahezu materialunabhängig. Infolge der Entfernung von Oberflächenverunreinigungen mit zunehmender Dauer der tribologischen Prüfung, der Zunahme einer möglichen Adhäsion durch den steigenden Kontaktbereich unkontaminierter Oberflächenbereiche und durch einen wachsenden Anteil einer (plastischen) Rauheitshügeldeformation und dem möglichen Einbetten von Verschleißpartikeln findet im Allgemeinen ein gradueller Anstieg der Reibungszahl statt.

Der Bereich II mit einem Maximalwert der Reibungszahl ($f_{max} \approx 0,3...1,0$ für die meisten metallischen Gleitpaarungen) ergibt sich bei maximaler Wirkung einer Grenzflächenadhäsion, einer Oberflächenrauheitsdeformation und der möglichen Einbettung von Verschleißpartikeln.

Im Bereich III kann eine Abnahme der Reibungszahl stattfinden, z. B. durch die mögliche Bildung schützender tribochemischer Oberflächenschichten und eine Abnahme von Furchungsprozessen und Rauheitshügelwechselwirkungen.

Der Bereich IV ist in vielen Fällen durch einen Gleichgewichtszustand tribologischer Prozesse im Kontaktgebiet gekennzeichnet und führt häufig zu einer nahezu konstanten Reibungszahl.

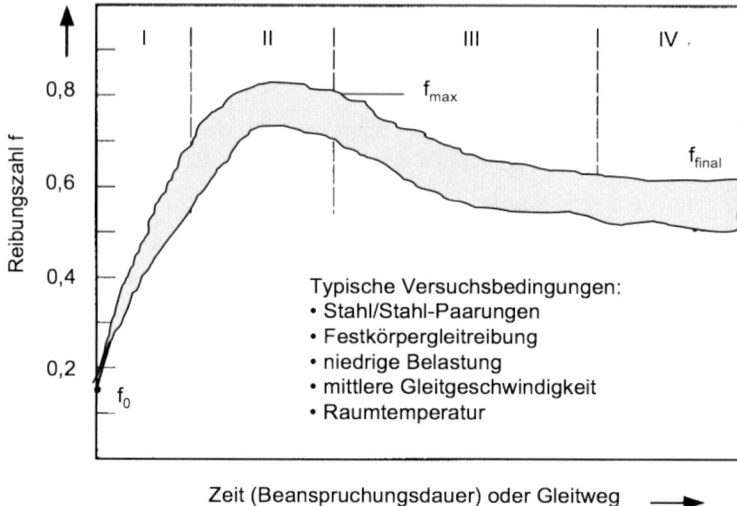

Bild 8.7.1   Typisches Reibungs-Zeit Diagramm bei der Gleitreibung von Stahl-Stahl-Paarungen (schematisch vereinfachte Darstellung)

Dem in Bild 8.7.1 idealisiert dargestellten Kurvenverlauf, der hauptsächlich die Reibung metallischer Werkstoffe charakterisiert, können in der Praxis Kurzzeitfluktuationen, Reibungsspitzen aber auch Stick-Slip-Effekte überlagert sein. Diese Fluktuationen sind Ausdruck der stochastischen Natur der elementaren Reibungsmechanismen im Kontaktbereich (vgl. Abschnitt 4.3).

Für die Ergebnisdarstellung von Reibungsmessungen ist wichtig, dass neben der Kennzeichnung der Zeitabhängigkeit durch eine Reibungs-Zeit Kurve die folgenden numerischen Werte der Reibungszahl bestimmt werden: (a) Anfangswert der Reibungszahl, (b) Maximalwert der Reibungszahl f_{max}, (c) Endwert der Reibungszahl f_{final}.

Verschleiß/Zeit-Diagramme

Beim Verschleiß können zeitliche Abläufe auftreten, wie sie z. B. beim Gleitverschleiß von Stahl/Stahl-Paarungen unter Bedingungen der Festkörperreibung häufig beobachtet werden und in **Bild 8.7.2** in schematisch vereinfachter Weise dargestellt sind.

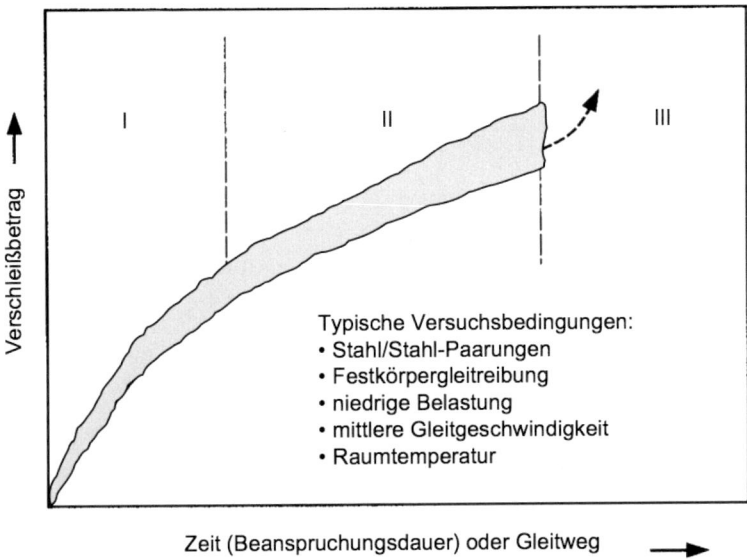

Bild 8.7.2 Typisches Verschleiß-Zeit Diagramm bei der Gleitreibung von Stahl-Stahl-Paarungen (schematisch vereinfachte Darstellung)

Der Bereich I – dem manchmal auch eine Inkubationszeit mit „Null-Verschleiß" vorausgeht – ist der Bereich des so genannten Einlaufverschleißes. In diesem Bereich nimmt häufig die Wahrscheinlichkeit des Auftretens elementarer Verschleißprozesse durch Veränderung der Oberflächenmikrogeometrie dadurch ab, dass eine „Glättung" der kontaktierenden Rauheitshügel eintritt und damit die Wechselwirkungsrate der Kontakthügelkollisionen abnimmt. Im einfachsten Fall ist in diesem Einlaufbereich die Verschleißgeschwindigkeit dem Verschleißvolumen W umgekehrt proportional, so dass eine Zeitabhängigkeit des Verschleißvolumens in Form einer Quadratwurzelfunktion der Zeit resultiert.

$$\frac{dW}{dt} \sim \frac{1}{W} \quad \Rightarrow \quad W(t) = \text{const} \cdot t^{1/2}$$

Im Bereich II kann sich ein relativ stabiler Gleichgewichtszustand der Konstellation der Verschleißmechanismen bei konstanten Beanspruchungsbedingungen einstellen. In diesem Fall ist die Wahrscheinlichkeit des Auftretens elementarer Verschleißprozesse konstant. In diesem „Steady-State"-Bereich mit konstanter Verschleißgeschwindigkeit resultiert häufig ein linearer Zusammenhang zwischen dem Verschleißvolumen W und der Beanspruchungsdauer t.

$$\frac{dW}{dt} = \text{const} \quad \Rightarrow \quad W(t) = \text{const} \cdot t$$

Im Bereich III kann eine Beschleunigung des Verschleißes durch eine Kumulierung elementarer Verschleißprozesse auftreten. Dies ist dadurch gekennzeichnet, dass eine inkrementelle Zunahme des Verschleißes in einem Zeitintervall eine noch höhere inkrementelle Zunahme des Verschleißes im nächsten Zeitintervall auslöst. Dies bedeutet, dass die Verschleißgeschwindigkeit dem Verschleißvolumen proportional ist, so dass daraus eine exponentielle Zunahme des Verschleißes resultiert.

$$\frac{dW}{dt} \sim W \quad \Rightarrow \quad W(t) = e^{const \cdot t}$$

In diesem Bereich kann eine Selbstbeschleunigung der Verschleißprozesse auftreten, die dann zu einem Versagen des gesamten Systems führen kann. Auch bei Verschleißkurven können – ähnlich wie bei der Reibung – Kurzzeitfluktuationen als Ausdruck der stochastischen Natur der elementaren Verschleißmechanismen im Kontaktbereich auftreten (vgl. Abschnitt 5.3).

8.7.2 Abhängigkeiten von Beanspruchungskollektiv und Systemstruktur

Reibungs- und Verschleißprüfungen werden im Allgemeinen durchgeführt, um die Einflüsse von Beanspruchungs- oder Betriebsbedingungen oder die Einflüsse von Werkstoff- oder Schmierstoffeigenschaften auf das tribologische Verhalten zu untersuchen. Infolge der Systemgebundenheit von Reibungs- und Verschleißkenngrößen ist es unabdingbar – wenn auch häufig etwas aufwendig – die relevanten Parameter des Beanspruchungskollektivs und der Systemstruktur anzugeben, damit die Ergebnisse der durchgeführten tribologischen Prüfung oder Untersuchung auch wirklich anwendbar sind. Die Ergebnisdarstellung tribologischer Prüfungen erfordert somit

I. Angabe des gesamten Beanspruchungskollektivs
    – Normalkraft F_N
    – Geschwindigkeit v
    – Temperatur T
    – Beanspruchungsdauer t

II. Kennzeichnung der Systemstruktur durch Skizzierung der Kontaktgeometrie und Angabe relevanter Stoffparameter von
    – Grundkörper (1)
    – Gegenkörper (2)
    – Zwischenstoff (3)
    – Umgebungsmedium (4)

III. Graphische Darstellung der gemessenen Reibungs- oder Verschleißkenngrößen als Funktion eines oder mehrerer Variabler des Beanspruchungskollektivs (I.) oder der Systemstruktur (II.)

Unter Berücksichtigung dieser Grunderfordernisse resultieren außerordentlich vielfältige Darstellungsformen der Abhängigkeit von Reibung und Verschleiß von den variierten Beanspruchungs- oder Strukturparametern.

8.7.3 Tribologische Grenzbeanspruchungs-Diagramme

Die Funktions- bzw. Versagensgrenzen tribologischer Systeme und damit die möglichen Grenzbeanspruchungen tribologisch beanspruchter Werkstoffe und Schmierstoffe können durch Grenzbeanspruchungs-Diagramme („Transition Diagrams") gekennzeichnet werden. Eine Methodik zur Kennzeichnung der Funktions- bzw. Beanspruchungsgrenzen von geschmierten Hertzschen Stahl-Gleitpaarungen wurde von der International Research Group on Wear of Engineering Materials (IRG-OECD) erarbeitet (Czichos and Kirschke, 1972; Begelinger and de Gee, 1974; Salomon, 1976). In **Bild 8.7.3** sind die Methodik und Ergebnisse dargestellt.

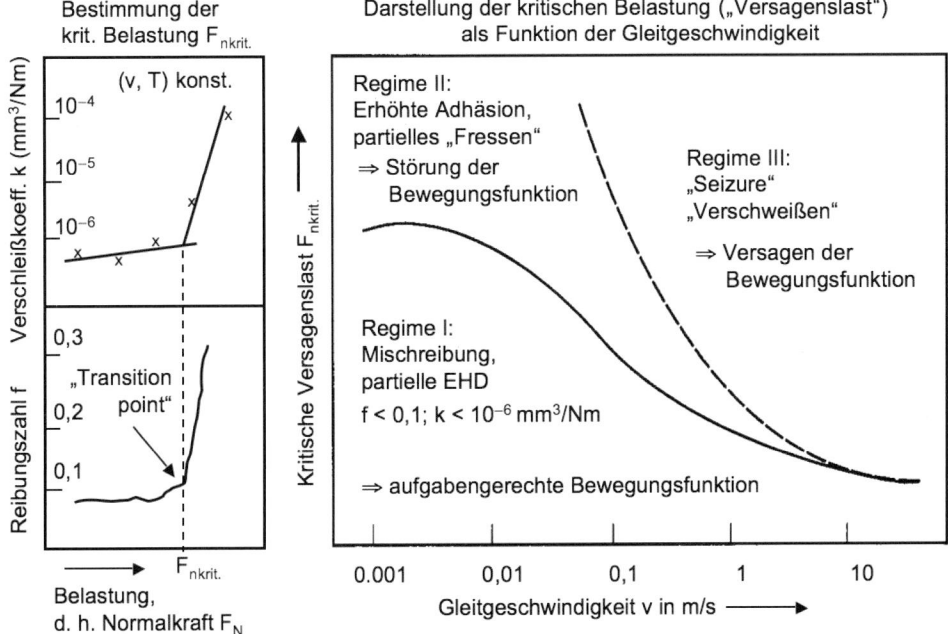

Bild 8.7.3 Methodik und Darstellung tribologischer Grenzbeanspruchungs-Diagramme

Die Methodik zur Bestimmung derartiger IRG Transition Diagrams besteht aus den folgenden hauptsächlichen Schritten:

– Schritt 1: Es sind tribologische Prüfungen mit einem definierten System geschmierter Hertzscher Gleitkontakte (z. B. Kugel-Scheibe-System oder Vier-Kugel-System) unter konstanten Beanspruchungsbedingungen von Gleitgeschwindigkeit v, Öltemperatur T, Gleitweg s und Versuchsdauer t mit einer schrittweise erhöhten Belastung F_N durchzuführen. Die Versuche können entweder mit neuen Probekörpern für jeden Belastungsschritt, d.h. ohne Einlauf t < 10 Sekunden; oder nur mit einem Probekörperpaar, d. h. mit Einlaufbedingungen durchgeführt werden. Es sind möglichst kontinuierlich die Reibungszahl f und das Verschleißvolumen W_V zu bestimmen und der Verschleißkoeffizient $k = W_V/(F_N \cdot s)$ zu berechnen.

– Schritt 2: Für eine vorgegebene konstante Kombination der Beanspruchungsgrößen (v, T, t, s) ist die kritische Versagenslast F_{Ncrit} für den Übergang aus dem Bereich I. (partielle elastohydrodynamische EHD-Schmierung) in den Bereich II. („Beginnendes Fressen") zu bestimmen. Die Versagensgrenze und damit das Grenztragvermögen ist gekennzeichnet durch die folgenden Übergänge (Bild 8.8.3, links): $f < 0,1 \rightarrow f > 0,3$ und $k < 10^{-6}$ mm³/Nm $\rightarrow k > 5 \cdot 10^{-6}$ mm³/Nm.

– Schritt 3: Bestimmung der kritischen Versagenslast F_{Ncrit} bei einer Variation der Gleitgeschwindigkeit v und bei konstant gehaltenen anderen Beanspruchungsparametern (T, t, s).

Die graphische Darstellung der kritischen Versagenslast F_{Ncrit} als Funktion der Gleitge-schwindigkeit v kennzeichnet das „Lasttragvermögen" von Gleitpaarungen mit Hertzschem Kontakt (Bild 8.8.3 rechts). Der Überganges I./II. kennzeichnet die Störung der Bewegungs-funktion durch hohe Reibungs- und Verschleißwerte und der Übergang der Bereiche II./III. charakterisiert den Verlust der Bewegungsfunktion durch „Verschweißen" der Gleitpartner.

Neben dem in Bild **8.7.4** dargestellten Belastungs-Gleitgeschwindigkeits- (F_N-v)-Grenzdia-gramm gibt es auch ein Belastungs-Temperatur (F_N-T)-Grenzdiagramm, das die kritische Grenztragfähigkeit F_N als Funktion der Schmierstofftemperatur T (bei konstanten Werten von v, t, s) charakterisiert.

Eine 3-dimensionale „Grenzbeanspruchungsfläche", $F_{Ncrit} = f (v, T)$, die das Lasttragvermö-gen F_{Ncrit} Hertzscher Kontakte als Funktion sowohl der Gleitgeschwindigkeit v als auch der Öltemperatur T charakterisiert, ergibt sich durch eine Kombination der (F_N-v)- und der (F_N-T)-Grenzen, siehe Bild 6.8.5 (Czichos, 1974).

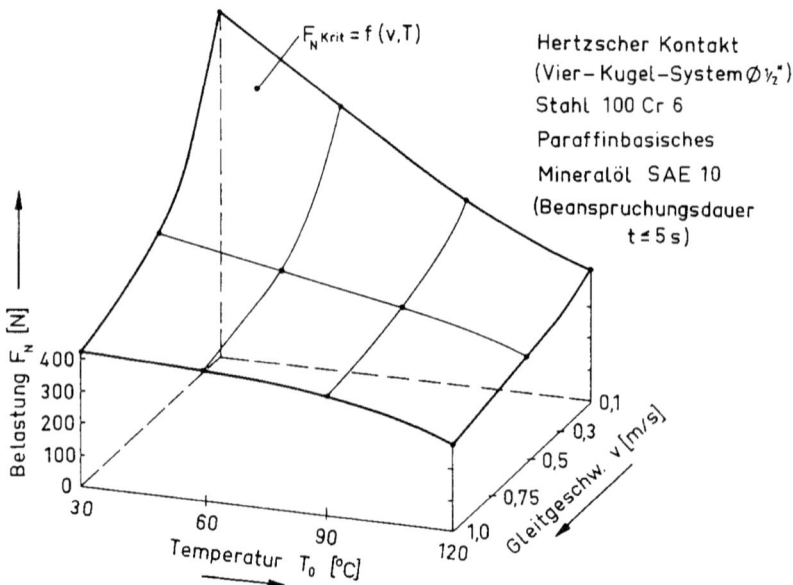

Bild 8.7.4   Grenzbeanspruchung (kritisches Lasttragvermögen) Hertzscher Stahl-Gleitpaarungen mit Schmierung: kritische Versagenslast F_{Nkrit} als Funktion von Gleitgeschwindigkeit v und Öl-temperatur T

Mit Hilfe dieser IRG Transition Diagrams kann modellhaft der Einfluss von Werkstoffeigen-schaften (z .B. Mikrostruktur, Härte) von Schmierstoffeigenschaften (z. B. Viskosität, chemi-sche Additive) oder von Bedingungen des Umgebungsmediums (z. B. Inertgas, relative Luft-feuchtigkeit) auf die Funktionsgrenzen der Beanspruchungsparameter (F_N, v, T) für ge-schmierte Hertzsche Gleitkontakte von Stahl/Stahl-Paarungen dargestellt werden.

8.7.4 Tribomaps

Tribomaps kennzeichnen Bereiche unterschiedlicher tribologischer Prozesse (oder unterschied-licher Bereiche von Reibungs- oder Verschleißdaten) durch Grenzlinien von Beanspruchungsparametern für diese Bereiche. In **Bild 8.7.5** ist in vereinfachter Weise die von Ashby und Mitarbeitern entwickelte Tribomap für Stahl/Stahl-Gleitpaarungen dargestellt, die tribologischen Details sind in Kapitel 92 beschrieben.

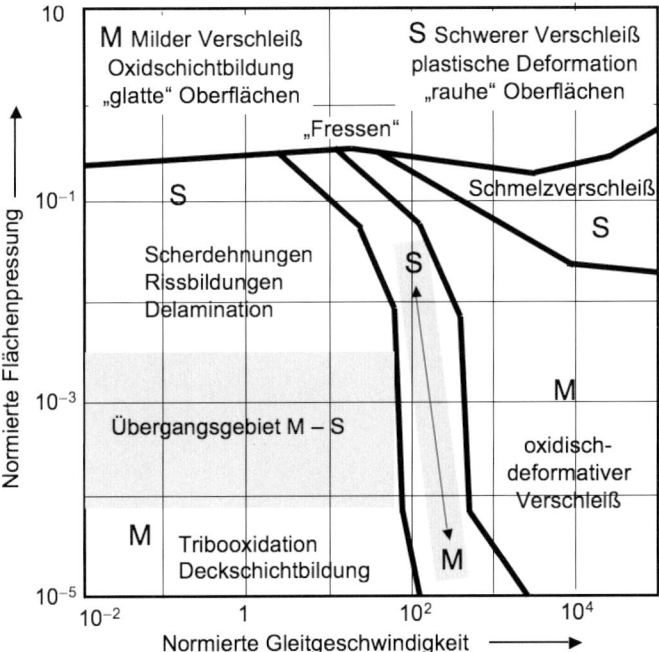

Bild 8.7.5   Tribomap: Empirische Kennzeichnung von Verschleißbereichen in Abhängigkeit von Belastungs- und Geschwindigkeitsparametern (schematisch vereinfachte Darstellung)

Für die Darstellung solcher empirischer *Wear-Mechanisms-Maps* wurden von Lim und Ashby (1987) normalisierte, d. h. dimensionslose Werte des Verschleißvolumens der Normalkraft und der Gleitgeschwindigkeit verwendet, die durch folgende Bezeichnungen gekennzeichnet sind:

$W' = W/A_n$

$F'_N = F_N/A_n \cdot H_0$

$v' = v \cdot r_0/a$

Hierbei ist A_n die nominelle Kontaktfläche der Verschleiß-Oberflächen, H_0 ist die Härte bei Raumtemperatur, a ist die thermische Diffusivität, und r_0 ist der Radius der kreisförmigen nominellen Kontaktfläche. W' ist das Verschleißvolumen, bezogen auf die Einheit der Oberfläche, die pro Einheit des Gleitweges zurückgelegt wird; F'_N ist die nominelle Flächenpressung, dividiert durch die Oberflächenhärte, und v' kann als Parameter, der sich durch Division der Gleitgeschwindigkeit durch die Geschwindigkeit des Wärmeflusses ergibt, angesehen werden.

Aus einer Analyse der Ergebnisse von veröffentlichten Verschleißuntersuchungen, die für Stahl/Stahl-Gleitpaarungen mit einem Stift-Scheibe-System gewonnen wurde, wurde eine Klassifikation der verschiedenen dominierenden Verschleißmechanismen und der dabei wirkenden Beanspruchungsbedingungen in die folgenden Kategorien vorgenommen:

– Adhäsives Versagen („Fressen")

   – Verschleiß durch triboinduzierte Schmelzprozesse

   – Verschleiß bei dominierender Tribooxidation (milder und schwerer tribooxidativer Verschleiß)

   – Verschleiß bei dominierender plastischer Deformation und Delamination

Für jeden der genannten Bereiche der Verschleißmechanismen wurden die Grenzwerte der Beanspruchungsbedingungen der Normalkraft F_N und der Gleitgeschwindigkeit v bestimmt und beobachtete Verschleißerscheinungsbilder den F_N- und v-Bereichen zugeordnet. Mit Hilfe solcher Tribomaps lassen sich bei hinreichenden Systemähnlichkeiten aus den in Tribometerversuchen beobachteten Verschleißerscheinungsbildern ggf. Anwendungsgrenzen operativer Variabler für praktische Anwendungen abschätzen.

9 Tribotechnische Werkstoffe

Die Auswahl von Werkstoffen für tribotechnische Anwendungen richtet sich neben den Gebrauchseigenschaften wie z. B. Verschleißbeständigkeit, Festigkeit, Zähigkeit und Korrosionsbeständigkeit ganz wesentlich nach den wichtigsten Fertigungseigenschaften wie Schweißbarkeit, Umformbarkeit, etc. sowie nach der mittel- und ggf. langfristigen Verfügbarkeit. Bei den tribotechnischen Werkstoffen handelt es sich nur teilweise um Werkstoffe, die für spezielle tribologische Anwendungen entwickelt wurden, wie z. B. Werkzeug-, Wälz- oder Gleitlagerwerkstoffe, Hartstoffschichten usw. Deshalb kann sich eine allgemeine Darstellung nur an der üblichen Aufteilung von Werkstoffen und deren tribologischem Verhalten unter unterschiedlichen Beanspruchungen orientieren:

1. Guss- und Knetwerkstoffe:
    Stahl, Gusseisen, Hartlegierungen,
    Nickel- und Kobaltlegierungen,
    Kupfer-, Aluminium- und Titanlegierungen

2. Sinterwerkstoffe:
    Hartmetalle,
    Ingenieurkeramische Werkstoffe

3. Oberflächenschutzschichten

4. Polymere Werkstoffe.

Diese Werkstoffgruppen umfassen die grundlegenden Materialklassen, also metallische, keramische und polymere Werkstoffe sowie deren Verbunde. Sie unterscheiden sich erheblich in ihren Eigenschaften, wie man exemplarisch **Tabelle 9.0.1** entnehmen kann.

So zeichnen sich metallische Werkstoffe durch große Werte von Zugfestigkeit R_m, Bruchzähigkeit K_C und Wärmeleitfähigkeit λ aus. Bei keramischen Werkstoffen ist der hohe Elastizitätsmodul E und die hohe Härte H hervorzuheben, die mit steigender Temperatur nur langsam abnehmen. Nachteilig ist die niedrige Bruchzähigkeit. Bei polymeren Werkstoffen ist die niedrige Dichte interessant. Ungünstig wirkt sich ihre geringe thermische Beständigkeit aus.

Keramische und polymere Werkstoffe besitzen in den meisten Medien eine höhere Korrosionsbeständigkeit als metallische Werkstoffe, wenn man die Edelmetalle ausnimmt.

Durch die Herstellung von Verbundwerkstoffen oder die Beschichtung von Werkstoffen können gezielt bestimmte Eigenschaftsprofile verschiedener Werkstoffe kombiniert werden, so dass höhere oder andersartige Beanspruchungen möglich sind.

Obwohl das Reibungs- und Verschleißverhalten von Werkstoffen nicht unmittelbar aus ihren Eigenschaften abgeleitet werden kann, beeinflussen die Werkstoffeigenschaften das tribologische Verhalten in erheblichem Ausmaß. **Tabelle 9.0.2** gibt dazu eine Übersicht.

Tab. 9.0.1 Tribologisch relevante Eigenschaften von metallischen, ingenieurkeramischen und polymeren Werkstoffen

Werkstoff	ρ Mg/m³	E GPa	R_m MPa	K_c MPam$^{-1/2}$	Härte HV	λ W/mK	α 10^{-6}/K
Metallische Werkstoffe							
Fe-Basis Legierungen - Stahl	7,8-8,9	190-250	100-2500	20-300	100-1000	11-80	11-19
Fe-Basis Legierungen - Gusseisen	6,9-7,8	64-190	170-490	9-190	100-850	15-80	8-19
Ni-Basis Legierungen	8,7-8,9	125-240	300-2300	56-150	80-600	8-91	0,5-17
Co-Basis Legierungen	8,0-9,3	200-250	500-2000	25-150	100-800	8-100	11-18
Cu-Basis Legierungen	7,3-9,0	70-160	180-1300	15-100	50-500	20-400	15-22
Ti-Basis Legierungen	4,4-5,0	90-130	250-1400	15-110	50-450	4-22	7-11
Al-Basis Legierungen	2,2-2,9	60-80	60-600	14-45	20-250	80-250	16-26
Mg-Basis Legierungen	1,7-1,9	40-47	90-450	12-19	30-140	55-130	25-30
Ingenieurkeramische Werkstoffe							
Aluminiumoxid	3,4-4,1	215-460	120-660	1-6,5	500-2200	12-40	4,5-9,1
Zirkondioxid	5,3-6,2	130-250	125-450	1-15	760-1500	1,7-2,1	2,3-12
Siliciumnitrid	2,3-3,3	170-320	50-800	1,8-8,4	800-2700	10-43	1,4-3,3
Siliciumcarbid	3-3,2	350-460	130-520	2,3-5,1	1900-2800	75-210	2,7-5
Polymere Werkstoffe							
Polyamid (ungefüllt)	1,03-1,05	1,24-1,3	55-65	3,7-8	13-15*	0,3-0,35	176-184
Polyimid (ungefüllt)	1,5-1,8	2,4-2,5	72-160	5-10	20-40*	0,2-0,5	27-90
Polytetrafluorethylen (ungefüllt)	2,14-2,2	0,4-0,55	20-43	1,3-1,8	6-6,5*	0,24-0,26	126-216
HD-Polyethylen (Ultrahigh Molecular Weight)	0,93-0,94	0,9-0,96	38-48	1,7-5,1	6,4-8,3*	0,19-0,2	234-360
HD-Polyethylen (Medium Molecular Weight)	0,95-0,97	0,91-0,96	17-29	1-2	6-8*	0,19-0,2	126-198
ND-Polyethylen (linear, Copolymer)	0,92-0,94	0,26-0,52	13-28	1,3-3,8	2,9-5,8*	0,15-0,16	297-303

ρ: Dichte, E: Elastizitätsmodul, R_m: Zugfestigkeit, K_c: Bruchzähigkeit, Härte: Vickershärte oder *geschätzt, λ: Wärmeleitfähigkeit, α: Wärmeausdehnungskoeffizient

Tab. 9.0.2   Werkstoffeigenschaften, Gefügemerkmale und ihre anwendungstechnische Auswirkung

Werkstoffeigenschaft/-merkmal	Auswirkung auf
Dichte	Massenkräfte, Werkstoffanstrengung
Elastizitätsmodul, Querkontraktionszahl	Hertz'sches Schubspannungsmaximum
Wärmeleitfähigkeit, Spez. Wärmekapazität	Reibbedingte Temperaturerhöhung
Wärmeausdehnungskoeffizient	Thermisch bedingte Eigenspannungen, Maßänderungen, Verzüge (z. B. Lagerspiel)
Oberflächenenergie	Reibungszahl, Benetzbarkeit, Adhäsion
Gibb'sche freie Energie Arrheniuskonstanten	Reaktionskinetik der tribochemischen Reaktionen (thermodynamisches Gleichgewicht und Geschwindigkeitskonstanten werden durch die tribologische Beanspruchung infolge der Erhöhung der Defektdichte verändert)
Härte, Streckgrenze, Zugfestigkeit	Zulässige Werkstoffanstrengung, Größe und Natur (elastisch/plastisch) der wahren Kontaktfläche
Bruchzähigkeit	Rissausbreitung, Abtrennung von Verschleißprodukten
Dauerschwingfestigkeit	Oberflächenzerrüttung
Phasen (Art, Anzahl, Größe, Verteilung)	Alle Verschleißmechanismen
Gitterstruktur	Adhäsion, Reibungszahl, Abrasion
Textur	Adhäsion, Reibungszahl, Abrasion
Eigenspannungen	Oberflächenzerrüttung

Für einige tribologisch wichtige Größen bzw. für das tribologische Verhalten ist in **Tabelle 9.0.3** ein qualitativer Vergleich von metallischen, keramischen und polymeren Werkstoffen wiedergegeben.

Tab. 9.0.3   Vergleich tribologisch relevanter Eigenschaften von Werkstoffen

Massenkräfte F	F(Polymer) < F(Keramik) < F(Metall)
Hertz'sche Pressung P	P(Polymer) < P(Metall) < P(Keramik)
Reibbedingte Temperaturerhöhung T	T(Metall) < T (Polymer) < T(Keramik)
Adhäsionsenergie (Oberflächenspannung) Ad	Ad(Polymer) < Ad(Metall) < Ad(Keramik)
Abrasion (Ab) (Anstieg in die Verschleißhochlage)	Ab(Keramik) < Ab(Metall) < A(Polymer)
Tribochemische Reaktionsfähigkeit R	R(Polymer) < R(Keramik) < R(Metall)

9.1 Tribotechnische Werkstoffe im Maschinen- u. Anlagenbau

Mit Beispielen aus der industriellen Praxis wird einleitend gezeigt, aus welchen Gründen, z. B. Verschleißresistenz gegen Abrasion, sehr unterschiedliche Materialien für Anwendungen tribotechnischer Werkstoffe im Maschinen- und Anlagenbau ausgewählt werden müssen. Anschließend werden heute übliche Werkstoffe und Oberflächenschutzschichten beschrieben, die in tribologisch beanspruchten Bauteilen und Werkzeugen eingesetzt werden, wobei in erster Linie die Ergebnisse von Modellverschleißprüfungen herangezogen werden.

Transportsysteme für Schüttgüter

Muldenkipper sind extrem beanspruchte tribotechnische Systeme. Sie werden zum Transport loser mineralischer Güter (Schüttgut) eingesetzt. Die Dimensionen dieser tribotechnischen Systeme gehen beispielhaft aus **Bild 9.1.1** hervor.

Bild 9.1.1   Muldenkipper, Nutzlast bis 360 t, Antrieb dieselelektrisch 2720 kW

Die Verschleißart der Mulde ist Furchungsverschleiß mit dem Hauptverschleißmechanismus Abrasion. Im Wesentlichen hängt die Lebensdauer damit von der Härte als Widerstand gegen das Eindringen eines harten Körpers und der je nach Anwendungsfall angepassten Festigkeit und Zähigkeit ab.

Die einsetzbaren Stähle müssen konstruktionsbedingt brennschneidbar, kaltumformbar und schweißbar sein. Es ist also eine ausreichend feste Matrix zu suchen, in die harte Phasen eingebettet sind, die bei ausreichender Größe eine höhere Härte haben als das angreifende Mineral. Eine sehr kostengünstige Möglichkeit harte Phasen in Stählen zu erzeugen, sind perlitische Strukturen, wobei der Perlit bei furchender Beanspruchung grobstreifig sein sollte, soweit die erforderliche Zähigkeit das zulässt. Normalisierte höher C-haltige Baustähle sind dafür bis zu einer Härte von 400 HV geeignet. Reicht z. B. wegen der Forderung nach möglichst geringem Gewicht und den damit verbundenen dünnwandigen Strukturen die Festigkeit nicht aus, so werden mit Mn, Cr, Mo niedriglegierte bzw. mit Nb oder B mikrolegierte Stähle im aus der Walzhitze abgeschreckten Zustand eingesetzt. Diese weisen entweder ein bainitisches oder martensitisches Gefüge mit feinen Ausscheidungen und Härtewerten zwischen 400 und 600 HV auf. Gelegentlich werden auch für bestimmte Anwendungen höhere Härten bis 650 HV erzeugt. Derartige verschleißbeständige Baustähle können auch bei anderen Bauteilen mit überwiegend furchenden Beanspruchung wie z. B. Schaufelladern, Schneidleisten, Steinkästen oder Landmaschinen eingesetzt werden.

Baggersysteme

Baggerschaufel für Großbagger unterliegen ebenfalls einem Furchungsverschleiß durch Abrasion. Die Kontaktspannungen sind aber um ein Vielfaches höher als bei einem Muldenkipper. Aus diesem Grund wurden und werden viele Schaufeln z. B. aus sehr weichen 6 oder 12%igen Mn-Hartstählen gegossen. Die Entwicklung geht auf den Engländer Hadfield zurück und hat sich seit 140 Jahren bewährt.

Durch die ausgeprägte Verfestigungsfähigkeit der Mn-Austenite, die auf einer dehnungsinduzierten martensitischen Umwandlung beruht, erhöht sich in den beanspruchten Bereichen oberflächennah die geringe Ausgangshärte von 200 HV auf nahezu 1000 HV, wobei das Kerngefüge seine Zähigkeit behält. Aufgrund der geringen mechanischen Festigkeit und der Gießtechnik ergeben sich immer dickwandige und damit schwere Bauteile, so dass bei entsprechenden geänderten Konstruktionen z. B. im Braunkohletagebau die großen Schaufeln aus Baustählen geschweißt werden, die an den Schneiden mit hochlegierten Auftragwerkstoffen aufgepanzert sind. Dies bietet neben dem Vorteil der leichteren Konstruktion auch deutlich mehr Variationsmöglichkeiten bei der Auswahl verschleißbeständiger Werkstoffe, die auf die jeweiligen Verhältnisse anzupassen sind. In der Regel werden unterschiedliche Fe-Cr-C-Legierungen gewählt, die mit Nb, V und/oder B auflegiert sind, um einen hohen Gehalt an ausreichend groben Hartphasen in eine eutektische Grundmasse aus Hartphasen und Martensit mit Restaustenit einzubetten. (Fernandez 2001, van Heuvel 1996, Berns 1986, 1997)

Zur Auftragung setzt man wegen der erforderlichen hohen Abschmelzleistung bei manueller Auftragung das Open-Arc Verfahren ein, das dem MSG-Schweißen ähnelt, aber ohne zusätzliches Schutzgas auskommt. Konstruktions- und Reparaturschweißungen im Feld sind dadurch erleichtert. Bei sehr zähen mineralischen Massen wie z. B. Teersand wird keine durchgehende Beschichtung aufgebracht, sondern einzelne Bolzen aus hochlegierten, weißen Gusseisen mittels Hubbolzenschweißen aufgeschweißt. Der Teersand verhakt sich zwischen den Bolzen und bildet eine dicke Schicht, die die Schaufel schützt. Dieses Verfahren erfordert nur eine relativ kleine schweißtechnische Vorrichtung, die leicht zu transportieren ist und damit auch weit entfernt von Werkstätten eingesetzt werden kann.

Walzsysteme

Sehr hohe Kontaktlinienspannungen bis zu 140 kN/cm unter abrasiver Beanspruchung müssen Kompaktierwalzen für Kohle, Salze, Erze, Metallpulver u. Ä. ertragen. **Bild 9.1.2** zeigt als Beispiel Walzen für die Kompaktierung von mineralischen Gütern.

Bei der Brikettierung von Eisenschwamm können Temperaturen bis 900 °C auftreten. Auch hier ist man im Laufe der Entwicklung von entsprechend wärmebehandelten Ringen aus zähen Werkzeugstählen (ohne Karbide) zu pulvermetallurgischen Lösungen gewechselt, wenn das Kompaktiergut die Einbettung von Hartphasen oder besonders warmfeste Werkstoffe erforderlich macht (Broeckmann 2008).

Bild 9.1.2
Walzen für die Kompaktierung
von mineralischen Gütern
(Quelle: Maschinenfabrik
Köppern, Hattingen)

Ähnlich hohen Flächenpressungen, bei deutlich höherem Furchungsverschleiß, unterliegen die so genannten Gutbettwalzen, mit denen mineralische Güter zwischen zwei Walzen hochdruckzerkleinert werden. Ausgehend von den Randbedingungen, dass man einen Werkstoff benötigt, der bei großen Abmessungen und Gewicht neben der Verschleißbeständigkeit eine ausreichende Festigkeit gegen Umlaufbiegebeanspruchung aufweist, ist man mit konventionellen Werkzeugstählen begrenzt. Wie bei den Baggerschaufeln werden deshalb zur Erhöhung der Lebensdauer großflächig profilierte Auftragschweißungen eingesetzt. Aber auch hier sind Grenzen dadurch gesetzt, dass diese Auftragungen im Gegensatz zu den Anwendungen im Bergbau vollständig rissfrei sein müssen. Aus diesem Grund sind entsprechend hohe Gehalte an groben Hartphasen mit Fe-Cr-C-Basis Hartauftragungen nicht realisierbar. Die Pulvermetallurgie liefert einen Ausweg. Zum einen ermöglicht sie die Herstellung rissfreier Oberflächen bei hohen Gehalten an gleichmäßig verteilten Hartphasen, zum anderen können durch Mischen entsprechender Pulver auch grobe Hartphasen zu MMCs (Metal-Matrix-Composites) verarbeitet werden. Einzelne Bereiche der Großwerkzeuge können dann mit verschiedenen Werkstoffen durch die beim Sintern stattfindende Diffusionsschweißung so beschichtet werden, dass Makrostrukturen mit verbesserten mechanischen Eigenschaften entstehen, die gleichzeitig die Durchsatzrate erhöhen [Theisen 2002]. Bei der in **Bild 9.1.3** gezeigten Struktur wird die Bindephasen zwischen den hexagonalen Kacheln ein wenig ausgewaschen und füllt sich mit Mahlgut.

Bild 9.1.3
Makrostruktur durch Sintern von hexagonalen Kacheln aus einem verschleißbeständigen MMC und einer Bindephase vor dem Einsatz
(Quelle: http://www.ruhr-uni-bochum.de/rubin/maschinenbau/)

Die Walze wird damit griffiger, was den Mahlprozess unterstützt. Die deutlich höheren Herstellungskosten werden durch die längere Standzeit mehr als ausgeglichen.

Wie in den dargestellten Beispielen lassen sich in ähnlicher Weise für viele andere Anwendungen durch Berücksichtigung der Gebrauchs- und Fertigungseigenschaften für die Anwendungen im Maschinenbau verschleißbeständige Werkstoffe als Schmiede- oder Gusswerkstoff als Vollmaterial, als Verbundwerkstoff oder Werkstoffverbund finden (Berns 1998). Neben den fertigungstechnischen Rahmenbedingungen ist für ein gezieltes Vorgehen immer die Kenntnis der wirkenden Verschleißmechanismen ausschlaggebend.

Da das Verschleißverhalten von Werkstoffen von der jeweiligen Mikrostruktur, die von dem Herstellungs- und Verarbeitungsprozess abhängt, und den Eigenschaften der einzelnen Gefügebestandteile bestimmt wird, gibt es keinen einfachen direkten Zusammenhang mit den klassischen mechanischen Eigenschaften. So führen schon geringe Gehalte an ausreichend großen und fest in der Matrix verankerten Hartphasen dazu, dass abrasive Teilchen nicht Furchen sondern Eindrückungen erzeugen. Der Verschleißmechanismus wechselt von Abrasion zu Oberflächenzerrüttung und die Verschleißrate sinkt um Größenordnungen (Fischer 1996), während in anderen Tribosystemen Abrasion vorherrscht und Größe, Verteilung und Volumengehalt entsprechend erhöht werden müssen.

Die Werkstoffauswahl ist demnach immer eine tribosystemabhängige Einzelfallentscheidung. Dies gilt in gleicher Weise für Metalle, keramische und polymere Werkstoffe und deren Verbunde. Hier sei auf die folgenden Kapitel hingewiesen.

9.2 Stähle

Die Stähle bilden die wichtigste, in der Technik eingesetzte Werkstoffgruppe. Der Anteil von Eisen und Stahl in der Automobilindustrie betrug in den 1980er Jahren 67 % (Razim, 1988) und liegt heute bei etwa 50 %. Die Eigenschaften der Stähle hängen vom Kohlenstoffgehalt, den Legierungselementen und dem Gefüge ab, das durch Wärmebehandlungen gezielt beeinflusst werden kann.

An Stähle werden hauptsächlich Anforderungen hinsichtlich der Festigkeit, des Verschleißwiderstandes und der Korrosionsbeständigkeit gestellt, wobei man zwischen Haupt- und Nebenanforderungen unterscheiden kann. Über das Verschleißverhalten von Stählen und die Möglichkeiten des Verschleißschutzes berichten Stelzer und Deutscher (1983).

Aus **Tabelle 9.2.1** geht hervor, dass eine Reihe von Stahlsorten zur Verfügung steht, wenn die Haupt- oder Nebenanforderung in einem hohen Verschleißwiderstand liegt. Die Werkstoffbezeichnungen orientieren sich im Folgenden soweit möglich an der gängigen Normung. Mit Rücksicht auf eine erleichterte Verfolgbarkeit über die vorliegende Sekundärliteratur, die überwiegend noch die alten Werkstoffbezeichnungen nutzen, sind diese im Text und den Diagrammen weiter verwendet worden. Weiterhin sind viele tribotechnische Werkstoffe nicht genormt bzw. nur über eingeführte Markennamen auffindbar, weshalb diese entsprechend der Quellen gleichlautend übernommen wurden.

Tab. 9.2.1   Übersicht über wichtige Anforderungen an Stähle, Stahlguss und Gusseisen
F: Festigkeit, V: Verschleißbeständigkeit, K: Korrosionsbeständigkeit

Stähle, Stahlguss, Gusseisen	Beispiele	F	V	K
Allg. Baustähle, Stahlguss	S235, C22, GS240	XX		
Sinterstähle	Sint-B	X	XX	
Gusseisen	GJL, GJS, GJV, GJMB, GJMW	XX	XX	
Feinkornstähle	S275N, S315MC, P690Q	XX		
Mehrphasenstähle	HDT580X (DP600), HDT780C (CP800)	XX	X	
Leichte Stähle	HCT780T (TRIP780), X3MnSiAl25-3-3 (TWIP)	XX		
Perlitische Walzstähle	Y1230	XX	XX	
Martensitische Stähle	50CrV4, 10MnB6	XX	X	
Ferritisch-Perlitische Stähle	38MnVS6	XX		
Vergütungsstähle	30MnB5, 42CrMo4	XX	X	
Höchstfeste Stähle	71Si7, X41CrMoV5-1	XX		
Harte Stähle	100Cr6, X30CrMoN15-1	X	XX	XX
Bainitisches Gusseisen (ADI)	GJS1000	XX	X	
Randschichthärtende Stähle	50CrMo4	XX	XX	
Einsatzstähle	16MnCr5, 17CrNiMo6-4	XX	XX	
Nitrierstähle	31CrMo12, 34CrAlNi7-10	X	XX	
Kaltarbeitsstähle	60WCrV8, X153CrMoV12-1	X	XX	
Warmarbeitsstähle	56NiCrMoV7, X40CrMoV5-1	X	XX	
Schnellarbeitsstähle	HS6-5-2	X	XX	
Hartguss	GJN-HV520	X	XX	
Nichtrostende Stähle	X6Cr17, X20Cr13, X5CrNi18-10	X	XX	XX
Hitzbeständige Stähle	X10CrAlSi13, GX40CrNiSi25-20	X		XX
Warmfeste Stähle	P235GH, X45CrSi9-3	XX	X	XX
Hochwarmfeste Stähle	X20CrMoV11-1, X3CrNiMoBN17-13-3	XX		XX
Ferritische Gusseisen	GJSF-XSiMo5	X		XX
Austenitische Gusseisen	GJSA-XNiMn23-4	XX		XX
Weiße Gusseisen	GJN-HV600(XCr14) GX260CrMo27-2	X	XX	X

Der Verschleißwiderstand von Stählen hängt entscheidend von ihrem Gefüge ab. In **Tabelle 9.2.2** sind einige Stähle, die für Verschleißbeanspruchungen geeignet sind, zusammengestellt, wobei die Wärmebehandlung, die Härte, die Gefügebestandteile der Matrix sowie die Art und der Gehalt an Carbiden gekennzeichnet sind (Berns 1981, Berns und Theisen 2006).

Tab. 9.2.2   Eisenbasislegierungen mit hohem Verschleißwiderstand (Abrasion, Oberflächenzerrüttung)

Werkstoff	Alte Bezeichnung	Wärmebehandlung	Härte HV	Gefüge	Hartphasen Typ	Vol-%
S355J0	St52-3	normalisiert	170	F + K_E	M_3C*	3
C45	C45		190			7
90Mn4	90Mn4		350			14
R0900Mn	StSch900C		290			8
L690M	StE 690.7 TM	vergütet	230	M + A_S	M_3C	< 3
23MnNiCrMo6-4	23MnNiCrMo6 4		280			
42CrMo4	42CrMo4		300			< 5
51Mn7	51Mn7		450			
X40CrMoV5-1	X40CrMoV5 1		450		M_7C_3 **	
C53G	Cf53	gehärtet und angelassen	600	M + RA + A_S	M_3C	5
16MnCr5	16MnCr5		750			
C105U	C105W1		850			
100Cr6	100Cr6		750			
X100CrMoV5-1	X100CrMoV5 1		750		M_7C_3	
X39CrMo17-1	X35CrMo17		500		$M_{23}C_6$ **	< 3
200MnCr8	200CrMn8		450		M_3C	16
X90CrMoV18	X90CrMoV18		650		M_7C_3	
145V33	145V33		900		MC ***	8
X153CrMoV12	X155CrMoV12 1		750	M+RA K_L+A_S		15
X210Cr12	X210Cr12		750		M_7C_3	20
X290Cr12	X290Cr12		900			28
HS6-5-2	S6-5-2		850		MC, M_6C ****	12
X120Mn12	X120Mn12	lösungsgeglüht	200	A	-	-
X140MnCr17-2	X140MnCr17 2		250	A + A_S	M_3C	< 3
GX30CrNiSiNb24-24	G-X30CrNiSiNb 24 24		180		MC	< 3

F = Ferrit, M = Martensit, A = Austenit, RA = Restaustenit, A_S = Ausscheidungen < 150 nm,

K_E = eutektoide Karbide > 500 nm, K_L = eutektische Karbide > 1 µm (Ledeburitisch)

*M = Fe, Cr, **M = Cr, Fe, ***M = V, Fe, ****M = Mo, W, Fe

Gleitreibung und Gleitverschleiß

Zunächst wird die Festkörpergleitreibung betrachtet. Für die Reibungszahl von Stahlgleitpaarungen findet man in der Literatur sehr unterschiedliche Werte. Dies liegt vor allem daran, dass die Reibungszahl stets als Kenngröße eines tribologischen Systems angesehen werden muss (siehe dazu Kapitel 21) und dass Reibungsuntersuchungen unter unterschiedlichen Bedingungen durchgeführt wurden. Trägt man die Reibungszahl über dem Gleitweg auf, so ergibt sich häufig der in **Bild 9.2.1** dargestellte Verlauf.

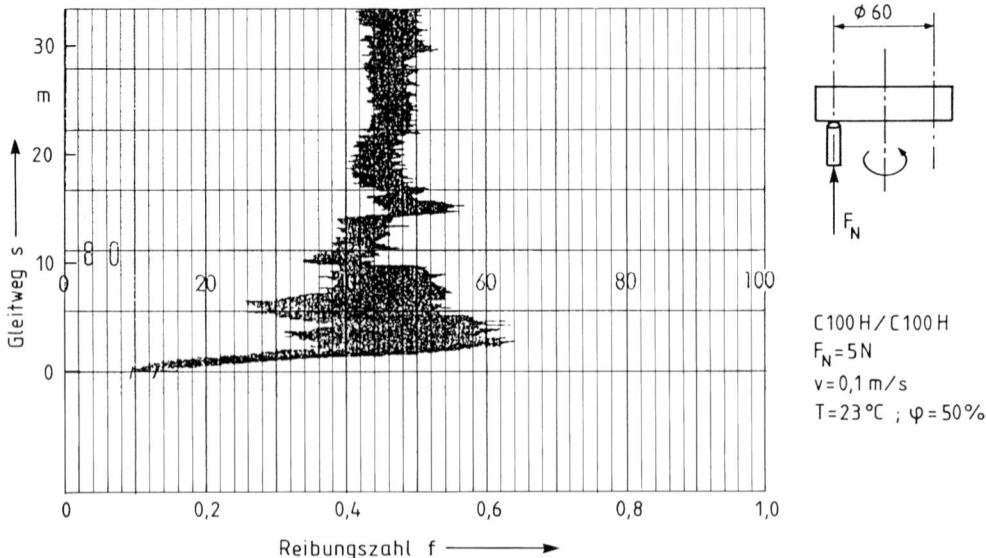

Bild 9.2.1   Reibungszahl einer Stahlgleitpaarung in Abhängigkeit vom Gleitweg

Zu Beginn wird häufig ein Wert von $f = 0,1$ gemessen; die Reibungszahl steigt mit der Versuchsdauer steil an, durchläuft einen instationären Bereich und strebt einem relativ konstanten Beharrungszustand zu. Für die zu Beginn gemessene, niedrige Reibungszahl dürften die äußeren Adsorptionsschichten verantwortlich sein, die ebenso wie die angrenzenden Oxidschichten durch Verschleiß abgetragen werden. Dadurch werden adhäsive Wechselwirkungen begünstigt, bis sich durch tribochemische Reaktionen eine neue Oxidschicht bildet und Abtrag und Wachstum der Oxidschicht im Gleichgewicht stehen.

In internationalen Ringversuchen nach längeren Laufzeiten im Beharrungszustand für die Paarung Stahl 100Cr6H/Stahl 100Cr6H wurde folgende Reibungszahl gemessen:

$$f = 0,60 \pm 0,11$$

Für diese Untersuchungen im Rahmen eines internationalen Ringversuches wurde ein Kugel-Scheibe-System verwendet, bei dem eine Kugel gegen die Stirnfläche einer rotierenden Scheibe gedrückt wurde (siehe Kapitel 8.3.4). Die Ringversuch-Versuchsbedingungen waren:

Kugeldurchmesser: 10 mm, Verschleißspurdurchmesser: 32 mm, Normalkraft F_N: 10 N, Gleitgeschwindigkeit v: 0,1 m/s, Gleitweg s: 1 km, Umgebungsmedium: Laborluft 17–78 % rel. Feuchte bei 23 °C (Czichos, Becker u. Lexow, 1987).

In einem früheren Ringversuch der TNO Apeldoorn, der IUT Leeds und der BAM Berlin waren Gleitpaarungen aus dem gleichen Stahl mit anfänglichem Punkt-, Linien- oder Flächenkontakt untersucht worden (Habig, 1988).

Die Versuchsbedingungen waren: Normalkraft F_N: 4 N oder 12 N; Gleitgeschwindigkeit v: 0,013 m/s oder 0,3 m/s, Gleitweg s: 1 km; Rauheit der Stahlprobekörper R_a: 0,025 µm oder 0,2 µm. Diese unterschiedlichen Bedingungen hatten keinen Einfluss auf die Reibungszahl. Nach 1 km Gleitweg wurde folgende Reibungszahl gemessen, die mit dem weiter vorn angegebenen Wert gut übereinstimmt:

$$f = 0,62 \pm 0,12$$

Shen (1985) beobachtete einen Abfall der Reibungszahl mit steigendem Kohlenstoff- bzw. Perlitgehalt, siehe **Bild 9.2.2**.

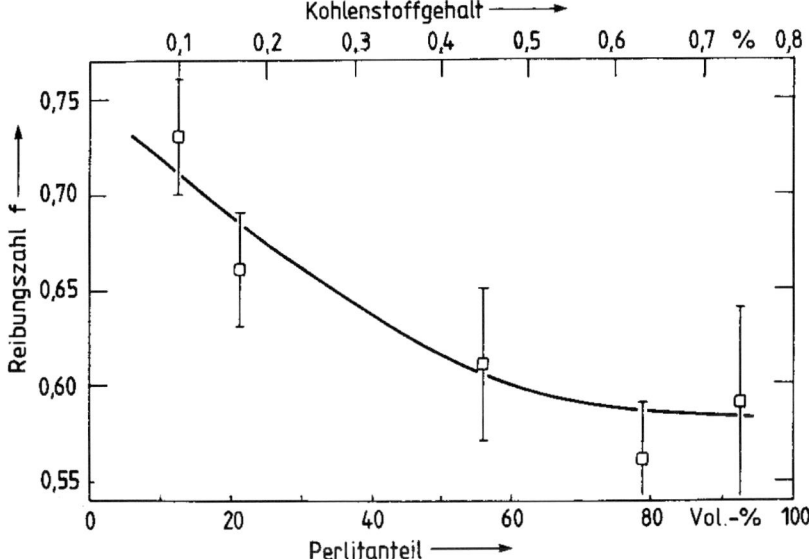

Bild 9.2.2   Reibungszahl von Stahlgleitpaarungen in Abhängigkeit vom Perlitgehalt der Stähle (Shen, 1983)

Bei Ölschmierung unter Grenzreibungsbedingungen hängt die Reibungszahl von der Art der Schmieröladditive ab. In additivfreiem Öl liegt die Reibungszahl häufig bei $f = 0,1$.

Der Verschleißbetrag von Stahlgleitpaarungen wird stark von den Beanspruchungsbedingungen wie Pressung, Geschwindigkeit und Temperatur beeinflusst, wie Mailänder und Dies schon 1943 in umfangreichen Untersuchungen feststellten. In **Bild 9.2.3** ist der Verschleißbetrag der Paarung Stahl C45/Stahl C45 über der Geschwindigkeit und der Pressung aufgetragen (Uetz, 1969). Folgende Verschleißmechanismen waren wirksam:

- metallischer Verschleiß (Adhäsion)
- oxidischer Verschleiß (Tribooxidation)
- Glanzstellenbildung

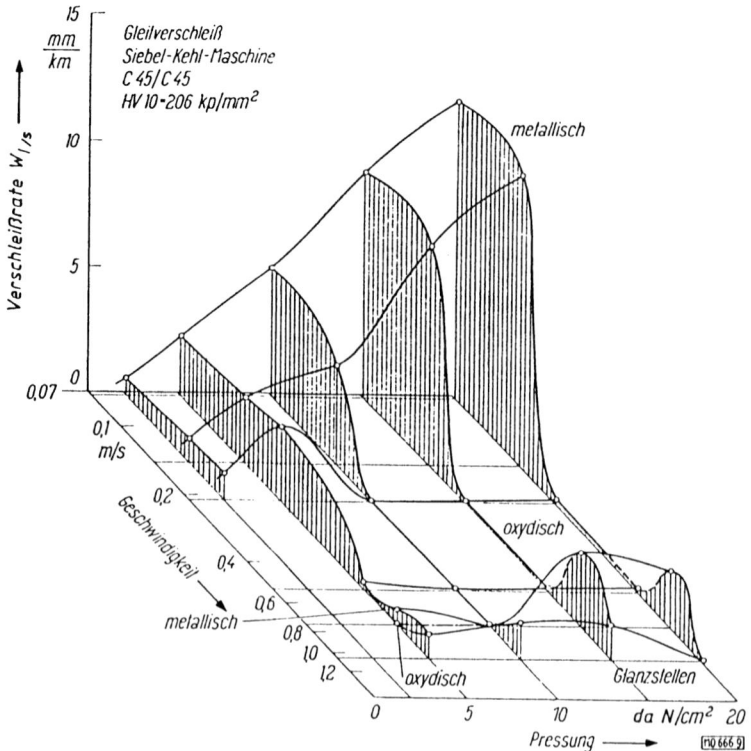

Bild 9.2.3   Verschleiß einer Stahlgleitpaarung bei Festkörperreibung in Abhängigkeit von Pressung
und Gleitgeschwindigkeit (Uetz, 1969)

Der metallische Verschleiß, der bei kleinen Geschwindigkeiten auftritt und mit zunehmender
Pressung ansteigt, ist die Folge adhäsiv-abrasiver Wechselwirkungen mit starker plastischer
Deformation der Oberflächenbereiche. Der oxidische Verschleiß, der mit einem niedrigen
Verschleißbetrag korreliert ist, tritt bei höheren Geschwindigkeiten infolge tribochemischer
Reaktionen auf. Die Bildung von Glanzstellen bei hohen Pressungen und Geschwindigkeiten
beruht auf der so genannten Reibmartensitbildung, wenn infolge der hohen thermischen Bean-
spruchung Oberflächenbereiche austenitisiert und durch Selbstabschreckung in Martensit umgewandelt werden.

Einfluss der Beanspruchungsbedingungen

Der Einfluss der Gleitgeschwindigkeit und Belastung auf die Verschleißmechanismen von
Gleitpaarungen aus Stahl wird in einer schematischen Darstellung von Childs (1980) diskutiert, siehe **Bild 9.2.4**. Es ergeben sich fünf Bereiche durch die unterschiedliche Wechselwirkung der wirkenden Verschleißmechanismen:

A: Bei niedrigen Geschwindigkeiten und Belastungen werden die Oberflächen im Kontakt unter einem schützenden Oxidfilm (als Folge der Tribooxidation) kaltverfestigt
   und die Topographie geglättet. Der Verschleißabtrag erfolgt durch Oberflächenzerrüttung innerhalb der Oxidschicht.

B: Bei höheren Belastungen wird der Oxidfilm durchbrochen und es kommt durch direkten metallischen Kontakt zu Adhäsion.

C: Bei höheren Geschwindigkeiten und Belastungen setzt verstärkt Tribooxidation ein, die mit einer Reibmartensitbildung gekoppelt sein kann, wodurch die Tragfähigkeit der tribochemisch gebildeten Oxidschichten verbessert wird.

D: Bei noch höheren reibbedingten thermischen Beanspruchungen führt ein Erweichen der Oberflächenbereiche zu einer Destabilisierung der Oxidschicht und zu Adhäsion.

E: Durch die erneut verstärkt einsetzende Tribooxidation soll der Verschleiß wiederum vermindert werden.

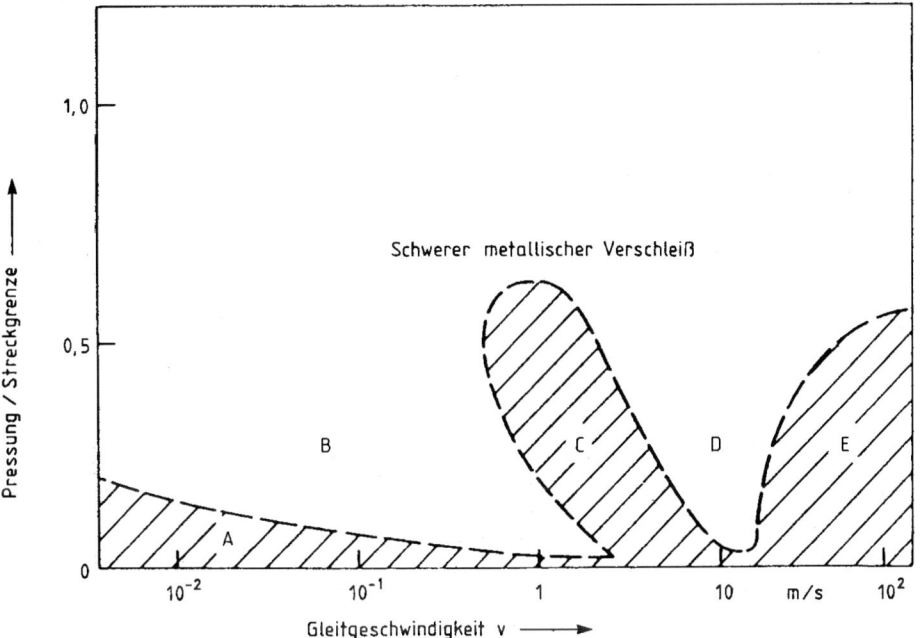

Bild 9.2.4   Verschleißmechanismen von Stahlgleitpaarungen bei Festkörperreibung in Abhängigkeit von der auf die Streckgrenze bezogenen Pressung und von der Gleitgeschwindigkeit (Childs, 1980)

Die Lage der Grenzen in Bild 9.2.4 hängt stark von den thermischen Verhältnissen und der Art der Stähle bzw. ihrer Wärmebehandlung ab.

Lim, Ashby und Brunton (1987) werteten eine große Zahl von mit dem Stift-Scheibe-System durchführten Untersuchungen quantitativ aus und kamen zu der in **Bild 9.2.5** wiedergegebenen Darstellung (vgl. Kapitel 8.7.). In Bild 9.2.5 sind verschiedene Bereiche von Verschleißmechanismen über der normierten Pressung $\tilde{F}$ und der normierten Gleitgeschwindigkeit $\tilde{v}$ aufgetragen. Es bedeuten:

$$\widetilde{F} = \frac{F}{A_n \cdot H_o}$$

$$\widetilde{v} = \frac{v \cdot r_o}{a}$$

F: Normalkraft
A_n: geometrische Kontaktfläche   K: thermische Leitfähigkeit
H_o: Härte bei Raumtemperatur ρ: Dichte
v: Gleitgeschwindigkeit   c: spezifische Wärme
r_0:   Radius des Versuchsstiftes
a: thermische Diffusität $a = K/\rho \cdot c$

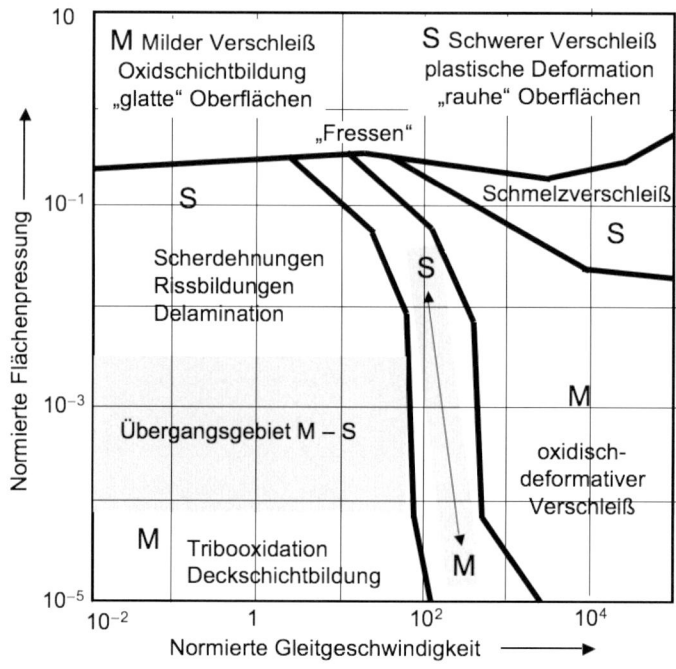

Bild 9.2.5   Empirische Kennzeichnung von Verschleißbereichen in Abhängigkeit von Belastungs- und Geschwindigkeitsparametern (schematisch vereinfachte Darstellung)

In der *Tribomap-Darstellung* unterscheiden Lim, Ashby und Brunton (1987) zwischen „mildem Verschleiß (M)" und „schwerem Verschleiß (S)".

M: Milder Verschleiß

Milder Verschleiß führt zu einer glatten Oberfläche. Er kann unter vier Bedingungen auftreten:

I.   Wenn Pressung und Geschwindigkeit niedrig sind, kann eine dünne, gewöhnlich einige nm dicke Oxidschicht den direkten Metall-Metall-Kontakt der Rauheitshügel der Gleitflächen verhindern. Wegen ihrer geringen Dicke kann sich die Oxidschicht elastisch verformen, ohne bei kleinen Belastungen aufgebrochen zu werden.

Die Verschleißpartikel stammen von der Oxidschicht; gelegentlich werden auch einige metallische Verschleißpartikel gebildet, die oxidieren. Die geschädigten Oberflächen reoxidieren schnell, so dass keine metallischen Kontakte entstehen können.

II. Bei höheren Geschwindigkeiten bildet sich eine dickere und sprödere Oxidschicht wegen der höheren Blitztemperaturen in den Mikrokontaktbereichen. Die ausgebrochenen oxidischen Verschleißpartikel werden durch eine rasche Oxidation ersetzt; dadurch wird ebenfalls ein metallischer Kontakt vermieden.

III. Bei größeren Belastungen kann sich eine harte Schicht (wahrscheinlich Martensit) wegen der hohen Blitztemperaturen und der anschließenden Selbstabschreckung bilden. Die höheren Blitztemperaturen steigern die lokale Oxidationsgeschwindigkeit. Die dickere Oxidschicht, die durch einen härteren Grundwerkstoff gestützt wird, verhindert trotz der höheren Pressungen die Bildung von metallischen Kontakten. Dadurch kann die Verschleißrate um zwei Größenordnungen reduziert werden.

IV. Bei noch höheren Gleitgeschwindigkeiten, ermöglicht die höhere Grenzflächentemperatur eine plastische Verformung der kontinuierlichen Oxidschicht. Die metallischen Oberflächenbereiche werden durch die dicke, kontinuierliche Oxidschicht von den hohen Temperaturen abgeschirmt, aber die Oxidschicht kann fließen oder schmelzen.

S: Schwerer Verschleiß

Durch schweren Verschleiß werden raue, stark plastisch verformte Oberflächenbereiche erzeugt. Die Verschleißrate ist hoch. Schwerer Verschleiß kann unter drei Bedingungen auftreten:

I. Wenn die Pressung bei kleinen Gleitgeschwindigkeiten so hoch ist, dass die dünnen Oxidschichten aufbrechen, entstehen metallische Kontakte und damit schwerer adhäsiver Verschleiß. Die hohen Reibungskräfte führen zu starken plastischen Scherdehnungen der Oberflächenbereiche. Unter der Oberfläche werden Risse gebildet, die parallel zur Oberfläche wachsen. Dadurch können plattenförmige Verschleißpartikel gebildet werden. Dieser Vorgang wird als Delamination angesehen.

II. Wird die Belastung so groß, dass auch dickere, tribochemisch gebildete Oxidschichten durchbrochen werden, entstehen ebenfalls metallische Kontakte mit schwerem Verschleiß.

III. Wenn die Gleitbeanspruchungen so hoch werden, dass die lokalen Temperaturen den Schmelzpunkt erreichen, bildet sich in der Kontaktfläche ein flüssiger Film. Die hohe Verschleißrate wird durch das Fließen und das Herausquetschen des flüssigen Metalls bestimmt.

Ferner tritt oberhalb einer nahezu geschwindigkeitsunabhängigen Belastung „Fressen" oder „Festfressen" auf.

In Bild 9.2.5 sind Übergangsbereiche eingezeichnet, in denen milder Verschleiß in schweren Verschleiß übergehen kann. Es werden zwei Typen von Übergängen beobachtet: belastungsabhängige und geschwindigkeitsabhängige Übergänge. Zusätzlich sind aber auch noch gleitwegabhängige Übergänge zu beachten, wenn z. B. schwerer Einlaufverschleiß in milden oxidischen Verschleiß übergeht.

Die in Bild 9.2.5 wiedergegebenen Grenzen dürfen nicht als starr angesehen werden, sie hängen von der chemischen Zusammensetzung der Stähle, ihrem Gefüge und von den konstruktiven Gegebenheiten ab. So lässt sich z. B. mit korrosionsbeständigen Stählen häufig kein milder Verschleiß erzielen, weil die Bildung von Oxidschichten sehr langsam abläuft.

Aus den Bildern 9.2.3 bis 9.2.5 lässt sich übereinstimmend entnehmen, dass Stahlgleitpaarungen unter bestimmten Bedingungen ohne Schmierung eingesetzt werden können, ohne dass es zu schwerem adhäsivem Verschleiß kommt. Dies ist dann möglich, wenn die Verschleißprozesse auf die äußere Oxidschicht beschränkt bleiben, die sich in einem Gleichgewicht von Abtrag und Neubildung befindet. Dabei wird der Abtrag durch eine niedrige Pressung in Grenzen gehalten, während die Geschwindigkeit der Neubildung mit zunehmender Gleitgeschwindigkeit ansteigt. Im Allgemeinen sind daher nur niedrige Pressungen zulässig; bei höheren Gleitgeschwindigkeiten können in einem begrenzten Geschwindigkeitsbereich, der von den thermischen Verhältnissen des Gesamtsystems abhängt, auch höhere Pressungen ertragen werden.

Einfluss von Materialeigenschaften

Nach dem Einfluss der Beanspruchungsbedingungen wird der Einfluss von Gefüge und Härte auf das Verschleißverhalten von Stahlgleitpaarungen behandelt

Die Abhängigkeit des Verschleißes von Stahlpaarungen von Härte und Gefüge wurde schon von Mailänder und Dies (1943) untersucht, **Bild 9.2.6** zeigt ihr historisches Diagramm.

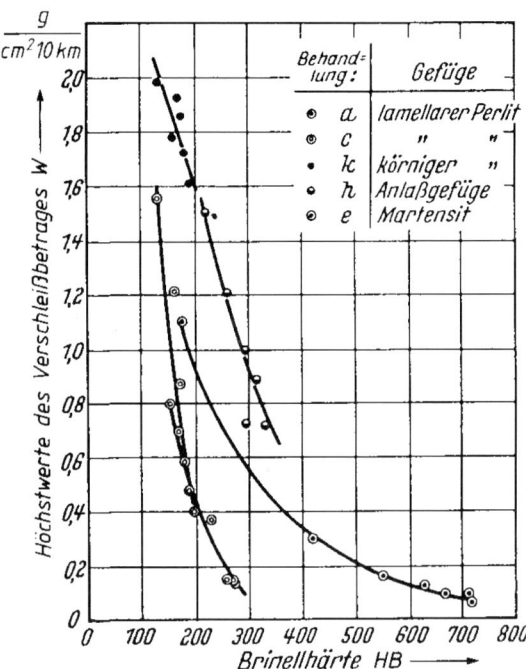

Bild 9.2.6
Verschleiß von Stahlgleitpaarungen bei Festkörperreibung in Abhängigkeit von der Stahlhärte für unterschiedliche Gefüge (Mailänder und Dies, 1943)

Danach hat bei gleicher Härte ein perlitisches Gefüge einen niedrigeren Verschleiß als ein martensitisches Gefüge oder ein Anlassgefüge. Im Härtebereich von 230...300 HV soll der

Verschleiß von Bainit mit niedrigem Kohlenstoffgehalt dem Verschleiß von Perlit mit höherem Kohlenstoffgehalt vergleichbar sein (Clayton, Sawley, Bolton u. Pell, 1987). Wird die volle Martensithärte erreicht, so ist aber im Allgemeinen mit einem niedrigeren Verschleiß als bei perlitischem Gefüge zu rechnen. Dies ist vor allem der Fall, wenn durch tribochemisch gebildete Oxide eine Verschleißminderung erzielt werden kann. Dazu soll das Verhältnis der Oxidhärte zur Härte der angrenzenden Oberflächenbereiche möglichst < 1 sein (siehe Tabelle 3.1.1).

Nimmt man an, dass die Härte von Fe_3O_4 bei 400 HV und die von Fe_2O_3 bei 500 HV liegt, so ist eine Stahlhärte in dieser Größenordnung erforderlich, um eine schützende Wirkung des gebildeten Oxides zu erzielen (Hurricks, 1973). Damit übereinstimmend ergibt sich bei Stahlpaarungen aus unterschiedlich wärmebehandeltem Stahl C60 eine deutliche Verschleißminderung für die Probekörper mit 450 und 600 HV mit angelassenem Martensit bzw. Martensit im Vergleich zu den weicheren Probekörpern mit 200 und 300 HV und perlitisch-ferritischem Gefüge oder hoch angelassenem Martensit, siehe **Bild 9.2.7**. Schaltet man die Tribooxidation aus, indem man z. B. Untersuchungen im Vakuum durchführt, wo vor allem die Adhäsion wirksam wird, so verhält sich das perlitisch-ferritische Gefüge besser als angelassener Martensit mit Härtewerten von 300 und 450 HV; am besten schneidet auch hier Martensit mit einer Härte von 600 HV ab (**Bild 9.2.8**).

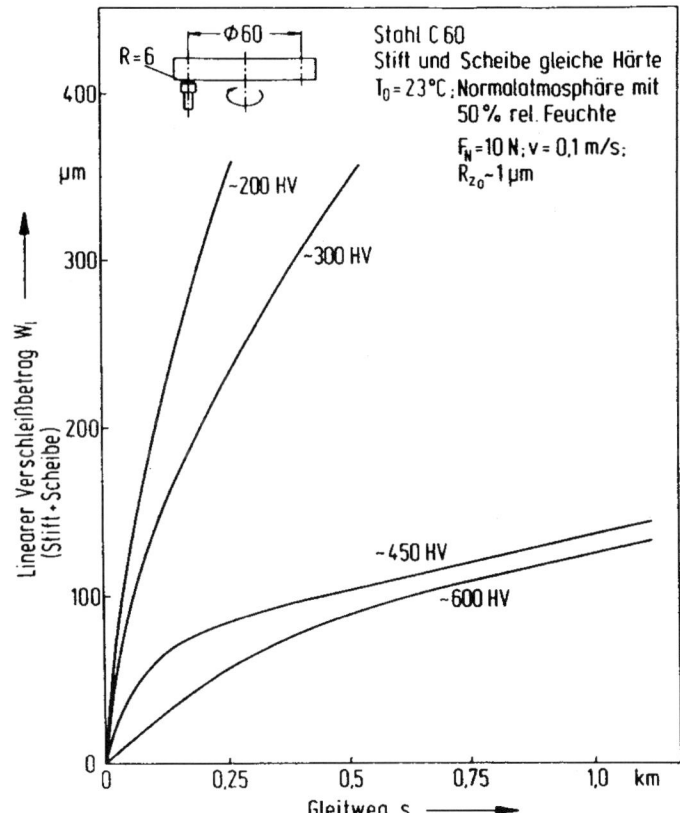

Bild 9.2.7
Verschleiß von Stahlgleitpaarungen unterschiedlicher Härte bei Festkörperreibung in Luft

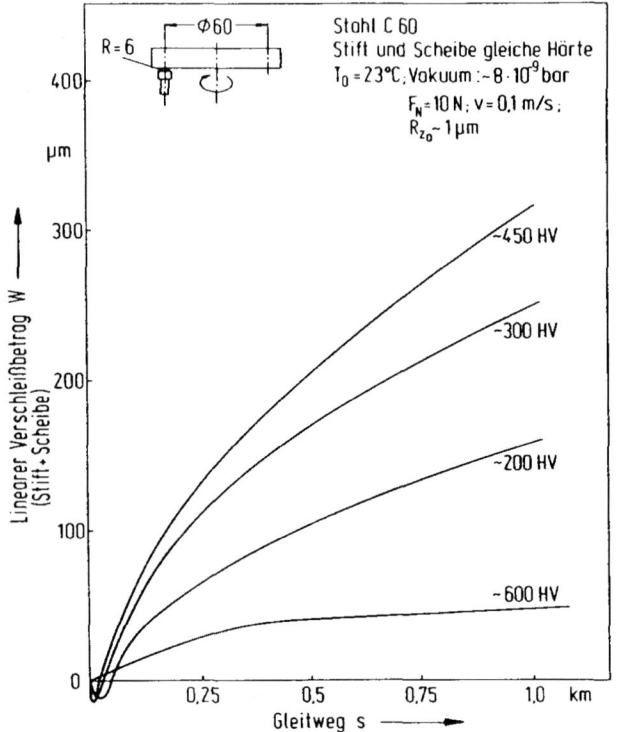

Bild 9.2.8
Verschleiß von Stahlgleitpaarungen unterschiedlicher
Härte bei Festkörperreibung
im Vakuum

Austenitische Stähle mit kubisch-flächenzentrierter Struktur sollten im Allgemeinen nicht für Festkörpergleitreibungsbeanspruchungen eingesetzt werden, weil starke Fresserscheinungen auftreten. Auch die Manganhartstähle haben ein kubisch-flächenzentriertes Kristallgitter, des-sen Stabilität mit sinkendem Mangangehalt abnimmt. Jost und Schmidt (1987) berichten über Gleitverschleißuntersuchungen an Stählen mit unterschiedlichem Mangangehalt und unter-schiedlichen Martensittemperaturen und bestimmten den Verschleißwiderstand in Abhängig-keit von der Härte nach der Gleitbeanspruchung bei drei verschiedenen Belastungen, siehe **Bild 9.2.9**. Nur bei der niedrigsten Belastung von 119 N steigt der Verschleißwiderstand linear mit steigender Härte an. Die im Vergleich zum Ausgangsmaterial stark erhöhte Härte wird durch Kaltverfestigung (Stähle mit 8 und 12 % Mn) sowie Kaltverfestigung und zusätzlichen Martensitumwandlung (Stähle mit 4-6 % Mn; 8 % Mn, 0,7 % C) bewirkt.

Bei der höheren Normalkraft von 167 N steigt der Verschleißwiderstand nur noch degressiv mit zunehmender Härte an, bei der Normalkraft von 213 N wird ein Maximum des Ver-schleißwiderstandes durchlaufen. Der Abfall des Verschleißwiderstandes beruht auf der Aus-bildung einer relativ dicken martensitischen Randschicht, wodurch eine instabile Rissausbrei-tung (Sprödbruch) begünstigt wird.

Über eine weitgehende Stabilisierung des Austenits durch hohe Stickstoff-, Kohlenstoff- und Mangangehalte sind darüber hinaus heute austenitische (unmagnetische) Werkstoffe verfügbar, die die Eigenschaftskombinationen von Verschleiß-, Korrosionsbeständigkeit und Warmfes-tigkeit ermöglichen (Riedner 2008).

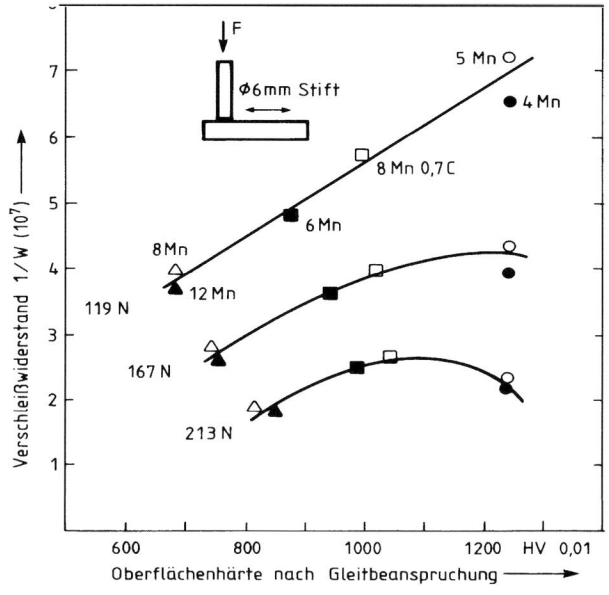

Gegenkörper 90MnCrV8,
v = 0,18 m/s, s = 14 km

R_z = 2,1 μm

Bild 9.2.9
Verschleiß von Manganhartstählen
bei Festkörperreibung (Jost und
Schmidt, 1987)

Einfluss von Schmierstoffen

Grenzreibung (siehe Kapitel 6.3) kann Verschleißkoeffizienten um zwei bis vier Größenordnungen reduzieren, siehe **Tabelle 9.2.3**, was mit anderen Untersuchungen übereinstimmt (Childs, 1980). Die Reibungszahl liegt bei Verwendung von additivfreien Ölen in der Regel bei f = 0,1, durch Schmierstoffadditive kann sie noch weiter vermindert werden.

Tab. 9.2.3   Verschleißkoeffizient von Stahlpaarungen bei Festkörperreibung und Grenzreibung

Artgleiche Gleitpaarung; Werkstoff, Wärmebehandlung	Gefüge	Härte HV 10	Verschleißkoeffizient k in mm³/N · m	
			Festkörper-reibung (a)	Grenz-reibung (b)
C60, normalisiert	Perlit, Ferrit	≈ 200	10^{-3}	
C45, gehärtet und angelassen	Vergütungsgefüge	290	$4,1 \cdot 10^{-4}$	$8,0 \cdot 10^{-8}$
C60, gehärtet und angelassen	Vergütungsgefüge	≈ 300	$4,5 \cdot 10^{-4}$	
42CrMo4, gehärtet und angelassen	Vergütungsgefüge	380	$6,4 \cdot 10^{-5}$	$2,3 \cdot 10^{-7}$
C60, gehärtet und angelassen	Vergütungsgefüge	≈ 450	$4,3 \cdot 10^{-5}$	
C45, gehärtet und angelassen	angelassener Martensit	≈ 590	$2,8 \cdot 10^{-5}$	$6,0 \cdot 10^{-8}$
C60, gehärtet und angelassen	angelassener Martensit	≈ 600	$4,4 \cdot 10^{-5}$	
42CrMo4, gehärtet	Martensit (Restaustenit)	650	$9,0 \cdot 10^{-6}$	
C110W1, gehärtet und angelassen	angelassener Martensit	725	$2,0 \cdot 10^{-5}$	
C110W1, gehärtet	Martensit (Restaustenit)	905	$1,6 \cdot 10^{-5}$	$6,4 \cdot 10^{-8}$

Stift-Scheibe-System   a) F_N: 5 und 10 N; v = 0,1 m/s; 50% rel. Feuchte
                        b) F_N: 200 N und 600 N; v = 0,1 m/s; Öl SAE 10   23°C

Bei Schmierung mit geeigneten Schmierstoffen können wesentlich höhere Belastungen als bei Festkörperreibung aufgebracht werden. Bei zu hohen Belastungen besteht aber die Gefahr des adhäsiv bedingten Fressens. In einer umfangreichen Versuchsreihe wurde untersucht, welchen Einfluss die Legierungselemente von Stählen und ihre Gefüge auf den Widerstand gegenüber adhäsivem Versagen haben (Feinle u. Habig, 1986). Die Untersuchungen wurden mit einer Amsler-Verschleißprüfmaschine durchgeführt, bei der die Mantelflächen von zwei sich gleichsinnig drehenden Scheiben mit einer definierten Normalkraft gegeneinander gedrückt wurden, siehe **Bild 9.2.10**.

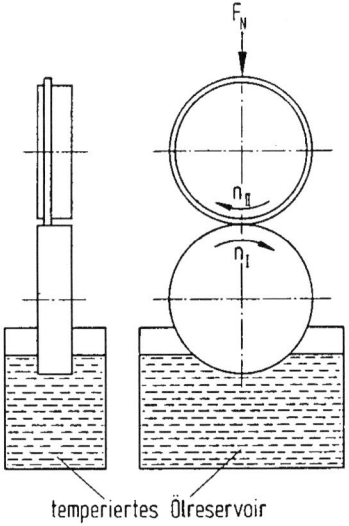

Die untere Scheibe tauchte in ein Ölreservoirgefäß ein, so dass bei der Rotation der Scheibe Öl in die Kontaktfläche gelangte. Die mit der Theorie der Elastohydrodynamik abschätzbare spezifische Schmierfilmdicke l lag bei der kleinsten Normalkraft unter 0,1, so dass Grenzreibung vorherrschte. Die Normalkraft wurde in Stufen gesteigert, bis ein Anstieg des Reibungskoeffizienten von $f \approx 0,1$ auf Werte $> 0,3$ den Beginn des Fressens anzeigte.

Bild 9.2.10   Verschleißprüfsystem für Versagensuntersuchungen bei Grenzreibung

In **Tabelle 9.2.4** ist die Versagenslast von artgleichen Gleitpaarungen aus Stählen mit unterschiedlichen Chrom- und Kohlenstoffgehalten wiedergegeben, wobei der normalisierte Ausgangszustand und der gehärtete Zustand berücksichtigt wurden. Im normalisierten Ausgangszustand nimmt die Versagenslast bei annähernd gleichem Kohlenstoffgehalt mit steigendem Chromgehalt ab (Beispiele: C15 → 15Cr3; Ck22 → 20Cr13; Ck35 → 34Cr4; 41Cr4 → X40Cr13). Dies gilt auch für den gehärteten Zustand mit Ausnahme des Stahles X40Cr13, der eine höhere Versagenslast als der Stahl 41Cr4 hat.

Damit werden die Ergebnisse der Untersuchungen von Diergarten et.al. (1955), Kloos (1972) sowie Begelinger, de Gee und Salomon (1980) im Wesentlichen bestätigt. Mit gleichzeitig steigendem Kohlenstoff- und Chromgehalt kommt es bei Kohlenstoffgehalten über 0,8 % wieder zu einem Anstieg der Versagenslast, wofür die im Gefüge enthaltenen Chromcarbide verantwortlich sein dürften.

Etwas überraschend sind die meistens höheren Versagenslasten der normalisierten Gefügezustände im Vergleich zu den gehärteten. Hierfür ist eine tribochemische Oxidschichtbildung verantwortlich, die auf dem Ferrit des normalisierten Stahles leichter möglich ist als auf dem Martensit des gehärteten Stahles.

Tab. 9.2.4 Versagenslast von Stählen in Abhängigkeit von Chrom- und Kohlenstoffgehalt

%Cr → / %C ↓	< 0,2	0,7	1	1,5	12 … 13
0,15	C15 I. 800 N •	15Cr3 I. 600 N o			
0,2	Ck22 I. 50 N o II. 40 N △				X20Cr13 I. 20 N o II. 30 N △
0,28			28Cr4 I. 225 N • II. 50 N △		
0,35	Ck35 I. 180 N • II. 245 N △		34Cr4 I. 110 N • II. 50 N △		
0,4			41Cr4 I. 125 N o II. 40 N △		X40Cr13 I. 20 N o II. 55 N △
0,6	060 I. 70 N o II. 50 N △				
0,8	C15, einsatzg. - - - - - - II. 50 N △	15C3, einsatzg. - - - - - - II. 40 N △			
0,9		90Cr3 I. 145 N o II. 60 N △			
1,45				145Cr6 I. 140 N • II. 70 N △	
2,1					X210Cr12 I. 580 N • II. 375 N △

I. Ausgangszustand   •△: dicke Reaktionsschicht
II. Gehärtet und bei 180 °C angelassen   o△: dünne Reaktionsschicht

Der Einfluss des Nickelgehaltes von Stählen auf die Versagenslast ist in **Tabelle 9.2.5** wiedergegeben. Danach wird insbesondere bei Stählen mit niedrigen Kohlenstoffgehalten die Versagenslast durch Nickel erniedrigt. Vor allem der austenitische Stahl X10CrNiTi189 fällt durch eine besonders niedrige Versagenslast auf. Der negative Einfluss von Nickel auf das adhäsiv bedingte Versagen wird durch andere Untersuchungen bestätigt (Schumacher, 1983). Für den geringen Fresswiderstand der Stähle mit hohem Nickelgehalt dürfte das stark verformungs- und verfestigungsfähige kubisch-flächenzentrierte Gitter verantwortlich sein. Daher sind auch die kubisch-flächenzentrierten Manganhartstähle für den Einsatz bei Mangelschmierung und hohen Belastungen nicht geeignet.

Tab. 9.2.5   Versagenslast von Stählen in Abhängigkeit von Nickel- und Kohlenstoffgehalt

%Ni → %C ↓	0,1	1	1,4...1,7	2,0	3,1 ... 3,7	4,3	10
0,04 bis 0,06	9S20 I. 375 N •						X10CrNiTi189 I. 20 N o
0,14 bis 0,17	C15 I. 800 N •		15CrNi6 (1,4%Cr) I. 40 N o		14NiCr18 (0,69%Cr) I. 40 N o	14NiCr18 (1,01%Cr) I. 50 N o	
0,30 bis 0,35	Ck35 I. 180 N • II.245 N Δ		34CrNiMo6 (1,54%Cr) I. 40 N o II.40 N Δ	30CrNiMo8 (1,95%Cr) I. 50 N o II.50 N Δ			
0,45	Ck45 I. 80 N o II.110 N Δ	45NiCr6 (1,6%Cr) I. 40 N o II.40 N Δ			X45CrNiMo4 (1,29%Cr) I. 30 N o II.40 N Δ		
0,7 bis 0,9	C15 einsatzgeh. II.50 N Δ				14NiCr14 einsatzgeh. II.50 N Δ	14NiCr18 einsatzgeh. II.50 N Δ	

I. Ausgangszustand   • : dicke Reaktionsschicht

II. Gehärtet und bei 180° angelassen   o : dünne Reaktionsschicht

                                             Δ : keine Reaktionsschicht

Eine wirksame Maßnahme zur Erhöhung des Widerstandes von Stahlpaarungen gegenüber adhäsiv bedingtem Fressen bildet vor allem das Nitrieren bzw. Nitrocarburieren (Habig, Chatterjee-Fischer u. Hoffmann, 1978; Habig u. Yan, Li, 1982).

Ähnlich wie Lim, Ashby und Brunton für die Festkörperreibung stellten Akagaki und Kato (1989) für die Grenzreibung Diagramme auf, in denen die Verschleißprozesse in Abhängigkeit von der Belastung und Geschwindigkeit wiedergegeben sind, siehe **Bild 9.2.11**. Dabei werden folgende Verschleißprozesse unterschieden:

A: Verschleiß durch mildes plastisches Fließen (Mild flow wear) infolge Furchung durch die Rauheitshügel des Gegenkörpers; glatte Verschleißflächen, Verschleißpartikelabmessungen unter 15 μm

B: Verschleiß durch starkes plastisches Fließen (Severe flow wear); Aufrauung der Verschleißspur, Verschleißpartikelabmessungen zwischen 50 μm und 90 μm

C: Adhäsiver Verschleiß; starke Aufrauung, Bildung von keilförmigen Agglomeraten mit einer Größe von mehreren 100 μm

D: Oxidischer Verschleiß; Verschleißprozesse innerhalb der äußeren Oxidschicht, glatte Verschleißflächen; sehr kleine Verschleißpartikel, wenige μm und darunter

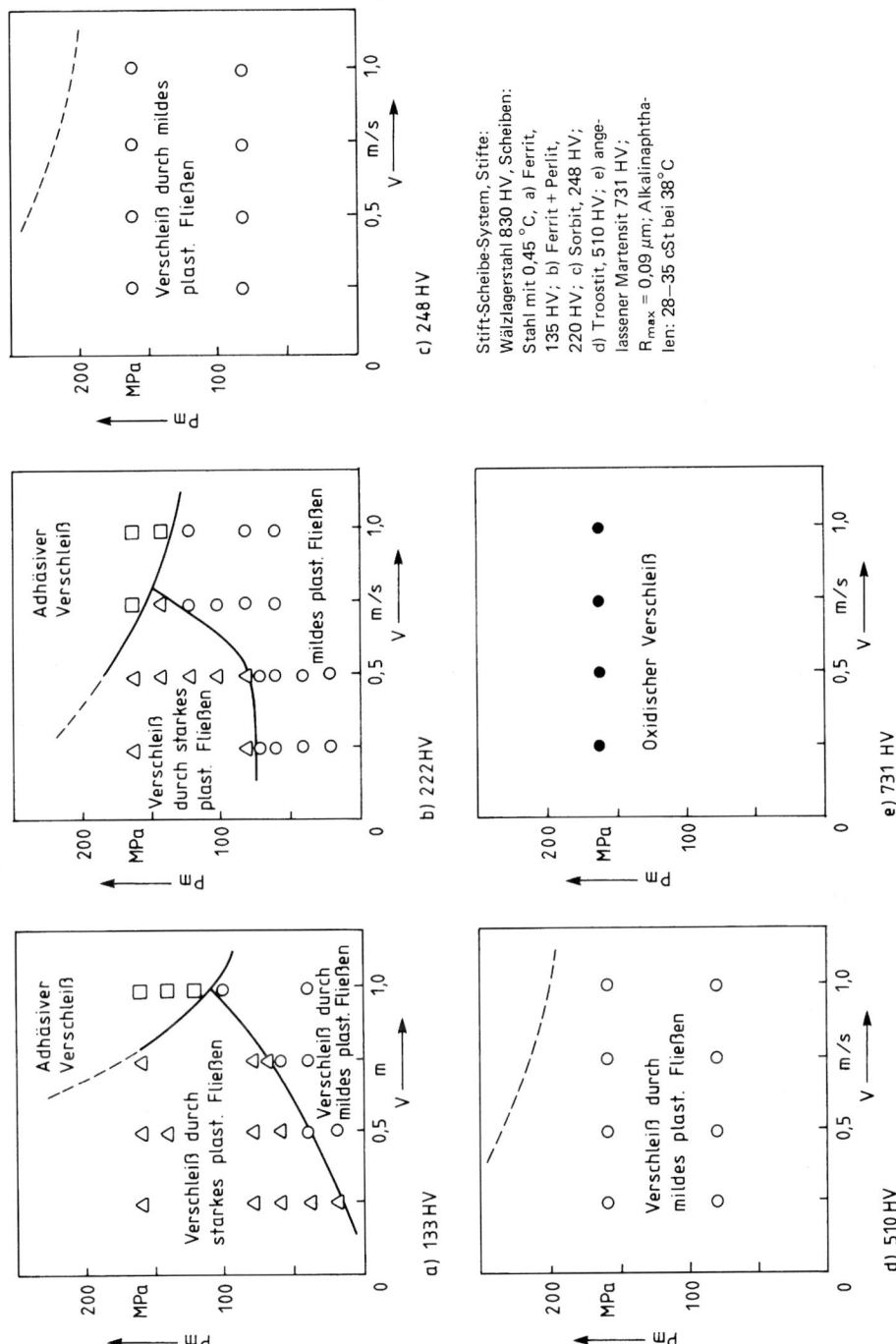

Bild 9.2.11 Verschleißmechanismen von Stahlgleitpaarungen bei Grenzreibung in Abhängigkeit von Pressung und Geschwindigkeit (Agayaki und Kato, 1989)

Die zugehörigen Verschleißkoeffizienten enthält **Tabelle 9.2.6**. Mit zunehmender Stahlhärte nimmt der Bereich des Verschleißes durch schwaches plastisches Fließen zu, bei einer Stahl-härte von 731 HV wurde nur noch oxidischer Verschleiß beobachtet. Beide Verschleiß-prozesse sind mit niedrigen Verschleißkoeffizienten verbunden.

Tab. 9.2.6   Verschleißkoeffizient von Stählen mit unterschiedlichen Verschleißmechanismen (Akagaki und Kato, 1989)

Härte HV	Gefüge	Mildes plastisches Fließen	Starkes plastisches Fließen	Adhäsiver Verschleiß	Oxidischer Verschleiß
133	Ferrit	9×10^{-9} - 10^{-7}	10^{-6}-10^{-5}	4×10^{-5} - 3×10^{-4}	- - -
222	Ferrit + Perlit	5×10^{-9} - 10^{-7}	2×10^{-6} - 5×10^{-6}	10^{-4}-10^{-2}	- - -
248	Sorbit	6×10^{-9} - 9×10^{-8}	- - -	- - -	- - -
510	Troostit	6×10^{-9} - 5×10^{-8}	- - -	- - -	- - -
731	Martensit	- - -	- - -	- - -	3×10^{-10} - 3×10^{-9}

Zusammenfassend ist festzustellen, dass bei Gleitbeanspruchungen durch ein martensitisches Gefüge hoher Härte der Verschleiß in der Regel vermindert werden kann. Bei überwiegend adhäsivem Verschleißmechanismus kann ein perlitisches Gefüge günstig sein. Ferrit wirkt wegen seiner Reaktionsfreudigkeit mit Sauerstoff oder Schmierstoffadditiven der Bildung von adhäsiven Mikroverschweißungen entgegen, während Zementit und Sondercarbide von Natur aus nur wenig zur Adhäsion neigen.

Schwingungsverschleiß

Über wichtige Einflussgrößen für den Schwingungsverschleiß wurde schon in Kapitel 5.4.4 berichtet. Müller (1979) stellte die Ergebnisse von Schwingungsverschleiß-Untersuchungen vor, die an einer größeren Anzahl von Stählen gewonnen wurden.

Nach **Bild 9.2.12** schneiden Stähle mit niedrigem Kohlenstoffgehalt und die höher legierten Stähle besonders ungünstig ab. Durch Härtung kann der Schwingungsverschleiß stark vermin-dert werden, was mit Untersuchungen von Wright (1958) übereinstimmt. Auch ein Nitrieren oder Nitrocarburieren wirkt sich günstig aus. Die Verwendung von metastabilen Manganhart-stählen, die sich bei der tribologischen Beanspruchung umwandeln, führt zu einer deutlichen Verschleißminderung im Vergleich zu anderen Stählen, siehe **Bild 9.2.13**. Ferner ist die Anwendung von weichen Zwischenschichten aus Kupfer oder Silber zu nennen, durch die die Reibungszahl angehoben wird, so dass die Relativbewegung eingeschränkt wird. Sehr häufig werden auch Festschmierstoffe zur Reduzierung des Schwingungsverschleißes verwendet.

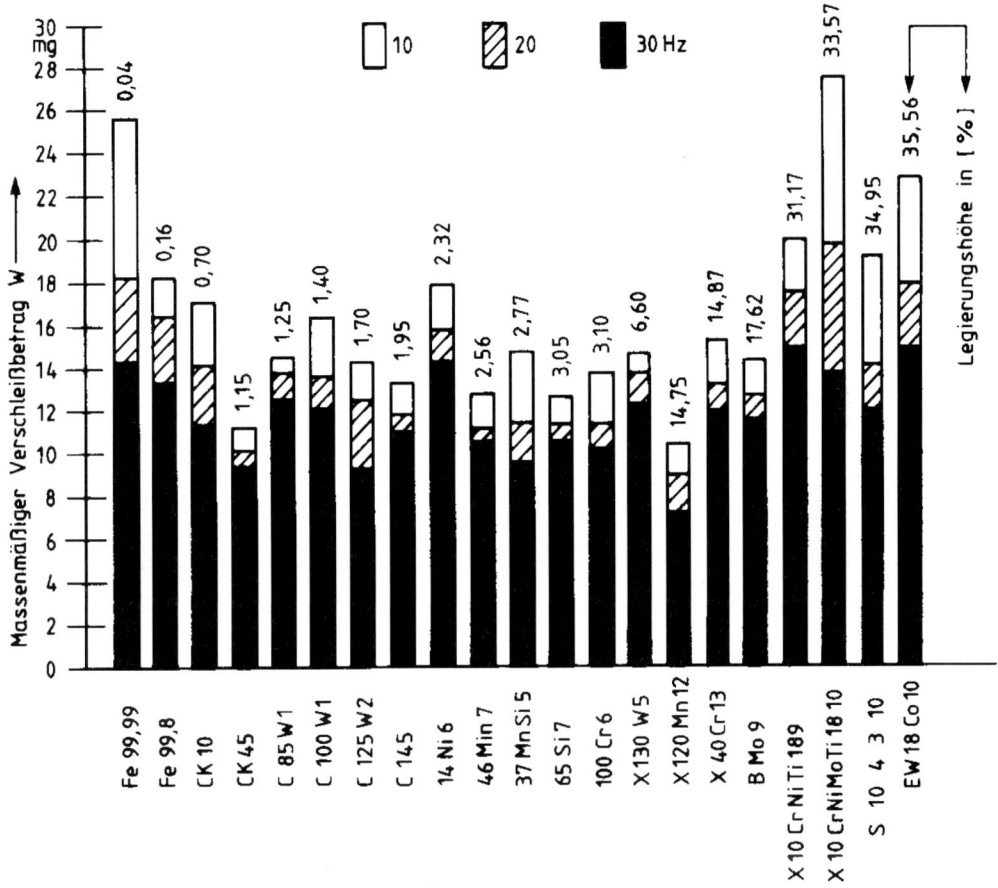

Bild 9.2.12   Schwingungsverschleiß von Stahlpaarungen bei Festkörperreibung (Müller, 1979)

Der Schwingungsverschleiß kann durch die Anwesenheit von korrosiven Medien stark erhöht werden. Für einen ferritisch-perlitischen Stahl mit 0,64 % C konnte durch das Anlegen eines kathodischen Potentials der Schwingungsverschleiß auf einen Betrag gesenkt werden, der unter dem an Normalatmosphäre gemessenen Verschleißbetrag lag (Pearson u. Waterhouse, 1985).

Oszillierende Gleitbewegung, Festkörperreibung, Siebel-Kehl-Prinzip T_R = 20 °C;
v_R = 7 mm/s; 200 Zyklen
X20CrMoTi18 (Auftragsschweiße) gegen:
1 St38; 2 X20CrMoTi19; 3 GS-X9CrNiMoTi18.11; 4 X12CrNi17.7; 5 X12CrNiMn19.9;
6 X5CrMnNi14.9.6; 7 X5MnNi15.3; 8 X20MnNi20.4; 9 GS-X120MnCr12.2;
10 G-CuAl19Fe3Mn2; 11 G-CuMn10Zn8Al16Ni2Fe2; 12 G-CuSn7Zn4Pb6;
13 G-CuZn38Al; 14 G-CuPb10Sn10

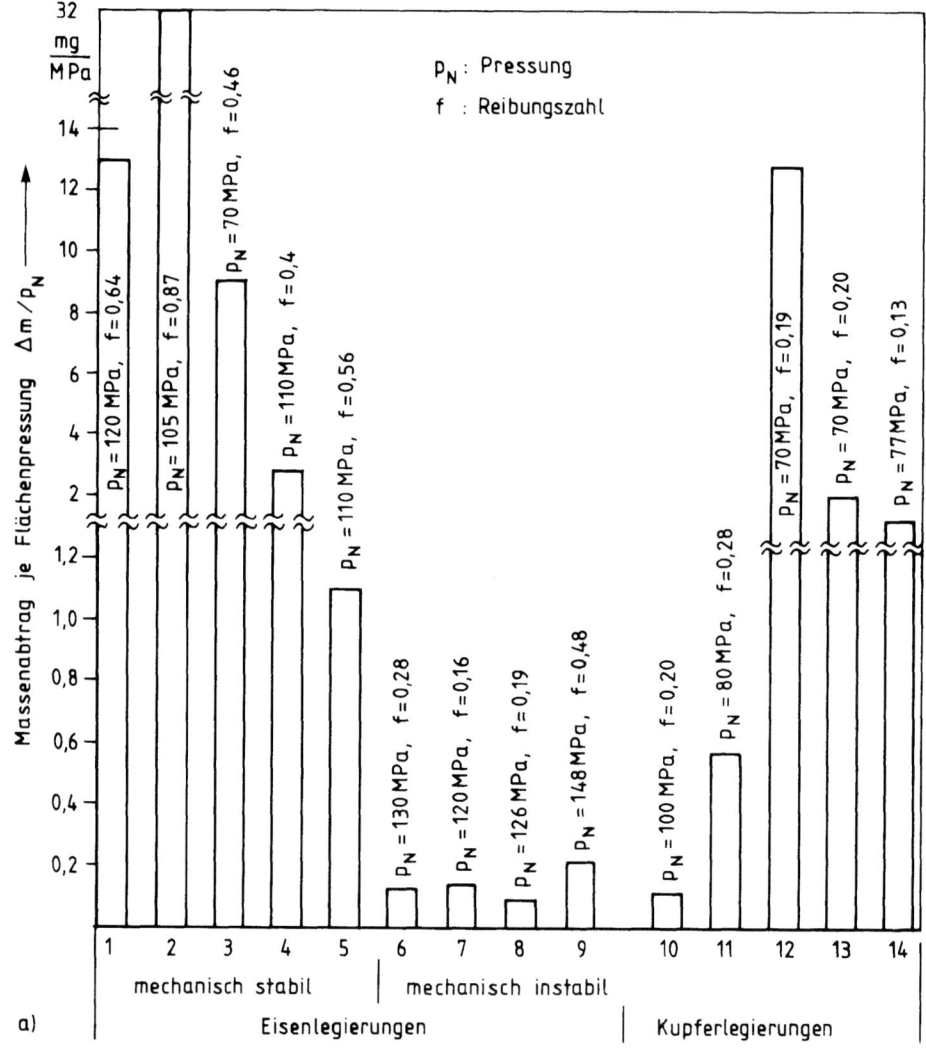

Bild 9.2.13   Schwingungsverschleiß von Eisen- und Kupferlegierungen (Kecke und Röthig, 1987)

Furchungsverschleiß

Hier sollen Verschleißprozesse behandelt werden, die durch mineralische Körner hervorgerufen werden, welche auf der Oberfläche eines Gegenkörpers fixiert sind, so dass man auch von Gegenkörperfurchung spricht. Dazu werden Verschleißuntersuchungen in der Regel mit dem Schleifteller- bzw. Schleifpapierverfahren durchgeführt. Für den Furchungsverschleiß ist die so genannte Verschleißtieflage-Verschleißhochlage-Charakteristik von besonderer Bedeutung, aus der hervorgeht, bei welcher Abrasivstoffhärte der Verschleißbetrag steil ansteigt (vgl. Abschnitt 5.4.5; Wahl, 1951; Wellinger u. Uetz, 1955). Alle Stähle befinden sich beim Angriff durch Flintkörner, die in ihrer Härte annähernd Quarzkörnern entsprechen, in der Verschleißhochlage, in der der Verschleißbetrag meistens mit steigender Härte abnimmt.

In **Bild 9.2.14** sind die Ergebnisse solcher Untersuchungen an unterschiedlichen Stählen mit unterschiedlichen Wärmebehandlungen (**Tabelle 9.2.7**) wiedergegeben (Gürleyik, 1967).

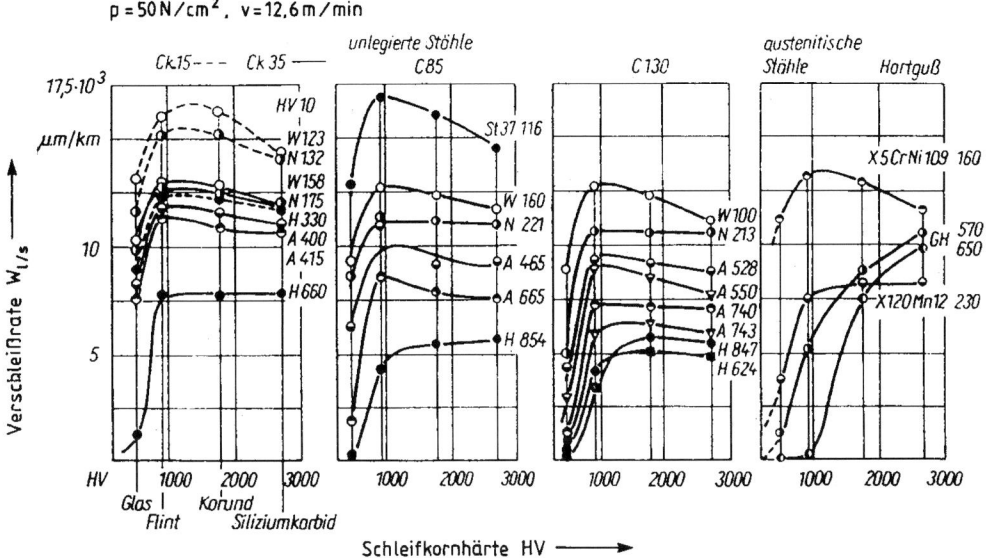

Bild 9.2.14 Furchungsverschleiß von unterschiedlichen Stählen in Abhängigkeit von der Härte des angreifenden Abrasivkorns (Gürleyik, 1967)

Bei Stählen, bei denen harte Sondercarbide in einer weicheren Matrix eingebettet sind, erstreckt sich der Verschleißanstieg häufig über einen größeren Härtebereich der angreifenden abrasiven Teilchen z. B. Mineralien. Dabei spielt das Verhältnis der Härte der abrasiv wirkenden Körner zur Härte der Carbide oder anderer Hartphasen eine Rolle. Mit zunehmender Härte der Carbide verschiebt sich der Übergang in die Verschleißhochlage zu höheren Abrasivkornhärten, sofern der Volumenanteil der eingelagerten Carbide groß genug ist und diese von einer ausreichend festen Matrix gestützt werden. Um die Wirkung von Carbiden und anderen Hartphasen beim Angriff durch unterschiedliche Stoffe abschätzen zu können, sind in **Bild 9.2.15** die entsprechenden Härtewerte zusammengestellt (Berns, 1998).

Tab. 9.2.7   Stähle und Wärmebehandlungen zu Bild 9.2.14

Werkstoff	Wärmebehandlung bzw. Zustand		Härte HV 10
Ck15	weichgeglüht	720°C - Ofen	123
	normalgeglüht	930°C - 15 min Luft	136
	gehärtet	930°C - Wasser	330
Ck35	weichgeglüht	720°C - 1 h Luft	158
	normalgeglüht	875°C - 20 min Luft	175
	angelassen	300°C	400
	angelassen	400°C	415
	gehärtet	850...880°C - Wasser	660
Ck85W2	weichgeglüht	720°C - 2 h Luft	164
	normalgeglüht	760°C - 20 min Luft	221
	angelassen	400°C - 1 h Luft	465
	angelassen	250°C - 1 h Luft	665
	gehärtet	790°C - Wasser	854
C130W2	weichgeglüht	720°C - 2 h Luft	188
	normalgeglüht	720°C - Luft)	235
	angelassen	400°C)	528
	angelassen	250°C)	740
	gehärtet	790°C - Wasser	847
	gehärtet	1050°C - Wasser	644
	gehärtet	980°C - Wasser)	782
	angelassen	250°C)	743
	angelassen	400°C)	550
C60H	gehärtet		820
St37	normalgeglüht		116
X120Mn12	austenitisch		230
X5CrNi189	austenitisch		160
Hartguss	---		570
			650

In der Verschleißhochlage wird zur Charakterisierung des Verschleißverhaltens meistens eine Darstellung verwendet, bei der der Verschleißwiderstand, der gleich dem Reziprokwert des Verschleißbetrages ist, über der Härte der beanspruchten Werkstoffe aufgetragen wird. Eine solche Darstellung enthält **Bild 9.2.16** für Stähle mit unterschiedlichen Kohlenstoffgehalten, die unterschiedlich wärmebehandelt wurden (Khruschov u. Soroko-Novickaja, 1955). Die normalisierten bzw. weich geglühten Stähle liegen in etwa auf der Geraden der reinen Metalle. Der Verschleißwiderstand nimmt mit steigendem Kohlenstoffgehalt zu; die durch Wärmebehandlung erzielbare Härtesteigerung führt zu einem flacheren Anstieg des Verschleißwiderstandes als die durch Zunahme des Kohlenstoffgehaltes bedingte Härtesteigerung.

Den linearen Anstieg des Verschleißwiderstandes unterschiedlich wärmebehandelter Stähle mit steigender Härte konnten Murray, Mutten u. Watson (1982) nicht bestätigen. Bei niedrigen

Härtewerten näherten sich die gemessenen Verschleißwiderstandskurven asymptotisch der Geraden der reinen Metalle, während bei hohen Härtewerten der Verschleißwiderstand progressiv zunahm. Hierfür ist eine Änderung der Untermechanismen der Abrasion verantwortlich. Bei niedrigen Härtewerten überwiegt Mikropflügen, während bei hohen Härtewerten mit geringer Eindringtiefe der Abrasvikörner Mikrospanen zum Verschleiß führt.

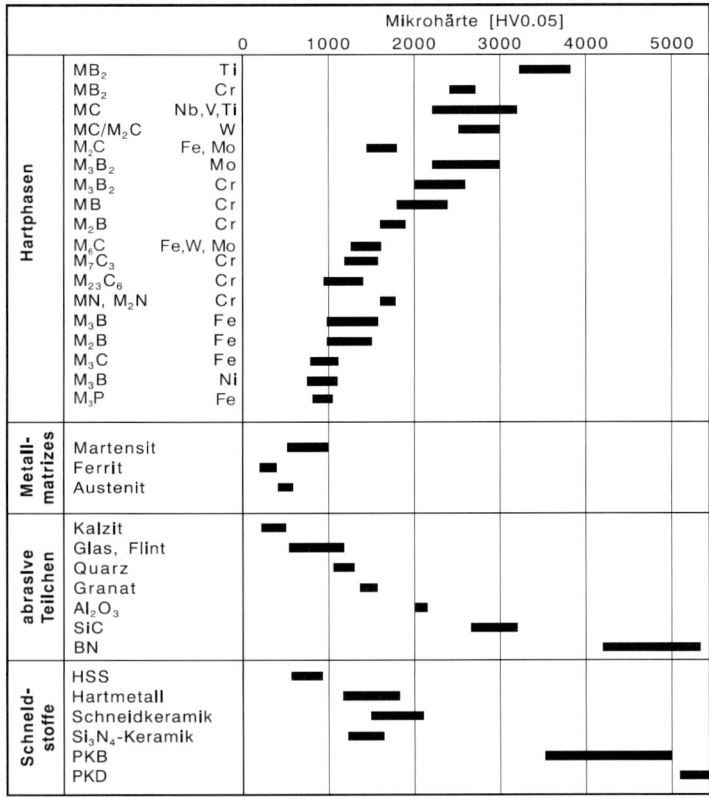

Bild 9.2.15   Härte von Hartphasen, Metallmatrices, Mineralen und Schneidstoffen bei Raumtemperatur

In **Bild 9.2.17** wird ein schematischer Überblick über den Verschleißwiderstand von Stählen und Gusseisen gegeben (Zum Gahr 1987). Die Werte des Verschleißwiderstandes wurden auf Armcoeisen bezogen. Als Abrasivstoffe dienten Flint und Aluminiumoxid. Betrachtet man die Gefüge, so nimmt der Verschleißwiderstand in folgender Reihenfolge zu

Ferrit → (Ferrit + globularer Zementit) → (Ferrit + lamellarer Perlit) → (Martensit + Zementit) → Martensit

Bei einer gegebenen Härte kann Austenit einen höheren Verschleißwiderstand als Ferrit-Perlit haben; der Verschleißwiderstand von Bainit kann bei gleicher Härte höher sein als der von Martensit plus Zementit, wenn z. B. bei letzterem Mikrobrechen auftritt. Der Verschleißwiderstand von Martensit nimmt bei nicht zu geringer Zähigkeit mit steigender Härte und hohem metastabilem Restaustenitanteil zu; er kann weiter durch den Zusatz von Legierungselementen und durch Carbide wie M_7C_3, MC_6 oder MC erhöht werden. Typ, Härte, Gestalt, Volumenanteil und Bindung der Carbide in der Matrix haben einen großen Einfluss auf den Furchungsverschleiß. Wesentlich ist, dass die Carbide vom Grundmaterial abgestützt werden. Der Zusatz von Kohlenstoff zu Eisenwerkstoffen kann zur Mischkristallhärtung und zu einem vergrößerten Carbidanteil führen.

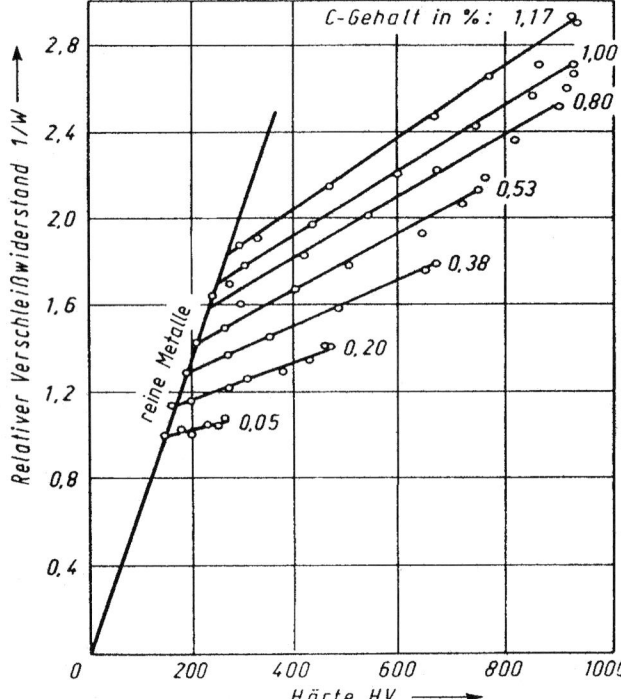

Bild 9.2.16
Furchungsverschleiß in der Verschleißhochlage in Abhängigkeit von der Stahlhärte (Khrushow und Soroko-Novickaja, 1955)

Kohlenstoff vergrößert einerseits die Verfestigungsfähigkeit von austenitischen Stählen, aber Kohlenstoff, Nickel und Mangan stabilisieren auch den Austenit. Metastabiler Austenit erhöht den Verschleißwiderstand, wenn er sich durch die tribologische Beanspruchung in Martensit umwandeln kann. So nimmt der Verschleißwiderstand von Manganstählen mit sinkendem Mangangehalt, d. h. abnehmender Stabilität des Austenits, zu (**Bild 9.2.18**). Wird der Austenit vor der tribologischen Beanspruchung durch Tiefkühlen in Martensit umgewandelt, so sinkt der abrasive Verschleißwiderstand. Primär und eutektisch erstarrte harte Phasen erhöhen den Verschleißwiderstand von Manganhartstahl, wenn die Furchungsbreite nicht größer als die Hartstoffphase ist (Berns u. Franke, 1986). Erfolgt die Beanspruchung durch bewegliche, abrasiv wirkende Partikel, so wird ebenfalls eine Verschleißtieflage-Verschleißhochlage-Charakteristik beobachtet (Wellinger u. Uetz, 1955). Da die Körner harte Carbide umgehen können, kommt den Eigenschaften der Matrix eine besondere Bedeutung zu, der Verschleißwiderstand steigt mit zunehmender Matrixhärte an.

Bei Strahlverschleißbeanspruchungen hängt das Verschleißverhalten stark vom Anstrahlwinkel ab (siehe Kapitel 5.4.6). Bei kleinen Anstrahlwinkeln wirkt sich eine Härtesteigerung von Stählen durch Wärmebehandlung nur wenig aus (**Bild 9.2.19**), bei großen Anstrahlwinkeln nimmt der Verschleißwiderstand sogar mit steigender Stahlhärte ab (**Bild 9.2.20**), weil hier der Mechanismus der Oberflächenzerrüttung dominiert, zu dessen Einschränkung die Zähigkeitseigenschaften von besonderer Bedeutung sind.

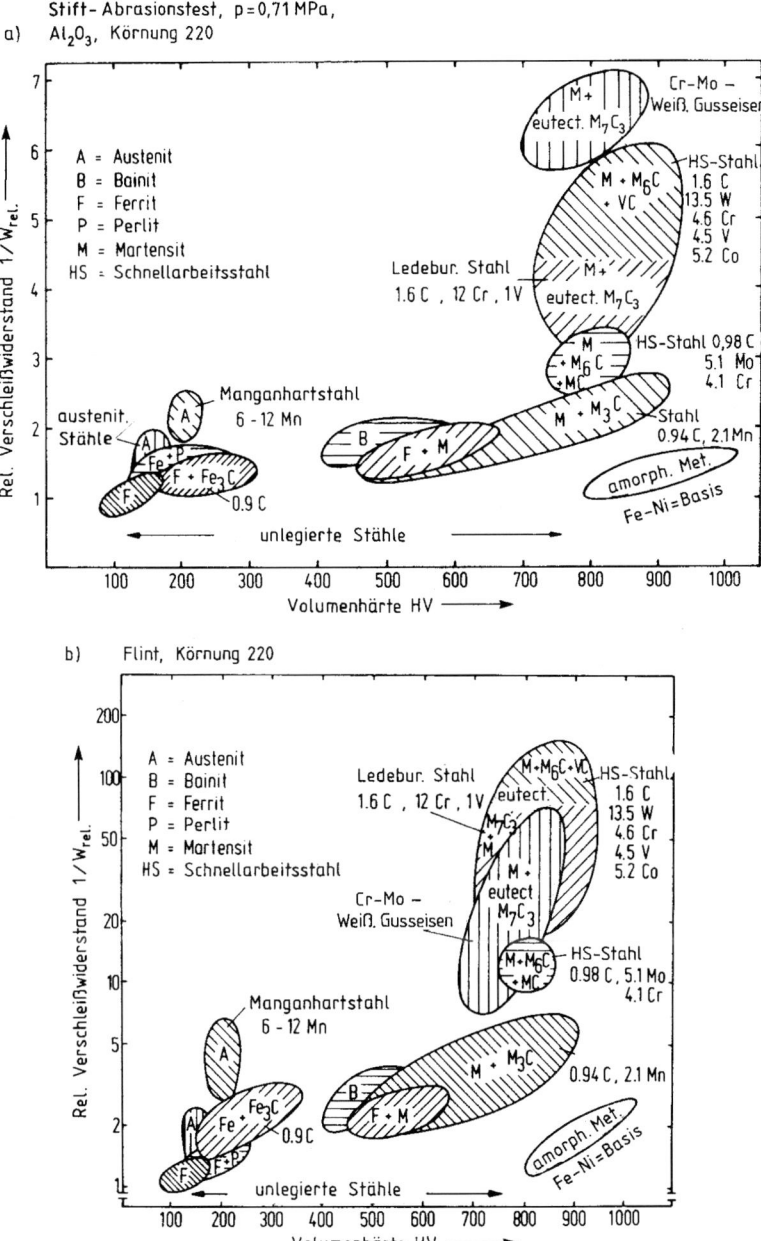

Bild 9.2.17   Furchungsverschleiß von Eisenwerkstoffen bei der Beanspruchung durch Korund (a) und Flint (b) (Zum Gahr, 1987)

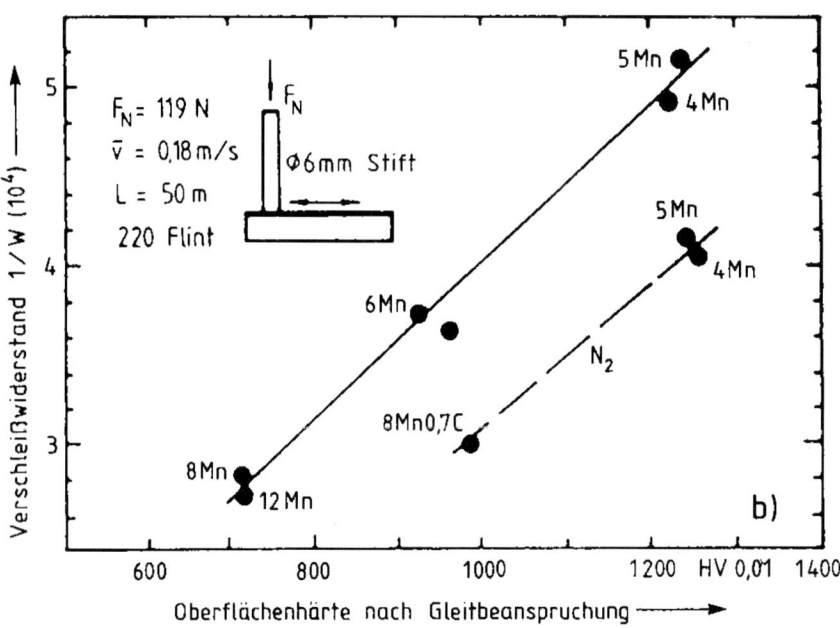

Bild 9.2.18   Furchungsverschleiß von Manganhartstählen (Jost und Schmidt, 1987)

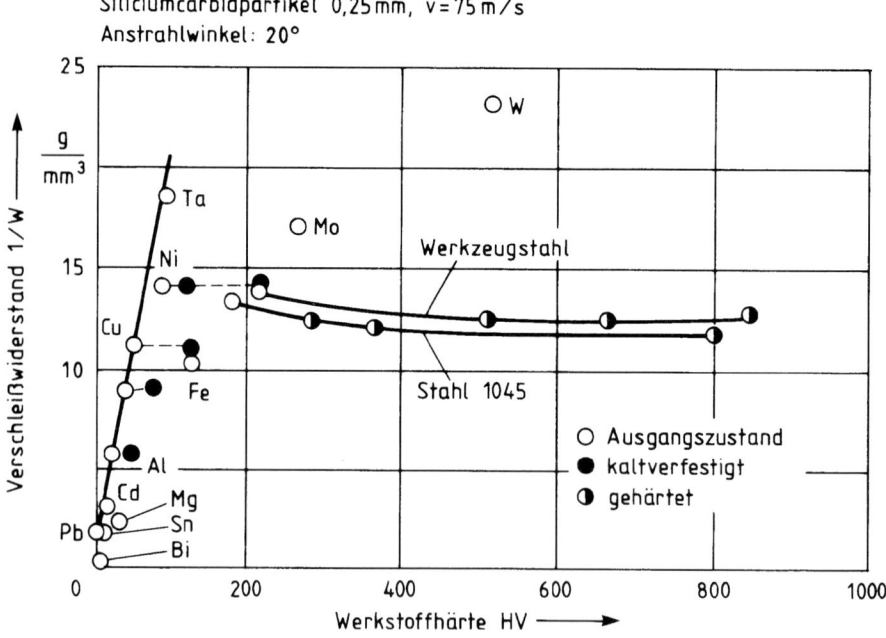

Bild 9.2.19   Strahlverschleiß von Stählen bei kleinem Anstrahlwinkel (Finnie, Wolak und Kabil, 1967)

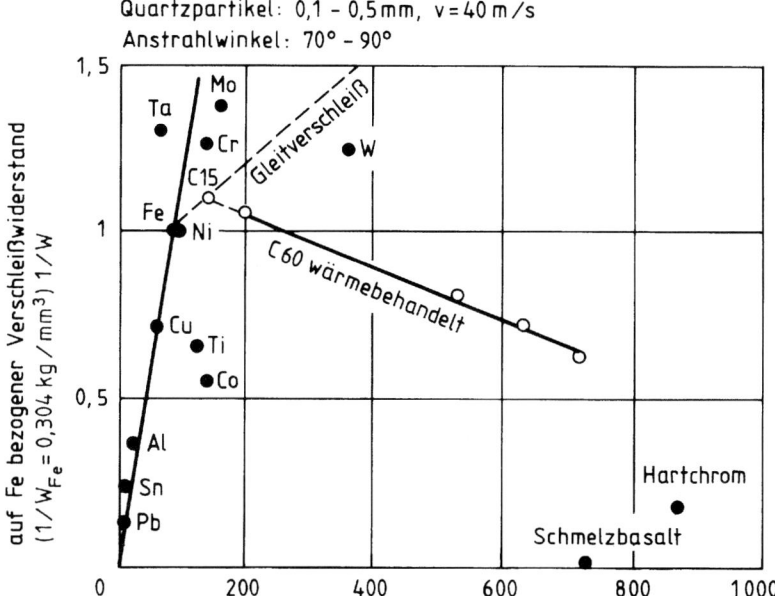

Quartzpartikel: 0,1 - 0,5mm, v = 40 m/s
Anstrahlwinkel: 70° - 90°

Bild 9.2.20   Strahlverschleiß von Stahl C60 bei großem Anstrahlwinkel (Uetz und Khosrawi, 1980)

Wälzverschleiß

Für Wälzbeanspruchungen von Maschinenelementen werden vor allem die in DIN 17230 genormten Stähle, insbesondere 100Cr6, und einsatzgehärtete Stähle verwendet. Unter geschmierten Bedingungen ist in der Regel die Grübchenbildung infolge Oberflächenzerrüttung der für die Lebensdauer bestimmende Verschleißmechanismus. Um einen hohen Widerstand gegenüber der Grübchenbildung zu erreichen, sollen die Wälzlagerstähle ein martensitisches Gefüge mit kleinen und gleichmäßig verteilten Carbiden besitzen, wobei die Härte zwischen 58 und 65 HRC liegt. Durch eine Verringerung der Verunreinigungen, die z. B. durch Vakuumumschmelzen erreicht werden kann, wird die Lebensdauer von Wälzlagern spürbar gesteigert. Besondere Warmformgebungsverfahren, wie z. B. „Ausforming", bei dem die Formgebung durch plastische Verformung im Bereich des metastabilen Austenits erfolgt, wodurch eine Martensitumwandlung bewirkt wird, steigern den Widerstand gegen Grübchenbildung beträchtlich. Dies soll vor allem auf eine Verringerung der Carbidkorngröße und auf eine gleichmäßige Verteilung der Carbide zurückzuführen sein (Bamberger, 1970).

Die Forderung nach höheren Betriebstemperaturen machte die Entwicklung von weiteren Stählen mit höheren Härtewerten, insbesondere bei höheren Temperaturen, erforderlich, siehe **Bild 9.2.21** und **Tabelle 9.2.8**. Für diese Anwendungen sind hoch stickstofflegierte martensitische Stähle entwickelt worden, die aufgrund ihrer Herstellung einen hohen Reinheitsgrad aufweisen und nur eine geringe Neigung zur Pittingbildung haben. Über entsprechende legierungsseitige Abstimmung von C und N und Wärmebehandlungen ist das sehr gute Verschleißverhalten unter Wälzverschleiß mit einer hohen Korrosionsbeständigkeit in wässrigen Medien und höheren Warmfestigkeit zu kombinieren (Berns 1998).

Tab. 9.2.8
Stähle für Wälzbeanspruchungen

Werkstoff	entspricht	Ca. maximale Betriebstemperatur in °C	Korrosionsbeständig in wässrigen Medien
	100Cr6 (1.3505)	150	–
AISI M-1	~ HS2-9-1 (1.3346)	480	–
AISI M-50	~ 80MoCrV42-16 (1.3551)	320	–
WB-49	~ X100WCoCrMo7-5-4-4	540	–
AISI 440C	~ X102CrMo17 (1.3543)	300	X
	X30CrMoN15-1 (1.4108)	500	XX

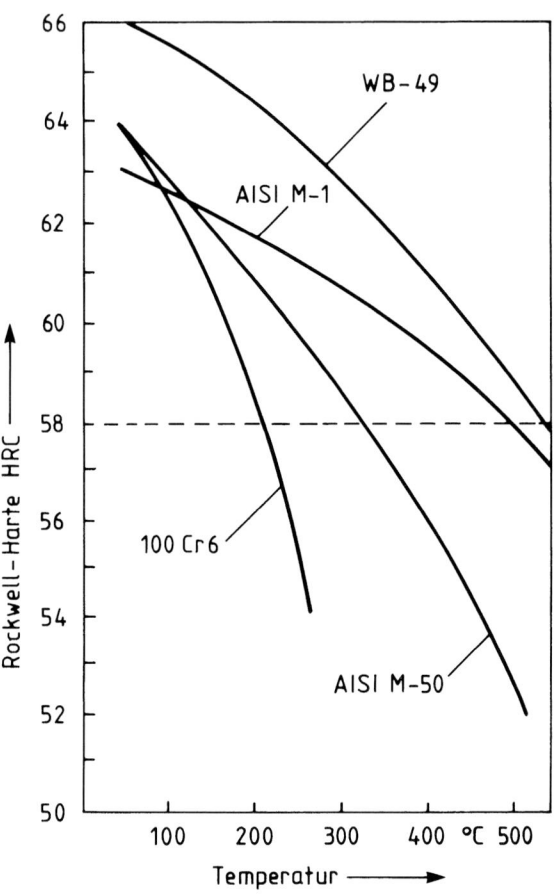

Bild 9.2.21   Temperaturabhängigkeit der Härte von Wälzlagerstählen (Zaretsky und Anderson, 1970)

Bei aufgekohlten Stählen hat die sich an das Härten anschließende Anlassbehandlung einen starken Einfluss auf die Grübchenbildung, wie mit Untersuchungen auf einer Amsler-Verschleißprüfmaschine unter Grenzreibung festgestellt wurde, siehe **Bild 9.2.22**. Probekörper aus aufgekohlten 16MnCr5, die nach dem Härten nicht oder bei 165 °C angelassen wurden, zeigen das beste Verhalten. Ein Anlassen bei 230 °C führte unter den gegebenen Bedingungen zu einem Anstieg des Verschleißbetrages infolge Grübchenbildung ab ca. 10^6 Überrollungen. Sehr nachteilig wirkt sich eine Randoxidation infolge einer fehlerhaften Wärmebehandlung aus.

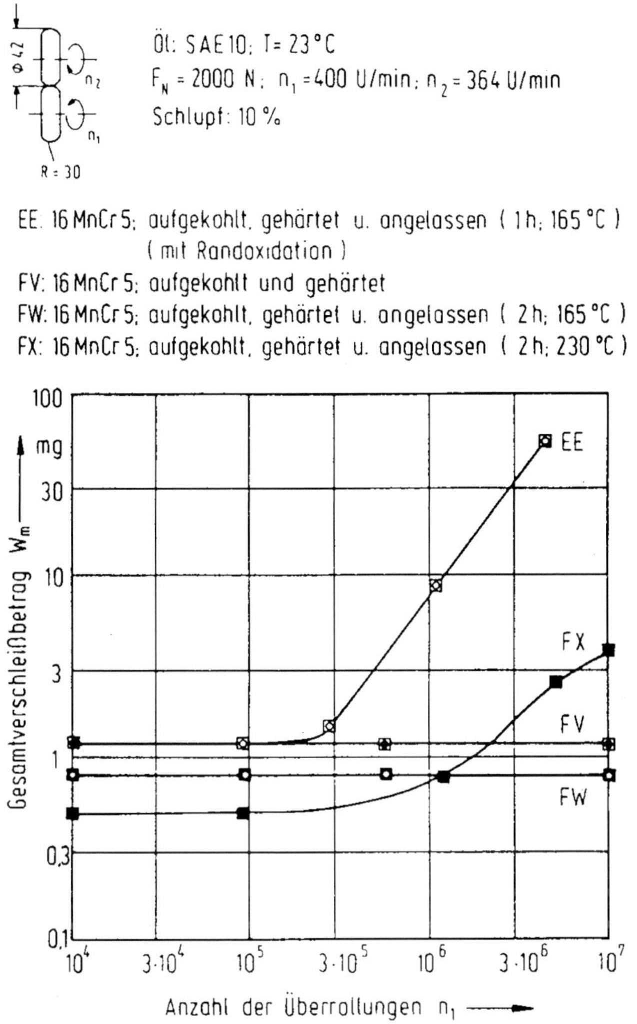
Ø 42
n_2
n_1
R = 30
Öl: SAE 10; T = 23 °C
F_N = 2000 N; n_1 = 400 U/min; n_2 = 364 U/min
Schlupf: 10 %
EE: 16 MnCr 5: aufgekohlt, gehärtet u. angelassen (1 h; 165 °C)
(mit Randoxidation)
FV: 16 MnCr 5: aufgekohlt und gehärtet
FW: 16 MnCr 5: aufgekohlt, gehärtet u. angelassen (2 h; 165 °C)
FX: 16 MnCr 5: aufgekohlt, gehärtet u. angelassen (2 h; 230 °C)
100
mg
30
10
3
1
0,3
0,1
Gesamtverschleißbetrag W_m
EE
FX
FV
FW
10^4
$3 \cdot 10^4$
10^5
$3 \cdot 10^5$
10^6
$3 \cdot 10^6$
10^7
Anzahl der Überrollungen n_1

Bild 9.2.22 Wälzverschleiß von einsatzgehärteten Stahlpaarungen

Wälzverschleiß tritt auch im System Rad/Schiene auf. Da Antriebs- und Bremskräfte vom Rad auf die Schiene übertragen werden müssen, darf die Reibungszahl einen Mindestwert nicht unterschreiten. Im Kontaktbereich zwischen Rad und Schiene herrschen hohe Spannungen, so dass elastische und während des Einlaufes auch plastische Verformungen auftreten, die Verfestigungen bewirken. Die elastischen Verformungen können Schwingungen hervorrufen, welche als die Ursache der Riffelbildung auf Schienen angesehen werden (Barwell, 1974). Da die Oberflächenbereiche von Rad und Schiene periodisch be- und entlastet werden, kann Verschleiß durch Oberflächenzerrüttung hervorgerufen werden. Sie tritt wegen des deutlich größeren Eingriffsverhältnisses bei den Rädern stärker als bei den Schienen in Erscheinung. Am Verschleiß der Schienen ist weiterhin die Tribooxidation in starkem Maße beteiligt (Dearden, 1960).

Für die Herstellung von Rädern und Schienen wird nur eine eng begrenzte Anzahl von Stählen verwendet. Dabei werden die Eigenschaften der Stähle nicht allein durch die Forderung nach einem hohen Verschleißwiderstand bestimmt. So müssen Schienenstähle einen ausreichend hohen Widerstand gegenüber plastischer Verformung besitzen, unempfindlich gegenüber Sprödbruch sein und sich plastisch verformen lassen.

Bei den überwiegend naturharten, d. h. im Walzzustand verwendeten Schienenstählen handelt es sich um unlegierte oder niedrig mit Mangan legierte Stähle mit Kohlenstoffgehalten zwischen 0,4 und 0,8 % die zum Teil zusätzlich Chrom und geringe Gehalte an Vanadin enthalten (Heller, Schmedders u. Klein, 1985). Zur Kennzeichnung der Eigenschaften von Schienenstählen wird primär die Zugfestigkeit verwendet, die in der Regel zwischen 700 und 1300 N/mm^2 liegt. Schienenstähle weisen im Allgemeinen ein ferritisch-perlitisches oder perlitisches Gefüge auf. Martensit ist wegen seiner Sprödigkeit unerwünscht (Schultheiß, 1976).

Auch die Bildung von Reibmartensit soll sich ungünstig auswirken, weil er sich wegen seiner hohen Härte wenig plastisch verformt und dadurch die Bildung von Rissen fördert (Rogers, 1975). Abweichend davon berichten Uetz, Nounou und Halach (1972), dass sich austenitische Auftragsschweißungen bewähren sollen, weil durch die tribologische Beanspruchung Martensit gebildet wird.

Für die Räder werden unlegierte Stähle mit Kohlenstoffgehalt zwischen 0,4 und 0,7 % und Mangangehalten bis rund 1 % eingesetzt. In Sonderfällen werden auch legierte Stähle wie z. B. 50CrMo4 oder 58CrMo4 benutzt (Vogt, Forch u. Oedinghofen, 1985). Umfangreiche Untersuchungen an Stählen für Räder und Schienen wurden von Krause und Scholten (1975) veröffentlicht. Die Untersuchungen wurden mit einer Amsler-Verschleißprüfmaschine durchgeführt. Danach hängt der Verschleiß vor allem von dem sich in einer Wärmebehandlung einstellenden Sekundärgefüge ab. So traten für die gewählten Beanspruchungsbedingungen die geringsten Verschleißbeträge auf, wenn der Stahl des antreibenden Prüfkörpers ein bei hinreichend hohen Temperaturen angelassenes Vergütungsgefüge ohne sonstige Gefügebestandteile, besonders ohne größere Perlitanteile, aufweist und der bremsende Prüfkörper aus einem Stahl etwa gleicher Festigkeit besteht, unabhängig von der Gefügeausbildung.

Dagegen sind hohe Verschleißbeträge immer dann zu erwarten, wenn perlitische Stähle gleicher Festigkeit kombiniert werden oder aber ein Prüfkörper des Wälzreibungssystems aus einem lediglich gehärteten bzw. bei nur niedrigen Temperaturen angelassenem Stahl sehr hoher Festigkeit besteht. – Inwieweit diese Ergebnisse auf das System Rad/Schiene übertragen werden können, bleibt nachzuprüfen, da die Eingriffsverhältnisse im Prüfsystem und im realen System stark unterschiedlich sind.

Zum Gahr (1987) berichtet über Wälzverschleißuntersuchungen an 90MnCrV8, bei dem unterschiedliche Restaustenitgehalte oder Carbidgehalte eingestellt wurden. Der Verschleiß nahm mit steigendem Restaustenit- und Carbidgehalt zu.

9.3 Eisen-Kohlenstoff-Gusswerkstoffe

Die Eisen-Kohlenstoff-Gusswerkstoffe sind für tribologisch beanspruchte Bauteile von großer Bedeutung. Eine Übersicht über die verschiedenen Gusseisensorten gibt **Bild 9.3.1**.

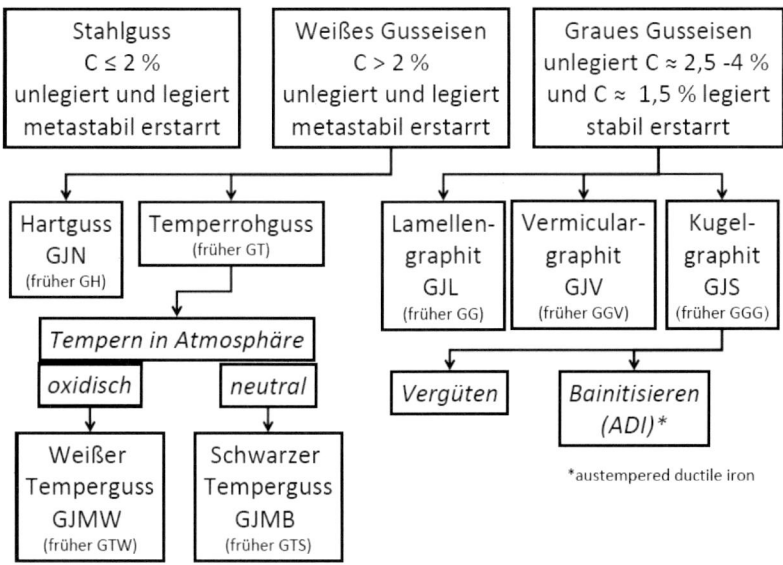

Bild 9.3.1   Übersicht über die verschiedenen Gusseisensorten

Nachfolgend werden die Einsatzmöglichkeiten dieser Werkstoffgruppe bei folgenden Beanspruchungen dargestellt:

- Gleitbeanspruchungen
- Furchungsbeanspruchungen
- Kerbbeanspruchungen
- Mahlbeanspruchungen
- Wälzbeanspruchungen

Gleitreibung und -verschleiß

Für Gleitbeanspruchungen hat sich in vielen Fällen Gusseisen mit Lamellengraphit bewährt. Beispiele hierfür sind Werkzeugmaschinenführungen, Bremsscheiben oder Zylinderlaufbahnen von Verbrennungsmotoren.

Bei Mangelschmierung und Trockenlauf ist häufig die Fressneigung von Werkstoffpaarungen für das funktionelle Verhalten entscheidend. Opitz, Hensen und Domrös (1965) führten Untersuchungen bei Festkörperreibung in Abhängigkeit von der Pressung durch. Das „Fressen" wurde durch den spontanen Anstieg der Reibungszahl gekennzeichnet. Die für verschiedene

Paarungen ermittelten Fresslasten sind in **Bild 9.3.2** dargestellt. Danach erreichen die Paarungen von Rotguss, Bleibronze und Weißmetall mit Grauguss besonders hohe Fresslasten. Die Graphitlamellen des Graugusses wirken in gewissem Maße als Festschmierstoff. La Belle (1961) bestimmte das Fressverhalten von Werkstoffpaarungen mit Grauguss in motorischen Untersuchungen. Im Vergleich zu Stahl wurde die Fresslast deutlich angehoben. Gusseisen mit Typ A Graphit (gleichförmige Verteilung, stochastische Orientierung) hatte eine höhere Fresslast als Gusseisen mit Typ D Graphit (zwischendendritische Ausscheidungen, regellose Orientierung). Vom Matrixgefüge her wurde mit angelassenem Martensit (39 bis 41 HRC) die höchste Fresslast erreicht.

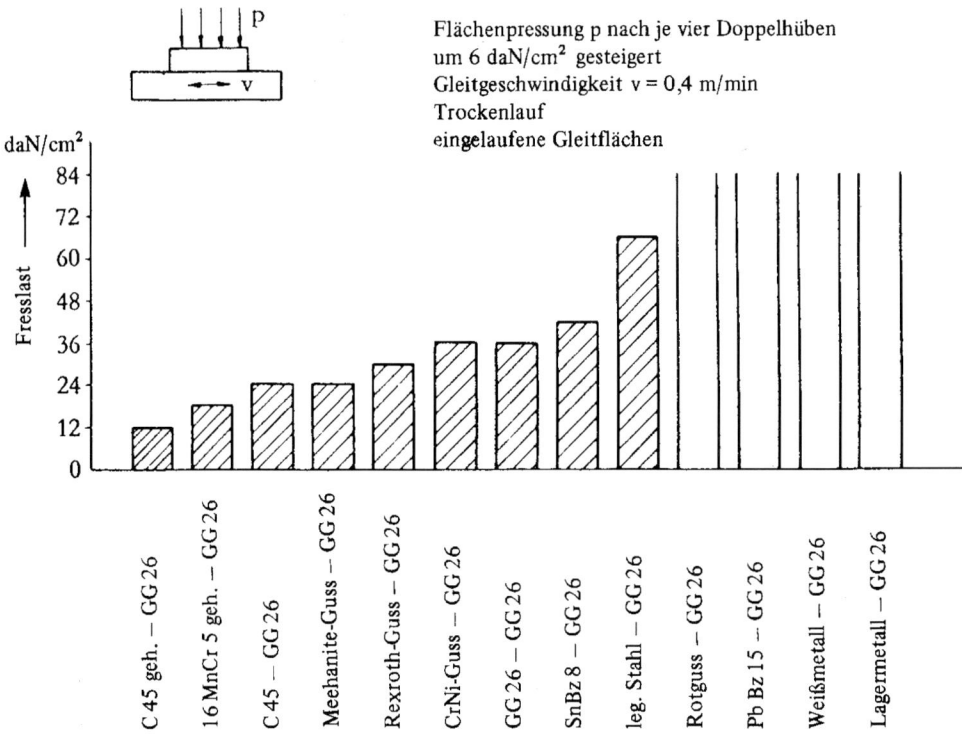

Bild 9.3.2   Fressneigung von Gleitpaarungen mit Gusseisen bei Festkörperreibung (Opitz, Hensen und Domrös, 1965)

Durch die im Gefüge eingelagerten Graphitlamellen wird eine Dämpfung von Schwingungen erzielt. Daher werden die Stick-Slip-Amplituden (vgl. Abschnitt 4.4.3) durch die Verwendung von Paarungen mit Grauguss vermindert, siehe **Bild 9.3.3**.

Über Verschleißuntersuchungen an unterschiedlichen Gusseisensorten berichtet Stähli (1965; **Bild 9.3.4**). Bei den meisten untersuchten Gusseisensorten nimmt der Verschleißbetrag geringfügig mit steigender Härte zu. Aus dem Rahmen fallen die mit CS bezeichneten Gusseisen mit Kugelgraphit. Der hohe Verschleißbetrag der Sorten C10S und C7S ist eine Folge der ferritischen bzw. austenitischen Matrix, die zur Adhäsion neigt. Die Sorten C8S und C9S mit ferritisch-perlitischem bzw. perlitischem Gefüge haben einen wesentlich niedrigeren Verschleiß, weil der heterogene Perlit dem entgegenwirkt. Durch den Zusatz von 0,1 % Zinn kann der Perlitanteil auf Kosten des Ferrits noch wesentlich erhöht werden, was eine weitere, erhebliche Abnahme des Verschleißes zur Folge hat (Montgomery, 1973).

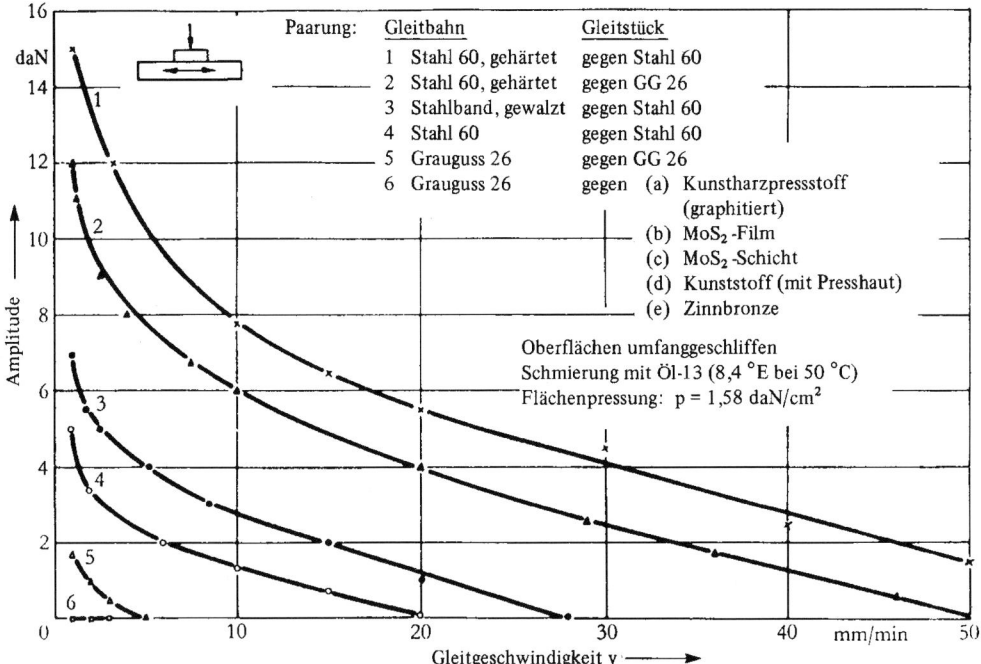

Bild 9.3.3   Stick-slip Amplituden verschiedener Werkstoffpaarungen (Opitz, Hensen und Domrös, 1965)

Tomlinson und Dennison (1989) untersuchten den Einfluss von Phosphor (0,2 und 1 %) auf den Verschleiß von Gusseisen mit Lamellengraphit und Matrixgefügen aus Perlit, Ferrit, Martensit und angelassenem Martensit bei einer Gleitgeschwindigkeit von 1,5 m/s und Pressungen von 0,5 und 2.0 MPa. Die Untersuchungen führten zu folgenden Ergebnissen:

 – Bei einer perlitischen Matrix bewirkt die Erhöhung des Phosphorgehaltes von 0,2 auf 1,0 % eine Verminderung des Verschleißes. Die Verschleißminderung soll durch die Anwesenheit eines kontinuierlichen Phosphidnetzwerkes bewirkt werden.

 – Bei Gusseisen mit 1 % P nimmt der Verschleiß mit zunehmender Härte ab, und zwar in der Reihenfolge der Matrixgefüge: Ferrit, Perlit, angelassener Martensit, Martensit.

 – Der Verschleiß des perlitischen Gusseisens mit 0,2 % P wird hauptsächlich durch Deformation und Bruchvorgänge hervorgerufen. Bei höheren Belastungen wird auch ein Schmelzen des Phosphids beobachtet.

– Der Verschleiß des perlitischen und des ferritischen Gusseisens mit 1 % P wird auch durch Deformation und Bruchvorgänge bewirkt.

– Gusseisen mit 1 % P und einem Matrixgefüge aus angelassenem Martensit unterliegt bei hohen Belastungen der Tribooxidation ohne Anzeichen von plastischer Verformung und Bruchvorgängen.

– Der Verschleiß von martensitischem Gusseisen mit 1 % P erfolgt bei niedrigen Belastungen durch Tribooxidation und bei hohen Belastungen durch Bruchvorgänge.

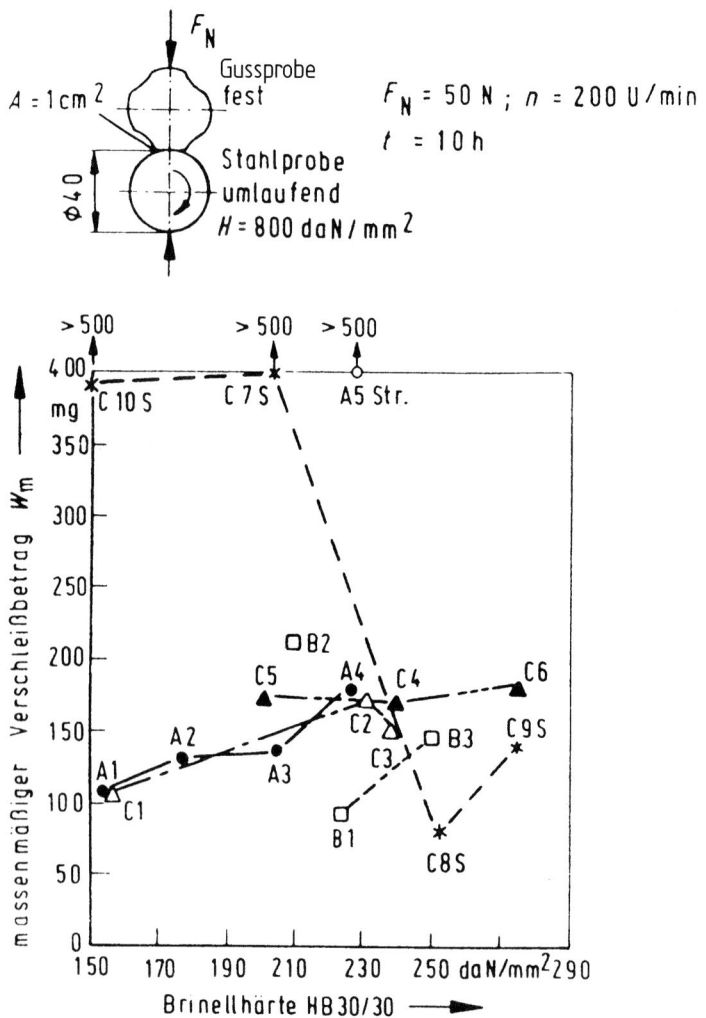

Bild 9.3.4
Gleitverschleiß verschiedener Gusseisensorten (Stähli, 1965)

Tab. 9.3.1   Werkstoffe zu Bild 9.3.4

Gießerei Gussart Rohgussform	Proben-bezeichnung	Chemische Zusammensetzung in %								
		C	Si	Mn	P	S	Cr	Ni	Cu	Mo
A Gusseisen mit Lamellengraphit Gussbarren, 40 mm Ø, Sandguss	A₁ •	3,48	2,47	0,47	0,19					
	A₂ •	3,36	2,11	0,45	0,13					
	A₃ •	3,24	1,85	0,46	0,14					
	A₄ •	3,22	1,95	0,47	0,12		0,51	1,43		
A Strangguss, 54 mm Ø	A₅Str. o	3,42	2,69	0,40	0,11		0,27			
B Gusseisen mit Lamellengraphit Barren, 45 Ø	B₁ □	2,90	1,53	0,79	0,23	0,12	0,12	0,12		0,65
	B₂ □	2,97	2,21	0,58	0,18	0,12	0,61	1,75		0,83
B Gusseisen mit Lamellengraphit Scheiben, 100 mm Ø, 11 mm dick	B₃ □	3,04	2,27	0,66	0,15	0,12	0,12	0,12		0,35
C Gusseisen mit Lamellengraphit Scheiben, 60 mm Ø, 15 mm dick	C₁ △	3,64	2,70	0,42	0,36	0,08				
	C₂ △	3,28	1,92	0,71	0,10	0,02				
	C₃ △	3,34	1,59	0,68	0,07	0,10				
C Gusseisen mit Lamellengraphit Scheiben, 60 mm Ø, 15 mm dick	C₄ ▲	3,25	1,90	0,67	0,11	0,02			0,53	
	C₅ ▲	3,65	1,65	0,69	0,25	0,04	0,10		0,51	
	C₆ ▲	3,43	1,06	0,62	0,05	0,01			1,92	0,23
C Gusseisen mit Kugelgraphit Scheiben, 60 mm Ø, 15 mm dick	C₇S *	3,54	2,77	0,33	0,05	0,01				
	C₈S *	3,53	2,81	0,33	0,05	0,01				
	C₉S *	3,48	2,77	0,33	0,05	0,008				
	C₁₀S *	2,77	2,63	1,98	0,06	0,01		17,68	2,52	

Wilson und Eyre (1969) fanden für Gusseisen mit Kugelgraphit einen starken Einfluss des Matrixgefüges, sofern der Verschleißbetrag in einer Tieflage war. Der niedrigste Verschleiß trat bei Gusseisen mit bainitischer Matrix auf, siehe **Bild 9.3.5**. Durch die Bainitisierung steigt die Härte auf 5.600-7.000 MPa (Wendt, 1999 und Chobaut, 1999). Für die Anwendungs- oder Blitztemperatur muss die Umwandlungstemperatur des Bainits von 430-480 °C berücksichtigt werden. Leech (1986) beobachtete bei Gusseisen mit Lamellen- oder Kugelgraphit eine Erhöhung der Übergangsbelastung in die Verschleißhochlage und eine Erhöhung des Verschleißwiderstandes in der Hochlage mit zunehmendem Abstand der Graphiteinlagerungen. Durch ein Laserumschmelzen der Randschicht, das zu einem ledeburitischen Gefüge führt, konnte der Anstieg in die Verschleißhochlage unterdrückt werden. Die positive Wirkung des Laserstrahlumschmelzens wird durch Untersuchungen von Molian und Baldwin (1986) bestätigt; außerdem soll der Widerstand gegenüber adhäsiv bedingtem Fressen erhöht werden. Auf der laserumgeschmolzenen Oberfläche soll sich eine geschlossene, gut haftende Oxidschicht ausbilden, die für das günstige Verschleißverhalten verantwortlich ist; auf unbehandeltem Gusseisen bilden sich dagegen nur lose oxidische Verschleißpartikel, die nicht schützend wirken.

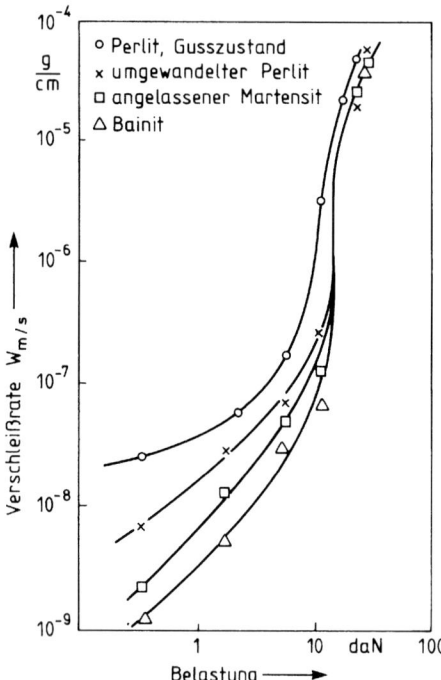

Bild 9.3.5
Einfluss des Gefüges der Matrix auf den Verschleiß von Gusseisen (Wilson and Eyre, 1969)

Leach und Borland (1983) untersuchten den Einfluss des Volumenanteils und der Größe der Graphitlamellen auf den Verschleiß. In einer Versuchsreihe wurde der Graphitanteil von untereutektischem Gusseisen durch die Variation des Kohlenstoffgehaltes zwischen 2,9 und 3,4 % verändert. In einer zweiten Serie wurde bei annähernd konstantem Kohlenstoffgehalt die Größe der Graphitlamellen variiert. Durch eine Steigerung der Belastung wurde ein Übergang von einer Verschleißtieflage in eine Verschleißhochlage hervorgerufen, wobei der Verschleißbetrag um zwei Größenordnungen anstieg. Unterhalb der Übergangsbelastung entstanden relativ glatte Verschleißflächen, oberhalb der Übergangsbelastung wurden die Gleitflächen stark geschädigt.

In **Bild 9.3.6** sind die Übergangsbelastung und der in der Hochlage gemessene Verschleißwiderstand dargestellt. Zum Vergleich sind auch an Stahl AISI 9260 (50Si7) gewonnene Ergebnisse eingetragen. Oberhalb eines Kohlenstoffgehaltes von 3 % nehmen Verschleißwiderstand und Übergangsbelastung stark ab. Durch den zunehmenden Anteil von Graphitlamellen, die als innere Kerben wirken, wird die Rissbildung bei hohen Belastungen begünstigt. Es sieht so aus, dass bei niedrigen Kohlenstoffgehalten Graphit die Übergangsbelastung und den Verschleißwiderstand erhöht. Beide Größen nehmen mit steigender Größe der Graphitlamellen zu; möglicherweise sinkt wegen der gleichzeitig verringerten Anzahl der Kerben die Anzahl der Risse. In der Verschleißtieflage war dagegen kein Einfluss von Graphitgehalt und Graphitgröße festzustellen.

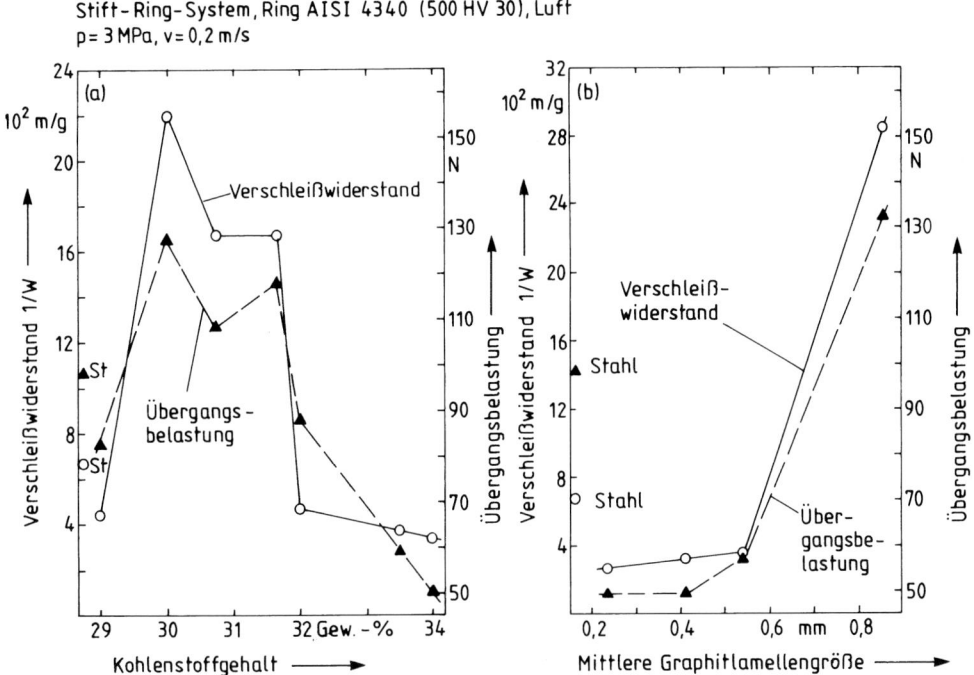

Bild 9.3.6   Verschleißwiderstand und Übergangsbelastung in die Verschleißhochlage in Abhängigkeit vom Kohlenstoffgehalt (a) und von der Graphitlamellengröße (b) (Leach und Borland, 1983)

Rac (1985) berichtet über die Ergebnisse von Verschleißuntersuchungen an Gusseisen mit Lamellen- oder Kugelgraphit bei Festkörperreibung. Unter den meisten Bedingungen hatte Gusseisen mit Kugelgraphit einen höheren Verschleißwiderstand als Gusseisen mit Lamellengraphit; nur bei niedrigen Belastungen und hohen Geschwindigkeiten war Gusseisen mit Lamellengraphit überlegen. In **Bild 9.3.7** und **Bild 9.3.8** sind die p·v-Diagramme wiedergegeben, welche die bevorzugten Einsatzbereiche für beide Gusseisen zeigen.

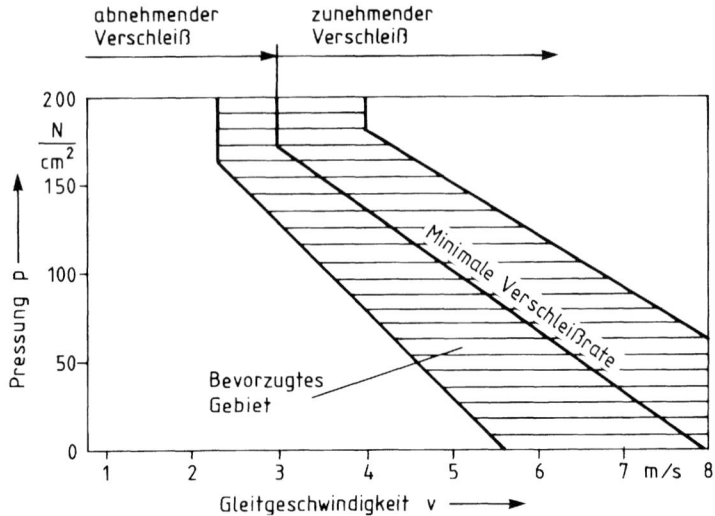

Bild 9.3.7   p·v-Diagramm für Gusseisen mit Lamellengraphit bei Festkörperreibung (Rac, 1985)

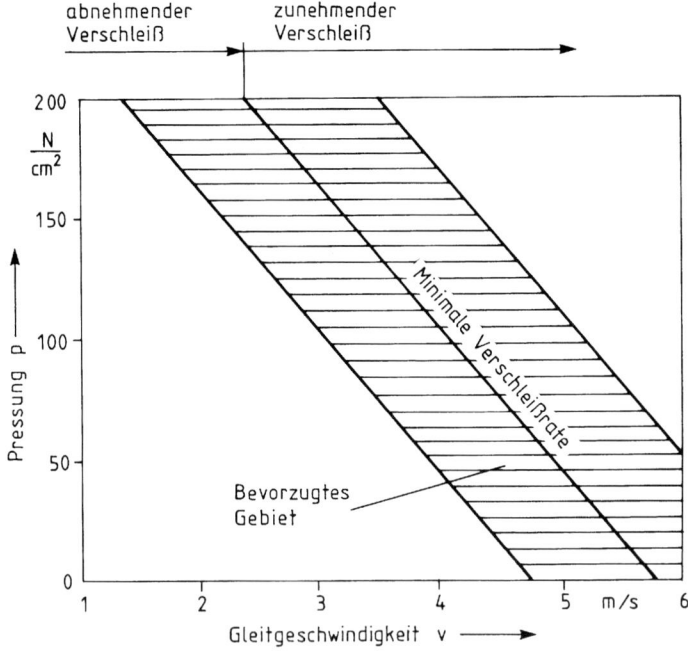

Bild 9.3.8   p·v-Diagramm für Gusseisen mit Kugelgraphit bei Festkörperreibung (Rac, 1985)

Wolf und Winkler (1989) führten reversierende Gleitverschleißuntersuchungen mit Gusseisen-paarungen durch, wobei eine Schmierung mit einem Gleitbahnöl erfolgte, siehe **Bild 9.3.9**. Den geringsten Verschleiß hatte die Paarung, bei der ferritisch-perlitisches Gusseisen mit Kugelgraphit (GGG) für die Ober- und Unterprobe verwendet wurde. Die Verschleißbeträge dieser Paarung betragen nur etwa 75 % der Paarung von perlitischem Gusseisen mit Lamellengraphit (GGL/GGLK). Dieses Ergebnis ist auf den ersten Blick überraschend, da GGG ein Perlit-Ferrit-Verhältnis von ca. 1:1 aufweist. Demgegenüber waren die Proben aus GGL fast vollkommen perlitisch; GGLK hatte einen Zementitanteil von bis zu 10 %.

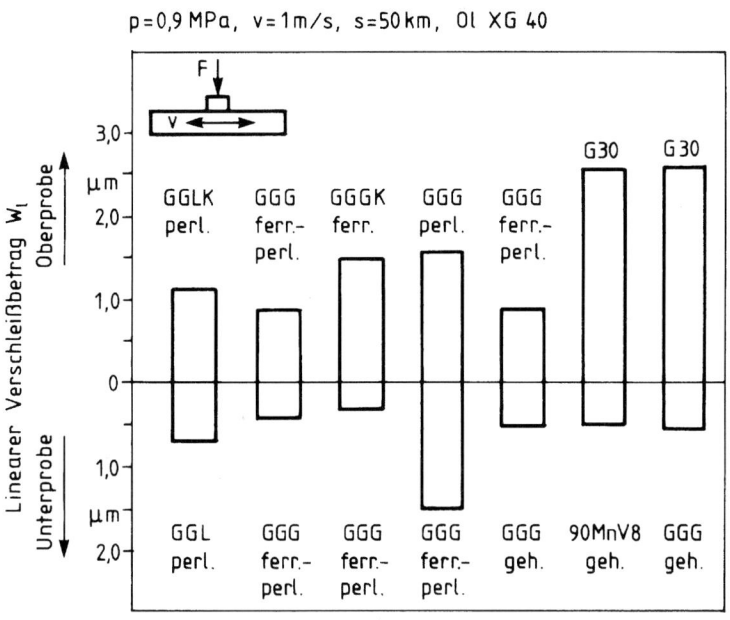

Bild 9.3.9   Reversierender Verschleiß von Gleitpaarungen mit Gusseisen (Wolf und Winkler, 1989)

Da im Allgemeinen beobachtet wird, dass perlitische Gefüge einen höheren Verschleißwiderstand als ferritische Gefüge haben, kann – wie oben schon erwähnt – angenommen werden, dass das günstigere Verschleißverhalten des ferritisch-perlitischen GGG in erster Linie durch die globulare Graphitform beeinflusst wird. Der hierdurch bedingte erhöhte Widerstand gegen Ermüdungsprozesse könnte vor allem bei längeren Laufzeiten zu einer Erhöhung der kritischen Kontaktlängen der Rauheitshügel führen, ehe Verschleißpartikel abgetrennt werden.

Das Anlegen von Kühlkokillen an GGG-Führungsbahnen bei der Gussstückherstellung (Variante GGGK) und die damit verbundenen feinen Graphitausscheidungen sowie der sehr hohe Ferritanteil (95 %) führen zu erhöhten Verschleißbeträgen, die aber immer noch im Bereich der Paarung GGLK/GGL liegen. Deutlich höhere Verschleißbeträge als bei GGL-Paarungen treten bei der Paarung mit perlitischem GGG auf, das aus fein- bis feinstlamellarem Perlit hoher Härte besteht.

Für den hohen Verschleiß dürften die hohen Oberflächenrauheiten verantwortlich sein, die abrasive Verschleißprozesse fördern, siehe Tabelle 9.3.2. Zusätzlich können die sich bildenden harten Verschleißpartikel, die sich im weicheren Gegenkörperwerkstoff einlagern, die Abrasion verstärken.

Tab. 9.3.2   Werkstoffe zu Bild 9.3.9

Proben-bezeichnung	Grundgefüge	Härte	durchschnittl. Ausgangsrauheiten		
			R_m in µm	R_{m5} in µm	R_a in µm
GGG ferr.-perl.	50% Ferrit	184...206 HB	2,5	2,0	0,34
GGGK ferr.	>95% Ferrit	161...198 HB	5,8	4,1	0,55
GGG perl.	>95% Perlit	270...330 HB	4,3	3,2	0,43
GGG geh.	>90% Martensit	47...48 HRC	2,2	1,5	0,21
GGL perl.	>99% Perlit	184...196 HB	2,5	2,0	0,31
GGLK perl.	>90% Perlit	230...280 HB	1,7	1,5	0,25
	<10% Zementit				
90MnV8 geh.	>99% Martensit	60...63 HRC	2,1	1,7	0,30

Ein Härten der GGG-Unterproben bewirkte unter den gegebenen Bedingungen keine Verschleißminderung. Auch bei der Paarung mit einem Expoxidharzbelag (Epasol G30) ist im Vergleich zu gehärtetem Stahl 90MnV8 kein Unterschied feststellbar.

Aus den vorangehend geschilderten, nicht völlig übereinstimmenden Untersuchungsergebnissen lassen sich zusammengefasst folgende Schlüsse ziehen:

- – Durch den Einsatz eines Gleitpartners aus Gusseisen mit Lamellengraphit kann ein hoher Widerstand gegenüber adhäsiv bedingtem Fressen erreicht werden.
- – Stick-slip-Erscheinungen werden durch den Einsatz von Gusseisen mit Lamellengraphit ebenfalls eingeschränkt.
- – Hinsichtlich des Verschleißwiderstandes verhält sich Gusseisen mit Kugelgraphit in der Regel besser als Gusseisen mit Lamellengraphit.
- – Vom Matrixgefüge wirken sich Ferrit und Austenit negativ auf das Verschleißverhalten aus. Perlit, Bainit und Martensit können einen hohen Verschleißwiderstand bewirken, wobei die Bewertungsfolge der Gefügebestandteile offenbar von den Beanspruchungsbedingungen abhängt.

Furchungsverschleiß

Für Furchungsbeanspruchungen werden höher legierte Gusseisen mit eingelagerten Carbiden eingesetzt. Die Grundlage der Verschleißbeständigkeit von Gusseisen bilden graphitfreie Gefüge mit Sonderkarbiden, welche auch als Hartguss bezeichnet werden (Röhrig, 1999). Mit steigender Härte des angreifenden Abrasivkornes ist mit einem Anstieg von einer Verschleiß-tieflage in eine Verschleißhochlage zu rechnen. Sind in der Matrix harte Carbide eingelagert, so erfolgt der Anstieg im Vergleich zu Stählen allmählich über einen größeren Abrasivkorn-härtebereich, siehe **Bild 9.3.10**.

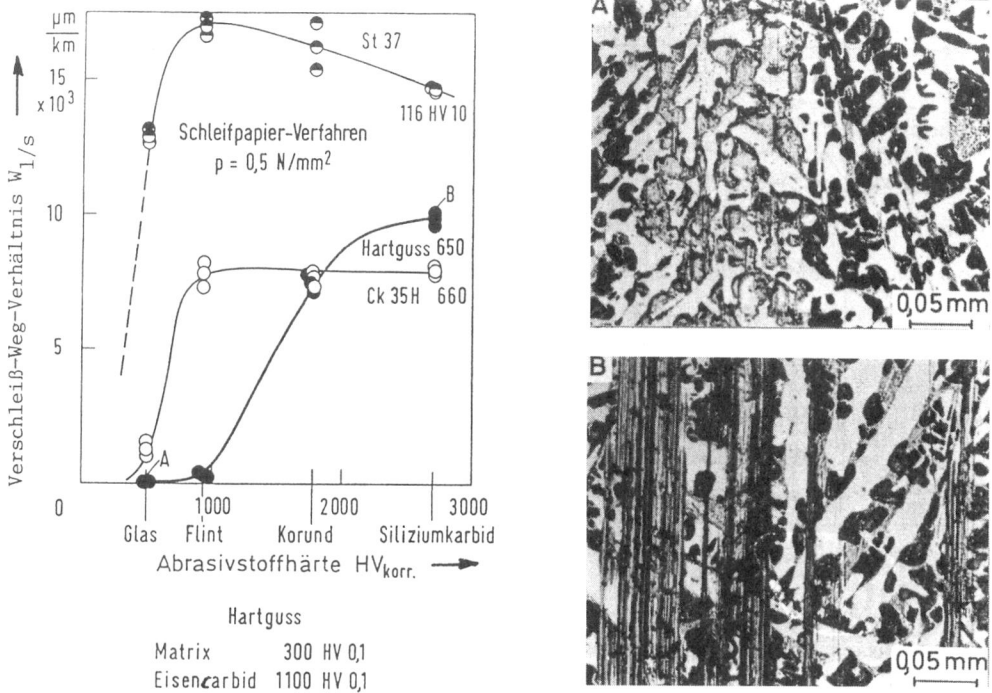

Bild 9.3.10 Verschleiß-Tieflage-Hochlage-Charakteristik von Hartguss und Stählen (Uetz, 1986)

In **Bild 9.3.11** ist vergleichend der Verschleiß von unterschiedlichen Gusseisensorten, Man-ganhartstahl, Warmarbeitsstahl und Hartmetall über der Pressung aufgetragen, wobei die Ver-schleißbeanspruchung durch Korundschleifpapier erfolgte (Zum Gahr, 1987). Den niedrigsten Verschleiß hatte Hartmetall gefolgt von weißem Gusseisen mit 45 % Carbidanteil M_7C_3. Hier-bei handelt es sich um Chrom-Molybdän-Gusseisen, die als Werkstoffe mit hohem Ver-schleißwiderstand im Bergbau und bei der Erdbearbeitung eingesetzt werden. Der Verschleiß-widerstand beruht primär auf dem hohen Gehalt an primären und eutektischen Carbiden der Zusammensetzung $(Fe,Cr)_7C_3$ mit einer Härte von 1500-1800 HV, die in einer martensitischen oder austenitischen Matrix eingebettet sind. Die Härte dieser Carbide liegt deutlich über der Härte von Quarz mit ca. 1000 HV.

Die Abhängigkeit des Verschleißes vom Carbidanteil geht aus **Bild 9.3.12** hervor (Zum Gahr, 1987). Danach wird offenbar bei ca. 40 % Carbidanteil ein Verschleißminimum erreicht. Bei niedrigen Carbidgehalten ist eine austenitische Matrix einer martensitischen überlegen, wenn eine Verfestigung des Austenits durch die tribologische Beanspruchung erfolgt.

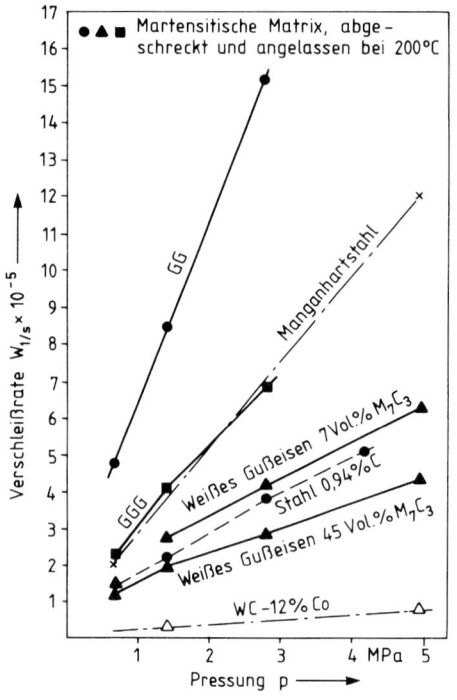

Bild 9.3.11
Furchungsverschleiß unter-
schiedlicher Werkstoffe
(Zum Gahr, 1987)

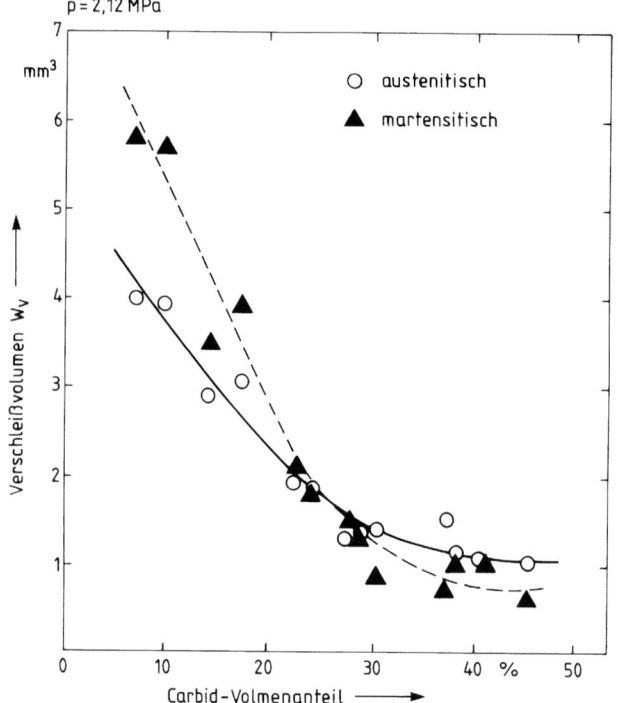

Bild 9.3.12
Furchungsverschleiß von Guss-
eisen in Abhängigkeit vom
Carbidanteil (Zum Gahr, 1987)

Ob der Verschleiß mit zunehmendem Carbidanteil reduziert wird, hängt vom Verhältnis der Härte des angreifenden Abrasivkorns zur Härte der Carbide ab. Während bei Beanspruchungen durch Flint- und Korundkörner die Verschleißminderung sehr ausgeprägt ist, kann der Verschleiß durch harte Siliciumcarbidkörner mit zunehmendem Carbidanteil ansteigen, **Bild 9.3.13**. Beim Angriff durch die weicheren Abrasivkörner wird der Verschleiß vor allem durch Mikropflügen verursacht; harte Abrasivkörner bewirken Mikrospanen oder Mikrobrechen.

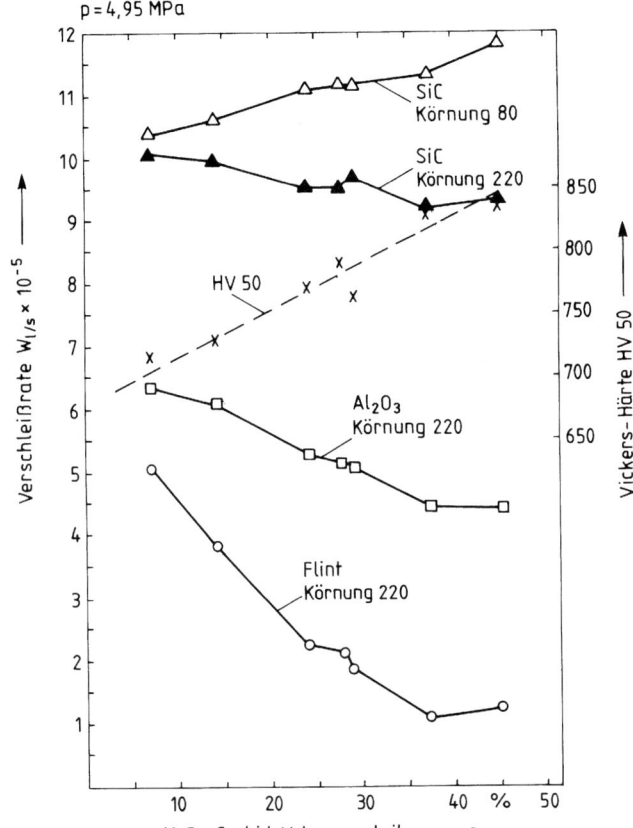

Bild 9.3.13
Furchungsverschleiß von Gusseisen in Abhängigkeit vom Carbidanteil bei verschiedenen Abrasivstoffen (Zum Gahr, 1987)

Erfolgt die Beanspruchung durch mehr oder weniger frei bewegliche Abrasivpartikel, so können sich die Werkstoffeinflüsse durchaus ändern. Borik (1970) beobachtete im Gummiradverschleißtest, bei dem Abrasivkörner der Kontaktfläche zwischen einem Gummirad und dem zu untersuchenden Werkstoff zugeführt werden, dass das Verschleißminimum schon bei 35 % Carbidanteil auftritt, wobei eine austenitische Matrix durchweg zu einem höheren Verschleißbetrag als eine martensitische Matrix führt, siehe **Bild 9.3.14**. Nach Untersuchungen von Garber et al. (1969) soll der Verschleißwiderstand linear mit steigender Matrixhärte zunehmen. Von Bedeutung kann auch die Wärmebehandlung sein, mit der ein bestimmter Gefügezustand erzeugt wird (Berezovski et al., 1966). So soll ein durch schroffes Abschrecken und anschließendes Anlassen gebildetes Gefüge weniger verschleißbeständig sein als ein ähnliches Gefüge gleicher Härte, das durch isotherme Umwandlung gebildet wird.

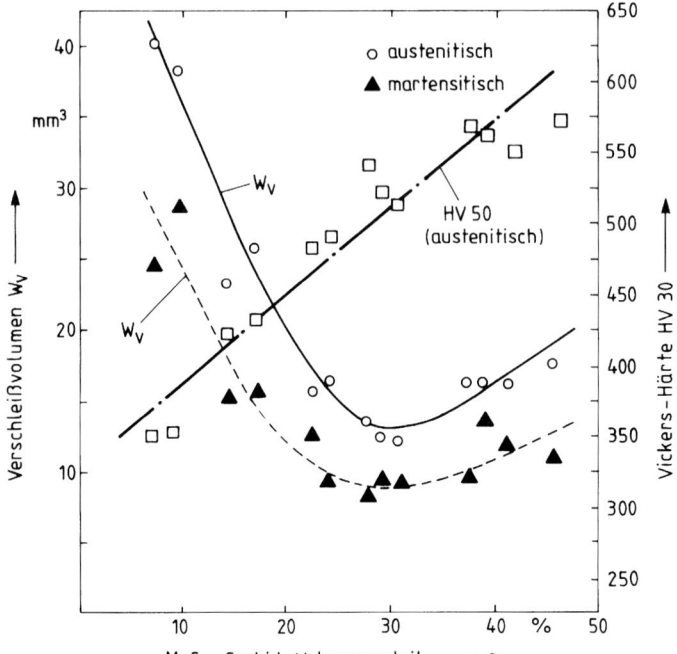

Bild 9.3.14
Furchungsverschleiß von weißem Gusseisen im Gummiradverschleißversuch (Borik, 1970)

Häufig überlagern sich abrasive und korrosive Beanspruchungen. Bei Beanspruchungen in nassem Sand nimmt der Verschleiß mit zunehmendem Chromgehalt des Gusseisens ab (Krainer, Kos u. Kumstorny, 1976). Bei Gusseisen mit 28 % Cr und unterschiedlichen Kohlenstoffgehalten hängt das abrasiv-korrosive Verhalten vom Chrom-Kohlenstoffverhältnis ab. In neutralen und basischen Medien nimmt der Verschleiß mit steigendem Cr/C-Verhältnis zu, in sauren Medien wird ein gegenläufiges Verhalten beobachtet (Lin u. Quingde, 1987).

Kerbverschleiß/Mahlverschleiß

Kerbverschleiß kann auftreten, wenn grobes Gut mit großer Energie die Oberflächenbereiche eines Werkstückes beansprucht, wodurch tiefe Riefen und Kerben entstehen können. Im Englischen wird diese Verschleißart auch als *gouging abrasion* bezeichnet. Sie kann z. B. bei Baggerzähnen, Schrappern, Backenbrechern oder Rutschenauskleidungen in Erscheinung treten. Eine Übersicht über das Verschleißverhalten unterschiedlicher Werkstoffe gibt Röhrig (1971, 1975), **Bild 9.3.15**. Danach sind die Chrom-Molybdän- sowie die Nickel-Chrom-Gusseisen mit hohem Kohlenstoffgehalt und martensitischer Matrix besonders verschleißbeständig. Eine Korrelation des Verschleißes zur Werkstoffhärte besteht nur, wenn man die Härte der tribologisch beanspruchten Oberflächenbereiche mißt (Borik, Sponseller u. Scholz, 1971).

Mahlverschleiß tritt auf, wenn in Kugelmühlen mineralische Stoffe zerkleinert werden. Durch die Zerkleinerung entstehen an den Mineralien ständig neue scharfkantige Bruchflächen, so dass die Intensität der tribologischen Beanspruchung außerordentlich hoch ist. **Tabelle 9.3.3** enthält Angaben über den Verschleiß von Mahlkugelwerkstoffen bei unterschiedlichem Mahlgut, **Tabelle 9.3.4** gibt einen Überblick über das Verschleißverhalten von Werkstoffen für Kugelmühlenpanzer.

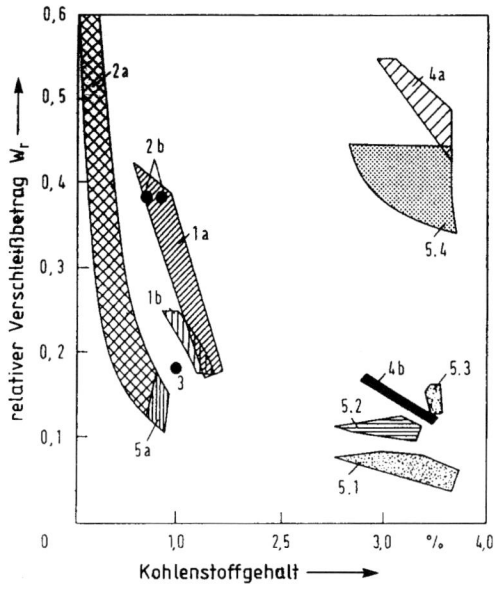

1a   12 %-Mn-Hartstahl
1b   6Mn-1Mo-Manganhartstahl
2a   vergütete Guss- und Walzstähle
2b   perlitischer legierter Stahlguss
3   bainitisches Gusseisen mit Kugelgraphit
     (DIN 1695)
4a   perlitischer Hartguss (DIN 1695)
4b   martensitische 4Ni-2Cr-Gusseisen
     (Ni-Hard 1 u. 2; DIN 1695)
5a   martensitischer 6 %-Cr-Mo-Stahlguss
5.1 gehärtete 15Cr-Mo-Gusseisen (DIN 1695)
5.2 12- bis 20Cr-Mo-Gusseisen, im Gusszustand
     (DIN 1695)
5.3 6Ni-9Cr-Gusseisen (Ni-Hard 4; DIN 1695)
5.4 perlitische Chrom-Gusseisen

Bild 9.3.15   Kerbverschleiß verschiedener Werkstoffe (Röhrig, 1971 und 1975)

Wälzverschleiß

Ergebnisse von Wälzverschleißuntersuchungen an verschiedenen Gusseisensorten wurden von Stähli (1966) vorgestellt, siehe **Bild 9.3.16**. Gusseisen mit Kugelgraphit hat unter Wälzbeanspruchungen einen deutlich niedrigeren Verschleißbetrag als Gusseisen mit Lamellengraphit. Hierfür dürfte die größere Zähigkeit des Gusseisens mit Kugelgraphit verantwortlich sein. Bei den Gusseisensorten mit Lamellengraphit hängt der Verschleißbetrag stark vom Gefüge ab. Offenbar sind die weicheren, eutektischen Legierungen zäher als die härteren mit größerem Sättigungsgrad.

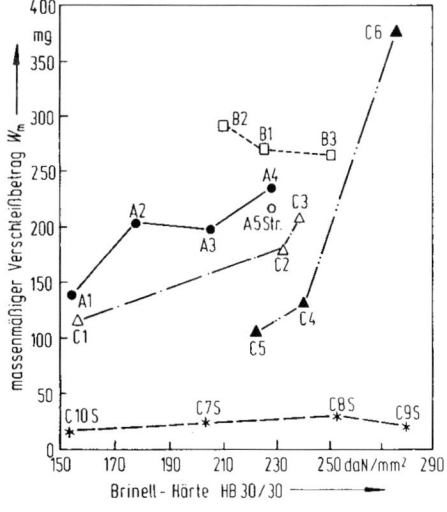

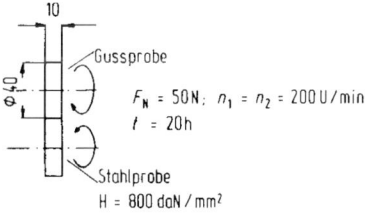

$F_N = 50 N$; $n_1 = n_2 = 200 U/min$
$t = 20 h$

H = 800 daN / mm²

Bild 9.3.16
Wälzverschleiß von Gusseisen (Stähli, 1966);
Werkstoffdaten in Tabelle 9.3.1

Tab. 9.3.3   Relativer Verschleiß von Mahlkugeln bei unterschiedlichem Mahlgut (Röhrig, 1974)

Werkstoff	Relativer Verschleißbetrag W_{rel}					
	Quarzeiche Mo- u. Cu-Erze	Taconite-Eisenerz	Kupfererz. Mount J_{sa}	Feldspat	Hämatit-Eisenerz	Zement-klinker [4]
	nass	nass	nass	nass	nass	trocken
1 Wolframcarbid	22					
2 Martensit. 15Cr-3Mo Gusseisen	78	60 [1]	72		55	20
3 Martensit. 26Cr-Gusseisen			76			
4 Martensit 12Cr-1,2/2,0C-Stahl	91-101					
5 Martensit. 4Ni-2Cr-Gusseisen	90-104		79	72	65	30
6 Martensit. 1,1C-Cr-Stahl	89-99				83	
7 Martensit. 0,8C-6Cr-Stahl	100	100	100	100	100	100
8 Vergüteter Cr-Mo-Stahl	104-120		87	189	115	
9 Vergüteter 0,8C-Stahl	115-118		96	254		200
10 Perlit. 0,9C-Stahl	130-140					300
11 Perlit. weißes Gusseisen	136 [2] -176 [3]		120	247 [2]	154 [2]	

1)   12CrMo-Gusseisen
2)   Kokillenguss
3)   Sandguss
4)   Durchschnittswerte aus der Produktion mehrerer Werke

Tab. 9.3.4 Relativer Verschleiß von verschiedenen Werkstoffen für Kugelmühlenpanzer beim Mahlen von quarzitischem Molybdänerz (Röhrig, 1974; Normann, 1974)

Werkstoff	Zusammensetzung in %						Brinell Härte	Relativer Verschleiß
	C	Mn	Si	Cr	Mo	Ni		
1 Martens. Cr-Mo-Gusseisen	2,5-3,2	0,5-1,0	0,5-1,0	14,0-23,0	1,0-3,0	0,0-1,5	620-740	88-90
2 Martens. Cr-Mo-Stahl (hoher C-Gehalt)	0,7-1,2	0,3-1,0	0,4-0,9	1,3-7,0	0,4-1,2	0,0-1,5	500-630	100-111
3 Martens. Cr-Gusseisen	2,3-2,8	0,5-1,5	0,8-1,2	23,0-28,0	0,0-0,6	0,0-1,2	550-650	98-100
4 Ni-Hart-Gusseisen	2,5-3,6	0,3-0,8	0,3-0,8	1,4-2,5	0,0-1,0	3,0-5,0	520-650	105-109
5 Martens. Cr-Mo-Stahl (mittl. C-Gehalt)	0,4-0,7	0,6-1,5	0,6-1,5	0,9-2,2	0,2-0,7	0,0-1,5	500-620	110-120
6 Austen. 6Mn-2Mo-Stahl	1,1-1,3	5,5-6,7	0,4-0,7	0,5 max	0,9-1,1	-	190-230	114-120
7 Perl. Cr-Mo-Stahl	0,5-1,0	0,6-0,9	0,3-0,8	1,5-2,5	0,3-0,5	0,0-1,0	250-420	126-130
8 Manganhartstahl	1,1-1,4	11,0-14,0	0,4-1,0	0,0-2,0	0,0-1,0	-	180-220	136-142
9 Perl. Stahl (hoher C-Gehalt)	0,6-1,0	0,3-1,0	0,2-0,4	-	-	-	240-300	145-160

Bei Wälzverschleißuntersuchungen von Wälzkörpern aus Grauguss mit Wälzpartnern aus keramischen Werkstoffen nimmt der Verschleiß des Graugusses bei Festkörperreibung mit steigender Wärmeleitfähigkeit der Keramikpartner, d. h. in der Reihenfolge ZrO_2, Si_3N_4, SiC ab. Wird mit Methanol geschmiert, so ist die Härte der keramischen Werkstoffe für den Verschleiß des Graugusses maßgebend, so dass der Verschleiß in der Reihenfolge der Wälzpartner SiC, Si_3N_4, ZrO_2 abnimmt (Nakamura u. Hirayama, 1989).

9.4 Hartlegierungen und Hartverbundwerkstoffe

Als Hartlegierungen bzw. Hartverbundwerkstoffe bezeichnet man Werkstoffe mit metallischer Matrix auf Eisen-, Nickel- oder Kobaltbasis, die zum Verschleißschutz Hartphasen wie Carbide, Boride und Nitride enthalten. Hartlegierungen werden schmelzmetallurgisch erzeugt, wobei die metallische Matrix im allgemeinen aus Mischkristallen bzw. aus Eutektika von Mischkristallen und Hartphasen besteht. Hartverbundwerkstoffe werden im festen Zustand durch Heißkompaktieren von Mischungen aus Hartlegierungs- und Hartstoffpulvern hergestellt, wobei es zu diffusionsbedingten Reaktionen kommen kann.

Die pulvermetallurgisch hergestellten Hartverbundwerkstoffe werden vielfach auch als metalmatrix-composites (MMC) bezeichnet. Legierungen und Verbunde können Mischformen bilden, wie sie z. B. beim Flüssigphasensintern oder beim thermischen Spritzen mit nicht aufgeschmolzenen Hartstoffanteilen auftreten (Berns 1998).

Hartlegierungen können unmittelbar als Gussteile, als gegossene Schweißzusatzwerkstoffe, als mechanisch zerkleinertes oder verdüstes Legierungspulver zum Auftragschweißen, zum thermischen Spritzen oder zur Pulvermetallurgie verwendet werden. Bei Hartverbundwerkstoffen sind aufgrund der vielfach sehr teuren pulvermetallurgischen Herstellung wirtschaftliche Grenzen gesetzt, so dass sich in letzter Zeit z. B. durch das kostengünstigere direkte Heißstrangpressen oder durch Ringwalzen für die Eisenbasiswerkstoffe eine mögliche Alternative zu hochhartphasenhaltigen und rissfreien Halbzeugen und Bauteilen ergeben hat (Moll 2007, Theisen 2007).

Die Eisenbasislegierungen enthalten gewöhnlich 10 bis 35 Gew.-% Chrom und 2 bis 6 Gew.-% Kohlenstoff, darüber hinaus Wolfram, Molybdän, Niob oder Vanadin zum Aufbau der Hartphasen.

Die metallische Matrix wird aus Zähigkeitsgründen mit Mangan oder Nickel und zur Verbesserung der Warmfestigkeit mit Kobalt legiert.

Bor erlaubt die Ausscheidung von Eisenboriden mit einem hohem abrasiven Verschleißwiderstand aus der Schmelze bzw. dem festen Zustand, welche teilweise die Rolle der Carbide übernehmen (Fischer 1984, van Chuong 1990).

Das **Bild 9.4.1** zeigt, dass gegen Abrasion im Wesentlichen eine Erhöhung des Gehaltes an den Hartphasen hilft, die härter sind als die abrasiven Teilchen und größer als die durch die abrasiven Teilchen erzeugten Furchen. Dabei ist die homogene Verteilung im Gefüge, wie bei MMC, ebenso wichtig, wie die Einbettung in eine hochfeste Matrix (Berns und Theisen 2006).

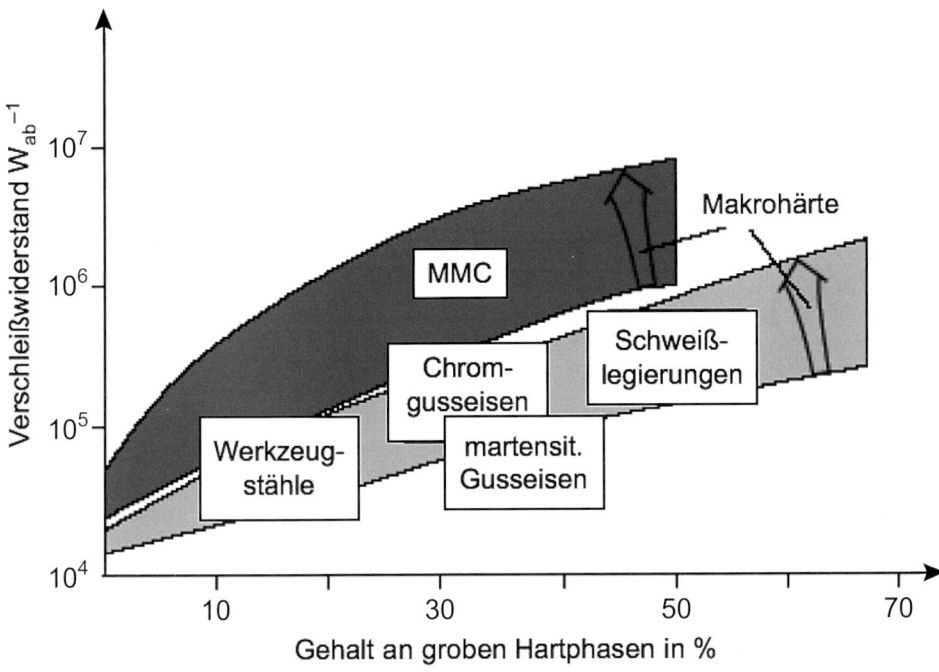

Bild 9.4.1 Der Verschleißwiderstand (Verschleißvolumen-Reziprokwert) steigt unter Furchungsverschleiß gegen weichen Flint mit dem Gehalt an groben Hartphasen an

Fe-Cr-C-B Hartlegierungen, die mittels Hochgeschwindigkeitsplasmaspritzen auf Gusseisen aufgetragen wurden, scheiden nanokristalline Boride in einer amorphen ferritischen Matrix aus und zeigen aufgrund der sehr feinen Struktur der Hartphasen und der hohen Festigkeit der Matrix ein besseres Verhalten unter Kavitation in Öl bei 80 °C und in Wasser bei 25 °C als z. B. Gusseisen oder Al-Si-Gusslegierungen (Hahn 2009).

Stickstoff kann in pulvermetallurgisch hergestellten Hartverbundwerkstoffen für entsprechende Umwandlungen im festen Zustand mit dem Ziel der Bildung von harten Nitriden in Kombination mit einer korrosionsbeständigen Matrix genutzt werden (Wang 1992).

Die Eigenschaften der Nickelhartlegierungen werden durch die Legierungselemente Chrom, Bor und Silicium bestimmt. Die Bor- und Siliciumgehalte liegen meistens zwischen 2 und 4 Gew.-%, der Chromgehalt liegt zwischen 5 und 17 Gew.-%. Über die Zugabe von Al oder Nb können in Ni-Cr-B-Si-Hartlegierungen zusätzliche intermetallische Phasen ausgeschieden werden, die zu einer weiteren Steigerung des abrasiven Verschleißwiderstandes führen (Berns 1987).

Hartlegierungen auf Kobaltbasis, die auch als Stellite bezeichnet werden, enthalten 10 bis 33 Gew.-% Chrom, 2 bis 20 Gew.-% Wolfram und 0,2 bis 2 Gew.-% Kohlenstoff. Als zusätzliche Carbidbilder dienen Molybdän und in Sonderfällen Vanadin. Mit Bor und Chrom werden zusätzliche harte Boride aus der Schmelze ausgeschieden, die den Hartphasengehalt erhöhen und den abrasiven Verschleißwiderstand verbessern (Theisen 1988).

Die Hartlegierungen werden vor allem zur Verminderung des Verschleißes durch Abrasion eingesetzt, wobei häufig zusätzliche Anforderungen an die Korrosionsbeständigkeit gestellt werden.

Kobaltlegierungen sollen bei Gleitbeanspruchungen mit einer Reihe anderer metallischer Werkstoffe eine niedrige Reibungszahl haben. Bei überlagerten korrosiven und tribologischen Beanspruchungen sollen sich kohlenstofffreie Legierungen auf Kobalt- oder Nickelbasis mit den Legierungselementen Molybdän, Chrom und Silicium besonders günstig verhalten, wobei in der Matrix Lavesphasen als Hartstoffe eingelagert sind (Cameron u. Ferris, 1974).

In den **Tabellen 9.4.1, 9.4.2, 9.4.3** sind die Ergebnisse von Verschleißuntersuchungen an Hartstofflegierungen wiedergegeben, die durch thermisches Spritzen als Oberflächenschutzschichten aufgebracht wurden (Bhansali, 1980). Als Verschleißarten wurden der Gleitverschleiß von artgleichen Paarungen und der Furchungsverschleiß untersucht. Zur Auswertung wurde der Verschleißkoeffizient herangezogen:

$$K = \frac{W_v \cdot H}{F_N \cdot v \cdot t}$$

W_v: Verschleißvolumen

H: Härte

F_N: Normalkraft

v: Gleitgeschwindigkeit

t: Beanspruchungsdauer

Für die Hartlegierungen auf Nickel- und Kobaltbasis ist außerdem die Belastung angegeben, bei der es unter Gleitbeanspruchungen zu einem ersten adhäsiven Materialübertrag kommt.

Die Hartlegierungen auf Nickelbasis neigen meistens bei deutlich niedrigeren Belastungen zu einem Materialübertrag als die Hartlegierungen auf Kobaltbasis. Andererseits haben die Hartlegierungen auf Nickelbasis unter Beanspruchungen, bei denen noch keine adhäsiven Prozesse wirksam sind, niedrigere Verschleißkoeffizienten als Hartlegierungen auf Kobalt- und Eisenbasis. Hinsichtlich des Widerstandes gegenüber Abrasion schneiden unter den gegebenen Prüfbedingungen die Hartlegierungen auf Eisenbasis besonders gut ab.

Aus den Ergebnissen lässt sich kein genereller Einfluss der Härte auf das Verschleißverhalten entnehmen. Von entscheidendem Einfluss ist das Gefüge. Bei abrasivem Verschleiß soll der Verschleißwiderstand von Eisenlegierungen mit der Größe der harten Sekundärphasen und mit abnehmendem eutektischen Anteil, teilweise auch mit sinkender Härte zunehmen (Scholl, Devananthan u. Clayton, 1989).

Tab. 9.4.1 Verschleiß von Hartlegierungen auf Eisenbasis (Bhansali, 1980)

Legierung	Zusammensetzung	Nominelle Härte HV	Nominelle Härte HRC	Dichte g/cm³	Gleitverschleißkoeff. K [1]	Furchungsverschleißkoeff. K [2]
Perlitische Stähle	Fe-2Cr-1Mn-0,2C	318	32	7,85	$6,6 \cdot 10^{-5}$	$5,6 \cdot 10^{-4}$
	Fe-3,5Cr-2Mn-0,2C	446	45	7,26	$6,9 \cdot 10^{-5}$	$5,8 \cdot 10^{-4}$
	Fe-1,7Cr-1,8Mn-0,1C	372	38	7,6	$9,9 \cdot 10^{-5}$	$1,1 \cdot 10^{-3}$
Austenitische Stähle	Fe-14Mn-2Ni-2,5Cr-0,6C - ohne Nachbehandlung	188	(HRB 88)	7,86	$2,8 \cdot 10^{-5}$	$5,1 \cdot 10^{-4}$
	- kaltverfestigt	458	46			
	Fe-15Cr-15Mn-1,5Ni-0,2C - ohne Nachbehandlung	230	18	7,84	$2,5 \cdot 10^{-5}$	$8,2 \cdot 10^{-4}$
	- kaltverfestigt	485	48			
Martensitische Stähle	Fe-5,4Cr-3Mn-0,4C	544	52	7,6	$9,8 \cdot 10^{-5}$	$9,3 \cdot 10^{-4}$
	Fe-12Cr-2Mn-0,3C	577	54	7,69	$6,7 \cdot 10^{-5}$	$1,1 \cdot 10^{-3}$
Hochlegierte Eisenwerkstoffe	Fe-16Cr-4C	595	55	7,61	$7,9 \cdot 10^{-5}$	$2,5 \cdot 10^{-4}$
	Fe-26Cr-2,5C	544	52	7,72	$1,3 \cdot 10^{-5}$	$8,8 \cdot 10^{-4}$
	Fe-26Cr-4,6C	633	57	7,17	$1,0 \cdot 10^{-5}$	$2,4 \cdot 10^{-4}$
	Fe-29Cr-3C-3Ni	697	60	7,56	$1,8 \cdot 10^{-5}$	$2,6 \cdot 10^{-4}$
	Fe-30Cr-4,6C	560	53	7,33	$5,3 \cdot 10^{-5}$	$2,6 \cdot 10^{-4}$
	Fe-36Cr-5,7C	633	57	7,69	$2,4 \cdot 10^{-5}$	$2,4 \cdot 10^{-4}$

1) Dow Corning LFW-1-Prüfungen; ungeschmiert, Gegenkörper Stahl SAE 4620; $F_N = 667$ N n = 80 U/min; N = 2000 Umdr.

2) Gummirad-Sand-Abrasionstest, Sand ASF 50/70, $F_N = 133$ N; $s = 1,44 \cdot 10^6$ mm

Tab. 9.4.2 Verschleiß von Hartlegierungen auf Nickelbasis (Bhansali, 1980)

Legierung (Nominelle Zusammensetzung)	Nominelle Härte		Belastung bei Beginn des adhäsiven Übertrags [1] N/mm^2	Gleitverschleißkoeffizient K [2]	Furchungsverschleißkoeff. K [3] (Wolfram-Lichtbogen-Spritzschichten)
	HV	HRC			
Boride enthaltende Legierungen					
Ni-14Cr-4Si-3,4B-0,75C	633	57	> 497	$6 \cdot 10^{-6}$	$0{,}3 \cdot 10^{-3}$
Ni-12Cr-3,5Si-2,5B-0,45C	530	51	124	$4 \cdot 10^{-6}$	$0{,}3 \cdot 10^{-3}$
Carbide enthaltende Legierungen					
Ni-16,5Cr-17Mo-0,12C	200	(HRB-95)	124	$2 \cdot 10^{-6}$	$1{,}1 \cdot 10^{-3}$
(Ni+Co)-27Cr-23Fe-10(W+Mo)-2,7C	405	41	248	$1 \cdot 10^{-6}$	$0{,}6 \cdot 10^{-3}$
Ni-10Co-26Cr-32Fe-3W-3Mo-1,1C	315	32	124	$1 \cdot 10^{-6}$	$1{,}1 \cdot 10^{-3}$
Ni-17Cr-17Mo-4W-0,4C	315	32	124	$2 \cdot 10^{-6}$	$1{,}1 \cdot 10^{-3}$
Laves-Phasen-Legierungen					
Ni-32Mo-15Cr-3Si	470	45	248	$5 \cdot 10^{-6}$	$1{,}2 \cdot 10^{-3}$

1) Stift-Ring-System, ungeschmiert, 1 Umdrehung

2) Dow-Corning LFN-1 Prüfmaschine; Gegenkörper: Stahl-Ring (SAE 4620); ungeschmiert; n = 80 U/min; N = 2000 Umdr.

3) Gummirad-Sand-Abrasionstest AFS-Sand; Raddurchmesser: 229 mm; F_N = 13,6 daN; N = 2000 Umdr.

Tab. 9.4.3   Verschleiß von Hartlegierungen auf Kobaltbasis (Bhansali, 1980)

Legierung (Nominelle Zusammensetzung)	Nominelle Makrohärte HV	Nominelle Makrohärte HRC	Belastung bei Beginn des adhäsiven Übertrags[1] N/mm²	Gleitverschleißkoeffizient K[2] 0-68,2 daN	Gleitverschleißkoeffizient K[2] 81,18 daN	Furchungsverschleißkoeff. K[3] (Wolfram-Lichtbogen-Spritzschichten)
Carbide enthaltende Legierungen						
Co-27Cr-5Mo-0,5C	255	24	497	$6{,}6 \cdot 10^{-5}$	$3{,}3 \cdot 10^{-4}$	$0{,}9 \cdot 10^{-3}$
Co-28Cr-4W-1,1C	424	42	497	$6{,}6 \cdot 10^{-5}$	$3{,}7 \cdot 10^{-4}$	$1{,}2 \cdot 10^{-3}$
Co-29Cr-8W-1,35C	471	47	497	$6{,}6 \cdot 10^{-5}$	$5{,}6 \cdot 10^{-4}$	$1{,}4 \cdot 10^{-3}$
Co-30Cr-12W-2,5C	577	54	497	$1{,}1 \cdot 10^{-5}$	$1{,}1 \cdot 10^{-5}$	$0{,}9 \cdot 10^{-3}$
Co-32Cr-17W-2,5C	653	58	497	$1{,}1 \cdot 10^{-5}$	$1{,}1 \cdot 10^{-5}$	
Laves-Phasen-Legierungen						
Co-28Mo-8Cr-2Si(T-400)	580	55	497	$3{,}3 \cdot 10^{-5}$	$3{,}3 \cdot 10^{-5}$	$2{,}2 \cdot 10^{-3}$
Co-28Mo-17Cr-3Si(T-800)	653	58	497	$3{,}3 \cdot 10^{-5}$	$3{,}3 \cdot 10^{-5}$	$0{,}9 \cdot 10^{-3}$

1) Stift-Ring-System, ungeschmiert, 1 Umdrehung

2) Dow-Corning LFN-1 Prüfmaschine; Gegenkörper: Stahl-Ring (SAE 4620); ungeschmiert; n = 80 U/min; N = 2000 Umdr.

3) Gummirad-Sand-Abrasionstest AFS-Sand; Raddurchmesser: 229 mm; F_N = 13,6 daN; N = 2000 Umdr.

9.5 Nickel- und Kobaltlegierungen

In diesem Abschnitt soll auf das tribologische Verhalten von Nickel- und Kobaltlegierungen eingegangen werden, die nicht bei den im vorangehenden Kapitel 9.4 beschriebenen Hartlegierungen behandelt wurden.

Schumacher (1983) berichtet über Untersuchungen des adhäsiv bedingten Fressens bei Gleitverschleiß an einer Serie von Eisen-Nickel-Legierungen (**Tabelle 9.5.1, Tabelle 9.5.2**). Die Untersuchungen des Fressens wurden mit einer Prüfapparatur durchgeführt, bei der ein Probekörper eine einzige Rotation um 360 °C auf einem zweiten Probekörper durchführte. Die Belastung wurde solange gesteigert, bis Fresserscheinungen auftraten.

Tab. 9.5.1   Werkstoffe zu Tabelle 9.5.2

Legierung	C	Mn	Si	Cr	Ni	andere in Gew.-%	Handelsname
Nitronic 32	.10	12.3	.44	18.4	1.5	.30N	Armco
Typ 304	.05	1.4	.73	18.4	9.3		
Typ 316	.05	1.5	.50	17.3	12.2	2.2Mo	
Typ 310	.05	1.8	.54	24.6	20.9		
A286	.05	1.4	---	14.8	26.2	1.3Mo, 2.1Ti, .2V	
Carpenter 20Cb3	.03	0.34	.51	19.35	34.0	2.2Mo, 3.2Cu, .7Cb	Carpenter Technology
RA 333	.05	1.49	1.30	23.86	44.5	2.9Mo, 3.2Co, 3.1W	Rolled Alloys Inc.
IN 718	.05	---	---	18.2	52.2	3.0Mo, 5.1Cb, 1Ti, 20Fe	INCO
80-20	---	2.2	.80	19.6	74.9		
Reines Nickel	---	---	---	---	100.0		
Stellit 6	1.02	1.2	---	30.0	---	4.5W, 63Co	Cabot Corp.

Bei der Paarung mit der Kobaltlegierung Stellit 6 waren nur die Legierungen mit niedrigem Nickelgehalt hoch belastbar (Tabelle 9.5.2). Durch Verwendung eines Gegenkörpers aus Nitronic 60 (0,07 % C; 8 % Mn; 4 % Si; 17 % Cr; 8 % Ni; 0,13 % N; Rest Eisen) sank zwar die Belastbarkeit der Legierungen mit niedrigem Nickelgehalt, die höher nickelhaltigen Legierungen waren aber höher belastbar. Reines Nickel versagte mit beiden Gegenkörperwerkstoffen bei niedrigen Belastungen.

Gleitverschleißuntersuchungen, die mit einem Prüfsystem gekreuzter Zylinder aus gleichen Werkstoffen auf einem Taber-Abraser-Prüfgerät bei einer Normalkraft von 71 N und einer Gleitgeschwindigkeit von 7 cm/s durchgeführt wurden, ergaben bei der Legierung mit 75 % Nickel und bei reinem Nickel einen besonders hohen Verschleiß (Tabelle 9.5.2).

Mit der Legierung Inconel 718 wurden in unterschiedlichen Aushärtungszuständen Gleitverschleißuntersuchungen mit dem Stift-Scheibe-System im Vakuum durchgeführt (Zum Gahr, Grewe, Brezina, Broszeit, Habig, Ibe, 1989), so dass die Adhäsion als Verschleißmechanismus dominierte. Bei der Paarung Inconel 718/Inconel 718 hatten Werkstoffe im lösungsgeglühten Zustand den höchsten Verschleiß, während die Werkstoffe mit unteralterten, normal ausgehärteten und überalterten Zuständen sich im Verschleiß kaum unterschieden. Wurden Scheiben aus Inconel 718 durch Stifte aus Schnellarbeitsstahl S6-5-2 beansprucht, so hatte die normal ausgehärtete Legierung den niedrigsten Verschleiß. Stifte aus der normal ausgehärteten Legierung riefen auf Scheiben aus vergütetem Stahl C45 den höchsten Verschleiß hervor. Die Reibungszahlen der Paarungen Inconel 718/Inconel 718 und S6-5-2/Inconel 718 lagen unabhängig vom Aushärtungszustand im Vakuum bei f = 1,9, während die Paarung Inconel 718/Stahl C45 mit Werten zwischen f = 0,6 und 0,7 deutlich niedrigere Reibungszahlen hatte.

Tab. 9.5.2 Fresslasten und Verschleiß von Gleitpaarungen mit Nickellegierungen (Schumacher, 1983)

Legierung	Ni-Gehalt Gew.-%	Fressbelastung in MPa bei Paarung mit		Gleitverschleiß artgleicher Paarungen mg/1000 Umdrehungen
		Stellit 6	NITRONIC 60	
NITRONIC 32	1.5	330[1]	255	7.4
T304	9	330[1]	207	12.8
T316	12	55	145	12.5
T310	21	14	90	10.4
A286	26	14	62	17.1
20Cb3	34	14	90	16.5
RA 333	44	14	103	---
IN 718	52	14	76	9.4
80-20	75	14	110	44.9
Reines Nickel	100	14	14	209.7

1) kein Fressen

Über Schwingungsverschleißuntersuchungen an Inconel 625 (61,5 % Ni; 20,9 % Cr; 9,05 % Mo; 3,58 % Fe; 0,29 % Si; 0,26 % Mn; 0,23 % Ti; 0,19 % Al; 0,05 % Co; 3,5 % andere), die im Vakuum bei hohen Temperaturen durchgeführt wurden, berichtet Iwabuchi (1985):

- Die Reibungszahl steigt mit sinkendem Gasdruck stark an, während die Temperatur nur bei höheren Gasdrucken einen geringen Einfluss hat, **Bild 9.5.1**.
- Der Verschleiß durchläuft mit sinkendem Druck bei Raumtemperatur ein Maximum, **Bild 9.5.2**. Bei 500 °C kommt es im mittleren Druckbereich zu einem starken Materialübertrag von der unteren auf die obere Probe.
- Der Gesamtverschleiß beider Proben hängt dabei nur wenig vom Druck ab, **Bild 9.5.3**.

Das Reibungs- und Verschleißverhalten wird entscheidend von der Bildung von oxidischen Reaktionsschichten bestimmt. Unterhalb eines Gasdrucks von 10 Pa wird die Oxidation stark eingeschränkt, so dass hohe Reibungszahlen und schwerer adhäsiver Verschleiß auftreten. Kompakte glasartige Oxidschichten werden bei Temperaturen oberhalb 300 °C bei 105 Pa und bei Drucken oberhalb 103 Pa bei 500 °C beobachtet, wodurch Reibung und Verschleiß vermindert werden.

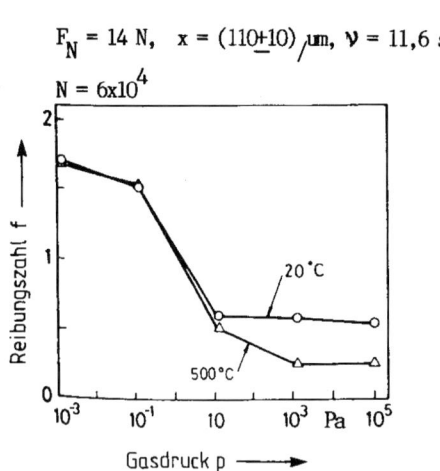

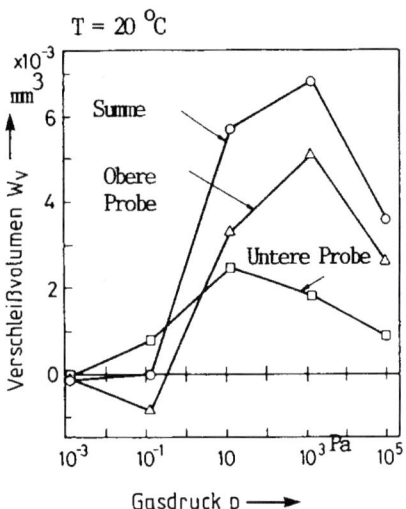

Bild 9.5.1   Reibungszahl Iconel 625/Iconel 625
                 bei Schwingungsverschleiß

Bild 9.5.2   Schwingungsverschleiß der Paarung
                 Iconel 625/ Iconel 625 in Abhängig-
                 keit vom Gasdruck des Umgebungs-
                 mediums bei 20 °C

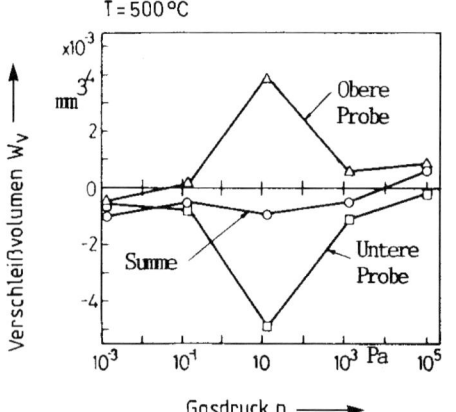

Bild 9.5.3   Schwingungsverschleiß der Paarung
                 Iconel 625/ Iconel 625 in Abhängig-
                 keit vom Gasdruck des Umgebungs-
                 mediums bei 500°

Blau und DeVore (1989) berichten über Reibungs- und Verschleißuntersuchungen an Nickel
und Nickel-Aluminid (Ni₃Al) bei Paarung mit Aluminiumoxid. Die Eigenschaften der verwendeten Werkstoffe sind in **Tabelle 9.5.3** zusammengestellt. Die Reibungszahl durchläuft
nach einer Einlaufperiode mehrere Beharrungszustände. Während bei Raumtemperatur die
anfängliche Reibungszahl niedriger als die des Beharrungszustandes mit der maximalen Reibungszahl ist, ergibt sich bei 650 °C ein umgekehrtes Verhalten (**Tabelle 9.5.4**). Auch für den
Verschleißkoeffizienten wurden bei 650 °C niedrigere Werte als bei Raumtemperatur gemessen (**Tabelle 9.5.5**). Für das günstigere tribologische Verhalten bei der höheren Temperatur

dürften die erhöhte Festigkeit des Nickel-Aluminids und die Bildung oxidischer Reaktions-schichten verantwortlich sein.

Tab. 9.5.3   Eigenschaften von Nickel-Aluminium-Legierungen zu den Tabellen 9.5.4 und 9.5.5

	IC-74	IC-218	IC-221
Zusammensetzung (Gew.-%)			
- Aluminium	12,4	8,5	8,5
- Bor	0,06	0,02	0,02
- Chrom	---	7,8	7,8
- Zirkonium	---	0,8	1,7
- Nickel	Rest	Rest	Rest
Probekörper	Bleche, 2 mm dick, geglüht bei 635°C 1 h	Scheiben aus großen Gussstücken herausgearbeitet, geglüht bei 900 °C 24 h, Ofenabkühlung	
Gefüge	einphasige Körner 25-40 µm	grobe dendritische Struktur, mehrphasig	
Mikrohärte in GPa (Knoop, 0,98 N Belastung)			
- polierte Scheiben	2,37±0,3	2,92±0,5	2,81±0,2
- Oberfläche nach 650°C/5,5 h	2,59±0,1	2,87±0,15	2,68±0,05
		(Eindrücke auf den Dendritenarmen)	
		3,61±0,3	3,18±0,3
		(zwischen den Dendriten)	
Streckgrenze [MPa] (angenähert)			
- Raumtemperatur	260 [a]	290 [b]	550 [b]
- 650°C	520 [a]	750 [b]	560 [b]

Untersuchungen des adhäsiven Verschleißes von Nickel-Beryllium-Legierungen in unter-schiedlichen Aushärtungszuständen zeigten bei Paarungen mit sich selbst und mit S6-5-2 einen niedrigen Verschleiß des maximal ausgehärteten oder unterhärteten Zustandes im Vergleich zum weichen oder überhärteten Zustand. Vergüteter Stahl C45 erlitt bei Beanspruchung durch Nickel-Beryllium etwas überraschend den höchsten Verschleiß, wenn die Legierungen weich oder überhärtet waren. Die Reibungszahlen der Paarungen Nickel-Beryllium/Nickel-Beryllium lagen unabhängig vom Aushärtungszustand bei f = 2,0. Bei der Paarung mit Schnellarbeits-stahl S6-5-2 oder C45 wurden nur geringfügig niedrigere Reibungszahlen gemessen (Zum Gahr, Grewe, Brezina, Broszeit, Habig, Ibe, 1989).

Tab. 9.5.4   Reibungszahlen von Paarungen Nickel-Aluminium/Aluminiumoxid (Blau und DeVore, 1989)

	IC-218		IC-221	
	22°C	650°C	22°C	650°
Anfängliche Reibungszahl	0.27	0.62	0.29	0.57
Max. Reibungszahl im Beharrungzustand	0.56	0.43	0.70	0.40
Differenz zwischen max. und min. Reibungszahl im Beharrungszustand	0.18	0.07	0.20	0.05
Einlaufperiode (Umdr.)	138.00	300.00	278.00	368.00

$F_N = 10$ N; $v = 0,1$ m/s; Laborluft

Tab. 9.5.5   Verschleißkoeffizient k in mm^3/N·m von Nickel-Aluminium-Legierungen (Blau und DeVore, 1989)

Legierung	F_N N	k (22 °C) mm^3/N · m	k (650 °C) mm^3/N · m
IC-74	0.98	$10^{-4,4}$	$10^{-7,4}$
IC-218	9,81	$10^{-3,6}$	$10^{-4,1}$
IC-221	9,81	$10^{-4,1}$	$10^{-4,3}$

Kobalt erfährt bei ca. 420 °C eine martensitische Umwandlung von der hexagonalen in die kubisch-flächenzentrierte Phase. Unter Beanspruchungsbedingungen, bei denen die Adhäsion dominiert, steigen dadurch Reibungszahl und Verschleißbetrag stark an, siehe **Bild 9.5.4**. Durch Zulegieren von Molybdän (25 %) wird die Phasentransformation zu höheren Temperaturen hin verschoben, so dass der Anstieg der Reibungszahl unterbleibt.

An Luft hat die Reibungszahl der Paarung Kobalt/Kobalt nahezu den gleichen Wert wie im Vakuum, so lange die hexagonale Gitterstruktur erhalten bleibt. Mit der Umwandlung in die kubisch-flächenzentrierte Struktur steigt die Reibungszahl auf f ~ 0,6 an. Dass sie keine höheren Werte erreicht, dürfte an der oberflächlichen, dünnen Oxidschicht liegen. Bei längeren Gleitwegen, bei denen sich dickere Kobaltoxidschichten bilden, werden Reibungszahlen von f ~ 0,8 erreicht.

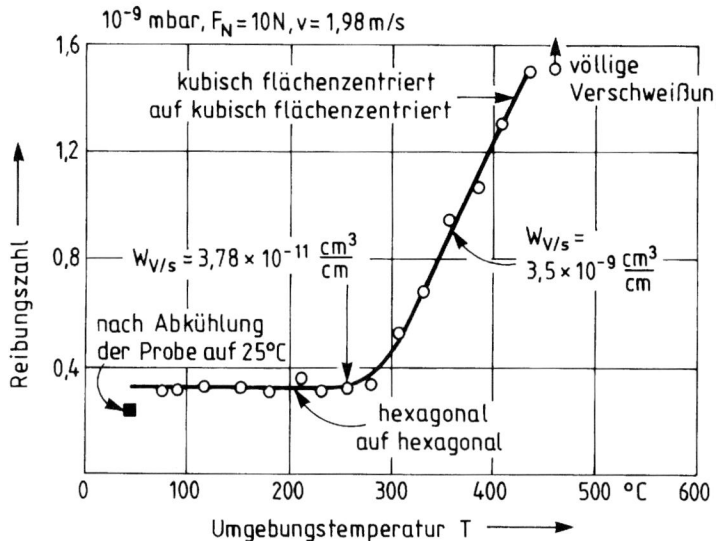

Bild 9.5.4
Reibung der Paarung Kobalt/ Kobalt im Ultrahochvakuum in Abhängigkeit von der Temperatur (Buckley, 1968)

In Abhängigkeit von der Temperatur durchgeführte SRV-Schwingungsverschleißuntersuchungen an Dispersionsschichten mit einer Kobaltmatrix und eingelagerten Chromoxidpartikeln zeigten oberhalb 300 °C einen sehr niedrigen Verschleiß, siehe **Bild 9.5.5**.

Der niedrige Verschleiß wurde nicht nur bei artgleichen Co-Cr_2O_3-Paarungen, sondern auch bei Paarungen mit einer Reihe von anderen Werkstoffen beobachtet (Thoma, 1985). Er wird auf die tribochemische Bildung von fest haftenden Schichten Co_3O_4-Spinellen zurückgeführt. Diese Beobachtungen stehen in qualitativer Übereinstimmung mit Schwingungsverschleißuntersuchungen an artgleichen Stellit-Paarungen, die nach Durchlaufen eines Verschleißmaximums bei einer etwas höheren Temperatur von 400 °C ebenfalls eine sehr niedrige Verschleißrate erreichten, wenn die Probekörper einer thermischen Vorbehandlung ausgesetzt waren (Dunckley, Quinn u. Salter, 1976).

Das außergewöhnlich gute Verschleißverhalten von kubisch-flächen-zentrierten CoCrMo-Guss- und Schmiedlegierungen mit bis zu 0,4 % C, 29 % Cr und 6 % Mo im artgleichen Kontakt unter trockener Reibung und unter Grenz- und Mischreibung kann auf den gradierten Aufbau der Randzone unterhalb der Verschleißfläche zurückgeführt werden. Die oberste Randzone ist über tribochemische Reaktionen verändert und aufgrund der hohen Scherraten zu Nanokristallen rekristallisiert. Diese Schicht, die auch Tribomaterial genannt wird und im Kontakt wie ein dritter Körper wirkt, wird durch eine darunterliegende ultrafeinkristalline und stark verfestigte Zone ausreichend gestützt, so dass nur nanoskopische Verschleißpartikel aus überwiegend dehnungsindiziert in die hexagonale Phase umgewandelten Körnern entstehen. Diese wirken im Kontakt aufgrund ihrer kleinen Abmessungen unterhalb 100 nm wie ein Festschmierstoff und führen ausschließlich zu Oberflächenzerrüttung. Durch diese Kombination von tribochemischen Reaktionen und Oberflächenzerrüttung werden sogar im artgleichen trockenen Gleitkontakt sehr kleine Verschleißraten unterhalb von 1 nm/h erreicht (Fischer 2009).

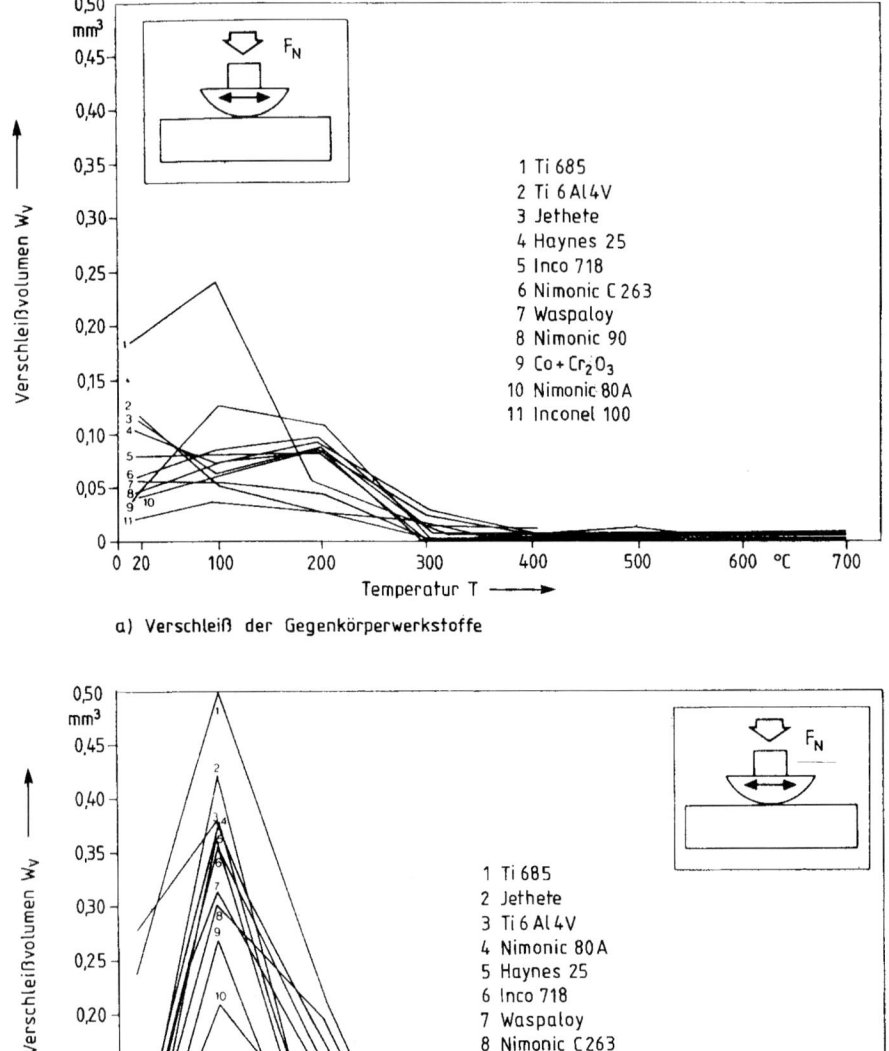

$F_N = 5,6 N, \Delta x = 2,5 mm, v = 25 s^{-1}, N = 10^5$

1 Ti 685
2 Ti 6 Al 4 V
3 Jethete
4 Haynes 25
5 Inco 718
6 Nimonic C 263
7 Waspaloy
8 Nimonic 90
9 Co + Cr$_2$O$_3$
10 Nimonic 80 A
11 Inconel 100

a) Verschleiß der Gegenkörperwerkstoffe

1 Ti 685
2 Jethete
3 Ti 6 Al 4 V
4 Nimonic 80 A
5 Haynes 25
6 Inco 718
7 Waspaloy
8 Nimonic C 263
9 Inconel 100
10 Nimonic 90
11 Co + Cr$_2$O$_3$

b) Verschleiß von Co-Cr$_2$O$_3$

Bild 9.5.5   Schwingungsverschleiß von Co-Cr$_2$O$_3$ mit verschiedenen Gegenkörperwerkstoffen
(Thoma, 1985)

9.6 Kupferlegierungen

Kupferlegierungen werden in der Tribotechnik vor allem als Materialien für ölgeschmierte Gleitlager eingesetzt (siehe Kapitel 11.1) und für Ventilführungen oder für Synchronringe (z. B.: CuZn37Mn3Al2SiPb (CW713R), CuZn40Al2 (2.0550)). Die wichtigsten Legierungselemente von Kupferlegierungen sind Zink, Zinn, Aluminium, Blei, Nickel, Beryllium, Mangan, Silicium und Phosphor (Wieland, 1999). Die Eigenschaften und das tribologische Verhalten von Kupferlegierungen hängen stark von der Gefügeausbildung ab, die wiederum vom Fertigungsverfahren (Gusslegierungen, Knetlegierungen) beeinflusst wird. Nachfolgend werden Ergebnisse von Gleitreibungs- und Gleitverschleißuntersuchungen ohne und mit Ölschmierung vorgestellt.

Gleitreibung und Gleitverschleiß ohne Schmierung

Insgesamt sind wenig Ergebnisse zum tribologischen Verhalten von Kupferlegierungen unter Festkörpergleitreibung öffentlich gemacht worden. Reid und Schey (1985) berichten über Reibungsuntersuchungen an Gleitpaarungen aus unterschiedlichen Kupferlegierungen (chemische Zusammensetzung in **Tabelle 9.6.1**) mit Stahl oder einer Kupfer-Eisen-Aluminium-Legierung (Cu-16Al-6Fe) als Gegenkörper.

Tab. 9.6.1   Werkstoffe zu den Bildern 9.6.1 – 9.6.3

Material	Cu	Al	Sn	Zn	Ni	Fe	C	Cr	Mo	Co	V
Cu	99,9										
Cu-4Al		4									
Cu-6.5Al		6.5									
Cu-8Al		8									
Cu-5Sn			5								
Cu-9Sn			9								
Cu-13Sn			13								
Cu-30Zn	69.12			30.53							
Cu-20Ni	78.7			0.25	20.2	0.6					
Stahl D2							1.5	12.0	1.0	1.0 (max.)	1.1 (max.)
Cu-16Al-6Fe	79.25	16.0				5.86					

Die Untersuchungen wurden in einer Presse bei hohen Belastungen ($F_N = 20$ bis 40 kN) durchgeführt, so dass die Oberflächenbereiche des weicheren Gleitpartners plastisch verformt wurden. Die Gleitgeschwindigkeit betrug 1 cm/s. Die Ergebnisse der Reibungsmessungen sind in **Bild 9.6.1, 9.6.2, 9.6.3** und in **Tabelle 9.6.2** wiedergegeben. Auffallend sind die relativ niedrigen Reibungszahlen der Paarungen von Cu-8Al/Stahl, Cu-8Al/Cu-16Al-6Fe und Cu/Stahl. Die Kupfer-Zinn-Legierungen haben bei Paarung mit Stahl deutlich niedrigere Reibungszahlen als bei der Paarung mit der Kupferlegierung. Dabei bleibt ein sichtbarer Kupferübertrag auf dem Stahlpartner aus. Die Reibungszahl und die Oberflächenschädigung der Kupferlegierungen nehmen mit steigender Härte, Zugfestigkeit, Streckgrenze und Stapelfehlerenergie ab, wenn der Gleitpartner aus der Kupferlegierung besteht. Bei Verwendung des Stahlgleitpartners ist diese Tendenz nicht zu erkennen.

Tab. 9.6.2   Verschleißerscheinungsformen zu den in den Bildern 9.6.1 – 9.6.3 dargestellten Ergebnissen

Materialübertrag (auf Stahl oder Cu-16Al-6Fe)	Oberflächen- schädigung (Kupferlegierungen)	Paarung
dick, akkumuliert	schwer (severe)	Cu-Ni(H)/Stahl [a] Cu-Ni(H)/Cu-16Al-6Fe 25 [a] Cu-Ni/Stahl Cu-Ni/Cu-16Al-6Fe Cu(H)/Cu-16Al-6Fe Cu/Cu-16Al-6Fe
dick, akkumuliert, aber nicht kontinuierlich	schwer	Cu(H)/Stahl
dick, akkumuliert, aber nicht kontinuierlich	mäßig	Cu/Stahl
akkumuliert, aber begrenzt	mäßig	Cu-Zn(H)/Stahl Cu-Zn/Stahl Cu-Zn/Cu-16Al-6Fe Cu-6,5Al/Stahl Cu-6,5Al/Cu-16Al-6Fe Cu-4Al/Cu-16Al-6Fe
dünne, glatte Übertragsschicht	mäßig	Cu-5Sn/Cu-16Al-6Fe Cu-9Sn/Cu-16Al-6Fe Cu-13Sn/Cu-16Al-6Fe Cu-4Al/Stahl
kein sichtbarer Übertrag	glatte Oberfläche	Cu-5Sn/Stahl Cu-9Sn/Stahl Cu-13Sn/Stahl
akkumuliert, begrenzt, kleine Oberflächenbereiche	glatte Oberfläche	Cu-8Al/Stahl Cu-8Al/Cu-16Al-6Fe

H: verfestigt
a):   größerer Übertrag auf Cu-16Al-6Fe als auf Stahl

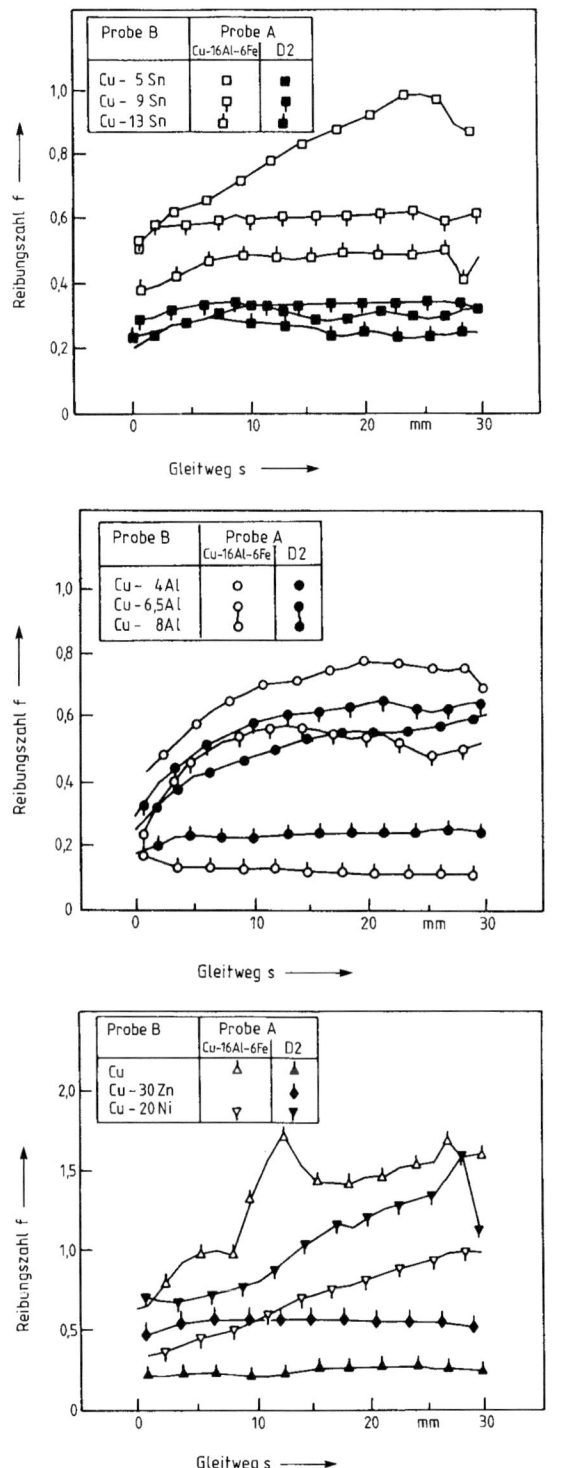

Bild 9.6.1
Festkörperreibung von Kupfer-
Zinn-Legierungen
(Reid und Schey, 1985)

Bild 9.6.2
Festkörperreibung von Kupfer-
Aluminium-Legierungen
(Reid und Schey, 1985)

Bild 9.6.3
Festkörperreibung von Kupfer-,
Kupfer-Zink- und Kupfer-Nickel-
Legierungen
(Reid und Schey, 1985)

Bei Verschleißuntersuchungen an Gleitpaarungen aus Kupfer-Aluminium-Legierungen und Aluminiumoxid beobachteten Wert, Sloan und Cook (1987) eine Abnahme des Verschleißes mit zunehmender Stapelfehlerenergie der Kupferlegierungen. Nach Untersuchungen von Taga, Isogai und Nakayama (1977) nimmt der Verschleiß von Kupfer-Aluminium-Legierungen bei Paarung mit Stahl mit steigendem Aluminiumgehalt zu und erreicht ein Maximum bei einem Aluminiumgehalt, welcher der γ-Phase entspricht. Die Reibungszahl zeigt eine gegenläufige Tendenz. Bei Kupfer-Zinn-Legierungen nehmen Reibung und Verschleiß mit steigendem Zinngehalt zu und erreichen ein Maximum bei der Zusammensetzung der ε-Phase.

Der Verschleißkoeffizient von Kupfer-Zinn-Blei-Legierungen hängt vom Bleigehalt ab, siehe **Bild 9.6.4**. In der doppelt-logarithmischen Darstellung sinkt der Verschleißkoeffizient linear mit steigendem Bleigehalt. Mit zunehmendem Bleigehalt soll auch der Verschleiß des Stahl-gleitpartners vermindert werden. Bei Bleigehalten oberhalb 3 % soll sich durch Extrusion und Verschmierung des Bleis ein Film bilden, wodurch Reibungszahlen zwischen $f = 0,15$ und 0,20 erreicht werden.

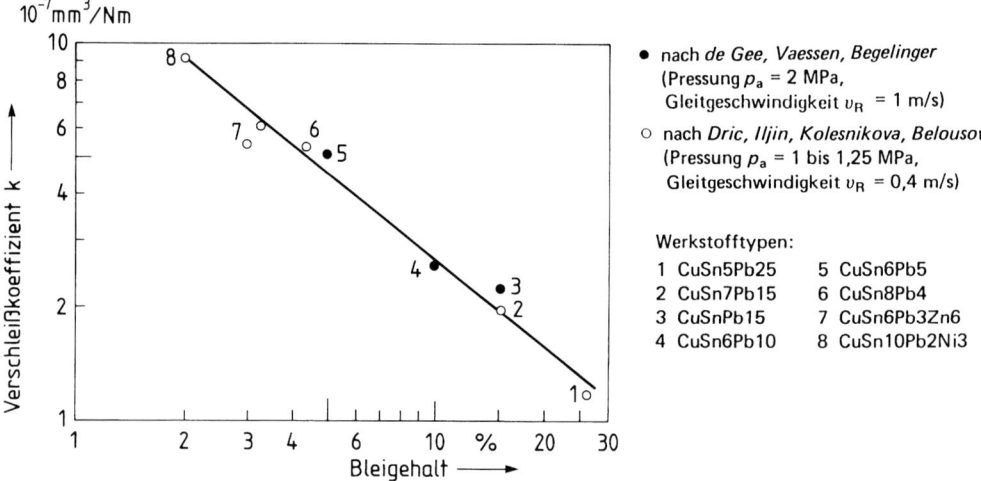

Bild 9.6.4   Verschleiß von Kupfer-Zinn-Blei-Legierungen bei Festkörperreibung (Kohl, 1987)

Untersuchungen des adhäsiven Verschleißes von unterschiedlich ausgehärteten Kupfer-Beryl-lium-Legierungen (1,92 % Be) bei der Paarung mit sich selbst, Schnellarbeitsstahl (S6-5-2) und Vergütungsstahl führten zu folgenden Ergebnissen (Zum Gahr, Grewe, Brezina, Broszeit, Habig, Ibe, 1989):

– Bei artgleichen Paarungen weisen die nicht ausgehärteten Legierungen den höchsten Verschleiß auf.

– Paarungen von Schnellarbeitsstahl (stationärer Probekörper) mit Kupfer-Beryllium-Legierungen (rotierender Probekörper) haben einen niedrigeren Verschleiß als art-gleiche Paarungen. Etwas überraschend zeichnet sich der weichgeglühte Zustand durch einen besonders niedrigen Verschleiß aus.

– Bei Paarungen von Kupfer-Beryllium-Legierungen (stationärer Probekörper) mit vergütetem Stahl C45 (380-420 HV) ist kein signifikanter Einfluss der Aushärtung auf das Verschleißverhalten erkennbar.

– Die Reibungszahlen von artgleichen Kupfer-Beryllium-Gleitpaarungen liegen zwischen f = 1,9 und 2,0; die Gleitpaarungen Schnellarbeitsstahl/Kupfer-Beryllium haben Reibungszahlen um f = 1,0. Die Reibungszahlen der Paarungen Kupfer-Beryllium/Stahl C45 liegen mit f = 0,5 deutlich niedriger. Ein Einfluss des Aushärtungszustandes ist nicht erkennbar.

Ergänzend sei erwähnt, dass auch bei Furchungsbeanspruchungen der Verschleiß von Kupfer-Beryllium-Legierungen nicht vom Aushärtungszustand abhängt (Wellinger, Uetz, Gürleyik, 1968).

Nach Lancaster (1963) ist an Luft das Verschleißverhalten (siehe **Bild 9.6.5**) einer stationären Probe aus Cu60Zn38Pb2 (cutting-free brass, UNS C36000) über drei Zehnerpotenzen gegen einem rotierenden Ring aus Warmarbeitsstahl (18 % W, 4,5 % Cr, 1,5 % V und 0,7 % C) sehr abhängig von der Gleitgeschwindigkeit (0,01 cm/s bis 1.000 cm/s) und der Umgebungstemperatur bis 400 °C. Tribooxidation sowohl des Stahls als auch des Messings bestimmt dieses Verhalten über die Bildung von WO_3, Cu_2O, und ZnO.

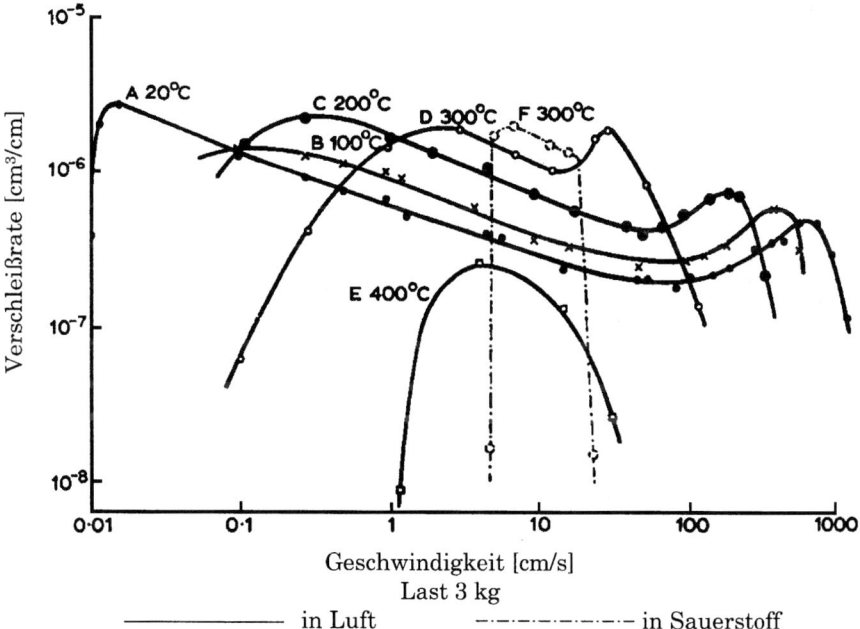

Bild 9.6.5	Verschleißrate (cm³/cm x 0,3 = mm³/Nm) als Funktion der Gleitgeschwindigkeit bei verschiedenen Umgebungstemperaturen der Kupferlegierung Cu60Zn38Pb2 unter Festkörpergleitreibung (Lancaster, 1963)

Gleitreibung und -verschleiß mit Schmierung

Über Untersuchungen an ölgeschmierten Gleitpaarungen berichten Kohl und Willkommen (1986). Die Ergebnisse sind in **Tabelle 9.6.3** und in **Bild 9.6.6** wiedergegeben.

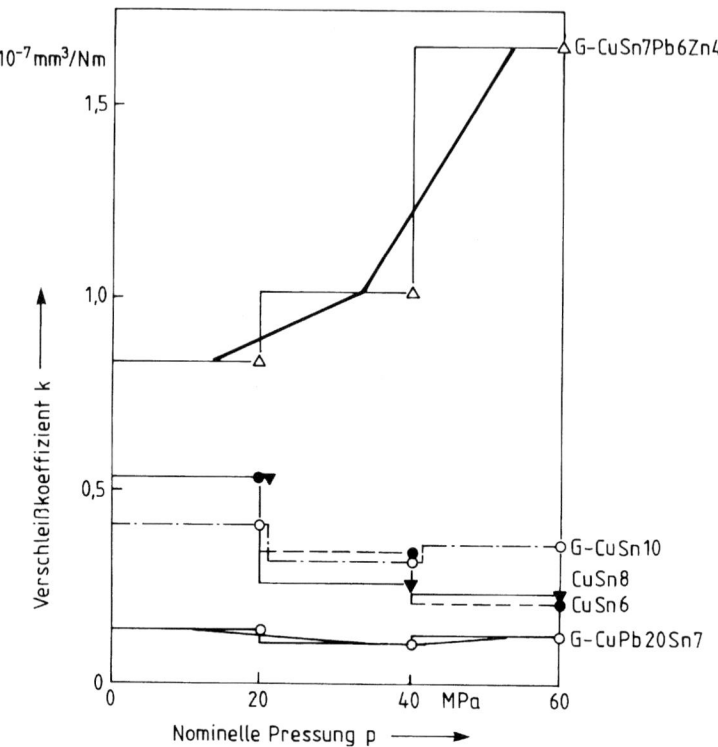

Bild 9.6.6   Verschleiß von Kupferlegierungen (Kohl und Willkommen, 1986)

Danach verhalten sich die Kupfer-Zinn- und die Kupfer-Blei-Zinn-Legierungen günstiger als die Kupfer-Aluminium- und Kupfer-Zink-Legierungen, die zum Fressen neigen. Bei Kupfer-Zinn-Legierungen hat der Phosphorgehalt einen Einfluss auf die Belastbarkeit unter Mischreibungsbedingungen. Bei niedrigen Phosphorgehalten (< 0,004 %) wird eine höhere Belastbarkeit als bei Phosphorgehalten von 0,02 bis 0,07 % erreicht (de Gee, Vaessen, Begelinger, 1969). Von den in die Untersuchungen einbezogenen Aluminiumlegierungen zeigt die Legierung AlSn6 das beste Verhalten. Besonders hohe Belastungen sollen Kupfer-Beryllium-Legierungen aushalten (Koeppen, 1973; Glaeser, 1983).

Tab. 9.6.3 Reibung und Verschleiß von Kupfer-Legierungen und anderen Legierungen bei Paarung mit Stahl (Kohl und Willkommen, 1986)

lfd. Nr.	Werkstoff	Zustand	Verschleißkoeff. k in $10^{-7} \cdot mm^3/Nm$			Reibungszahl f		
			bis p=20 MPa	bis p=40 MPa	bis p=60 MPa	p=20 MPa	p=40 MPa	p=60 MPa
1	CuSn6	kalt verformt ≈ 25%, α-Mischkristall, HB 5/250/30 = 80	0,530	0,339	0,216	0,0087	0,005	0,005
2	CuAl9Fe3Mn2	Strangguss, α+β+δ-Mischkristall	0,53	-1)	-	0,016	-	-
3	G-CuSn10	Gussgefüge, α-Mischkristall +(α+δ)-Eutektoid	0,408	0,323	0,365	0,011	0,006	0,005
4	G-CuA19Ni4Fe4Mn2	lösungsgeglüht, ausgehärtet β-Mischkristall mit α-Segregat	0,581	-1)	-	0,01	-	-
5	G-CuSn7Pb6Zn4	α-Mischkristall + (α+δ)- Eutektoid	0,034	1,014	1,660	0,007	0,005	0,004
6	CuSn8	kalt verformt ≈ 40%, α-Mischkristall, HB 5/250/30 = 125	0,527	0,262	0,238	0,009	0,007	0,006
7	G-AlSn20Cu3Ti	Al + Sn + (Al + Sn + Al$_2$Cu)-Eutektikum	0,375	0,251	0,498	0,010	0,006	0,005
8	G-CuPb20Sn7	α-Mischkristall + Pb-Einlagerung	0,137	0,101	0,125	0,013	0,010	0,014
9	G-AlSi12Cu1Ni1		0,527	0,836	0,569	0,036	0,014	0,011
10	G-AlSi20CuNi		0,135	-1)	-	0,046	-	-
11	AlSn6	als Deckschicht auf Stahlblech	0,217	0,234	0,298	0,009	0,007	0,006
12	Sprelaflon	als Deckschicht auf Stahlblech	1,383	-2)	-	0,030	-	-
13	G-CuSn7Pb6Zn4, verzinnt		0,408	0,303	0,419	0,014	0,010	0,008
14	G-AlSi12Sn6Cu3Ti		0,153	0,494	-2)	0,036	0,027 -3)	-
15	CuZn35Al1Ni	Φ 150, gepresst, HB 5/250 = 105	0,356	-	-	0,023	-1)	-
16	CuZn40Al2Fe	Φ 150, gepresst, HB 5/250 = 135	0,251	-	-	0,021	-2)	-

Prüfbedingungen: siehe Bild 9.5.5;
-1) gefressen; -2) zu hohe Öltemperatur erreicht; -3) stark streuend

Krause und Hammel (1983) untersuchten das Verschleißverhalten unterschiedlicher Kupferlegierungen für den Einsatz in Gelenkverbindungen auf einem Gleitflächenprüfstand bei reversierenden Gleitbeanspruchungen. Die in **Bild 9.6.7** dargestellten Ergebnisse zeigen, dass der

Verschleiß der Kupferlegierungen bis zu einer Härte von ca. 150 HV 10 stark abfällt und dann bis zu Härtewerten von 230 HV 10 bei gewissen Streuungen nahezu konstant bleibt. Für den Stahlgegenkörper wird dagegen bei Härtewerten der Kupferlegierungen um 150 HV ein Minimum des Verschleißes erreicht. Steigert man die Stahlhärte, so nimmt der Verschleiß der Kupferlegierungen ebenfalls mit ihrer Härte ab. Der Verschleiß des Stahlkörpers steigt erst bei größeren Härtewerten der Kupferlegierungen an, siehe **Bild 9.6.8**.

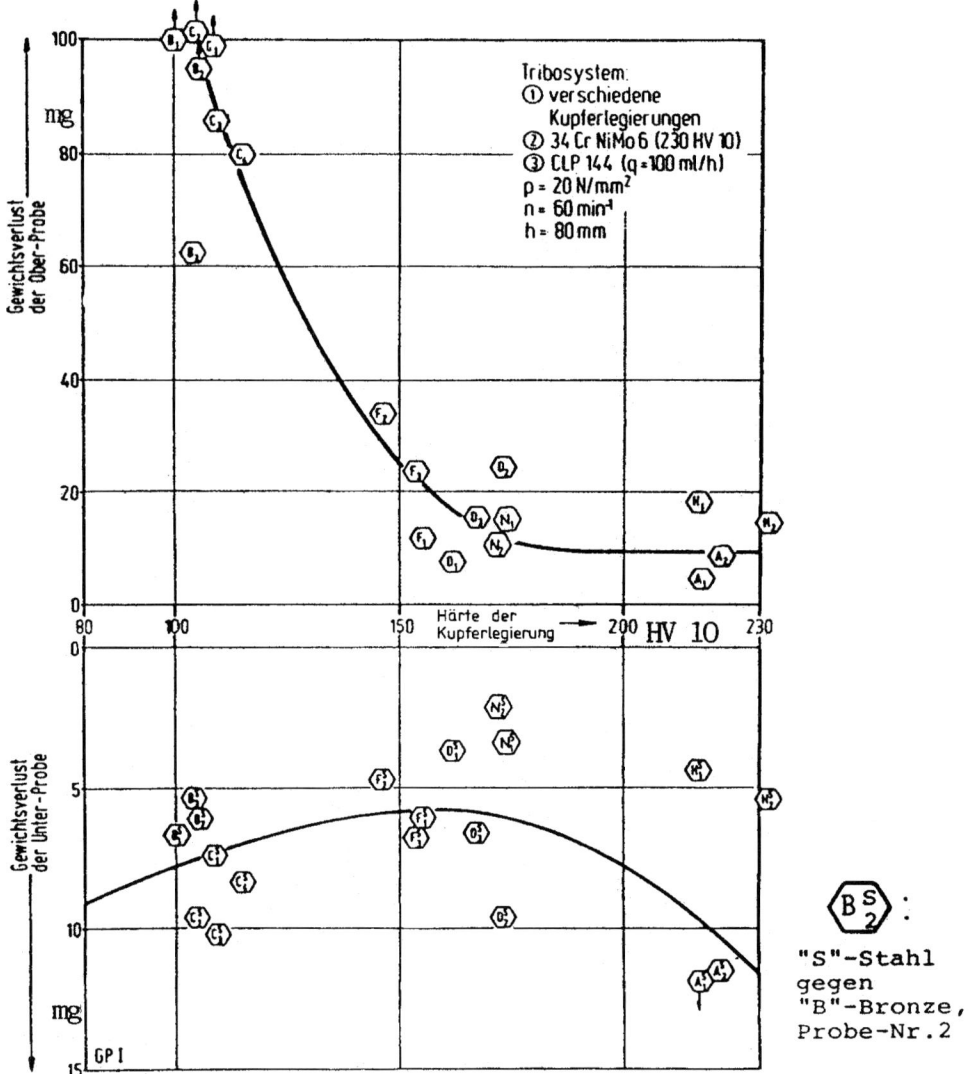

Bild 9.6.7   Verschleiß von Paarungen aus Kupfer-Legierungen und Stahl (Krause und Hammel, 1983)

Bei vergleichenden Verschleißuntersuchungen in Mineralöl und Polyglycol mit Stahlgegenkörpern hatten Kupfer-Zinn-Legierungen in Polyglycol einen niedrigeren Verschleiß als in

Mineralöl. Durch das Zulegieren von Aluminium kehrte sich die Bewertungsfolge um. Kupfer-Aluminium-Legierungen mit 10 % Aluminium und Aluminiumknetlegierungen hatten in Polyglycol einen sehr hohen Verschleiß (Brüser und Smolong, 1988).

Tab. 9.6.4 Werkstoffe zu den Bildern 9.6.6 und 9.6.7

Werkstoff	Interne Kodierung	Bezeichnung nach DIN	Materialform	Zusammensetzung								Makrohärte Mittelwert HV 10
	1	2	3	4	Cu	Sn	Zn	Ni	Mn	Fe	Al	Pb
Kupferlegierung	A	CuAl10Ni	Gelenkstein	78,5	<0,1	0,07	5,6	0,26	5,15	10,3	0,01	219
	B	CuSn12	Halbzeug	87,6	11,2	0,07	0,66	<0,01	0,20	0,01	0,16	97
	C	CuSn12Ni	Halbzeug	86,0	11,8	0,05	1,40	<0,01	0,28	0,01	0,40	106
	D	CuAl10Ni	Halbzeug	79,3	0,10	0,23	5,5	1,06	4,1	9,6	0,06	169
	E	CuAl11Ni	Halbzeug	77,0	0,18	0,21	6,6	0,88	4,3	10,6	0,07	218
	F	CuZn34Al2	Halbzeug	60,8	0,28	32,7	0,80	2,10	1,00	2,00	0,28	154
	G	CuSn12Ni	Halbzeug	86,7	11,4	0,10	1,45	<0,01	0,01	0,03	0,21	122
	H	CuAl11Ni	Gelenkstein	78,0	0,1	<0,10	6,2	0,26	5,2	10,2	0,01	222
	J	CuAl11Ni	Gelenkstein	77,9	0,1	<0,07	6,2	0,31	5,1	10,3	0,02	234
	M	CuAl10Fe	Halbzeug	85,5	0,1	0,72	1,25	0,43	3,1	8,7	0,07	152
	N	CuZn25Al5	Gelenkstein	66,6	0,15	21,6	0,4	4,0	2,9	4,2	0,06	175
	O	CuSn12Ni	Halbzeug	86,0	11,9	0,00	1,6	0,00	0,00	0,00	0,08	105
	P	CuZn34Al2	Halbzeug	59,5	0,00	33,5	1,1	2,15	1,17	2,3	0,15	155

Werkstoff	Interne Kodierung	Bezeichnung nach DIN	C	Si	Mn	P	S	N	Al	Cr	Cu	Ni	Mo	V
Stahl	R	34CrMo4	0,34	0,38	0,92	0,025	0,024	0,011	0,034	1,10	0,17	0,18	0,24	0,04
	S	34CrNiMo5	0,35	0,30	0,60	0,021	0,029	0,0065	0,033	1,59	0,15	1,43	0,21	<0,01
	T	46MnSi4	0,49	0,95	0,99	0,023	0,028	0,0060	0,006	0,20	0,17	0,08	0,01	<0,01

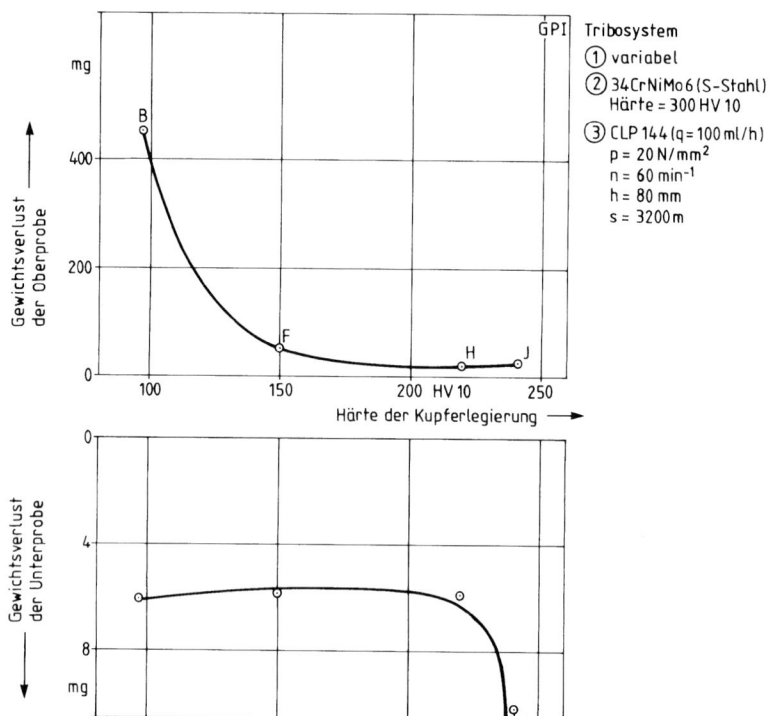

Bild 9.6.8   Verschleiß von Paarungen aus Kupferlegierungen und Stahl höherer Härte
(Krause und Hammel, 1983)

9.7 Aluminiumlegierungen

Aluminiumlegierungen werden in der Tribotechnik vor allem in geschmierten Gleitlagern (siehe Kapitel 11.1.) verwendet. Ein wichtiges Einsatzgebiet sind die Zylinderlaufbahnen in Verbrennungsmotoren. Die Anwendung von Aluminium und Magnesium für Verstellmechanismen und Gleitführungen in Automobilen und Flugzeugen führt in den mechanischen Fügepunkten wegen der Erschütterungen durch die Fahrzeugbewegung und die zyklische Wärmedehnung unweigerlich zu ständigen Mikrogleitbewegungen mit Amplituden von 5 bis 50 µm.

Eine hydrodynamische Schmierung oder Fettschmierung dieser Tribosysteme ist oft nicht möglich. Wegen ihrer Neigung zum adhäsiv bedingten Fressen können Aluminiumlegierungen bei Gleitbeanspruchungen in der Regel aber nicht ohne Schmierung eingesetzt werden. Bei abrasiven Beanspruchungen besitzen Aluminiumlegierungen wegen ihrer relativ niedrigen Härte nur einen geringen Verschleißwiderstand. Aus all diesen Gründen kommt der Beschichtung von Bauteilen aus Aluminiumlegierungen zur Erfüllung von tribologischen Funktionen eine große Bedeutung zu.

Nachfolgend soll über das tribologische Verhalten von Aluminiumlegierungen bei folgenden Beanspruchungen und Technologien berichtet werden:

- Gleitbeanspruchungen
- Schwingungsbeanspruchungen
- Furchungsbeanspruchungen
- Beschichtungstechnologien

Gleitreibung und Gleitverschleiß

Der unedle Charakter von Al und Mg hat eine unmittelbare Bedeutung für das tribologische Verhalten und bestimmt seit Anwendungsbeginn den Stellenwert der Oberflächenbehandlung. **Tabelle 9.7.1** fasst die für die Tribologie relevanten Werkstoffeigenschaften zusammen.

Die tribooxidativ gebildeten Reaktionsschichten aus Al_2O_3 und MgO schützen wenig vor Adhäsion, weil sie zu dünn sind und keine Tragfähigkeit besitzen (Reddy, 1995). Die hohe Plastizität beider Werkstoffe und der niedrige E-Modul begünstigen die Adhäsion. Ebenso ist die starke Abnahme der Härte mit ansteigender Temperatur tribologisch ungünstig.

Mit einer Härte von ca. 80 HV und dem niedrigen E- Modul von ca. 45 GPa zählt Magnesium zu den besonders weichen metallischen Werkstoffen und es muss mit einer hohen Neigung zum adhäsivem Versagen und abrasivem Verschleiß gerechnet werden.

Selbst bei „mildem Verschleiß" unter ungeschmierten Bedingungen sind die Verschleißkoeffizienten k_v von unbeschichtetem AZ91 gegen 100Cr6H größer als $> 10^{-3}$ mm^3/Nm (Chen et al., 2000). Es besteht daher die Notwendigkeit, durch geeignete oberflächentechnische Verfahren die funktionalen Eigenschaften der Magnesium- und Aluminiumlegierungen zu verbessern.

Eine Reihe von Autoren berichten über den Einfluss des Siliciumgehaltes auf das tribologische Verhalten von Aluminium-Silicium-Legierungen bei Festkörperreibung. Dabei ist keine einheitliche Tendenz erkennbar. Pramila Bai und Biswas (1987) beobachteten für Al-Si/Stahl-Paarungen nahezu unabhängig vom Siliciumgehalt eine Reibungszahl f = 0,4, die weder von der Pressung (0,1 bis 1,8 MPa) noch von der Gleitgeschwindigkeit (0,2 bis 0,9 m/s) beeinflusst wurde. Auch der Verschleißbetrag hing nicht vom Siliciumgehalt und von der Gleitgeschwindigkeit ab; er stieg aber erwartungsgemäß mit der Flächenpressung an.

Tab. 9.7.1 Zusammenstellung relevanter Werkstoffeigenschaften für ungeschmierte Tribosysteme

Werkstoff	Al	Al2O3	AlN	Mg (AZ91HP)	MgO	100 Cr 6
Härte [MPa]	2.000-3.000	≈ 30.000	≈ 12.000	≈ 1.700	5.000-7.500	≈ 6.500
E- Modul [GPa]	50-80	350-400	280-310	≈ 45	≈ 240	210
Wärmeleitfähigkeit [W/mK]	120-170	30-40	130-190	≈ 70	≈ 36	≈ 30
Rel.Mikrokontaktfläche	≈ 5	≈ 0,3	≈ 0,4	≈ 7	≈ 1	1

Kuroishi, Odani und Takeda (1985) fanden bei Gleitgeschwindigkeiten von 0,5 m/s ebenfalls kaum einen Einfluss des Siliciumgehaltes von pulvermetallurgisch hergestellten Al-Si-Legierungen auf den Verschleiß. Bei höheren Gleitgeschwindigkeiten von 2,0 m/s und weniger ausgeprägt bei 3,6 m/s nahm der Verschleiß dagegen mit steigendem Siliciumgehalt zwischen 15 und 30 % Si ab. Abweichend davon beobachteten Jasim und Dwarakadasa (1987) sowie Sakar und Clarke (1982) für eutektische oder naheutektische Legierungen das günstigste Verschleißverhalten.

Tab. 9.7.2   Fresslasten von Aluminium-Legierungen (Tiwari, Pathak und Malhotra, 1985)

Bleigehalt	Al-Pb		Al-4.5Cu-Pb		Al-4.5Cu-0.75Mg-Pb		Al-11.3Si-1.2Cu-1Mg-1.4Ni-Pb		Al-9.2Si-3.5Cu-0.8Mg-1Ni-Pb	
Gew.-%	halbtrocken	trocken	halbtrocken	trocken	halbtrocken	trocken	halbtrocken	trocken	halbtrocken	trocken
0	15	15	25	25	25	25	30	30	35	35
10	50	35	55	45	55	50	55	50	55	50
15	50	45	55	50	60	55	60	50	60	55
25	NS[1]	45	NS	55	NS	60	NS	60	NS	55
35	50	30	55	40	55	50	55	55	60	50
50	45	25	50	35	45	40	45	40	50	40

Fresslast in daN

1) NS: kein Fressen

Lager: Durchmesser   40,8 oder 35,5 mm
        Breite   17,6 mm
        Lagerspiel   0,001 ± 0,0005 mm/mm Wellendurchmesser
        Stahlwelle   (EN 24) $R_a = 0,3$ μm
        Geschwindigkeit $v = 5,34 \cdot 10^{-2}$ m/s
        Belastung   5 daN pro Laststufe
        Beanspruchungsdauer pro Laststufe: 30 min
        a) Ölzufuhrunterbrechung (halbtrocken)
        b) Festkörpergleitreibung (trocken)

Andrews, Seneviratne, Zier und Jatt (1985) stellten für Al-Si/Stahl-Paarungen mit steigender Belastung einen Übergang von einer Verschleißtieflage in eine Verschleißhochlage fest. Die Übergangsbelastung nimmt mit steigendem Siliciumgehalt und sinkender Gleitgeschwindigkeit zu, siehe **Bild 9.7.1**.

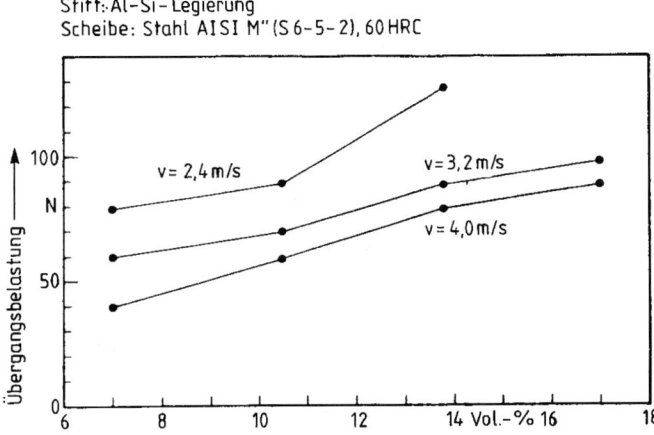

Stift-Scheibe-System
Stift: Al-Si-Legierung
Scheibe: Stahl AISI M" (S 6-5-2), 60 HRC

Bild 9.7.1
Einfluss des Anteils von primärem Silicium auf die Übergangsbelastung von Aluminium-Silicium-Legierungen zur Verschleißhochlage (Andrews, Seneviratne, Zier, Jatt, 1985)

Nach Untersuchungen von Blau und Whitenton (1982) hängt das Reibungs- und Verschleißverhalten von Al-Si-Cu/Stahlgleitpaarungen erheblich von der Oberflächenbehandlung der Aluminiumlegierungen ab. Untersucht wurde eine Legierung mit 17,3 Gew.-% Si und 4,5 Gew.-% Cu. Bei polierten Oberflächen sind Aluminiumkristalle von Anfang an mit dem Stahlgegenkörper in Berührung, wodurch ein Aluminiumübertrag begünstigt wird. Durch den Aluminiumübertrag wird vor allem bei höheren Belastungen die Reibungszahl erhöht, siehe **Bild 9.7.2**. Die höhere Reibung führt zu einer stärkeren plastischen Verformung der Oberflächenbereiche, wobei die Siliciumkristalle zerbrochen werden, bevor sie in der Kontaktfläche erscheinen. Werden die Oberflächenbereiche der Al-Si-Cu-Legierung vor der tribologischen Beanspruchung geätzt, so bleiben Siliciumkristalle stehen und treten mit dem weicheren Stahlgegenkörper in Kontakt. Die Siliciumkristalle werden dabei zerbrochen und bilden abrasiv wirkende Partikel, die feinere Partikel der Matrix herausschneiden und sich dann zwischen den ursprünglichen Siliciumkristallen anlagern. Dadurch wird eine Verschleißminderung erreicht.

Antoniou und Subramanian (1988) stellten in Anlehnung an Lim und Ashby (siehe Kapitel (8.7.4) einen „Verschleißatlas" auf, indem sie in Abhängigkeit von Pressung und Geschwindigkeit Gebiete unterschiedlicher Verschleißmechanismen voneinander abgrenzten, siehe **Bild 9.7.3**.

(a) Bildung feiner, äquiaxialer Verschleißpartikel

(b) Delamination von kompakten, äquiaxialen Partikeln

(c) Delamination plastisch verformter Oberflächenbereiche

(d) starker Materialübertrag

(e) Schmelzverschleiß

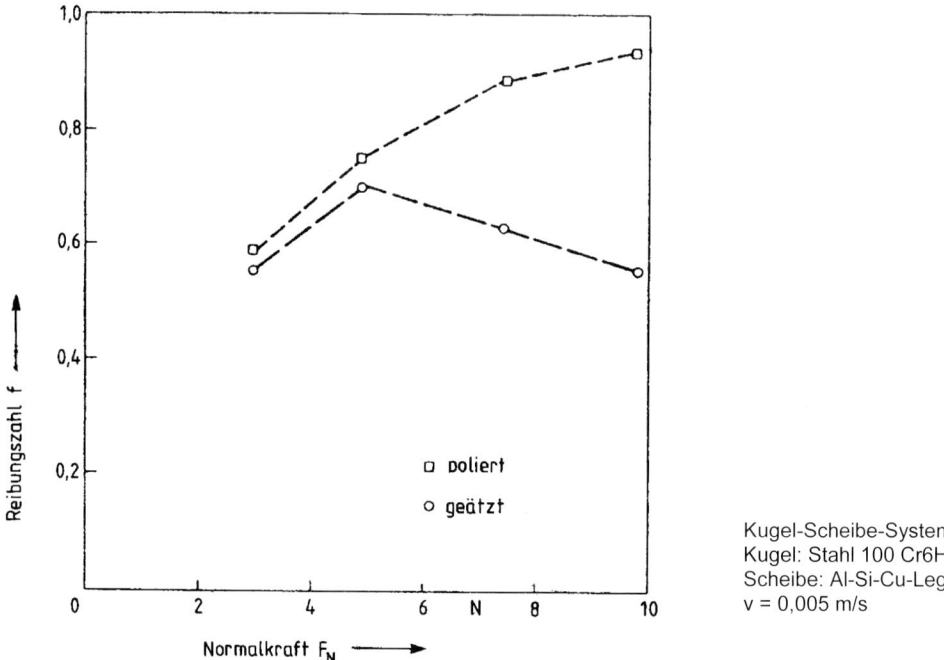

Bild 9.7.2   Reibungszahl von Paarungen Stahl/Al-Si-Cu-Legierungen in Abhängigkeit von der
Belastung (Blau und Whitenton, 1982)

Sie vernachlässigen die Tribooxidation, die nach Untersuchungen von Razavizadeh und Eyre
(1982, 1983) ebenfalls wirksam werden kann. Dabei soll die Stabilität des tribochemisch
gebildeten Oxids durch die Eindiffusion von Eisen aus dem Gegenkörperwerkstoff erhöht
werden.

Über Untersuchungen des rein adhäsiven Verschleißes von unterschiedlich ausgehärtetem
AlMgSi1 und G-AlSi12CuNiMg wird von Zum Gahr, Grewe, Brezina, Broszeit, Habig und
Ibe (1989) berichtet. Bei der Paarung AlMgSi1/AlMgSi1 hatte der überhärtete Zustand den
niedrigsten Verschleiß, bei der Paarung G-AlSi12CuNiMg/G-AlSi12CuNiMg verhielt sich
dagegen der warmausgehärtete Zustand am günstigsten. Bestand der Gegenkörper der Aluminiumlegierungen aus Schnellarbeitsstahl S6-5-2 oder aus Stahl C45, so war kaum ein Einfluss
der Aushärtungsbehandlung festzustellen.

Die Reibungszahl der Paarungen AlSiMg1/AlMgSi1 und S6-5-2/AlMgSi1 lag unabhängig
vom Aushärtungszustand bei $f = 0{,}8$, während die Reibungszahl der Paarung AlMgSi1/C45 $f \sim$
$0{,}5$ betrug. Die Paarungen G-AlSi12CuNiMg/G-AlSi12CuNiMg, S6-5-2/G-AlSi12CuNiMg
und G-AlSi12CuNiMg/C45 hatten nahezu übereinstimmend eine Reibungszahl von $f = 0{,}5$.

Untersuchungen des Adhäsionswiderstandes von Gleitlagern mit Lagerschalen aus unterschiedlichen Aluminium-Legierungen wurden von Tiwari, Pathak und Malhotra (1985) vorgestellt. Aus den in **Tabelle 9.7.2** dargestellten Ergebnissen geht hervor, dass die Legierungen
mit 25 % Blei die höchste Fresslast erreichen.

Tab. 9.7.3 Eigenschaften und Verschleißbetrag W_l von Aluminiumlegierungen bei Furchungsverschleiß (Horn und Ziegler, 1981)

Material-gruppe	Nr.	Material DIN	Zustand DIN	R_m N/mm²	$R_{p0,2}$ N/mm²	A_{10} %	A_5 %	HB	W_L mm
reines Aluminium	1	Al99,99						16	2,15
	2	Al99,5	W 7	65- 95	20- 55	50-35	60-40	20	2,03
	3		F11	110-145	90-145	15- 4	20- 6	35	2,10
	4		F13	130-170	110-165	12- 3	17- 4	40	2,10
	5		G13	130-170	110-165	18- 4	23- 6	44	2,03
	6							47	2,16
	7	Al98,7	W 8	80-115	30- 80	50-30	60-35	25	2,03
	8			140-160	130-140	4- 8	-	42	2,13
aushärtbare Legierungen	9	AlMgSi1	W	90-150	35- 85	35-20	45-25	35	1,79
	10							45	1,79
	11		F21	205-280	110-180	26-15	32-18	83	1,21
	12		F28	275-330	200-260	24-12	30-14	87	1,17
	13		F32	315-380	255-330	18- 8	23-10	102	1,05
	14							92	1,21
	15	AlMg0,4Si1,2		128-133	54- 55		28	35	1,90
	16			315-323	286-297		10-11	76	1,77
	17			230-250	130-150	26-28	31-33	73	1,49
	18			300-310	250-270	15-20	20-24	100	1,09
	19	AlZn4,5Mg1		320-360	220-300	20-10	26-12	97	1,30
	20		F35	350-410	275-350	17- 8	23-10	110	1,06
	21	AlZnMgCu1,5	F46	530-630	450-590	-	20- 8	159	0,76
Extra	22	AlMg2,7Mn, beschichtet mit Stahl X40Cr13						500	0,27
nicht aushärtbare Legierungen	23	AlMn	W 9	90-140	35- 90	40-25	50-28	30	1,79
	24		W14	140-180	120-170	15- 4	20- 5	47	1,84
	25	AlMn plattiert	W 9	90-140	35- 90	40-25	50-28	30	1,71
	26	mit AlSi12	F19	≥ 185	≥ 165	8- 2	12- 3	≥50	1,77
	27	AlMn0,5Mg0,5	-	110-150	40-100	40-22	50-25	35	1,87
	28		-	180-200	170-190	3- 5	2- 3	60	1,87
	29	AlMg1	W10	105-140	35- 90	35-22	45-27	35	1,98
	30			270-300	270-290	4- 5	-	83	1,72
	31	AlMg2Mn0,3	W16	155-200	60-130	30-17	38-20	45	1,81
	32			270-300	260-280	4- 5	-	85	1,63
	33	AlMg3	W19	190-230	80-160	30-17	38-20	50	1,60
	34			320-340	300-310	5- 6	-	95	1,59
	35	AlMg4	-	240-280	110-180	30-15	38-18	60	1,35
	36		-	≥ 330	≥ 280	10- 3	15- 4	107	1,30
	37	AlMg2Mn0,8	W19	190-230	80-160	30-17	38-20	50	1,45
	38		F24	240-280	190-260	12- 4	17- 5	65	1,38
	39		F29	≥ 290	≥ 250	8- 2	12- 3	99	1,38
	40	AlMg2,7Mn	F22	215-260	100-180	-	35-17	59	1,52
	41			270-310	230-290	12- 3	17- 4	75	1,49
	42	AlMg4,5Mn	W28	275-350	125-190	30-15	35-17	73	1,37
	43			330-370	260-230	17- 6	22- 8	90	1,37
	44	AlSi10Cu1						55	1,37
	45			170-180	70- 80	22- 5	26-29	50	1,27
	46			180-190	160-170	8-15	14-18	65	1,51

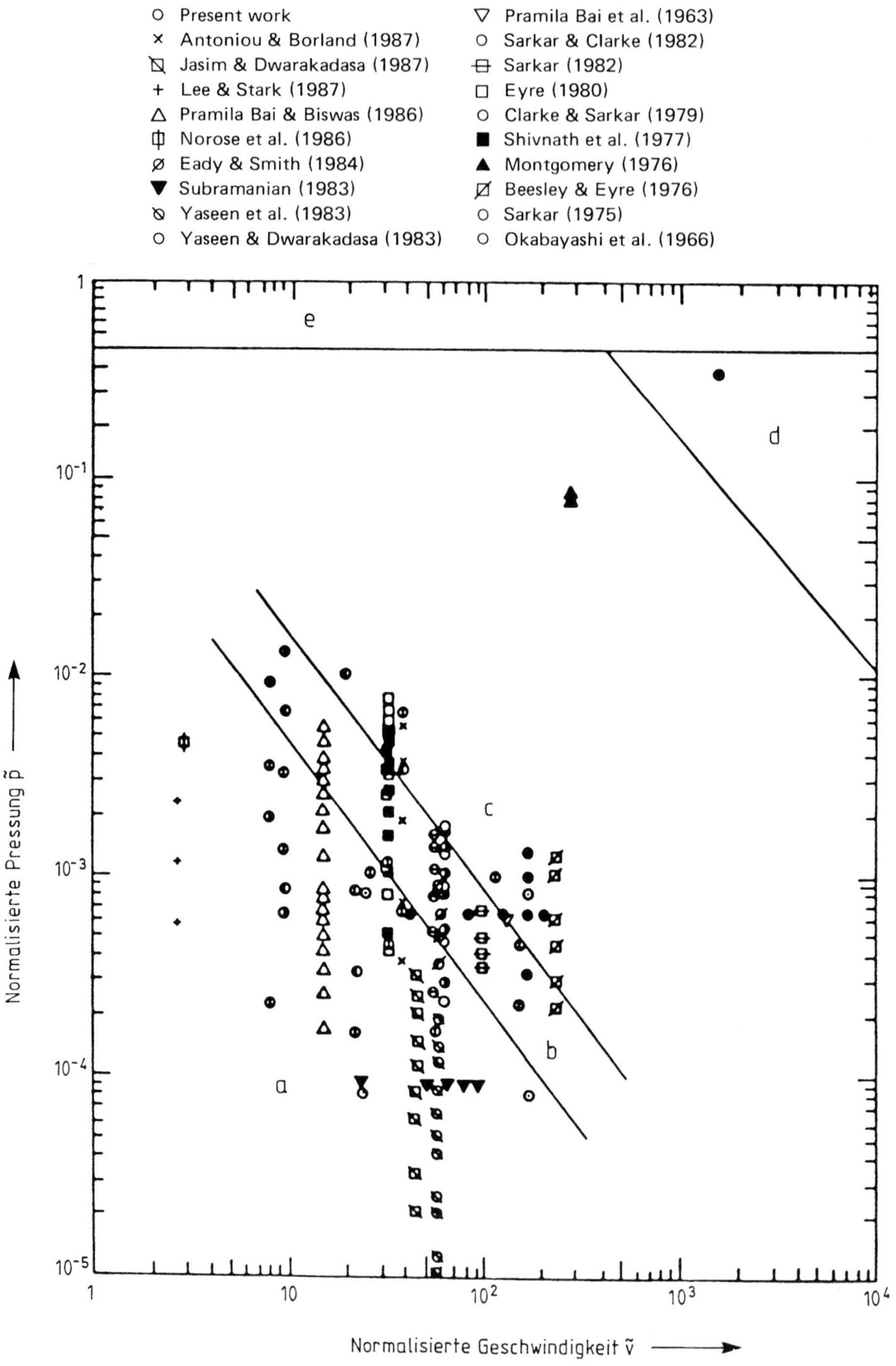

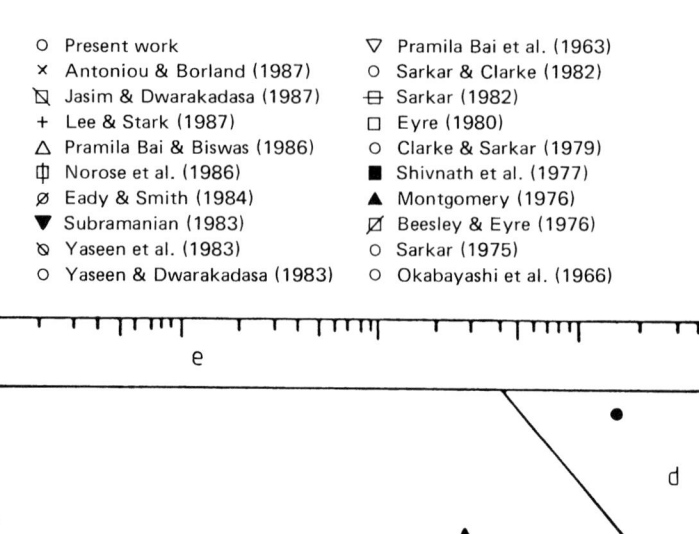

○ Present work
× Antoniou & Borland (1987)
⊠ Jasim & Dwarakadasa (1987)
+ Lee & Stark (1987)
△ Pramila Bai & Biswas (1986)
⬓ Norose et al. (1986)
∅ Eady & Smith (1984)
▼ Subramanian (1983)
⊘ Yaseen et al. (1983)
○ Yaseen & Dwarakadasa (1983)

▽ Pramila Bai et al. (1963)
○ Sarkar & Clarke (1982)
⊟ Sarkar (1982)
□ Eyre (1980)
○ Clarke & Sarkar (1979)
■ Shivnath et al. (1977)
▲ Montgomery (1976)
⊠ Beesley & Eyre (1976)
○ Sarkar (1975)
○ Okabayashi et al. (1966)

Bild 9.7.3   Verschleißatlas von Aluminiumlegierungen (Antoniou und Subramanian, 1988)

Zur Erhöhung der Festigkeit von Aluminiumlegierungen werden Phasen höherer Festigkeit, wie Fasern und Partikel, in die Matrix eingelagert. Bei einem pulvermetallurgisch hergestellten Composit-Werkstoff mit Graphit-Partikeln in einer Aluminiumlegierung (1,0 Gew.- % Mg; 0,6 Gew.- % Si, 0,25 Gew.- % Cu; 0,1 % Cr) lag die Verschleißrate des Composit-Werkstoffes bei Paarung mit einem Stahlgegenkörper unter Festkörperreibung fast durchweg über dem der Aluminiumlegierung. Sie nahm mit steigendem Graphitgehalt zu. Der erhöhte Verschleiß der graphithaltigen Legierung wird auf die vergrößerte Porosität zurückgeführt (Iha, Prarad und Upadhyaya, 1989).

Da die Werkstoffeigenschaften Festigkeit und Härte stark von der Temperatur abhängen, beeinflusst diese auch den Verschleißbetrag von Aluminium-Legierungen. Bei Versuchen ohne Schmierung und bei 0,8 m/s gegen einen gehärteten Stahl En 24 (59 HRc) stieg der Verschleißbetrag verschiedenster Al-Legierungen bei ca. 200 °C an. Der Anstieg ist um so kleiner, je größer der Siliziumgehalt ist (Reddy, A. S., 1995).

Diesen Übergang von einer relativen Verschleißtieflage in eine Verschleißhochlage kann durch Legierungstechnik zu höheren Temperaturen verschoben werden. Für ungeschmierte Gleitpaarungen mit Flächenpressungen von 0,35 MPa und 0,1 m/s aus 100Cr6H und Aluminiumwerkstoffen findet der Übergang im Falle unverstärkter Werkstoffe bei 175–190 °C für Al 6061 bzw. bei 225-230 °C für A356 statt. Durch Zugabe von 20 Vol.-% Al2O3 verschiebt er sich auf 300 °C und durch 20 Vol.-% sogar auf 400 °C (Wilson, 1996).

Schwingungsverschleiß

Die zuvor geschilderte Neigung zum adhäsiven und abrasiven Verschleiß kommt insbesondere beim Schwingungsverschleiß unangenehm zum Tragen. Wird Magnesium (ASM 4439, 94 % Mg, 4,25 % Zn, 1,25 % Ce, 0,5 % Zr) tribologisch ungeschmiert gegen einen Stahl SAE 9310 tribologisch beansprucht (Schwingungsfrequenz 100 Hz, Schwingungsweite 0,2 mm und F_N= 228 N), so können bereits nach 1000 Zyklen klassische adhäsive und abrasive Verschleißerscheinungsformen beobachtet werden, wobei die abrasiven überwiegen. Eine MoS2-Beschichtung verbessert die erreichbare Zyklenzahl bis zum Schichtdurchbruch immerhin auf bis zu 200.000 und eine Co-Mo-Cr-Plasmaspritzbeschichtung ergab im Rahmen der Untersuchungen sogar einen verschleißlosen Zustand (Sherman et al., 1983).

Über Schwingungsverschleißuntersuchungen an einer ausgehärteten Al-Zn-Mg-Legierung berichteten Goto, Ashida und Endo (1987). Die Untersuchungen wurden in feuchter Luft, trockener Luft und trockenem Argon mit Schwingungsamplituden zwischen 20 und 260 µm durchgeführt. Die Reibungszahl war in trockener Luft deutlich höher als in feuchter Luft oder Argon. Besonders hoher Verschleiß trat in feuchter Luft auf. Während in trockener Luft die Verschleißpartikel auf den Reibflächen hafteten und damit einen unmittelbaren Kontakt der Reibpartner verhinderten, wurden die Verschleißpartikel in feuchter Luft aus der Kontaktfläche entfernt, so dass verstärkt metallische Kontakte gebildet wurden. Außerdem wurde in feuchter Luft eine Härteabnahme der tribologisch beanspruchten Oberflächenbereiche beobachtet, die durch eine Überalterung der Al-Zn-Mg-Legierung hervorgerufen wurde.

Ein weiteres Tribosystem unter Schwingungsverschleiß sind Nietverbindungen aus Aluminium in Fluggeräten (Iyer et al., 1996). Die Schwingungsamplitude beträgt zwischen der Niet und dem Blech etwa 3 µm bis 100 µm, wobei sich Kontaktpressungen bis zu 120 MPa und Zugspannungen im Nietloch von bis zu 700 MPa ergeben können.

Die jüngst in der Automobilindustrie eingesetzten neuen Techniken zum Fügen und Verbinden vorzugsweise unterschiedlicher Werkstoffe, wie Durchsetzfügen, Clinchen, Stanznieten oder Einstanzmuttern müssen unter diesem Gesichtspunkt aufmerksam betrachtet werden.

Furchungsverschleiß

Da die Härte des MgO mit der von Stählen vergleichbar und die des Al_2O_3 weit größer als die von Stählen ist, sollte für die Aluminium- und Magnesiumwerkstoffe ein natürlicher Schutz vor Abrasion vorhanden sein. In einem Tribosystem können jedoch abgeplatzte Schichtpartikel die Abrasion fördern. Weiterhin ist der abrasive Verschleiß sehr ausgeprägt bei der Verwendung von polymeren Reibpartnern. Zum einen betten Polymere sehr leicht die kaltverformten Mg- und Al- bzw. die MgO- und Al_2O_3-Partikel ein, die dann ihrerseits Mg oder AL abrasiv beanspruchen und zum anderen beanspruchen auch Füllstoffe, Glas- und Kohlenstoff-Fasern oder eingebettete Fremdpartikel das Mg oder das Al abrasiv.

Die Ergebnisse von Furchungsverschleißuntersuchungen an einer größeren Anzahl von Aluminiumlegierungen (**Tabelle 9.7.2**) stellten Horn und Ziegler (1981) vor. Die Untersuchungen wurden mit einem Erichson-Prüfgerät durchgeführt, bei dem Probekörper durch die Mantelfläche einer Scheibe beansprucht wurden, die mit Siliciumcarbidschleifpapier unterschiedlicher Körnungen beklebt war. Die Bewegung der Probekörper erfolgte in Richtung der Achse der Scheibe, die nach jedem Doppelhub der Probe um 3° gedreht wurde, so dass immer neue Bereiche des Schleifpapiers zum Eingriff kamen.

Die Prüfbedingungen waren:

Durchmesser der Scheibe mit Schleifpapier:	4,8 cm
Breite der Scheibe:	1,2 cm
Schleifpapier:	Siliciumcarbid der Körnungen 500, 1000, 2000, 5000
Hublänge:	3,0 cm
Hubgeschwindigkeit:	1 Doppelhub/Sekunde
Anzahl der Hübe:	4 x 5000

Die Probekörper wurden nacheinander mit Schleifpapier der 4 Körnungen beansprucht. Anschließend wurde der Gesamtverschleißbetrag W_l ermittelt. Da die Abrasivkörner aus Siliciumcarbid wesentlich härter als sämtliche Gefügebestandteile der Aluminiumlegierungen sind, befand sich der Verschleiß in der Hochlage.

Die Ergebnisse der tribologischen Untersuchungen sind in der **Tabelle 9.7.3** und in **Bild 9.7.4** zusammengestellt. Aus Bild 9.7.4 geht hervor, dass der Verschleiß stark von der Konzentration der Legierungselemente abhängt. Durch eine Kaltverfestigung wird der Verschleiß nur geringfügig beeinflusst. Eine Aushärtung der Legierung AlMgSi1 führt zu einer 30 %-igen Verschleißminderung, durch eine Überalterung wird der Verschleiß wieder erhöht.

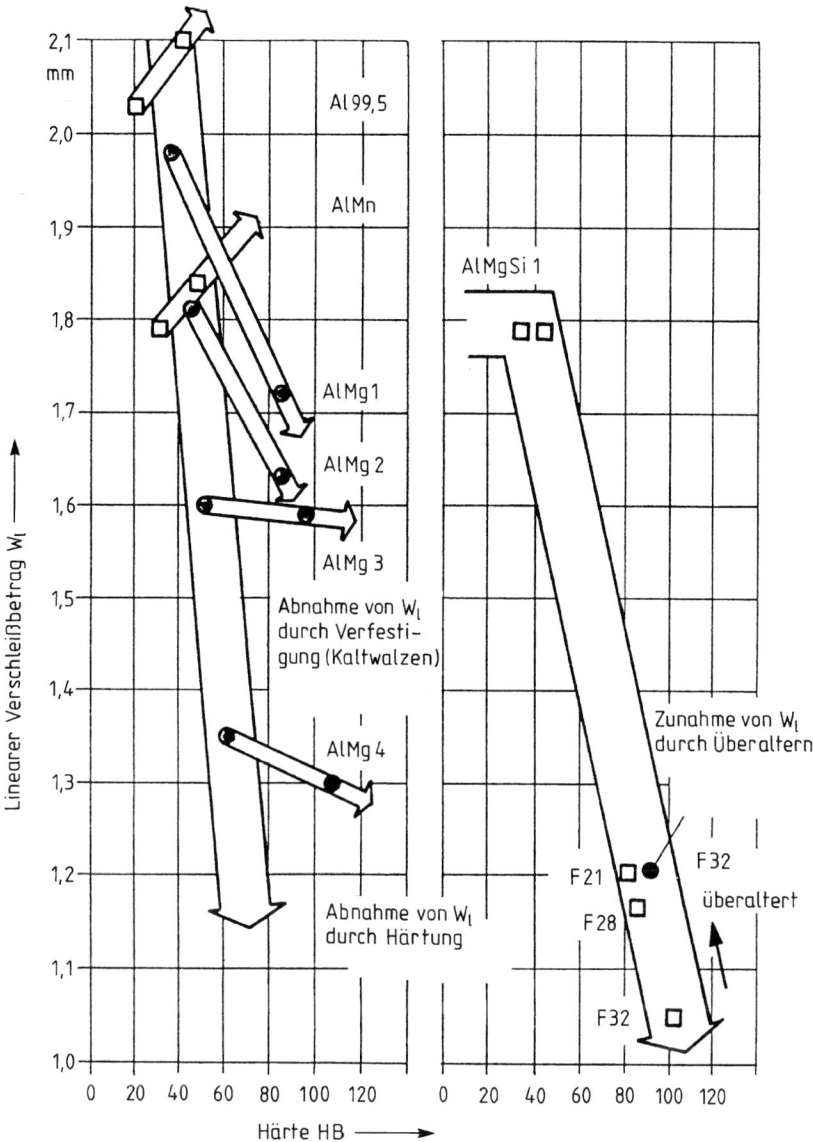

Bild 9.7.4 Abrasiver Verschleiß von Aluminiumlegierungen (Horn und Ziegler, 1981)

Zusammenfassend muss aber festgestellt werden, dass Aluminiumlegierungen wegen ihrer geringen Härte einen relativ niedrigen Verschleißwiderstand bei Furchungsbeanspruchungen haben. So hat z. B. der in die Untersuchungen einbezogene Stahl X40Cr13 mit einer Härte von 500 HV einen wesentlich niedrigeren Verschleißbetrag als alle Aluminiumlegierungen (Tabelle 9.7.3).

Über eine Erhöhung des abrasiven Verschleißwiderstandes durch eine Verstärkung von Aluminiumlegierungen mit Bauxitpartikeln berichten Yang und Chung (1989).

Beschichtungstechnologien

- **Chemische und elektrochemische Verfahren**

Mit dem Galvanisieren und dem Anodisieren können sowohl die tribologischen Eigenschaften als auch das Korrosionsverhalten von Mg und Al verbessert werden. Zu den weit verbreiteten chemischen Beschichtungsverfahren zählen das Hartanodisieren, die stromlose Nickelabscheidung, die Hartverchromung und die Abscheidung von Dispersionsschichten sowie Kombinationen daraus (Paatsch, 1997).

Bei Aluminium-Werkstoffen zählt das Anodisieren oder Eloxieren und das Hartanodisieren mit Schichtdicken des Al_2O_3 zwischen 30...00 µm zu den gängigsten Verfahren zum Aufbringen einer anodischen Konversionsschicht.

Die stromlos abscheidbaren Nickel-Phosphorschichten, insbesondere in Form von Dispersionsschichten mit SiC- oder PTFE-Partikeln, zählen zum Stand der Technik. Im Motorenbau wird die Nickel-SiC-Dispersionsschicht mit typischerweise 3–5 Gew.-% SiC Partikel der Körnung 2–5 µm für Zylinderlaufbahnen von thermischen Spritzschichten und MMC's zunehmend verdrängt. Die Verwendung von Nickeldispersionsschichten mit PTFE-Einlagerungen führt im Trockenlauf bei niedrigen Pressungen und relativ geringen Gleitgeschwindigkeiten zu einem guten tribologischen Verhalten.

Auf Aluminium können auch Hartchromschichten direkt oder mit Kupfer- bzw. Nickel-Zwischenschichten abgeschieden werden. Die tribologischen Eigenschaften von Hartchrom lassen sich weiter durch eine Nachbehandlung mittels Plasma-Nitrieren verbessern, die zu einer CrN/Cr_2N-Oberfläche führt. Hartchrom- und Chromschichten auf Hubschrauber- und Flugzeugkomponenten aus Mg, Alu und Titan werden, u. a. auch aus ökologischen Anforderungen heraus, durch thermisch gespritzte Schichten aus WC-Co oder WC-Cr ersetzt, wobei auch Spritzschichten aus 70Ni30Al diskutiert werden.

Obwohl sich Hartchrom und die stromlosen Nickel-Schichten im Rahmen vieler Anwendungen bewährt haben, muss dennoch die Besonderheiten bezüglich des Reibungsverhaltens beachtet werden. Damit soll nicht ausgedrückt werden, dass diese Schichten in der Summe ihrer funktionalen Eigenschaften den Anforderungsprofilen nicht genügen und Korrosions- und Verschleißprobleme lösen könnten.

- **Nitrieren von Aluminium**

Das Wachstum einer Schicht aus AlN auf Al wäre tribologisch vorteilhaft (siehe Tabelle 9.7.1.), weil AlN über eine kovalente Bindung (Schutz vor Adhäsion), eine größere Härte als Stahl (Schutz vor Abrasion) und eine mit Al vergleichbare Wärmeleitfähigkeit besitzt (größere pv-Werte für Polymergegenkörper).

Im Gegensatz zu Stahl oder Titan ist das Nitrieren von Aluminium mit Gas- oder Salzbadnitrieren nicht möglich. Die Möglichkeit, Al im Plasma bei etwa 410–480 °C allseitig zu nitrieren ist seit längerem bekannt und stellt eine Alternative zum Hartanodisieren dar (Strazzi, 1993; Ebisawa, 1996; Reinhold, 1997; de Silva, 1997)

Weiterhin wird in motorischen Anwendungen neben dem Plasmanitrieren auch das Lasernitrieren von Zylinderlaufbahnen aus AlSi9Cu (Bergmann et al. 1996) erprobt.

Dichte Schichtdicken zwischen 3–4 µm und mit Aufwand bis zu 20 µm sind technisch möglich, die bereits einen größeren Verschleißwiderstand als hartanodische Schichten aufweisen.

Mittels Reaktionssintern von zuvor aufgebrachten Schichten aus Aluminium-Pulver mit einer Korngröße zwischen 5 μm und 100 μm können bei ~540 °C in Stickstoff-Atmosphäre bis zu 1 mm dicke AlNx-Schichten erzeugt werden. Diese Schichten sollen vorzugsweise für gleitbeanspruchte Bauteile aus Al angewandt werden (Yamada et al., 1999).

- **Thermisches Spritzen**

Die Prozesse zum thermischen Spritzen bilden heute eine Gruppe etablierter Verfahren mit vielfältigen Anwendungen in der Reparatur und Fertigung. In der Automobilindustrie setzen sich vorzugsweise die Verfahrensvarianten „Plasmaspritzen" und „Hochgeschwindigkeits-flammspritzen" (HVOF) durch.

Vorab kann schon festgehalten werden, dass die Schichten für tribotechnische Anwendungen stets nachgearbeitet werden müssen, weil sie zu rau sind und Aufmaß für die Einhaltung der Toleranzen vorgesehen werden muss. Weiterhin sind noch Fragen zur zerstörungsfreien Prüfung und Haftung, insbesondere bei Innenbohrungen, intensiv zu bearbeiten.

Mit dem thermischen Spritzen lassen sich alle Gruppen keramischer und metallischer Werkstoffe beliebig miteinander kombinieren und als Schicht auf Aluminium-Legierungen aufbringen.

Für die Anwendung als Zylinderlaufbahnen werden Stoffsysteme auf Basis von Mo-Fe, Cr_2O_3-Al_2O_3, Al_2O_3-TiO_2, Cr_2O_3-Cr_3C_2, Cr_3C_2-NiCr, TiC-Mo, WC-MoCoCr, WC-Co sowie Magnéli-Phasen des TiO_2 oder $Ti_{n-2}Cr_2O_{2n-1}$ und Al-Si-Legierungen, Grauguss oder Metall + Festschmierstoffe sowie intermetallische 75Fe25Al-Schichten oder teilkristalline Al65-67Cu21-23Fe12-Schichten diskutiert und erprobt.

Das thermische Spritzen stellt zusätzlich eine wirtschaftliche Beschichtungstechnik für Zylinderlaufbahnen dar, da die Beschichtungskosten trotz notwendiger chemischer und mechanischer Vorbereitung der Zylinderoberflächen je nach Schichtzusammensetzung günstiger sind als die von früher eingesetzten Nickel-Dispersionsschichten, die aufgrund der NiO-Partikel im Abgas nicht mehr verwendet werden. Weitere Alternativen sind eingegossene Graugussbuchsen (Barbezat, 2001) oder Si-Partikel- bzw. Si-Partikel/Al_2O_3-Faser-Liner. Die porenbehafteten Spritzschichten führen beim Honen zum teilweisen Ausbrechen von kleinen Spitzteilchen und damit neben den Honriefen zur Freilegung weiterer Vertiefungen als zusätzliche Ölreservoirs. Darüber hinaus ergibt sich durch moderne atmosphärische Plasmaspritzverfahren die Möglichkeit zur Reparatur von verschlissenen Zylinderinnenwänden und damit zur Aufarbeitung alter Motorblöcke.

Die thermischen Spritzschichten sind nicht nur für die Gleitbeanspruchung geeignet, sondern bestimmte Stoffsysteme in Verbindung mit geeigneter Beschichtungstechnik sind sogar bis 2000 MPa überrollfest.

- **Laserbeschichtung**

Die Einlagerung grobkörniger Hartstoffpartikel (SiC, TiC, TiB_2) oder von Legierungselementen (z. B. Silizium) in oberflächennahe Bereiche ist ein Weg, den Verschleißwiderstand zu erhöhen (Fischer, 1997 und Lensch, 2000).

Bild 9.7.5 vergleicht die Abrasionsbeständigkeit, die mit der Methode der laserunterstützten Herstellung von Hartstoffdispersionsschichten um 1...2 Zehnerpotenzen verbessert werden kann. Die Hartstoffe können auch vor dem „Lasern" mittels Siebdruck aufgebracht werden.

Das Laserlegieren oder das Herstellen von Laser-Dispersionsschichten stellt damit eine Methode zur gezielten, punktuellen Verschleißsenkung dar.

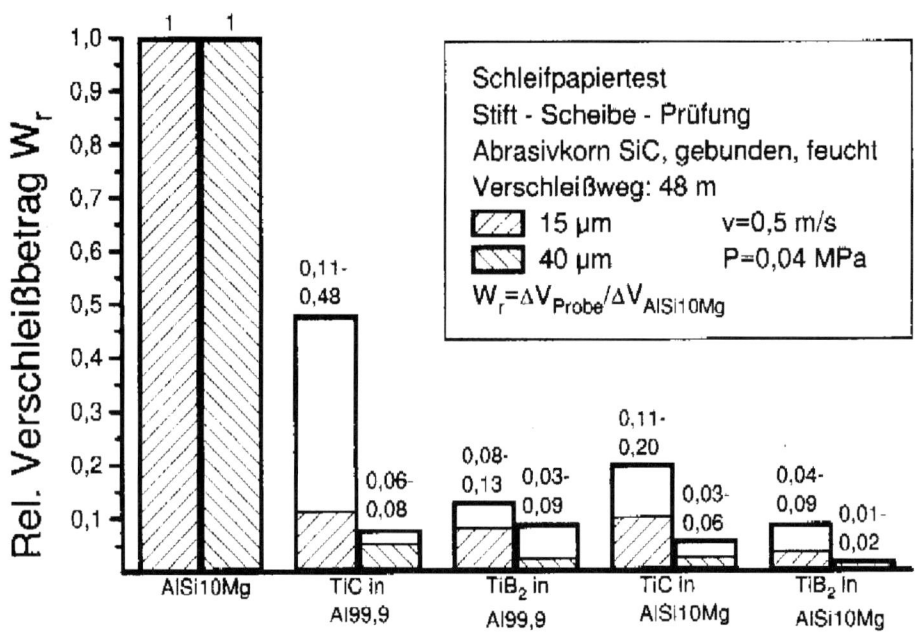

Bild 9.7.5   Relative Verschleißbeträge abrasivbeanspruchter Hartstoff-Dispersionsschichten auf Al (Fischer, 199)

Laserlegieren kann auch bei Mg angewandt werden, da Elemente wie Nickel oder Kupfer mit Mg relativ harte intermetallische Mg_2Ni- oder Mg_2Cu-Phasen bilden. Unter Bildung der Mg_2Cu-Phase steigt die Oberflächenhärte auf 200-250 HV0,1 an.

9.8 Titanlegierungen

Titan besitzt eine hexagonale Gitterstruktur. Das Achsenverhältnis $c/a = 1{,}587$ liegt aber weit vom idealen Achsenverhältnis $c/a = 1{,}633$ entfernt, so dass neben Basisgleiten auch prismatisches Gleiten zur plastischen Verformung beiträgt. Wegen der großen Anzahl der für die plastische Verformung zur Verfügung stehenden Gleitsysteme neigen Gleitpaarungen aus Titan zum adhäsiv bedingten Fressen oder zum Materialübertrag auf verschiedenen Gegenkörperwerkstoffen (Nutt und Ruff, 1983). Durch Zulegieren von Aluminium oder Zinn kann das Achsenverhältnis vergrößert werden, so dass nur noch Basisgleiten möglich ist, wodurch die plastische Verformungsfähigkeit eingeschränkt wird. Daher ist es verständlich, dass die im Hochvakuum gemessene Reibungszahl mit zunehmendem Al- oder Sn-Gehalt abfällt, siehe **Bild 9.8.1**. Zusätzlich könnte ein Einfluss der Legierungselemente auf die Größe der adhäsiven Bindungskräfte zu berücksichtigen sein.

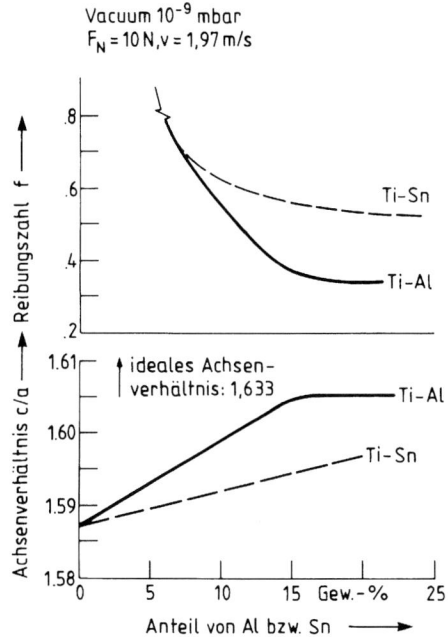

Bild 9.8.1
Einfluss von Al und Sn auf das Achsenverhältnis
c/a und die Reibungszahl von Titan/Stahl (440C)-
Paarungen (Buckley, 1967)

Gleitpaarungen aus Titan oder TiAl6V4 (Gras, 1973) besitzen bereits bei Raumtemperatur (v = 0,0833 m/s) unter ungeschmierten Bedingungen Reibungszahlen größer als 0,70, welche bis 700 °C auf 2 anwachsen.

Die Verschleißkoeffizienten von Titan-Legierungen unter ungeschmierten Bedingungen liegen im Bereich von $> 10^{-4}$ mm³/Nm (Winer, 1989).

Untersuchungen des tribochemischen Verschleißes der Legierung TiAl6V4 ergaben in Schwefelsäure etwas niedrigere Werte der Reibungszahl und des Verschleißbetrages als in Luft. Durch einen kathodischen Schutz mittels einer elektrischen Spannung kann der Verschleiß reduziert werden. Bei zu hohen Spannungen tritt aber infolge einer Wasserstoffversprödung sehr hoher Verschleiß auf (Jiang Xiaoxia, Li Shizuo, Duan Chengtian, Li Ming, 1989).

Über die Ergebnisse von Schwingungsverschleißuntersuchungen an Paarungen aus TiAl6V4 berichtet Waterhouse (1981). Die über der Anzahl der Schwingungszyklen aufgetragene Reibungszahl ist in **Bild 9.8.2** für Temperaturen zwischen 20 und 600 °C wiedergegeben. Das Reibungsverhalten wird durch die Tribooxidation beeinflusst. Bei 200 °C beginnt die Ausbildung einer Oxidschicht, bei 400 °C bildet sich eine kompakte Oxidschicht. Bei 600 °C werden Anzeichen einer Zerstörung der Oxidschicht durch die Bildung von Rissen senkrecht zur Bewegungsrichtung beobachtet.

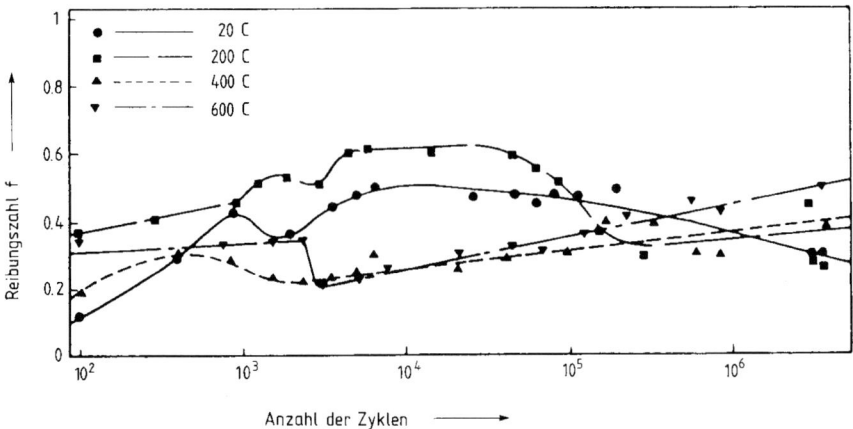

Bild 9.8.2   Reibungszahl von TiAl6V4-Paarungen bei Schwingungsverschleiß (Waterhouse, 1981)

Untersuchungen des abrasiven Verschleißes von Titan und TiAl6V4 zeigen einen starken Einfluss des Umgebungsmediums, siehe **Bild 9.8.3**. In Inertgasen wie Stickstoff und Argon tritt eine Periode eines erhöhten Einlaufverschleißes auf, während in Sauerstoff und Luft von Anfang an eine konstante Verschleißrate erreicht wird. Möglicherweise führt die Beanspruchung in den Inertgasatmosphären zu einer Veränderung der Legierungszusammensetzung der Oberflächenbereiche, indem Sauerstoff und in Argon auch Stickstoff entfernt werden, wodurch die Duktilität ansteigt. Metallische Verschleißpartikel haften bei Abwesenheit von schützenden Oxidfilmen an der Oberfläche und agglomerieren zu stark verformten Partikeln, wodurch die Verschleißrate reduziert wird.

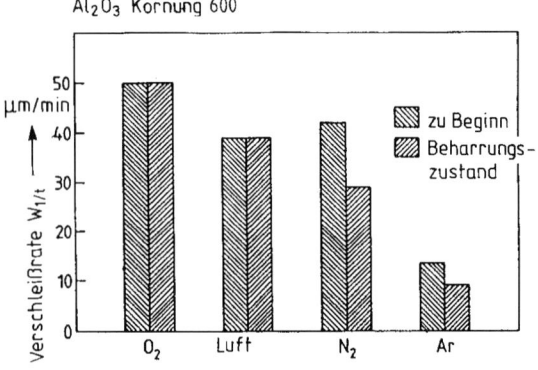

Bild 9.8.3
Abrasiver Verschleiß von TiAl6V4 in
verschiedenen Gasen (Mercer und
Hutchings, 1983)

Zur Verschleißminderung von Titanlegierungen können thermochemische Verfahren wie Nitrieren oder Borieren angewendet werden. Dabei entstehen in den Oberflächenbereichen TiN bzw. TiB_2. Bergmann (1985) berichtet über die Modifizierung der Oberflächenbereiche von Titan und Titanlegierungen durch Laserumschmelzen und Gaslegieren. Werden Titanlegierungen für Endoprothesen verwendet, so kann der Verschleißwiderstand durch Ionenimplantation erhöht werden (William und Buchanan, 1985).

Mittels anodischer Oxydation (Pouilleau, 1997) oder Sauerstoff-Diffusion (Gaucher, 1979) lassen sich auf Titan-Legierungen Schichten auf Basis von Rutil (TiO_2) und Magnéli-Phase mit einer Dicke von bis zu 55 µm aufwachsen, welche sowohl den Korrosionswiderstand als auch die Verschleißbeständigkeit verbessern.

Mittels Sputtern können auf Ti6Al4V haft- und überrollfeste Cr_2N-Schichten abgeschieden werden (Suchentrunk 1991 und 1993).

9.9 Hartmetalle

Mit dem Namen Hartmetall beschreibt man heute Hartverbundwerkstoffe, die auf pulvermetallurgischen Wege aus metall-keramischen Hartstoffen (in erster Linie Carbiden, wie WC, TiC, TaC, NbC usw.) und aus zähen metallischen Bindern der Eisengruppe, hergestellt werden (Kolaska, 1993). Bei Feinst- und Ultrafeinstkornmetallen handelt es sich um Wolframcarbid-Cobaltlegierungen mit durchschnittlichen WC-Korndurchmessern von 0,5–0,8 µm bzw. 0,2–0,5 µm. Diese Hartmetalle erzielen bei Cobalt-Gehalten über 5 Gew.-% Drei-Punkt-Biegebruch-festigkeiten von größer 3.000 MPa, Druckfestigkeiten größer 6.000 MPa, Elastizitäts-Moduli > 500 GPa, Bruchzähigkeiten (nach Palmquist) zwischen 7-12 MPa√m verbunden mit Härten über 16.000 MPa. Ebenfalls ultrafeine Gefüge entstehen bei der spinodalen Zersetzung im Stoffsystem (Ti,Mo)(C,N), welches als TM10 ((Ti,Mo)(C,N) + 10 % Ni + 2 % Mo) nur eine Dichte von 6,5 g/cm^3 besitzt.

In **Tabelle 9.9.1** sind die standardisierten Hartmetallsorten mit ihren wichtigsten Eigenschaften und in **Tabelle 9.9.2** einige Hartmetallsorten mit ihren Hauptanwendungsgebieten zusammengestellt. Danach werden Hartmetalle in hohem Maße für Zerspanungs- und Umformwerkzeuge eingesetzt (siehe Kapitel 15.1 und 15.2). Es wird aber auch eine Reihe von tribologisch hoch beanspruchten Bauteilen aus Hartmetallen hergestellt wie Dichtringe, Lager- und Führungsbuchsen, Zylinder und Kolben sowie Kipphebel in Hochdruckpumpen, Ventilkörper u. a. Dabei wird neben dem hohen Verschleißwiderstand der Hartmetalle auch ihre Korrosionsbeständigkeit ausgenutzt (Chavanes, 2002).

Außer den Hartmetallen auf Wolframcarbid/Kobalt-Basis werden zum Verschleißschutz auch andere Hartmetalle wie z. B. Titancarbid/Eisen oder Titancarbid/Nickel eingesetzt. So wurden z. B. beim Wankelmotor die Dichtleisten aus einem Titancarbid/Eisen-Hartmetall hergestellt.

Im Folgenden sollen Ergebnisse von Verschleißuntersuchungen bei Gleit-, Furchungs- und Strahlbeanspruchungen vorgestellt werden.

Tab. 9.9.1   Kennzeichnung, Zusammensetzung und Eigenschaften von Hartmetallsorten (Schedler, 1988)

Bezeichnung ISO/TC29/GT9 — Zerspanungs-Hauptgruppen für die Werkstoffe	Anwendungsgruppen	Kennzeichnende Merkmale	Kennfarbe	WC %	TiC + TaC %	Co % etwa	Dichte g/cm³ etwa	Vickers-Härte HV 30 daN/mm² etwa	Biegefestigkeit daN/mm² etwa	Druckfestigkeit daN/mm² etwa	Elastizitätsmodul daN/mm²	Wärmedehnzahl 10^{-6}/°C	Wärmeleitfähigkeit W/cm·k
P Stahl, Stahlguss, langspanender Temperguß	P 01.2	↑1)	blau (RAL 5012 Munsell 2,5PB5/10)	30	64	6	7,2	1800	75	350	–	–	–
	P 01.3			51	43	6	8,5	1750	90	420	46 000	7,5	0,17
	P 01.4			62	33	5	10,1	1750	100	430	–	–	–
	P 05	1		77	18	5	12,2	1700	110	460	–	6	–
	P 10			63	28	9	10,7	1600	130	480	53 000	6,5	0,29
	P 20	2		76	14	10	11,9	1500	150	480	54 000	6	0,33
	P 25			71	20	9	12,4	1450	175	500	–	6	–
	P 30			82	8	10	13,1	1450	175	490	56 000	5,5	0,59
	P 40			75	12	13	12,7	1400	195	400	56 000	5,5	0,59
	P 50	→		68	15	17	12,5	1300	220	–	52 000	–	–
M Stahl, Stahlguss, Manganhartstahl, leg. Gusseisen, austen. Stahl, Temperguss, sphärol. Gusseisen, Automatenstahl	M 10	↑2)	gelb (RAL 1007 Munsell 7,5YR7/10)	84	10	6	13,1	1700	135	500	58 000	5,5	0,50
	M 20			82	10	8	13,4	1550	160	500	57 000	5,5	0,63
	M 30	1		81	10	9	14,4	1450	180	480	–	–	–
	M 40	2 →		79	6	15	13,6	1300	210	440	54 000	–	–
K Gusseisen, Hartguss, kurzspan. Temperguss, gehärteter Stahl, Nichteisenmetalle, Kunststoffe, Holz	K 01	↑3)	rot (RAL 3001 Munsell 5R3/10)	92	4 [5]	4	15,0	1800	120	–	–	–	–
	K 05			91	3 [5]	6	14,5	1750	135	590	63 000	5	0,80
	K 10	1		92	2 [5]	6	14,8	1650	150	570	63 000	5	0,80
	K 20	2		92	2	6	14,8	1550	170	500	62 000	5	–
	K 30			89	2	9	14,4	1400	190	470	58 000	–	0,71
	K 40	→		88	–	12	14,3	1300	210	450	57 000	5,5	0,67

1) - 3)   In Richtung Pfeil 1: Zunehmende Härte, Verschleißwiderstand und Schnittgeschwindigkeit
          In Richtung Pfeil 2: Fallende Härte und Verschleißwiderstand, zunehmende Zähigkeit und Vorschübe
4)   Mittelwerte deutscher Hartmetallsorten, z.B. Böhlerit, Titanit, Widia
5)   Einschließlich VC

Tab. 9.9.2 Anwendungsgebiete von Hartmetallen (Schedler, 1988)

HM-Sortengruppe				Dazu konkurrierende Hartstoffe	Anwendungsgebiete
Zusammensetzung			Korngröße		
%Co	%TiC+Ta(Nb)C	Rest	µm		
2-6	0-2	WC	fein bis mittel	Oxid- und Nitridkeramik, Mischkeramik, polykristallines Bornitrid, polykristalliner Diamant (nur für NE-Werkstoffe), monokristalliner Diamant (nur für NE-Werkstoffe), heißgepresstes Borkarbid bei Sandstrahldüsen	Zerspanung von gehärtetem Stahl, Grauguss, Hartguss, warmfesten Legierungen, Leichtmetall und anderen Ne-Metallen, Keramik, Kunststoff, Graphit, Holz (Sägezähne) und anderen nichtmetallischen Werkstoffen, vorwiegend abrasiver Natur. Basishartmetall für Hartstoffbeschichtung. Spanlose Verformung: Ziehsteine für Drahtzug, Verschleißteile bei geringer Zähigkeitsbeanspruchung wie Fadenführer, Schreibröhrchen, Düsen, Kugeln, Rollen, Führungen, Sandstrahldüsen, Messgerätebestückungen, Stempel von Hochdruckwerkzeugen für die Diamantherstellung.
>6-12	0-2	WC	fein bis mittel		Schruppdrehen und Fräsen von Grauguss, auch mit Lunkern und Einschlüssen, Zerspanung mit großen Spanwinkeln (z.B. Holz und rostfreier Stahl). Vollhartmetall-Werkzeuge (Bohrer, Fräser, Graviernadeln); Basishartmetalle für die Hartstoffbeschichtung. Spanlose Verformung: Ziehmatrizen für Draht-, Stangen- und Rohrzeug, Bundwalzen, Ziehdorne, Verschleißteile bei mittlerer Zähigkeitsbeanspruchung wie Drehbank-Körnerspitzen, Spannbacken, Lager- und Führungsbüchsen, Dichtringe, Anschläge, Lineale, Biegeleisten, Steinbearbeitungswerkzeuge, Presswerkzeuge für Keramik und Metallpulver, Hufstollen, Spikes, Schnurführungen für Angelruten u.a.
>6-12	<1	WC	mittel bis grob		Bergbau (Bohrkronen, Schlagbohrer, Schrämmeißel), Draht- und Blechwalzen, Zylinder und Kolben in Hochdruckpumpen, Reduziermatrizen, Papierschneidmesser, Abscherwerkzeuge, Streifenhobelmesser, Matrizen von Hochdruckanlagen für Diamantherstellung.
>12	<1	WC	mittel bis grob		Bergbau: Schrämwerkzeuge, große Bohrkronen und Schlagbohrer, Draht- und Blechwalzen, Kolben in Hochdruckpumpen, Tiefziehwerkzeuge, Tubenpreßringe, Kopfschlagmatrizen und -stempel für die Schrauben-, Nieten- und Nägelherstellung, Kopfschlagreduziermatrizen, Hämmerbacken.

Tab. 9.9.2   (Fortsetzung)

					Anwendung
8-14	6-20	WC	mittel		Schrupp-Zerspanung sämtlicher Stahlwerkstoffe sowie von Temper- und Sphäroguss bei mittleren bis großen Spanquerschnitten und hohen Zähigkeitsbeanspruchungen (unterbrochener Schnitt, Drehen, Fräsen und Bohren) als Universalhartmetall mit max. 10% Co auf für Zerspanung von Grauguss, Manganhartstahl und warmfesten Legierungen anwendbar. Basishartmetalle für die Hartstoffbeschichtung.
5-8	20-50	WC	mittel	Oxid- und Mischkeramik	Leichte Schrupp- bzw. Schlichtzerspanung sämtlicher Stahlwerkstoffe bei hohen Schnittgeschwindigkeiten.
8-16 Ni-Mo	10-40 Mo₂C bzw. WC	TiC bzw. Ti(C,N)	fein	Oxid- und Mischkeramik	Leichte Schrupp- bzw. Schlichtzerspanung sämtlicher Stahlwerkstoffe bei sehr hohen Schnittgeschwindigkeiten.
Beschichtete Hartmetalle				Misch- und Nitridkeramik	In fast allen Bereichen der Zerspanung, wo nicht absolut scharfe Schneiden (wie beim Feinstschlichten) erforderlich sind. TiN-Ti(C,N)-TiC Schichten überwiegend für Stahlbearbeitung, Al₂O₃-Ti(C,N) bzw. Al(O,N)-Schichten überwiegend für Gussbearbeitung.
Korrosionsfeste Hartmetalle (Cr₃Cr₂-Ni, WC-Co-CrNi, WC-Pt-Metalle)					Verschleißteile vorwiegend in der chemischen Industrie bei gleichzeitiger Korrosions- und Verschleißbeanspruchung.

Gleitverschleiß

Bei Gleitbeanspruchungen neigen Hartmetalle wegen des hohen Anteils der nichtmetallischen Hartstoffphase weniger zum adhäsiven Verschleiß als rein metallische Werkstoffe (Budinski, 1980). Durch die Zugabe von TiC wird der Widerstand gegenüber adhäsiv bedingtem Fressen erhöht (Echtenkamp, 1979). Überlagern sich Gleitverschleiß- und Korrosionsbeanspruchungen, so ist es vorteilhaft, den Kobaltanteil niedrig zu halten oder statt des Kobalt-Binders Binder aus Kobalt-Chrom oder Nickel zu verwenden. Bei Hochtemperaturbeanspruchungen sollen sich Titancarbid-Hartmetalle mit einem Nickel-Molybdän-Binder bewähren.

Artgleiche Paarungen aus (Ti,Mo)(C,N) zeigen unter Festkörpergleitreibung in einem Gleitgeschwindigkeitsbereich von 0,03 m/s bis 6 m/s und. Temperaturen bis 800 °C Verschleißkoeffizienten kleiner als 1 10^{-6} mm^3/Nm (vgl. Bild 9.9.11). (Ti,Mo)(C,N) stellt eine neue Klasse von verschleißbeständigen Hochtemperaturwerkstoffen dar (Woydt, 1999), welche der gleichen Verschleißbeständigkeit zugeordnet werden können, wie WC-6Ni oder bestimmte Keramiken (Woydt, 200).

Furchungsverschleiß

In **Bild 9.9.1** sind Druckfestigkeit, Härte und Verschleiß von WC-Co-Hartmetallen über dem Kobaltgehalt aufgetragen (Amman und Hinnüber, 1951). Danach entspricht der Minimalwert des Verschleißes bei 6 % Kobalt nicht dem Höchstwert der Härte, sondern dem Höchstwert der Druckfestigkeit.

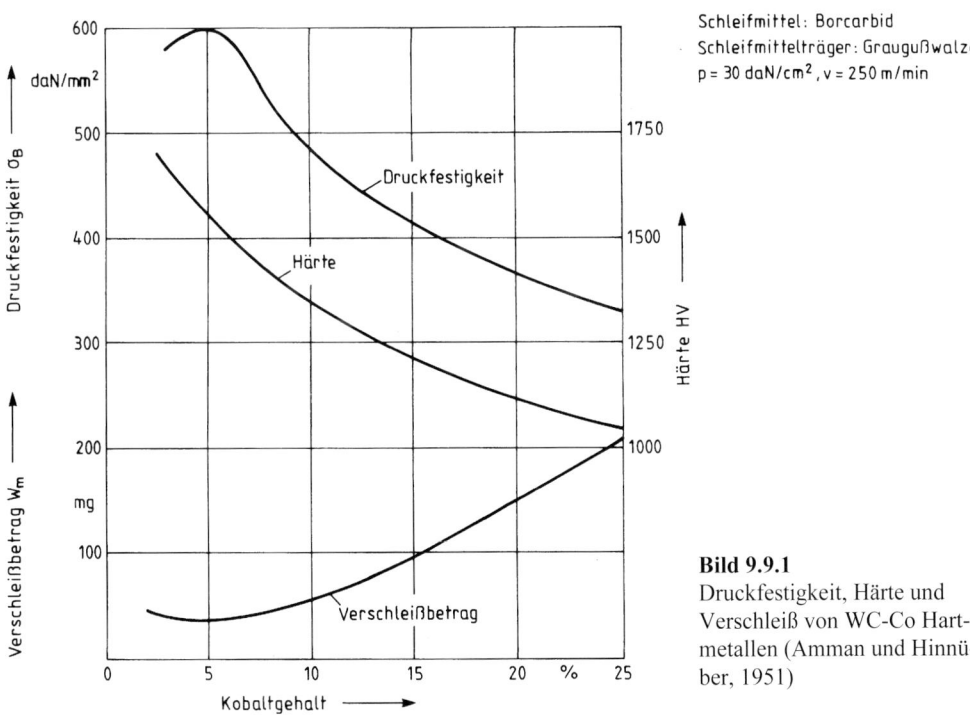

Bild 9.9.1
Druckfestigkeit, Härte und Verschleiß von WC-Co Hartmetallen (Amman und Hinnüber, 1951)

Über Furchungsverschleißuntersuchungen an Hartmetallen mit 6 % Co und unterschiedlichen Korngrößen des WC sowie an einigen keramischen Werkstoffen und Werkzeugstählen berichten Baldoni, Wayne und Buljan (1986), siehe **Bild 9.9.2**. Die Untersuchungen wurden mit einem Schleiftellerverfahren durchgeführt, bei dem die Stirnflächen von Probekörpern gegen die Stirnfläche einer rotierenden Diamant-Schleifscheibe gedrückt wird. Die chemische Zusammensetzung der Materialien, ihre Knoop-Härte und ihre mit einem Härtedruck gemessene Risszähigkeit sind in den **Tabellen 9.9.3** und **9.9.4** zusammengestellt.

Tab. 9.9.3   Werkstoffe zu Bild 9.9.2 und Tabelle 9.9.4

Material	Nominelle Zusammensetzung
Monolithische Keramiken	Al_2O_3 Si_3N_4
Keramische Verbundwerkstoffe	Al_2O_3 + 30 Vol-% TiC Si_3N_4 + 30 Vol-% TiC
Hartmetalle	WC + 6 Gew.-%Co bei vier mittleren WC-Korngrößen (0,8; 1,6; 2,7 u. 3,5 μm)
Schnellarbeitsstahl (AISI T8)	C(0.8)-Mn(0.3)-Si(0.3)-Cr(4.0) -V(2.0)-W(14.0)-Mo(0.75)-Co(5.0)
Schnellarbeitsstahl (AISI T15)	C(1.55)-Mn(0.3)-Si(0.3)-Cr(4.0) -V(5.0)-W(12.25)-Co(5.0)

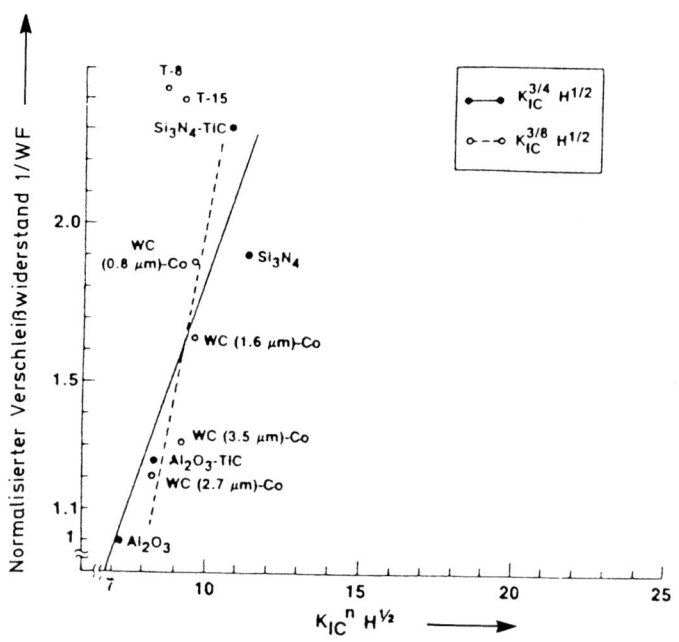

Bild 9.9.2
Furchungsverschleißwiderstand von Werkstoffen in Abhängigkeit von Härte und Risszähigkeit (Baldoni, Wayne und Buljan, 1986)

Tab. 9.9.4 Werkstoffeigenschaften und Verschleißraten von keramischen Werkstoffen, Hartmetallen und Werkzeugstählen (Baldoni, Wayne und Buljan, 1986)

Material	Knoop Mikrohärte [1] GPa	IFT (K_H) [2] GPa·m$^{1/2}$	Volumetrische Verschleißrate cm^3/min	WF [3]
Al_2O_3	15.6 ± .7	2.2 ± .1	2.10 x 10^{-3}	1.00
Al_2O_3 + 30 Vol% TiC.	16.2 ± .6	2.6 ± .1	1.68 x 10^{-3}	0.80
Si_3N_4	13.4 ± .8	4.6 ± .1	1.10 x 10^{-3}	0.52
Si_3N_4 + 30 Vol% TiC	14.5 ± .2	4.0 ± .1	0.88 x 10^{-3}	0.42
WC-Co (WC 0.8 μm)	14.7 ± .3	6.9 ± .3	1.11 x 10^{-3}	0.53
WC-Co (WC 1.6 μm)	13.2 ± .3	11.3 ± .5	1.32 x 10^{-3}	0.63
WC-Co (WC 2.7 μm)	12.6 ± .6	10.6 ± .2	1.74 x 10^{-3}	0.83
WC-Co (WC 3.5 μm)	12.0 ± .5	13.1 ± .3	1.58 x 10^{-3}	0.75
Werkzeugstahl (T-8)	7.7 ± .2	≈ 20	0.87 x 10^{-3}	0.41
Werkzeugstahl (T-15)	8.2 ± .2	≈ 20	0.85 x 10^{-3}	0.40

Bei den Hartmetallen nimmt der Furchungsverschleiß mit zunehmender Korngröße des Wolframcarbids zu, siehe **Bild 9.9.3**. Der Härteabfall dominiert hier offenbar den Anstieg der Bruchzähigkeit.

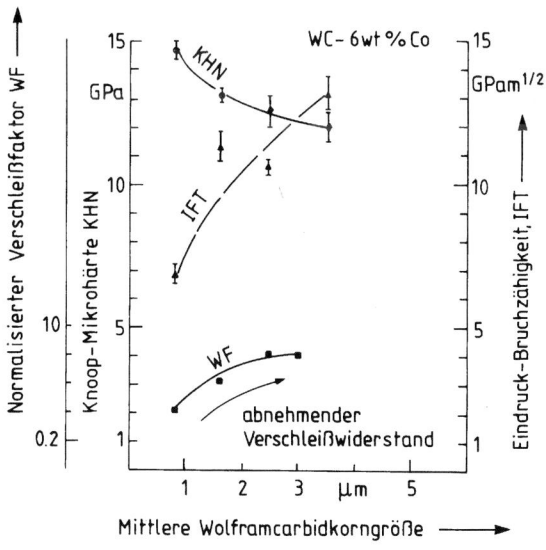

Bild 9.9.3
Furchungsverschleiß und mechanische Eigenschaften von Wolframcarbid mit 6 % Co in Abhängigkeit von der Wolframcarbidkorngröße (Baldoni, Wayne und Buljan, 1986)

Ball (1986) berichtet über Untersuchungen des Furchungsverschleißes an Hartmetallen in Abhängigkeit vom Wolframcarbidgehalt und der Korngröße des Wolframcarbids, wobei als Abrasivstoff Aluminiumoxid (Korngröße 80) verwendet wurde. Der Verschleißwiderstand nimmt mit steigendem Wolframcarbidgehalt und abnehmender Korngröße des Wolframcarbids zu, siehe **Bild 9.9.4**. Bezüglich der Korngrößenabhängigkeit des Verschleißwiderstandes werden damit die Ergebnisse von Baldoni et al. (1986) bestätigt. Damit in Übereinstimmung stehen auch Untersuchungen von Feld (1978), die mit einem Schleifradverfahren in einem Aluminiumoxid-Wasser-Gemisch durchgeführt wurden. Auch Budinski (1980) kommt zu einem ähnlichen Ergebnis. Der Erhöhung des Verschleißwiderstandes durch eine Erhöhung des Carbidgehaltes und dementsprechend eine Verringerung des Bindergehaltes sind Grenzen gesetzt, da mit abnehmendem Bindergehalt die Zähigkeit stark sinkt, so dass keine Stoßbeanspruchungen ertragen werden können. Daher geht man in der Regel nicht unter einen Kobaltgehalt von 6 %.

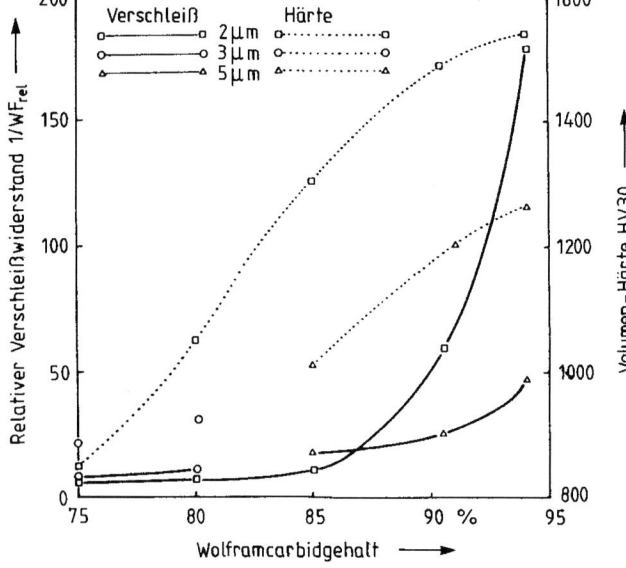

Bild 9.9.4
Furchungsverschleißwiderstand und Härte von Hartmetallen in Abhängigkeit von Wolframcarbidgehalt für verschiedene Wolframcarbidkorngrößen (Ball, 1986)

Beim Drei-Körper-Furchungsverschleiß (three-body abrasion) beobachtete Larsen-Basse (1987) einen Zusammenhang zwischen der Verschleißrate von Hartmetallen und dem Verhältnis der Härte des Abrasivstoffes zur Härte des Hartmetalles, siehe **Bild 9.9.5**. Die für unterschiedliche Kobaltgehalte und Wolframcarbidkorngrößen gemessenen Werte liegen auf drei getrennten Geraden. Trägt man den auf die Wolframcarbidkorngröße D normierten Anstieg der Geraden S über der kritischen Pressung P_{krit}, bei der Mikrorissbildung einsetzt, bzw. über dem Reziprokwert der Bruchzähigkeit K_{IC} auf, so ergeben sich Geraden, siehe **Bild 9.9.6**, während das Auftragen des Anstieges S über der Bruchzähigkeit nicht zu einer linearen Korrelation führt. Das Verschleißverhalten wird stark von Bruchvorgängen in den Wolframcarbidkörnern geprägt, wobei man annehmen kann, dass der Bruchwiderstand nach der Hall-Petch-Beziehung dem Ausdruck $1/\sqrt{D}$ proportional ist.

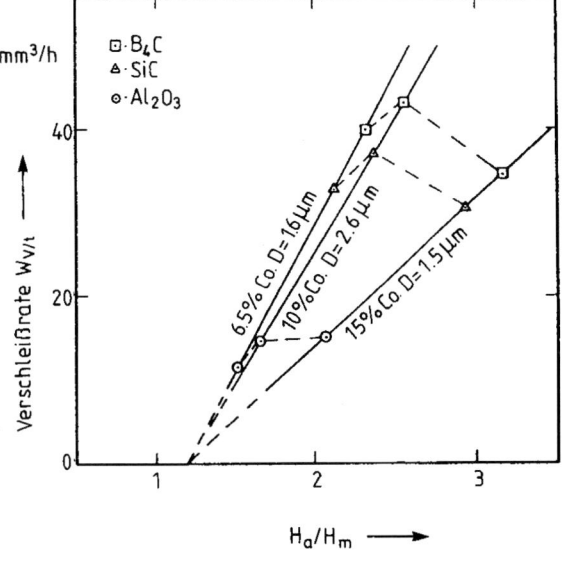

Bild 9.9.5
Verschleißrate bei Drei-Körper-Furchungsverschleiß in Abhängigkeit vom Verhältnis der Abrasivstoffhärte zur Werkstoffhärte (Larsen-Basse, 1987)

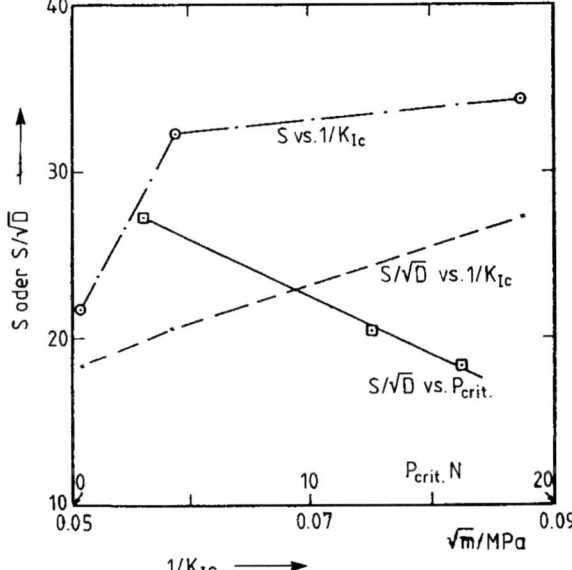

Bild 9.9.6
Anstieg S der Geraden aus Bild 9.9.5 bzw. S/D (D = Wolframcarbidkorngröße) über dem Reziprokwert der Risszähigkeit K_{IC} oder der kritischen Pressung $P_{krit.}$ beim Einsetzen der Mikrorissbildung (Larsen-Basse, 1987)

Strahlverschleiß

Bei Strahlverschleißuntersuchungen treten Verschleißmaxima bei ca. 10 % Kobalt und Verschleißminima bei ca. 20 % Kobalt auf, siehe **Bild 9.9.7**, wobei die Verschleißbeträge für größere Wolframcarbidkörner höher liegen (Ball, 1986). Da bei diesen Beanspruchungen neben der Abrasion auch die Oberflächenzerrüttung wirksam ist, gewinnt die Zähigkeit der beanspruchten Werkstoffe an Bedeutung.

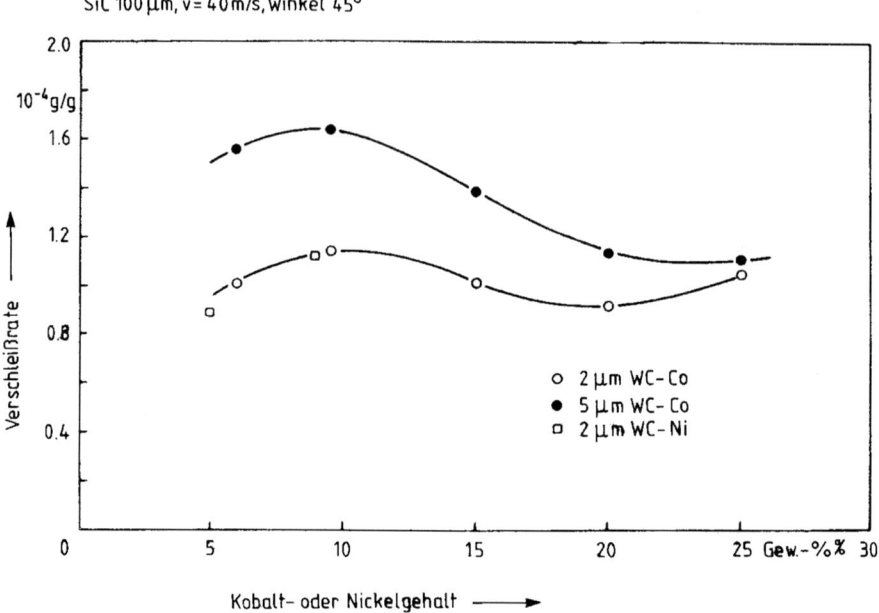

Bild 9.9.7   Strahlverschleiß von Hartmetallen (Ball, 1986)

Bei Strahlverschleißbeanspruchungen mit einer sehr hohen Partikelgeschwindigkeit von 340 m/s mit Aschepartikeln aus SiO_2 und Al_2O_3 wurden die in **Tabelle 9.9.5** wiedergegebenen Verschleißwiderstände gemessen (Ball, 1986). Ein Hartmetall mit sehr feinem Korn des Wolframcarbids (1 µm) und 5,7 % Co hat von den WC-Co-Hartmetallen den höchsten Verschleißwiderstand. Mit steigender Korngröße nimmt der Verschleißwiderstand tendenziell ab. Bei gleicher Korngröße steigt der Verschleißwiderstand mit abnehmendem Co-Gehalt an.

Ninham und Levy (1989) berichten über Strahlverschleißuntersuchungen an einer Reihe unterschiedlicher Werkstoffe, siehe **Tabelle 9.9.6**. Die bei einem Anstrahlwinkel von 60° gewonnenen Ergebnisse gibt **Bild 9.9.8** wieder. Danach können durch die Messpunkte 3 Kurven gelegt werden, denen sich folgende Werkstoffgruppen zuordnen lassen:

– Eisen, Stähle

– Legierungen mit niedrigem Carbidgehalt

– Legierungen mit hohem Carbidgehalt (Hartmetalle)

Bei niedrigen Carbidgehalten (< 25 %) steigt der Verschleiß mit steigendem Carbidgehalt an. Hierfür werden die Abnahme der Zähigkeit und inhomogene plastische Verformungen verantwortlich gemacht. Bei hohen Carbidgehalten bestimmen die Carbide mehr und mehr das Verschleißverhalten, wobei die Carbide Korn für Korn abgetragen werden.

Anand und Conrad (1989) berichten über Strahlverschleißuntersuchungen an Wolframcarbid-Kobalt-Legierungen (6 bis 20 Gew.- % Co, 0,42 bis 3,25 µm Carbidkorngröße). Als Strahlmittel dienten Al_2O_3-Partikel ($\emptyset$ 63 bis 405 µm), die mit Geschwindigkeiten zwischen 35 und 93 m/s bei Anstrahlwinkeln zwischen 20 ° und 90 ° auf die Hartmetalloberfläche auftrafen. Je nach Größe der durch die Stoßprozesse geschädigten Zone herrschten duktile oder spröde Bruchvorgänge vor. Rissbildung in den Wolframcarbidkörnern wurde beobachtet, wenn die Schädigungszone weniger als 25 Wolframcarbidkörner umfasste. Enthielt die Schädigungszone mehr als 100 Wolframcarbidkörner, traten plastische Verformungen entlang der Kobaltphase auf, wobei die Wolframcarbidkörner nur wenig oder gar nicht rissen. Die Verschleißrate war beim duktilen Verhalten niedriger als bei sprödem Verhalten. Sie hängt für duktiles und sprödes Verhalten in unterschiedlicher Weise vom Gefüge ab.

Tab. 9.9.5 Strahlverschleiß von Hartmetallen und Vergleichswerkstoffen (Ball, 1986)

Reihenfolge	Material	Korngröße (µm)	Relativer Erosionswiderstand	Härte HV 30
1	Kyon 2000*		9999	2026
2	WC-5.7Co	1	6296	1971
3	Syalon**		3253	1448
4	WC-6Co	1.26	1661	2081
5	WC-9.5Co	2.5	1525	1434
6	WC-6Co	1.88	1373	1591
7	WC-7Co	1.86	1123	1493
8	WC-5Co	1.87	1120	1608
9	WC-0.5Co-6Ni	1.98	1026	1634
10	WC-7.8Co	2.75	1023	1463
11	WC-10Co	1.87	999	1557
12	WC-10Co	2.82	609	1363
13	WC-6Co	2.87	596	1429
14	WC-8Co	3.20	550	1391
15	WC-10Co	3.10	511	1333
16	WC-12Co	2.98	473	1251
17	WC-15Co	3.14	421	1192
18	WC-9.5Co	5.7	259	1149
19	WC-5.7Co	5,57	230	1304
20	WC-12.2Co	1.94	225	1324

Tab. 9.9.6   Werkstoffe zu Bild 9.9.8

Legierung	Nominelle Zusammensetzung (Gew.-%)	Vol-% Carbid
Reines Eisen	Ingot Eisen	0
Weichgeglühter Stahl 1020	Fe-0.2C	3.1
Weichgeglühter Stahl 1080	Fe-0.8C	12.0
Stellit Nr. 6	Co-30Cr-4W-1.1C	10.4
Haynes 6B	Co-30Cr-4W-1.1C	10.4
Tristelle TS-1	Fe-30Cr-10Ni-12Co-5Si-1C	8.3
Tristelle TS-2	Fe-35Cr-10Ni-12Co-5Si-2C	16.8
Tristelle TS-3	Fe-35Cr-10Ni-12Co-5Si-3C	21.4
Cr-Mo Weißes Gusseisen	Fe-20Cr-2.5Mo-2.6C	23.1
K90	WC-25Co	63.1
K3520	WC-20Co	69.5
K3055	WC-10Co	83.7
K701	WC-10Co-4Cr	76.2
K801	WC-5.7Ni-0.4Co	89.9
K162B	TiC-6NbC-2WC-25Ni-7Mo	78.5
K165	TiC-7WC-2.5NbC-9Ni-9Mo	88.8

Bei duktilem Verhalten nimmt die Verschleißrate mit der Quadratwurzel der freien Weglänge λ des Kobaltbildners zu, siehe **Bild 9.9.9**, während bei sprödem Verhalten die Verschleißrate ein Maximum oder ein Plateau als Funktion der Carbidkorngröße aufweist, siehe **Bild 9.9.10**.

Bei duktilem Verhalten kommt es zu einer plastischen Verformung innerhalb der Kobaltbinderphase, wodurch die Wolframcarbidkörner aus dem Verbund herausgedrängt werden. Die Wolframcarbidkörner spielen daher beim Verschleißprozess nur eine sekundäre Rolle. Bei sprödem Verhalten konzentrieren sich dagegen die Verschleißprozesse auf die Wolframcarbidkörner, die brechen. Wegen der die Körner umgebenden Kobaltphase werden aber keine lateralen Risse beobachtet.

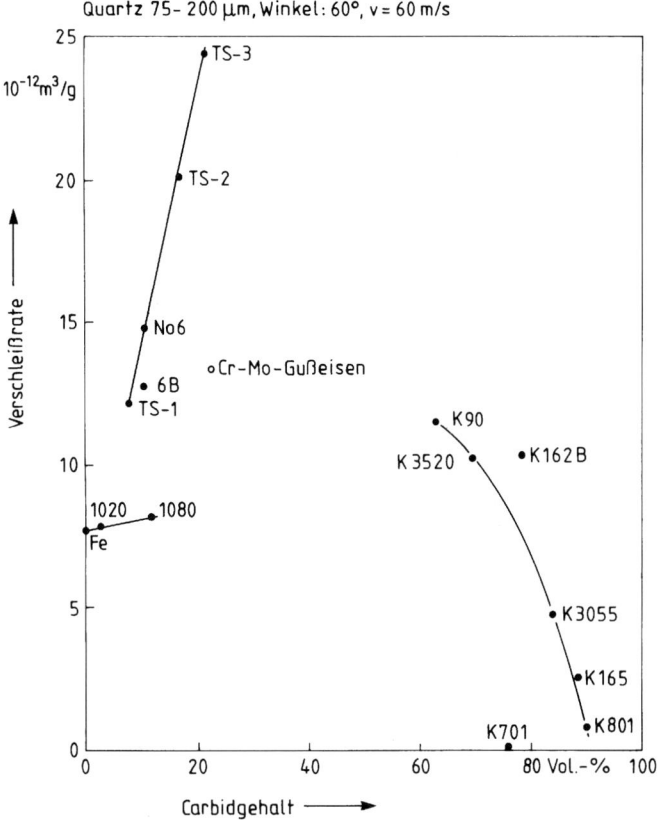

Bild 9.9.8 Strahlverschleiß verschiedener Werkstoffe (Ninham und Levy, 1989)

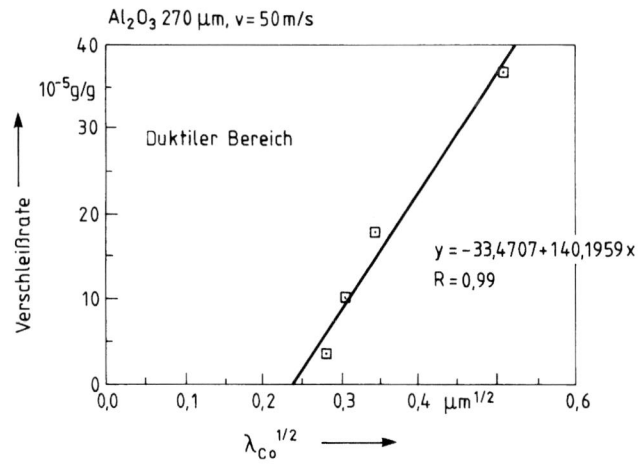

Bild 9.9.9
Strahlverschleiß in Abhängigkeit
von der mittleren freien Weglänge des Kobaltverbinders (Anand
und Conrad, 1989)

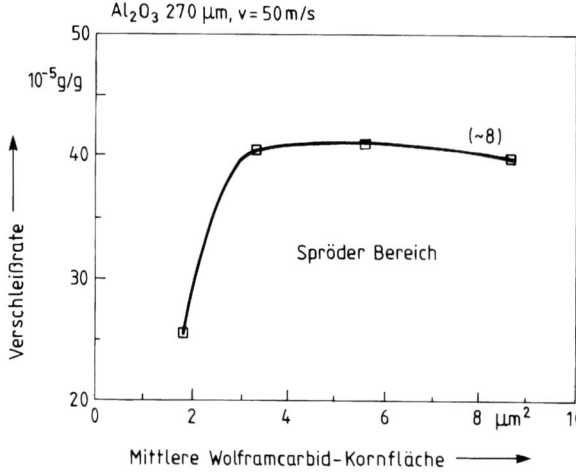

Bild 9.9.10
Strahlverschleiß in Abhängigkeit
von der Fläche der Wolframcarbidkörner (Anand und Conrad,
1989)

Bei Erosionsuntersuchungen in einem Quarzpartikel enthaltenden Wasserstrom verhielten sich Hartmetalle mit einem Nickelbinder deutlich besser als Hartmetalle mit einem Kobaltbinder, siehe **Bild 9.9.11**. Bei SIALON stellt sich starker Verschleiß erst nach einer Inkubationsperiode ein. Auch bei Kavitationsbeanspruchungen hatten Hartmetalle mit Nickelbinder einen niedrigeren Verschleiß als Hartmetalle mit Kobaltbindern. Für die Wolframcarbid-Kobalt-Hartmetalle trat ein Verschleißminimum bei 15 % Kobalt auf.

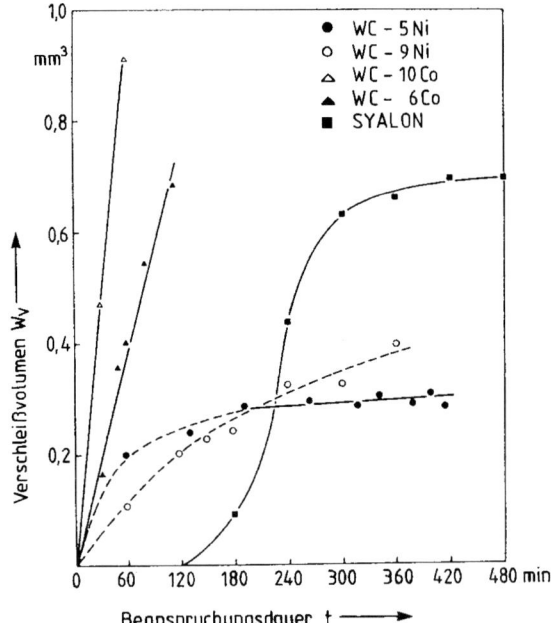

Bild 9.9.11
Erosion von Werkstoffen in einem
Quarzpartikel enthaltenden Wasser-
strom (Ball, 1986)

Zusammenfassend kann aus den vorangehend geschilderten Versuchsergebnissen gefolgert werden, dass bei überwiegend vorherrschender Abrasion Wolframcarbid-Kobalt-Hartmetalle mit 6 % Kobalt und möglichst feinem Wolframcarbidkorn einen hohen Verschleißwiderstand bewirken. Treten zusätzlich Oberflächenzerrüttung bewirkende Beanspruchungen auf, wie beim Strahlverschleiß mit höheren Anstrahlwinkeln oder bei der Kavitation, so sind höhere Kobaltgehalte günstiger, weil die Zähigkeit an Bedeutung gewinnt. Bei sich überlagernden Verschleiß- und Korrosionsbeanspruchungen bringt ein Nickelbinder Vorteile.

9.10 Ingenieurkeramische Werkstoffe

Unter ingenieurkeramischen Werkstoffen werden hier in erster Linie keramische Werkstoffe mit Matrizes aus Aluminiumoxid, Zirkondioxid, Siliciumcarbid und Siliciumnitrid verstanden werden. Ebenso zählen auch Verbundwerkstoffe aus Al_2O_3-ZrO_2, SiC-TiC, Si_3N_4-TiN oder mit ZrO_2 verstärktes Al_2O_3. Diese Werkstoffe besitzen ein großes Anwendungspotential als monolithische Werkstoffe für tribologisch hoch beanspruchte Werkzeuge und Bauteile, aber auch als Schichten. Dafür sind vor allem folgende Eigenschaften verantwortlich:

– kovalente oder ionische Bindung; dadurch hoher Widerstand gegenüber adhäsiv bedingtem Versagen („Fressen")

– hohe Härte, die mit steigender Temperatur nur allmählich abnimmt; dadurch hoher Abrasionswiderstand

– in Allgemeinen hohe Korrosionsbeständigkeit; dadurch hoher Widerstand gegenüber tribochemischem Verschleiß

– geringe Dichte; dadurch niedrige Massenkräfte und niedrige Spannungen in den tribologisch beanspruchten Oberflächenbereichen.

Es dürfen natürlich einige nachteilige Eigenschaften keramischer Werkstoffe, wie z. B. die geringe Zähigkeit, nicht vergessen werden. Der Weibull-Modul (Streuung der Festigkeitseigenschaften) konnte dagegen in den neunziger Jahren derart gesteigert werden, dass die Streuungen der Festigkeitseigenschaften heute keine nachteilige Eigenschaft mehr darstellt. Die Hauptanwendungen ingenieurkeramischer Werkstoffe liegen heute beim Verschleißschutz von Tribosystemen mit offenen Systemstrukturen (siehe Kapitel 2.3.3), bei denen Werkzeuge oder Bauteile durch ständig neu zugeführten Gegenkörperwerkstoff tribologisch beansprucht werden, wie z. B.:

– Drehmeißel/Werkstück

– Schleifscheibe/Werkstück

– Pressmatrize/Strangpressgut

– Stranggusskonus/Schmelze

– Plastifizierungsschnecke und -gehäuse/Kunststoffschmelze

– Düsen und Siebe/flüssige und gasförmige Medien, teilweise mit Fremdpartikeln

– Fadenführer/Faden

– Papiermaschinenbeläge/Papier.

Für „geschlossene" Tribosysteme, bei denen Grund- und Gegenkörper ständig oder periodisch beansprucht werden, sind vor allem folgende Anwendungen zu nennen (Woydt, 2001):

– Gleitringdichtungen
– Dichtscheiben von Einhandmischern
– Gleitlager   } in korrosiven Medien
– Wälzlager für hohe Drehzahlen
– Hüftgelenkprothesen

Für Verbrennungsmotoren ist eine Reihe von Versuchen bekannt geworden, tribologisch beanspruchte Bauteile aus keramischen Werkstoffen herzustellen, wie z. B.:

– Ventilführung/Ventilschaft
– Nocken/Nockenfolger
– Kolbenring/Zylinderlaufbahn
– Pleuellager/Bolzen
– Kolben (aus Feinkornkohlenstoff) u. a.

Im Folgenden wird über die Ergebnisse der Modellverschleißprüfung bei Raumtemperatur berichtet werden, die unter unterschiedlichen Bedingungen gewonnen wurden und einen qualitativen Überblick über das typische tribologische Verhalten von keramischen Werkstoffen geben. Für die Hochtemperatureigenschaften sei auf das Kapitel 18 hingewiesen. Die Untersuchungen wurden bei folgenden Beanspruchungen durchgeführt:

– Gleitbeanspruchungen
– Schwingungsbeanspruchungen
– Furchungsbeanspruchungen
– Wälzbeanspruchungen

Gleitreibung und -verschleiß

Hier soll zunächst über Festkörperreibungsuntersuchungen berichtet werden, die bei Gleitgeschwindigkeiten zwischen 0,03 und 3 m/s durchgeführt wurden (Habig und Woydt, 1989). Die Eigenschaften der untersuchten kommerziellen Keramiken sind in **Tabelle 9.10.1** wiedergegeben.

Die an der Paarung Aluminiumoxid/Aluminiumoxid (99,7 %, Korngröße 2-8 μm) gewonnenen Ergebnisse enthält **Bild 9.10.1**. Die nach 1000 m Gleitweg gemessene Reibungszahl nimmt bei Raumtemperatur mit steigender Gleitgeschwindigkeit von f = 0,4 auf f = 0,6 zu. Ergänzend ist zu erwähnen, dass bei einem kürzeren Gleitweg von 10 m bei niedrigen Gleitgeschwindigkeiten eine Reibungszahl von f ~ 0,2 gemessen wurde. Die polare Al_2O_3-Oberfläche adsorbiert H_2O-Moleküle, die eine anfängliche Schmierwirkung ausüben und mit Zunahme der reibbedingten Temperaturerhöhung desorbiert werden. Solange die sich bildenden Hydroxides des Al_2O_3 ($Al(OH)_3$ [Gibbsite] oder α-$Al(OH)_3$ [Bayerite] und Boehmite [γ-$AlO(OH)$) im Reibkontakt stabil bleiben können, ergeben sich niedrige Reibungszahlen und Verschleißkoeffizienten.

Tab. 9.10.1 Eigenschaften von keramischen Werkstoffen für Reibungs- und Verschleißuntersuchungen (siehe Bild 9.10.1, 9.10.3, 9.10.5 und 9.10.6)

Material (*R_{pK})	E-Modul MPa	σ_{4Bb} MPa	K_{IC} MPa√m bei 22°C	λ W/(m·K) bei 22°C	Cp J/(g·K)	α RT-1000°C ppm/K	HV 0.2 MPa	Ra Scheibe µm	Rz Scheibe µm
GPS-Si₃N₄-TiN (EDM) ESK GmbH	300	700	700	45	n.b.	5,7	18.600	0,033*	
GPS-SiC-TiC BAM-V.41	444	490	5,5	n.b.	n.b.	5,7	22.400	0,09*	
(Ti,Mo)(C,N+ 10%Ni (TM10) CerMeP SA	430	>1.000	9,3	60	n.b.	7,8	15.000	0,015*	
SiC-12%TiB₂ Carborundum	427	448	8,0	93	0,66	4,0	28.000	0,122*	
HIP-Si₃N₄-20%BN HTM AG	n.b.	n.b.	5,5	n.b.	n.b.	n.b.	2.000	0,040*	
MgO-ZrO₂ (PSZ, ZN40) Cerasiv AG	210	520	8.1	2.1	0.4	9.8	11.080	0.028	0.58
α - Al₂O₃ (Al999.7) Cerasiv AG	380	450	3.8-5.6	26	0.9	7	15.800	0.057	0.96
SSi₃N₄ (ND200) Cerasiv AG	280	750	6.0	30	0.8	3.4	14.740	0.036	0.33
SSiC (EkaSiC.D) ESK GmbH	410	410	3.2	110	1.1	4.5	24.220	0.024	0.23

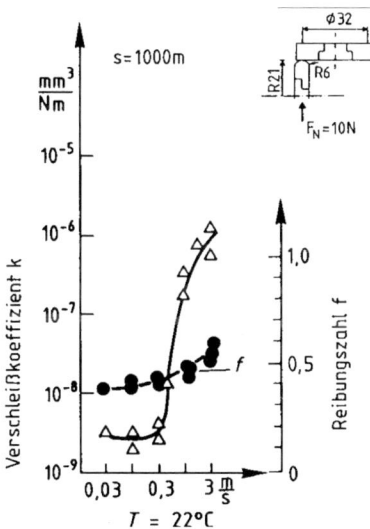

Bild 9.10.1
Reibung und Verschleiß von Aluminiumoxid-Gleitpaarungen (Habig und Woydt, 1989)

Gee (1988) berichtet über Reibungsuntersuchungen an Aluminiumoxid-Gleitpaarungen bei Raumtemperatur, einer Gleitgeschwindigkeit von 0,47 m/s und Pressungen zwischen 0,7 und ca. 10 N/mm². Der Aluminiumoxidgehalt der Probekörper betrug 90,5 % oder 99,5 %. Die Reibungszahlen lagen bei großen Streuungen zwischen f = 0,2 und f = 1,0, ohne dass ein Einfluss des Aluminiumoxidgehaltes oder der Pressung zu erkennen war.

Sasaki (1988) beobachtete bei Untersuchungen, die mit dem Stift-Scheibe-System bei einer Normalkraft von 10 N und einer Gleitgeschwindigkeit von 0,4 m/s durchgeführt wurden, einen starken Einfluss der Luftfeuchtigkeit. Die Reibungszahl nahm von f = 0,8 in trockener Luft auf f = 0,4 in feuchter Luft (rel. Feuchte: 100 %) ab. Nach Untersuchungen von Buckley (1981) beträgt die Reibungszahl der Paarung Saphir/Saphir in feuchter Luft f = 0,2 und im Vakuum (10^{-9} -10^{-10} mbar) f = 0,8 (siehe Tabelle 4.3.1).

Der Verschleißkoeffizient der Paarung Aluminiumoxid/Aluminiumoxid steigt bei Raumtemperatur mit zunehmender Gleitgeschwindigkeit von einer Tieflage in eine Hochlage an (siehe Bild 9.10.1). Ein Anstieg des Verschleißbetrages der Paarung Aluminiumoxid/Aluminiumoxid mit zunehmender Gleitgeschwindigkeit wurde bei Raumtemperatur auch von Hsu, Wang und Munro (1989) beobachtet, die außerdem einen starken Verschleißanstieg mit steigender Pressung fanden.

Beobachtungen der Probekörper im Rasterelektronenmikroskop zeigten, dass Mikrobrechen der bei Raumtemperatur dominierende Verschleißmechanismus (Habig u. Woydt, 1989) ist, was mit anderen Untersuchungen übereinstimmt (Derby, Seshadri u. Srinivasan, 1986; Feller u. Wienstroth, 1989). Die Erklärung für den spontanen Anstieg des Verschleißkoeffizienten bei 22 °C mit ansteigender Gleitgeschwindigkeit liegt in der Anisotropie des E-Moduls und der Wärmedehnung des Al_2O_3-Einkristalls. Es entstehen beträchtliche interkristalline Spannungen, wenn durch den Reibwärmestrom die Kristallite sich dehnen. Durch Reduzierung der Korngröße auf unter 0,5 µm wird dieser Effekt zu größeren Gleitgeschwindigkeiten verschoben.

Die Reibungszahl und der Verschleißkoeffizient einer artgleichen Paarung aus Zirkondioxid mit 3,3 Gew.-% MgO sind in **Bild 9.10.2** wiedergegeben. Das ZrO_2 bestand aus ca. 51 % tetragonaler, 42 % kubischer und 7 % monokliner ZrO_2-Phase.

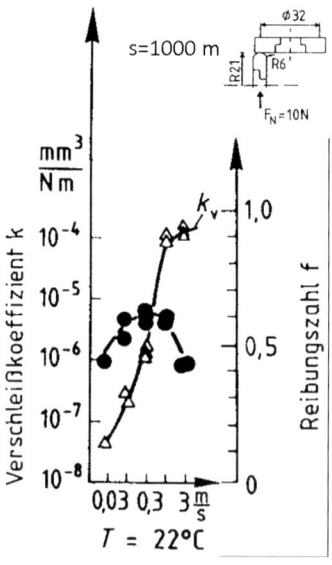

Bild 9.10.2   Reibung und Verschleiß von Zirkondioxid-Gleitpaarungen (Habig und Woydt, 1989)

Die Reibungszahl bei Raumtemperatur liegt bei $f = 0,55$ bis $0,8$ mit einem Maximum bei mittleren Gleitgeschwindigkeiten. Ähnlich wie bei artgleichen Al_2O_3-Paarungen wurde bei einem kürzeren Gleitweg von 10 m eine deutlich niedrigere Reibungszahl von $f \sim 0,1$ gemessen, wenn die Gleitgeschwindigkeit niedrig war. Der Verschleißkoeffizient steigt bei 22 °C mit wachsender Gleitgeschwindigkeit von einer Tieflage in eine Hochlage an.

Mit Röntgenbeugungsuntersuchungen und der Transmissionselektronenmikroskopie der Verschleißpartikel und -spuren aus der Verschleißhochlage ließ sich nur die kubische Phase des Zirkondioxids nachweisen, während im Ausgangsmaterial auch die tetragonale und momokline Phase vorhanden waren (Woydt, 1989). Abschätzungen der Blitztemperaturen ergeben reibbedingte Temperaturerhöhungen der Mikrokontaktbereiche von ca. 2000 °C (Kuhlmann-Wilsdorf, 1989, vgl. Bild 3.5.6), wofür insbesondere die geringe Wärmeleitfähigkeit des ZrO_2 verantwortlich ist. Wegen der hohen Temperatur können sich die Oberflächenbereiche der Probekörper offenbar in die kubische Hochtemperaturphase umwandeln. Da das kristallographische Volumen der kubischen Phase kleiner als das der tetragonalen und monoklinen Phase ist, entstehen Zugspannungen, welche die Entstehung von Rissen und damit die Bildung von Verschleißpartikeln begünstigen. Somit kann die festigkeitssteigernde Wirkung der tetragonal-monoklinen Phasenumwandlung bei tribologischen Beanspruchungen, die mit größeren Temperaturerhöhungen verbunden sind, nicht wirksam werden. Bei Reibleistungsdichten unterhalb von $0,1$ W/mm² und artgleichen ZrO_2-Paarungen, bei denen die reibbedingte Temperaturerhöhung gering ist, beobachten Fischer, Anderson und Jahanmir (1989) dagegen einen Abfall des Verschleißes mit zunehmender Bruchzähigkeit von ZrO_2 mit Y_2O_3-Zusätzen, siehe **Bild 9.10.3**, Woydt (1991) Verschleißkoeffizienten kleiner als $5 \cdot 10^{-8}$ mm³/Nm und Kerkwijk (1999) um 10^{-9} mm³/Nm.

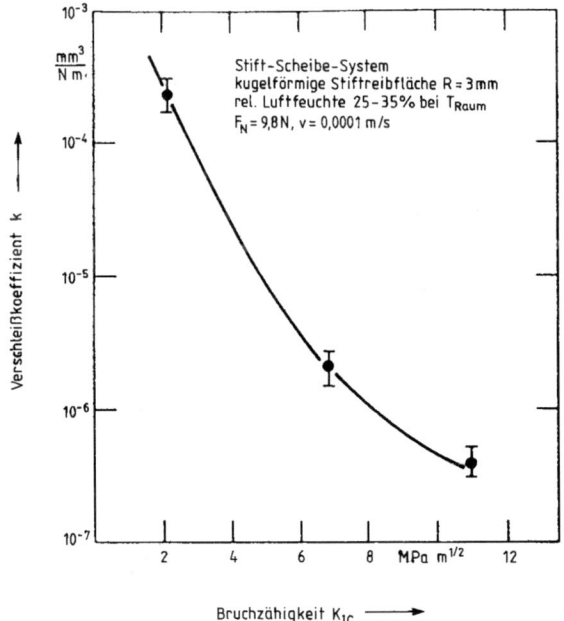

Bild 9.10.3
Verschleiß von Zirkondioxid-Gleitpaarungen in Abhängigkeit von der Bruchzähigkeit (Fischer, Anderson und Jahanmir, 1989)

Die Bildung von kubischem aus tertragonalem ZrO_2 und tetragonalem aus monoklinem ZrO_2 infolge tribologischer Beanspruchungen wurde auch von Yust (1988), Chen (1992) und Rainforth (1999) beobachtet. Für kubisches ZrO_2 fanden Fischer (1987) und Woydt (1991), je nach Beanspruchung, nur einen um den Faktor 2,5 größeren Verschleißbetrag. Crane und Breadsley (1987) stellten für kubisches ZrO_2 einen zwanzigmal höheren Verschleiß als für das Duplexgefüge aus tetragonalem und kubischem ZrO_2 fest.

Trägt man das Verschleißvolumen von Gleitpaarungen aus Zirkondioxid über den Gleitweg auf, so erhält man vor allem bei Raumtemperatur nach einer Periode eines erhöhten Einlaufverschleißes einen Beharrungszustand mit einer deutlich niedrigeren Verschleißrate. Durch den Verschleiß weitet sich der anfängliche Punktkontakt zu einem Flächenkontakt aus, wodurch bei konstanter Normalkraft die Pressung sinkt. In **Bild 9.10.4** sind die Pressungen über der Gleitgeschwindigkeit aufgetragen, bei denen der Verschleiß von einer Hochlage in eine Tieflage übergeht. Man erkennt, dass die Übergangs-Pressung stark mit steigender Geschwindigkeit abnimmt [p v-Wert!] (Woydt, 1991) und der Übergang der Verschleißtieflage in die Verschleißhochlage durch Gleitpartner mit hoher Wärmeleitfähigkeit zu größeren Gleitgeschwindigkeiten verschoben werden kann.

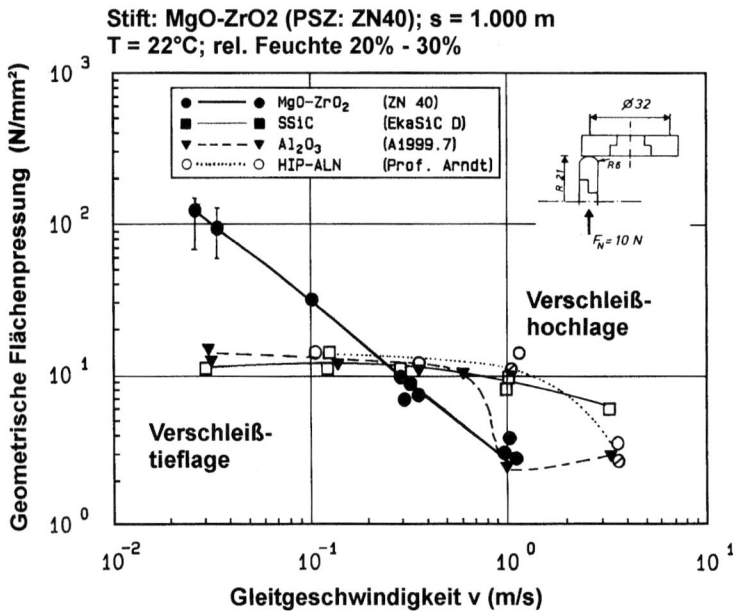

Bild 9.10.4   (p·v)-Diagramm von Zirkondioxid gegen verschiedene Gegenkörper-Werkstoffe unter
               ungeschmierter Gleitreibung (Woydt, 1989)

Reibungszahlen und Verschleißkoeffizienten einer artgleichen Paarung aus drucklos gesintertem Siliciumcarbid (SiC) sind in **Bild 9.10.5** wiedergegeben. Bei Raumtemperatur sinkt die Reibungszahl mit zunehmender Gleitgeschwindigkeit von f = 0,8 auf f = 0,6. Small-spot-ESCA-Untersuchungen zeigten, dass sich auf den Probekörpern der Paarungen mit niedrigen Reibungszahlen und Verschleißkoeffizienten durch Tribooxidation dünne Oxidschichten gebildet hatten.

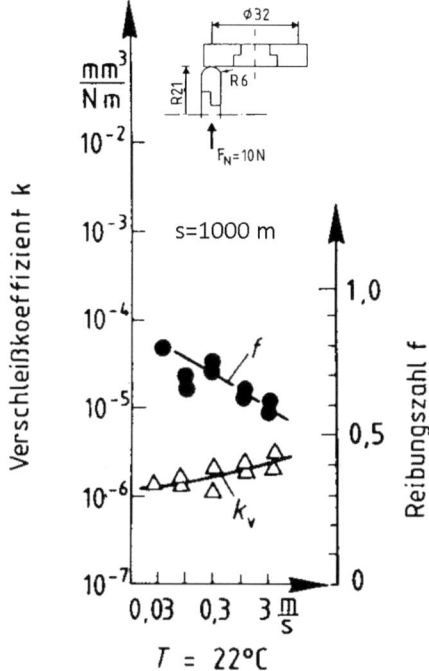

Bild 9.10.5
Reibung und Verschleiß von Siliciumcarbid-
Gleitpaarungen (Habig und Woydt, 1989)

Diese Ergebnisse stehen in Übereinstimmung mit Untersuchungen von Yamamoto, Okamoto und Ura (1989), die niedrige Reibungszahlen feststellten, wenn Siliciumcarbid-Gleitpaarungen 1 h bei 1000 °C ausgelagert worden waren, wodurch eine dünne Oxidschicht gebildet wurde. Setzte starke Tribooxidation ein, so stieg die Reibungszahl stark an. Niedrige Reibungszahlen wurden für diese Paarung auch von Martin et al. (1989) gemessen, wenn die Gleitbeanspruchung bei einem Saustoffpartialdruck von über 50 mPa erfolgte, wobei sich auch nur dünnere Oxidschichten bilden dürften.

Sasaki (1989) stellte bei Raumtemperatur einen starken Einfluss der Luftfeuchtigkeit auf die Reibungszahl und den Verschleißkoeffizienten fest. Die Reibungszahl sank von $f = 0,5$ in trockener Luft auf $f = 0,2$ in feuchter Luft; der Verschleißkoeffizient nahm von 10^{-5} auf 10^{-6} mm³/N · m ab.

Untersuchungen an Gleitpaarungen aus Silicium-infiltriertem Siliciumcarbid (SiSiC) zeigten einen starken Einfluss der Tribooxidation auf das Verschleißverhalten, während die Reibungszahl weniger beeinflusst wurde und meistens zwischen $f = 0,4$ und $f = 0,8$ lag. Bildete sich mit zunehmender Gleitgeschwindigkeit auf dem stationären Probekörper eine dickere Oxidschicht, so stieg der Verschleiß stark an. Konnte sich auch auf dem rotierenden Probekörper bei höherer Gleitgeschwindigkeit eine dickere Oxidschicht bilden, so kam es zu einem Verschleißabfall (Habig und Woydt, 1989). Die Verschleißhochlage der SiSiC-Gleitpaarungen wird durch die Ermüdung der Si/ß-SiC-Grenzfläche bestimmt.

An Gleitpaarungen aus gesintertem Siliciumnitrid gewonnene Ergebnisse sind in **Bild 9.10.6** wiedergegeben. Der Verschleißkoeffizient hat bei Raumtemperatur einen Minimum, das aber nicht mit dem Reibungsminimum zusammenfällt.

Röntgenbeugungsuntersuchungen an Verschleißpartikeln aus Hochtemperaturversuchen zeigten in der Hochlage ß-Si3N4-Peaks hoher Intensitäten, die durch Kornausbrüche entstanden sind. Die Verschleißpartikel bzw. Verschleißspuren in der Verscheißtieflage erzeugten in den Infrarotspektren nur schwache Si-N-Schwingungsbanden (die des ß-Si3N4) und starke Si-O-Banden, die mittels Röntgen-Photoelektronen-Spektroskopie amorphem SiO2 und Si2N2O bzw. SiOxNy, woraus auf Tribooxidationsprozesse geschlossen werden kann. Dagegen bestimmen in der Verschleißhochlage die Zerrüttungsprozesse zwischen den ß-Si3N4-Kristallen und der amorphen Binderphase den hohen Verschleißbetrag (Woydt, Skopp und Habig, 1989 und 1995) der Si3N4-Werkstoffe. Ähnliche Zusammenhängen ergeben sich auch bei Wälzbeanspruchungen, weswegen sich in der Praxis die glasphasenfreien Si3N4-Qualitäten als die überrollfesteren herausgebildet haben.

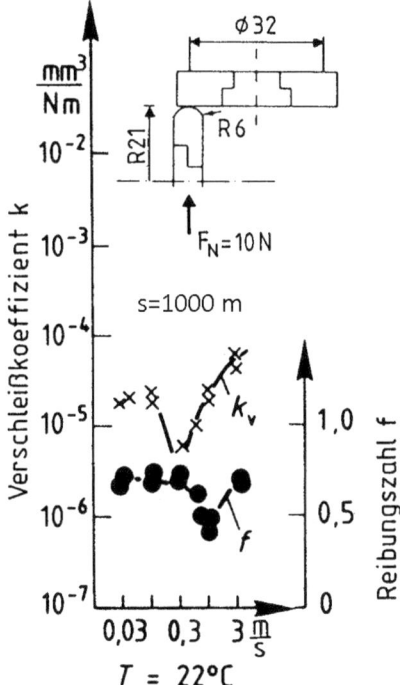

Bild 9.10.6
Reibung und Verschleiß von Siliciumnitrid-Gleitpaarungen (Habig und Woydt, 1989)

Ishigaki, Kawagushi, Iwsasa und Toibana (1985) fanden bei Raumtemperatur eine andere Abhängigkeit der Reibungszahl und der Verschleißrate von der Gleitgeschwindigkeit. Bei einer Pressung von ca. 3 MPa stiegen Reibungszahl und Verschleißkoeffizient bei ca. 0,2 m/s deutlich an. Bei kleinen Gleitgeschwindigkeiten bildeten sich sehr glatte Gleitflächen aus, während bei hohen Gleitgeschwindigkeiten die Gleitflächen stark aufgerauht wurden. Das günstigere Verhalten bei kleinen Gleitgeschwindigkeiten im Vergleich zu den in Bild 9.10.6 dargestellten Ergebnissen dürfte auf der niedrigen Pressung beruhen, weil die Untersuchungen mit einem anfänglichen Flächenkontakt durchgeführt wurden.

So beobachtete Gee (1985) eine starke Abhängigkeit der Reibungszahl und der Verschleißkoeffizienten der Paarung Siliciumnitrid/Siliciumnitrid von der Pressung. Die Reibungszahl blieb bei einer Gleitgeschwindigkeit von 0,2 m/s bis zu einer Pressung von ca. 0,4 N/mm^2 auf einem niedrigen Wert von f = 0,2 und stieg bei höheren Pressungen (1 N/mm^2) auf Werte um f = 0,85 an. Ein starker Anstieg des Verschleißkoeffizienten fand erst bei Pressungen oberhalb 0,7 N/mm^2 statt.

Jahanmir und Fischer (1987) bestimmten für die Paarung Si_3N_4/Si_3N_4 bei niedrigen Gleitgeschwindigkeit von 0,001 m/s und einer Belastung von 9.81 N (halbkugelförmige Stifttreibflächen, R = 3 mm) eine Reibungszahl zwischen f = 0,7 und f = 0,8. Nach Untersuchungen von Sasaki (1988) nimmt die Reibungszahl zwischen 0 % und 100 % relativer Feuchte des Umgebungsmediums von f = 0,8 auf f = 0,6 ab, wobei die Gleitgeschwindigkeit 0,4 m/s und die Belastung 10 N betrugen.

Holmerg, Anderson und Vall (1987) berichten über Reibungs- und Verschleißuntersuchungen an Gleitpaarungen aus artgleichen und verschiedenartigen keramischen Werkstoffen sowie an Keramik-Stahl-Gleitpaarungen. Die Reibungszahlen des Beharrungszustandes lagen zwischen f = 0,4 und f = 0,8. Die Paarung Al_2O_3/Al_2O_3 zeichnet sich durch einen besonders niedrigen Verschleiß, siehe **Bild 9.10.7** und durch eine Reibungszahl von f = 0,4 aus.

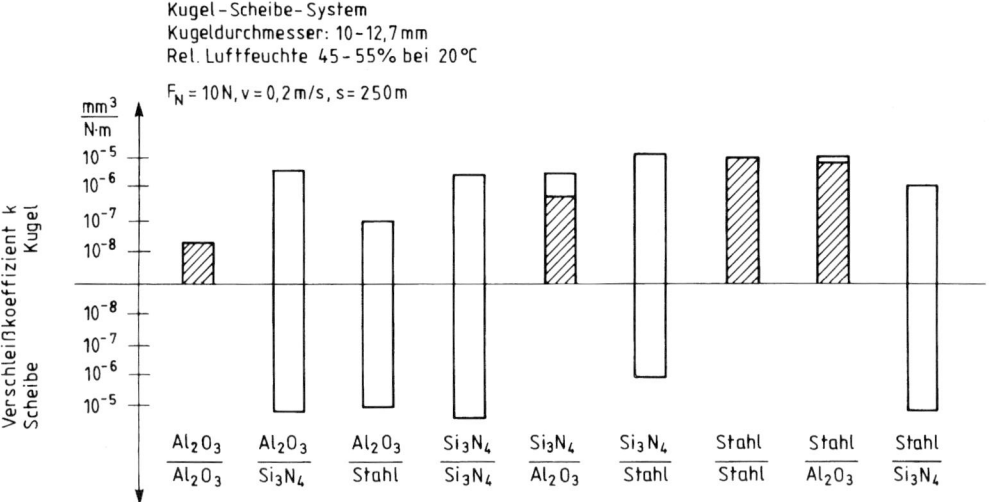

Bild 9.10.7 Verschleiß von Gleitpaarungen mit keramischen Werkstoffen (Holmberg, Anderson und Valli, 1987)

Die im Allgemeinen den metallischen Werkstoffe überlegenere Korrosionsbeständigkeit der keramischen Werkstoffe lies frühzeitig die Frage nach dem Einfluss von Säuren, Laugen und Wasser auf das tribologische Verhalten aufkommen.

Über den Einfluss einer Wasserschmierung auf das Reibungs- und Verschleißverhalten von keramischen Werkstoffen berichtet Sasaki (1989). Die Reibungszahl der Paarung Al_2O_3/Al_2O_3 lag unabhängig von der Gleitgeschwindigkeit bei f = 0,3, siehe **Bild 9.10.8**. Die Reibungszahl der Paarung ZrO_2/ZrO_2 betrug bei Gleitgeschwindigkeiten oberhalb 0,2 m/s f ~ 0,5. Bei der Paarung Si_3N_4/Si_3N_4 nahm die Reibungszahl mit zunehmender Gleitgeschwindigkeit auf Werte f ~ 0,01 ab, während die Paarung SiC/SiC diese niedrige Reibungszahl schon bei niedrigen Gleitgeschwindigkeiten erreichte. Für die Abnahme der Reibungszahl der Paarung

Si3N4/Si3N4 dürften zunächst tribochemische Reaktionen verantwortlich sein, durch die weiche Hydroxide gebildet werden, welche die Gleitflächen glätten, so dass hydrodynamische Effekte wirksam werden können (Tomizawa und Fischer, 1987).

Während der Verschleißkoeffizient der Paarungen Al_2O_3/Al_2O_3, Si_3N_4/Si_3N_4 und SiC/SiC mit steigender Gleitgeschwindigkeit abnimmt, steigt er bei der Paarung ZrO_2/ZrO_2 stark an. Die hohen Reibungszahlen deuten darauf hin, dass bei dieser Paarung keine hydrodynamische Schmierung auftritt. Mit zunehmender Gleitgeschwindigkeit steigt die Reibleistung und damit die Temperatur der Tribokontaktfläche an, wodurch korrosionsbedingte Risswachstumsprozesse beschleunigt werden könnten.

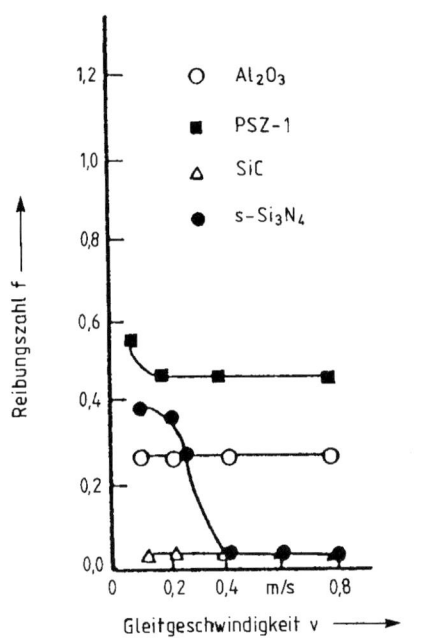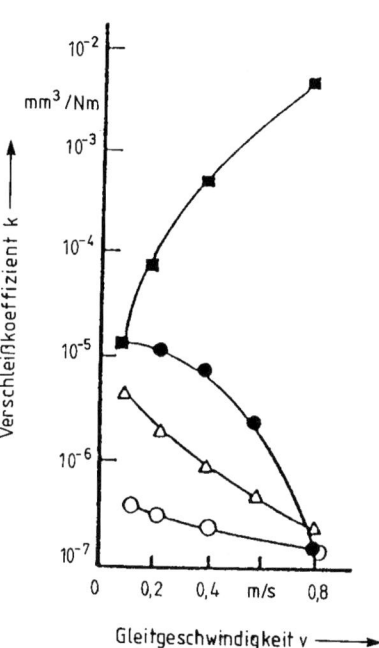

Bild 9.10.8   Reibung und Verschleiß von keramischen Werkstoffen bei Wasserschmierung (Sasaki, 1989)

Für die Reibung von Aluminiumoxid-Paarungen in Wasser schlagen Gates, Hsu und Klaus (1989) einen Mechanismus vor, bei dem α-Al_2O_3 in γ-Al_2O_3 umgewandelt wird, das bei hohen Drucken und Temperaturen mit Wasser zu Aluminiumhydrooxid reagiert. Die Hydrooxide/Hydrate des Al_2O_3 (Böhmit Al(OH), Gibbsit und Bayerit Al(OH)$_3$) besitzen eine Schichtgitterstruktur, wodurch eine Schmierwirkung erzielt wird.

Zum Gahr (1989) beobachtete, dass durch eine Wasserschmierung der Verschleißkoeffizient von Metall/Keramik- und Keramik/Keramik-Paarungen im Vergleich zur Festkörperreibung erniedrigt werden kann, siehe **Bild 9.10.9**. Die Paarung Al_2O_3/Al_2O_3 hat in Übereinstimmung mit den Ergebnissen von Sasaki einen niedrigeren Verschleiß als die Paarung ZrO_2/ZrO_2. Die im Wasser gelösten Ionen und der P_H-Wert bestimmen nach Löffelbein, Woydt und Habig (1992), je nach Type der Keramik, die Reibungszahl und der Verschleißbetrag unterschiedlich stark, wie in **Bild 9.10.10** exemplarisch am Beispiel von ZrO_2/ZrO_2- und Al_2O_3/Al_2O_3-Paarungen für die Reibungszahl dargestellt wird.

Bei Ölschmierung können je nach Ölviskosität, Belastung und Geschwindigkeit unterschiedliche Reibungszustände durchlaufen werden: Hydrodynamik, Mischreibung, Grenzreibung. Unter Grenzreibungsbedingungen hängt die Reibungszahl von der Adsorbierbarkeit und der chemischen Reaktivität von Schmierstoffadditiven ab (siehe Kapitel 6.3). Die unter Grenzreibungsbedingungen gemessenen Reibungszahlen keramischer Werkstoffpaarungen unterscheiden sich aber im allgemeinen nur wenig von den Reibungszahlen metallischer Werkstoffe, wenn additivfreie Schmieröle auf Kohlenwasserstoffbasis verwendet werden oder wenn mit Additiven Schichten auf den Gleitflächen gebildet werden können (Willermet, 1987). Hingegen werden polare Grundöle, wie Polyolester und Polyalkylenglykolen, insbesondere von den oxydischen Keramiken sehr gut adsorbiert. Die Tragfähigkeit und der Mechanismus des Versagens bei Überbeanspruchungen kann aber für keramische und metallische Gleitpaarungen durchaus unterschiedlich sein.

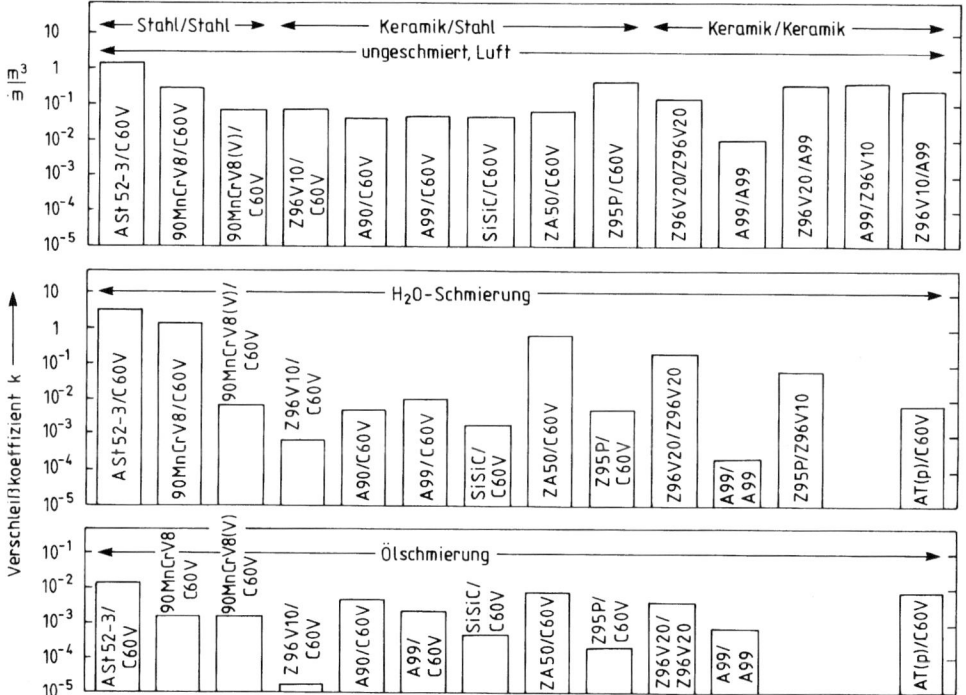

Bild 9.10.9 Verschleiß von Gleitpaarungen mit keramischen Werkstoffen und Stählen in Luft, Wasser und Öl (Zum Gahr, 1989)

So beobachteten Kim, Kato und Hokkirinawa (1987) bei Gleitpaarungen aus Aluminiumoxid eine langsames Ansteigen der Reibungszahl, wenn kritische Beanspruchungsparameter erreicht wurden, während die Reibungszahl von Stahlgleitpaarungen spontan anstieg. Generell sollen aber mit Keramikpaarungen keine höheren Tragfähigkeiten als mit metallischen Paarungen erreicht werden (Shimauchi, Murakami, Nakagaki, Tsuya und Umeda, 1984). Es kommt vielmehr auf die Art der verwendeten Werkstoffe bzw. der Werkstoffpaarung an.

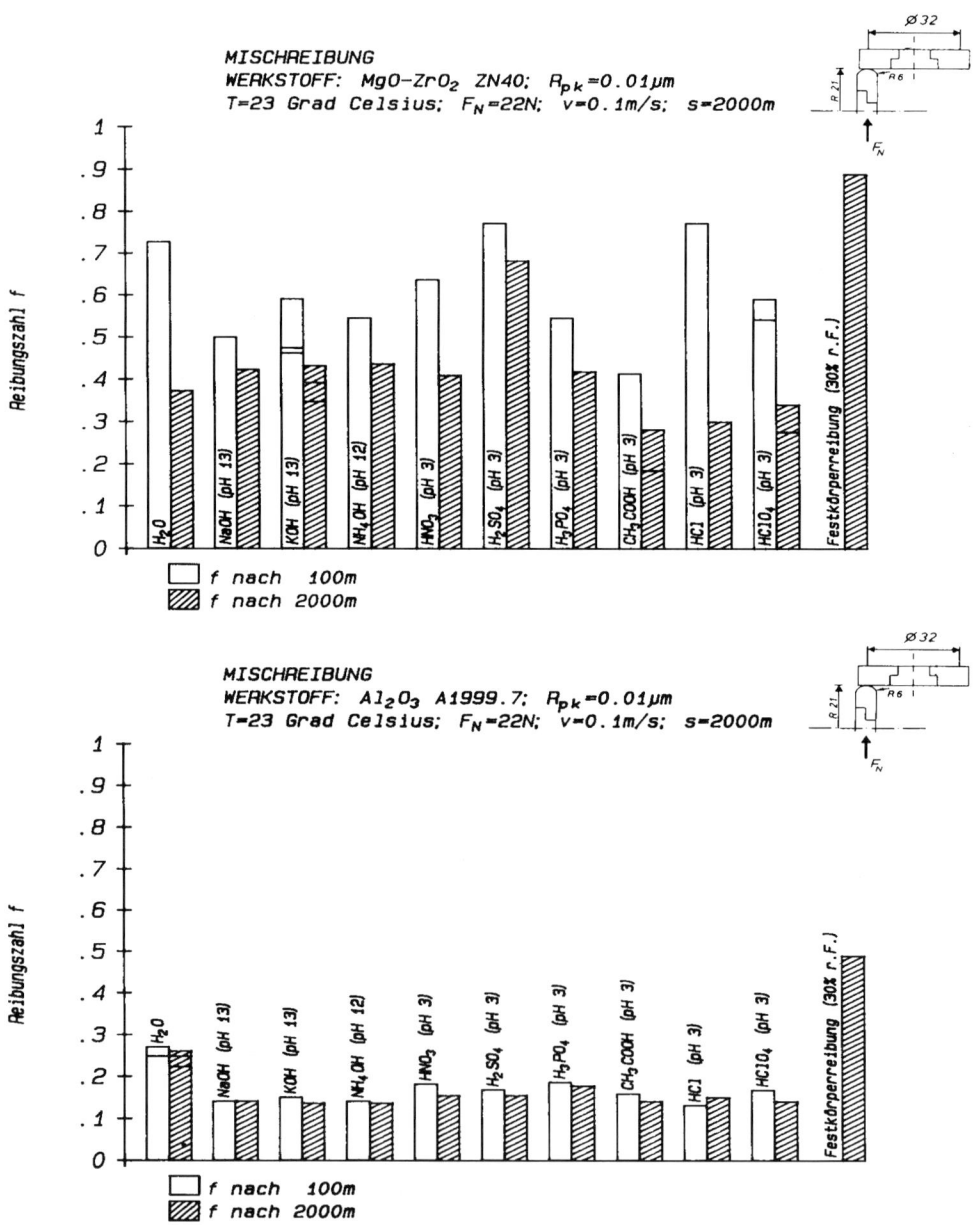

Bild 9.10.10 Reibungszahl artgleicher Gleitpaarungen aus Aluminiumoxid und Zirkondioxid in wässrigen Lösungen

Die Verschleißkoeffizienten einiger Keramik/Keramik- und Metall/Keramik-Gleitpaarungen unter Ölschmierung können Bild 9.10.9 entnommen werden (Zum Gahr, 1989). Ein besonders niedriger Verschleiß wurde für die Paarung von ZrO_2 mit 10%-iger offener Porosität gegen gehärteten Stahl C60 gemessen. Paarungen von ZrO_2 und SiSiC mit Stahl hatten einen niedrigeren Verschleiß als artgleiche Aluminiumoxidpaarungen oder Aluminiumoxid-Stahlpaarungen.

Kimura, Okada, Enomoto und Tomizawa (1989) beobachteten, dass die Reibungszahl und der Verschleißbetrag von Siliciumnitrid-Gleitpaarungen bei Schmierung mit Polyalkylenglycol stark mit zunehmendem Wassergehalt im Schmierstoff zunimmt.

Das Gleitreibungs- und Gleitverschleißverhalten kommerziellen keramischer Werkstoffpaarungen lässt sich qualitativ folgendermaßen zusammenfassen:

- Gleitpaarungen aus keramischen Werkstoffen neigen nicht zum Festfressen. Bei reiner Festkörperreibung weisen sie aber im allgemeinen hohe Reibungszahlen und Verschleißkoeffizienten über 10^{-6} mm^3/Nm auf.
- Reibung und Verschleiß nehmen ab, wenn sich auf den tribologisch beanspruchten Oberflächen Reaktions- und/oder Adsorptionsschichten ausbilden. Auf oxidischen Werkstoffen wie Al_2O_3, ZrO_2, TiO_2 führt die Adsorption von Wassermolekülen oder anderen polaren Molekülen zu einer Erniedrigung der Reibung, während für den Verschleiß keine eindeutigen Aussagen gemacht werden können.
- In Reaktionsschichten enthaltene Wassermoleküle reduzieren offenbar den Verschleiß, andererseits können Wassermoleküle das Risswachstum beschleunigen und dadurch die Abtrennung von Verschleißpartikeln beschleunigen.
- Bei ungeschmierten Gleitpaarungen aus Siliciumcarbid werden durch dünne Reaktionsschichten aus SiO_2 bzw. Si-C-O Reibung und Verschleiß erniedrigt, während sich dickere Schichten nachteilig auswirken. Bei Siliciumnitrid-Gleitpaarungen wird vor allem der Verschleiß durch die Bildung von Reaktionsschichten aus SiO_2, $(SiO_2)_n$ xH_2O und Si_2N_2O bzw. SiO_xN_y, beeinflusst.
- In der Regel kann bei der Anwendung von Gleitpaarungen aus keramischen Werkstoffen auf eine Schmierung zur Reibungsminderung nicht verzichtet werden, wobei auch Wasser oder Säuren und Laugen als Schmierstoffe gelten können. Bei der Schmierung mit additivierten Ölen ist darauf zu achten, dass die Adsorbierbarkeit und Reaktionsfähigkeit der Additive auf dem Bindungscharakter der keramischen Werkstoffe (ionisch, kovalent) angepasst werden und sich im Allgemeinen von metallischen Werkstoffen unterscheiden.

Nach dem die vorherrschenden Uraschen für die an kommerziellen keramischen Werkstoffen beobachteten Verschleißmechanismen aufgeklärt waren, wurden diese Erkenntnisse in eine tribologisch orientierte Werkstoffentwicklung in günstigere Reibungs- und Verschleißeigenschaften umgesetzt (Woydt 1997). Der Schwerpunkt lagen in den Stoffsystemen Si_3N_4-TiN, SiC-TiC und (Ti,Mo)(C,N), erodierbare Werkstoffe, und Si_3N_4-hex.BN. Die mechanischen Eigenschaften gibt die Tabelle 9.10.1 auf Seite 359 wieder.

Diese keramischen Verbundwerkstoffe werden gegenüber allen „klassischen" Tribowerkstoffen, die unter Misch-/Grenzreibung beansprucht werden, bevorzugt, sobald sie unter ungeschmierten Bedingungen ein mit Misch-/Grenzreibung vergleichbares tribologisches Eigenschaftsprofil besitzen. Als Kriterien sind zu nennen:

a) Reibungszahlen $< 0,2$

b) Verschleißkoeffizienten $< 10^{-6}$ mm^2/Nm

c) p v-Werte > 10 W/mm^2 und

d) Reibungszahlen und Verschleißkoeffizienten sind unabhängig von der Gleitge-schwindigkeit

Bild 9.10.11 fasst die Verläufe der Verschleißkoeffizienten als Funktion der Gleitgeschwindigkeit bis 6 m/s vergleichend zu kommerziellen SiC- und Si$_3$N$_4$-Werkstoffen zusammen.

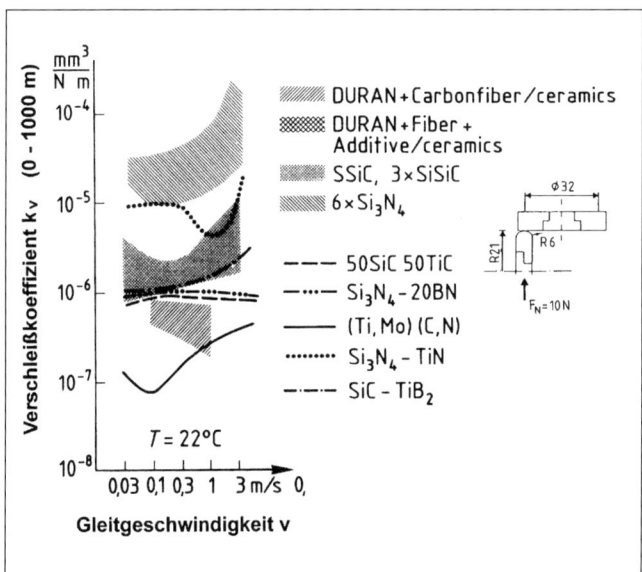

Bild 9.10.11
Verschleißkoeffizienten verschiedener keramischer Werkstoffe als Funktion der Gleitgeschwindigkeit und Umgebungstemperatur im Trockenlauf nach DIN 50324

Die Vorgaben werden am umfassendsten von dem Hartmetall (Ti,Mo)(C,N) [TM10] erfüllt, da der Verschleißkoeffizient unter allen Prüfbedingungen kleiner als 10^{-6} mm^3/Nm ist und z. T. auch 10^{-8} mm^3/Nm erreicht, jedoch sind die Reibungszahlen stets größer als 0,4. Auch das Si$_3$N$_4$-TiN erzielt Verschleißkoeffizienten im Bereich um 10^{-6} mm^3/Nm darunter, sobald man den Einlaufverschleißbetrag abzieht (Skopp et al., 1995). Bei Raumtemperatur zeichnet sich auch Si$_3$N$_4$-20 % hex.BN durch ein von der Gleitgeschwindigkeit unabhängiges Verschleißverhalten aus (Skopp et al., 1995). Hinsichtlich des pv-Wertes und der Reibungszahl $< 0,2$ ist bei Raumtemperatur Si$_3$N$_4$-hex.BN ein attraktiver Tribowerkstoff.

Das günstige Verschleißverhalten von (Ti,Mo)(C,N) und Si$_3$N$_4$-TiN ist auf die tribooxidative Bildung von unterstöchiometrischen Ti$_n$O$_{2n-1}$, mit $4 \leq n \leq 10$, sog. Magnéli-Phase, zurück zuführen (Woydt et al., 1999 und Woydt, 2000).

Die niedrigsten Reibungszahlen, welche von der Gleitgeschwindigkeit unabhängig sind, erzielen die artgleichen Paarungen SiC-TiC und Si$_3$N$_4$-hex.BN mit 10 % oder 20 % hex.BN, welche in **Bild 9.10.12** dargestellt sind.

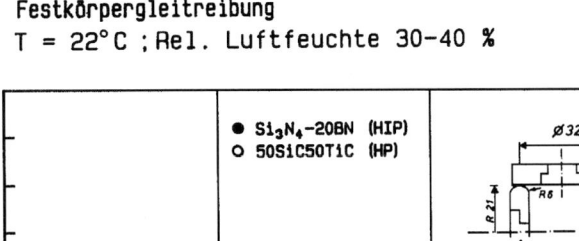

Bild 9.10.12 Festkörpergleitreibungszahl artgleicher SiC-TiC- und Si₃N₄-20% hex.BN-Paarungen bei
Raumtemperatur nach DIN 50324

Furchungsverschleiß

In **Bild 9.10.13** sind die Ergebnisse von Furchungsverschleißuntersuchungen an einigen keramischen Werkstoffen und Stählen wiedergegeben (Zum Gahr, 1988). Die Beanspruchung
erfolgte durch Schleifpapiere aus Flint, Korund und Siliciumcarbid mit den Körnungen 220
und 80. Vor allem bei der Beanspruchung durch Flintkörner haben die keramischen Werkstoffe einen deutlich niedrigeren Verschleiß als die Stähle, wobei die Überlegenheit der keramischen Werkstoffe bei feiner Körnung (220) des Schleifpapiers besonders groß ist. Mit zunehmender Abrasivkornhärte wird der Unterschied zwischen den keramischen Werkstoffen und
den Stählen geringer. Beim Angriff durch harte Siliciumcarbidkörner können die keramischen
Werkstoffe sogar einem höheren Verschleiß unterliegen, weil hier die Zähigkeitseigenschaften
an Bedeutung gewinnen. Während bei metallischen Werkstoffen Mikropflügen mit stärkerer
plastischer Verformung das Furchungsverschleißverhalten bestimmen, dominieren bei keramischen Werkstoffen Mikrospanen oder Mikrobrechen. Rissbildung und Risswachstum erfolgen
ohne größere plastische Verformungen (Zum Gahr, 1986).

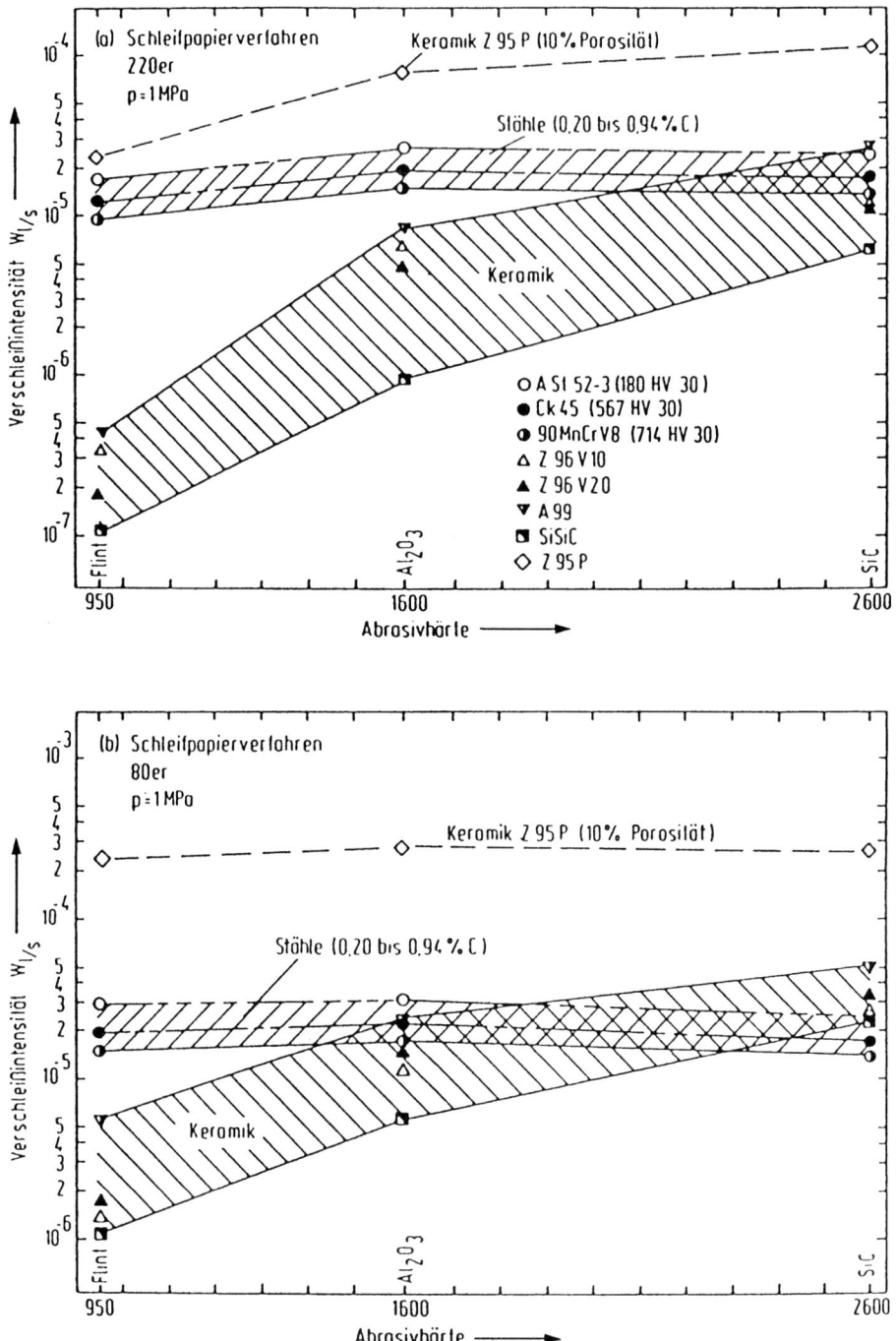

Bild 9.10.13 Furchungsverschleiß von keramischen Werkstoffen und Stählen (Zum Gahr, 1989)

Unter der Annahme des Wachstums von lateralen Rissen in linear-elastischen Bereich (Mikrobrechen), die in einer plastischen Zone unterhalb der Oberfläche gebildet werden, entwickelten Evans und Marshall (1980) folgende Verschleißgleichung:

$$W_V = \alpha \frac{F_N^{9/8}}{K_c^{1/2} \cdot H^{5/8}} (E/H)^{4/5} \cdot s$$

W_V: Verschleißvolumen
α: Material unabhängige Konstante
F_N: Normalkraft
K_c: Bruchzähigkeit
H: Härte
E: Elastizitätsmodul
s: Gleitweg

In früheren Untersuchungen hatten Evans und Wilshaw (1976) folgende Abhängigkeit des Verschleißvolumens von Risszähigkeit und Härte für kleine Gleitgeschwindigkeiten beobachtet:

$$W_V \approx \frac{1}{K_c^{3/4} \cdot H^{1/2}}$$

Mit dieser Beziehung ließen sich die Ergebnisse von Verschleißuntersuchungen korrelieren, die beim Sägen von verschiedenen keramischen Werkstoffen mit einer Diamantsäge gewonnen wurden. Für die Praxis bedeutet dies, dass ein ZrO_2 mit hoher Risszähigkeit verschleißbeständiger sein kann, als ein SiC oder Si_3N_4 mit höherer Härte (vgl. Bilder 5.4.6 und 5.4.7 sowie Tabelle 9.10.1).

Nach Überlegungen von Hornbogen (1975) soll folgende Beziehung gültig sein:

$$W_V \approx \frac{1}{K_c^2 \cdot H^{3/2}}$$

Zum Gahr (1987) leitete folgende Beziehung ab:

$$W_V \approx \frac{H^{1/2}}{K_c^2}$$

Unter der Annahme des Wachstums von lateralen Rissen in linear-elastischen Bereich (Mikrobrechen), die in einer plastischen Zone unterhalb der Oberfläche gebildet werden, korreliert für kleine Gleitgeschwindigkeiten die nachfolgende Gleichung das Verschleißvolumen für Furchungsverschleiß mit Werkstoffdaten (K_{IC}-Wert und Härte) sowie Beanspruchungsparametern, wie Last, Weg und Schärfe des Abrasivkorns, (Woydt und Habig, 1987) .

$$W_V \quad \frac{2F^{5/4} s \sin^{5/4} \theta}{K_{IC}^{3/4} H^{1/2}}$$

W_V: Verschleißvolumen, F: Normalkraft, θ: halber Öffnungswinkel des Abrasivkorns, K_c: Bruchzähigkeit, H: Härte, s: Gleitweg

Die Unterschiede in der Verschleißbeziehung beruhen auf unterschiedliche Modellvorstellungen über die Rissbildung und Rissausbreitung, in die neben den Werkstoffeigenschaften auch die Beanspruchungsbedingungen eingehen. Eine experimentelle Bestätigung der aufgeführten Beziehungen steht noch weitgehend aus. Alle Beziehungen deuten aber darauf hin, dass der Steigerung der Zähigkeit eine größere Bedeutung als der Steigerung der Härte zukommt.

Wälzverschleiß

Über vergleichende Wälzverschleißuntersuchungen an keramischen Werkstoffen berichten Kim, Kato, Hokkirigawa und Abe (1986). Die Untersuchungen wurden mit dem in **Bild 9.10.14** dargestellten Prüfsystem durchgeführt. Die Verschleißraten ließen sich über einer Kenngröße S_c auftragen, die durch folgende Beziehung gegeben ist:

$$S_c = \frac{p_m \sqrt{R_{max}}}{K_{IC}}$$

p_m: mittlere Hertzsche Pressung
R_{max}: Mittelwert der maximalen Rauhtiefe, die quer zur Laufrichtung gemessen wird
K_{IC}:   Bruchzähigkeit

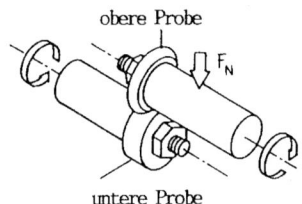

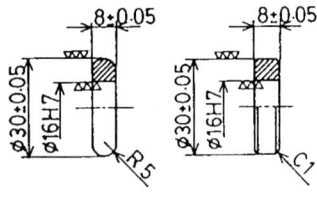

Bild 9.10.14
Prüfsystem für Wälzverschleißuntersuchungen
(Kim, Kato, Hokkrigawa und Abe, 1986)

Die maximale Rauhtiefe soll in erster Näherung ein Maß für die Länge vertikaler Risse darstellen. Die Bruchzähigkeit K_{IC} wurde mit Vickers-Härteeindrücken bestimmt:

$$K_{IC} = 0{,}013 \cdot \left(\frac{E}{H}\right)^{1/2} \cdot F \cdot C_R^{3/2}$$

E: Elastizitätsmodul
H: Vickershärte
F: Eindringkraft
C_R: Länge der radialen Risse, die durch den Vickershärteeindruck erzeugt wurden

Nach Bild 9.10.15 liegen die für die keramischen Werkstoffe gewonnenen Messpunkte auf einer Geraden. Der Cermet und der Wälzlagerstahl SUJ2 fallen vermutlich wegen ihrer größeren Zähigkeit aus dem Rahmen. Siliciumnitrid verhält sich unter Wälzbeanspruchungen am günstigsten, so dass heute vor allem Siliciumnitrid für Wälzlager unter speziellen Betriebsbedingungen eingesetzt wird. Nach Untersuchungen von Piispanen (1987) soll sich der Unterschied zwischen den verschiedenen keramischen Werkstoffen bei Wälzbeanspruchungen verringern.

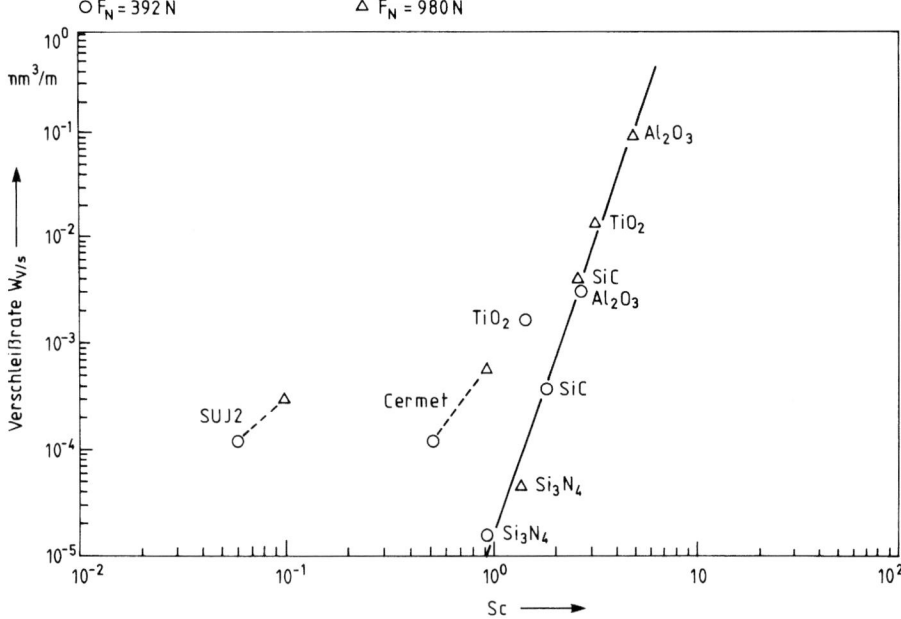

Bild 9.10.15 Wälzverschleiß keramischer Werkstoffe (Kim, Kato, Hokkrigawa und Abe, 1986)

In einer umfangreichen Versuchsreihe mit sechs Keramiken, unadditiviertem Paraffinöl und Wasser sowie vier Endbearbeitungsverfahren in je zwei unterschiedlichen Spezifikationen stellte Woydt und Effner (1997, 2000) einen experimentellen Zusammenhang zwischen Endbearbeitung, Medium und Wälzverschleiß her. Die Versuche wurden in einem Zweischeiben-Tribometer (Amsler) mit zylindrischen und balligen Scheiben bei einer anfänglichen Pressung p_0 von 3 GPa durchgeführt. **Bild 9.10.16** fasst die Versuchsergebnisse zusammen. Dort wird das Zeitspanvolumen (Abtrag während der Endbearbeitung) gegen den Verschleißkoeffizient (Abtrag während der tribologischen Beanspruchung) aufgetragen. Technisch von großem Interesse sind Werkstoffe, die bei möglichst großem Zeitspanvolumen kleine Verschleißkoeffizienten erzielen, weil große Zeitspanvolumina kurzen Bearbeitungszeiten und damit geringen Bearbeitungskosten entsprechen.

Die Ergebnisse zeigten, dass zum Erreichen von Wälzverschleißkoeffizienten unterhalb von 10^{-9} mm³/Nm nicht nur Polieren mit Zeitspanvolumina Q_W kleiner als 0,001 mm³/s in Frage kommt, sondern auch Honen und Läppen sowie „Ultrafein-Schleifen" mit Q_W um 0,01 mm³/s. Ebenso wurde erstmals gezeigt, dass erwartungsgemäß bei 3 GPa in Paraffinöl neben Si_3N_4

auch ZrO_2 (HIP-Al_2O_3-ZrO_2), Si_3N_4-TiN und sogar unterhalb von 1,5 GPa auch zwei Siliciumcarbide überrollfest erscheinen. Auch nach 20 Millionen Überrollungen konnte am ZrO_2 (HIP-Al_2O_3-ZrO_2) mittels AFM-Profilometrie kein Verschleißbetrag festgestellt werden. Allerdings erhöht Wasser bei allen Keramiken den Verschleißbetrag um mehrere Zehnerpotenzen, so dass ggfs. nur noch Si_3N_4 im Wasser wälzbeansprucht werden kann.

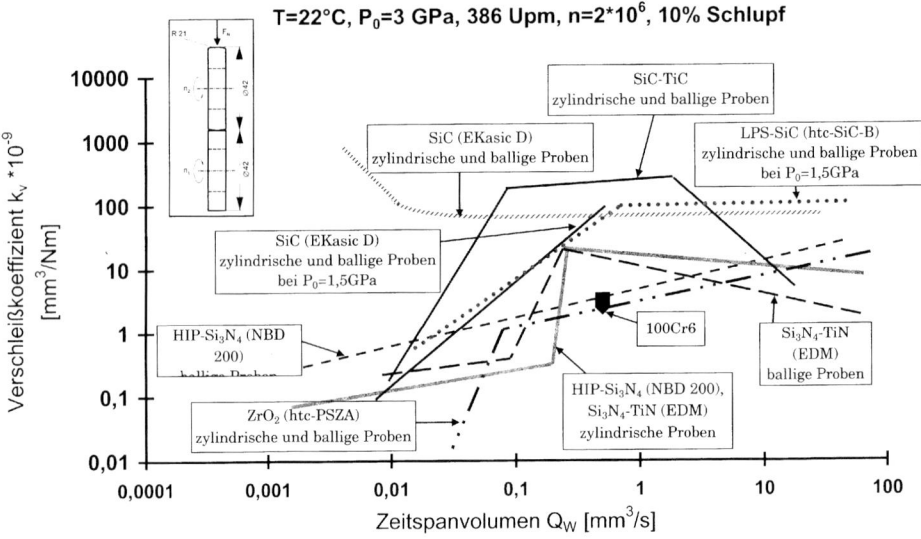

Bild 9.10.16 Wälzreibung artgleicher keramischer Paarungen in unadditiviertem Paraffinöl ($\eta_{40C} > 34,5$ mm²/s)

Schwingungsverschleiß

Systematische Untersuchungen des Schwingungsverschleißes wurden von Klaffke (1989) durchgeführt. Als Prüfsystem diente ein Kugel/Ebene-System, bei dem eine Kugel mit einer konstanten Normalkraft gegen die Ebene eines oszillierenden Probekörpers gedrückt wird. Als Versuchsvariable wurde die Luftfeuchtigkeit gewählt. Bild 9.10.7 zeigt die Abhängigkeit des Verschleißkoeffizienten k und der Reibungszahl der Paarungen 100Cr6/100Cr6, SiC/SiC und Si_3N_4/Si_3N_4 von der Luftfeuchte. Auffallend ist der starke Abfall des Verschleißkoeffizienten von SiC/SiC mit steigender relativer Luftfeuchte. Die Reibungszahl dieser Paarung erreicht mit zunehmender Luftfeuchte nach Durchlaufen eines Maximums ab 60 % Reibungszahlen um 0,1. Ferner wurden Paarungen Stahl 100Cr6/Stahl 100Cr6 (~ 800 HV), Stahl 100Cr6/Keramik und Keramik/Keramik untersucht. Die gemessenen Reibungszahlen sind in Tabelle 9.10.2 zusammengestellt. Vor allem die Paarungen 100Cr6/SiC, SiC/SiC und Al_2O_3/Al_2O_3 haben deutliche niedrigere Reibungszahlen als die Stahlpaarung. Besonders hervorzuheben ist die niedrige Reibungszahl f = 0,15 der Paarung SiC/SiC bei 95 % relativer Leuchtfeuchtigkeit, die durch die tribochemische Bildung von Siliciumhydroxid verursacht sein dürfte.

Die Verschleißkoeffizienten enthält **Tabelle 9.10.2**. Die meisten Paarungen Stahl/Keramik und Keramik/Keramik haben niedrigere Verschleißkoeffizienten als die Stahlpaarung. Dabei fällt die Paarung 100Cr6/Al_2O_3 bei 5 und 50 % relativer Luftfeuchte mit einem hohen Verschleißkoeffizienten aus dem Rahmen. Den kleinsten Verschleiß hat die Paarung Al_2O_3/Al_2O_3.

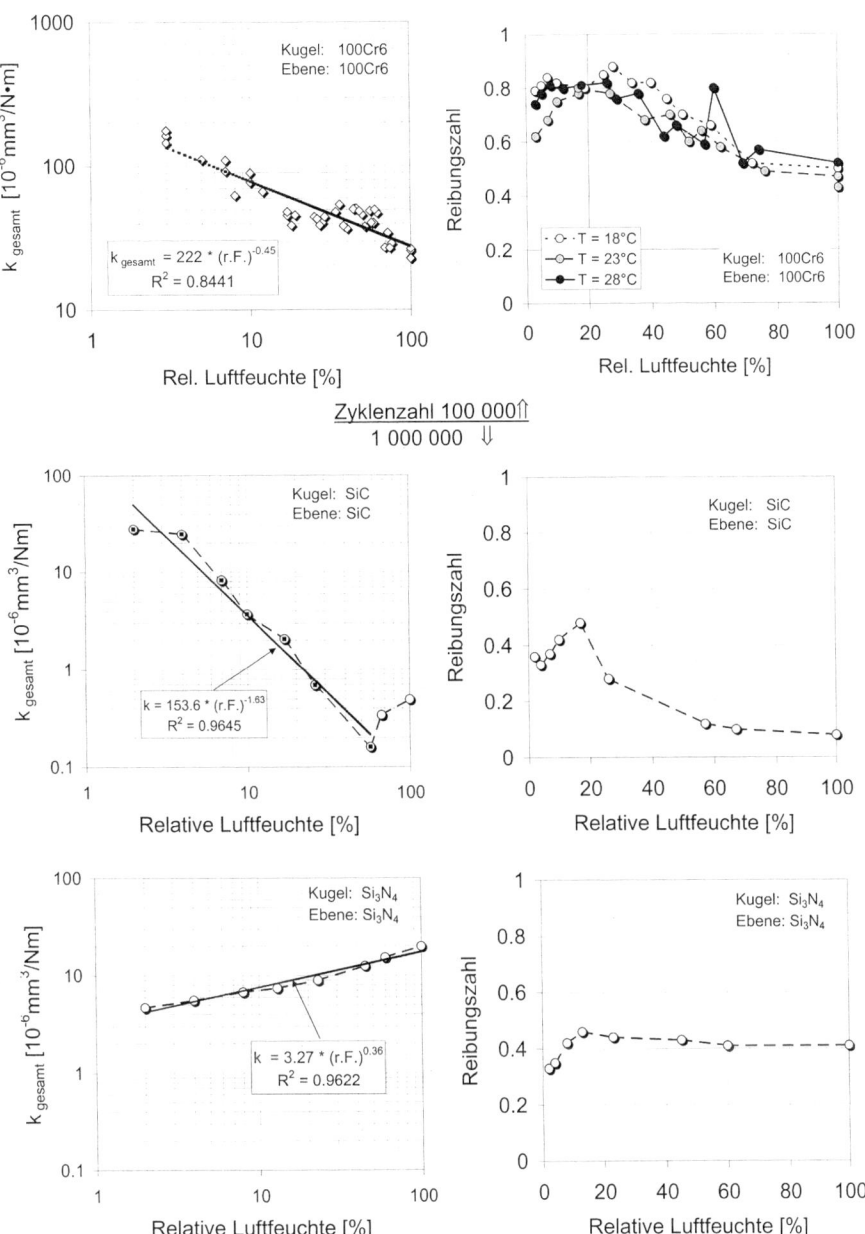

Bild 9.10.17 Typische Verläufe der Reibungszahl und des Verschleißkoeffizienten bei Festkörperreibung als Funktion der relativen Luftfeuchte (Schwingweite: 200 µm; Frequenz: 20 Hz; Normalkraft: 10 N; Zyklenzahl: 100 00/1 000 000; Temperatur: 17 °C ... 27 °C; relative Feuchte: 3 % ... 100 %

Bei dieser Paarung fällt die Tribooxidation als Verschleißmechanismus aus, da das Aluminium schon in der höchsten Oxidationsstufe vorliegt. Das gleiche gilt auch für die Paarung

ZrO_2/ZrO_2, die bei 50 und 95 % Luftfeuchte recht günstig abschneidet, wobei aber möglicherweise eine Reaktion mit den Wassermolekülen stattfindet. Für den niedrigen Verschleiß der Paarung SiC/SiC dürften – wie schon erwähnt – Hydrooxidschichten verantwortlich sein.

Tab. 9.10.2 Reibungszahlen und Verschleißkoeffizienten von Paarungen mit keramischen Werkstoffen bei Schwingungsverschleiß (Klaffke, 1989)

Paarung	Reibungszahl f bei den relativen Feuchten			Verschleißkoeffizient k 10^{-5} mm^3/N·m bei den relativen Feuchten			
Kugel Rel. Feuchte Ebene	5%	50%	95%		5%	50%	95%
100Cr6 ------ 100Cr6	0,85	0,7	0,6	k, Kugel k, Ebene Σ k	4,07 0,76 4,83	1,26 0,54 1,80	1,90 0,09 1,99
100Cr6 ------ SiC	0,60	0,40	0,30	k, Kugel k, Ebene Σ k	0,10 0,13 0,23	0,05 0,10 0,15	0,06 0,06 0,12
SiC ----- SiC	0,60	0,35	0,15	k, Kugel k, Ebene Σ k	0,53 0,54 1,07	0,03 0,03 0,06	0,01 0,01 0,02
100Cr6 ------ Si$_3$N$_4$	0,80	0,80	0,85	k, Kugel k, Ebene Σ k	2,34 0,06 2,40	1,16 0,69 1,85	0,97 0,61 1,58
Si$_3$N$_4$ ----- Si$_3$N$_4$	0,55	0,65	0,75	k, Kugel k, Ebene Σ k	0,42 0,71 1,13	0,90 0,50 1,40	1,26 0,29 1,55
100Cr6 ------ ZrO$_2$	0,70	0,50	0,40	k, Kugel k, Ebene Σ k	2,80 0,03 2,83	0,17 0,04 0,21	0,54 0,04 0,58
ZrO$_2$ ------ ZrO$_2$	0,85	0,85	0,85	k, Kugel k, Ebene Σ k	0,59 0,45 1,04	0,01 0,05 0,06	0,02 0,02 0,04
100Cr6 ------ Al$_2$O$_3$	0,75	0,75	0,70	k, Kugel k, Ebene Σ k	10,10 0,03 10,13	2,58 0,06 2,64	1,44 0,07 1,51
Al$_2$O$_3$ ----- Al$_2$O$_3$	0,55	0,45	0,40	k, Kugel k, Ebene Σ k	0,001 0,001 0,002	0,001 0,001 0,002	0,001 0,001 0,002

$\Delta x = 0,2$ mm, $F_N = 20$ N, $f = 20$ Hz, $T = 22°C$, $N = 1,2.10^6$

9.11 Oberflächenschutzschichten

Da tribologische Beanspruchungen primär in den Oberflächenbereichen von Werkstoffen wirksam sind, kommt der Anwendung von Oberflächenschutzschichten, durch die Verschleiß und Reibung vermindert werden, eine wichtige Bedeutung zu. Zu ihrer Erzeugung steht eine große Anzahl verschiedenartiger Verfahren zur Verfügung (Kunst et.al, 1982; Simon und Thoma, 1985; Bunshaw, 1982; Pursche, 1990; Lugscheider, 2002):

a) Mechanische Oberflächenverfestigung
b) Randschichthärten
c) Randschichtumschmelzen
d) Randschichtumschmelzlegieren
e) Ionenimplantieren
f) Thermochemische Behandlung
g) Chemische Abscheidung aus der Gasphase (CVD)
h) Physikalische Abscheidung aus der Gasphase (PVD)
i) Galvanische Abscheidung
j) Schmelztauchen
k) Aufgießen
l) Aufsintern
m) Thermisches Spritzen
n) Auftragschweißen
o) Plattieren
p) Reibauftragschweißen

Mit den Verfahren a, b und c werden nur die gefügemäßigen Eigenschaften der Oberflächenbereiche verändert. Durch die Verfahren d, e, f werden Oberflächenschutzschichten gebildet, die aus Bestandteilen des Behandlungsmediums und des Grundwerkstoffes zusammengesetzt sind, während mit den Verfahren g bis p artfremde Schichten gebildet werden, wobei in der Grenzfläche zwischen Schicht und Grundwerkstoff bei höheren Verfahrenstemperaturen in der Schmelze Vermischungs- bzw. im festen Zustand Diffusionsprozesse ablaufen können. Je nach Verfahren und Behandlungsmedium können die Oberflächenschutzschichten aus Metalloiden, Metallen, Legierungen, intermetallischen Verbindungen, nichtmetallischen Verbindungen und deren Mischungen bestehen.

Prozessdetails von PVD- und CVD-Technologien (wie sie besonders in der Produktionstechnik zur Beschichtung von Werkzeugen angewendet werden) und Hartstoffschichten für Zerspanwerkzeuge sind in Kapitel 14.4.2 beschrieben.

Für das funktionelle Verhalten von Oberflächenschutzschichten ist eine Reihe von Eigenschaften wichtig:

I. Chemische Zusammensetzung
II. Phasenzusammensetzung
III. Gefüge
IV. Struktur

V.   Textur
VI.   Elastizitätsmodul, Querkontraktionszahl
VII.   Wärmeleitfähigkeit
VIII.   Wärmeausdehnungskoeffizient
IX.   Eigenspannungen
X.   Duktilität
XI.   Haftung
XII.   Dicke
XIII.   Härte
XIV.   Rauheit

Häufig sind auch Sonderanforderungen, wie z. B. optischer Glanz, hohe oder niedrige elektrische Leitfähigkeit, zu erfüllen Im Folgenden soll die Bedeutung einiger Eigenschaften näher erläutert werden.

Die chemische Zusammensetzung, die Phasenzusammensetzung und der gefügemäßige Aufbau von beschichteten Werkstoffen mit Hilfe von **Bild 9.11.1** veranschaulicht werden (vgl. Bild 3.1.1). Adsorptions- und Reaktionsschicht bilden die äußere Grenzschicht, daran schließt sich die Oberflächenschutzschicht an. Es folgt ein Bereich, der durch die Beschichtung beeinflusst ist. Dieser Bereich kann besonders ausgedehnt sein, wenn die Beschichtung bei höheren Temperaturen und längeren Behandlungsdauern erfolgte, so dass Diffusionsprozesse zwischen Oberflächenschutzschicht und Grundwerkstoff ablaufen.

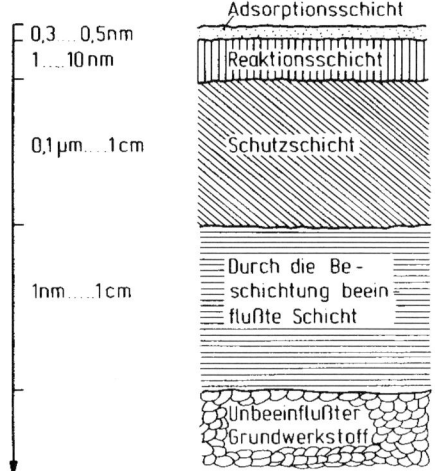

Bild 9.11.1
Aufbau eines beschichteten Werkstoffes (schematisch)

Der Einfluss der äußeren Adsorptions- und Reaktionsschichten kann durch den Vergleich von Reibungs- und Verschleißuntersuchungen an Gleitpaarungen aus Stahl mit einer Titancarbidschicht deutlich gemacht werden, die einmal in Luft und zum anderen im Vakuum tribologisch beansprucht wurde, siehe **Bild 9.11.2**. Die Reibungszahl ist in Luft deutlich niedriger als im Vakuum; für den Verschleißbetrag gilt das Gegenteil. In Luft bilden sich durch tribochemische

Reaktionen offenbar oxidische Reaktionsschichten mit geringer Scherfestigkeit, welche die Reibung erniedrigen, gleichzeitig aber die Bildung von Verschleißpartikeln begünstigen, während im Vakuum verstärkt Adhäsionsprozesse wirksam werden können, welche die Scherung der Mikrokontaktbereiche der Gleitpartner und die Bildung von Verschleißpartikeln erschweren.

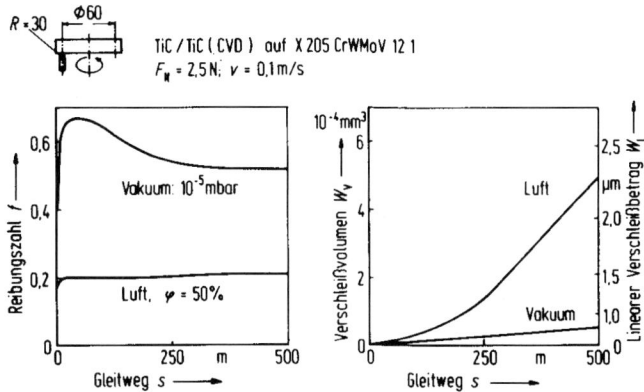

Bild 9.11.2 Reibung und Verschleiß von TiC/TiC-Gleitpaarungen in Luft und im Vakuum (Habig, 1989)

Auf anderen Oberflächenschutzschichten wie z. B. auf Eisenborid- oder Vanadincarbidschichten bilden sich dagegen in Normalatmosphäre fest haftende Reaktionsschichten, welche die Reibung nur wenig beeinflussen und den Verschleiß vermindern (Habig, Chatterjee-Fischer und Hofmann, 1978).

Hinsichtlich der Phasenzusammensetzung und des Gefüges kann man folgende Schichtarten unterscheiden:

- Monoschichten
  z. B. Chrom- und Nickelschichten
- Mehrlagenschichten
  z. B. Titancarbid/Titannitrid/Aluminiumoxidschichten
- Schichten mit eingelagerten Hartstoffpartikeln
  z. B. Nickel-Siliciumcarbid-Schichten oder Hartlegierungen mit Carbiden
- Hartstoffschichten mit Binder
  z. B. Wolframcarbid-Kobalt-Schichten

Die kristallographische Struktur und die Textur können einen großen Einfluss auf das tribologische Verhalten ausüben. So neigen hexagonale Kobaltschichten oder hexagonale Eisennitridschichten (ε-Fe_xN) mit idealem Achsenverhältnis (c/a = 1,633) selbst im Hochvakuum bei Abwesenheit von äußeren Reaktionsschichten nicht zum Verschweißen (Buckley, 1968; Habig, Chatterjee-Fischer und Hofmann, 1978). Bei hexagonalem Graphit und Molybdänsulfid nimmt die Reibungszahl niedrige Werte an, wenn die Basisflächen annähernd parallel zur Gleitfläche angeordnet sind. Bei Oberflächenschutzschichten, die durch PVD und CVD erzeugt wurden, hängt die Textur von den Verfahrensbedingungen und teilweise auch vom Grundwerkstoff ab, siehe **Tabelle 9.11.1**.

Tab. 9.11.1   Textur von PVD-Schichten auf unterschiedlichen Stählen (Röser, 1985)

Verschleiß-Schutzschicht	Verfahren	Grundwerkstoff	Textur
TiC/Ti(C,N)	CVD	42CrMo4 C45 X155CrVMo121 S 6-5-2	TiC: <100> Ti(C,N): <311>
Ti(C,N)	PVD	42CrMo4 C45 X155CrVMo121 S 6-5-2	fast texturlos, <111>
TiN	CVD	42CrMo4	<311>; <311> + <111> <311> + <100>
		C45 S 6-5-2 X10CrNiTi189	<311>; <311> + <111>
TiN	PVD	X10CrNiTi189 100Cr6	<111> + <100>

Tab. 9.11.2   Elastizitätsmoduli von Stahl und polykristallinen Hartstoffen (Broszeit et al., 1997)

Stoff	E-Modul [MPa]	Vickers-Härte bei RT [MPa]
Stahl	210	
FeB	600	
Fe_2B	300	15.500
CrB_2	210	25.000
Cr_3C_2	370	20.000
Cr_7C_3	350	21.500
VC	420	~27.000
TiC	470	31.000
WC	720	19.500
W_2C	430	~20.000
TiN	250-500	~20.000
Al_2O_3	400	20.000

Der Elastizitätsmodul ist für die Abschätzung der Werkstoffanstrengung bei Hertzschen Kontakten wichtig (siehe Kapitel 3.2.3). In der Regel ist davon auszugehen, dass die Elastizitätsmoduli der Oberflächenschutzschicht und des Grundwerkstoffes unterschiedlich sind. Harte Oberflächenschutzschichten weisen in der Regel einen höheren Elastizitätsmodul auf als der

Grundwerkstoff wie z. B. Stahl, wodurch die Werkstoffanstrengung erhöht wird (Broszeit et al., 1997), siehe **Tabelle 9.11.2**. Durch die Eindiffusion von Stickstoff in die Oberflächenbereiche von Stahl können dagegen Elastizitätsmodul und Werkstoffanstrengung erniedrigt werden (Stecher und Spengler, 1979).

In **Bild 9.11.3** ist die Erhöhung der maximalen Hertzschen Pressung in Abhängigkeit vom Verhältnis der Elastizitätsmoduli von Oberflächenschutzschicht und Grundwerkstoff für unterschiedliche Schichtdicken dargestellt, die auf den Radius der Hertzschen Kontaktfläche bezogen wurden (Zwaag und Field, 1982). Man erkennt, dass die Pressung mit steigender Dicke und steigendem Elastizitätsmodul der Oberflächenschutzschicht ansteigt.

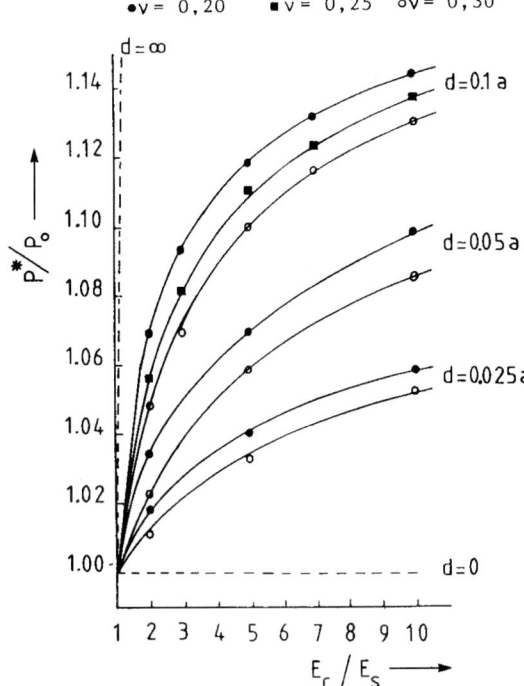

Bild 9.11.3
Veränderung der Hertzschen Pressung durch Beschichtungen (van der Zwaag und Field, 1982)

Die Ableitung der Reibungswärme kann durch Oberflächenschutzschichten mit hoher Wärmeleitfähigkeit begünstigt werden. Weichen Wärmeausdehnungskoeffizient von Oberflächenschutzschicht und Grundwerkstoff stark voneinander ab, so kann bei thermischen Wechselbeanspruchungen die Haftung beeinträchtigt werden.

Durch die Beschichtung wird der Eigenspannungszustand der Oberflächenbereiche von Werkstoffen verändert. Die thermochemischen Verfahren wie Aufkohlen und Nitrieren führen zum Aufbau von Druckeigenspannungen in den Oberflächenbereichen, während mit galvanischen Verfahren vielfach Zugeigenspannungen erzeugt werden. Durch Zugeigenspannungen kann die Entstehung von Rissen und damit die Bildung von Verschleißpartikeln beschleunigt werden.

Die Duktilität von Oberflächenschutzschichten ist vor allem dann von Bedeutung, wenn beschichtete Werkstoffe infolge mechanischer Beanspruchungen größeren Dehnungen ausgesetzt sind. Sie kann z. B. im Drei-Punkt-Biegeversuch ermittelt werden, wobei die beginnende Rissbildung mit der Schallemissionsanalyse festgestellt wird (Kehrer, Ziese, Hofmann, 1982).

Die Haftung von unter 30 µm dünnen Oberflächenschutzschichten wird heute vielfach mit Hilfe des sogenannten scratch-tests charakterisiert (Hintermann und Laeng, 1982), bei dem eine Diamantspitze mit einem bestimmen Spitzenradius über die beschichtete Oberfläche tangential bewegt wird. Die Belastung wird solange erhöht, bis die Schicht durch Ausbrechen oder Ablösungen geschädigt wird. In das Ergebnis des scratch-test gehen neben der Haftung auch die Schichtdicke, die Schichthärte, die Härte des Grundwerkstoffes u. a. ein, so dass die Deutung der Ergebnisse besondere Erfahrungen voraussetzt.

Die Dicke von Oberflächenschutzschichten reicht von 0,01 µm beim Ionenimplantieren bis in den Zentimeterbereich bei Auftragschweißen oder Plattieren, siehe **Bild 9.11.4**. Die notwendige Schichtdicke hängt neben dem Beschichtungsverfahren von den Einsatzbedingungen und dem zulässigen Verschleiß ab. Während in der Feinwerktechnik nur ein Verschleißbetrag von wenigen Mikrometern zugelassen werden kann, ist in Anlagen zur Gewinnung und zum Transport von mineralischen Stoffen ein Verschleißbetrag im Zentimeterbereich zulässig, so dass sehr dicke Oberflächenschutzschichten angewendet werden können, die nach ihrem Abtrag erneuert werden.

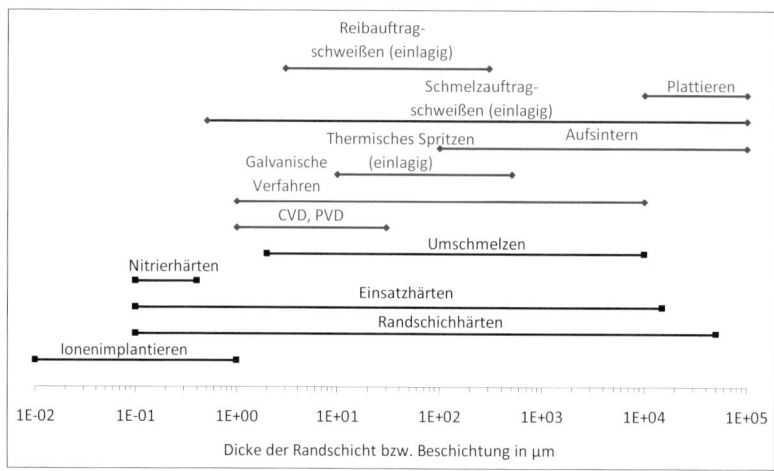

Bild 9.11.4
Dicke von Oberflächenschutzschichten bzw. der beeinflussten Randbereiche

Die Härte wird häufig als eine wichtige Größe zur Beschreibung der Eigenschaften von Oberflächenschutzschichten angesehen, obwohl zwischen Werkstoffhärte und Verschleißwiderstand kein allgemeingültiger Zusammenhang besteht (Habig, 1980).

Die Härtemessung ist mit einer Reihe von Schwierigkeiten verbunden (Kopacz und Jehn, 1987). Bei dünnen und harten Schichten dürfen nur sehr kleine Prüfkräfte angewendet werden, damit die Härte des Grundwerkstoffes nicht in das Ergebnis eingeht. Im Mikrohärtebereich ist die Vickers- oder Knoophärte aber stark prüfkraftabhängig, so dass bei unterschiedlichen Prüfkräften gemessene Härtewerte nicht miteinander vergleichbar sind. Wegen der Kleinheit der Härteeindrücke wirken sich kleine Messfehler beim Ausmessen des Härteeindruckes schon stark auf das Ergebnis aus. Daher überrascht es nicht, dass für harte und dünne Schichten in der Literatur sehr unterschiedliche Härtewerte angegeben werden wie z. B. für Titannitrid (PVD) zwischen 1500 und 3000 HV oder für Titancarbid zwischen 2000 und 4500 HV. Zusätzlich sei angemerkt, dass in das Ergebnis auch Abweichungen von der Stöchiometrie der Verbindungen und durch die Abscheidung bedingte Eigenspannungen eingehen. Bei Oberflächenschutzschichten, die aus mehreren Phasen bestehen, ist es häufig wichtiger, die Härte der einzelnen Phasen als eine makroskopische Mischhärte zu messen.

Trägt man die Härte von Oberflächenschutzschichten und der angrenzenden Werkstoffbereiche in Abhängigkeit vom Abstand von der Oberfläche auf, so ergeben sich charakteristische Unterschiede. Durch das Aufkohlen und Nitrieren wird ein Härteverlauf erreicht, bei dem wegen der ausgeprägten Kohlenstoff- oder Stickstoffdiffusion die Härte nur allmählich zum Grundwerkstoff abfällt, siehe **Bild 9.11.5**. Ein solcher Härteverlauf ist bei Hertzscher Spannungsverteilung vorteilhaft, bei denen ein Spannungsmaximum unter der Oberfläche liegt. Bei einem borierten Stahl fällt die hohe Randschichthärte unmittelbar hinter der Boridschicht auf die Härte des Grundwerkstoffes ab, siehe **Bild 9.11.6**. So behandelte Werkstoffe können im Allgemeinen nur begrenzte Hertzsche Spannungen ertragen.

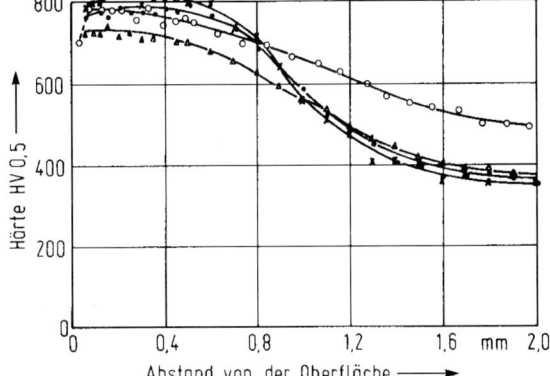

o EE: 16 MnCr 5; aufgekohlt, gehärtet, angelassen: 165 °C 1h (Randoxidation)
x FV: 16 MnCr 5; aufgekohlt, gehärtet
• FW: 16 MnCr 5; aufgekohlt, gehärtet, angelassen: 165 °C 2h
▲ FX: 16 MnCr 5; aufgekohlt, gehärtet, angelassen: 230 °C 2h

Bild 9.11.5
Härteverlauf von aufgekohltem, gehärtetem (einsatzgehärtetem) und angelassenem Stahl 16MnCr5E

Bild 9.11.7 gibt einen Überblick über die mit verschiedenen Beschichtungsverfahren erzielbaren Härtewerte von Oberflächenschutzschichten (Pursche und Schmidt, 1989).

Das Aufbringen von Oberflächenschutzschichten führt in vielen Fällen zu einer Veränderung der Oberflächenrauheit. Dies muss vor allem in „geschlossenen" Tribosystemen beachtet werden, weil mit zunehmender Rauheit das Erreichen eines hydrodynamischen Schmierungszustandes erschwert wird und bei Mischreibung die Rauheitshügel des härteren Partners im weicheren abrasiv wirken können.

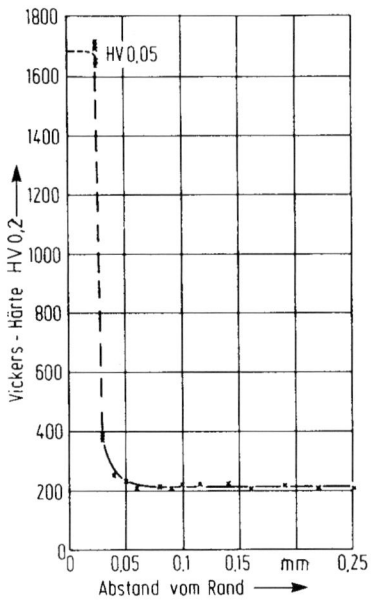

Bild 9.11.6
Härteverlauf des borierten Stahles X20Cr13

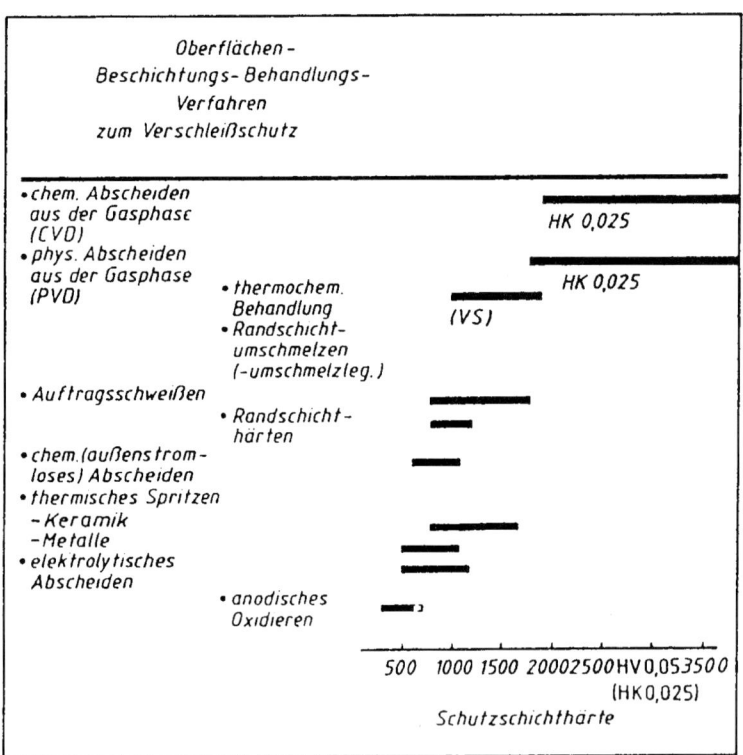

Bild 9.11.7   Härte verschiedenartiger Oberflächenschutzschichten (Pursche und Schmidt, 1989)

Aus **Tabelle 9.11.3** wird ersichtlich, wie die Rauheitswerte durch verschiedenartige Beschichtungen beeinflusst werden können (Habig, 1989). Eine annähernd gleichbleibende Rauheit wird nur bei den galvanisch abgeschiedenen, homogenen Chrom- und Nickel-Phosphorschichten beobachtet. Bei allen anderen Verfahren kommt es zu einer Erhöhung der Rauheitskennwerte; bei den PVD-Verfahren kann durch eine Optimierung der Verfahrensbedingungen die Rauheitszunahme minimiert werden. Besonders groß ist die Zunahme der Rauheit durch das Thermische Spritzen wie z. B. das Plasmaspritzen. Bei diesen Schichten kann in der Regel auf ein Nacharbeiten nicht verzichtet werden.

Tab. 9.11.3 Rauheitsänderungen durch das Aufbringen von Oberflächenschutzschichten

	Oberflächenschutzschicht	Grundwerkstoff (Stahl)	Rz μm	Ra μm
	ohne	42 CrMo4	1,80 ± 0,28	0,27 ± 0,01
		X155CrVMo121	1,36 ± 0,35	0,22 ± 0,10
Galvanische Abscheidung	Cr	42CrMo4	0,97 ± 0,49	0,13 ± 0,10
	Ni-P	42CrMo4	1,16 ± 0,47	0,13 ± 0,08
	Ni-SiC	42CrMo4	11,05 ± 1,09	1,73 ± 0,18
	Ni-P-Diamant	42CrMo4	4,48 ± 0,45	0,69 ± 0,10
Thermochemische Behandlung	ε-Fe$_x$N	42CrMo4	3,36 ± 0,16	0,45 ± 0,02
		X155CrVMo121	5,05 ± 1,01	0,83 ± 0,19
	Fe$_2$B(FeB)	42CrMo4	6,11 ± 1,55	0,97 ± 0,30
		X155CrVMo121	4,43 ± 2,01	0,71 ± 0,36
	(Cr,Fe)$_7$C$_3$	42CrMo4	2,75 ± 0,54	0,45 ± 0,10
		X155CrVMo121	3,04 ± 0,89	0,44 ± 0,13
	VC	42CrMo4	3,58 ± 0,54	0,49 ± 0,07
		X155CrVMo121	3,82 ± 0,52	0,54 ± 0,08
CVD	TiC	42CrMo4	2,51 ± 0,28	0,35 ± 0,05
		X155CrVMo121	5,31 ± 0,46	0,65 ± 0,09
	Cr$_7$C$_3$	42CrMo4	3,31 ± 0,18	0,44 ± 0,02
		X155CrVMo121	1,57 ± 0,13	0,18 ± 0,02
	TiN	42CrMo4	1,78 ± 0,24	0,23 ± 0,04
		X155CrVMo121	2,74 ± 0,35	0,35 ± 0,05
PVD (Sputtern)	TiC	X155CrVMo121	1,77 ± 0,16	0,15 ± 0,01
	TiN	42CrMo4	3,48 ± 0,70	0,38 ± 0,09
		X155CrVMo121	3,74 ± 1,29	0,41 ± 0,24
	CrN	42CrMo4	3,04 ± 0,46	0,37 ± 0,07
Plasmaspritzen	Mo	42CrMo4	63,17 ± 4,05	10,63 ± 0,90
	Cr$_2$O$_3$	42CrMo4	35,56 ± 2,10	5,38 ± 0,32
	Al$_2$O$_3$	42CrMo4	48,52 ± 3,85	7,62 ± 0,67
	WC-Co	42CrMo4	50,23 ± 1,49	7,75 ± 0,33

Im Folgenden sollen die Ergebnisse tribologischer Untersuchungen vorgestellt werden, die unter folgenden Beanspruchungen gewonnen wurden:

– Gleitbeanspruchungen
– Furchungsbeanspruchungen

Gleitreibung und -verschleiß

Unter Festkörperreibungsbeanspruchungen werden im Allgemeinen ähnlich hohe Reibungszahlen wie bei metallischen und keramischen Gleitpaarungen beobachtet. Für die Paarungen
von elektrolytisch abgeschiedenen Chromschichten und fremdstromlos abgeschiedenen Ni-
ckel-Phosphor-Schichten gegen Stahl 100Cr6H ermittelten Ruff und Lashmore (1982) Reibungszahlen zwischen f = 0,7 und f = 1,0. An artgleichen Paarungen thermochemisch behan-
delter Stähle wurden von Habig (1988) Festkörperreibungszahlen von f ≈ 0,5 gemessen. Eine
Besonderheit bilden Titancarbid- und Titannitridschichten, die durch PVD oder CVD abgeschieden werden können. Über die an Luft gemessenen niedrigen Reibungszahlen der Paarung
TiC/TiC auf Stahl wurde schon in Bild 9.11.2 berichtet. In **Bild 9.11.8** sind die Ergebnisse von
Reibungsuntersuchungen an den Paarungen Stahl 100Cr6H/Stahl 100Cr6H, TiN/Stahl
100Cr6H und TiN/TiN wiedergegeben, die in Luft und im Vakuum gewonnen werden. Die
Reibungszahl ist in Luft durchweg niedriger als im Vakuum, wofür Tribooxidationsprozesse
verantwortlich sind. Auffallend ist aber, dass die Paarungen TiN/Stahl kaum ein günstigeres
Reibungsverhalten als die Paarung Stahl/Stahl aufweist. Hierfür dürften Adhäsionsprozesse
verantwortlich sein, durch die Stahlpartikel auf die Titannitridschicht übertragen werden, so
dass auch bei dieser Paarung mindestens partiell Stahl auf Stahl reibt. Die Paarung Titannit-
rid/Titannitrid hat an Luft mit f = 0,2 eine besonders niedrige Reibungszahl. Auger-
Tiefenprofilanalysen zeigten, dass sich bei der Beanspruchung in Luft eine relativ dicke Oxidschicht ausbildete, während im Vakuum nur eine sehr dünne Oxidschicht nachweisbar war
(Habig, 1986). Mit Small-Spot-ESCA-Analysen konnte nachgewiesen werden, dass die in Luft
tribochemisch gebildete Oxidschicht größtenteils aus TiO_2, teilweise auch aus Ti_2O_3 bestand
(Habig, 1990). Damit übereinstimmend konnte für die Paarung von monolithischem TiO_2
(99,5 %) bei Raumtemperatur bei kleinen Gleitgeschwindigkeiten eine niedrige Reibungszahl
von f ~ 0,2 bis 0,3 gemessen werden (Woydt, Kadoori, Hausner und Habig, 1990). Nach Überlegungen von Gardos (1988) soll sich vor allem unterstöchiometrisches $TiO_{1,93-1,98}$ durch eine
niedrige Reibungszahl auszeichnen, weil die Scherspannungen vergleichbar mit denen von
MoS_2 sind.

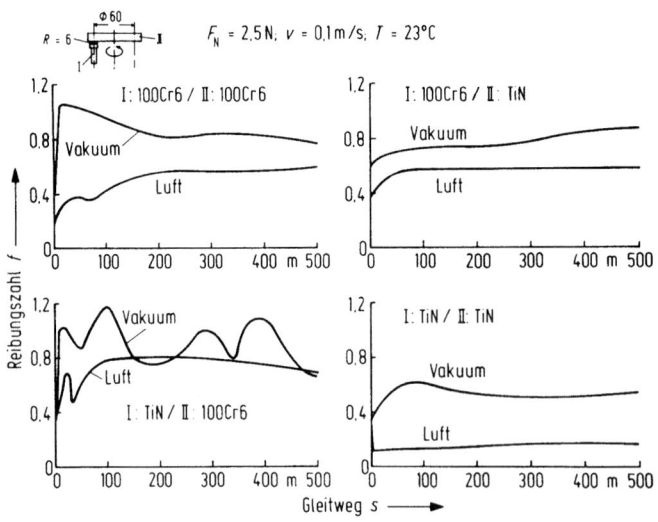

Bild 9.11.8
Reibungszahl der Paarun-
gen Stahl/Stahl, TiN/Stahl
und TiN/TiN in Luft und
im Vakuum (Habig, 1986)

Amorphe Diamantschichten, mit den Synonymen „amorphous diamond like coatings" (a-DLC), „diamond like carbon" (DLC), „amorphous hydrogenerated carbon" (a-C:H), „ion bombarded carbon" (i-Carbon oder Me-CHx werden allgemein wegen ihres Elastizitätsmoduls zwischen 100 GPa < E < 200 GPa, ihrer Härte (Gangopadhay 1998) zwischen 15 GPa < Hv < 80 GPa und infolge von Eigenspannungen für Triboelemente mit Hertzschen Pressungen oberhalb von 1.000 MPa als ungeeignet angesehen, weil die Beschichtungen durch den sog. „Eierschaleneffekt" abplatzen, da Substrate aus Stählen nur eine ungenügende Tragfähigkeit aufweisen. Andererseits vermindern sie den Verschleißkoeffizienten im Trockenlauf und meist auch die Reibungszahl. Härten größer als 15.000 MPa der Schicht schützen vor Abrasivverschleiß durch Fremdpartikel.

Bei den metallhaltigen Me-C:H-Schichten beeinflussen Ti, Si, Ta oder W das tribologische Verhalten. Nach dem Überschreiten der Löslichkeitsgrenze scheiden sich Karbide von ca. 5 nm Größe in der amorphen Matrix aus, so dass von Nano-Composites gesprochen wird.

Für die Paarung i-carbon/Stahl wurde im Vakuum eine Reibungszahl von f = 0,01 gemessen, während sich an Luft eine Reibungszahl von f ~ 0,15 einstellte, wobei die Reibungszahl stark von der Feuchte des Umgebungsmediums abhängt (Enke, Dimigen und Hübsch, 1980). Durch den Einbau von Metallatomen in die Kohlenstoff-Wasserstoff-Schicht lässt sich die Feuchteabhängigkeit der Reibungszahl stark vermindern, siehe **Bild 9.11.9**.

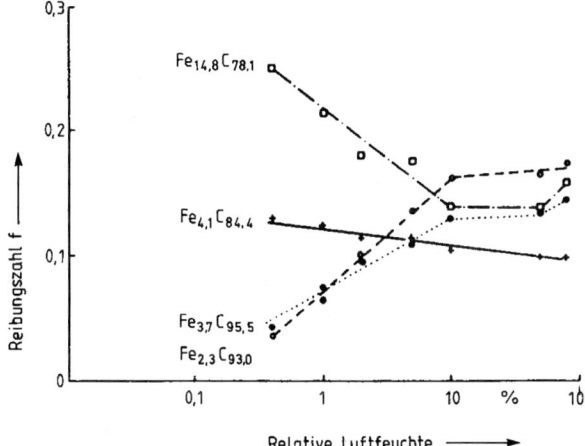

Bild 9.11.9
Reibungszahl von Kohlenstoff-Eisen-Schichten (Dimigen, Enke, Hübsch und Schaal, 1983)

a-DLC-Schichten stellen ein Gemisch aus sp^2- und sp^3-hybridisierten Kohlenstoff-Atomen dar oder enthalten unterschiedliche Anteile an Wasserstoff. Unter Gleitreibung, dehydrieren (Paulmier et al,. 1997 und Klaffke et al., 1998) a-DLC-Schichten ab einer bestimmten Gleitgeschwindigkeit bzw. Reibleistungsdichte (p v-Wert) nach Klaffke und Wäsche (1989) von > 20 W/mm^2 oder unter statischen Bedingungen zwischen 350 °C und 450 °C unter Abgabe von Wasserstoff durch die Bildung von sp^2-hybridisiertem Kohlenstoff.

Die Verschleißkoeffizienten von a-DLC-Schichten liegen im Trockenlauf unter oszillierender Gleitbeanspruchung (Klaffke et al., 1998) unterhalb von kv < 1 x 10^{-6} mm^3/Nm bei 22 °C verbunden mit Reibungszahlen f kleiner als < 0,2 , siehe **Bild 9.11.10**. Weitere Informationen über das Verhalten von DLC als Werkzeugbeschichtung sind dem Kapitel 15 zu entnehmen.

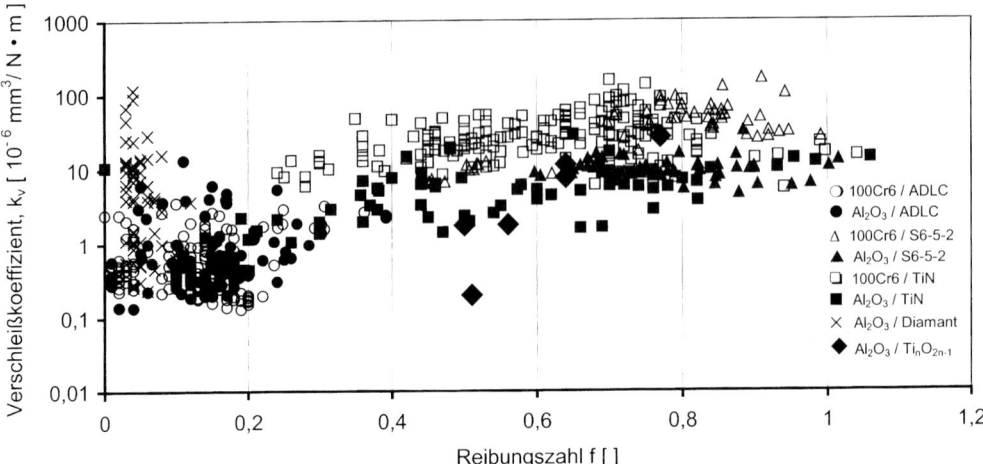

Bild 9.11.10   Vergleichende Darstellung des Verschleißkoeffizienten über der Endreibungszahl im
Trockenlauf verschiedener Paarungen unter oszillierender Gleitbewegung ($\Delta x = 200$ µm;
$T= 22$ °C, $v = 20$ Hz)

Über vergleichende Gleitreibungs- und Verschleißuntersuchungen an Gleitpaarungen aus verschiedenartigen Oberflächenschutzschichten und Gleitpartnern aus Stahl X155CrVMo121 und Al$_2$O$_3$ berichten Habig u. Yan Li (1982) und Habig, Favery und Kelling (1985), wobei als Schmierstoff ein unlegiertes Mineralöl der Viskositätsklasse SAE 10 eingesetzt wurde. Die Bedingungen zum Aufbringen der Oberflächenschutzschichten sind in **Tabelle 9.11.4** wiedergegeben. **Tabelle 9.11.5** enthält die Phasenzusammensetzung, die Dicke, die Härte und die Rauheitswerte der Oberflächenschutzschichten.

Die Reibungszahlen, die für die Paarungen der Verschleißschutzschichten gegen Stahl X155CrVMo121 gewonnen wurden, sind in **Bild 9.11.11** zusammengestellt. Bezüglich des Reibungsverhaltens kann man 3 Gruppen unterscheiden:

Gruppe I: Reibungszahl f = 0,1 von Beginn an

Gruppe II: Abnahme einer anfänglich erhöhten Reibungszahl auf f = 0,1

Gruppe III: Hohe Reibungszahl f > 0,3 während der gesamten Versuchszeit

Paarungen der Gruppe I haben einen hohen Widerstand gegenüber adhäsiv bedingtem Fressen, Paarungen der Gruppe III neigen zum Fressen, während die Paarungen der Gruppe II dazwischen liegen.

Es fällt auf, dass alle Paarungen mit den thermochemisch behandelten Stählen zur Gruppe I mit einem hohen Widerstand gegenüber adhäsiv bedingtem Fressen gehören. Einen besonders hohen Widerstand gegenüber adhäsiv bedingtem Fressen haben artgleiche Paarungen aus nitrocarburiertem Stahl (Habig, Chatterjee-Fischer und Hoffmann, 1978). Schichten aus Nickel-Phosphor (galvanisch), Titancarbid (CVD) auf Stahl 42CrMo4, Cr$_7$C$_3$ (CVD) und Molybdän neigen bei der Paarung mit Stahl X155CrVMo12-1 ebenfalls nicht zum Fressen.

Tab. 9.11.4 Verfahrensbedingungen zum Aufbringen von Oberflächenschutzschichten

	Oberflächen-schutzschicht	Verfahrensbedingungen		
		Medium	Temp. °C	Dauer min
Galvanische Abscheidung	Chrom	Bad: 200 g/l CrO_3; 2,5 g/l H_2SO_4; I=20 A/dm²		56
	Nickel-Phosphor (fremdstromlos)	Bad: Natriumhypophosphit	90 Anlassen: 390°C	120
	Nickel-Siliciumcarbid	Sulfat-Bad pH=3,5 I=20 A/dm² 25 g/l SiC-Partikel Abscheidungsrate: 10 µm/min	60	
	Nickel-Phosphat-Diamant (fremdstromlos)	23-28% Dramat-Partikel Partikelgröße: 4 µm	Anlassen: 350°C	
Thermochemische Behandlung	Eisennitrid + Stickstoffdiffusionszone	Salzbad (TF1, Degussa)	580	70-120
	Eisenborid	Pulver (Ekabor 2, ESK) 42CrMo4: X155CrVMo121:	880 980	180 60
	Chromcarbid	Pulver 60% FeCr, 37% Al_2O_3 3% NH_4Cl	1000	240
	Vandincarbid	Pulver 60% FeV, 37% Al_2O_3 3% NH_4Cl	1000	240
CVD	Titancarbid	Gas	1000	240
	Titannitrid	Gas	1000	240-360
	Titancarbid/Titancarbonitrid	Gas TiC: Gas Ti(C,N):	1010 900	60-180 120
	Titancarbid/Titannitrid/Aluminiumoxid	Gas	1000	
	Chromcarbid	Gas	1010	180-300
	Wolframcarbid (Ni-P-Zwischenschicht, fremdstromlos)	Gas	400	120-150
PVD (Sputtern)	Titancarbid Titancarbonitrid Titancarbonitrid/ Titannitrid Titannitrid Chromnitrid	Gas	< 500	
Plasmaspritzen	Molybdän Cromoxid	Draht: 99% Mo, Acetylen CrO_3, mittlere Korngröße 32 µm	Unter der Anlasstemp. des Stahl-Grundwerkstoffes	
	Aluminiumoxid	Al_2O_3/TiO_2 97/3%, mittlere Korngröße: 37 µm		
	Wolframcarbid-Kobalt	WC/Co 88/12%, mittlere Korngröße 37 µm		

Tab. 9.11.5 Eigenschaften von Oberflächenschutzschichten

	Oberflächenschutzschicht	Grundwerkstoff	Phasen	Dicke μm	Härte	Rauheit, μm Rz	Rauheit, μm Ra
Galv. Abscheidung	Chrom	a) 42CrMo4	Cr	9-10	770-790 HV0.05	0,97 ± 0,49	0.13 ± 0.1
	Nickel-Phosphor (fremdstromlos)	a) 42CrMo4	Ni, Ni_3P	28-30	1005-1070 HV0.05	1.16 ± 0,47	0.13 ± 0.08
	Nickel-Siliciumcarbid	a) 42CrMo4	Ni, SiC	5-8	500-510 HV0.2	11.05 ± 1.09	1.73 ± 0,18
	Nickel-Phosphor-Diamant	a) 42CrMo4	Ni, Ni_3P, Diamant	50-56	1255-1315 HV0.2	4.48 ± 0.45	0.69 ± 0.10
Thermo-chem. Behandlung	Eisennitrid	a) 42CrMo4	$\varepsilon\text{-}Fe_xN$	10-17	990-1040 HK0.01	3.36 ± 0.16	0.45 ± 0.02
		b) X155CrMVo121		11-15	1480-1645 HK0.01	5.05 ± 1.01	0.83 ± 0.19
	Eisenborid	a) 42CrMo4	Fe_2B,	40-80	1525-1605 HV0.05	6.11 ± 1.55	0.97 ± 0.30
		b) X155CrVMo121	Fe_2B, FeB	30-40	1740-1945 HV0.05	4.43 ± 2.01	0.71 ± 0.36
	Chromcarbid	a) 42CrMo4	$(CrFe)_7C_3$,	12-15	2210±90 HV0.02	2,75 ± 0.54	0.45 ± 0.10
		b) X155CrVMo121	$(CrFe)_{23}C_6$	10-12	1860±40 HV0.02	3.04 ± 0.89	0.44 ± 0.13
	Vanadincarbid	a) 42CrMo4	VC	8-14	2536±55 HV0.02	3.58 ± 0.54	0.49 ± 0.07
		b) X155CrVMo121		13-19	2410±105 HV0.02	3.82 ± 0.52	0.54 ± 0.08
CVD	Titancarbid	a) 42CrMo4	TiC	8	2170-2220 HV0.05	2.51 ± 0.28	0.35 ± 0.05
		b) X155CrVMo121		6	2270-2325 HV0.05	5.31 ± 0.46	0.65 ± 0.09
	Titannitrid	a) 42CrMo4	TiN	4-8	1775±50 HV0.02	1.78 ± 0.24	0.23 ± 0.04
		b) S6-5-2		10-13	1815±110 HV0.02	2.74 ± 0.35	0.35 ± 0.05
	Titancarbid/Titancarbonitrid	a) 42CrMo4	TiC/Ti(C,N)	TiC:4-6 Ti(C,N):5-6	4410 HV0.01 2205 HV0.01	1.81 ± 0.60	0.27 ± 0.07
		b) X155CrVMo121		TiC: 5-8 Ti(C,N): 3	4475± 480 HV0.01	2.86 ± 0.21	0.35 ± 0.05

Tab. 9.11.5 (Fortsetzung)

Verfahren	Schicht	Substrat	Schichtstoff	Dicke	Härte		
CVD	Titancarbid/Titannitrid/Aluminiumoxid	a) 42CrMo4	TiC/TiN/Al$_2$O$_3$	TiC:5-6 TiN:1-2 Al$_2$O$_3$:4-5	2250 HV0.015 -	2.28 ± 0.62	0.37 ± 0.09
		b) S6-5-2		TiC:2-3 TiN:1-2 Al$_2$O$_3$:3-4	935 HV0.015 - -	6.37 ± 0.61	0.89 ± 0.10
	Chromcarbid	a) 42CrMo4	Cr$_7$C$_3$	5-11	1910 HV0.03	3.31 ± 0.18	0.44 ± 0.02
		b) X155CrVMo121		7-9	1545 HV0.03	1.57 ± 0.13	0.18 ± 0.02
	Wolframcarbid, fremdstromlose Nickel-Phosphor-Zwischenschicht	a) 42CrMo4	W$_2$C	8	2105 HK0.025	1.65 ± 0.90	0.20 ± 0.12
		b) X155CrVMo121	(Ni,Ni$_3$P)	8	2105 HK0.025	2.62 ± 1.91	0.35 ± 0.32
	Titancarbid	b) X155CrVMo121	TiC	7-8		1.77 ± 0.16	0.15 ± 0.01
	Titannitrid	a) 42CrMo4	TiN	10-12	1855±80 HV0.025	3.48 ± 0.70	0.38 ± 0.09
		b) X155CrVMo121		9-10	1855±80 HV0.025	3.74 ± 1.29	0.41 ± 0.24
PVD (Sputtern)	Titancarbonitrid	a) 42CrMo4	Ti(C,N)	3-4		2.03 ± 0.21	0.22 ± 0.03
		b) X155CrVMo121		4-5		1.85 ± 032	0.16 ± 0.02
	Titancarbonitrid/Titannitrid	b) X155CrVMo121	Ti(C,N)/TiN	Ti(C,N): 2-3 TiN: 4-5		2.86 ± 0.71	0.24 ± 0.27
	Chromnitrid	a) 42CrMo4	CrN	10-12	2130±165 HV0.015	3.04 ± 0.46	0.37 ± 0.46
		b) X155CrVMo121		8-10	1655±90 HV0.02	2.50 ± 0.45	0.31 ± 0.07
Plasma-spritzen	Molybdän	a) 42CrMo4	Mo	80-280	525-855 HV0.2	63.17 ± 4.05 6*	10.63 ± 0.90
	Aluminiumoxid	a) 42CrMo4	Al$_2$O$_3$	80-260	765-975 HV0.2	35.56 ± 2.10 4*	5.38 ± 0.37
	Chromoxid	a) 42CrMo4	Cr$_2$O$_3$	180-370	1025-1100 HV0.2	48.52 ± 3.85 3*	7.62 ± 0.67
	Wolframcarbid-Kobalt	a) 42CrMo4	WC-Co	190-360	585-890 HV0.2	50.23 ± 1.49 3*	7.75 ± 0.33

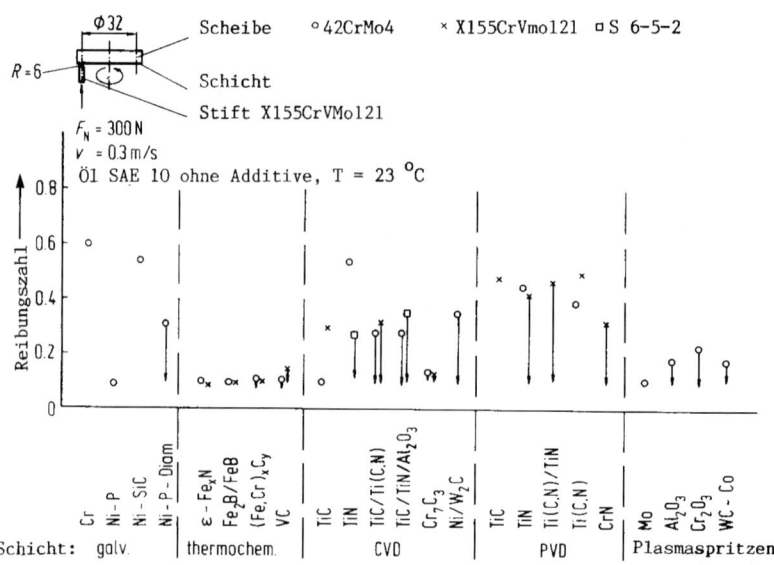

Bild 9.11.11   Reibungszahl von Paarungen aus Oberflächenschutzschichten mit Stahl X155CrVMo121

TiC (CVD) und TiC (PVD) auf Stahl X155CrVMo121 neigen dagegen zum Fressen, wie die hohen Reibungszahlen anzeigen. Bei der Paarung mit TiC (CVD) könnte die hohe Reibungszahl durch die hohe Rauheit bedingt sein, siehe **Tabelle 9.11.5**. TiC (PVD) hat eine relativ niedrige Härte, so dass möglicherweise die stöchiometrische Zusammensetzung nicht erreicht wurde. Die meisten anderen CVD- und PVD-Schichten haben ebenfalls anfänglich oder permanent hohe Reibungszahlen, wenn Sie mit Stahl X155CrVMo121 gepaart werden, während die Plasmaspritzschichten sich trotz ihrer hohen Rauheitswerte günstiger verhalten. Die hohen Rauheitswerte sind bei diesen Schichten vor allem durch Rauheitstäler in Form von Poren bedingt, die für das Reibungsverhalten weniger kritisch sind.

Um den Einfluss der Rautiefe von harten Oberflächenschutzschichten näher zu untersuchen, wurden sie poliert, wodurch ihre Rautiefe vermindert wurde. Die Reibungs- und Verschleißkurven der Paarung Stahl X155CrVMo121 gegen Ti(CN) /TiN(PVD) ohne eine Polierbehandlung enthält **Bild 9.11.12**.

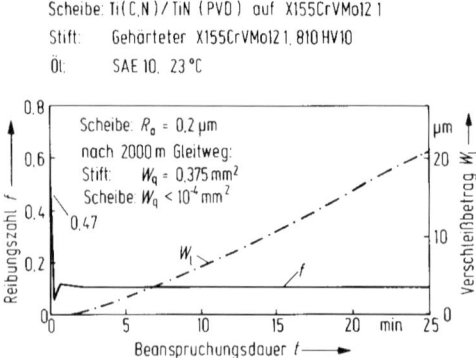

Bild 9.11.12

Reibung und Verschleiß der Paarung Ti(C,N)/TiN ($R_a = 0.2\ \mu m$) gegen X155CrVMo121

Die anfänglich hohe Reibungszahl sinkt sehr schnell auf f = 0,1 ab. Während dieser kurzen Periode wurde aber Stahl auf die TiN-Schicht übertragen, siehe **Bild 9.11.13**. Ein weiterer Versuch wurde mit einer polierten Ti(CN)/TiN-Schicht durchgeführt. Durch das Polieren nahm der Mittenrauwert R_a von 0,20 μm auf 0,06 μm ab. Infolge der niedrigeren Anfangsrauheit trat keine erhöhte Anfangsreibungszahl mehr auf, siehe **Bild 9.11.14**; außerdem wurde der Verschleißanstieg vermindert.

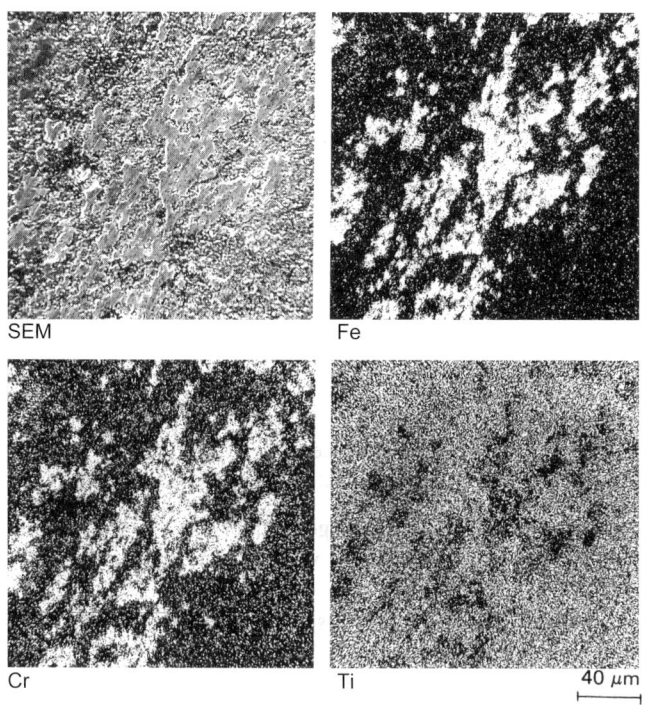

Bild 9.11.13
REM- und EDX-Aufnahmen von Ti(C,N)/TiN Oberflächen nach Gleitbeanspruchung gegen Stahl X155CrVMo121

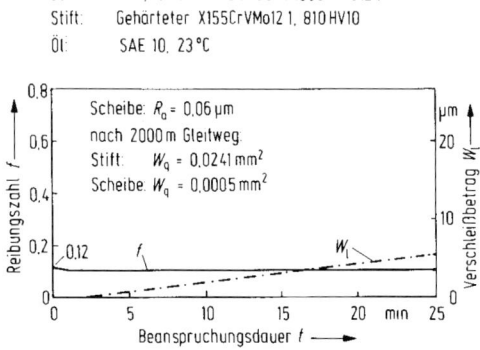

Bild 9.11.14
Reibung und Verschleiß der Paarung Ti(C,N)/TiN (R_a = 0,06 μm) gegen X155CrVMo121

Der planimetrische Verschleißbetrag der Paarungen Stahlprobekörper und Oberflächenschutz-schichten ist in **Bild 9.11.15** aufgetragen. Dabei wurden nur die Paarungen berücksichtigt, deren Reibungszahl f = 0,1 erreichte. Aus den Ergebnissen können die folgenden Schluss-folgerungen gezogen werden:

- Die Oberflächenschutzschichten unterliegen einem geringeren Verschleiß als die Stahlgegenkörper; Ausnahme Ni-P.

- Eisenborid und die CVD-Schichten auf X155CrVMo121 haben einen sehr niedrigen Verschleiß, der unter der Messgrenze liegt. Der Verschleiß dieser Oberflächen-schutzschichten auf Stahl 42CrMo4 ist deutlich höher.

- Der Verschleiß der Stahlgegenkörper nimmt bei den thermochemisch behandelten Stählen mit steigender Härte der Oberflächenschutzschichten zu.

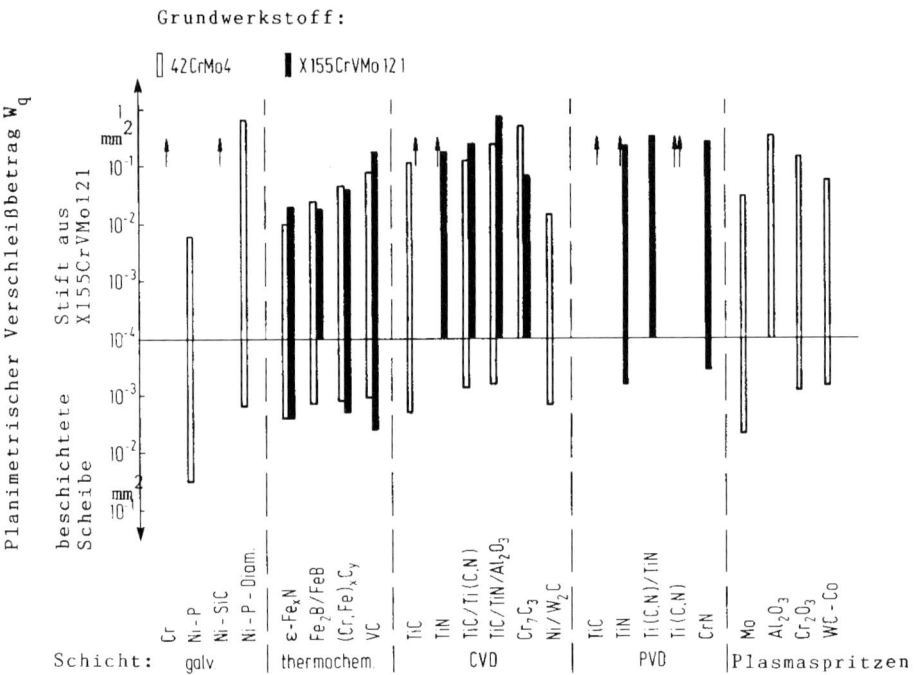

Bild 9.11.15   Verschleiß von Oberflächenschutzschichten und Gegenkörpern aus X155CrVMo121

Da die meisten Oberflächenschutzschichten härter als Stahl X155CrVMo121 sind, ist es wahr-scheinlich, dass sie auf dem Stahlgegenkörper abrasiv wirken. Die Abrasion sollte durch eine Reduzierung der Rautiefe eingeschränkt werden. Daher wurden einige Schichten nachpoliert. Die Ergebnisse zeigen vor allem bei den harten carbidischen Oberflächenschutzschichten mit abnehmender Rautiefe eine starke Verminderung des Verschleißes, siehe **Bild 9.11.16**. Bei der Boridschicht ist der Rauheitseinfluss nicht so stark. Bei dem nitrocarburiertem Stahl mit einer relativ weichen Eisennitridschicht wirkt sich eine Verminderung der Rautiefe überhaupt nicht auf den Verschleiß aus.

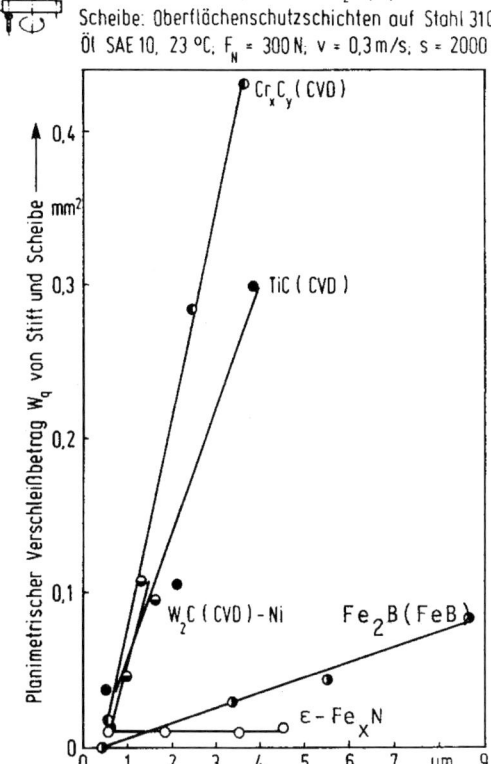

Bild 9.11.16
Einfluss der Rauheit von Oberflächenschutzschichten auf den Verschleiß

Das Borieren leidet durch die hohen Behandlungstemperaturen unter denselben wirtschaftlichen wie ökologischen Problemen wie das Vanadieren, deshalb verdrängten teilweise Keramiken aus SiC und B$_4$C das Borieren. Bei beiden Verfahren werden aber Anstrengungen beobachtet, die Behandlungstemperaturen auf 500-600 °C zu senken, so dass typische Nitriertem-
peraturen erreicht werden, die „verzugsfreie" Behandlungen zulassen (Hunger, 1997).

Weiterhin wurden Paarungen der Oberflächenschutzschichten mit Al$_2$O$_3$ untersucht. Auch hier
lassen sich bezüglich der Reibungszahl drei Gruppen unterscheiden:
f = 0,1; 0,1 < f < 0,3; f > 0,3, siehe **Bild 9.11.17**.

Reibungszahlen von f = 0,1 und damit eine geringe Neigung zum Fressen hatten wiederum die
Paarungen mit den thermochemisch behandelten Stählen. Die Paarungen von Al$_2$O$_3$ mit Ni-P,
Ni-SiC, TiC(CVD) und WC-Co verhalten sich ähnlich. Die meisten der durch CVD und PVD
erzeugten Oberflächenschutzschichten zeigen nach einer kurzen Einlaufperiode eine Abnahme
der anfänglich erhöhten Reibungszahl auf f = 0,1. Demgegenüber haben
TiC/TiN/Al$_2$O$_3$(CVD), Cr$_7$C$_3$(CVD), Ni/W$_2$C(CVD) und TiC(PVD) ebenso wie die Plasmaspritzschichten mit Ausnahme von WC-Co hohe Reibungszahlen bei Paarung mit Al$_2$O$_3$, die
auf Fressvorgänge hindeuten.

Das günstigere Reibungsverhalten von thermochemisch gebildeten $(Cr,Fe)_7C_3$ im Vergleich zu $Cr_7C_3(CVD)$ kann durch die Anwesenheit von Eisen und auch von Sauerstoff in der thermochemisch erzeugten Schicht verursacht sein.

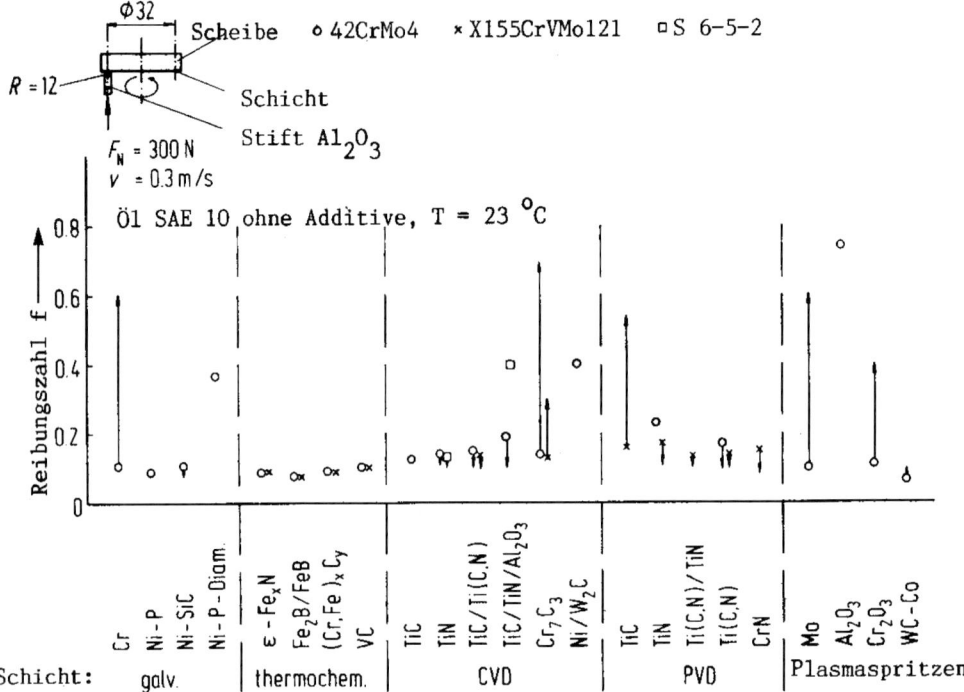

Bild 9.11.17   Reibungszahl von Paarungen aus Oberflächenschutzschichten mit Al_2O_3

Der Verschleiß der Paarungen mit niedriger Reibungszahl ist in **Bild 9.11.18** wiedergegeben. Es lassen sich folgende Feststellungen treffen:

- Die Gegenkörper aus Al_2O_3 unterliegen einem geringeren Verschleiß als die Gegenkörper aus X155CrVMo121 (vgl. Bild 10.9.15).
- Der Verschleiß der Oberflächenschutzschichten wird durch die Al_2O_3-Gegenkörper erhöht.
- Das beste Verschleißverhalten hat die Paarung $Al_2O_3/\varepsilon-Fe_xN$ mit sehr niedrigem Verschleiß des $\varepsilon-Fe_xN$ und einem nicht messbaren Verschleiß des Al_2O_3. Ein unter der Messgrenze liegender Verschleiß des Al_2O_3 wurde auch für die Paarungen mit Ni-SiC, $(Cr,Fe)_7C_3$ und CrN beobachtet. Ni-P und Ni-SiC werden durch Al_2O_3 stark verschlissen. Die Paarung Al_2O_3/WC-Co fällt durch einen besonders hohen Verschleiß des Al_2O_3 aus dem Rahmen.

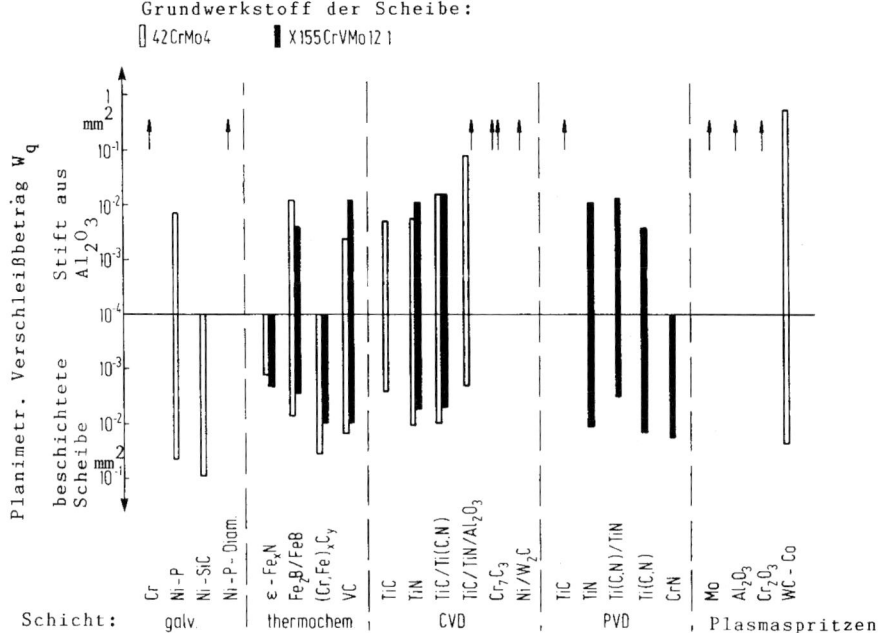

Bild 9.11.18   Verschleiß von Oberflächenschutzschichten und Gegenkörpern aus Al$_2$0$_3$

Furchungsverschleiß

An den vorangehend beschriebenen Oberflächenschutzschichten wurden mit dem Schleiftellerverfahren Furchungsverschleißuntersuchungen durchgeführt, siehe **Bild 9.11.19**. Die Beanspruchung erfolgte durch Schleifpapiere aus Flint, Korund und Siliciumcarbid und teilweise auch durch Diamantschleifscheiben.

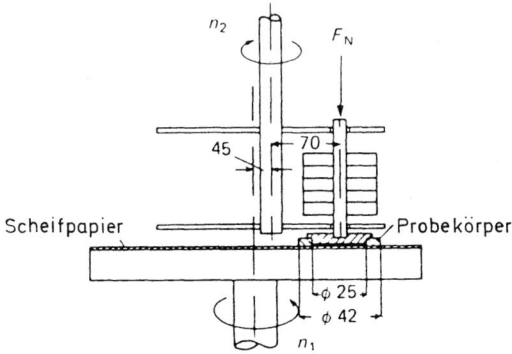

Bild 9.11.19   Bedingungen von Furchungsverschleißuntersuchungen,
$F_N = 17$ N, $p = 0,019$ Nmm^{-2}, $n_1 = 125$ min^{-1}, $n_2 = 3$ min^{-1}

Der Verschleiß der galvanisch abgeschiedenen Schichten ist in **Bild 9.11.20** dargestellt. Bei der Beanspruchung durch Flint-Körner liegt nur der Verschleiß der ausgehärteten Nickel-Phosphorschichten und der elektrolytisch abgeschiedenen Nickelschichten in der Verschleißhochlage. Hiermit werden Untersuchungen von Wellinger, Uetz und Gürleyik (1968) sowie Wiegand und Heinke (1970) bestätigt, nach denen sich bei Furchungsbeanspruchungen der Verschleiß durch eine Aushärtung nicht vermindern lässt. Die die Aushärtung bewirkenden harten Phasen sind zu klein, um den Abrasivkörnern eine Widerstand entgegenzusetzen.

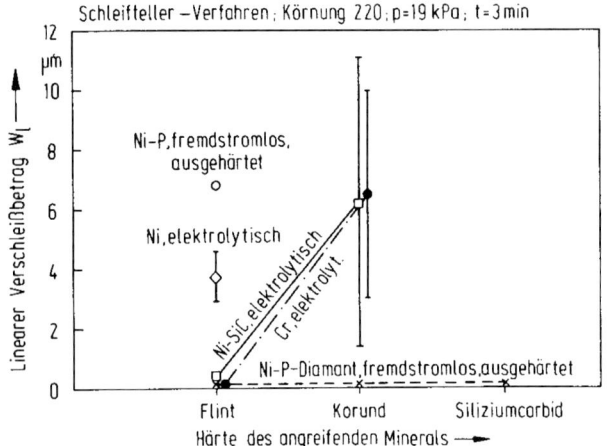

Bild 9.11.20
Furchungsverschleiß galvanisch abgeschiedener Schichten

Einem ähnlich hohen Verschleiß wie fremdstromlos abgeschiedene Nickel-Phosphorschichten haben auch elekrolytisch abgeschiedene Glanznickelschichten. Chrom- und Nickel-Siliciumcarbid-Schichten zeigen ein vergleichsweise günstigeres Verschleißverhalten: niedrigen Verschleiß bei der Beanspruchung durch Flintkörner, hohen Verschleiß bei der Beanspruchung durch Korundkörner. Nickel-Phosphor-Diamantschichten zeichnen sich durch einen niedrigen Verschleiß bei allen Abrasivkörnern aus.

Der Verschleiß der untersuchten thermochemisch gebildeten Oberflächenschutzschichten ist bei der Beanspruchung durch Flintkörner durchweg niedrig, siehe **Bild 9.11.21**. Bei der Beanspruchung durch Korundkörner steigt der Verschleiß der nitrocarburierten Stähle mit $\varepsilon-Fe_xN$-Schichten in die Hochlage an. Dieser Anstieg lässt sich auch durch die Verwendung von legierten Stählen als Grundwerkstoffe nicht vermeiden, obwohl der Verschleiß mit zunehmendem Gehalt an Nitridbildnern abnimmt (Habig und Yan Li; 1982). Der Verschleiß der $(Cr,Fe)_7C_3$-Schicht beginnt bei der Beanspruchung durch Korundkörner in die Hochlage anzusteigen, während Eisenborid- und Vanadincarbidschichten nach wie vor in der Verschleißtieflage bleiben. Erfolgt die Beanspruchung durch noch härtere Siliciumcarbidkörner, so befindet sich nur noch die Vanadincarbidschicht in der Verschleißtieflage.

Der Verschleiß der Plasmaspritzschichten ist in **Bild 9.11.22** zusammengefasst. Wegen der verfahrensbedingten Inhomogenitäten dieser Schichten sind die Verschleißbeträge relativ hoch. Am günstigsten verhält sich die WC-Co-Schicht, deren Verschleiß nur wenig mit steigender Abrasivkornhärte zunimmt.

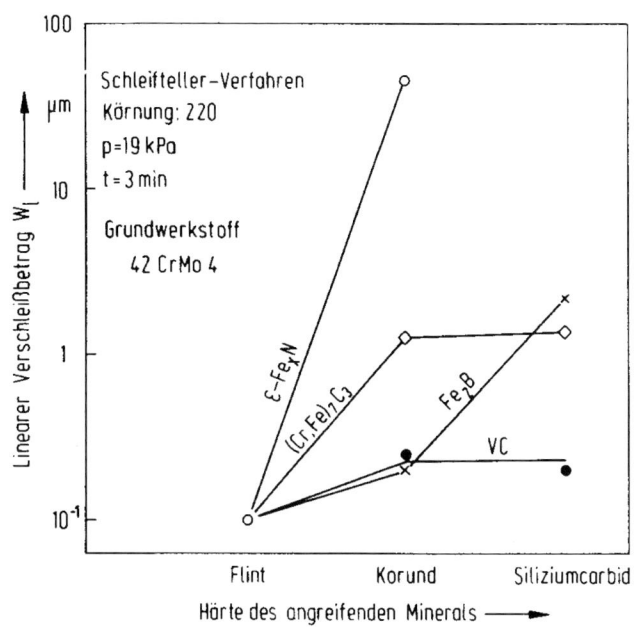

Bild 9.11.21
Furchungsverschleiß von thermochemisch behandeltem Stahl
42CrMo4

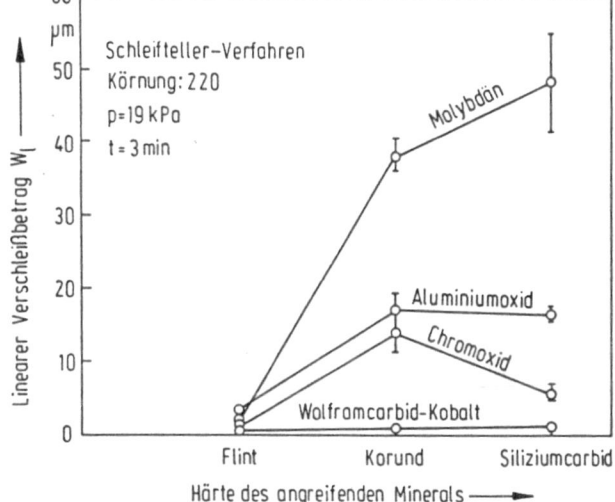

Bild 9.11.22
Furchungsverschleiß von Plasmaspritzschichten

Die CVD- und PVD-Schichten erfahren nur bei der Beanspruchung durch Diamantkörner
einen messbaren Verschleiß, der für TiN-Schichten höher als für TiC-Schichten ist, siehe **Bild
9.11.23**. Ob der geringere Verschleiß der durch PVD erzeugten TiC-Schichten im Vergleich zu
den durch CVD erzeugten TiC-Schichten signifikant ist, müsste durch weitere Untersuchungen
geklärt werden.

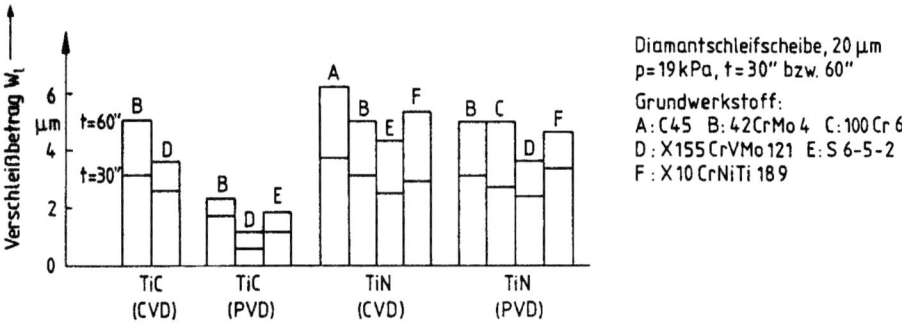

Bild 9.11.23   Furchungsverschleiß von TiC- und TiN-Schichten durch Diamantkörner

Für eine zusammenfassende Bewertung des Verschleißverhaltens der Oberflächenschutz-schichten bei Gleit- und Furchungsbeanspruchungen wurde folgendes Bewertungsschema gewählt:

I.	Reibungskoeffizient bei Gleitbeanspruchungen	$f = 0,1$	++
		$f < 0,3 \leftrightarrow 0,1$	+
		$f > 0,3 \leftrightarrow 0,1$	0
		$f < 0,3$	−
II.	Planimetrischer Verschleißbetrag bei Gleit-beanspruchungen	$W_q \leq 10^{-4}$ mm^2	++
		$W_q = 10^{-3}$ mm^2	+
		$W_q = 10^{-2}$ mm^2	0
		$W_q = 10^{-1}$ mm^2	−
III.	Furchungsverschleiß	Verschleißtieflage	+
		Anstieg in die Verschleißhochlage	0
		Verschleißhochlage	−

Die Bewertungen sind in **Tabelle 9.11.6** zusammengestellt. Einbezogen wurden auch Ergeb-nisse, die mit anderen Grundwerkstoffen als den Stählen 42CrMo4, X155CrVMo121 oder S6-5-2 gewonnen wurden. Danach weist jede der untersuchten Oberflächenschutzschichten bei einigen Beanspruchungen Vorteile, bei anderen Beanspruchungen dagegen Nachteile auf. Keine Oberflächenschutzschicht verhält sich unter allen Beanspruchungen optimal.

In der Regel müssen Oberflächenschutzschichten aber nicht nur tribologischen Beanspruchun-gen gewachsen sein, zusätzlich sind auch Korrosions- und Festigkeitsbeanspruchungen zu beachten. Bei den Festigkeitsbeanspruchungen kommt der Dauerschwingfestigkeit eine beson-dere Bedeutung zu. In **Tabelle 9.11.7** ist abschließend eine qualitative Bewertung unterschied-licher Oberflächenschutzschichten, die mit unterschiedlichen Verfahren erzeugt werden, zu-sammengestellt. Diese Tabelle gibt einen Überblick über das funktionelle Verhalten von Ober-flächenschutzschichten bei mechanischen, korrosiven und tribologischen Beanspruchungen.

Tab. 9.11.6 Zusammenfassende Bewertung verschiedenartiger Oberflächenschutzschichten

| | | Widerstand gegenüber adhäsivem Versagen mit Gegenkörper aus | | Gleitverschleißwiderstand | | | | Furchungsverschleißwiderstand bei Beanspruchung durch | | |
| | | | | Paarung | | Paarung | | | | |
	Verschleiß-Schutzschicht	Stahl	Aluminium-oxid	Schicht	Stahl	Schicht	Aluminium-oxid	Flint	Korund	Silicium-carbid
Galv.	Cr	-	-	-	-	-	-	+	-	-
	Ni-P	++	++	-	o	-	o	-	-	-
	Ni-SiC	-	+	-	-	-	++	+	-	-
	Ni-P-Diamant	o	-	+	-	-	-	+	+	+
Thermo-chem.	ε-Fe$_x$N	++	++	+	o	+	++	+	-	-
	Fe$_2$B, FeB	++	++	+	o	o	o	+	+	o
	Cr$_7$C$_3$	++	++	+	o/-	o	++	+	o	-
	VC	+	++	+	-	o	o	+	+	+
PVD, CVD	TiC	±	+	+(+)	-	+	o/+	+	+	+
	Ti(C,N)	-	+	+(+)	o	o	o	+	+	+
	TiC/Ti(C,N)	o	+	+(+)	-	o	o	+	+	+
	TiN	o/-	+	+	-	o	o	+	+	+
	Ti(C,N)/TiN	o	+	+(+)	-	o	++	+	+	+
	CrN	o	+	o	-	o	o	+	+	+
	Cr$_7$C$_3$	+	+	+(+)	o	o	o	+	o	-
	Ni/W$_2$C	o	-	+	-	-	-	+	+	+
	TiC/TiN-Al$_2$O$_3$	+	o/-	o/+	-	o	-	+	+	+
Plasma-spritzen	Mo	++	-	o	o	-	-	o	-	-
	Cr$_2$O$_3$	+	-	+	-	-	-	o	-	-
	Al$_2$O$_3$	+	-	++	-	-	-	+	-	-
	WC-Co	+	++	+	o	o	-	+	o	o

Tab. 9.11.7 Zusammenstellung der wichtigsten Verfahren zur Randschichtbeeinflussung und Beschichtung mit qualitativer Bewertung ihres funktionellen Verhaltens

Verfahren	Funktionelles Verhalten + nimmt zu, - nimmt ab	
Randschichtbeeinflussung		
Mechanische Oberflächenverfestigung	Dauerschwingfestigkeit	+
- Kugelstrahlen, Festwalzen, Druckpolieren	Oberflächenzerrüttung	-
Randschichthärten	Dauerschwingfestigkeit	+
- Flammhärten, Induktionshärten, Laserstrahlhärten, ...	Oberflächenzerrüttung	-
Einsatzhärten	Dauerschwingfestigkeit	+
	Oberflächenzerrüttung	-
bei überkohlendem Einsatzhärten	Abrasion	-
Nitrierhärten	Dauerschwingfestigkeit	+
	Oberflächenzerrüttung	-
	Reibung	-
	Korrosion	-
Randschichtumschmelzen, -umschmelzlegieren	Oberflächenzerrüttung	-
- Lichtbogenumschmelzen, Laserstrahlumschmelzen, ...	Adhäsion	-
	Abrasion	-
Ionenimplantieren	Dauerschwingfestigkeit	+
	Oberflächenzerrüttung	-
	Adhäsion	-
	Korrosion	-
Elektrolytische Umwandlung	Adhäsion	-
- Anodisation bei Al-Legierungen	Korrosion	-
Beschichtung		
PVD - Physikalische Ausscheidung aus der Gasphase	Reibung	-
(anhängig von gewähltem Schichtsystem und -aufbau)	Abrasion	-
	Adhäsion	-
	Oberflächenzerrüttung	-
	Tribochemische Reaktionen	-
CVD – Chemische Ausscheidung aus der Gasphase	Reibung	-
(anhängig von gewähltem Schichtsystem und -aufbau)	Abrasion	-
	Adhäsion	-
	Oberflächenzerrüttung	-
Galvanische Verfahren	Abrasion	-
- stromloses Abscheiden, elektrolytisches Abscheiden	Adhäsion	-
	Korrosion	-
bei Schichten für Leitzwecke zusätzlich	Tribochemische Reaktionen	-
Schmelztauchen	Korrosion	-
Aufgießen	Adhäsion (bei Gleitlagern)	-
Aufsintern	Abrasion	-
	Korrosion	-
Thermisches Spitzen	Abrasion	-
- Flamm-, Lichtbogen-, Plasma-, Detonationsspritzen	Adhäsion	-
	Oberflächenzerrüttung	-
Auftragschweißen	Abrasion	-
	Korrosion	-
Plattieren	Abrasion	-
- Sprengplattieren, Walzplattieren, Strangpressplattieren	Korrosion	-
Reibauftragschweißen	Adhäsion	-
	Oberflächenzerrüttung	-
	Abrasion	-

9.12 Polymere Werkstoffe

Polymere Werkstoffe besitzen einige Eigenschaften, die für tribologische Beanspruchungen günstig sind:

- niedrige zwischenmolekulare Bindungskräfte (Dispersionskräfte, Dipolwechselwirkungen, Wasserstoffbrückenbindungen), dadurch niedrige Adhäsions- bzw. Reibungskräfte
- hohe Korrosionsbeständigkeit, dadurch Einschränkung tribochemischer Reaktionen
- hohe Schwingungsdämpfung.

Dem stehen einige nachteilige Eigenschaften gegenüber:

- geringe Härte, dadurch niedriger Widerstand gegen Abrasion
- starke Abnahme der Festigkeitseigenschaften mit steigender Temperatur; dadurch Zunahme des Verschleißes mit steigender Temperatur oder Beanspruchungsgeschwindigkeit
- geringe thermische Leitfähigkeit, so dass die Reibungswärme nur wenig über den polymeren Reibpartner abgeleitet werden kann.

Zur Erhöhung der thermischen Leitfähigkeit und des Verschleißwiderstandes sowie zur Erniedrigung der Reibung werden den Polymeren Füllstoffe zugesetzt, siehe **Tabelle 9.12.1**.

Tab. 9.12.1 Füllstoffe für polymere Werkstoffe zur Verbesserung des tribologischen Verhaltens (Lancaster, 1973)

Erhöhung der thermischen Leitfähigkeit	Erhöhung des Verschleißwiderstandes	Erniedrigung der Reibung
Cu-Sn-Legierungen	Glas	Graphit
Silber	Graphit	Molybdändisulfid
Graphit	Glimmer	Polytetrafluorethylen
	Metalle u.	
	Metalloxide	
	Keramik	
	Textilfasern	
	(Asbest)*	

*wegen der Gesundheitsschädlichkeit nicht mehr zu verwenden

Nachfolgend sollen Gleitreibung und -verschleiß von folgenden Paarungen behandelt werden:

- Polymer/Polymer
- Polymer/Stahl
- gefülltes Polymer/Stahl.

Dabei stehen die thermoplastischen Kunststoffe im Vordergrund. Ausführliche Darstellungen des tribologischen Verhaltens von Polymeren geben Erhard nd. Strickle (1974, 1978); Uetz und Wiedemeyer (1985); Friedrich (1986); Friedrich, Stoyko und Zhong (1986 und 2005) sowie Sinha und Briscoe (2009).

Polymer/Polymer

Die Reibungskraft F_R wird häufig in eine Adhäsionskomponente F_{Ad} und eine Deformationskomponente F_{Df} aufgeteilt (z. B. Briscoe, 1986). Beim Dominieren der adhäsiven Komponente kann die Reibungszahl mit der Adhäsionsarbeit W_{ab} der Gleitpartner verknüpft werden (Erhard, 1980), die durch folgende Beziehung gegeben ist (siehe Abschnitt 3.2.1):

$$W_{ab} = \gamma_a + \gamma_b - \gamma_{ab}$$

γ_a, γ_b: Oberflächenenergien der Gleitpartner

γ_{ab}:   Grenzflächenenergie der Gleitpartner

Entsprechend der Wirkung von Dispersionskräften und Dipolwechselwirkungen kann die Oberflächenenergie in einen dispersen und polaren Anteil aufgespalten werden:

$$\gamma = \gamma^d + \gamma^p$$

Nach Owens und Wendt (1969) kann die Adhäsionsarbeit W_{ab} bei Kenntnis der polaren und dispersen Oberflächenenergieanteile der Gleitpartner durch folgende Beziehung abgeschätzt werden:

$$W_{ab} = 2\sqrt{\gamma_a{}^d \cdot \gamma_b{}^d} + 2\sqrt{\gamma_a{}^p \cdot \gamma_b{}^p}$$

Nach Wu (1973) gilt folgende Beziehung:

$$W_{ab} = \frac{4\,\gamma_a{}^d \cdot \gamma_b{}^d}{\gamma_a{}^d + \gamma_b{}^d} + \frac{4\,\gamma_a{}^p \cdot \gamma_b{}^p}{\gamma_a{}^p + \gamma_b{}^p}$$

Die polaren und dispersen Oberflächenenergieanteile eines Polymers lassen sich aus Randwinkelmessungen mit mindestens zwei Testflüssigkeiten bekannter Oberflächenenergieanteile bestimmen, wobei die Young'sche Gleichung angewendet wird:

$$\gamma_{SL} = \gamma_S - \gamma_L \cdot \cos\Theta$$

γ_{SL}: Grenzflächenenergie fest/flüssig

γ_S: Oberflächenenergie des Festkörpers

γ_L: Oberflächenenergie der Flüssigkeit

Θ: Randwinkel

Tabelle 9.12.2 enthält eine Zusammenstellung der Oberflächenenergien von Polymeren, die nach dem von Owens und Wendt (1969) angegebenen Verfahren ausgewertet wurden. In **Tabelle 9.12.3** ist eine Zusammenstellung der Oberflächenenergien nach der von Wu (1973) angegebenen Methode enthalten.

Tab. 9.12.2 Oberflächenenergien von Polymeren (Owens und Wendt, 1969)

Oberflächenenergie → / Polymerwerkstoff ↓	Erhard (1980)			Owens u. Wendt (1969)			Rabel (1971)			Koerner et al. (1974)		
	γ_d	γ_p [Nm/m]	γ	γ_d	γ_p [Nm/m]	γ	γ_d	γ_p [Nm/m]	γ	γ_d	γ_p [Nm/m]	γ
PTFE							18,5	0	18,5			
PE HDPE	34,5	0,1	34,6				31,6	0,2	31,8	32,1	0	32,1
PE LDPE				33,2	0	33,2	30,5	0,7	31,2	35,1	0	35,1
PP												
POM	36,0	6,1	42,1									
PA6	36,8	10,7	47,5									
PBTP	39,6	4,2	43,8									
PETP	40,5	2,7	43,2	43,2	4,1	47,3	32,9	4,5	37,4	37,8	3,1	40,9
SAN	38,8	6,4	45,2	35,9	4,3	40,2						
PMMA	37,7	7,5	45,2	40,0	1,5	41,5						
PVC	(44,6)	(0,8)	(45,4)	41,4	0,6	42,0	36,5	1,6	38,1	36,0	3,9	39,5
PS												
PC							37,0	1,8	38,8			

Tab. 9.12.3 Oberflächenenergien von Polymeren (Wu, 1973)

Oberflächen-energie → Polymer-werkstoff ↓	Erhard (1980)			Wu (1973)			Potente u. Krüger (1978)		
	γ_d [Nm/m]	γ_p	γ	γ_d [Nm/m]	γ_p	γ	γ_d [Nm/m]	γ_p	γ
HDPE				35,0	0,7	35,7			
PP							25,8	1,3	27,1
POM	36,8	11,1	47,9						
PA6	39,2	15,4	54,6				25,6	12,7	38,3
PBTP	39,4	9,4	48,8						
SAN	39,5	7,7	47,2				27,1	4,0	31,1
PMMA	39,6	11,7	51,3	29,8	11,6	41,4	25,7	14,6	40,3
PVC	39,0	12,7	51,7				26,0	11,3	37,3
PS				33,8	6,9	40,7	23,3	5,7	29,0
PC							27,3	6,0	33,3

Hervorzuheben ist die niedrige Oberflächenenergie des Polytetrafluorethylens (PTFE), das keinen polaren Anteil aufweist. Auch bei Polyethylen (HPPE, LDPE) ist der polare Anteil der Oberflächenenergie sehr niedrig. Diese Stoffe bezeichnet man auch als unpolar bzw. schwach polar.

Trägt man die dynamische Reibungszahl über der aus den Oberflächenenergien ermittelten Adhäsionsarbeit auf, so erhält man Kurven, wie sie in **Bild 9.12.1** exemplarisch für Paarungen von Polyamid (PA6) mit Gegenkörpern aus unterschiedlichen Polymeren dargestellt ist. Danach besteht ein exponentieller Zusammenhang zwischen der Reibungszahl und der Adhäsionsenergie, was durch Untersuchungen von Czichos und Feinle (1982) bestätigt werden konnte.

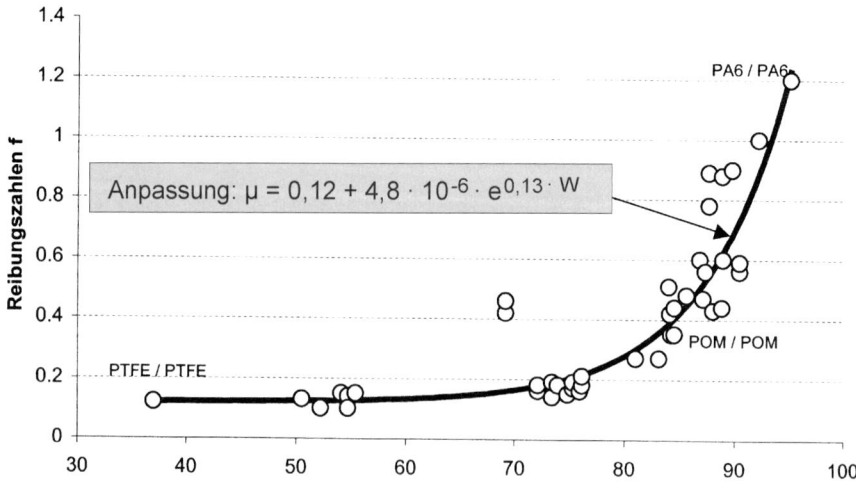

Bild 9.12.1   Reibungszahl in Abhängigkeit von der Adhäsionsarbeit der Gleitpartner (Erhard, 1980)

Bild 9.12.2 zeigt das Reibungs- und Verschleißverhalten der Paarungen POM/PA6 und POM/HDPE (Erhard, 1987). Der Partner mit der größeren Kohäsionsenergie weist einen niedrigeren Verschleiß als der Partner mit der kleineren Kohäsionsenergie auf.

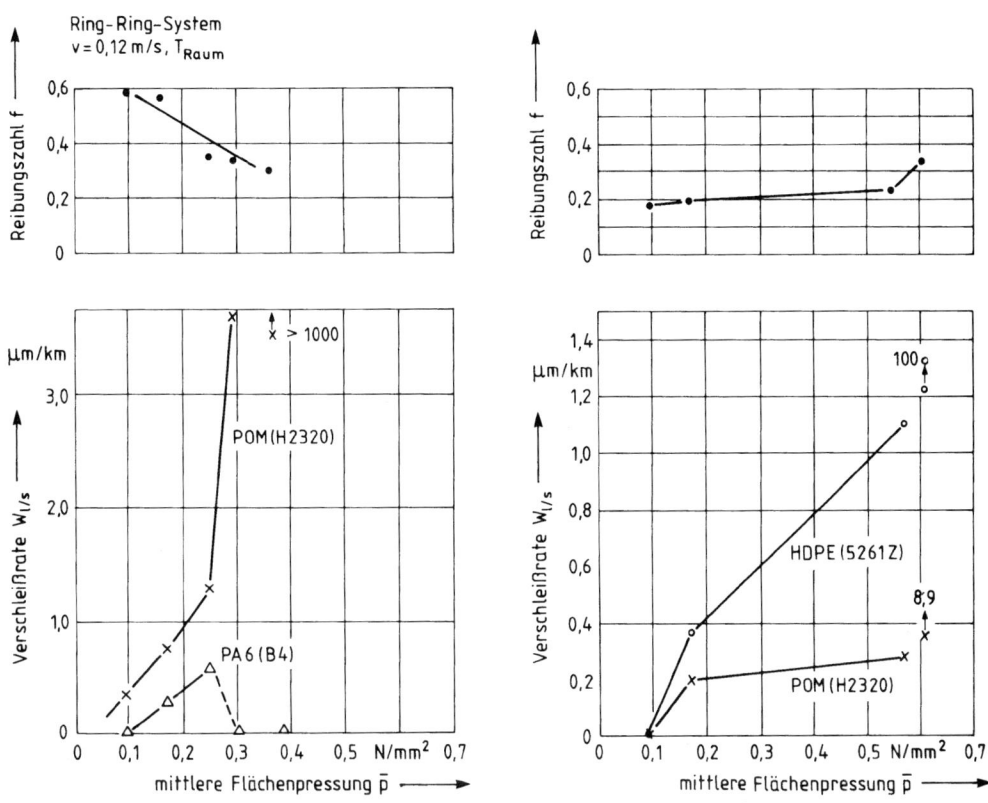

Bild 9.12.2   Reibung und Verschleiß der Gleitpaarungen POM/PA6 und POM/HDPE (Erhard, 1987)

Polymer/Stahl

Polymer-Stahl-Paarungen werden vielfach für ungeschmierte, wartungsfreie Gleitlager eingesetzt (siehe Kapitel 11.2.1). Das Reibungs- und Verschleißverhalten hängt wesentlich von den Größen des Beanspruchungskollektivs sowie von der Rauheit des Stahlpartners ab.

Eine Übersicht zum Reibungs- und Verschleißverhalten von Kunststoffen gegen Stahl unter trockenem Gleitverschleiß gibt Hachmann (1973), siehe **Tabelle 9.12.4.**

Tab. 9.12.4 Reibungswerte und Verschleißraten von ungeschmierten Kunststoff/Stahl Paarungen bei 40 °C (16MnCr5, 52HRC, R_t=2 µm, mittlere Flächenpressung 0,05 MPa, v=0,6 m/s) aus Eyerer, Hirth und Elsner (2008) entnommen.

Kunststoff	Gleitreibwert	Gleitverschleiß
Polyamid 66	0,25 … 0,42	0,09
Polyamid 6	0,38 … 0,45	0,23
Polyamid 6 (in situ Polymer)	0,36 … 0,43	0,10
Polyamid 610	0,36 … 0,44	0,32
Polyamid 11	0,32 … 0,38	0,8
Polyethylenterephthalat	0,54	0,5
Acetal-Homopolymer	0,34	4,5
Acetal-Copolymer	0,32	8,9
Polypropylen	0,30	11,0
PE-HD (hochmolekular)	0,29	1,0
PE-HD (niedermolekular)	0,25	4,6
PE-LD	0,58	7,4
Polytetrafluorethylen	0,22	21,0
PA 66 + 8 % PE-LD	0,19	0,10
Polyacetal + PTFE	0,21	0,16
PA 66 + 3 % MoS$_2$	0,32 … 0,35	0,7
PA 66-GF 35	0,32 … 0,36	0,16
PA 6-GF 35	0,30 … 0,35	0,28

Wie die Reibungszahl von der Flächenpressung, der Gleitgeschwindigkeit und der Temperatur beeinflusst werden kann, ist in **Bild 9.12.3** am Beispiel der Paarung PTFE/Stahl wiedergegeben (vgl. Kapitel 8.2.1). Danach nimmt die Reibungszahl dieser Paarung nur bei niedrigen Gleitgeschwindigkeiten und hohen Flächenpressungen niedrige Werte an. Unter diesen Bedingungen bildet sich auf dem Stahlpartner ein relativ gleichmäßiger dünner PTFE-Film. Bei höheren Gleitgeschwindigkeiten, wie sie in vielen tribotechnischen Systemen zu erwarten sind, liegt die Reibungszahl dagegen im allgemeinen zwischen f = 0,2 und 0,4. Hierbei können größere PTFE-Partikel adhäsiv auf den Stahlpartner übertragen werden. Die höhere Temperatur ist mit einer niedrigeren Reibungszahl verknüpft, weil die Scherfestigkeit des PTFE abnimmt.

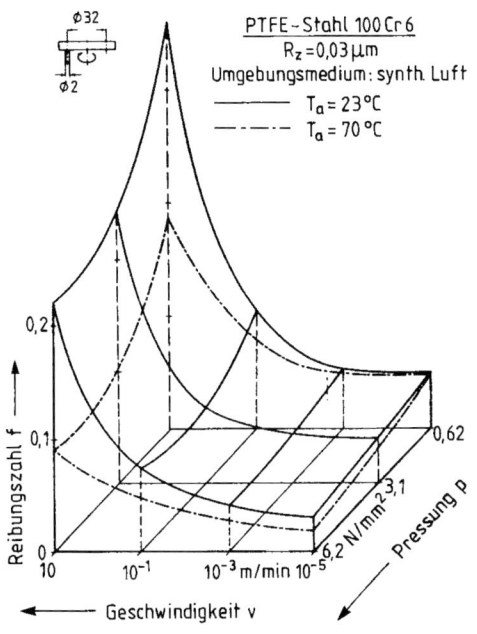

Bild 9.12.3
Reibungszahl einer PTFE-Stahl-Gleitpaarung
(Mittmann und Czichos, 1975)

Die Abhängigkeit der Reibungszahl einiger weitere Polymer-Stahl-Gleitpaarungen von der Flächenpressung ist in **Bild 9.12.4** wiedergegeben (Erhard und Strickle, 1974). Bei kleineren Pressungen bildet sich auf dem Stahlpartner noch kein Polymerfilm, so dass die Reibung hoch ist. Der Abfall der Reibungszahl mit zunehmender Pressung ist auf die Bildung eines Polymerfilmes zurückzuführen. Ist dieser Film diskontinuierlich, so können stick-slip-Prozesse in Erscheinung treten. Mit weiter zunehmender Pressung erhöhen Abrasionsprozesse die Reibung.

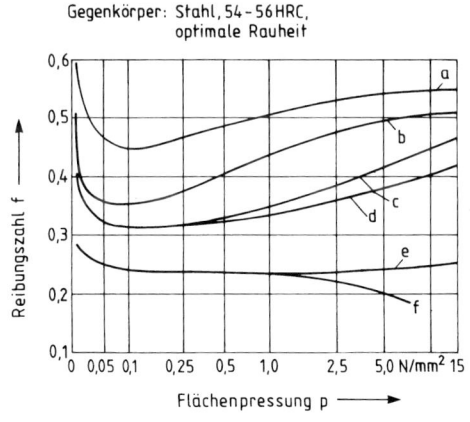

a PI
b PA 66
c POM-Cop.
d POM-Homop.
e PETP
f HD-PE hochmol.

Bild 9.12.4
Reibungszahl von Polymer-Stahl-
Gleitpaarungen in Abhängigkeit von der
Flächenpressung (Erhard und Strickle, 1974)

Der Verschleiß nimmt meistens linear mit steigender Pressung zu, siehe **Bild 9.12.5**. Beim Überschreiten einer kritischen Belastung kann der Verschleiß katastrophal ansteigen wie z. B. bei den Paarungen LDPE/Stahl und PMMA/Stahl (Halach, 1975).

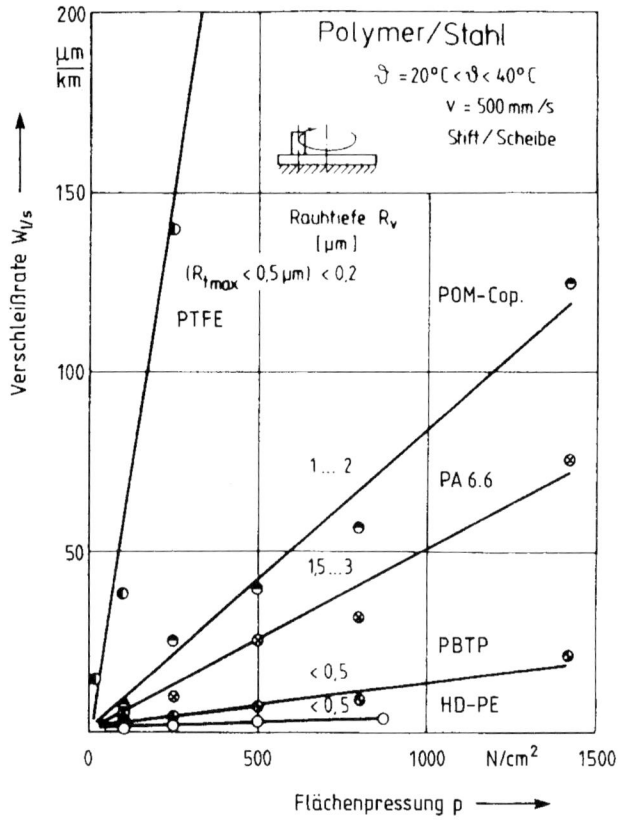

Bild 9.12.5
Verschleiß von Polymeren in
Abhängigkeit von der Pressung
(Lancaster, 1973)

Der Einfluss der Geschwindigkeit auf das Reibungs- und Verschleißverhalten ist komplex. Einerseits sind zeitabhängige Einflüsse von Wichtigkeit, andererseits ist die mit steigender Geschwindigkeit stark zunehmende reibbedingte Temperaturerhöhung von Bedeutung. Häufig werden Maxima der Reibungszahl in Abhängigkeit von der Gleitgeschwindigkeit beobachtet, deren Lage von der Temperatur abhängt (Uetz und Wiedemeyer, 1985).

Die thermischen Belastungsgrenzen von Polymeren sind aus **Bild 9.12.6** erkennbar. Danach kann PI bis zu besonders hohen Temperaturen beansprucht werden.

Von großem Einfluss auf die Reibung und den Verschleiß von Polymeren ist die Rauheit des Stahl-Gegenkörpers (Lancaster und Giltrow, 1970; Erhard und Strickle, 1972; Czichos und Feinle 1982).

In vielen Fällen wird ein Bereich einer optimalen Rauheit beobachtet, in dem Reibungszahl und Verschleißrate minimale Werte annehmen. Ist die Rauheit niedrig, so dominieren adhäsive Reibungs- und Verschleißprozesse. Bei großer Rauheit herrschen deformative und abrasive Prozesse vor. Dabei hängt die Lage des Reibungs- und Verschleißminimums von den Beanspruchungsbedingungen ab.

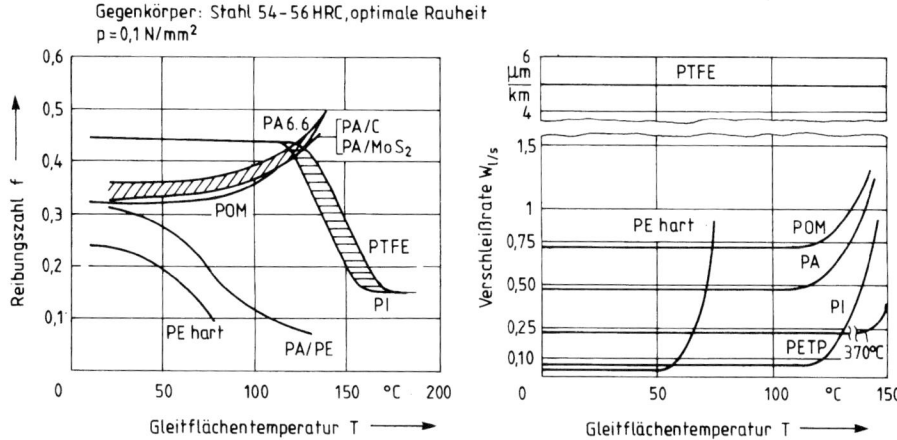

Bild 9.12.6 Reibungszahl und Verschleißrate von Polymeren in Abhängigkeit von der Temperatur (Erhard und Strickle, 1974)

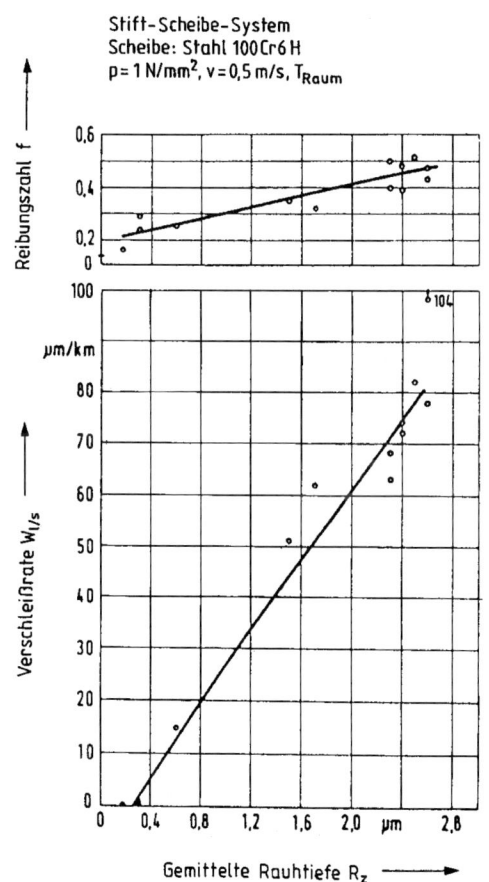

Bild 9.12.7
Reibungszahl und Verschleißrate der Paarung HDPE/Stahl in Abhängigkeit von der Rautiefe des Stahlpartners (Erhard, 1987)

In **Bild 9.12.7**, **Bild 9.12.8** und **Bild 9.12.9** sind die Reibungszahlen der Paarungen HDPE/-Stahl, POM/Stahl und PA/Stahl für zwei unterschiedliche Flächenpressungen in Abhängigkeit von der Rauheit des Stahlpartners wiedergegeben (Erhard, 1987). Bei der Paarung HDPE/Stahl sind wegen des niedrigen polaren Oberflächenenergieanteils von HDPE die adhäsiven Wechselwirkungen mit glatten Stahloberflächen nur gering, so dass die Reibungszahl niedrige Werte annimmt. Mit zunehmender Rautiefe wird die Reibungszahl infolge des größer werdenden Deformationsanteils erhöht. Bei einer Pressung von 8 N/mm² steigt die Reibungszahl mit zunehmenden Rautiefen weniger als bei einer Pressung von 1 N/mm² an. Dafür dürfte ein pulvriger Abrieb verantwortlich sein, der unter der hohen Pressung bei Paarung mit rauen Oberflächen in großen Ausmaß anfällt und eine „schmierende" Zwischenschicht bildet.

Bei der Paarung POM/Stahl sind die Reibungszahlen bei niedrigen Rauheiten des Stahlpartners höher als bei der Paarung HDPE/Stahl, siehe Bild 9.12.8. POM besitzt einen hohen polaren Bindungsanteil, wodurch adhäsive Wechselwirkungen mit dem Stahlpartner begünstigt werden. Mit zunehmender Rauheit werden die adhäsiven Wechselwirkungen eingeschränkt, wodurch die Reibungszahlen erniedrigt werden. Aus der Zunahme der Verschleißrate mit steigender Stahlrauheit kann auf ein Ansteigen der deformativen Komponente geschlossen werden.

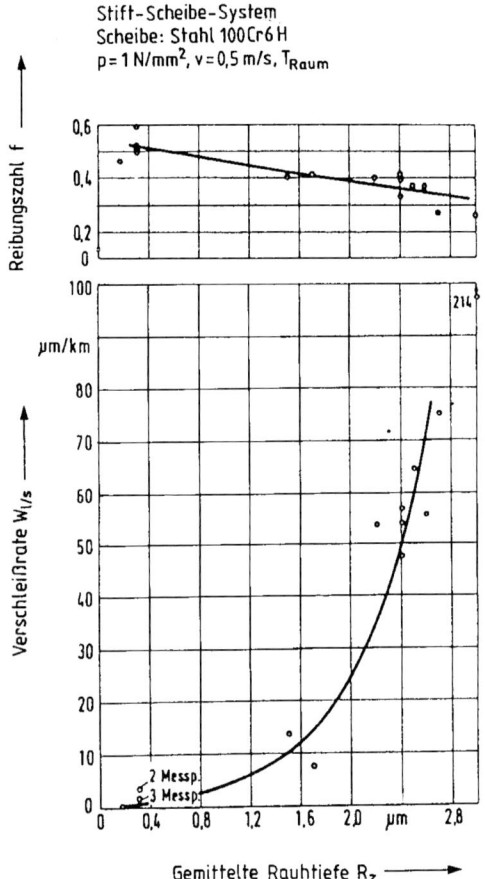

Bild 9.12.8
Reibungszahl und Verschleißrate der Paarung POM/Stahl in Abhängigkeit von der Rautiefe des Stahlpartners (Erhard, 1987)

PA66 hat aufgrund seiner Fähigkeit zur Wasserstoffbrückenbildung einen stark polaren Charakter, so dass die bei Paarung mit glatten Stahloberflächen gemessenen hohen Reibungszahlen verständlich sind. Bei kleinen Flächenpressungen nimmt der adhäsive Anteil mit zunehmender Rauheit ab, ohne dass der deformative Anteil wesentlich ansteigt. Bei hohen Flächenpressungen deuten die Zunahme der Verschleißrate und das Durchlaufen eines Minimums der Reibungszahl dagegen ein Ansteigen der deformativen Komponente an.

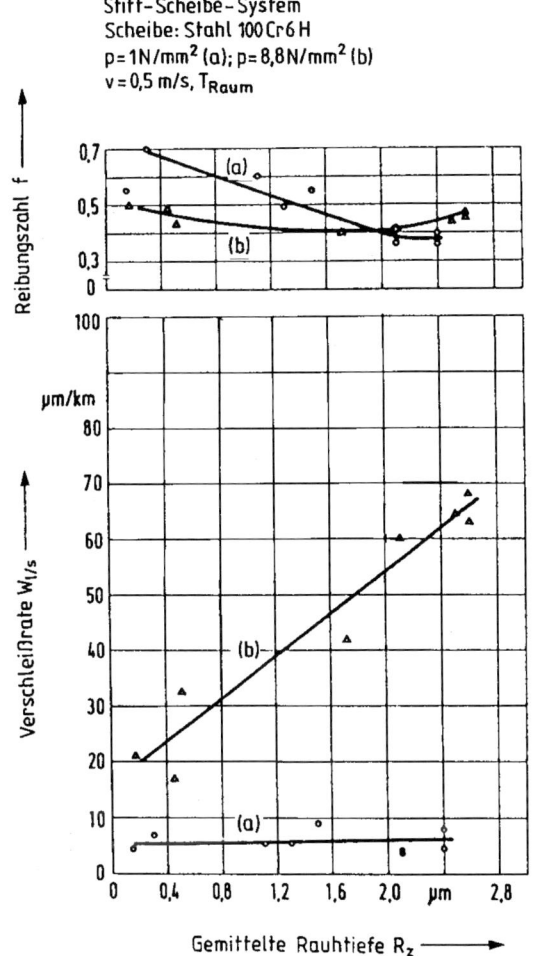

Bild 9.12.9
Reibungszahl und Verschleißrate der Paarung PA66/Stahl in Abhängigkeit von der Rautiefe des Stahlpartners (Erhard, 1987)

Erhard (1987) konnte weiterhin zeigen, dass die Wirkung einer Fettschmierung von Polymer-Stahl-Gleitpaarungen auf die statische Reibungszahl von der Polarität der Polymere abhängt. Die unpolaren Polymere HDPE und PTFE zeigen bei Paarung mit glatten Stahloberflächen – wie schon erwähnt – nur schwache adhäsive Wechselwirkungen, die durch eine Schmierung nicht mehr vermindert werden. Daher wird die statische Reibungszahl durch die Fettschmierung nur wenig beeinflusst. Mit zunehmender Polarität (POM, PA) nahmen die adhäsiven Wechselwirkungen zu, so dass eine Schmierung zu einer deutlichen Abnahme der Reibungszahl führt, wenn als Gleitpartner glatte Stahloberflächen verwendet werden. Bei größerer Rauheit des Stahlgegenkörpers überwiegt der deformative Anteil der Reibung, wodurch vor allem bei den unpolaren Polymeren die statische Reibungszahl deutlich erhöht wird. Die Schmierung beeinflusst hierbei die Reibungszahl meistens nur wenig.

Bezüglich des Verschleißverhaltens von Polymeren, die durch rauhe Stahloberflächen beansprucht werden, so dass abrasive bzw. deformative Prozesse dominieren, konnte von Czichos und Feinle (1982) eine Beziehung entwickelt werden, in der der Verschleißkoeffizient k mit der Reibungszahl f und der Reißfestigkeit σ_B der Polymere verknüpft ist:

$$k = f \left(\frac{\sqrt{1 + 4 \cdot f^2}}{\sigma_B} \right)$$

In **Bild 9.12.10** sind die Ergebnisse von Verschleißuntersuchungen wiedergegeben, die sich mit dieser Beziehung recht gut korrelieren lassen. Auffallend sind die unter diesen Bedingungen (Stahloberfläche $R_z = 1\ \mu m$) gemessenen niedrigen Verschleißkoeffizienten von Polyimid und die hohen Verschleißkoeffizienten von PTFE und HDPE.

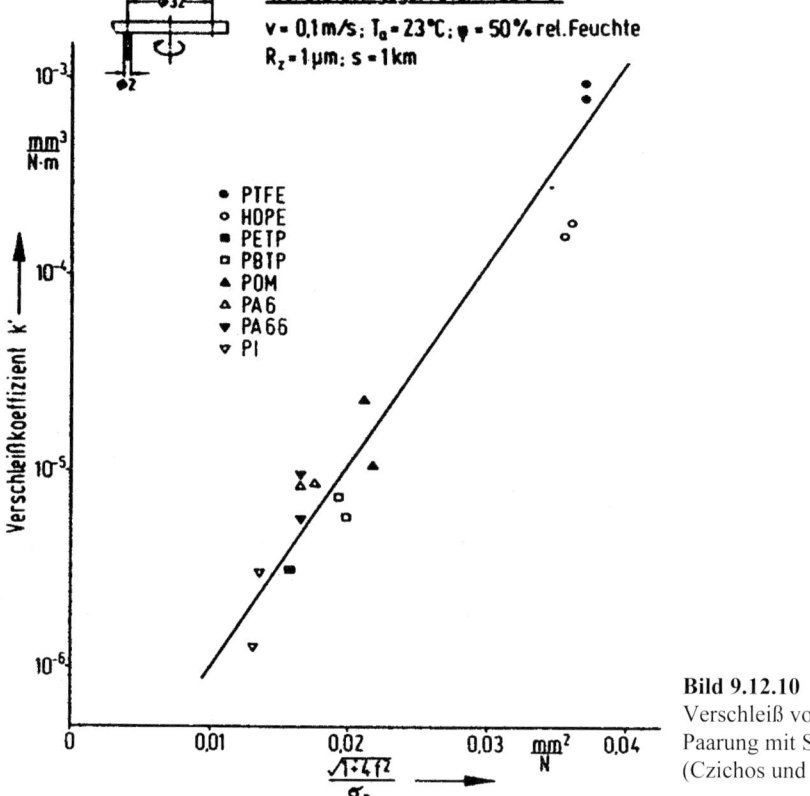

Bild 9.12.10
Verschleiß von Polymeren bei Paarung mit Stahlgleitpartnern (Czichos und Feinle, 1982)

Gefülltes Polymer/Stahl (und Keramik)

Zur Verminderung des Verschleißes ist es in vielen Fällen notwendig, den Polymeren Füllstoffe wie Glasfasern oder Graphit zuzusetzen. Daneben werden häufig reibungsmindernde Zusätze – vor allem PTFE zugesetzt, siehe Tabelle 9.12.1.

Tabelle 9.12.5 gibt eine Überblick über den Einfluss unterschiedlicher Füllstoffe auf das Reibungs- und Verschleißverhalten von Polyamid (PA66). Durch die Füllstoffe werden Reibungszahl und Verschleißkoeffizient deutlich gesenkt und die zulässige p·v-Werte angehoben. Die Füllstoffe sollten einen gewissen Volumenanteil – häufig 20…30 % – nicht überschreiten, da sonst der Verschleiß wieder ansteigt. Durch Glasfasern kann der Verschleiß stärker als durch Glaskugeln vermindert werden (Friedrich, 1986). Eine unterschiedliche Orientierung der Fasern wirkt sich nach bisherigen Untersuchungen offenbar nur wenig auf Reibung und Verschleiß aus (Czichos und Feinle, 1982; Friedrich, 1986).

Tab. 9.12.5 Einfluss von Füllstoffen auf das Reibungs- und Verschleißverhalten von Polyamid-Stahl-Paarungen (Friedrich, 1986)

Nr.	Material	Reibungs-zahl f (dyn.)	Verschleiß-koeff. k mm³/N·m	Grenzwert p·v (MPa m s⁻¹)		
				v=0.05 m s⁻¹	v=0.05 m s⁻¹	v=5 m s⁻¹
1	PA 6.6	0.28	4×10^{-6}	0.105	0.088	0.088
2	PA 6.6 + 30% GF	0.31	1.5×10^{-6}	0.438	0.350	0.263
3	PA 6.6 + 30% CF	0.20	4×10^{-7}	0.735	0.945	0.280
4	PA 6.6 + 18% PTFE + 2% Silicon	0.08	1.2×10^{-7}	0.490	1.050	0.420
5	PA 6.6 + 30% GF + 13% PTFE + 2% Silicon	0.14	1.8×10^{-7}	0.595	0.700	0.665
6	PA 6.6 + 30% CF + 13% PTFE + 2% Silicon	0.11	1.2×10^{-7}	1.015	1.505	0.700

Reinicke und Friedrich (Reinicke, 2000) fanden für kurzglasfaserverstärktes Polyamid-46, dass sich die Zugabe von PTFE noch verbessernd auf Reibung und Verschleiß auswirken und dass die Druckfestigkeit der verstärkten Polymere eine bessere Korrelation zum Verschleißverhalten ergeben als die Bruchdehnung oder Zugfestigkeit.

Je nach Füllstoff resultiert eine mehr oder weniger starke Abhängigkeit von Reibung und Verschleiß von der Rauheit der Stahlscheibe. Anhand der Ergebnisse in **Bild 9.12.11** und **Bild 9.12.12** kann man sehen, dass nicht für alle Polymerwerkstoffe ein günstigeres tribologisches Verhalten resultiert, wenn versucht wird den Stahlreibpartner so glatt wie möglich zu machen. Es scheint eine optimale Rauheit zu geben (Santner, 1989). Das Polyamid (A3R) mit sogenanntem „antifriction modifier" als Füllstoff zeigt diese Tendenz, während für das Polyamid mit Kohlenstofffasern (KR4290) die Reibung nahezu unabhängig von der Rauheit der Stahlscheibe ist und der Verschleiß bis zu kleinsten Rauheiten mit abnehmender Rauheit abnimmt. Das Polyimid mit Graphitfüllung (PI508) und das Polyetheretherketon (PEEK) zeigen nur geringe Abhängigkeit der Reibung von der Rauheit, jedoch deutliche Abhängigkeit für den Verschleiß.

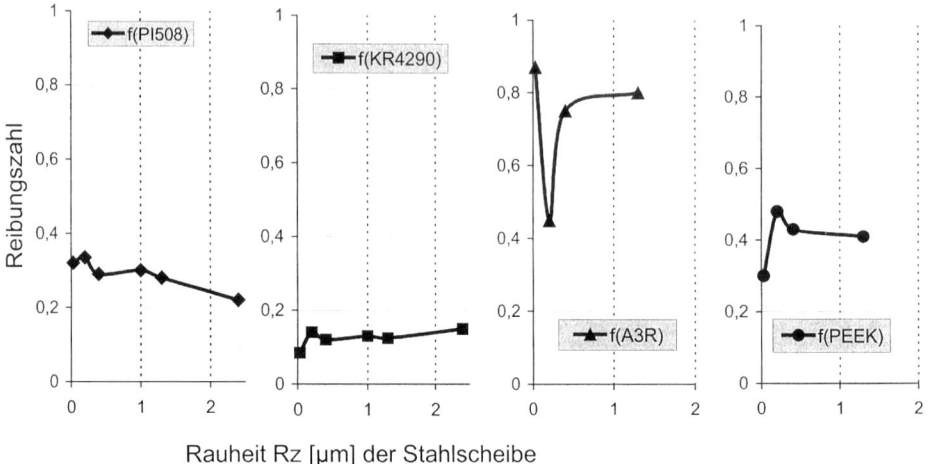

Bild 9.12.11   Reibungszahlen von Polymerwerkstoffen als Funktion der Rauheiten der Stahlgegenkörper (100Cr6)

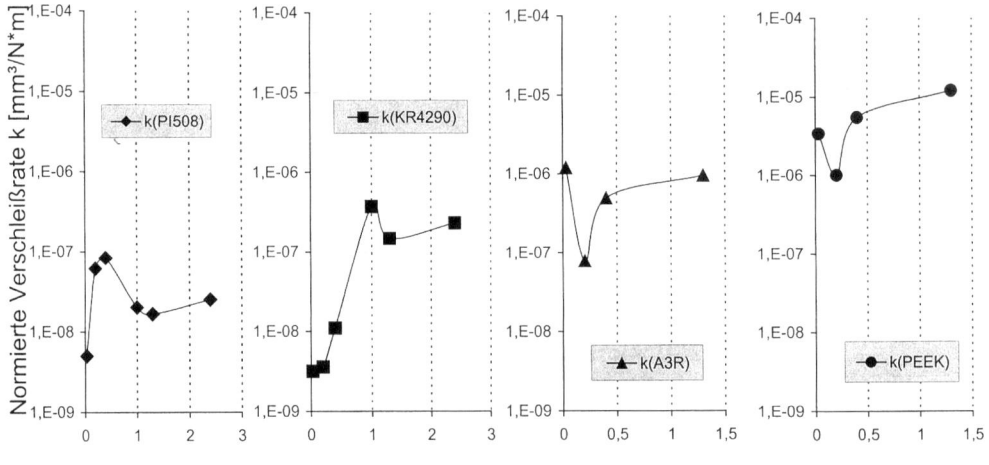

Bild 9.12.12   Normierte Verschleißraten von Polymerwerkstoffen als Funktion der Rauheiten der Stahlgegenkörper (100Cr6)

Die Pressungsabhängigkeit der Reibung von Polymerwerkstoffen gegen Stahl kann durch Füllstoffe beeinflusst werden. Die Versuche wurden mit Rauheiten der Stahlscheiben von $R_Z \approx$ 0,3 μm durchgeführt. Die Pressung wurde sowohl durch Erhöhen der Normalkraft, bei konstantem Stiftdurchmesser, als auch durch Reduktion des Stiftdurchmessers, bei konstanter Normalkraft, variiert. Das mit einem „antifriction modifier" gefüllte Polyamid zeigt eine deutliche Zunahme der Reibung mit abnehmender Pressung, siehe **Bild 9.12.13**. Diese ist bei kleinen Gleitgeschwindigkeiten besonders ausgeprägt und führt dort zum Ruckgleiten. Keine Pressungsabhängigkeit der Reibung für die gleichen Testbedingungen zeigen Polyamid mit Kohlenstofffasern (KR4290) und Polyimid mit Graphit (PI508), wie aus **Bild 9.12.14** zu erkennen ist.

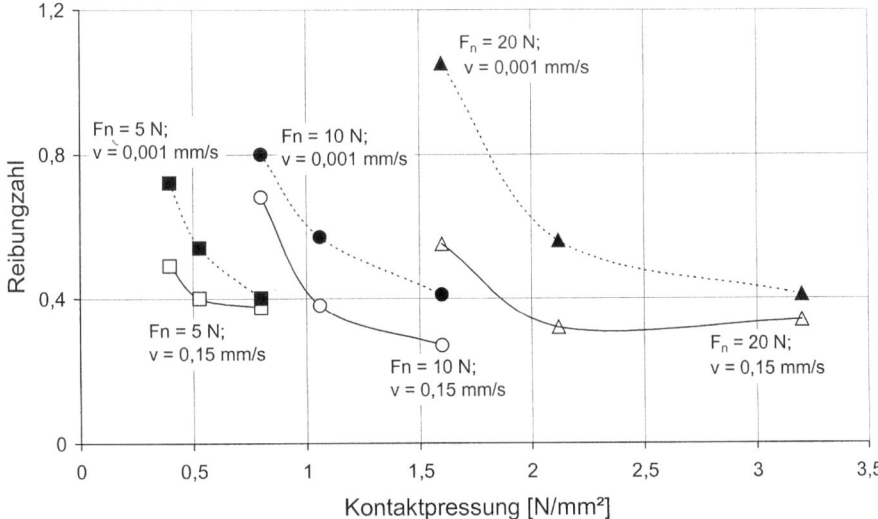

Bild 9.12.13   Reibungszahlen der Polyamidgleitpaarungen mit Reibminderer (A3R) auf Stahl (100Cr6) als Funktion der Kontaktpressung

Die Hochtemperatur-Polymere PI, PAI und PEEK weisen auch für relative hohe pv-Werte noch akzeptable Verschleißwerte auf (Lin Ye, 1992; Underwood, 2002).

Auch gegen Ingenieurkeramik (Si_3N_4) ergaben sich unter ungeschmierter Gleitreibung mit verstärktem Polyamid-66 sehr kleine Verschleißkoeffizienten unter 10^{-7} mm^3/N m (Bild 9.12.15), die auch über lange Gleitwege (18 km) erhalten blieben (eigene Messungen). Es ist zu vermuten, dass sich aufgrund der hohen Härte der Keramik die optimale Rauheit während der Reibbeanspruchung nicht verändert und auch Polymerüberträge im Vergleich zu Paarungen mit Stahl weniger Einfluss auf das tribologische Verhalten haben.

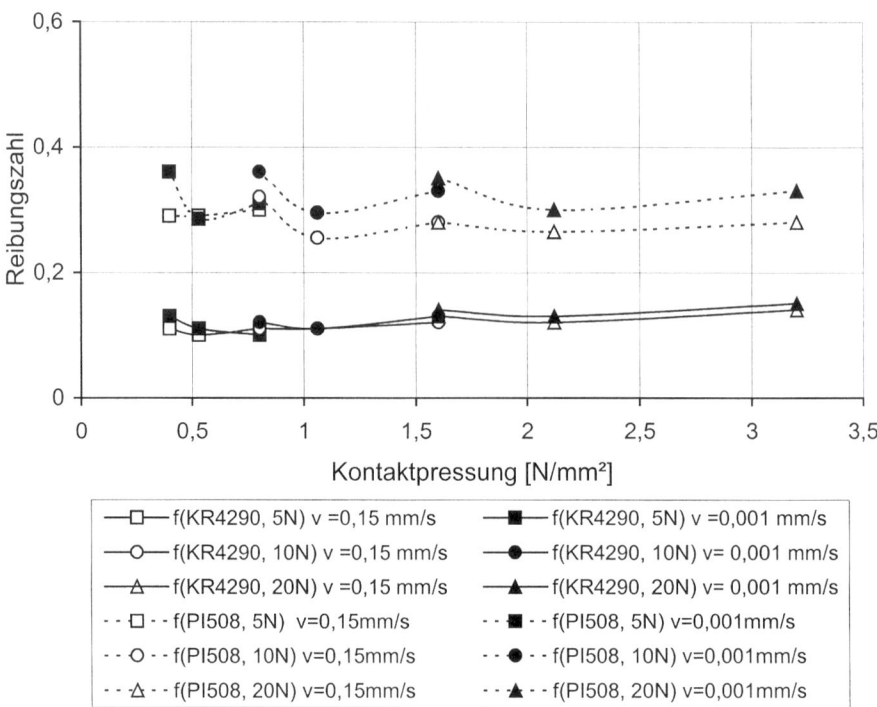

Bild 9.12.14 Reibungszahlen der Gleitpaarungen PA+Kohlenstofffasern und PI+Graphit auf Stahl 100Cr6 als Funktion der Kontaktpressung

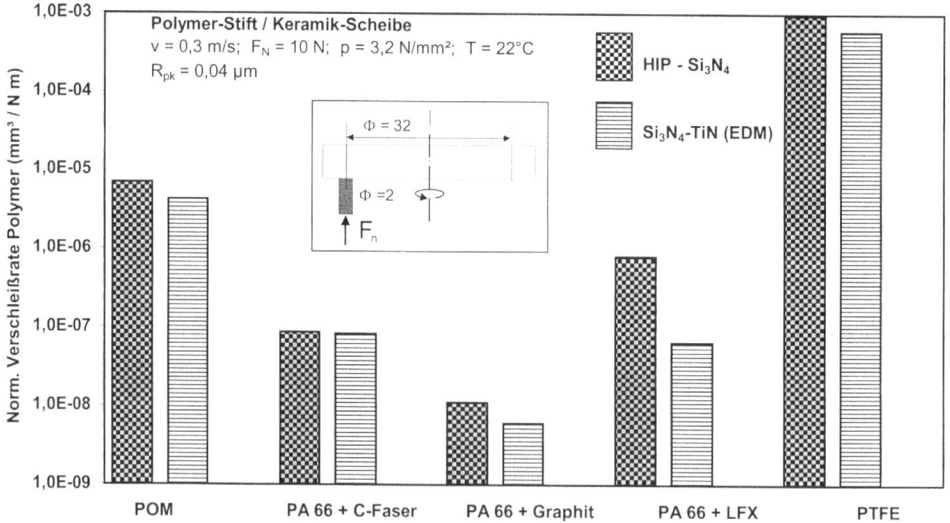

Bild 9.12.15 Normierte Verschleißraten von Polymerwerkstoffen beim Gleiten auf Keramik (Si_3N_4)

In letzter Zeit werden den Kunststoffen zunehmend oxidische oder kohlenstoffbasierte nanoskopische Füllstoffe zugesetzt, da diese aufgrund ihrer großen spezifischen Oberfläche schon bei geringen Mengen von einigen wenigen Vol.-% die mechanischen, (Festigkeit, E-Modul) die chemischen (Oxidationsbeständigkeit) und insbesondere die thermischen Eigenschaften (Einsatztemperatur) deutlich verbessern. Es wird also erwartet, dass dies aufgrund der z. T. hohen Kontakttemperaturen die tribologischen Eigenschaften ebenfalls verbessern sollte. Cho und Bahadur (2005) konnten z. B. zeigen, dass CuO verstärktes PPS ein deutlich besseres Verschleißverhalten zeigt als reines PPS. Dabei wird mit 35 Vol.-% Mikropartikeln die gleiche Verbesserung erzielt, wie mit 2 Vol.-% Nanopartikeln desselben Typs. Das gilt aber nicht per se für jede Art von Nanofüllstoffen. ZnO oder SiC Partikel verschlechtern das Verschleißverhalten von PPS während z. B. ZnO Nanopartikel das von PTFE verbessern. Das Optimum des Gehaltes an Nanopartikeln scheint dabei im Bereich um 1 bis 3 Vol.-% zu liegen, siehe **Bild 9.12.16,** da höhere Gehalte an CuO oder TiO_2 das Verschleißverhalten wieder verschlechtern (Bahadur und Sunkara 2005).

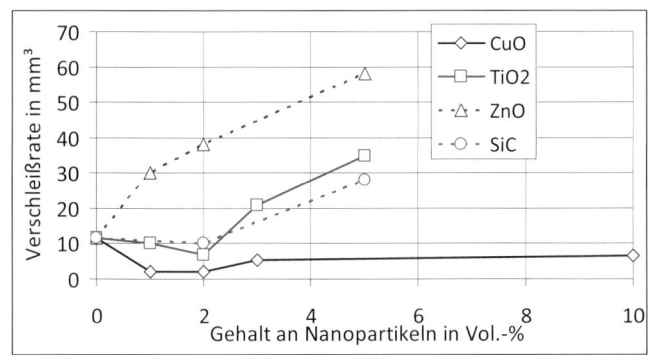

Bild 9.12.16
Volumetrische Verschleißraten von nanopartikelverstärktem PPS nach 35 km Verschleißweg gegen Stahl (v=1 m/s, nominelle Flächenpressung 0,65 MPa, R_a=0,1 µm) nach Bahadur und Sunkara (2005)

Die Gründe für den günstigen Einfluss von harten Füllstoffen Verhalten werden noch diskutiert, so dass man z. Zt. im Wesentlichen von den folgenden Aspekten ausgeht, die auch für mikroskalige Füllstoffe z. B. CuS, CuO oder CuF_2 in PEEK oder NiS in PPS gelten (Sinha und Briscoe 2009):

(a) Die Füllstoffe übernehmen die Spannungen und die Polymermatrix die Dehnungen, so dass die Polymere in der Kontaktfläche weniger geschädigt werden. (b) Die Füllstoffe unterstützen die Bildung eines polymeren Transferfilms, so dass im stationären Bereich nur noch Polymer auf Polymer reibt.

Durch die Partikel werden die Eigenschaften des Transferfilms so verbessert, dass dieser ebenfalls weniger verschleißt.

10 Schmierstoffe

Schmierstoffe dienen zur Reibungs- und Verschleißminderung in tribologischen Systemen. Sie werden in verschiedenen Aggregatzuständen als Schmieröle, Schmierfette oder Festschmierstoffe eingesetzt. Gelegentlich werden auch Wasser, flüssige Metalle oder Gase als Schmierstoffe verwendet. Die Betriebsbedingungen für die Anwendung von Schmierstoffe in Tribosystemen sollen möglichst die Bildung eines die Kontaktpartner trennenden, hydrodynamisch bzw. aerodynamisch erzeugten Schmierfilmes gemäß der Stribeck-Kurve ermöglichen (siehe Bild 6.1).

In **Bild 10.1** ist eine Übersicht der Einsatzbereiche unterschiedlicher Schmierstoffe wiedergegeben. Dabei können auch Pulver, Gleitlacke und Pasten den Festschmierstoffen zugeordnet werden (Deyber, 1982).

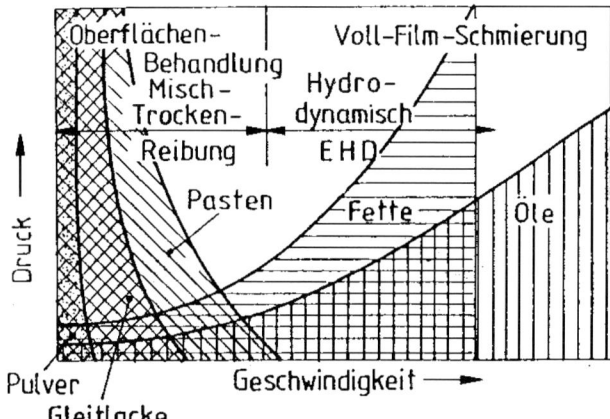

Bild 10.1
Einsatzbereiche von Schmierstoffen

Ausführliche Darstellungen über die Eigenschaften und das Betriebsverhalten von Schmierstoffen werden von Klamann (1982), von Möller und Boor (1987) sowie von Mang und Dresel (2001) gegeben. Hier können nur die wichtigsten, tribologisch relevanten Eigenschaften von Schmierölen, Schmierfetten und Festschmierstoffen behandelt werden.

10.1 Schmieröle

Schmieröle können nach ihrer Herkunft unterteilt werden in:

- Mineralöle
- Tierische und pflanzliche Öle
- Synthetische Öle
- Sonstige, z. B. Wasser, flüssige Metalle

Mineralöle, die aus Erdöl und teilweise aus Kohle gewonnen werden können, besitzen die größte Bedeutung. Sie bestehen aus Paraffinen, Naphtenen und Aromaten. Tierische und pflanzliche Öle wie Rizinusöl, Fischöl, Olivenöl u. a. werden für spezielle Anwendungen, z. B. in der Feinwerktechnik, verwendet. Synthetische Öle gewinnen für die Schmierung bei hohen Temperaturen und zur Reibungsminderung in Verbrennungsmotoren an Bedeutung. Hier sind besonders zu nennen: Polyetheröle (Polyalkylenglycole, Perfluorpolyalkylether, Polyphenylether), Carbonsäureester, Esteröle, Phosphorsäureester, Siliconöle und Halogenkohlenwasserstoffe.

Damit die Schmieröle ihre komplexen Aufgaben erfüllen können, müssen sie eine Reihe physikalischer und chemischer Eigenschaften besitzen.

Für die Erzielung eines hydrodynamischen oder elastohydrodynamischen Schmierungszustandes ist die Viskosität von entscheidender Bedeutung Sie ist ein Maß für die innere Reibung des Schmieröles.

Betrachtet man modellmäßig eine in x-Richtung ausgedehnte, ebene Flüssigkeitsschicht der Dicke dy, so erzeugt eine Schubspannung τ_x eine Scherung, die durch das Scher- bzw. Geschwindigkeitsgefälle $D = dv_x/dy$ gekennzeichnet wird (**Bild 10.1.1**). Dieser Scherung setzt die Flüssigkeit infolge der inneren Reibung einen Widerstand entgegen, der als dynamische Viskosität η bezeichnet wird. Es gilt die Beziehung:

$$\eta = \frac{\tau}{D}$$

Einheit der dynamischen Viskosität η : 1 Pa · s (= 10 Poise).

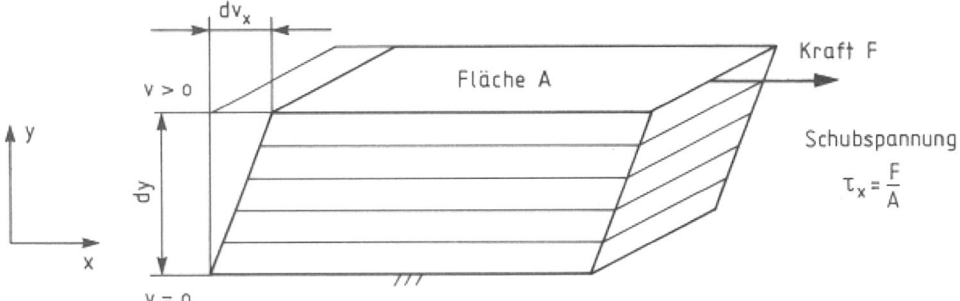

Bild 10.1.1 Scherung eines Flüssigkeitsfilms

Der Quotient aus dynamischer Viskosität η und Dichte ρ wird als kinematische Viskosität ν bezeichnet: Einheit der kinematischen Viskosität ν: m^2/s (= 10^4 Stokes). Zur Umrechnung der dynamischen in die kinematische Viskosität wird die Dichte benötigt, die temperaturabhängig ist.

Die Viskosität ist keine Stoffkonstante, sondern hängt im Allgemeinen von verschiedenen Parametern wie z. B. dem Geschwindigkeits- bzw. Schergefälle D, der Zeit t, der Temperatur T und dem Druck p ab.

Besteht keine Abhängigkeit der Viskosität vom Schergefälle, so spricht man von newtonschen Flüssigkeiten bzw. newtonschen Schmierölen. Hierzu gehören reine Mineralöle sowie synthetische Öle vergleichbarer Molekularmassen. Schmieröle, deren Viskosität vom Schergefälle abhängt, bezeichnet man als nicht-newtonsche Öle.

Nimmt die Viskosität mit steigendem Schergefälle ab, so handelt es sich um strukturviskose Öle. Der Zusatz von Additiven zu newtonschen Grundölen kann Strukturviskosität hervorrufen, z. B. der Zusatz von Polymeren zu Motoren- oder Industrieölen zur Verbesserung des sogenannten Viskositätsindexes.

Hängt die Viskosität von der Zeit ab, so kann man unterscheiden zwischen:

- Thixotropie: Abnahme der Viskosität infolge andauernder Scherbeanspruchung und Wiederzunahme nach Aufhören der Beanspruchung
- Rheopexie: Zunahme der Viskosität infolge andauernder Scherung und Wiederabnahme nach Aufhören der Beanspruchung

Die Viskosität von Schmierölen nimmt mit steigender Temperatur ab, so dass bei jeder Viskositätsmessung die Temperatur angegeben werden muss. Die Temperaturabhängigkeit der Viskosität kann durch verschiedene Näherungsformeln beschrieben werden, wie z. B.:

$$\eta = A \cdot \exp \frac{B}{T + C}$$

wobei A, B und C Konstanten sind und T die absolute Temperatur in K darstellt. Für Schmieröle wird häufig die Transformation nach Ubbelohde-Walter benutzt:

$$\lg \lg (v + c) = K - m \lg T$$

Hierbei bedeuten v die kinematische Viskosität, C eine Konstante (für Mineralöle: 0,6 - 0,9), K eine Konstante, m die Steigung der Geraden bei einer Darstellung in entsprechend skalierten Viskositäts-Temperaturblättern und T die absolute Temperatur in K.

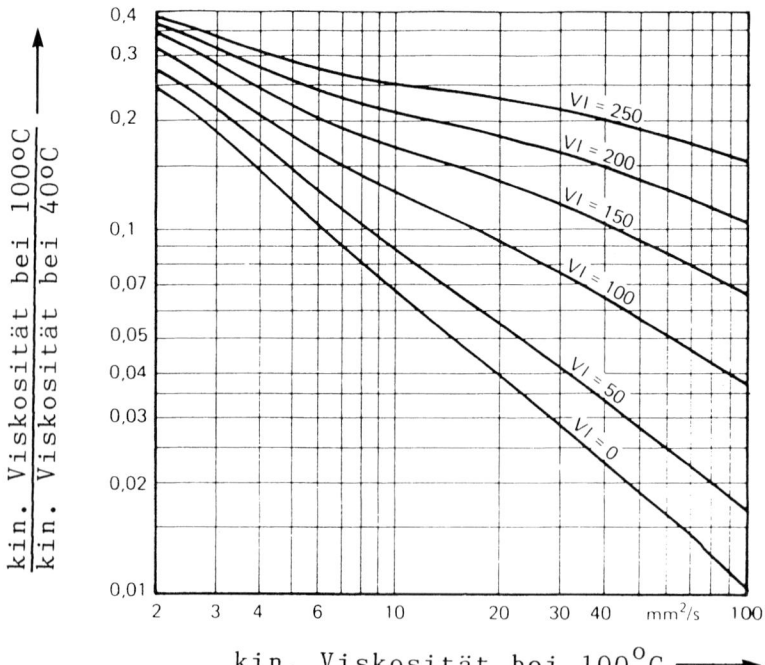

Bild 10.1.2 Nomogramm zur Ermittlung des Viskositätsindex

Zur Kennzeichnung der Temperaturabhängigkeit der Viskosität wird häufig der Viskositätsindex nach DIN ISO 2909 benutzt. Er wurde 1928 mit einer Skala zwischen 0 und 100 eingeführt, wobei das Öl mit der damals bekannten, stärksten Temperaturabhängigkeit der Viskosität einen Viskositätsindex VI = 0 und das Öl mit der geringsten Viskositäts-Temperaturabhängigkeit den Viskositätsindex VI = 100 hatte. Infolge verbesserter Raffinationsverfahren und der Entwicklung von synthetischen Ölen wird der Viskositätsindex von 100 heute deutlich überschritten.

Zur graphischen Darstellung des Viskositätsindex kann man das Diagramm nach Bild 10.1.2 benutzen (Manning, 1974). Dazu bildet man das Verhältnis der kinematischen Viskositäten bei 100 °C und 40 °C v_{100} / v_{40} und liest bei der entsprechenden Viskosität bei 100 °C den ungefähren Viskositätsindex ab.

In der Norm DIN 51519 hat man in Anlehnung an die Norm ISO 3448 die Industrieschmieröle in 18 Viskositätsklassen unterteilt. In **Bild 10.1.3** sind die Viskositäten von Ölen der Viskositätsklassen ISO VG2 - ISO VG 1500 für den Viskositätsindex VI = 100 zusammengestellt.

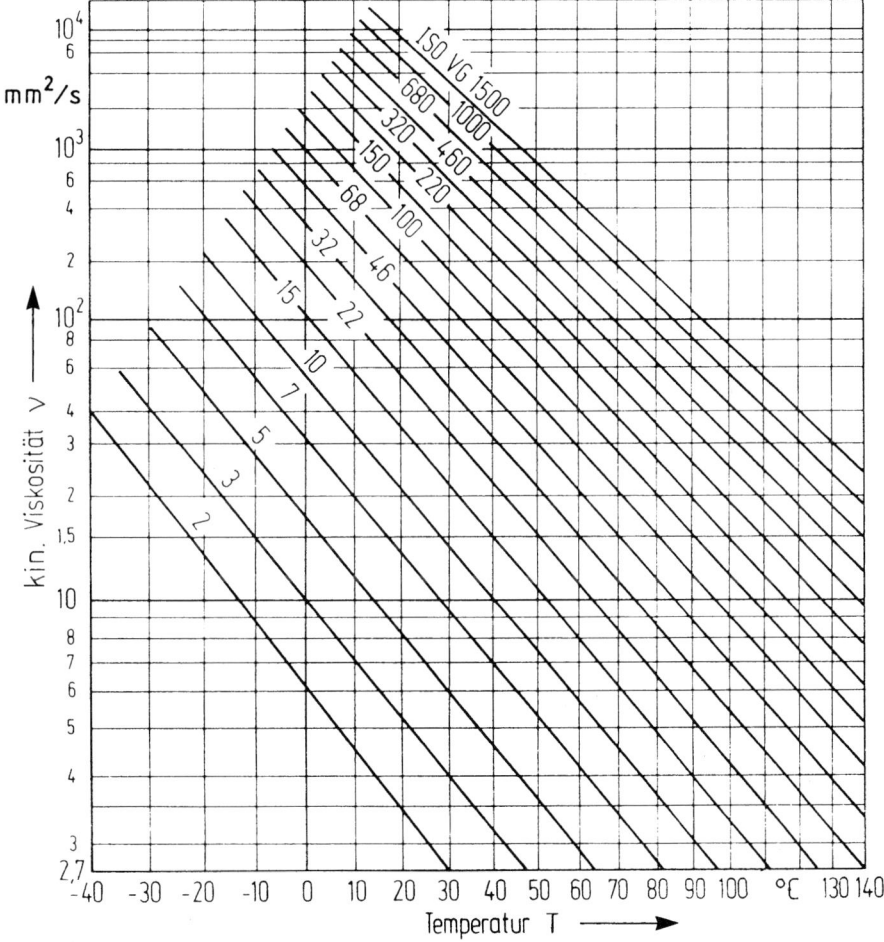

Bild 10.1.3   Viskosität von Schmierölen in Abhängigkeit von der Temperatur, VI = 100

Neben der Temperaturabhängigkeit der Viskosität ist besonders für die elastohydrodynamische Schmierung die Druckabhängigkeit der Viskosität von Bedeutung. Sie wird häufig mit hinreichender Genauigkeit durch die Gleichung von Barus beschrieben:

$$\eta_p = \eta_0 \cdot \exp(\alpha \cdot p)$$

wobei η_0 die Viskosität bei 1 bar, α den sogenannten Viskositätsdruckkoeffizienten und p den Druck darstellen. Die Viskosität nimmt demnach sehr stark (exponentiell) mit steigendem Druck zu, siehe **Tabelle 10.1.1** (Klamann, 1982).

Tab. 10.1.1 Viskositäts-Druck-Koeffizienten und druckabhängige Viskositätssteigerungen

Öltyp	$\alpha_{25°C} \cdot 10^{-2}$ MPa^{-1}	$\dfrac{\eta_{2000bar}}{\eta_{1bar}}$ bei 25°C	$\dfrac{\eta_{2000bar}}{\eta_{1bar}}$ bei 80°C
		ca.	ca.
Paraffinbasische Mineralöle	1,5 - 2,4	15 - 100	10 - 30
Naphthenbasische Mineralöle	2,5 - 3,5	150 - 800	40 - 70
Aromatische Solvent-Extrakte	4 - 8	1.000 – 200.000	100 – 1.000
Polyolefine	1,3 - 2,0	10 - 50	8 - 20
Esteröle (Diester, verzweigt)	1,5 - 2,0	20 - 50	12 - 20
Polyätheröle (aliph.)	1,1 - 1,7	9 - 30	7 - 13
Siliconöle (aliph. Subst.)	1,2 - 1,4	9 - 16	7 - 9
Siliconöle (arom. Subst.)	2 - 2,7	300	-
Phosphatester	~2,3		
Polyphenylether	~5,5		
Chlorparaffine (je nach Halogenierungsgrad)	0,7 - 5	5 – 20.000	-

Damit Schmieröle über einen längeren Zeitraum unter hohen, komplexen Beanspruchungen ihre Funktion erfüllen können, werden ihnen häufig so genannte Additive zugesetzt. Tabelle **10.1.2 gibt** einen Überblick über Additive, welche die Eigenschaften von tribologisch beanspruchten Oberflächen verändern (Meyer, 1985). Dabei können die Additive an den Werkstoffoberflächen adsorbiert werden, mit ihnen chemisch reagieren und Verbindungen bilden, die aus Bestandteilen des Werkstoffes und des Additivs zusammengestellt sind. Daneben gibt es Auftragsschichten, die aus Zersetzungsprodukten von Additiven aufgebaut werden, ohne dass eine chemische Reaktion mit dem Grundwerkstoff stattfindet. Häufig werden Schmierölen verschiedenartige Additive zugesetzt. Dabei ist darauf zu achten, ob sie synergetisch wirken, d. h. sich in ihrer Wirkung unterstützen, oder ob antagonistische Effekte möglich sind, bei denen die Wirkung eines Additivs durch ein anderes eingeschränkt wird. Additive, die auf den

Werkstoffoberflächen Schutzschichten bilden, wurden vor allem für Eisenwerkstoffe entwickelt. Bei der Schmierung von Nichteisenmetallen oder keramischen Werkstoffen können solche Additive unter Umständen unwirksam sein. Von chemisch aggressiven Hochdruckzusätzen können Nichteisenwerkstoffe wie z. B. einige Gleitlagermetalle angegriffen werden. Auch bei der Schmierung von Kunststoffen ist die Verträglichkeit der Additive mit den speziellen Kunststoffen zu prüfen, damit z. B. Bestandteile der Kunststoffe nicht gelöst werden.

Tab. 10.1.2 Schmierstoffadditive für tribologisch beanspruchte Oberflächen

---

1 **Hochdruckadditive, z.B. S-, P- und halogenhaltige organische Verbindungen**
  - chlorierte Paraffine
  - geschwefelte Kohlenwasserstoffe (Polybutene)
  - S- und P_4S_{10}-behandelte Öle
  - aliphatische und aromatische Sulfide und Polysulfide
      $R\text{-}S_n\text{-}R$ (n-1,2.....5; R-Alkyl, Aryl)
  - Metall-Dialkyl(aryl)dithiophosphate und -dithiocarbamate
  - Alkarylphosphate

2 Anti-Verschleiß-Additive
  a) neutrale und saure Phosphor- und Thiophosphorsäureester, ihre Salze und Amide, z.B.
     $(RO)_3PO$ R-Kresyl
     $(RO)_3PS$ R-Phenyl
  b) Ester der aromatischen und aliphatischen Dicarbonsäuren mit Alkandiolen, polykondensationsfähige Partialester aus Dicarbonsäuren und Glycolen (reibpolymerbildende Additive)

3 Korrosionsinhibitoren
  a) Rostschutzadditive
     Petroleumsulfonate $R\text{-}SO_3Na$
     Fettsäureamide $R\text{-}CONR_2$
     Alkenylbernsteinsäurehalbester $R\text{-}CH\text{-}COOH$
                                           /
                                    $CH_2\text{-}COOR$
  b) Buntmetalldesaktivatoren
     Benzotriazole, Tolyltriazole
     Zn-Dialkyldithiophosphate

4 Friction Modifiers (Reibminderer)
  - gesättigte Fettsäuren
  - Fettsäureester
  - Fettsäurealkohole
  - Fettsäureamine
  - Phosphon- und Thioposphonsäureester
  - Säureamide
  - Mo-Verbindungen, z.B. Mo-dithiolate, $Mo(MeC_6H_3S_2)_3$

Weitere Schmierölzusätze: • Viskositätsindexverbesserer • Stockpunkterniedriger • Oxidationsinhibitoren • Detergentien • Dispersants • Demulgatoren • Schaumverhütungsmittel.

Infolge des Betriebes können Schmierstoffe altern. So werden durch Oxidationsprozesse saure Bestandteile gebildet. Daher werden besonders Motorenölen alkalisch wirkende Zusätze zugegeben, welche die sauren Bestandteile neutralisieren. Die Bestimmung der sogenannten alkalischen Reserve erfolgt mittels der Total Base Number (TBN) nach DIN ISO 3771 oder ASTM D 664. Die TBN wird als äquivalente Menge Kaliumhydroxid (mg KOH) angegeben, die der Säuremenge für 1 g Öl entspricht.

Ferner können durch Scherprozesse in den Tribokontaktbereichen langkettige Polymermoleküle, die als Viskositätsindexverbesserer dienen, zerkleinert werden, so dass deren Wirksamkeit abnimmt. Zur Prüfung der Scherstabilität von Schmierölen mit Viskositätsindexverbesserern stehen ebenfalls genormte Prüfverfahren zu Verfügung (z. B. nach DIN 51382). Auch die Wirksamkeit der anderen Additive und ihre zeitliche Veränderung kann in der Regel mit genormten Prüfverfahren kontrolliert werden (siehe DIN-Taschenbücher 20, 32, 57, 58, 192 und 228).

Nach ihrer Anwendung können die Schmieröle folgendermaßen unterteilt werden:

• Maschinenöle • Zylinderöle • Turbinenöle • Motorenöle • Getriebeöle • Kompressorenöle
• Umlauföle • Hydrauliköle • Metallbearbeitungsöle • Kühlschmierstoffe • Textilmaschinenöle

Die größte Gruppe der Schmieröle stellen die Motorenöle dar, die nach ihrer Viskosität klassifiziert werden. Die Klassifizierung wurde von der Society of Automotive Engineers (SAE) in Zusammenarbeit mit der American Society for Testing and Materials (ASTM) erstellt und von der DIN-Norm 51511 übernommen, siehe **Tabelle 10.1.3**.

Tab. 10.1.3 SAE-Viskositätsklassen von Motorenölen (DIN 51 511)

SAE Viskositäts- klasse	Maximale scheinbare Viskosität [1] in mPas bei Temperatur °C	High-Tempe- rature-High-Shear viskosität[3] at 150°C und 10^6 s^{-1}	Maximale Grenz- pumpviskosität[2] mPas	Kinematische Viskosität [4] bei 100 °C mm²/s	
				min.	max.
0W	6.200 bei -35	-	60.000 bei -40	3,8	-
5W	6.600 bei -30	-	60.000 bei −35	3,8	-
10W	7.000 bei -25	-	60.000 bei −30	4,1	-
15W	7.000 bei -20	-	60.000 bei −25	5,6	-
20W	9.500 bei -15	-	60.000 bei −20	5,6	-
25W	13.000 bei -10	-	60.000 bei -15	9,3	-
20	-	>2,6	-	5,6	unter 9,3
30	-	>2,9	-	9,3	unter 12,5
40	-	>2,9*	-	12,5	unter 16,3
50	-	>3,7	-	16,3	unter 21,9
60	-	>3,7	-	21,9	unter 26,1

1) Prüfung nach ASTM D 5293, 2) Prüfung nach ASTM D 4684, 3) Prüfung nach ASTM D 4683
4) Prüfung nach ASTM D445, * für 0W-40, 5W-40 und 10W-40, jedoch >3,7 mPas für 15W-40, 20W-40 und 25W-40

Für die SAE-Viskositätsklassen 0 W bis 25 W sind die Viskositätswerte bei kleiner als -10 °C, +100 °C und die Grenzpumpfähigkeit festgelegt, für die Öle 20 - 60 nur die Viskositätswerte bei 100 °C neben der HTHS-Viskosität. Gegenüber früheren Festlegungen wurden im Dezember 1999 die Tieftemperaturviskositäten erniedrigt. Durch Kombination der Klassen 5 W bis 20 W mit den Klassen 10 - 50 können sogenannte Mehrbereichsöle gebildet werden, die infolge ihres verbesserten Viskositäts-Temperaturverhaltens mehrere Viskositätsklassen überdecken und damit einen Winter- und Sommerbetrieb ermöglichen.

Die Viskositätsklassen von Getriebeölen mit und ohne Hochdruckzusätze sind in **Tabelle 10.1.4** wiedergegeben. Für weitere Angaben, auch zu den anderen Schmierölen, sei auf die einschlägige Literatur verwiesen (z. B. Möller u. Boor, 1987 sowie Klamann, 1982).

Tab. 10.1.4 Viskositätsklassen von Getriebeölen

AGMA-Getriebeöl	Viskositätsbereich bei 100°F (37,8 °C) mm²/s *)	ISO-VG
1	41,4 bis 50,6	46
2	61,2 bis 74,8	68
3	90 bis 110	100
4	135 bis 165	150
5	198 bis 242	220
6	288 bis 352	320
7	414 bis 506	460
8	612 bis 748	680
8 A	900 bis 1100	1000

*) abgeleitete Einheit; original SUS

10.2 Schmierfette

Schmierfette bestehen aus einem Schmieröl ohne oder mit Additiven und einer Seife als eindickendem Stoff. Die Seife liegt in der Regel faserförmig als Gerüst vor, in dem das Schmieröl festgehalten wird. Nach der Art der Seife unterscheidet man zwischen Natriumfetten, Lithiumfetten, Calciumfetten, Aluminiumfetten, Bariumfetten und Komplexfetten. Bei den Komplexfetten entstehen die Seifen durch Co-Kristallisation von zwei oder mehreren Verbindungen. Dazu kommen für Sonderanwendungen Fette mit organischen, aschehaltigen Eindickern (organische Bentonite) und aschefreie Polyharnstoffe.

In **Tabelle 10.2.1** sind die wichtigsten Eigenschaften und Anwendungen von Schmierfetten zusammengestellt (Mader, 1979). Das rheologische Verhalten von Schmierfetten ist zunächst durch eine Fließgrenze gekennzeichnet, d. h. unterhalb einer bestimmten Scherspannung tritt kein Fließen auf. Die Viskosität der strukturviskosen Schmierfette hängt neben der Temperatur und dem Druck stark von der Vorbehandlung und vom Schergefälle ab. Im Allgemeinen nimmt die Viskosität von Schmierfetten mit Scherdauer und Schergefälle ab, siehe **Bild 10.2.1** (Klamann, 1982).

Tab. 10.2.1   Eigenschaften von Schmierfetten auf Mineralölbasis

	Natriumfett	Lithiumfett	Calciumfett	Calcium-komplexfett	Bentonit
Eindickerform	Faser	Faser	Faser	Faser	Plättchen
Faserlänge μm	100	25	1	1	0,5
Faserdurchmesser μm	1	0,2	0,1	0,1	0,1
Kurzbezeichnung	langfaserig	mittelfaserig	kurzfaserig	kurzfaserig	kurzfaserig
Eigenschaften					
Tropfpunkt °C	150 bis 200	170 bis 220	80 bis 100	250 bis 300	rd. 300
Einsatztemperatur					
obere °C	+ 120	+ 140	+ 60	+ 100	+ 150
untere °C	- 30	- 40	- 35	- 30	- 20
Wasserbeständigkeit	unbeständig	gut	sehr gut	sehr gut	gut
Walkbeständigkeit*) 0,1 mm	60 bis 100	30 bis 60	30 bis 60	kleiner 30	30 bis 60
Korrosionsschutz**)	gut	sehr schlecht	schlecht	schlecht	gut
maximale Einsatz-geschwindigkeit***) mm/min	150 bis 250	200 bis 250	150 bis 200	über 250	gut
Einsatz					
Eignung für Wälzlager	gut	sehr gut	bedingt	bedingt	sehr gut
Eignung für Gleitlager	gut	gut	bedingt		gut
Hauptverwendung	Getriebefließfett	Mehrzweckfett		Mehrzweckfett	Hoch-temperaturfett
Preis	mittel	hoch	niedrig	sehr hoch	sehr hoch

*)   Differenz der Penetration nach 60 und 100000 Doppelhüben
**)   kann durch Wirkstoffe verbessert werden
***)   maximaler $n_D \cdot d_m$-Wert (n_D Drehzahl in min^{-1}, d_m mittlerer Lagerdurchmesser in mm)

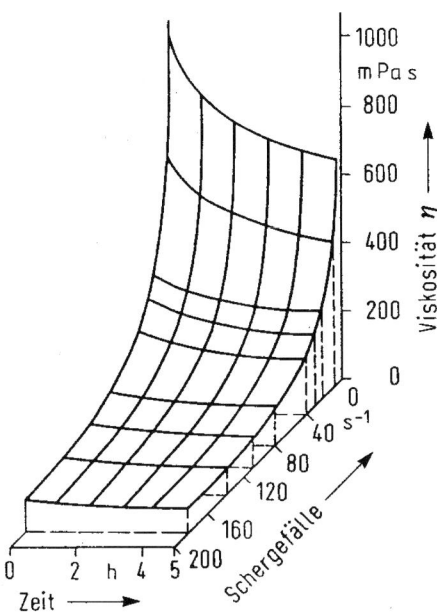

Bild 10.2.1
Viskositäts-Schergefälle-Scherzeitverhalten von
Schmierfetten

Das Fließverhalten von Schmierfetten wird in der Praxis durch die Konsistenzklassen charakterisiert. Zu ihrer Bestimmung wird das Schmierfett zunächst unter genormten Bedingungen (DIN ISO 2137) gewalkt. Dann lässt man unter definierten Bedingungen einen Standardkonus in das Schmierfett eindringen und gibt die nach einer vorgegebenen Eindringdauer gemessene Eindringtiefe an. In **Tabelle 10.2.2** sind die vom National Lubricating Grease Institute (NLGI) in der USA festgelegten Konsistenzklassen mit den zugehörigen Eindringtiefen (Penetration) sowie die Hauptanwendungen wiedergegeben (Möller und Boor, 1987).

In der Schmierungstechnik erfüllen Schmierfette vor allem folgende Aufgaben:

– Abgabe einer geeigneten Menge von flüssigem Schmierstoff durch langsame Separaton, um Reibung und Verschleiß über weite Temperaturbereiche (-70 °C bis 350 °C) und lange Zeiträume zu vermindern.

– Abdichtung gegen Wasser und Fremdpartikel.

10.3 Festschmierstoffe

Festschmierstoffe werden vielfach zur Schmierung unter extremen Bedingungen, wie z. B. bei sehr hohen oder sehr tiefen Temperaturen, in aggressiven Medien, im Vakuum oder unter Bedingungen eingesetzt, bei denen aus wartungstechnischen, sicherheitstechnischen, umwelttechnischen oder gesundheitlichen Gründen auf eine Schmierung mit Ölen oder Fetten verzichtet werden muss. Die Festschmierstoffe können in folgende Gruppen unterteilt werden (Wäsche u. Habig, 1989):

a) Verbindungen mit Schichtgitterstruktur: Dazu gehören die Dichalcogenide der Übergangsmetalle wie z. B. Molybdändisulfid, Graphit, Graphitfluorid, hexagonales Bornitrid und eine Reihe von Metallhalogeniden.

Tab. 10.2.2 NGLI-Konsistenzklassen und Anwendung von Schmierfetten

NLGI-Klasse	Penetration mm/10	Konsistenz	Gleit-lager	Wälz-lager	Zentral-schmier-anlagen	Getriebe-schmierung	Wasser-pumpen	Block-fette
000	445 bis 475	fast flüssig			X	X		
00	400 bis 430	halbflüssig			X	X		
0	355 bis 385	außerordentlich weich			X	X		
1	310 bis 340	sehr weich			X	X		
2	265 bis 295	weich	X	X				
3	220 bis 250	mittel	X	X				
4	175 bis 205	ziemlich weich		X			X	
5	130 bis 160	fest					X	
6	85 bis 115	sehr fest und steif						X

Tab. 10.3.1 Reibungszahl von Festschmierstoffen im Beharrungszustand

Versuchs-bedingungen			Reibungszahl f				
Belastung N	Drehzahl min^{-1}	p · v-Wert N · m/s	Graphit	Graphit/ Sb(SbS$_4$)	MoS$_2$	MoS$_2$/Sb (SbS$_4$)	MoS$_2$/ Graphit
245	500	300	-	0,14 - 0,15	0,03 - 0,05	0,02 - 0,04	0,04 - 0,06
980	500	1200	-	-	0,05	0,01 - 0,03	0,01 - 0,02
1470	500	1800	-	-	-	-	0,03 - 0,05

b) Oxidische und fluoridische Verbindungen der Übergangs- und Erdalkalimetalle: Bleioxid, Molybdänoxid, Wolframoxid, Zinkoxid, Cadmiumoxid, Kupferoxid, Titandioxid u.a. Calciumfluorid, Bariumfluorid, Strontiumfluorid, Ceriumfluorid, Antimontrioxid, Lithiumfluorid, Natriumfluorid

c) Weiche Metalle: Blei, Indium, Silber, Zinn

d) Polymere: PTFE, Polyimid u. a.

Verbindungen mit Schichtgitterstruktur

In dieser Gruppe kommt Molybdändisulfid und Graphit eine besondere Bedeutung zu. Molybdändisulfid wird häufig in organische oder anorganische Substanzen eingelagert. Beide Festschmierstoffe besitzen ein hexagonales Gitter, dessen Basisflächen bei der Relativbewegung aufeinander abgleiten können. Damit die Scherkräfte zwischen den Gleitflächen niedrig sind, müssen in das Graphitgitter Wassermoleküle oder Fremdatome interkaliert werden. Werden die Wassermoleküle im Vakuum oder bei hohen Temperaturen desorbiert, so steigt die Reibungszahl im Allgemeinen stark. Daher ist die Reibungszahl von Graphit im Vakuum deutlich höher als an Luft, siehe **Bild 10.3.1** (Buckley, 1981). Molybdändisulfid ist dagegen im Vakuum ein besonders guter Festschmierstoff, weil die Bindungskräfte zwischen den hexagonalen Gleitflächen auch ohne den Einbau von Fremdatomen niedrig sind. Mit durch Gasphasenabscheidung erzeugten, sauerstoff-freie Molybdändisulfid-Schichten können unter bestimmten Bedingungen Reibungszahlen von f = 0,001 erreicht werden (Donnet, Belin, Le Mogne, Martin 1996), was einer Scherspannung im Mikrokontakt von ~1 MPa entspricht.

In **Tabelle 10.3.1** sind die Reibungszahlen (Bartz und Holinski, 1986) und in Tabelle 10.3.2 (Bartz und Holinski, 1986) die Verschleißkoeffizienten einiger Festschmierstoffe auf Graphit- und Molybdändisulfidbasis zusammengestellt. Der Verschleiß der Feststoffschmierschichten nimmt in der Regel mit steigender Belastung und Geschwindigkeit zu, so dass die Lebensdauer dementsprechend mit beiden Beanspruchungsgrößen abnimmt. Bei Festschmierstoffen auf Molybdändisulfidbasis hat die Geschwindigkeit einen stärkeren Einfluss auf die Lebensdauer als die Belastung, siehe Bild **10.3.2** (Bartz, 1987).

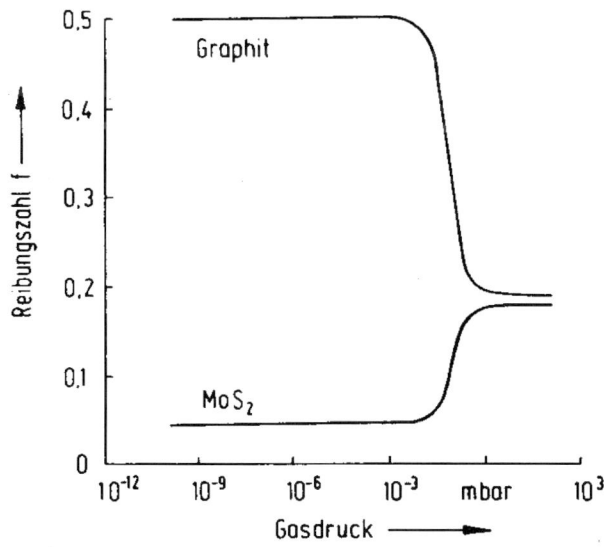

Bild 10.3.1
Reibungszahl von Graphit und Molybdändisulfid in Abhängigkeit vom Gasdruck des Umgebungsmediums

Tab. 10.3.2 Verschleißkoeffizienten in 10^{-7} mm³/N·m für Festschmierstoffe

Betriebsbedingungen	Schmierstoff			
	Graphit	MoS$_2$	MoS$_2$/Graphit	MoS$_2$/Sb(SbS$_4$)
Belastung 245 N Drehzahl 500 min^{-1}	8,2	1,0	-	-
Belastung 980 N Drehzahl 500 min^{-1} Drehzahl 1000 min^{-1}	- -	1,7 -	- -	0,9 0,7
Belastung 1470 N Drehzahl 500 min^{-1} Drehzahl 1000 min^{-1}	- -	- -	0,6 1,6	- -

Molybdändisulfid kann auf unterschiedliche Substratwerkstoffe aufgebracht werden. **Bild 10.3.3** zeigt die Abhängigkeit der Reibungszahl von der Substrathärte. Ab einer Substrathärte von 100 HV wird unter den gegebenen Bedingungen eine ziemlich konstante Reibungszahl von ca. 0,05 erreicht (Peterson u. Kanakia, 1988). Bringt man Molybdändisulfid durch Sputtern auf Hartstoffschichten auf, so kann die Reibungszahl mit TiB2, BN und B als Hartstoffschichten auf Werte von 0,01 bis 0,02 reduziert werden (**Bild 10.3.4**). B4C bewirkt als Hartstoffschicht dagegen eine schlechte Haftung des Molybdändisulfids, so dass die Reibungszahl ansteigt (Kuwano u. Nagai, 1986).

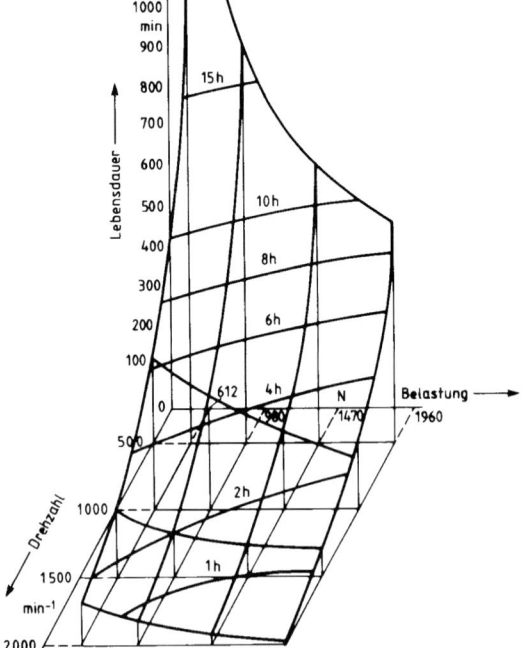

Bild 10.3.2
Lebensdauer eines Festschmierstofffilmes aus MoS2, Graphit und Sb(SbS4) in Abhängigkeit von Gleitgeschwindigkeit und Belastung

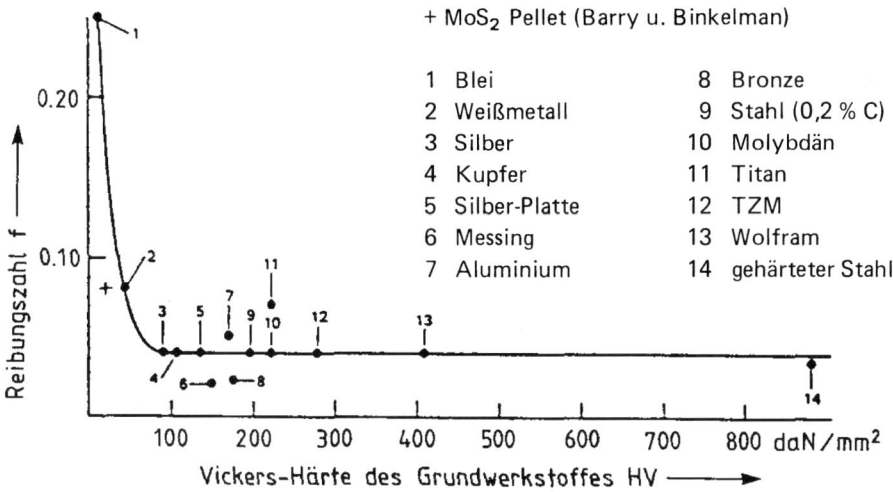

Bild 10.3.3   Einfluss der Substrathärte auf die Reibungszahl von Molybdändisulfidschichten

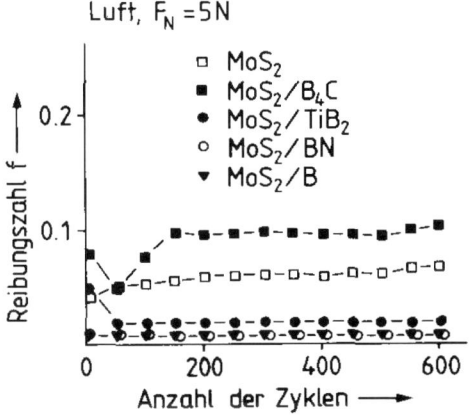

Bild 10.3.4

Einfluss von Hartstoffschichten auf die Reibungszahl von gesputterten Molybdändisulfidschichten

Oxide

Die Anwendung von Oxiden als Festschmierstoffe für hohe Temperaturen ist Gegenstand zahlreicher Untersuchungen (Wäsche und Habig, 1989). Die Oxide bilden keine ausgeprägten Schichtgitter mit schwachen van-der-Waals-Bindungen, sondern fast ausschließlich ionische und teilweise auch kovalente Bindungen. Daher haben die meisten Oxide bei Raumtemperatur Reibungszahlen im Bereich von $f > 0,2$. Eine besondere Bedeutung scheint Titandioxid zu besitzen, mit dem bei Raumtemperatur Reibungszahlen $f \sim 0,2$ und Verschleißkoeffizienten von $\sim 10^{-7}$ mm³/Nm gemessen wurden (Woydt, Kadoori, Hausner und Habig, 1990). Bildet sich Titandioxid durch tribochemische Reaktion auf Titannitrid oder Titancarbid, so nimmt die Reibungszahl ähnlich niedrige Werte an (Habig, 1989). Besonders niedrige Reibungszahlen sollen unterstöchiometrische Titandioxidschichten besitzen (Gardos, 1988). Nach Erdemir (1996) erzielt H_3BO_3 Reibungszahlen von 0,03...0,05 und dient als Erklärung für das günstige

Reibungs- und Verschleißverhalten von Boriden und B_4C, sobald in feuchter Luft durch Tribooxidation B_2O_3 und H_3BO_3 gebildet wurden. Allerdings zersetzt sich H_3BO_3 oberhalb von 180 °C.

Neuerdings wurden unbeschichtete, keramische Gleitpaarungen erarbeitet, welche bei T = 400 °C, v = 3 m/s, s = 20 km im Trockenlauf Reibungszahlen von f = 0,005 zeigten, verbunden mit Verschleißkoeffizienten von K = 4,0 10^{-8} mm³/Nm. Dabei kommen keine „klassischen" intrinsischen oder extrinsischen Festschmierstoffe zum Einsatz. Die Gleitpaarungen bestehen aus antimonimprägnierten Kohlenstoff (EK3245) gegen Al_2O_3 oder $MgO-ZrO_2$, wobei sich auf den Oberflächen Zirkonhydroxyde, wie $Zr(OH)_4$, tribochemisch bildeten (Woydt 2003).

In **Bild 10.3.5** ist die Reibungszahl einiger Oxide in Abhängigkeit von der Temperatur dargestellt (Peterson, Calabrese und Stupp, 1982). Danach hat vor allem Bleioxid eine relativ niedrige, von der Temperatur nahezu unabhängige Reibungszahl. Die Temperaturunabhängigkeit der Reibungszahl von Bleioxid ist aber nur bei hinreichend großen Gleitgeschwindigkeiten gegeben, siehe **Bild 10.3.6** (Amoto und Martinengo, 1973).

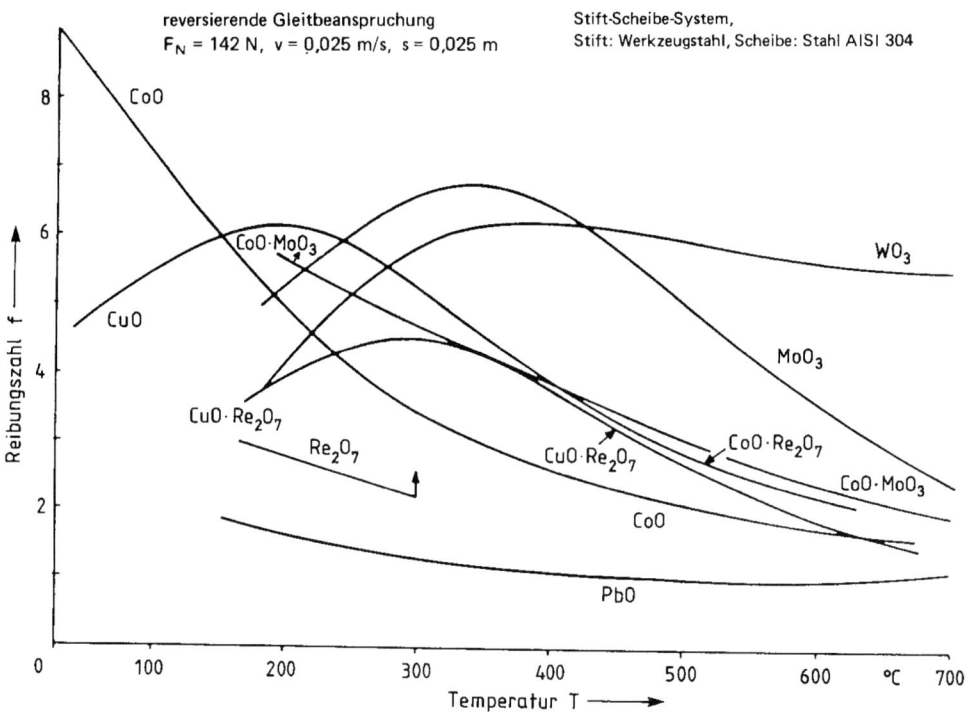

Bild 10.3.5   Temperaturabhängigkeit der Reibungszahl von Oxiden

Fluoride

Im Bereich der Hochtemperaturfeststoffschmierung kommt den Fluoriden der Alkali- und Erdalkalimetalle eine besondere Bedeutung zu. Diese Verbindungen bilden reine, kubische Ionenkristalle, die bei Raumtemperatur spröde sind. Die mit steigender Temperatur zunehmende Ionenbeweglichkeit im Kristall führt zu einer plastischen Verformbarkeit, die mit sinkendem Schmelzpunkt der Substanzen zunimmt.

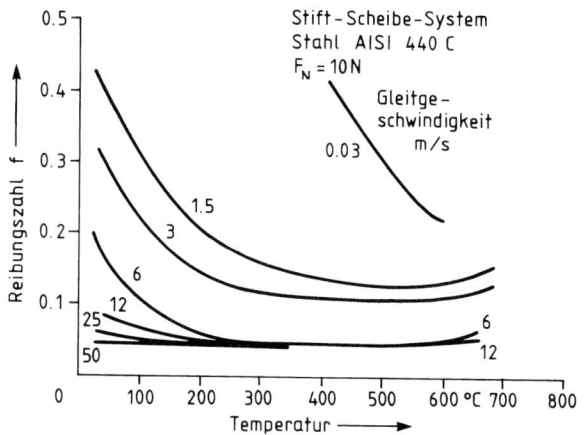

Bild 10.3.6
Einfluss von Temperatur und
Gleitgeschwindigkeit auf die Reibungszahl von Bleioxidfilmen mit
5 % SiO_2, Schichtdicke 30 µm

Da z. B. für Calciumfluorid bei Raumtemperatur infolge seines spröden Verhaltens recht hohe
Reibungszahlen von f = 0,4 bis 0,5 gemessen werden, versucht man, durch Zusatz eines weiteren Fluorids, das mit Calciumfluorid ein Eutektikum bildet, den Schmelzpunkt zu erniedrigen
und damit die plastische Verformbarkeit zu tieferen Temperaturen hin zu verschieben.

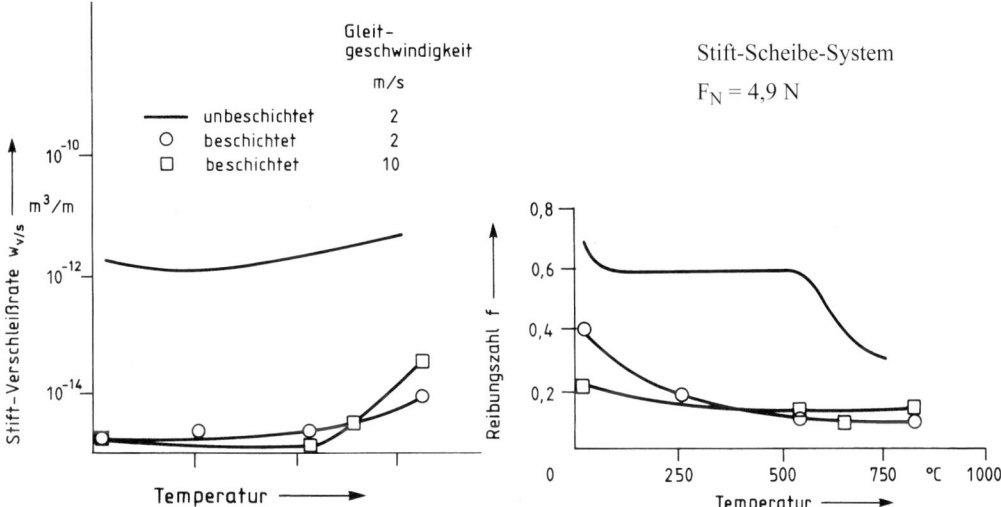

Bild 10.3.7 Verschleiß und Reibung einer $CaF_2/BaF_2(38/62)$-Beschichtung auf einer Ni-Cr-Legierung

Bild 10.3.7 zeigt das Reibungs- und Verschleißverhalten einer Beschichtung aus 38 % CaF_2
und 62 % BaF_2, die auf eine Ni-Cr-Legierung aufgebracht wurde (Sliney, Strom und Allen,
1965). Im Vergleich zum unbeschichteten Zustand wird eine beträchtliche Verschleiß- und
Reibungsminderung erreicht. Die Erhöhung der Gleitgeschwindigkeit, die zu einer reibbedingten Temperaturerhöhung führen dürfte, bewirkt bei Raumtemperatur eine starke Abnahme der
Reibungszahl (Sliney, Strom und Allen, 1965). Durch den Zusatz von Silber lässt sich die
Reibungszahl unterhalb des Übergangs zum plastischen Verhalten deutlich reduzieren (Wagner und Sliney, 1986).

Weiche Metalle

Weiche Metalle besitzen neben einer geringen Scherfestigkeit und einer hohen Duktilität eine hohe thermische Leitfähigkeit, wodurch die Ableitung der Reibungswärme gefördert wird. Das tribologische Verhalten metallischer Festschmierstoffschichten hängt entscheidend von der Dicke der Schicht und der Härte des Substratwerkstoffes und des Gegenkörperwerkstoffes ab.

Bild 10.3.8 zeigt die Abhängigkeit der Reibungszahl von der Dicke von Blei- und Gold-Filmen. Die Kurven sind der Stribeck-Kurve (siehe Kapitel 7) ähnlich. Bei einer optimalen Schichtdicke, die zwischen 0,1 und 1 µm liegt, nimmt die Reibungszahl ein Minimum an. Unterhalb der optimalen Filmdicke steigt die Reibungszahl infolge der zunehmenden Substratkontakte an, oberhalb der optimalen Filmdicke wächst der Anteil der plastischen Verformung im Film (Spalvins und Buzek, 1981)

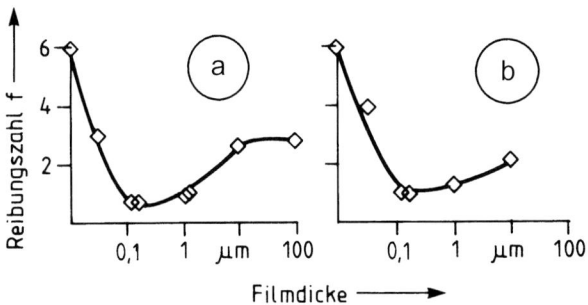

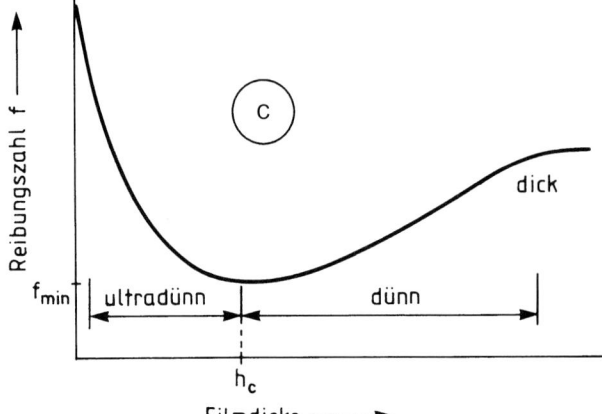

Bild 10.3.8
Reibungsverhalten dünner, weicher Metallfilme
a) Blei
b) Gold
c) schematischer Ablauf

Bei der Feststoffschmierung mit Metallen kann die Reibungszahl mit steigender Belastung abnehmen, wie es am Beispiel der Schmierung einer Stahlpaarung mit einem 40 µm dicken Indiumfilm in **Bild 10.3.9** gezeigt wird. Die Reibungszahl wird von der Scherfestigkeit des Indiumfilmes und der Größe der wahren Kontaktfläche bestimmt. Die Größe der wahren Kontaktfläche hängt von der elastischen Deformation des Stahlsubstrates ab, die degressiv mit steigender Belastung zunimmt (Bowder und Tabor, 1950).

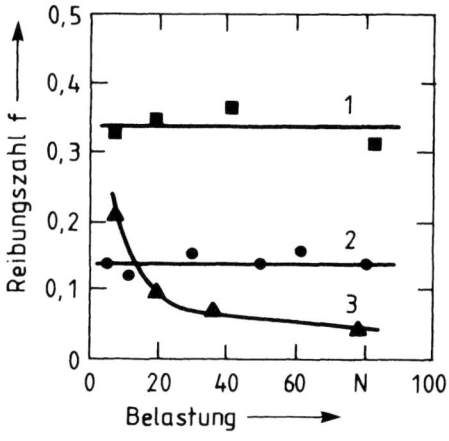

Bild 10.3.9
Reibung von Stahlgleitpaarungen
1 ungeschmiert
2 mit Mineralöl
3 mit einem 40 µm dicken In-Film

Abschließend ist in **Bild 10.3.10** die Reibungszahl verschiedenartiger Festschmierstoffe in Abhängigkeit von der Temperatur dargestellt, aus denen sich Hinweise für Anwendungen bei unterschiedlichen Temperaturen entnehmen lassen (Peterson und Kanakia, 1988).

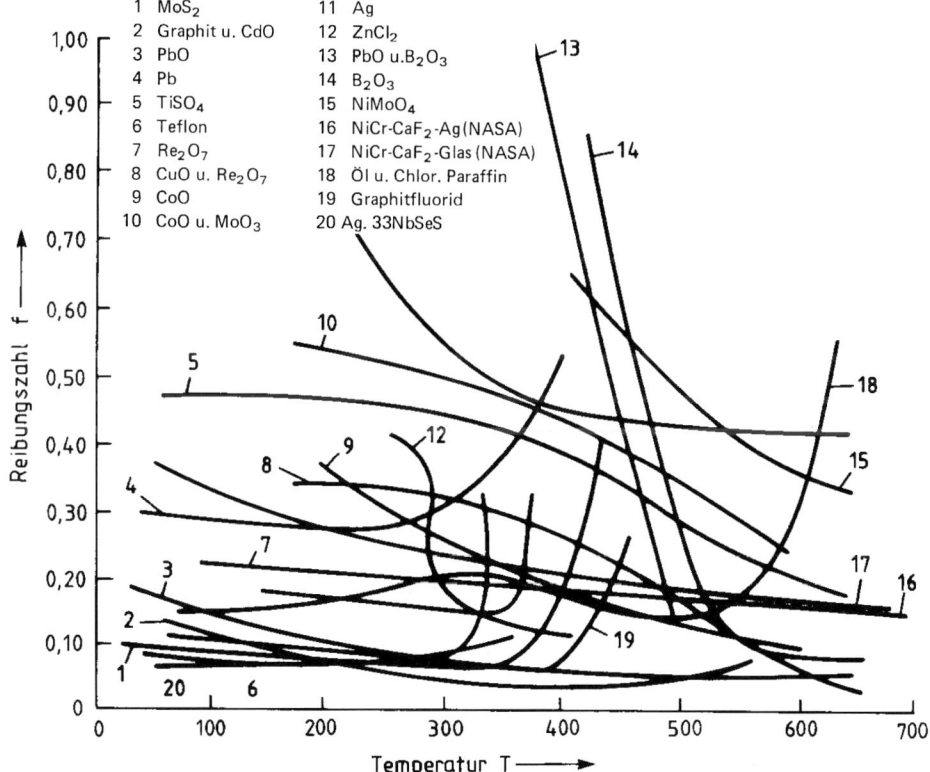

Bild 10.3.10   Einfluss der Temperatur auf die Reibungszahl verschiedenartiger Festschmierstoffe

11 Tribologie von Konstruktionselementen

Die Konstruktionselemente von Maschinen lassen sich durch einen kurzen historischen Rückblick illustrieren. Leonardo da Vinci skizzierte 1492 in dem 1965 wiederentdeckten Codex Madrid I, die wesentlichen Prinzipien der *Elementi macchinali*. Franz Reuleaux teilte in seiner Theoretischen Kinematik (1875) die *Mechanismen von Maschinen* in 22 elementare Klassen ein. Diese Konstruktionselemente bilden die Grundlage für die Realisierung mechanischer Funktionen in Maschinen – bis hin zur heutigen Mikrotechnik, siehe **Bild 11.1**.

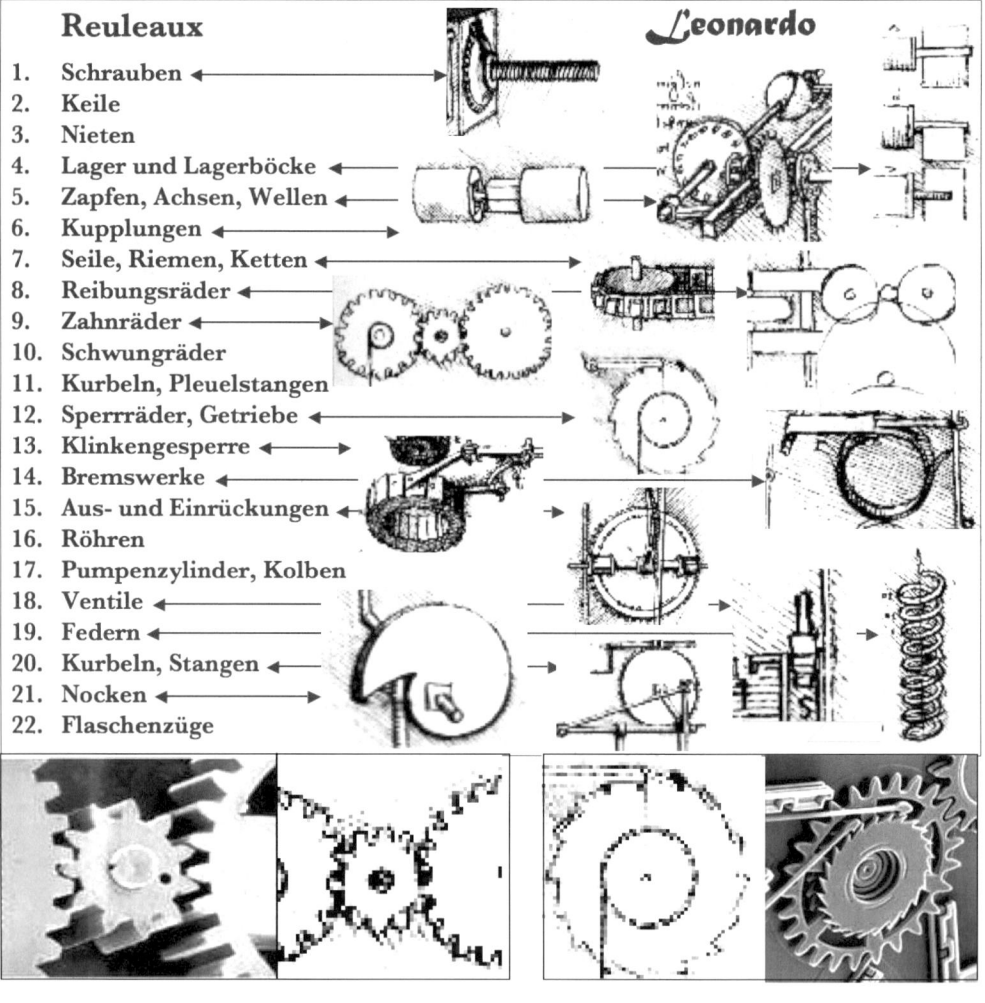

Reuleaux   *Leonardo*

1. Schrauben
2. Keile
3. Nieten
4. Lager und Lagerböcke
5. Zapfen, Achsen, Wellen
6. Kupplungen
7. Seile, Riemen, Ketten
8. Reibungsräder
9. Zahnräder
10. Schwungräder
11. Kurbeln, Pleuelstangen
12. Sperrräder, Getriebe
13. Klinkengesperre
14. Bremswerke
15. Aus- und Einrückungen
16. Röhren
17. Pumpenzylinder, Kolben
18. Ventile
19. Federn
20. Kurbeln, Stangen
21. Nocken
22. Flaschenzüge

Bild 11.1   Klassische Maschinenelemente und Beispiele mikromechanischer Zahnräder und Getriebe

Die in Bild 11.1 dargestellten klassischen Maschinenelementen sind mit der Ausnahme von Seilen, Riemen und Federn sämtlich tribologische Systeme, denn sie realisieren ihre technische Funktion über kontaktierende, statische oder dynamische Wirkflächenpaare.

Die heutige Konstruktionssystematik gliedert nach Funktion und Wirkprinzip gemäß der Systematik von Wolfgang Beitz (HÜTTE, Springer 2007), siehe **Tabelle 11.1**.

Tab.11.1 Die elementaren Kategorien der Maschinenelemente

Kategorie	Konstruktionselemente: Funktion und Wirkprinzip
Bauteilverbindungen	Feste Lagezuordnung von Bauteilen durch Form-Kraft(Reib)- oder Stoffschluss
Federn	Aufnehmen, Speichern und Übertragen mechanischer Energie (Kräfte, Momente, Bewegungen)
Lagerungen und Führungen	Aufnahme und Übertragen von Kräften zwischen relativ zueinander bewegten Komponenten mit vorgegebenen Freiheitsgraden
Kupplungen und Gelenke	Übertragen von Rotationsenergie (Drehmomente, Drehbewegungen) über Wirkflächenpaare von Wellensystemen
Getriebe	Übertragen von Leistungen über Formschluss oder Reibschluss von Wirkflächenpaaren bei Änderung von Kräften, Momenten und Geschwindigkeiten
Elemente zu Führung von Fluiden	Führen, Verändern und zeitweises Sperren von Fluiden nach Gesetzen der Hydro- oder Gasdynamik
Dichtungen	Sperren oder Vermindern von Fluid- oder Partikelströmen durch Fugen miteinander verbundener Bauteile

Nachdem in dem vorangehenden Kapiteln Tribomaterialien behandelt wurden, wird im Folgenden das tribologische Verhalten von ausgewählten Konstruktionselementen vorgestellt: • Gleitlager • Wälzlager • Zahnradpaarungen • Axiale Gleitringdichtungen • Kolbenring/ Zylinderlaufbahn • Nocken/Nockenfolger. Dabei werden neben den werkstofftechnischen Aspekten im besonderen Maße schmierungstechnische und konstruktive Gesichtspunkte berücksichtigt. Methoden der Maschinendiagnostik werden – mit den Themen *Schadensverhütungsstrategien, Zustandsüberwachung, Zerstörungsfreie Prüfung* – im Kapitel 22 *Machinery Diagnostics* dargestellt.

11.1 Lager

Lager haben die technische Funktion, Kräfte aufzunehmen und Relativbewegungen, in der Regel Rotationsbewegungen, zu ermöglichen. Dazu werden in der Praxis vor allem Gleit- und Wälzlager eingesetzt. Nach der Richtung der aufzunehmenden Kräfte unterscheidet man zwischen Radial- und Axiallagern. In Abhängigkeit von Belastung und Drehzahl sind in **Bild 11.1.1** am Beispiel der Radiallager Einsatzbereiche von Wälzlagern und unterschiedlichen Gleitlagern – Trockengleitlager, ölgetränkte Sintergleitlager und hydrodynamisch geschmierte Gleitlager – dargestellt, wobei eine Lebensdauer von 10000 Stunden zugrunde gelegt wird (Neale, 1973). Demnach können mit hydrodynamisch geschmierten Gleitlagern die höchsten

Belastungen und Drehzahlen erreicht werden. Sie zeichnen sich außerdem durch eine große Laufruhe aus; der Schmierfilm wirkt schwingungs- und geräuschdämpfend. Andererseits erfordern solche Lager im Gegensatz zu Wälzlagern eine geregelte Schmierstoffzufuhr und einen regelmäßigen Wartungsaufwand. Wälzlager müssen dagegen nicht einlaufen, sie haben meistens eine kleinere Baulänge als Gleitlager und ihr Laufverhalten hängt nicht von der Oberflächenrauheit der Welle ab. Man kann daher die Frage, ob Gleit- oder Wälzlager günstiger sind, nicht allgemein beantworten, sondern muss die jeweiligen Anforderungen berücksichtigen (Niemann, 1981). Nachfolgend sollen zunächst die Gleitlager und dann die Wälzlager behandelt werden.

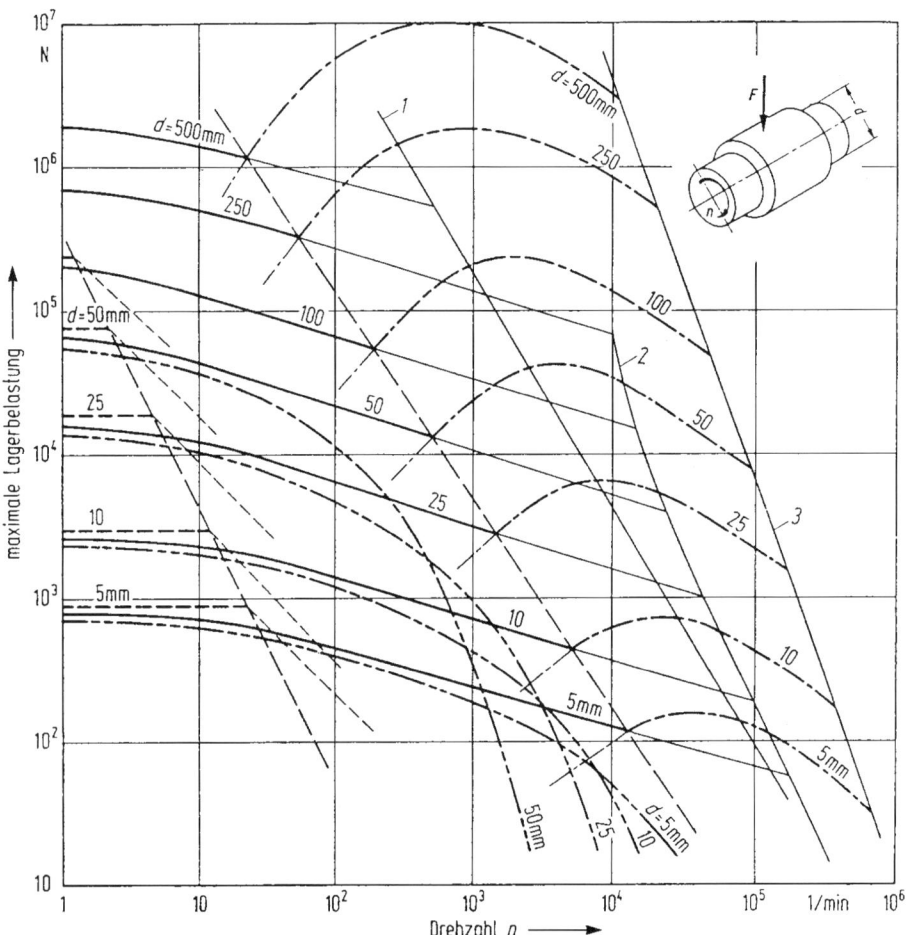

1 Maximale Grenzgeschwindigkeit für Wälzlager; *2* Maximale Grenzgeschwindigkeit für Hochgeschwindigkeitskugellager; *3* übliche Grenze für Wellenwerkstoffe
---------- Trockenlager; —··—··— Ölgetränkte metallische Sinterlager (poröse metallische Lager); ————— Wälzlager; —·—·— Hydrodynamisch arbeitende Lager

Bild 11.1.1   Kennlinienfeld zur Auswahl von Radialgleitlagern

11.1.1 Gleitlager

Gleitlager bestehen aus einer Welle und einer oder zwei Lagerschalen, die in ein Lagergehäuse eingebaut ist/sind. Die Welle, die eine Rotation ausführt, ist im Allgemeinen aus Stahl oder Kugelgraphitguss gefertigt. Die Lagerschale besteht meistens aus einem weicheren Werkstoff wie z. B. aus einem speziellen metallischen Gleitlagerwerkstoff oder aus Kunststoff, die auch auf einem Stahlträger aufgebracht sein können (üblich bei Motoranlagen). Das Reibungs- und Verschleißverhalten eines Gleitlagers hängt entscheidend davon ab, ob sich ein Zwischenstoff (Schmierstoff) zwischen Welle und Lagerschale befindet (vgl. Bild 6.1), mit dem unterschiedliche Reibungs- bzw. Schmierungszustände erreicht werden können, siehe **Tab. 11.1.1**.

Tab. 11.1.1 Gleitlager mit unterschiedlichen Zwischenstoffen und Reibungszuständen

Zwischenstoff	Reibungszustand	Anwendungen, Beispiele
Öl	Flüssigkeitsreibung (hydrodynamisch, hydrostatisch) Mischreibung, Grenzreibung	Lager des Maschinenbaus in weiten Belastungs- und Geschwindigkeitsbereichen
Flüssigkeiten (Wasser, Säuren, Laugen, etc.)	Flüssigkeitsreibung Mischreibung, Grenzreibung	Lager im Schiffsbau und in der chemischen Industrie
Luft oder andere Gase	Gasreibung (aerodynamisch, aerostatisch)	Lager bei hohen Drehzahlen (Spindellagerungen)
Fett	Mischreibung, Grenzreibung	Lager bei hohen Belastungen und geringen Geschwindigkeiten
Festschmierstoff	Festkörperreibung	Lager bei extremen Bedingungen (Vakuum, hohe Temperaturen)
ohne Zwischenstoff	Festkörperreibung	wartungsfreie Trockengleitlager, Lager bei begrenzten Geschwindigkeiten und Belastungen

Im Folgenden werden ölgeschmierte Gleitlager und Trockengleitlager beschrieben, wie sie im Maschinenbau für vielfältige Bewegungssysteme angewendet werden.

Die speziellen Aspekte von Mikrotechnik-Gleitlagerlagern sind in Kapitel 13.4 dargestellt, eine Fallstudie für ein wartungsfreies Feinwerktechnik-Gleitlager gibt Kapitel. Führungen und Lagerungen in Werkzeugmaschinen werden in Kapitel 14.2 behandelt, hierbei zeigt Bild 14.10 das Beispiel eines aerostatischen Gleitlagers mit poröser Keramik als Gleitlagerwerkstoff.

Ölgeschmierte Gleitlager

Das Betriebsverhalten von ölgeschmierten Gleitlagern soll am Beispiel eines Radialgleitlagers beschrieben werden. In **Bild 11.1.2** ist ein solches Lager schematisch dargestellt. Durch die Rotation der Welle wird Öl in das Lager gepumpt, wobei Gleichgewicht zwischen der Lagerbelastung (Aktionskraft) und der infolge des hydrodynamisch aufgebauten Schmierfilmdrucks entstehenden Lagerrückstellkraft (Reaktionskraft) erst bei mehr oder weniger starker exzentrischer Wellenlage in der Lagerbohrung eintritt.

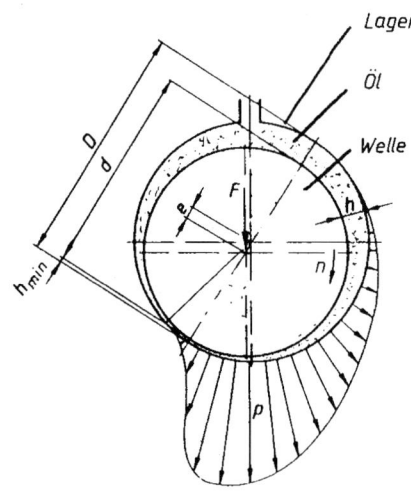

B:	Lagerbreite	n:	Drehzahl
D:	Lagerdurchmesser	p:	örtlicher Schmierfilmdruck
d:	Wellendurchmesser	s:	Lagerspiel D − d
e:	Exzentrizität (Verlagerung der Wellenachse	ψ:	relatives Lagerspiel $\dfrac{D-d}{D}$
	gegenüber der Lagerachse)		
F:	Lagerkraft	ϵ:	relative Exzentrizität $\dfrac{e}{s/2}$
h:	örtliche Schmierfilmdicke		
h_{min}:	minimale Schmierfilmdicke	η:	Ölviskosität

Bild 11.1.2   Komponenten eines Gleitlagers und zur Berechnung der minimalen Schmierfilmdicke eines Gleitlagers benötigte Größen

In Abhängigkeit von der Winkelgeschwindigkeit der Welle, der Lagerbelastung und der Ölviskosität werden unterschiedliche Reibungszustände durchlaufen, die sich mit der Stribeckkurve (siehe Kapitel 6) kennzeichnen lassen: Grenzreibung, Mischreibung, Flüssigkeitsreibung.

Bei der Flüssigkeitsreibung sind Welle und Lagerschale durch einen hydrodynamisch sich aufbauenden Schmierfilm vollständig voneinander getrennt. Zur Berechnung hydrodynamisch geschmierter Gleitlager liegt eine Reihe von Arbeiten vor (z. B. Vogelpohl, 1958; Lang und Steinhilper, 1978; Winer und Cheng, 1980; Peeken 1981; Niemann, 1981; DIN 31652, Ausgabe 1983; VDI-Richtlinie 2204). Die Norm DIN 31652 und die VDI-Richtlinie 2204 enthalten detaillierte Angaben zur betriebssicheren Auslegung von ölgeschmierten hydrodynamischen Gleitlagern mit vollständiger Trennung von Welle und Lagerschale durch einen Schmierfilm.

Die Abschätzung der Schmierfilmdicke soll hier nach Winer und Cheng (1980) erfolgen. Dazu ist zunächst die charakteristische Lagerkennzahl zu ermitteln, die der Sommerfeldzahl umgekehrt proportional ist:

$$S = \frac{\eta \cdot n \cdot B \cdot D}{\psi^2 \cdot F}$$

Die in der Formel enthaltenen Größen können Bild 11.1.2 entnommen werden.

Mit Hilfe der charakteristischen Lagerkennzahl kann man nach **Bild 11.1.3** die auf das Lagerspiel s bezogene minimale Schmierfilmdicke h_{min} ermitteln. Die linke Grenze des Bereiches zwischen Max. F (maximale Belastung) und Min. f (minimale Reibung) gibt die minimale Schmierfilmdicke für minimale Reibung an. Die rechte Grenze stellt die optimale Schmierfilmdicke für maximale Belastung dar.

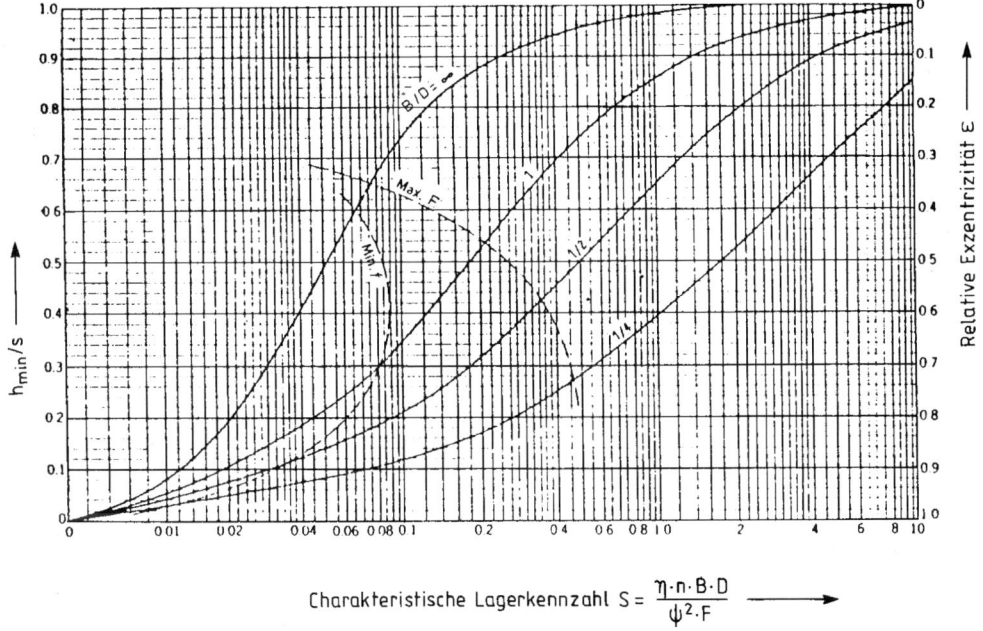

Bild 11.1.3   Nomogramm zur Ermittlung der minimalen Schmierfilmdicke

Die kleinste zulässige Schmierfilmdicke, bei der ein Übergang in die Mischreibung erfolgt, hängt von der Summe der Rauheiten der Welle und der Lagerschale, der Verkantung und der Durchbiegung der Welle ab. In Abhängigkeit vom Wellendurchmesser und der Gleitgeschwindigkeit der Welle gibt es Erfahrungssichtwerte für die kleinste zulässige minimale Schmierfilmdicke h_{min}, siehe **Tabelle 11.1.2**.

Tab. 11.1.2 Erfahrungsrichtwerte für die minimale zulässige Schmierfilmdicke h_{min} in µm
(DIN 31 652, Teil 3)

Wellendurchmesser d [mm]		Gleitgeschwindigkeit der Welle [m/s]				
über		1	3	10	30	
	bis	1	3	10	30	-
		h_{min} [µm]				
24	63	3	4	5	7	10
63	160	4	5	7	9	12
160	400	6	7	9	11	14
400	1000	8	9	11	13	16
1000	2500	10	12	14	16	18

Infolge der Reibung tritt im Schmierfilm eine Temperaturerhöhung auf, die zu einer Verminderung der Viskosität und damit zu einer Veränderung der charakteristischen Lagerkennzahl führt.

Die effektive Temperatur des Schmierfilms und die Temperaturerhöhung Δt hängen von der Größe des Lagers, dem Schmierstoffdurchsatz und den thermischen Eigenschaften des Lagers ab. Für kleinere Lager kann man die effektive Temperatur T_{eff} mit folgender Beziehung abschätzen (Winer und Cheng, 1980):

$$T_{eff} = T_i + \frac{\Delta t}{2}$$

Dabei bedeutet T_i die Temperatur des Schmierstoffes an der Öleintrittsstelle des Lagers. Für größere Lager (D > 75 mm) mit einer ausreichenden Schmierstoffzufuhr gilt folgende Beziehung:

$$T_{eff} = T_i + \Delta t$$

Die Temperaturerhöhung Δt lässt sich nach **Bild 11.1.4** mit Hilfe einer dimensionslosen Kennzahl $\Delta t \cdot \rho \cdot c \cdot B \cdot D / F$ ermitteln (für Mineralöle gilt näherungsweise: Dichte ρ x spezifische Wärme $c = 1.36$ mPa/°C).

Die Schmierfilmdicke ist demnach in einem iterativen Prozess zu berechnen. Man nimmt zunächst eine Temperatur T_{eff} an und bestimmt die charakteristische Lagerkennzahl mit Hilfe der zugehörigen Viskosität η_{eff} (siehe Kapitel 10.1). Aus Bild 11.1.4 kann Δt ermittelt werden, woraus sich mit Hilfe der angegebenen Gleichungen der zugehörige Wert T_{eff} ergibt. Dieser Wert wird von dem anfangs angenommenen Wert für T_{eff} abweichen. Man wiederholt nun den Berechnungsvorgang mit einem entsprechend korrigierten Wert für T_{eff}. Mit dieser Temperatur wählt man die neue entsprechende Viskosität und wiederholt die Rechnung so lange, bis die angenommene Temperatur T_{eff} konvergiert, d. h. bis der angenommene und der berechnete Wert übereinstimmen.

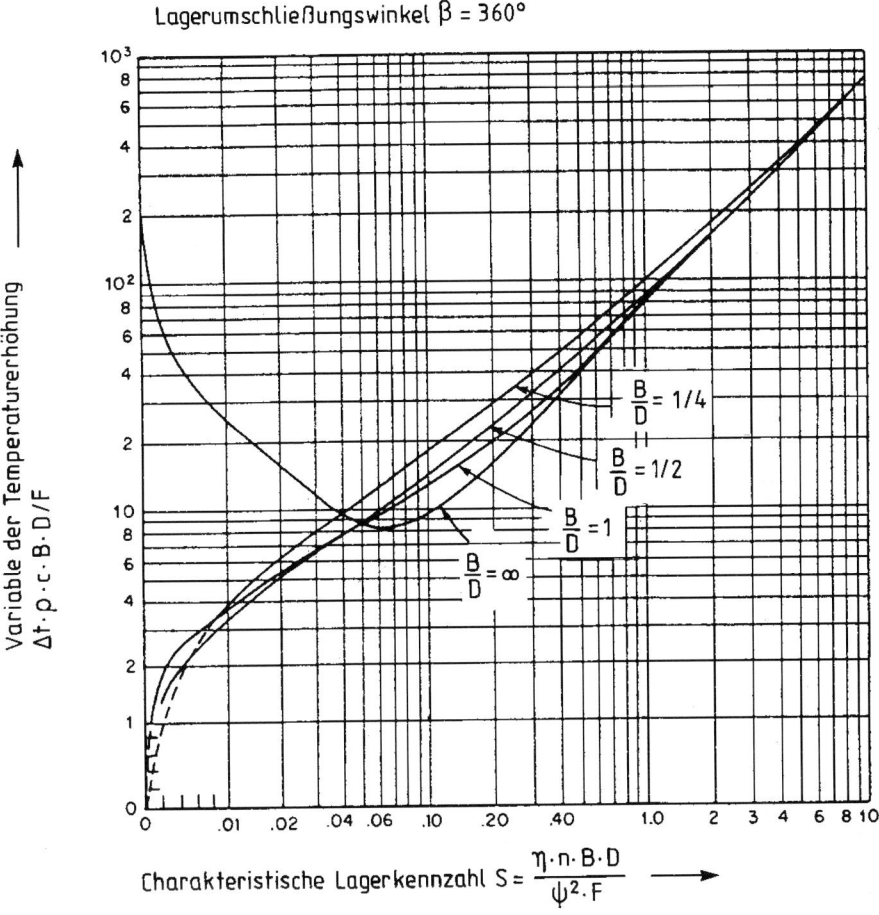

Bild 11.1.4   Nomogramm zur Ermittlung der Temperaturerhöhung des Schmieröles

Bei störungsfreiem hydrodynamischen Betrieb werden an die Lagerwerkstoffe, abgesehen von den erforderlichen Festigkeitseigenschaften zur Aufnahme der statischen und dynamischen Belastungen und teilweise auch der Korrosionsbeständigkeit, keine besonderen Anforderungen gestellt. Zur betriebssicheren Auslegung von Lagern müssen aber Störungen berücksichtigt werden zu deren Einschränkung die Lagerwerkstoffe, die in DIN 50282 genormt sind, besondere Anforderungen erfüllen müssen. Dazu gehören:

– **Anpassungsfähigkeit**
    Fähigkeit eines Gleitwerkstoffes sich – ohne bleibende Störung des Gleitverhaltens – den Beanspruchungen durch Schmiegung und/oder durch Verschleiß anzupassen.

- **Notlaufverhalten**

  Fähigkeit eines Gleitwerkstoffes, beim Auftreten unvorhergesehener ungünstiger Schmierungsbedingungen noch ein Gleiten während einer begrenzten Zeitspanne aufrechtzuerhalten.

- **Verschleißwiderstand** (bei Misch- oder Grenzreibung)

  Widerstand eines Gleitwerkstoffes gegen Verschleiß infolge tribologischer Beanspruchungen während des Gleitvorganges.

- **Belastbarkeit**

  Belastung (Kraft/Projektionsfläche der Lagerschale), die ein Gleitwerkstoff in einem Gleitlager dauernd unter einer bestimmten Beanspruchungsart ertragen kann, ohne die mechanische Belastungsgrenze oder einen bestimmten Verschleißbetrag zu überschreiten. Die mechanische Belastungsgrenze hängt von den statischen und dynamischen Festigkeitseigenschaften des Gleitwerkstoffes ab; bei Verbundwerkstoffen ist zusätzlich die Bindungsfestigkeit von Wichtigkeit.

- **Einbettfähigkeit**

  Fähigkeit eines Gleitwerkstoffes, harte Partikel, die möglicherweise mit dem Schmierstoff in das Lager gelangen, in die Laufschicht aufzunehmen.

- **Korrosionsbeständigkeit**

  Beständigkeit gegen chemische Reaktionen mit dem Zwischenstoff (Schmierstoff), in DIN 50282 nicht enthalten.

Bei diesen Eigenschaften handelt es sich durchweg um Systemeigenschaften, die nicht nur von den Eigenschaften der Lagerwerkstoffe, sondern auch von den Eigenschaften des Wellenwerkstoffes, des Zwischenstoffes und den Beanspruchungsbedingungen abhängen. Die genannten Anforderungen an Gleitlagerwerkstoffe erfordern teilweise gegensätzliche Werkstoffeigenschaften. Daher wurden unterschiedliche Gleitlagerwerkstoffe entwickelt, die einzelne Anforderungen besonders gut, andere dagegen weniger erfüllen. Die heute verwendeten metallischen Gleitlagerwerkstoffe kann man in folgende Legierungsklassen unterteilen:

- Blei-Legierungen
- Zinn-Legierungen
- Kupfer-Legierungen
- Aluminium-Legierungen

Dazu gehörende, genormte Legierungen sind in **Tabelle 11.1.3** zusammen mit den Härtewerten, den Anwendungen und den entsprechenden Normen wiedergegeben. Von den Anwendungen her kann man zwischen Massivgleitlagern und Verbundgleitlagern unterscheiden. Bei den Massivgleitlagern besteht die gesamte Lagerschale aus dem Lagerwerkstoff. Bei Verbundgleitlagern werden auf eine Stahlstützschale eine oder zwei Lagerwerkstoffe mit Zwischenschichten (Diffusionsbarrieren) und einem sogenannten Flash (meist für den Korrosionsschutz) aufgebracht, siehe **Bild 11.1.5**. Solche Lager werden besonders bei dynamischen Beanspruchungen, wie sie in Verbrennungsmotoren auftreten, eingesetzt.

Tab. 11.1.3 Metallische Gleitlagerwerkstoffe

Gleitlagerwerkstoffe	Härte		Anwendung	Quelle
Bleigusslegierungen	HB10/250/180		Verbundgleitlager	DIN ISO 4381
	bei 20°	150°		
PbSb15SnAs	18	10	"	
PbSb15Sn10	21	10	"	
PbSb14Sn9CuAs	22	10	"	
PbSb10Sn6	16	8	"	
PbSn10Cu2			Gleitschichten	DIN ISO 4383
PbSn10			(Overlay)	
PbIn7			"	
Zinn-Gusslegierungen			Verbundgleitlager	DIN ISO 4381
SnSb12Cu6Pb	25	8	"	
SnSb8Cu4	22	8	"	
SnSb8Cu4Cd	28	13	"	
Kupfer-Gusslegierungen	HB10/1000/10 bei 20°		Massiv- und Verbundgleitlager	DIN ISO 4382, Teil 1
CuPb9Sn5	55-60		"	
CuPb10Sn10	65-70		"	
CuPb15Sn8	60-65		"	
CuPb20Sn5	45-50		"	
CuAl10Fe5Ni5	140		"	
CuSn8Pb2	60-85		Massivgleitlager	DIN ISO 4382, Teil 1
CuSn10P	70-95		"	
CuSn12Pb2	80-90		"	
CuPb5Sn5Zn5	60-65		"	
CuSn7Pb7Zn3	65-70		"	
Kupfer-Knetlegierungen	HB 2,5/62,5/10 bei 20°C		Massivgleitlager	DIN ISO 4382, Teil 2
Cu-Sn8P	80-160		"	
CuZn31Si1	100-160		"	
CuZn37Mn2Al2Si	150		"	
CuAl9Fe4Ni4	160		"	
Kupfer-Guss- oder Sinterlegierungen	HB bei 20°C		dünnwandige Verbundgleitlager	DIN ISO 4383
	gegossen	gesintert		
CuPb10Sn10	70-130	60-90	"	
CuPb17Sn5	60-95		"	
CuPb24Sn4	60-90	45-70	"	
CuPb24Sn	55-80		"	
CuPb30		30-45	"	
Aluminiumlegierungen	HB 2,5/62,5/30		dünnwandige Verbundgleitlager	DIN ISO 4383
	bei 20°C	bei 200°C		
AlSn6Cu	35-40	20-22	"	Hodes, Mann u.
AlSn20Cu	30-40	18-20	"	Roemer (1978)
AlSn40Cu	25-30		"	
AlSi4Cd	36-40	15-17	"	
AlCd3CuNi	35-55		"	
AlSi11Cu	45-60		"	
AlZn5SiCuPbMg	45-55	22-26	"	

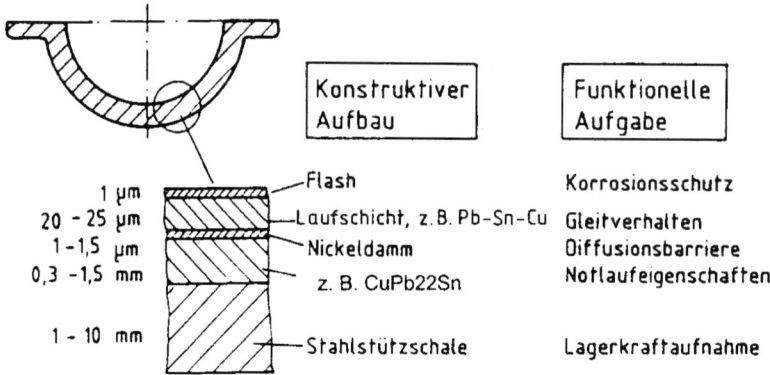

Bild 11.1.5   Aufbau eines Verbundgleitlagers

Die metallischen Gleitlagerwerkstoffe besitzen unterschiedliche Gefüge:

I.   harte Phasen in einer weichen Matrix
II.   weiche Phasen in einer härteren Matrix
III.   einphasige Gefüge

Charakteristische Vertreter für I sind z. B. harte Blei-Antimon Mischkristalle in der weichen Matrix Blei und harte Zinn-Antimon Mischkristalle in der weichen Matrix Zinn. Weiche Phasen in einer härteren Matrix (II) treten zum Beispiel in Kupfer-Zinn-Blei-Legierungen auf, in denen das weiche Blei fein in der harten Matrix Kupfer-Zinn verteilt ist. Homogene einphasige Gefüge (III) findet man z .B. in Kupfer-Zinn-Legierungen mit nicht zu hohen Zinn-Gehalten (Kühnel 1952; Schmid und Weber 1953; Römer 1974).

Für eine Matrix aus Blei-Zinn-Kupfer sind Partikeleinlagerungen im Bereich von 5–6 Vol.-% aus TiO_2 und Si_3N_4 anwendbar, wobei durch die Teilchengrößen von 300 nm eine Dispersionshärtung eintritt (Grünthaler, 1998).

Mittels dem atmosphärischen Plasmaspritzen können Lagermetall-Schichten mit erhöhter Härte direkt auf dem Pleuel aufgetragen werden. Die Schicht besteht z. B. zu 80 Gew.-% aus AlSn20Cu1 und 20 Gew.-% TiO_2 mit einer Kornfraktion zwischen 10-52 µm verbunden mit einer geschlossenen Porosität von 5–10 Vol.-% (Czermin, 2000).

Das tribologische Verhalten der Gleitlagerwerkstoffe kann man aus ihren physikalischen und gefügemäßigen Eigenschaften nur begrenzt ableiten. Zur qualitativen Kennzeichnung der für die Funktionsfähigkeit von Gleitlagern wichtigen Eigenschaften von Gleitlagerwerkstoffen kann die Zusammenstellung in **Tabelle 11.1.4** dienen, die auf Veröffentlichungen von Lang (1978), Mittelbach (1971) und Booser (1974) sowie auf eigenen Erfahrungen beruht. In Einzelfällen können sich aber durchaus Abweichungen ergeben, wie im Folgenden an einigen Beispielen gezeigt werden soll.

Tab. 11.1.4 Tribologisches Verhalten von metallischen Gleitlagerwerkstoffen

Gleitlagerwerkstoff	Anpassungs-fähigkeit	Notlauf-verhalten	Einbett-fähigkeit	Verschleißwiderstand bei Mischreibung	Belastbarkeit	Korrosions-beständigkeit
Blei-Legierungen	1	1	1	4	4	5
Zinn-Legierungen	1	2	2	2	3	3
Kupfer-Zinn-Legierungen	4	5	5	2	2	3
Kupfer-Aluminium-Legierungen	5	5	5	2	2	2
Kupfer-Blei-Legierungen	3	2	3	2	2	4
Aluminium-Zinn-Legierungen	3	3	3	2	2	2

1 sehr gut   2 gut   3 befriedigend   4 mäßig   5 mangelhaft

Infolge von Fluchtungsfehlern zwischen Welle und Lagerschale oder wegen der Durchbiegung der belasteten Welle können an den Kanten der Lagerschale überhöhte Pressungen auftreten, wodurch die Bildung eines trennenden Schmierfilmes behindert wird. Die Anpassung von Welle und Lagerschale kann man durch konstruktive und werkstofftechnische Maßnahmen verbessern. So zeigt **Bild 11.1.6**, dass die Belastbarkeit von der Nabenwanddicke abhängt (Buske, 1940 und 1941). Weißmetalle (Blei- oder Zinn-Legierungen) haben wegen ihrer geringen Härte zwar eine niedrige, aber von der Nabenwanddicke nahezu unabhängige Lagerbelastbarkeit, das heißt, sie passen sich gut an. Bei allen anderen Legierungen mit höheren Lagerbelastbarkeiten gibt es eine optimale Nabenwanddicke, welche ein ausgeprägtes Maximum der Lagerbelastbarkeit bewirkt, die dann deutlich höher als bei den Blei- und Zinn-Legierungen ist.

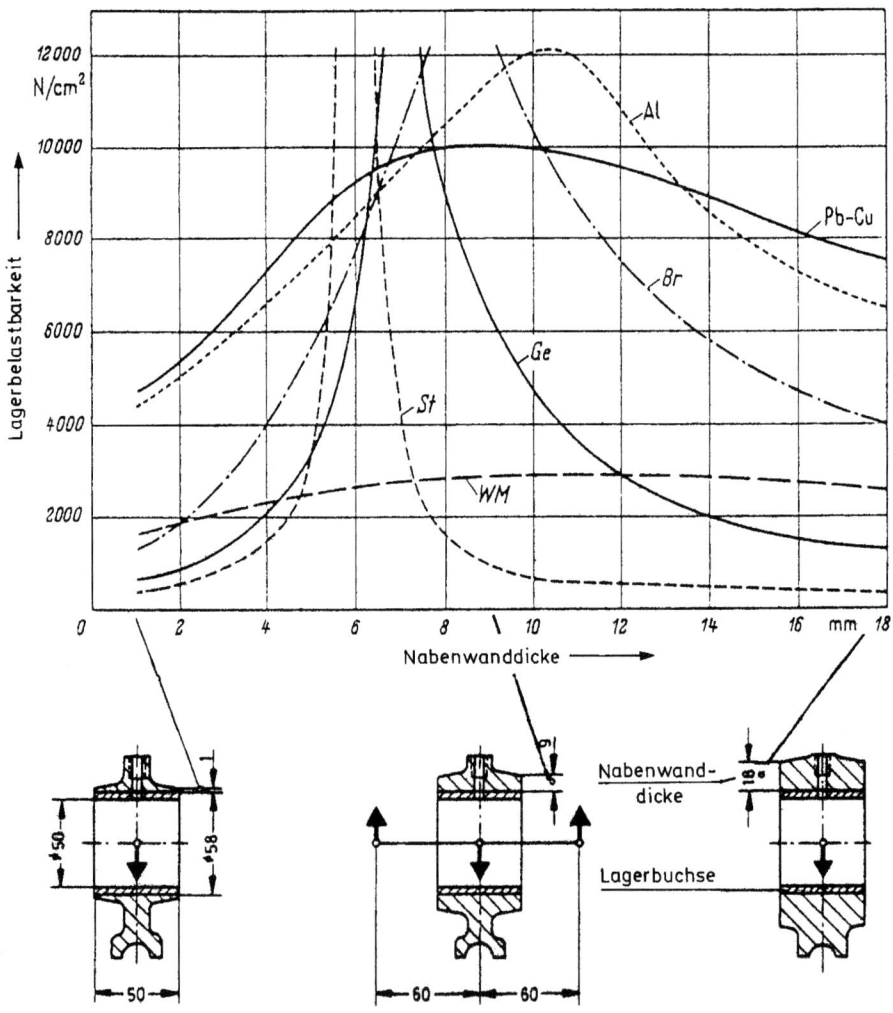

Bild 11.1.6   Belastbarkeit von Gleitlagerwerkstoffen

Für sehr hohe Lagerbelastungen bis 140 MPa bei 12 m/s wird das Stoffsystem das Stoffsystem Cu-Sn-Ag vorgeschlagen, wobei durch PVD eine 0,1 µm dicke Laufschicht aus 5Sn1Ag aufgesputtert ist. Die bleifreie Legierung Cu5Sn1Ag besteht aus 5,18 Gew.-% Sn, 0,98 Gew.-% Ag und 0,04 Gew.-% P neben dem Rest an Kupfer. Die Laufschicht aus 5Sn1Ag setzt sich aus 27 % Ag3Sn und 73 % ß-Sn zusammen (Oshiro, 2001).

Die Anpassungsfähigkeit kann auch durch konstruktive Maßnahmen verbessert werden. Bei einem Lager mit Mittelsteg hängt die Tragfähigkeit, die durch die Sommerfeldzahl gekennzeichnet werden kann, vom Verhältnis der Wanddicke zum Lagerdurchmesser und der Steglänge zur Lagerlänge ab, siehe **Bild 11.1.7** (Peeken, 1990).

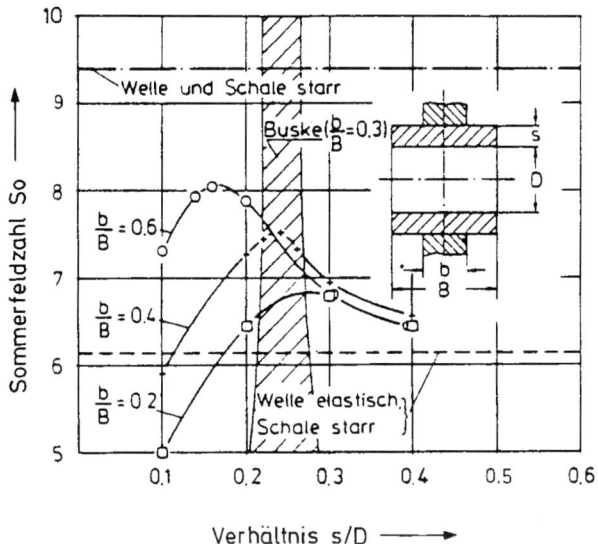

Bild 11.1.7
Tragfähigkeit zylindrischer Mittel-Steg-Lager in Abhängigkeit vom Verhältnis von Dicke zu Durchmesser und Stegbreite zu Lagerbreite

Zum Notlaufverhalten wurden Untersuchungen von Schopf (1983) mit einem Gleitlagerprüfstand durchgeführt, in dem die Schmierölzufuhr abgestellt und die Lagergrenzbelastung ermittelt wurde, bei der ein vorgegebenes Grenzdrehmoment innerhalb von 60 min gerade nicht erreicht wurde. In **Bild 11.1.8** ist die bei unterschiedlichen Gleitgeschwindigkeiten ermittelte Grenzbelastung für eine Wellenrauheit $R_t = 2...3$ µm wiedergegeben. Die Aluminium-Zinn-Legierungen schneiden im gesamten Geschwindigkeitsbereich am besten ab. Überraschend schlecht verhalten sich die Blei- und die Zinn-Legierungen bei höheren Gleitgeschwindigkeiten. Hier schmolzen bei geringfügigem Überschreiten der Grenzbelastungen die Lagergleitschichten vollkommen auf und es kam zum „Fressen" zwischen Welle und Stahlstützschale kommen. In der Praxis dürfte die mögliche Notlaufdauer in starkem Maße von der Dicke der Lagergleitschicht abhängen. Einschränkend ist zu erwähnen, dass bei höheren Wellenrauheiten sich die Bewertungsfolge der Gleitlagerwerkstoffe ändern kann.

Die Einbettfähigkeit nimmt tendenziell mit abnehmender Härte der Lagerwerkstoffe zu. Spikes, Davison und Mac Quarrie (1984) versetzten das Öl eines Gleitlagerprüfstandes mit Partikeln unterschiedlicher Größe und bestimmten unter vorgegebenen Prüfbedingungen den Wellenverschleißbetrag I_W , die Oberflächenrauheit des Lagers I_F und die Abnahme des Lager-durchmessers I_D und ermittelten daraus einen Einbettbarkeitsindex E:

$$E = \frac{1}{\left(I_W + I_F + I_D\right)^{1/3}}$$

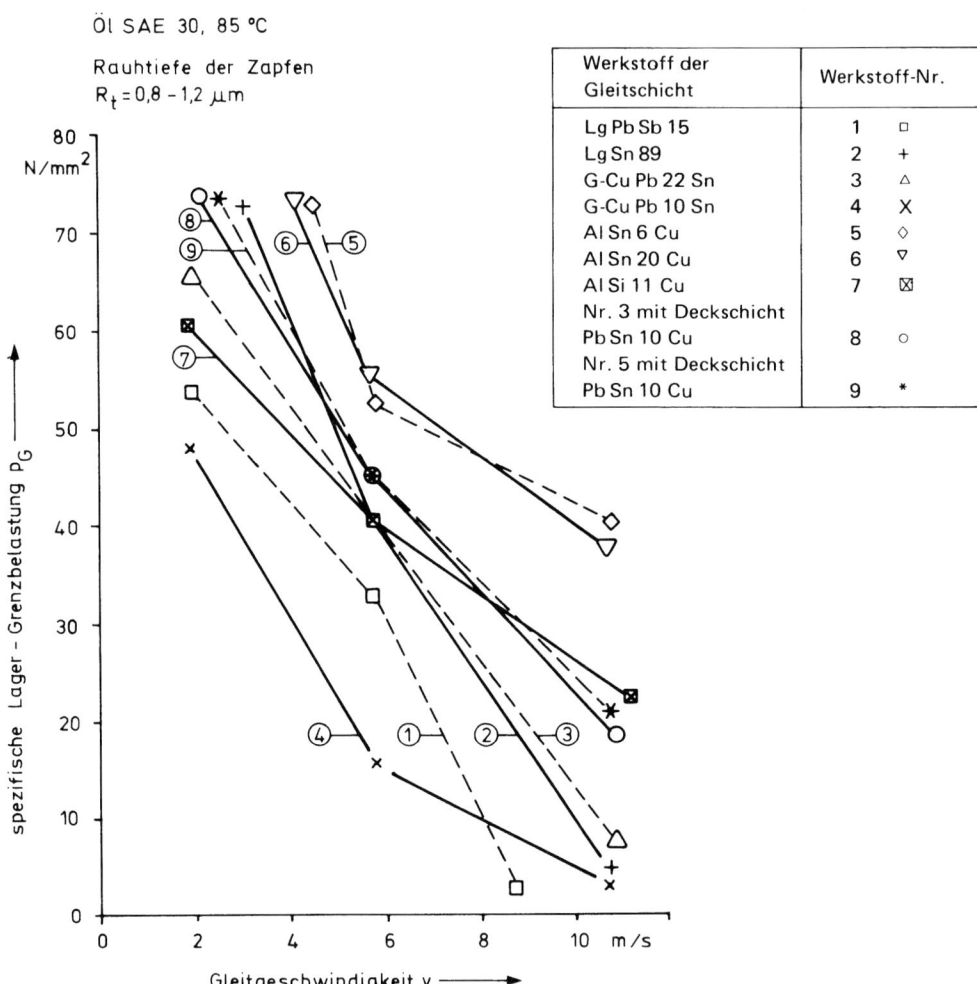

Bild 11.1.8   Lagergrenzbelastungen von Gleitlagerwerkstoffen, unter denen im Notlauf ohne Schmieröl-zufuhr das Grenzreibungsmoment von 10 Nm innerhalb 60 min nicht erreicht wird

Die Einbettfähigkeit nimmt mit größer werdenden Werten von E zu. Es wurden folgende Er-gebnisse ermittelt:

Lagerwerkstoff	Härte HB	E
PbSb15Sn1Cu0,5	20	113
AlSn20Cu	47	47
SnSb18Cu3	26	41
CuPb23Sn1,5	79	39

Danach hat zwar die weiche Blei-Legierung die höchste Einbettfähigkeit. Die Zinn-Legierung, die nur wenig härter ist, weist aber eine deutlich schlechtere Einbettfähigkeit auf. Es müssen also auch noch gefügemäßige Eigenschaften eine Rolle spielen, wie z. B. die Verteilung der harten und der weichen Phasen des Lagerwerkstoffes.

Zum Verschleißwiderstand von Gleitlagerwerkstoffen wurden unter Grenzreibungsbedingungen mit Ölschmierung Ringversuche durchgeführt (Habig, Broszeit, de Gee, 1981). Das verwendete Stift-Scheibe-Prüfsystem wurde einschließlich der Prüfbedingungen in DIN ISO 7148 genormt. Die Ergebnisse zeigten für die untersuchten Gleitlagerwerkstoffe ziemlich übereinstimmend folgende Verschleißbewertungsfolge (zunehmender Verschleiß):

1. CuSn12Pb
2. SnSb8Cu4Cd
3. CuSn8
4. CuPb10Sn10
5. PbSb14Sn9CuAs

Die Untersuchungen wurden mit einem Mineralöl der Klasse SAE10 durchgeführt, das keine Additive enthielt. Durch die Verwendung von additivierten Ölen kann die Verschleißbewertungsfolge erheblich verändert werden, was in erster Linie auf der Bildung von Reaktionsschichten beruht (Habig und Kelling, 1981). So unterliegen die Gleitlagerwerkstoffe CuSn8 und AlSn20 in Hydrauliköl und Motorenöl, in dem als Additive Zinkdialkyldithiophosphat enthalten sind, einen viel höheren Verschleiß als im Industriegetriebeöl mit Zusätzen von Phosphor und Schwefel (Bild 11.1.9). Bei den Lagerwerkstoffen SnSb8Cu4Cd und CuPb22Sn war der Öleinfluss weniger ausgeprägt.

Die Belastbarkeit von dynamisch beanspruchten Gleitlagerwerkstoffen hängt bei hydrodynamischer Schmierung im wesentlichen von der Schwingfestigkeit der Lagerwerkstoffe ab. Dabei werden zur Charakterisierung der dynamischen Belastbarkeit von Gleitlagerwerkstoffen neben Prüfungen auf Gleitlagerprüfständen mit dynamischer Belastungsvorrichtung (Lang, 1975) auch Schwingfestigkeitsuntersuchungen mit einfachen Probekörpern durchgeführt (Peeken, Knoll, Schüller, 1981; Löhr, Eifler, Macherauch 1985). Blei- und Zinn-Legierungen haben im Allgemeinen eine niedrigere dynamische Belastbarkeit als Aluminium- oder Kupfer-Legierungen. Bei Verbundgleitlagern sind gegossene Legierungen höher belastbar als gesinterte Legierungen. Außerdem hängt die dynamische Belastbarkeit stark von der Dicke des Lagerwerkstoffes ab; sie nimmt mit abnehmender Dicke deutlich zu (Neale, 1973; Booser, 1974).

Für die Lebensdauer von Gleitlagern kann auch die Korrosionsbeständigkeit der Lagerwerkstoffe entscheidend sein. So können Motorenöle mit zunehmender Betriebsdauer säurehaltig werden, wodurch ein korrosiver Angriff hervorgerufen wird. Die Korrosionsbeständigkeit der Lagerwerkstoffe hängt ferner von der Art des verwendeten Schmieröles und der Öltemperatur ab (Timmerman, 1979).

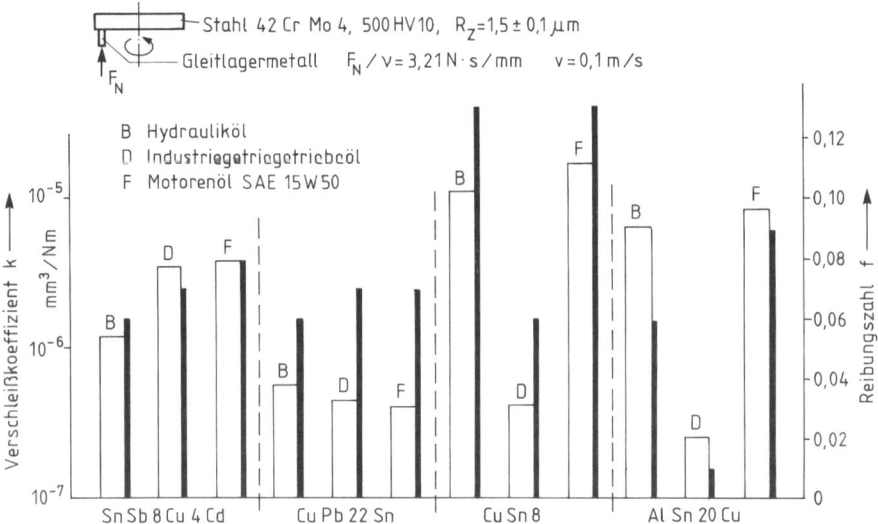

Bild 11.1.9 Einfluss des Schmierstoffes auf Reibung und Verschleiß von verschiedenen Gleitlagerme-
tall-Stahlpaarungen

Für das tribologische Verhalten eines Gleitlagers ist neben dem Lagerwerkstoff und dem
Schmierstoff auch der Wellenwerkstoff einschließlich seiner Oberflächenbearbeitung von
Bedeutung. Dabei besteht die Forderung, dass die Welle bei nichthydrodynamischem Betrieb
unter keinen Umständen geschädigt werden sollte. Für weiche Gleitlagerwerkstoffe wie Blei-
und Zinn-Legierungen können ungehärtete Stahlwellen eingesetzt werden, sofern ihre Festigkeitseigenschaften ausreichen. Härtere Kupfer-Legierungen erfordern dagegen Wellen aus
vergütetem Stahl (Metals Handbook, 1961).

Durch die Rotation der Welle wird das Öl in den Lagerspalt gedrückt. Die Welle wirkt sozusa-
gen als Pumpe. Die Pumpwirkung hängt entscheidend von der Benetzbarkeit des Wellenwerkstoffes mit dem Schmierstoff ab. Hierbei verhalten sich chromhaltige Stähle deutlich ungünstiger als unlegierte Stähle (Peeken, Hermes und Viester, 1987).

Hydrodynamisch geschmierte Gleitlager können eine sehr hohe Lebensdauer erreichen. Bei
unvorhergesehenen Betriebsbedingungen, Fehlern in der Konstruktion, Fertigung, Montage,
Mangelschmierung u. a. können jedoch Schäden auftreten, die mit charakteristischen Erschei-
nungsbildern in DIN 31661 zusammengestellt sind.

Trockengleitlager

Trockengleitlager werden ohne Schmierung betrieben und können daher während einer längeren Betriebszeit wartungsfrei eingesetzt werden. Wegen des fehlenden Schmierstofftransportes
kann die Reibungswärme nur über die Welle und die Lagerschale abgeführt werden. Dadurch
ergeben sich Beanspruchungsgrenzen vor allem hinsichtlich der Gleitgeschwindigkeit, die von
der thermischen Belastbarkeit der Gleitlagerwerkstoffe abhängen. Bei hohen Lagerkräften
hängt die Belastbarkeit von dem Widerstand der Lagerwerkstoffe gegenüber plastischer Deformation ab. Da Welle und Lagerschale sich dauernd berühren, unterliegen die Lager während des Betriebes einem stetigen Verschleiß.

Zur Auslegung von Trockengleitlagern wird in der Praxis vielfach der sogenannte p·v-Wert benutzt, der durch das Produkt von Pressung p und Geschwindigkeit v gegeben ist. In **Bild 11.1.10** ist für einige Gleitlagerwerkstoffe die zulässige Pressung über der Gleitgeschwindigkeit aufgetragen (Ruß, 1982). Zum Vergleich sind zusätzlich ein ölgetränktes Sintereisen- und ein Sinterbronze-Gleitlager enthalten. In der doppelt logarithmischen Darstellung besteht nur in gewissen Bereichen ein linearer Zusammenhang zwischen zulässiger Pressung und Gleitgeschwindigkeit, in denen der p·v-Wert anwendbar ist. Die Grenze der Pressung wird durch die plastische Verformung des Lagerwerkstoffes und die maximale Gleitgeschwindigkeit durch die thermische Belastbarkeit der Lagerwerkstoffe erreicht. In dem linearen Bereich ist das Produkt p·v konstant und durch einen zulässigen Verschleißbetrag begrenzt.

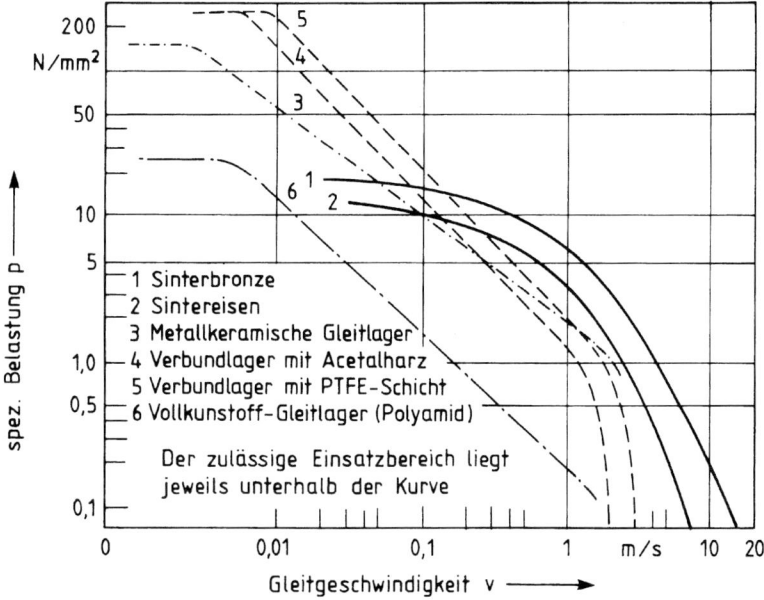

Bild 11.1.10   p·v-Diagramm unterschiedlicher Gleitlager

In **Tabelle 11.1.5** sind für eine Reihe von Trockengleitlagerwerkstoffen die maximale zulässige Pressung, der p·v-Wert, die maximal zulässige Temperatur, die Reibungszahl und der Wärmeausdehnungskoeffizient zusammengestellt (Bely et al., 1982). Die in der Gleitfläche auftretende Temperatur T_{GI} setzt sich aus der Umgebungstemperatur T_U und der reibbedingten Temperaturerhöhung T_R zusammen:

$$T_{GI} = T_U + T_R$$

Die reibbedingte Temperaturerhöhung ist der Reibleistung proportional (Lancaster, 1973):

$$T_R = C \cdot f \cdot F_N \cdot v$$

mit der Konstanten C, der Reibungszahl f, der Normalkraft F_N und der Gleitgeschwindigkeit v.

Tab. 11.1.5 Tribologisches Verhalten von Trockengleitlagerwerkstoffen

Werkstoff	Pmax MN/m²	(p·v)max MN/m²·m/s	Tmax °C	Reibungs-zahl f	Therm. Ausdehnungskoeffizient $10^{-6}°C^{-1}$	Bemerkungen
Carbongraphit	1,4-2,0	0,11 für Langzeit-beanspruchung 0,18 für Kurzzeit-beanspruchung	350-500	0,1-0,25	2,5-5,0	Für Langzeitbeanspruchung p < 1,4 MN/m²
Carbongraphit, gefüllt mit Metallen	3-4	0,145 für Langzeit-beanspruchung 0,22 für Kurzzeit-beanspruchung	130-350	0,10-0,35	4,2-5,0	Pmax u. Tmax hängen vom Füller-Metall ab
Metall, gefüllt mit Graphit	70	0,28-0,35	350-600	0,10-0,15	12-13 Eisenbasis 16-20 Bronzebasis	
Ausgehärtete Polymer-Harze und Graphit	2	0,35	250	0,13-0,5	3,5-5,0	
Verstärkte ausgehärtete Polymer-Harze	35	0,35	200	0,1-0,4	35-80	Die Eigenschaften hängen von den Verstärkermaterialien ab
Thermoplaste	10	0,035	100	0,1-0,45	100	
Gefüllte Thermoplaste oder Thermoplaste auf Metallen	10-14	0,035-0,11	100	0,15-0,40	80-100	
Gefülltes PTFE	7	bis 0,35	250	0,05-0,35*	60-80	Füllstoffe: Glas, Glimmer, Graphit, Bronze u.a. Pmax, (p·v)max hängen vom Füllstoff ab
Gefülltes PTFE auf Stahl	140	bis 1,75	280	0,05-0,35*	20	gesinterte Bronze mit PTFE und Blei imprägniert, auf Stahl-rücken
Gewebtes PTFE, verstärkt, auf Metall	420	bis 1,60	250	0,03-0,35*		Glas oder viskose Fasern können als verstärkende Stoffe dienen

Die Konstante C berücksichtigt die thermische Leitfähigkeit der Materialien der Welle und der Lagerschale und die Konstruktion. Ihre Werte liegen im Allgemeinen zwischen 0,1 und 1 °Cs/Nm. Für Polymergleitlager mit 25 mm Lagerdurchmesser und 25 mm Lagerbreite, in denen eine Stahlwelle läuft, liegt der Wert bei 0,5 °Cs/N·m. Eine genauere Abschätzung der Gleitflächentemperatur geben Erhard und Strickle (1978).

Das Verschleißvolumen W_V ist in vielen Fällen der Normalkraft F_N und dem Gleitweg s proportional:

$$W_V = k \cdot F_N \cdot s$$

mit dem Verschleißkoeffizienten k in mm^3/N·m.

Bei Radialgleitlagern ist der Verschleiß nicht gleichmäßig über die Berührungsfläche verteilt. Es gilt (Peterson, 1980):

$$W_V = \frac{B \cdot a^3}{12 \cdot R_L} \left(\frac{\psi}{1 + \psi} \right)$$

$$a = \sqrt{8 \cdot R_L \cdot W_l \cdot \frac{1 + \psi}{\psi}}$$

mit der Lagerbreite B, der Verschleißmarkenbreite a, dem relativen Lagerspiel ψ und dem Radius des Lagers R_L. Das relative Lagerspiel ist gegeben durch:

$$\psi = \frac{R_{Lager} - R_{Welle}}{R_{Welle}}$$

Bei Kenntnis des Verschleißkoeffizienten k lässt sich bei Vorgabe der zulässigen Vergrößerung des Lagerspiels, die durch den linearen Verschleißbetrag W_l gekennzeichnet werden kann, unter Zuhilfenahme der oben angegebenen Formeln die Zeit bis zum Ausfall des Lagers abschätzen, die auch als Gebrauchsdauer des Lagers angesehen werden kann. In **Bild 11.1.11** sind die Verschleißkoeffizienten k für eine Reihe von Trockengleitlagerwerkstoffen zusammengestellt, wobei für einen Werkstoff die Werte um 1 oder 2 Größenordnungen variieren können (Anderson, 1986). Dies ist entweder durch produktbedingte Schwankungen der Eigenschaften der Werkstoffe oder durch die Betriebsbedingungen bedingt.

Im Folgenden sollen die Einflüsse von Oberflächentemperatur, Gleitgeschwindigkeit, Belastung, der Rauheit des Stahlgegenkörpers und der Einfluss des Umgebungsmediums diskutiert werden.

Der Einfluss der Oberflächentemperatur ist für gefüllte und verstärkte Werkstoffe auf Polyimid- und Tetrafluorethylenbasis in Bild **11.1.12** dargestellt (Anderson, 1986). Die Ergebnisse wurden in einem Radialgleitlagerprüfstand bei eine Pressung von 1 MPa und einer Gleitgeschwindigkeit v = 0,03 m/s gewonnen. Die Welle bestand aus unlegiertem Stahl mit einer polierten Oberfläche, deren Temperatur durch eine elektrische Heizung erhöht wurde. Die aufgetragenen Verschleißwerte stellen Werte des Beharrungszustandes nach dem Einlauf dar.

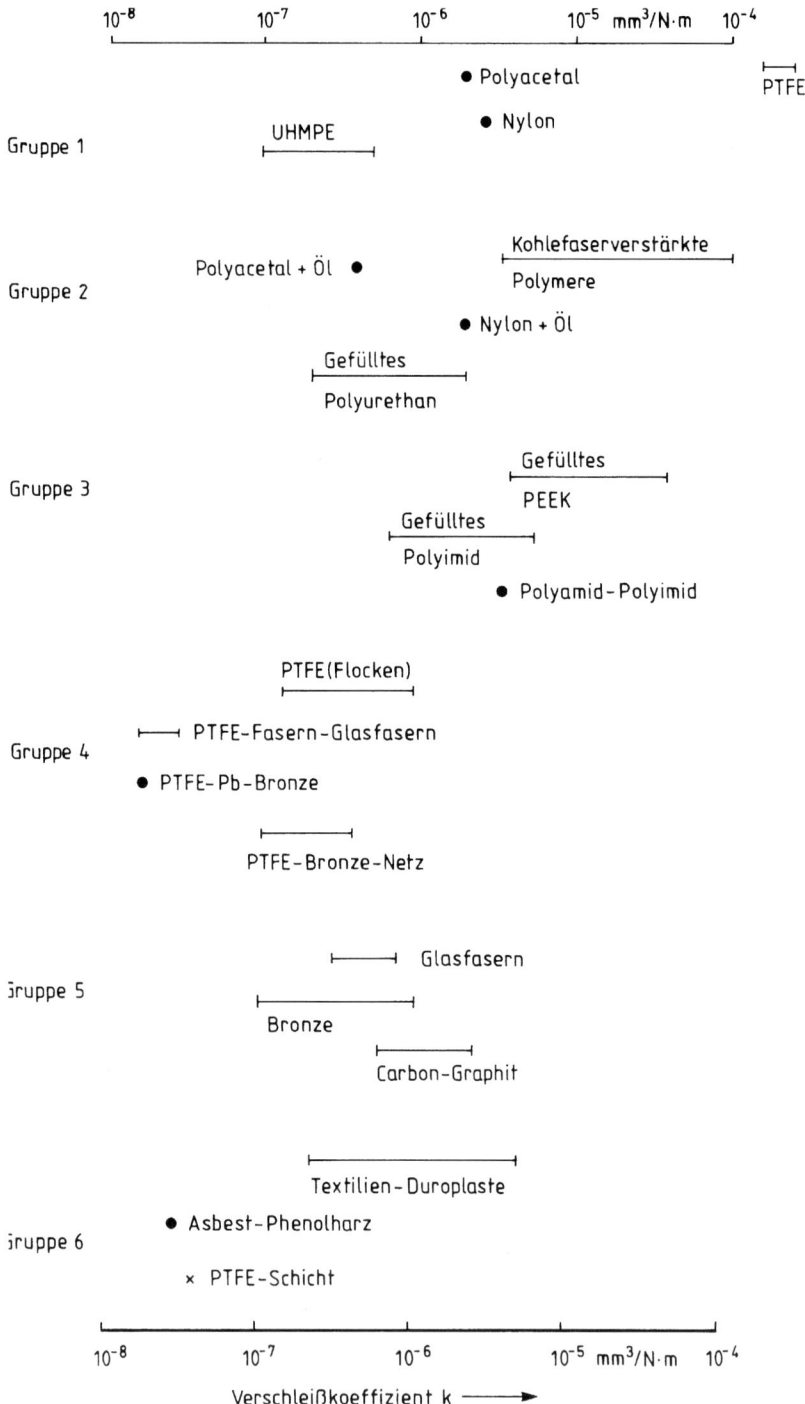

Bild 11.1.11   Verschleißkoeffizienten von Trockengleitlagerwerkstoffen

Alle Polyimid-Werkstoffe zeigen eine kontinuierliche Erhöhung der Verschleißrate mit der Temperatur, während bei den Carbon-Werkstoffen und bei PTFE mit 15 % Carbonfasern zunächst ein Abfall des Verschleißkoeffizienten mit der Temperatur erfolgt. Aus **Bild 11.1.12** kann man entnehmen, dass gefüllte PTFE-Werkstoffe bis 250 °C Polyimid-Werkstoffen überlegen sein können. Oberhalb 250 °C sind aber Polyimide oder Polyether-Etherketone einzusetzen.

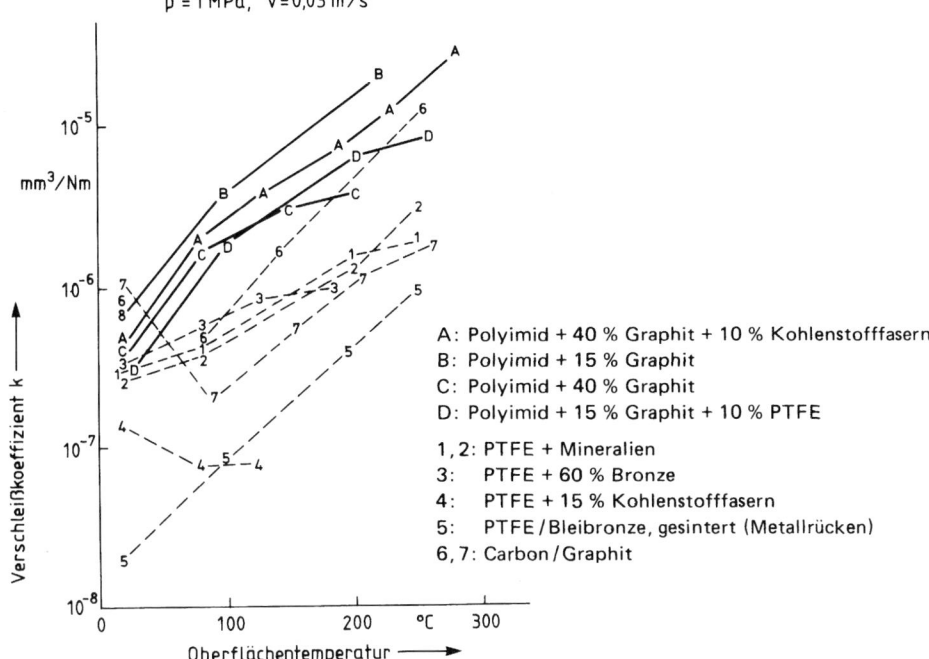

Bild 11.1.12 Verschleißkoeffizient von Trockengleitlagerwerkstoffen als Funktion der Temperatur

Die Geschwindigkeit ist vor allem wegen der mit ihr verbundenen reibbedingten Temperaturerhöhung von Bedeutung. Oberhalb einer kritischen Gleitgeschwindigkeit, die von der Belastung, der Reibungszahl und dem Wärmeübergang sowie der Wärmeableitung aus der Gleitstelle abhängt, steigt der Verschleißkoeffizient sprunghaft an (Tanaka und Uchiyama, 1974; Evans und Lancaster, 1978).

Für ungefüllte Polymere ist der Verschleißkoeffizient in einem weiten Belastungsbereich unabhängig von der Pressung. Überschreitet die Pressung ein Drittel der Bruchfestigkeit, so steigt der Verschleiß stark an. Bei gefüllten Polymeren wie z. B. Polyimid mit 15 % Graphit oder PTFE mit unterschiedlichen Füllstoffen wurde eine Zunahme des Verschleißkoeffizienten mit steigender Pressung beobachtet (Anderson, 1986).

Von Belastung und Geschwindigkeit kann auch die Reibungszahl in starkem Maße beeinflusst werden. Dies gilt in besonderem Maße für polymere Gleitlagerwerkstoffe auf PTFE-Basis. Aus **Bild 11.1.13** erkennt man, dass die Reibung von PTFE-Stahl-Paarungen oder von technischen DU-Stahl-Paarungen nur bei kleinen Gleitgeschwindigkeiten Werte unter f = 0,1 annimmt (Czichos und Feinle, 1982).

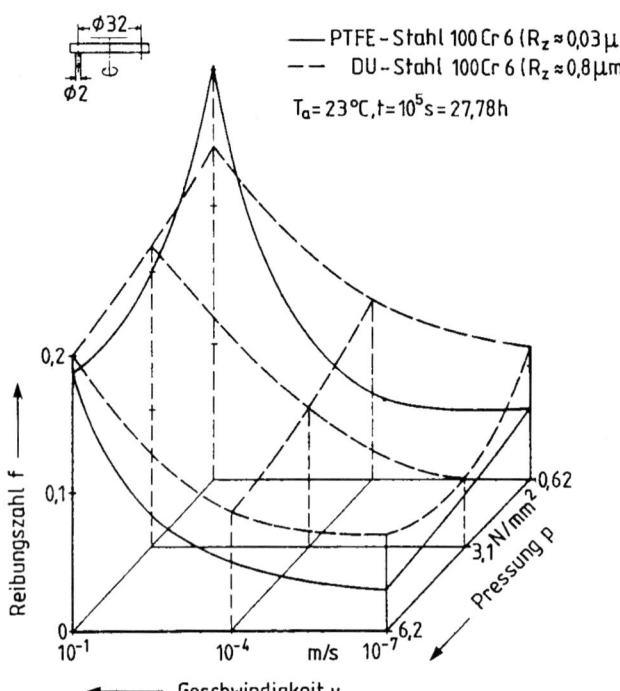

Bild 11.1.13
Reibung von PTFE-
Stahlpaarungen und DU-Stahl-
Paarungen

Reibung und Verschleiß können stark von der Rautiefe des Stahlgegenkörpers abhängen, wobei es für die einzelnen Kunststoffe optimale Rauheitswerte gibt, bei denen Reibung und Verschleiß ein Minimum haben (Erhard und Strickle, 1974; Czichos und Feinle, 1982; Anderson, 1986). Bei gefüllten Polymerwerkstoffen hängt der Einfluss der Rautiefe von der Fähigkeit der Füllstoffe ab, während der Gleitbeanspruchung durch Abrasion die Rautiefe der Stahloberfläche zu verändern. Hierzu liegen Ergebnisse von Briscoe und Steward (1978) vor, die PTFE mit 10 % Graphit oder 10 % Glas untersuchten. Graphit ist weniger abrasiv als Glas und so war bei dem mit Graphit gefüllten PTFE die Rauheit der Stahloberfläche von größerem Einfluss mit einem Minimum der Verschleißrate bei $R_a = 0,3$ μm. Demgegenüber war der Verschleiß von PTFE, das mit 10 % Glaskugeln gefüllt war, in einem Bereich von $R_a = 0,1$ bis 1,5 μm unabhängig von der Stahlrauheit.

Trockengleitlager werden häufig im Vakuum eingesetzt, weil dort eine Flüssigkeitsschmierung nicht möglich ist. Im Vergleich zum Betrieb in Luft nimmt im Vakuum der Verschleiß bei einigen Polymerwerkstoffen ab, bei anderen zu, siehe **Tabelle 11.1.6** oben (Anderson, 1986). Eine Abnahme des Verschleißes tritt bei PTFE- und MoS_2-haltigem Polyimid auf, während Graphitzusätze eine Verschleißzunahme bewirken.

In Umgebungsmedien mit ionisierter Strahlung ist zu beachten, dass die Festigkeit einiger Polymerwerkstoffe wie z. B. PTFE durch die Strahlung abnehmen kann, während andere Werkstoffe wie Polyethylen weniger geschädigt werden (Anderson, 1986). Bei mit Glasfasern gefülltem PTFE und Polyethylen hoher Dichte (UHMWP) wird der Verschleiß durch die Strahlung kaum beeinflusst.

Tab. 11.1.6 Verschleißkoeffizient von Trockengleitlagerwerkstoffen. Obere Tabelle: in Luft und Vakuum ($< 10^{-6}$ mbar). Untere Tabelle: trockene und feuchte Umgebungsatmosphäre

Werkstoff	Verschleißkoeffizient k in 10^{-6} mm³/N·m	
	Luft	Vakuum ($< 10^{-6}$ mbar)
ungefülltes Polyimid	0,45	0,15
Polyimid + PTFE	0,75	0,075
Poyimid + Graphit + PTFE	0,15	45
Polyimid + MoS$_2$	0,45	0,15
Polyimid + Carbonfasern (Typ II)	1,5	15
Polyimid + Carbonfasern (Typ I)	0,15	22
PTFE/Glasfasern/MoS$_2$	0,19	0,015
PTFE + Pb/gesinterte Bronze	0,15	0,3

Werkstoff	Verschleißkoeffizient k in 10^{-6} mm³/N.m	
	trocken	feucht
PTFE + Graphit	1,3	14
PTFE + 25% Glasfaser	7,7	330
PTFE + 25% Asbest	26	500
PTFE/Glimmer	12,5	50
PTFE/Graphit Bronze	6,5	6
Polyacetal	20	20
Polyphenyloxid	250	200
PTFE/Carbonfaser	2	100
PTFE/Polyimid	1	50
Polyurethan + Füllstoffe	9	80
UHMWP	0,048	4,5
Textillaminat	1,5	5,2
Wolle/Phenol + PTFE	5	4

Abschließend sei erwähnt, dass der Verschleiß von Polymerwerkstoffen durch die Anwesenheit von Wasser und in manchen Fällen auch bei Anwesenheit von Öl unter Grenzreibungsbedingungen erhöht werden kann, weil durch die Flüssigkeiten die Bildung von stabilen Transferfilmen auf der Stahlwelle verhindert wird.

11.1.2 Wälzlager

Wälzlager werden in unterschiedlichen Bauformen hergestellt. Sie bestehen im Allgemeinen aus einem Innenring und einem Außenring, zwischen denen die Wälzkörper angeordnet sind, die durch einen Käfig voneinander getrennt werden. Als Wälzkörper dienen Kugeln, Zylinder, Nadeln oder Rollen. **Bild 11.1.14** zeigt Beispiele von Kugellagern.

Die Wälzkörper sowie die Innen- und Außenringe werden aus Wälzlagerstählen gefertigt, die in DIN 17230 genormt sind. Die größte Bedeutung hat der Stahl 100Cr6 (1 % C; 1,5 % Cr; entspricht AISI 52100). Die Stahlhärte liegt zwischen 62 und maximal 66 HRC. Zur historischen Werkstoffentwicklung und dem Anwendungsverhalten wird auf die Sonderausgabe in der Härterei-Technischen Mitteilung 2002 verwiesen.

Die Käfige bestehen aus Stahl, Messing, Leichtmetall oder Kunststoff. Zur Schmierung werden Öle oder Fette verwendet. Dabei haben Fette neben der Schmierung zusätzlich die Aufgabe, die Lager vor Fremdpartikeln und Wasser zu schützen.

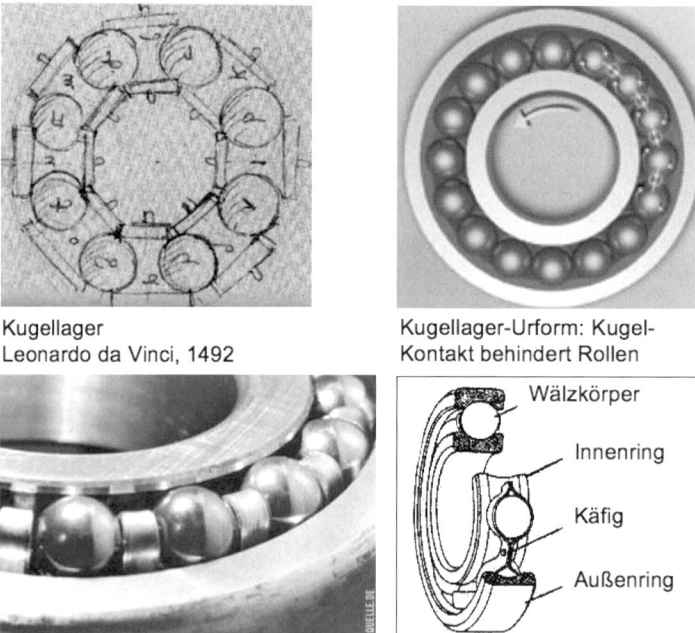

Kugellager
Leonardo da Vinci, 1492

Kugellager-Urform: Kugel-
Kontakt behindert Rollen

Wälzkörper

Innenring

Käfig

Außenring

Kugellager mit Kugelkäfig: Stand der Technik

Bild 11.1.14   Kugellager, Beispiele

Für besondere Anwendungen wie z. B. sehr hohe Drehzahlen, aggressive Medien oder hohe Temperaturen gewinnen keramische Werkstoffe, insbesondere Siliziumnitrid (ρ = 3,2 g/cm³), an Bedeutung. Bestimmte Zirkondioxide (ρ = ~5.4 g/cm³) sind ebenfalls als überrollfest qualifiziert worden (Woydt et al., 1997). Dabei können die Lager aus Keramikkugeln und Stahllaufringen in Form von Hybridlagern oder als vollkeramische Lager hergestellt werden. Infolge ihrer geringen Dichte werden durch den Einsatz von Keramikkugeln die Fliehkräfte und damit die Werkstoffanstrengung reduziert. Mit solchen Lagern können erhebliche Lebensdauern erreicht werden (z. B. Parker u. Zaretsky, 1975; Lorösch, Vay, Weigand, Gugel u. Kessel, 1980; Sibley u. Zlotnick, 1985). Dabei ist die Konstruktion zu optimieren (Steinhardt, 1989).

Die Wälzkörper eines Wälzlagers bilden mit dem Innen- und Außenring kontraforme Kontakte, so dass in den Oberflächenbereichen ein Spannungszustand herrscht, der mit den Formeln nach Hertz berechnet werden kann. Dabei verschiebt sich das Maximum der Werkstoffanstrengung mit zunehmender Reibung an die Oberfläche (siehe Kapitel 3.2.3).

Zur Abschätzung der Schmierfilmdicke kann die elastohydrodynamische Schmierungstheorie angewendet werden (Winer u. Cheng, 1980):

$$h = C' \cdot [LP \cdot N]^{0,74}$$

h: Schmierfilmdicke in µm

C':   Konstante, siehe Tabelle 10.1.8

D: Außendurchmesser des Lagers in m

LP: $\eta_0 \cdot \alpha \cdot 10^{11}$ in s, Schmierstoffparameter

η_0:   dynamische Viskosität in Pas

α: Viskositätsdruckkoeffizient in m²/s

N: Differenz der Drehzahlen der Innen- und Außenring in min⁻¹

Tab. 11.1.8 C'-Werte für Berechnung der Schmierfilmdicke von Wälzlagern

Lagerart	Innenring	Außenring
Kugellager	$8,65 \cdot 10^{-4}$	$9,43 \cdot 10^{-4}$
Pendel- und Zylinderrollenlager	$8,37 \cdot 10^{-4}$	$8,99 \cdot 10^{-4}$
Kegel- und Nadelrollenlager	$8,01 \cdot 10^{-4}$	$8,48 \cdot 10^{-4}$

Der Schmierstoffparameter ist für Öle der Viskositätsklasse SAE 10 W bis SAE 50 exemplarisch in **Bild 11.1.15** über der Temperatur aufgetragen (Winer and Cheng, 1986).

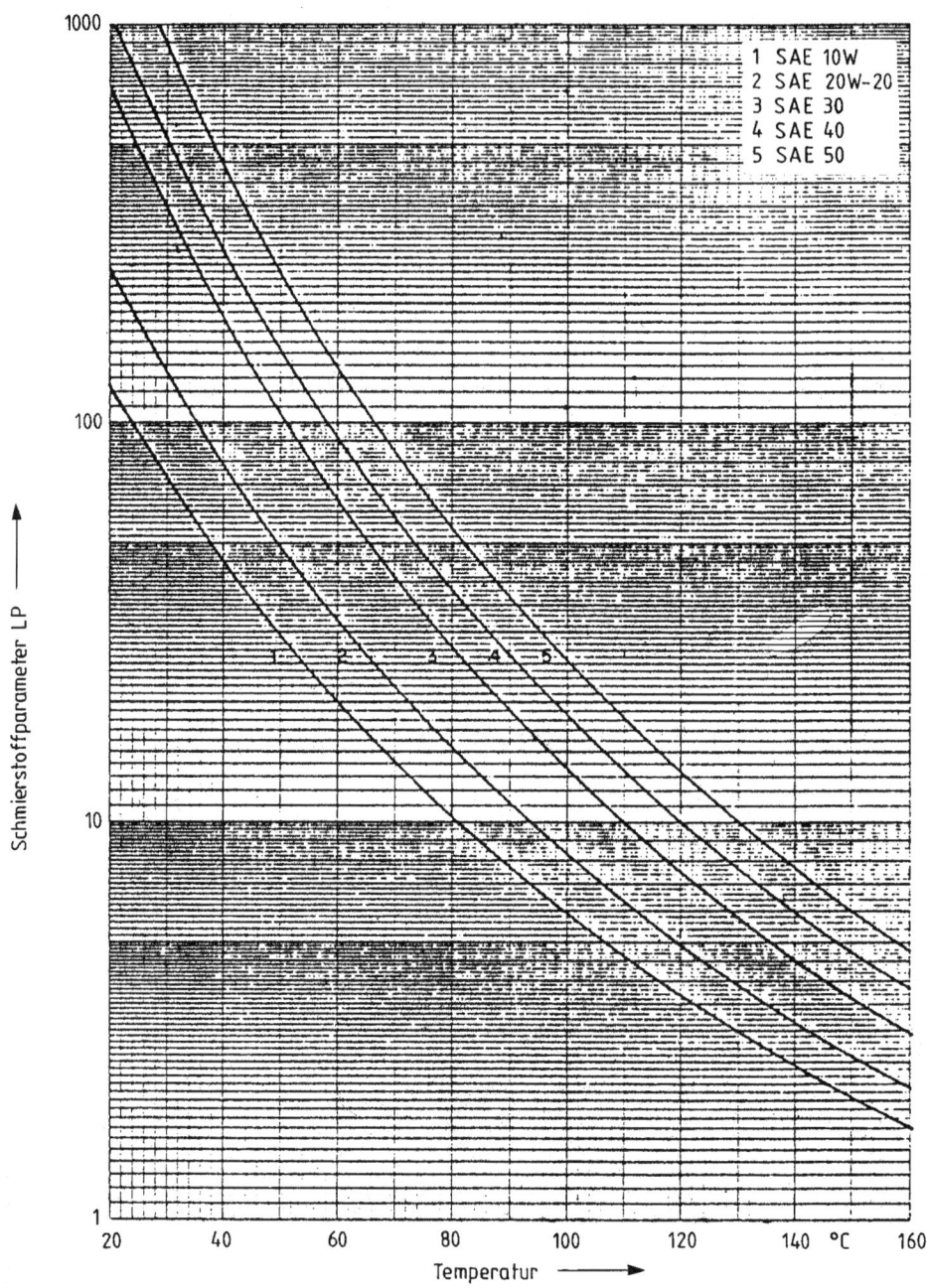

Bild 11.1.15   Schmierstoffparameter LP für verschiedene Mineralöle in Abhängigkeit von der Temperatur

Für den Schmierungszustand des Wälzlagers ist die spezifische Schmierfilmdicke von Bedeutung:

$$\lambda = \frac{h}{\sqrt{\sigma_1^2 + \sigma_2^2}}$$

mit den Rauheitskennwerten σ_1, σ_2 ($\sigma = 1{,}3 \cdot R_a$)

In **Tabelle 11.1.9** sind einige typische Werte für den Ausdruck $\sqrt{\sigma_1^2 + \sigma_2^2}$ zusammengestellt.

Tab. 11.1.9 Rauheitskennzahlen von Wälzlagern

Lagerart	$\sqrt{\sigma_1^2 + \sigma_2^2}$ [µm]
Kugellager	0,178
Sphärische und zylindrische Wälzlager	0,356
Kegelrollen- und Nagellager	0,229

Überschreitet die spezifische Schmierfilmdicke λ den Betrag von 1,5, so ist die Grübchenbildung (Pitting) infolge Oberflächenzerrüttung der primär zu beachtende Verschleißmechanismus, siehe **Bild 11.1.16** und **Bild 11.1.17** (Anderson, 1980).

Bei λ-Werten < 1,5 ist zusätzlich mit adhäsiv-abrasivem Verschleiß zu rechnen, der mit abnehmendem Traganteil des elastohydrodynamischen Schmierfilms zunimmt (DIN ISO 281, Teil 1, 1979). Die Lebensdauer, die 90 % der Lager erreichen, ist gegeben durch:

$$L_{10} = \left(\frac{C}{P}\right)^p$$

oder

$$L_h = \left(\frac{C}{P}\right)^p \frac{10^6}{n \cdot 60}$$

L_{10}:   Lebensdauer in 10^6 Umdrehungen
L_{h10}: nominelle Lebensdauer in Stunden
C: Dynamische Tragzahl, in DIN ISO 281, Teil 1
P: äquivalente Lagerbelastung
p: Exponent, für Kugellager: p = 3, für Rollenlager: p = 10/3
n: Drehzahl in min^{-1}

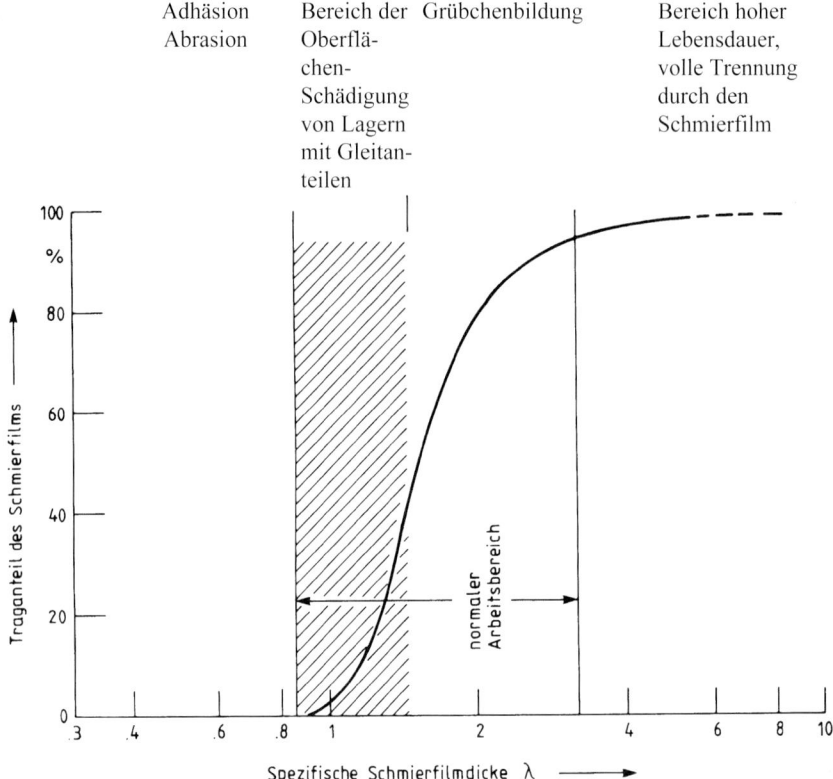

Bild 11.1.16   Verschleißmechanismen von Wälzlagern in Abhängigkeit von der spezifischen Schmierfilmdicke

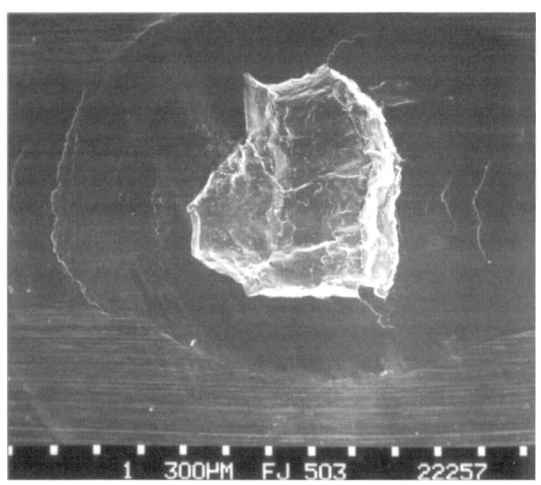

Bild 11.1.17
Grübchen

Wälzlager werden heute so dimensioniert, dass sie nicht durch Grübchenbildung versagen. Die äquivalente Lagerbelastung ist durch folgende Beziehungen gegeben:

Radiallager: $P = X \cdot F_R + Y \cdot F_a$

Axiallager: $P = X_a \cdot F_R + Y_a \cdot F_a$

F_R: Radialkraft

F_a: Axialkraft

X, Y, X_a, Y_a: Faktoren nach DIN ISO 281, Teil 1

Mit einer modifizierten Lebensdauerabschätzung werden weitere Einflussgrößen wie veränderte Ausfallwahrscheinlichkeit, Werkstoffeigenschaften und Betriebsbedingungen berücksichtigt.

$$L_{hna} = a_1 \cdot a_{23} \cdot f_t \cdot L_h$$

L_{hna}: erreichbare Ermüdungslaufzeit

a_1: Faktor für die Erlebenswahrscheinlichkeit, siehe **Tabelle 11.1.10**

a_{23}: Faktor für die Stahlqualität und die Betriebsbedingungen

f_t: Temperaturfaktor

   150 °C $f_t = 1$
   250 °C $f_t = 0,42$
   300 °C $f_t = 0,22$

Tab. 11.1.10   Lebensdauerbeiwert C_1 (DIN ISO 281, Teil 1)

Erlebenswahrscheinlichkeit %	L_n	a_1
90	L_{10}	1
95	L_5	0,62
96	L_4	0,53
97	L_3	0,44
98	L_2	0,33
99	L_1	0,21

Die Temperatur kann mit folgender Beziehung abgeschätzt werden (Wächter, 1988):

$$\vartheta_L = \vartheta_u + \frac{1}{\alpha_{\ddot{u}} \cdot A} \left[M_R \cdot \omega - c \cdot \rho \cdot \dot{V}(\vartheta_a - \vartheta_e) \right]$$

ϑ_L Lager- bzw. Betriebstemperatur in °C

ϑ_u Umgebungstemperatur in °C

ϑ_a Ölaustrittstemperatur in °C

ϑ_e Öleintrittstemperatur in °C

$\alpha_{\ddot{u}}$ Wärmeübergangszahl in W/m^{2}k

A   wärmeabgebende Fläche in m^2

M_R Reibungsmoment in Nm

ω Winkelgeschwindigkeit 1/s

$c \cdot \rho$ Wärmekapazität des Öles in Nm/m^{3}K

$\dot{V}$ Volumenstrom in m^3/s

Die oben angegebene Temperaturbestimmung muss als Abschätzung verstanden werden, da die Wärmeübergangszahl $\alpha_{\ddot{u}}$ des Wärmeübergangs zum Gehäuse oder durch Konvektion an die Umgebung nicht exakt bekannt ist. Die Betriebstemperatur ist somit stark von der Gesamtkonstruktion geprägt.

Da die Stahlqualität heute einen hohen Stand erreicht hat, gehen in den Faktor a_{23} vor allem die Betriebsbedingungen ein, die durch das Verhältnis der kinematischen Viskosität des verwendeten Schmierstoffes zu einer Bezugsviskosität gekennzeichnet werden, siehe **Bild 11.1.18,** wobei die Bezugsviskosität von den Lagerabmessungen und der Drehzahl abhängt, siehe **Bild 11.1.19**, (Anderson, 1977). Die kinematische Viskosität ν muss mit dem V-T-Diagramm des verwendeten Schmieröls (bei Schmierfett des Basisöls), siehe **Bild 11.1.20**, bestimmt werden.

Nach Bild 11.1.18 können 3 Bereiche unterschieden werden:

    I.   Übergang zur Dauerfestigkeit bei vollständiger Trennung der Oberflächen durch einen höchst-sauberen Schmierstoff

    II.   Hohe Sauberkeit im Schmierspalt, geeignete Additive im Schmierstoff

    III.   Ungünstige Betriebsbedingungen, Verunreinigungen im Schmierstoff, ungeeignete Schmierstoffe

Die genauere Position des a_{23}-Werts bei den häufig auftretenden Bedingungen des Bereichs II im a_{23} – Diagramm ermöglicht das Diagramm in Bild 11.1.21. Der damit ermittelte Basiswert a_{23II} (II entspricht dem Bereich II) ist mit der Bestimmungsgröße $K = K_1 + K_2$ zu ermitteln. Den Wert K_1 kann man dem oberen Diagramm von Bild 11.1.22 in Abhängigkeit von der Lagerbauart und der Belastungskennzahl $f_s = C_0/P_0$ entnehmen. K_2 hängt vom Viskositätsverhältnis κ und von der Kennzahl f_s ab. Die Werte des Diagramms unten gelten für nicht additivierte Schmierstoffe. Für geeignet additivierte Schmierstoffe wird K_2 gleich 0 gesetzt.

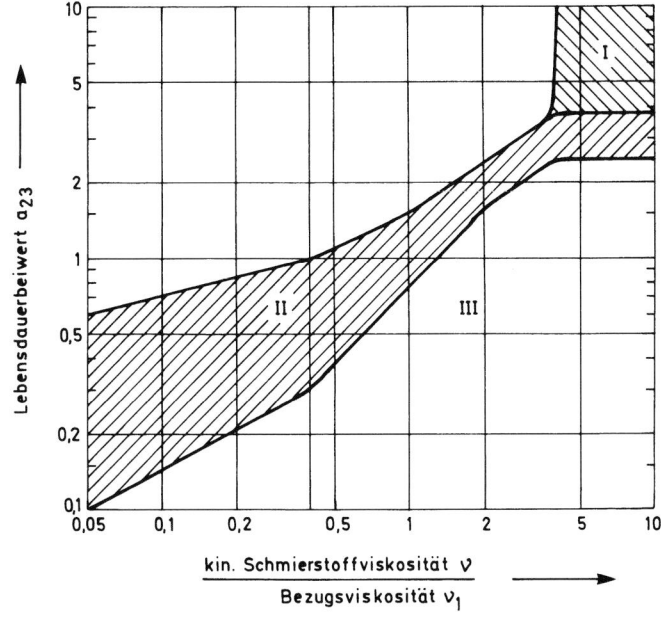

Bild 11.1.18
Faktor a_{23} zur modifizierten Lebensdauerberechnung in Abhängigkeit vom Verhältnis der Schmierstoff-Viskosität zur Bezugsviskosität

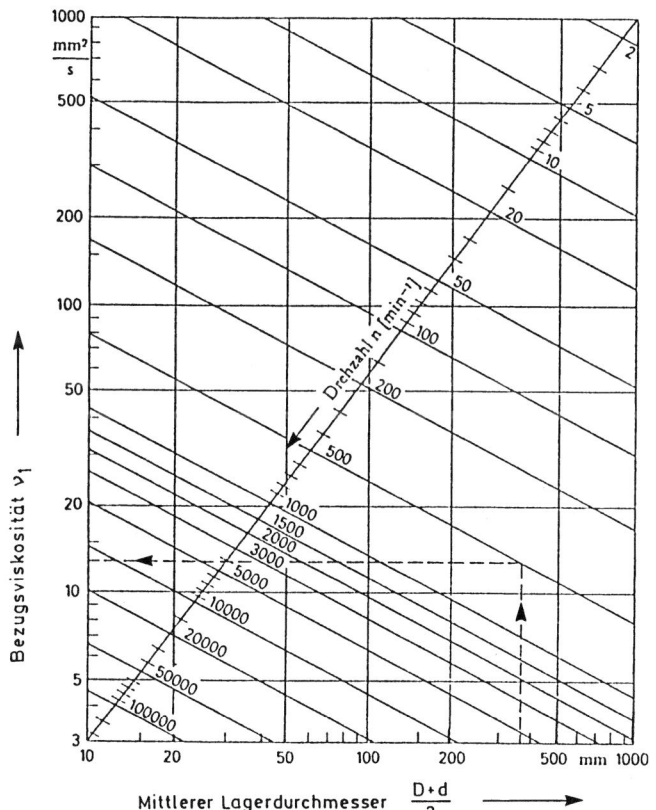

Bild 11.1.19
Bezugsviskosität in Abhängigkeit von den Lagerabmessungen für unterschiedliche Drehzahlen

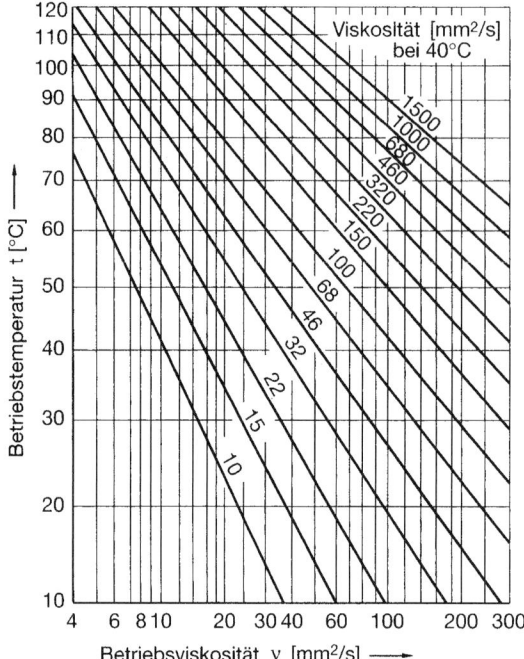

Bild 11.1.20
V-T-Diagramm

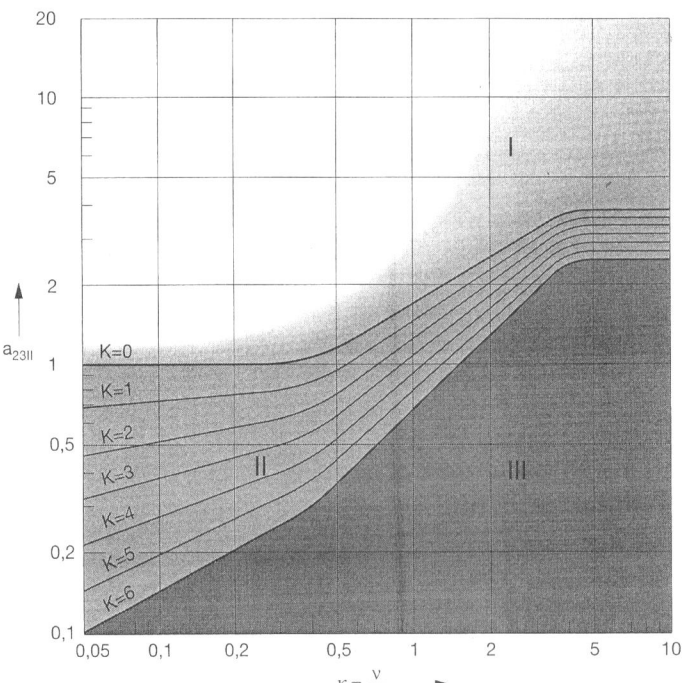

Bild 11.1.21
Basiswert a_{23II} zur Ermittlung des Faktors a_{23}

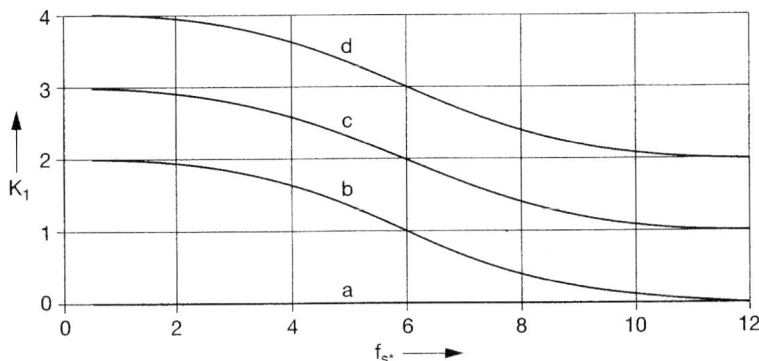

a Kugellager   b Kegelrollenlager, Zylinderrollenlager
c Pendelrollenlager, Axial-Pnedelrollenlager[3]
  Axial-Zylinderrollenlager[1],[3]
d vollrollige Zylinderrollenlager[1],[2]

[1] Nur in Verbindung mit Feinfilterung des Schmierstoffs
   entsprechend V < 1, sonst $K_1 \geq 6$ annehmen.
[2] Beachte bei der Bestimmung von V: Die Reibung ist mindestens
   doppelt so hoch wie bei Lagern mit Käfigen. Das führt zu höherer
   Lagertemperatur
[3] Mindestbelastung beachten (siehe Katalogangaben der Lagerhersteller)

∇ Bestimmungsgröße K_2 in Abhängigkeit von der Kennzahl f_{s*} für nicht
  additivierte Schmierstoffe und für Schmierstoffe mit Additiven, deren
  Wirksamkeit in Wälzlagern nicht geprüft wurde.

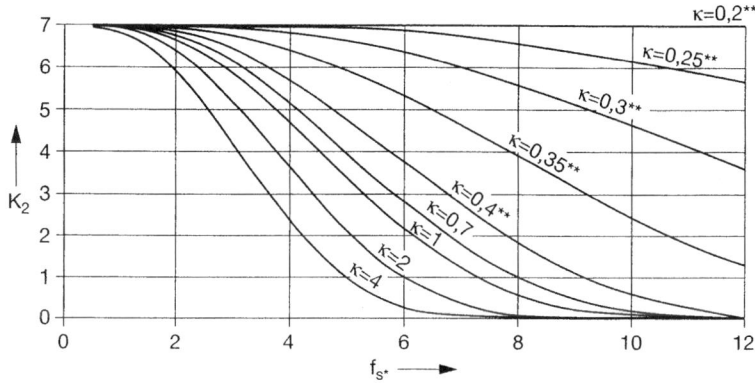

K_2 wird gleich 0 bei Schmierstoffen mit Additiven, für die ein
entsprechender Nachweis vorliegt.

** Bei $\kappa \leq 0,4$ dominiert der Verschleiß im Lager, wenn er nicht durch
geeignete Schmierstoffadditive unterbunden wird.

Bild 11.1.22   Bestimmungsgröße K_1 in Abhängigkeit von der Kennzahl f_s und der Lagerbauart

Bei K = 0 bis 6 liegt $a_{23 II}$ auf einer der Kurven in Bereich II des Diagramms in Bild 11.1.21.
Bei K > 6 kann nur ein Faktor a_{23} im Bereich III erwartet werden. Wird mit gut geeignetem

Fett in der richtigen Menge geschmiert, können K_2-Werte wie für geeignet additivierte Öle angesetzt werden. Die Fetteignung ist bei Lagern mit höheren Gleitanteilen, bei großen und bei hochbeanspruchten Lagern sehr wichtig. Bei unbekannter Fetteignung oder nicht eingehaltener Schmierfrist ist sicherheitshalber die untere Grenze des Bereichs II anzusetzen.

Der Einfluss der Sauberkeit auf die Lebensdauer kann sehr groß sein, insbesondere wenn harte und relativ zur Größe des Lagers große Schmutzpartikel vorliegen. Der Einfluss der Sauberkeit wird mit dem Sauberkeitsfaktor s quantifiziert. Zur Ermittlung von s wird die Verunreinigungskenngröße V benötigt, aus der **Tabelle 11.1.11** zu entnehmen. Für normale Sauberkeit (V = 1) gilt immer s = 1 , also a23 = a23II. Bei erhöhter Sauberkeit (V = 0,5) und höchster Sauberkeit (V = 0,3) erhält man abhängig vom Viskositätsverhältnis κ über das rechte Feld des Diagramms Bild 11.1.23 einen Sauberkeitsfaktor s > 1. Bei κ < 0,4 gilt s = 1.

Bei mäßig verunreinigtem Schmierstoff (V = 2) und stark verunreinigtem Schmierstoff (V = 3) ergibt sich s < 1 aus dem linken Feld des Diagramms in Bild 11.1.23. Die Minderung der s-Werte durch hohe V-Werte wirkt sich umso stärker aus, je leichter ein Lager belastet ist.

Die Verunreinigungskenngröße V hängt vom Lagerquerschnitt, der Berührungsart im Rollkontakt und von der Ölreinheitsklasse, siehe **Tabelle 11.1.12**, ab. Werden in Wälzkontakten harte Partikel überrollt, so führen Eindrücke in den Kontaktflächen zu vorzeitiger Werkstoffermüdung. Je kleiner die Kontaktflächen sind, desto schädlicher ist die Wirkung einer bestimmten Partikelgröße. Kleine Lager reagieren also bei gleichem Verschmutzungsgrad empfindlicher als große Lager, Lager mit Punktberührung (Kugellager) empfindlicher als solche mit Linienberührung (Rollenlager). Um eine geforderte Ölreinheit zu erzielen, sollte eine bestimmte Filterrückhalterate vorliegen. Eine Filterrückhalterate ßx ist das Verhältnis aller Partikel > x μm vor dem Filter zu den Partikeln > x μm nach dem Filter. β3 = 200 bedeutet, dass von 200 Partikeln > 3 μm nur ein Partikel den Filter passiert.

Höchste Sauberkeit liegt vor, wenn Lager vom Hersteller gefettet werden und mit Dicht- oder Deckscheiben gegen Staub gut abgedichtet sind. Sorgt der Anwender bei der Schmierung und Montage der Lager für ähnliche Verhältnisse wie der Hersteller und wird sauberes Fett verwendet, so kann ebenfalls von höchster Sauberkeit ausgegangen werden. Bei Ölschmierung lauten die Voraussetzungen für höchste Sauberkeit: saubere Montage des Lagers, Spülung des Ölumlaufsystems vor Inbetriebnahme mit neuem Öl, eingefüllt über einen Feinstfilter, Ölreinheitsklasse entsprechend V = 0,3. Normale Sauberkeit erfordert gute Abdichtung, saubere Montage, Ölreinheit entsprechend V = 1, Einhaltung der Ölwechselfristen.

Das Verschleißverhalten von Wälzlagern hängt von der Sauberkeit der Lager, des Schmierstoffs und des Einbauraums sowie von der Trennung der berührenden Lagerteile im Betriebszustand ab. Die physikalische Trennung der Wälzpartner wird nach Bild 11.1.16 beurteilt. λ-Werte > 3 sichern die volle Trennung und stehen für hohe Lebensdauer sowie niedrigen Verschleiß. Wird jedoch aufgrund hoher Temperatur, mangelhafter Schmierstoffversorgung oder sehr niedriger Rollgeschwindigkeit kein ausreichend hoher λ-Wert erreicht, so kann ein verschleißarmer Betrieb auch sichergestellt werden, wenn der Schmierstoff aufgrund einer geeigneten Additivierung mit den metallischen Oberflächen der Lagerteile Reaktionen eingeht, die zur Bildung von schmierfähigen Reaktionsprodukten führen. Es bilden sich dabei Reaktionsschichten aus, deren Schichtcharakter durch Versuche nachgewiesen wurde. Man spricht von einer chemischen Schmierung, die im Gegensatz zur physikalischen Schmierung nur mit Trennschichten im Bereich von Nanometer auskommt. Entscheidend ist die ununterbrochene Nachlieferung von Reaktionsprodukten im Kontaktbereich, also dort, wo auch die Schmierung gebraucht wird. Nach Kleinlein (1991) liefern geeignet additivierte Schmierstoffe (Öle, Fette) ähnlich lange Laufzeiten mit niedrigem Verschleiß bei k-Werten > 0,05. Lager- und Schmierstoffhersteller informieren über die Schmierstoffeignung, abhängig von der Temperatur und Lagerbauart und Lagergröße.

Tab. 11.1.11 Orientierungswerte für die Verunreinigungskenngröße V

$\dfrac{(D-d)}{2}$ [mm]	V	Punktberührung erforderliche Ölreinheitsklasse nach ISO 4406	Richtwerte für Filterrückhalterate nach ISO 4572	Linienberührung erforderliche Ölreinheitsklasse nach ISO 4406	Richtwerte für Filterrückhalterate nach ISO 4572
≤ 12,5	0,3	11/8	$\beta_3 \geq 200$	12/9	$\beta_3 \geq 200$
	0,5	12/9	$\beta_3 \geq 200$	13/10	$\beta_3 \geq 75$
	1	14/11	$\beta_6 \geq 75$	15/12	$\beta_6 \geq 75$
	2	15/12	$\beta_6 \geq 75$	16/13	$\beta_{12} \geq 75$
	3	16/13	$\beta_{12} \geq 75$	17/14	$\beta_{25} \geq 75$
> 12,5 ...20	0,3	12/9	$\beta_3 \geq 200$	13/10	$\beta_3 \geq 75$
	0,5	13/10	$\beta_3 \geq 75$	14/11	$\beta_6 \geq 75$
	1	15/12	$\beta_6 \geq 75$	16/13	$\beta_{12} \geq 75$
	2	16/13	$\beta_{12} \geq 75$	17/14	$\beta_{25} \geq 75$
	3	18/14	$\beta_{25} \geq 75$	19/15	$\beta_{25} \geq 75$
> 20 ...35	0,3	13/10	$\beta_3 \geq 75$	14/11	$\beta_6 \geq 75$
	0,5	14/11	$\beta_6 \geq 75$	15/12	$\beta_6 \geq 75$
	1	16/13	$\beta_{12} \geq 75$	17/14	$\beta_{12} \geq 75$
	2	17/14	$\beta_{25} \geq 75$	18/15	$\beta_{25} \geq 75$
	3	19/15	$\beta_{25} \geq 75$	20/16	$\beta_{25} \geq 75$
> 35	0,3	14/11	$\beta_6 \geq 75$	14/11	$\beta_6 \geq 75$
	0,5	15/12	$\beta_6 \geq 75$	15/12	$\beta_{12} \geq 75$
	1	17/14	$\beta_{12} \geq 75$	18/14	$\beta_{25} \geq 75$
	2	18/15	$\beta_{25} \geq 75$	19/16	$\beta_{25} \geq 75$
	3	20/16	$\beta_{25} \geq 75$	21/17	$\beta_{25} \geq 75$

Die Ölreinheitsklasse als Maß für die Wahrscheinlichkeit der Überrollung lebensdauermindernder Partikel im Lager kann anhand von Proben z. B. durch Filterhersteller und Institute bestimmt werden. Auf geeignete Probenahme (siehe z. B. DIN 51750) ist zu achten. Auch Online-Messgeräte stehen heute zu Verfügung. Die Reinheitsklassen werden erreicht, wenn die gesamte umlaufende Ölmenge das Filter in wenigen Minuten einmal durchläuft. Vor Inbetriebnahme der Lagerung ist zur Sicherung guter Sauberkeit ein Spülvorgang erforderlich:

Eine Filterrückhalterate $\beta_3 \geq 200$ (ISO 4572) bedeutet z. B., dass im sog. Multi-Pass-Test von 200 Partikeln ≥ 3 µm nur ein einziges das Filter passiert. Gröbere Filter als $\beta_{25} \geq 75$ sollen wegen nachteiliger Folgen auch für die übrigen im Ölkreislauf liegenden Aggregate nicht verwendet werden.

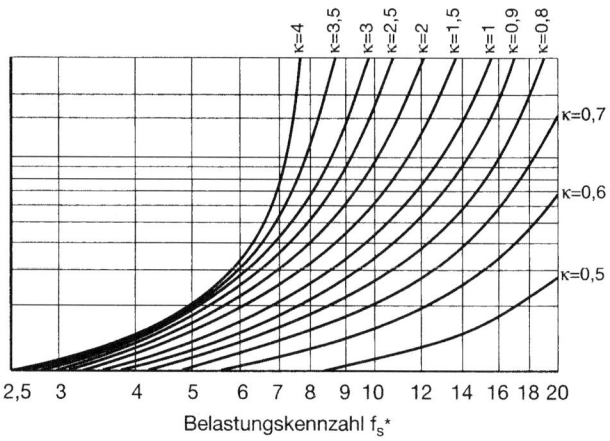

Ein Sauberkeitsfaktor s > 1 ist für vollrollige Lager nur erreichbar, wenn durch hochviskosen Schmierstoff und äußerste Sauberkeit (Ölreinheit) nach ISO 4406 und mindestens 11/7) Verschleiß in den Kontakten Rolle/Rolle ausgeschlossen ist

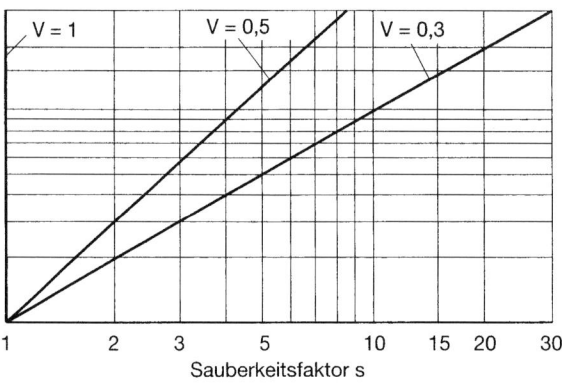

a)

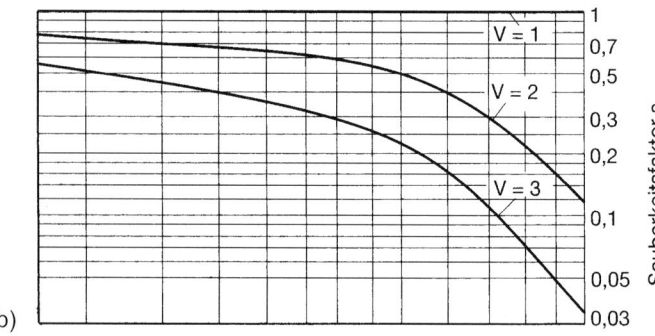

b)

Bild 11.1.23 Diagramm zum Bestimmen des Sauberkeitsfaktors s

C_0 = statische Tragzahl (kN), den Katalogen der Lagerhersteller zu entnehmen.

P_0 = statisch äquivalente Lagerbelastung (kN) zu berechnen nach

$P_0 = X_0 \cdot F_r + X_0 \cdot F_a$ wobei X_0 und Y_0 Radial- und Axialfaktoren, F_r und F_a Radial- und Axialbelastung des Lagers (kN) sind.

Die Werte für X_0 und Y_0 sowie Hinweise zur Berechnung der statisch äquivalenten Lagerbelastung sind für verschiedene Lagerbauarten den Katalogen der Lagerhersteller zu entnehmen.

Tab. 11.1.12 Ölreinheitsklassen nach ISO 4406 (Auszug)

Anzahl der Partikel pro 100 ml				Code
Partikelgröße > 5 µm		Partikelgröße > 15 µm		
mehr als	bis zu	mehr als	bis zu	
500.000	1000.000	64.000	130.000	20/17
250.000	500.000	32.000	64.000	19/16
130.000	250.000	16.000	32.000	18/15
64.000	130.000	8.000	16.000	17/14
32.000	64.000	4.000	8.000	16/13
16.000	32.000	2.000	4.000	15/12
8.000	16.000	1.000	2.000	14/11
4.000	8.000	500	1.000	13/10
2.000	4.000	250	500	12/9
1.000	2.000	130	250	11/8
1.000	2.000	64	130	11/7
500	1.000	32	64	10/6
250	500	32	64	9/6

Über die Berücksichtigung weiterer Einflussgrößen zur Verbesserung der Aussagekräftigkeit der Berechnungsmethoden wird von Stöcklein (1987) berichtet. Zur Abschätzung des adhäsiven und abrasiven Verschleißes sei auf eine Arbeit von Sibley (1980) hingewiesen.

Für das Betriebsverhalten von Wälzlagern ist ferner die Reibung von Bedeutung. Die Reibungszahlen hängen von der Lagerbauart, der Belastung und der Drehzahl ab, siehe **Bild 11.1.24** (Eschmann, 1964). Bei kleinen Belastungen tritt die innere Reibung des Schmierstoffes offenbar stärker in Erscheinung.

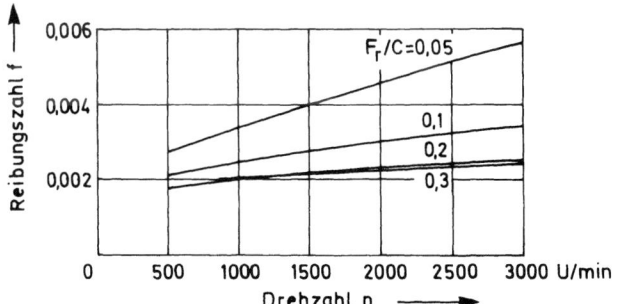

Bild 11.1.24
Reibungszahl eines Rillenkegellagers in Abhängigkeit von Drehzahl und Belastung

Ausführliche Ansätze zur Abschätzung der Lagerreibung und zur Schmierung von Wälzlagern sind dem Buch von Brändlein, Eschmann, Hasbargen, Weigand (1995) zu entnehmen. Dieses Buch informiert auch ausführlich über die Grundlagen, insbesondere über die elastische Verformung, Druckverteilung in den Kontaktflächen.

11.2 Zahnradpaarungen

Zahnradpaarungen haben die technische Funktion, Drehbewegungen und/oder Drehmomente nach Größe und/oder Richtung umzuformen. Eine Zahnradpaarung besteht aus zwei Zahnrädern, deren Radachsen sich in gegenseitig definierter Lage befinden und bei denen das eine Zahnrad seine Drehbewegung auf das andere Zahnrad mittels nacheinander zum Eingriff kommenden Zähne überträgt (nach DIN 868).

Bild 11.2.1 enthält Beispiele unterschiedlicher Zahnradpaarungen in Wälzgetrieben, Wälzschraubgetrieben und Schraubgetrieben. Bei Wälzgetrieben ist die Gleitgeschwindigkeit der Zahnräder im Teilkreis gleich null. Zum Zahnfuß und Zahnkopf hin nimmt die Gleitgeschwindigkeit zu, siehe **Bild 11.2.2**. Bei Schraubgetrieben ist auch im Teilkreis die Gleitgeschwindigkeit nicht gleich null.

Getriebebezeichnung		Lage der Achsen	Zahnradgrundformen		Kontakt
Wälz-getriebe	Stirnrad-getriebe	parallel	Zylinder		linienförmig
	Kegelrad-getriebe	sich schneidend	Kegel	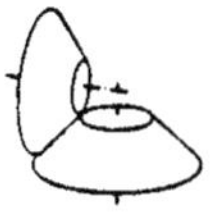	linienförmig
Wälz-schraub-getriebe	Stirnrad-schraub-getriebe	sich kreuzend	Zylinder	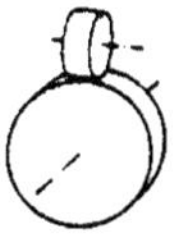	punktförmig
	Kegelrad-schraub-getriebe	sich kreuzend	Kegel	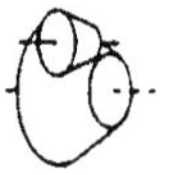	linienförmig
Schraub-getriebe	Schnecken-getriebe	sich kreuzend	Zylinder und Globoid		linienförmig

Bild 11.2.1   Getriebearten

Die Zahnflanken einer Zahnradpaarung bilden einen kontraformen Kontakt. Bei Anwesenheit eines Schmieröles kann sich ein Schmierfilm aufbauen, dessen Dicke sich mit der EHD-Theorie abschätzen lässt (Winer und Cheng, 1980):

$$h = \left[G \cdot LP \cdot N \cdot W_{T/1}^{-0,148} \right]^{0,74}$$

G: geometrischer Parameter, der vom Getriebetyp abhängt, siehe **Tabelle 11.2.1**

LP: $\alpha \cdot \eta_0 \cdot 10^{11}$ in s, Schmierstoffparameter (Bild 11.1.15, Kapitel 11.1.2)

α: Viskositätsdruckkoeffizient in GPa^{-1}

η_0:   dynamische Viskosität in mPa s

N: Drehzahl in min^{-1}

$W_{T/1}$: Belastung pro Einheitskontaktlänge, siehe **Tabelle 11.2.1**

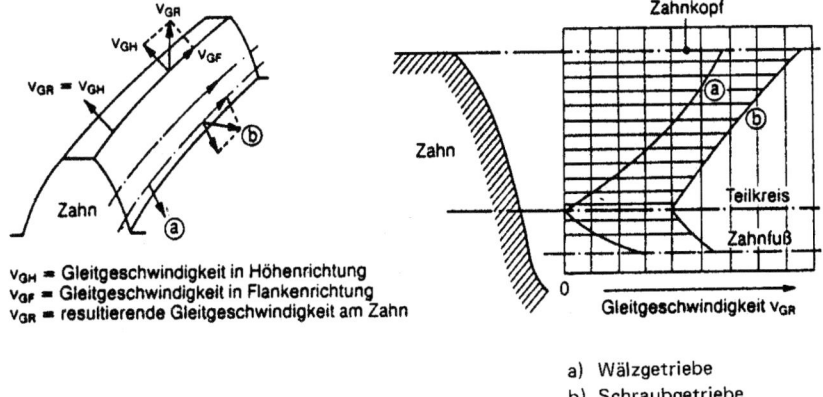

Bild 11.2.2   Geschwindigkeiten auf der Zahnflanke a) Wälzgetriebe b) Schraubgetriebe

In Abhängigkeit von der sogenannten Belastungsintensität und der Geschwindigkeit des Ritzels (kleines Zahnrad) kann man nach Dudley (1980) drei Bereiche der Schmierung unterscheiden, sieh **Bild 11.2.3**:

Bereich I: Die Geschwindigkeit der Zahnräder ist so klein, dass sich kein elastohydrodynamischer Schmierfilm zwischen den Zahnflanken aufbauen kann. Reibung und Verschleiß werden durch die Eigenschaften der Zahnflanken und der Oberflächenschicht bestimmt, die durch das Öl bzw. die Öladditive gebildet wird.

Bereich II: Die Geschwindigkeit der Zahnräder ist hoch genug, um einen partiellen elastohydrodynamischen Ölfilm zu erzeugen. Er ist aber nicht dick genug, um die Zahnflanken zu trennen, solange sie ihre durch die Bearbeitung gegebene Anfangsrauhigkeit haben. Durch Einlaufverschleißprozesse können die Zahnflanken geglättet werden, wodurch die Trennung der Oberflächen verbessert wird.

Bereich III: Die Geschwindigkeit der Zahnräder reicht aus, um die Zahnflanken durch einen elastohydrodynamischen Schmierfilm zu trennen. In diesem Bereich kann Verschleiß durch Oberflächenzerrüttung (Grübchenbildung, Pitting) auftreten.

Tab. 11.2.1 Größen zur Berechnung der Schmierfilmdicke von Zahnradpaarungen (Mobil Oil Corporation, 1979)

Getriebetyp	N	G	$W_{T/l}$	v	Bemerkungen
Parallele Achsen, extern	N_G	$3{,}4\cdot10^{-4}\dfrac{(m_G C\sin\Phi_n)^{1{,}5}E_D^{0{,}148}}{(m_G+1)^2}$	$\dfrac{T_G(m_G+1)}{m_G CF\cos\Phi_n\cos^2\psi}$	$\dfrac{2\pi m_G CN_G}{60(m_G+1)}$	Schraubenrad, Schraubenwinkel: ψ
Parallele Achsen, intern	N_R	$3{,}4\cdot10^{-4}\dfrac{(m_G C\sin\Phi_n)^{1{,}5}E_D^{0{,}148}}{(m_G-1)^2}$	$\dfrac{T_G(m_G-1)}{m_G CF\cos\Phi_n\cos^2\psi}$	$\dfrac{2\pi m_G CN_R}{60(m_G-1)}$	Stirnradgetriebe $\psi=0$
Kegelrad, Wellenwinkel 90°	N_G	$3{,}4\cdot10^{-4}\dfrac{(R_{Gm}\sin\Phi_n)^{1{,}5}E_D^{0{,}148}}{(1+m_G^2)^{0{,}25}}$	$\dfrac{T_G}{R_{Gm}F\cos\Phi_n\cos^2\psi_m}$	$\dfrac{2\pi R_{Gm}N_G}{60}$	Spiralkegelrad Spiralwinkel: ψ_m $\psi_m=0$
Kegelrad, Wellenwinkel nicht 90°	N_G	$3{,}4\cdot10^{-4}\dfrac{(R_{Gm}\sin\Phi_n)^{1{,}5}E_D^{0{,}148}}{(\cos\gamma+m_G\cos\gamma_p)^{0{,}5}}$	$\dfrac{T_G}{R_{Gm}F\cos\Phi_n\cos^2\psi_m}$	$\dfrac{2\pi R_{Gm}N_G}{60}$	Stirnradgetriebe $\psi=0$
Planetengetriebe – Sonnenrad	$|N_S\cdot N_C|$	$3{,}4\cdot10^{-4}(R_S\sin\Phi_n)^{1{,}5}\left[\dfrac{R_R-R_S}{R_R+R_S}\right]^{0{,}5}E_D^{0{,}148}$	$\dfrac{|T_S|}{nR_SF\cos\Phi_n\cos^2\gamma}$	$\dfrac{2\pi R_S}{60}\,|N_S-N_C|$	Schraubenrad Schraubenwinkel ψ
Planetengetriebe – Hohlrad	$|N_R\cdot N_C|$	$3{,}4\cdot10^{-4}(R_S\sin\Phi_n)^{1{,}5}\left[\dfrac{R_R-R_S}{R_R+R_S}\right]^{0{,}5}E_D^{0{,}148}$	$\dfrac{|T_R|}{nR_RF\cos\Phi_n\cos^2\gamma}$	$\dfrac{2\pi R_R}{60}\,|N_R-N_C|$	Stirnradgetriebe $\psi=0$

$|\ |$:	Absolutwert (positiv)	N_G:	Zahnraddrehzahl min^{-1}
C:	Achsabstand	N_R:	Zahnraddrehzahl min^{-1}
E_D:	Reduzierter E-Modul	N_S:	Drehzahl des Sonnenrades
F:	Zahnbreite	R_{Gm}:	Mittlerer Teilkreisradius
m_G:	Übersetzung	R_R:	Hohlradradius
n:	Anzahl der Planeten	R_S:	Sonnenradradius
N_C:	Geschwindigkeit des Planetenträgers	T_G:	Zahnraddrehmoment

T_S: Sonnenraddrehmoment
T_R: Hohlraddrehmoment
γ_a: Zahnradkonuswinkel
γ_p: Ritzelkonuswinkel
ϕ_n: Normaldruckwinkel
ψ: Schraubenwinkel
ψ_m: Teilkreisspiralwinkel

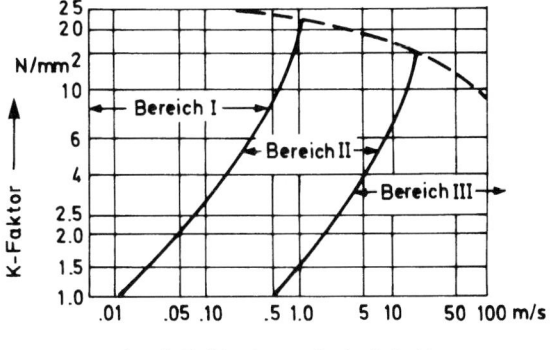

Ritzel-Teilkreisgeschwindigkeit v

Diagramm A (optimal)

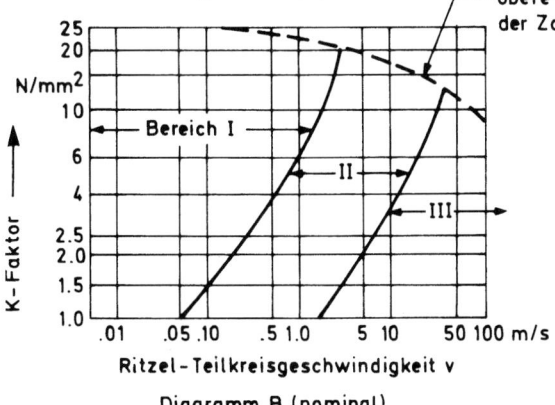

Ritzel-Teilkreisgeschwindigkeit v

Diagramm B (nominal)

Für Stirnradgetriebe:

$$K \quad \frac{W_t}{d_p b} \quad \frac{u \quad 1}{u}$$

$$W_t \quad \frac{2000\,T}{d_{p1}}$$

T: Drehmoment
d_{p1}: Ritzelteilkreisdurch-
  messer
d_p: Teilkreisdurchmesser
b: Zahnbreite
u: Zähnezahlverhältnis

Bild 11.2.3
Bereiche der Schmierung
von Zahnradpaarungen in
Abhängigkeit von den
Betriebsbedingungen

In einer anderen Darstellung wird das zulässige Grenzdrehmoment über der Umfangsge-schwindigkeit aufgetragen, siehe **Bild 11.2.4**, (Oster, 1987). Dabei sind folgende tribologische Schädigungsmechanismen bzw. Beanspruchungsgrenzen zu beachten:

- Graufleckengrenze
- Grübchengrenze
- Fressgrenze
- Verschleißgrenze

Dazu kommt als mechanische Belastungsgrenze die Zahnbruchgrenze. Nachfolgend sollen die tribologischen Schädigungsmechanismen diskutiert werden.

Bei der Graufleckigkeit handelt es sich um eine Vielzahl von mikroskopisch kleinen Anrissen und Ausbrüchen, die den Eindruck von grauen Flecken hervorrufen. Die Graufleckigkeit hängt nach Schönbeck (1984) von der spezifischen Schmierfilmdicke und von der Härte der Zahnrä-der ab, siehe **Bild 11.2.5**. Danach tritt die Graufleckigkeit bevorzugt unter Schmierungsbedin-gungen auf, bei denen die Zahnflanken nicht vollständig durch einen elastohydrodynamischen Schmierfilm getrennt sind. Außerdem sind einsatzgehärtete Zahnräder mehr gefährdet als vergütete Zahnräder.

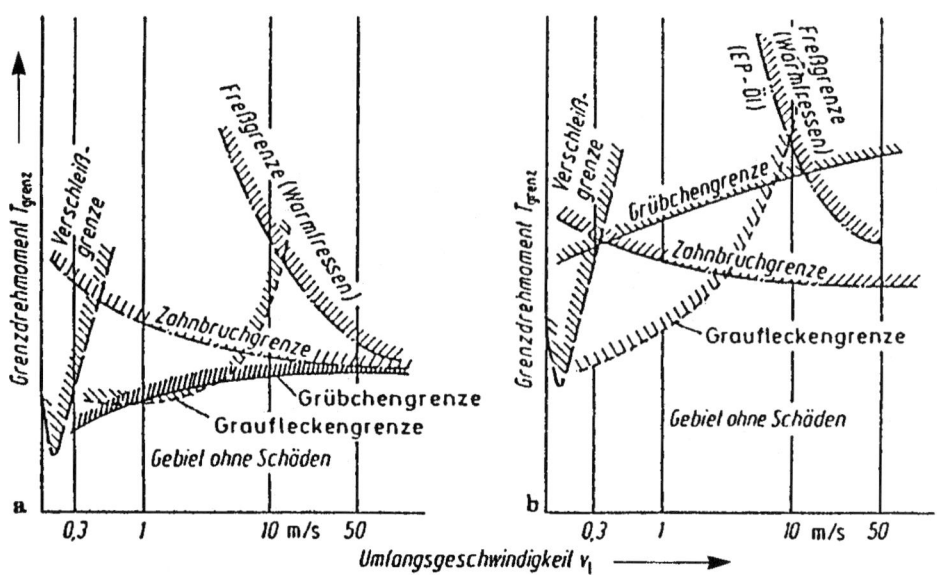

Bild 11.2.4   Tragfähigkeitsgrenzen von Zahnradpaarungen
a) Zahnräder aus Vergütungsstahl   b) Zahnräder aus einsatzgehärtetem Stahl

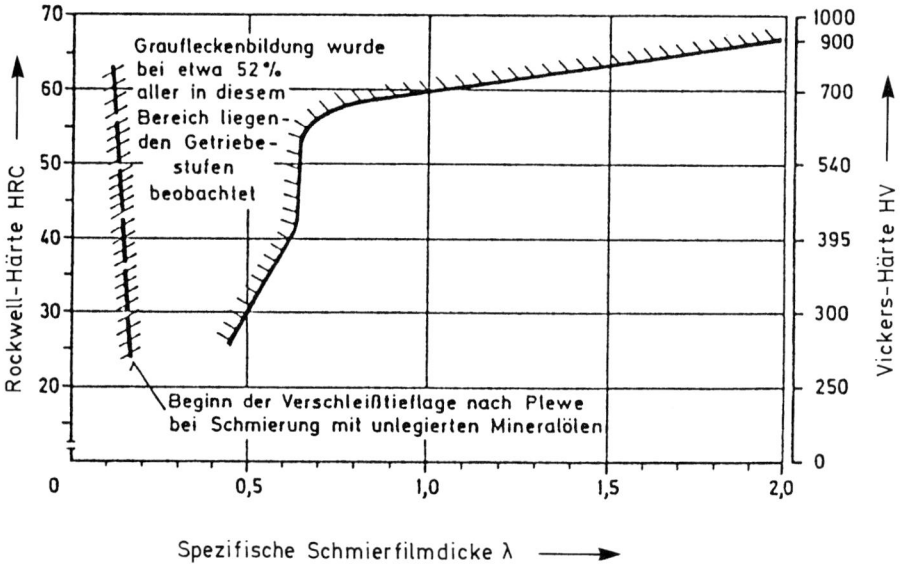

Bild 11.2.5   Bedingungen für die Bildung von Grauflecken

Die Berechnung der Grübchentragfähigkeit ist in DIN 3990, Teil 2 genormt. Danach ist getrennt für Ritzel und Rad die zulässige Flankenpressung σ_{HP} abzuschätzen:

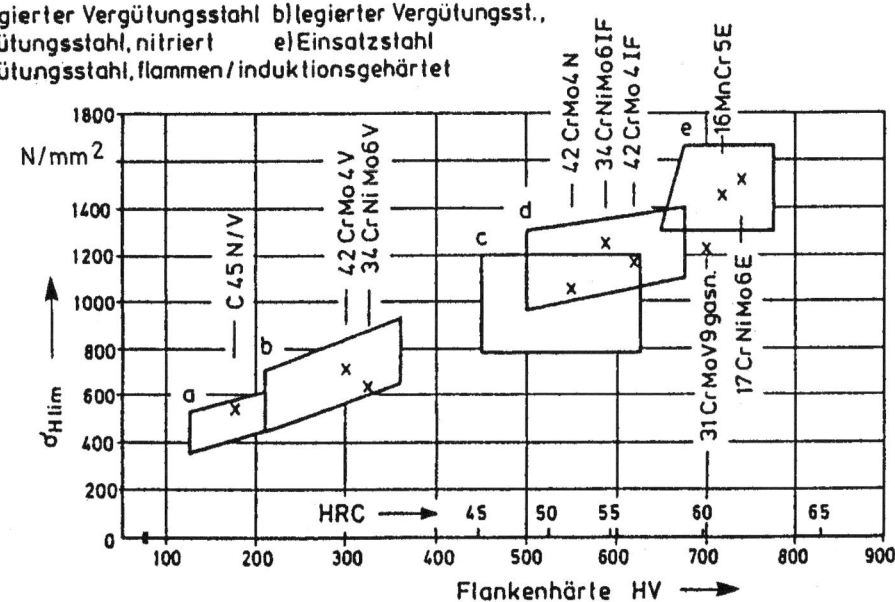

Bild 11.2.6 Grübchendauerfestigkeit in Abhängigkeit von der Werkstoffhärte für unterschiedliche Wärmebehandlungen (Niemann und Winter, 1985)

$$\sigma_{HP} = \frac{\sigma_{H\,lim} \cdot Z_N}{S_{H\,min}} \cdot Z_L \cdot Z_R \cdot Z_V \cdot Z_W \cdot Z_X$$

σ_{Hlim}: Dauerfestigkeitswert der Flankenpressung, in erster Näherung von der Härte abhängig, siehe **Bild 11.2.6**, DIN 3990

Z_N: Lebensdauerfaktor : $1 \leq Z_N \leq 1,6$ mit zunehmender, geforderter Lastwechselzahl fallend für Vergütungsstähle, Gusseisen mit Kugelgraphit, perlitischer Temperguss oder randschichtgehärtete Stähle: $Z_N = 1$ für $N_L \leq 5\cdot10^7$ (N_L: Anzahl der Umdrehungen) für gasnitrierte Vergütungsstähle, badnitrierte Vergütungsstähle, gasnitrierte Nitrierstähle, Grauguss: $Z_N = 1$ für $N_L \leq 2\cdot10^6$

S_{Hmin}: Sicherheitsfaktor

Z_L: Schmierfilmfaktor: $0,85 \leq Z_L \leq 1,15$ mit steigender Viskosität zunehmend, $Z_L = 1$ für $v_{50} = 100$ mm²/s

Z_R: Rauheitsfaktor: $0,8 \leq Z_R \leq 1,1$ mit zunehmender Rautiefe abnehmend

$$Z_R = 1 \quad \text{für} \quad \frac{R_{Z1} + R_{Z2}}{2} \cdot \sqrt[3]{\frac{100}{a}} = 3$$

R_{Z1}; R_{Z2}: gemittelte Rautiefe in μm und a: Achsabstand in mm

Z_V: Geschwindigkeitsfaktor: $0,9 \leq Z_V \leq 1,15$ mit zunehmender Geschwindigkeit ansteigend: $Z_V = 1$ für $v = 10$ m/s

Z_W: Werkstoffpaarungsfaktor: $1,0 \leq Z_W \leq 1,4$ mit steigender Härte des weicheren
           Rades abnehmend

$$Z_W = 1,2 - \frac{HB - 130}{1700}$$

           HB: Brinellhärte

Z_X: Größenfaktor, in der Regel: $Z_X = 1$

Die Faktoren Z_L, Z_R und Z_v berücksichtigen in erster Linie die Bedingungen zur Ausbildung eines die Zahnflanken trennenden Schmierfilmes, während die Faktoren σ_{Hlim} und Z_W primär durch die Werkstoffeigenschaften bestimmt werden.

Bei Schmierstoffmangel oder einem Zusammenbrechen des Schmierfilms können die Zahnflanken infolge adhäsiver Wechselwirkungen fressen. Tritt dieser Schädigungsmechanismus bei hohen Umfangsgeschwindigkeiten auf, die mit hohen Flankentemperaturen verbunden sind, so spricht man auch von „Warmfressen". Es werden aber auch bei niedrigen Umfangsgeschwindigkeiten Fresserscheinungen beobachtet, wenn die Flankenpressungen zu hoch sind. Hierbei ist die Flankentemperatur niedrig. Man spricht dann auch von „Kaltfressen".

Zur Berechnung der Fresstragfähigkeit werden in DIN 3990, Teil 4, zwei Verfahren angegeben, die auf der Abschätzung der Gesamttemperatur oder des Mittelwertes der Oberflächentemperaturen beruhen. Im Folgendem soll die Abschätzung der Gesamttemperatur wiedergegeben werden, die sich aus der Blitztemperatur T_f und der Massentemperatur T_b zusammensetzt (Dudley, 1980).

$$T_f = T_b + \left[\frac{1,25}{1,25 - R}\right] \cdot Z_t \cdot \left[\frac{W_{te}}{b}\right]^{3/4} \cdot \left[\omega_1^{1/2} \cdot \frac{m^{1/4}}{1,094}\right]$$

T_f: Blitztemperatur in °C

T_b: Massentemperatur der Zahnräder in °C

b: Zahnbreite in mm

m: Modul in mm/Zahn

R: Rauheit in μm

Z_t: Geometrischer Parameter (Tabelle 10.2.2)

W_{te}:   Tangentialbelastung in N

ω_1:   Drehzahl des Ritzels min^{-1}

Für einfache Berechnungen, kann $W_{te} = W_t$ gesetzt werden

W_t = 2000 T/dp1

T: Drehmoment in Nm

dp1:   Teilkreisdurchmesser des Ritzels in mm

In **Tabelle 11.2.3** (Dudley, 1980) sind für verschiedene Öle die Blitztemperaturen mit niedrigem und hohem Risiko des Fressens aufgeführt. **Bild 11.2.7** zeigt den Einfluss von Schmierstoffen und Werkstoffen auf die Fresstragfähigkeit von Zahnradpaarungen (Michaelis, 1986).

Tab. 11.2.2 Geometrischer Parameter Z_t zur Berechnung der Blitztemperatur

Normal-druck-Winkel α_γ oder ϕ_t	Zähnezahl des Ritzels z_1 oder N_p	Zähnezahl des Zahnrades z_2 oder N_G	Ritzelkopf-höhe h_{a1} oder a_1	Zahnkopf-höhe h_{a2} oder a_2	Z_t	
			(für m = 1.0 oder P_d = 1.0)		an der Ritzel-spitze	an der Zahnrad-spitze
	18	25	1.0	1.0	0.0184	-0.0278
	18	35	1.0	1.0	0.0139	-0.0281
	18	85	1.0	1.0	0.0092	-0.0307
	25	25	1.0	1.0	0.0200	-0.0200
	25	35	1.0	1.0	0.0144	-0.0187
20°	25	85	1.0	1.0	0.0088	-0.0167
	12	35	1.25	0.75	0.0161	-0.0402
	18	85	1.25	0.75	0.0107	-0.0161
	25	85	1.25	0.75	0.0104	-0.0112
	35	85	1.25	0.75	0.0101	-0.0087
	35	275	1.25	0.75	0.007	-0.0072
	18	25	1.0	1.0	0.0135	-0.0169
	18	35	1.0	1.0	0.0107	-0.0168
	18	85	1.0	1.0	0.0074	-0.0141
	25	25	1.0	1.0	0.0141	-0.0141
	25	35	1.0	1.0	0.0107	-0.0126
25°	25	85	1.0	1.0	0.0069	-0.0103
	12	35	1.25	0.75	0.0328	-0.0160
	12	85	1.25	0.75	0.0500	-0.0151
	18	85	1.25	0.75	0.0056	-0.0095
	25	85	1.25	0.75	0.0082	-0.0073
	35	85	1.25	0.75	0.0078	-0.0060
	35	275	1.25	0.75	0.0056	-0.0048

Tab. 11.2.3   Maximale Blitztemperaturen für ein niedriges und hohes Risiko des Fressens

	Risiko des Fressens	
	niedrig °C	hoch °C
Öl		
Synthetisches Öl		
Mil-L-7808	135	175
Mil-L-23699	150	190
Mineralöl		
Mil-0-6081, grade 1005	65	120
Mil-L-6086, grade medium	160	200
SAE 50 Motoröl mit mildem EP-Zusatz	200	260
Mil-L-2105, grade 90 (SAE 90 Getriebeöl)	260	315

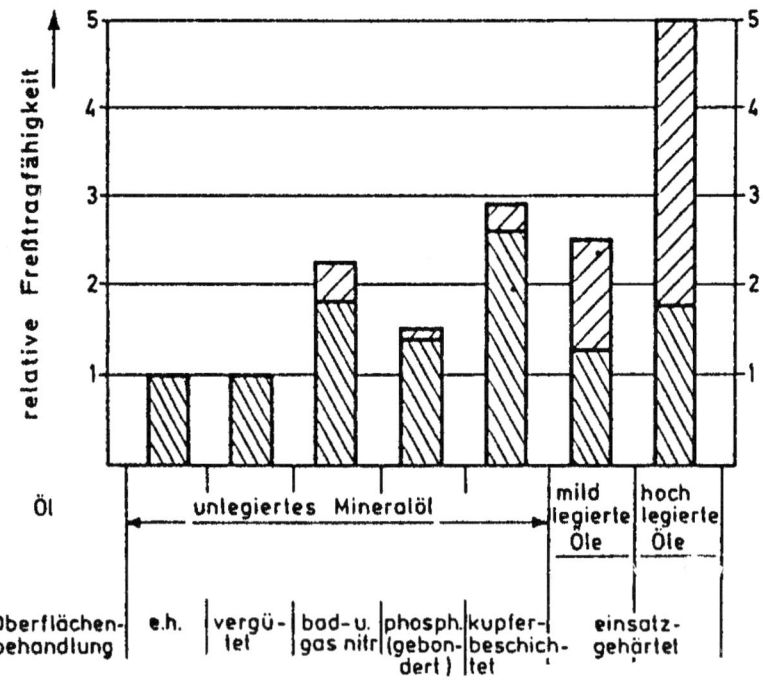

Bild 11.2.7   Einfluss von Werkstoff, Oberflächenbehandlung und Schmierstoff auf die
„Fresstragfähigkeit"

Bei niedrigen Geschwindigkeiten (v < 0,5 m/s) kann die EHD-Schmierfilmdicke h_{min} so gering werden, dass Grenzreibung und infolgedessen Verschleiß auftreten. Die Berechnung des linearen Verschleißbetrages kann nach Winter und Plewe (1982) mit folgender Beziehung abgeschätzt werden:

$$W_l = C_{IT} \left(\frac{\sigma_H}{\sigma_{HT}} \right)^{1,4} \cdot \left(\frac{\rho_c}{\rho_{cT}} \right) \cdot \left(\frac{\varsigma_W}{\varsigma_{WT}} \right) \cdot N$$

Der Verschleißkoeffizient C_{IT} kann in Abhängigkeit von der Schmierfilmdicke h_{min} für verschiedene Werkstoffpaarungen und Schmierstoffe **Bild 11.2.8** entnommen werden (Winter und Plewe, 1982). Die Symbole haben die folgende Bedeutung:

σ_{HT}: Flankenpressung in N/mm^2 der Testverzahnung

ρ_{CT}: Krümmungsradien im Wälzpunkt der Testverzahnung

ς_{WT}: mittleres spezifisches Gleiten der Testverzahnung, siehe **Bild 10.2.9**

$$\varsigma_{wT} = \frac{\varsigma \cdot E_1 \cdot C_1 + \varsigma \cdot A_2 \cdot C_2}{l_1 + l_2}$$

N: Anzahl der Umdrehungen

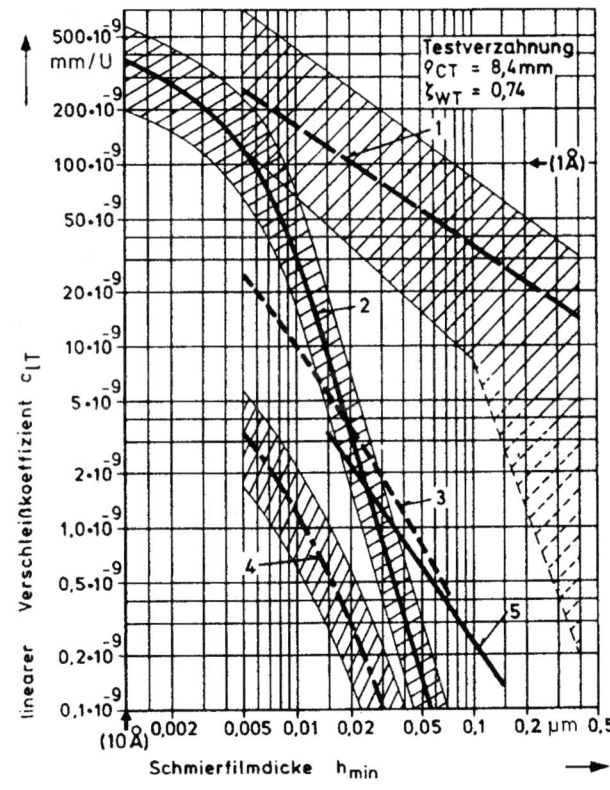

Paarung:
1: Gehärtet/Vergütet σ_{HT} = 635 N/mm^2
2: Gehärtet/Gehärtet σ_{HT} = 1160 N/mm^2
3: Vergütet/Vergütet σ_{HT} = 635 N/mm^2
4: Nitriert/G.-Nitriert σ_{HT} = 1160 N/mm^2
5: Gehärtet/Gehärtet σ_{HT} = 1160 N/mm^2

Schmierung:
1–4: Mineralöle ohne EP-Zusätze
  5: Fließfette ohne EP, NLGI: 00

Bild 11.2.8
Verschleißkoeffizient CIT einer Testverzahnung für unterschiedliche Werkstoffpaarungen und Schmierungsbedingungen

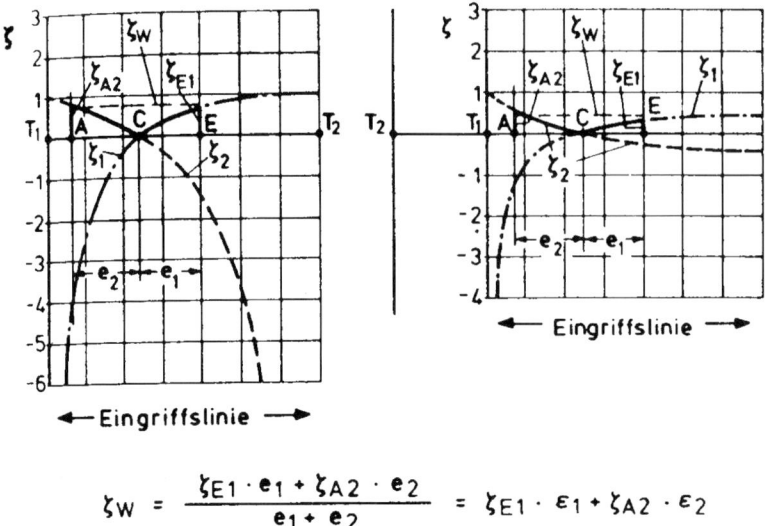

$$\zeta_W = \frac{\zeta_{E1} \cdot e_1 + \zeta_{A2} \cdot e_2}{e_1 + e_2} = \zeta_{E1} \cdot \varepsilon_1 + \zeta_{A2} \cdot \varepsilon_2$$

Bild 11.2.9   Spezifisches Gleiten bei Außen- und Innenrad-Zahnradpaarungen.
Links: Außenradpaar u = +2. Rechts: Innenradpaar u = –2

Die entsprechenden Größen des zu berechnenden Getriebes sind σ_H, $\rho_C \cdot \zeta_W$. Der Verschleißkoeffizient sollte möglichst mit Prüfrädern (σ_{HT}, $\rho_{CT} \cdot \zeta_{WT}$) und bei Betriebsbedingungen ermittelt werden, die denen des zu berechnenden Getriebes ähnlich sind.

In **Bild 11.2.10** sind die Ergebnisse von Verschleißuntersuchungen an Zahnradpaarungen aus unterschiedlichen Eisenwerkstoffen zusammengestellt, FVA-2, η_B = 12 mPa, k_C = 7 N/mm^2, v = 0.05 m/s, t_B = 450 h, (Winter und Plewe, 1982).

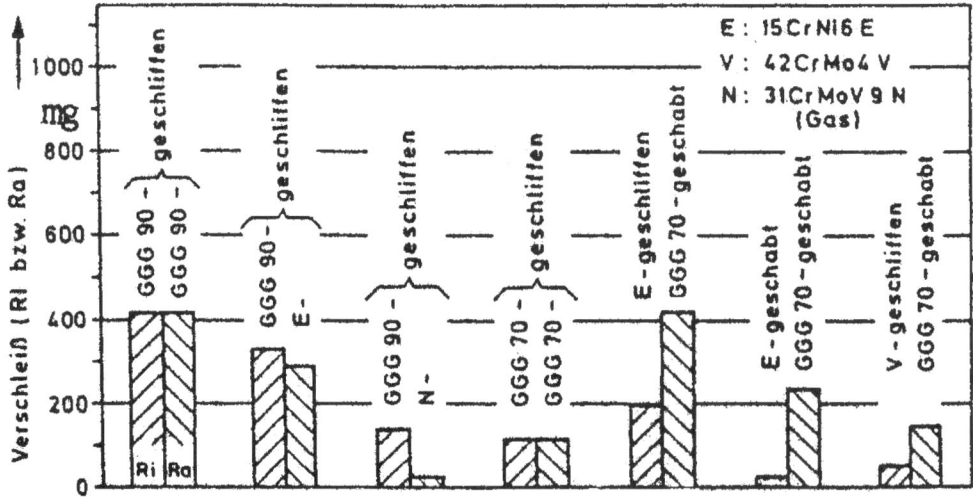

Bild 11.2.10   Verschleiß von Zahnradpaarungen aus unterschiedlichen Werkstoffen

Für spezielle Anwendungen werden Zahnräder aus Kunststoffen eingesetzt. Es können dann nicht so hohe Leistungen wie mit metallischen Zahnrädern übertragen werden. Mittlere Leistungen sind aber bei Trockenlauf oder Fettschmierung zulässig, so dass auf aufwendige Schmiereinrichtungen oder Dichtungen verzichtet werden kann. Weitere Vorteile von Kunststoffzahnrädern sind ihr geringes Gewicht und ihre guten Dämpfungseigenschaften.

Die Schädigung der Flanken von Kunststoffzahnrädern kann vor allem durch Grübchenbildung oder Gleitverschleiß erfolgen. Maßgebend für die Schädigung der Zahnflanken ist die Hertzsche Pressung, die bei vorgegebener Lebensdauer einen Grenzwert nicht überschreiten darf. Dieser Grenzwert hängt von der Art des Kunststoffes und bei Verwendung eines metallischen Gegenrades von dessen Rauheit sowie von der Schmierung ab (Erhard u. Strickle, 1978; Niemann und Winter, 1985; Beitz u. Martini, 1987).

11.3 Axiale Gleitringdichtungen

Dichtungen haben die Funktion, den Transport von Flüssigkeiten oder Gasen zwischen getrennten Räumen zu unterbinden. Für die Abdichtung von Maschinenelementen mit reversierenden Bewegungen werden z. B. Manschettendichtungen, Membrandichtungen und Kolbenringe (siehe Kapitel 11.4) verwendet, während zur Abdichtung rotierender Wellen Labyrinthe, Stopfbuchsen, axiale und radiale Gleitringdichtungen u. a. benutzt werden. Im folgenden soll das tribologische Verhalten von axialen Gleitringdichtungen behandelt werden. Dazu liegen umfangreiche Darstellungen von Mayer (1982) sowie Johnson u. Schoenherr (1980) vor.

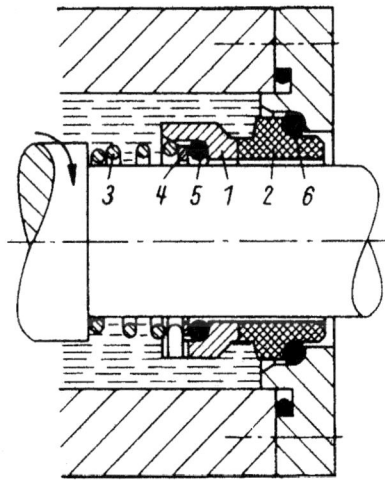

1 rotierender Gleitring	4 Unterlegring
2 stationärer Gegenring	5 Dichtring
3 Druckfeder	6 Lagerring

Bild 11.3.1
Konstruktive Gestaltung einer axialen
Gleitringdichtung

Bild 11.3.1 gibt ein Beispiel für die konstruktive Gestaltung einer axialen Gleitringdichtung (Mayer, 1982). Das Tribosystem besteht aus einem rotierenden Gleitring, dessen Stirnfläche gegen die Stirnfläche des stationären Gegenringes gedrückt wird. In die Kontaktfläche kann das abzudichtende Medium eindringen und einen so genannten Dichtspalt aufbauen, dessen

Dicke von der konstruktiven Gestaltung der Dichtung und den Betriebsbedingungen beeinflusst wird. Von der Dicke des Spaltes hängen einerseits die Leckverluste und andererseits der Reibungszustand ab. Prinzipiell können alle Reibungszustände auftreten: Festkörperreibung, Grenzreibung, Mischreibung, Flüssigkeitsreibung (hydrodynamisch, elastohydrodynamisch, hydrostatisch), Gasreibung (aerodynamisch, aerostatisch). **Bild 11.3.2** gibt eine Übersicht über die Reibungszahlen und Verschleißraten bei unterschiedlichen Reibungszuständen, für eine Gleitringdichtung der Stufe II, siehe **Tabelle 11.3.1**, (Mayer, 1982).

Tab. 11.3.1   Kenngruppen axialer Gleitringdichtungen

Kenngruppe	Stufe	Druck bar	Geschwindigkeit m/s	Belastung bar · m/s
Nieder-	I	$p_1 \leq 1$	$v_g \leq 10$	$p_1 v_g \leq 10$
Mittel-	II	$p_1 \leq 10$	$v_g \leq 10$	$p_1 v_g \leq 50$
Hoch-	III	$p_1 \leq 50$	$v_g \leq 20$	$p_1 v_g \leq 500$
Höchst-	IV	$p_1 > 50$	$v_g > 20$	$p_1 v_g > 500$

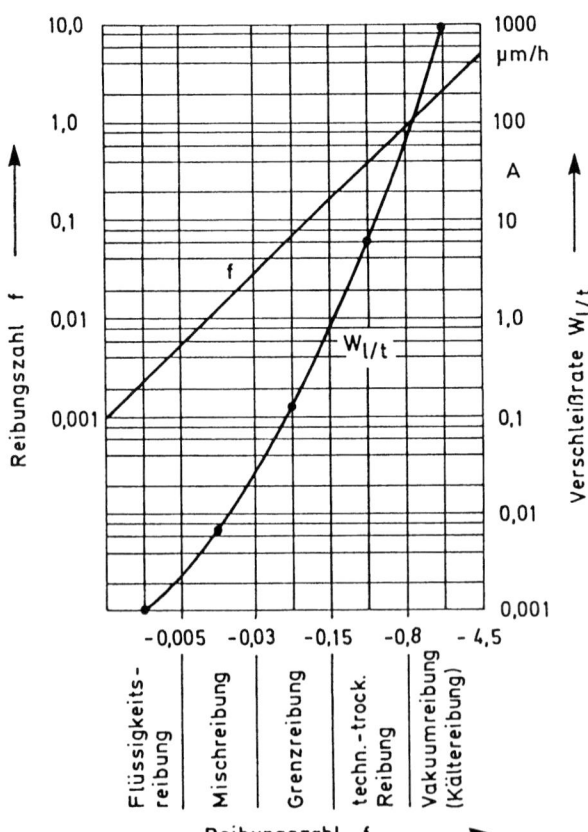

Bild 11.3.2
Reibungszahl und Verschleißrate von Gleitpaarungen bei unterschiedlichen Reibungszuständen

Festkörperreibung und Grenzreibung sind als die besonders kritischen Reibungszustände anzusehen, weil bei diesen Reibungszuständen der Verschleiß besonders groß ist. Daher werden als Beanspruchungsgrenzen für Gleitringdichtungen im allgemeinen zulässige p·v-Werte angegeben, siehe **Tabelle 11.3.1**, die bei reiner Flüssigkeitsreibung keine Bedeutung haben.

Unter Grenzreibungsbedingungen hängt die Reibungszahl von der auf die Kontaktfläche der Gleitringe wirkenden Gesamtkraft F_G ab, die die Resultierende aus mehreren Teilkräften ist.

$$F_G = F_F + F_H - F_{Sp} \pm F_R$$

F_F: Federkraft

F_H: Hydraulische Belastungskraft

F_{Sp}: Kraft des Spaltdruckes

F_R: Reibungskraft des radialen Dichtelements

In **Bild 11.3.3** a bis c (Meyer, 1982) ist die unter Grenzreibung gemessene Reibungszahl verschiedener Werkstoffpaarungen für eine konstante Gleitgeschwindigkeit in Abhängigkeit vom Gesamtdruck p_g aufgetragen, wobei als Medien Wasser, Dieselkraftstoff und Öl verwendet werden. Etwas überraschend nimmt die Reibungszahl zunächst durchweg mit steigendem Gesamtdruck ab. Für die meisten Paarungen wird bei einem Druck von 65 N/cm² eine konstante Reibungszahl von ca. f = 0,1 erreicht.

Bei einigen Paarungen steigt die Reibungszahl vor allem in Wasser nach Durchlaufen eines Minimums wieder an. Dies wird auf eine Verdampfung des Zwischenmediums zurückgeführt, wodurch der Festkörperreibungsanteil ansteigen soll. Werkstoffpaarungen mit schlechter Wärmeleitung, wie beispielsweise Kohle/Hartmetall und Pressstoff/Hartmetall neigen besonders stark zu diesem Verhalten, vor allem dann, wenn die Wärmeableitung durch große Wanddicken der Dichtbreite b behindert wird.

Standardmäßige axiale Gleitringdichtungen arbeiten vielfach unter Grenzreibungsbedingungen mit Reibungszahlen von 0,07 ± 0,03. Zur Steigerung der Belastbarkeit versucht man, durch werkstofftechnische und konstruktive Maßnahmen hydrodynamische und elastohydrodynamische Effekte auszunutzen.

In **Bild 11.3.4** ist eine Gleitpaarung dargestellt, bei der ein Gleitpartner aus einer metallimprägnierten Kohle besteht. Infolge der Reibungswärme dehnen sich die Metallpartikel stärker als die Kohlematrix aus, so dass sich kleine Schmierkeile bilden. Durch die Verwendung von porösen Werkstoffen können ebenfalls hydrodynamische Effekte hervorgerufen werden.

Konstruktiv lassen sich durch Nuten, elliptische Ringe, exzentrische Anordnung der Ringe oder Hohlkammern unter den Gleitflächen lokale Keile erzeugen, die hydrodynamische oder elastohydrodynamische Traganteile bewirken (Mayer, 1982; Peeken und Dedeken, 1987).

In **Bild 11.3.5** sind Reibungszahlen für zwei Dichtungen, die sich jeweils nur durch die Anwesenheit von hydrodynamische Nuten unterscheiden, bei verschiedenen Betriebsbedingungen aufgeführt (Meyer, 1982). Während unter Grenzreibung die Reibungszahl mit wachsendem Druck ansteigt, nimmt die Reibungszahl der hydrodynamischen Dichtung mit wachsendem Dichtdruck ab, der die thermische Verformung der Randzonen der Nuten begünstigt.

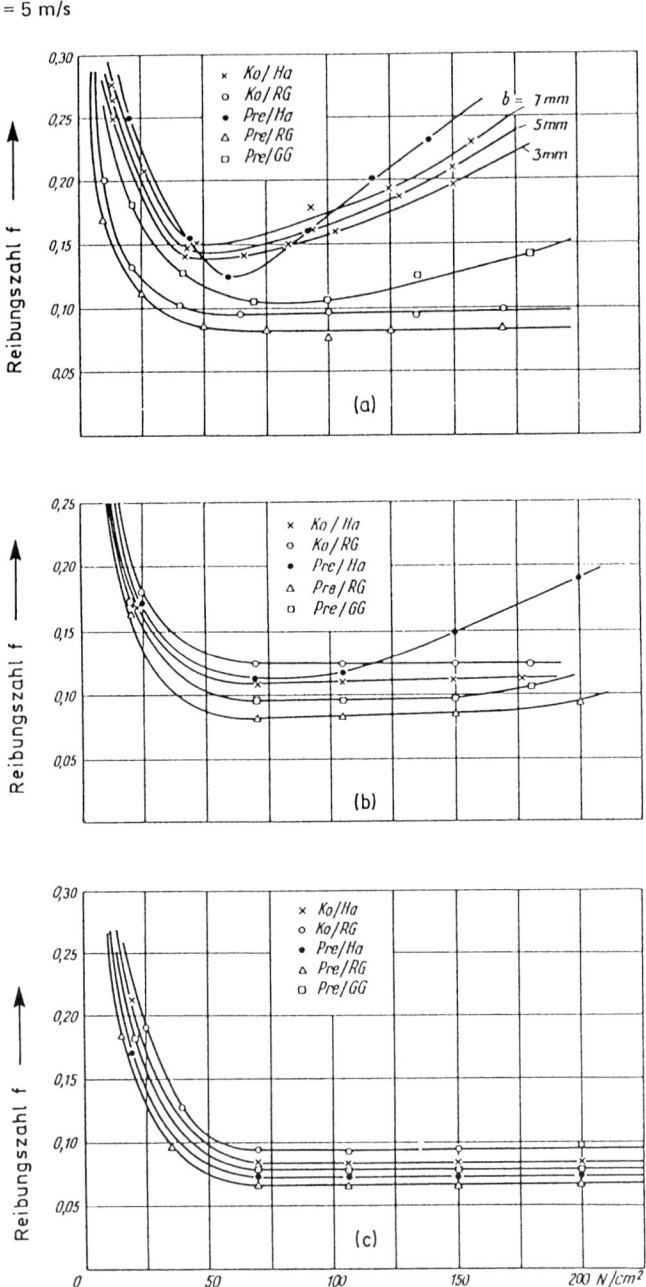

Bild 11.3.3   Reibungszahl von Gleitringdichtungen aus unterschiedlichen Werkstoffpaarungen in Wasser (a), Dieselkraftstoff (b) und Schmieröl (c)

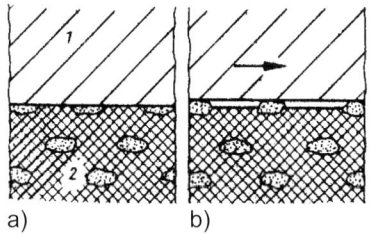

1   Metallring
2   metallimprägnierter Kohlering

a   Einbauzustand in Ruhe
b   Betriebszustand bei Drehung

a)   b)

Bild 11.3.4   Bildung von Schmierkeilen durch die thermische Ausdehnung von Metalleinschlüssen in Carbonwerkstoffen

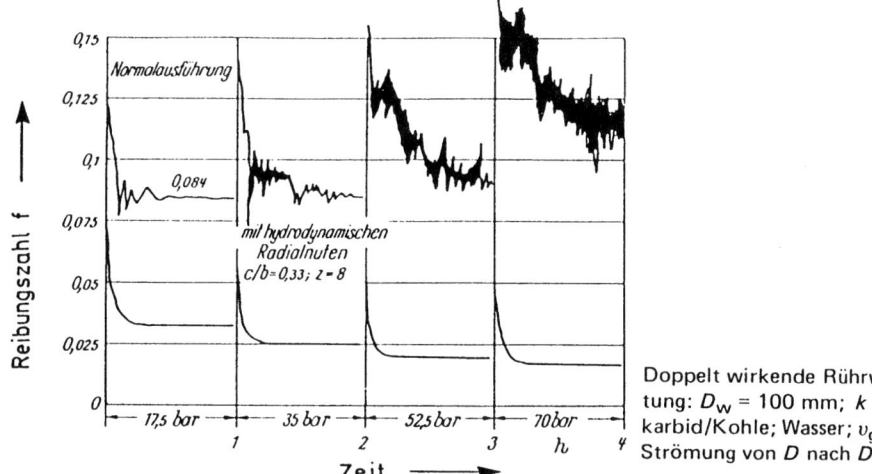

Bild 11.3.5   Reibungszahl von Gleitringdichtung ohne und mit hydrodynamischen Nuten

Am Verschleiß können grundsätzlich alle Hauptverschleißmechanismen – Adhäsion, tribochemische Reaktion, Abrasion und Oberflächenzerrüttung – beteiligt sein. Häufig wird durch adhäsive Wechselwirkungen bei Gleitpaarungen mit Carbonwerkstoffen ein Kohlenstofffilm auf den Gegenkörper übertragen. Dieser Film kann graphitisch sein. Die Basisflächen des hexagonalen Graphits können sich parallel zur Gleitrichtung anordnen und dadurch ein günstiges Reibungsverhalten bewirken. Die Abrasion wird weniger durch die Rauheitshügel der Gleitpartner bewirkt, da man im Allgemeinen sehr gut bearbeitete, glatte Oberflächen einsetzt, als vielmehr durch Abrasivpartikel aus dem abzudichtenden Medium. Tribochemische Reaktionen lassen sich vor allem dann kaum vermeiden, wenn chemisch aggressive Medien abzudichten sind. Die durch statische Untersuchungen ermittelten medienabhängigen Korrosionsbeständigkeiten sind nur begrenzt verwertbar, weil die Korrosion hemmende Passivschichten durch die tribologischen Beanspruchungen zerstört werden können.

Die Oberflächenzerrüttung kann vor allem durch Thermoschockbeanspruchungen hervorgerufen werden, indem sich infolge thermisch bedingter Spannungen Risse bilden, die mit zunehmender Beanspruchungsdauer zusammenwachsen und dadurch zur Bildung von Verschleißpartikeln führen.

So kann man **Bild 11.3.6** entnehmen, dass der zulässige p·v-Wert mit dem thermischen Spannungsfaktor (Thermoschockfaktor) R' ansteigt, der durch folgende Beziehung gegeben ist (Abar, 1964):

$$R' = \frac{k \cdot S_t \cdot (1 - v)}{E \cdot \alpha}$$

k: thermische Leitfähigkeit in W/mk

S_t: Bruchfestigkeit in N/m^2

v: Poissonzahl

E: Elastizitätsmodul in N/m^2

α: Wärmeausdehnungskoeffizient in K^{-1}

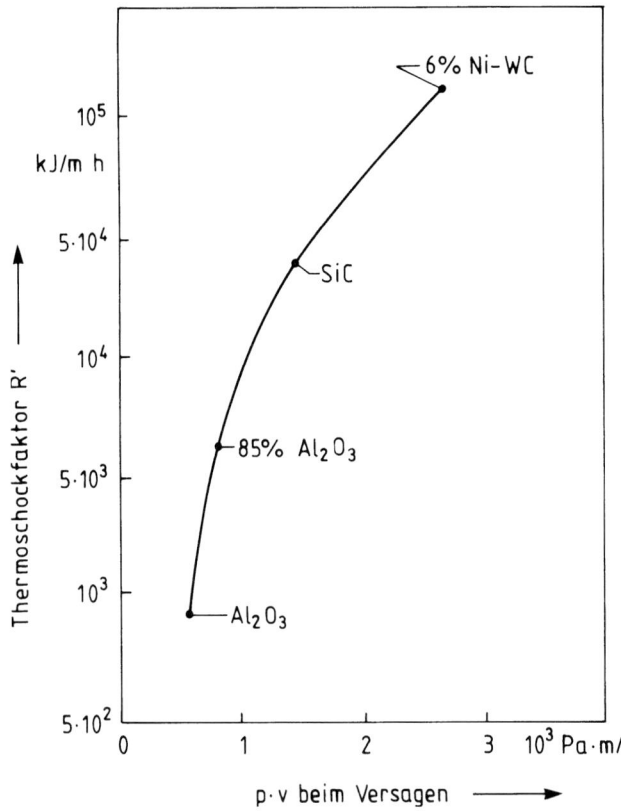

Bild 11.3.6
Zusammenhang zwischen zulässigem p·v-Wert und dem thermischen Spannungsfaktor

Neben dem Gleitverschleiß ist auch die Erosion zu berücksichtigen, der infolge der erosiven Wirkung von Flüssigkeiten und Gasen bei hohen Strömungsgeschwindigkeiten auftreten kann. Der Einfluss der verschiedenen Beanspruchungsparameter, der Werkstoffpaarung, des Mediums und anderer Größen wird eingehend von Mayer (1982) beschrieben. Wegen der Fülle der Einflussgrößen lassen sich hier kaum allgemeingültige Aussagen treffen.

Als Werkstoffe für axiale Gleitringdichtungen werden vor allem Carbonwerkstoffe, keramische Werkstoffe auf der Basis Al_2O_3 und SiC sowie SiSiC, Hartmetalle mit Kobalt- oder Nickelbinder, Stellite, Nickellegierungen, korrosionsbeständige Stähle und Gusseisen verwendet.
Dabei werden die Carbonwerkstoffe in der Regel als rotierende Gleitringe eingesetzt (Thiele,
2000).

In **Tabelle 11.3.2** sind die Größenordnungen des Verschleißkoeffizienten K einiger Gleitpaarungen zusammengestellt (Johnson u. Schoenherr, 1980).

$$K = \frac{W_V \cdot H}{F_N \cdot s} = \frac{W_l}{t_B} \cdot \frac{H}{p \cdot v}$$

W_V: Verschleißvolumen in m^3

H: Vickers-Härte in N/m^2

F_N: Normalkraft in N

s: Gleitweg in m

W_l: Linearer Verschleißbetrag in m

t_B: Beanspruchungsdauer in sec

p: Pressung in N/m^2

v: Gleitgeschwindigkeit in m/s

Tab. 11.3.2 Verschleißkoeffizienten von Gleitpaarungen für Gleitringdichtungen

Gleitpaarung		Verschleiß-koeffizient
rotierender Gleitpartner	stationärer Gleitpartner	K
Carbon-Graphit (Harzimprägnierung)	Ni-Resist Gusseisen	10^{-6}
Carbon-Graphit	Al_2O_3 (85%)	10^{-7}
Carbon-Graphit	Al_2O_3 (85%)	10^{-7}
Carbon-Graphit (Bronzeimprägnierung)	Hartmetall (6% Co)	10^{-8}
Hartmetall (6% Co)	Hartmetall (6% Co)	10^{-8}
Silizierter Carbon-Graphit (C-SiC)	Silizierter Carbon-Graphit (C-SiC)	10^{-9}

Bei Carbonwerkstoffen ist ein starker Einfluss des Gasdruckes des Zwischen- bzw. Umgebungsmediums auf die Verschleißrate zu beachten, siehe **Bild 11.3.7** (Paxton, 1979). Besonders groß ist der Einfluss des Wasserdampfdruckes, weil im Graphitgitter gelöste Wassermoleküle die Scherfestigkeit der hexagonalen Basisflächen des Graphits vermindern. Zulässige
p·v-Werte von artfremden und artgleichen Paarungen für Gleitringdichtungen enthält **Tabelle
11.3.3** (Johnson und Schoenherr, 1980).

Tab. 11.3.3 Zulässige p·v-Werte von Gleitpaarungen für Gleitringdichtungen

Gleitpaarung		Zulässiger p·v-Wert in bar · m/s	Bemerkungen
rotierender Gleitpartner	stationärer Gleitpartner		
Carbon-Graphit	Ni-Resist	35,03	größere Thermoschockbeständigkeit als Al_2O_3
Carbon-Graphit	Al_2O_3 (85%)	35,03	größere Korrosionsbeständigkeit als Ni-Resist
Carbon-Graphit	Al_2O_3 (99%)	35,03	größere Korrosionsbeständigkeit als Al_2O_3 (85%)
Carbon-Graphit	Hartmetall (6% Co)	171,15	mit Bronzeimprägnierung Carbon-Graphit p·v=35,03 bar · m/s
Carbon-Graphit	Hartmetall (6% Ni)	171,15	durch den Ni-Binder höhere Korrosionsbeständigkeit, hoher Verschleißwiderstand; SiC-Schicht behindert das Läppen
Carbon-Graphit	Silizierter Carbon-Graphit (C-SiC)	171,15	
Carbon-Graphit	Siliciumcarbid	171,15	höhere Korrosionsbeständigkeit als Hartmetall aber schlechtere Thermoschockbeständigkeit
Carbon-Graphit	Carbon-Graphit	17,51	
Al_2O_3	Al_2O_3	3,5	für Dichtungen mit Farbpigmenten
Hartmetall	Hartmetall	42,04	
Silizierter Carbon-Graphit (C-SiC)	Silizierter Carbon-Graphit (C-SiC)	175,15	sehr hoher Abrasionswiderstand
Siliciumcarbid	Siliciumcarbid	175,15	sehr hoher Abrasionswiderstand, hohe Korrosionsbeständigkeit, mäßige Thermoschockbeständigkeit
Borcarbid	Borcarbid	nicht bekannt	für extreme Korrosionsbeanspruchungen

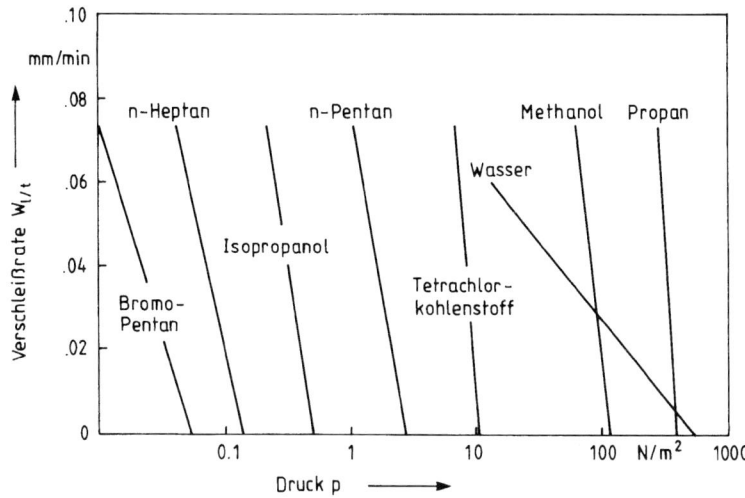

Bild 11.3.7 Verschleiß von Graphit in Abhängigkeit vom Druck unterschiedlicher Gase

11.4 Kolbenring/Zylinderlaufbahn

Kolbenringe können als eine bewegte Dichtung zwischen dem Kolben und der Zylinderlaufbahn angesehen werden. Sie sollen eine gute Gasdichtung zwischen Zylinder- und Kolbenraum gewährleisten und in umgekehrter Richtung den Zutritt von Öl in den Verbrennungsraum begrenzen. Außerdem bewirken sie eine Führung des Kolben im Zylinder. Gleitbahndruck und Geschwindigkeit hängen vom Arbeitszyklus des Kolbens und seiner Stellung ab, siehe **Bild 11.4.1**. Die Reibung zwischen dem Kolbenring und der Zylinderlaufbahn macht eine Großteil der mechanischen Verluste von Verbrennungsmotoren aus. Unter variablen Betriebsbedingungen sollen bei niedrigem Schmierölverbrauch Reibung und Verschleiß über lange Laufzeiten im Grenzen gehalten werden. Dies setzt eine weitgehende Flüssigkeitsschmierung zwischen Kolbenring und Zylinderlaufbahn voraus.

Ähnlich wie beim Gleitlager wirkt auch am Kolbenring eine hydrodynamisch wirkende Tragkraft, wenn durch die Bewegung des Kolbenringes Öl in einen sich verengenden Spalt gefördert wird. Obwohl in den Umkehrpunkten, den sogenannten Totpunkten, die Relativgeschwindigkeit zwischen Kolbenring und Zylinderlaufbahn null ist, kann infolge der Ringspannung und des Gasdruckes kurzzeitig ein sogenannter Quetschfilm (squeeze film) gebildet werden, der auch im Stillstand die Gleitpartner trennt. Wie aus **Bild 11.4.2** hervorgeht, gibt es für jeden Bewegungszustand eine optimale Ringkontur für einen Druckaufbau im Schmierspalt. Bei realen Kolbenringen muss ein Kompromiss erreicht werden, der eine ausreichende Schmierfilmdicke während der Bewegung und in den Totpunkten ermöglicht. Aus diesen Überlegungen und wegen der Anforderungen an die Gas- und Öldichtigkeit sind die heute gebräuchlichen Kolbenringtypen entwickelt worden wie z. B. Rechteckringe, Minutenringe, ballige Ringe, Trapezringe u. a. Untersuchungen an Dieselmotoren zeigen, dass nach längeren Laufzeiten das Profil des obersten Kompressionsringes die Form eines asymmetrisch balligen Ringes annimmt (**Bild 11.4.3**). Daher werden vielfach Kolbenringe mit einem natürlichen Ringprofil eingesetzt, bei denen der Einlaufverschleiß vorweggenommen ist (Thiele, 1986).

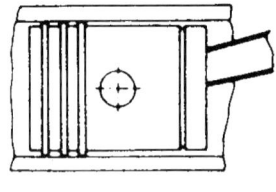

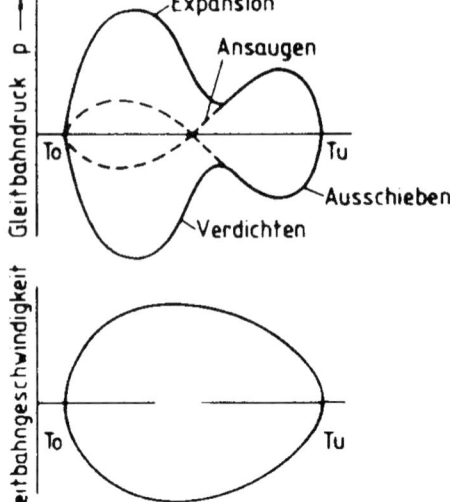

Bild 11.4.1
Druck und Geschwindigkeit bei
Kolbenbewegung

Kolbenposition im Zyklus	Erwünschtes Ringprofil	Bemerkungen
OT		kein Gleiten, Tragkraft durch Quetschfilm, parallele Flächen am besten
Abwärtshub		kein Quetschfilm, Tragkraft durch Gleiten konvergenter Spalt am besten
UT		siehe OT
Aufwärtshub		wie Abwärtshub, Bewegungsrichtung jedoch umgekehrt
OT		

Bild 11.4.2   Ringkonturen für optimalen Schmierfilmaufbau

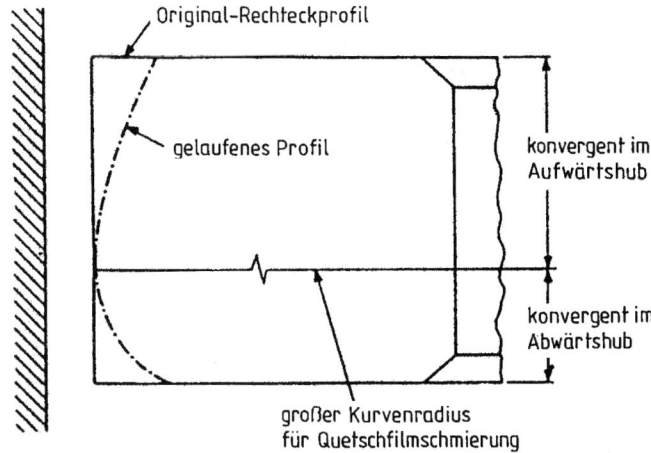

Bild 11.4.3
Veränderung der Ringgeo-
metrie durch Verschleiß

Zur Ermittlung des Druckes durch den Aufbau eines hydrodynamischen Schmierfilmes kann die Reynolds-Gleichung (siehe Kapitel 6.1) verwendet werden, wobei der Kolbenring als nicht verformbar angesehen wird. Die Reynolds-Gleichung lässt sich unter folgenden Annahmen vereinfachen:

- Das Ölangebot reicht für die Bildung eines hydrodynamischen Schmierfilmes aus.
- Die Schmierung ist über den gesamten Hub hydrodynamisch.
- In Umfangsrichtung herrscht Symmetrie, so dass es sich um ein eindimensionales Problem handelt.

Man erhält dann folgende vereinfachte Reynolds-Gleichung:

$$\frac{\partial}{\partial x}\left(h^3 \cdot \frac{dp}{dx}\right) = -6\eta U \frac{dh}{dx} + 12\eta \frac{dh}{dt}$$

x: Ortskoordinate in Gleitrichtung

h: Schmierfilmdicke

p: hydrodynamischer Schmierfilmdruck

η: dynamische Viskosität

U: Gleitgeschwindigkeit

t: Zeit

Durch zweimaliges Integrieren nach x erhält man den hydrodynamischen Schmierfilmdruck:

$$p = -6\eta U I_1 + 12\eta \frac{dh}{dt} I_2 + C I_3 + D$$

mit

$$I_1 = \int \frac{dx}{h^2}; \quad I_2 = \int \frac{x\,dx}{h^3}; \quad I_3 = \int \frac{dx}{h^3}$$

und den Integrationskonstanten C und D.

Die Integrationskonstanten können unter der Annahme von Randbedingungen ermittelt werden, wobei hier die so genannte Halb-Sommerfeld-Bedingung eine zufrieden stellende Lösung bietet, siehe **Bild 11.4.4** (Ting, 1980).

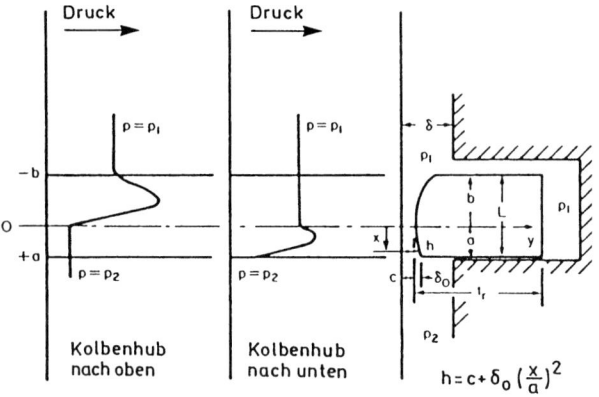

Bild 11.4.4
Halb-Sommerfeld-
Bedingung

Zur Bestimmung der Schmierfilmdicke wurden von Todsen u. Kruse (1985) Rechenprogramme erstellt, deren Ergebnisse mit einem Modellgleitprüfstand kontrolliert wurden. **Bild 11.4.5** zeigt den Verlauf der Schmierfilmdicke über dem Kurbelwinkel, wobei eine gute Übereinstimmung zwischen den Messwerten und der errechneten Kurve festzustellen ist. Erwartungsgemäß hat die Schmierfilmdicke bei der maximalen Geschwindigkeit ($\phi = 90\,°$) ein Maximum.

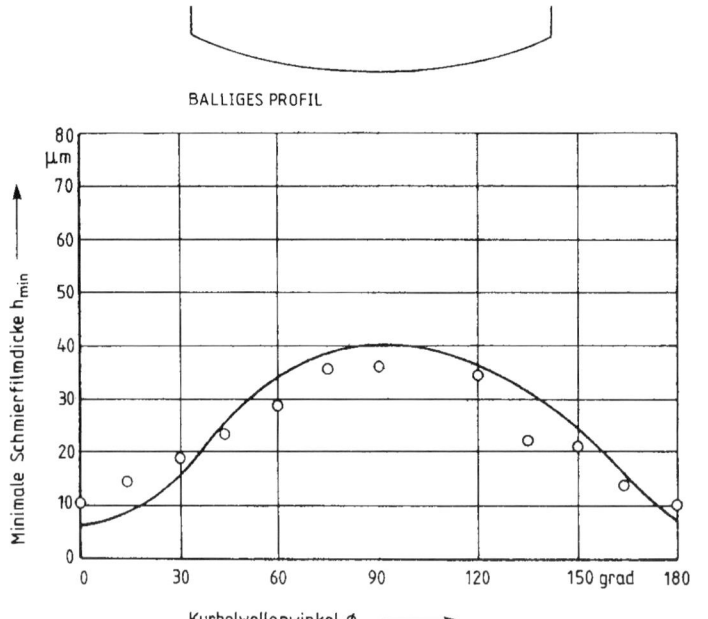

Bild 11.4.5
Minimale Schmierfilmdicke
unter balligem Ring

Der Verlauf der Reibungszahlen hängt von der sich einstellenden Schmierfilmdicke ab, die vor allem durch die Geschwindigkeit (Drehzahl), den Ringanpressdruck und die Ölviskosität beeinflusst wird. Der Einfluss dieser Größen auf den Verlauf der Reibungskraft ist schematisch in **Bild 11.4.6** dargestellt (Thiele, 1986). Das linke Teilbild zeigt Reibkraftspitzen nach den Totpunkten und einen flachen Verlauf der relativ geringen Reibungskräfte über dem Hub. Die Reibkraftspitzen werden durch einen hohen Grenzreibungsanteil hervorgerufen, weil die Verweilzeit im Bereich der Totpunkte relativ groß ist und der Schmierfilm infolge des hohen Anpressdruckes und der geringen Ölviskosität rasch verdrängt wird. Bei hydrodynamisch günstigen Bedingungen – hohe Viskosität und niedriger Anpressdruck – entspricht der Reibungskraftverlauf annähernd dem Geschwindigkeitsverlauf, siehe rechtes Teilbild, Bild 11.4.6.

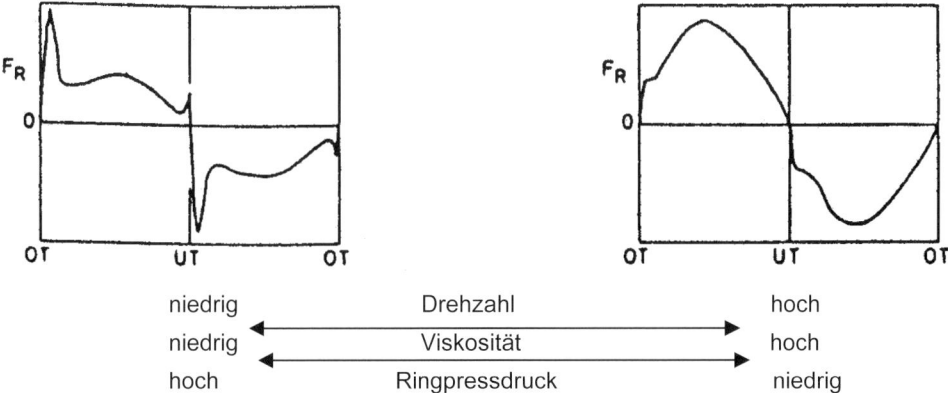

Bild 11.4.6   Reibkraftverlauf über dem Hub

Als Verschleißmechanismen treten vor allem die Adhäsion, die Abrasion, die Tribooxidation und ein sogenannter „bore polishing"-Prozess in Erscheinung (Eyre, Dutta u. Davis, 1990). Die Adhäsion kann bei Überbeanspruchungen oder Schmierstoffmangel die sogenannte Brandspurbildung auf Kolbenringen hervorrufen (Dück, 1969). Die Abrasion ist durch harte Partikel im Öl oder durch Verschleißpartikel bedingt. Die Tribooxidation ist vor allem eine Folge der Veränderung des Säuregehaltes des Schmieröles mit zunehmender Einsatzdauer des Öles infolge der Wechselwirkungen der Verbrennungsgase mit dem Öl. Bore polishing kann bei Verbrennungsmotoren mit Turboladern auftreten. Es führt zu einer starken Glättung der Gleitflächen, wodurch das Schmierstoffangebot aus den Rauheitstälern verringert wird, so dass es zum Versagen durch adhäsiv bedingtes Fressen kommen kann.

Für ein günstiges Verschleißverhalten der Kolbenringe und der Zylinderlaufbahnen müssen die Werkstoffe beider Gleitpartner aufeinander abgestimmt werden. Kolbenringe werden meistens aus Gusseisen oder Stahl gefertigt und in der Regel beschichtet. Die größte Bedeutung haben galvanisch abgeschiedene Chromschichten. Diese Schichten haben aber eine gewisse Anfälligkeit gegenüber der oben erwähnten Brandspurbildung. Durch die Verwendung von Molybdänschichten, die durch Flamm- oder Plasmaspritzen erzeugt werden, kann die Brandspursicherheit erhöht werden (Duck, 1969). Die Entwicklung geht zur Abscheidung von mehrphasigen Legierungen mit eingelagerten Hartstoffphasen (Al_2O_3- und Diamant-Partikel in einer Chrom-Matrix) und von keramischen Schichten auf Aluminiumoxid- oder Chromnitrid-Basis (Yamamoto, 1994 und Balzers, 2002). In **Tabelle 11.4.1** sind einige das tribologischen Verhalten von Kolbenringbeschichtungen kennzeichnende Merkmale zusammengestellt (Buran, 1990 und

1995), wobei als Gegenkörperwerkstoff lamellarer Grauguss verwendet wurde, der auch in Zukunft als der wichtigste Zylinderlaufbahnwerkstoff anzusehen ist. Die im Grauguss enthaltenen Graphitlamellen wirken dem adhäsiv bedingten Versagen entgegen. Durch Honen erhalten die Laufbahnen eine spezielle Oberflächenmorphologie, durch die eine optimale Schmierung gewährleistet wird, wobei ein Trend zu glatten und strukturierten Zylinderlaufbahnen mit Ra-Werten von 0,1-0,2 mm erkennbar ist (Lindner, 2002; Zwein, 2001)

Tab. 11.4.1 Bewertung verschiedener Kolbenringlaufflächenbeschichtungen

Schicht-Hauptbestandteile	Verschleiß-festigkeit	Brandspur-sicherheit	Ausbruch-sicherheit	ausgelöster Zylinder-Verschleiß
Cr	❶	❹	❶	❶
Mo	❸	❶	❹	❷
Mo NiCr-B-Si-Leg.	❸	❷	❸	❷
Mo,Cr-Leg. NiCr-Leg.	❷	❷	❷	❹
Mo, Cr-Karbid NiCr-Leg.	❷	❷	❷	❷
Mo, Mo-Karbid NiCr-Leg.	❶	❸	❷	❸
Al-Oxid,Ti-Oxid Leg.-Zusätze	❷	❶	❹	❷

❹ = begrenzt   ❸ = gut   ❷ = sehr gut   ❶ = ausgezeichnet

In Leichtmetallmotoren bestehen die Zylinderlaufbahnen aus einer Aluminium-Silicium-Legierung (z. B. AlSi17Cu4Mg), in der Aluminium durch einen Ätzprozess oberflächlich freigestellt wird, so dass die tribologische Beanspruchung vor allem durch die Siliciumkristalle aufgenommen wird. Weiterhin werden – vor allem für Motorradmotoren – Nickel-Silicium-carbid-Schichten eingesetzt, die galvanisch mit 12 Gew.-% Phosphor und mehr stromlos abgeschieden werden. Die Siliciumcarbidkristalle sorgen dabei für einen hohen Verschleiß-widerstand und die Nickel-Matrix für die Korrosionsbeständigkeit. In der Erprobung befinden sich keramische Werkstoffe, die teilweise ein sehr günstiges tribologisches Verhalten aufweisen; wegen der hohen Kosten ist eine Serienfertigung aber noch nicht abzusehen.

Kolbenring-Zylinder-Paarungen, z. B. in Verdichtern, können bei einer Reihe von Anwendungen auch ungeschmiert betrieben werden. Die Kolbenringe werden dann in der Regel aber nicht aus metallischen Werkstoffen, sondern aus gefüllten Kunststoffen oder Kohlenstoffen gefertigt. **Tabelle 11.4.2** gibt einen Überblick über das Betriebsverhalten von Kolbenring-werkstoffen auf PTFE-Basis mit unterschiedlichen Zylinderlaufbahnwerkstoffen als Gegenkörpern. Die Ergebnisse beruhen auf Labor- und Felduntersuchungen (Fuchsluger u. Vandusen, 1980).

Tab. 11.4.2 Werkstoffe für ungeschmierte Paarungen „Kolbenring/Zylinderlaufbahn"

Zylinderlaufbahn	Graues Gusseisen Ni-Resist Kohlenstoffstahl Korrosionsbeständiger Stahl			Dichte Chromschicht (0,1 mm)		
Kolbenring	PTFE mit 25% Glas	PTFE mit 35% Carbon-Graphit	PTFE mit 60% Bronze	PTFE mit 25% Glas	PTFE mit 35% Carbon-Graphit	PTFE mit 60% Bronze
Gastemperatur °C						
-240...38	G	G	G	G	G	G
38...200	G	G	G	M/G	G	G
200...280	S	M	M	S	M	M
Gleitgeschwindigkeit m/s						
≤ 1	G	G	G	G	G	G
1...6	G	G	G	M/G	M/G	M/G
6...12	M	M/G	M/G	M	M	M
Pressung N/mm²						
≤ 1,7	G	G	G	G	G	G
1,7...10,3	M/G	M/G	G	M/G	M/G	G
10,3...20,7	M/G	M/G	G	M	S/M	M/G
Umgebendes Gas						
reduzierend, feucht	G	G	G	-	-	-
reduzierend, trocken	G	G	G	-	G	-
oxidierend, feucht	M/G	M/G	G	G	G	G
oxidierend, trocken	M/G	G	M/G	M/G	M	M
neutral, feucht	G	G	S	-	-	-
neutral, trocken	M	G	M/G	-	-	-

G: Gut - Akzeptable Lebensdauer für die meisten Anwendungen
M: Mittel - Einigermaßen akzeptable Lebensdauer für die meisten Anwendungen
S: Schlecht - Unakzeptable Lebensdauer für die meisten Anwendungen
M/G, S/M: Widersprüchliche Ergebnisse
Strich: keine Daten verfügbar
%: Gewichtsprozent

Aussichtsreich in Verbrennungsmotoren für den ungeschmierten oder mit Minimalmengen geschmierten Betrieb sind Kolben aus Feinkornkohlenstoffen gegen Zylinderlaufbahnen aus keramischen Werkstoffen, wie z. B. SiC bzw. SiSiC (Gasthuber, 1999) oder thermischen Spritzschichten aus TiO_2, Al_2O_3-TiO_2/Cr_2O_3 oder Ti_nO_{2n-1} mit $4 \leq n \leq 10$ zu sein (Woydt, 2001).

11.5 Nocken/Nockenfolger

Das Tribosystem Nocken/Nockenfolger dient vielfach dazu, die Ventile von Verbrennungsmotoren zu öffnen und zu schließen. Der Nockenfolger kann als Flachstößel, Kipphebel, Schlepphebel oder Tassenstößel ausgebildet sein. Nocken- und Nockenfolger bilden einen kontraformen Kontakt (**Bild 11.5.1**). Die Kontaktpressungen können mit den Hertzschen Formeln abgeschätzt werden (siehe Bild 3.2.7).

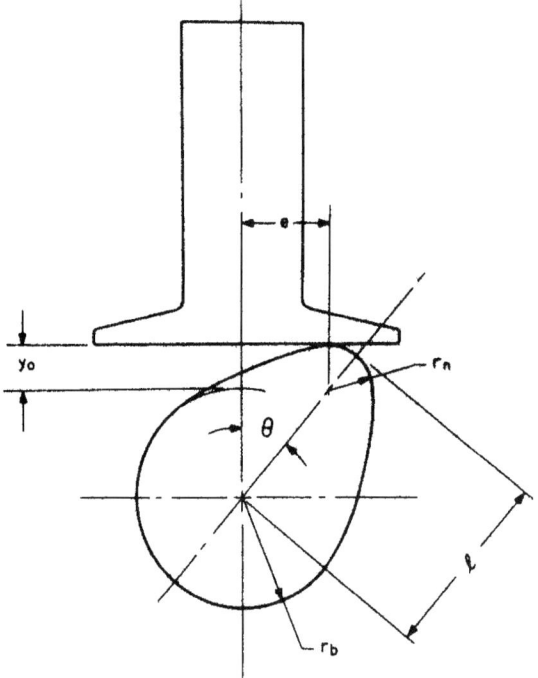

Bild 11.5.1
Geometrie eines Nocken-Nockenfolger-Kontaktes

Die in der Hertzschen Kontaktfläche wirkende Kraft, die aus der Ventilfederkraft und der Beschleunigungskraft zusammengesetzt ist, ändert sich mit der Stellung des Nockens, siehe **Bild 11.5.2**, (Neale, 1973). Da der Radius des Nockens in der Kontaktfläche ebenfalls positions-abhängig ist, hängt die Pressung bei hohen Drehzahlen, bei denen die Beschleunigungskräfte der Federkraft entgegenwirken, nur wenig von der Stellung des Nockens ab. Die üblicherweise angewandte Ölschmierung von Nocken-Nockenfolger-Systemen ermöglicht die Ausbildung eines elastohydrodynamischen Schmierfilms.

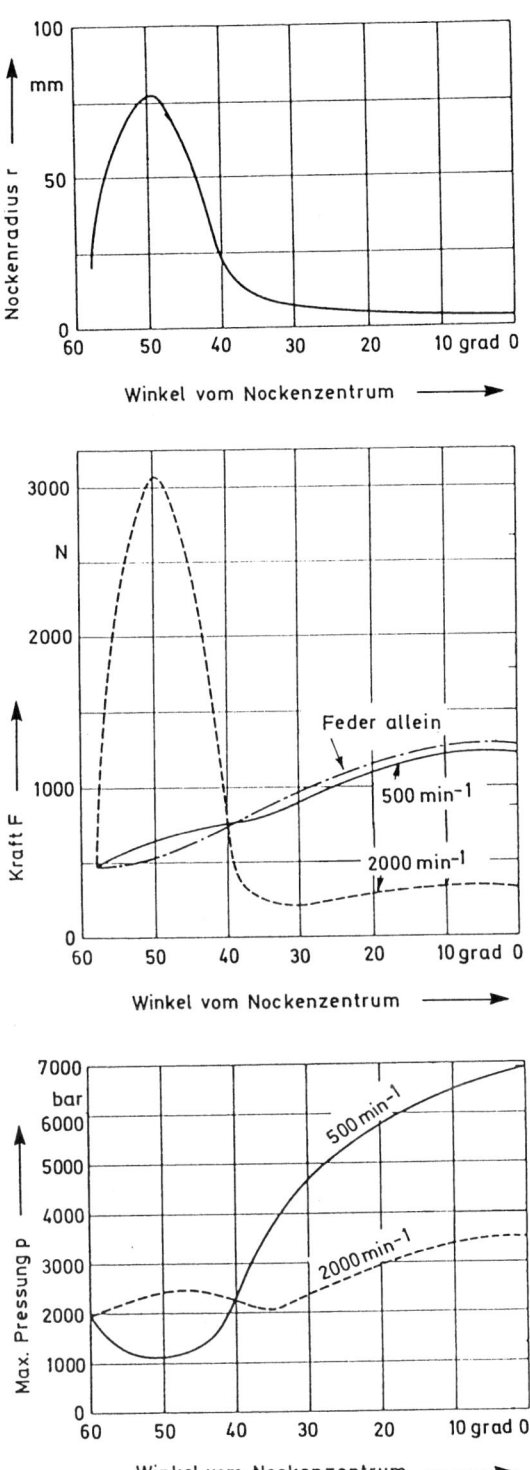

Bild 11.5.2
Krümmungsradius, Kraft und maximale
Hertzsche Pressung eines Nocken-
Nockenfolger-Kontaktes

Die elastohydrodynamische Schmierfilmdicke h kann mit folgender Beziehung abgeschätzt werden (Winer und Cheng, 1980):

$$h = 4,35 \cdot 10^{-3} \, [f_N \cdot LP \cdot N]^{\,0,74} \cdot R^{0,26}$$

N: Drehzahl in min^{-1}

LP: $\eta_0 \cdot \alpha \cdot 10^{-11}$ Schmierstoffparameter in sec (siehe Bild 11.1.15)

f_N: $/2r_n-l/$

r_n: Radius der Nockennase in m

l: Abstand von der Nockennase zur Schaftachse (siehe Bild 11.5.1) in m

$$R = \left[\frac{1}{r_n} + \frac{1}{r_f} \right]^{-1}$$

r_f: Radius des Nockenfolgers in m

Nocken: Grauguß, Nockenfolger: carbonitrierter Stahl
Additivfreies Öl, = 4,6 mm^2/s bei 100 °C
P_{Hertz} = 700 N/mm^2 bei 500 min^{-1}, T = 30 °C

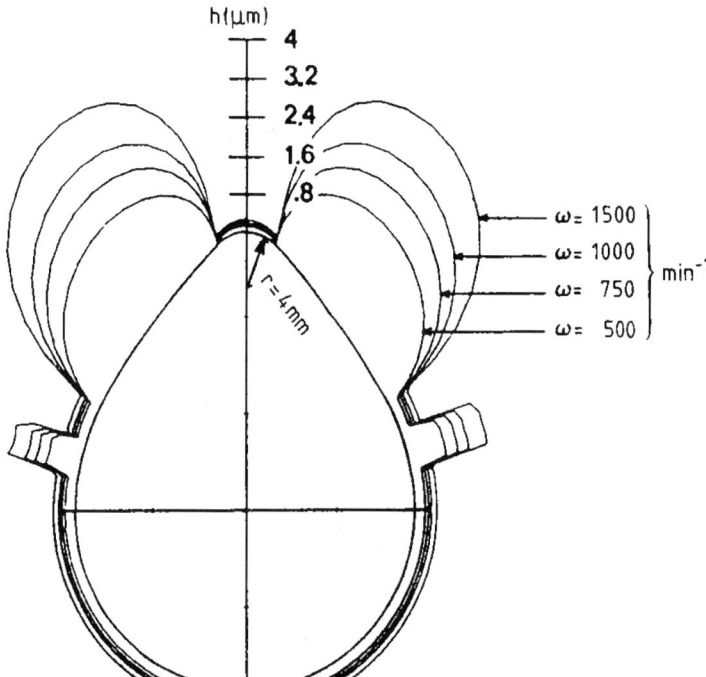

Bild 11.5.3
Theoretische Schmier-
filmdicke eines Nocken-
Nockenfolger-Kontaktes

In **Bild 11.5.3** ist ein Beispiel für die über dem Umfang des Nockens sich in der Kontaktstelle einstellende elastohydrodynamische Schmierfilmdicke wiedergegeben, die nach der Theorie von Dowson und Higginson (1966) ermittelt wurde. Im Bereich des kleinsten Krümmungsradius mit der höchsten Pressung nimmt die Schmierfilmdicke nur wenig mit steigender Drehzahl zu. Messungen führten zu der gleichen Charakteristik mit allerdings deutlich niedrigeren Werten der Schmierfilmdicke (Monteil, Lonchampt, Roques-Carmes und Godet, 1988). Für eine im Vergleich zu Winer und Cheng (1980) beschriebenen, genaueren Methode zur Abschätzung der Schmierfilmdicke ist die Ermittlung der elastohydrodynamisch wirksamen Geschwindigkeit notwendig (Müller, 1966; Holland und Ruhr, 1986): $U_n = U_1 + U_2$.

Dabei stellen U_1 und U_2 die Relativgeschwindigkeiten der Oberflächen von Nocken und Nockenfolger gegen ein im Schmierfilm fixiertes Koordinationssystem dar. Ist die hydrodynamisch wirksame Gleitgeschwindigkeit gleich null, so wird nach dem Abklingen eines kurzzeitigen Verdrängungsvorganges kein Schmierstoff mehr in die Kontaktstelle gefördert; es tritt Mischreibung oder sogar Grenzreibung auf. Unter diesen Bedingungen können nach Wilson (1969) folgende Verschleißmechanismen wirksam werden:

I. Adhäsiv-abrasiver Verschleiß, wenn die Gleitgeschwindigkeiten U_1 und U_2 klein sind. Nach Bild 11.5.2 bewirken kleine Geschwindigkeiten (kleine Drehzahlen) hohe Pressungen, durch die der Verschleiß erhöht wird.

II. Adhäsiv bedingtes Fressen bei hohen Geschwindigkeiten infolge der hohen Reibungsenergie.

III. Grübchenbildung durch Oberflächenzerrüttung infolge des sich periodisch ändernden Spannungszustandes (auch bei Ausbildung eines elastohydrodynamischen Schmierfilms möglich).

IV. Sogenannter polierender Verschleiß, durch den bei einem hohen Verschleißbetrag sehr glatte Oberflächen erzeugt werden.

Um bei ungünstigen Schmierungsbedingungen adhäsive Verschleißprozesse einzuschränken, werden Motorenölen Additive – insbesondere bis zu 0,1 Gew.-% Zink-/Molybdändialkyldithiophosphat oder -carbamate zugesetzt, die auf den tribologisch beanspruchten Oberflächen Reaktionsschichten bilden. Vor den Hintergrund weiter auf 0,05 Gew.-% abgesenkter Konzentrationen (Korcek, 1999) und zur Einschränkung adhäsiver Verschleißprozesse während des Einlaufes kann ein Phosphatieren der tribologisch beanspruchten Oberflächen dienen. In diesem Sinne wirkt auch ein Nitrieren oder Nitrocarburieren mit anschließendem Oxidieren.

In **Tabelle 11.5.1** sind Werkstoffpaarungen zusammengestellt, die für Nocken und Nockenfolger verwendet werden (Neale, 1973; Eyre und Crawley, 1980; Peppler, 1983). Wegen der hohen Pressungen bis ca. 1.300 MPa müssen harte Werkstoffe eingesetzt werden, damit plastische Verformungen vermieden werden. Versuche mit Nockenfolgern aus keramischen Werkstoffen waren aus tribologischer Sicht recht erfolgreich. Es ließ sich eine deutliche Verschleißminderung des Nockens und des Nockenfolgers erreichen. Probleme traten aber bei der Haltbarkeit des Metall/Keramik-Verbundes auf.

Eine Werkstoffoptimierung muss sich auf die Einschränkung der Adhäsion und Oberflächenzerrüttung konzentrieren, während die Abrasion durch die Verminderung der Oberflächenrauheit eingeschränkt werden kann.

Tab. 11.5.1   Werkstoffpaarungen für das Tribosystem Nocken/Nockenfolger

Nocken/Nockenwelle		Gegenläufer													
		Stahl							Gusseisen				Sinterwerkstoffe (PM)		
		einsatz-geh. Stahl	nitrier-ter Stahl	Werk-zeug-stahl	Schnell-arbeits-stahl	Sinter-stahl	Fein-guss	ver-chromter Stahl	Sphäro-guss	umschmelz-gehärteter Guß	Schalen-hartguss	teilkarbidi-scher Guss, gehärtet	Hart-metall	Sinter-metall	Sinter-keramik
Stahl	flamm- oder induktionsgehärtet			1		1,4					1		1	1,4	
	einsatzgehärtet	1,2		1		1,4					1		1	1,4	
	vergütet	2													
Guss	Temperguss							4							1,4
	Gusseisen, umschmelzgehärtet	2,3,4									4	4			1,4
	Schalenhartguss	1,3,4	3	3	1,3	1,4	4		4	4	1,4	4	1	1,4	1,4
	teilkarbidischer Guss, gehärtet	2					4		4		4	1,4			1,4

1 Flachstößel
2 Rollenstößel
3 Tassenstößel
4 Hebel

Zur Verminderung des Wirkens adhäsiver Verschleißprozesse sind heterogene Gefüge besonders vorteilhaft. Demgegenüber wird die Oberflächenzerrüttung durch homogene Gefüge herabgesetzt. Daher ist ein Kompromiss der Gefügeeigenschaften unumgänglich. Beide Verschleißmechanismen lassen sich durch Nitrier- bzw. Nitrocarburierbehandlungen einschränken. Dabei wirkt die äußere Verbindungsschicht der Adhäsion entgegen, während die Druckeigenspannungen der Stickstoffdiffusionsschicht die Oberflächenzerrüttung behindern. Nach Untersuchungen von Alamsyak, Dillich und Pettit (1989) werden in der Einlaufphase adhäsiv bedingtes Fressen und Grübchenbildung durch ein Plasmanitrieren mit ausschließendem Kugelstrahlen vermieden.

Die Möglichkeiten der Kennzeichnung des Verschleißzustandes von Nocken, die einer Nitrier- und Oxidierbehandlung unterworfen waren, durch Eigenspannungsmessungen werden von Werner und Ziese (1983) beschrieben.

12 Mikromechanische Systeme – Magnetische Datenaufzeichnung

Im Vergleich zu den klassischen Konstruktionselementen nehmen mikromechanische Systeme heute noch eine Sonderstellung ein. Die Besonderheit liegt vor allem in der Größenordnung der mechanischen Abmessungen und der auftretenden Kräfte. Bauteile im Mikrometermaßstab sind im Wesentlichen nur aus solchen Materialien herstellbar, deren Strukturierung aus der Halbleitertechnologie beherrscht wird, die aber im Allgemeinen tribologisch nicht optimiert sind. Mikromechanische Bauteile arbeiten in CD-Playern, in Digitalkameras, in Instrumenten der minimal invasiven Chirurgie sowie als Beschleunigungssensoren im Auto. Manche Mikrosensoren, wie z. B. Airbagsensoren, werden nach einmaligem Ansprechen ausgetauscht und müssen auch keine „tribologische Funktion" erfüllen, so dass weder Reibung noch Verschleiß eine Rolle spielen. Anders ist die Situation bei den elektronischen Datenaufzeichnungssystemen, die wegen ihrer Bedeutung für die technologische Entwicklung und Fragen der Mikrotribologie hier behandelt werden. Mikro-elektro-mechanische Systeme (MEMS) werden in Kapitel 13 beschrieben.

12.1 Prinzipien der magnetischen Datenspeicherung

Magnetische Datenaufzeichnung ist die führende Technologie für die Speicherung von digitalen Daten. Festplatten und Disketten in Computern, Videokassetten und -recorder sowie Tonbandkassetten sind typische Beispiele für die Anwendung der Magnetspeicherung. Die Daten werden durch Änderung der Richtung des Magnetfeldes im Magnetkopf gespeichert (Mee and Daniels, 1986). Das Ziel der Magnetspeicherung ist es, so viele Bits wie möglich pro Flächeneinheit zu speichern. Um die magnetische Information zu lesen, muss das Magnetmaterial relativ zum Magnetkopf bewegt werden. Eine schematische Darstellung des Schreibe- und Lesevorgangs zeigt **Bild 12.1.1**.

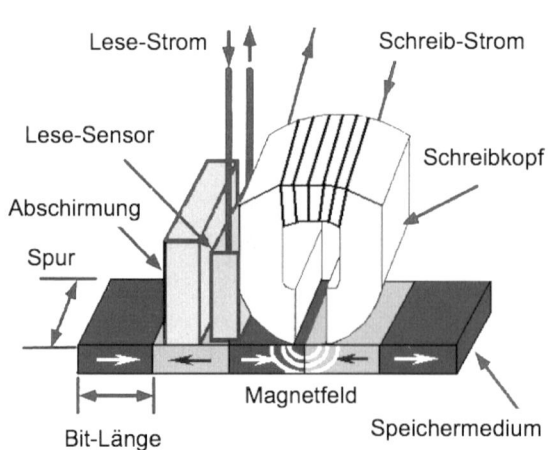
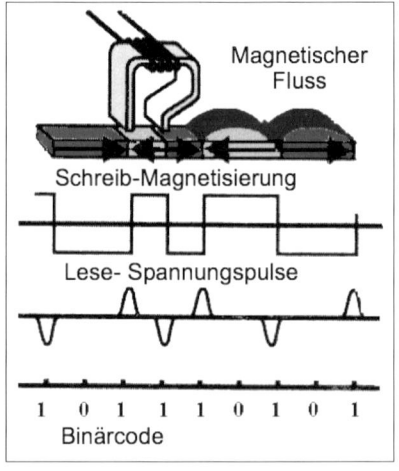

Bild 12.1.1   Funktionsprinzip der magnetischen Datenaufzeichnung

In **Bild 12.1.2** ist die zeitliche Entwicklung der magnetischen Speicherdichte in Festplattenspeichern aufgetragen. Das Bild zeigt, dass die Speicherdichte in den vergangenen Jahrzehnten
um viele Größenordnungen angestiegen ist. Die Anstiegsrate wird gekennzeichnet durch das
so genannte „Moore'sche Gesetz" der Halbleitertechnologie, das eine Leistungsverdopplung
alle 18 Monate voraussagt.

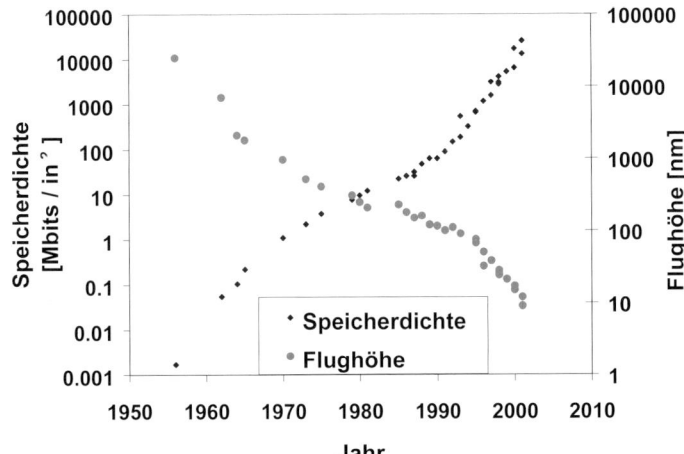

Bild 12.1.2
Anstieg der Speicherdichte
und Reduktion des Kopf-
Platten-Abstandes in Festplattenspeichern

Die Speicherdichte in Festplattenspeichern wird hauptsächlich von der Entfernung zwischen
Magnetkopf und Platte bestimmt. In Festplattenspeichern, die gegenwärtig auf dem Markt
sind, beträgt der Kopf-Medium-Abstand ungefähr 20 nm und in Bandgeräten ungefähr 40 bis
50 nm. Große Anstrengungen sind weiter darauf gerichtet, diese Abstände noch weiter zu
verringern und so die Speicherdichte zu erhöhen. Für Speicherdichten von 160 Mbit/mm² (100
Gbits/inch²) muss die Flughöhe kleiner als 10 nm und für 1,60 Gbit/mm² (1 Tbit/ich²) kleiner
als 5 nm sein. Die Magnetspeicherung ist daher ein Teilgebiet der Nanotechnologie.

Vom Gesichtspunkt der maximalen Speicherdichte wäre ein Abstand null zwischen Festplatte
und Kopf am besten. Kontakt zwischen Kopf und Magnetmaterial führt jedoch zu Abnutzung
und Verschleiß von Magnetkopf und Magnetplatte (Talke, 1996). Die Lösung sieht heute so
aus, dass der Magnetkopf als hydrodynamisches Luftlager ausgelegt wird, so dass er mit minimalem Abstand über der Magnetplatte fliegt. Die Optimierung des Kopf-Platten-Abstandes
ist ein Problem der hydrodynamischen Schmierung und erfordert die Lösung der kompressib-
len Reynolds-Gleichung (siehe Kap. 6.1). Beim Start- und Stopvorgang fliegt der Magnetkopf
jedoch nicht, da bei geringen Geschwindigkeiten der Druck im Luftlager zu gering ist, um
hydrodynamisches Fliegen des Kopfes über der Festplatte zu erreichen. In diesem Fall treten
Kontakte zwischen Kopf und Festplatte auf und der Kopf befindet sich im Gebiet der Mischreibung. Da ein Plattenspeicher für mehr als 50.000 Ein- und Ausschaltvorgänge während
seiner Betriebszeit ausgelegt werden muss, ist die Minimierung von Reibung und Verschleiß
äußerst wichtig. Um den Verschleiß des Kopf-Platten-Interfaces zu verringern, wird in vielen
Festplattenspeichern der Kopf während des Start-Stopp-Vorganges von der Festplatte abgeho-
ben. Diese Technik wird in der Computertechnologie als „Load-Unload-Technologie" (L/UL)
– im Gegensatz zur „Contact Start-Stop-Technologie" (CSS) – bezeichnet. Aber auch dabei
können Kontakte auftreten.

12.2 Tribologie des Kopf-Band-Interfaces

Lineare Bandgeräte und Helical Scansysteme sind weit verbreitet. **Bild 12.2.3** zeigt ein typisches lineares Bandgerät und in **Bild 12.2.4** ist ein „Helical Scanner" dargestellt, der in Videogeräten benutzt wird.

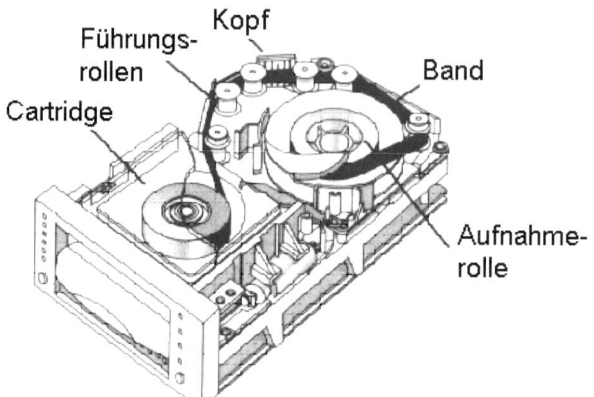

Bild 12.2.3
Typisches lineares Bandgerät

In linearen Bandgeräten und in „helical scanning"-Videogeräten liegt die relative Geschwindigkeit zwischen Kopf und Band in der Größenordnung von 1 bis 10 m/s. Der Magnetkopf ist so ausgelegt, dass ein Luftlager zwischen Magnetkopf und Band besteht, dass aber auch Kontakte zwischen den Unebenheiten des Kopfes und dem Band existieren. Das Kopf-Band-Interface kann daher als ein Mischreibungslager betrachtet werden, in dem ein Teil der Lagerkraft vom hydrodynamischen Luftlager und ein anderer Teil von Festkörperkontakten zwischen Kopf und Band getragen wird. Das hydrodynamische Luftlager im Kopf-Band-Interface wird durch die Reynolds-Gleichung beschrieben, die für ein breites Band wie folgt ausgedrückt werden kann (Baugh and Talke, 1996):

$$\frac{\partial}{\partial x}\left[p(x) \cdot h^3(x)\left(1 + \frac{6\lambda}{h(x)}\right)\frac{\partial p(x)}{\partial x}\right] = 6\mu V \frac{\partial[p(x) \cdot h(x)]}{\partial x} \tag{12.1}$$

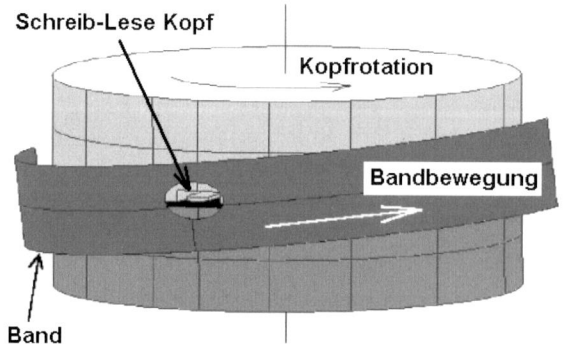

Bild 12.2.4
Schematische Darstellung eines Helical Scanner-Laufwerkes

In Gleichung 12.1 steht h für den Kopf-Band-Abstand, p ist der hydrodynamische Druck, λ ist die mittlere freie Weglänge von Luft und V ist die Relativgeschwindigkeit zwischen Band und Magnetkopf. Neben der Reynolds-Gleichung muss auch die Biegegleichung des Bandes betrachtet werden, da der Druck vom Luftlager eine Verformung des Bandes hervorruft. Die Biegegleichung des Bandes nimmt die folgende Form an:

$$D\frac{\partial^4 w}{\partial x^4} - \left(T - \rho V^2\right)\frac{\partial^2 w}{\partial^2} = p - p_a \qquad (12.2)$$

wo D die Biegesteifigkeit, w die Durchbiegung, ρ die Massendichte des Bandes, p der hydrodynamische Druck zwischen Band und Kopf und p_a der atmosphärische Normaldruck ist. Für den Fall, dass die Oberflächenrauheit des Magnetbandes im Vergleich zum Kopf-Bandabstand gering ist, entsteht ein reines Luftlager am Kopf-Band-Interface, d. h., Kontakt zwischen Kopf und Band ist nicht vorhanden. Wird der Abstand zwischen Band und Magnetkopf verringert, entstehen Kontakte zwischen Unebenheiten an Band und Kopf, siehe **Bild 12.2.5**. Diese Kontakte tragen einen Teil der Last zwischen Band und Kopf und die Bandbiegegleichung muss wie folgt modifiziert werden, um den Kontaktdruck zu berücksichtigen:

$$D\frac{\partial^4 w}{\partial x^4} - \left(T - \rho V^2\right)\frac{\partial^2 w}{\partial x^2} = p - p_a + p_c \qquad (12.3)$$

In Gleichung (12.3) ist p_c der Mittelwert des Kontaktdruckes zwischen den Band- und Kopfunebenheiten.

Da die Oberfläche des Magnetbandes mit dem Magnetkopf und den Führungsposten in Reibkontakt ist, tritt am Band Reibung und Verschleiß auf. Das Substrat des Magnetbandes ist ein flexibles Polymermaterial wie beispielsweise Polyethylenteraphtalat oder Polyethylennaphtalat von etwa 4…50 μm Dicke.

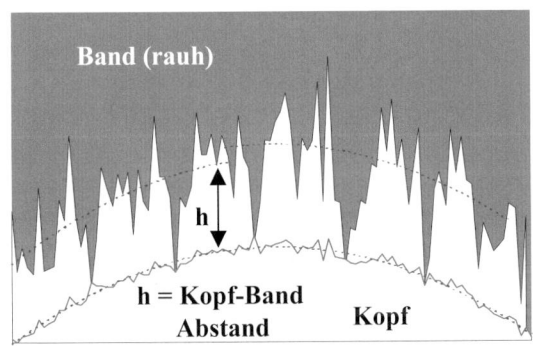

Bild 12.2.5
Kopf-Band-Interface mit Kontakten
(schematische Darstellung)

Eine dünne Magnetschicht ist auf dem Substrat aufgetragen. Die Magnetschicht besteht entweder aus feinverteilten Magnetteilchen in einem Polymerbindemittel oder aus einem kontinuierlichen dünnen Metallfilm, der durch Aufdampfung im Vakuum (evaporation) aufgetragen wird. Um den Abstand zwischen Kopf und Band so gering wie möglich zu halten, wird für Magnetschichten mit Polymerbindemitteln (particulate tape) die Oberfläche des Bandes mit Hilfe von Walzen geglättet (calendering). Auf aufgedampfte Magnetschichten werden im Allgemeinen eine Kohlenstoffschutzschicht und ein Schmierfilm aufgetragen, um vor Abnutzung zu schützen, während für Bänder mit diskreten Magnetteilchen ein Schmierstoff in das Polymerbindemittel gemischt wird.

Verschleiß von Magnetbändern erfolgt durch abrasive und adhäsive Abnutzung an der Oberfläche des Bandes. Luftfeuchtigkeit und Temperatur beeinflussen die Verschleißrate. In vielen

Fällen entstehen Abriebprodukte, die sich als Film (stain) auf dem Kopf ablagern. Typische Kopfverschleißraten liegen in der Größenordnung von 10 μm pro 1000 Stunden.

Neben der Abnutzung von Kopf und Bandoberfläche ist die Seitenkante (edge) des Bandes abnutzungsanfällig, da das Band mit den Andruckfedern und Flanschen der Führungsrollen in Kontakt ist. Dieser Kontakt erzeugt abrasive und adhäsive Abnutzung, die eine Funktion der Bandspannung, der Bandgeschwindigkeit, der Bandandruckskraft, sowie des Materials der Führungsrollen und der Andruckfedern ist. Um die Spurdichte weiter zu erhöhen, ist es wichtig, dass das Band seitlich durch eine Andruckkraft fixiert wird. Das führt zu erhöhter Bandkantenabnutzung, die im kritischen Fall zu lokalem Fliessen durch Erreichung der Glastemperatur des Polymersubstrates führen kann (Talke, 1971). Der Verschleiß der Bandkante wird daher immer ein schwieriges Problem für die Magnetspeicherung auf flexiblem Material bleiben, besonders auch deshalb, weil die Dicke des Substrates reduziert werden muss, um eine höhere Volumenspeicherdichte zu erreichen. Die Optimierung der Position der Führungsrollen und der Bandmechanik im Laufwerk sind deshalb für die Tribologie des Bandes sehr wichtig.

Um den Abstand zwischen Magnetkopf und Band zu messen ist es üblich, Interferometrie mit drei verschiedenen Wellenlängen anzuwenden (Baugh and Talke, 1996). Interferometrie kann auch benutzt werden, um die Elastizität und Kompressibilität der Oberflächenunebenheiten des Bandes zu messen (asperity compliance). Eine typische „asperity compliance"-Kurve ist in **Bild 12.2.6** dargestellt. Die Kurve zeigt, dass der Band-Kopfabstand mit ansteigendem Kontaktdruck abnimmt.

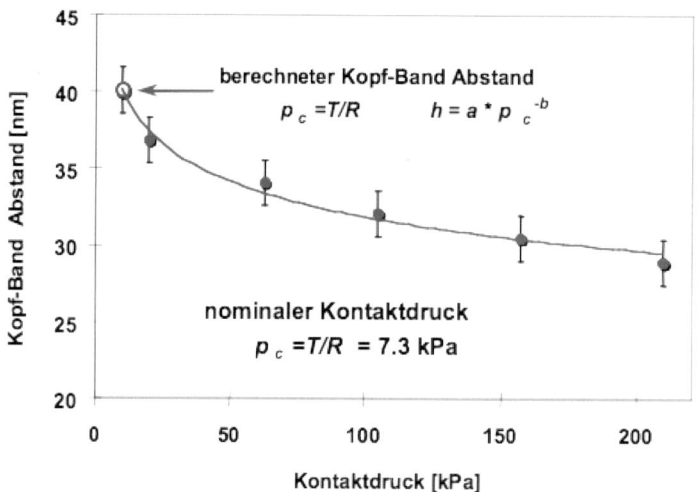

Bild 12.2.6
„Asperity compliance"-Kurve für typisches Magnetband

Um den Band-Kopfabstand zu berechnen, muss die Reynoldsgleichung (12.1) zusammen mit der Bandbiegegleichung (12.3) numerisch gelöst werden. Ergebnisse für den Kontaktdruck zeigt **Bild 12.2.7** für einen typischen Magnetkopf. Druckspitzen können an mehreren Stellen beobachtet werden und sind auf Diskontinuitäten in der Magnetkopfkontur (bleed slots) zurückzuführen. An Druckspitzen ist die Abnutzung des Kopfes am größten. Da der Verschleiß des Kopfes und des Bandes vom Kontaktdruck abhängig ist, ist bei der Gestaltung des Kopfes wichtig, dass der Kontaktdruck gleichförmig und möglichst niedrig ist.

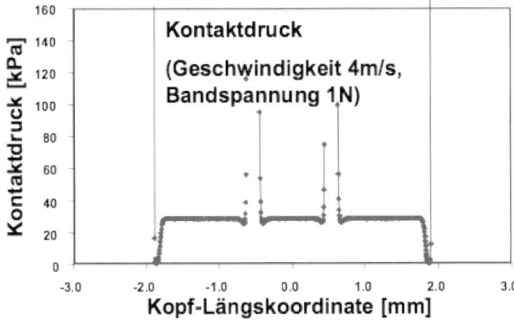

Bild 12.2.7
Kontaktdruckverteilung über einem drei-
geteilten Bandkopf

12.3 Tribologie des Kopf-Platten-Interfaces

Reynoldsgleichung

Ein typisches Festplattenlaufwerk (**Bild 12.3.1**) besteht aus einer Anzahl von Platten, dem Magnetkopf am freien Ende der Aufhängefeder (suspension) und dem Schwingarm-Aktuator, der den Kopf über die Festplatte bewegt. In Festplattenspeichern ist der Magnetkopf hydro-dynamisch über der Festplatte gelagert. Die Gleichung, die das hydrodynamische Fliegen des Kopfes bestimmt, ist die Reynolds-Gleichung für kompressible Strömungen:

$$\frac{\partial}{\partial x}\left(Q(Kn)ph^3\frac{\partial ph}{\partial x}\right) + \frac{\partial}{\partial y}\left(Q(Kn)ph^3\frac{\partial ph}{\partial y}\right) = 6\mu U\frac{\partial ph}{\partial x} + 6\mu V\frac{\partial ph}{\partial y} + 12\mu\frac{\partial ph}{\partial t} \quad (12.4)$$

wo p der Druck, h der Kopf-Platten-Abstand, μ die Viskosität und U sowie V die Geschwin-digkeitskomponenten in die Längs- und Querrichtung sind. Der Faktor Q in der Reynoldsglei-chung ist eine Funktion der lokalen Knudsenzahl Kn, die der Quotient aus der mittleren freien Weglänge λ und dem lokalen Abstand zwischen Kopf und Festplatte ist. Die Knudsenzahl beschreibt die Abweichung des Strömungsfeldes von einer Kontinuumströmung.

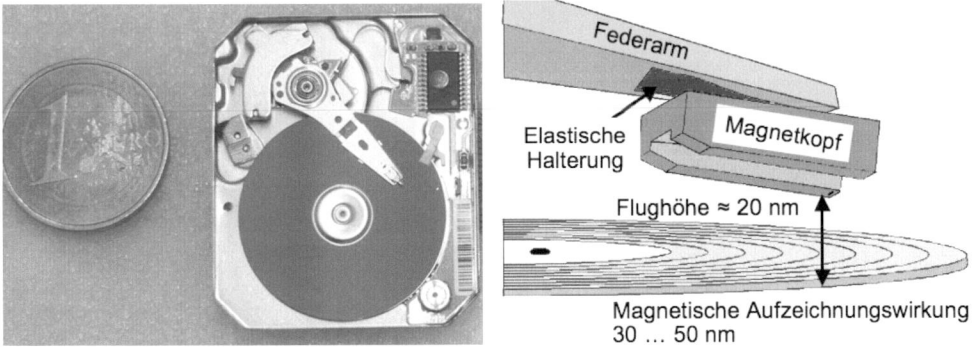

Bild 12.3.1   Typisches Festplattenlaufwerk und charakteristische Funktionsdaten

Die Reynoldsgleichung ist eine nicht-lineare partielle Differentialgleichung, die mit der Tech-nik der Finiten Differenzen und der Finiten Elemente numerisch gelöst werden kann (Wahl,

Lee and Talke, 1996; Hu and Bogy, 1996). Der Entwurf eines Magnetkopfes ist von der Anforderung bestimmt, dass die Flughöhe des Magnetkopfes über der Festplatte konstant sein muss und nicht vom Umgebungsdruck abhängen soll.

Die Kontur eines Magnetkopfes (**Bild 12.3.2**) besteht im Allgemeinen aus zwei Seitenschienen über denen sich ein positiver Druck entwickelt, einer Verbindungsbrücke an der Vorderkante des Kopfes, die die beiden Schienen verbindet, und einer Unterdruckregion (cavity), über der der Druck niedriger als der atmosphärische Druck ist. Die resultierende Gesamtkraft ergibt sich aus der Überlagerung der positiven und negativen Druckkräfte im Luftlager und ist mit der Vorspannkraft der Aufhängefeder im Gleichgewicht. Eine Übersichtsdarstellung eines Festplattenlaufwerkes als tribologisches System gibt Bild **12.3.3**.

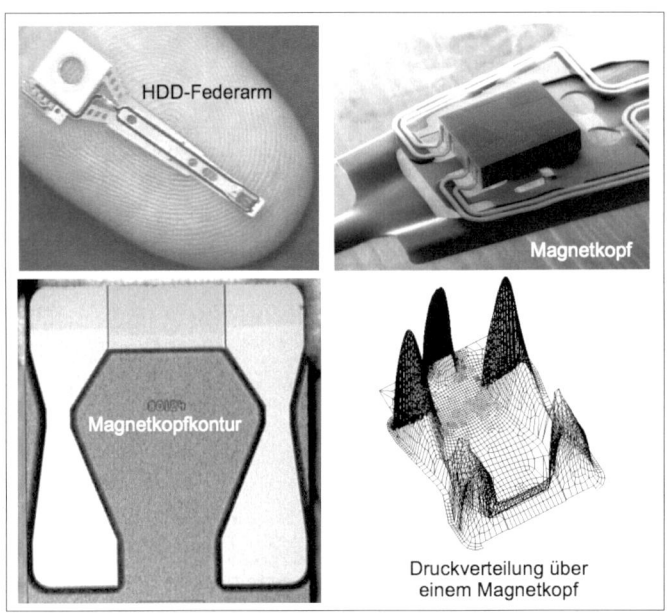

Bild 12.3.2   Festplattenlaufwerk (HDD): Federarm, Magnetkopf, Magnetkopfkontur

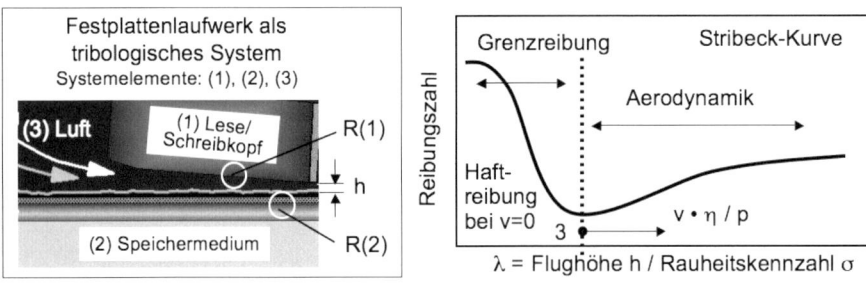

Bild 12.3.3   Tribologie eines Festplattenlaufwerks

Festplattencharakteristik

Das Substrat der Festplatte besteht aus Aluminium oder Glas, siehe **Bild 12.3.4**. Auf einer dünnen Zwischenschicht (12 µm) wird die Magnetschicht (Co, Pt, Cr, etc.) durch Kathodenzerstäubung (sputtering) aufgetragen. Eine dünne, Abnutzung verhindernde Kohlenstoffschicht (5…10 nm) schützt die Magnetschicht. Auf der Kohlenstoffschicht ist ein dünner Ölfilm aus perfluoriniertem Polyether (1…2 nm) aufgetragen, welcher die Kohlenstoffschicht und die Magnetschicht schützt (Talke, 1999).

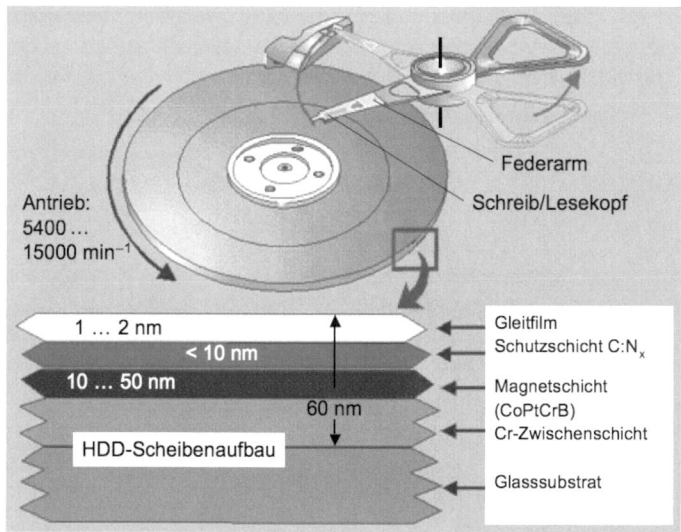

Bild 12.3.4   Festplattencharakteristik

Die Oberflächenrauheit einer Magnetplatte muss genau kontrolliert werden, um hydrodynamisches Fliegen im Abstand von 10 bis 20 nm zu erlauben. In heutigen Festplattenspeichern liegt der arithmetische Rauheitswert (R_a) in der Größenordnung von 1 bis 2 nm. Die Rauheit muss auf weniger als 0,5 nm verringert werden, um Flughöhen von weniger als 10 nm zu erreichen. Ein typisches Bild der Plattenrauhigkeit zeigt **Bild 12.3.5**.

In Laptop-Computern besteht die Magnetplatte im Allgemeinen aus Glas, um eine höhere Steifigkeit zu erhalten, während Festplatten in Personalcomputern und Servern aus Glas oder aus Aluminium hergestellt werden.

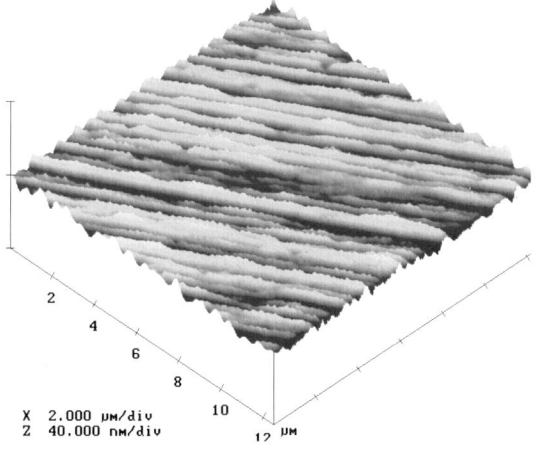

X   2.000 µm/div
Z   40.000 nm/div

Bild 12.3.5
Typische Plattenrauheit

Gleitreibung und Haftreibung („stiction") im Kopf-Platten-Interface

Während der Schreib- und Leseoperation eines Festplattenspeichers fliegt der Kopf über der Festplatte, ohne die Platte zu berühren. Wird der Computer ein- oder ausgeschaltet, bestehen die folgenden zwei Möglichkeiten: a) der Kopf läuft auf der Platte an oder aus und hat Kontakt mit der Festplatte, ähnlich wie ein Flugzeug beim Landen (Kontakt Start-Stop) oder b) der Kopf wird mit Hilfe einer Rampe von der Festplatte entladen und kommt nicht mit der Festplatte in Berührung (Load-Unload). Untersuchungen mit akustischen Emissions-Sensoren haben gezeigt, dass beim Load-Unload-Vorgang durchaus Kontakte mit der Festplatte auftreten können und dass die Häufigkeit der Kontakte vom Design des Luftlagers abhängig ist (Talke, 1999; Zeng and Bogy, 2000; Weissner and Talke, 2001). Bei Festplattenspeichern von 65 mm (2½ inch) Durchmesser wird die Load-Unload-Technik fast ausschließlich benutzt, während bei 96-mm (3½ inch)-Festplattenspeichern beide Techniken eingesetzt werden.

In **Bild 12.3.6** ist der Verlauf der Reibungszahl als Funktion der Zahl der Start-Stop-Zyklen (CSS) dargestellt. Die Reibungszahl steigt im allgemeinen mit der Zahl der Kontakt-Start-Stop-Zyklen an und wird von Temperatur und Luftfeuchtigkeit stark beeinflusst (Zhao and Talke, 2000).

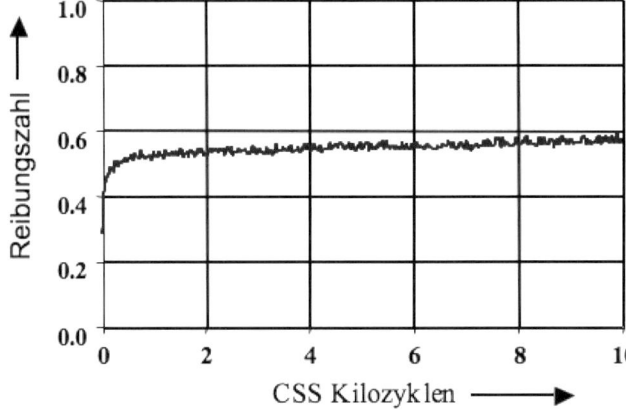

Bild 12.3.6
Reibungszahl als Funktion
der Start-Stop Zyklenanzahl

Die Reibungszahl beginnt mit einem niedrigen Wert während des Anlaufens der Festplatte und zeigt ungefähr 100-200 ms nach dem Beginn der Festplattenbewegung eine markante Spitze. Dieser Höchstwert in der Reibungskraft wird im Allgemeinen als die „Haftreibungsspitze" (stiction peak) bezeichnet.

Die Haftreibungskraft, die beim Anlaufen eines Festplattenlaufwerkes beobachtet wird, kann wie folgt berechnet werden:

$$F_s = \mu(W_s + F_m) + F_v \tag{12.5}$$

wobei μ die Reibungszahl, W_s die Vorspannkraft in der Federaufhängung, F_m die Meniskuskraft und F_v die Viskositätskraft im Schmierfilm sind.

Die Meniskuskraft F_m hängt von der Dicke des absorbierten Wasserfilms und der Schmierfilmdicke auf der Festplatte ab. Es sind mehrere theoretische Modelle zur Berechnung der Haftreibungskraft in Abhängigkeit von experimentellen Parametern entwickelt worden.

Laseraufrauung von Festplatten

Für Festplatten mit geringer Oberflächenrauheit kann die Haftreibungskraft zwischen Kopf und Festplatte während des Anlaufens der Festplatte so groß werden, dass die Federaufhängung plastisch verformt wird oder dass der Motor zu schwach ist, um die Festplatte in Bewegung setzen zu können. Um dennoch Festplatten mit sehr geringer Oberflächenrauheit zu benutzen (super smooth disks), ist man zur Entwicklung von Festplatten übergegangen, deren Oberflächenrauheit in der Start-Stop-Zone größer ist als die in der Datenzone.

Mechanisches Aufrauen der Start-Stop-Zone ist zuerst entwickelt worden. Diese Art der Oberflächenaufrauung ist aber teuer und schwierig zu realisieren. Eine Alternative zum mechanischen Aufrauen ist die sogenannte Laseraufraumethode (laser texturing). Dafür wird ein hochenergetischer Laserstrahl kurzfristig auf die Oberfläche der Festplatte gerichtet, was zum lokalen Schmelzen der Plattenoberfläche führt (Baumgart, Krajnovich, Ngyen, Tam, 1995) und es entsteht, wie **Bild 12.3.7** zeigt, ein Sombrero ähnlicher Krater dessen Ränder über der Plattenoberfläche liegen.

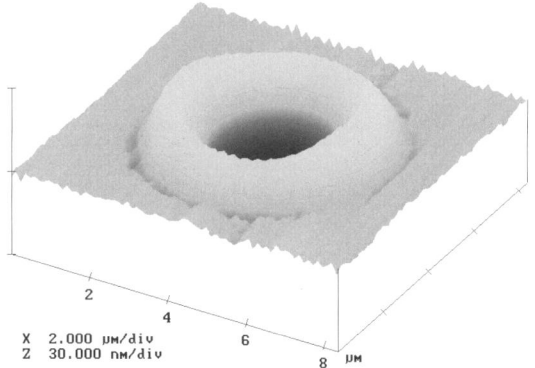

X 2.000 µM/div
Z 30.000 nM/div

Bild 12.3.7
Typischer Laserkrater

Mehrere hundert Krater pro mm² werden im Allgemeinen in der Start-Landespur erzeugt. Die Höhe und Gestalt der Laserkrater ist von der Länge und der Energie des Laserpulses abhängig. In **Bild 12.3.8** ist eine reihenförmige Anordnung von Laserkratern in der Start-Landespur gezeigt (Knigge et al., 1999).

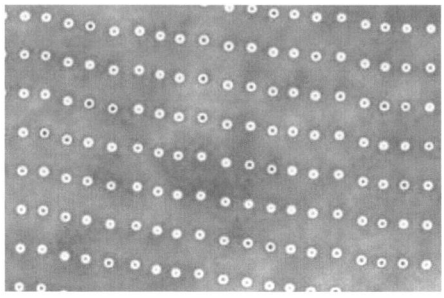

Bild 12.3.8
Anordnung von Laserkratern in Reihen mit einem Abstand von 40 µm zwischen den Kratern

Wenn der Magnetkopf während des Start-Stop-Vorganges mit den Laserkratern in Berührung kommt, bleibt die Anzahl der Kontaktstellen zwischen Kopf und Festplatte annähernd konstant. Mit anderen Worten, die an Kontaktstellen zwischen Unebenheiten und Flüssigkeitsfilmen auftretenden Meniskuskräfte sind für laseraufgeraute Festplatten relativ konstant, weil die Zahl der Kontaktpunkte zwischen Kopf und Festplatte unabhängig von der Dicke des Schmierfilmes ist. Diese Situation steht im Kontrast zur mechanischen Aufrauung, wo die Zahl der Kontaktstellen mit größer werdender Schmierfilmdicke stark ansteigt. In laseraufgerauten Festplatten ist die Haftreibungskraft deshalb weniger von der Luftfeuchtigkeit abhängig als in Platten mit mechanischer Aufrauung.

Ein Modell für die Meniskusbildung an laseraufgerauten und glatten Plattenoberflächen ist in **Bild 12.3.9** in Abhängigkeit von der Dicke der Schmierfilmschicht dargestellt. Bild 12.3.9 zeigt, dass für eine laseraufgeraute Festplatte die Zahl der Meniskuskontaktpunkte annähernd unabhängig von der Schmierfilmdicke ist. Anders ist es jedoch für eine Festplatte mit mechanischer Oberflächenrauigkeit, da hier die Zahl der Kontaktpunkte eine Funktion der Flüssigkeitsfilmdicke ist. Daher besitzen laseraufgeraute Festplatten eine kleinere Haftreibung als mechanisch aufgeraute Festplatten besitzen (Zhao and Talke, 2000; Gui and Marchon, 1995).

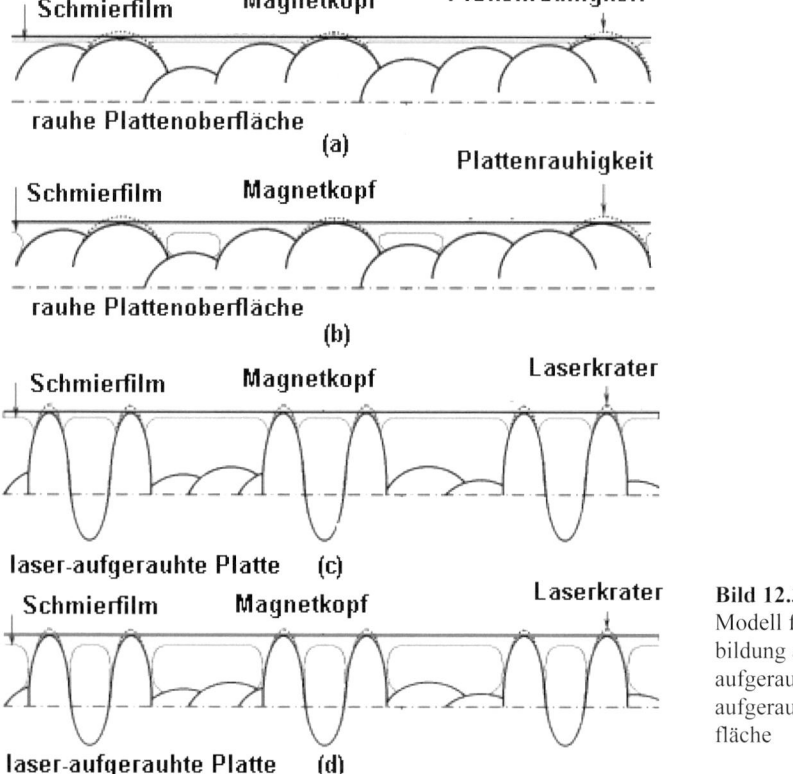

Bild 12.3.9
Modell für die Meniskusbildung an mechanisch-aufgerauhter und laseraufgerauhter Plattenoberfläche

Load-Unload-Technologie

Die Höhe der Laserkrater muss niedriger als die Flughöhe des Kopfes über der Festplatte sein, um unerwünschte dynamische Reaktionen zu vermeiden, wenn der Kopf von der Datenzone zur Start-Stop-Spur übergeht. Es ist deshalb verständlich, dass Laserkrater bei sehr gering werdender Flughöhe unwirksam werden, da in diesem Fall die Kraterhöhe sehr klein wird und Laserkrater nur noch als Hintergrundrauhigkeit wirken.

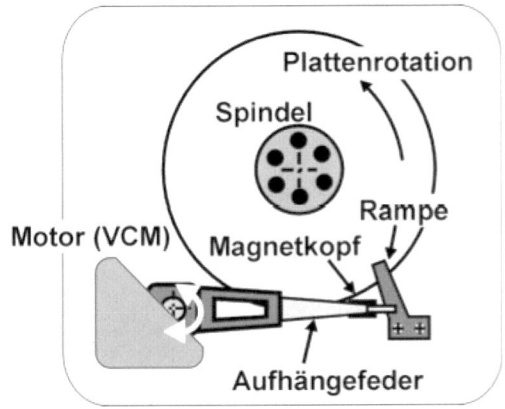

Bild 12.3.10
Festplatte mit Load-Unload-Technologie

Um dennoch mit sehr kleinen Flughöhen und sehr glatten Festplatten zu arbeiten ist man dazu übergegangen, den Magnetkopf während des Start-Stop-Vorganges von der Festplatte mit Hilfe einer Rampe abzuheben (**Bild 12.3.10**). Dieser sogenannte Load-Unload Prozess kann zu Kontakten zwischen Kopf und Festplatte führen, die vom hydrodynamischen Luftlager im Magnetkopf und von der Auslegung der Rampe beeinflusst werden. Die Load-Unload-Technologie wird hauptsächlich in Laptop-Computern benutzt, obwohl seit kurzem auch 95-mm-Festplattenspeicher mit Load-Unload-Rampen hergestellt werden.

Verschleiß

Der Verschleiß von Festplatte und Magnetkopf ist das Ergebnis von Kopf-Platten-Kontakten während des An- und Auslaufens des Kopfes auf der Festplatte oder Kontakten zwischen Kopf und Festplatte während des normalen Einsatzes des Festplattenspeichers. Die Abnutzung der Festplatte und des Magnetkopfes sind ein Gemisch aus abrasivem, adhäsivem und tribochemischem Verschleiß. Dynamische Kontakte zwischen Kopf und Festplatte führen zu abrasivem Verschleiß. Tribochemische Abnutzung entsteht, wenn Sauerstoff aus der Atmosphäre an der Oberfläche der Kohlenstoffschicht absorbiert wird und demzufolge Oxide entstehen. Thermische Desorption dieser Oxide führt zur Entstehung von CO und CO_2 und zum Abbau von Kohlenstoff an der Oberfläche. Mit einem Schmierfilm beschichtete Festplatten haben allgemein eine verringerte Tendenz zu tribochemischer Abnutzung, da der Schmierfilm als chemische Barriere wirkt.

Festplatten und Magnetköpfe sind typischerweise mit einer dünnen Kohlenstoffschicht (5-10 nm) beschichtet, um das Magnetmaterial vor Abnutzung zu schützen. Kohlenstoffbeschichtungen können (a) diamant-ähnlich (diamond-like (DLC)), (b) amorph (DLC(a-C)), (c) hydrogeniert (DLC (a-C:H)) oder (d) nitriert (DLC (a:CNx)) sein (Grill, 1997; Lee at al., 1992). Hydrogenierte Kohlenstofffilme zeigen im Allgemeinen verbesserte Abnutzungsqualitäten verglichen mit a-C Filmen. Die Härte und der Elastizitätsmodul von DLC steigen mit der Konzentration von Wasserstoff im DLC, da Wasserstoff die Tendenz zur Bildung von sp^3-Bindungen erhöht. Der Einbau von Stickstoff in der Kohlenstoffschicht verbessert in der Regel den Verschleißwiderstand von DLC-Filmen.

Schmierstoffe und Additive

Die gegenwärtig am meisten benutzten Plattenschmierstoffe sind perfluorinierte Polyether. Diese Schmierstoffe haben eine gute Tragfähigkeit und besitzen einen sehr niedrigen Dampf-druck. Kontaktreibung führt zum Verlust des Schmierstoffs in der Abnutzungsspur und macht die Festplatte anfällig gegen Abnutzung. Um Schmierstoffverlust zu verhindern ist es wichtig, dass Schmierstoffe eine gute Mobilität haben, damit ein Zurückfließen des Schmierstoffs über die abgenutzte Spur möglich ist. Die Mobilität des Schmierstoffs muss jedoch sorgfältig ge-wählt werden, weil eine zu hohe Mobilität zu Schmierstoffverlust durch Rotationskräfte (spin-off) führt. Die Schmierstoffschicht, welche mit der Festplatte in unmittelbarer Berührung steht, ist im Allgemeinen stärker an die Platte gebunden (bonded) als die oberen Schichten, die man als freien Schmierstoff (free lubricant) bezeichnet. Schmierstoffverlust durch Rotationskräfte muss besonders in Festplattenspeichern mit hohen Umdrehungszahlen beachtet werden. Ge-genwärtig werden Festplattenspeicher mit Umdrehungszahlen bis zu 15.000 Umdrehungen pro Minute gebaut. Für Festplattenspeicher mit solchen hohen Umdrehungszahlen werden hydro-dynamische Lager für die Lagerung der Welle des Festplattenspeichers bevorzugt, da nicht-wiederholbarer Schlag (non-repeatable run-out) von Kugellagern zu Radialabweichungen der Welle führt, die die Speicherdichte für hohe Umdrehungszahlen limitieren.

In Bild **12.3.11** ist die Schmierstoffverteilung in der „Kontaktspur" eines Kopfes als eine Funktion der Flughöhe und der Zahl der Kontaktzyklen gezeigt, aufgenommen mit Hilfe eines Raster-Ellipsometers (scanning ellipsometer). Die Bildfolge in der linken Hälfte zeigt die Schmierfilmverteilung für 100, 1000, 10.000 und 100.000 Zyklen für eine Flughöhe von 12 nm, und in der rechten Hälfte für eine Flughöhe von 7 nm.

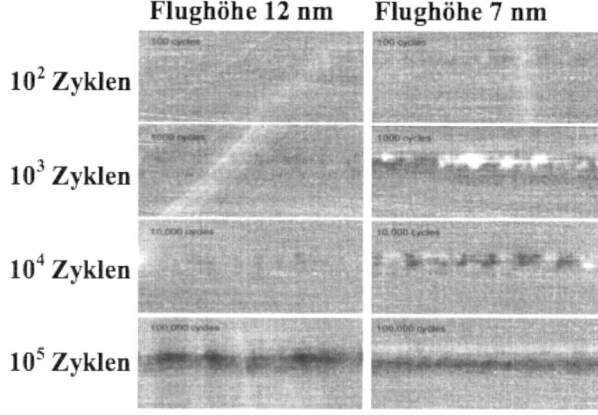

Bild 12.3.11
Verteilung des Schmierstoffs in der Kontaktspur eines typischen Magnetkopfes

Bild 12.2.12 zeigt, dass sich die anfänglich gleichmäßige Schichtdicke verändert und dass „Täler" und Berge in der Schmierfilmdicke entstehen, die von der Zahl der Kontaktumdrehun-gen und der nominalen Flughöhe des Magnetkopfes abhängen. Diese Umverteilung des Schmierfilms in der Kontaktspur ist wichtig und muss im Design des Kopf-Platten-Interfaces berücksichtigt werden.

Eine Zusammenstellung der bekanntesten Plattenschmierstoffe ist in **Tabelle 12.1** zu finden (Talke, 1999).

Tab. 12.1 Molekülstruktur typischer Plattenschmierstoffe

Handelsname	Molekülstruktur	Endgruppe
Fomblin Y	$CF_3O[CF(CF_3)CF_2O]_n\text{-}(CF_2O)_m\text{-}CF_3$	$\text{-}CF_3$
Krytox AD	$F\text{-}[CF(CF_3)CF_2O]_m\text{-}CF_2CF_3$	$\text{-}F, \text{-}CF_3$
Fomblin Z	$CF_3O(CF_2CF_2O)_n\text{-}(CF_2O)_m\text{-}CF_3$	$\text{-}CF_3$
Demnum	$F\text{-}(CF_2CF_2CF_2O)_n\text{-}CF_2CF_3$	$\text{-}F, \text{-}CF_3$
Fomblin Z-DOL	$HO\text{-}CH_2CF_2O\text{-}(CF_2CF_2O)_n\text{-}(CF_2O)_m\text{-}CF_2CH_2\text{-}OH$	$\text{-}OH$
Fomblin AM2001	$P\text{-}CH_2OCH_2CF_2\text{-}(CF_2CF_2O)_n\text{-}(CF_2O)_m\text{-}CF_2CH_2OCH_2\text{-}P$	$\text{-}CH_2\text{-}phe\text{=}(O)_2\text{=}CH_2$

Perfluorinierte Polyether sind temperaturanfällig und degradieren thermisch wenn die Temperatur über 250 °C erhöht wird. Hohe Kontakttemperaturen in den Kontaktpunkten zwischen Kopf und Platte können zur Kettenteilung und Degradierung des Schmierstoffs führen. Perfluorinierte Schmierstoffe sind anfällig in Bezug auf katalytische Zersetzung in Gegenwart von Keramikwerkstoffen, wie beispielsweise Al_2O_3, welches ein Bestandteil des Kopfwerkstoffes Al_2O_3-TiC ist. Katalytische Zersetzung wird durch die Bildung von Lewis-Säure beeinflusst (Perettie et al., 1999). Um die Bildung von Lewis-Säure zu verhindern, werden Magnetköpfe aus Al_2O_3-TiC mit einer Kohlenstoffschicht überzogen, die Kontakt zwischen Al_2O_3 und dem Schmierstoff verhindert. Eine Zumischung von Additiven (z. B. X-1P (Perettie et al., 1999)) zum Schmierstoff ist eine andere Möglichkeit, um die Bildung von Lewis-Säure zu verhindern. Obwohl X-1P die katalytische Degradierung von perfluorinierten Polyethern verhindert, besteht der Nachteil, dass X1-P nicht in perfluorinierten Schmierstoffen löslich ist. Das führt zu unerwünschter Phasentrennung zwischen beiden Komponenten besonders mit steigender Temperatur oder Luftfeuchtigkeit (Kang et al., 1999).

Um die Speicherdichte weiterhin zu erhöhen, ist es erforderlich, dass der Kopf-Platten-Abstand auch in der Zukunft reduziert wird. Darüber hinaus ist es nötig, die Dicke der Kohlenstoffschicht zu verringern. Kohlenstoffschichtdicken von 1 bis 2 nm werden in diesem Zusammenhang als Ziel erwähnt und eine neue Form der Kohlenstoffschutzschicht, der sog. Kathodenbogenkohlenstoff (cathodic arc carbon), wird im Zusammenhang mit verbesserten Kohlenstoffschutzschichten genannt. Zusätzlich ist eine weitere Verringerung der Rauheit der Plattenoberfläche erforderlich. Arithmetische Rauheitswerte von weniger als 0,2 nm werden gegenwärtig diskutiert und es ist wahrscheinlich, dass die Load-Unload-Technologie für solche glatten Plattenoberflächen weitere Anwendungen finden wird. Letztlich wird auch die Größe der Magnetköpfe weiterhin zu minimieren sein. Ein neuer, weiter reduzierter Formfaktor für Magnetköpfe, der so genannte Femto-Kopf, ist als Möglichkeit im Gespräch.

13 Mikrotechnik und die Tribologie von MEMS

Die heutige Technik ist durch *Mechatronik*, d. h. das interdisziplinäre Zusammenwirken von Mechanik, Elektronik, Informatik und einen stetigen Trend zur Miniaturisierung gekennzeichnet. Die *Mikrotechnik* nutzt Effekte, die erst durch Miniaturisierung möglich werden – z. B. geringere thermische Trägheit, veränderte Volumen/Oberflächen-Relationen – und vereint mit Bauteilabmessungen im mm/µm-Bereich Funktionalitäten aus Mikromechanik, Mikrofluidik, Mikroelektronik, Mikromagnetik, Mikrooptik. MEMS sind mikro-elektro-mechanische Systeme (*Micro Electro-Mechanical Systems*) für Bewegungsfunktionen. Da ihre miniaturisierten Bauteile tribologischen Beanspruchungen ausgesetzt sein können, ist die Tribologie von MEMS wichtig für ihre Funktionalität.

13.1 Funktion und Struktur von MEMS und MOEMS

MEMS können in Funktionsgruppen unterteilt werden, die meist Regelkreise bilden und aus Modulen mit mechanisch-elektrisch-magnetisch-thermisch-optischen Bauelementen, *Sensorik* zur Erfassung von Messgrößen des Systemzustandes, *Aktorik* zur Regelung und Steuerung sowie *Prozessorik* und *Informatik* zur Informationsverarbeitung bestehen, Neben MEMS zur Realisierung von Mikro-Bewegungsfunktionen sind MOEMS (*Micro Opto-Electro-Mechanical Systems)* zur Modulierung und Darstellung (display) „informationstragender optischer Strahlung" heute von großer Bedeutung. Wichtige Beispiele sind hier miniaturisierte Torsions- und Kippspiegel, die mittels elektrischer Anziehungskräfte (Elektro-Aktoren) eine Positionierung optischer Strahlengänge möglich machen. Die **Bilder 13.1.1** und **13.1.2** zeigen Beispiele von MEMS und MOEMS (Czichos, 2008).

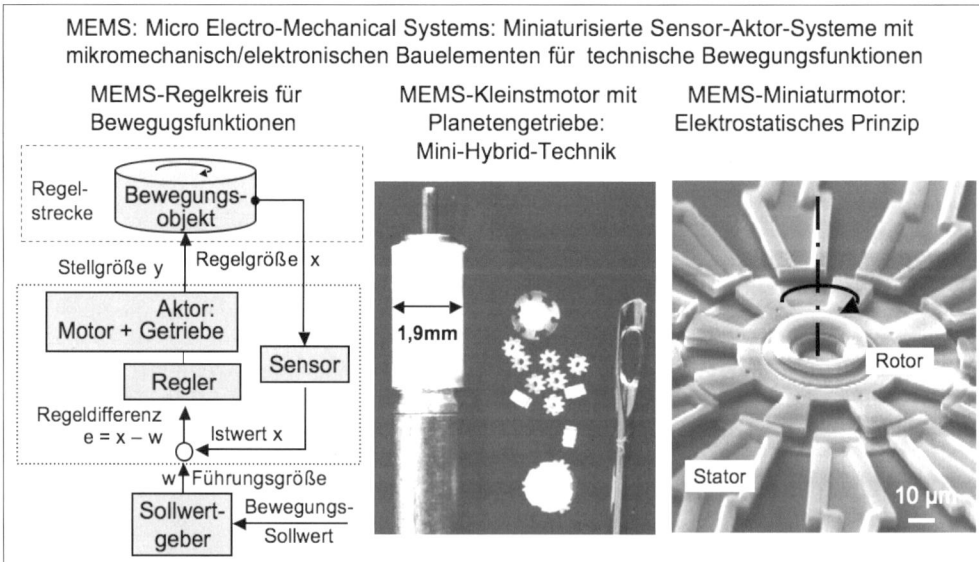

Bild 13.1.1   Definition und Beispiele von MEMS

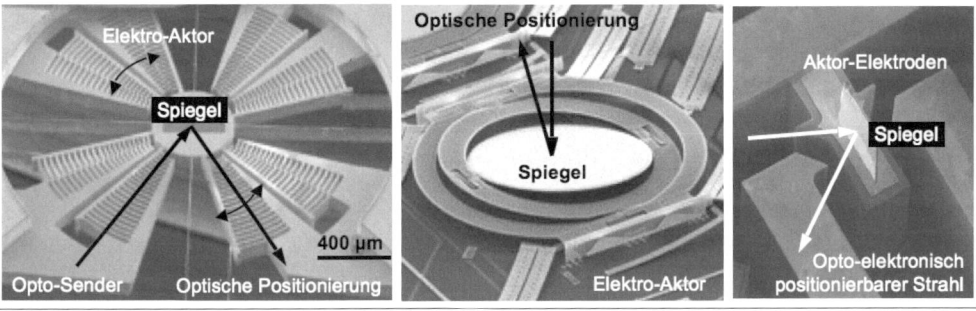

Bild 13.1.2 Definition und Beispiele von MOEMS

Die typischen Dimensionsbereiche von MEMS und MOEMS sind in **Bild 13.1.3** mit Vergleichszahlen des Durchmessers des menschlichen Haars und atomarer Dimensionen illustriert.

  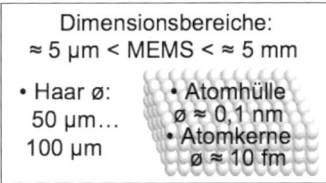

Bild 13.1.3 Illustration der typischen Dimensionsbereiche von MEMS und MOEMS

13.2 Herstellungstechnologien für MEMS

Für die Miniaturisierung technischer Produkte mussten neue Mikro-Produktionstechniken entwickelt werden. Die Mikrotechnik hat im Submillimeter-Maßstab mechanische, elektronische, fluidische und optische Funktionselemente herzustellen, zu integrieren und in großen Stückzahlen zu fertigen. Diese Strukturen sind in aller Regel aber nicht wie elektronische Schaltkreise planar aufgebaut, sondern wie auch im Makromaßstab dreidimensional. Als Beispiele können miniaturisierte Motoren und Mini-Schwingkörper für MEMS-Systeme sowie Mikro-Optik, lasertechnische und faseroptische Bauelemente für MOEMS-Systeme genannt werden. Die Mikro-Produktionstechnik für MEMS und MOEMS hat dabei eine große Vielfalt von Materialien zu bearbeiten und zu strukturieren: von Metallen und Legierungen über keramische Werkstoffe und Glas bis hin zu den Kunststoffen und den Partikel-, Faser- und Schichtverbundwerkstoffen.

Aus Sicht der Tribologie sind die Herstellungstechnologien für miniaturisierte Bauelemente, die mechanisch beweglich sein müssen – wie z. B. Mikroaktoren für Mikro-Bewegungsvorgänge in MEMS oder für die Positionierung informationstragender optischer Strahlung in MOEMS – von besonderem Interesse. Mikromembranen, Mikrobiegebalken und ähnliche Elemente lassen sich durch die in **Bild 13.2.1** in vereinfachter Weise erläuterten Technologien herstellen.

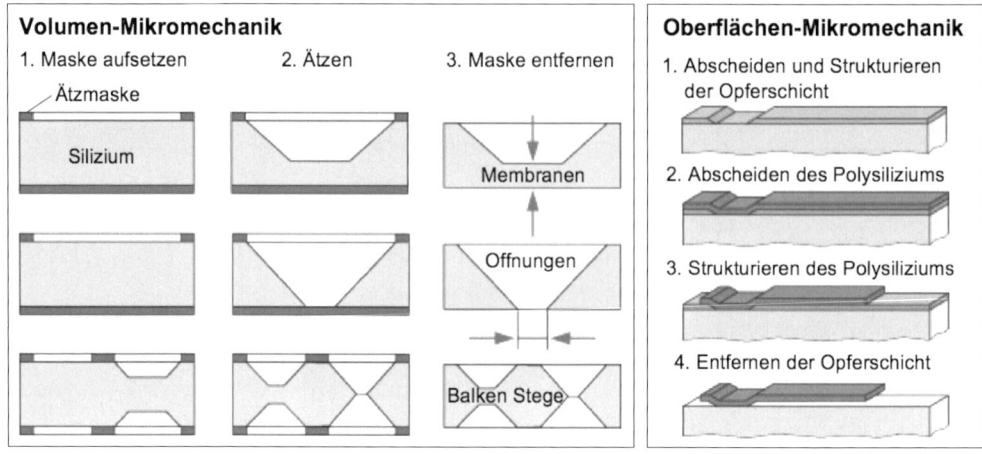

Bild 13.2.1   Technologien zur Herstellung mikromechanischer Bauelemente aus Halbleitern

Als „Volumenmikromechanik" bezeichnet man das strukturierende Ätzen eines Siliziumsubstrates in den nicht durch eine Ätzmaske abgedeckten Bereichen zur Herstellung von Membranen, Öffnungen, Balken und Stegen mit Abmessungen von 5 bis 50 µm. „Oberflächenmikromechanik" realisiert Mikrostrukturen durch Abscheiden und Strukturieren einer Opferschicht, anschließendes Abscheiden und Strukturieren des Sensormaterials (Polysilizium) sowie abschließendes Entfernen der Opferschicht.

Für diese Mikroproduktionstechnologien sind besonders die Lithographie und die LIGA-Technik von Bedeutung. Die Photolithographie ist eine Produktionstechnologie zur Herstellung dreidimensionaler Mikrostrukturen. Die Strukturinformation für das Bauteil wird durch Belichtung verkleinert (z. B. 5:1) von einer Fotomaskelatent in ein mit einem Fotolacküberzogenes Bauteil-Substrat übertragen. Nach Entwicklung des latenten Bildes können mittels Ätzen die Strukturinformationen in das Substrat eingeprägt und additive oder subtraktive Bauteilstrukturen erzeugt werden, siehe **Bild 13.2.2**.

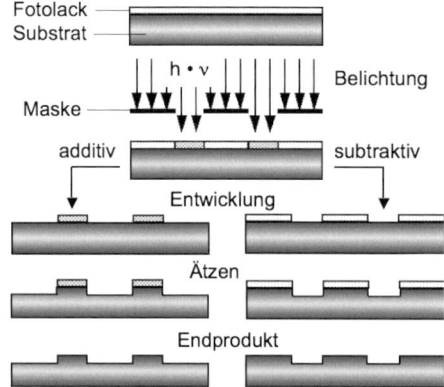

Bild 13.2.2
Das Prinzip der Photolithographie

Die LIGA-Technik besteht aus Lithographie, Galvanoformung und Abformung. Für eine dreidimensionale Struktur wird beim Lithographieschritt eine bis zu 1mm dicke Fotolackschicht

(Resist) ausgeformt. Um eine solche Schichtdicke durchstrahlen und chemisch verändern zu können, benutzt man vorzugsweise Synchrotronstrahlung (Röntgenlicht mit typischerweise 1 nm Wellenlänge) geringer Divergenz (Streuung) und hoher Intensität. Nach dem Entwickeln dient die elektrisch leitfähige Trägerplatte in einem Galvanikbad als Kathode. Dies führt dazu, dass die Zwischenräume des Fotolackreliefs sich mit Metall füllen und eine metallene Komplementärstruktur entsteht. Diese wird von den Lackresten befreit und kann nun in einem Prägewerkzeug oder einer Spritzgussmaschine als Urform (Master) zum massenhaften Übertragen der Präzisionsstrukturen in Kunststoffprodukte benutzt werden. Das Verfahren ist auf Massenprodukte aus Metallen, Legierungen und keramischen Werkstoffen erweiterbar.

Bild 13.2.3 zeigt Beispiele miniaturisierter Bauteile der Mikrotechnik, die mit Mikro-Produktionstechniken hergestellt wurden.

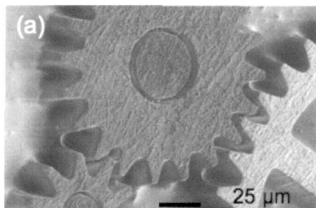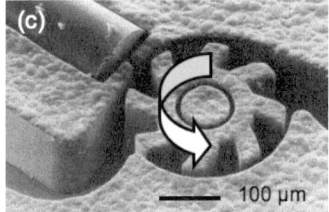

Bild 13.2.3 Mikrotechnik-Beispiele: (a) Zahnradgetriebe, (b) Planetengetriebe, (c) Mikro-Turbine

13.3 Funktionalität und Skalierung von MEMS

Bei der Gestaltung von MEMS sind „Größeneffekte" zu berücksichtigen. Sie bedeuten, dass die herkömmlichen elektromechanischen Systeme, wie Motoren und Getriebe, nicht beliebig „herunterskaliert" werden können. Die Prinzipdarstellung von **Bild 13.3.1** illustriert (vgl. Bild 13.1.1), dass für Aufgaben von Mikrotechnik und MEMS insbesondere eine geeignete Skalierung von Mikrosensoren und Mikroaktoren notwendig ist (Czichos, 2008).

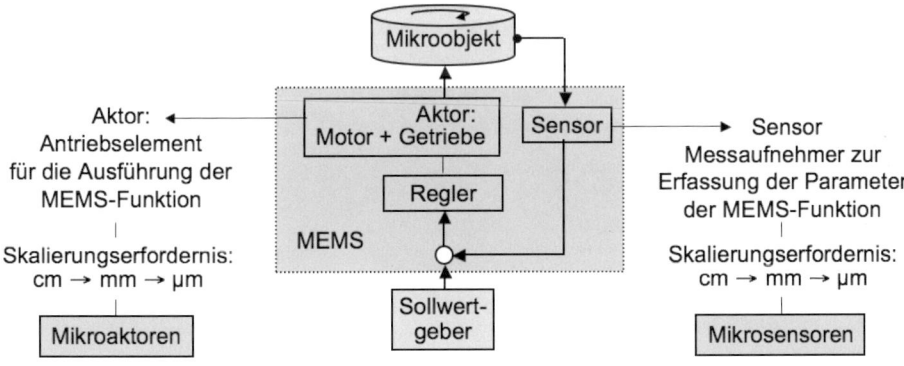

Bild 13.3.1 Skalierungserfordernisse für MEMS: Mikrosensoren und Mikroaktoren

Unterschreitet man bei elektromechanischen Systemen eine gewisse Baugröße, so können sich Größenverhältnisse umkehren und (Stör-)Kräfte dominieren, die vorher aufgrund des höheren

Gewichts zu bewegender Bauteile noch nicht relevant waren. Eine wichtige Auswirkung der Miniaturisierung von bewegten Bauelementen sind insbesondere steigende Stör-Adhäsionskräfte in Form elektrostatischer Kräfte und van-der-Wals Kräfte. Die Adhäsionskräfte sind abstandsabhängig und nehmen mit größer werdender Distanz quadratisch ab. Werden die Bauteilabmessungen zu klein, so können Adhäsionskräfte bewirken, dass sich Bauteile nicht mehr allein von der Berühroberfläche zu bewegender Objekte lösen, sondern haften bleiben. Damit sind für mikroelektromechanische Systeme andere Gestaltungsprinzipien als für makroelektromechanische Systeme erforderlich.

13.3.1 Mikrosensoren

Aus Sicht der Tribologie sollten in der Mikrosensorik Sensorfunktionen möglichst ohne tribologische Beanspruchungen, die mit Kontakt- und Relativbewegung eines festen, flüssigen oder gasförmigen Gegenkörpers verbunden sind, realisiert werden. Dies betrifft insbesondere die Kraft- und Drucksensorik sowie die Bewegungssensorik für kinematische Größen: Position (Wege, Winkel), Geschwindigkeit, Drehzahl und Beschleunigung.

Ein wichtiges Beispiel der Mikrosensorik sind die für viele technische Anwendungen wichtigen Beschleunigungssensoren (z. B. Airbagauslösung, Sicherheitsgurtfunktion). Sie arbeiten nach dem seismischen Masse-Feder-Dämpfer-Prinzip. Das Prinzip vermeidet eine tribologische Beanspruchung und erfasst die zu messende Beschleunigung a indirekt über die Auslenkung einer „seismischen Masse" m infolge der Newtonschen Trägheitskraft $F = m \cdot a$.

Das Prinzip eines kapazitiven Mikrobeschleunigungssensors und seinen mikrostrukturellen Aufbau zeigt **Bild 13.3.2**. Bei einem Mikromechanik-Beschleunigungssensor liegt die seismische Masse im μGramm-Bereich, und es müssen Kapazitätsänderungen von weniger als 1 f F detektiert werden. Dies ist nur durch eine sensornahe Signalverarbeitung möglich, d. h. Integration von Sensor und Auswerteelektronik auf einem gemeinsamen Si-Substrat.

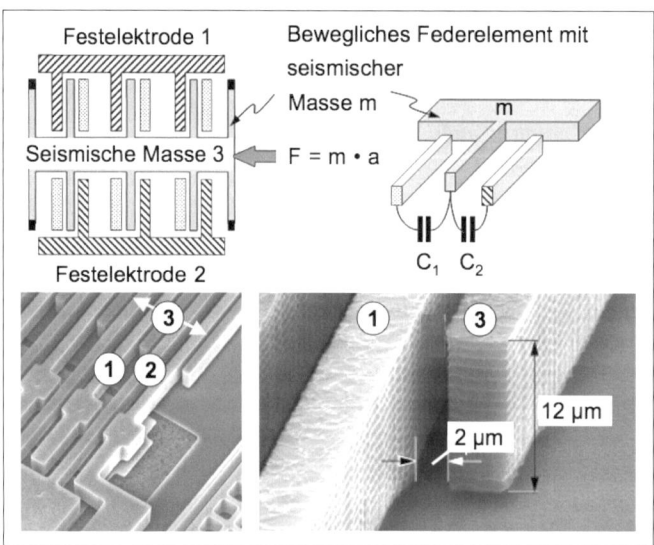

Bild 13.3.2   Mikromechanik-Beschleunigungssensor (BOSCH-Entwicklung, ausgezeichnet mit dem Deutschen Zukunftspreis 2008 von 25.0000 €, Pressemitteilung des Bundespräsidialamtes, 3/12/2008)

Die für Mikrosensoren am häufigsten benutzten Materialien sind einkristallines Silizium (Si), das über zahlreiche Sensoreffekte verfügt, sowie Glas, Quarz und einkristallines Siliziumdioxid, SiO_2. Der elektrische Widerstand von Silizium ist als Sensor-Ausgangsgröße eine Funktion von mechanischer Beanspruchung (Piezowiderstandseffekt), Magnetfeld (Hall-Effekt), Lichteinstrahlung (innerer lichtelektrischer Effekt), Temperatur (Thermowiderstandseffekt).

13.3.2 Mikroaktoren

Für die Mikroaktorik von Bewegungsvorgängen kommen aufgrund von Skalierungserfordernissen häufig elektrostatische Prinzipien zur Anwendung. Die klassischen elektromagnetischen Aktorprinzipien der Makrotechnik sind in der Mikrotechnik häufig nicht anwendbar, weil sich elektromagnetische Kraftwirkungen meist proportional zur vierten Potenz von Bauteildimensionen verringern. Elektrostatische Aktoren (Kondensatoren) können dagegen nach den Coulombschen Gesetzen Kraftwirkungen proportional zum Quadrat von Kondensatorabmessungen ausüben. Damit lassen sich mit elektrostatischen Aktoren kleine Massen bewegen, da Gewichtskräfte mit der dritten Potenz von Bauteilabmessungen abnehmen. Unter Anwendung des elektrostatischen Prinzips lassen sich so berührungslos arbeitende Mikroaktoren realisieren, die keinen tribologischen Beanspruchungen ausgesetzt sind.

Bild 13.3.3 zeigt das Beispiel eines elektrostatischen „Kamm-Aktors" für Translationsamplituden bis zu etwa 100 µm je nach konstruktiver Gestaltung. Die Kraftwirkung ist proportional zum Quadrat der angelegten Spannung, und die Aktorabmessungen liegen ab 25 Kondensatorpaarungen im mm-Bereich. Mikroaktoren für Rotationsbewegungen lassen sich durch Anordnung der Kondensatorpaare tangential zum Drehpunkt gestalten.

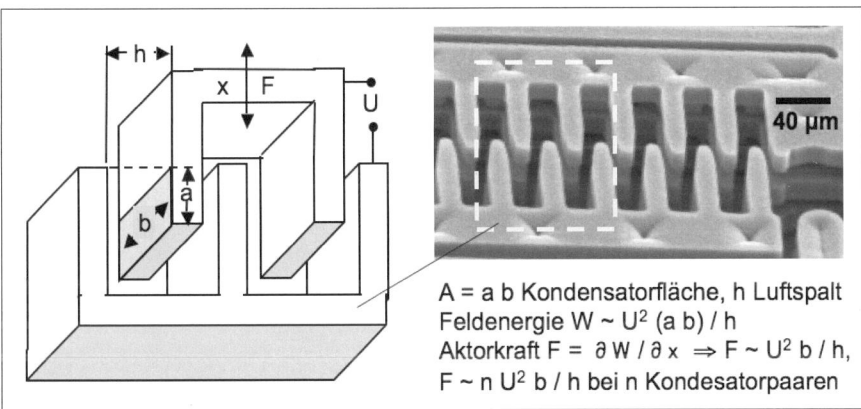

A = a b Kondensatorfläche, h Luftspalt
Feldenergie $W \sim U^2\,(a\,b) / h$
Aktorkraft $F = \partial W / \partial x \Rightarrow F \sim U^2 b / h$,
$F \sim n\,U^2 b / h$ bei n Kondesatorpaaren

Bild 13.3.3 Elektrostatischer Mikroaktor für Translationsbewegungen

Neben den elektrostatischen Wirkprinzipien wird in der Mikroaktorik für Bewegungsvorgänge insbesondere der „inverse piezoelektrische Effekt" genutzt. Er realisiert Bewegungen in Sub-µm-Bereich dadurch, dass die aktorisch genutzte Bewegung auf einer elektronisch steuer- und regelbaren „Festkörper-Expansion" basiert. Hierdurch werden – bei geeigneter Halterung und Lagerung der Bewegungsobjekte, z. B. in Federführungen – Bewegungen im Nanometer-Dimensionsbereich der Kristallgitterabmessungen der Piezo-Materialien möglich.

Bild 13.3.4 zeigt auf der linken Seite einen bimorphen Piezo-Biegewandler, der aus zwei gegensinnig polarisierten Piezokeramiken mit positiver und negativer Dehnung ε aufgebaut ist.

Auf der rechten Seite ist ein piezogetriebener, federgelagerter Positioniertisch dargestellt, wie er zur nanoskaligen Positionierung von Rastertunnelmikroskopen eingesetzt wird.

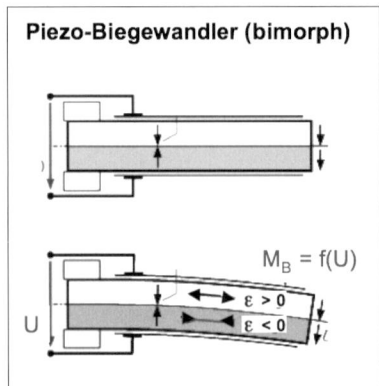 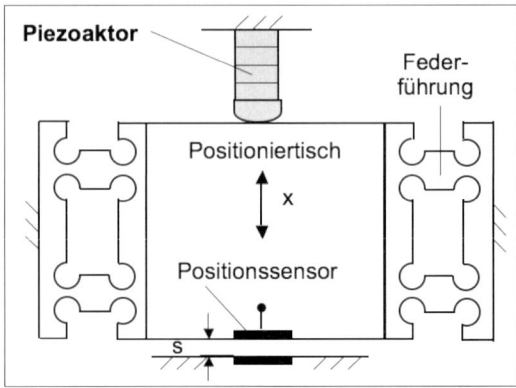

Bild 13.3.4   Mikro-Piezoaktoren zu Ausübung von Bewegungen und Kräften im Nanometermaßstab

13.4 Tribotechnik von MEMS

MEMS haben in der Mikrotechnik im mm/µm-Maßstab mechanische Bewegungsfunktionen durchzuführen, für die in der Makrotechnik Verfahren und Geräten der klassischen Elektromechanik mit cm/m-Abmessungen eingesetzt werden. Allgemeine Kennzeichen von MEMS:

- Kinematik: Nanometer < MEMS-Bewegungen < Millimeter
- Abmessungen: Mikroelemente ca. 100…1000 x kleiner als Makroelemente
- Volumen, Massen: Mikroelemente ca. 10^6 x kleiner/leichter als Makroelemente.

Mikrotribotechnische Bauelemente für MEMS mit Abmessungen im Millimeter-Bereich illustriert **Bild 13.4.1**.

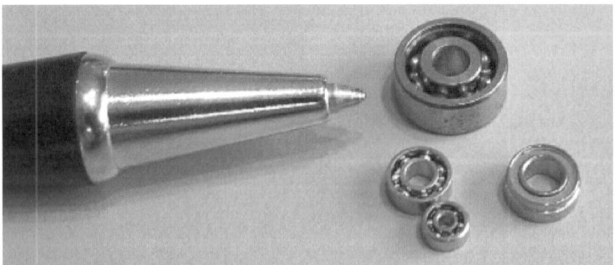 

Bild 13.4.1   Mikrokugellager und Mikrozahnrad (Quelle: Dr. Tillwich GmbH Werner Stehr)

Für die technische Realisierung von Bewegungsfunktionen im Sub-Millimeter-Bereich sind folgende Unterschiede von Makrotechnik und Mikrotechnik zu beachten:

- In der Makrotechnik werden Bewegungen meist mit Elektromotoren rotatorisch realisiert und den funktionell erforderlichen Bewegungsfunktionen mit Getrieben für Dreh- und Linearbewegungen angepasst.

- In der Mikrotechnik müssen auf Grund von Skalierungserfordernissen (vgl. Kap. 13.3) elektrostatische Antriebe verwendet werden. Das grundlegende MEMS-System ist der in Bild 13.3.3 dargestellte elektrostatische Mikroaktor für Linearbewegungen.

Reibungs- und Verschleißanalysen von MEMS müssen, wie auch in der Makrotechnik, in jedem Falle von einer individuellen Systemanalyse des jeweiligen Problems ausgehen, siehe Bild 2.15. Generell muss bereits bei der Entwicklung eines MEMS geprüft werden, ob eine mikromechanische Bewegungsfunktion ohne tribolgische Beanspruchung gestaltet werden kann, d. h., ob die „äußere Reibung" eines Tribokontaktes durch die „innere Reibung" eines Fluids oder eines elastischen Festkörpers ersetzt werden kann.

Ein spektakuläres Beispiel der Eliminierung von Tribokontakten in der Mikrotechnik durch Anwendung „mikroelastischer Lagerungen" ist das „Digital Micromirror Device" (DMD). Es wird als MOEMS für die digitale Bildprojektion in mobilen Projektoren sowie in der digitalen Fernsehbildprojektion verwendet, siehe **Bild 13.4.2** (Bhushan, 2004).

Die komplette Anordnung besteht aus einer großen Anzahl beweglicher Aluminium-Mikrospiegel („digitale Lichtschalter"), integriert in CMOS-Module (Complementary Metal Oxide Semiconductor Chip Arrays). Die einzelnen Mikrospiegel können individuell über Adresselektroden elektronisch angesteuert werden und realisieren die für die „optische Pixelprojektion" erforderlichen Kippwinkel von ± 10 Winkelgrad mit Bewegungsfrequenzen bis zu 100 kHz. Die Torsionsbandlagerung arbeitet ohne Tribokontakt rein elastisch („innere Reibung"). Die exakte Begrenzung der Winkelbewegungen der Mikrospiegel erfolgt durch „Kipp-Elektroden-Anschläge", die tribologisch unkritisch sind (siehe Bild 13.4.2, unten links). Das Gesamtsystem mit den etwa 700000 Mikrospiegel-Modulen ist in einem Gehäuse auf einer Fläche von etwa 1,5 cm^2 untergebracht.

Mikro-Spiegelelement
mit flexibler Torsionsbandlagerung

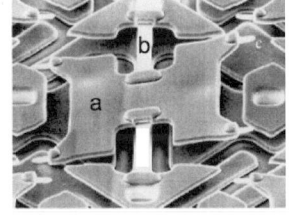

Kippwinkel
– 10 Grad

Kippwinkel
+ 10 Grad

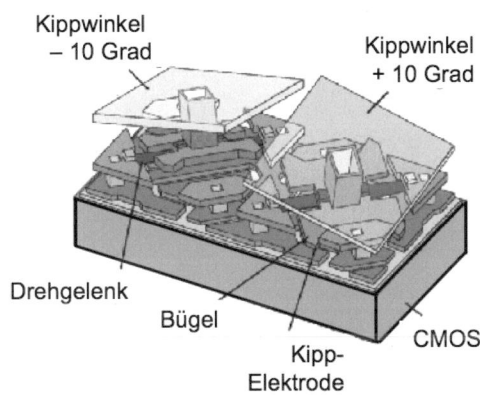

Drehgelenk

Bügel

CMOS

Kipp-
Elektrode

Halterung Spiegelelement Torsionsband

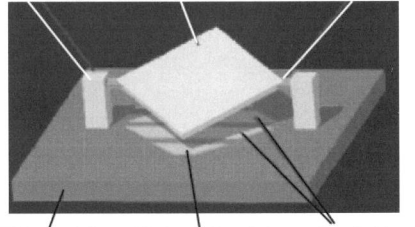

Si-Träger Kipp-Elektrode Adressierelektroden

- (a) 700000 individuelle Mikrospiegel
  von jeweils 20 µm im Quadrat
- (b) flexible Bandaufhängungen mit
  mechanischen Bewegungs-
  frequenzen bis zu 100 kHz
- MOEMS-Bewegungsfunktionen bis zu
  mehr als 10^{12} Zyklen ohne Ermüdung

Bild 13.4.2   MOEMS-Beispiel: Mikro-opto-elektro-mechanisches System zur digitalen Bildprojektion

Durch Anwendung der Prinzipien kinematischer Gelenke können MEMS-Translationen auch in Rotationen umgewandelt werden. Dazu zeigt **Bild 13.4.3** ein MEMS mit elektrostatischem Linearantrieb für submikroskopische Drehbewegungen. Die Abtriebs-Drehbewegung ist mit dem maximalen Linearhub von < 2μm auf kleinste Winkel ausgelegt, wie sie zur elektronisch geregelten Signalabtastung von Datenspuren in Audio/Video-Geräten benötigt werden.

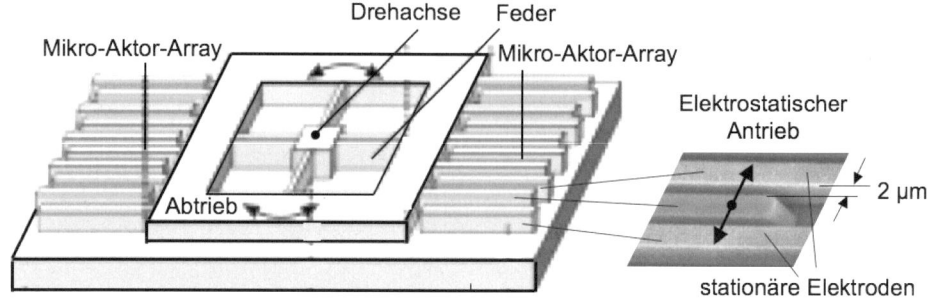

Bild 13.4.3   MEMS-Beispiel: Elektrostatischer Linearantrieb zur Drehwinkel-Feinsteinstellung

Rotatorische MEMS lassen sich mit dem von den US Sandia National Laboratories entwickelten Prinzip der „conversion of reciprocating motion into rotation" realisieren, siehe **Bild 13.4.4** (Williams and Le, 2006). Nach den Regeln der Kinematik werden mit Hilfe von Drehgelenken die in x- und y-Richtung elektronisch getakteten Linearbewegungen in eine kontinuierliche Rotation um die stationäre Lagerwelle umgeformt. Mit dieser Anordnung lassen sich die Dimensionierungsgrenzen herkömmlicher Elektromotoren unterschreiten. Während die elektrostatischen Linearantriebe berührungslos arbeiten, sind die für einen mikromechanischen Rotationsabtrieb funktionell erforderlichen Gelenke und Lager tribologischen Beanspruchungen ausgesetzt.

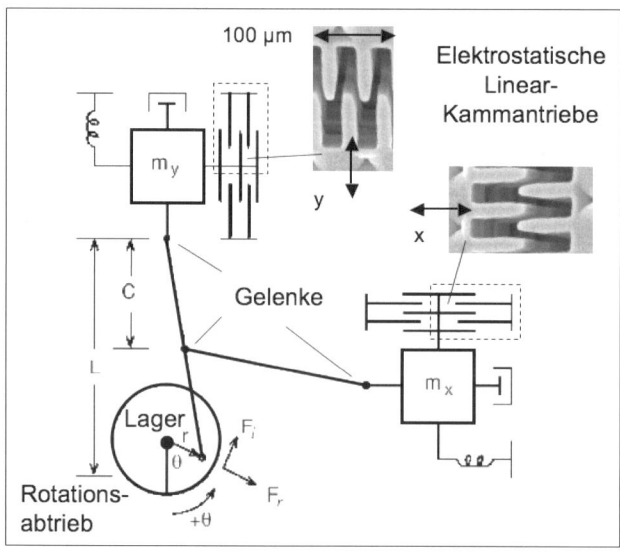

Bild 13.4.4   MEMS-Beispiel: Translation/Rotation-Bewegungsumwandlung mit Mikrolager (Sandia)

13.5 Tribometrie und Beanspruchungsanalyse von MEMS

Die Bestimmung von Reibungskenngrößen für MEMS-Gleitlager erfordert infolge der Klein-heit der zu messenden Kräfte eine spezielle Experimentiertechnik. Dies ist exemplarisch für einen MEMS-Miniaturmotor (siehe Bild 13.1.1) in **Bild 13.5.1** dargestellt. Gezeigt ist die prin-zipielle Versuchsanordnung zur Messung der Haftreibungskraft in einem MEMS-Lager, die bei Beginn der Rotorbewegung überwunden werden muss und die mit einem Rasterkraftmikro-skop AFM bestimmt werden kann. (siehe Kap. 8.4, Bild 8.4.4.)

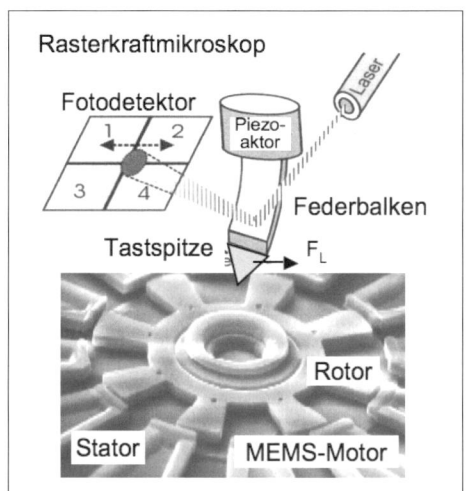
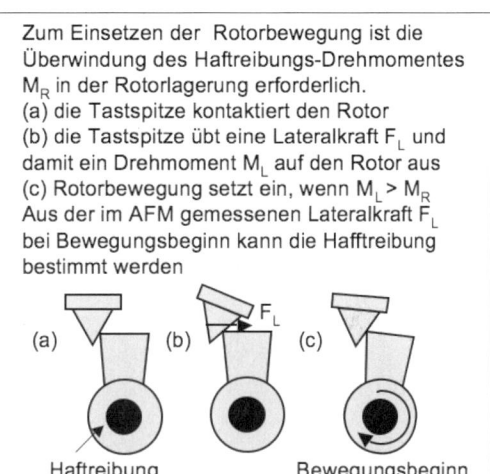

Bild 13.5.1   Prinzip der Bestimmung der Haftreibung in einem MEMS-Lager

Neben der Analyse der Reibung ist die Untersuchung von Verschleißeffekten eine wichtige Aufgabe der Tribometrie von MEMS. In **Bild 13.5.2** sind Erscheinungsbilder eines einfachen mikromechanischen Festkörper-Gleitlagers vor und nach einer tribologischen Beanspruchung wiedergegeben. Außerdem sind die elementaren Zusammenhänge zwischen Verschleiß und Beanspruchungsparametern, wie sie in Kapitel 5 erläutert wurden (vgl. Bild 5.1.1), zusam-mengestellt (Williams and Le, 2006).

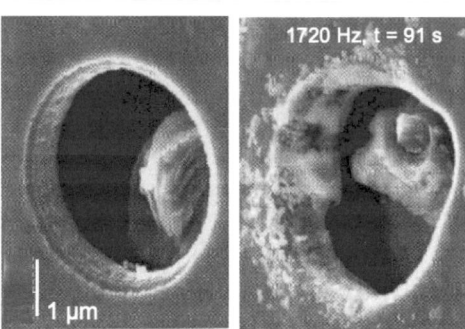

Bild 13.5.2   MEMS-Beispiel: Gleitlager

Für Mikrotechnik-Gleitlager ist das Lagerspiel Δr ein wichtiger tribologischer Funktionsparameter. Es lässt sich aus dem Verschleißvolumen W_V und den Lagerabmaßen D und L nominell berechnen und ist abhängig vom Verschleißkoeffizient k_V der Lagerpaarung, dem pv-Wert und der Beanspruchungszeit t, siehe Bild 13.5.2.

Die Bedingungen für „milden Verschleiß" sind in Kapitel 5 in Bild 5.1.1 beschrieben und die Bereiche von nomineller Flächenpressung p und Gleitgeschwindigkeit v, die den pv-Bereich mikrotechnischer Systeme kennzeichnen, sind in **Bild 13.5.3** eingezeichnet. Außerdem sind die pv-Grenzkurven bewährter Trockengleitlagermaterialien der Makrotechnik und der pv-Bereich des in Bild 13.4.4 illustrierten Mikrolagers von Sandia eingetragen.

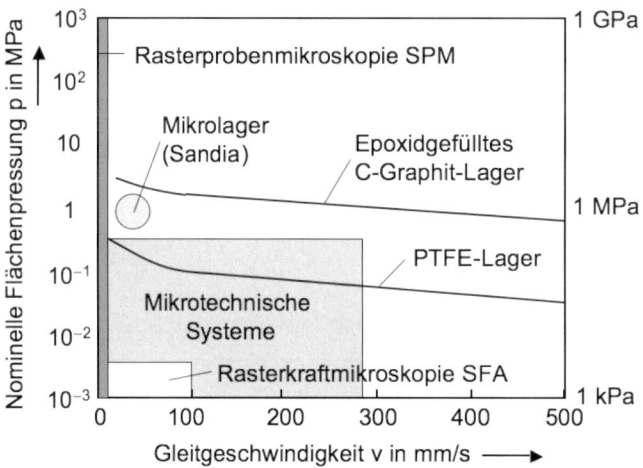

Bild 13.5.3
Arbeitsbereiche von mikrotechnischen Systemen, Lagerwerkstoffen und mikrotechnischen Prüfmethoden (vgl. Kap. 8.3.2) im pv-Diagramm

Die Mikro-Kontaktmechanik von MEMS und die für Reibungs- und Verschleißanalysen in der Mikrotechnik verwendbaren experimentellen Methoden sind in den Kapiteln 3.3 „Mikro/Nano-Kontakte" und 8.4 „Messtechnik der Mikro- und Nanoskala" dargestellt. Die charakteristischen pv-Bereiche der rastermikroskopischen Untersuchungsverfahren sind aus Bild 13.5.3 ersichtlich. Die Methoden zeichnen sich infolge ihrer feinen Tastspitzen durch hohe Pressungen aus, was bei der Interpretation ihrer Untersuchungsergebnisse zu berücksichtigen ist.

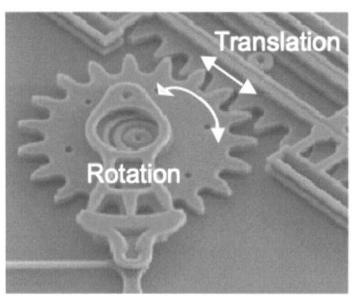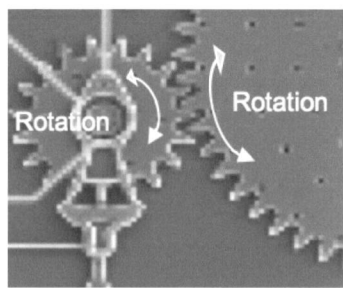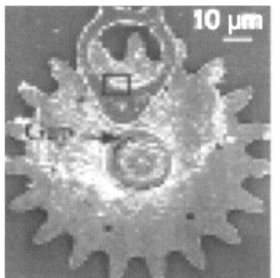

Bild 13.5.4   MEMS-Beispiele: Zahnräder

Tribologische Beanspruchungen wirken natürlich auch bei der Mikro-Kontaktmechanik von Zahnradpaarungen, wie sie in der MEMS-Technik für eine Translations/Rotations-Bewegungsumwandlung oder für Drehmoment- und Drehzahl-Übersetzungen, bzw. -Untersetzungen, auch im Mikromaßstab erforderlich sind. **Bild 13.5.4** zeigt dazu Beispiele, im Teilbild rechts sind auch submikroskopische Verschleißpartikel erkennbar.

Wie für alle tribologisch beanspruchten technischen Systeme gilt auch für die Tribologie von MEMS wie bereits im Einleitungskapitel betont, dass *die Elementarprozesse von Reibung und Verschleiß als dissipative, nichtlineare, dynamisch-stochastische Vorgänge in zeitlich und örtlich verteilten Mikrokontakten in den makroskopischen Wirkflächen ablaufen.* Daher müssen bei der Reibungs- und Verschleißanalyse von MEMS die Verhältnisse der Mikro-Kontaktmechanik genau betrachtet werden, siehe **Bild 13.5.5**.

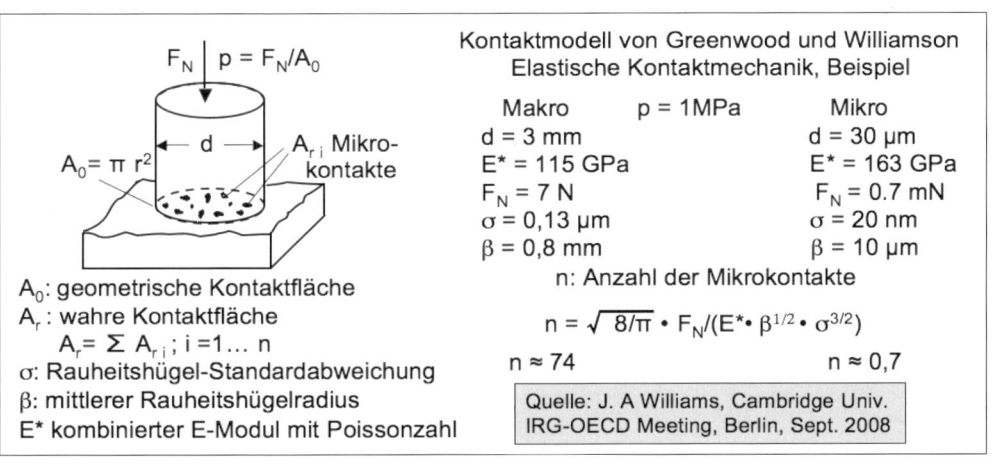

Bild 13.5.5   Analyse der Kontaktmechanik von MEMS

Die in Kap. 3.2.2 durchgeführte mikroskopische Betrachtung der Kontaktgeometrie und Kontaktmechanik bei tribologischer Beanspruchung ergab folgende Ergebnisse:

- die Gesamtzahl n der Mikrokontakte ist etwa der Normalkraft F_N proportional,

- die Größe der wahren Kontaktfläche A_r, d. h. die Flächensumme der Mikrokontakte, ist näherungsweise der Normalkraft proportional: $A_r \approx$ konst. $\cdot F_N$.

Das Kontaktmodell von Greenwood und Williamson wurde von Williams 2008 auf die Kontaktmechanik von MEMS angewendet, Bild 13.5.5 illustriert modellmäßig den exemplarischen Vergleich von „Makro" und „Mikro".

Der Makro/Mikro-Vergleich der Kontaktmechanik zeigt, dass bei gleicher Flächenpressung die dissipativen tribologischen Prozesse sich im Fall „Makro" auf eine Vielzahl stochastisch wechselnder Mikrokontakte verteilen, während sie bei „Mikro" nach diesem Modell lokal konzentriert sind. Dies beeinflusst in der Mikrotechnik in besonderer Weise die Funktionalität durch Adhäsion und Haftung und erfordert geeignete Werkstoffe und Oberflächentechnologien für MEMS.

13.6 Tribomaterialien für MEMS

Eine umfassende Übersicht zu diesem Thema geben Achanta und Celis (2007). Danach konzentrierten sich die werkstofftechnischen Forschungsarbeiten zunächst auf harte, keramikbasierte Materialien, wie z. B. Siliziumnitrid (SiN_4), Silziumkarbid (SiC), Titankarbid (TiC), amorpher Kohlenstoff (a-C:H), diamantähnlicher Kohlenstoff (DLC) und Hartstoffbeschichtungen. **Tabelle 13.6.1** gibt eine Übersicht über Hartstoffe und Oberflächenschichten als Tribomaterialien für MEMS (Li and Bhushan, 1999; Kraussa, 2001; Radhakrishnan et al., 2002). Die angegebenen Werte wurden unter unterschiedlichen Versuchsbedingungen ermittelt und sind als Anhaltswerte anzusehen.

Tab. 13.6.1   Hartstoffschichten für tribologische Anwendungen in MEMS

Material	Härte (GPa)	Adhäsion (mN)	Reibungszahl „Makro" Stift/Scheibe Tribometer Fretting Tribometer	Reibungszahl „Mikro" Rasterkraftmikroskop AFM, FFM
Silizium Si(001)	12	50...80	0,45...0,6	0,04...0,07
Siliziumoxid	–	35	0,65...1	0,087
Siliziumnitrid*	30...50	50	0,45...0,66	0,06
Siliziumkarbid*	25	–	0,20	0,02; 0,06...0,08
Titankarbid*	35	–	0,16	–
diamantähnlicher Kohlenstoff **	90 (max)	–	0,08...0,1	0,02...0,04
Diamant	100	15	0,20	0,01...0,02; 0,05; 0,11
Amorpher Kohlenstoff**	90 (max)	33	0,05...0,20	0,02...0,14

* PVD-Schichten, Physical Vapour Deposition   ** CVD-Schichten, Chemical Vapour Deposition

Diamant ist auf Grund seiner hohen Härte von ca. 100 GPa und seines hohen Elastizitätsmoduls von ca. 1100 GPa von speziellem Interesse für tribotechnische Anwendungen. Diamantähnliche Kohlenstoffschichten (DLC), die aufeinander gleiten, haben sehr niedrige Reibungszahlen zwischen 0,02 und 0,1, verglichen mit Reibungszahlen von 0,45 bis 0,6 für Silizium-Gleitpaarungen.

DLC-Beschichtungen auf einkristallinem oder polykristallinem Silizium zeigten aussichtsreiche Ergebnisse als Lagermaterialien für hohe Kontaktspannungen. Sie haben allerdings den Nachteil, dass ihre tribologischen Eigenschaften sehr stark von der Dicke der Beschichtung abhängen. DLC-Beschichtungen sind daher für Bauteile nur geeignet, wenn durch die Beschichtungstechnik eine hinreichend große Beschichtungsdicke erzielt werden kann. Bei diamantähnlichen Beschichtungen, die mit CVD-Techniken hergestellt werden ist die große Oberflächenrauheit (artumetischer Mittenrauhwert ≈ 1 μm) ein Nachteil.

Ein elementares tribologisches Problem in der Mikrotechnik ist die durch Skalierungseffekte (siehe Kap. 13.3) verstärkt wirksame, bewegungshemmende Grenzflächenadhäsion („Stiction") zwischen Triboelementen. Gebräuchliche Methoden zur Reduzierung der Adhäsion sind Modifikationen der Rauhigkeit oder Textur von Oberflächen. Beispielsweise kann durch chemische Behandlung von Silizium die Adhäsionsenergie von 20 mJ/m² auf 0,3 mJ/m² gesenkt (Romig et al., 2003) und durch „Aufrauung" mit Ammoniumfluorid, abgeschlossen durch „hydrogen bonds", auf Werte < 0,3 mJ/m² reduziert werden (Houston et al, 1995).

Die Adhäsion zwischen kontaktierenden Triboelementen kann durch geeignete Beschichtungen gesenkt werden, wie durch Messungen mit Methoden der Rasterprobenmikroskopie SFA und der Rasterkraftmikroskopie AFM (siehe Kap. 8.4 „Messtechnik der Mikro- und Nanoskala") nachgewiesen werden kann. **Bild 13.6.1** zeigt, dass Schichten aus diamantähnlichem Kohlenstoff (DLC), Perfluorpolyether (PFPE) und Hexadecanthiol (HDT) die Adhäsion signifikant erniedrigen (Bushan, 2004).

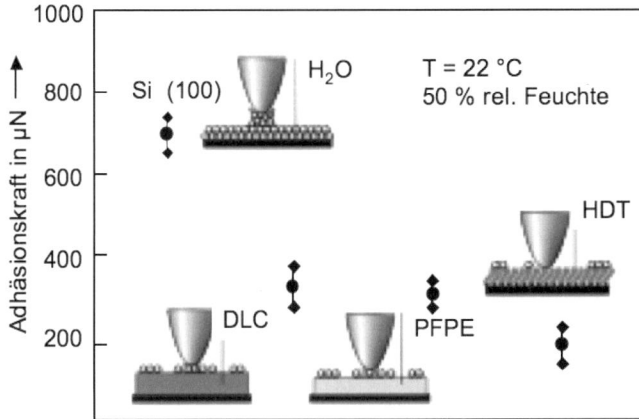

Bild 13.6.1 Adhäsionskraftreduzierung durch Oberflächenschichten

Weitere Möglichkeiten bieten „superhydrophobe" organische Beschichtungen für tribologisch beanspruchte MEMS-Komponenten. **Bild 13.6.2** (links) nennt relevante Begriffe der *Hydrophobie.*

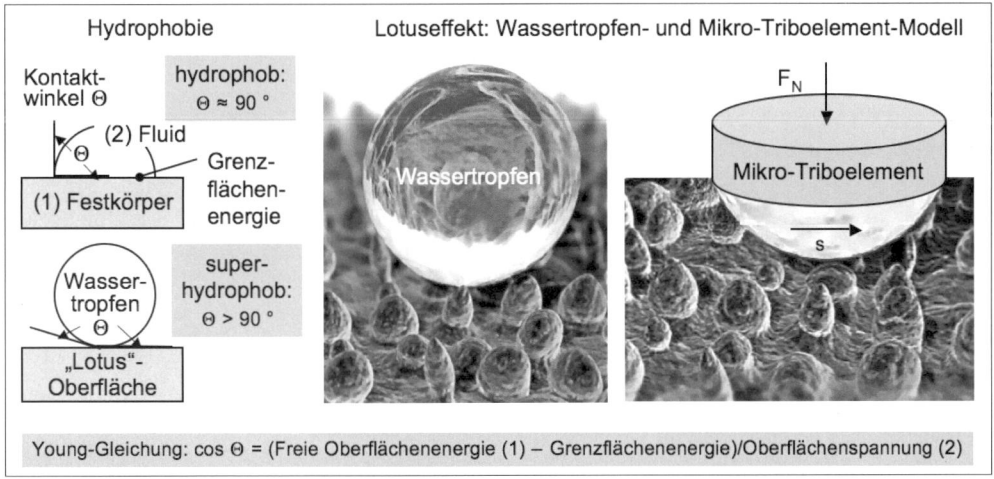

Bild 13.6.2 Begriffe der Hydrophobie für die Anwendung von MEMS-Tribomaterialien

Die Hydrophobie von Oberflächen wird durch den Kontaktwinkel Θ gekennzeichnet. Oberflächen mit einem Kontaktwinkel $< 90°$ werden als *hydrophil*, solche mit einem Kontaktwinkel $> 90°$ als *hydrophob* bezeichnet. Die In Bild 13.6.2 angegebene Youngsche Gleichung stellt eine Beziehung zwischen der freien Oberflächenenergie eines ebenen Festkörpers, der Grenzflächenenergie zwischen dem Festkörper und einem darauf befindlichen Flüssigkeitstropfen, der Oberflächenspannung der Flüssigkeit und dem Kontaktwinkel Θ zwischen beiden her.

Superhydrophobie mit Kontaktwinkeln von bis zu 160° wird in der Natur bei einigen Pflanzen beobachtet. Dieser so genannte *Lotuseffekt* bedeutet, dass bei einem Tropfen/Blatt-Kontakt nur etwa 2 bis 3 % der Tropfenoberfläche mit der Blattoberfläche in Kontakt stehen, diese also eine extrem geringe Benetzbarkeit besitzt. Bei der Lotospflanze können die Blätter durch ihre Doppelstruktur einen Kontaktwinkel von etwa 170° erreichen, wodurch ein Tropfen eine Auflagefläche von nur etwa 0,6 % hat, siehe Bild 13.6.2 rechts. Die Adhäsion zwischen Blattoberfläche und Wassertropfen ist dabei so gering, dass das Wasser leicht abperlen kann.

In einem „biomimetrischen Ansatz" wird versucht, den Lotuseffekt in der Mikrotechnik anzuwenden. Dabei wird die natürliche Lotus-Oberflächenstruktur durch Nano/Mikro-Muster aus Polymethylmethakrylat (PMMA) modelliert. Die lotusmäßig strukturierten PMMA-Flächen zeigten ein tribologische günstigeres Verhalten als die unstrukturierten PMMA-Flächen (Yoon et al., 2005).

Die für MEMS geeigneten und teilweise bereits industriell angewendeten Tribomaterialien sind superhydrophob (Wasser-Kontaktwinkel $> 90°$) und mit physisorbierten oder kovalent gebundenen Monolagen-Filmen auf tribologisch beanspruchten Festkörperoberflächen gebunden. Die Filme haben eine sich selbst begrenzende Dicke und können durch Flüssigkeits- oder Gasphasen zu tief verborgenen Grenzflächen penetrieren. Die folgenden Typen organischer Moleküle werden am häufigsten auf Festkörper-Substrate aufgebracht:

- Langmuir-Blodgett (LB) Filme: amphile Moleküle mit einem hydrophilen Kopf und einen hydrophoben Ende. Sie benötigen ebene Substrate.

- Self-assembled monolayers (SAM): organische Moleküle in verdünnter Lösung, die spontan auf einem Festköper adsorbieren, so „selbstorganisierte" Monolagen bilden und unabhängig von der Substratgestalt einfach aufgebracht werden können.

Beispiele erfolgreicher Beschichtungen in kommerziellen MEMS Produkten sind Perfluordekanolsäurebeschichtungen auf Aluminiumteilen für MOEMs (siehe Bild 13.4.2) und Phenylsiloxanbeschichtungen für Beschleunigungssensoren (siehe Bild 13.3.2), die elektrische Ladungsanhäufungen und Prozesstemperaturen bis zu 500 °C aushalten.

Das tribologische Verhalten von selbstorganisierten SAM-Monolagen wird signifikant durch chemisch funktionelle Gruppen und Kettenlängen beeinflusst (vgl. Kap. 6.3 „Grenzreibung"). Die Kenntnis der „SAM-Chemie" ist zur Erzielung eines guten tribologischen Verhaltens notwendig (Ahna et al., 2003). Reibungsmessungen im Nano- und Mikrobereich zeigten beispielsweise, dass SAMs mit funktionellen $-CH_3$-Gruppen eine niedrigere Reibungszahl und ein besseres Verschleißverhalten aufwiesen als SAMs mit funktionellen $-COOH$-Gruppen.

Eine Übersicht über die verschiedenen SAM-Tribomaterialien für MEMS gibt **Tabelle 13.6.2** (Ashurst et al., 2001, Bhushan et al. 2005, Maboudian et al., 2000). Die angegebenen Werte wurden auch hier unter unterschiedlichen Versuchsbedingungen ermittelt und sind als Anhaltswerte anzusehen.

Tab. 13.6.2 Typische Eigenschaften von Self-assembled monolayers (SAM)

Material	H_2O Kontakt-winkel (°)	Adhäsions-kraft (mN)	Reibungszahl „Makro"	Reibungs-zahl „Mikro"
Silizium	30	50...80	0,45...0,6	0,04...0,07
SiO_2	38	35	0,65...1	0,087
Octyltrichlorsilan (OTS)	109	–	0,14	–
Octadiylmethylsilan (ODMS)	103	26	0,14	0,017
Octadecylydimethylsilan (ODDMS)	103	29	0,13	0,018
Perfluoralkyltrichlorsilan (FDTS)	108	–	0,12	–
Perfluoralkylsilan (PFTS)	108	19	0,12	0,024
Polyfluorpolyetylen (PFPE) Z-DOL	97	34	0,25	0,04
Perfluorpolyether (PFPE) Z-15	52	91	0,2	0,09
Polydimethylsiloxan (PDMS)	105	37	0,2...0,3	0,04...0,06
Polymethylmethacrylat (PMMA)	75	25	0.3...0,4	0,03...0,05

SAM-Beschichtungen, die gegenwärtig sehr intensiv erforscht werden, sind organische Trichlorsilan ($RSCl_3$) SAM-Monolagen, wie Octyltrichlorsilan (OTS) und Octadecyltrichlorsilan ($C_{18}H_{37}SiCl_3$, ODTS). Die Adhäsionsenergie von Siliziumoxid beträgt 8 mJ/m^2, und die Reibungszahl f = 1,1 während OTS-beschichtetes Silizium eine Adhäsionsenergie von 0,012 mJ/m^2 und eine Reibungszahl f = 0,073 zeigt (Ashurst et al., 2001). Ein Nachteil von OTS ist die schlechte thermische Stabilität oberhalb von 225 °C.

Eine gute thermische Stabilität und hydrophobisches Verhalten ohne Dissoziation bis 450 °C weisen Perfluoralkyltrichlorosilan ($C_8F_{17}C_2H_4SiCl_3$ FDTS) sowie Dichlordimethysilan (($CH_3)_2SiCl_2$ DDMS) auf. FDTS-beschichtete Gleitpaarungen haben Reibungszahlen von f = 0,02, OTS-beschichtete Gleitpaarungen Werte von f = 0,073. DDMS hat zwar eine gute thermische Stabilität, aber Oberflächeneigenschaften, wie Kontaktwinkel (103°), Adhäsionsenergie (0,045 mJ/m^2) und eine hohe Reibungszahl von f = 0,28 sind ungünstiger als bei OTS.

Neuartige nanostrukturierte Tribomaterialien, sog. „Chamäleon-Beschichtungen" enthalten z. B. Nanopartikel aus Hartstoffen, wie diamantähnlichem Kohlenstoff DLC und MoSx Festschmierstoffe, die in einer Goldmatrix eingebettet sind. Diese Beschichtungen reagieren mit der Umgebung und bilden reibungsmindernde „lubricious layers" im Tribokontakt. Derartige Beschichtungen werden bereits in Weltraumanwendungen eingesetzt (Voevodin and Zabinski, 2000).

Polymerbeschichtungen, wie Polydimethylsiloxan (PDMS), Polymethylmethacrylat (PMMA) und Perfluorpolyether (PFPE) werden als potentielle Tribomaterialien für MEMS untersucht. Beispielsweise ist PFPE in Computer-Festplattenlaufwerken ein gebräuchlicher reibungs- und verschleißmindernder Oberflächenfilm für Magnetkopf/Speicherplatten-Systeme in Computern (vgl. Kap. 12, Bild 12.2.4). Auch Hybridbeschichtungen, wie PTFE + Si_3N_4, kommen in Betracht, da sie eine gute Kombination von niedriger Reibung und hohem Verschleißwiderstand ermöglichen (Lu et al., 2000).

Wichtige Einflussfaktoren für das tribologische Verhaltens von Polymerbeschichtungen sind die chemische Natur der Endgruppen, die die Haftung auf dem Substrat bestimmen und der

Wassergehalt der Umgebungsatmosphäre. Diese Einflüsse auf das Reibungsverhalten werden in **Bild 13.6.3** für eine Silzium100-Fläche ohne und mit Wärmebehandlung und für PFPE-Beschichtungen mit unpolaren und polaren Endgruppen dargestellt, ergänzt durch molekulare Modellierungen (Bushan, 2004). Deutlich erkennbar ist, dass für die Si-Reibpaarung die Reibungszahl ab etwa 50 % Feuchte unabhängig von der Si-Wärmebehandlung ist und das PFPE mit polaren chemisch-funktionellen Gruppen ein günstigeres Reibungsverhalten bewirken.

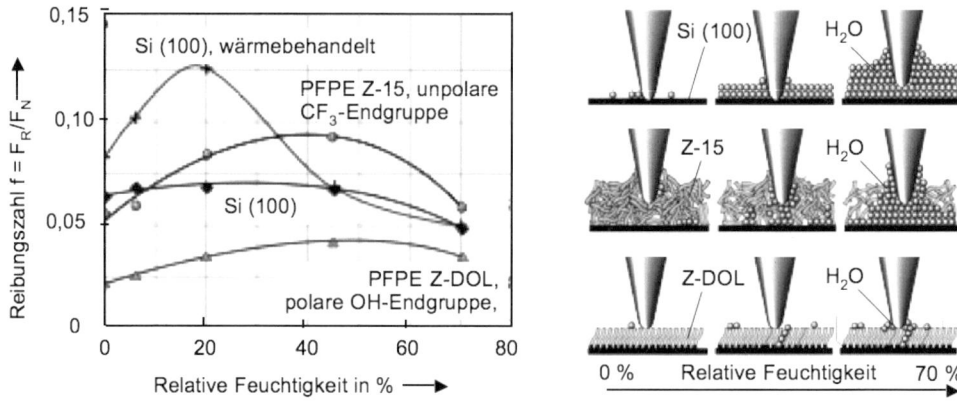

Bild 13.6.3   Einfluss der Feuchte und chemisch-funktioneller SAM-Gruppen auf das Reibungsverhalten

Die bisherigen Darstellungen von Tribomaterialien für MEMS betrachteten im Wesentlichen Werkstoffe und Oberflächenbeschichtungen, also „Strukturen" von MOEMS. Ebenso wichtig für das tribologische Verhalten ist natürlich auch das jeweilige „Beanspruchungskollektiv" mit den operativen Variablen von *Normalkraft F_N (bzw. Flächenpressung p), Gleitgeschwindigkeit v, Temperatur T, Beanspruchungsdauer s.* (vgl. Bild 2.15)

Die typischen Arbeitsbereiche der operativen Variablen Flächenpressung p und Gleitgeschwindigkeit v von MEMS sind in Bild 13.5.3 dargestellt. Wie auch in Kap. 18 „Hochtemperaturwerkstoffe" ausgeführt, beschreibt der pv-Wert, d. h. das Produkt aus der Lagerpressung p und der Gleitgeschwindigkeit v (Gleitkomponente bei Wälzbewegungen), den Eintrag an mechanischer Beanspruchung in den Kontaktbereich, welche die Oberflächen einer Gleitpaarung ertragen können und stellt eine tribologische Belastungsobergrenze dar. Durch Multiplizieren des pv-Wertes mit der Reibungszahl f erhält man den Term f · p · v, welcher die im Reibkontakt dissipierte Wärmestromdichte (Reibleistungsdichte) kennzeichnet, die im Trockenlauf von einer Reibungspaarung aufgenommen werden kann.

13.7 Zuverlässigkeit von MEMS

Ergänzend zur Tribologie soll auch kurz die Frage der Zuverlässigkeit von MEMS betrachtet werden. Für MEMS-Bauteile ist die Zuverlässigkeit von besonderer Bedeutung, da sie meist in hoher Packungsdichte (z. B. Chips) sowohl mechanische als auch elektronische Funktionen (z. B. als mechatronische Sensoren oder Aktoren) erfüllen müssen, häufig aus spröden Materialien (z. B. Silizium, Keramik) bestehen und infolge der Miniaturisierung nicht den herkömmlichen Prüftechnik-Normen (z. B. bzgl. Probenabmessungen) entsprechen.

Die Zuverlässigkeit tribologischer Systeme wurde bereits in Kap. 5.5 „Verschleiß und Zuverlässigkeit" behandelt, Die elementaren Aspekte sind hier nochmals mit Blick auf die Zuverlässigkeit von MEMS zusammengestellt.

Zuverlässigkeit (reliability) ist in der Technik als Wahrscheinlichkeit definiert, dass ein Bauteil
oder ein technisches System seine bestimmungsgemäße Funktion für eine bestimmte Gebrauchsdauer unter gegebenen Funktions- und Beanspruchungsbedingungen ausfallfrei, d. h.
ohne Versagen erfüllt. Wenn die verschleißbedingte Ausfallrate $\lambda(t)$ als Funktion der Betriebsdauer eines tribologischen Systems aufgetragen wird, so resultiert häufig eine Darstellung, die
als „Badewannenkurve" bekannt ist, siehe **Bild 13.7.1**.

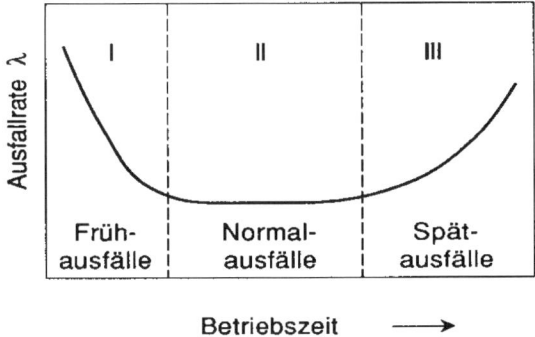

Bild 13.7.1 Ausfallrate in Abhängigkeit von der Betriebszeit

In dieser Darstellung können drei Bereiche unterschieden werden:

   I.   Degressive Ausfallrate

   II. Konstante Ausfallrate

   III. Progressive Ausfallrate

Das Regime (I.) beschreibt das Gebiet der „Frühausfälle". Dieses Gebiet mit abnehmender
Versagensrate kann zum Beispiel bei tribologischen Systemen durch ein erfolgreiches Einlaufverhalten beeinflusst werden.

Das Gebiet (II.) mit konstanter Versagensrate ist der Bereich der üblichen Betriebsbedingungen. Ein Versagen tritt hier im Allgemeinen als eine Konsequenz statistisch voneinander unabhängiger Faktoren auf.

Das Regime (III.) mit zeitlich zunehmender Verschleißrate kann aus der Schadensakkumulation wirkender Verschleißmechanismen resultieren. Daher ist dieser Bereich besonders charakteristisch für das verschleißbedingte Versagen tribotechnischer Systeme.

Das Zuverlässigkeitsverhalten von MEMS hängt – wie bei allen tribotechnischer Systemen –
hauptsächlich von der Konstellation wirkender Verschleißmechanismen ab und kann durch
eine Variation von Einflussgrößen aus den bekannten Parametergruppen beeinflusst werden

   • Beanspruchungskollektiv z. B. Belastung, Geschwindigkeit, Temperatur

   • Systemstruktur z. B. Materialpaarung und Materialeigenschaften sowie Schmierstoff
     und Schmierstoffeigenschaften.

Schwerpunktbereiche für die Zuverlässigkeitsbeurteilung von MEMS sind sowohl werkstofftechnische und prüftechnische als auch produkt- und anwendungsbezogene Aspekte, die in dem Buch „Reliability of MEMS" (Tabata and Tsuchiya, 2008) wie folgt dargestellt sind:

- Werkstofftechnische und prüftechnische Themen (Prüfproben und Baugruppen)
  - Mechanische Eigenschaften von MEMS-Werkstoffen und ihre Normung
  - Einachsige Zugprüfung von MEMS-Materialien
  - Elastoplastische Kontaktmechanik unbeschichteter/beschichteter MEMS-Werkstoffe
  - Dünnschichtcharakterisierung von MEMS-Bauteilen
  - MEMS-Baugruppenprüfung (On-Chip-Testing)
- Produkt- und anwendungsbezogene Themen (Module und Systeme)
  - Zuverlässigkeit von MEMS-Drucksensoren
  - MEMS-Beschleunigungssensoren hoher Präzision und hoher Zuverlässigkeit
  - Induktive und kapazitive MEMS-Gyrosensoren
  - Zuverlässigkeit von optoelektronischen MEMS-Spiegel-Aktorsystemen (MOEMS)

Bei der Beurteilung der Zuverlässigkeit von MEMS werden drei Kategorien von Zuverlässigkeitsprüfungen unterschieden:

a. Specimen-level (Prüfproben),

b. Device-level (Baugruppen),

c. Product-level (Module und Systeme).

Bild **13.7.2** illustriert die Kategorien der Zuverlässigkeitsprüfungen am Beispiel eines MEMS-Beschleunigungssensors für die Sicherheitstechnik (z. B. Sicherheitsgurte, Airbags) im Automobil. Die Übersicht kennzeichnet in exemplarischer Form eine „ MEMS-Prüfkette " (vgl. Bild 8.1.2) – von Material- und Bauteil-Prüfproben über die Baugruppen-Prüfung bis hin zur Zuverlässigkeitsbeurteilung kompletter Systeme.

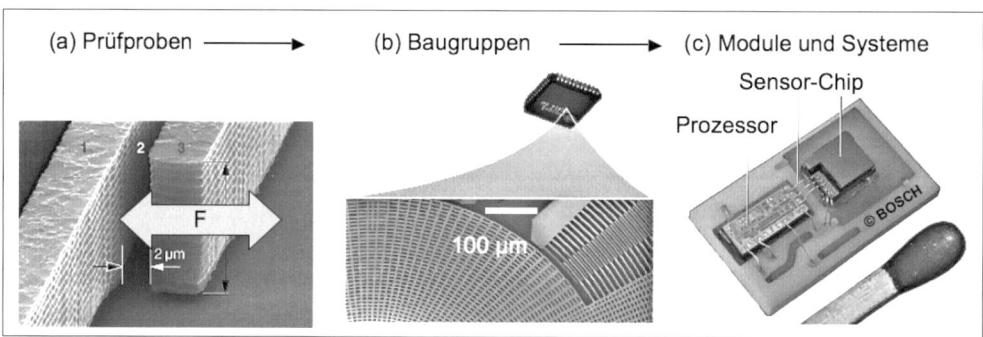

Bild 13.7.2   Beispiel für die Kategorien der Zuverlässigkeitsprüfungen von MEMS

14 Tribologie in der Produktionstechnik

Die Produktion als Gesamtheit wirtschaftlicher, technologischer und organisatorischer Maßnahmen, die unmittelbar mit der Be- und Verarbeitung von Stoffen zusammenhängen besetzt eine zentrale Position im unserem heutigen Leben (CIRP, 2004). Sie verbindet unterschiedliche Märkte wie Rohstoffmärkte, Informationsmärkte und Energiemärkte miteinander und erzeugt daraus Produkte in lokalen, regionalen oder globalen Wertschöpfungsketten. Innerhalb der Produktion nehmen Werkzeugmaschinen sowie Fertigungstechnologien eine Schlüsselstellung ein. **Bild 14.1** zeigt im oberen Teil eine Werkzeugmaschine mit den wichtigsten Komponenten; die Wechselwirkungen tribologischer Effekte mit den übrigen Einflüssen auf Produktionsprozesse an Werkzeugmaschinen sind im unteren Teil aufgeführt.

Komponenten einer Werkzeugmaschine

1 Werkstücktisch
2 Werkstück-Schwenkeinheit
3 Maschinengestell
4 Verschraubte Fügestelle
5 Führung X-Achse
6 Führung Y-Achse
7 Kugelrollspindel Z-Achse
8 Antrieb Z-Achse
9 Werkzeugspindel
10 Werkzeugwechsel

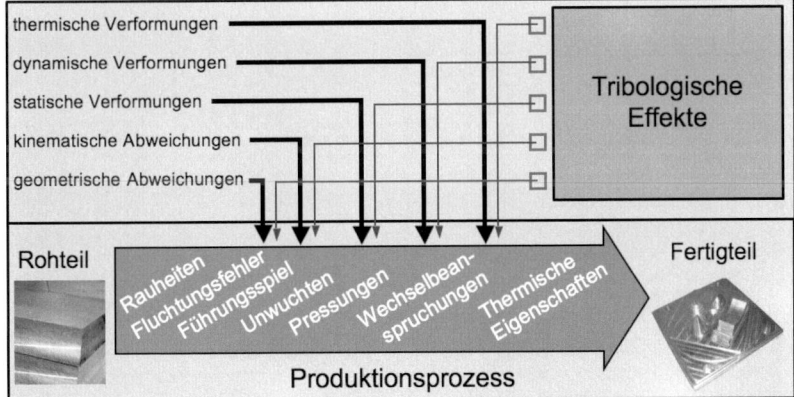

Bild 14.1   Beispiel einer Werkzeugmaschine und tribologische Effekte bei einem Produktionsprozess

Dieses Kapitel betrachtet die tribologischen Effekte, die an Werkzeugmaschinen auftreten, zeigt ihre Auswirkungen auf das Bearbeitungsergebnis und beschreibt Möglichkeiten zur Optimierung tribotechnischer Werkzeugmaschinenkomponenten und der Produktionstechnik.

14.1 Tribologische Systeme in Werkzeugmaschinen

Werkzeugmaschinen sind definiert als „mechanisierte und mehr oder weniger automatisierte Fertigungseinrichtungen, die durch *relative Bewegungen zwischen Werkzeug und Werkstück* eine vorgegebene Form oder Veränderung am Werkstück erzeugen" (DIN69651). **Bild 14.2** zeigt die Einordnung der Werkzeugmaschinen (WZM) in die Gruppe der Fertigungssysteme anhand der Fertigungsverfahren Umformen, Trennen und Fügen.

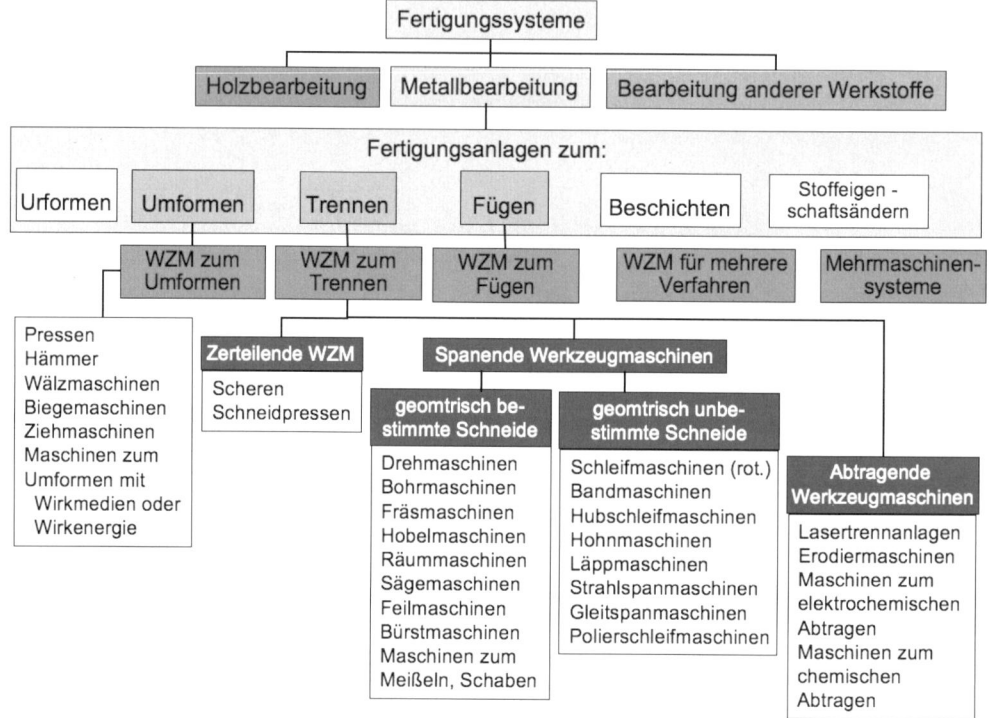

Bild 14.2   Trennende und umformende Werkzeugmaschinen (DIN 69651)

Die mechanischen Grundfunktionen von Werkzeugmaschinen sind durch Körper-, Bewegungs- und Kraftfunktionen und ihr Zusammenwirken gekennzeichnet. Die Wirksamkeit von Werkzeugmaschinen beruht auf der Funktionalität von Wirkkörpern, die stofflich und geometrisch, aber auch durch ihren Wirkort und ihre Wirkzeit bestimmt sind. Im Arbeitszustand von Werkzeugmaschinen werden die Bauteile in erheblichem Maße oberflächenbeansprucht. Es handelt sich hierbei um ein Beanspruchungskollektiv aus mechanischen, thermischen und chemischen Beanspruchungen, das als tribologisches System integriert beschrieben werden kann (Spur, 1996; Uhlmann, 2002).

Die Genauigkeit der in einer Werkzeugmaschine gefertigten Produkte wird unter Anderem von den tribologischen Effekten in und zwischen den tribotechnischen Systemen, die im Zusammenwirken die Werkzeugmaschine bilden, beeinflusst. In **Bild 14.3** ist eine Werkzeugmaschine bestehend aus einzelnen, interagierenden tribotechnischen Systemen schematisch dargestellt. Aufgrund von Reibung und Verschleiß in den Lagern, Führungen, Spindeln, an den Koppel- und Fügestellen, im Maschinengestell, an der durch Werkstückwechsel und Prozesskräfte ständig wechselnden Belastungen ausgesetzten Werkstückaufnahme oder anderen Maschinenbauteilen kann die Fertigungsgenauigkeit erheblich beeinträchtigt werden (Belonenko,1991; Majcherczak, 2007; Mäurer, 2003; Popov, 2009; Petuelli, 1983). Zyklisch wiederkehrende Bewegungsabläufe resultieren in einseitigen Belastungen. Die Reibpartner werden hierbei immer auf dieselbe Art und Weise belastet, was zu beträchtlichem Verschleiß führen kann.

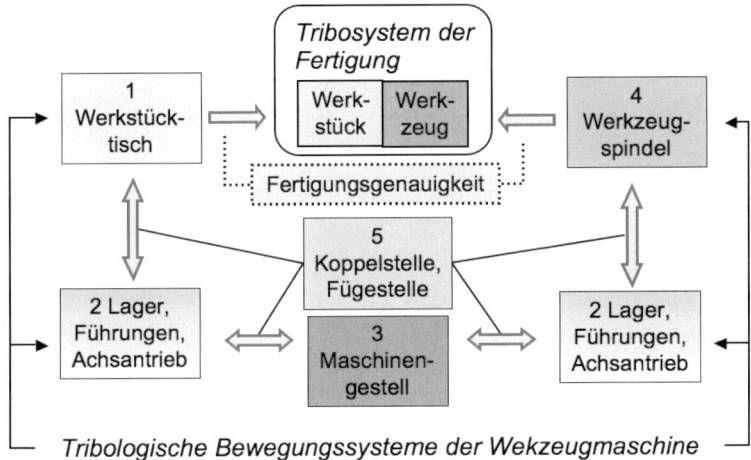

Bild 14.3   Tribologische Systeme in Werkzeugmaschinen

14.1.1 Das Tribosystem der Fertigung

Alle Fertigungstechnologien sind bei der Formgebung von Werkstücken mit *tribologischen Beanspruchungen, d. h. Kontakt und Relativbewegung von Werkstück und Werkzeug* verbunden, exemplarisch illustriert in **Bild 14.4**. Die Tribologie beeinflusst in der Produktionstechnik sowohl die Funktionalität von Werkzeugen (z. B. Verschleiß und Standzeit) als auch die Qualität (z. B. die Oberflächengüte) gefertigter Produkte. Die Tribologie von Zerspanwerkzeugen und Umformwerkzeugen wird in Kap. 15 behandelt.

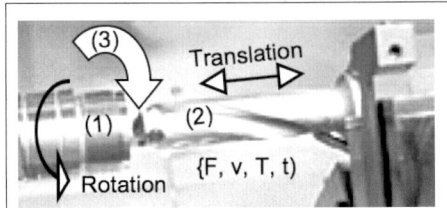

Tribosystem der Fertigung, Beispiel Spanen
- Systemstruktur: (1) Werkstück, (2) Werkzeug, (3) Schneidflüssigkeit
- Beanspruchungskollektiv: Wirkbewegung (1)/(2), Schnittkraft F, Schnittgeschwindigkeit v, Temperatur T, Standzeit t

Bild 14.4   Beispiel eines tribologischen Systems der Fertigungstechnik

14.1.2 Tribologische Bewegungssysteme in Werkzeugmaschinen

Die Wechselwirkungen von Maschinenkomponenten und tribologischen Ursachen sind in **Bild 14.5** veranschaulicht. Auf dem Weg vom Rohteil zum Fertigteil unterliegt der Produktionsprozess mannigfaltigen Einflüssen. So bewirken thermische Verformungen im Maschinengestell häufig mehr oder weniger stark ausgeprägte Orthogonalitätsfehler in den Linearachsen der Werkzeugmaschine. Dies wiederum kann neben der Verringerung der Fertigungsgenauigkeit zu erhöhtem Verschleiß der Führungen und Lager der betroffenen Achsen führen.

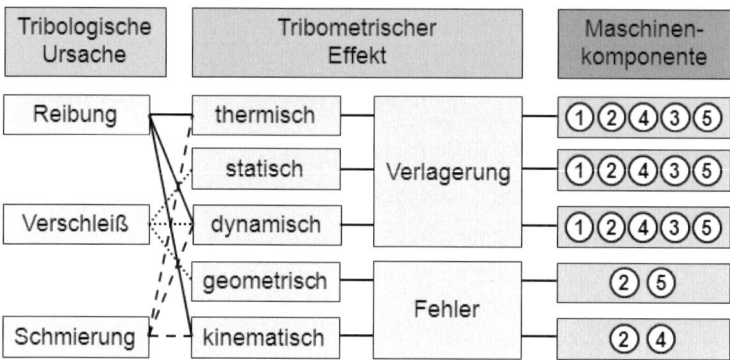

Bild 14.5   Einfluss tribologischer Ursachen auf Maschinenkomponenten

Durch Verschleiß in den Führungen und Lagern der Linearachsen kann es zu selbsterregten Schwingungen im Bereich der Eigenfrequenzen der Werkzeugmaschine kommen. Aufgrund der Wiederholung bestimmter Bewegungsabläufe wiederholen sich bestimmte Schwingungsformen der Maschine. Durch diese dynamische Belastung bildet sich eine von den Eigenfrequenzen der Werkzeugmaschine abhängige Welligkeit in den Führungen und Lagern der Achsen aus, die wiederum die dynamische Belastung verstärkt. **Bild 14.6** zeigt den aufgrund von andauernder Überlastung fortschreitenden Lagerverschleiß anhand einer Lagerschale.

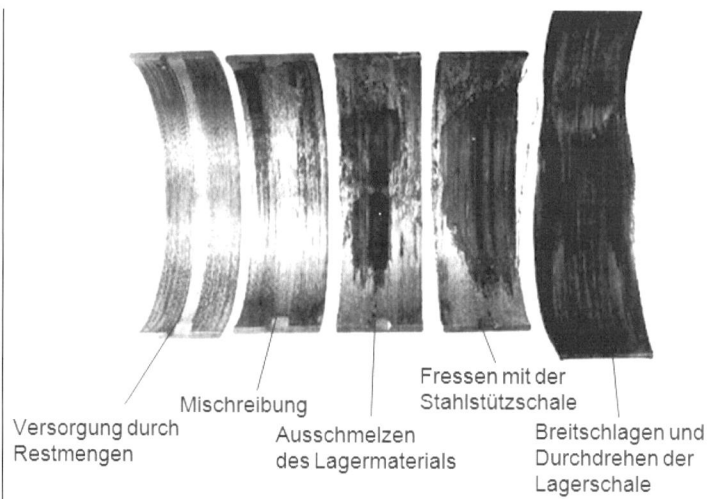

Bild 14.6   Fortschreitender Lagerverschleiß aufgrund von Überlastung (Bartz, 1999)

Ein weiterer tribologischer Einfluss auf die Maschinendynamik ist in den Koppel- beziehungsweise Fügestellen der Werkzeugmaschine nachweisbar (Petuelli, 1983). Auch statische Verformungen in der Werkzeugmaschine, hervorgerufen beispielsweise durch die Materialabtrennung am Rohteil im Schleif- oder Drehprozess resultieren in ungleichmäßig verteilten Belastungen der Achsen, wodurch sich der Verschleiß partiell erhöhen und das veränderte tribologische Verhalten den Produktionsprozess negativ beeinflussen kann.

Mit der Anzahl der Maschinenkomponenten wächst die Anzahl der potenziellen tribologischen Einflüsse. Werkstück und Werkzeug sind an der Wirkstelle gekoppelt und über eine Vielzahl von Maschinenkomponenten fest verbunden. Tribologische Effekte in den einzelnen Komponenten summieren sich im ungünstigen Fall auf und führen zu erheblichen Formabweichungen.

14.2 Führungen und Lagerungen in Werkzeugmaschinen

Zu den tribologischen Komponenten einer Werkzeugmaschine zählen Führungen zur Bewegung der Komponenten und Arbeitstische sowie Lagerungen. In gewisser Weise können auch Fügestellen als tribotechnische Komponenten verstanden werden. Verschleiß als wesentlicher tribologischer Einfluss auf die Bewegungselemente von Werkzeugmaschinen führt erst über einen längeren Zeitraum zu einer merklichen Abnahme der Arbeitsgenauigkeit. Dabei sind besonders Verschleißerscheinungen in Form von Geometrieänderungen an Führungen und Lagern für eine Beeinflussung der Arbeitsgenauigkeit verantwortlich. Um die Einflussgrößen, die das Reibungs- und Verschleißverhalten eines Tribosystems bestimmen, beschreiben zu können, ist die Betrachtung der kompletten tribotechnischen Systemstruktur erforderlich. Sie besteht wie bei allen Tribosystemen aus Grund- und Gegenkörper, Zwischenstoff und Umgebungsmedium, siehe **Bild 14.7**.

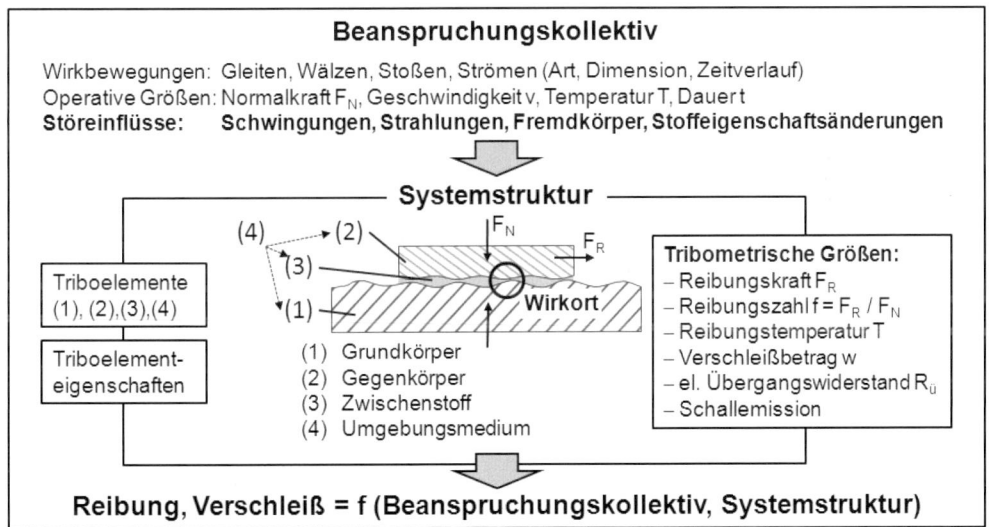

Bild 14.7   Struktur eines tribotechnischen Systems, vgl. Bild 2.15

Auf dieses Tribosystem wirken unterschiedliche Einflussgrößen. Das Beanspruchungskollektiv umfasst die Bewegungsform (Gleiten, Rollen usw.), den zeitlichen Bewegungsablauf (kontinuierlich, oszillierend usw.) sowie die Belastungsparameter (Normalkraft F_N, Geschwindigkeit v, Temperatur T und Beanspruchungsdauer t_B). Von besonderer Bedeutung sind ferner die Eigenschaften von Grund- und Gegenkörper mit ihren Werkstoffen und ihren Oberflächenstrukturen, sowie der Zwischenstoff nach seiner Art, Viskosität und Menge. Wechselwirkungen zwischen den Elementen resultieren aus dem Kontakt- und Reibungszustand des Tribosystems sowie aus den wirkenden Verschleißmechanismen (Spur, 1996; Weck, 2006].

Für wichtige, in besonderem Maße das Arbeitsergebnis beeinflussende Maschinenkomponenten sind wichtige Tribosystem-Charakteristika von Werkzeugmaschinen in **Tab. 14.1** zusammengestellt. Ein Vergleich der dominierenden Reibungsverhältnisse von verschiedenen Baugruppen zeigt **Bild 14.8**.

Tab. 14.1   Tribosystem-Charakteristika von Maschinenkomponenten und ihre Auswirkungen

Maschinenkomponente	Tribosystem-Charakteristika	Auswirkungen
Hydrodynamische Gleitführungen und Gleitlager	– Mischreibung und Flüssig-keitsreibung – Verschleiß – Kontaktsteifigkeit – Kontaktdämpfung – Reibungsdämpfung – Flüssigkeitsdämpfung – Wärmeentwicklung	Stick-Slip-Effekt Führungsfehler Schwingungen Thermische Verlagerung
Hydrostatische Gleitführungen und Gleitlager	– Reine Flüssigkeitsreibung – Flüssigkeitsdämpfung	Führungsfehler Schwingungen
Aerostatische Gleitführungen und Gleitlager	– Gasreibung – Reibungswärme – Kompressibilität des Gases	Erwärmung des gesamten Lagersystems Pneumatische Instabilität
Wälzführungen und Wälzlager	– Rollreibung – Mischreibung und Flüssigkeitsreibung – Verschleiß an Lauffläche und Kugel – Geringe Dämpfung – Vorspannungsänderung der Lager – Wärmeentwicklung	Lagerspiel Schwingungen Rattern Oberflächenschäden Käfigschlupf bei Radiallagern Thermische Verlagerung
Kugelrollspindelsysteme	– Rollreibung – Geringe Dämpfung – Wärmeentwicklung	Führungsfehler Schwingungen Thermische Verlagerung
Verschraubte Fügestellen	– Festkörperreibung	Dämpfung mechanischer Schwingungen Statische Schwachstelle

Hydrodynamische Gleitführungen werden meist im Mischreibungsgebiet betrieben und unterliegen damit einer an der Kontaktstelle eintretenden Erwärmung und einem Verschleiß. Beides kann führungsbedingte Fehler am herzustellenden Werkstück verursachen. Darüber hinaus beeinflusst die Kontaktsteifigkeit und die Kontaktdämpfung in der Kontaktzone in starkem Maße das statische und dynamische Verhalten der ganzen Werkzeugmaschine.

Bei hydrostatischen Gleitführungen und Lagern werden der Öldruck in einer außen angeordneten Pumpe erzeugt und die Berührungsflächen während des Betriebs durch einen dauerhaften Ölfilm voneinander getrennt. Somit weisen hydrostatische Gleitführungen und Lagerungen stets reine Flüssigkeitsreibung und keine Stick-Slip-Effekt bei geringer Gleitgeschwindigkeit auf. Die Flüssigkeitsdämpfung ist eine wichtige Eigenschaft hydrostatischer Führungen.

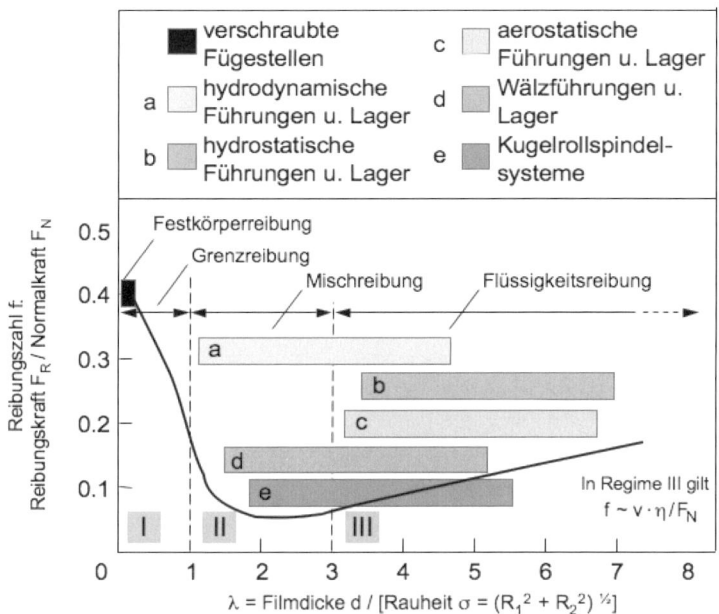

Bild 14.8   Reibungsverhältnisse von Lagerungen und Führungen in Werkzeugmaschinen, vgl. Bild 4.1.1

Bei aerostatischen Gleitführungen und Gleitlager kann bei den sehr geringen Masseströmen und der sehr kleinen spezifischen Wärmekapazität von Luft die Reibungswärme nicht vollständig durch das gasförmige Schmiermedium abgeführt werden, so dass bei hohen Relativgeschwindigkeiten eine Erwärmung des gesamten Lagersystems eintritt. Dies ist insbesondere bei sehr schnell laufenden Spindeln der Fall, die deshalb gekühlt werden müssen. Auf Grund der Kompressibilität des Schmiermediums können selbsterregte Schwingungen auftreten, die unter den Begriffen Air-Hammer oder pneumatische Instabilität bekannt sind (Weck, 2006).

Gegenüber Gleitführungen treten bei Wälzführungen und Wälzlagern wegen der geringeren Reibungswiderstände keine signifikanten Stick-Slip-Effekte auf. Als Nachteil ist die geringe Dämpfung normal und parallel zur Bewegungsrichtung zu nennen. Diese beeinflusst die Gesamtstrukturdämpfung der Maschine bei der Regelung der Vorschubantriebe negativ. Wälzführungen sind heute das am weitesten verbreitete Führungsprinzip in Werkzeugmaschinen. Mit Ausnahme von Maschinen im Hoch- und Ultrapräzisionsbereich repräsentieren insbesondere Profilschienenwälzführungen den besten Kompromiss aus Wirtschaftlichkeit, Verschleißarmut und Qualität.

Verschraubte Fügestellen besitzen eine Sonderstellung, da sie im eigentlichen Sinne Tribologische Vorgänge, die Relativbewegung von Wirkflächen, verhindern sollen. Die dennoch an Schraubenverbindungen auftretenden tribologischen Vorgänge besitzen jedoch einen zum Teil großen Einfluss auf das Maschinenverhalten und damit die Bauteilqualität. An einer verschraubten Fügestelle wirkt Festkörperreibung, wobei zwischen zwei miteinander in Kontakt befindlichen Körpern keine Relativbewegungen auftreten. Bezüglich der Eigenschaften gekoppelter Strukturen kann die verschraubte Fügestelle als Schwachstelle betrachtet werden. Demgegenüber zeichnet sie sich im Verhältnis zu der in den Bauteilen wirksamen Werkstoffdämpfung durch ein starkes Dämpfungsverhalten aus (Petuelli, 1983).

Je nach Maschinenart finden verschiedene Führungsprinzipien Anwendung. Ein Grund hierfür sind die bearbeitungsprozessbedingten Anforderungen, die zum Teil ein bestimmtes Führungsprinzip bedingen. Veränderungen in der Häufigkeit des genutzten Führungsprinzips liegen hauptsächlich in Technologiesprüngen begründet. So ist der Anteil der verbauten hydrodynamischen Gleitführungen seit Mitte der 1980-er Jahre stetig zurück gegangen, was durch Weiterentwicklungen auf dem Sektor der Profilschienenwälzführungen ermöglicht wurde (Weck, 2006). Diese Weiterentwicklungen, besonders Senkungen der Herstell- und Betriebskosten, haben einen unmittelbaren Einfluss auf die Auswahl des Führungsprinzips. **Bild 14.9** zeigt die Häufigkeit unterschiedlicher Führungsprinzipien an Dreh-, Fräs- und Schleifmaschinen, die in einer Befragung von 20 Werkzeugmaschinenherstellern ermittelt wurde (Weck, 2006).

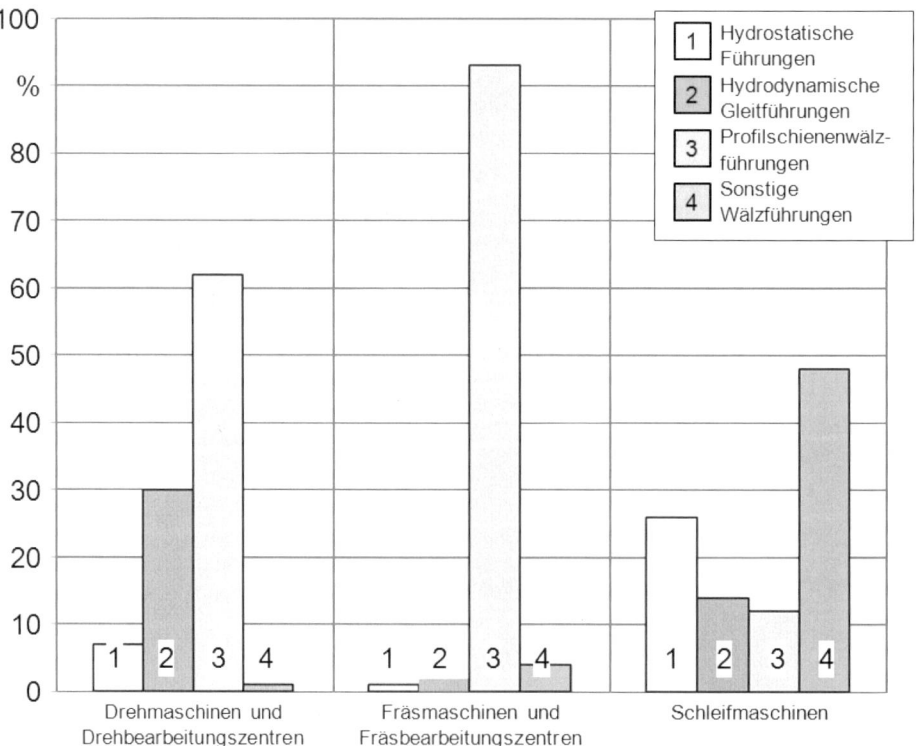

Bild 14.9   Häufigkeit verschiedener Führungsprinzipien an Werkzeugmaschinen

14.3 Optimierung tribotechnischer Werkzeugmaschinenelemente

Nicht immer ist es möglich oder wirtschaftlich sinnvoll, tribologische Einflüsse einzuschränken oder auszuschalten. In einigen wenigen Fällen bedient man sich sogar tribologischer Effekte, um das Systemverhalten einer Struktur zu verbessern, indem zum Beispiel die Reibungseigenschaften von Koppel- bzw. Fügestellen aktiv beeinflusst werden. Auf diese Art kann die Nachgiebigkeit einer Struktur in bestimmten Frequenzbereichen gezielt eingestellt oder gesenkt werden (Gaul, 2004).

Grundsätzlich gesehen stellt dies jedoch eine Ausnahme dar. In der überwiegenden Zahl der Fälle ist Reibung unerwünscht, da sie dynamische und thermische Störeinflüsse zur Folge hat. Große Beschleunigungs- und Verzögerungswerte sowie hohe Verfahrgeschwindigkeiten der beteiligten Positionierachsen sorgen für extreme und häufig die Richtung ändernde Relativbewegungen der Wirkpartner in Führungen und Lagerungen. Hier werden hohe Ansprüche sowohl an die zeitliche Integrität der Wirkflächen als auch an eine dauerhafte Leistungsfähigkeit der Schmiermedien gestellt. Aus diesem Grund konzentrieren sich Optimierungsansätze zum Vermeiden tribologischer Störeinflüsse an Werkzeugmaschinen in der Regel auf die Vermeidung der Entstehungsursachen und die Verringerung der Auswirkungen.

Zur Beeinflussung der Reibung in tribotechnischen Systemen können verschiedenen Arten der Schmierungstechnik angewendet werden (z. B. Grenzschmierung, hydrodynamische Schmierung, etc., siehe Kap. 6). Außerdem können spezielle Öle, Fette, Pulver und Gleitlacke, die sich für bestimmte Druck-Gleitgeschwindigkeits-Verhältnisse als geeignet erwiesen haben, eingesetzt werden (siehe Kap. 10). In Werkzeugmaschinen eingesetzte Lager und Führungen befinden sich vielfach direkt im Kraftfluss der Maschine. Tischführungen müssen ein Höchstmaß an Präzision bei gleichzeitiger Aufnahme hoher Normalkräfte realisieren. Um gleich bleibende Reibungsverhältnisse zu erreichen, muss die Schmierstoffviskosität weitgehend temperaturunabhängig sein. Bei langen Gleit- bzw. Profilschienenwälzführungen ist neben den genannten Anforderungen auch ein wirksamer Schutz gegen Fremdstoffe zu gewährleisten. Dies können sowohl Späne und Werkzeugbruchstücke als auch chemisch aggressive Kühlschmiermittel aus dem Bearbeitungsprozess sein. Hierfür existieren marktbewährte Lösungen, z. B. durch Sperrluft - und Lamellendichtungen

Aufgrund der Komplexität der Ursachen von Verschleiß an Komponenten einer Werkzeugmaschine, also der Vielzahl tribologischer Beanspruchungen und verschiedener Systemstrukturen, können keine allgemeingültigen Maßnahmen zur Verschleißminderung angegeben werden. Im Folgenden seien einige Maßnahmen genannt, mit denen Verschleiß unter bestimmten Bedingungen eingeschränkt oder unter Umständen sogar unterbunden werden kann, wenn ein Verschleißmechanismus dominiert.

Neben Schmierung und der Wahl geeigneter Konstruktionswerkstoffe besitzt die Oberflächenbehandlung großen Einfluss auf das Verschleißverhalten von Führungen und Lagern. Graugussführungsbahnen (Anteil rund 30 %) werden geschabt, geschliffen oder feingefräst, kunststoffbeschichtete Führungsbahnen (Anteil rund 28 %) überwiegend geschabt und Führungsbahnen aus Stahl fast ausschließlich geschliffen (Dubbel, 2007).

Neue Ansätze für Gleitlagerwerkstoffe finden sich in der Anwendung von porösen Keramiken für den Einsatz in aerostatischen Gleitlagern. Hierbei wird die Luftdurchlässigkeit von schichtweise aufgebauten Keramiken für die Erzeugung eines homogenen Druckverlaufs über die gesamte Lagerbreite genutzt, siehe **Bild 14.10**.

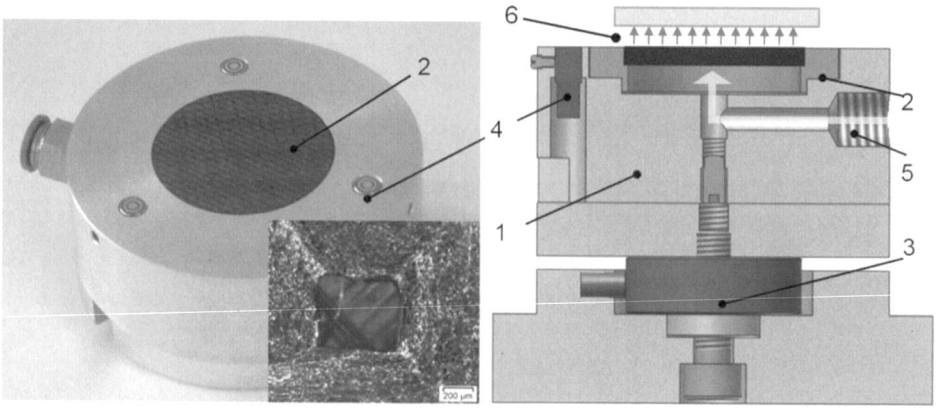

1: Lagergehäuse, 2: Flansch mit eingeklebten porösen Lagermaterial (Probe),
3: kapazitive Abstandssensoren, 4: Piezo-Kraftsensor, 5: Luftanschluss 6: Lagerspalt

Bild 14.10   Aerostatisches Führungselement mit faserverstärkter, poröser Keramik (IWF, TU Berlin)

Durch die Verwendung von porösen Keramiken als Gleitlagerwerkstoffe kann zum einen auf die mitunter aufwendige Fertigung von Drucktaschen verzichtet werden, zum anderen können durch den Einsatz von Faserverbundverstärkten Keramiken die Notlaufeigenschaften im Falle eines Ausfalls der Druckluft deutlich gegenüber herkömmlichen Stahlwerkstoffen verbessert werden.

Verschleißmindernde Maßnahmen müssen von einer Analyse der wirkenden Verschleißmechanismen ausgehen (siehe Kap. 5.6). Für den Widerstand gegenüber der Abrasion ist die so genannte Verschleiß-Tieflage-Hochlage-Charakteristik besonders wichtig. Generell können abrasive Vorgänge eingeschränkt werden, indem bei der Wahl des Grundkörper-Werkstoffes darauf geachtet wird, dass die Härte des Werkstoffes einen mindestens 1,3-fach größeren Wert besitzt als die Härte des Gegenkörpers. Der Widerstand gegenüber der Oberflächenzerrüttung kann erhöht werden, indem Werkstoffe mit hoher Härte und hoher Zähigkeit verwendet werden. Des weiteren sind die Verwendung von homogenen Werkstoffen (z. B. Wälzlagerstähle) sowie in den Oberflächenbereichen eingebrachte Druckeigenspannungen vorteilhaft, wenn eine Oberflächenzerrüttung vermieden beziehungsweise eingeschränkt werden soll. Widerstand gegenüber der Tribooxidation kann erhöht werden, wenn folgendes beachtet wird. Der Einsatz von Metallen sollte hier vermieden werden. Stattdessen ist der Verschleiß durch Tribooxidation bei Verwendung von Kunststoffen und keramischen Werkstoffen minimal. Es ist prinzipiell sinnvoll, Zwischenstoffe und gegebenenfalls Umgebungsmedien zu verwenden, die keine oxidierenden Bestandteile aufweisen, siehe Kap. 7 *Tribokorrosion*.

Bei der Konstruktion der Werkzeugmaschine ist darauf zu achten, formschlüssige anstelle kraftschlüssiger Verbindungen einzusetzen. Außerdem gibt es Maßnahmen zur Einschränkungen des Schwingungsverschleißes, zum Beispiel mithilfe von magnetostatischen Lagern oder Getrieben, durch Eindämmung der Relativbewegung, durch eine entsprechende Werkstoffauswahl und Oberflächenbehandlung oder durch den Einsatz von Zwischenschichten.

Die effektivste Herangehensweise zur Vermeidung negativer tribologischer Einflüsse ist sicherlich die Eliminierung von Tribokontakten. Durch die Minimierung der Anzahl von Tribokontakten können viele mögliche, die Fertigungsgenauigkeit beinflussende, tribologische Störeinflüsse schon während der Konstruktion der Werkzeugmaschine ausgeschaltet werden.

14.4 Tribologie der Zerspanungstechnik

Zerspanung ist der grundlegende Prozess der Fertigungstechnik, der mit Reibungs- und Verschleißprozessen in einem tribologischen System stattfindet, dass aus den Elementen (1) Werkzeug, (2) Werkstück und (3) Kühlschmierstoff besteht. Dabei gilt, dass jede Maßnahme, die den Verschleiß verringert, die Lebensdauer des Werkzeugs oder die Standmenge erhöht und somit die Wirtschaftlichkeit des Zerspanprozesses verbessert. Zu den wichtigsten werkzeugseitigen Maßnahmen zur tribologischen Optimierung der Zerspanungstechnik gehören:

– eine geeignete Schneidstoffauswahl,
– das Aufbringen von Hartstoffschichten und
– eine angepasste Bearbeitungsstrategie (Spur, 1985).

14.4.1 Technologien zur Verschleißminimierung an Werkzeugen

Während eines Zerspanprozesses treten verschiedene Verschleißmechanismen auf, die die Lebensdauer des eingesetzten Werkzeuges beschränken, vgl. Kapitel 15. Um den Verschleißwiderstand der Schneidstoffe zu verbessern, werden oftmals harte Schichten abgeschieden. Die Auswahl des geeigneten Schichtsystems, des Substratmaterials, üblicherweise Werkzeugstahl oder Hartmetall, sowie die Anpassung der Schicht/Substrat Eigenschaften sind vom Werkstückmaterial sowie den auftretenden Verschleißmechanismen abhängig (Kalpakjian, 2001). Die zwei Beschichtungsprozesse, die für die Beschichtung von Zerspanwerkzeugen hauptsächlich eingesetzt werden sind *Physical Vapour Deposition (PVD)* und *Chemical Vapour Deposition (CVD)*.

Physical Vapour Deposition (PVD)

PVD-Verfahren werden, je nach Verdampfungsart des Beschichtungsmaterials, in die Verfahrensgruppen thermisches Aufdampfen (Vakuumverdampfen), Kathodenzerstäubung (Sputtern) und Ionenplattieren eingeteilt. Beim Vakuumverdampfen werden elektrisch leitfähige Schichtmaterialien durch Widerstandserwärmung verdampft. Der entstandene Metalldampf verteilt sich in der Vakuumkammer als Wolke und kondensiert an Oberflächen mit niedrigerer Temperatur, wie der Substratoberfläche oder der Kammerwand der Beschichtungsanlage. Da die kinetische Energie des thermisch verdampften Beschichtungsmaterials gering ist, werden Hartstoffschichten mit geringer Festigkeit erzeugt. In Folge dessen ist eine der Hauptanwendung die optische Veredelung von Bauteilen. Typische Abscheideraten liegen zwischen 1 nm/s und 100 nm/s bei einer geringen thermischen Belastung für das Substrat zwischen 150 °C und 300 °C (Frey, 1987, Bach, 2005).

Für Anwendungen mit hoher mechanischer Belastung somit auch für die Werkzeugbeschichtung werden durch den Einsatz von Sputterverfahren und Ionenplattieren bessere Ergebnisse erzielt. Die Kathodenzerstäubung als Synonym für Sputtern findet im Hochvakuum mit inertem Prozessgas, meist Argon, statt. Die Inertgasionen werden durch eine angelegte Spannung auf das Target beschleunigt und schlagen mit hoher kinetischer Energie Atome, Atomgruppen und Moleküle aus der Oberfläche heraus, die dadurch anschließend verdampfen. Der entstandene Metalldampf breitet sich aus und lagert sich am Substrat an. Für eine gleichmäßige Schichtentstehung kann das Substrat zusätzlich bewegt werden. Die Abscheiderate ist beim

Sputtern für die meisten Materialien mit weniger als 5 nm/s gering und hängt zum großen Teil von der Effektivität der Zerstäubung ab. PVD-Sputterprozesse finden im Hochvakuum bei Temperaturen zwischen 140 °C und 600 °C statt (Bobzin, 2008, Kasper, 1999, Schatt et al., 2003, Bouzakis, 2008).

Das Ionenplattieren stellt eine Weiterentwicklung der beiden vorher genannten PVD-Verfahren dar. Beim Ionenplattieren wird analog zum Vakuumaufdampfen das Targetmaterial in die Gasphase überführt und auf das Substrat abgeschieden, wobei die wachsende Schicht gleichzeitig mit hochenergetischen Ionen bombardiert wird. Durch den Ionenbeschuss lassen sich die Schichteigenschaften gezielt modifizieren, was z. B. zu verbesserter Haftung, einer gezielten Einstellbarkeit der Schichteigenspannungen und zu einer Verdichtung der Schicht führt. Allgemein gilt das Ionenplattieren als Verfahren mit guter bis sehr guter Schichthaftung bei hohen Aufdampfraten (Frey, 1987, Bach, 2005).

Chemical Vapour Deposition (CVD)

CVD-Verfahren unterscheiden sich durch Verfahrensvarianten nach Art und Funktionsweise der Energiebereitstellung zur Aktivierung des Beschichtungsvorgangs. So kann die Aktivierung durch eine elektrische Widerstandsheizung, Mikrowellenplasma, eine Flamme, einen elektrischen Lichtbogen oder einen Laserstrahl erfolgen (Brücher, 2003). Das Heißdraht-CVD-Verfahren (engl. hot-filament CVD, HF-CVD) und das Mikrowellenplasma-CVD-Verfahren (engl. microwave plasma CVD, MWP-CVD) sind hierbei die wichtigsten chemischen Abscheidungsverfahren. Während im Bereich der Dünnschicht-Abscheidungen (Schichtdicke bis etwa 40 µm) beide Verfahren etwa gleiche Marktanteile besitzen, ist im Bereich der Dickschicht-Abscheidungen (Schichtdicke bis etwa 2 mm) das MWP-CVD am stärksten verbreitet.

Beim HF-CVD-Verfahren wird durch elektrisch beheizte, im Arbeitsraum liegende, Drähte, die aus Tantal (Ta), Rhenium (Re) oder Wolfram (W) bestehen, die Aktivierung der Prozessgase ermöglicht. Diese bis zu 50 Filamente erhitzen sich auf 1900…2300 °C. Die Filamente befinden sich in einem Abstand von 0,5…1 cm vom Substrat (Brücher, 2003, Grams, 2004). Beim MWP-CVD-Verfahren wird eine Mikrowellenstrahlung mit einer üblichen Frequenz von 2…2,5 GHz von einem Generator erzeugt und durch einen Wellenleiter zu einem Reaktor geführt. Das unter Quarzglas eingeschlossene Reaktionsgas wird bei Prozesstemperaturen von 200…1000 °C und Prozessdrücken von 0,01…0,2 bar dissoziiert und schließlich auf dem Substrat abgeschieden (Boudina, 1993, Brücher, 2003).

Vor dem Beschichtungsprozess erfolgt die Vorbehandlung der Werkzeugsubstrate. Ziel ist es, die Substratoberfläche beschichtungsgerecht zu gestalten. Die Oberflächen werden dabei homogenisiert, strukturiert und lose Partikel werden entfernt. In Abhängigkeit des Beschichtungswerkstoffes und -prozesses erfolgt zusätzlich, wie z. B. bei der CVD-Diamantbeschichtung, eine chemische Vorbehandlung der Substrate.

14.4.2 Hartstoffschichten für Zerspanwerkzeuge

Die aus der Vielfalt an marktverfügbaren Hartstoffschichten zu treffende Auswahl orientiert sich grundsätzlich an Wirtschaftlichkeit und der beabsichtigten Zerspananwendung. Ein Schichtsystem für Zerspanwerkzeuge sollte grundsätzlich folgende Eigenschaften aufweisen:

- hohe Warmfestigkeit, Härte, Biegebruchfestigkeit und Zähigkeit,
- niedrige Porosität,
- gute Schichthaftung zum Substratwerkstoff und
- inertes Verhalten zum Werkstückwerkstoff.

Kommerzielle Hartstoffschichten, die für die Verschleißminimierung an Zerspanwerkzeugen eingesetzt werden, können in folgende Kategorien eingeteilt werden: Hartstoffschichten mit hauptsächlich metallischen Bindungen (z. B. Titannitrid TiN, Chromnitrid CrN), Hartstoffschichten mit hauptsächlich ionischen Bindungen (z. B. Aluminiumoxid Al_2O_3) und kovalent gebundene Hartstoffschichten (z. B. Bornitrid). Die am häufigsten eingesetzten Beschichtungen für Zerspanwerkzeuge sind Titan-, Chrom- und Aluminium-basierte Schichtsysteme. Außerdem werden kohlenstoffbasierte Beschichtungen wie z. B. Diamant und diamantähnlicher Kohlenstoff (Diamond-like Carbon DLC) aufgrund hoher Härte und niedriger Reibungskoeffizienten gegen Metalle genutzt (VDI 3824, 2002, Kalpakjian, 2001).

Beispiele von Hartstoffschichten sind Titannitrid (TiN), Titanaluminiumnitrid (TiAlN), Titankarbid (TiC) und Chromnitrid (CrN). Titannitrid-Beschichtungen sind goldfarben und werden hauptsächlich in Anwendungen, bei denen abrasiver Verschleiß auftritt, angewendet. Die Härte von TiN-Schichten liegt im Bereich von 2000 HV0,5 bis 2500 HV0,5, abhängig von der Struktur, Komposition und Konfiguration der Schicht. TiN-Beschichtungen reduzieren die Reibung zwischen Werkzeug und Werkstück, so dass Bearbeitungskräfte und die im Zerspanprozess erzeugte Wärme reduziert werden. Die hohe Zähigkeit und Duktilität dieser Beschichtung führt zu einem reduzierten Rissbildungsverhalten und zusammen mit dem hohen Temperaturwiderstand und der guten Schichthaftung zu verlängerten Standzeiten der Werkzeuge. Dabei kann hauptsächlich eine Verringerung des „Freiflächenverschleißes" (Definition siehe Kap. 15) erreicht werden. Außerdem zeigen TiN-Beschichtungen ein geringeres Bestreben zur Aufbauschneidenbildung am Werkzeug bei hohen Schnittgeschwindigkeiten und Vorschüben. Bei zu geringen Schnittgeschwindigkeiten können adhäsive Reaktionen mit dem Werkstückwerkstoff auftreten. Dies kann allerdings durch den Einsatz von Kühlschmierstoff vermieden werden. Grundsätzlich können TiN-Beschichtungen mittels PVD- und CVD-Verfahren abgeschieden werden.

TiC-Beschichtungen werden hauptsächlich mit dem CVD-Verfahren auf Hartmetallsubstraten abgeschieden. Die charakteristischen Eigenschaften von TiC-Schichten sind hohe Schichthaftung zum Hartmetall und hohe Härte (ca. 3100 HV0,5). Diese Eigenschaften ermöglichen den TiC-Schichten in der Zerspanung von abrasiven Werkstoffen einen hohen Widerstand gegenüber Freiflächenverschleiß. Der Widerstand dieser Schichten gegenüber Adhäsion, Oxidation und tribochemischen Verschleiß ist jedoch geringer im Vergleich zu den oben beschriebenen TiN-Schichten. TiC wird deshalb oft als Teil eines Mehrlagenschichtsystems in Kombination mit TiN oder Al_2O_3 eingesetzt. TiC- und TiN-Schichten werden oftmals kombiniert, um die positiven Eigenschaften beider Schichtsysteme zu vereinen. Bei der Zerspanung von z. B. Stahlwerkstoffen sind die Standzeiten von Werkzeugen mit einer TiCN-Beschichtung höher als die TiN-beschichteter Werkzeuge.

Besonders im Bereich der Trocken-, Hochgeschwindigkeits- und Hartbearbeitung hat sich in den letzten Jahren eine Weiterentwicklung der TiAlN-Schicht mit erhöhtem Al-Gehalt über 50 % etabliert. Die AlTiN-Schichten zeichnen sich durch eine hohe Temperaturbeständigkeit bis oberhalb 750 °C, gesteigerte Warmhärte und Oxidationsbeständigkeit aus. Neben der Optimierung der Schichtbestandteile werden Weiterentwicklungen von Hartstoffschichten mit dem Ziel der Steigerung der Leistungsfähigkeit und der Erweiterung des Anwendungsspektrums durch Verbesserung der Anlagentechnik und Prozessführung beim Beschichten erreicht. Aktuelle Entwicklungen sind die Abscheidung von Beschichtungen in Form von Nanolayers als Weiterentwicklung der Multilayer-Technik, um die Schichtzähigkeit, Warmhärte und das Risswachstum bei Versagen zu beeinflussen. Durch Aufbringen einer stark C-haltigen Decklage wird versucht, die Reibung während des Spanabtransports zu reduzieren (Morey, 2008).

Al$_2$O$_3$ wird hauptsächlich durch das CVD-Verfahren abgeschieden und wird nicht als Einzellagenschicht, sondern in Kombination mit anderen Schichttypen eingesetzt. Vorteilhafte Eigenschaften von Al$_2$O$_3$ sind die hohe thermische und chemische Stabilität, die hohe Warmfestigkeit und die geringe Neigung zur Adhäsion. Al$_2$O$_3$-Schichten werden daher in Zerspanaufgaben genutzt, bei denen adhäsiver Verschleiß dominierend auftritt. Al$_2$O$_3$-beschichtete Zerspanwerkzeuge besitzen ebenfalls einen hohen Widerstand gegenüber Freiflächen- und Kolkverschleiß. Die Haftung dieser Schichten auf dem Substrat ist jedoch noch nicht ausreichend und wird derzeit erforscht (VDI 3824, 2002).

Kohlenstoffbasierte Beschichtungen mit Bedeutung in der Werkzeugindustrie können in zwei Untergruppen eingeteilt werden: amorphe Kohlenstoffschichten, auch mit der englischen Bezeichnung „Diamond-like-carbon (DLC)" und Diamantbeschichtungen. Die Eigenschaften der DLC-Beschichtungen, können anhand der Prozessparameter bei der Beschichtung gesteuert werden, z. B. durch Variation des Wasserstoffgehaltes. DLC-Beschichtungen besitzen äußerst niedrige Reibungskoeffizienten. Generell ist das Niveau des Adhäsivverschleißschutzes gegenüber den klassischen Harststoffschichten, z. B. den nitridischen oder carbidischen Schichten, deutlich höher. Diamantbeschichtungen werden durch den CVD-Prozess abgeschieden und besitzen eine äußerst hohe Härte und damit einen hohen Widerstand gegenüber Abrasion und eine geringe Neigung zur Adhäsion (Clark und Sen, 1998, VDI 2840, 2005).

Die Schichtdicke ist neben dem Schichtaufbau bei CVD-Diamant das wichtigste Unterscheidungskriterium von Diamantschichten. Dabei wird in Dünn- und Dickschichten unterschieden, wobei Dünnschichten bis zu einer maximalen Schichtdicke von $s_D = 40$ µm vorliegen, während Dickschichten mit Schichtdicken im Bereich von $s_D = 20$ µm…2 mm angegeben sind. Ferner unterscheiden sich Dünn- und Dickschichten im jeweiligen Prozessablauf bei der Beschichtung. Während Dünnschichten direkt auf das Substrat abgeschieden werden, werden Dickschichten erst auf ein Hilfssubstrat, dann durch Lösen von diesem und anschließendem Aufbringen durch Verlöten mit dem Endsubstrat gefertigt. Es handelt sich hierbei genauso wie bei den PKD-Werkzeugen (PKD - Polykristalliner Diamant) ausschließlich um Schneideinsätze, die auf das Werkzeug aufgebracht werden (VDI 2840, 2005).

Als zweite Größe in der Charakterisierung von Diamantschichten für Werkzeuge ist der Schichtaufbau von elementarer Bedeutung. Hierbei wird unterschieden in mikrokristalline, nanokristalline, Mehrlagen- (engl. multilayer) und dotierte CVD-Diamantschichten. Es findet dabei eine Unterscheidung der Schichten je nach vorherrschender Kristallitgröße in der Schicht statt, siehe **Bild 14.11**.

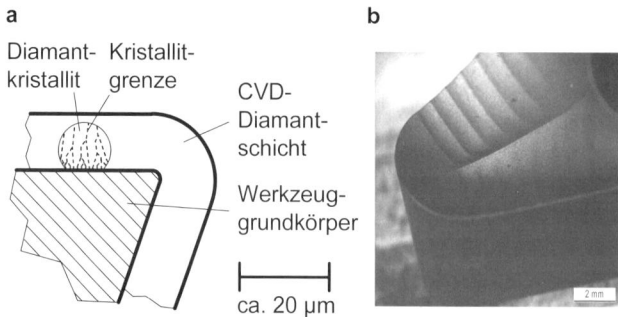

Bild 14.11   CVD-Diamantdünnschicht: (a) Aufbau und (b) reale Schneidengestalt (VDI 2841, 2008)

Bei den *mikrokristallinen* Diamantschichten wachsen, ausgehend vom Substrat, beim Beschichten die im Mikrometerbereich liegenden Diamantkristalle und bilden scharfkantige Kristallflächen aus. Schnell wachsende Kristalle überlagern bei diesem Wachstumsvorgang langsamer wachsende und die Kristallitgröße steigt somit in Abhängigkeit der Schichtdicke an. Außerdem sind die Kristalle direkt mit dem Substrat verbunden, während im nanokristallinen Bereich Kristalle einzeln in der Schicht eingebunden sind. Bei den *nanokristallinen* Schichten liegen die Abscheidungen der Diamantkristallite, wie der Name suggeriert, größenmäßig im Nanometerbereich. Sie zeigen nicht die statistische Verteilung der mikrokristallinen Struktur auf, dafür aber aufgrund ihrer Größe eine geringe Rauheit. *Multilayer-Schichten* bestehen aus, sich im Aufbau abwechselnde, nano- und mikrokristallinen Schichten, die unterschiedliche Kristallitorientierungen aufweisen können und dem jeweiligen Anwendungsfall gerecht konzipiert werden können. Letztlich existieren noch die *dotierten CVD-Diamantschichten*. Eine Dotierung, üblicherweise mit Bor, findet in den meisten Fällen statt, um eine elektrische Leitfähigkeit der Diamantschicht herzustellen (Goss et al., 2008). Festzustellen ist, dass CVD-Dickschichten eine mikrokristalline Morphologie aufweisen, während die CVD-Dünnschichten eine nanokristalline, eine mikrokristalline oder eine Multilayer-Morphologie aufweisen können. Eine Dotierung der CVD-Schicht während des Beschichtungsprozesses ist bei beiden Schichttypen möglich.

Durch die größeren länglichen Kristallite lässt sich mit der mikrokristallinen Diamantschicht eine höhere Diamantqualität und somit in der Zerspanung eine größere abrasive Verschleißbeständigkeit realisieren. Eine größere adhäsive Verschleißbeständigkeit hingegen lässt sich durch die höhere Oberflächengüte und dem geringeren Reibungskoeffizienten bei der nanokristallinen Diamantschicht beobachten. Zusätzlich ist die höhere Anzahl von Korngrenzen, bedingt durch die geringere Kristallitgröße, bei nanokristallinen Schichten Grund für eine höhere Rissbeständigkeit. Der Grund dafür besteht darin, dass sich Risse bei ihrer Einleitung schlechter fortpflanzen können, somit schwieriger das Substrat erreichen, um dann eventuelle Schichtschäden hervorzurufen. Weitere Eigenschaft des nanokristallinen Diamanten ist die weitaus geringere Wärmeleitfähigkeit gegenüber der des mikrokristallinen und der des reinen, einkristallinen Diamanten. Inwieweit diese Eigenschaft Einfluss auf die Wärmeleitung im Vergleich zu den anderen Schichtmorphologien in der Zerspanung hat, ist noch nicht zweifelsfrei geklärt. Die oft zu beobachtende geringere Erwärmung der Werkzeuge in diesem Fall kann auch mit dem geringeren Reibungskoeffizienten in Verbindung gebracht werden (Frank et al., 2006). Somit können durch die gezielte Beeinflussung von Prozessparametern beim Beschichtungsvorgang und den damit entstehenden Auswirkungen in Wachstum und Ausrichtung der Kristallite spezialisierte Multilayer-Schichten geschaffen werden. Diese Multilayer-Schichten vereinen die jeweiligen Vorteile der nano- und mikrokristallinen Schichtmorphologien und es ist möglich auf den jeweiligen Anwendungsfall konzipierte Schichtsysteme zu entwickeln (VDI 2840, 2005, VDI 3824, 2002).

Ein Nachteil dieser Schichtsysteme ist, dass aufgrund der chemischen Affinität von Kohlenstoff und Eisen, CVD-diamantbeschichtete Werkzeuge für die Zerspanung von Eisenwerkstoffen nicht geeignet sind.

Ein weiteres Forschungsthema moderner Beschichtungen in der Zerspanung bildet das Abscheiden von kubischem Bornitrid auf Hartmetallsubstrat, siehe **Bild 14.12**. Diese Schichten besitzen zum einen hohe Härte und Verschleißwiderstand und können zum anderen in der Zerspanung von unlegierten, legierten und gehärteten Stählen sowie Nickelbasis-Legierungen eingesetzt werden. Das Potential cBN-beschichteter Wendeschneidplatten wurde in der Zerspanung von einer Nickelbasislegierung im Vergleich zu TiAlN-beschichtete Werkzeuge deutlich: Bei einer Schnittgeschwindigkeit von v_c = 50 m/min zeigten die cBN-beschichteten Werkzeuge Standzeiten von 15 Minuten, eine Verbesserung gegenüber der TiAlN-beschichteten Werkzeugen um 100 % (Uhlmann et al., 2009).

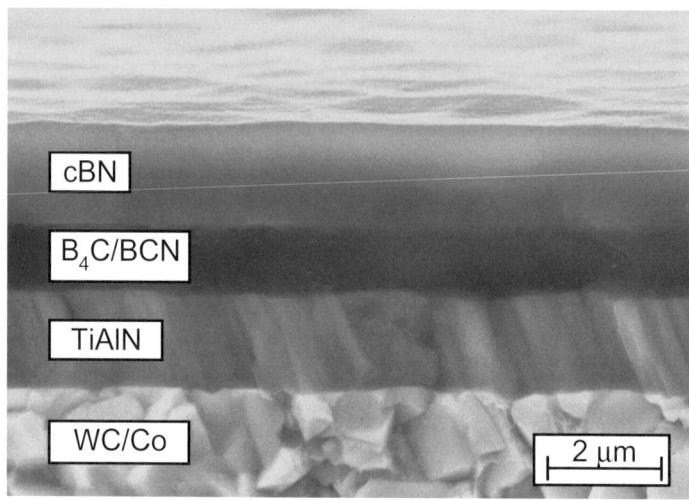

Bild 14.12   cBN-Beschichtung auf einem Hartmetallsubstrat mit Zwischenschichtsystem zur erhöhten Schichthaftung (Uhlmann et al., 2009)

14.5 Triboinduzierte Innovationen in der Produktionstechnik

Zur Illustration der Möglichkeiten der tribologischen Optimierung in der Produktionstechnik werden exemplarisch das Hochgeschwindigkeitsfräsen, die Oberflächenbearbeitung von hochharten Schneidstoffen, Mikrowerkzeuge und die Mikrostrukturierung von Spritzgusswerkzeugen für medizintechnische Stents dargestellt.

Hochgeschwindigkeitsfräsen mit keramischen Werkzeugen

Nickel-Basislegierungen besitzen herausragende mechanische und thermische Eigenschaften sowie eine ausgeprägte Korrosionsbeständigkeit. Mit bis zu 15 Legierungselementen, die oft mehr als 50 % Massenanteil ausmachen, gehören sie zu den am weitesten entwickelten Legierungen überhaupt (Bürgel, 2006). Die hohe Warmfestigkeit in Verbindung mit der geringen Wärmeleitfähigkeit von Nickel-Basislegierungen führen beim Hochgeschwindigkeitsfräsen zu Temperaturen um 1200 °C an der Spanunterseite (Wiemann, 2006). Im Zusammenspiel mit den im Werkstückmaterial enthaltenen abrasiven Karbiden ist das Werkzeug dadurch extremen thermomechanischen Belastungen ausgesetzt.

Siliziumcarbid-Whisker verstärktes Al_2O_3 und SiAlON-Schneidkeramiken haben sich in der Hochgeschwindigkeitsbearbeitung dieser Werkstoffklasse bewährt. **Bild 14.13** zeigt ein keramisches Fräswerkzeug. Hauptverschleißmerkmale sind Schneidkantenverrundung und Kerbverschleiß, wobei Letzterer standzeitbestimmend ist. Bei niedrigen Schnittgeschwindigkeiten ist der Kerbverschleiß stärker ausgeprägt. Im Bearbeitungsprozess kommt es zu adhäsiven Verschweißungen von Werkstoff und Werkzeug, die sich zyklisch aufbauen und ausbrechen.

Die Abscherung geschieht dabei innerhalb des Schneidstoffgefüges und löst dadurch kleine Teile der Schneidkante ab. Maßnahmen, die Verschweißungen verringern und/oder das Ausbrechen vermeiden, haben daher einen positiven Einfluss auf die Standzeit. Es wurde festgestellt, dass sich der Kerbverschleißfortschritt in einer Argon-Schutzatmosphäre sowie einer N_2-reichen Atmosphäre schneller entwickelt als an gewöhnlicher Luft oder reinem Sauerstoff. Die frisch erzeugten Werkstückoberflächen sowie die Späne sind reaktiv und bilden relativ schnell Oxidschichten, die die Gefahr der Verschweißung zwischen Werkzeug und Werkstück verringern (Wiemann, 2006).

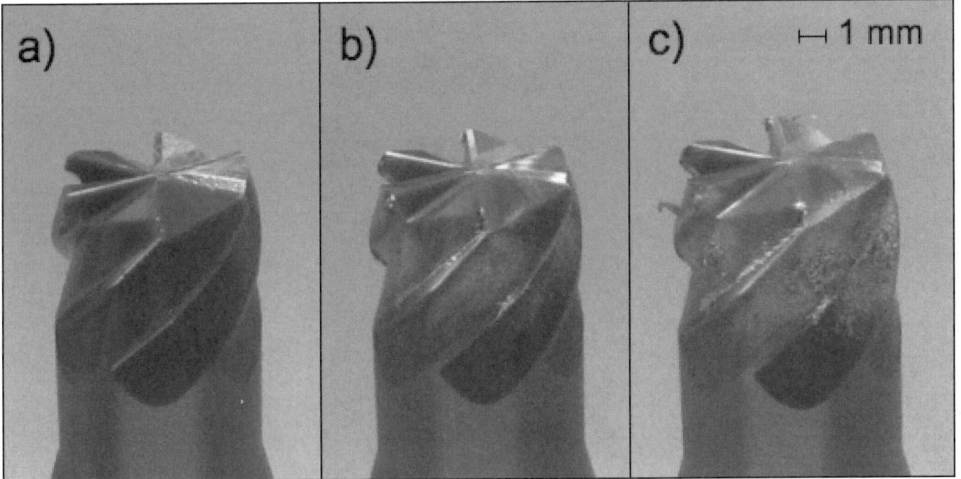

Bild 14.13   Keramisches Fräswerkzeug bei der Bearbeitung von Nickel-Basislegierungen: a) im ungebrauchten Zustand, b) nach fünf Bearbeitungsschritten, c) nach zehn Bearbeitungsschritten

Oberflächenbearbeitung von hochharten Schneidstoffen

Die hohe Härte von z. B. PKD Schneidwerkzeugen stellt für die Nachbearbeitung dieser Werkzeuge ein Problem dar. Konventionelle Verfahren zur Nachbearbeitung von Oberflächen wie Schleifen und Polieren lassen sich nur bedingt einsetzen. Die wesentlichen Nachteile des Einsatzes der Schleifbearbeitung zur Werkzeugherstellung sind die geringe Abtrennrate, der hohe Verschleiß der Schleifwerkzeuge oder der hohe Verbrauch an Schleifmitteln. Ein weiterer wichtiger Nachteil besteht in der begrenzten geometrischen Flexibilität des Verfahrens. Das Schleifen ist daher für die Bearbeitung von hochharten Schneidstoffen unwirtschaftlich und für bestimmte Anwendungen wie der dreidimensionalen Bearbeitung von Werkzeugen nicht einsetzbar (Suzuki et al, 2005).

Das Abtragen durch Funkenerosion ist eine Alternative zur Schleifbearbeitung von hochharten Schneidstoffen. Hier wird eine hohe Spannung zwischen der Arbeitselektrode und dem Werkstück angelegt. Durch gezielte Steuerung der Elektrode kommt es zum Abtrag durch das Überspringen eines Funkens in Form eines Plasmas. Der Werkstoff wird dabei jedoch innerhalb einer Wärmeeinflusszone auch partiell verbrannt. Daher ist eine Nachbearbeitung durch Schleifen nach dem Erodieren erforderlich (Olsen et al., 2004).

Eine innovative Möglichkeit zur Bearbeitung dieser Schneidstoffe stellt die Laserbearbeitung dar. Gegenüber den konventionellen Verfahren arbeitet der Laser berührungslos und weist daher keinen Werkzeugverschleiß im eigentlichen Sinn auf. Der Laserbearbeitungsprozess ist unabhängig von der Härte und der elektrischen Leitfähigkeit des Werkstückwerkstoffes, mit ihm kann ein vergleichsweise schneller Materialabtrag erzielt werden. Darüber hinaus ist die Erzeugung von hochpräzisen Strukturen in der bearbeiteten Oberfläche durch die Fokussierung des Laserstrahls möglich, deren Geometrien mit alternativen Verfahren nicht herstellbar sind.

Am Fraunhofer Institut IPK wurden mittels Laserstrahlabtragen Spanleitstufen mit einer Tiefe von 100 µm in PKD-Werkzeuge eingebracht, siehe **Bild 14.14.** Die Ziele dieser Spanleitstufen sind:

- Optimierung des Spanflusses
- Reduzierte Prozesskräfte und -temperaturen
- Geringerer Werkzeugverschleiß
- Erhöhung der Oberflächengüte des Bauteil

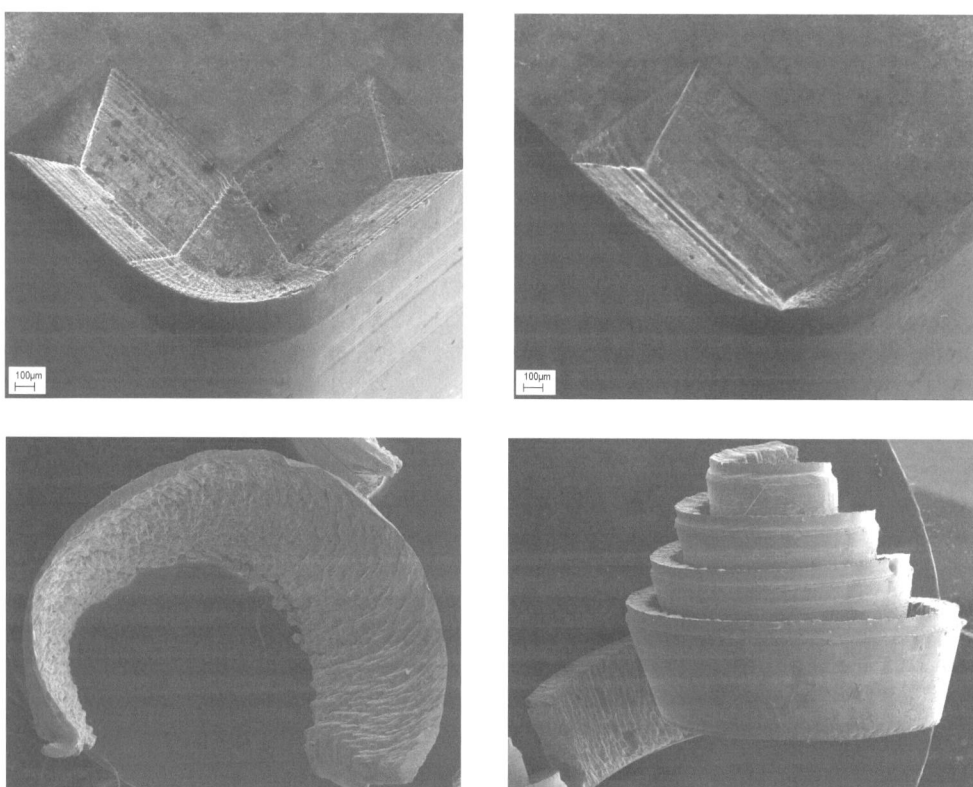

Bild 14.14   Oben: Spanleitgeometrien (Links: Lange Spanleitstufe, Rechts: kurze Spanleitstufe) Unten: die entstehende Späne beim Drehen (Links: Span infolge der Bearbeitung mit den Langen Spanleitstufe, Rechts: Span infolge der Bearbeitung mit der kurze Spanleitstufe)

Mikrowerkzeuge

Mikrowerkzeuge werden heute für unterschiedlichste Bearbeitungsaufgaben eingesetzt. Die Hauptanwendungen sind die Hochpräzisions (HP)- und Ultrapräzisions (UP)-Zerspanung.

Während für die UP-Zerspanung nahezu ausschließlich Werkzeuge aus monokristallinem Diamant Verwendung finden, werden für die HP-Zerspanung von insbesondere Stahlwerkstoffen unbeschichtete oder beschichtete Hartmetall-Werkzeuge eingesetzt. Das Substrat ist hier zumeist Feinkorn- oder Ultrafeinkorn-Hartmetall. Mit solchen filigranen Hartmetallwerkzeugen können Spanungsdicken von 1 μm bis 100 μm realisiert werden (Kotschenreuther, 2008).

Typische Durchmesser für Mikro-Fräswerkzeuge betragen $D \leq 1$ mm. Aufgrund der geringen Spanungsdicken muss bei der Zerspanung mit Mikrowerkzeugen der Schneidkanteneffekt (ploughing, size-effect) berücksichtigt werden (Tikal, 2009). Da Schichtsysteme zur Verschleißminimierung die Schneidkantenradien von Mikrowerkzeugen signifikant beeinflussen, muss neben dem Schichtmaterial und dem Beschichtungsverfahren auch die Schichtdicke bei Mikrowerkzeugen empirisch auf die Bearbeitungsaufgabe abgestimmt werden (Tikal, 2009).

Es kann zwischen drei Anwendungsfällen unterschieden werden:

1. Grafit als sehr spröden Werkstoff, z. B. zur Herstellung von Elektroden, lässt sich gut mit einem negativen Spanwinkel bearbeiten (Tikal, 2009). Es werden kristalline, nanokristalline oder auch multilayer Diamantschichten eingesetzt. Diamantschichten zeichnen sich durch eine hohe Härte (10.000 HV0.05) aus, eignen sich grundsätzlich zur Bearbeitung von Nichteisenwerkstoffen und können Schichtdicken zwischen 6 μm und 500 μm aufweisen.

2. Für die Bearbeitung von Stahl bis zu 65 HRC hat sich Titanaluminiumnitrit (TiAlN) auf Grund hoher Härte und großer Abrasionsbeständigkeit bewährt (Klein, 2005). Als Beschichtungsverfahren wird Lichtbogenverdampfen (Arc-PVD oder arc evaporation) eingesetzt. Trotz erhöhten Werkzeugbelastungen, durch einen um die Schichtstärke vergrößerten Schneidkantenradius, kann durch die Beschichtung als Abrasionsschutz eine bis zu dreifach höhere Standzeit gegenüber unbeschichteten Mikrowerkzeugen erreicht werden (Schauer, 2006). Um unerwünschtes „Pflügen" (ploughing) bei negativem Spanwinkel zu vermeiden, muss bei gegebener Spanungsdicke die Schichtdicke auf den Schneidkantenradius des unbeschichteten Werkzeuges abgestimmt werden.

3. Die Bearbeitung von leicht zerspanbaren Werkstoffen wie Kupfer, Messing oder Aluminium ist durch eine sehr geringe abrasive Wirkung gekennzeichnet. In diesem Fall ist eine Beschichtung nicht zwangsläufig erforderlich da eine Erhöhung des Schneidkantenradius durch eine Beschichtung bei konstanter Spanungsdicke sogar einen Anstieg des Werkzeugverschleißes bewirken kann (Schauer, 2006).

Mikrostrukturierung von Spritzgusswerkzeugen für medizintechnische Stents

Herz-Kreislauf-Erkrankungen stehen an vorderster Stelle der Todesursachen in Deutschland. Das vorrangige Krankheitsbild ist dabei die Arteriosklerose, bei der es über Verfettungen, Verhärtungen und Verkalkungen zur Degeneration und Verengung der Arterien kommt. Sofern ein Gefäß im menschlichen Organismus pathologisch eingeengt ist, kann versucht werden, dieses mit einer Katheterintervention zu erweitern, in der dem Patienten eine Gefäßstütze, ein so genannter Stent, appliziert wird. Die zurzeit eingesetzten Gefäßstützen bestehen meist aus einem Drahtgeflecht. Sie werden entweder mittels Ballonkatheter aufgestellt oder expandieren selbstständig auf eine bestimmte Form.

Trotz aller bisherigen Entwicklungsbemühungen ist die interventionelle Stenttherapie nicht optimal. In bis zu 30 % aller Stentapplikationen kommt es häufig zu einer erneuten Verengung der Blutgefäße (Restenose).

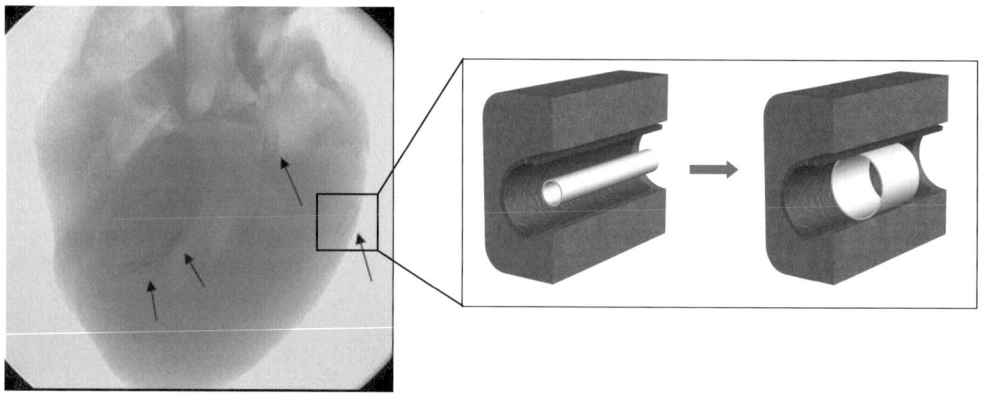

Bild 14.15 Anwendung des Formgedächtnis-Effektes am Beispiel eines polymeren Stents bei pathogener Arterienveränderung (Gefäßstenose) (Uhlmann et al., 2008)

Ziel der Weiterentwicklung des Prinzips des selbstexpandierbaren polymeren Stents unter Ausnutzung des Memory-Verhaltens von Kunststoffen (siehe **Bild 14.15**) ist es, mittels Mikro- bzw. Nanostrukturierung von geeigneten Spritzgießwerkzeugen eine funktionalisierte Oberfläche auf die Innenfläche von röhrenförmigen Stents aus Shape-Memory-Polymer aufzubringen, um einen Selbstreinigungseffekt durch den Blutfluss innerhalb der Gefäßstütze zu erreichen. Als mögliche Herstellungsverfahren für die Oberflächenstruktur kommen das Spritzgießverfahren sowie das Tauchen aus der Lösung mit einem strukturierten Stempel in Frage. Als Strukturierungsmethoden für die dazu erforderlichen Formwerkzeuge bieten sich sowohl die Laser-Strukturierung (siehe **Bild 14.16**) oder nasschemische Ätzverfahren an (Uhlmann et al., 2008).

a) 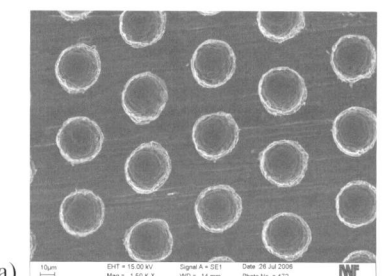   b)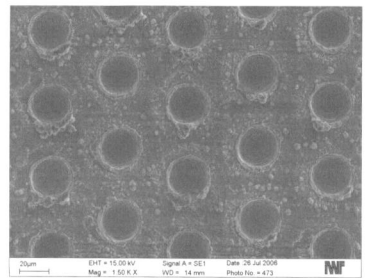

Bild 14.16   Laserstrukturierte Proben a) Aluminium b) Werkzeugstahl

Bei der Herstellung von Polymerstents treten in Abhängigkeit von den verwendeten Kunststoffen hohe Fließgeschwindigkeiten der Schmelze sowie ein hoher Einspritzdruck auf, der mit hohem Werkzeugverschleiß verbunden ist. Daher werden die Werkzeugkomponenten nach der Strukturierung zur Erhöhung der Härte und Verschleißbeständigkeit nitriert. Ein weiteres Problem ist die Entformung der strukturierten Stents. Die abgeformten Strukturen können beim Abstreifen des Stents vom Werkzeugdorn deformiert oder zerstört werden. Hierfür werden druckluftunterstützte Entformungsprozesse und -werkzeuge entwickelt und konzipiert, die die Zerstörung der Strukturen vermeiden.

14.6 Verfügbarkeit von Produktionsanlagen und Instandhaltung

Werkzeugmaschinen werden in der industriellen Fertigung hohen Belastungen ausgesetzt. Diese Belastungen können physikalischer, chemischer oder elektrochemischer Natur sein und zur Abnutzung von Maschinen (vgl. VDI-Richtlinie 3822 und DIN 31051) führen. Verschleiß unterliegen dabei diejenigen Komponenten, welche direkt oder über ein Medium mit einem Gegenkörper in Kontakt stehen und zu dicsem eine Relativbewegung ausführen. Zu den besonders hoch belasteten Komponenten einer Werkzeugmaschine zählen Hauptspindel, Linearführungen und Kugelgewindetriebe. Aber auch Getriebe und Teleskopabdeckungen sind reibungsbehaftet und unterliegen somit ebenfalls dem Verschleiß.

Um Werkzeugmaschinen wirtschaftlich zu betreiben, müssen geeignete Maßnahmen zur Gewährleistung der technischen Verfügbarkeit ergriffen werden. DIN 40041 definiert die Verfügbarkeit eines technischen Systems als *die Wahrscheinlichkeit oder das Maß, dass das System bestimmte Anforderungen zu bzw. innerhalb eines vereinbarten Zeitrahmens erfüllt.* Ein wesentliches Mittel zur Optimierung der technischen Verfügbarkeit ist die Instandhaltung. DIN 31051 definiert die Instandhaltung als *Kombination aller technischen und administrativen Maßnahmen sowie Maßnahmen des Managements während des Lebenszyklus einer Betrachtungseinheit zur Erhaltung des funktionsfähigen Zustandes oder der Rückführung in diesen, so dass sie die geforderte Funktion erfüllen kann.* Dazu zählen insbesondere:

- Wartung,
- Inspektion,
- Instandsetzung,
- Schwachstellenanalyse und
- Verbesserung.

Die Instandhaltung lässt sich grob nach drei unterschiedlichen Instandhaltungsstrategien durchführen. Dabei unterscheidet man auf der oberen Ebene zwischen der reaktiven und der präventiven Instandhaltung, wobei sich die präventive Instandhaltung wiederum in periodisch vorbeugend, zustandsabhängig und vorausschauend aufteilen lässt, siehe **Bild 14.17**.

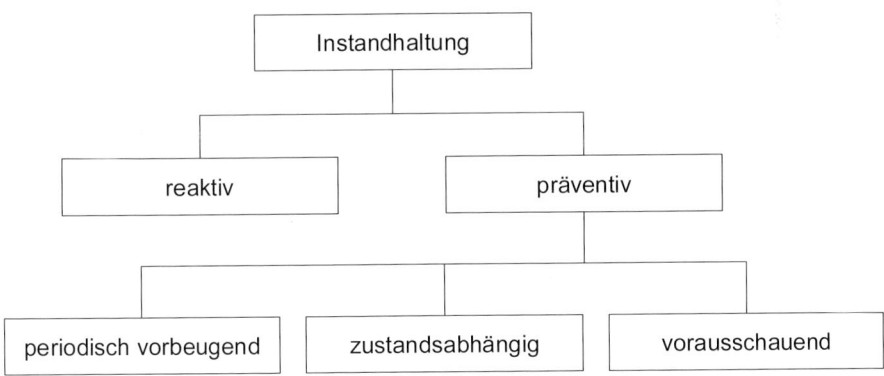

Bild 14.17   Einteilung der Instandhaltungsstrategien

Der wesentliche Unterschied zwischen der periodisch vorbeugenden und der zustandsabhängigen Instandhaltung besteht darin, dass für die zustandsabhängige Instandhaltung die Kenntnis über den realen Zustand der betreffenden Verschleißkomponente notwendig ist. Die periodisch vorbeugende Instandhaltung dagegen sieht den zyklischen Austausch von Verschleißteilen anhand von Erfahrungswerten vor. Der reale Verschleißzustand bleibt unberücksichtigt, wodurch die optimale Ausnutzung des vorhandenen Abnutzungsvorrats nicht gewährleistet ist. Während bei stationär betriebenen Anlagen mit konstanten Umgebungsbedingungen, wie z. B. Pumpen, mit der vorbeugenden Instandhaltung aufgrund die Bauteillebensdauer noch relativ gut ausgeschöpft werden kann, ist dies bei Werkzeugmaschinen mit stark schwankenden Belastungsprofilen und einer entsprechend hohen Schwankungsbreite bei den Ausfallraten mit dieser Strategie nicht mehr möglich. Kommen bei bestimmten Werkzeugmaschinen und Anlagen bei einem verschleißbedingten Schaden zusätzlich noch hohe Kosten aufgrund des Produktionsausfalls dazu, eignet sich die Einführung der zustandsabhängigen Instandhaltung. Unterstützt wird dieser Trend auch durch die zunehmende Betrachtung der Lebenszykluskosten von Produktionsanlagen durch die Betreiber und der Einführung neuer Methoden wie *Total Cost of Ownership* (TCO) oder *Life Cycle Costing* (LCC).

Die grundlegenden Methoden der Maschinendiagnostik

- Schadensverhütungsstrategien,
- Zustandsüberwachung,
- Zerstörungsfreie Prüfung

sind in Kapitel 22 „Machinery Diagnostics" dargestellt.

15 Tribologie von Werkzeugen

In diesem Kapitel sollen einige grundsätzliche Ausführungen zum tribologischen Verhalten von Zerspan- und Umformwerkzeugen gemacht werden. Eine umfassende Darstellung ist wegen der großen Vielfalt der in der Praxis eingesetzten Werkzeuge nicht möglich.

15.1 Zerspanwerkzeuge

Die spanenden Fertigungsverfahren können unterteilt werden in:

- – Spanen mit geometrisch bestimmter Schneide
  - - Drehen
  - - Bohren, Senken, Reiben
  - - Fräsen
  - - Hobeln, Stoßen
  - - Räumen
  - - Sägen, Feilen

- – Spanen mit geometrisch unbestimmter Schneide
  - - Schleifen
  - - Honen
  - - Läppen

Bei allen Zerspanungsverfahren handelt es sich um Tribosysteme mit offener Systemstruktur (siehe Kapitel 2.3) mit dem Werkzeug als Grundkörper und dem zu zerspanenden Werkstück als Gegenkörper sowie gegebenenfalls einem Kühlschmierstoff als Zwischenstoff. Das Beanspruchungskollektiv ist durch hohe dynamische Schub-, Druck- und Zugspannungen bei gleichzeitig hohen thermischen Beanspruchungen gekennzeichnet (König und Lung, 1987). Die folgenden Ausführungen beziehen sich vor allem auf Drehwerkzeuge.

Während des Zerspanvorganges treten am Schneidteil Verschleißerscheinungen auf, die sich je nach Belastungsart und -dauer unterschiedlich stark ausbilden. **Bild 15.1.1** zeigt die wichtigsten, hauptsächlich am Drehwerkzeug vorkommenden Verschleißformen. Der Verschleiß tritt an den Stellen auf, die mit dem Werkstück oder mit dem Span in Kontakt kommen. Die Verschleißmessgrößen sind in Bild 15.1.1 schematisch mit dargestellt. Zur quantitativen Beurteilung des Verschleißes wird vor allem die Verschleißmarkenbreite VB herangezogen. Nach dem heutigen Stand der Erkenntnisse können für den Sammelbegriff „Verschleiß" folgende Einzelursachen angeben werden:

- – Abrasion
- – Adhäsion
- – Oberflächenzerrüttung
- – Tribooxidation

Zu diesen grundlegenden Verschleißmechanismen (siehe Kapitel 5) können Diffusion sowie mechanische und/oder thermische Überbeanspruchung hinzukommen.

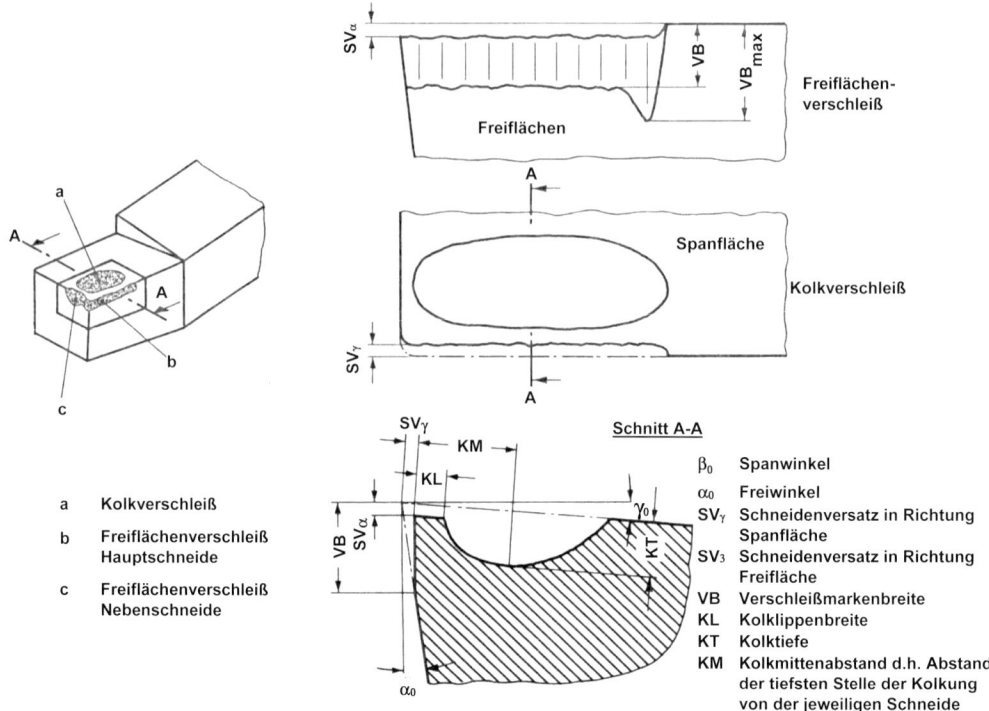

Bild 15.1.1 Verschleißformen und Verschleißmessgrößen am Schneidteil (König, 1997)

Die Vorgänge überlagern sich in weiten Bereichen und sind sowohl in ihrer Ursache als auch in ihrer Auswirkung auf den Verschleiß nur zum Teil voneinander zu trennen. **Bild 15.1.2** verdeutlicht, wie die vier zuerst genannten Verschleißmechanismen von der Schnitttemperatur abhängen, die vor allem durch die Schnittgeschwindigkeit und den Vorschub beeinflusst wird.

Die Adhäsion tritt vor allem im Kontaktbereich zwischen Spanfläche und Span in Erscheinung, wenn die Adsorptions- und Reaktionsschichten der Spanfläche abgerieben sind, so dass sich die inneren Grenzflächen von Werkzeug und Span unter hohen Pressungen berühren. Verschleiß entsteht, wenn durch Adhäsion gebildete Verschweißungen wieder getrennt werden und die Trennstelle im Schneidstoff liegt. Adhäsion ist auch für die Bildung von Aufbauschneiden verantwortlich. Mit zunehmender Schnittgeschwindigkeit und Schnitttemperatur wird die Aufbauschneidenbildung jedoch zurückgedrängt und es gewinnen zunehmend Diffusions-, Oxidations- bzw. Tribooxidationsprozesse als Verschleißursachen an Bedeutung.

Abrasionsvorgänge sind eine wesentliche Ursache für den beim Zerspanen sich ausbildenden Werkzeugverschleiß. Abrasivverschleiß tritt sowohl bei niedrigen als auch bei hohen Schnittgeschwindigkeiten auf. Verursacht werden kann dieser durch harte, im Werkstück eingeschlossene Bestandteile wie Oxide, Carbide oder Nitride, durch Bestandteile des Schneidstoffes, die im Bereich der Verschleißzone heraus gebrochen worden sind oder von harten durch Adhäsion oder Tribooxidation entstandene und auf Werkstück oder Span übertragene Verschleißpartikel.

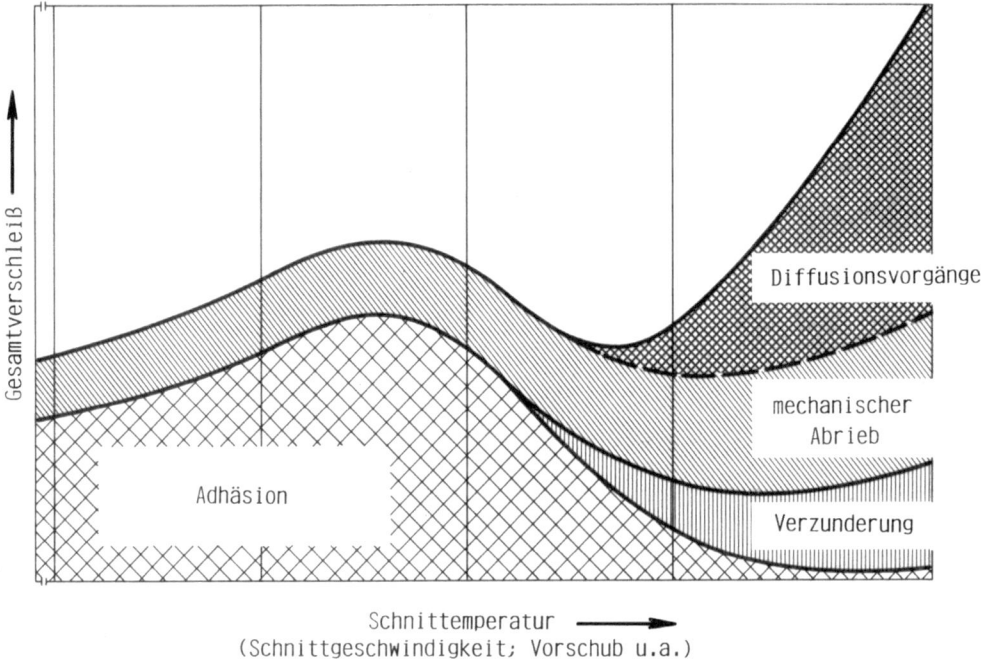

Bild 15.1.2 Verschleißursachen bei der Zerspanung (Vieregge, 1970; König, 1997)

Die Tribooxidation wird erst bei höheren Schnitttemperaturen wirksam. Tribochemisch gebildete Reaktionsprodukte können mit dem Span abgeführt werden oder als Belag auf dem Schneidstoff bleiben. Der Verschleiß kann dadurch erhöht oder reduziert werden. Ob die Tribooxidation einen erhöhten Verschleißbeitrag verursacht, hängt von der Härte der gebildeten Reaktionsprodukte im Vergleich zu der des Schneidstoffes ab. Eine Verschleißminderung tritt dann ein, wenn die Reaktionsschichten einen unmittelbaren Kontakt von Grund- und Gegenkörper verhindern, so dass die Wirkung von Adhäsion und Abrasion eingeschränkt wird.

Bei hohen Schnittgeschwindigkeiten und den dadurch bedingten hohen Schnitttemperaturen kann es zu Diffusionsvorgängen zwischen Schneidstoff und Werkstoff kommen. Dabei kann sowohl ein Ein- als auch ein Abdiffundieren von Elementen in bzw. aus dem Schneidstoff erfolgen. Dies kann zu einer Verringerung des Verschleißwiderstands, insbesondere des Schneidstoffwiderstandes gegen Abrasion führen. Ein typisches Beispiel für diffusionsbedingten Verschleiß ist die Kolkbildung beim Zerspanen von Stahlwerkstoffen mit unbeschichteten Hartmetallen.

Die Oberflächenzerrüttung tritt bei mechanischer und/oder thermischer Wechselbelastung auf. Sie kann zu Gefügeveränderungen, Ermüdungs-, Rissbildungs- und Risswachstumsvorgängen bis hin zum Abtrennen von Verschleißpartikeln führen. Beim Zerspanen im unterbrochenen Schnitt ist sie eine wesentliche tribologische Ursache für den auftretenden Verschleiß. Auch die Bildung von Lamellenspänen, wie sie bei der Bearbeitung von Titanlegierungen zu beobachten ist, kann zur Oberflächenzerrüttung beitragen.

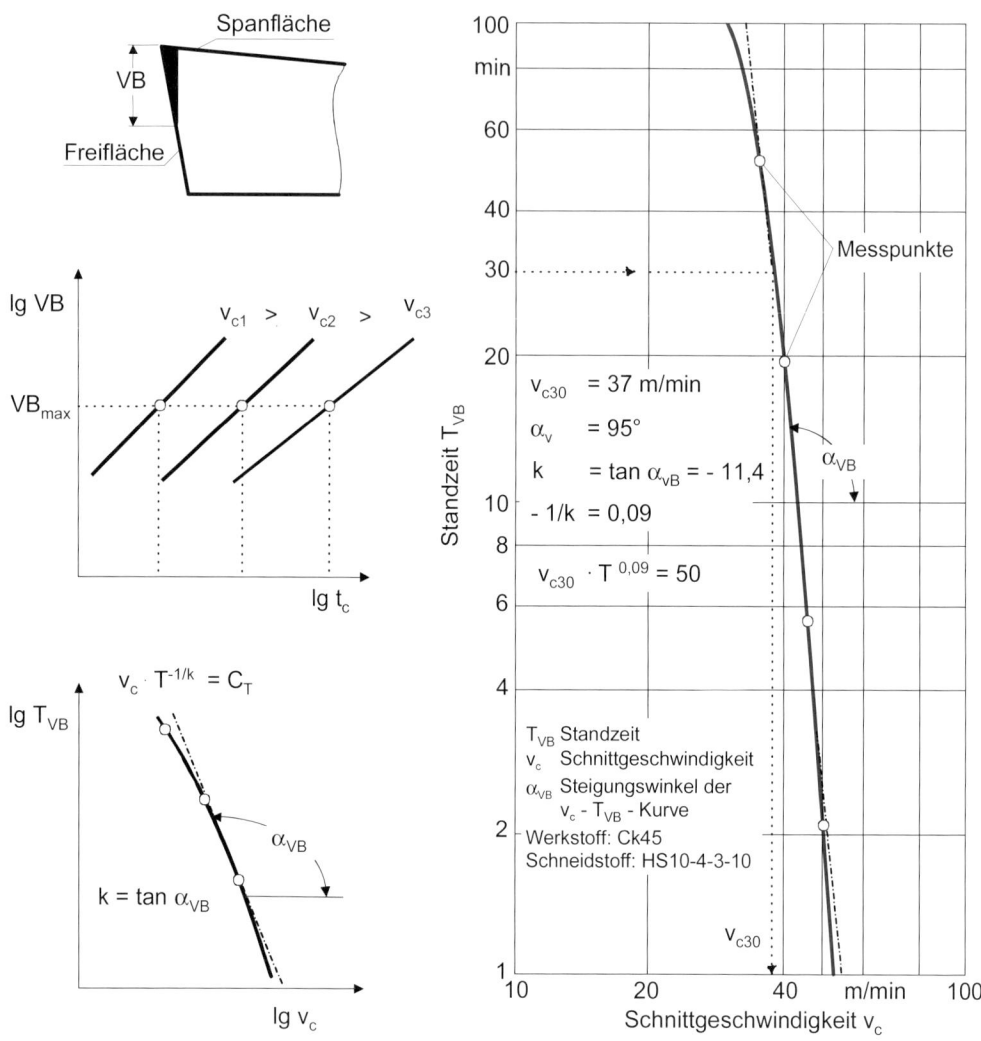

Bild 15.1.3   Schema für die Auswertung des Verschleißstandzeit-Drehversuches mit entsprechender Standzeit-Kurve (König, 1997)

Zur Kennzeichnung der Verschleißbeständigkeit eines Schneidstoffes hat die Standzeit des Werkzeuges die größte Bedeutung. Sie ist die Zeit in Minuten, während der ein Werkzeug vom Anschnitt bis zum Erreichen eines vorgegebenen Standzeitkriteriums Zerspanarbeit leistet. Grundlage für die Ermittlung der Standzeit sind Langzeitverschleißversuche. Trägt man den Verschleißbetrag – z. B. die Verschleißmarkenbreite VB – für unterschiedliche Schnittgeschwindigkeiten v_c über der Schnittzeit t_c auf, so erhält man Kurven, wie sie schematisch in **Bild 15.1.3** wiedergegeben sind. Zu einem Grenzwert der zulässigen Verschleißmarkenbreite VB_{max} kann man die zugehörigen Standzeiten T ermitteln und diese in einem doppelt-logarithmischen Koordinatennetz gleicher Teilung über der Schnittgeschwindigkeit auftragen.

Für einen konstanten Vorschub erhält man als Ergebnis eine Standzeitkurve, die sich über einen großen Bereich durch eine Gerade annähern lässt. Die so erhaltene Standzeitgerade kann durch die in der Praxis häufig angewandte vereinfachte Taylor-Gleichung

$$T = v_c^k \cdot x \cdot C_V$$

beschrieben werden. Der Faktor k entspricht dem Tangens des Neigungswinkels. Die Konstante C_V bedeutet die Standzeit T in Minuten für $v_c = 1$ m/min. Sie hängt vom Zerspanwerkzeug, dem Werkstoff und den Schnittbedingungen (mit Ausnahme der Schnittgeschwindigkeit) ab und stellt damit einen Systemkennwert dar.

Die im Bereich der Zerspanung mit geometrisch bestimmter Schneide zum Einsatz kommenden Schneidstoffe können schwerpunktmäßig eingeteilt werden in:

- Werkzeugstähle (Kaltarbeitsstähle und Schnellarbeitsstähle)
- Hartmetalle (unbeschichtet und beschichtet)
- Schneidkeramiken
- hochharte Schneidstoffe auf der Basis von kubischem Bornitrid und Diamant

In **Tabelle 15.1.1** sind einige bei Raumtemperatur gemessene Eigenschaften von Schneidstoffen zusammengestellt. Da Zerspanwerkzeuge hohen thermischen Beanspruchungen ausgesetzt sind, ist die Temperaturabhängigkeit dieser Eigenschaften von besonderer Wichtigkeit. Die Härte von Werkzeug- und Schnellarbeitsstählen nimmt oberhalb 550 °C stark ab, während die von vornherein höhere Härte der Hartmetalle und besonders die der keramischen Werkstoffe bis zu deutlich höheren Temperaturen nur wenig sinkt, siehe **Bild 15.1.4**.

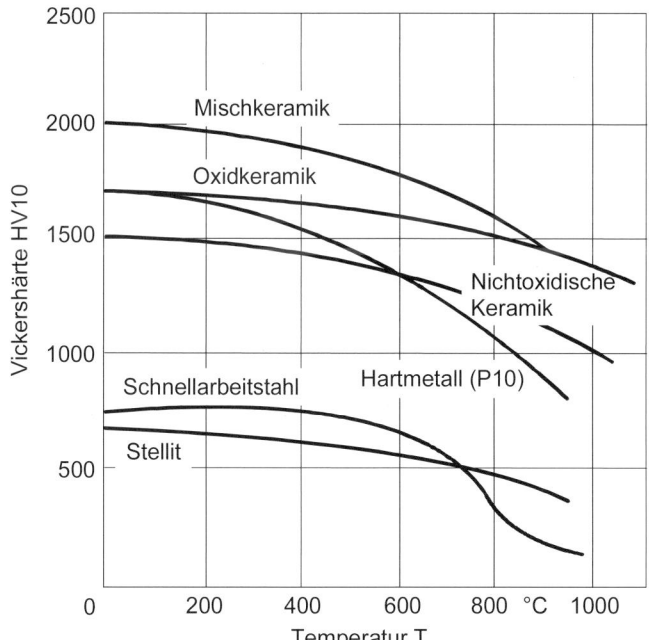

Bild 15.1.4
Warmhärte verschiedener
Schneidstoffe (König, 1997)

Tab. 15.1.1   Eigenschaften von wichtigen Schneidwerkstoffen

	Hartmetall			Oxid-keramik	PKD	CBN
	K10	P10	P25			
Dichte [g/cm]	14,9	10,6	12,6	4,2	3,5	3,5
Härte HV	1580	1560	1490	1750	5000 -8000	3700 - 5100
Druckfestigkeit [N/mm²]	5400	4500	4600	4700	7600	6000
Biegefestigkeit [N/mm²]	2000	1700	2200	800	960 - 2100	570 - 1050
E-Modul [kN/mm²]	630	520	550	410	-	-
Bruchzähigkeit [MPa*m$^{1/2}$]	9,6	8,1	10,0	5,1	-	-
Wärmeleit fähigkeit [W*m^{-1}*K^{-1}]	80	25	45	15	120 - 560	37 - 200
Wärmeaus dehnungs koeffizient [10^{-6} K^{-1}]	5,5	7,2	6,7	8	6,7	6,7

Schnellarbeitsstähle sind hochlegierte Stähle, die als Hauptlegierungselemente Wolfram. Molybdän, Vanadium, Cobalt und Chrom enthalten. Sie verfügen über eine hohe Biegefestigkeit und damit über günstige Zähigkeitseigenschaften. Ihre maximale Härte wird durch eine Sekundärhärtung erzielt, die durch ein Anlassen bei ca. 540 bis 580 °C erfolgt. Ihre Härte von ca. 60 - 67 HRC behalten sie bis zu Zerspantemperaturen von ca. 600 °C bei.

Hartmetalle bestehen aus einer duktilen metallischen Bindephase (Cobalt oder Nickel), worin Carbide oder (Carbo)-Nitride als Träger der Härte und des Verschleißwiderstands eingebettet sind. Durch gezielte Änderung der Hartstoffanteile, der Korngrößen und des Bindemetallanteils ist es möglich, Hartmetallsorten mit unterschiedlichen Verschleißeigenschaften herzustellen. Hartmetalle auf der Basis von Wolframcarbid-Cobalt zeichnen sich durch eine hohe Abriebbeständigkeit aus. Ihre geringe Warmhärte, Oxidationsbeständigkeit und Diffusionsbeständigkeit gegenüber Eisenwerkstoffen wird durch das Zulegieren von Titan-, Tantal- und Niobcarbid verbessert. TiC verbessert den Widerstand gegen Warmverschleiß, verschlechtert jedoch die Zähigkeitseigenschaften. TaC wirkt in kleinen Mengen kornverfeinernd und damit zähigkeits- und kantenfestigkeitsverbessernd. Die Regel, wonach bei den WC-Co-Hartmetallen eine Härtezunahme mit einer Abnahme der Zähigkeit einhergeht, wird bei den Feinst- und Ultrafeinstkornhartmetallen durchbrochen. Die Verringerung der WC-Kristallitgröße unter 1 µm führt bei gleich bleibendem Bindergehalt sowohl zu einer Erhöhung der Härte als auch der Biegefestigkeit, siehe **Bild 15.1.5**. Die sog. Cermets sind Hartmetalle auf der Basis von Titannitrid (**Bild 15.1.6**). TiN besitzt gegenüber Stahl eine geringere Löslichkeit und größere Diffusionsbeständigkeit als TiC und bewirkt damit eine Steigerung des Verschleißwiderstands, vor allem bei der Stahlbearbeitung mit hohen Schnittgeschwindigkeiten.

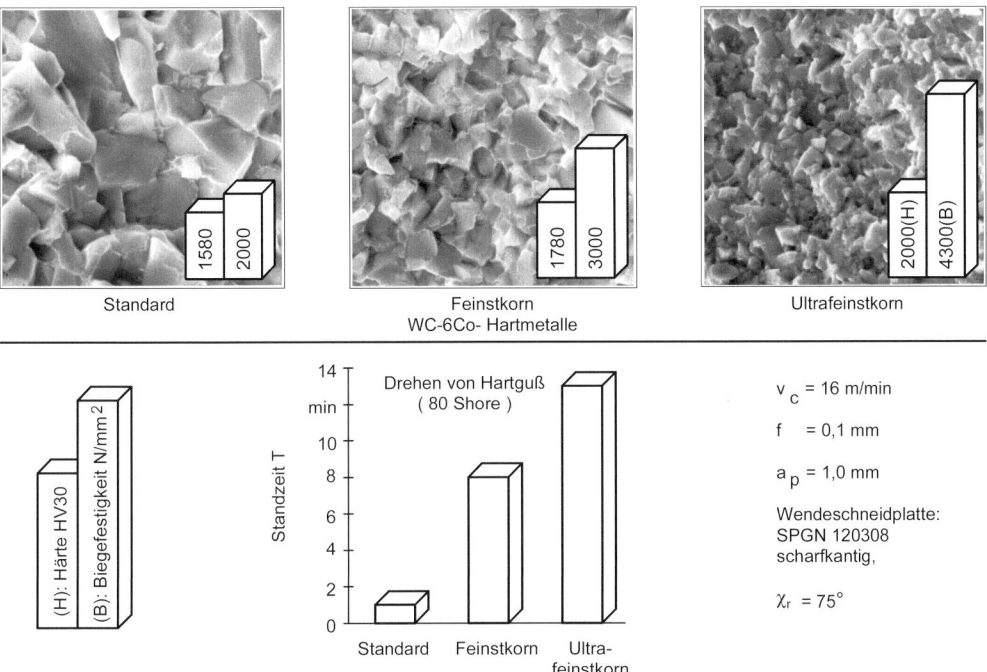

Bild 15.1.5 Gefügeaufbau und Eigenschaften von Feinst- und Ultrafeinstkornhartmetallen im Vergleich zu einem Standard K-Hartmetall (König, 1997)

Große Bedeutung hat die Beschichtung der Zerspanwerkzeuge mit angepassten Schichtsystemen gewonnen (vgl. Kap. 14.4.2). Primäre Aufgabe der Beschichtung ist es, während des Zerspanvorganges den Kontakt zwischen Werkstoff und Werkzeugsubstrat zu unterbinden. Durch die Versiegelung der Schneidstoffoberfläche mit einer Schicht werden nicht nur Diffusions- und Oxidationsvorgänge zwischen Werkstoff und Schneidstoff unterbunden, sondern vor allem die Hartstoff- und Binderphase dem abrasiven Verschleißangriff von Werkstückoberfläche, Spanunterseite und Spanrand entzogen. Hartstoffschichten weisen aufgrund ihrer auch bei hohen Temperaturen großen Härte einen hohen Widerstand gegen Abrasionsverschleiß auf und tragen damit unmittelbar zur Steigerung des Leistungsvermögens der Schneidstoffe bei.

Die Beschichtung von Zerspanwerkzeugen kann nach dem CVD-Verfahren (Chemical Vapour Deposition: chemische Abscheidung aus der Dampfphase) oder nach dem PVD-Verfahren (Physical Vapour Deposition: physikalische Abscheidung aus der Dampfphase) erfolgen. Hartmetalle werden meist nach dem CVD-Verfahren beschichtet. Verfahrensvarianten sind das Hochtemperatur-CVD-Verfahren (Beschichtungstemperaturen ca. 900–1100 °C), das Mitteltemperatur-CVD-Verfahren (ca. 700–900 °C) und das Plasma-CVD-Verfahren (ca. 450-650 °C). Die PVD-Beschichtung erfolgt bei Prozesstemperaturen von 200–600 °C. Sie wurde daher zunächst für die Beschichtung von HSS-Werkzeugen erschlossen. Die prozesstechnischen Details der PVD- und CVD-Verfahren sind in Kapitel 14.4.1 dargestellt.

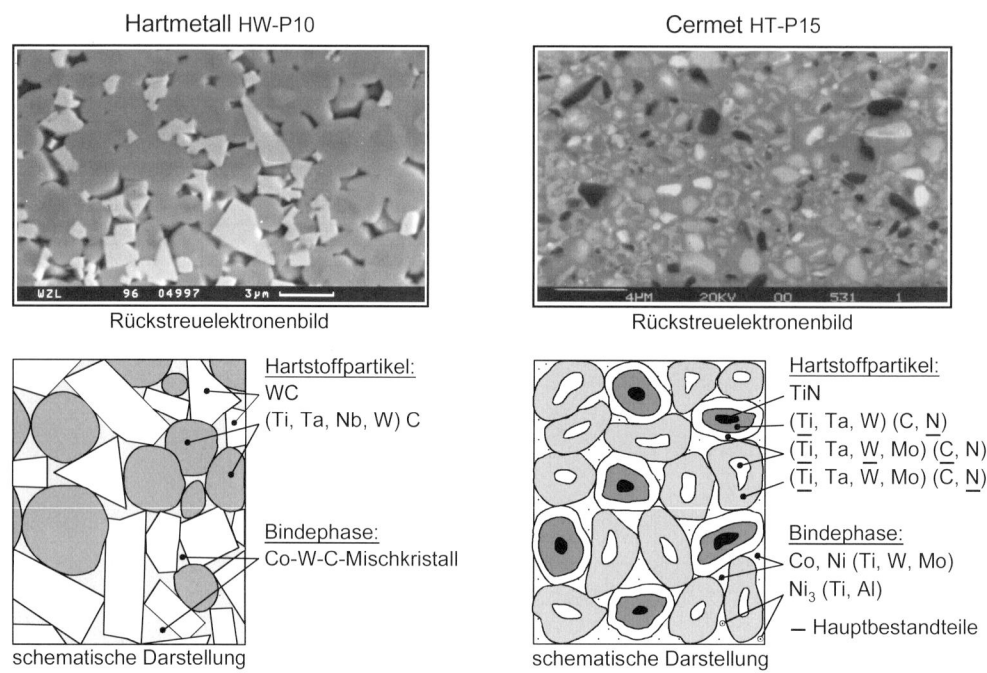

Bild 15.1.6 Gefügeaufbau von einem konventionellen WC-basierten Hartmetall und von einem Cermet
(Gerschwiler, 1998)

Charakteristische Schichtsysteme sind TiC, TiN, Ti(C,N), (Ti,Al)N, AlON und Al_2O_3, die als Einlagenschichten, meist jedoch als Mehrlagenschichten mit teils wechselnder Reihenfolge, abgeschieden werden, siehe **Bild 15.1.7**. TiC bietet aufgrund seiner hohen Härte einen im Verglich zu TiN wirkungsvolleren Schutz gegen Freiflächenverschleiß. Titannitrid besitzt dagegen eine höhere thermodynamische Stabilität, es ist diffusionsträger und neigt weniger zum Verkleben mit dem Stahlwerkstoff als TiC. Der Widerstand gegen Kolkverschleiß von TiN ist daher höher als die von Titancarbid. Al_2O_3–Schichten zeichnen sich durch einen hohen Widerstand gegen Abrasions-, Diffusions- und Tribooxidationsverschleiß aus. Wegen ihrer hohen Härte und Sprödigkeit werden Al_2O_3-Schichten in der Regel in Kombination mit anderen Schichtmaterialien als Multilayerschichten ausgeführt. Zu den neueren Schichtsystemen gehören die CVD-Diamantschichten und die Feststoffschmierschichten. Unter letzteren sind Schichtwerkstoffe wie amorphe Metall-Kohlenstoffe (α-Me-C:H) zu verstehen, die sich durch einen geringen Reibungskoeffizienten im Kontakt mit dem zu zerspanenden Werkstoff auszeichnen. Zunehmend werden auch weiche Schichtwerkstoffe genutzt, die auf einer konventionellen Hartstoffschicht aufgebracht, zumindest in der „Einlaufphase" des Werkzeuges, Reibung und Verschleiß mindern. Beispiele hierfür sind MoS_2- oder WC/C-Schichten. WC/C-Schichten sind aus extrem dünnen WC- und reinen Graphit-Einzellagen lamellar aufgebaut. Zunehmende Bedeutung haben diese Schichten vor allem im Zusammenhang mit der Trockenbearbeitung von Stahl und Leichtmetallen gewonnen.

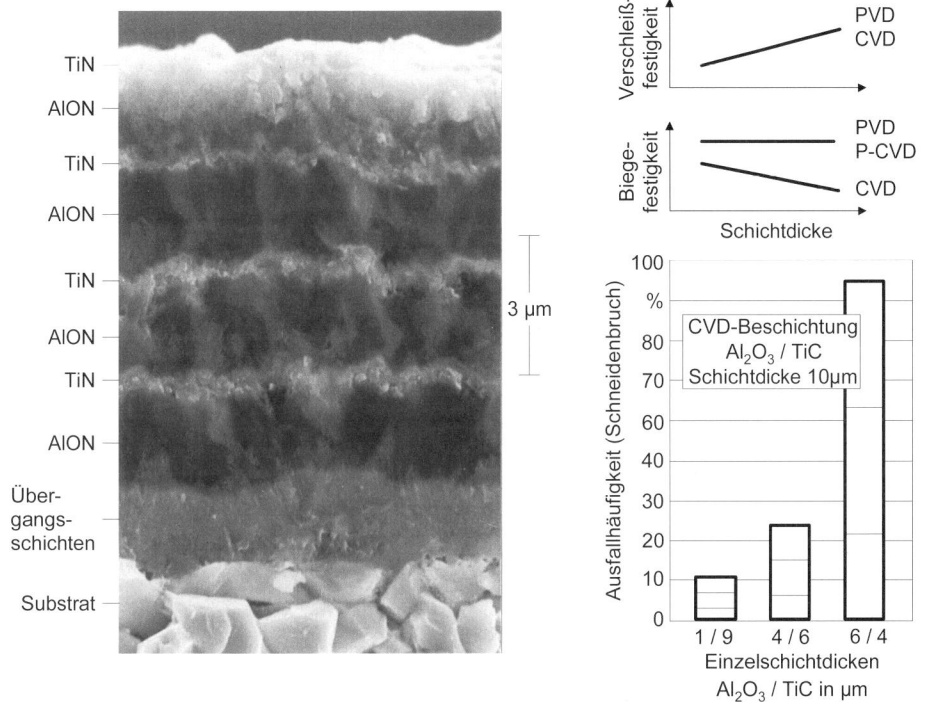

Bild 15.1.7 Feinlamellare Mehrlagenschichten erhöhen den Verschleißwiderstand und die Zähigkeit (König, 1997)

Diamantschichten eignen sich vor allem für die Beschichtung von Werkzeugen mit komplexer Geometrie, wie Bohrer und Schaftfräser, zur Bearbeitung von Aluminiumlegierungen, Buntmetallen, Kunststoffen, Hartmetall- und Keramikgrünlingen.

Keramische Schneidstoffe zeichnen sich durch hohe Härte und Verschleißwiderstand aus. Sie ermöglichen die Anwendung hoher Schnittgeschwindigkeiten und die Realisierung großer Zeitspanvolumen. Ihre vergleichsweise geringe Zähigkeit und das für Keramiken typische Sprödbruchverhalten sind nach wie vor Hauptursache dafür, dass sie bislang nicht in dem Maße wie die Hartmetalle Eingang in die Zerspantechnik gefunden haben.

Die Diamantschneidstoffe können in mono- oder polykristalliner Form vorliegen. Wegen der hohen Affinität des Eisens zum Kohlenstoff ist die Zerspanung von Eisen- und Stahlwerkstoffen damit nicht möglich. Eine wichtige Eigenschaft monokristalliner Diamanten ist ihre Anisotropie (Richtungsabhängigkeit) der mechanischen Kennwerte. Sie müssen daher im Werkzeughalter immer so orientiert werden, dass die Zerspankraft in die Richtung eines Härtemaximums weist. Bei polykristallinen Materialien gleicht sich durch die völlig regellose Verteilung der einzelnen Kristallite die Richtungsabhängigkeit aus. Polykristalline Diamanten weisen damit nicht die Härteanisotropie und Spaltbarkeit monokristalliner Diamanten auf, erreichen jedoch auch nicht deren Härtewerte in dessen härtester Richtung. Die Härte der polykristallinen Diamanten wird zudem noch durch die Bindephase beeinflusst.

Bornitrid tritt in Analogie zum Diamant in einer weichen hexagonalen Modifikation, die im gleichen Gittertyp wie Graphit kristallisiert und in einer harten kubischen Modifikation auf, mit einer dem Diamantgitter identischen Struktur. Das natürlich vorkommende hexagonale BN ist weich und als Schneidstoff nicht geeignet. Erst nach einer Transformation des hexagonalen in das kubisch-kristalline Gitter mit Hilfe eines Hochdruck-Hochtemperatur-Prozesses weist das Bornitrid die Eigenschaften auf, die es als Schneidstoff auszeichnet. Nach Diamant ist das kubische Bornitrid (CBN) das zweithärteste bekannte Material. Da es aus Bor- und Stickstoffatomen besteht besitzt es nicht die gleiche Symmetrie der Bindungskräfte und damit nicht die gleiche Härte des Diamanten. Im Hinblick auf seine chemische Beständigkeit, insbesondere gegenüber Oxidation, ist das CBN dem Diamanten jedoch deutlich überlegen. Es ist bei atmosphärischem Druck bis rd. 2000 °C stabil, wogegen die Graphitisierung des Diamanten schon bei etwa 900 °C einsetzt. Werkzeuge auf der Basis von kubischem Bornitrid haben ihr Hauptanwendungsfeld bei der spanenden Bearbeitung von gehärtetem Stahl mit einer Härte von HRC > 45, von Schnellarbeitsstahl sowie von hochwarmfesten Legierungen auf Nickel- und Kobaltbasis, die sich mit Hartmetallwerkzeugen nicht oder nur sehr schwer bearbeiten lassen.

Eine weitere Möglichkeit zur Verminderung des Verschleißes von Zerspanwerkzeugen bietet die Verwendung von Kühlschmierstoffen, besonders dann, wenn thermisch niedrig belastbare Schneidstoffe wie Schnellarbeitsstähle eingesetzt werden. Aus **Bild 15.1.8** ist ersichtlich, dass beim Bohren mit HSS-Werkzeugen gegenüber der Trockenbearbeitung die Verwendung einer Emulsion die Anwendung höherer Schnittgeschwindigkeiten und größerer Vorschübe bei gleichzeitig deutlich gesteigerten Standzeiten erlaubt. Neben der Kühlwirkung können Kühlschmierstoffe, die Additive enthalten, Reaktionsschichten zwischen dem Span und der tribologisch beanspruchten Oberfläche bilden, wodurch Reibung und Verschleiß vermindert werden.

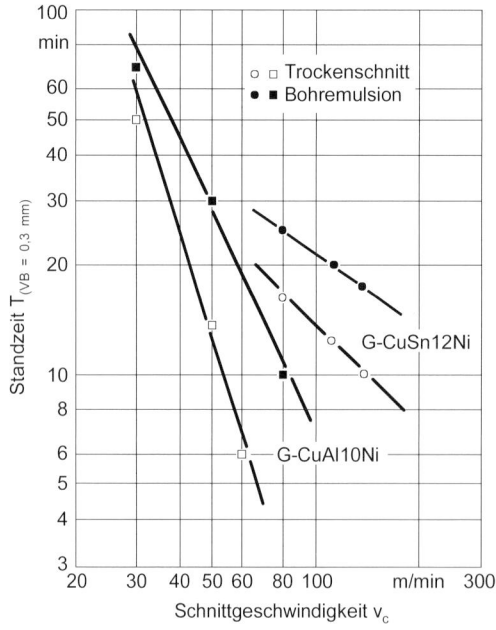

	Vorschub f	Bohrtiefe l_B
G-CuAl10Ni		
Trocken	0,1 mm	30 mm
Bohremulsion	0,2 mm	30 mm
G-CuSn12Ni		
Trocken	0,2 mm	45 mm
Bohremulsion	0,4 mm	45 mm

Werkzeug: Spiralbohrer d = 11 mm

Schneidstoff: HS6-5-2-5

Bild 15.1.8   Einfluss der Kühlung auf die Standzeit beim Bohren von Kupferlegierungen (König, 1997)

15.2 Umformwerkzeuge

Beim Umformen wird die vorliegende Form eines Werkstückes unter Beibehaltung seiner Masse und seines Stoffzusammenhanges in eine andere Form überführt. **Bild 15.2.1** gibt eine Übersicht über die verschiedenartigen Umformverfahren. Ähnlich wie bei Zerspanen laufen die Umformprozesse in Tribosystemen mit offenen Systemstrukturen ab, bei denen das Umformwerkzeug den Grundkörper, der umgeformte Werkstoff den Gegenkörper bildet und in vielen Fällen ein Schmierstoff als Zwischenstoff dient. Ein Beispiel für eine detaillierte Beschreibung eines beim Umformen herrschenden Tribosystems enthält **Bild 15.2.2** (Westheide, 1986). Eine analoge Darstellung wurde von Nürnberger (1989) gegeben.

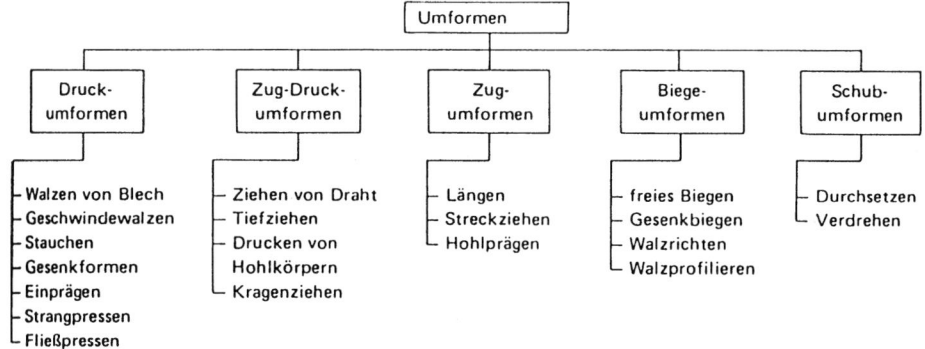

Bild 15.2.1 Übersicht über die Einteilung der Umformverfahren

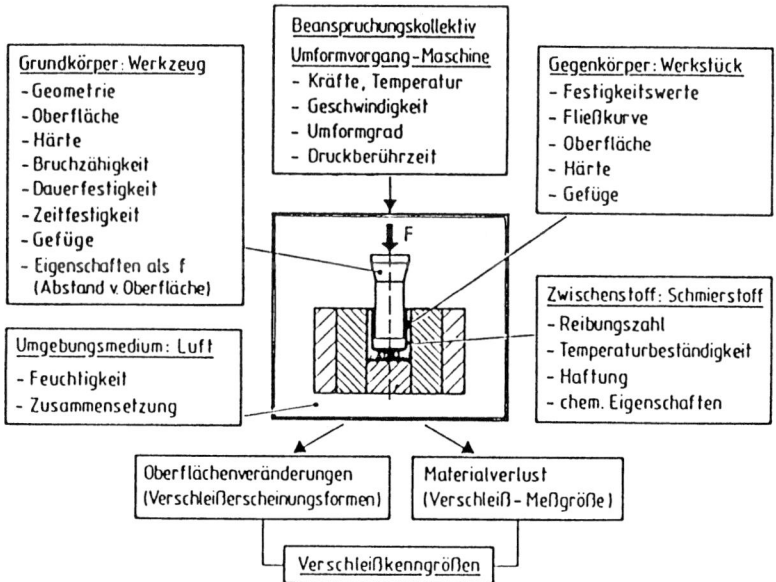

Bild 15.2.2 Systemanalytische Beschreibung der für den Verschleiß wichtigen Einflussgrößen beim Napf-Rückwärts-Fließpressen (Westheide, 1986)

Aus tribologischer Sicht ist neben dem Verschleiß des Umformwerkzeuges die Reibung zwischen Werkzeug und Werkstück von großer Bedeutung. Bei einigen Umformverfahren wie z. B. beim Walzen muss die Reibungszahl einen Mindestwert überschreiten, damit durch „Traktion" die Bewegung des Werkzeuges auf das Werkstück übertragen werden kann. Bei anderen Verfahren wie z. B. beim Drahtziehen ist die Reibung dagegen störend, weil sie einen Großteil der für den gesamten Umformvorgang benötigten Energie verbraucht, siehe **Bild 15.2.3**. In diesen Fällen strebt man an, die Reibung möglichst in das Gebiet der Mischreibung oder der Flüssigkeitsreibung der Stribeckkurve zu verlegen (vgl. Bild 4.1.1).

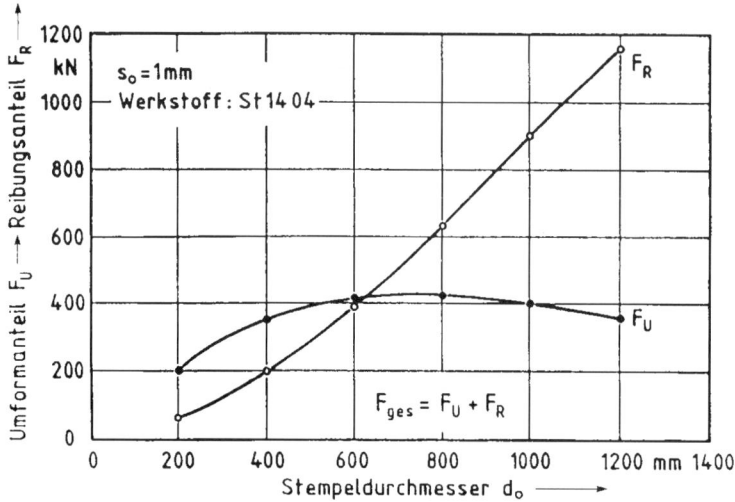

Bild 15.2.3 Umformanteil F_U und Reibungsanteil F_R in Abhängigkeit von Stempeldurchmesser beim Tiefziehen (Doege, Fetzer, Kellenbenz und Bergmann, 1971)

In der Umformtechnik wird neben der Amonton-Coulombschen Reibungsregel häufig eine von Siebel entwickelte Beziehung benutzt:

Coulomb-Amonton: Reibungszahl $f = \dfrac{F_R}{F_N} = \dfrac{\tau_R}{p}$

Siebel: Reibungsfaktor $m = \dfrac{\tau_R}{\tau_{max}}$

f: Reibungszahl

F_R: Reibungskraft

F_N: Normalkraft

τ_R: Reibungsschubspannung ($\tau_R = F_R/A$)

A: geometrische Kontaktfläche

p: Druckspannung, Pressung ($p = F_N/A$)

τ_{max}: max. Schubspannung (= Schubfließspannung)

Wenn die beiden reibenden Oberflächen aneinander haften, findet die Scherung im Inneren des weicheren Partners, also des umzuformenden Werkstückes, statt; Die Reibungsschubspannung erreicht mit der Schubfließspannung des weicheren Werkstoffes ihren Maximalwert. Mit weiter steigender Druckspannung würde die Reibungszahl f abnehmen, da die Schubfließspannung konstant bleibt. Dieses physikalisch nicht sinnvolle Verhalten wird durch die Reibungsregel von Siebel umgangen. Der Reibungsfaktor kann Werte zwischen m = 0 (keine Reibung) und m = 1 (maximale Reibung) annehmen. Mit wachsendem Verhältnis von p/τ_{max} wird die Coulomb-Amontonsche Reibungsregel (f = const.) von der Siebelschen Reibungsregel (m = const.) abgelöst, siehe **Bild 15.2.4**.

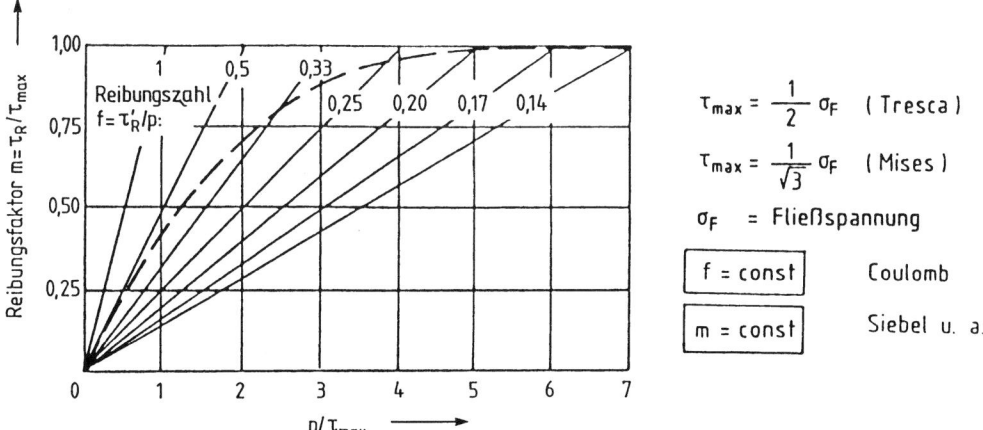

Bild 15.2.4 Reibungsregeln (Pawelski, 1968; Schey, 1983)

Dass die Reibung eine Systemeigenschaft ist, die neben den Beanspruchungsbedingungen von den Eigenschaften des Werkzeugwerkstoffes von den Eigenschaften des umgeformten Werkstoffe abhängt, geht aus **Bild 15.2.5** hervor. Mit einem Formkopf aus GG25CrMo werden bei der Umformung von Blechen besonders niedrige Reibungszahlen erzielt; offenbar wirken die Graphitlamellen des Graugusses als Festschmierstoff. Andererseits kann auch durch eine Oberflächenbeschichtung des umzuformenden Werkstückes die Reibung vermindert werden, indem z. B. Zinkschichten mit einer niedrigen Scherfestigkeit auf die Bleche aufgebracht werden (Doege u. Heßberg, 1989).

Die Reibungszahl hängt ferner von der Art des verwendeten Schmierstoffes und von dem unter den Beanspruchungsbedingungen herrschenden Reibungszustand ab. Wegen der Zunahme hydrodynamischer Traganteile nimmt sie bei Ölschmierung im Allgemeinen mit sinkender Pressung und steigender Geschwindigkeit ab (Pawelski, 1962, 1963, 1964; Doege, Granert u. Schneider, 1985; Balbach, 1986).

Bei Feststoffschmierung sinkt die Reibungszahl meistens mit steigender Pressung, siehe **Bild 15.2.6**. Es kann angenommen werden, dass bei hinreichend hohem Druck der relativ geringe innere Scherwiderstand des Festschmierstoffes unabhängig vom Druck ist. Ähnlich wie bei der Festkörperreibung muss dann die Reibungszahl mit zunehmender Pressung abfallen (Pawelski, 1968).

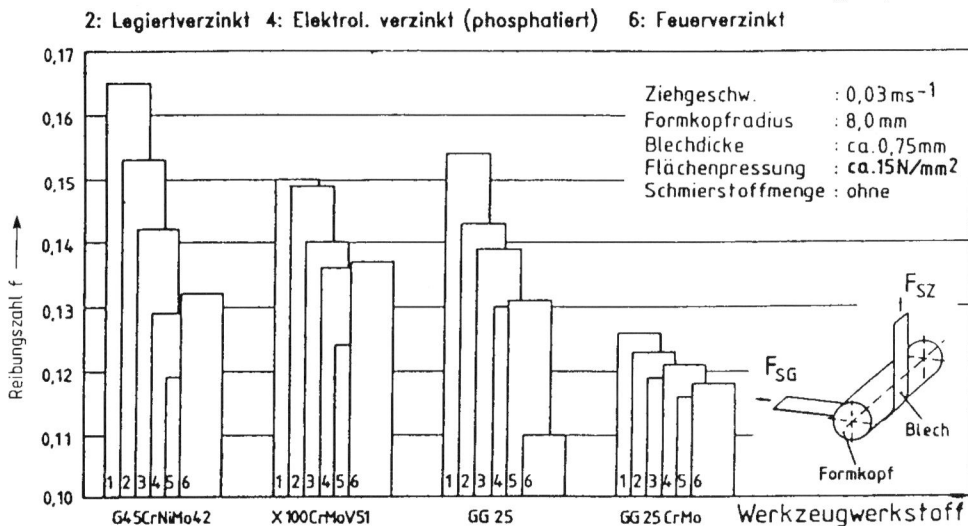

Bild 15.2.5   Reibungszahl verschiedener Paarungen von Blechwerkstoffen mit Werkzeugstoffen (Doege und Hesberg, 1989)

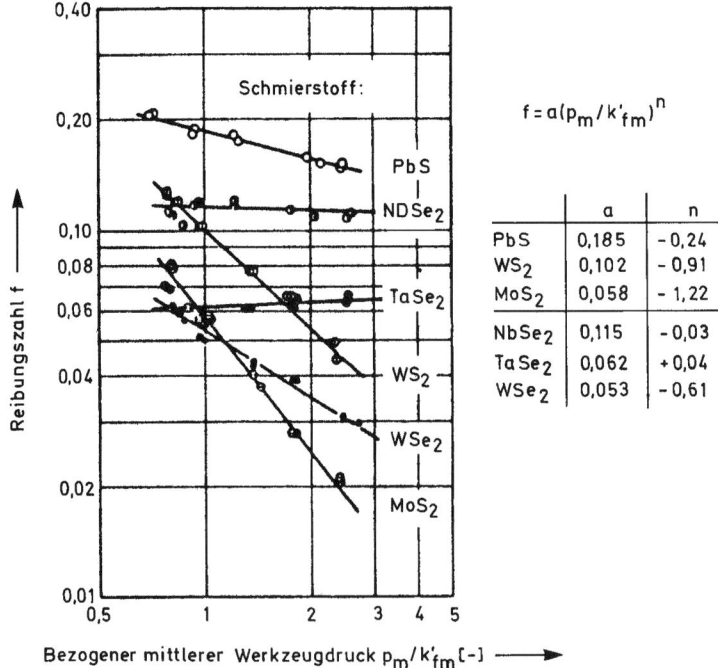

Bild 15.2.6   Druckabhängigkeit der Reibungszahl bei Schmierung mit Festschmierstoffen (Pawelski, 1968)

Der Verschleiß von Umformwerkzeugen wird vor allem durch die Verschleißmechanismen Adhäsion und Abrasion hervorgerufen. Bei höheren Temperaturen gewinnen tribochemische Reaktionen an Bedeutung. Tribochemische Reaktionen bestimmen auch die Wirkung einer Reihe von Hochdruckzusätzen in Schmierölen (Schey, 1983).

In der Umformtechnik wird für die verschiedenen Werkzeuge eine große Anzahl von Werkstoffen eingesetzt, siehe **Tabelle 15.2.1**. Außerdem gewinnen Beschichtungen oder Verfahren zur Beeinflussung der Randschicht zunehmend an Bedeutung (**Tabelle 15.2.2**).

Tab. 15.2.1 Werkstoffe für Werkzeuge der Umformtechnik
(Schmoeckel und Frontzek, 1987; Verderber, 1987)

Werkstoffgruppe	Beispiele
Kaltarbeitsstähle	X155CrVMo121 X165CrMoV12 X210CrW12
Warmarbeitsstähle, sekundärhärtend	X38CrMoV51 X32CrMoV33 X20CoCrMo109
Warmarbeitsstähle, austenitisch	X50NiCrWV1313 X6NiCrTi2615
Gusseisen	GG25 GG30 GG25CrMo GG25CrNi
Hartguss	
Schnellarbeitsstähle	S6-5-2 PMS6-5-3
Hartmetalle	WC mit Zusätzen von TaC u. TiC, Co-Binder; Fe-TiC
Kobaltbasislegierungen	CoCr28Ni
Nickelbasislegierungen	NiCr19NbMo NiCr19CoMo
Molybdänlegierungen	
Kupfer-Aluminium-Legierungen	13-14% Al; 2,5-6,5%Fe; 0-6,5% Ni; Rest Cu
Zinklegierungen	3-4,5% Al; 2,5-3,75% Cu; 0,03-1,25% Mg; Rest Zn
Epoxidharze	

Tab. 15.2.2   Beschichtungsverfahren für Werkzeuge der Umformtechnik

Verfahren	Beispiele
Thermochemische Behandlungen	Nitrieren Nitrocarburieren Borieren Vanadieren
Galvanische Abscheidung	Hartverchromen
CVD	Abscheidung von TiC, TiN, TiC + TiN
PVD	Abscheidung von TiN, Ti-Al-N, Ti(C,N)
Ionenimplantation	Implantieren von N in Stahl

Das tribologische Verhalten der verschiedenen Werkstoffe hängt entscheidend von dem angewandten Umformverfahren und den dadurch bedingten Größen des Beanspruchungskollektivs und der tribologischen Systemstruktur ab. Dazu sollen nachfolgend einige Beispiele vorgestellt werden. Zur Simulation der beim Tiefziehen ablaufenden tribologischen Prozesse wird häufig der „Intermittierende Streifenziehversuch mit Umlenkung" verwendet, siehe **Bild 15.2.7**.

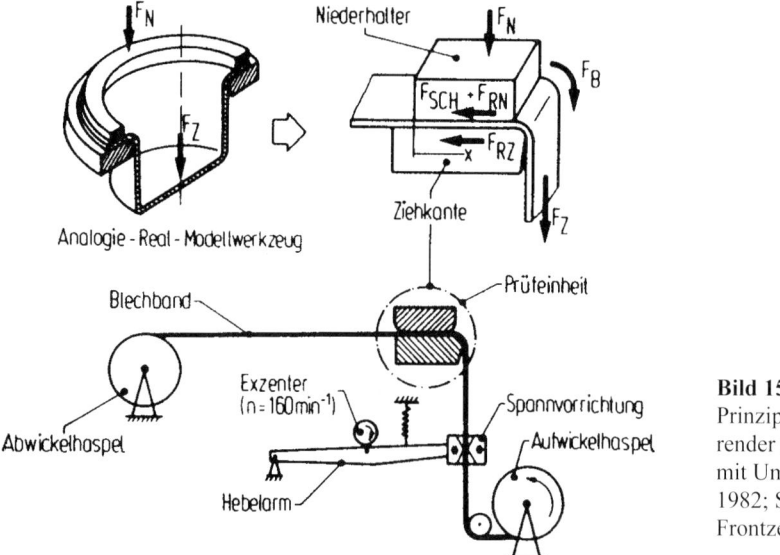

Bild 15.2.7
Prinzipskizze „Intermittierender Streifenziehversuch mit Umlenkung" (Woska, 1982; Schmoeckel und Frontzek, 1987)

Dabei wird ein endloses Blechband zwischen Niederhalter und Ziehkante um 90° umgelenkt, so dass ständig neuer Werkstoff in die Umformzone gelangt. Als Verschleißkriterium wird die Änderung der Rauheit der Blechoberfläche herangezogen, die durch eine adhäsiv bedingten Materialübertrag auf das Umformwerkzeug und eine dadurch bedingte Riefenbildung auf dem Blech hervorgerufen wird.

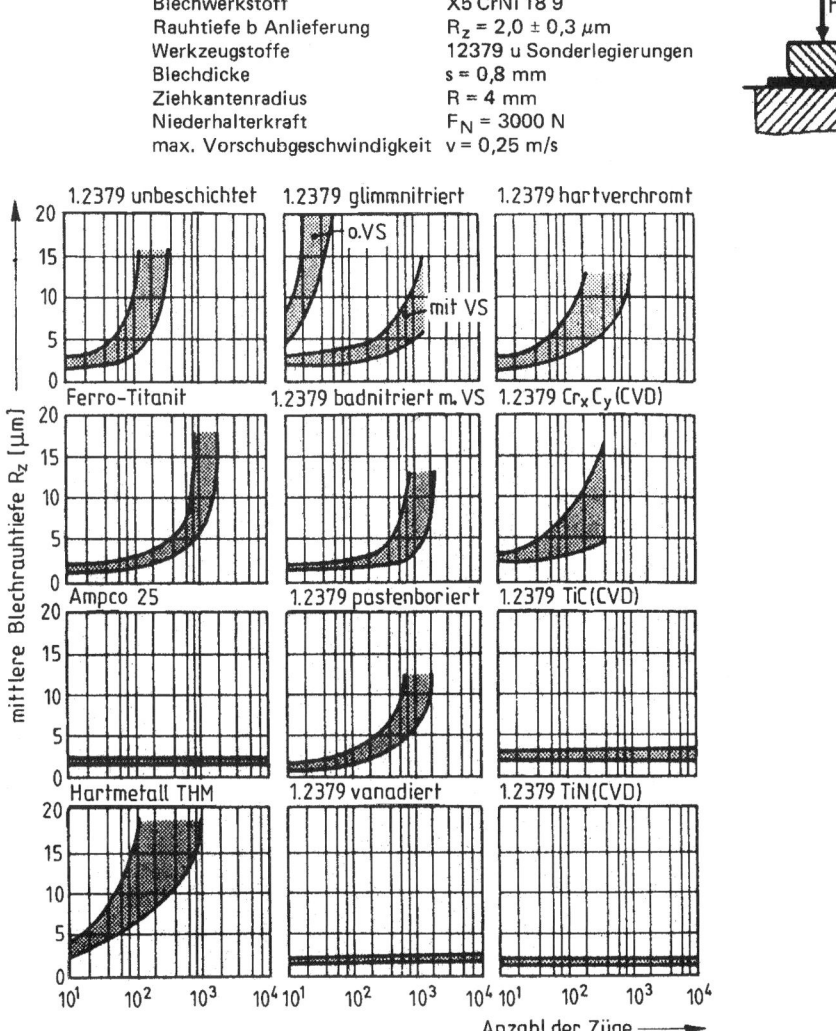

Blechwerkstoff   X5 CrNi 18 9
Rauhtiefe b Anlieferung R_z = 2,0 ± 0,3 μm
Werkzeugstoffe   12379 u Sonderlegierungen
Blechdicke   s ≈ 0,8 mm
Ziehkantenradius   R ≈ 4 mm
Niederhalterkraft F_N = 3000 N
max. Vorschubgeschwindigkeit v = 0,25 m/s

Bild 15.2.8 Änderung der Blechrautiefe beim Streifenziehversuch mit verschiedenen Werkzeugwerkstoffen und Beschichtungen (Schmoeckel und Frontzek, 1987)

Die in **Bild 15.2.8** dargestellten Ergebnisse, die mit einem Blechwerkstoff aus austenitischem Stahl X5CrNi189 gewonnen wurden, zeigten nach 10 bis 500 Umformungen eine totale Zerstörung der Blechoberfläche mit einer entsprechenden Aufrauung, wenn das Werkzeug aus unbeschichtetem Kaltarbeitsstahl oder nitriertem, boriertem, hartverchromtem oder mit Chromcarbid beschichteten Hartmetall bestand.

Bei den nitrierten Werkzeugen hängt das Verschleißverhalten vom Aufbau der Nitrierschicht ab. Bei glimmnitrierten Ziehkanten ohne eine äußere Verbindungsschicht traten sofort starke adhäsive Wechselwirkungen mit dem Blech in Erscheinung, während eine 8 μm dicke ε-Fe_xN-

Verbindungsschicht zu einem deutlich besseren Verhalten führte. Salzbadnitrierte Werkzeuge mit ähnlichem Schichtaufbau bestätigten dieses Ergebnis.

Weitaus besser schnitten Aluminiumbronze (Ampco 25) und Vanadincarbid-, Titancarbid- und Titannitridschichten ab. Für die Aluminiumbronze wurde auch mit f = 0,05 die niedrigste Reibungszahl gemessen. Zwischen dem austenitischen Blech und den Titancarbid- und Titannitridschichten bestand auch eine ausgeprägte Adhäsionsneigung. Die sich bildenden Mikroverschweißungen wurden aber in der Kontaktfläche abgeschert. Die resultierende Reib-Schubbeanspruchung führte schließlich zum Schichtversagen im Bereich der Hauptverschleißfläche. Wird anstelle des austenitischen Stahlbleches die Aluminiumlegierung AlMg0,4Si1,2 umgeformt, wobei die Versuchsbedingungen dem Karosseriepressen angepasst werden, so ergibt sich ein grundsätzlich anderes Verhalten. Zwar hat der unbeschichtete Kaltarbeitsstahl wiederum den höchsten Verschleiß, alle anderen Werkstoffe und Beschichtungen zeigen aber bis zu 10^4 Zügen noch keine ausgeprägte Blechaufrauhung (Schmoekel u. Frontzek, 1987). Der Einfluss verschiedenartiger Beschichtungen wurde auch in Stauchversuchen und beim Napf-Rückwärtsfließpressen systematisch untersucht (Westheide, 1986).

Die beim Stauchen des Stahles 20MnCr5 mit einem Seifenschmierstoff gewonnenen Ergebnisse sind qualitativ in **Tabelle 15.2.3** zusammengestellt. Bei diesen Untersuchungen wirkten sich Hartverchromen und Ionenimplantieren von Stickstoff neben der CVD-TiC-Beschichtung besonders positiv aus. Beim Napf-Rückwärtsfließpressen schnitten die PVD-TiN-Beschichtung und das Vanadieren der Werkzeuge besonders günstig ab, siehe **Bild 15.2.9**.

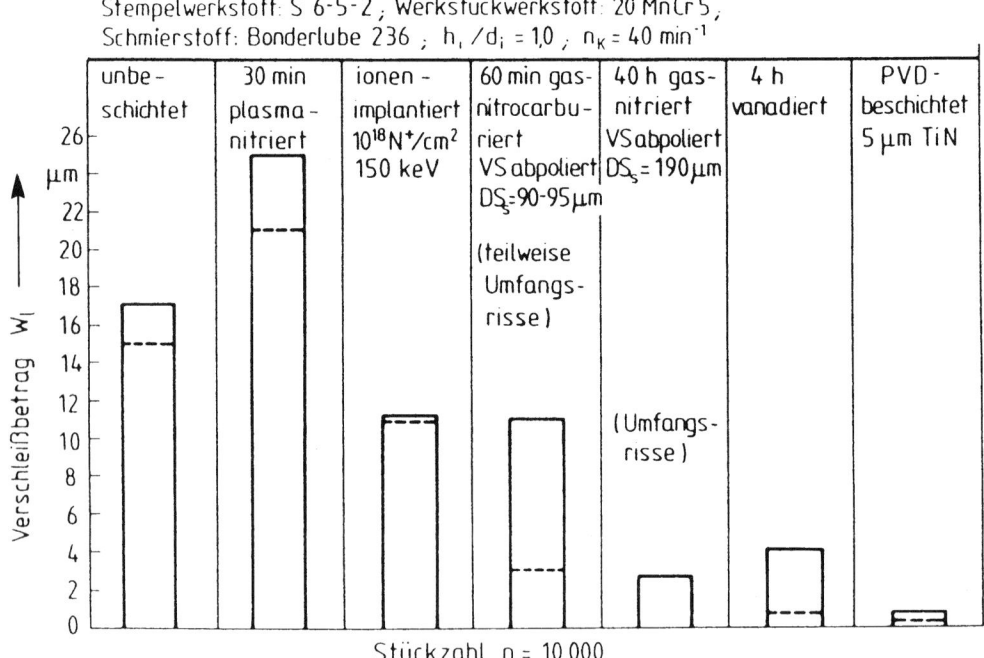

Bild 15.2.9   Vergleich verschiedener Beschichtungen beim Napf-Rückwärts-Fließpressen (Westheide, 1986)

Tab. 15.2.3 Vergleich verschiedener Beschichtungen beim Stauchen von Stahl 20MnCr5 (Westheide, 1986)

Beschichtung	Oberfläche nach Beschichtung	Verschleißminderung	Schichthaftung	Bemerkung
Nitrieren und Nitrocarburieren	-	+	o	Verbindungsschicht platzt ab
Vanadieren	o	o	+	Schicht poliert, dadurch unsichere Messung
Ionenimplantieren	++	+ (o)	++	B* - Impl. kein Erfolg
Hartverchromen	++	++	++	
CVD - W$_2$C	-	+	-	Schicht abgeplatzt
CVD - TiC	-	++	++	
PVD - TiN	o	o	-	Schicht abgeplatzt infolge Unterbrechung der Beschichtung

++ sehr gut, sehr groß
+ gut
o mittel od. nicht feststellbar
- schlecht

Die Unterschiede in der Verschleißbewertungsfolge der Beschichtungen bei den beiden Umformverfahren beruhen auf den unterschiedlichen Beanspruchungsbedingungen. Beim Stauchen ist die Belastung deutlich geringer als beim Napf-Rückwärtsfließpressen. Dadurch wirken sich fertigungsbedingte Abweichungen in der Qualität der Stauchbahnen stark auf den Verschleiß aus. Beim Warmumformen hängt der Verschleiß unter anderem stark von der Arbeitstemperatur ab, siehe **Bild 15.2.10**. Die Kennzeichnung des Warmverschleißwiderstand durch die Warmhärte oder Zugfestigkeit hat für die Praxis große Bedeutung, weil die an sich notwendigen systemabhängigen Verschleißprüfungen nur selten durchgeführt werden (Verderber, 1987).

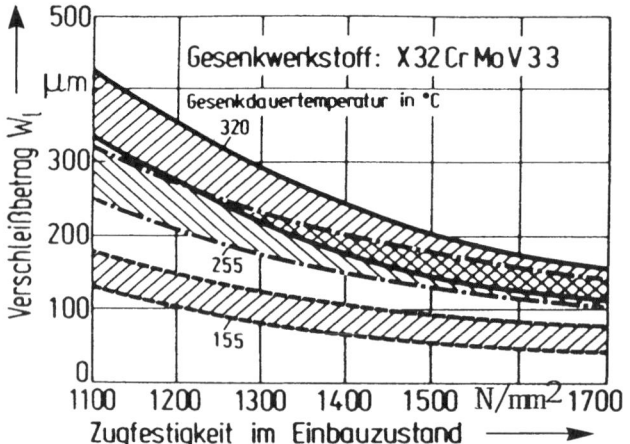

Bild 15.2.10
Zusammenhang zwischen Gesamtverschleiß, Zugfestigkeit und Arbeitstemperatur (Voss, Wetter und Netthöfel, 1967)

Bild 15.2.11 zeigt den Einfluss der Legierungselemente von Warmarbeitsstählen auf den Verschleißwiderstand. Die Legierungselemente bilden mit Kohlenstoff Sondercarbide. Die Ergebnisse wurden unter Betriebsbedingungen mit Hilfe des so genannten Stiftverfahrens gewonnen, bei dem Stifte aus den zu untersuchenden Werkzeugwerkstoffen in ein Trägergesenk eingesetzt wurden. Die größte Wirkung auf den Verschleißwiderstand geht bei erhöhten Temperaturen von Vanadin aus, das mit Kohlenstoff Vanadincarbid mit hohem Verschleißwiderstand bildet (Habig, Chatterjee-Fischer u. Hoffmann, 1978)

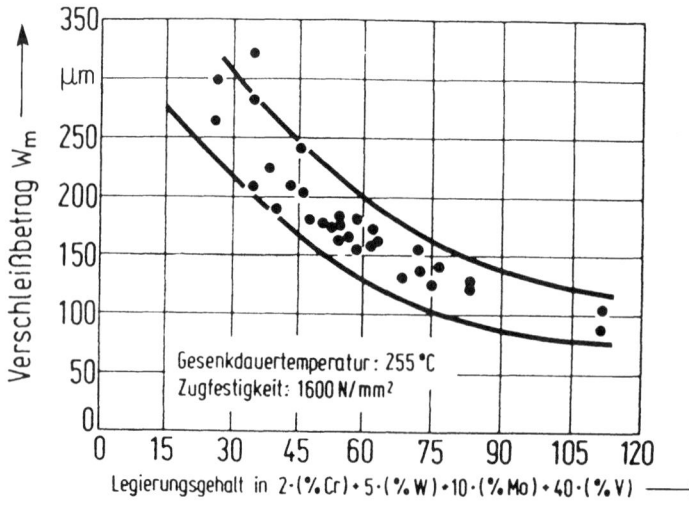

Bild 15.2.11
Einfluss des Legierungsgehaltes von Warmarbeitsstählen auf ihren Verschleißwiderstand (Voss, Wetter und Netthöfel, 1967)

Der Verschleiß wird ähnlich wie die Reibung (siehe Bild 15.2.5) entscheidend von der Paarung Werkzeugwerkstoff/umzuformender Werkstoff bestimmt. In **Bild 15.2.12** sind die Ergebnisse von Verschleißuntersuchungen wiedergegeben, die mit Hilfe des Warmdrehversuches für unterschiedliche Paarungen gewonnen wurden. Bei der Umformung der Aluminiumlegierung mit der üblichen Arbeitstemperatur von 450 bis 550 °C treten wegen der relativ hohen Warmfestigkeiten der untersuchten Werkzeugwerkstoffe keine nennenswerten Unterschiede im Verschleiß auf. Bei Temperaturen von über 600 °C, die für das Umformen von Kupferlegierungen angewendet werden, steigt der Verschleiß der martensitischen Stähle wegen des Steilabfalls der Festigkeit in diesem Temperaturbereich stark an, während er für den austenitischen Werkzeugstahl X6NiCrTi2615 (Nr. 1.2779) wesentlich flacher verläuft. Auch für die Warmumformung werden verschiedenartige Beschichtungen eingesetzt. Für Gesenke soll sich besonders das Borieren bewähren (Joost, 1980).

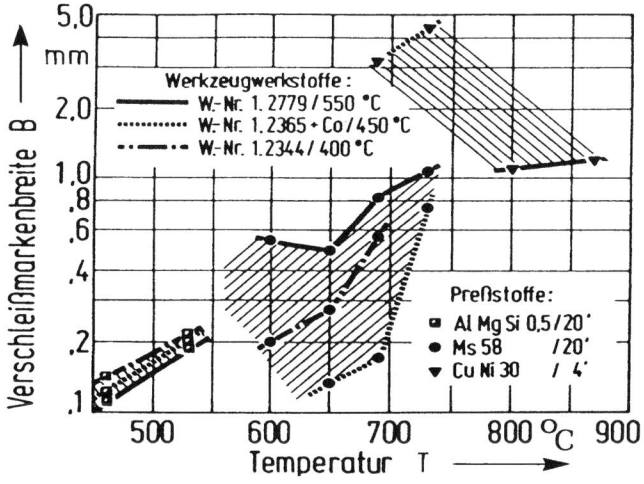

Bild 15.2.12
Werkzeugverschleiß bei unterschiedlichen Paarungen von Werkzeugwerkstoff/umzuformender Werkstoff (Kiefer und Schindler, 1983)

Im Bereich der Drahtumformung haben sich Richtrollen, bestehend aus Führungsringen aus MgO- oder Y_2O_3-stabilisiertem ZrO_2 bewährt (Wagemann, 2001) Für das Heißlaminieren von Draht finden Führungsringe aus Si_3N_4-TiN Verwendung. Mit dieser Lösung vermindert man die Probleme mit der „Klebneigung" zwischen Werkzeug und Draht (z. B. Kupferlegierungen) und erzielt eine mehrfach höhere Standzeit ohne Einlaufspuren an den Führungsflanken.

Auch beim Tiefziehen und bei der Massivumformung setzt sich mehr und mehr keramikorientierte Lösungen durch. Allerdings sind die Ziehringe oder Fließpresswerkzeuge außen durch Stahl „armiert" bzw. darin eingepresst.

16 Vakuumtribologie

Vakuumbedingungen stellen an die Tribologie besondere Anforderungen. Normalerweise haben unter atmosphärischen Bedingungen die Wirkflächen tribologisch beanspruchter Bauteile bei der Festkörperreibung im „Trockenlauf" die Möglichkeit, durch chemische Reaktionen mit dem gasförmigen Umgebungsmedium reibungs- und verschleißmindernde Deckschichten zu bilden. Dies ist im Vakuum jedoch nicht möglich, so dass – wie in Kapitel 4.3.1 für die Reibung und in Kapitel 5.3.3 für den Verschleiß dargestellt – Adhäsionsmechanismen in den Kontaktgrenzflächen zu Funktionsstörungen und zum Versagen tribotechnischer Systeme führen können.

Die Entwicklung der Vakuumtribologie wurde gefördert durch die Intensivierung der Weltraumtechnologien ab den 1960er Jahren. Die Grundlagenforschung der NASA zur Entwicklung weltraumtauglicher Bewegungssysteme hatte beispielsweise gezeigt, dass für bewährte Wälzlagerstähle, die in Luftatmosphäre zeitstabile Gleitreibungszahl $f \approx 0.5$ im Vakuum innerhalb weniger Minuten auf einen zehnfach höheren Wert steigt, verursacht durch eine triboinduzierte Stahl-Deckschicht-Umwandlung $Fe_2O_3 \rightarrow FeO$ (Buckley, 1971). Da „terrestrische Tribomaterialien" für die Vakuumbedingungen des Weltraums offensichtlich nicht geeignet sind, wurden neue Werkstoffe, Prüftechniken und Technologien entwickelt, die dann allgemein für die Vakuumtribologie verwendet werden können.

Dieses Kapitel gibt einleitend eine kurze Übersicht über Tribosysteme, die unter Vakuumbedingungen arbeiten. Es werden dann tribologische Problemlösungen, die Vakuumtribometrie und geeignete Werkstoffe für die Erfordernisse der Vakuumtechnik dargestellt.

16.1 Tribosysteme in Vakuumumgebung

Vakuumanlagen sind für viele Bereiche der wissenschaftlichen Forschung unabdingbar, aber auch in der industriellen Fertigung gewinnen sie z. B. bei Beschichtungsverfahren an Bedeutung. Darüber hinaus wird in Bereichen, in denen besondere Reinheitsanforderungen gelten, zunehmend auf Vakuumsysteme zurückgegriffen. In derartigen Anlagen treten die verschiedensten Reibsysteme auf. Augenfällige Beispiele sind Wälz- oder Gleitlager für bewegliche Bauteile. Weniger geläufig sind z. B. Ausgleichselemente für mechanische Spannungen und thermische Bewegungen. So stützen sich die Gehäuse der supraleitenden Magnetspulen der im Bau befindlichen Kernfusionsanlage WENDELSTEIN 7-X auf in **Bild 16.1** gezeigten Gleitelementen (Narrow Support Elements) ab, die eine Bewegung von mehreren mm erlauben (Gasparotto et al., 2005). Diese Bewegungen treten beim Einführen der supraleitenden Magnete und Hochfahren des Magnetfelds auf (siehe auch Kapitel 17.1).

Ein weiterer Bereich sind die Vakuumpumpen, deren Lager und Dichtungen ebenfalls vakuumtauglich sein müssen. Bei Turbomolekularpumpen beispielsweise liegen die Drehzahlen zwischen 10.000 und 100.000 min^{-1}. Um diese Drehzahlen im Dauerbetrieb zu ermöglichen, werden Präzisions-Kugellager, teilweise auch Magnetlager eingesetzt. Die häufig gestellte explizite Forderung nach ölfreiem Vakuum lässt sich nur durch Einsatz von Spezialschmierstoffen, trocken reibenden oder berührungslosen Systemen erfüllen.

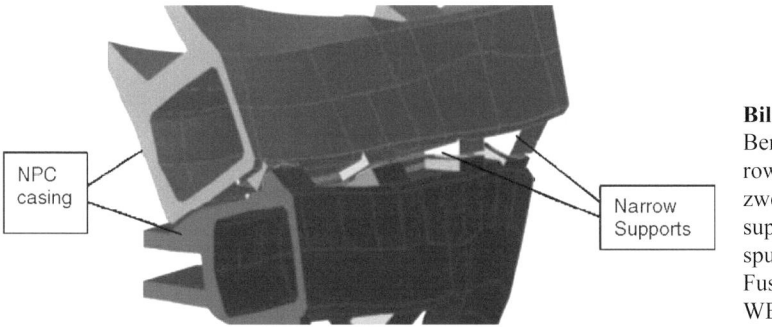

Bild 16.1
Berührungsstellen (Narrow Supports) zwischen zwei Gehäusen von supraleitenden Magnetspulen (NPC casing) im Fusionsexperiment WENDELSTEIN 7-X

Vakuumtauglichkeit ist eine der Hauptanforderungen bei tribologischen Anwendungen in der Raumfahrt. In Satelliten finden sich eine Vielzahl von Tribosystemen in Antrieben, Stell- und Positioniersystemen, Gelenken, Ausklappmechanismen, Release- und Docking-Systemen. In dem am 14.05.2009 gestarteten Infrarotsatelliten HERSCHEL müssen diese Systeme nicht nur im Vakuum, sondern auch bei der extrem tiefen Temperatur von 1,7 K funktionieren, so dass dieser auch ein Anwendungsbeispiel für die in Kap. 17 behandelte Tieftemperaturtribologie ist.

Sehr hohe Anforderungen werden an die Lager in Gyroskopen und Positionierungssystemen von Raumsonden gestellt. Gyroskope beispielsweise arbeiten bei 6.000 min^{-1}, müssen während ihrer gesamten Einsatzdauer zuverlässig funktionieren und können in der Regel nicht gewartet werden. Bedingt durch die Weltraumumgebung ist die Auslegung der Lager für den Einsatz im Ultrahochvakuum, verbunden mit teilweise extremen Temperaturschwankungen, gefordert (Sanders, Cutler, Miller, Zabinski, 2000).

Die Untersuchung tribologischer Systeme in Vakuumumgebung wird auch als Hilfsmittel benutzt, um grundsätzliche Informationen über technisch relevante Reibsysteme an Luft zu bekommen. So wurde z. B. von Min et al. (2005) Minimalmengenschmierung beim Fräsen im Hochvakuum untersucht, um mittels Massenspektrometer Veränderungen des Kühlschmiermittels während des Schneidprozesses feststellen zu können. Ein weiteres Beispiel ist die Untersuchung von neuartigen Schmierstoffen. Von de Barros Buchet et al. (2006) wurde der Effekt von MoDTC- und ZDDP-haltigen Schmierölen auf DLC-Beschichtungen in einem UHV-Tribometer untersucht. Hierbei konnte gezeigt werden, dass sich MoS$_2$-Monolagen bilden, die sich auf den verwendeten Stahl-Gegenkörper übertragen und so niedrige Reibungszahlen bewirken. Von Sun und Li (2008) wurde das tribologische Verhalten von Ni-Ti-Naonokomposit-Beschichtungen gegen Si$_3$N$_4$-Kugeln im Hochvakuum untersucht. Wang et al. (2008) konnten bei Messungen in einem UHV-Tribometer zeigen, dass das sp2-sp3-Verhältnis von DLC-Schichten durch Bestrahlung mit energiereichen Teilchen verändert wird, was zu Veränderungen des Reibverhaltens führte.

16.2 Bedingungen und Erfordernisse der Vakuumumgebung

In der Vakuumtechnik werden die in **Tabelle 16.1** aufgeführten Druckbereiche unterschieden, deren Einteilung im Wesentlichen durch die einzusetzende Technik (Pumpen, Dichtungen, Werkstoffe, usw.) gegeben ist (Einzelheiten siehe z. B. Jousten, 2006).

Tab. 16.1   Druckbereiche der Vakuumtechnik

Grobvakuum	1000 bis 1 mbar
Feinvakuum	1 bis 10^{-3} mbar
Hochvakuum	10^{-3} bis 10^{-7} mbar
Ultrahochvakuum	$< 10^{-7}$ mbar

Der verminderte Druck macht öl- oder fettgeschmierte Lager anfällig für Schäden durch Trockenlauf. Solche Schäden treten dann auf, wenn der Schmierstoff verdampft, aus dem Lager heraus fließt oder sich thermisch zersetzt (Sanders, Cutler, Miller, Zabinski, 2000). Besonders das Verdampfen des Schmiermittels stellt auch ein Hindernis für die Erzeugung von Ultrahochvakuum dar, da das entstehende Gasvolumen zu einer Drucksteigerung führt und ebenfalls aus dem zu evakuierenden Volumen abgeführt werden muss. Im ungünstigsten Fall kann verdampfender Schmierstoff die Erzeugung von Ultrahochvakuum unmöglich machen. Darüber hinaus stellt der sich verflüchtigende Schmierstoff eine häufig nicht tolerierbare Verunreinigung dar, z. B. bei Elektronenmikroskopen, Reinräumen, etc.. Die Forderung nach niedriger Ausgasung betrifft auch alle in Vakuumkammern verwendeten Werkstoffe (siehe Kap. 16.4).

Im Vakuum fehlt die Kühlung durch Umgebungsmedium, was insbesondere für Werkstoffe mit geringer Wärmeleitung von Bedeutung ist. Die hierdurch bedingte höhere Temperatur von Reibsystemen schränkt z. B. den Einsatz von Polymeren im Vakuum ein, da bei diesen eine geringe Wärmeleitfähigkeit und niedrige thermische Belastbarkeit zusammenkommen.

Unter atmosphärischen Bedingungen sind die Oberflächen vieler Metalle durch Oxidschichten gegen Verschleiß und Korrosion geschützt. Bekannte Beispiele sind Passivschichten aus CrO auf nichtrostenden Stählen und Al_2O_3 auf Aluminium. In Inertgasen oder in Vakuumumgebung fehlt der Sauerstoff und diese Schutzschichten werden, wenn sie z. B. durch tribologische Beanspruchung zerstört worden sind, nicht wieder erneuert. Dies führt im Allgemeinen zu einer erheblichen Erhöhung der Reibung, wie in **Bild 16.2** zu erkennen ist. Dargestellt sind die Reibungszahlen für Metalle mit und ohne Oxidschicht (Miyoshi, 1999).

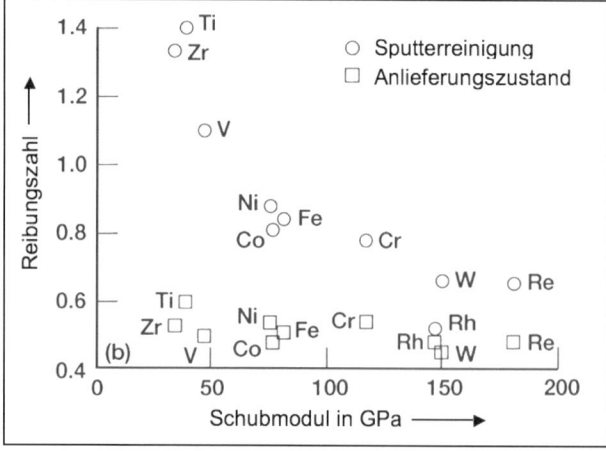

Bild 16.2   Reibungszahl als Funktion des Schubmoduls für Metalle in Kontakt mit polykristallinem Magnesium-Zink-Ferrit in UHV-Umgebung

Grund für die sehr hohen Reibungszahlen metallischer Kontakte im Vakuum sind die zu „Reibverschweißen" (*scuffinng*, *scoring*) führenden Adhäsionsbindungen zwischen „nackten" Materialoberflächen (Takano, 1999 und Miyoshi, 1999). Zwischen zwei gleichartigen, metallischen Körpern ist der Reibungskoeffizient deshalb auch deutlich höher als zwischen einem metallischen Körper und einer nichtmetallischen, anorganischen Oberfläche (Miyoshi, 1999). In **Bild 16.3** sind einige Beispiele für Reibungszahlen von Paarungen gleicher Materialien aufgeführt. Bei Vergleichsuntersuchungen zwischen Umgebungsdruck und Vakuum wurde zudem festgestellt, dass der Reibungskoeffizient im Vakuum mit steigender Beanspruchungsdauer zunimmt, bei Umgebungsdruck hingegen abnimmt.

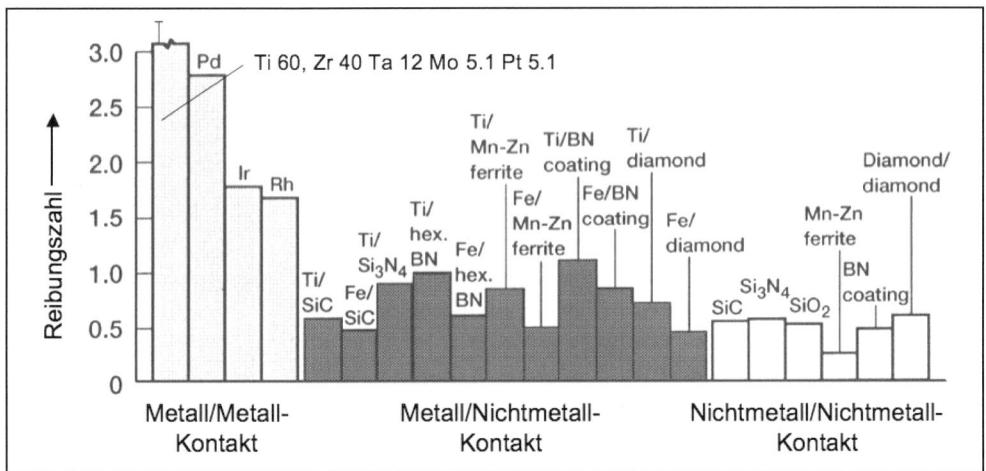

Bild 16.3   Reibungszahlen von Festkörperkontakten gleicher Materialien im UHV

Auch die an Luft auf vielen Materialien vorhandenen adsorbierten Oberflächenschichten fehlen im Vakuum bzw. werden nicht erneuert. **Bild 16.4** zeigt den Einfluss von wenigen Moleküllagen Butanol auf die Haftreibungszahl einer Cu-Oberfläche (McFAdden, Gellman, 1998). Man erkennt, dass sich diese im Bereich zwischen einer und zehn Monolagen um eine Größenordnung ändert. Ähnliches Verhalten konnte z. B. für Ethanol gemessen werden (Gellman und Ko, 2001). Für H_2O-Schichten auf hydrophoben und hydrophilen Si-Oberflächen wurde von Scherge, Li und Schaefer (1999) eine Veränderung der Gleitreibungszahl und des Stick-Slip-Verhaltens im Bereich von einigen Monolagen nachgewiesen.

Der Einfluss der Oberflächenschichten lässt sich nicht ausschließlich auf die Schmierwirkung reduzieren. So können oberflächenaktive Filme eine Festigkeitssteigerung, Festigkeitsminderung (Rehbinder-Effekt) oder Oberflächenhärtung bewirken (Buckley, 1971, zum Gahr, 1987). Auch die Eigenschaften von Festschmierstoffen verändern sich im Vakuum, da diese z. B. von der Luftfeuchte abhängen. In Kapitel 16.4 wird darauf näher eingegangen.

Die Weltraumumgebung ist durch eine Kombination von Extrembedingungen gekennzeichnet. So liegt der Druck außerhalb von Satelliten unter 10^{-10} mbar, also deutlich UHV-Bereich. Die Temperatur liegt je nach Sonneneinstrahlung typischerweise zwischen -120 und 150 °C. Das Restgas im Weltraum enthält hochreaktiven atomaren Sauerstoff, was insbesondere bei flüssigen Schmierstoffen besondere Maßnahmen gegen Degradation erfordert (Suzuki, Shinka, Masuko, 2007).

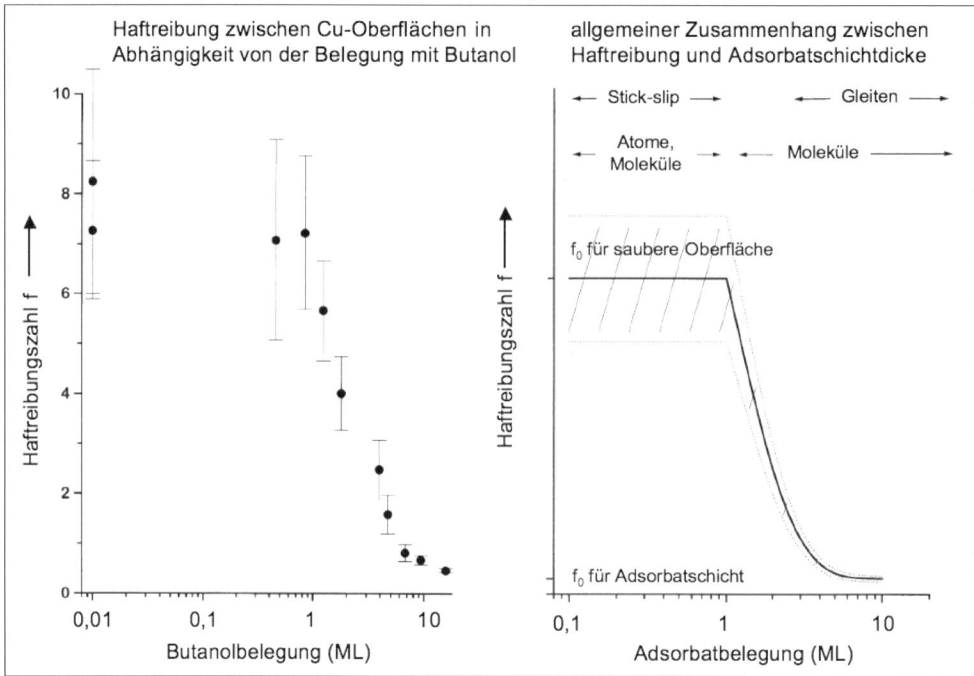

Bild 16.4   Einfluss von Adsorbatschichten auf den Haftreibungskoeffizienten

16.3 Apparaturen für tribologische Untersuchungen im Vakuum

Frühe Untersuchungen von Tribosystemen im Vakuum wurden bereits zu Beginn der 1960er Jahre für die Raumfahrttechnik angestrengt. Hiefür wurden UHV-Apparaturen benutzt, um das Hochtemperatur-Reibverhalten und das Verschweißen von Oberflächen zu ermitteln (Kellogg und Giles, 1962). Ungefähr zur selben Zeit wurden die für die Weltraumtechnik relevanten Schmierungsprobleme in Vakuumumgebung in einer Arbeit von Johnson und Anderson (1963) zusammengestellt. Da tribologische Probleme nach wie vor bei Weltraumprojekten auftreten, wurde ein Experiment (TriboLAB) für das Columbus-Labor der ESA an der Internationalen Raumstation ISS entwickelt, dessen Aufgabe es ist, Pin-on-Disk- und Kugellager-Tests direkt unter Weltraumbedingungen durchzuführen (Onate et.al. 2003). Ein zweites Tribometer für die ISS wurde von der Univerity of Florida entwickelt (Van Rensselar, 2009).

Allgemein sind für Messungen unter Vakuumbedingungen Versuchskammern notwendig, die entsprechend dem zu erreichenden Enddruck gegen die Atmosphäre abgedichtet und mit Pumpsystemen ausgerüstet sind. Die hierfür einzusetzende Technologie ist in Standardwerken der Vakuumtechnik wie z. B. Jousten (2006) beschrieben.

Beispiele für Vakuumtribometer sind in den Bildern 16.5 bis 16. 8 dargestellt und z. B. in Theiler und Gradt (2008) beschrieben. **Bild 16.5** zeigt den Gesamtaufbau eines UHV-Tribometers, in dem tribologische Untersuchungen von der Oberflächenreinigung durch Ar-Sputtern über die Reibbeanspruchung bis hin zur Oberflächenanalyse mittels Elektronenstreuung und Rasterkraftmikroskop möglich sind, ohne dass die Probe die Vakuumumgebung verlassen muss.

Bild 16.5   Apparatur für tribologische Untersuchungen im Ultrahochvakuum (BAM Bundesanstalt für
Materialforschung und -prüfung, Berlin)

Das eigentliche Tribometer ist für reversierende Gleitreibung ausgelegt und auf einem UHV-
Flansch aufgebaut (**Bild 16.6**). Der vordere Teil ragt in die Vakuumkammer. Zu erkennen ist
eine auf zwei horizontale Stangen montierte Plattform, die die bewegliche Probe trägt. Die
feststehende Probe sitzt am vorderen Ende der darüberliegenden Stange. Oberhalb dieser
Anordnung befindet sich ein Manipulatorarm, der zum Probenwechsel benutzt wird. **Bild 16.7**
zeigt eine Draufsicht auf das eingebaute Tribometer.

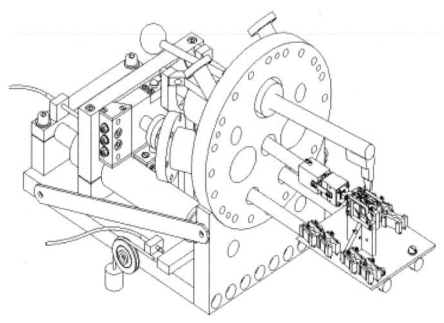

Bild 16.6
UHV-Tribometereinsatz der Apparatur aus
Bild 16.5

Bild 16.7
Foto des eingebauten UHV- Tribometers

Bild 16.8 zeigt die schematische Darstellung eines UHV-Tribometers, welches an der Ecole Centrale de Lyon betrieben wird (Martin et al., 1999). Ähnlich wie die BAM-Apparatur ist es mit einem Tribometer für reversierende Reibung ausgerüstet und verfügt über diverse Instrumente zur Oberflächenpräparation und -analyse wie Ionenstrahl-Ätzen, Rasterelektronenmikroskop (SEM), Auger-Elektronen-Spektrometer (AES), Röntgen-Fotoelektronen-Spektroskopie (XPS).

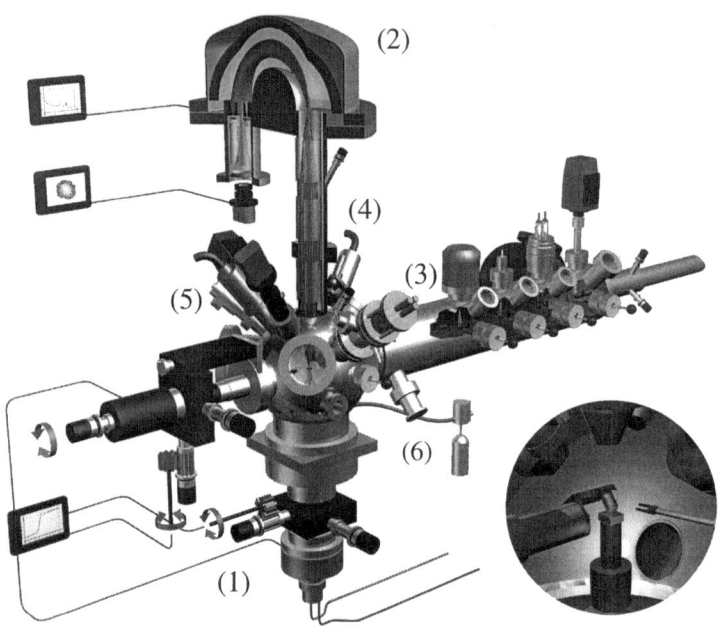

Bild 16.8   UHV-Analytik-Tribometers der ECL (Ecole Centrale de Lyon, Martin et al., 1999); (1) Tribometer, (2) Spektrometer, (3) Elektronenkanone für AES and SEM, (4) Röntgenquelle für XPS, (5) Ionen-Kanone, (6) Gaseinlassventil

Neben derartigen Apparaturen für makroskopische Reibsysteme werden diverse Aufbauten für die Mikrotribologie unter UHV-Bedingungen betrieben, die zumeist ebenfalls mit Geräten zur Oberflächenanalyse verbunden sind (Kitsunai, Hokkirigawa, 1995 und Miyoshi, 1999).

Zur Prüfung von flüssigen Schmierstoffen im Vakuum existiert ein 4-Kugel-Apparat (Jones und Janson, 2000). Ebenfalls zur Ermittlung von Reibungszahlen und Lebensdauern von flüssigen Schmierstoffen und Fetten wurde ein Spiralbahn-Tribometer (Spiral Orbit Tribometer) entwickelt und die entsprechende Testmethode im ASTM-Standard F2661 festgelegt.

16.4 Werkstoffe für Tribosysteme im Vakuum

Eine der wichtigsten Anforderungen an die Werkstoffe für Hoch- und Ultrahochvakuumumgebung ist eine niedrige Ausgasungsrate. Dies betrifft sowohl die Struktur-, als auch die Funktionswerkstoffe. Die Ausgasung einiger Werkstoffe ist in **Tabelle 16.2** aufgeführt. Bemerkenswert ist, dass die Ausgasung in hohem Maße von der Oberflächenbehandlung abhängt.

Hieraus kann man vermuten, dass auch tribologische Beanspruchung Einfluss auf die Ausgasung aus Werkstoffoberflächen hat. Bestätigt wurde dies z. B. durch Messungen von Rusanov et al. (2008) an amorphen Kohlenstoffschichten, aus denen während der Reibbeanspruchung hauptsächlich H_2 und CH_4 desorbieren.

Tab. 16.2 Ausgasung verschiedener Werkstoffe (Quelle: Oelikon, Leybold)

Werkstoff	Gasabgabe / Fläche in 10^{-9} mbar l s^{-1} cm^{-2}
Stahl, entzundert	307
Stahl, Cr-plattiert	7,1
Stahl, nichtrostend	90 ... 175
Stahl, nichtrostend, elektropoliert	4,3
Aluminium	6,3
Gold	15,8
OFHC-Cu	18,8
OFHC-Cu, mech. poliert	1,9
Messing	400
Titan	4 ... 11,3
Zink	220

16.4.1 Beschichtungen, Festschmierstoffe

Bild 16.9 zeigt eine Übersicht über die Einsatzbereiche von Schmierstoffen in Abhängigkeit von der Temperatur und dem Umgebungsdruck. Man erkennt, dass die flüssigen Schmierstoffe nur einen relativ geringen Bereich abdecken. Daher sind Festschmierstoffe für viele dieser Anwendungen die Mittel der Wahl (Miyoshi, 1999).

Weiche Metalle wie Gold, Silber, Blei und Indium werden in Vakuumumgebung als Schmierstoffe eingesetzt und erreichen Gleitreibungszahlen zwischen 0,1 und 0,2 (Roberts, 1990). Sie werden häufig bei Weltraumanwendungen z. B. zur Beschichtung von Laufflächen von Kugellagern benutzt, wo sie sehr lange Lebensdauern erreichen. Bei Gleitbeanspruchung ist die Lebensdauer dieser Werkstoffe jedoch deutlich geringer als die der im Folgenden besprochenen lamellaren Festschmierstoffe. Weiche Metalle haben auch eine Bedeutung als Schmierstoff-Komponente in verschleißfesten PVD-Hartstoffschichten, in die sie durch Co-Sputtern eingebunden werden (Endrino, Nainaparampil, Krzanowski, 2002 und Krzanowski et al. 2004).

Mit lamellaren Festschmierstoffen wie MoS_2 und WS_2 lassen sich im Vakuum sehr niedrige Reibungszahlen von typischerweise 0,03, mit PVD-Schichten noch wesentlich niedrigere Werte erreichen (Donnet. et al., 1996). Allerdings sind diese Materialien wegen deren Feuchteempfindlichkeit nicht für den Einsatz an Luft geeignet, was deren Anwendungsbereich erheblich einschränkt. Diese Empfindlichkeit gegenüber der Luftfeuchte hängt jedoch erheblich von der Orientierung der Basisebenen (siehe Kapitel 10 Schmierstoffe) ab.

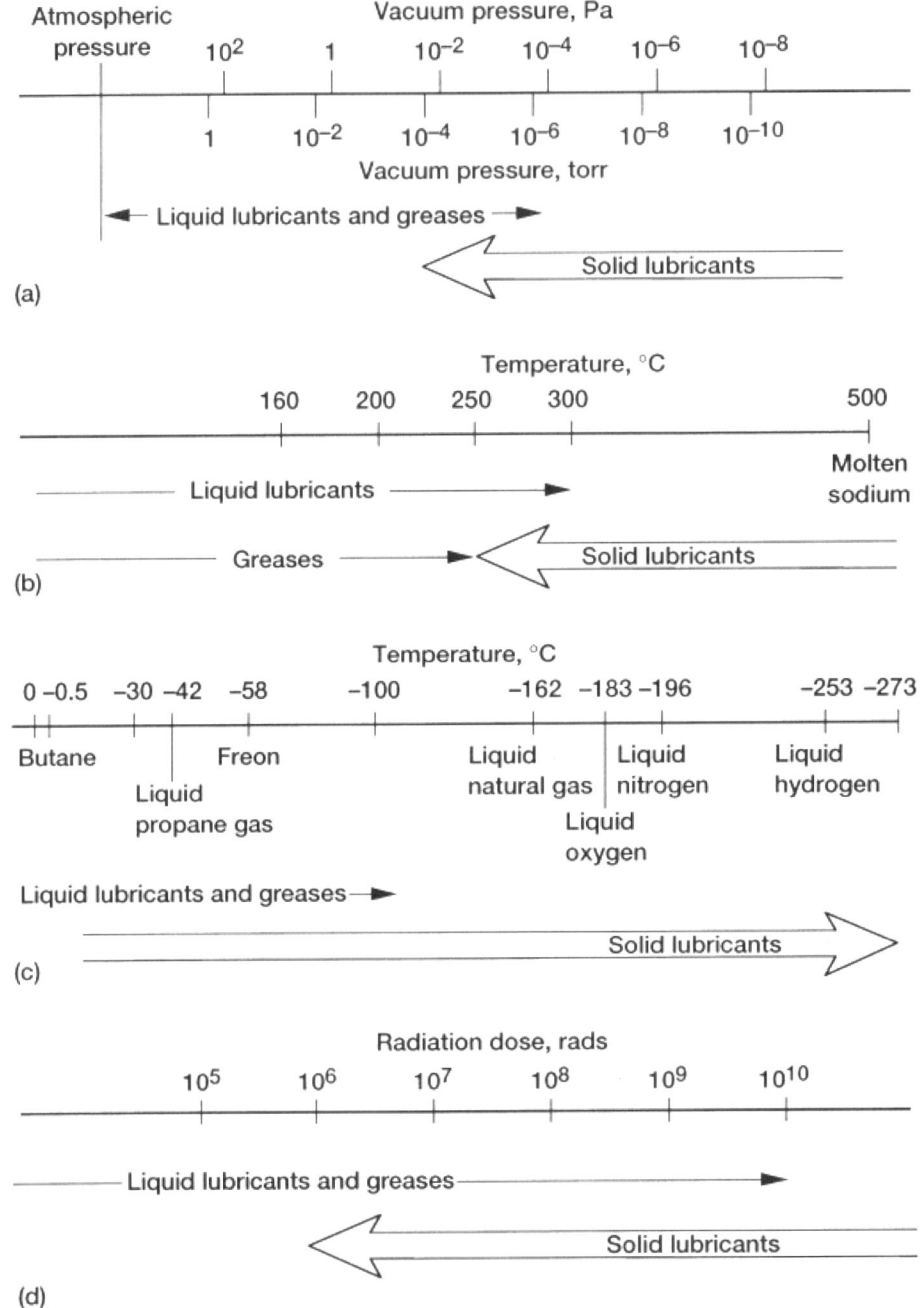

Bild 16.9   Einsatzbereich von Schmierstoffen in Abhängigkeit von Umgebungsdruck und Umgebungstemperatur in internationaler Terminologie

Bild 16.10 zeigt den Einfluss der Luftfeuchte auf den Verschleiß von MoS_2-, TiN und TiB_2-PVD-Schichten (Zhang et al., 2003). Während die beiden letzteren keine Feuchtabhängigkeit zeigen, ist dies insbesondere bei zufällig (random) orientiertem MoS_2 stark ausgeprägt. Bei basal, also parallel zum Substrat ausgerichteten Basisebenen ist der Verschleiß insgesamt geringer und erst oberhalb einer relativen Feuchte von 50 % erhöht. Die Orientierung des MoS_2-Schichtgitters lässt sich durch die Prozessparameter bei der PVD-Beschichtung beeinflussen, so dass zu erwarten ist, dass zukünftig MoS_2-Schichten mit verminderter Feuchteempfindlichkeit entwickelt werden.

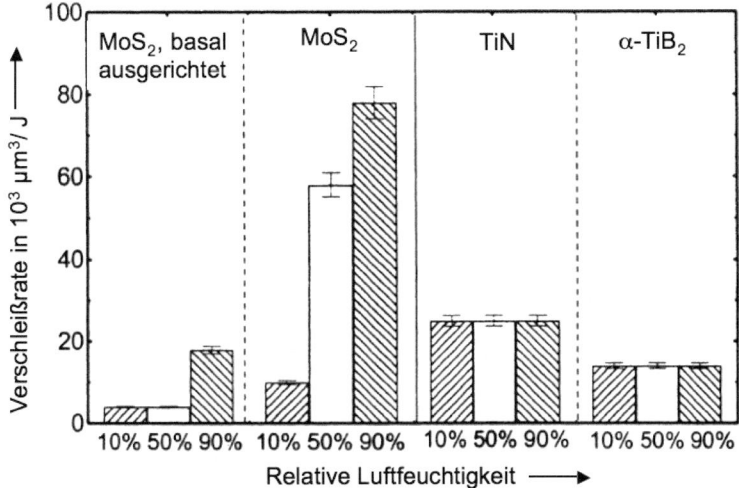

Bild 16.10   Einfluss der Luftfeuchte auf den Verschleiß verschiedener Beschichtungen

Ein weit verbreiteter lamellarer Festschmierstoff für den Einsatz in normal feuchter Luft ist Graphit, der jedoch im Vakuum Reibungszahlen bis 0,4, verbunden mit hohem Verschleiß, aufweist. Grafit und MoS_2 verhalten sich also genau entgegengesetzt, wie in Bild 16.10 dargestellt (vgl. Kap. 10.3 Festschmierstoffe). Einige Varianten diamantartiger Kohlenstoffschichten (DLC) sind jedoch für Vakuumanwendungen geeignet (Fontaine, Donnet, Erdemir, 2008) und erreichen Reibungszahlen unter 0,01. Von Donnet et al. (1999) wurden verschiedene Titan-haltige amorphe Kohlenstoffschichten a-C:H:Ti getestet. Die niedrigsten Reibungszahlen im UHV lagen auch bei diesen im Bereich um 0,01.

Die Unterschiede zwischen Graphit und MoS_2 zeigten sich auch bei Untersuchungen an reibungsmindernden Schichten (Anti-Friction Coatings) von Gamulya et al. (1984) in Hochvakuum-Umgebung (10^{-7} mbar). Es handelte sich um durch Sprayen aufgebrachte Schichten, die Polyharnstoff als Binde- und Ethanol bzw. Butanol als Lösungsmittel enthielten. Als Festschmierstoffe waren MoS_2 und Grafit einzeln und in Kombination beigemischt.

Bild 16.11 zeigt den typischen Reibungsverlauf von Graphit- und MoS_2-haltigen Filmen (Gamulya et al., 1984). In allen drei Fällen existiert ein ausgeprägtes Einlaufverhalten mit erhöhter Reibung. An die Einlaufphase schließt sich ein langer stationärer Bereich bis 10.000 bzw. 100.000 Reibungszyklen an, in dem nur noch sehr geringer Verschleiß auftritt. Das anschließende Schichtversagen zeigt sich in einem starken Anstieg der Reibungszahl. Die drei Kurven spiegeln das typische Verhalten der beiden Festschmierstoffe im Vakuum wieder: Graphit zeigt die höchste Reibung und geringste Lebensdauer, MoS_2 die niedrigste Reibung und eine etwa 10fache Lebensdauer. Bemerkenswert ist, dass die stationäre Reibungszahl bei allen drei Schichten unter 0,02 liegt.

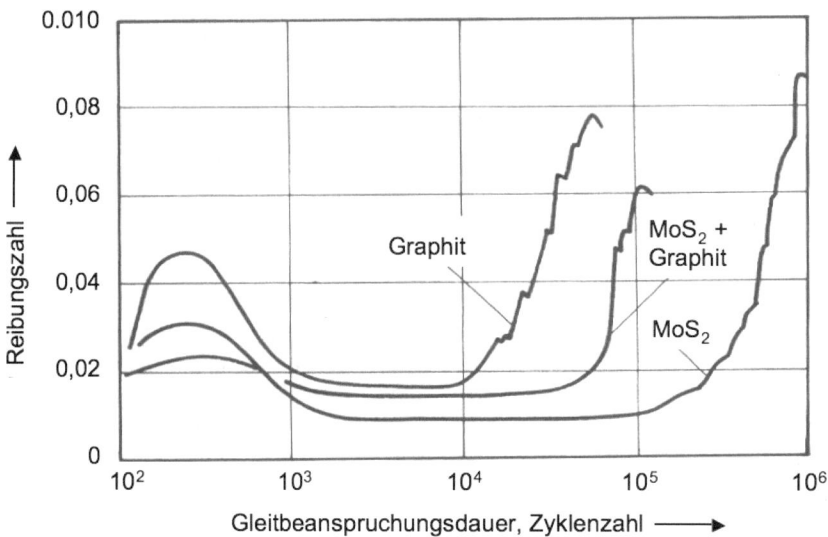

Bild 16.11   Reibungszahl und Lebensdauer von Graphit- und MoS$_2$-haltigen AF-Coatings

16.4.2 Flüssige Schmierstoffe, Fette

Trotz der genannten Einschränkungen werden flüssige Schmierstoffe im Vakuum durchaus eingesetzt. Für Hochgeschwindigkeitsanwendungen mit längerer Lebensdauer kommen praktisch nur flüssige Schmierstoffe in Frage. Weitere Vorteile gegenüber festen Schmierstoffen sind die Möglichkeit der Nachschmierung und die allgemein höhere Betriebssicherheit. Selbst bei einem Zusammenbruch von Öl- oder Fettschmierung regeneriert der Schmierfilm häufig in sehr kurzer Zeit.

Hauptsächlich für Anwendungen in der Luft- und Raumfahrt wurden diverse flüssige Schmierstoffe entwickelt. Wie bereits unter 16.1 erwähnt, werden diese hauptsächlich zur Schmierung von Wälzlagern eingesetzt. Als Schmierstoffe kommen dabei Mineralöle hohen Molekulargewichts, Ester und Polyalphaolefine (PAO) zum Einsatz (Sanders, Cutler, Miller, Zabinski, 2000, Dube et al., 2003). Multialkylierte Zyklopentane (MAC) (John, Cutler, Sanders, 2001) und Perfluorpolyether (PFPE) besitzen niedrige Dampfdrücke und werden als Grundöle für Schmierfette in Weltraumanwendungen benutzt. Auch ionische Flüssigkeiten (RTIL: room temperature ionic liquid) können als Schmierstoffe in Vakuumumgebung benutzt werden. Von Suzuki, Shinka und Masuko (2007) wurden Imidazolium-basierte RTILs tribologisch charakterisiert. Es zeigte sich, dass diese Stoffe unter den Gesichtspunkten thermischer Stabilität, Lasttragfähigkeit, Reibung, Verschleißschutz, Flüchtigkeit Temperaturabhängigkeit der Viskosität für Vakuumeinsatz auch über einen größeren Temperaturbereich geeignet sind.

16.4.3 Polymere und Polymer-Komposite

Polymere werden durch Vakuumumgebung nur gering beeinflusst, so dass sich mit diesen Werkstoffen in reiner Form oder als Bestandteil von Kompositwerkstoffen Reibungszahlen von 0,05 bis 0,2 erreichen lassen. Lager aus Polymeren können ohne zusätzliche Schmierung betrieben werden, was im Vakuum einen erheblichen Vorteil darstellt. Ferner sind sie relativ unempfindlich gegenüber Fremdpartikeln.

Für tribologische Anwendungen geeignet sind Polyamid (PA), Polyimid (PI), Polytetrafluorethylen (PTFE), Polyoxymethylen (POM), Polyethylenterephtalat (PET) sowie besonders Polyetheretherketon (PEEK). Diese polymeren Werkstoffe eignen sich in besonderer Weise als Gleitpartner für metallische Gegenkörper. Die mechanischen und tribologischen Eigenschaften werden dabei durch die Zugabe von Festschmierstoffen (MoS_2, Graphit) sowie Füll- und Verstärkungsstoffen in weiten Bereichen gezielt eingestellt (Friedrich, Lu, Häger, 1993). Die Festschmierstoffe bewirken eine Verbesserung des Gleit- und Verschleißverhaltens und sollen es in einem möglichst großen Temperaturbereich konstant halten.

Ergebnisse von tribologischen Messungen im Hinblick auf Vakuumanwendungen sind in den **Bild 16.12** und **Bild 16.13** dargestellt. Getestet wurden Kompositwerkstoffe mit PEEK-Matrix, und Anteilen von je 10 Vol.% PTFE und C-Fasern gegen CrNi-Stahl (X5CrNi1810). Als Festschmierstoff war entweder 10 Vol.% Graphit oder MoS_2 zugesetzt.

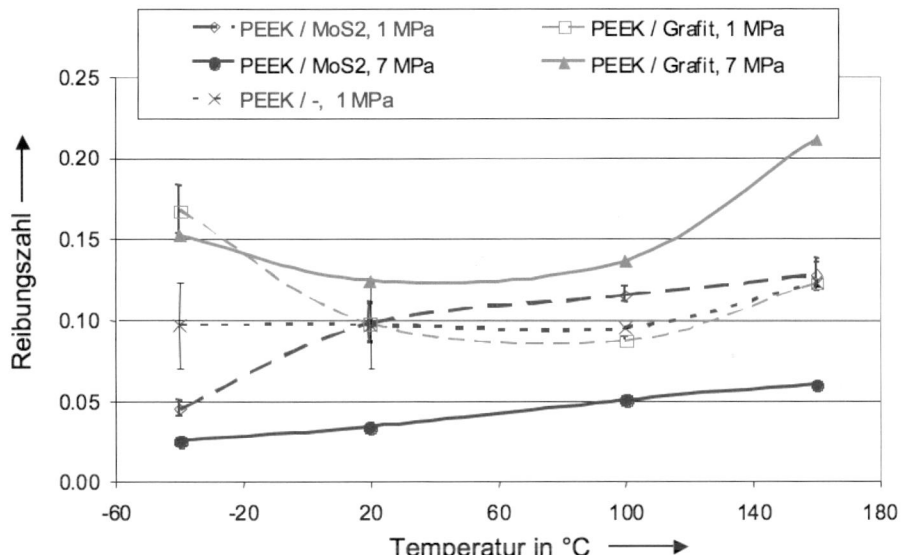

Bild 16.12 Reibungszahl von Graphit- und MoS_2-haltigen PEEK-Kompositwerkstoffe gegen CrNi-Stahl im Hochvakuum in Abhängigkeit von Restdruck und Temperatur

Bild 16.12 zeigt den Verlauf der Reibungszahl im Hochvakuum für zwei Flächenpressungen im Temperaturbereich zwischen –40 und 150 °C (Theiler et al., 2008). Als Vergleich ist eine Kurve für ein Komposit ohne Schmierstoff eingezeichnet, dessen Reibungszahl konstant bei f = 0,1 liegt. Man erkennt deutlich das entgegengesetzte Verhalten der Graphit- und MoS_2-gefüllten Werkstoffe. Während die Reibung für MoS_2 bei steigender Pressung abnimmt, steigt diese bei Graphit an. Auch zeigt sich unterhalb 0 °C bereits bei der niedrigeren Pressung ein Abfall für das MoS_2- und ein Anstieg für das graphithaltige Komposit.

In **Bild 16.13** ist der Einfluss des Restdrucks auf die Reibungszahl des Werkstoffs mir MoS_2-Zusatz gezeigt (Theiler und Gradt, 2007).

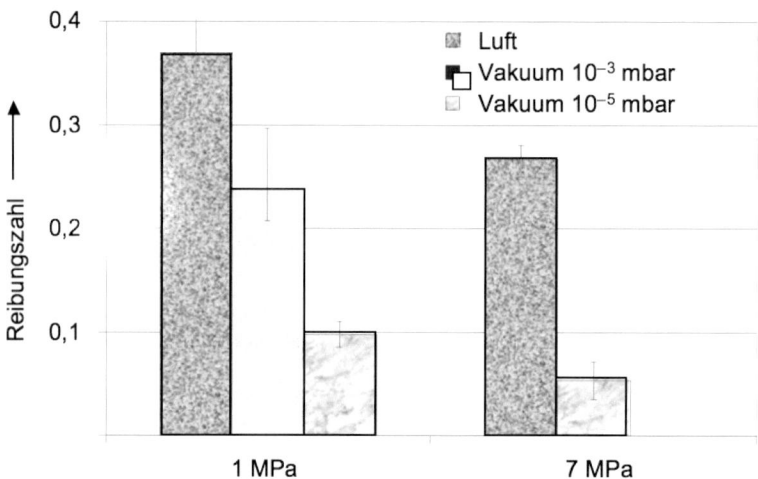

Bild 16.13   Reibungszahl von MoS_2-haltigen PEEK-Kompositwerkstoffen gegen CrNi-Stahl in Abhängigkeit von Restdruck und Flächenpressung

Man erkennt deutlich, dass diese mit sinkendem Druck abnimmt, was sicher auf die verminderte Restfeuchte zurückzuführen ist. Die Tendenz ist bei hoher und niedriger Pressung die gleiche, wobei auch bei diesen Ergebnissen niedrigere Reibung bei höheren Pressungen auftritt.
Dies lässt sich durch einen verstärkten Austritt von MoS_2 aus der Oberfläche erklären, der
durch eine Oberflächenanalyse mir energiedispersiver Röntgenspektoskopie nachgewiesen
wurde. Bei hoher Pressung erreicht der Kompositwerkstoff mit 10 Vol.% MoS_2 Reibungszahlen, die im Bereich von MoS_2-PVD-Schichten liegen, was zeigt, dass dieser für den Einsatz in
Vakuumumgebung sehr gut geeignet ist.

17 Tieftemperaturtribologie

Die Tieftemperaturtribologie beschäftigt sich mit Tribomaterialien und tribologischen Systemen der Kryotechnik, die im Temperaturbereich unterhalb von 120 K (–153 °C) arbeitet. Dies ist der Bereich der tiefkalten verflüssigten Gase wie, Stickstoff, Wasserstoff und Helium mit Siedepunkten bei 77, 20 und 4,2 K. Flüssigerdgas, das neben Wasserstoff als alternativer Kraftstoff diskutiert wird, siedet bei 112 K und fällt somit auch in diesen Bereich. Die Bedeutung der Kryotechnik lässt sich bereits mit zwei Beispielen illustrieren

- Medizintechnik: Flüssiges Helium ist beispielsweise in der medizinischen Diagnostik für die Kühltechnik von Kernspintomografen unentbehrlich.

- Automobiltechnik: Das große Energiepotential, das z. B. in flüssigem Wasserstoff als Treibstoff steckt, ist aus der Raketentechnik bekannt. Heute existieren bei allen großen Automobilherstellern Prototypen mit Wasserstoffantrieb und es gibt konkrete Überlegungen für deren Markteinführung (siehe z. B. www.h2mobility.org).

Von zentraler Bedeutung für Tribosysteme im Bereich der Kryotechnik ist die Tatsache, dass die Arbeitstemperaturen weit unterhalb des Anwendungsbereichs flüssiger Schmierstoffe liegen, weshalb z. B. berührungslose oder Festkörperreibungssysteme eingesetzt werden müssen. Im Folgenden soll gezeigt werden, welche Werkstoffe hierfür zur Verfügung stehen und welche Prüftechnik für tribologische Messungen bei extrem tiefen Umgebungstemperaturen zum Einsatz kommt.

17.1 Tribosysteme in der Kryotechnik

In den Bereichen Raumfahrttechnik, angewandter Supraleitung und industrieller Flüssiggasversorgung finden sich Anlagen bzw. Geräte, in deren Kaltteil Linear- oder Rotationsbewegungen auszuführen sind. Beispiele für extreme Anforderungen sind Ventile (Bozet, 2001) und insbesondere Kraftstoff-Turbopumpen für flüssigen Wasserstoff und Sauerstoff in kryogenen Raketentriebwerken (Gardos, 1986). Die Pumpen für Wasserstoff erreichen Drehzahlen bis 60.000 min^{-1} und sind Temperaturen zwischen 20 K (Stillstand) und 900 K (Betrieb) ausgesetzt. Die Kräfte auf Lager und Dichtungen betragen einige hundert Newton. Nicht ganz so hoch belastet sind die Expansionsmaschinen in Gasverflüssigern, die zumeist als Turboexpander, aber für geringe Verflüssigungsleistungen auch als Kolbenmaschinen ausgelegt werden. Bei den Turbo-Expandern werden Gas- oder auch Folienlager eingesetzt (Hou, Zhu und Chen 2004).

Weitere Beispiele für extreme tribologische Anforderungen finden sich in der mechanischen Struktur von großen supraleitenden Magneten, wie sie z. B. im Large Hadron Collider am CERN (Attoos et al. 1994) oder für den magnetischen Plasmaeinschluss in Fusionsreaktoren eingesetzt werden. So werden im Fusionsexperiment WENDELSTEIN 7-X Stützelemente zwischen den supraleitenden Magnetspulen verwendet, die auf einem Durchmesser von ca. 6 cm Lasten von bis zu 1500 kN tragen, was zu plastischer Verformung führt. Gleichzeitig müssen diese Elemente aber Gleitbewegungen von einigen mm bei niedrigster Reibung zulassen, ohne dass dabei Stick-Slip auftreten darf (Gasparotto et al., 2005). Diese Bauteile befinden sich im Hochvakuum bei einer Temperatur von 4,2 K und können nach dem Einbau nicht mehr ausgetauscht werden. Deshalb muss deren zuverlässige Funktion für die gesamte Lebensdauer der Anlage, in diesem Fall 20 Jahre, sichergestellt werden. Mit Festschmierstoffen wie MoS_2 sind diese Anforderungen durchaus zu erfüllen (siehe Kap. 17.3.3).

Da, wie bereits erwähnt, Schmieröle bzw. Schmierfette im Kaltteil kryotechnischer Apparaturen nicht verwendet werden können, wird häufig versucht, Tribosysteme in den Warmteil zu verlagern. Hierdurch werden jedoch Durchführungen, lange Wellen und Gestänge zwischen Warm- und Kaltteil der Anlage benötigt, was zu Lasten der mechanischen Stabilität geht und die Wärmelast auf den Kaltteil erhöht.

Für Kryobedingungen gut geeignet sind berührungslose Lager und Dichtungen, da sie keine Reibungswärme erzeugen, praktisch wartungsfrei sind und eine nahezu unbegrenzte Lebensdauer haben. Magnetlager können z. B. sehr hohe Lagerkräfte aufnehmen und ermöglichen eine aktive Steuerung. Für letztere werden allerdings externe Stromversorgung und Ansteuerelektronik benötigt. Gasschmierung weist ähnliche Vorteile wie magnetische Lagerung auf, erfordert aber, je nach Anwendungsfall, extrem hohe Oberflächengüten, Druckgaszuführung oder sehr hohe Drehzahlen. Diese Nachteile führen dazu, dass in der Kryotechnik zumeist auf berührende Systeme zurückgegriffen werden muss.

Nicht unerwähnt bleiben soll, dass Reibungsuntersuchungen bei tiefen Temperaturen auch für die Grundlagenforschung von Interesse sind, da es Hinweise dafür gibt, dass der Übergang zur Supraleitung die Reibung beeinflusst (Zinenko, Silin, 1990 und Kuleba, Ostrovskaya, Pustovalov, 2001) oder die Haftreibung zwischen atomar glatten, inkommensurablen Kristallflächen verschwindet (Popov, 2001). Handelt es sich um Dielektrika, kann der Energieübertrag bei Gleitreibung nur durch Phononenanregung erfolgen. Der Beitrag der Phononen zur Reibungskraft verschwindet jedoch bei Annäherung an den absoluten Nullpunkt, so dass in diesem Fall praktisch reibungsfreies Gleiten möglich wäre (Popov, 1999).

17.2 Tribologische Prüftechnik für Temperaturen unterhalb 120 K

Tribologische Untersuchungen bei kryogenen Temperaturen erfordern Spezialapparaturen, die insbesondere hinsichtlich Kühlsystem, Wärmeisolierung und Messtechnik für diesen Temperaturbereich ausgerüstet sein müssen.

Modellsysteme und Probengeometrie

Bei der Auswahl der Probengeometrie gelten für Modelluntersuchungen bei tiefen Temperaturen grundsätzlich dieselben Überlegungen wie für Messungen bei Raumtemperatur (siehe Kap. 8.3 „Tribologische Laborprüftechnik). Daher findet man in der Literatur überwiegend Ergebnisse von Messungen mit der Kugel-Ebene-Geometrie oder ähnlich einfachen Anordnungen (Kragelsky, 1981; Yukhno, Vvedenskij, Sentyurikhina, 2001). Andere Tieftemperatur-Apparaturen existieren z. B. für Wälzreibung in LN_2 (Quillien, et al., 2001), die Simulation von Gleitkontakten zwischen supraleitenden Magnetspulen (Gradt et al., 2008) oder besonders hohe Drehzahlen (Subramonian, Basu, 2006).

Kühlsystem

Für die Kühlung kann auf die hochentwickelte Kryostatentechnik zurückgegriffen werden. Im Temperaturbereich zwischen ca. 1 und 120 K werden fast ausschließlich Bad- und Verdampfungskühlung mit den in **Tabelle 17.1** angegebenen verflüssigten Gasen als Kältemittel eingesetzt (siehe z. B, Frey u. Eder, 1981).

Bei der Badkühlung befindet sich das zu kühlende Objekt direkt in einem Bad aus flüssigem Kältemittel. Die im Objekt entstehende Wärme wird über Konvektion und Wärmeleitung abgeführt und durch Verdampfen an der Oberfläche dem Bad entzogen. In den meisten Anwendungen steht das Kühlbad unter Normaldruck, die Arbeitstemperatur entspricht der Siedetemperatur des Kältemittels. In Tabelle 17.1 sind die gängigsten Kältemittel mit einigen physikalischen Daten aufgeführt. Durch Dampfdruckerniedrigung, also Abpumpen von Gas oberhalb der Flüssigkeit, kann die Temperatur weiter gesenkt und über den Druck geregelt werden.

Bei der als Verdampfungskühlung bezeichneten Methode fließt das Kältemittel durch einen Wärmetauscher in dem es an einer definierten Stelle, normalerweise einer Düse, verdampft. Die hierfür nötige Wärme wird der Umgebung entzogen und bewirkt somit eine Kühlung. Die Oberfläche des zu kühlenden Objekts kommt also nicht mit dem Kältemittel in Berührung, was für einige Anwendungsfälle sichergestellt werden muss. Ein weiterer Vorteil dieser Methode ist, dass die Temperatur mittels einer Durchflussregelung, ggf. zusammen mit einer Heizung, kontinuierlich einstellbar ist. Wegen der indirekten Kühlung können jedoch im Vergleich zu Badkühlung nur geringere Wärmeströme abgeführt werden. Ist die Probenkammer direkt an eine Gaskältemaschine gekoppelt, spricht man von Refrigeratorkühlung. Dies ist immer dort von Vorteil, wo über längere Zeit ohne Unterbrechung gekühlt werden muss.

Tab. 17.1   Flüssige Kältemittel; Angaben aus *1x1 der Gase, AIR LIQUIDE Deutschland*

Kältemittel	Kurzzeichen	Siedetemperatur, K /°C	Dichte fl. am Siedepunkt, kg/l	Verdampfungswärme, kJ/kg
Stickstoff	LN_2	77,3 / –195,9	0,8085	198,6
Wasserstoff	LH_2	20,4 / –252,8	0,07079	445,6
Neon	LNe	27,1 / –246,1	1,206	86,07
Helium	LHe	4,23 / –268,92	0,125	20,413

Wärmeisolierung

Als Werkstoffe für Kryobehälter müssen Materialien mit niedriger Wärmeleitfähigkeit eingesetzt werden. Hier spielen vor allem austenitische Edelstähle und Quarzglas eine Rolle. Der Stahl 1.4301 hat bei 300 K eine Wärmeleitfähigkeit λ von 0,15 $Wcm^{-1}K^{-1}$, bei 4 K von 0,004 Wcm^{-1} K^{-1}, Quarzglas bei 300 K von 0,012 $Wcm^{-1}K^{-1}$, bei 4 K von 0,001 $Wcm^{-1}K^{-1}$ (Frey u. Eder, 1981). Austenitische Stähle bieten neben ihrer geringen Wärmeleitfähigkeit den Vorteil, dass sie nicht zur Kaltversprödung neigen. Behälter aus diesen Stählen sind daher robust und auch für den Straßentransport von Kältemitteln geeignet. Glaskryostaten werden vor allem für Laboraufbauten eingesetzt, insbesondere wenn Sicht auf die Einbauten notwendig ist.

Zur Wärmeisolierung werden die in der Kryotechnik verwendeten Behälter doppelwandig ausgeführt und der Zwischenraum auf mindestens 10^{-4} mbar evakuiert. Wärmetransport zwischen den Wänden dieses Isoliervakuums findet dann praktisch ausschließlich durch Strahlung statt. Diese Strahlungsverluste lassen sich noch durch mehrlagige, metallisierte Folie minimieren, die als Strahlungsschild wirkt (Superisolation). Bei geringeren Ansprüchen an die Standzeit der Behälter können für den Einschluss von LH_2 und höher siedenden Kältemitteln Isolierungsmaterialien wie aufgeschäumte Kunststoffe, Mineral- und Glasfaserwolle eingesetzt werden, die lediglich die Konvektion verhindern.

Messtechnik

Zur Temperaturmessung werden werden fast ausschließlich Thermoelemente, Widerstands-
oder Halbleiterthermometer benutzt, wobei die meisten auch für die Messung hoher Temperaturen geeignet sind. So reicht z. B. der Anwendungsbereich von Platin-Widerstandsther-
mometern von 20 bis 600 K. Kohleschichtwiderstände sind dagegen nur bis ca. 50 K zu benutzen, reichen jedoch bis 10 mK mit ansteigender Empfindlichkeit hinab. Die Auswahl hängt
hauptsächlich vom zur Verfügung stehenden Einbauvolumen und der elektrischen Leistung ab.
Widerstandsthermometer sind in der Handhabung einfach, aber verhältnismäßig voluminös
und erzeugen eine Heizleistung von bis zu 0,1 mW. Thermoelemente hingegen benötigen nur
das Einbauvolumen der Drahtverbindung und erzeugen praktisch keine Wärme. Chro-
mel/AuFe-Thermoelemente haben einen großen Anwendungsbereich von 1 bis 500 K. Wegen
der zu messenden Spannungsdifferenzen im µV-Bereich und der erforderlichen Referenztem-
peratur, ist die Messtechnik jedoch aufwendiger als bei Widerstandsthermometern.

Für die Messung mechanischer Größen wie Kräften und Abstandsänderungen können Dehn-
messstreifen (DMS) benutzt werden. Standard-DMS aus Konstantan können bis minimal 77 K
eingesetzt werden, solche aus einer speziellen CrNi-Legierung bis 4,2 K (Hottinger Baldwin
Messtechnik GmbH, Katalogangaben).

Tribometerausführungen

Ein Beispiel für ein Tribometer mit Badkühlung ist die in **Bild 17.1** und **Bild 17.2** dargestellte
Apparatur (siehe auch Gradt, Börner, Hübner, 2001). Der Kryostat ist ein vakuum-superi-
isoliertes Metalldewar, das Messungen in LN_2, LH_2 und LHe ermöglicht. Die Probenanordnung
besteht aus einer rotierenden Scheibe, auf deren Stirnseite ein feststehender Körper (Stift oder
Kugel) gepresst wird. Die Lastaufgabe erfolgt über einen Eintauchrahmen, auf dessen unterer
Traverse der feststehende Probekörper montiert ist. Der gesamte Rahmen wird mittels eines
Balgzylinders durch Gasdruck parallel nach oben bewegt. Dies ergibt eine mechanisch sehr
stabile Konstruktion, die Normalkräfte bis 500 N erlaubt. Antrieb, Kraft- und Wegsensoren
sind im Warmteil der Anlage angeordnet, wobei für die Antriebswelle eine ferrofluidische
Drehdurchführung verwendet wird.

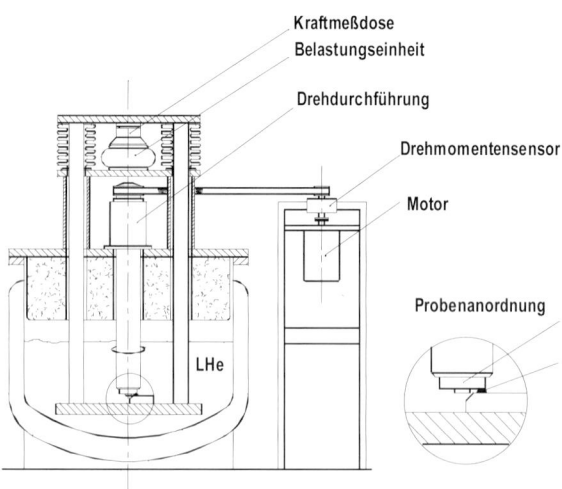

Bild 17.1   Kryotribometer mit Badkühlung   **Bild 17.2**   Foto der Apparatur

Eine Apparatur, die eher für Grundlagenuntersuchungen geeignet ist und auch Messungen in Vakuumumgebung ermöglicht, ist in **Bild 17.3** dargestellt (Burton, Taborek, Rutledge, 2006). In diesem Aufbau werden Reibungszahlen durch Veränderung der Steigung einer Führungsschiene für einen Gleitkörper gemessen. Die Kühlung der 70- und 4-K-Schilde erfolgt über Gas- bzw. Verdampfungskühlung.

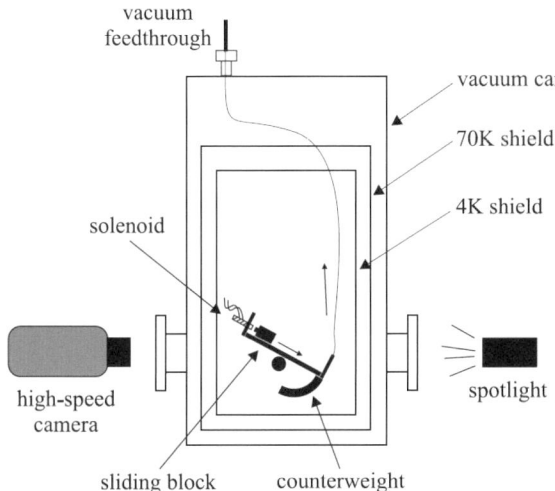

Bild 17.3
Original-Prinzipdarstellung
eines Kryo-Vakuumtribometers
(Burton, Taborek, Rutledge,
2006)

17.3 Werkstoffe für Tribosysteme bei tiefen Temperaturen

Der Temperaturbereich der Kryotechnik liegt weit unterhalb der Erstarrungspunkte flüssiger Schmierstoffe (Kragelsky, 1981). Die kryogenen Flüssigkeiten selbst sind nicht in der Lage als Schmierstoffe zu wirken oder hydrodynamische Schmierfilme aufzubauen (Bozet, 2001). Tribosysteme in der Kryotechnik sind deshalb bis auf wenige Ausnahmen (siehe Kapitel 17.1) trocken reibende Systeme, bei denen Festschmierstoffe oder Materialpaarungen eingesetzt werden, die auch ohne Schmierung günstige Reibeigenschaften aufweisen.

17.3.1 Metallische Werkstoffe

Betrachtet man nur die reinen Festigkeitsparameter wie Dehngrenze, Scher- und Zugfestigkeit, sind tiefe Temperaturen für metallische Werkstoffe kein Problem, da diese Parameter mit abnehmender Temperatur zunehmen (Frey u. Eder, 1981; Read, 1983). Materialien mit krz- oder hex-Gitter neigen jedoch zu erheblicher Kaltversprödung, was sich in einem schlagartigen Abfall der Kerbschlagzähigkeit um teilweise mehr als eine Größenordnung ausdrückt. Aufgrund dieser Eigenschaft, die auch die härtbaren martensitischen Stähle betrifft, werden diese in der Kryotechnik normalerweise nicht eingesetzt. Hierfür kommen nur die kaltzähen, austenitischen Werkstoffe in Frage. Ein zusätzliches Problem tritt bei Anwendung von LH_2 auf, da neben der Kalt- auch die Wasserstoffversprödung, zu berücksichtigen ist. Diese spielt bei hochfesten Stählen, Ni, Ni-Basislegierungen, Ti und Ti-Legierungen eine große Rolle. Gering bis vernachlässigbar ist sie bei austenitischen Stählen, Al-Legierungen, Cu und Cu-Legierungen (Moulder und Hust, 1983). Allerdings kann es in austenitischen Stählen bei hoher mechanischer Verformung durch tribologische Beanspruchungen zu Martensitbildung (Hübner, 2001) und H_2-spezifischer Rissbildung kommen (Hübner, et al, 2003). **Bild 17.4** zeigt ein Beispiel für derartige Rissbildung.

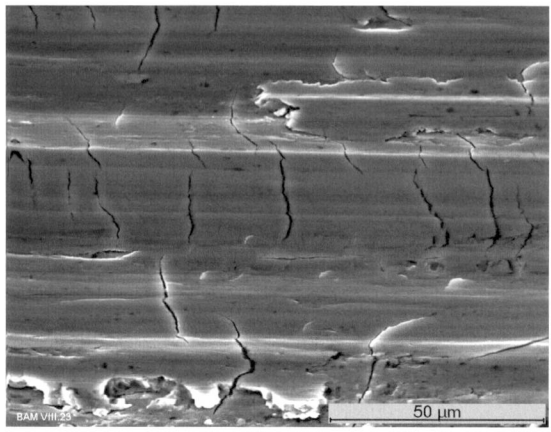

Bild 17.4
Rasterelektronenmikroskopische Aufnahme einer Verschleißspur auf Stahl 1.4301 nach Reibbeanspruchung in LH_2 (T = 20 K): Netz aus Sprödbrüchen quer zur Reibrichtung (Hübner et al., 2003)

Für tribologisch beanspruchte Bauteile wie z. B. Kugellager kann auf den Einsatz martensitischer Stähle nicht verzichtet werden. Solange keine plastische Verformung auftritt, spricht auch nichts gegen den Einsatz diese Werkstoffe. Probleme bereiten eher die fehlende Fettschmierung und Fremdpartikel, wie z. B. Eiskristalle. Wie sich diese auswirken können, ist in den Bildern 17.5 und 17.6 am Beispiel von Kugellagertests in LN_2 und LHe gezeigt. **Bild 17.5** zeigt den zeitlichen Verlauf des Reibmoments bei dem LN_2-Test. Während das Lager zunächst sehr ruhig lief, kam es in der zweiten Hälfte der Laufzeit zu Schwankungen und einem Ansteigen der Reibung. Der Wert des Reibmoments von ca. 0,13 Nm (entspricht f = 0,007) ist aber sicher noch kein Indiz für vollständiges Lagerversagen.

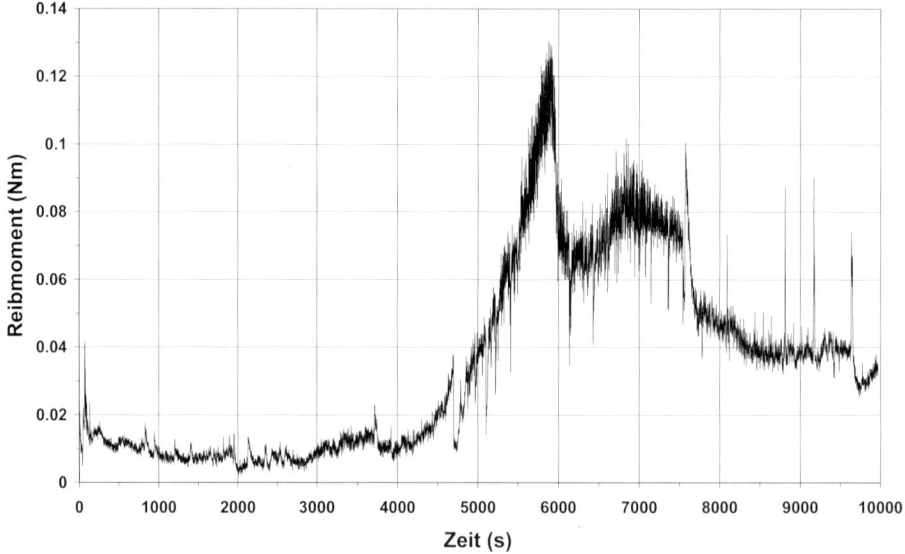

Bild 17.5   Kugellagertest in LN_2; Verlauf des Reibmoments; F_N = 400 N; n = 3000 min^{-1}

Bild 17.6 zeigt Rasterelektronenmikroskop-(REM-)Aufnahmen von Kugellagerkomponenten aus einem Versuch bei 4,2 K in Flüssighelium. Auf den Laufflächen der Kugeln sind Riefen zu sehen, die wahrscheinlich durch Eiskristalle, die zwischen Kugel und Käfig gelangt sind, verursacht wurden. Hinweise auf ein dauerhaftes Blockieren einer Kugel konnten nicht gefunden werden. Eine weitere Schädigung der Kugeloberflächen sind kleinere Ausbrüche (Bild 14.4.5 b), die wahrscheinlich auf die Kaltversprödung des martensitischen Stahls (100Cr6) zurückzuführen sind.

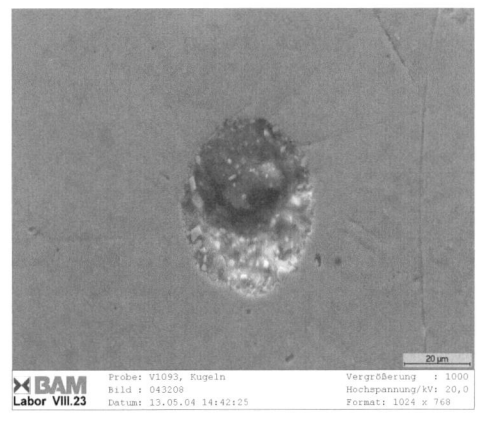

a) Riefen   b) Materialausbrüche

Bild 17.6 Kugellagertest in LHe; F_N = 400 N; n = 3000 min^{-1}, Schäden auf den Kugeloberflächen

Weiche Metalle wie Gold, Silber, Blei und Indium lassen sich in bestimmten Fällen als Schmierstoffe einsetzen (Sherbiney und Hallin, 1977). Sie zeigen sowohl im Vakuum als auch bei tiefen Temperaturen unproblematische tribologische Eigenschaften mit minimalen Reibungszahlen von ca. f = 0,1 (Roberts, 1990 und Subramanian et al., 2005). Deshalb werden sie häufig bei Weltraumanwendungen z. B. zur Beschichtung von Laufflächen von Kugellagern benutzt, wo sie sehr lange Lebensdauern unter Wälzbeanspruchung erreichen. Bei Gleitbeanspruchung haben diese Werkstoffe jedoch verglichen mit laminaren Festschmierstoffen eine deutlich geringere Lebensdauer.

17.3.2 Polymere und Polymer-Komposite

Die bereits in Kapitel 16 erwähnten vakuumtauglichen thermoplastischen Kunststoffe Polytetrafluorethylen (PTFE), Polyimid (PI), Polyamid (PA), Polyoxymethylen (POM), Polyethylenterephtalat (PET) und Polyetheretherketon (PEEK) werden auch für Tieftemperaturanwendungen eingesetzt. Die Eigenschaften dieser Materialien sind jedoch stark temperaturabhängig. Da die Polymerketten unterhalb ihrer Glastemperatur eingefroren vorliegen, sind Elastizitätsmodul und Härte bei tiefen Temperaturen gegenüber Raumtemperatur deutlich erhöht (Gläeser, Kissel, Snediker, 1974, Hübner et al., 1998, Friedrich, Theiler, Klein, 2009). In Folge dessen nehmen sowohl Reibung als auch Verschleiß zu tiefen Temperaturen hin ab. Allerdings sinkt mit abnehmender Temperatur auch die ohnehin niedrige Wärmeleitfähigkeit, was Einfluss auf das tribologische Verhalten der Polymere in Kryosystemen hat, insbesondere dann, wenn die Reibungswärme nicht schnell genug abgeführt werden kann. Dieser Fall ist u. a. gegeben, wenn in schlecht wärmeleitender, gasförmiger Umgebung gearbeitet wird bzw. wenn im Reibkontakt durch Sieden der Kühlflüssigkeit eine Gasblase entsteht (Bozet, 1993). Die tatsächliche Temperatur im Kontakt kann dann durchaus bis auf RT ansteigen, mit den entsprechenden Folgen für das Reibungs- und Verschleißverhalten.

In **Bild 17.7** ist dies am Beispiel eines Kompositwerkstoffs mit PTFE-Matrix verdeutlicht. Der Verschleiß nimmt zu den tiefer siedenden Kältemitteln hin deutlich ab. Erst in LHe nimmt er wieder zu, was wahrscheinlich auf die erwähnte, durch die Reibungswärme bedingte Gasblase um den Kontakt zurückzuführen ist.

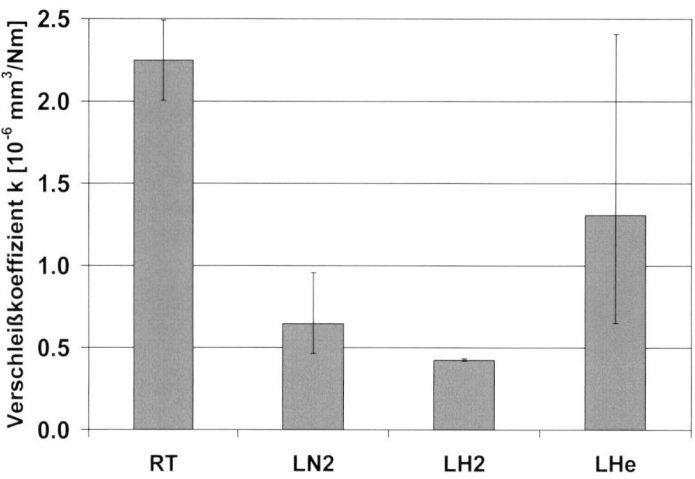

Bild 17.7   Verschleiß von PTFE-Kompositen in verschieden Umgebungsmedien (Theiler et al., 2005)

PTFE ist einer der am häufigsten in der Tieftemperaturtechnik verwendeten Kunststoffe. Es zählt zu den hochkristallinen Hochleistungspolymeren (Kristallinitätsgrad > 90 %) und wird allgemein wegen der ausgezeichneten Chemikalienbeständigkeit, Temperaturstabilität von -269 °C bis +260 °C und des geringen Adhäsionsvermögens geschätzt (Brydson, 1972 und Tanaka, 1986). Letzteres bedingt eine niedrige Reibungszahl gegen metallische Werkstoffe, weshalb PTFE häufig als Festschmierstoff verwendet wird (siehe Kap. 10). Beachtet werden muss jedoch, dass die Warmformbeständigkeit nach ISO 75 HDT/A von PTFE nur bei 50 °C liegt und es unter Belastung zum Kaltfließen neigt, was dessen Verwendung als reines, unverstärktes Material erheblich einschränkt.

Für Temperaturen oberhalb 200 K lässt sich nach Burris (2008) und der dort zitierten Literatur ein allgemeiner Zusammenhang für die Temperaturabhängigkeit des Reibungskoeffizienten von PTFE angeben. Durch Normalisieren der Reibungszahl $\mu(T)$ auf ihren Raumtemperaturwert $\mu(T_0)$ erhält man einen Reibungskoeffizienten μ^*, der von anderen Variablen wie Geschwindigkeit und Last unabhängig ist:

$$\mu^* = \frac{\mu(T)}{\mu(T_0)} \tag{1}$$

Für die Beschreibung der Temperatur- und Geschwindigkeitsabhängigkeit von teilkristallinen Kunststoffen lässt sich folgende empirische Formel angegeben:

$$\mu(T,V) = \left(CV^n\right) e^{\left(\frac{E_a}{R}\left(\frac{1}{T} - \frac{1}{T_0}\right)\right)} \tag{2}$$

Darin ist C eine Materialkonstante, V die Geschwindigkeit, n ein Gleitgeschwindigkeitsexponent, E_a die Aktivierungsenergie, T_0 die Bezugstemperatur in K und R die allgemeine Gaskonstante

$$\mu*(T) = \frac{\mu(T,V)}{\mu(T_0,V)} = e^{\left(\frac{E_a}{R}\left(\frac{1}{T} - \frac{1}{T_0}\right)\right)} \tag{3}$$

Für eine Aktivierungsenergie von 5 kJ/mol stimmen die verfügbaren Daten mit dieser Gleichung überein, was auf die Wirkung intermolekularer van-der-Waals-Kräfte schließen lässt. Die Reibung von PTFE wird in diesem Temperaturbereich also offenbar durch diese Interaktionen dominiert. Daten für tiefere Temperaturen fallen vollständig aus diesem Trend heraus, was für einen fundamental geänderten Reibmechanismus spricht, der jedoch noch nicht geklärt ist.

PTFE ist in reiner Form wegen dessen geringer Festigkeit und Neigung zum Kaltfließen für die meisten tribologischen Anwendungen ungeeignet. Deshalb wird es häufig mit Glas- oder Kohlefasern verstärkt oder in Verbundwerkstoffen zusammen mit festeren Polymeren eingesetzt. **Bild 17.8** zeigt die Reibungszahl von PTFE/PEEK-Verbundwerkstoffen für Raumtemperatur (RT) und LN$_2$-Umgebung in Abhängigkeit von der Zusammensetzung (Theiler et al., 2004 und Friedrich, Theiler, Klein, 2009). Man erkennt, dass reines PEEK bei Raumtemperatur eine Reibungszahl von 0.6 hat, womit es z. B. für eine Anwendung als Lagerwerkstoff nicht geeignet wäre. Ein PTFE-Anteil von weniger als 10 Vol% reicht jedoch bereits aus, um die Reibungszahl auf 0,2 zu senken. In LN$_2$ sinkt diese sogar unter 0,1 und die Abhängigkeit von der Zusammensetzung ist deutlich geringer. In **Bild 17.9** ist der Verschleiß in LN$_2$ im Vergleich zu Raumtemperaturwerten für zwei ausgewählte Zusammensetzungen dargestellt. Die Tendenz ist die gleiche wie bei der Reibung: der Werkstoff mit hohem PEEK-Anteil zeigt den niedrigeren Verschleiß, der bei tiefen Temperaturen noch einmal deutlich vermindert ist.

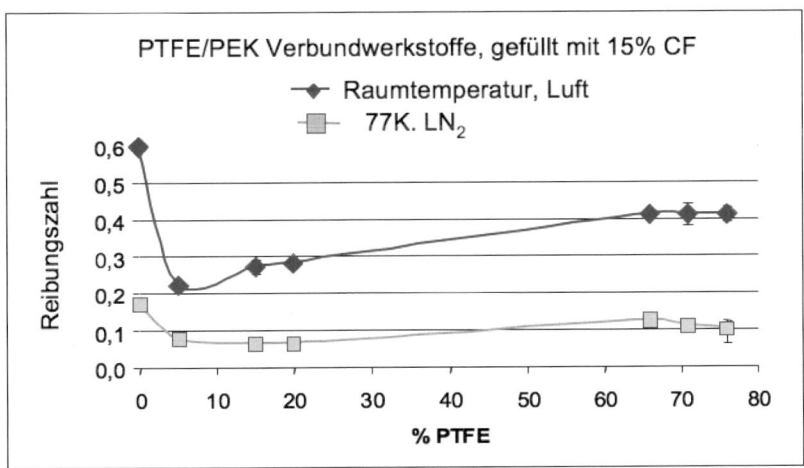

Bild 17.8   Reibungszahl von PTFE/PEEK-Verbundwerkstoffen gegen Stahl 100Cr6 in Abhängigkeit von der Zusammensetzung bei Raumtemperatur und in LN$_2$; v = 0,2 m/s; F_N = 50 N

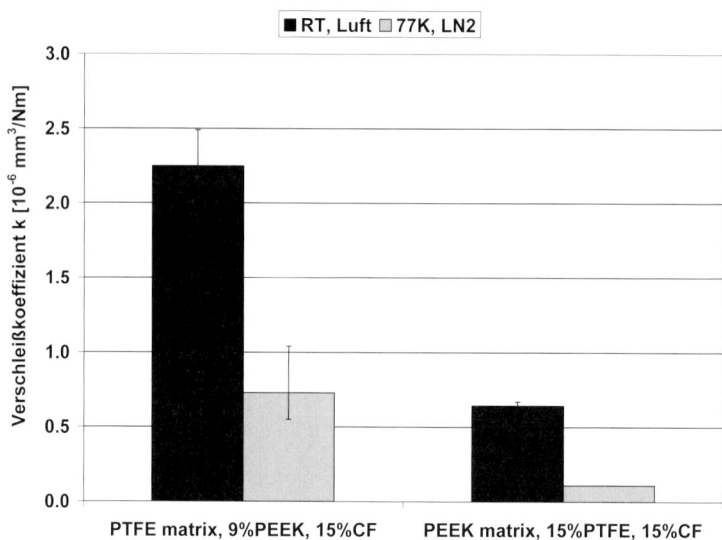

Bild 17.9   Verschleißkoeffizient für zwei PTFE/PEEK-Verbundwerkstoffe bei RT und in LN$_2$;
Gegenkörper: Stahl 100Cr6; Gleitweg: 2000 m; v = 0,2 m/s, F$_N$ = 16 N

17.3.3 Festschmierstoffe

Lamellare Festschmierstoffe, speziell MoS$_2$, sind auch für tiefe Temperaturen geeignet. Diese werden entweder in reiner Form oder mit Bindemitteln als Anti-Friction (AF-) Coatings aufgebracht und zeigen minimale Reibungszahlen bis 0,03, unter speziellen Bedingungen sogar darunter (Roberts, 1990, Donnet et al, 1995 und 1996). Mit Ti-haltigen PVD-MoS$_2$-Schichten werden in LN$_2$ Reibungszahlen zwischen 0,015 und 0,06 bei minimalem Verschleiß an Grund- und Gegenkörper erreicht (Subramonian et al., 2005).

Als Beispiel ist in **Bild 17.10** der Reibkraftverlauf einer MoS$_2$-PVD-Beschichtung bei reversierender Bewegung in LHe gezeigt (Gradt, Assmus, 2006). Diese Beschichtung soll an Stützelementen für supraleitende Magnetspulen Ausgleichsbewegungen bei niedriger Reibung zulassen und das Auftreten von Stick-Slip verhindern. Charakteristisch ist, dass eine sehr kurze Einlaufphase auftritt, nur der erste Reibzyklus weicht erheblich von den darauffolgenden ab. Während der dargestellten ersten 5 Zyklen stellt sich dann ein Reibverhalten ein, das sich im späteren Verlauf nur noch geringfügig ändert.

Die Reibungszahlen liegen allgemein zwischen 0,03 und 0,06, was für MoS$_2$-Beschichtungen im Rahmen des Üblichen liegt. Es treten nur sehr niedrige Haftreibungsspitzen und kein Stick-Slip-Verhalten auf. Haft- und Gleitreibung sind praktisch gleich groß. Da die Auslenkung der Proben sinusförmig erfolgte, war die Gleitgeschwindigkeit nicht konstant. Die Rechteckform der Reibungsverläufe drückt somit die Geschwindigkeitsunabhängigkeit der Reibungszahlen aus. Schichtversagen war bei diesen Versuchen nicht festzustellen, so dass die Beschichtung für diese Anwendung gut geeignet ist.

Grafit, der wie MoS$_2$ eine Schichtgitterstruktur aufweist, benötigt eine Mindestfeuchte um als Schmierstoff zu wirken und ist deshalb für kryogene Umgebungsmedien ungeeignet. Eine Ausnahme macht LH$_2$, in dem Grafit zumindest als Komponente in Polymerkompositen Reibung und Verschleiß mindert (Theiler und Gradt, 2007).

Diamantartige Kohlenstoffschichten (DLC: diamond-like Carbon) sind auch für andere Kälte-mittel geeignet. Die amorphen, wasserstoffhaltigen Varianten (a-C:H, ADLC) erreichen Rei-bungszahlen zwischen 0,05 und 0,1, die Reibung von wasserstofffreien polykristallinen oder tertagonal amorphen (ta-C) Diamantschichten liegt bei sehr geringem Verschleiß deutlich darüber (Gradt, Börner, Schneider, 2001 und Ostrovskaya et al., 2001).

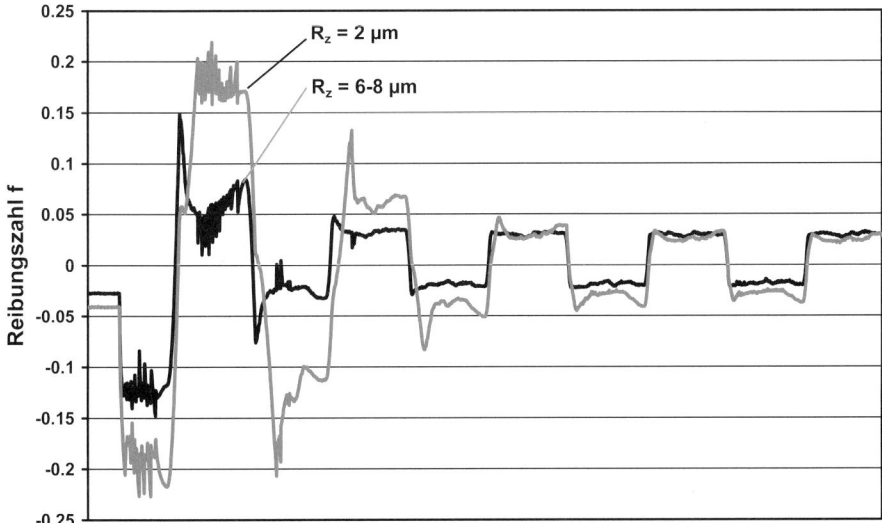

Bild 17.10 Verlauf der Reibung bei reversierender Gleitbewegung (Vorzeichenwechsel der Reibungs-zahl) einer Paarung MoS2 auf Stahl 1.4429 gegen Al-Bronze während der ersten Reibungs-zyklen; T = 4,2 K; F_N = 250 N; Hub Δx = 5 mm; v = 0,2 mm/s14.3.4 AF-Coatings

Anti-Friction-(AF-)-Coatings, früher als Gleitlacke bezeichnet, bestehen aus Festschmierstof-fen und zumeist organischen Bindemitteln. Wenn MoS_2 oder PTFE als Schmierstoffe einge-setzt werden, sind diese häufig auch für den Einsatz bei tiefen Temperaturen geeignet. Die tribologischen Eigenschaften hängen dann wesentlich von den Tieftemperatureigenschaften des Bindemittels ab. In ungünstigen Fällen erhöht sich die Härte der Schichten so stark, dass Stahl-Gegenkörper abrasiv verschlissen werden, die Schicht selbst jedoch nur geringen Ver-schleiß zeigt.

Ein Beispiel für geeignete Beschichtungen sind MoS_2-AF-Coatings mit Polyharnstoff als Bin-demittel (Yukhno, Vvedenskij, Sentyurikhina, 2001 und Gradt, Hübner, Ostrovskaya, 2004). Sie besitzen sehr gute Reibeigenschaften unter Extrembedingungen, wie tiefe Temperaturen oder Vakuum.

In **Bild 17.11** sind die Reibungszahlen für diese Beschichtungen auf Al-Substraten gegen 100Cr6-Kugeln dargestellt (Gradt, Hübner, Ostrovskaya, 2004). Für alle Umgebungsmedien wird eine hervorragende Schmierwirkung festgestellt. Mit Senkung der Arbeitstemperatur vermindert sich die Reibungszahl deutlich. Das beste Ergebnis wird mit f = 0,02 bei T = 77 K im Vakuum erreicht. In den meisten Fällen führen höhere Lasten und Geschwindigkeiten zu niedrigeren Reibungszahlen.

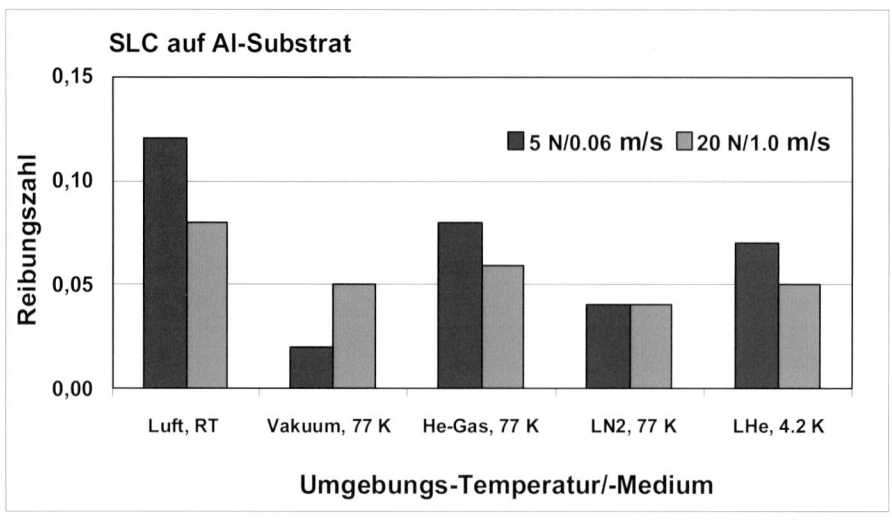

Bild 17.11   Reibungszahlen von MoS_2 mit Polyharnstoff-Binder in verschiedenen Umgebungsmedien

18 Hochtemperaturtribologie

Die Temperatur ist eine fundamentale Beanspruchungs- bzw. Einflussgröße für alle tribologischen Systeme. In herkömmlichen Tribosystemen, wie z. B. Gleitlagern, führt normalerweise ein flüssiger Zwischenstoff die Reibungswärme weitgehend aus dem Reibkontakt ab, senkt die Reibungszahlen und schützt vor adhäsiven Verschleißmechanismen. Mit den thermischen Stabilitätsgrenzen flüssiger Schmierstoffe ergeben sich unter Einbeziehung der polymeren Werkstoffe obere Anwendungstemperaturen von etwa 400 °C. Hochtemperaturtribologie ist die Tribologie von Ingenieurwerkstoffen und technischen Systemen oberhalb dieser Grenze.

18.1 Tribosysteme in der Hochtemperaturtechnik

Die Hochtemperaturtribologie ist durch folgende Entwicklungen gekennzeichnet:

- Tribologische Kenngrößen für Temperaturen oberhalb von 400 °C werden für die Konstruktion adiabatischer Verbrennungsmotoren (Havstad, SAE 860447) und keramischer Gasturbinen benötigt.

- Reibungs- und Verschleißkenngrößen bei Umgebungstemperaturen über 800 °C wurden mit den Schwerpunkten „Ingenieurkeramiken" (Buckley, 1967) und „Festschmierstoffe" (Sliney, 1982) unter Anwendung refraktäre Metalle und deren Carbide, Boride und Nitride (Semenov, 1995; Tkachenko et al., 1978) weltweit von der Raumfahrt forciert.

- Im Temperaturbereich von 800 °C bis 1.200 °C nimmt infolge der aufwendigen Tribometrie (Gienau et al., 2004) und den Einschränkungen verwendbarer Werkstoffe der Datenbestand stark ab, Literatur für T > 1.200 °C ist kaum vorhanden.

Die Hochtemperaturtribologie-Forschung ermöglicht den Einsatz neuer thermisch stabiler Konstruktionswerkstoffe (Mörgenthaler, 1993) und führt zu signifikanten Standzeitverlängerungen von Fertigungssystemen. Als innovative Anwendungsbeispiele können genannt werden:

- Substitution von Werkzeugen aus WC-Hartmetallen durch Si_3N_4-TiN-Komposite beim Hochtemperatur-Walzlaminieren und bei der Warmumformung von höchstfesten Werkstoffen

- Ermöglichung der Luftlagerung von Turboladern, die in der Start/Stop-Phase sehr verschleißbeständige Gleitpaarungen erfordern

- Leistungssteigerung von Bremsscheiben und Belägen aus kohlefaserverstärkten Kohlenstoffen (CFC) oder mit Silizium infiltrierten Kohlenstoffen (MMC)

- Motortechnikfortschritte durch keramische Schichten und Cermet-beschichtete Kolbenringe

- Effizienzsteigerung von Kühlkreisläufen jeglicher Art und im chemischen Anlagenbau durch Gleitringdichtungen und Gleitlagern auf der Basis von Al_2O_3- und SiC-Werkstoffen.

Ein Charakteristikum der Anwendungen der Hochtemperaturtribologie ist, dass im ungeschmierten Reibungszustand (Festkörperreibung, Trockenlauf) nur die beiden Wirkflächen der kontaktierenden Triboelemente die Reibungsverlustleistung dissipieren, wodurch hohe „Blitztemperaturen" (vgl. Kap. 3.5.2) in den Mikrokontakten generiert werden. Diese reibungsindu-zierten Temperaturerhöhungen sind von großer Bedeutung, da mit ansteigender Temperatur diejenigen Werkstoffeigenschaften, welche die Kontaktmechanik bestimmen, wie die Mikro-härte, der E-Modul und die „Festigkeiten", je nach Werkstoffklasse, meist stark abnehmen. Die Thermodynamik und die Kinetik des Oxidationsverhaltens der Werkstoffe ergänzen die Komplexität der Hochtemperaturtribologie, da sich tribologisch „günstige" oder „ungünstige", tribooxidativ gebildete Reaktionsschichten ausbilden (Hong et al., 1987). Demzufolge muss man die Hochtemperaturtribologie unter dem thermischen Gesichtspunkt der Umgebungstem-peratur und der sich ergebenden Blitz- oder Mikrokontakttemperaturen, insbesondere mit ans-teigender Gleitgeschwindigkeit, betrachten (vgl. Kap. 3.5), damit adhäsive Verschleißmecha-nismen im Trockenlauf nicht zum Ausfall des tribologischen Systems führen.

Der pv-Wert, d. h. das Produkt aus der Lagerpressung p und der Gleitgeschwindigkeit v (Gleitkomponente bei Wälzbewegungen), beschreibt den Eintrag an mechanischer Beanspru-chung in den Kontaktbereich, welche die Oberflächen einer Gleitpaarung ertragen können und stellt eine tribologische Belastungsobergrenze dar, siehe **Bild 18.1.1**. Durch Multiplizieren des pv-Wertes mit der Reibungszahl f erhält man den Term f · p · v, welcher die im Reibkontakt dissipierte Wärmestromdichte (Reibleistungsdichte) in W/mm² kennzeichnet, die im Trocken-lauf von der Reibungspaarung aufgenommen werden kann.

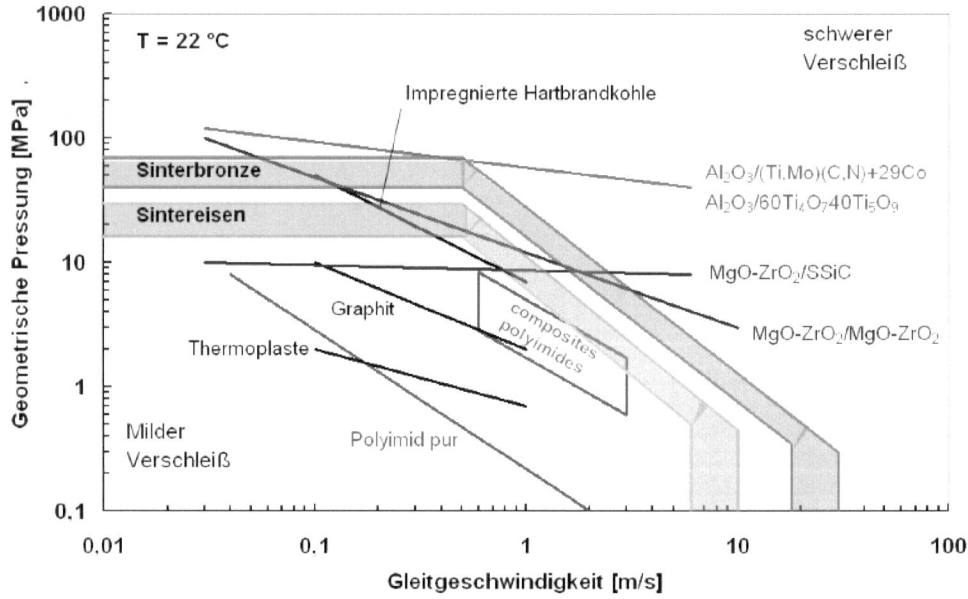

Bild 18.1.1 Verschleißtieflage/Verschleißhochlage-Übergänge für ungeschmierte Gleitpaarungen

Dabei muss der pv-Wert größer als 100 (N/mm²)(m/s) sein, um eine Flüssigschmierung zu substituieren. Wie sich aus dem pv-Produkt ableitet, sind in der Tat in bestimmten Skalenbe-reichen die Werte der Gleitgeschwindigkeit und der Pressung austauschbar. Wird v klein, so definiert meist die Fließgrenze den Wert der höchsten Pressung, wie auch bei kleinen Pressun-gen mit ansteigender Gleitgeschwindigkeit das Erreichen der Schmelztemperatur der Mikro-kontakte den oberen Wert der Gleitgeschwindigkeit definiert.

Wie im Kapitel 5 Verschleiß dargestellt, lassen sich die Dimensionen des Verschleißes den Reibungszuständen *Festkörperreibung, Misch-/Grenzreibung* und *Hydrodynamik* der Stribeck-Kurve zuordnen (vgl. Bild 5.1.1). Verschleißkoeffizienten k_V von $k_V = 10^{-6} \dots 10^{-9}$ mm³/Nm sind für die Misch-/Grenzreibung typisch und Werte $k_V < 10^{-9}$ mm³/Nm für die Hydrodynamik. Ingenieurkeramiken, Cermets, Hartmetalle und trioaktive Werkstoffe haben im Trockenlauf vor allem bei höheren Temperaturen meistens höhere Werte des Verschleißkoeffizienten, die als Funktion der Gleitgeschwindigkeit und Umgebungstemperatur ca. fünf Zehnerpotenzen überstreichen, siehe **Bild 18.1.2**.

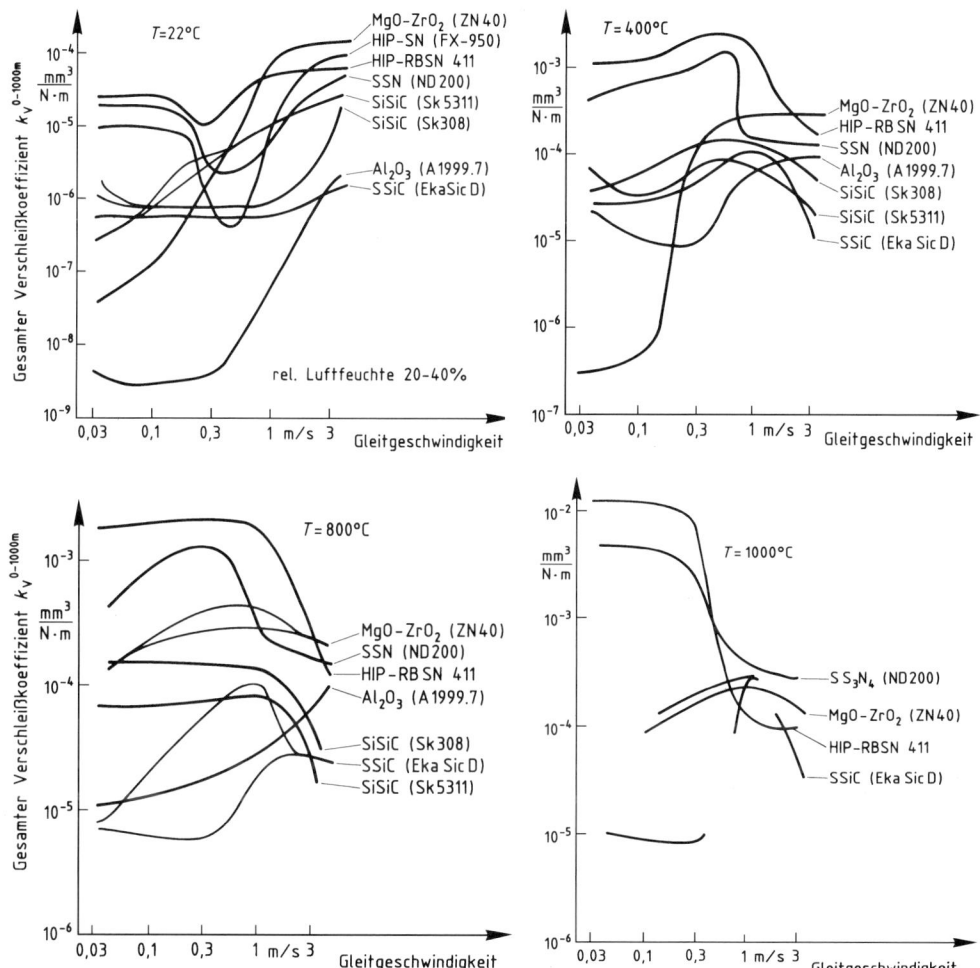

Bild 18.1.2   Verschleißkoeffizient keramischer Gleitpaarungen unter Festkörperreibung bei verschiedenen Umgebungstemperaturen (artgleiche Paarungen; s ~ 1.000 m, $F_N = 10$ N)

18.2 Tribologische Prüftechnik für Temperaturen oberhalb 400 °C

Der schematische Aufbau des Hochtemperaturtribometers (HTT) (nach DIN 50324 oder ASTM G-99) für die Gleitverschleißversuche ist in **Bild 18.2.1** dargestellt. Die hier als Prüf-

körper verwendeten Toroïde haben, verglichen mit einer Stift-Scheibe-Anordnung, größere
Wärmespeichervolumen. Dies stellt im Trockenlauf unter Gleitreibung einen Vorteil hinsichtlich der Temperaturstabilität dar. Das Prüfsystem hat außerdem den Vorteil, dass Verschleißpartikel nicht die tribologische Beanspruchung stören, sondern aus dem Tribokontakt „herausfallen". Beide Wellen der Prüfkörper sind wassergekühlt. Die kardanische Lagerung des Be-
lastungsarmes teilt die Normalkraft F_N von der zu messenden Reibkraft F_R, die mit einem
Kraftaufnehmer gemessen wird. Die Prüfanordnung befindet sich in einem „Temperierofen".
Nach dem Einbau der Proben werden die obere und untere Ofenhälfte zusammengefahren. Das
BAM-Hochtemperaturtribometer ist für Langzeitversuche bis weit über 100 Stunden geeignet.

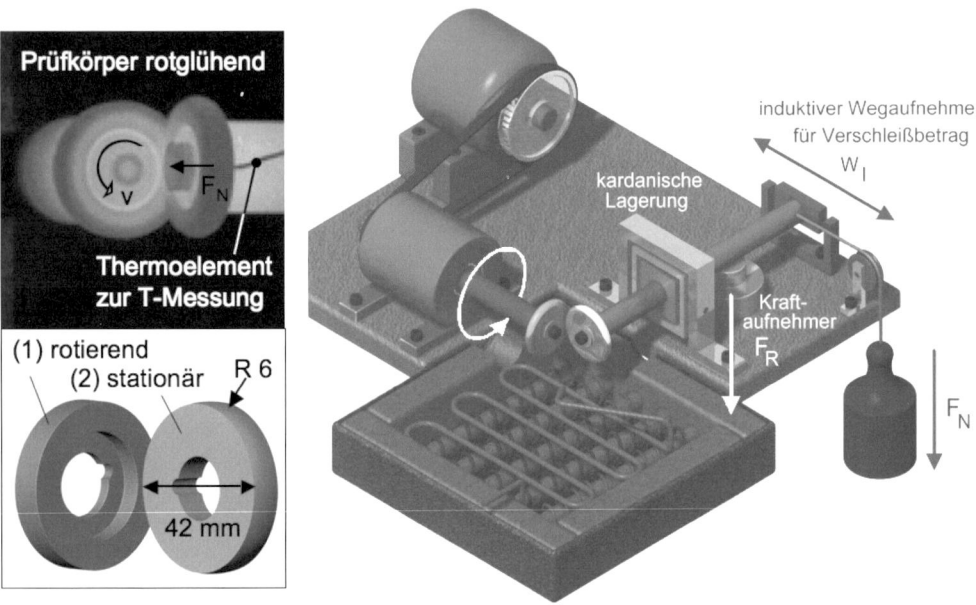

Bild 18.2.1   BAM-Hochtemperaturtribometer und die Charakteristika des Prüfsystems

Das Prüfsystem des Hochtemperaturtribometer hat folgende tribometrische Kenndaten:

- Struktur des Prüfsystems (artgleiche Paarungen oder gesintertes α-Al_2O_3 für (2)):
  - Triboelement (1) rotierend, Gleitbewegung, Planfläche geläppt, Rauheit $R_{pk} < 0,1$ μm
  - Triboelement (2) stationär, sphärische Fläche (Toroid). Probenmaterial: gesintertes po-
    lykristallines, 99,7-Al_2O_3 (Rauheit $R_a \leq 0,04$ μm und $R_{pk} \leq 0,02$ μm) oder Werkstoff
    bzw. Beschichtungsmaterial der rotierenden Probe.
- Beanspruchungskollektiv:
  - Normalkraft: $F_N = 10$ N (Referenzwert), Hertz'sche Pressung $p_H \approx 750...1250$ MPa (je
    nach E-Modul)
  - Gleitgeschwindigkeit: v = 0,001...20 m/s
  - Temperatur: Raumtemperatur ... 1000 °C
  - Gleitweg: s = 1000...2000 m

Die Reibungskraft, der lineare Summenverschleiß und die Probentemperatur nahe der Reibstelle werden kontinuierlich aufgezeichnet. Das Verschleißvolumen wird aus den Kalottenabmessungen und Rauheits-Tastschnittprofilen errechnet. Ein Verschleißkoeffizient für die rotierende Probe von $\sim 10^{-8}$ mm³/Nm markiert bei den verwendeten Gleitwegen unter diesen Bedingungen die Auflösungsgrenze. Der Gesamtverschleißkoeffizient entspricht der Summe der Verschleißkoeffizienten des stationären und des rotierenden Probekörpers. Der pv-Wert (siehe Bild 18.1.1) am Versuchsende wird aus der Verschleißmarke der stationären Probe, der Normalkraft und der Gleitgeschwindigkeit berechnet.

18.3 Werkstoffe für Tribosysteme bei hohen Temperaturen

Ungeschmierte Materialpaarung können bei Verminderung der Reibungszahlen auf f = 0,01 bis 0,001 bzw. des Verschleißkoeffizienten auf kleiner 10^{-8} mm³/Nm hinsichtlich der Verschleißerwartung generell mit solchen unter Hydrodynamik oder Elastohydrodynamik konkurrieren, wobei die trockenlaufenden Gleitpaarungen dann Reibleistungen von bis zu 1.000 Watt/mm² und mehr aufzunehmen haben. Im Folgenden sind verschiedene metallurgische Lösungsansätze aus der Tribologieforschung dargestellt, welche den Betrieb unter Hochtemperaturbeanspruchungen einzeln oder teilweise zulassen.

18.3.1 Metallische Werkstoffe

Systematische Untersuchungen zur Hochtemperaturtribologie metallischer Werkstoffe wurden bisher wenig durchgeführt, die meisten Untersuchungen befassen sich mit Abrasivverschleiß (Stellite®). Im Folgenden sind stichwortartig einige Ergebnisse von Hochtemperaturuntersuchen an metallischen Werkstoffen zusammengestellt.

Da bei hohen Temperaturen die Mikrohärte von Nickel- und Kobaltbasislegierungen, wie INX-750, René41, INC909 oder MA956 und Triballoy®, und die der metallischen Matrix, gering ist und mit steigender Temperatur abnimmt, fördert dies den Verschleißmechanismus der Adhäsion. Hier spielt die Tribooxidation mit der Ausbildung von keramischen Reaktionsschichten, allerdings dann auf einem weichen Stahlsubstrat, eine entscheidende Rolle zum Schutz vor Adhäsionserscheinungen (Berns und Fischer, 1993). Die Voroxidation an Luft von INX-750 bildet einen dünnen Film aus Cr_2O_3 und $NiFe_2O_4$, welcher vor adhäsivem Versagen schützt, allerdings sind die pv-Werte bzw. die tribologische Tragfähigkeit eher gering.

Es ist deshalb nicht unerwartet, wenn in Tribotests bei 22 °C, 400 °C und 800 °C die Reibungszahlen f zu Versuchsbeginn von artgleichen NiCr-Legierungen f > 1 sind und dann mit zunehmender Versuchszeit, infolge der Tribooxidation, abnehmen. Die Gleitreibungszahl erniedrigt sich mit ansteigendem Chromgehalt auf f ≈ 0,3, was auf die nachgewiesene Bildung von $NiCr_2O_4$ and Cr_2O_3 zurückgeht. Oberhalb von 800 °C dominiert Cr_2O_3 als Reaktionsschicht vor. Andererseits dominiert in der Reaktionsschicht NiO, wenn die Legierung 10–15 Gewichts-% Chrom und weniger enthält (Scott, 1997).

Geringere Verschleißkoeffizienten von 10^{-5} mm³/Nm bis 10^{-6} mm³/Nm bei 400 °C bis 700 °C einer Nickelbasislegierung IN738LC (Nimocast®, Grobkorn) lassen sich durch die Gleitpaarung mit einem mit Silizium infiltriertem SiSiC (Silit® SK5311) erzielen (Klaffke et al., 1993).

STELLITE® 6B ist eine langläufig benutzte Verschleißschutzlegierung zum Auftragschweißen (Crook, 1981). Es handelt sich um eine hochkohlenstoffhaltige, Kobaltbasislegierung (Co-28Cr-4W-3Ni) mit 28-32 Gew.-% Chrom, ~ 4.5 Gew.-% Wolfram und ~3 Gew.-% Nickel, welche ca. 12.5 Gew.-% Karbide der Typen M_7C_3- und $M_{23}C_6$ ausbildet, die sich allerdings oberhalb von ca. 600 °C zersetzen. Für artgleiche Stellite werden für sechs Paarungen bei v = 0,905 m/s Verschleißkoeffizienten von $< 10^{-5}$ mm^3/Nm genannt, was bei 750 °C auf die Bildung von einer „glasigen" Tribooxidationsschicht aus Co_3O_4 und $CoCr_2O_4$ zurückgeführt wird. Die Reibungszahlen im Beharrungszustand lagen bei $f \approx 0,5$ (Inman et al., 2006).

Die seit ca. 1965 bekannten CoMoSi-Legierungen „Triballoy$^{®}$" verfügen dagegen über einen vergleichsweise niedrigen Kohlenstoffgehalt und gewinnen die Härte aus der Bildung von intermetallischen Laves-Phasen (Co_3Mo_2Si oder CoMoSi), welche bis T $\approx$ 1.000 °C angewandt werden können.

Für die hohe Verschleißbeständigkeit oberhalb von 300 °C unter oszillierender Gleitbewegung (SRV$^{®}$) von elektrochemisch abgeschiedenem Co+ 25 vol.-% Cr_2O_3 ($\sim$ 400 HV 0,2) postulierte Thoma (1993) die Bildung von Co_3O_4 und von anderen Spinellen als Ursache. Die Verschleißkoeffizienten oberhalb von 300 °C lassen aus den damaligen Arbeiten sich mit einem Verschleißkoeffizienten von kleiner $6 \cdot 10^7$ mm^3/Nm nachrechnen. Die Reibungszahlen waren $f > 0,3$.

Die im Vergleich zu metallischen Werkstoffen für Hochtemperaturbeanspruchungen geeigneteren und verschleißbeständigen Werkstoffklassen finden sich innerhalb der Ingenieurkeramiken, den Kohlenstoffen (zumeist dann imprägniert), den Beschichtungen, Hartmetallen und Cermets sowie trioaktiven Werkstoffen, welche im Nachfolgenden mit ausgewählten Resultaten dargestellt werden.

18.3.2 Ingenieurkeramiken

Im Folgenden wird das charakteristische tribologische Verhalten von Ingenieurkeramiken auf Basis von Beanspruchungen nach Modellverschleißprüfungen (DIN 50324, ASTM G99) zusammengefasst, die einen qualitativen Überblick über das tribologische Verhalten unter Festkörpergleitreibung geben (Woydt, Habig, 1989).

Bei den in Bild 18.1.2 dargestellten Verschleißkoeffizienten keramischer Gleitpaarungen unter Festkörperreibung sind die sehr niedrigen Verschleißkoeffizienten von α-Al_2O_3 (A1999.7) und MgO-ZrO_2 (ZN40) bei Raumtemperatur und geringen Gleitgeschwindigkeiten auffällig. Da diese Werkstoffklassen über niedrige thermische Diffusitäten verfügen, entstehen im Trockenlauf infolge des Reibungswärmestromes in die Mikrokontakte Werte für Blitztemperaturen, welche entweder mit ansteigender Temperatur zu Phasenumwandlungen oder intergranularen Spannungen führen, die dann allesamt verschleißerhöhend wirken (Woydt et al., 1991). Bei mit Y_2O_3-stabilisierten Zirkondioxiden ergibt sich das gleiche Bild, wie bei MgO-ZrO_2. Die Gleitgeschwindigkeit beeinflusst die Verläufe der Verschleißkoeffizienten der SiC- und auch SiSiC-Keramiken wenig. Ab 400 °C und ab ca. 1 m/s fördert die Tribooxidation bei den nicht-oxidischen Keramiken die Ausbildung günstiger wirkender Reaktionsschichten, welche mit ansteigender Umgebungstemperatur und Gleitgeschwindigkeit die Verschleißkoeffizienten erniedrigen, wobei k_V-Werte von 10^{-5} mm^3/Nm kaum unterschreiten werden.

Bild 18.3.1 fasst summarisch das funktionale Verhalten des Verschleißkoeffizienten als Funktion der Umgebungstemperatur und Gleitgeschwindigkeit für nicht-oxidische Ingenieurkeramiken und Komposite zusammen. Es verdeutlicht auch die seit 1988 durch die tribologisch-orientierte Werkstoffentwicklung mit Si_3N_4-TiN, SiC-TiC und (Ti,Mo)(C,N) sowie Si_3N_4-hex BN erzielten Verbesserungen in der Verschleißbeständigkeit ungeschmierter Gleitpaarungen. Durch ansteigende Gleitgeschwindigkeiten und/oder Umgebungstemperaturen erhöhten sich bei den Si_3N_4- und SiC-Werkstoffen die Verschleißkoeffizienten. Insbesondere verhielten sich die Verschleißkoeffizienten der artgleichen Gleitpaarungen aus (Ti,Mo)(C,N) ziemlich invariant gegenüber der Umgebungstemperatur und Gleitgeschwindigkeit. Die geringsten Verschleißkoeffizienten ergaben sich das (Ti,Mo)(C,N) TM10 bei 6,17 m/s und 800 °C mit $2,9 \cdot 10^{-7}$ mm^3/Nm für die stationäre Probe und von $5,7 \cdot 10^{-7}$ mm^3/Nm für die rotierende Probe bei einem pv-Wert von pv ~ 42 MPam/s und einer Reibungszahl von f = 0,29.

Man erkennt in Bild 18.3.1 die unterschiedliche Wirkung der Tribooxidation. Die sich auf den Si_3N_4- und SiC- sowie Si_3N_4-BN-Keramiken ausbildenden Reaktionsschicht aus SiO_2, SiC_xO_y oder SiN_xO_y hatten nicht die vor Verschleiß schützende Wirkung wie die Magnéli-Phasen Ti_nO_{2n-1}, speziell γ-Ti_3O_5, Ti_5O_9 oder Ti_9O_{17} und $Mo_{0.975}Ti_{0.025}O_2$ sowie Doppeloxide, wie $NiTiO_3$ und β-$NiMoO_4$, welche sich auf den Si_3N_4-TiN- und SiC-TiC-Keramiken sowie (Ti,Mo)(C,N)-Cermet bildeten (Woydt et al.,1998).

Si_3N_4-hexBN belegt eine negative Wirkung der Tribooxidation, da die Verschleißkoeffizienten oberhalb von 250 °C auf >10^{-4} mm^3/Nm ansteigen (Skopp, Woydt, 1992).

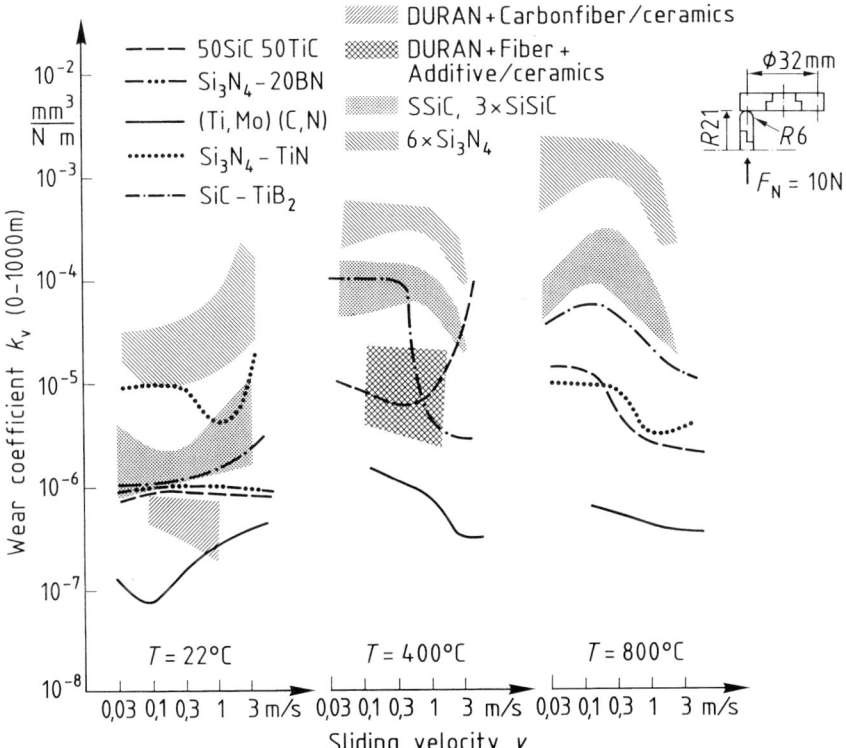

Bild 18.3.1   Verschleißkoeffizient von Grund- und Gegenkörper artgleicher nicht-oxidischer Ingenieurkeramiken und Komposite unter Festkörpergleitreibung (Gleitweg s=1000–2000 m)

Es sei darauf hingewiesen, dass Verschleißkoeffizienten von $k_V < 10^{-6}$ mm^3/Nm bei 800 °C (Bild 18.3.1, rechts unten) denen nur in der Misch-/Grenzreibung anzutreffenden Werten entsprechen. Dies charakterisiert die besondere Eignung der (Ti, Mo)(C, N)-Tribomaterialien als Reibpaarungen für ungeschmierte Hochtemperatur-Reib/Gleit-Verschleißbeanspruchungen.

Andere Versuche mit Gleitpaarungen aus SSiC gegen verschiedene Komposite aus dem Stoffsystem SiC-TiC-TiB$_2$ ergaben im Bereich von Raumtemperatur bis T = 800 °C Verschleißkoeffizienten von k$_V$ >10^{-6} mm^3/Nm verbunden mit Reibungszahlen f = 0,4 … 1,0. Die zumeist glasartigen Reaktionsschichten bestanden aus SiO$_2$, B$_2$O$_3$ und TiO$_2$ (Yarim et al., 2003).

18.3.3 Hartmetalle

Die systematischen Untersuchungen in Bild 18.3.2 bis 18.3.4 an den thermisch gespritzten Schichten aus Hartmetallen, Cermets und den trioaktiven Werkstoffen sind im Jahrbuch Oberflächentechnik 2007 zusammengestellt (Berger et al., 2007). Hartmetalle gehören zu den wichtigsten Werkstoffen innerhalb der Verschleißschutzes, die insbesondere durch thermisches Spritzen zu Beschichtungen verarbeitet werden. Die Hartchrom-, MoNiCrBSi- und Cr$_2$O$_3$-Schichten dienen hier als Referenz, da diese auch weitläufig eingesetzt werden.

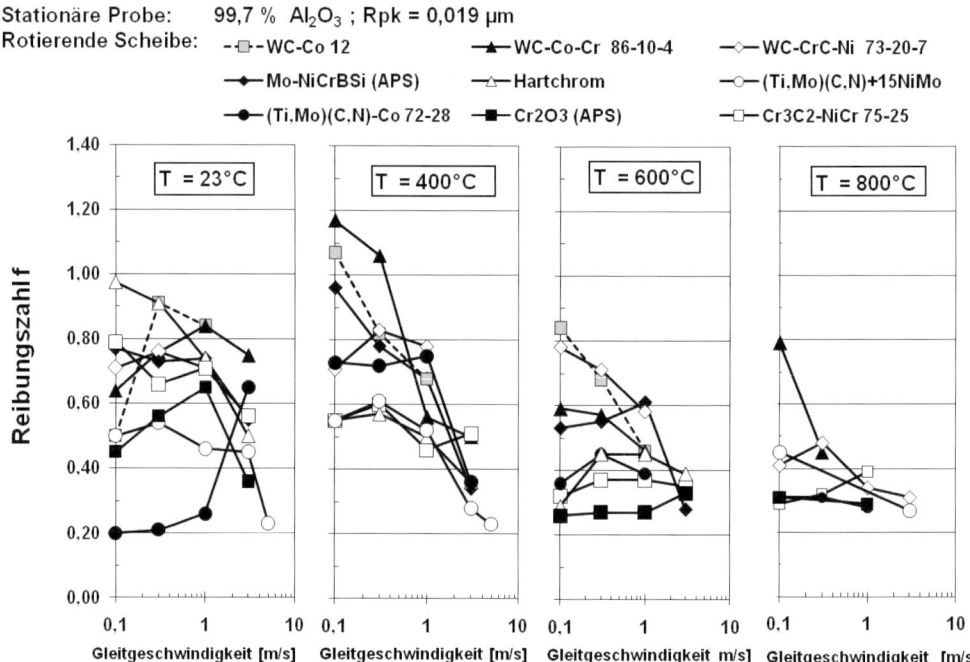

Bild 18.3.2   Festkörpergleitreibungszahlen von thermisch gespritzten Verschleißschutzschichten und Hartmetallen in Anlehnung an DIN 50324 oder ASTM G-99 (Grundkörper: α-Al$_2$O$_3$; s= 5.000 m; nur (Ti,Mo)(C,N)+15NiMo artgleich)

Es gibt keine Gleitpaarung in **Bild 18.3.2**, welche über den gesamten Temperaturbereich mit Reibungszahlen f < 0,2 als „reibungsarm" anzusehen ist. Die Reibungszahlen der WC-Basis-Hartmetallzusammensetzungen bis T ~ 600 °C sind f > 0,35 und höher. Durch adhäsive Verschleißerscheinungen konnten bei T = 400 °C auch Werte von f > 1,0 beobachtet werden. Neben hohen Gesamtverschleißkoeffizienten waren für die nicht voroxidierten Cr$_3$C$_2$-NiCr und Hartchromschichten mit steigender Versuchstemperatur ähnliche Reibungszahlen aufgefallen, die auf die Bildung von Cr$_2$O$_3$ als einzigem Oxidationsprodukt auf der tragenden Oberflächenbereichen zurückgeführt wurden.

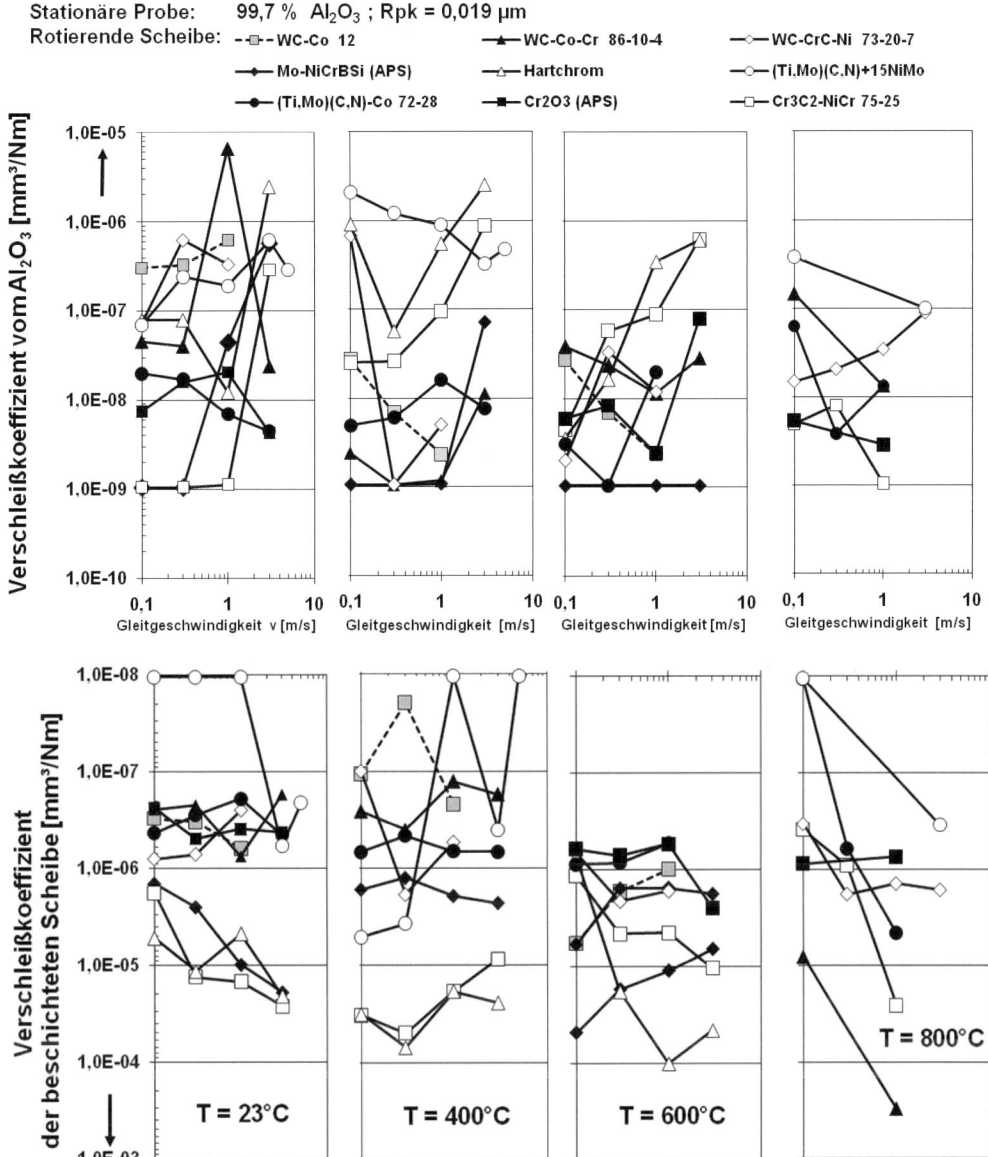

Bild 18.3.3   Verschleißkoeffizienten getrennt von Grund- und Gegenkörper unter Festkörpergleitreibung in Anlehnung an DIN 50324 oder ASTM G-99 (Grundkörper: α-Al₂O₃ (FhG-IKTS); s= 5,000 m; nur (Ti,Mo)(C,N)+15NiMo artgleich)

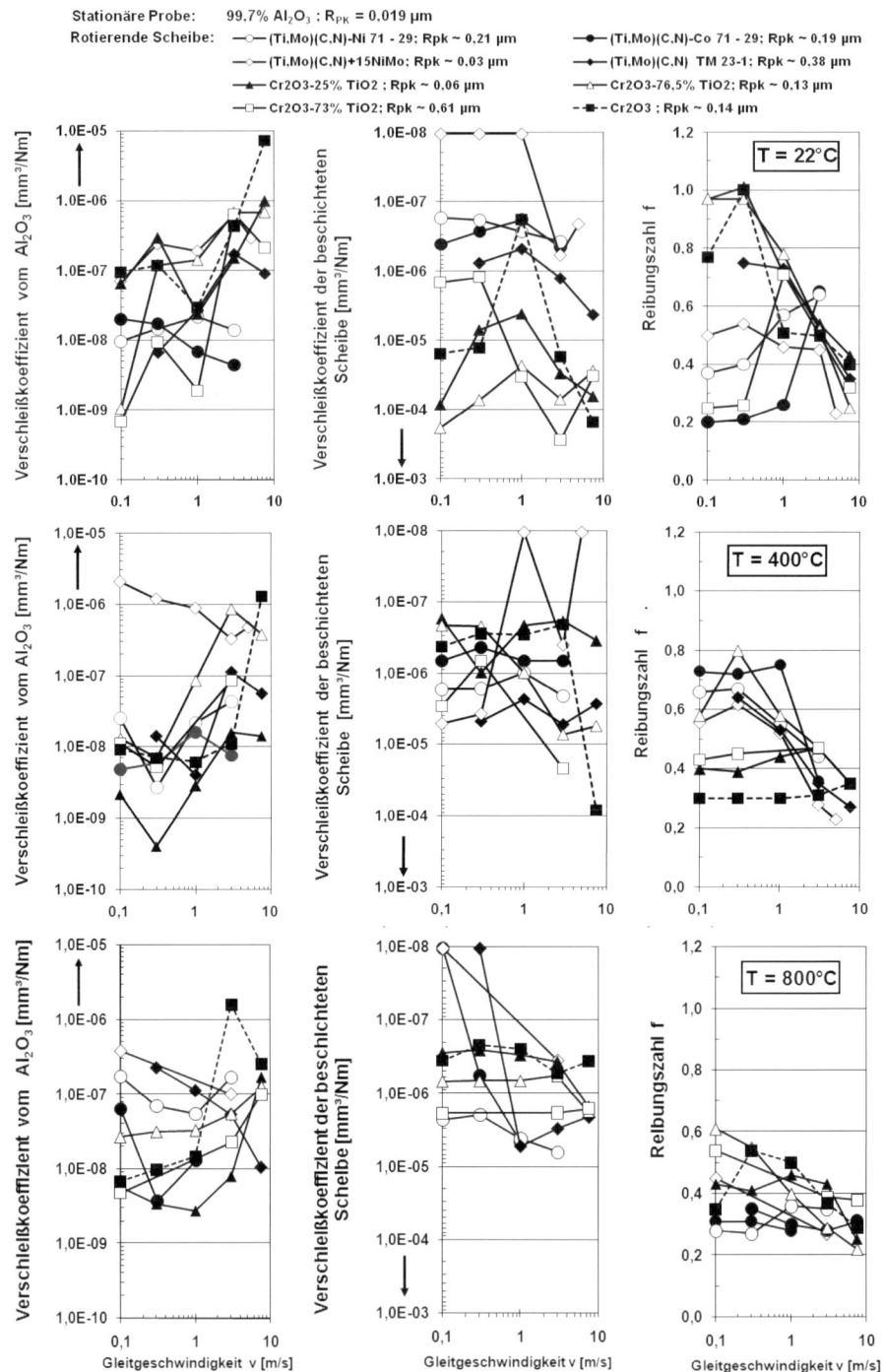

Bild 18.3.4 Festkörpergleitreibungszahlen und Verschleißkoeffizienten getrennt von der Umgebungstemperatur von thermisch gespritzten Beschichtungen aus (Ti,Mo)(C,N)-Cermets und aus
dem Stoffsystem TiO$_2$-Cr$_2$O$_3$ (Grundkörper: α-Al$_2$O$_3$; s = 5.000 m)

Die WC-CoCr-Spritzschichten zeichnen sich bis T = 400 °C durch Verschleißkoeffizienten von nahezu ausschließlich $k_V < 10^{-6}$ mm^3/Nm aus. Erst mit 600 °C kommt es zu einem Anstieg, der hauptsächlich auf den stark steigenden Verschleiß der Beschichtung durch die progressive Oxidation des WC-CoCr (WO_3, $CoWO_4$) und der einsetzenden Volatilität des WO_3 zurückzuführen ist. Durch Einlegieren von Chrom verbessert sich einerseits die Oxidationsbeständigkeit der WC-Hartmetalle, andererseits steigt der Verschleißkoeffizient für den Grundkörper aus α-Al_2O_3 an. Für die WC-(W,Cr)$_2$C-Ni-Schichten liegen die Verschleißkoeffizienten im gesamten Temperaturbereich bis 800 °C um 10^{-6} mm^3/Nm, da dieses Stoffsystem im verstärkten Umfang „passive" Reaktionsschichten (WO_3, $NiWO_4$, Cr_2O_3 und Cr_2WO_6) ausbildet.

Neben den WC-CoCr- und WC-(W,Cr)$_2$C-Ni-Schichten zeigen nur die (Ti,Mo)(C,N)-Basis-Schichten bei Raumtemperatur Verschleißkoeffizienten von weniger als $k_V = 10^{-6}$ mm^3/Nm. Nach einem Anstieg bei T = 400 °C liegen bei 800 °C die Verschleißkoeffizienten der (Ti,Mo)(C,N)-Zusammensetzungen als einzige von allen in **Bild 18.3.3** und **Bild 18.3.4** betrachteten Schichten weitestgehend unterhalb 10^{-6} mm^3/Nm.

In Bezug auf die bis 600 °C gemessenen Verschleißkoeffizienten verhält sich das auf Cr_3C_2-NiCr gebildete Cr_2O_3 nicht so verschleißbeständig, wie die thermisch gespritzte Cr_2O_3-Schicht und erzeugte vergleichsweise große Verschleißkoeffizienten für die Grundkörper aus α-Al_2O_3. Cr_2O_3 bildet im Gegensatz zu TiO_2, WO_3 und MoO_3 keine distinkten Suboxide und somit keine Magnéli-Phasen. Insofern liegen die gemessenen Verschleißkoeffizienten der Cr_3C_2-NiCr-Schichten auch bei den Werten der Hartchromschichten. Bei 600 °C und kleinen Gleitgeschwindigkeiten erscheint auch das hier verwendete Hartchrom für Verschleißbeanspruchungen bei hohen Temperaturen geeignet.

Im Gesamtbild erzielte die Paarung α-Al_2O_3/Mo-NiCrBSi die niedrigsten Verschleißkoeffizienten für die Grundkörper aus α-Al_2O_3. Auf der Mo-NiCrBSi-Schicht bildeten sich bis 600 °C MoO_3 und $NiMoO_4$.

Beachtung sollten hier auch die Verschleißkoeffizienten des Grundkörpers aus α-Al_2O_3 (FhG-IKTS, 99,7 %, gesintert) finden, da im gesamten Untersuchungsbereich, unabhängig von der Wahl der Beschichtung, die Verschleißkoeffizienten mit kleiner $k_V < 10^{-6}$ mm^3/Nm eine hohe Verschleißbeständigkeit ausdrücken.

18.3.4 Trioaktive Werkstoffe

Die Oxidation unter atmosphärischen Bedingungen bestimmt die Einsatzgrenzen der Hartmetallschichten bei hohen Temperaturen. Insofern fanden Werkstoffe auf der Basis von TiC, unter anderem durch ihre geringe Dichte von ca. 6,0 g/cm^3, zunehmendes Interesse. In den letzten Jahren wurden (Ti,Mo)(C,N)-Ni(Co)-Pulver mit Korn/Hülle-strukturierten, kubischen Hartstoffphasen entwickelt (Berger et al., 2007).

Das Grundkonzept für die trioaktiven Werkstoffe basiert auf zwei Ansätzen:

- (Ti,Mo)(C,N)-Typen als monolithische Werkstoffe und als thermisch gespritzte Beschichtungen, welche trioaktiv Magnéli-Phasen ausbilden und

- $Ti_{n-2}Cr_2O_{2n-1}$, mit Chrom stabilisierte, rückoxidationsbeständige Magnéli-Phasen des Titandioxides, vorzugsweise als thermische gespritzte Beschichtung.

Zuvor jedoch wurden Magnéli-Phasen des Titandioxids, heißgepresste Phasengemische aus 60 % Ti_4O_7/40 % Ti_5O_9 oder Ti_6O_{11}, tribologisch charakterisiert. Magnéli-Phasen, benannt nach Prof. Dr. Arne Magnéli, (Magnéli, 1953) enthalten als Suboxide des Titans, Vanadiums,

Molybdäns und Wolframs planare Sauerstoffdefekte und bilden distinkte Phasen aus, gemäß dem Prinzip: $(Ti,V)_nO_{2n-1}$ oder $(W,Mo)_nO_{3n-1}$, mit $4 \le n \le 9$.

Die unter oszillierender Gleitbeanspruchung ($v = 20$ Hz, $\Delta x = 200$ µm) bei Raumtemperatur gegen α-Al_2O_3 gemessenen, differentiellen Verschleißkoeffizienten der Magnéli-Phasen des TiO_2 in feuchter Luft (100 % rel. Feuchte) von $k_V < 1,8 \cdot 10^{-6}$ mm³/Nm für Ti_6O_{11} und von $k_V < 0,2 \cdot 10^{-6}$ mm³/Nm für Ti_4O_7/Ti_5O_9 ordnen sich auf den von bestimmten DLC- und Diamant-Schichten bekannten Niveau ein, allerdings bei wesentlich höheren Reibungszahlen (Spaltmann et al., 2009).

Ein ähnliches Bild zur Verschleißbeständigkeit vermitteln die Ergebnisse unter unidirektionaler Gleitreibung (Woydt, 2000). Bei T = 800 °C und v = 1 m/s betrug der Verschleißkoeffizient für die stationäre Probe aus α-Al_2O_3 $k_V = 1,7 \cdot 10^{-8}$ mm³/Nm und für die rotierende Scheibe aus Ti_4O_7/Ti_5O_9 $k_V = 7,7 \cdot 10^{-7}$ mm³/Nm verbunden mit einer Reibleistungsdichte von 30 W/mm² und einer Reibungszahl von f = 0,32.

Problematisch erwies sich bei den Magnéli-Phasen des TiO_2 (Ti_nO_{2n-1}) die oberhalb von ca. T = 380 °C einsetzende Rückoxidation zu TiO_2, weswegen der Weg zu mit Chrom stabilisierten, rückoxidationsbeständigen Magnéli-Phasen des Titandioxides unausweichlich schien.

Die Darstellung in Bild 18.3.4 vergleicht – getrennt nach dem Grundkörper aus Al_2O_3 und den beschichteten Gegenkörpern – die Verschleißkoeffizienten k_V und die Festkörpergleitreibungszahlen f für drei Umgebungstemperaturen als Funktion der Gleitgeschwindigkeit. Ungeachtet der Bewertung der verschiedenen Zusammensetzungen fällt auf, dass die Verschleißkoeffizienten der $Ti_{n-2}Cr_2O_{2n-1}$-Schichten sich relativ invariant gegenüber der Gleitgeschwindigkeit verhalten, während dies bei den (Ti,Mo)(C,N)-Werkstoffen eher für die Reibungszahl zutrifft.

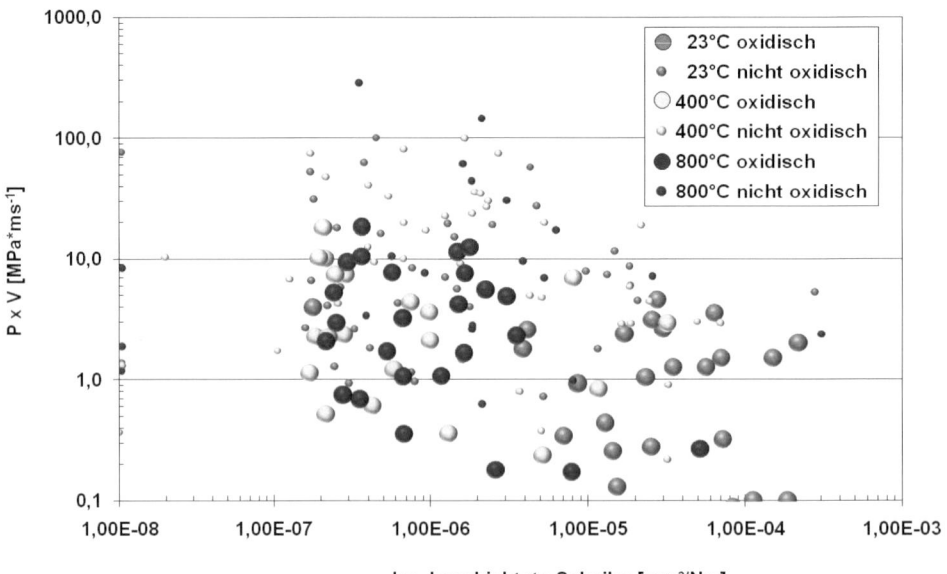

Bild 18.3.5   Darstellung der funktionellen Abhängigkeit der pv–Werte in Abhängigkeit vom Verschleißkoeffizienten unter Festkörpergleitreibung zwischen Raumtemperatur und T = 800 °C und Gleitgeschwindigkeiten bis zu v = 7,5 m/s (anonymisierte Darstellung ohne genaue Nennung der Werkstoffe aus $Ti_{n-2}Cr_2O_{2n-1}$ und (Ti,Mo)(C,N))

Bemerkenswert erscheint auch die experimentelle Feststellung, dass bei T = 400 °C und 800 °C die Verschleißkoeffizienten des monophasigen α-Al$_2$O$_3$ (FhG-IKTS, 99.7), wenn mit triboaktiven Werkstoffen gepaart, geringste Werte zwischen 10^{-6} mm^3/Nm und 10^{-10} mm^3/Nm annehmen.

Der Nachweis der tribologischen Relevanz der Magnéli-Phasen ist auch der Schlüssel zur metallurgischen Interpretation der Verschleißbeständigkeit von gängigen Werkstoffklassen, wie TiN, TiC, Mo, VC, WC, usw.

Bild 18.3.5 und **Bild 18.3.6** präsentieren die Ergebnismenge als Auftragung der Verschleiß-koeffizienten bzw. Reibungszahlen über den pv-Wert am Versuchsende, ohne diese der Gleit-geschwindigkeit zuzuordnen.

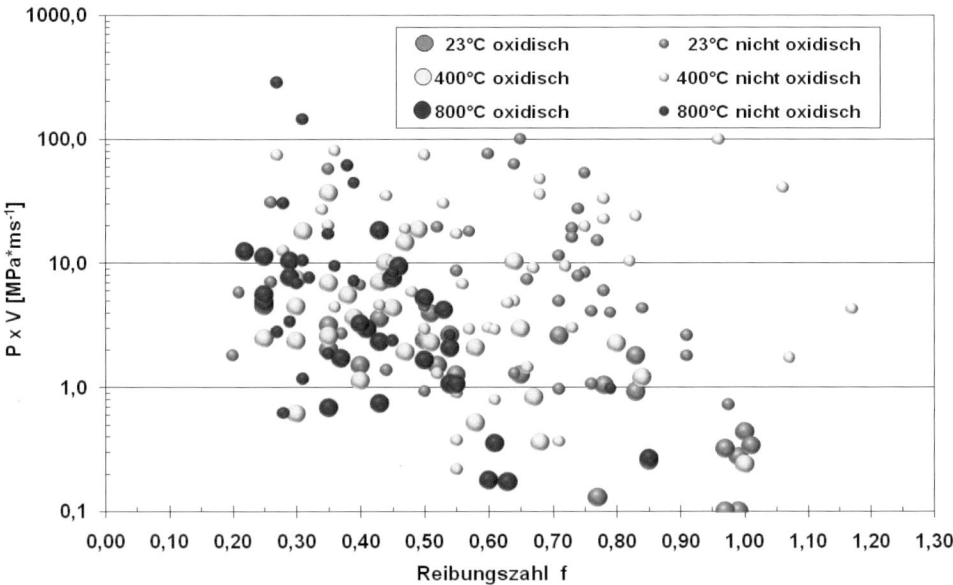

Bild 18.3.6   Abhängigkeit der pv-Werte von der Reibungszahl unter Festkörpergleitreibung zwischen Raumtemperatur und T = 800 °C und Gleitgeschwindigkeiten bis v = 7,5 m/s (anonymisier-te Darstellung ohne Nennung der Werkstoffe aus Ti$_{n-2}$Cr$_2$O$_{2n-1}$ und (Ti,Mo)(C,N))

Die Verteilung der Versuchsergebnisse, sortiert nach Ti$_{n-2}$Cr$_2$O$_{2n-1}$ (oxidisch) und (Ti,Mo)(C,N) (nicht-oxidisch), offenbart auf einen Blick, dass offensichtlich beide Konzepte miteinander vergleichbare Verschleißkoeffizienten erzielen, allerdings sind die pv-Werte bzw. die Tragkraft der tribochemisch auf den (Ti,Mo)(C,N) erzeugten Magnéli-Phasen deutlich größer als bei den monolithischen Ti$_{n-2}$Cr$_2$O$_{2n-1}$. Für triboaktive Werkstoffe auf oxidischer oder nicht-oxidischer Basis nehmen sowohl die gemessenen Reibungszahlen als auch die Ver-schleißkoeffizienten und deren Spannweiten, d. h. die Differenz gemessener Maximal- und Minimalwerte, mit steigender Umgebungstemperatur ab.

19 Methodik zur Bearbeitung von Reibungs- und Verschleißproblemen

Die in der technischen Praxis auftretenden tribologischen Probleme können naturgemäß außerordentlich vielfältig sein und aus den Bereichen Entwicklung, Konstruktion, Fertigung, Betrieb, Instandhaltung, Wartung etc. kommen. Da Reibung und Verschleiß keine Materialeigenschaften sind, muss bei der Bearbeitung von Reibungs- und Verschleißproblemen in jedem Falle vom zentralen Grundsatz der Systemabhängigkeit ausgegangen werden. Somit müssen für die einzelnen Fragestellungen jeweils individuelle Problemlösungen unter Berücksichtigung der grundlegenden systemtechnischen Parametergruppen und Einflussgrößen (siehe Kapitel 2) entwickelt werden. Die Methodik soll hier in exemplarischer Form mit Beispielen aus zwei grundlegenden Bereichen der Tribotechnik formal vereinfacht dargestellt werden:

- Werkstoffauswahl für eine tribotechnische Entwicklung,
- Schadensanalyse bei Störung oder Versagen eines tribotechnischen Systems.

19.1 Tribotechnische Werkstoffauswahl

In der Technik orientiert sich die Werkstoffauswahl für technische Bauteile und Konstruktionen generell an zwei grundsätzlichen Zielen

– Realisierung des ingenieurmäßigen Anwendungsprofils technisch notwendiger Werkstoffeigenschaften,

– Erreichung wirtschaftlicher Lösungen durch Kombination preiswerter Werkstoffe und kostengünstiger Fertigungsmethoden.

19.1.1 Systemmethodik zur Werkstoffauswahl

In der Tribologie muss infolge des breiten Spektrums technischer Anwendungsbereiche und der großen Vielfalt verfügbarer Werkstoffe die Materialauswahl sehr unterschiedlichen Erfordernissen gerecht werden. Da bei zahlreichen technischen Anwendungen neben tribologischen auch noch andere Beanspruchungsarten auftreten, müssen vielfältige Einflussfaktoren beachtet werden. Ein allgemeines Schema für eine systematische Materialauswahl ist in **Bild 19.1.1** angegeben. Die Auswahlmethodik hat die folgenden generellen Aspekte zu berücksichtigen:

– Systemanalyse des tribologischen Problems: Untersuchung und Zusammenstellung der kennzeichnenden Parameter des Bauteils, für das der Werkstoff gesucht wird, aus den Bereichen von bestimmungsgemäßer Funktion, Systemstruktur und Beanspruchungen in möglichst vollständiger und eindeutiger Form.

– Anforderungsprofil: Zusammenstellung der systemspezifischen und der allgemeinen Anforderungen, wie Verfügbarkeit, Gebrauchsdauer, Fertigungsmittel, Umwelt-, Sicherheits- und Recyclingaspekten usw. in Form eines „Pflichtenhefts".

– Auswahlverfahren und -kriterien: Vergleich und Bewertung der Parameter des Anforderungsprofils mit den Kenndaten vorhandener Werkstoffe unter Verwendung von Materialprüfdaten, Werkstofftabellen, Handbüchern und Datenbanken. Die Datenbank TRIBOCOLLECT mir ihren etwa 15000 Datensätzen ist in Kapitel 21.2 dargestellt, die Parameter der Datensätze sind in Bild 21.3 aufgeführt. Falls ein Reibungs- und Verschleißproblem durch die in der Datenbank abgelegten Kenndaten vorhandener Werkstoffe gelöst werden kann, dürften wegen der systemanalytisch Vorgehensweise die wichtigsten Einflussparameter berücksichtigt sein. Im anderen Fall muss nötigenfalls eine geeignete Werkstoffentwicklung veranlasst werden.

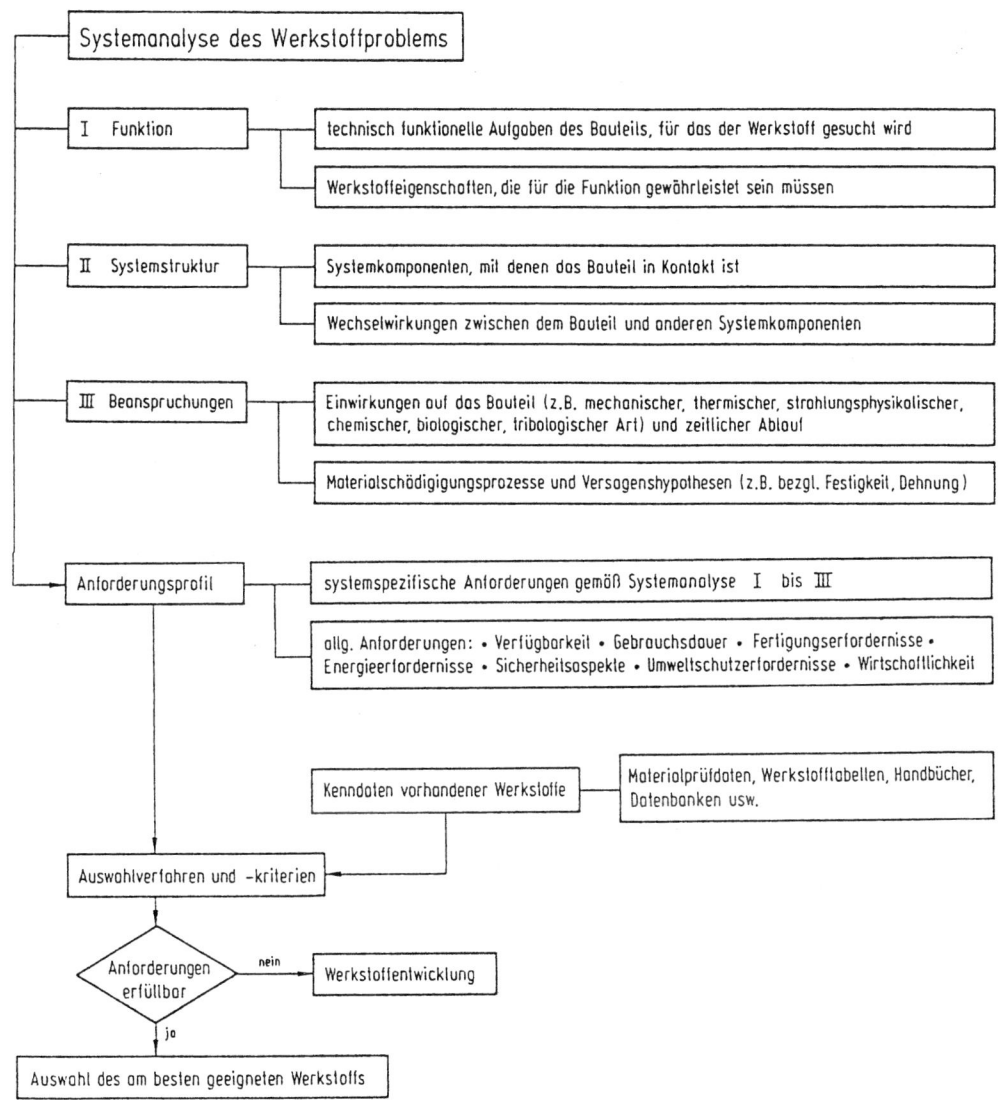

Bild 19.1.1 Allgemeine Systemmethodik zur Werkstoffauswahl

Ausgehend von der Systemmethodik zur Werkstoffauswahl resultiert für tribotechnische Anwendungen das in **Bild 19.1.2** dargestellte vereinfachte Vorgehensschema (Czichos, 1982).

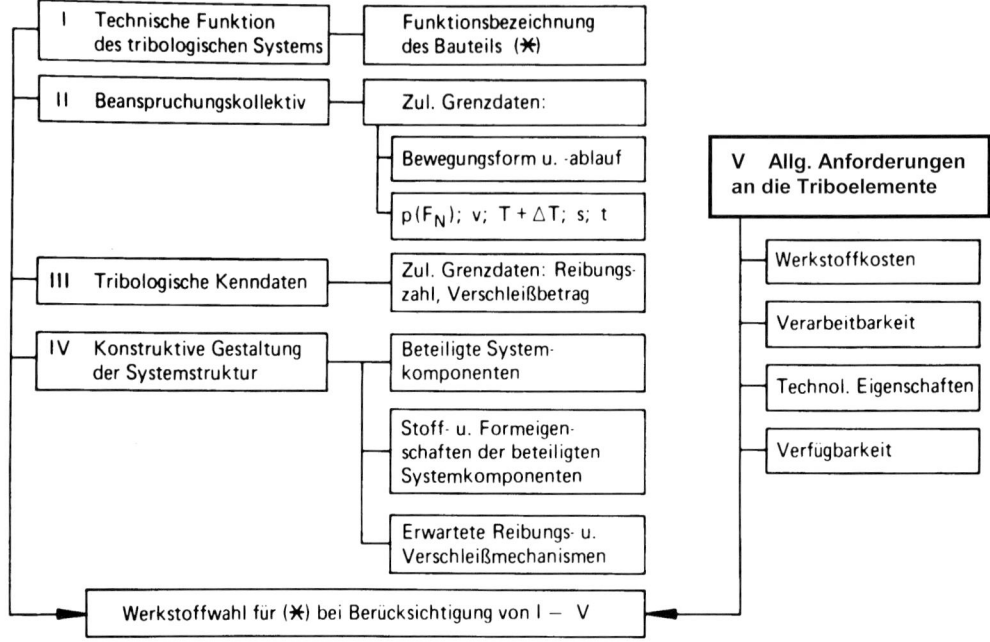

Bild 19.1.2   Vereinfachte Systemmethodik zur Werkstoffauswahl für tribotechnische Bauteile

(I)   Aus der vorgegebenen technischen Funktion ergibt sich zunächst die Funktionsbezeichnung des Bauteils, für das der Werkstoff gesucht wird. Hiermit ist meist bereits eine Vorklassifizierung der betreffenden Werkstoffgruppe möglich, wie z. B. Lagerwerkstoff, Kontaktwerkstoff, Werkzeugstahl usw.

(II) Es müssen dann die zulässigen Grenzdaten des Beanspruchungskollektivs mit der Bewegungsform, dem Bewegungsablauf und den eigentlichen Beanspruchungsdaten festgelegt werden, wozu gehören: Flächenpressung p (bzw. Normalkraft F_N), Geschwindigkeit v, Temperatur T (wenn möglich inkl. der Abschätzung einer reibbedingten Temperaturerhöhung ΔT), Weg s und Beanspruchungsdauer t.

(III) Außerdem müssen die tribologischen Kenndaten, d. h. die zulässigen Grenzdaten von Reibungszahl und Verschleißbetrag, spezifiziert werden.

(IV) Durch die konstruktive Gestaltung der Systemstruktur sind die Systemkomponenten festgelegt, mit denen das betreffende Bauteil in Wechselwirkung steht. Damit sind die beteiligten Systemkomponenten, ihre Stoff- und Formeigenschaften und die erwarteten Reibungs- und Verschleißprozesse ganz wesentliche, zu berücksichtigende Parameter.

(V)   Neben den systemabhängigen Parametern aus den Gruppen I bis IV sind natürlich bei jeder Werkstoffwahl auch die allgemeinen Anforderungen an die Triboelemente, wie z. B. die Werkstoffkosten, die Verarbeitbarkeit, die technologischen Eigenschaften und die Verfügbarkeit, zu berücksichtigen.

19.1.2 Fallstudie: wartungsfreies Feinwerktechnik-Gleitlager

Für ein feinwerktechnisches Gerät soll eine systematische Werkstoffwahl für die Gleitlager-komponenten Lagerbuchse (1) und Lagerwelle (2) durchgeführt werden, siehe **Bild 19.1.3**.

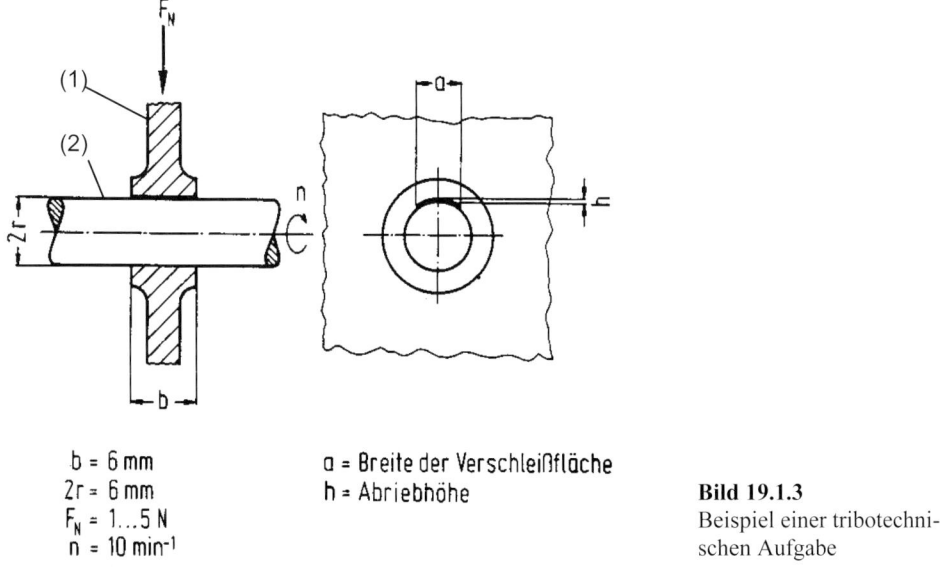

b = 6 mm   a = Breite der Verschleißfläche

2r = 6 mm   h = Abriebhöhe

F_N = 1...5 N

n = 10 min⁻¹

Bild 19.1.3
Beispiel einer tribotechni-schen Aufgabe

Die systemtechnische Lösung dieser tribotechnischen Fragestellung hat die Parametergruppen I bis V gemäß Bild 19.1.2 mit folgenden Randbedingungen zu berücksichtigen:

a. Wartungsfreier Betrieb, d. h. wenn möglich Auslegung als einfaches Trockengleitlager mit kostengünstigen Materialien und wirtschaftlicher Fertigung.

b. Es sind Betriebsbedingungen mit relativ hoher Luftfeuchtigkeit und teilweise intensiver Lichtstrahlung zu erwarten.

c. Lagerreibung und davon abhängige Antriebsleistung sollten so klein wie möglich sein.

d. Eine verschleißbedingte Verlagerung der Lagerwelle sollte nach 1000 Betriebsstunden kleiner als 0,01 mm sein.

Kriteriengruppe I: Technische Funktion des tribologischen Systems

Aus der Forderung (a) ergibt sich, dass ein „Trockengleitlager Kunststoff-Metall" gewählt werden sollte, da hiermit ein wartungsfreier (schmierstoffloser) Betrieb zu realisieren ist. Die Funktion kann nach dem heutigen Stand der Technik durch eine Lagerwelle aus gehärtetem Stahl und durch eine Lagerbuchse aus einem – für Gleitlager bei wirtschaftlicher Fertigung (z. B. Spritzguss) prinzipiell geeigneten – thermoplastischen Kunststoff erfüllt werden. Die Kunststoffbuchse bildet damit den Grundkörper (1) und die Stahlwelle den Gegenkörper (2) des tribologischen Trockengleitlagersystems.

Kriteriengruppe V: Allgemeine Anforderungen an die Triboelemente

Aus den in **Tabelle 19.1.1** zusammengestellten prinzipiell geeigneten Lagerwerkstoffen kann bereits auf Grund von zu berücksichtigenden, nicht-tribologischen Kriterien und der obigen Randbedingungen eine Vorauswahl getroffen werden.

Tab. 19.1.1 Handelsübliche thermoplastische Kunststoff-Gleitmaterialien

Gleitlagerwerkstoff	Kurzzeichen	Herstellung	Typische Anwendungen
Polyamid 66 Polyamid 6	PA 66 PA 6	Spritzgießen oder aus Halbzeug	Gleitlagerwerkstoffe für den Maschinenbau
Polyoxymethylen Polyäthylenterephtalat Polybutylenterephtalat	POM PETP PBTP	Spritzgießen oder aus Halbzeug	Gleitlagerwerkstoffe für die Feinwerktechnik, Lager mit großer Maßhaltigkeit
Polyäthylen hoher Dichte (hochmolekular)	HDPE	vorwiegend spanend aus Halbzeug	Gleitleisten, Gelenkendoprothesen (Hüftgelenkpfannen)
Polytetrafluoräthylen Polyimid	PTFE PI	Formpressen oder aus Halbzeug	Brückenlager, Raumfahrt thermisch hoch belastbar

Ein Vergleich der Werkstoffkosten der thermoplastischen Kunststoffe zeigt, dass der (hochtemperaturbeständige) Kunststoff PI am teuersten ist und daher aus Kostengründen möglichst nicht verwendet werden sollte. Nach der obigen Randbedingung (b) sind für das zu realisierende Lager Betriebsbedingungen mit relativ hoher Luftfeuchtigkeit zu erwarten. Somit erscheinen Polyamide aufgrund ihres hygroskopischen Charakters und der sich durch die Feuchteaufnahme möglicherweise ergebenden Veränderungen von Maßhaltigkeit und Toleranzen hier nicht besonders geeignet. Ähnliches gilt für POM aufgrund der nicht besonders guten UV-Beständigkeit.

Nach diesen allgemein-technologischen Kriterien der Werkstoff-Vorauswahl können aus Tabelle 19.1.1 die Kunststoffe PTFE, HDPE, PETP und PBTP in die engere Vorauswahl als geeignete Lagerstoffe genommen werden.

Kriteriengruppe II: Beanspruchungskollektiv

Nach **Bild 19.1.3** und der Forderung (d) besteht folgendes Beanspruchungskollektiv:

- Bewegungsform: kontinuierliches Gleiten
- Normalkraft $F_N = 1$ bis 5 N, d .h. $p_o \approx 0,15$ N/mm^2
- Drehzahl $n = 10$ min^{-1}, d. h. $v \approx 0,2$ m/min
- Temperatur $T_U = 20$ bis $30\ ^\circ$C, d. h. Zimmertemperatur
  (Eine nennenswerte Erwärmung des Lagers ist hier nicht zu erwarten, da eine Abschätzung der Reibungsleistung gemäß $Q_R = 2r\cdot b\cdot p\cdot v\cdot f$ nur einen Wert von $Q_R \approx 3,6\cdot10^{-3}$ J/s ergibt)
- Betriebsdauer $t = 1000$ h (vgl. Forderung d)
- Gleitweg $s = 11,2$ km

Kriteriengruppe III: Tribologische Kenndaten

Eine wesentliche Aufgabe bei der systematischen Werkstoffwahl für tribotechnische Anwendungen ist die Optimierung von Reibung und Verschleiß (vgl. Forderungen (c), (d)) für die nach der Kriteriengruppe V in die Vorauswahl genommenen Werkstoffe bei Berücksichtigung des vorgegebenen Beanspruchungskollektivs.

III.1 Reibungsoptimierung

Im Unterschied zu der häufig anzutreffenden Meinung, dass Kunststoff-Metall-Gleitpaarungen recht niedrige Reibungswerte besitzen, kann je nach Werkstoffpaarung und Betriebsbedingungen die Reibungszahl in einem Bereich f ≈ 0,03 bis f ≈ 1,0 liegen. Aus den Ergebnissen umfangreicher Forschungsarbeiten über das tribologische Verhalten von Kunststoff-Stahl-Gleitpaarungen sind in **Bild 19.1.4** diejenigen Versuchsbedingungen zusammengestellt, für die eine Reibungszahl f < 0,3 resultiert (Czichos und Feinle, 1982).

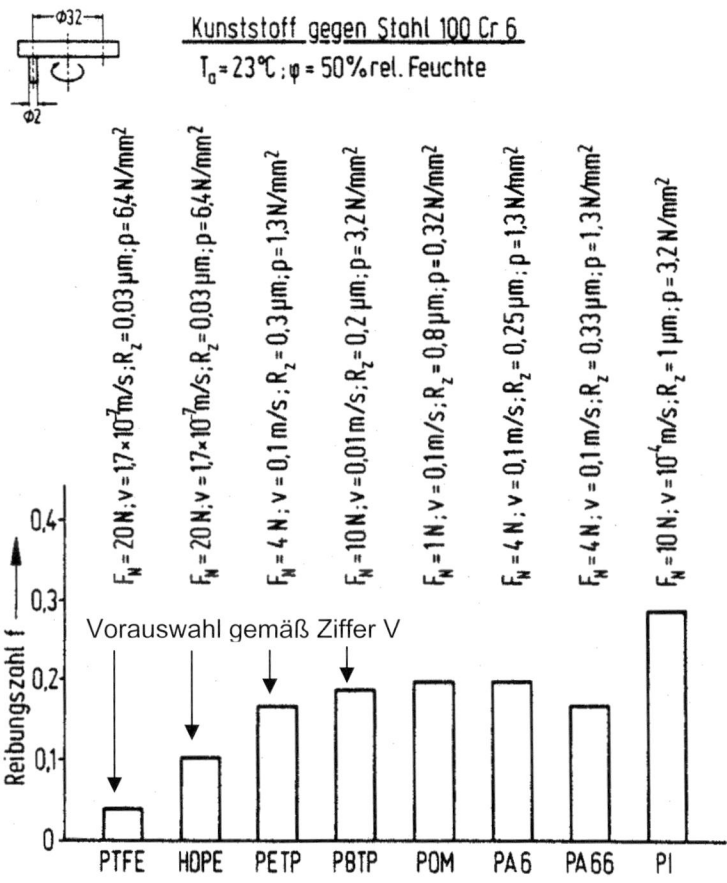

Bild 19.1.4   Reibungszahlen für Kunststoff/Stahl-Gleitpaarungen

Obwohl die experimentellen Versuchsbedingungen von Bild 19.1.4 sich nicht in allen Details mit denen der vorliegenden Problemstellung decken, liegt bei den in die Vorauswahl genommenen Werkstoffen eine hinreichende Ähnlichkeit sowohl in den Systemstrukturen als auch in den Beanspruchungsbedingungen vor, so dass für das zu gestaltende wartungsfreie Feinwerktechnik-Gleitlager eine Reibungszahl $f < 0,2$ erwartet werden kann. Damit dürfte die Reibungsverlustleistung $P_R = f{\cdot}F_N{\cdot}v$ kleiner als 3 mW sein.

III.2 Verschleißoptimierung

Da nach der obigen Forderung (d) eine verschleißbedingte Verlagerung der Welle nach 1000 Betriebsstunden kleiner als 0,01 mm sein soll, muss zunächst der Zusammenhang zwischen einer verschleißbedingten Wellenverlagerung h und dem Gesamt-Verschleißvolumen W_V betrachtet werden. Für die in Bild 19.1.3 dargestellten Verhältnisse gelten vereinfacht (ohne Berücksichtigung einer hier zu vernachlässigenden elastischen Deformation) die in Abschnitt 11.1.1 für Trockengleitlager angegebenen Zusammenhänge:

Verschleißmarkenbreite:

$$a = \sqrt{8rh\left(\frac{1+\psi}{\psi}\right)}$$

Verschleißvolumen:

$$W_V = \frac{b \cdot a^3}{12r}\left(\frac{\psi}{1+\psi}\right)$$

mit

$$\psi = \frac{r_{Bohrung} - r_{Welle}}{r_{Welle}} \quad : \text{Lagerspiel}$$

Nach diesen Gleichungen entspricht unter den in Bild 19.1.3 dargestellten Verhältnissen bei einem konstruktiv vorgegebenen Lagerspiel von $\psi = 1\,\%$ der maximal zulässigen verschleißbedingten Lagerwellenauslenkung $h < 0,01$ mm ein maximal zulässiges Verschleißvolumen von

$$W_V < 2 \cdot 10^{-1}\ \text{mm}^3$$

bzw. bei einem Gleitweg von $s = 11,2$ km ein Verschleiß-Gleitweg-Verhältnis von

$$W_{V/s} < 2 \cdot 10^{-5}\ \text{mm}^3/\text{m}$$

oder ein Verschleißkoeffizient $k = \dfrac{W_v}{F_N \cdot s}$

von

$$k < 4 \cdot 10^{-6}\ \frac{\text{mm}^3}{\text{N} \cdot \text{m}}$$

Es muss nun untersucht werden, ob ein derartiger Verschleißkoeffizient mit den betrachteten Kunststoff-Stahl-Gleitpaarungen erzielbar ist.

Für die zur Auswahl stehenden Kunststoff-Stahl-Paarungen wurden n Ergänzung zu den in Bild 19.1.4 dargestellten Reibungswerten unter vergleichbaren Versuchsbedingungen Verschleißkoeffizienten experimentell bestimmt und in **Tabelle 19.1.2** zusammengestellt.

Tab. 19.1.2 Verschleißkoeffizienten der Gleitlagerwerkstoffe für die Lagerbuchse (1)

Gleitlagerwerkstoff für Lagerbuchse (1)	Reißspg N/mm²	Reibungszahl f von (1)/(2)	Verschleißkoeff. von (1) 10^{-6} mm³/Nm	
			$F_N = 4$ N	$F_N = 20$ N
Polyamid 66, PA 66	85	< 0,2	5,5	9,1
Polyamid 6, PA 6	80	> 0,2	8,6	8,4
Polyoxymethylen, POM	65	> 0,2	22,4	18,1
Polyäthylenterephtalat, PETP	70	< 0,2	3,1	3,1
Polybutylenterephtalat, PBTP	60	< 0,2	7,1	5,9
Polyäthylen, HDPE	30	< 0,2	180,0	155.5
Polytetrafluoräthylen, PTFE	30	< 0,2	780,0	919,0
Polyimid, PI	100	> 0,2	1,2	3,0

Die Verschleißdaten von Tabelle 19.1.2 zeigen, dass die Verschleißkoeffizienten der untersuchten Gleitlagerwerkstoffe einen Variationsbereich von 3 Größenordnungen überdecken. Es zeigt sich, dass von den in die Vorauswahl genommenen Werkstoffen nur für die Paarung PETP-Stahl der gemessene Verschleißkoeffizient kleiner als k_{zul} ist, so dass für diese Paarung zu erwarten ist, dass die verschleißbedingte Lagerauslenkung unter den hier vorliegenden Beanspruchungsbedingungen kleiner als 0,01 mm bleiben sollte.

Ergebnis der systemtechnischen Reibungs- und Verschleißoptimierung für ein wartungsfreies Feinwerktechnik-Gleitlager ist, dass für die in Bild 19.1.3 dargestellte Problemstellung eine Gleitlagerpaarung PETP-Stahl (gehärtet) am geeignetsten erscheint. In konstruktiv-fertigungstechnischer Hinsicht ist noch zu ergänzen, dass nach Bild 19.1.4 die mittlere Rautiefe der Stahlwelle $R_z \approx 0,3$ µm betragen sollte.

Die am Beispiel der Werkstoffauswahl für ein wartungsfreies Feinwerktechnik-Gleitlager dargestellte Methodik der Bearbeitung von Reibungs- und Verschleißproblemen basiert auf der Kombination von Systemanalyse und Tribometrie. Die erweiterten Möglichkeiten zur Bearbeitung von Reibungs- und Verschleißproblemen durch Nutzung tribologischer Datenbanken sind in Kapitel 21 dargestellt.

19.2 Tribotechnische Schadensanalyse

Die „Lebensdauerverlängerung" maschinentechnischer Systeme ist eine der wichtigsten Aufgaben der Tribologie in der Technik, wie aus den Ergebnissen der in Kapitel 1 genannten japanischen Tribologie-Studie hervorgeht (vgl. Tabelle 1.1). Grundlegende Voraussetzung dafür ist die systematische Schadensanalyse. Sie wird zunächst in ihrer Anwendung an einem praktischen Beispiel erläutert und dann zu einer systematischen Bearbeitungsmethodik zusammengefasst.

19.2.1 Fallstudie: Schadensanalyse eines Kompressor-Dichtungssystems

In einem chemischen Industriewerk wurde nach Überholungsarbeiten von Altanlagen eine stark verkürzte Funktionsdauer des Dichtungssystems einer Kompressoranlage festgestellt. Hierdurch wurde der gesamte Produktionszyklus gestört. Die Ursachen dieser Störung waren zu klären und Methoden zur Änderung vorzuschlagen.

Problem:	Überhöhter Verschleiß und verkürzte Gebrauchsdauer eines Kolbendichtungssystems

Systemansatz:	Verschleiß = f (Beanspruchungskollektiv; Systemstruktur)

Bearbeitungsmethodik:	Beanspruchungsanalyse	Strukturanalyse

Die Ergebnisse der Beanspruchungsanalyse sind in **Bild 19.2.1** dargestellt. Ein Soll-Ist-Vergleich zeigt, dass sämtliche Größen im Bereich der üblichen zulässigen Solldaten für derartige herkömmliche Dichtungssysteme liegen, so dass die eigentliche Schadensursache nicht in unzulässigen Werten des Beanspruchungskollektivs zu suchen ist.

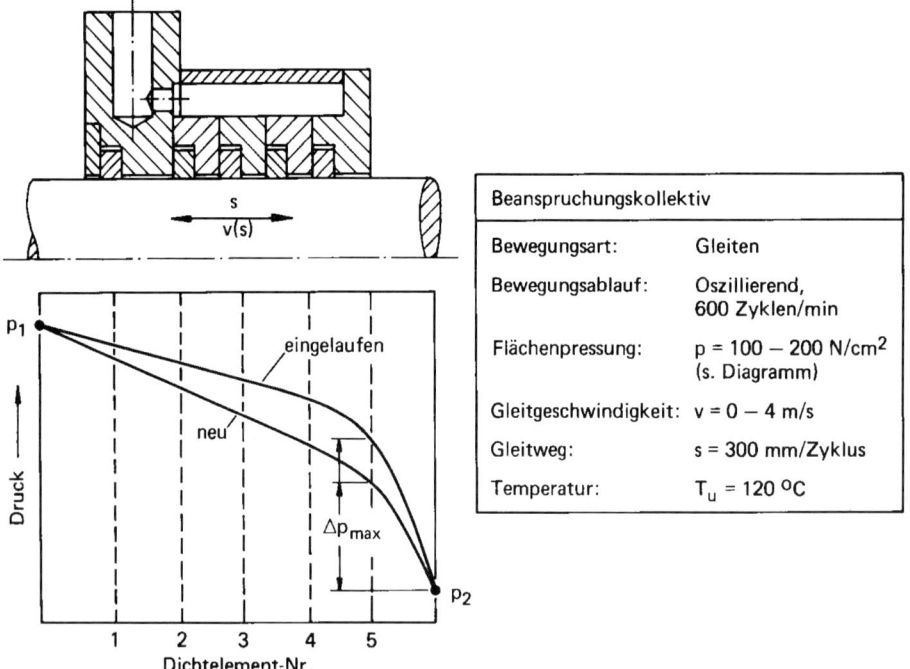

Bild 19.2.1   Beanspruchungsanalyse eines Dichtungssystems (vereinfachte Darstellung)

Die Strukturanalyse des Dichtungssystems umfasste (a) die Feststellung der Systemelemente, (b) die Kennzeichnung ihrer wesentlichen Eigenschaften und (c) die Untersuchung von Verschleiß-Wechselwirkungen, siehe **Bild 19.2.2**. Um Aussagen über die Art der wirkenden Verschleißmechanismen zu gewinnen wurden Maßbestimmungen, Rauheitsmessungen, Mikroanalysen, Gefügeuntersuchungen und Härtemessungen durchgeführt.

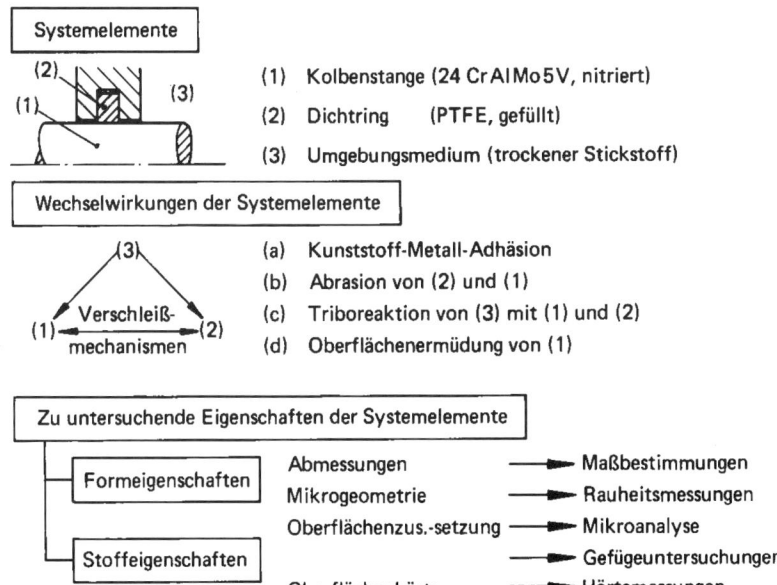

Bild 19.2.2 Strukturanalyse eines Dichtungssystems (vereinfachte Darstellung)

Für die Kolbenstange wurden dabei gravierende Abweichungen von den ursprünglich konstruktiv vorgegebenen Daten von Rauheit und Härte, d. h. eine entscheidende Änderung der Soll-Systemstruktur, festgestellt, siehe **Bild 19.2.3**.

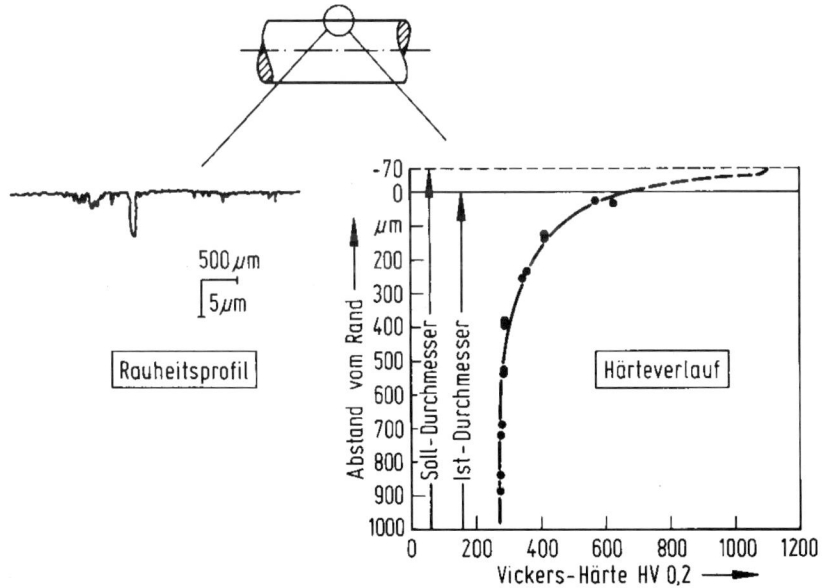

Bild 19.2.3 Rauheitsprofil und Härteverlauf der Kolbenstange eines Dichtungssystems

Aus der durchgeführten Beanspruchungsanalyse und Strukturanalyse des Dichtungssystems ergab sich damit folgendes Ergebnis der tribologischen Schadensanalyse:

Das Beanspruchungskollektiv lag mit seinen operativen Größen von Bewegungsart, Bewegungsablauf, Flächenpressung, Gleitgeschwindigkeit, Gleitweg und Temperatur innerhalb der für die Sollsystemstruktur des Dichtungssystems zulässigen Grenzen.

Die Strukturanalyse ergab, dass sich bei den Überholungsarbeiten der Kompressoranlage die Systemstruktur durch die Entfernung der Nitrierschicht beim Nachschleifen der Kolbenstange entscheidend verändert hatte. Dies wiederum führte zu einer Veränderung der ursprünglichen Oberflächenzusammensetzung, zu einer Erniedrigung der Härte und zu einer Erhöhung der Oberflächenrauheit der Kolbenstange. Dadurch, dass nicht mehr die Nitrierschicht, sondern der metallische Grundkörper mit dem Dichtring in Wechselwirkung trat und außerdem die Oberfläche der Kolbenstange rauher und weicher als im konstruktiv vorgesehenen Ursprungszustand war, wurde sowohl die adhäsive als auch die abrasive Verschleißkomponente erheblich erhöht. Es ergab sich somit eine verkürzte Gebrauchsdauer durch die Überschreitung der zulässigen Leckrate des Dichtungssystems innerhalb unzulässig kurzer Zeit. Auf der Basis der detaillierten tribologischen Schadensanalyse und der Kenntnis aller wichtigen Systemdaten konnte eine spezielle Oberflächenbehandlung zur Lösung des tribologischen Problems vorgeschlagen werden.

19.2.2 Methodik der tribologischen Schadensanalyse

Mit dem obigen Beispiel sollte exemplarisch die Systemmethodik bei der Schadensanalyse praktischer Reibungs- und Verschleißprobleme erläutert werden. Die hauptsächlichen Gesichtspunkte der Bearbeitungsmethodik sind in **Bild 19.2.4** in vereinfachter Form dargestellt, sie orientieren sich natürlich an der allgemeinen Systemmethodik zur Reibungs- und Verschleißanalyse gemäß Bild 2.15.

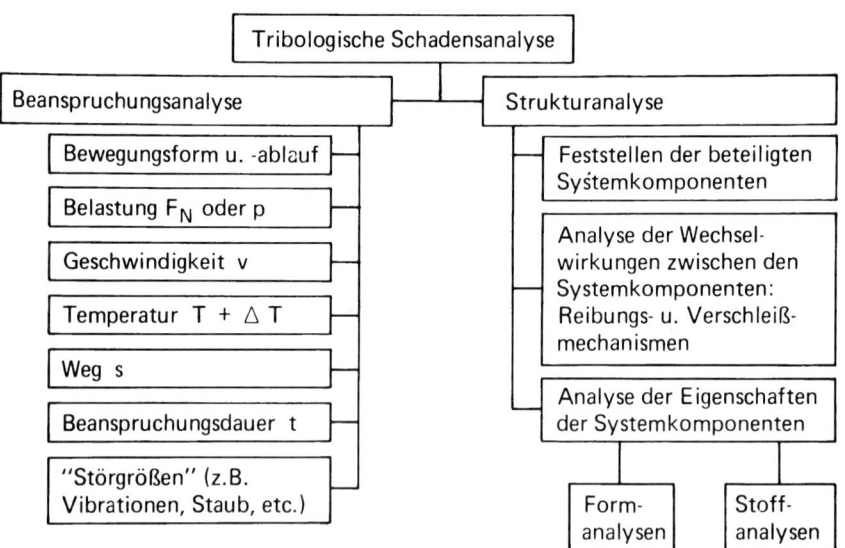

Bild 19.2.4   Vorgehensschritte der tribologischen Schadensanalyse

Die Beanspruchungsanalyse stellt eine vergleichende Soll-Ist-Analyse der beanspruchenden operativen Größen des Systems dar. Die Strukturanalyse des tribotechnischen Systems besteht aus dem Feststellen der am Reibungs- und Verschleißvorgang beteiligten Systemkomponenten, der Analyse der Wechselwirkungen zwischen den Systemkomponenten und der Analyse der Eigenschaften der Systemkomponenten, nämlich in Formanalysen und Stoffanalysen der beteiligten Systemelemente. Die Ergebnisse der Beanspruchungsanalyse und der Strukturanalyse zusammen mit den zugehörigen technischen Daten, Diagrammen, Bildern und Angaben sollen nach der VDI-Richtlinie 3822 wie folgt gegliedert werden:

I. Schadensbefund

a) Dokumentation des Schadens

b) Schadensbild: Zustand des beschädigten Bauteils

c) Schadenserscheinung: Merkmale einer Schadensart (z. B. Verformung, Risse, Brüche, Korrosions- oder Verschleißerscheinungen)

II. Bestandsaufnahme

a) Allgemeine Information: Anlagen- bzw. Bauteilart, Hersteller, Betreiber, Inbetriebnahmedatum, Einsatzbedingungen, Revisionszeitpunkte, Überwachungserfordernisse, Betriebszeit

b) Vorgeschichte: Art, Herstellung, Weiterverarbeitung, Güteprüfung des Werkstoffs, Gestaltung, Fertigung, Güteprüfung des Bauteils, Funktion des Bauteils, Betriebsbedingungen während der Betriebszeit und kurz vor dem Schadenseintritt; zeitlicher Ablauf des Schadens

III. Untersuchungen

a) Untersuchungsplan

b) Probennahme

c) Einzeluntersuchungen: Einsatz von zerstörungsfreien und/oder zerstörenden Prüfverfahren und Simulationsversuchen zur Beurteilung von: Schadensbild- und Schadenserscheinung, Werkstoffzusammensetzung, Werkstoffgefüge und -zustand, physikalischen und chemischen Eigenschaften, Gebrauchseigenschaften

d) Auswertung

IV. Schadensursachen

Fazit des Schadensbefundes, der Bestandsaufnahme und der Untersuchungen

V. Schadensabhilfe

Vorschläge für Abhilfemaßnahmen unter Berücksichtigung von Konstruktion, Fertigung, Werkstoff und Betrieb

VI. Schadensbericht

a) Zusammenfassung der Schadensanalyse

b) Gliederungsbestandteile: Auftraggeber, Bezeichnung des Schadenteils, Anlass zur Schadensuntersuchung, Art und Umfang des Schadens, Ergebnisse der Bestandsaufnahme, Ergebnisse der Einzeluntersuchungen, Schadensursache, Reparaturmöglichkeiten und -maßnahmen, Hinweise zur Schadensabhilfe und Schadensverhütung.

20 Atlas von Verschleißerscheinungsbildern

Infolge von Verschleißprozessen erfahren die tribologisch beanspruchten Oberflächen von Werkstoffen charakteristische Veränderungen ihrer Morphologie, aus denen sich Rückschlüsse über die wirksamen Verschleißmechanismen ziehen lassen. Die Kenntnis der Verschleißmechanismen – ihre Merkmale sind hier nochmals in der Übersicht von Bild 2.9 (Kap. 2.3.2) wiedergegeben – bildet die Grundlage für Maßnahmen zur Verschleißminderung mittels werkstofftechnischer, schmierungstechnischer oder konstruktiver Methoden (vgl. Kapitel 5.6).

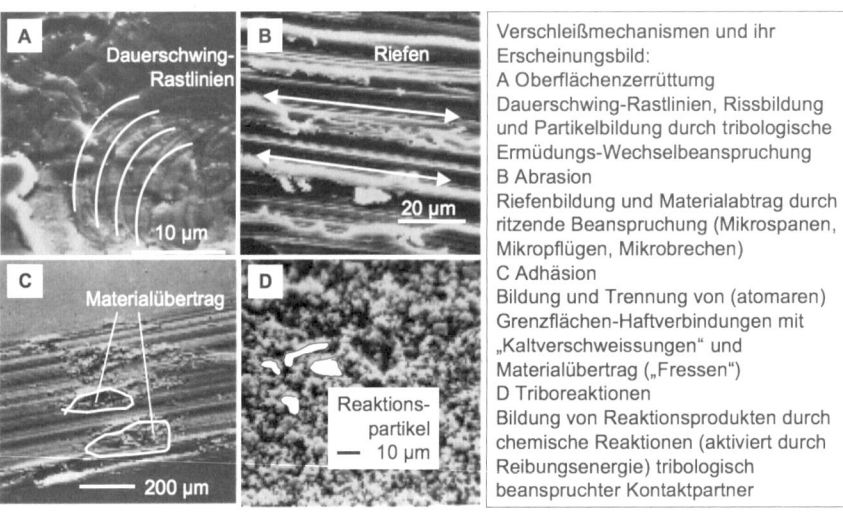

Verschleißmechanismen und ihr Erscheinungsbild:
A Oberflächenzerrüttung
Dauerschwing-Rastlinien, Rissbildung und Partikelbildung durch tribologische Ermüdungs-Wechselbeanspruchung
B Abrasion
Riefenbildung und Materialabtrag durch ritzende Beanspruchung (Mikrospanen, Mikropflügen, Mikrobrechen)
C Adhäsion
Bildung und Trennung von (atomaren) Grenzflächen-Haftverbindungen mit „Kaltverschweissungen" und Materialübertrag („Fressen")
D Triboreaktionen
Bildung von Reaktionsprodukten durch chemische Reaktionen (aktiviert durch Reibungsenergie) tribologisch beanspruchter Kontaktpartner

Im Folgenden sind für die wichtigsten Verschleißarten typische Verschleißerscheinungsformen zusammengestellt. Quellen: VDI-Richtlinien 3822 *Schadensanalyse – Schäden durch tribologische Beanspruchungen* (1989), DIN 3979 (1979) *Zahnschäden an Zahnradgetrieben; Bezeichnung, Merkmale, Ursachen* sowie Arbeiten der Bundesanstalt für Materialforschung und -prüfung (BAM), Berlin. Spezielle Schäden an Gleitlagern sind in der Norm DIN 31 661 *Gleitlager; Begriffe, Merkmale und Ursachen von Veränderungen und Schäden* aufgeführt. Folgende Verschleißarten sind mit typischen Bildern (Lichtmikroskop LM, Raster-Elektronen-Mikroskop REM) ihrer Verschleißerscheinungsformen dargestellt:

Verschleißart	Fachkapitel	Verschleißerscheinungsform
Gleitverschleiß	5.4.1, Seite 131	Bild 20.1 bis 20.14
Wälzverschleiß	5.4.2, Seite 134	Bild 20.15 bis 20.20
Stoßverschleiß	5.4.3, Seite 135	Bild 20.21
Schwingungsverschleiß	5.4.4, Seite 137	Bild 20.22 bis 20.26
Furchungsverschleiß	5.4.5, Seite 140	Bild 20.27 bis 20.28
Strahlverschleiß	5.4.6, Seite 144	Bild 20.29 bis 20.32
Erosion	5.4.7, Seite 246	Bild 20.33 bis 20.42

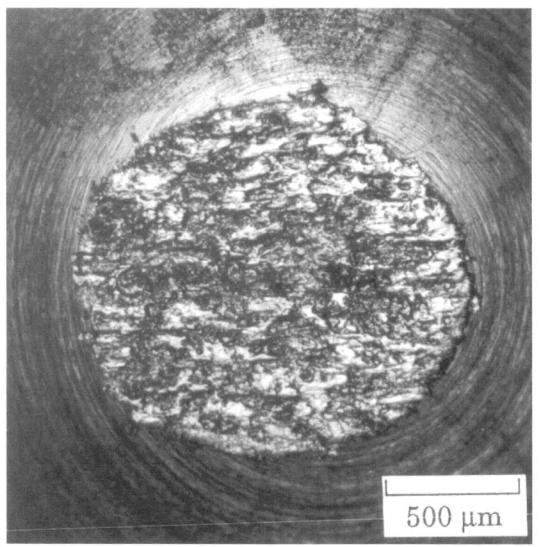

Verschleißart:
Gleitverschleiß

Verschleißmechanismus:
Adhäsion

Verschleißerscheinungsform:
Mulden, Kuppen

|———————————|
500 µm   LM

Bild 20.1 Stahl C45, gehärtet; Gegenkörper: Stahl C45, gehärtet; Festkörperreibung im Vakuum (BAM)

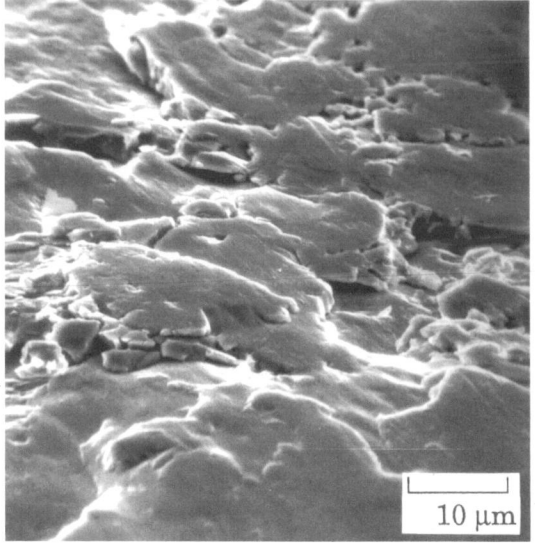

Verschleißart:
Gleitverschleiß

Verschleißmechanismus:
Adhäsion

Verschleißerscheinungsform:
Schuppen, Kuppen, Löcher

|———————————|
10 µm   REM

Bild 20.2 Stahl C45, vergütet; Gegenkörper: Stahl C45, vergütet; Festkörperreibung, Vakuum (BAM)

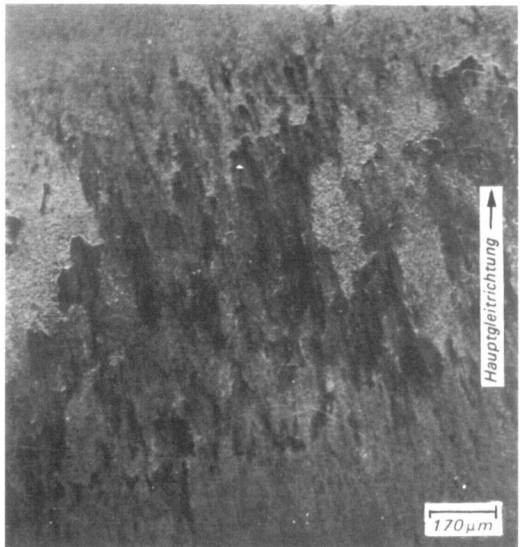

Verschleißart:
Gleitverschleiß

Verschleißmechanismus:
Adhäsion

Verschleißerscheinungsform:
Materialübertrag

170 µm   LM

Bild 20.3   Gehärteter Temperguss; Gegenkörper: Hartmetall; Mangelschmierung (VDI, 1984)

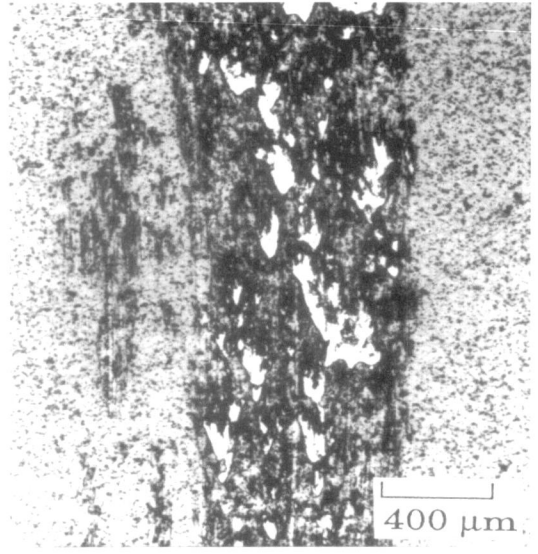

Verschleißart:
Gleitverschleiß

Verschleißmechanismus:
Adhäsion

Verschleißerscheinungsform:
Materialübertrag

400 µm   LM

Bild 20.4   Aluminiumoxid; Gegenkörper: Stahl 100Cr6H; Festkörperreibung in Luft (BAM)

Verschleißart:
Gleitverschleiß

Verschleißmechanismus:
Adhäsion

Verschleißerscheinungsform:
Fresser

1 cm   LM

Bild 20.5   Kolben (AlSi-Legierung) eines Dieselmotors; Mangelschmierung (VDI, 1984)

Verschleißart:
Gleitverschleiß,
Wälzverschleiß

Verschleißmechanismus:
Adhäsion

Verschleißerscheinungsform:
Fresser (Kaltfresser)

LM

Bild 20.6   Zahnradflanke; Mangelschmierung (DIN 3979)

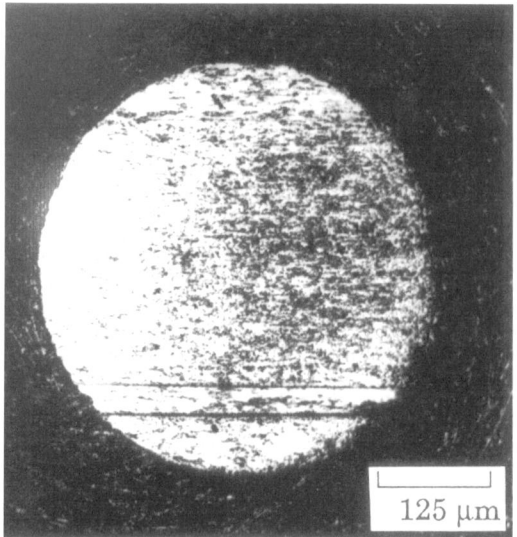

Verschleißart:
Gleitverschleiß

Verschleißmechanismus:
Tribochemische Reaktion

Verschleißerscheinungsform:
Oxidische Reaktionsprodukte

125 µm   LM

Bild 20.7   Borierter Stahl C45; Gegenkörper: borierter Stahl C45; Festkörperreibung in Luft (BAM)

Verschleißart:
Gleitverschleiß

Verschleißmechanismus:
Tribochemische Reaktion

Verschleißerscheinungsform:
Oxidpartikel

10 µm   REM

Bild 20.8   Kobalt (stationärer Probekörper); Gegenkörper: rotierende Eisenscheibe; Festkörperreibung
in Luft (BAM)

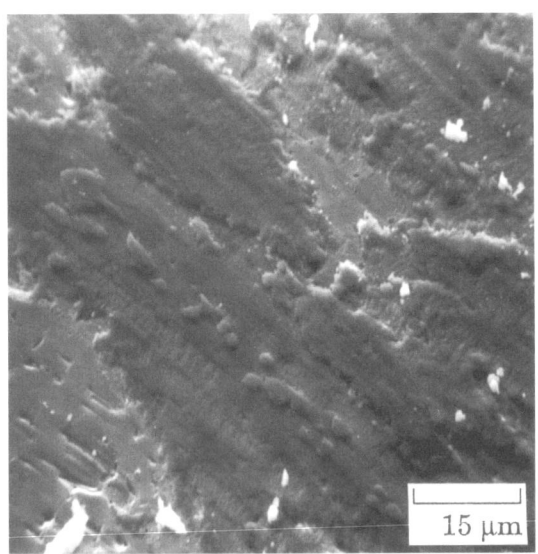

Verschleißart:
Gleitverschleiß

Verschleißmechanismus:
Tribochemische Reaktion

Verschleißerscheinungsform:
Reaktionsschicht

⌐————————⌐
15 mm   REM

Bild 20.9   Borierter Stahl; Gegenkörper: borierter Stahl; Festkörperreibung in Luft (BAM)

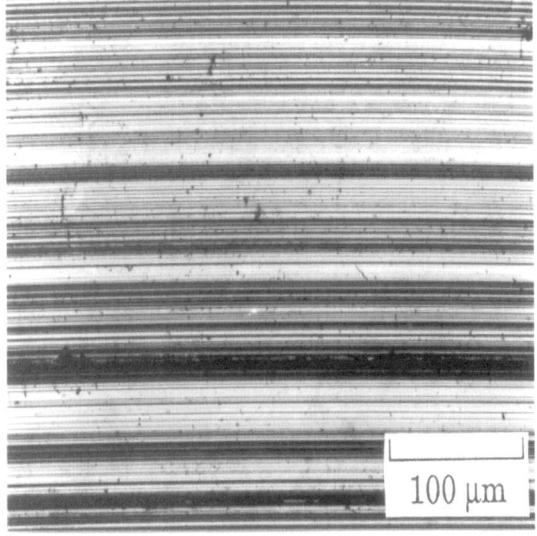

Verschleißart:
Gleitverschleiß

Verschleißmechanismus:
Abrasion

Verschleißerscheinungsform:
Riefen

⌐————————⌐
100 µm   LM

Bild 20.10   CuSn8 (stationärer Probekörper); Gegenkörper: Stahl 300 HB (rotierende Scheibe); Grenzreibung in Getriebeöl (BAM)

Verschleißart:
Gleitverschleiß

Verschleißmechanismus:
Abrasion

Verschleißerscheinungsform:
Riefen

|_____|
  800 µm   LM

Bild 20.11   Grauguss-Zylinderlaufbahn eines Verbrennungsmotors (VDI, 1984)

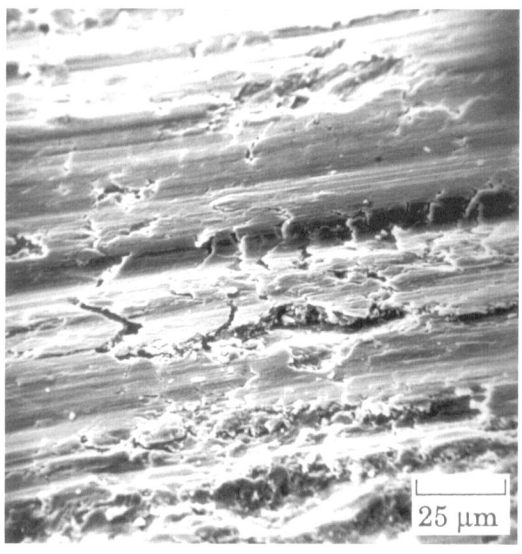

Verschleißart:
Gleitverschleiß

Verschleißmechanismus:
Oberflächenzerrüttung

Verschleißerscheinungsform:
Querrisse, Löcher

|_____|
  25 µm   REM

Bild 20.12   Eisen (Grundkörper); Gegenkörper: rotierende Kobalt-Scheibe; Festkörperreibung (BAM)

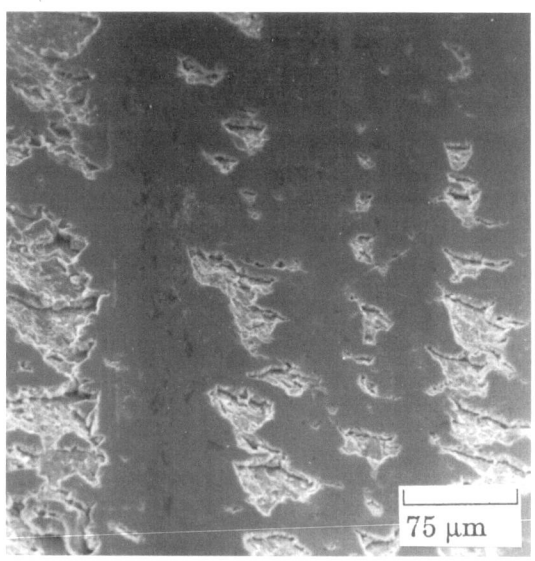

Verschleißart:
Gleitverschleiß

Verschleißmechanismus:
Oberflächenzerrüttung

Verschleißerscheinungsform:
flache Löcher, Mulden
(Delaminationen)

75 μm   REM

Bild 20.13   Kupferlegierung nach Gleitbeanspruchung (BAM)

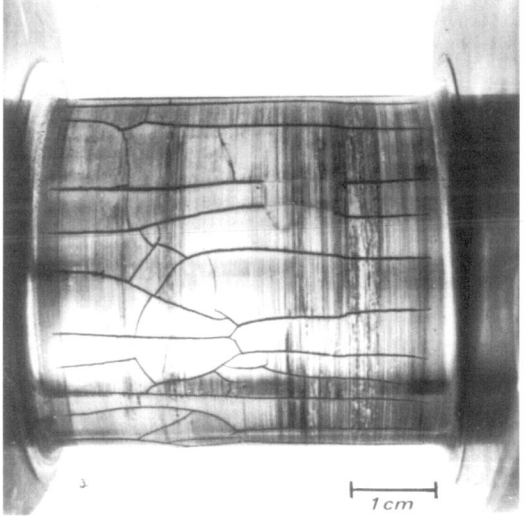

Verschleißart:
Gleitverschleiß

Verschleißmechanismus:
Oberflächenzerrüttung
(durch thermische Wechselbeanspruchungen)

Verschleißerscheinungsform:
„Brandrisse" (durch Magnet-
pulverprüfung verstärkt)

1 cm   LM

Bild 20.14   Kurbelwelle aus vergütetem Stahl (VDI, 1984)

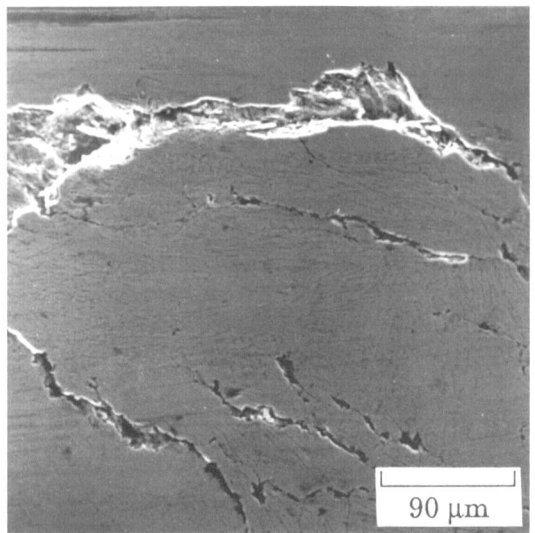

Verschleißart:
Wälzverschleiß

Verschleißmechanismus:
Oberflächenzerrüttung

Verschleißerscheinungsform:
Risse, die zur Bildung eines
Grübchens führen

90 µm   REM

Bild 20.15   Wälzkörper aus GGG, WIG umgeschmolzen; Ölschmierung, Grenzreibung (BAM)

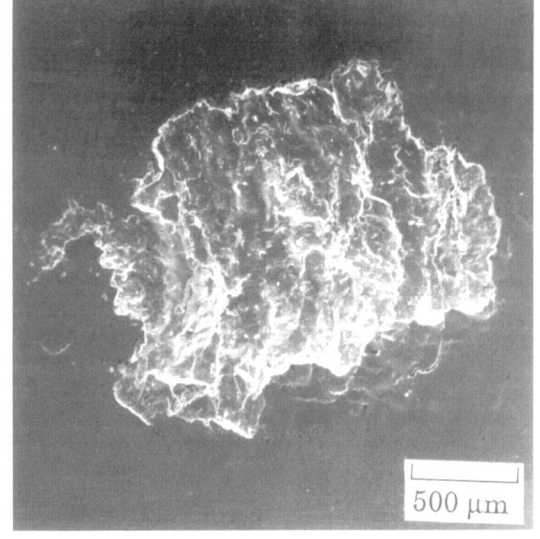

Verschleißart:
Wälzverschleiß

Verschleißmechanismus:
Oberflächenzerrüttung

Verschleißerscheinungsform:
Grübchen

500 µm   REM

Bild 20.16   Wälzkörper am GGL; WIG umgeschmolzen; Ölschmierung; Grenzreibung (BAM)

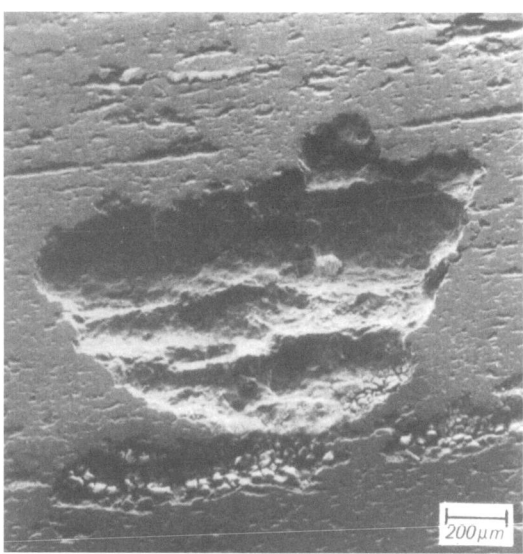

Verschleißart:
Wälzverschleiß

Verschleißmechanismus:
Oberflächenzerrüttung

Verschleißerscheinungsform:
Grübchen

400 µm   LM

Bild 20.17   Zahnflanke eines einsatzgehärteten Stahl-Zahnrades (VDI, 1984)

Verschleißart:
Wälzverschleiß

Verschleißmechanismus:
Oberflächenzerrüttung

Verschleißerscheinungsform:
Grübchen

Bild 20.18   Zahnflanke eines vergüteten Stahl-Zahnrades (Abdruck) (DIN 3979)

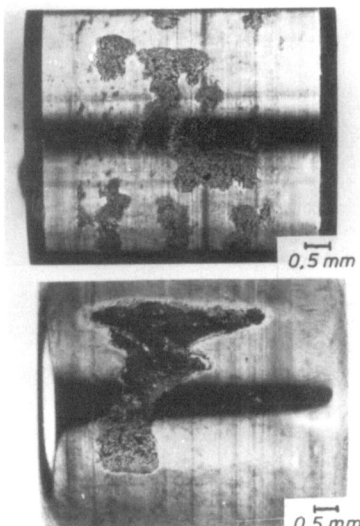

Verschleißart:
Wälzverschleiß

Verschleißmechanismus:
Oberflächenzerrüttung

Verschleißerscheinungsform:
Abblätterung

1 mm   LM

Bild 20.19   Zylinderrollen aus Stahl 100Cr6 (VDI, 1984)

Verschleißart:
Wälzverschleiß

Verschleißmechanismus:
Oberflächenzerrüttung

Verschleißerscheinungsform:
Abplatzer

1 mm   REM

Bild 20.20   Einsatzgehärtetes Stahlzahnrad (VDI, 1984)

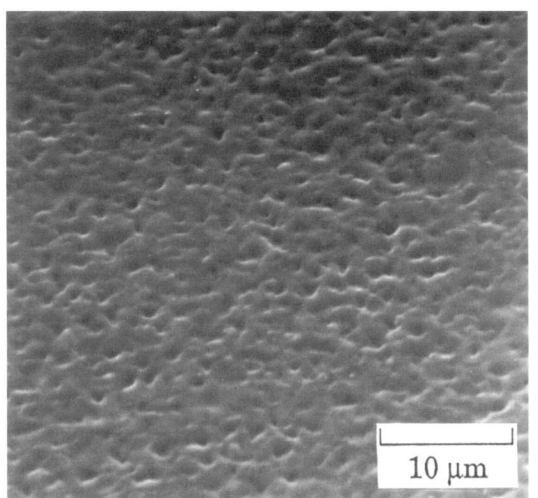

Verschleißart:
Stoßverschleiß

Verschleißmechanismus:
Oberflächenzerrüttung

Verschleißerscheinungsform:
Mulden

10 µm   REM

Bild 20.21   Stirnfläche einer schwingend beanspruchten Stahlspindel (BAM)

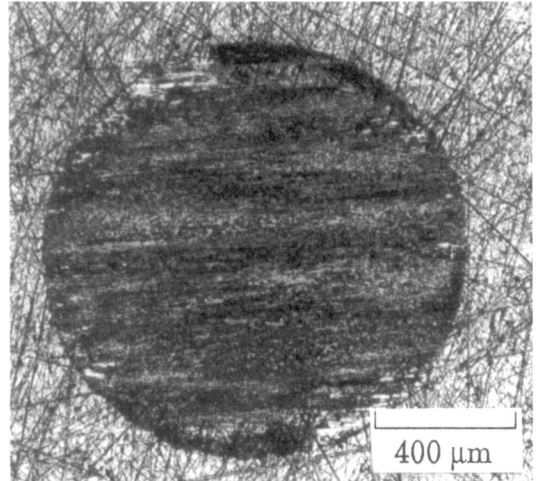

Verschleißart:
Schwingungsverschleiß

Verschleißmechanismus:
Tribochemische Reaktion

Verschleißerscheinungsform:
Oxidische Reaktionsschicht

400 µm   LM

Bild 20.22   Stahl 100Cr6H, gehärtet; Gegenkörper: Stahl 100 Cr6H; oszillierende Gleitbeanspruchung
in Luft (BAM)

Verschleißart:
Schwingungsverschleiß

Verschleißmechanismus:
Tribochemische Reaktion
(Reiboxidation) u. a.

Verschleißerscheinungsform:
Oxidationsprodukte

175 mm   LM

Bild 20.23   Sitzfläche einer geschlitzten Lagerspannhülse (VDI, 1984)

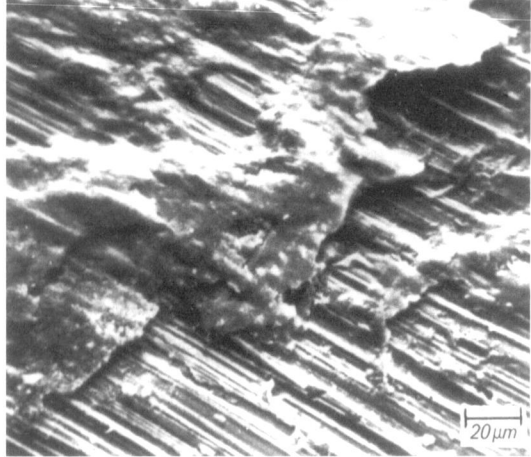

Verschleißart:
Schwingungsverschleiß

Verschleißmechanismus:
Tribochemische Reaktion, u.a.

Verschleißerscheinungsform:
Oxidationsprodukte, Kuppen,
Riefen

40 µm   REM

Bild 20.24   Schwingend beanspruchter Stahlring (VDI, 1984)

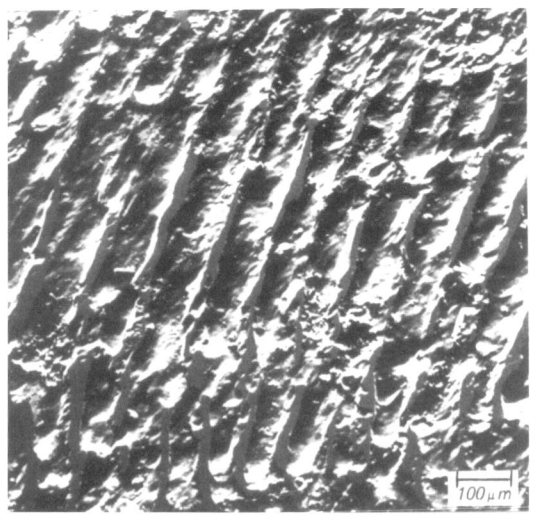

Verschleißart:
Schwingungsverschleiß

Verschleißmechanismus:
Plastische Deformation, tribochemische Reaktion

Verschleißerscheinungsform:
Rinnen

200 µm   LM

Bild 20.25   Sitzfläche eines Lagerringes (VDI, 1984)

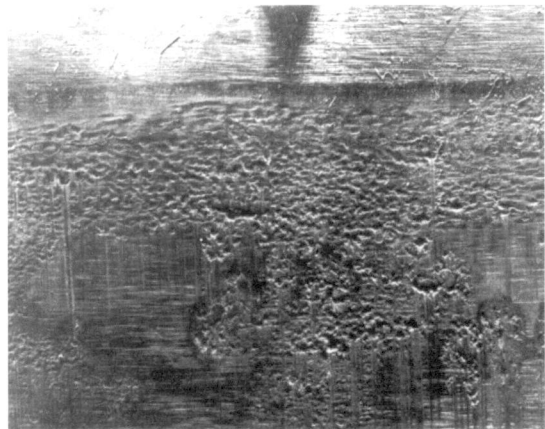

Verschleißart:
Schwingungsverschleiß

Verschleißmechanismus:
Oberflächenzerrüttung,
tribochemische Reaktion

Verschleißerscheinungsform:
Narben

LM

Bild 20.26   Konussitz einer Pressverbindung (VDI, 1984)

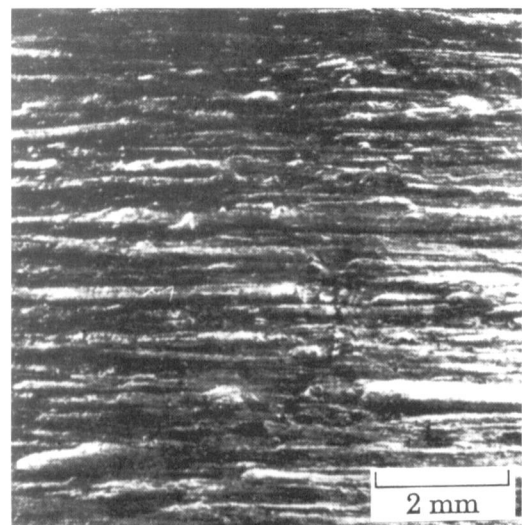

Verschleißart:
Furchungsverschleiß

Verschleißmechanismus:
Abrasion

Verschleißerscheinungsform:
Riefen

2 mm   LM

Bild 20.27   Zahnflanke des Antriebszahnrades eines Raupenlaufwerkes (Segieth, 1990)

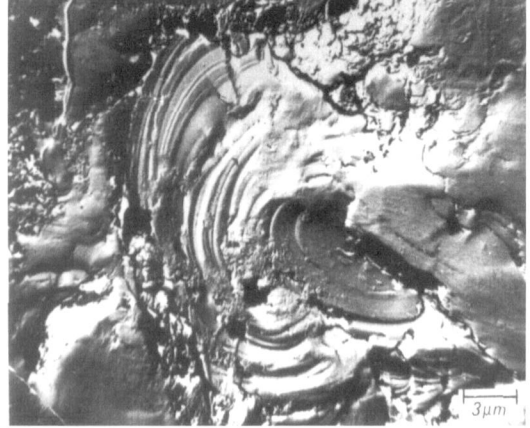

Verschleißart:
Furchungsverschleiß

Verschleißmechanismus:
Abrasion

Verschleißerscheinungsform:
Muschelförmige Ausbrüche

5 µm   LM

Bild 20.28   Ausstoßzone einer Formplatte aus Hartguss für die Formgebung von Schamottsteinen (VDI, 1984)

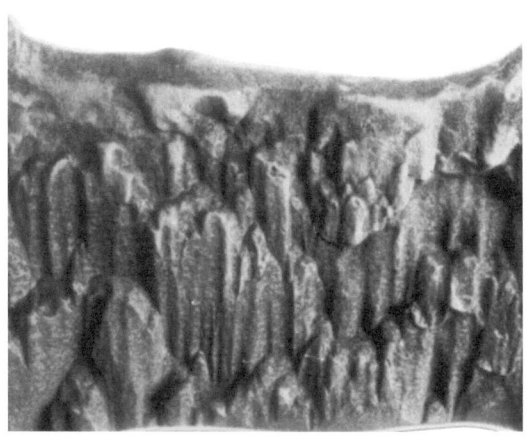

Verschleißart:
Prallstrahlverschleiß

Verschleißmechanismus:
Abrasion

Verschleißerscheinungsform:
Schultern

55 mm

Bild 20.29   Schlagplatte aus Manganhartstahl einer Kohlenstaubmühle (VDI, 1989)

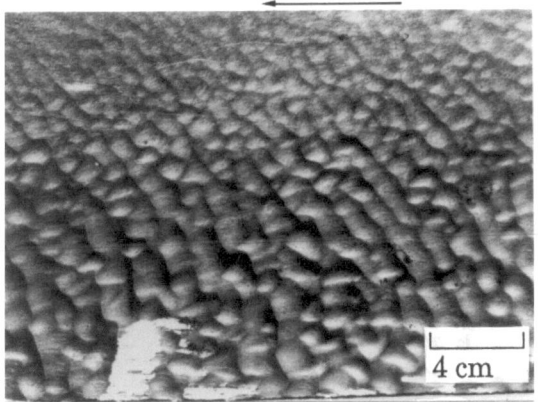

Verschleißart:
Gleitstrahlverschleiß

Verschleißmechanismus:
Abrasion

Verschleißerscheinungsform:
Querwellen

4 cm

Bild 20.30   Wanderung einer Mischertrommel aus Baustahl (VDI, 1989)

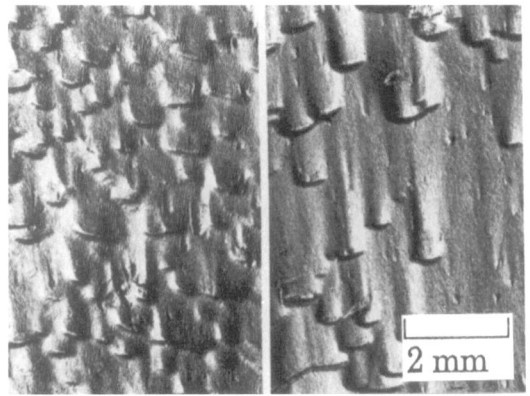

Verschleißart:
Gleitstrahlverschleiß

Verschleißmechanismus:
Abrasion

Verschleißerscheinungsform:
Längsrillen

|_____|
       2 mm

Bild 20.31   Durch strömende Partikel beanspruchte Oberfläche (VDI, 1989)

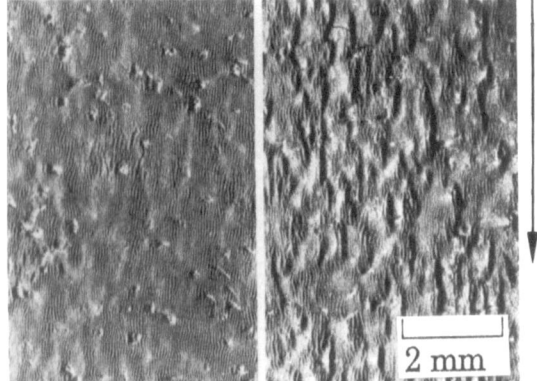

Verschleißart:
Gleitstrahlverschleiß

Verschleißmechanismus:
Abrasion

Verschleißerscheinungsform:
Schultern, Längsrillen

|_____|
       2 mm

Bild 20.32   Staubabscheider aus dem Rauchabzug eines Kohlekraftwerkes (VDI, 1989)

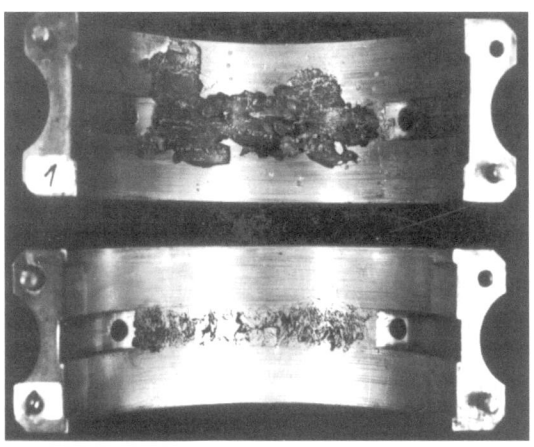

Verschleißart:
Kavitationserosion, Schwingungskavitationserosion

Verschleißmechanismus:
Oberflächenzerrüttung, tribochemische Reaktion

Verschleißerscheinungsform:
Ausbrechungen

Bild 20.33   Gleitlager, ölgeschmiert (VDI, 1989)

Verschleißart:
Kavitationserosion, Strömungskavitationserosion

Verschleißmechanismus:
Oberflächenzerrüttung, tribochemische Reaktion

Verschleißerscheinungsform:
Mikromulden

2 mm

Bild 20.34   Schaufeleintrittskante einer Pumpe aus X5CrNi134 (VDI, 1989)

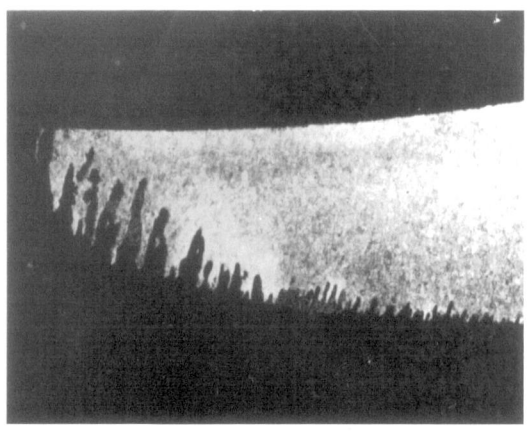

Verschleißart:
Tropfenschlagerosion

Verschleißmechanismus:
Oberflächenzerrüttung,
tribochemische Reaktion

Verschleißerscheinungsform:
Nadelförmig zurückbleibende
Werkstoffreste

Bild 20.35   Endstufe einer Turbinenschaufel (Allianz, 1984)

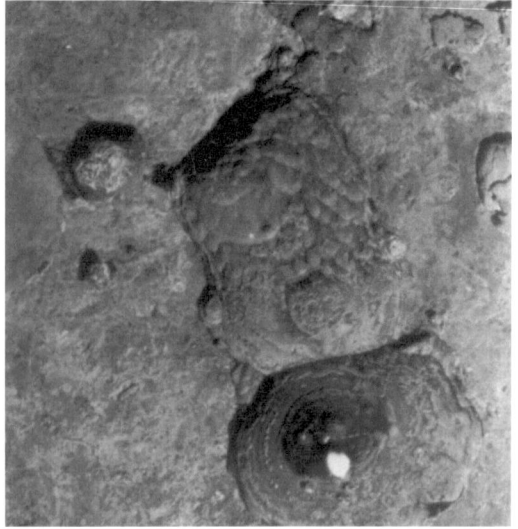

Verschleißart:
Tropfenschlagerosion

Verschleißmechanismus:
Oberflächenzerrüttung,
tribochemische Reaktion

Verschleißerscheinungsform:
Mulden, Löcher

10 mm

Bild 20.36   Bodenblech eines Entfettungsbehälters (VDI, 1989)

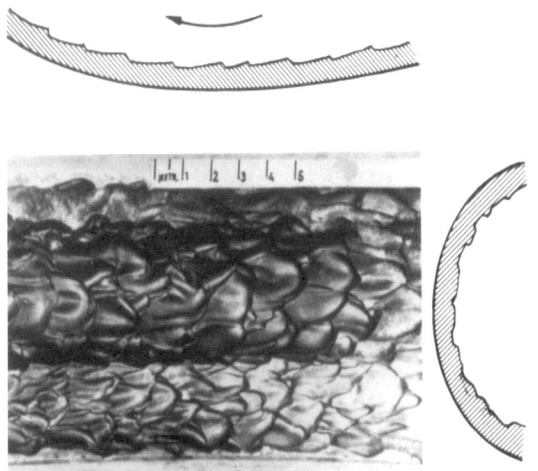

Verschleißart:
Flüssigkeitserosion
(Spülverschleiß)

Verschleißmechanismus:
Abrasion, tribochemische
Reaktion (Korrosion)

Verschleißerscheinungsform:
Schultern

Bild 20.37   Spiralgehäuse einer Kreiselpumpe aus ferritisch-austenitischem Stahlguss; Fördermedium: 95 %ige H_2SO_4 mit 4 % Feststoffanteil aus $FeSO_4$, $Al_2(SO_4)_3$ und $MgSo_4$ (VDI, 1989)

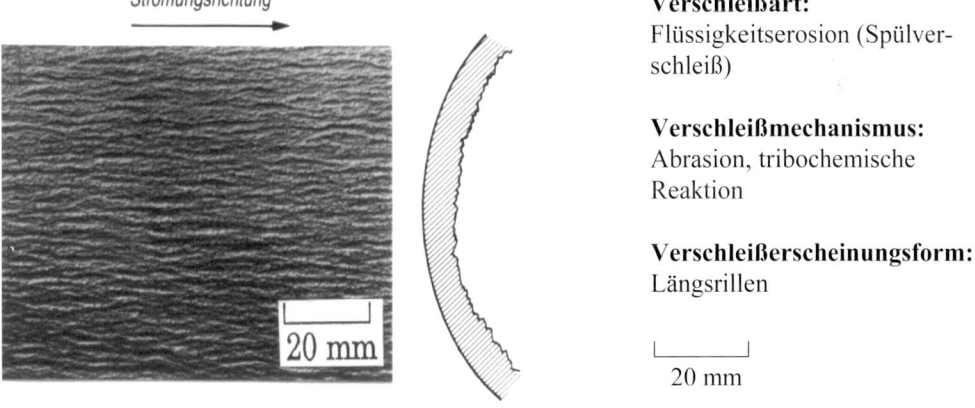

Verschleißart:
Flüssigkeitserosion (Spülverschleiß)

Verschleißmechanismus:
Abrasion, tribochemische
Reaktion

Verschleißerscheinungsform:
Längsrillen

20 mm

Bild 20.38   Rohr für hydraulischen Feststofftransport (Spülversatzrohr) aus St 70, vergütet; Wasser/Sand (Flusssand)-Gemisch 4 : 1 (VDI, 1989)

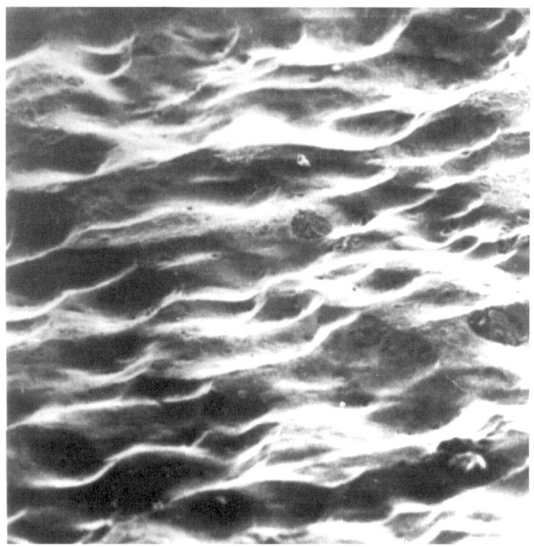

Verschleißart:
Erosionskorrosion

Verschleißmechanismus:
Abtrag von Deckschichten bzw.
Passivschichten,
dadurch erhöhte Korrosions-
geschwindigkeit

Verschleißerscheinungsform:
Querwellen, teilweise in Form
von Wellenfronten

Bild 20.39   Wärmetauscherrohr eines Hochdruckvorwärmers, Heißwasser 150–190 °C (VDI, 1989)

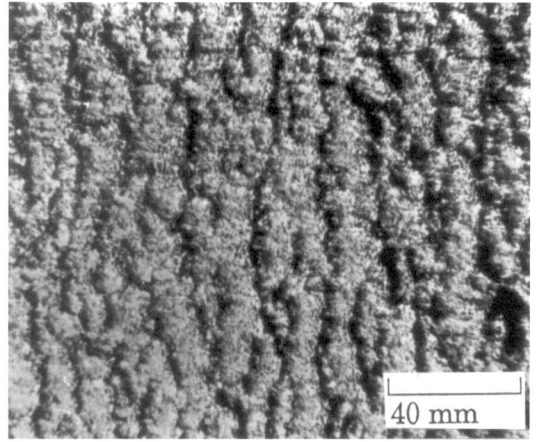

Verschleißart:
Erosionskorrosion

Verschleißmechanismus:
Abtrag von Deckschichten bzw.
Passivschichten,
dadurch erhöhte Korrosions-
geschwindigkeit

Verschleißerscheinungsform:
Querwellen

40 mm

Bild 20.40   Speisewasserleitung aus Stahl (VDI, 1989)

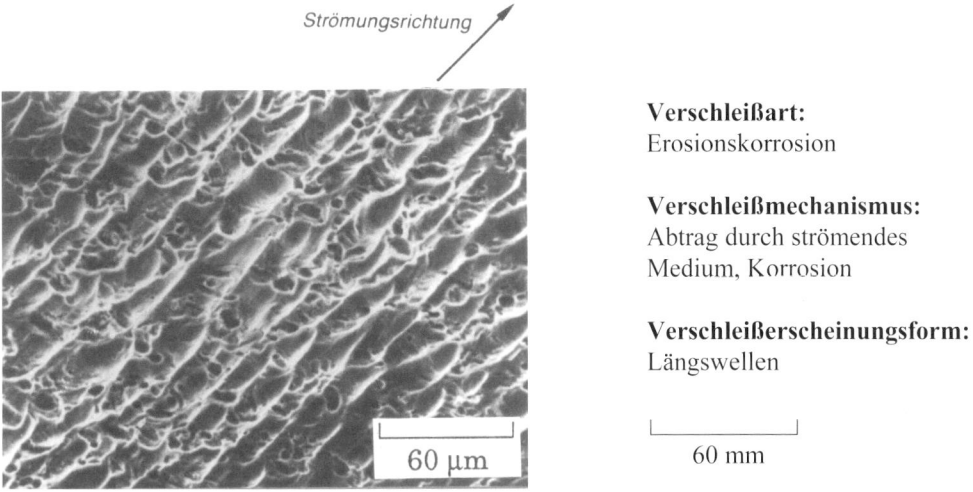

Strömungsrichtung

Verschleißart:
Erosionskorrosion

Verschleißmechanismus:
Abtrag durch strömendes
Medium, Korrosion

Verschleißerscheinungsform:
Längswellen

60 mm

60 µm

Bild 20.41   Spaltring einer Kesselwasserpumpe aus Stahl mit 13 % Cr (VDI, 1989)

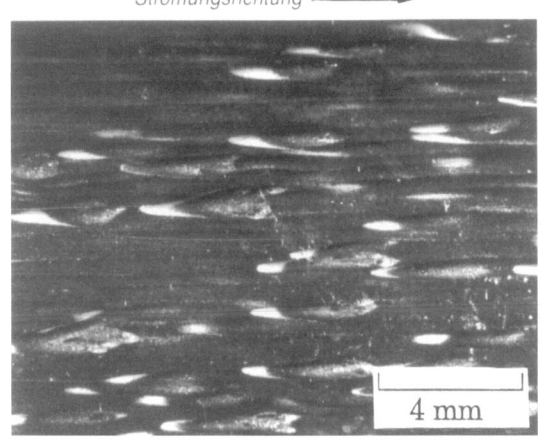

Strömungsrichtung

Verschleißart:
Erosionskorrosion

Verschleißmechanismus:
Abtrag durch strömendes
Medium, Korrosion

Verschleißerscheinungsform:
Längswellen

4 mm

4 mm

Bild 20.42   Wasserleitungsrohr aus Kupfer (Sick, 1972)

21 Reibungs- und Verschleißdaten

Die Problematik der Gewinnung und Darstellung korrekter Reibungsdaten wurde von Nobelpreisträger Feynman in seinen *Lectures on Physics* (1963) wie folgt gekennzeichnet:

Die in Tabellen angegebenen angeblichen Werte der Reibungskoeffizienten von Stahl auf Stahl, Kupfer auf Kupfer und dgl. sind alle falsch. Die Reibung wird nicht verursacht durch „Kupfer auf Kupfer" etc., sondern durch Oxide und Verunreinigungen. Es ist unmöglich, den richtigen Reibungskoeffizienten für reine Metalle zu erhalten, weil beim Kontakt absolut reiner Metalle (Ultrahochvakuum) atomare „Kohäsionskräfte" eine Bewegung verhindern. Der Reibungskoeffizient der normalerweise kleiner als eins für vernünftig harte Oberflächen ist, wird ein Vielfaches von eins.

Diese prägnante Feststellung wird durch Experimente der NASA (Buckley, 1981) bestätigt, die folgendes ergaben (vgl. Tabelle 4.3.1):

- Reibungszahl der Materialpaarung Kupfer/Kupfer
  - Grenzreibung (Mineralöl): f = 0,08
  - Festkörperreibung in Luft: f = 1,0
  - Festkörperreibung im Vakuum (10^{-9}...10^{-10} Torr): f > 100

Um wissenschaftlich fundierte und technisch anwendbare Daten für Reibung und Verschleiß zusammenstellen zu können, müssen die vielfältigen Einflussgrößen auf Reibung und Verschleiß (vgl. Kapitel 4 und 5) systematisch erfasst und methodisch berücksichtigt werden.

21.1 Methodische Grundlagen

In der Technik basiert die Gewinnung und Darstellung von Daten auf der physikalischen Messtechnik und der Metrologie (EURAMET, Metrology in short, www.euramet.org)

Exkurs: Messtechnik in der Physik

Messen ist der experimentelle Vorgang, durch den ein spezieller Wert (Messwert) einer physikalischen Größe (Messgröße) als Vielfaches eines Bezugswertes (Einheit) ermittelt wird (DIN 1319).

Die Bestimmung physikalischen Größen erfordert nach den Regeln der *Metrologie,* der Wissenschaft des Messens:

I. Definition der
   • *physikalischen Messgröße* und den
   • Bezug auf die zugehörige *Einheit* des metrologischen SI-Einheitensystems oder einer daraus abgeleiteten Größe (traceability)
II. Messmethodik
   • Messprinzip
   • Messverfahren (metrologische Messkette)
   • Messinstrument (kalibriert)
III. Darstellung der Messwerte
   • Messergebnis = Messwert ± Messunsicherheit + [Einheit]

Die messtechnische Methodik der Bestimmung physikalischer Größen ist im Folgenden mit einem Vorgehensschema und zugehörigen Begriffserläuterungen stichwortartig dargestellt.

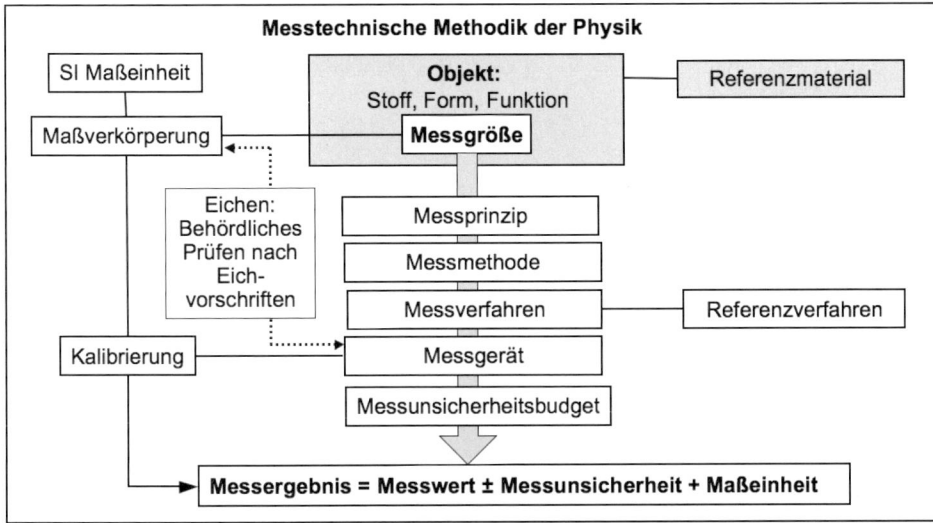

Um eine physikalische Größe messen zu können, sind der Bezug auf eine Maßeinheit (*Maßverkörperung*) sowie *Messprinzip*, *Messmethode*, *Messverfahren* und *Messgerät* nötig.

- Ein *Messprinzip* ist die physikalische Erscheinung, die der Messung zugrunde liegt

- Eine *Messmethode* ist die methodische Anwendung eines Messprinzips

- Ein *Messverfahren* ist die praktische Realisierung eines Messprinzips

- Ein *Messgerät* liefert Messwerte, auch die Verknüpfung mehrerer unabhängiger Messwerte.

  - *Justieren* heißt, ein Messgerät oder eine Maßverkörperung so einzustellen oder abzugleichen, dass die Anzeige vom richtigen Wert so wenig wie möglich abweicht oder die Abweichung innerhalb bestimmter Fehlergrenzen bleibt.

  - *Kalibrieren* heißt, den Zusammenhang zwischen der Anzeige eines Messgerätes und dem wahren Wert der Messgröße bei vorgegebenen Messbedingungen zu ermitteln. Der wahre Wert der Messgröße wird durch Vergleich mit einem Normalgerät bestimmt, das auf ein (nationales) Normal zurückgeführt sein muss.

  - Eichen ist das eichbehördliche Prüfen eines Messgerätes oder einer Maßverkörperung nach Eichvorschriften (nicht zu verwechseln mit Kalibrieren).

Referenzmaterialien sind Materialien oder Materialkombinationen, bei denen ein oder mehrere Merkmalwerte so genau festgelegt sind, dass sie zur Kalibrierung von Messgeräten, zur Beurteilung von Messverfahren oder zur Zuweisung von stoff- oder stoffkombinationsbezogenen Daten verwendet werden können (ISO Guide 30, 1992).

Referenzverfahren: Eingehend charakterisiertes und nachweislich beherrschtes Prüf-, Mess- oder Analysenverfahren zur (a) Qualitätsbewertung anderer Verfahren für vergleichbare Aufgaben, (b) Charakterisierung von Referenzmaterialien und Referenzobjekten, (c) Bestimmung von Referenzwerten.

- Der *Messwert* wird als Produkt aus Zahlenwert und Einheit angegeben

- Die Messunsicherheit wird nach den Regeln des *Guide to the Expression of Uncertainty in Measurement(GUM)* bestimmt (siehe Kap. 8.2.2)

- Das *Messergebnis* wird im Allgemeinen aus mehreren, wiederholt ermittelten Messwerten einer Messgröße (Messreihe) oder aus Messwerten verschiedener Messgrößen berechnet.

Messtechnik in der Tribologie

Analogiebetrachtung zur Metrologie physikalischer Größen

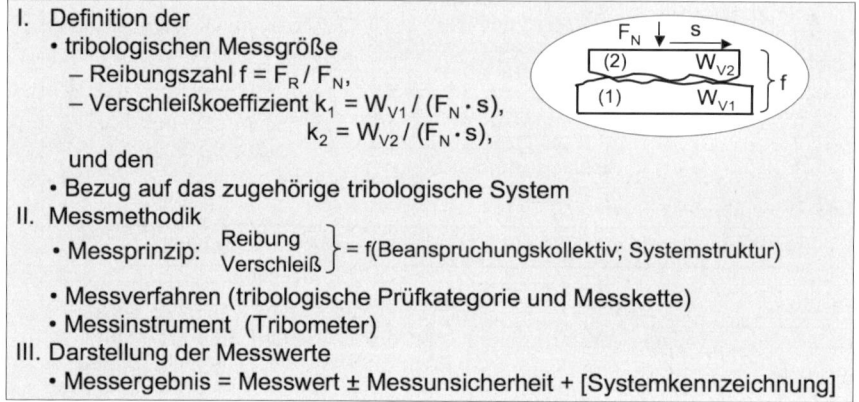

Die Analogiebetrachtung zeigt, dass das methodische Vorgehen zur Gewinnung und Darstellung von Reibungs- und Verschleißdaten insbesondere die Spezifizierung der relevanten Systemparameter erfordert: sie sind die in der Übersicht von **Bild 21.1** nochmals zusammenfassend dargestellt (vgl. Bild 2.15).

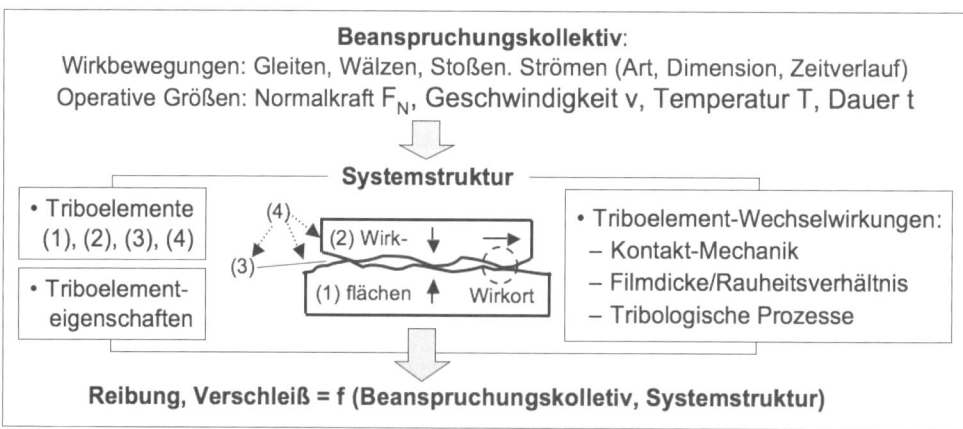

Bild 21.1   Parametergruppen zur Gewinnung und Darstellung von Reibungs- und Verschleißdaten

Ein Beispiel des methodischen Vorgehens zur Gewinnung und Darstellung von Reibungs- und Verschleißdaten für definierte Stahlpaarungen zeigt **Bild 21.2**. Das angewendete Tribometerverfahren kann auf Grund der Erfassung aller relevanten Parameter gemäß der obigen Definition als *tribometrisches Referenzverfahren* bezeichnet werden.

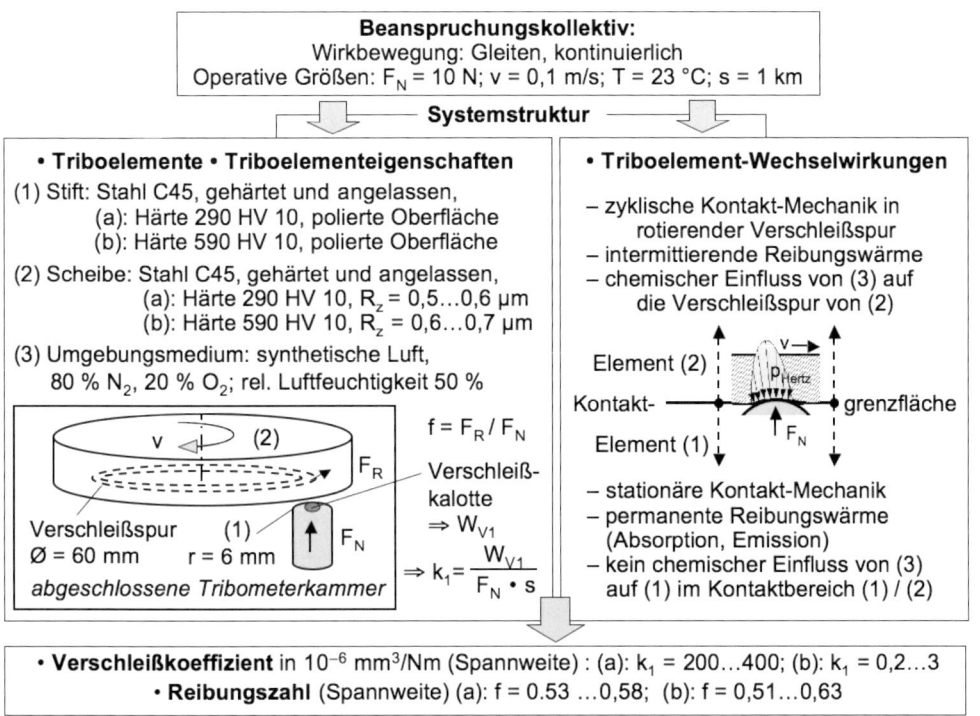

Bild 21.2   Beispiel eines tribometrischen Referenzverfahrens

21.2 Tribologische Datenbank für Reibungs- und Verschleißdaten

Die Computertechnik bietet heute die Möglichkeit, Reibungs- und Verschleißdaten mit den relevanten Systemdaten zu speichern und für technische Anwendungen nutzbar zu machen. Ein Beispiel ist die tribologische Datenbank TRIBOCOLLECT. In dieser Datenbank sind Reibungs- und Verschleißdaten zusammengestellt, die in der Fachgruppe *Tribologie und Verschleißschutz* der BAM seit Ende der 1960er Jahre, d. h. unmittelbar nach Begründung des interdisziplinären Fachgebiets der Tribologie, an vielfältigen Materialpaarungen unter definierten Versuchsbedingungen bestimmt und stetig aktualisiert und erweitert werden.

Die Datenbank ermöglicht die vergleichende Betrachtung des tribologischen Verhaltens von Werkstoffen. Sie ist ein Rechercheninstrument zur Auswahl von Kandidatwerkstoffen für technische Anwendungen und umfasst gegenwärtig mehr als 15000 Datensätze. In **Bild 21.3** sind die Systemparameter eines Datensatzes zusammengestellt.

Bezeichnung des Tribosystems		01		
Struktur des Tribosystems	**WERKSTOFFPAARUNG**	**Grundkörper**		**Gegenkörper**
	Bezeichnung	02		03
	Abmessungen	04		05
	Werkstoff	06		07
	Rauheiten	08 R_a, R_z		09 R_a, R_z
		Zwischenstoff		**Umgebungsmedium**
	Bezeichnung	10		11
	Aggregatzustand	12 fest/flüssig/gasförmig		13 flüssig/gasförmig
	Reibungszustand	14 Festkörper-,/Flüssigkeits-,/Gas-,/Misch-,/Grenzreibung		
Beanspruchungskollektiv	Bewegungsart	15 gleiten/wälzen/bohren/stoßen		17 oszillierend 17 a Frequenz
	Bewegungsablauf	16 kont./intermittierend/repetierend		17 b Amplitude
	Normalkraft N	18	18 a typisch	18 b Verschleißbeginn
	Pressung N/mm²	19	19 a geometrisch	19 b Hertzsche Pressung
	Geschwindigkeit m/s	20	20 a min.	20 b mittlere	20 c max.
	Betriebstemperatur °C	21	21 a min.	21 b typische	21 c max.
	Beanspruchungsdauer h	22		
R/V-Daten	Reibungszahl	23	23 a min.	23 b max.
	zul. Verschleißlänge µm	24 a (Grundkörper)		24 b (Gegenkörper)
	zul. Verschleißvolumen mm³	25 a (Grundkörper)		25 b (Grundkörper)

Bild 21.3   Datenblatt der Kenngrößen tribotechnischer Systeme: Grundlage für die Analyse, die Dokumentation und das Retrieval von Reibungs- und Verschleißdaten

Bei einer Recherche werden gewünschte Werte für Reibung und Verschleiß in die Datenbank eingegeben und es wird nach tribologischen Systemen gefragt, die diese Werte aufweisen. Folgende „Erwartungswerte" sind als „Vorgaben" in die Datenbank einzugeben:

- Verschleißkoeffizient Grundkörper (Eingriffsverhältnis = 100 %),
- Verschleißkoeffizient Gegenkörper (Eingriffsverhältnis < 100 %),
- Endreibungszahl
- Probentemperatur
- Gleitgeschwindigkeit
- Zwischenmedium.

Mit einem Rechercheprogramm werden in der Datenbank Datensätze ermittelt, die diesen Vorgaben entsprechen. Es werden Attribute ausgegeben, die zu den Vorgaben passen und die ein Tribosystem gemäß der Systembeschreibung von Bild 21.1 kennzeichnen:

Eine Übersicht über das gesamte Spektrum der in der Datenbank gespeicherten Daten des Verschleißkoeffizienten (Summe der Verschleißkoeffizienten von Grund- und Gegenkörper) und der Endreibungszahl gibt **Bild 21.4**.

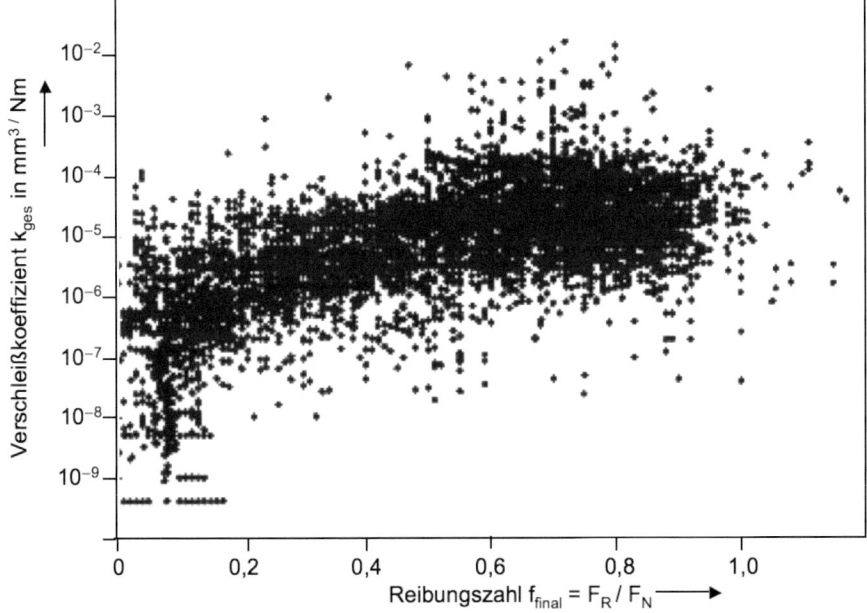

Bild 21.4   Darstellung des Spektrums von Reibungs- und Verschleißdaten (8737 Datensätze)

Für jeden der in Bild 21.4 gezeigten Reibungs- und Verschleiß-Datenpunkte sind die relevanten tribologischen Parameter gemäß Bild 21.3 in der Datenbank hinterlegt. Als Ergebnis einer Recherche werden für einen vorgegebnen Datenpunkt folgende Informationen ausgegeben:

***a:** Struktur des Tribosystems*

***b:** Beanspruchungskollektiv*

***c:** Reibungs- und Verschleißdaten*

a	Grundkörper-Werkstoff (1)	Beschichtung von (1)	Zwischen-stoff (3)	Gegenkörper-Werkstoff (2)		Beschichtung von (2)	Luft-Feuchte
b	Normalkraft [N]	Temperatur [°C]		Gleitgeschwindigkeit [m/s]		Wegfrequenz [Hz]	
c	Verschleißkoeffizient (1)		Verschleißkoeffizient (2)		Endreibungszahl		

Diese Daten bilden eine fundierte Grundlage für die Auswahl potentiellen Tribomaterialien für tribotechnische Anwendungen. Detaillierte Informationen über die tribologische Datenbank und die Recherchemöglichkeiten sowie Beispiele technischer Anwendungen sind über das Internet erhältlich: www.bam.de → Datenbanken → TRIBOCOLLECT.

22 Machinery Diagnostics

The aim of this chapter is to present technologies for machinery diagnosis in terms of failure prevention strategies and condition monitoring approaches, and to suggest how they can be applied so as to lead to the effective management of tribosystems and equipment assets.

For as long as there have been machines, there have been maintenance issues, uncertainties regarding reliability, and failures. With an ever-increasing reliance on expensive and complex machines, machinery failures significantly affect company profits, largely due to the loss of equipment availability, the cost of spare parts, the risk of injury to people and the possibility of damage to the environment. The response to such pressures from industrial concerns and government agencies has been to demand that maintenance systems minimize the risks of equipment failure. In turn, this has spurred technology advances in providing a means to monitor and assess the condition of tribological elements and mechanical systems, rather than waiting until failures occur or replacing parts as a matter of routine.

The content of the chapter is outlined in the following overview of bilingual key words.

Machinery Diagnostics

Failure prevention strategies
- Root-cause analysis
- Statistical control
- Reliability engineering
- Asset maintenance
- Knowledge-based systems

Condition monitoring
- Vibration monitoring
- Oil monitoring
- Corrosion monitoring
- Thermal monitoring
- Electrical signature analysis

Nondestructive evaluation
- Visual inspection
- Liquid penetrant and magnetic particle inspection
- Eddy current inspection
- Radiography
- Acoustic emission and ultrasonic detection inspection

Maschinendiagnostik

Schadensverhütungsstrategien
- Ursachenanalyse
- Statistische Kontrolle
- Zuverlässigkeitstechnik
- Anlageninstandhaltung
- Wissensbasierte Systeme

Zustandsüberwachung
- Schwingungsüberwachung
- Ölüberwachung
- Korrosionsüberwachung
- Thermische Überwachung
- Überwachung elektr. Größen

Zerstörungsfreie Prüfung
- Sichtprüfung
- Flüssigkeitseindringverfahren und Magnetpulververfahren
- Wirbelstromverfahren
- Radiografie
- Akustische Verfahren und Ultraschallprüfung

22.1 Failure Prevention Strategies

Machine failures happen in many different ways and for many different reasons. To prevent their occurrence at an inopportune time, a strategy can be employed, based on learning from past events, understanding present performance, and adopting a cost-effective maintenance approach.

22.1.1 Root-Cause Analysis

When something fails, the limitations of a design can be quickly understood. While successful operation of machinery enables one to see the possibilities for subjecting the machine to more demands, it is only in failure that boundaries are defined and much can be learned to increase safety and reliability, and to decrease manufacturing and operating costs.

Failure analysis methodologies have progressed to the point of becoming somewhat routine, simple and straightforward. It is imperative that evidence is catalogued and all steps and parts are fully documented to preserve a thorough record.

Before defining the analytical steps required for a failure investigation, one must first determine what will be done with the information gained. For instance, will the failure mode information be used to model the failure, such that time-to-failure can be predicted for other, similar designs? This may enable the implementation of a more effective maintenance schedule. Or, is how the component behaves in its environment the objective? This may lead to a longer service life. Perhaps, results from a study may suggest that the component or system needs to be redesigned. Given the right objective, there are many different techniques available for an analysis and someone trained in conducting one will know which are best suited for a particular cause.

By probing failures to their root-cause, the results should ultimately impact some aspect of product manufacture and or use. Areas of significance include the development of new design approaches, the creation of redesigned configurations for improved safety and reliability, and the justification for service life extension.

To have confidence that a machine will carry out its intended purpose, one must establish its fitness for use as determined through its quality of design and quality of conformance. Quality of design infers reaching a level of attainment in performance, reliability, serviceability, and or function as determined through deliberate engineering and management decisions. Quality of conformance infers a systematic reduction of variability and elimination of defects until every unit produced by the machine is identical and defect-free.

Understanding and improving upon quality can minimize the likelihood of catastrophic failure, and lead to lower costs, higher productivity, increased customer satisfaction, and ultimately higher profits. Insight can be readily obtained through statistical control and reliability engineering methods (Hines and Montgomery, 1990).

22.1.2 Statistical Control

Statistical control can be broadly defined as those mathematical and engineering methods useful in the measurement, monitoring and improvement of quality. It dates back to the 1920's with the development of statistically-based sampling and inspection methods at Bell Telephone Laboratories, and matured during the 1940's as the techniques spread to other industries.

In evaluating the possibility of failure, one may wish to compare a set of measurements for a given product to a set of specifications. The designer or the customer determines these specifications, usually called tolerance limits. Mathematically, tolerance limits are a set of bounds between which one can expect to find any given proportion of a population. If one knows or assumes that a parameter is normally distributed with mean m and variance s^2, then tolerance limits can be constructed at any level of confidence for a proportion of the population using the tables of the cumulative normal distribution. Measurements recorded outside the bounds would likely be symptomatic of a problem.

Theoretically, all processes can be characterized by a certain amount of variation if measured with an instrument of sufficient resolution. When this variability is confined to chance variation only, the process is said to be in a state of statistical control. However, a situation may exist in which the process variability is also affected by some assignable cause, such as a worn machine component. The power of a control chart lies in its ability to detect assignable causes.

A control chart, whether for measurements or attributes, consists of a centerline corresponding to the average quality at which the process should perform when statistical control is exhibited, and two control limits, called the upper and lower control limits. A typical chart is shown in **Figure 22.1**. The control limits are chosen so that values falling beyond them can be taken to indicate a lack of statistical control. The general approach consists of periodically taking a random sample from the process, computing some appropriate quantity, and plotting that quantity on the chart. Other graphical tools that may be used to gauge system performance include the histogram, Pareto diagram, cause-and-effect diagram, and defect-concentration diagram. Each uniquely contributes to performance improvement through a systematic reduction of variability.

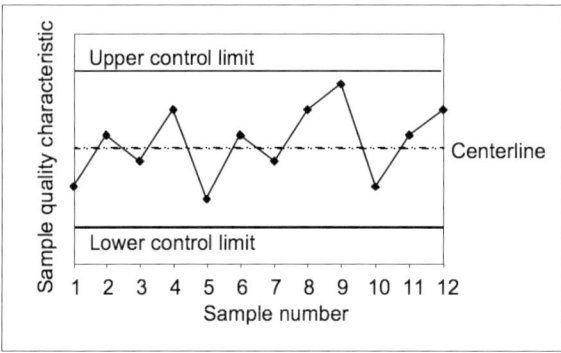

Figure 22.1   A typical control chart

The key task in the application of statistical control is determining the appropriate variables on which to apply control. The number of control charts used is not as important as having the correct chart present at the right time and place to enable operators and management to find and remove the source of a problem.

22.1.3 Reliability Engineering

Reliability engineering originated in the aerospace industry during the 1950's when failure rates of military electronic systems resulted in limited supply and high life-cycle costs. With an emphasis on data collection, statistical analysis, and risk assessment, this engineering discipline has since achieved significant credibility in providing one the probability that a component or system will perform a required function without failure under a given set of circumstances. This is predicated on knowing what failures to expect, and how they will become evident over time. The fundamentals of "wear and reliability" have been discussed in Chapter 5.5 (Verschleiß und Zuverlässigkeit).

The failure process is usually complex, consisting of at least three types of failures: initial failures, wearout failures and those that fail in between. **Figure 22.2**, the so-called bathtub curve, represents a typical failure pattern. In a well-designed system, the majority of failures are completely random. These would be depicted by the bathtub curve shown during the period when the failure rate is lowest, and for most purposes can be regarded as constant.

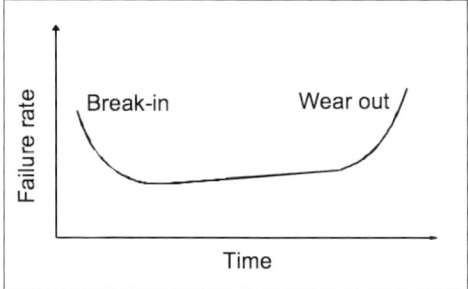

Figure 22.2   Three-stage (bathtub) failure curve

Other common forms of failure patterns are shown in **Figure 22.3**. Line A can usually be applied to parts that seldom fail, but are subjected to damage at any time. Line B represents a failure pattern for an item with the majority of failures occurring at midlife. For example, a light bulb guaranteed for a certain number of hours. Line C exhibits a gradual increase of failures, true of many mechanical moving parts subjected to gradual wear. Line D demonstrates that when early-age failures have been removed by burn-in, the time to occurrence of wear out failures is very great (as with electronic parts).

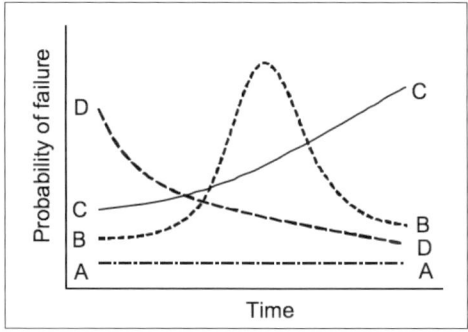

Figure 22.3   Common failure patterns

Mathematically, it is appropriate to model the anticipated failure pattern with a distribution formula to predict the likelihood of failure, and hence determine the extent of reliability testing required before endorsing a system or structure of interest (Hines and Montgomery, 1990). In situations where most failures are due to wear, the standard normal distribution (Gaussian distribution) may very well be appropriate. The gamma distribution, which is a two-parameter family of continuous probability distributions based on scale and shape, is frequently used to model components that have an exponential time-to-failure distribution. When a system is composed of a number of components, and failure is due to the most serious of a large number of possible defects, the Weibull distribution seems to do particularly well as a model. Should complex and competing failure modes exist, modeling should be supplemented with results from statistically-based experiments.

In forming a statistical design of experiments, judgment is needed in determining a factorial set of computer simulation tests and or actual hardware tests. Upon performing these tests, results are analyzed using variance techniques. Through the mathematics, an understanding of the sensitivity of the design to each factor or interaction of factors results. By being attentive to the identified characteristics that significantly impact the system or structure of interest, reliability improvement and or life extension may be achieved.

As reliabilities improve, test times correspondingly increase. Thus, demonstration testing becomes less practical. An alternative to testing is to continuously monitor the structure of interest during its development stage so that weaknesses are quickly identified. The process enables misapplied parts to be found and replaced, design errors to be corrected, and defects associated with workmanship or manufacture to be eliminated. Accumulating test data from different environments during the design process is not simple, but necessary to ferret out any unintended performance attributes.

22.1.4 Asset Maintenance

If equipment is not looked after, the impact is not immediately noticed. As a result, it is conceivable that a "Not broke, don't fix it" attitude can prevail in an industry with the inherent benefit of making short term profit by saving monies earmarked for upkeep. Yet, given the complexity in the design and operation of most machines, breakdown is inevitable and has an ever-increasing impact on profitability due to factors such as loss of availability, cost of spares, cost of labor, cost of secondary damage, and risk of injury to people and the environment. The engineering challenge has therefore become one of identifying the optimum means for insuring against catastrophic failure, while avoiding needless expenditure. Approaches taken to maintain systems have evolved as industry has changed as shown in **Table 22.1**.

Table 22.1   History of Maintenance Approaches

Period	Manufacturing Characteristics	Dominant Maintenance Approach
Up to 1940s	Overdesigned Reliable	Failure-based maintenance Lubricate and service
1940s - 1970s	Increased mechanization Downtime issues	Time-based maintenance Fixed-time overhauls
1970s – 1980s	Worldwide competition Increasing costs (inflation) Just-in-time inventory	Time-based maintenance Reliability-centered maintenance (RCM)
1980s – Present	Highly automated equipment Safety/environmental issues Computer technology	Time-based maintenance Reliability-centered maintenance (RCM) Pursuit of Condition-based maintenance

Given product demand, historical behavior, and management attitude, the maintenance plans of today will likely be unique to the system of interest, incorporating one or more maintenance philosophies based on failure mode, timing, reliability or condition.

Failure-Based Maintenance

Failure-based maintenance requires little if any advanced planning. It typically takes the form of waiting until a failure occurs, at which time the reaction is to repair the damage. This is the simplest approach to maintenance and is very effective if the cost of failure and cost of repair are both low. The drawbacks depend on the consequence of failure. Unexpected failures are disruptive to existing activities, requiring plans to be altered and may cause a loss in productivity.

The means to implement this approach is extremely simple. The failure is defined and catalogued to provide information for future use, and assigned a priority as to the urgency of repair. Upon assembling the necessary resources, the system is restored to its original condition.

Time-Based Maintenance

Time-based maintenance evolved due to the economic impact of failure-based maintenance. It is a system of addressing upkeep at fixed periods of time, independent of the condition of the equipment. It is very effective when the performance and condition of equipment is related to the passage of time, and where the maintenance tasks can be carried out simply and quickly, such as an oil or filter change. Often, an annual cycle is used for shutdown, disassembly, and mechanical inspection of the various elements of the system.

One disadvantage of this maintenance philosophy is associated with the random nature of failures. As with failure-based maintenance, an unanticipated malfunction can lead to high repair costs and a heavy loss in productivity. A second disadvantage is that at the designated time for inspection, perfectly good equipment can be disassembled. This is not only expensive because of downtime and labor, but exposes the equipment to be at risk upon reassembly due to human error and or the introduction of foreign elements.

Reliability-Centered Maintenance

Reliability-centered maintenance (RCM) is a technique, originating in the aircraft industry, to develop maintenance schedules on the principle that the reliability of systems and structures and the performance achieved is a function of design and build quality. Two separate methodologies are used, one for systems and the other for structures (Smith, 1993).

For systems, RCM begins with a top-down failure modes and effects analysis (FMEA). The objective of the FMEA is to identify all plausible means of failure for each item of a system based on its function. Criticality analysis is sometimes employed to rank the modes according to probability of occurrence and severity. The modes are then categorized as to being evident to or hidden from the operator in the normal performance of duty, and further differentiated as to consequences sensitive to a particular sector of industry (e. g., safety, environment, operations, economics). From the resulting list, a set of questions are asked to determine the most effective maintenance task to address each failure mode. The outcome may dictate at a specified time interval whether to determine the condition of the item, rework the item, discard the item, or do nothing. It may even suggest that the failure mode cannot be addressed through a maintenance task and must be redesigned.

For structures, RCM methods were developed to establish inspection regimes to ensure structural integrity and thereby safety. Operational and economic consequences do not apply. The methodology is based on the assumption that structure has a safe life, normally related to the fatigue process, or is designed so that it incorporates the use of redundant load paths. For inspection purposes, structurally significant items are identified and rated in accordance with their risk of damage due to fatigue, environmental deterioration, and accidental damage using a table of structural rating factors developed specifically for each application. For non-significant areas, a low-cost visual inspection plan is implemented.

RCM is being used effectively over a wide range of industries as well as in commercial or military aviation where its use is now accepted practice. Normally, it is necessary to cost-justify the process as it has a cost of its own, including the time it takes to acquire the necessary skills for implementation.

Condition-Based Maintenance

Condition-based maintenance (CBM) is safer and economically more attractive than either the failure-based or time-based methods. The fundamental concept behind condition-based maintenance consists of evaluating the system or structure from many aspects and assessing the current state of operation or performance. Maintenance plans and requirements are then driven by the anticipated workload. The key to CBM is being able to perceive or assume a condition as a result of sensing, observation or test.

Evaluation based on condition requires management support, as resources must be allocated for the devices used to obtain information about the behavior of the system or structure, as well as establish documentation and historical information for comparative use. Trained personnel are required to implement and sustain the effort. In an effectively run program, the savings incurred from reduced maintenance should offset these costs. Success or failure is dependent on good knowledge of the condition of the item of interest, necessitating that condition monitoring is a prerequisite. The tools and techniques required for the implementation of condition monitoring are discussed in the following section of this chapter.

22.1.5 Knowledge-Based Systems

Knowledge-based systems are information processing machines that attempt to mimic the reasoning behavior of humans. They can operate on the basis of rules, capturing the decision-making process of an expert, or trained in a manner to recognize and respond to patterns of data.

Acquiring diagnostic recommendations through a rule-based approach to analyzing information relies on prodding, interpreting and representing knowledge from human experts. Care must be exercised to avoid misinterpretation, gaps or errors in programming the logic used to arrive at an outcome. The benefit of using this method of artificial intelligence is that results are quickly provided to a diagnostician through a consistent path of directives based on a fixed sequential order. The downside is that the process cannot readily adapt to changes because of its rigid structure. Thus, the expert system must be periodically reprogrammed as experience is gained, which can be time-consuming and expensive.

In an attempt to apply a more human-like way of thinking in the programming of computers, fuzzy logic may be used to describe how to execute decisions or control actions without having to specify process behavior through complex equations. Fuzzy logic is a superset of conventional Boolean logic that has been extended to handle the concept of partial truth when traditional true/false logic cannot adequately address situations that present a number of ambigui-ties or exceptions. Viewed as a formal mathematical theory for the representation of uncertain-ty, which is crucial to the management of equipment assets, fuzzy logic permits notions like "rather warm" or "pretty cold" to be formulated for computer use.

Research activity has been undertaken into the possible use of neural networks in condition monitoring and diagnostics, modeled on the nerve cells of the brain (Kosko, 1992). This know-ledge-based system learns to recognize complex patterns through a set of processing elements (or nodes) that are interconnected in a network that looks something like that of **Figure 22.4**. The top layer represents the input layer, in this case with four inputs labeled X1 through X4. In the middle is the hidden layer (or layers), with a variable number of nodes that perform much of the work of the network. The output layer in this case has two nodes, Z1 and Z2, representing conclusions to be determined from the inputs.

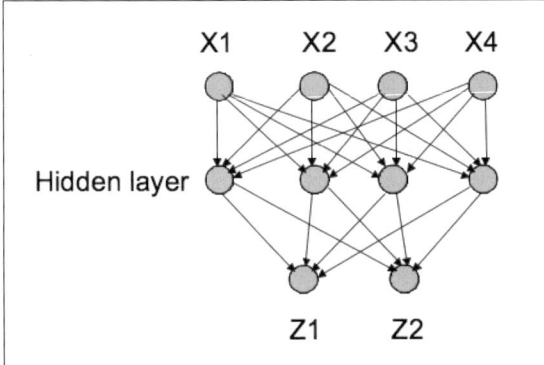

Figure 22.4   Neural network structure

Each node in the hidden layer is fully connected to all inputs. This hidden layer is where the network learns interdependencies. The network is repeatedly shown observations from availa-ble data related to the problem to be solved, including both inputs and desired outputs. It then tries to predict the correct output for each set of inputs by gradually reducing error through algorithms that involve an iterative search for a proper set of weights that will accurately pre-dict the outputs. Hence, raw data is used and manipulated to update the system and draw the best conclusion based on all experience the network has encountered to date. As knowledge is not explicitly declared, the method is limited in justifying its chain of reasoning.

The most recent development in knowledge-based systems is hybrid intelligence, combining the best features of expert systems, neural networks and fuzzy logic. Object-oriented pro-gramming provides the necessary structure to enable these techniques to work together, so as to complement their strengths, and to provide justification of the decision-making process. This is of prime value to diagnosticians who want to understand and decide for themselves whether the recommendations that result are sound.

22.2 Condition Monitoring

One of the primary considerations in designing a tribological system is in the selection of a material that will satisfy functional need both safely and reliably. Such a decision process is usually expressed in terms of physical, mechanical, thermal, electrical or chemical properties, linking a candidate material structure and composition to its intended performance objective, see **Figure 22.5**.

Designers generally rely on material properties that are low in cost, easy to measure, fairly reproducible and associated with a well-defined response through specifications. The tribologically relevant aspects of the basic classes of materials– metals and alloys, ceramics, polymers, composites – are discussed in Chapter 9 (Tribotechnische Werkstoffe).

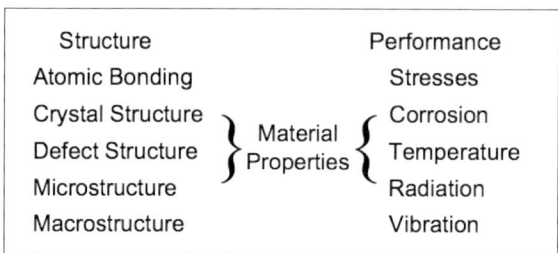

Figure 22.5   Material properties link structure to performance

The selection of materials on a rational basis is far from easy. Regardless of how well a material has been characterized and how well performance requirements have been defined, there will always be a degree of uncertainty as to its ability to perform for a specified period.

The traditional method of keeping tribological systems in good working order has been through regular scheduled service. However, many procedures are carried out more often than is necessary, and can lead to disaster should a serious fault develop between service intervals. Therefore, there is an increasing interest in performing maintenance on condition. A schematic of a typical condition-based maintenance (CBM) system is shown in **Figure 22.6**. The key components consist of sensors, fault classifiers, predictive models, model/data fusion and outputs.

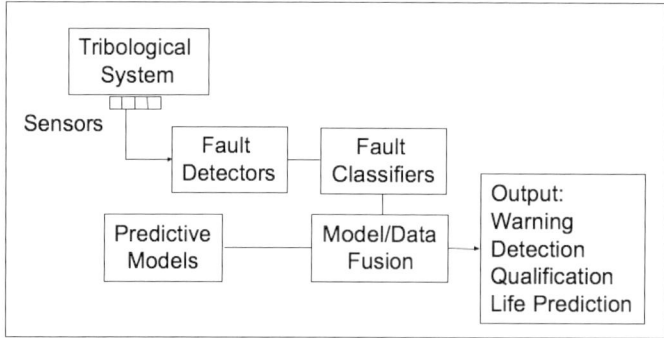

Figure 22.6   Elements of a condition monitoring approach

Evaluation based on condition requires managerial support, as resources must be allocated to obtain information about the behavior of a given system, as well as establish documentation for comparative use. While the two most widely used methods are vibration monitoring and oil analysis, there are many other effective approaches (Rao, 1996) as summarized in **Table 22.2** and discussed in the following sections.

Table 22.2 Condition Monitoring Methods

Monitoring Technique	Elements Monitored	Machine Diagnosis	Measurement
Vibration – Signature analysis – Shock pulse method	Bearings Gears Rotors Shafts	Imbalance Looseness Misalignment Wear	Displacement Velocity Acceleration Spike energy
Oil Analysis – Chemical/physical testing – Spectrography – Ferrography – Magnetic chip detection – Particle counting – Image analysis	Bearings Gears Rotors Lubricant	Contamination Degradation Fracture Wear	Composition Contaminants
Thermal Monitoring – Contact methods – Non-contact methods	Bearings Coolant Gears Lubricant Motors	Chemical reaction Fracture Friction Overload Wear	Temperature
Nondestructive Evaluation – Visual inspection – Penetrant/particle inspection – Eddy current inspection – Acoustic emission monitoring – Ultrasonic monitoring – Radiography	Rotating equipment Structures	Cracks Decay Leakage Wear	Flaw size Frequency
Corrosion Monitoring – Electrochemical methods – Material loss methods	Structures	Chemical reaction	Dimensions Resistance Voltage Weight
Performance **Monitoring** – Flow – Current monitoring	Filters Seals Motors	Blockages Failed rotors Worn brushes	Current Flow rate Pressure

22.2.1 Vibration Monitoring

Vibration is defined as a periodic motion about an equilibrium position. Its duration and magnitude depend upon the degree of damping the effected materials possess and the phase relationships between the mechanism that perturbs the system and the response that is obtained. Vibration may be forced through unbalance, rub, looseness and misalignment, or freely self-excited through internal friction, cracking and resonance.

Once generated, vibration can be transmitted from its source to other components or systems. When it reaches unacceptable levels, tribological wear and tear processes are accelerated, which in turn initiate various failure mechanisms. Hence, by monitoring for the presence and change of vibration patterns through the methods of signature analysis or shock pulse, the consequences of avoidable breakdowns can be prevented (Eisenmann, Sr. and Eisenmann, Jr. 1998).

Signature Analysis

As vibration exhibits a unique pattern or signature of motion, analysis aims to provide information concerning its amplitude and predominant frequencies using data transmitted from sensor pick-up. The means to accomplish this may vary from direct measurement in the time domain to the sophisticated application of several mathematical methods in both the time and frequency domains (Newland, 1993).

The first step in the monitoring of vibration is to capture an accurate recording of it, normally over a period of time. The devices typically used for this task are electronic sensors, or transducers, which convert numerous types of mechanical behavior into proportional electronic signals. Transducer outputs are usually converted into voltage sensitive signals that may be processed with various electronic instruments.

Accelerometers are preferred for most vibration monitoring applications. These acceleration-measuring devices are fully contacting probes that are mounted directly onto a mechanical element (e. g., a bearing housing). They are useful for detecting low to very high frequencies (3 Hz to 30,000 Hz) and are available in a wide variety of general purpose and application specific designs.

Velocity sensors, generally used for low to medium frequency measurements (1 Hz to 1,500 Hz), obtain absolute velocity measurements of machine elements. Traditional velocity coil sensors or vibrometers use an electromagnetic (coil and magnet) system to generate the velocity signal without the need of an external power source. They are fully contacting probes that are mounted directly onto the structure to be monitored. During recent years, piezoelectric velocity transducers (internally integrated piezoelectric accelerometers) have replaced these devices due to cost and durability in applications where velocity remains the preferable measurement.

Displacement sensors are typically used to measure changes in position and clearance. An LVDT (linear-variable differential transformer) converts the rectilinear motion of an object to which it is attached into a corresponding electrical signal by means of a series of inductors positioned in a hollow cylindrical shaft and a solid cylindrical core. An RVDT (rotary-variable displacement transformer) similarly senses angular position. Piezoelectric transducers (doubly integrated accelerometers) have also been developed to measure displacement, yielding an output proportional to the absolute motion of a structure. Non-contact proximity probes, such as eddy-current sensors, can monitor the relative motion between the proximity sensor mounting point and a target surface. These devices are generally used to sense shaft vibration relative to bearings or some other support structure.

The collection, transmission and recording of vibration information should be done efficiently to avoid signal degradation. Signals must be protected from the many forms of interference generated by electrical and mechanical components during normal circuit operation. Transmission lines should be shielded from magnetic and electrostatic fields with appropriate materials.

The degree of difficulty in acquiring quality vibration signal information increases with the complexity of the conditioning and recording devices used. Such instrumentation may include an oscilloscope, tape recorder, real-time signal analyzer, and dedicated digital computer.

The machine diagnostician may find it useful to convert the continuous analog signal measured by a transducer to a discrete form stored at equal time intervals in computer memory. This analog-to-digital conversion of data, known as digitizing, is carried out by a microprocessor. An electronic filter may also be of use in rejecting unwanted portions of the signal being transmitted. Both analog and digital filters are commonly used.

Shock Pulse Method

The Shock Pulse Method (SPM) is a technique for using signals from rotating elements in contact as the basis for efficient condition monitoring of machines. It can not be used to determine which part is at fault, but can be used to detect a lack of lubricant and or the presence of wear when there is no physical deformation present. This method does not measure the vibration itself, but the shock wave or pulse created from impact.

When two bodies collide, a mechanical shock or pressure wave spreads through the material of both bodies. Its peak amplitude is a function of the impact velocity. The frequency of this vibration is a function of the mass and the shape of the colliding bodies, e. g., a rolling element and bearing raceway. When the wave front is detected by a transducer, the transducer's reference mass reacts to the weak shock pulses with an amplitude oscillation. Electronic filtering is used to ensure that the transducer maintains a 32 kHz natural frequency to avoid being influenced from other sources.

For bearing analysis, a microprocessor evaluates the signal using input data defining the bearing size and rotational velocity, and provides a decibel scale measurement of the shock pulse strength. Over time, a rise of up to 35 dB indicates developing damage, 30-50 dB indicates visible damage, and above 50 dB indicates risk of failure. Readings can be translated into measurements of relative oil film thickness or surface damage, whichever applies.

22.2.2 Oil Monitoring

Oil is required to perform a number of functions in machinery, including reducing friction, cooling components, and cleaning load-bearing surfaces. Over time, it is likely to degrade, losing its lubrication properties due to chemical breakdown, and become contaminated by a build-up of particles caused by component wear.

A number of techniques are available for analyzing the condition of the oil and any wear particles that are present (Hunt, 1996). Results can provide information that is very useful in determining the actual state of machine performance, and lead to improved efficiencies and cost savings in equipment operation.

Chemical and Physical Testing

The chemical and physical testing of oil necessitates that a representative sample of the oil supply be taken for analysis. In circulating oil systems, the best location to obtain this sample is at a live zone, upstream of filters where wear debris particles are likely to concentrate. Usually, this means sampling from fluid return or drain lines. The sample should ideally be taken while the machine is running at its normal load, speed, and work cycle with the lubricant at normal operating temperature. Since an important objective in oil analysis is to obtain results of integrity, considerable care must be taken to avoid contaminating the sample. Sampling intervals are commonly scheduled at a frequency that may be keyed to recommended drain intervals or operating hours.

A number of parameters are available for describing the condition of oil. Special instrumentation and skill is often required. For this reason, analysis is commonly performed by lubricant companies or outside laboratories, offering fast and relatively inexpensive service.

Spectrography

Spectrography is an analysis method that identifies the presence of particular elements within an oil. Results can be compared to those of an as-new oil sample in identifying deleterious particles and the rate in which they generate. A typical report from this test would summarize the results for the customer, and recommend remedial action. **Table 22.3** provides a summary of metals that may be identified with an indication as to their possible origin.

Table 22.3   Wear Metal Origins

Wear Metal	Possible Origin
Aluminum	Bearings, blocks, impellers, pistons, pump vanes, rotors
Antimony	Bearings, grease
Chromium	Exhaust valves, gears, liners, rings, rods, bearings, seals, shafts
Copper	Bearings, bushings, cylinder liners, thrust washers
Iron	Bearings, camshafts, clutch, cylinders, crank shafts, gears, liners, pistons, pumps, rings, shafts, valve train
Lead	Bearings, oil additives, seals, solder
Magnesium	Oil additives, shafts, valves
Molybdenum	Oil additives, piston rings
Nickel	Gears, rolling element bearings, shafts, turbine blades
Silicon	Gaskets, ingested dirt/sand, sealant
Silver	Rolling element bearings, shafts, solder
Tin	Bearings, bushings, seals, solder, worm gears
Titanium	Bearings, turbine blades
Zinc	Bearings, coolant, oil additives

Ferrography

Ferrography is an analysis method that identifies the presence of ferrous wear particles suspended in an oil using a magnetic field to separate them according to their size. Two techniques are used, direct reading and analytical.

Direct Reading Ferrography: Direct reading (DR) ferrography provides a direct measure of the amount of ferrous wear metals present in a sample of oil. The particles are separated and measured by drawing a sample of oil through a collector tube that lies over a magnetic plate. Larger particles in the oil (greater than 15 microns), are strongly attracted to the magnet, and accumulate at the entrance of the collector tube. Smaller particles, which are only weakly attracted by the magnet, deposit equally along the length of the collector tube. By measuring the blockage of light using fiber optics, one at the entrance of the collector tube, and the other just further up the collector tube, the quantities of large particles, denoted DL and small particles, denoted DS, is determined.

Analytical Ferrography: Analytical ferrography allows an analyst to visually examine the wear particles present in an oil sample by use of a microscope. The oil is passed over a glass slide that rests on a magnetic plate. The ferrous particles line up from the largest wear particles to the smallest in rows along the length of the slide, called a ferrogram. Nonferrous wear particles can be easily distinguished from ferrous particles since they are deposited randomly across the length of the slide. Under high magnification, the particles are readily identified and classified according to their morphology (size, shape, texture, etc.). A trained analyst can differentiate between a variety of wear particle types and assess the cause of such wear.

Magnetic chip detectors

As the name implies for this oil analysis method, a magnetic plug is inserted into the lubrication system before the filter to pick up ferrous chips created due to material wear and tear. The rate at which particles appear and the size of the particles can give an indication as to the likelihood of a machine malfunction. Larger particles are often generated near failure. Visual inspections and cleaning of the magnet is advised at regular intervals.

Particle Counting

A system of oil cleanliness classification was initially ratified in 1974 by the International Standards Organization and later updated in 1987 and 1999. Identified as ISO 4406, this standard is used to describe a theoretically infinite range of contamination levels in oil via a three-class code representing the total number of particles per ml greater than 4, 6, and 14 micrometer, respectively.

In an attempt to overcome the labor-intensive nature of particle counting by human sight, automatic particle counters have been developed, which have certain limitations and give erroneous counts if not used correctly. One approach uses the principle of fluid flow decay in which oil is passed through a screen of known mesh (usually 10 or 15 micrometer). The presence of contaminant gradually blocks the pores of the screen. By knowing the number of pores in the screen and the volume of oil that passes, the number of particles greater than the pore size per unit volume can be inferred by the degree of blockage. The disadvantage of using this technique is that it assumes a predetermined size distribution without actually measuring the number of particles.

Image Analysis

Image Analysis, also referred to as Image Processing, provides information to the machine diagnostician through visually understood means. One of the simpler methods of image analysis in assessing used oil is the Patch Test, a method by which a specified volume of fluid is filtered through a membrane filter of known pore structure. All particulate matter in excess of an average size, determined by the membrane characteristics, is retained on its surface. Thus, the membrane is discolored by an amount proportional to the particulate level of the fluid sample. Visually comparing the test filter with standard patches of known contamination levels determines acceptability for a given fluid.

The membrane could also be scanned using a video camera, with the resulting image being converted into a signal for processing by an Image Analyzing Computer (IAC). Particles are identified in relation to their gray scale or color contrast with the surface of the membrane. The computer than applies the logic to provide particle count and a host of shape parameters, including dimension, area, and circumference. Potentially, this method overcomes the tiresome task of visual inspection; however, the technique has some shortcomings. If particles cluster together, editing is necessary to avoid interpreting the mass as a single particle. If there is a similarity between the color of the particle and background, incorrect sizing usually occurs.

22.2.3 Corrosion Monitoring

Corrosion is a major cause of the deterioration and premature failure of machinery. It can occur wherever a material such as steel is exposed to an environment of moisture, salts and pollutants. Failures due to corrosion can be costly to repair, costly in terms of lost or contaminated product, costly in terms of environmental damage, and ultimately it may be costly in terms of human safety. Therefore, it is wise to look for it. This can be done either electrochemically or by physical measurement (Moran et al., 1986).

Electrochemical Methods

Corrosion takes place because the surface of a component undergoes a chemical reaction with its environment (the various types of corrosion are illustrated in Fig. 7.3.1). There is an anode reaction, in which a material goes into solution as an ion, leaving electrons to be absorbed by a dissimilar element in the environment that acts as a cathode. This electron flow can be measured as a voltage, the magnitude of which is dependent on the elements involved.

Corrosion monitoring methods, such as polarization and galvanic/potential monitoring, assess the electrochemical activity associated with corrosion. Results may be used to identify situations that are likely to promote corrosion, or to estimate the rate in which deterioration is occurring so that corrective action may be taken in a timely manner.

Material Loss Methods

Corrosion is a chemical attack, which can over time destructively alter the shape, strength and stiffness of a machine element. Hence, by physically or electrically monitoring for a physical change, such as weight, one can make an informed decision as to when to repair or replace an affected material.

Weight Loss Coupons: The Weight Loss technique is the simplest of all corrosion monitoring methods. A sample (coupon) of material of known weight is exposed to a process environment for a given duration, and then removed for analysis. Upon being carefully cleaned, the coupon is weighed. The change in weight per time of exposure defines the corrosion rate.

The coupon requires a relatively long exposure to yield accurate results. This is partly due to the accelerated rate of corrosion of a new coupon and the small loss of uncorroded material from the coupon during the process of cleaning. The significance of both of these errors is proportionally reduced by greater material loss due to normal corrosion. In a typical monitoring program, coupons are exposed for a 90-day duration before being removed for laboratory analysis. This technique is most useful in environments where corrosion rates do not significantly change over long time periods.

Electrical Resistance Probes: Electrical Resistance (ER) Probes provide a basic measurement of metal loss from corrosion, but unlike weight loss coupons, the value of metal loss can be measured at any time. The ER technique uses the change in electrical resistance of a corroding metal element exposed to the process stream to estimate the degree of corrosion.

The action of corrosion on the surface of an element produces a decrease in its cross-sectional area with a corresponding increase in its electrical resistance. The increase in resistance can be related directly to metal loss. By taking the results of a series of measurements at timed intervals, a corrosion rate can be calculated. To compensate for any temperature-induced change in resistivity, ER probes are constructed with a protected reference element.

22.2.4 Thermal Monitoring

The successful use of a machine often requires a thorough understanding of how it will thermally respond to being used. Temperature-dependent material properties, thermally-induced deformation, and temperature variations may be important considerations in establishing safe limits of operation.

Thermal energy is often generated and transferred when a machine begins to experience trouble, possibly attributed to friction, overloading, chemical reactivity, and or insulation damage. Manifested as an unexpected temperature rise, action is warranted to determine the cause. Thermal monitoring methods (Omega, 1998) available to help diagnose a situation fall into two categories: contact and non-contact.

Contact Methods

Contact methods for measuring temperature infer that something is placed on or within the surface of the component being assessed. Thermal paints and crayons fall in this category. They are easy to apply on the surface of interest and change color when a particular temperature range is reached, giving an observer a quick indication of a thermal event.

Thermometers, such as the sealed liquid-in-glass-type, consist of a glass tube containing liquid. If the temperature increases, the liquid expands and rises in the tube. The temperature is then read on an adjacent scale. Mercury is commonly used as the liquid for measuring temperatures ranging from -15°C to 540°C. Other instruments, often used in permanent temperature control and measurement systems, include the thermocouple, RTD and thermistor.

Thermocouple: A thermocouple is a temperature transducer consisting of two wires of different metals (e. g., iron/constantan) joined at both ends. If the two junctions between the metals are at different temperatures, a voltage difference is generated depending on the difference in temperature between the two junctions (Seebeck effect). When used for measuring temperature, one of its two junctions is placed in contact with the material whose temperature is to be monitored. The temperature of the second junction must be either known or controlled to at least the accuracy expected for measurement. A meter used to measure the voltage of the circuit may be calibrated directly to read in degrees of temperature, or provide the user a direct voltage reading to be converted into temperature via a standard thermocouple chart. Thermocouples are self-powered, rugged, and are capable of measuring within a large temperature range (-200° to 1800°C).

Resistance Temperature Detector: A Resistance Temperature Detector (RTD) is constructed with a wire coil or a thin layer of metal to form a precision resistor. The resistance value changes very accurately and repeatedly in a positive direction when heated. By incorporating the resistor in an electric circuit and attaching it to the material whose temperature is being measured, temperature can be determined from the change in resistance with the use of an equation relating the two variables.

RTD assemblies can be used in a wide variety of configurations to give the highest accuracy of temperature measurement. An RTD is considered to be very stable, measuring temperatures in the range of -260°C to 850°C. It tends to be expensive, and requires a current source. Platinum is usually used as the resistive material because it is chemically inert and exhibits repeatable resistance-temperature characteristics.

Thermistor: A thermistor is generally described as a thermally-sensitive resistor constructed with metal oxides formed into a bead and encapsulated in epoxy or glass. Its resistance exhibits a nonlinear large negative change as it is heated. Used in the same way as an RTD, the change in resistance recorded during a small temperature change of a thermistor is several times greater than an RTD making measurement easier. The device tends to be low in cost, yet fragile. Its temperature range is limited (-80°C to 300°C).

Non-contact methods

The non-contact approach to measuring temperature uses the principle that all objects emit electromagnetic waves from their surface in proportion to their warmth. By focusing this form of radiation from its source onto a sensor, its intensity can be interpreted and displayed as a temperature. The main advantage of this method, applied in pyrometers and infrared imaging, is that large areas can be quickly surveyed at a safe distance.

Pyrometer: A pyrometer is a device with sensors that accept a range of radiant energy wavelengths from the visible light portion to the infrared portion of the electromagnetic spectrum. A detector, usually focused on a select point of the surface of interest through a suitable lens, converts the radiant energy emitted by the surface into an electrical signal that is interpreted to provide a temperature reading. One type of pyrometer, the optical or brightness pyrometer, requires manual adjustment based on what is viewed through a sighting window. A second type, the two-color ratio pyrometer, compares the spectral radiance at two wavelengths to identify the temperature. Both devices are complex and are usually used in a laboratory setting.

Infrared Imaging: Thermal images are pictures of heat using the radiated energy emitted from an object. They are created by an infrared (IR) thermal imager, a device that captures a portion of the radiated energy through a variety of scanning camera techniques yielding a spatial map of temperatures. The instrument typically incorporates a cooling system to avoid the effects of system noise created by the sensing of its own temperature.

Infrared imaging systems are available with a wide range of capabilities, features, and prices. Scan speeds range from real-time to seconds per image. Detectors range from being simple, single element, and thermoelectrically cooled to state-of-the-art, multi-element focal plane detector arrays, incorporating closed cycle Sterling coolers. Spot temperature measurement accuracy as high as ±1 % can be achieved in a range from -20°C to 2000°C when adequate compensation is given for the emissivity of and distance to the target region, and a reliable method is used to locate the point of interest in the image.

The latest trend in infrared imaging systems is the mating of the imaging camera to a personal computer. The electronics are contained on a card that can plug directly into the computer and take advantage of its high-resolution display, processing capability and mass storage. New focal plane array detectors have resulted in high-resolution cameras that can be fabricated in significantly smaller configurations and at much lower cost.

22.2.5 Electrical Signature Analysis

In motor-driven rotating equipment, current signature analysis provides a non-intrusive method for detecting mechanical and electrical problems (Tavner et al., 1987). The current signal can be measured using an ammeter, either clipped on to the motor circuit or installed in the machine control panel. A spectrum analyzer and or commercial computer with signal conditioning capability is needed to process the signal and provide diagnoses.

When an electric motor drives a mechanical system, it experiences variations in load caused by gears, bearings, and other conditions that may change over the life of the motor. The variations in load caused by each of these factors in turn causes a variation in the current supplied to the motor. These variations, though very small, modulate the 50 Hz (or 60 Hz) carrier frequency.

Upon demodulating the signal from the carrier using Fourier techniques, abnormal signal characteristics can be identified representing a variety of failure precursors including rotor bar deterioration, stator phase imbalance, and increased friction forces. A single measurement of current is not likely to be informative, but comparison with prior readings can give immediate results. Hence, recording the current at regular intervals is advised in order to identify changes or trends toward failure.

22.3 Nondestructive Evaluation

Nondestructive Evaluation (NDE) is an interdisciplinary field of study that is concerned with the development of analysis and measurement technologies for the quantitative characterization of materials by noninvasive means. A wide variety of inspection and detection techniques are available to provide users with the speed, accuracy, and cost-efficiency needed to probe, identify, and diagnose features of import in validating quality control and product fitness (Bray and Stanley, 1997).

22.3.1 Visual Inspection

Visual inspection is used extensively to evaluate the condition or the quality of a material, element, or structure. When performed with human sight, visual inspection is easily carried out, is relatively inexpensive, and has no need for special equipment. Good eyesight, good lighting and the knowledge of what to look for are required. Visual inspection can be enhanced by various methods ranging from the use of magnifying glasses to optical probes or boroscopes.

In a typical machine vision application, items undergoing inspection are positioned under proper lighting in front of one or more video cameras. A lens forms an image of the item on the camera sensor, which generates an analog signal that is subsequently digitized into pixels that represent light intensity at points on the item, and collectively form an image of the item. The image is processed by specialized digital computers to select or amplify key features, or convert the image into measurements, such as size and location. From these measures, the machine vision system can qualify, accept, or reject an item based on decision thresholds or classifications established by the operator through experience.

22.3.2 Liquid Penetrant and Magnetic Particle Inspection

Liquid penetrant inspection is a method that is used to reveal a surface breaking flaw by the release of a colored or fluorescent dye. The surface of the part under evaluation is coated with a penetrant in which a visible or fluorescent dye is dissolved or suspended. The penetrant is pulled into surface defects by capillary action. After a waiting period to insure the dye has penetrated into the narrowest cracks, the excess penetrant is cleaned from the surface of the sample. A white powder or developer is then sprayed or dusted over the part. The developer lifts the penetrant out of the defect, and the dye stains the developer. Then by visual inspection under white or ultraviolet light, the visible or fluorescent dye indications, respectively, are identified and located, thereby defining the defect.

Magnetic particle inspection is a method that can be used to find surface and near surface flaws in ferromagnetic materials. The technique uses the principle that magnetic lines-of-force or flux will be distorted by the presence of a flaw in a manner that will reveal its presence.

Upon magnetizing the item of interest, iron particles are dusted over the item or flowed over it if they are suspended in a fluid such as kerosene. A surface defect will form a magnetic anomaly, that attracts and holds the particles, giving a visual indication of a defect. An inspector views the object being evaluated, and makes a decision of acceptance or rejection. As surface irregularities and scratches can give misleading indications, it is necessary to ensure careful preparation of the surface before magnetic particle inspection is undertaken. Under optimum conditions, the probability of detecting a 2 mm flaw approaches 100 %.

22.3.3 Eddy Current Inspection

Eddy current inspection is an electromagnetic approach to flaw detection that can only be used on conductive materials. A coil, bearing an alternating current (typically 10Hz-10MHz), creates an alternating magnetic field that is used to induce circulating electric currents (eddy currents) in the component to be inspected. These currents flow in a thin skin beneath the surface adjacent to the coil. The thickness of this skin, between 5 mm and 10 mm, is dependent on the shape, size and operating frequency of the coil, the proximity of the coil to the component, and the conductivity of the targeted material. As the coil scans a region of interest, the impedance in the coil is altered when the eddy currents are distorted by the presence of defects or material variations. This change is measured and displayed in a manner that indicates the type of flaw or condition of the material.

Eddy current evaluations can be made at different material depths using coils of differing size at a range of frequencies. Given eddy currents are established through induction, there is no need for the coil to contact the component. Therefore, the surface can be painted or coated. Depending on surface condition it is usually possible to find cracks as small as 0.1 mm deep. In automated applications, where scanning speeds can be as high as a meter per second, best results are obtained when the scan direction is normal to flaw orientation.

22.3.4 Radiography

Radiographic inspection uses radiation as the source for identifying abnormal characteristics within a material. A source of radiation (x-ray or gamma ray) is directed toward the part under evaluation with a sheet of radiographic film placed behind it. This film is then processed and a semi-transparent image of the object is obtained as a series of shades between black and white. The density of the image that results is a function of the quantity of radiation transmitted through the object, which in turn is inversely proportional to its atomic number, density, and thickness. The largest single image is typically 43 by 56 cm; however, larger film is available if required.

The image can reveal internal defects such as voids, cracks or inclusions in the material. It can also expose internal clearances between parts in an assembly and any displacement of internal components. Laminations, tight cracks, or cracks parallel to the film plane are not readily discernible. The method is limited by material thickness to approximately the equivalent of 10 cm of lead, 25 cm of steel, or 60 cm of concrete.

Given the sources of radiation are hazardous to living tissue, special precautions must be taken when performing radiography. The operator must use a protective enclosure or appropriate barrier and provide warning signals to ensure there are no hazards. Setup typically takes a few minutes, the exposure typically 1 to 10 minutes, and film processing 10 minutes.

22.3.5 Acoustic Emission and Ultrasonic Detection Inspection

Acoustic emissions (AEs) are stress waves produced by sudden changes in the internal structure of a material. Possible causes are crack initiation and growth, crack opening and closure, dislocation movement, and material phase transformation. As most of the sources of AEs are damage-related, the detection and monitoring of these emissions are commonly used to predict material failure.

Wideband transducers (typically 50kHz-1MHz) are normally used to detect the minute random bursts of deformation, characteristic of an AE event. Made of a thin film of piezoelectric material, such as lead zirconate titanate (PZT), these sensitive devices emit an electric charge proportional to the applied stress.

As AE signals are generally very weak, a charge amplifier is connected to the AE transducer to minimize noise interference and prevent signal loss. The amplified signal, which is in analog form, can then be sent via coax cable to a filter for noise removal and routed to a signal conditioner and or computer for further analysis.

AE signals may be recorded continuously by one or more relatively small sensors mounted on the surface of the structure being examined for progressive damage. When the AE transducer senses a signal over a certain level (i. e., the threshold), an AE event is captured. The amplitude of the event is defined at the peak of the signal. The number of times the signal rises and crosses the threshold is the count of the AE event. The time period between the rising edge of the first count and the falling edge of the last count is the duration of the AE event. The time period between the rising edge of the first count and the peak of the AE event is called the rise time. The area under the envelope of the AE event is the energy. These features and others are correlated with defect formation and failure.

Ultrasonic inspection is an approach that uses high-frequency waves to evaluate the quality of a material. Pulses of ultrasonic energy, commonly emitted via a piezoelectric transducer placed on the object of interest, penetrate the material and are subsequently altered as they travel through it due to attenuation, reflection, and scattering. The resulting output pulse is detected, processed and interpreted based on its relation to the input pulse. This can be accomplished through a pulse-echo arrangement, where one transducer is used to emit and receive ultrasound, or through a pitch-catch mode, where one or more transducers are strategically placed to catch the output pulse.

For potentially hazardous and hostile environments, laser-based technology can be used for generating the ultrasonic signal. A laser-beam, targeted at the material of interest some meters away, can produce broadband ultrasonic vibrations up to frequencies of about 100 MHz without damaging the surface. These vibrations act as sources of compression, shear and Rayleigh surface waves that pass through the object of interest. Non-contact detection of these waves can be realized using interferometry to monitor the induced surface for resulting effects. Hence, no contact medium is required for ultrasonic inspection.

Ultrasonic inspection can be applied to metals as well as carbon composites and ceramics. It is most often used to search for flaws within materials, e. g., cracks, voids, porosity and delamination. As the ultrasonic wave penetrates the object, defects will reflect the signal in a characteristic manner, which can be interpreted by observing the amplitude of the received pulse and the time taken to arrive. Whenever the configuration of the object under examination permits, a two or three-dimensional image of the interior of the object can be made showing reflections of the ultrasound for use in locating regions for concern. Flaw-size resolution (typically 1 mm in length) is dependent on both the speed of sound in the material and the frequency of the ultrasonic wave.

22.4 Tribo-system Applications

As discussed in the preceding sections, there are several different types of measurements that can be used to facilitate the diagnosis and prognosis of machines, containing such triboelements as bearings, gears, and seals. The tribology of these machine elements has been described in Chapter 11. The following overview names the pertinent Tribology chapter-sections and the corresponding Machinery Diagnostics chapter-sections.

Tribologie von Konstruktionselementen   **Machinery Diagnostics**

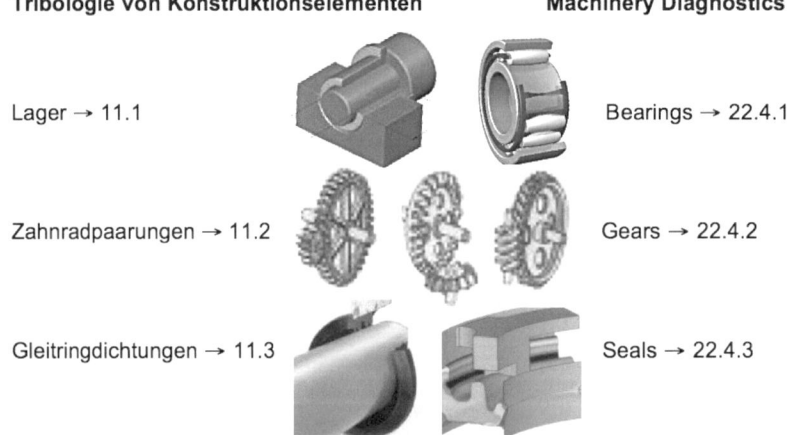

Lager → 11.1   Bearings → 22.4.1

Zahnradpaarungen → 11.2   Gears → 22.4.2

Gleitringdichtungen → 11.3   Seals → 22.4.3

The technical requirements of each of these are very different, and as a result, there is a tendency to view the technologies in competing roles. Yet, best results are realized if the technologies can be used to complement each other.

22.4.1 Bearings

A fluid film bearing is used in a wide variety of machines to support and guide a rotating shaft. In its most basic form, the shaft is contained within a stationary close-fitting partial or full cylinder separated by a film of fluid. The fluid, most commonly oil, is supplied to the clearance space between the surfaces to create a wedge support that prevents metal to metal contact as rotation occurs.

Many application-dependent bearing designs have been created, each developed to use the fluid film to position the shaft or rotor at an optimum location relative to the bearing housing. Application of a disturbing force will move the shaft from this position, altering the pressure field within the fluid and hence the forces within the bearing. The forces generated normally tend to restore the shaft to its optimum position, but sometimes they can lead to an unstable motion or self-excited vibration. For an oil film bearing, the vibration, often referred to as oil whirl, usually coincides with the average oil velocity, which is typically less than half of the shaft rotational frequency. When this whirl frequency coincides with a rotor resonance, a severe vibratory state can occur. Known as an oil whip condition, the fluid film support becomes unstable leading to severe bearing and shaft deterioration from metal-to-metal contact.

Figure 22.7 illustrates the changes that a frequency spectrum, obtained from vibration accelerometer readings, will undergo as an outer race spall develops for a bearing with an outer race defect frequency of 164 Hz.

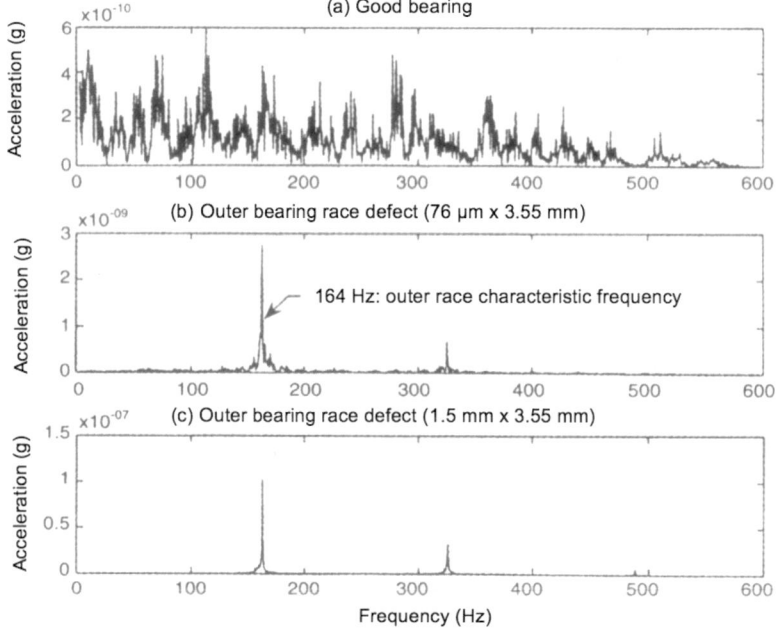

Figure 22.7 Frequency spectra of failing bearing

To be assured that a machine maintains balance, stability, and proper alignment with the bearing supports, vibration monitoring is needed to assess the relative motion between shaft and bearing. A non-contacting proximity probe, such as an eddy current transducer, is typically used. On small, less critical machines, one probe per bearing may be adequate, which will measure radial vibration for the plane in which the shaft moves away from and toward the mounted probe. On larger machines, two probes per bearing mounted 90-degrees apart from each other are advised to assess the total radial vibration by measuring the shaft displacements within their respective planes.

To complement vibration analysis, the fluid used to support the shaft should be periodically monitored. Its physical and chemical properties must be evaluated and maintained to assure that the film performs as designed and provides sufficient damping to limit vibration transmission. An increase in temperature and or the presence of such elements as aluminum, tin, lead, copper, zinc and iron, commonly used as bearing materials, may indicate the onset of wear from metal-to-metal contact.

Rolling element bearings utilize the rolling action of balls or rollers to permit constrained motion of one body relative to another with minimal friction. Most are employed to permit rotation of a shaft relative to some fixed structure. If properly lubricated, properly aligned, and kept free from abrasives or moisture, failure is most likely to be attributed to material fatigue, manifested as a flaking off of metallic particles from the raceways and or rolling elements.

Vibration analysis is one of the most common methods used to monitor for an indication of pending rolling element bearing failure in machines. A sizable local defect often characterizes the beginning of progressive bearing damage on one of the bearing components. When this occurs, subsequent rolling over the damage can cause repetitive measurable shocks, the frequency of which will be dependent on the rotational speed and the geometry of the bearing, which includes the number of rotating balls or rollers n, ball or roller diameter d, bearing pitch diameter D, and the contact angle between the rolling element and races a. It can be shown (Harris, 2000) that a defect in the bearing outer race will generate a frequency, f_o, that may be computed with the following expression:

$$f_o = n \, (\, f / 2 \,) \, [\, 1 - (d/D) \cos \alpha] \qquad (1)$$

where f is the angular velocity of the inner ring relative to the outer.

Likewise, for bearing defects on the inner race, the emitted frequency, f_i, may be determined by:

$$f_i = n \, (\, f / 2 \,) \, [\, 1 + (d/D) \cos \alpha], \qquad (2)$$

and for a ball or roller defect, the emitted frequency, f_b, may be calculated by:

$$f_b = (\, f \,) \, [(D/d) - (d/D)(\cos \alpha)^2]. \qquad (3)$$

Note that a rolling element defect will contact both raceways in one revolution, such that fb is twice the rate of rotation of the ball or roller about its own axis.

The fundamental train frequency, more commonly referred to as the cage defect frequency, f_c, may be determined by:

$$f_c = (\, f / 2 \,) \, [\, 1 \pm (d/D) \cos \alpha], \qquad (4)$$

where the "+" is used for outer ring rotation and the "-" is used for inner ring rotation.

Bearing dimensional data is often available from the bearing manufacturer for use in computing the defect frequencies. It must be recognized that the equations assume that the balls or rollers are rolling and do not slide. In real machines with reasonable loads, the elements do slip, and as a result the calculated and measured frequencies will probably not be identical.

A new bearing will exhibit some, or all of the defect frequencies at very low amplitudes. As defects occur, the amplitudes at the associated defect frequencies will increase and may shift as the load distribution changes and the rolling elements begin to slide. When the vibration measurements exceed a level predetermined by experience, the unit should be shutdown for bearing replacement.

Oil debris monitoring can provide a good backup to vibration monitoring, especially when vibration levels are high enough to render conventional vibration analysis ineffective. Quantity of debris (especially ferrous debris) and size range of the debris can indicate the rate of degradation. Studying debris morphology adds the ability to determine the kind of failure (e. g., skidding, spalling) and potentially the cause (e. g., high temperature discoloration of debris indicates a lubrication-source failure). Temperature measurement can be useful in supporting preventive maintenance actions, such as lubricant change or addition.

22.4.2 Gears

The frequencies associated with gear meshing usually dominate any vibration spectra measured on a typical gearbox due to the loads transmitted through the gear teeth (Smith, 1983). These forces are relatively high in comparison to other gearbox components such as bearings. Although vibrations can be measured at any location within or on the gearbox, it is common to place the recording sensors (e. g., accelerometers) on bearing housings to avoid resonance of the gearbox casing and to ensure the most direct path from their source, the gear teeth.

The technique of trending vibration data relies on observing a change in vibration over time. This necessitates the recording of base levels of vibration after the gearbox has been run-in. When the measurements exceed a level, predetermined by experience to indicate the onset of problems, all changing frequencies should be itemized for diagnostic use.

With a well-meshed pair of gears, only the fundamental gear meshing frequency, f_m, is likely to be observed. For a single contact and no loss of power:

$$f_m = \omega_1 N_1 = \omega_2 N_2, \tag{5}$$

where w is the angular velocity and N is the number of gear teeth of each gear, differentiated by subscript as gears 1 and 2.

As the gears wear, the amplitude of the fundamental gear mesh frequency will increase.

Harmonic frequencies at twice or even three times the gear mesh frequency will be produced, such that fx, the frequency for gear 1 or 2 at the xth harmonic is:

$$f_{x1} = f_m + \sum_{i=1}^{x} i \, \omega_1 \tag{6a}$$

$$f_{x2} = f_m + \sum_{i=1}^{x} i \, \omega_2 \tag{6b}$$

Harmonics can occur when the loading and unloading of gear teeth is uneven, or when gear misalignment or scuffing alters the path of contact such that the gear teeth no longer follow a true involute curve. Pitting on the surfaces of gear teeth from a breakdown in lubrication or overloading also gives rise to harmonics.

Sidebands normally appear in a frequency spectrum when uneven gear wear causes the gear meshing frequency to be modulated. The difference in frequency between the sideband and the gear meshing frequency indicates the rotational speed of the shaft on which the worn gear is mounted.

Given gearboxes are noisy and generate significant levels of vibration, it can be difficult to differentiate the source of an abnormal machine condition with a high degree of confidence in a timely manner. Therefore, it is often useful to supplement the vibration data with information obtained through other monitoring techniques. For instance, oil debris analysis is useful in detecting a breakdown in material. A recorded increase in oil temperature is indicative of an increase in friction or power loss. Both approaches would be of value in diagnosing the fracture of a gear tooth from fatigue or sudden overload. Such an occurrence can be very difficult to observe through frequency analysis given impacts occur only once per gear revolution, which is an infrequent number of impacts in comparison with all other gear meshing events.

22.4.3 Seals

In tribology, a seal is a mechanical device designed to prevent the movement of fluid or contaminant from one chamber to another. It can be classified as either being static or dynamic, referring to the motion the seal experiences. Static seals such as O-rings and gaskets are used between machine joints. O-rings are typically made of polymers, whereas gaskets are available in a variety of materials, ranging from cork to metals such as copper. Some, such as room-temperature vulcanizing (RTV) silicone rubber, can be formed in place. Operating temperature, chemical compatibility and differential pressure drive material selection and design.

Dynamic seals, such as lip seals and mechanical face seals, experience either rotary and or reciprocating motion. Lip seals are widely used to seal low-pressure differentials and are limited to relatively small amounts of radial motion. The lips are loaded against a shaft by the pressure differential, or by springs interacting with the lips. When relative velocities and lip loads are high, a considerable amount of heat is generated, leading to the need for some form of lubrication. Mechanical face seals are usually used for high-pressure differential applications such as centrifugal pumps, compressors, and turbines. Ideally, the sealing faces operate on a hydrodynamic film that is just thick enough to prevent asperity contact so as to minimize wear, leakage and heat generation. Squealing is often indicative of dry operation, likely due to a lack of fluid at the sealing faces.

Leakage is the most obvious clue that tells that a seal needs rebuilding or replacement. This could be a catastrophic leak or a simple weep that has gotten to the point of becoming a nuisance. An upper limit of leakage is usually set for a specific seal and system, and depends on system size, the fluid being sealed, and equipment disassembly and seal replacement cost. In some cases, the leaked fluid can be collected and measured volumetrically or weighed to establish leakage per unit time.

Oil monitoring can be extremely useful in detecting seal degradation. Wear debris can result from the pitting, blistering, flaking and or pealing of seal face materials caused by chemical attack, contamination, and or serious misalignment. Ceramic materials may chip or break from thermal and mechanical shock. Elastomeric materials may disintegrate from chemical incompatibility or excessive heat.

Often, the pressure differential across the seal can be measured as a means of diagnosing a seal problem using standard pressure transducers. These readings may be recorded over time to provide a history of any degradation of performance. Less frequently, temperature, vibration and or friction torque can be measured to assist in the evaluation of performance.

It should be noted that seals might leak when instrumentation suggests there is nothing apparently wrong. In troubleshooting, it is important to inspect all the sealing elements, using a procedure that keeps all pieces tied together and tagged with any information that may offer insight. Any evidence of a wear pattern can be very useful in diagnosing a problem that may be related to design, assembly, or operation.

22.4.4 Lubricants

Lubricants are important "machine elements" in many tribosystems, see Chapter 6 "Lubrication" (Schmierung) and Chapter 10 "Lubricants" (Schmierstoffe).

The most important action to take for maximizing machine life when lubrication is required is to implement a proactive maintenance program predicated on the selection of an appropriate lubricant and applying lubrication best practices to prevent and remove contaminants. This necessitates selecting the correct lubricant for the application, and then keeping it clean and cool.

Most lubricant base oils can be placed into three general categories: mineral, synthetic, or vegetable (see also Chapter 10). Mineral and synthetic base oils are most common to the hydrocarbon processing and power generation industries. Vegetable base oils are used in applications where food contact and environmental impact are a consideration.

Mineral base oils can be further classified as paraffinic or napthenic. Each type has its relative advantages and disadvantages. In general, paraffinic oils will have a more stable viscosity response to changing temperatures. Paraffinic oils also have excellent oxidation stability and are relatively non-reactive. By contrast, napthenic oils perform better at low temperatures (low pour point) and have better solvency. Most mineral oils used in industry are paraffinic. A formulated lubricant may be a blend of paraffinics and napthenics to achieve the desired balance of properties in the final product. Synthetic base oils comprise a wide variety of fluids that have a broad range of applications, advantages, disadvantages, and costs. Synthetic lubricants must be carefully selected and consist of such types: polyalphaolefins (PAO); Dibasic Acid Esters (Diester); Polyol Esters (POE); Polyalkylene Glycols (PAG); Phosphate Esters; Silicones; Alkyl Benzenes; and Polybutenes. Some of these lubricants may be part of larger categories and others can be broken down into further subcategories.

While lubricant base oils have inherently good properties, they may need to be enhanced to sufficiently meet the challenges of the application. Additionally, the base oil may have some undesirable properties that must be suppressed. Additives can be used to maximize the base oil's good properties and minimize its undesirable properties.

Additives can comprise anywhere from less than 1 % to over 25 % of the composition of a formulated lubricant. In general, lubricants for internal combustion applications will have higher additive content than those for industrial applications. These additives are expensive and can significantly impact the final cost of a lubricant. Additionally, while additives are used to enhance the performance of a lubricant, they can also impart undesirable side effects if used in the wrong concentration or in conjunction with other additives. It is important to note that additives will have varying miscibility in different base oils, and proper procedures must be used to insure that they can be completely dissolved into the base oil and not separate out. If not, the complete system will not perform as desired.

Managing contaminant condition below alarm levels or before machine/lubricant degradation can begin, provides the best value for the maintenance dollar. Even under the best of circumstances, a lubricant will eventually degrade. Upon monitoring its condition as discussed in Section 22.2.2, actions can be implemented to refresh or replace the lubricant before serious machine damage begins. If damage is initiated due to operating, contaminant, or lubricant problems, the machine may be shut down immediately to minimize damage, or actions may be implemented to extend machine runtime to a suitable shutdown opportunity, depending on the situation.

Following lubrication best practices will maximize machine availability, machine life, and lubricant life. Machine downtime is minimized, as well as unit repair costs and lubricant purchase and disposal costs. The value of the oil analysis will be enhanced by improving the signal-to-noise ratio of the information captured in the oil. In some cases, such as oil sampling, failure to use best practices can result in missing critical information or getting a "false positive" that may not be indicative of actual machine condition. On a larger scale, lubrication best practices can contribute to preserving natural resources, improving safety and health, and minimizing environmental impact.

22.4.5 Hydraulic Systems

Many of the failures in a hydraulic system show similar symptoms: a gradual or sudden loss of high pressure, resulting in loss of power or speed in the cylinders. In fact, the cylinders may stall under light loads or may not move at all. Often the loss of power is accompanied by an increase in pump noise, especially as the pump tries to build up pressure. Any major component (pump, relief valve, directional valve, or cylinder) could be at fault with the cause attributed to one or more reasons, including high contamination levels, wrong oil viscosity, high temperature operation, and cavitation (Totten, 2000).

Contaminants of hydraulic fluid include solid particles, air, water or any other matter that impairs the function of the fluid. Particle contamination accelerates wear of hydraulic components. The rate at which damage occurs is dependent on the internal clearance of the components within the system, the size and quantity of particles present in the fluid, and system pressure. Particles, smaller than 5 micrometer, can be highly abrasive. If present in sufficient quantities, these invisible 'silt' particles cause rapid wear, destroying hydraulic pumps and other components; hence highlighting the importance of monitoring hydraulic fluid cleanliness levels at regular intervals. If the high levels of silt particles present in the hydraulic fluid are identified and the problem rectified early enough, the damage to a hydraulic pump and the significant expense of its repair can be avoided.

Most hydraulic systems will operate satisfactorily using a variety of fluids, including multigrade engine oil and automatic transmission fluid (ATF), in addition to the more conventional anti-wear (AW) hydraulic fluid, provided the viscosity is correct. The temperature-dependent viscosity is an important factor when selecting a hydraulic fluid. Note that as the temperature of a petroleum-based hydraulic fluid increases, its viscosity decreases. If fluid temperature increases to the point where viscosity falls below the level required to maintain a lubricating film between the internal parts of the component, damage will result; thus highlighting the importance of monitoring fluid temperature. When a hydraulic system starts to overheat, the system must be shut down so as to identify the cause for subsequent repair.

Cavitation occurs when the volume of hydraulic fluid demanded by any part of a hydraulic circuit exceeds the volume of fluid being supplied. This causes the absolute pressure in that part of the flow circuit to fall below the vapor pressure of the hydraulic fluid, resulting in the formation of vapor bubbles within the fluid, which implode when compressed. Cavitation causes metal erosion, which damages hydraulic components and contaminates the hydraulic fluid. In extreme cases, cavitation can result in major mechanical failure of pumps and motors. While cavitation commonly occurs in the hydraulic pump, it can occur just about anywhere within a hydraulic circuit. In a hydraulic valve, metal erosion in the body of the valve can be so severe that the valve is no longer serviceable, thus highlighting the importance of checking the operation and adjustment of circuit protection devices, including load control valves, at regular intervals.

The vast majority of hydraulic systems in operation today have internal leaks, most of which are planned. They are designed with a specific function in mind, and in many cases, are documented by the original equipment manufacturer as the amount of acceptable leakage under normal operating conditions. Internal planned leakage is typically via small pathways that allow a fluid from a higher pressurized zone of a system to travel into a lower pressurized zone to lubricate, clean and cool a specific component or area. These planned internal leaks do not allow the fluid to exit the hydraulic circuit, so there is no visual indication of its presence. The most common cause of excessive internal leakage is wear of component surfaces during normal operation. Leakage can also result from inadequate system design, incorrect component selection, and poor quality control tolerances during the manufacturing of a component. System performance, reliability and increased operating temperatures are the first visual signs of excessive internal leakage. Identifying and controlling hydraulic system leakage requires an in-depth approach to record keeping and surveillance. In addition, dedication to performing repairs and/or modifications aimed at the root causes of the leaks, along with a method of monitoring, will ensure that the repairs are effective. Low fluid viscosity or excessive heat (reducing the effective viscosity of a fluid) will increase leakage rates. This form of internal leakage reduces system performance and decreases fluid film support, which will also result in premature wear of the equipment surfaces and the fluid's properties.

Eventually, all of the aforementioned conditions will affect hydraulic system performance. Detection of unplanned internal leakage in most cases would rely on specific tools to examine the location and quantity of the leak. Performance issues or the inability of a circuit to perform its designed function typically leads to the installation of flow meters at various locations.

Noncontact infrared thermometers are useful for non-obtrusive measurement of operating temperatures. An abnormal temperature increase at a relief valve could indicate that the valve is in a bypassing condition. Ultrasonic detection has proven to be another effective method of determining high pressure or high velocity leaks in various locations of valve and cylinder leakage. This method enables the localization of the internal leakage; but similar to temperature reading, the results are not quantifiable as to the amount of leakage.

The only quantifiable method is to measure the quantity of fluid loss over a given time frame using a flow meter. Up-to-date reservoir management records must be maintained to determine when and how much fluid was required to top-up a reservoir. These records should be used along with visual inspections to determine the location and the leak rate of any detected anomalies.

In many cases, the source of the leaks cannot be determined, as they are difficult to see. To alleviate this problem, dyes sensitive to black light have been formulated to assist in the location and identification of external leaks. The dye is formulated to be compatible with the existing hydraulic fluid and machine surfaces. The dye is mixed into the reservoir after which the mixture will emit a bright green/yellow glow when struck by the rays of the black light. This method of visual detection helps determine whether the fluid being viewed is from an active leak.

Concluding remark

The uncertainty of the future necessitates that to effectively manage the utility of machinery, one must be flexible and resourceful in choosing and using a failure prevention technology. Upon identifying where and how often to take measurements, collect readings and set alarm levels, a review process should be devised to allow for the replacement or adjustment of the technology based on operating experience. Possibly, the most important part of such a review is that it can result in updating the sensitivity of the technology in order to avoid the stigma of its having reported a false alarm, or having missed an indicator that would have avoided failure. When this is accomplished, methods for machinery diagnosis will continue to develop and prosper, driven by their contribution in assuring that performance commitments will be profitably and reliably met.

Anhang

Normen auf dem Gebiet der Tribologie

In dem multidisziplinären Gebiet der Tribologie können sich Normen und Technische Regeln sowohl auf die grundlegenden Teilgebiete von Reibung, Verschleiß und Schmierung als auch auf Bereiche der Prüfung oder der tribotechnischen Werkstoffe und Konstruktionselemente beziehen. Die folgende Zusammenstellung gibt entsprechend der Kapitel-Gliederung dieses Handbuchs eine Übersicht über wichtige tribologisch relevante Normen und Technischen Regeln der folgenden Institutionen:

- DIN, Deutsches Institut für Normung
- CEN, Europäische Komitee für Normung
- ISO, International Standardization Organization
- ASTM, American Standards for Testing and Materials
- VDI, Verein Deutscher Ingenieure
- SEB, Stahl-Eisen-Betriebsblätter
- GfT, Gesellschaft für Tribologie

Die Zusammenstellung der Tribologie-Normen erfolgte auf der Basis von Unterlagen aus der Datenbank „Deutsches Informationszentrum für technische Regeln (DITR)". Die aufgeführten Normen wurden vom Deutschen Institut für Normung (DIN) auf den neuesten Stand gebracht.

Die Datumsschreibweise ist der derzeitigen internationalen Vorgabe angepasst. Norm-Entwürfe enthalten vor der DIN-Nummer ein E.

Im Text der einzelnen Kapitel sind noch ältere, teilweise zurückgezogene Normen zitiert, die hier nicht mehr aufgeführt sind, weil sie nicht mehr gültig sind.

A1   Tribologie, allgemein (Kapitel 1, 2, 3)

DIN 50323-1:1988-11,
  Tribologie; Begriffe (zurückgezogen, enthalten im Arbeitsblatt 7 der GfT)
DIN 50323-2:1995-08,
  Tribologie, Verschleiß, Begriffe (zurückgezogen, enthalten im Arbeitsblatt 7 der GfT)
DIN 50323-3:1993-12,
  Tribologie, Reibung, Begriffe, Arten, Zustände, Kenngrößen (zurückgezogen, enthalten im Arbeitsblatt 7 der GfT)
VDI 3822 Blatt 5 (Januar 1999)
  Schadensanalyse; Schäden durch tribologische Beanspruchungen
DIN EN ISO 13565-2:1998-04 Geometrische Produktspezifikationen (GPS) – Oberflächenbeschaffenheit: Tastschnittverfahren – Oberflächen mit plateauartigen funktionsrelevanten Eigenschaften – Teil 2: Beschreibung der Höhe mittels linearer Darstellung der Materialtraganteilkurve

A2 Reibung (Kapitel 4)

ASTM D 4103:1999
Standard Practice for Preparation of Substrate Surfaces for Coefficient of Friction Testing

ASTM E 303:1993
Standard Test Method for Measuring Surface Frictional Properties Using the British Pendulum Tester

A3 Verschleiß (Kapitel 5)

DIN 50320:1979-12
Verschleiß; Begriffe, Systemanalyse von Verschleißvorgängen, Gliederung des Verschleißgebietes (zurückgezogen, enthalten in Arbeitsblatt 7 der GfT)

ASTM G 40:2005
Standard Terminology Relating to Wear and Erosion

A4 Tribologische Mess- und Prüftechnik (Kapitel 8)

DIN 50315:1988-10
Prüfung metallischer Strahlmittel durch Schleuderstrahlen; Verschleißprüfung, Wirkungsprüfung

DIN 50321:1979-12
Verschleiß-Messgrößen (zurückgezogen, enthalten in Arbeitsblatt 7 der GfT)

DIN 50322:1986-03
Verschleiß; Kategorien der Verschleißprüfung (zurückgezogen, enthalten in Arbeitsblatt 7 der GfT)

DIN 50324: 1992-07
Tribologie, Prüfung von Reibung und Verschleiß, Modellversuche bei Festkörpergleitreibung (zurückgezogen, enthalten in Arbeitsblatt 7 der GfT)

DIN ISO 6370-1:1995-10
Emails und Emaillierungen – Bestimmung des Widerstandes gegen Verschleiß – Teil 1: Verschleißprüfgerät

DIN ISO 6370-2:1995-10
Emails und Emaillierungen – Bestimmung des Widerstandes gegen Verschleiß – Teil 2: Massenverlust nach Tiefenverschleiß

DIN 51834-3:2008-12
Prüfung von Schmierstoffen – Tribologische Prüfungen im translatorischen Oszillations-Prüfgerät – Teil 3: Bestimmung des tribologischen Verhaltens von Werkstoffen im Zusammenwirken mit Schmierstoffen

DIN EN 660-1:1999-06
Elastische Bodenbeläge – Ermittlung des Verschleißverhaltens – Teil 1: Stuttgarter Prüfung;

DIN 52108:2002-07
Prüfung anorganischer nichtmetallischer Werkstoffe; Verschleißprüfung mit der Schleifscheibe nach Böhme; Schleifscheiben-Verfahren

DIN 52347:1987-12

Prüfung von Glas und Kunststoff; Verschleißprüfung; Reibradverfahren mit Streulichtmessung

DIN 52348:1985-02

Prüfung von Glas und Kunststoff; Verschleißprüfung; Sandriesel-Verfahren

DIN EN ISO 8295:2004-10, Kunststoffe – Folien und Bahnen – Bestimmung des Reibungskoeffizienten

DIN EN 102:1992-01

Keramische Fliesen und Platten; Bestimmung des Widerstandes gegen Tiefenverschleiß; Unglasierte Fliesen und Platten

DIN EN 660-2:1999-06

Elastische Bodenbeläge – Ermittlung des Verschleißverhaltens – Teil 2: Frick-Taber-Prüfung

DIN EN 1963:2007-07

Textile Bodenbeläge – Prüfung mit Tretradgerät System Lisson

DIN EN ISO 10545-6:1997-12

Keramische Fliesen und Platten – Teil 6: Bestimmung des Widerstands gegen Tiefenverschleiß, unglasierte Fliesen und Platten

DIN EN ISO 10545-7:1999-03

Keramische Fliesen und Platten – Teil 7: Bestimmung des Widerstands gegen Oberflächenverschleiß – Glasierte Fliesen und Platten

DIN EN ISO 11640:1998-12

Leder – Farbechtheitsprüfungen – Bestimmung der Reibechtheit von Färbungen

DIN ISO 6370-1:1995-10

Emails und Emaillierungen – Bestimmung des Widerstands gegen Verschleiß – Teil 1: Verschleißprüfgerät

DIN ISO 6370-2:1995-10

Emails und Emaillierungen – Bestimmung des Widerstands gegen Verschleiß – Teil 2: Massenverlust nach Tiefenverschleiß

ASTM C 1028:2007

Standard Test Method for Determining the Static Coefficient of Friction of Ceramic Tile and Other Like Surfaces by the Horizontal Dynamometer Pull-Meter Method

ASTM D 913:2003

Standard Practice for Preparation of Substrate Surfaces for Coefficient of Friction Testing

ASTM D 1894:2008, Standard Test Method for Static and Kinetic Coefficients of Friction of Plastic Film and Sheeting

ASTM D 2047:2004, Standard Test Method for Static Coefficient of Friction of Polish-Coated Flooring Surfaces as Measured by the James Machine

ASTM D2266-01:2008

Standard Test Method for Wear Preventive Characteristics of Lubricating Grease (Four-Ball Method)

ASTM D 2534:1988

Standard Test Method for Determining the Coefficient of Kinetic Friction for Wax Coatings

ASTM D 2714:1994
  Standard Test Method for Calibration and Operation of the Falex Block-On-Ring Friction
  and Wear Testing Machine
ASTM D 3108:2007
  Standard Test Method for Coefficient of Friction, Yarn to Solid Material
ASTM D 3412:2007
  Standard Test Method for Coefficient of Friction, Yarn to Yarn
ASTM D 3702:1994
  Standard Test Method for Wear Rate and Coefficient of Friction of Materials in Self-
  Lubricated Rubbing Contact Using a Thrust Washer Testing Machine
ASTM D 6078:2004
  Standard Test Method for Evaluating Lubricity of Diesel Fuels by the Scuffing Load Ball-
  on-Cylinder Lubricity Evaluator (SLBOCLE)
ASTM D 6079:2004
  Standard Test Method for Evaluating Lubricity of Diesel Fuels by the High-Frequency Re-
  ciprocating Rig (HFRR)
ASTM D 6300:2008
  Standard Practice for Determination of Precision and Bias Data for Use in Test Methods
  for Petroleum Products and Lubricants
ASTM G 77:2005, Standard Test Method for Ranking Resistance of Materials to Sliding Wear
  Using Block-on-Ring Wear Test
ASTM G 99:2005
  Standard Test Method for Wear Testing with a Pin-on-Disk Apparatus
ISO/TR 4918:1990-10
  Textile Floor Coverings; Determination of Wear; Castor Chair Test
ISO 6601:2002-11
  Kunststoffe; Reibung und Abrieb durch Schleifen; Analyse von Prüfparametern
ISO 6370-1:1991-12
  Emails und Emaillierungen; Bestimmung des Widerstandes gegen Verschleiß; Teil 1: Ver-
  schleißprüfgerät
ISO 8295:1995-10
  Kunststoffe; Folien und Bahnen; Bestimmung der Reibungskoeffizienten

A5 Schmierung und Schmierstoffe (Kapitel 6 und 10)

DIN 3404:1988:01
  Flachschmiernippel
DIN 3405:1986-05
  Trichter-Schmiernippel
DIN 3536:1994-01
  Schmierstoffe für Gasarmaturen in der Hausinstallation, in Gasverteilungs- und Gastrans-
  portleitungen

DIN 51350:1977-06
Prüfung von Schmierstoffen; Prüfung im Shell-Vierkugel-Apparat, Bestimmung von Verschleißkennwerten flüssiger Schmierstoffe

DIN 51385:1991-06
Schmierstoffe; Kühlschmierstoffe; Begriffe

DIN 51517-1:2009-06
Schmierstoffe; Schmieröle – Teil 1; Schmieröle C; Mindestanforderungen

DIN 51517-2:2009-06 Schmierstoffe; Schmieröle – Teil 2; Schmieröle CL; Mindestanforderungen

DIN 51517-3:2009-06
Schmierstoffe; Schmieröle – Teil 3; Schmieröle CLP; Mindestanforderungen

DIN 51581-1:2003-02
Prüfung von Mineralölerzeugnissen – Bestimmung des Verdampfungsverlustes – Teil 1: Verfahren nach Noack

DIN 51581-2:1997-05
Prüfung von Mineralölerzeugnissen – Bestimmung des Verdampfungsverlustes – Teil 2: Gaschromatographisches Verfahren

DIN 51826:2005-01
Schmierstoffe – Schmierfette G – Einteilung und Anforderungen

DIN 51834-1:2004-03 Prüfung von Schmierstoffen
Tribologische Prüfungen im translatorischen Oszillations-Prüfgerät
Teil 1:Allgemeine Arbeitsgrundlagen

DIN 51834-2:2004-03 Prüfung von Schmierstoffen
Tribologische Prüfungen im translatorischen Oszillations-Prüfgerät
Teil 2:Bestimmung von Reibungs- und Verschleißmessgrößen für Schmieröle

DIN 51834-3:2008-12 Prüfung von Schmierstoffen
Tribologische Prüfungen im translatorischen Oszillations-Prüfgerät
Teil 3: Bestimmung des tribologischen Verhaltens von Werkstoffen im Zusammenwirken mit Schmierstoffen

DIN 58396-2:1977-01
Schmierfette für feinmechanisch-optische Geräte; Mindestanforderungen

DIN 75203:1988-09
Vollautomatische Zentralschmieranlage für Nutzfahrzeuge

ASTM D 2625:1994
Standard Test Method for Endurance (Wear) Life and Load-Carrying Capacity of Solid Film Lubricants (FALEX Pin and Vee Method)

ASTM D 2714:1994
Standard Test Method for Calibration and Operation of the Falex Block-On-Ring Friction and Wear Testing Machine

ASTM D 2783:2003
Standard Test Method for Measurement of Extreme-Pressure Properties of Lubricating Fluids (Four-Ball Method)

ASTM D 2981:1994
  Standard Test Method for Wear Life of Solid Film Lubricants in Oscillating Motion
ASTM D 3233:1993
  Standard Test Methods for Measurement of Extreme Pressure Properties of Fluid Lubricants (Falex Pin and Vee Block Methods)
ASTM D 5183:2005
  Standard Test Method for Determination of the Coefficient of Friction of Lubricants Using the Four-Ball Wear Test Machine
ASTM D 5706:2005
  Standard Test Method for Determining Extreme Pressure Properties of Lubricating Greases Using A High-Frequency, Linear-Oscillation (SRV) Test Machine
ASTM D 5707:2005
  Standard Test Method for Measuring Friction and Wear Properties of Lubricating Grease Using a High-Frequency, Linear-Oscillation (SRV) Test Machine
ASTM D 6425:2005
  Standard Test Method for Measuring Friction and Wear Properties of Extreme Pressure (EP) Lubricating Oils Using SRV Test Machine
SEB 181211 Teil 1:1985-08
  Tribotechnik; Schmierstoffe und verwandte Stoffe; Schmieröle, Schmierfette und Druckflüssigkeiten; Auswahl
SEB 181211 Teil 2:1985-08
  Tribotechnik; Schmierstoffe und verwandte Stoffe; Verfahrensstoffe und Festschmierstoffe; Auswahl
SEB 181225:2007-09
  Schmier- und Verfahrensstoffe – Schmieröle CL
SEB 181226:2007-09
  Schmier- und Verfahrensstoffe – Schmieröle CLP
SEB 181242 Teil 1:1987-08 Tribotechnik; Wassermischbare Kühlschmierstoffe; Kühlschmierstoffe SEM und SEMP
SEB 181242 Teil 2:1087-08
  Tribotechnik; Wassermischbare Kühlschmierstoffe; Kühlschmierstoffe SEM und SEMP
SEB 181253:2007-01
  Tribotechnik – Schmierstoffe und verwandte Stoffe – Schmierfette KP K
SEB 601221 Teil 1:1982-08 Tribotechnik; Schmiertaschen für geschlossene Lager bei Fett- und Ölschmierung
SEB 601221 Teil 2:1982-08
  Tribotechnik; Schmiertaschen für geteilte Lager bei Fett- und Ölschmierung
SEB 601221 Teil 3:1982-08
  Tribotechnik; Schmiertaschen für feststehende Achsen bei Fett- und Ölschmierung
SEB 601221 Teil 4:1997-11
  Tribotechnik – Schmiertaschen für Gleitleisten und Gleitbahnen bei Fett- und Ölschmierung

SEB 604526:2000-09
   Tribotechnik; Fett-Zentralschmieranlagen; Technische Lieferbedingungen
VDI 3397 Blatt 2:2005-09
   Pflege von Kühlschmierstoffen für die Metallbe- und -verarbeitung – Maßnahmen zur Qua-
   litätserhaltung, Abfall- und Abwasserverminderung
VDI 3397 Blatt 3:2008-03
   Entsorgung von Kühlschmierstoffen

A6   Tribotechnische Werkstoffe (Kapitel 9)

DIN 8305:1972-01
   Uhrsteine; Begriffe, Arten
DIN EN ISO 4957:2001-02
   Werkzeugstähle
DIN EN 12513:2001-01
   Gießereiwesen – Verschleißbeständige Gusseisen
DIN EN 10083-1:2006-10
   Vergütungsstähle – Teil 1: Allgemeine technische Lieferbedingungen
DIN EN 10083-2:2006-10
   Vergütungsstähle – Teil 2: Technische Lieferbedingungen für unlegierte Stähle
DIN EN 10083-3:2007-01
   Vergütungsstähle – Teil 3: Technische Lieferbedingungen für legierte Stähle
DIN EN 10084:2008-06
   Einsatzstähle – Technische Lieferbedingungen
DIN EN 10085:2001-07
   Nitrierstähle – Technische Lieferbedingungen
DIN EN ISO 683-17:2000-04
   Für eine Wärmebehandlung bestimmte Stähle, legierte Stähle und Automatenstähle – Teil
   17: Wälzlagerstähle
DIN ISO 3547-4:2000-11
   Gleitlager – Gerollte Buchsen – Teil 4: Werkstoffe
ISO 4381:2000-04
   Gleitlager; Blei- und Zinn-Gusslegierungen für Verbundgleitlager
ISO 4382-1:1991-11
   Gleitlager; Kupferlegierungen; Teil 1: Kupfer-Gusslegierungen für massive und dickwan-
   dige Verbundgleitlager
ISO 4382-2:1991-11
   Gleitlager; Kupferlegierungen; Teil 2: Kupfer-Knetlegierungen für massive Gleitlager
ISO 4383:2000-04
   Gleitlager – Verbundwerkstoffe für dünnwandige Gleitlager
ISO 6279:2006-04
   Gleitlager; Aluminiumlegierung für Einstofflager
ISO 6691:2000-05
   Thermoplastische Polymere für Gleitlager – Klassifizierung und Bezeichnung

ASTM A 534:2004

Standard Specification for Carburizing Steels for Anti-Friction Bearings

ASTM B 66:2006, Standard Specification for Bronze Castings for Steam Locomotive Wearing Parts

A7 Tribologie von Konstruktionselementen (Kapitel 11)

DIN 1055-1:2002-06

Einwirkungen auf Tragwerke – Teil 1: Wichten und Flächenlasten von Baustoffen, Bauteilen und Lagerstoffen

DIN 6267:1971-01

Verbrennungsmotoren; Arten der Ölschmierung, Begriffe

DIN 7477:1983-12

Gleitlager; Schmiertaschen für dickwandige Verbundgleitlager

DIN 15436:1989-01

Antriebstechnik; Trommel- und Scheibenbremsen; Technische Anforderungen für Bremsbeläge

DIN 25201-1:2006-04

Konstruktionsrichtlinie für Schienenfahrzeuge und deren Komponenten – Schraubenverbindungen – Teil 1: Einteilung, Kategorien der Schraubenverbindungen

DIN 25201-2:2005-06

Konstruktionsrichtlinie für Schienenfahrzeuge und deren Komponenten – Schraubenverbindungen – Teil 2: Konstruktion – Maschinenbauliche Anwendungen

DIN 25201-3:2004-06

Konstruktionsrichtlinie für Schienenfahrzeuge und deren Komponenten – Schraubenverbindungen – Teil 3: Konstruktion – elektrische Anwendungen

DIN 25201-4:2004-06

Konstruktionsrichtlinie für Schienenfahrzeuge und deren Komponenten – Schraubenverbindungen – Teil 4: Sichern von Schraubenverbindungen

DIN 25201-5:2005-06

Konstruktionsrichtlinie für Schienenfahrzeuge und deren Komponenten – Schraubenverbindungen – Teil 5: Korrosionsschutz

DIN 25201-6:2005-06

Konstruktionsrichtlinie für Schienenfahrzeuge und deren Komponenten – Schraubenverbindungen – Teil 6: Anschlussmaße

DIN 25201-7:2004-06

Konstruktionsrichtlinie für Schienenfahrzeuge und deren Komponenten – Schraubenverbindungen – Teil 7: Montage)

E DIN 31652 -2:2002-05

Gleitlager – Hydrodynamische Radial-Gleitlager im stationären Betrieb – Teil 2: Funktionen für die Berechnung von Kreiszylinderlagern

DIN 31653-1:1991-05

Gleitlager; Hydrodynamische Axial-Gleitlager im stationären Betrieb; Berechnung von Axialsegmentlagern

DIN 31653-2:1991-05
  Gleitlager; Hydrodynamische Axial-Gleitlager im stationären Betrieb; Funktionen für die Berechnung von Axialsegmentlagern
DIN 31653-3:1991-05
  Gleitlager; Hydrodynamische Axial-Gleitlager im stationären Betrieb; Betriebsrichtwerte für die Berechnung von Axialsegmentlagern
DIN 31655-1:1991-06
  Gleitlager; Hydrostatische Radial-Gleitlager im stationären Betrieb; Berechnung von ölgeschmierten Gleitlagern ohne Zwischennuten
DIN 31655-2:1991-04
  Gleitlager; Hydrostatische Radial-Gleitlager im stationären Betrieb; Kenngrößen für die Berechnung von ölgeschmierten Gleitlagern ohne Zwischennuten
DIN 31656-1:1991-06
  Gleitlager; Hydrostatische Radial-Gleitlager im stationären Betrieb; Berechnung von ölgeschmierten Gleitlagern mit Zwischennuten
DIN 31656-2:1991-04
  Gleitlager; Hydrostatische Radial-Gleitlager im stationären Betrieb; Kenngrößen für die Berechnung von ölgeschmierten Gleitlagern mit Zwischennuten
DIN 31692-1:1996-03
  Gleitlager – Teil 1: Schmierung und Schmierungsüberwachung
DIN 43200:2002-08
  Wälzlager für elektrische Maschinen in Elektrofahrzeugen – Aufbewahrung, Einbau, Schmierung, Ausbau, Reinigung und Wiederverwendung
DIN 65298:1988-12
  Luft- und Raumfahrt; Kreuzgelenke, nadelgelagert, mit Langzeitschmierung für Drehwellen; Wellengelenke; Anschlussmaße, Belastung, Massen
DIN 65299:1988-12
  Luft- und Raumfahrt; Kreuzgelenke, nadelgelagert, mit Langzeitschmierung für Drehwellen; Doppelwellengelenke; Anschlussmaße, Belastung, Massen
DIN 65300:1988-12
  Luft- und Raumfahrt; Kreuzgelenke, nadelgelagert, mit Langzeitschmierung für Drehwellen; Technische Lieferbedingungen
DIN EN 2022:1989-01
  Luft- und Raumfahrt; Gelenklager aus korrosionsbeständigem Stahl, mit selbstschmierender Beschichtung, leichte Reihe; Maße und Belastungen
DIN EN 2023:1989-01
  Luft- und Raumfahrt; Gelenklager aus korrosionsbeständigem Stahl, mit selbstschmierender Beschichtung, normale Reihe; Maße und Belastungen
DIN EN 2311:1988-08
  Luft- und Raumfahrt; Buchsen mit selbstschmierender Beschichtung; Technische Lieferbedingungen
DIN EN 2501:1989-01
  Luft- und Raumfahrt; Gelenklager aus korrosionsbeständigem Stahl, mit selbstschmierender Beschichtung und breitem Innenring; Maße und Belastungen

DIN EN ISO 16047:2005-10

Verbindungselemente – Drehmoment/Vorspannkraft-Versuch

DIN ISO 3547-3:2000-11

Gleitlager – Grollte Buchsen – Teil 3: Schmierlöcher, Schmiernuten und Schmiertaschen

DIN ISO 4381:2001-02

Gleitlager – Blei- und Zinn-Gusslegierungen für Verbundgleitlager

DIN ISO 4383:2001-02

Gleitlager – Verbundwerkstoffe für dünnwandige Gleitlager

DIN ISO 7148-1:2001-03

Gleitlager; Prüfung des tribologischen Verhaltens von Gleitlagerwerkstoffen – Teil 1: Prüfung von Lagermetallen

DIN ISO 7148-2:2001-03

Gleitlager; Prüfung des tribologischen Verhaltens von Gleitlagerwerkstoffen – Teil 2: Prüfung von polymeren Gleitlagerwerkstoffen

DIN ISO 12128:1998-07

Gleitlager – Schmierlöcher, Schmiernuten und Schmiertaschen – Maße, Formen, Bezeichnung und ihre Anwendung für Lagerbuchsen

ISO 4378-1:1997-12

Gleitlager – Begriffe, Definitionen und Einteilung – Teil 1: Konstruktion, Lagerwerkstoffe und ihre Eigenschaften

ISO 4378-2:1983-08

Gleitlager – Begriffe, Definitionen und Einteilung – Teil 2: Reibung und Verschleiß (E, F, R, D)

ISO 4378-3:1983-08

Gleitlager – Begriffe, Definitionen und Einteilung – Teil 3: Schmierung (E, F, R, D)

ISO 4378-4:1997-12

Gleitlager – Begriffe, Definitionen und Einteilung – Teil 4: Berechnungsgrößen und deren Symbole

ISO 7148-2:1999-11

Gleitlager – Prüfung des tribologischen Verhaltens von Gleitlagerwerkstoffen – Teil 2: Prüfung von Lagerwerkstoffen aus Kunststoff

ISO 8349:2002-04

Road vehicles – Measurement of road surface friction

VDI 2158:1991-12

Selbsthemmende und selbstbremsende Getriebe

VDI 2241 Blatt 1:1982-06

Schaltbare fremdbetätigte Reibkupplungen und -bremsen; Begriffe, Bauarten, Kennwerte, Berechnungen

VDI 2241 Blatt 2:1984-09

Schaltbare fremdbetätigte Reibkupplungen und -bremsen; Systembezogene Eigenschaften, Auswahlkriterien, Berechnungsbeispiele

VDI/VDE 2252:1980-07

Feinwerkelemente; Führungen; Übersicht

VDI/VDE 2252 Blatt 1:1999-10
   Feinwerkelemente – Führungen – Gleitlager, Allgemeine Grundlagen
VDI/VDE 2252 Blatt 2:2007-09
   Feinwerkelemente – Führungen – Nichtmetall-Gleitlager
VDI/VDE 2252 Blatt 3:1970-10
   Feinwerkelemente; Führungen; Gleitgelenke, Sinterlager
VDI/VDE 2252 Blatt 4:1973-01
   Feinwerkelemente; Führungen; Steinlager
VDI/VDE 2252 Blatt 5:1985-11
   Feinwerkelemente; Führungen; Gleitgelenke
VDI/VDE 2252 Blatt 61985-10
   Feinwerkelemente; Führungen; Gas-, Magnet- und Schwimmlager
VDI/VDE 2252 Blatt 8:1976-06
   Feinwerkelemente; Führungen; Wälzlager und andere Wälzführungen
VDI/VDE 2252 Blatt 9:1990-06
   Feinwerkelemente; Führungen; Federgelenke

Literaturverzeichnis

Kapitel 1

Bhushan, Bh. (Editor): Micro/Nanotribology and Its Applications. Kluwer Academic Publishers, Dordrecht, (1997).

BMFT Report: „Damit Rost und Verschleiß nicht Milliarden fressen". Bonn: Bundesministerium für Forschung und Technologie, 1983.

Brockley, C. A. (Editor): Economic losses due to friction and wear – Research and development strategies. Ottawa: National Research Council of Canada, 1984.

Coulomb, E.: Théorie des machines simples. Mem. Math. Phys. Paris 10 (1785) 161.

Czichos, H.: The principles of systems analysis, application to tribology. ASLE Trans. 17 (1974) 300.

Fleischer, G.: Systembetrachtungen zur Tribologie. Wiss. Z. TH Magdeburg 14 (1970) 415.

Fleischer, G.: Tribologie und Schlüsseltechnologien. Schmierungstechnik 20 (1989) 4.

Göttner, G. H.: Tribologie – Begriff, Wesen und Bedeutung. Schmiertech. Tribol. 17 (1970) 285.

HÜTTE Das Ingenieurwissen, 33. Auflage. Berlin und Heidelberg: Springer, 2008, S. D1.

Jost, H. P. (Chairman): Lubrication (Tribology) Education and Research – A report on the present position and industry's needs. London: Her Majesty's Stationery Office, 1966.

Kubota, M. (Chairman): Report by the Committee on Tribology Standardization (in japanischer Sprache). Tokyo: Association of Machinery Industry of Japan, 1982.

Pinkus, O.; Wilcock, D. F.: Strategy for energy conservation through tribology. New York: American Society of Mechanical Engineers, 1977.

Richter, K.; Wiedemeyer, J.: Verluste durch Reibung und Verschleiß – nichtgeschmierte Bauteile, in: Tribologie (1. Fortschreibung der Studie Tribologie). Köln: DFVLR Institut für Werkstoff-Forschung, Projektträgerschaft des BMFT, 1985, S. 37.

Salomon, G.: Application of systems thinking to tribology. ASLE Trans. 17 (1974) 295.

Singer, I.L. and Pollock, H.M.: Fundamentals of Friction: Macroscopic and Microscopic Processes. NATO ASI Series, Kluwer Academic Publishers, Dordrecht (1992).

Urbakh, M.; Meyer, E.: Nanotribology: The renaissance of friction. Nature Materials, 9 (2010) 8.

Wahl, H.: Allgemeine Verschleißfragen. Technik 3 (1948) 193.

Zum Gahr, K. H.: Tribologie: Reibung – Verschleiß – Schmierung. Naturwissenschaften 72 (1985) 260

Kapitel 2

Czichos, H.: Tribologie und Zuverlässigkeit technischer Systeme. Materialprüf. 20 (1978) 33.

Czichos, H.: Tribology and ist many Facets: From Macroscopic to Microscopic and Nanoscale Phenomena. Meccanica 36 (2001) 605.

Czichos, H.: Mechatronik Grundlagen und Anwendungen technischer Systeme. Wiesbaden: Vieweg +Teubner, 2008.

DUBBEL, Taschenbuch für den Maschinenbau (Grote, K.-H.; Feldhusen, J., Hrsg.), Teil F Grundlagen der Konstruktionstechnik. Berlin: Springer 2007, F7.

Feynman, R. P.: There is plenty of room at the bottom. Engineering and Science, (1960) 20. (Dt. Übersetzung in: Kultur und Technik, 1/2000, S. 1-8).

Feynman, R. P.; Leighton, R. B.; Sands, M.: The Feynman Lectures on Physics. Reading: Addison-Wesley, 1963. (Dt. Übersetzung, Band 1, Oldenburg-Verlag München, 2007, S. 166 f.)

Gnecco, E.; Meyer, F. (Eds.): Fundamentals of Friction and Wear at the Nanoscale. Springer, 2007.

Österle, W. et al.: Friction Control during Automotive Braking. Wear, 263 (2007) 1189.

Tomlinson, G. A.: A molecular theory of friction. Phil. Mag. 7 (1929) 905.

Urbakh, M.; Meyer, E.: Nanotribology: The renaissance of friction. Nature Materials, 9 (2010) 8.

Williams, J. A. and Le, H.R.: Tribology and MEMS. J. Phys. D: Appl. Phys. 39 (2006) R201.

Kapitel 3

Althin, T. K. W.: C. E. J. Johannsson 1864 – 1943, the master of measurement. Stockholm: Nordisk Rotogravyr, 1948.

Archard, J. F.: Contact and rubbing of flat surfaces. J. Appl. Phys. 24 (1953) 981.

Archard, J. F.: The temperature of rubbing surfaces. Wear 2 (1958) 438.

Ashby, M. F.; Abulawi, J.; Kong, H. S.: On surface temperatures at dry sliding surfaces. Cambridge: Engineering Dept. of Cambridge University, 1990.

Berthier, Y.; Brendle, M.; Godet, M.: Boundary conditions: adhesion in friction, in: Interface Dynamics (Dowson, D., Taylor, C. M., Godet, M. and Berthe, D., Editors), Amsterdam: Elsevier, 1988, p. 19.

Berthier, Y.: Experimental evidence for friction and wear modelling. Wear 139 (1990) 77.

Binnig, G., Quate, C.F., Gerber, C.: Atomic Force Microscope. Phys. Rev. Lett. 56 (1986) 930.

Blok, H.: Theoretical study of temperature rise at surfaces of actual contact under oiliness lubricating conditions, in: Proc. Gen. Discussion on Lubrication and Lubricants. London: Inst. Mech. Engineers, 1937.

Bowden, F. P.; Tabor, D.: The friction and lubrication of solids. (Part I). Oxford: Clarendon Press, 1954.

Bragg, L.; Nye, J. F.: A dynamic model of a crystal structure. Proc. Roy. Soc. London A 190 (1947) 474.

Broszeit, E.: Verschleiß durch Oberflächen-Zerrüttung an wälzbeanspruchten Bauteilen, in: Reibung und Verschleiß von Werkstoffen, Bauteilen und Konstruktionen (Czichos, H., Federführender Autor). Grafenau: Expert-Verlag, 1982, S. 112.

Buckley, D. H.: The influence of the atomic nature of crystalline materials on friction. ASLE Trans. 11 (1968) 89.

Buckley, D. H.: Effect of various material properties on the adhesive stage of fretting. NATO-AGARD Conf. Proc. No. 161, 1975, p. 13-1.

Buckley, D. H.: Definition and effect of chemical properties of surfaces in friction, wear and lubrication, in: Fundamentals of tribology (N. P. Suh and N. Saka, Editors). Cambridge, Mass.: MIT Press, 1980.

Buckley, D.H.: Surface effects in adhesion, friction, wear and lubrication, Amsterdam: Elsevier, 1981, p. 283, 289.

Carslaw, H. S.; Jaeger, J. C.: Conduction of heat in solids. Oxford: Clarendon Press, 1947.

Czichos, H.; Kaffanke, K.: Zur Bestimmung von Grenzflächentemperaturen bei tribologischen Vorgängen. VDI-Z. 112 (1970) 1491 und 1643.

Czichos, H.: The mechanism of the metallic adhesion bond. J. Phys. D, Appl. Phys. 5 (1972) 1890.

Czichos, H.: Tribology – a systems approach to the science and technology of friction, lubrication and wear. Amsterdam: Elsevier, 1978, p. 120, 265.

Czichos, H.: Systematik tribologischer Prüfungen, in: Tribologie Band 8 (Bunk, W., Hansen, J. und Haag, H., Herausgeber). Berlin: Springer, 1984, S. 9.

Czichos, H.; Petersohn, D.; Schwarz, W.: Technische Oberflächen, Teil 2: Oberflächenatlas. Berlin: Beuth-Verlag, 1985.

Czichos, H.: Contact deformation and static friction of polymers – Influences of viscoelasticity and adhesion, in: Polymer wear and its control (Lieng-Huang Lee, Editor). Washington: American Chemical Society, ACS Symposium Series 287, 1985.

DIN 4776, Entwurf
    Kenngrößen R_K, R_{PK}, R_{VK}, M_{R1}, M_{R2} zur Beschreibung des Materialanteils im Rauheitsprofil. Berlin: Beuth Verlag, November 1985.

Ehrenstein, G. W.: Polymer-Werkstoffe. München: Hanser, 1978, S. 110.

Ferrante J.; Smith J. R.: A theory of adhesion at a bimetallic interface: overlap effects. Surface Sci. 38 (1973) 77.

Fuller, K. N. G.; Tabor, D.: The effect of surface roughness on the adhesion of elastic solids. Proc. Roy. Soc. London A 345 (1975) 327.

Gleick, J.: Chaos – Making a new science. New York: Penguin, 1987, p. 99.

Godet, M.: Third-bodies in tribology. Wear 136 (1990) 29.

Greenwood, J. A.; Williamson, J. B. P.: The contact of nominally flat surfaces. Proc. Roy. Soc. London A 295 (1966) 300.

Greenwood, J. A.; Tripp, J. H.: The elastic contact of rough spheres. Trans. ASME, J. Appl. Mech. 89 (1967) 153.

Griffioen, J. A.; Bair, S.; Winer, W. O.: Infrared surface temperature measurements in a sliding ceramic-ceramic contact, in: 12th Leeds-Lyon Symposium on Tribology 1985 (Dowson, D., Editor): Amsterdam: Elsevier, 1986.

Habig, K.-H.: Zur Struktur- und Orientierungsabhängigkeit der Adhäsion und der trockenen Gleitreibung von Metallen. Materialprüfung 10 (1968) 417.

Habig, K.-H.: Der Einsatz des Rasterelektronenmikroskops zur Aufklärung von Verschleißmechanismen. Beitr. elektronenmikroskop. Direktabb. Oberfl. 3 (1970) 235.

Habig, K.-H.: Verschleiß und Härte von Werkstoffen. München: Hanser, 1980, S. 164.

Hamilton, G. M.; Goodman, L. E.: The stress field created by a circular sliding contact. Trans. ASME, J. Appl. Mech. 33 (1966) 371.

Hertz, H.: Über die Berührung fester elastischer Körper. J. Reine Angew. Math. 92 (1881) 156.

Johnson, K. L.; Kendall, K.; Roberts, A. D.: Surface energy and the contact of elastic solids. Proc. Roy. Soc. London A 324 (1971) 301.

Johnson, K. L.: Contact mechanics. Cambridge: Cambridge University Press, 1985.

Karas, F.: Die äußere Reibung beim Walzendruck. Forsch. Ing.-Wes. 12 (1941) 266.

Keller, D.V.: Adhesion between solid metals. Wear 6 (1963) 353.

Klein, J.; Perahia, D.; Warburg, S.: Forces between polymer-bearing surfaces undergoing shear. Nature 352 (1991) 143.

Kuhlmann-Wilsdorf, D.: Demystifying flash temperatures, I. Analytical expressions based on a simple model, II. First-order approximations for plastic contact spots. Mater. Sci. Engng. 93 (1987) 107, 119.

Landman, U.; Luedtke, W. D.; Burnham, N. A.; Colton, R. J.: Atomistic mechanisms and dynamics of adhesion, nanoindentation and fracture. Science 248 (1990) 454.

Ling, F. F.: Scaling law for contoured length of engineering surfaces. J. Appl. Phys. 62 (1987) 2570.

Ling, F. F.: The possible role of fractal geometry in tribology. Tribol. Trans. 32 (1989) 497.

Ling, F. F.: Fractals, engineering surfaces and tribology. Wear 136 (1990) 141.

Mandelbrot, B. B.: Fractals – Form, chance and dimension. San Francisco: Freeman, 1977.

Mazuyer, D.; Georges, J. M.; Cambou, B.: Shear behaviour of an amorphous film with bubbles soap raft model, in: Interface Dynamics (Dowson, D., Taylor, C. M., Godet, M. and Berthe, D., Editors), Amsterdam: Elsevier, 1988, p. 19.

McFarlane, J. S.; Tabor, D.: Relation between friction and adhesion. Proc. Roy. Soc. London A 202 (1950) 244.

Mindlin, R. D.: Compliance of elastic bodies in contact. Trans. ASME, J. Appl. Mech. 71 (1949) 259.

Montgomery, R. S.: Friction and wear at high sliding speeds. Wear 36 (1976) 275.

Nagaraj, H. S.; Sanborn, D. M.; Winer, W. O.: Direct surface temperature measurement by infrared radiation in elastohydrodynamic contacts and the correlation with the Blok flash temperature theory. Wear 49 (1978) 43.

Noppen, G.; Sigalla, J.: Technische Oberflächen, Teil 1: Oberflächenbeschaffenheit. Berlin: Beuth-Verlag, 1985, S. 70.

Plewinsky, B.: Chemie, in: HÜTTE – Die Grundlagen der Ingenieurwissenschaften (Czichos, H., Herausgeber). Berlin: Springer, 1991.

Reynolds, O.: On the theory of lubrication. Phil. Trans. Roy. Soc. London 177 (1886) 157.

Santner, E.: Friction and Wear Effects on a Micro/Nano-scale. Tribotest 8-1 (2001) 45

Santner, E. and Spaltmann, D.: Adhesion of cleaned nanoscopic metal contacts. Proceedings 13th International Colloquium Tribology, TAE-Esslingen, January 15-17 (2002) 31

Schmaltz, G.: Technische Oberflächenkunde. Berlin: Springer, 1936.

Schmidt, U.; Bodschwinna, H.; Schneider, U.: Mikro-EHD: Funktionsgerechte Rauheitskennwerte durch Ausweiten der Abott-Kurve. Teil II: Entwicklung von Rauheitskennwerten. Antriebstechnik 26 (1987) No. 10, 55.

Sikorski, M. E.: Correlation of the coefficient of adhesion with various physical and mechanical properties of metals. Trans. ASME D 85 (1963) 279.

Uetz, H.; Sommer, K.: Investigations of the effect of surface temperatures in sliding contact. Wear 43 (1977) 375.

Weingraber, H. von; Abou-Aly, M.: Handbuch Technische Oberflächen. Braunschweig: Vieweg, 1989, S. 123, 130, 352.

West, M. A.; Sayles, R. S.: A 3-dimensional method of studying 3-body contact geometry and stress on real rough surfaces, in: Interface Dynamics (Dowson, D., Taylor, C. M., Godet, M. and Berthe, D., Editors), Amsterdam: Elsevier, 1988, p. 195.

Winer, W. O.; Cheng, H.: Film thickness, contact stress and surface temperatures, in: Wear Control Handbook (Peterson, M. B. and Winer, W. O., Editors). New York: American Society of Mechanical Engineers, 1980, p. 81.

Wittenberg, J.: Mechanik fester Körper, in: HÜTTE – Die Grundlagen der Ingenieurwissenschaften (Czichos, H., Herausgeber). Berlin: Springer, 1991.

Woydt, M.: Reibung und Verschleiß von Zirkondioxidgleitpaarungen in Abhängigkeit von Temperatur und Gleitgeschwindigkeit. Diss. TU Berlin, 1989.

Wuttke, W.: Tribophysik. Leipzig: VEB Fachbuchverlag, 1986, S. 49, 106, 22, 85.

Ziman, J. M.: Electrons in metals – A short guide to the Fermi surface. London: Taylor and Francis, 1963.

Kapitel 4

Amontons, G.: De la Resistance Causée dans les Machines. Histoire Acad. Roy. Sci. Paris 12 (1699) 206.

Andarelli, G.; Maugis, D.; Courtel, R.: Observation of dislocations created by friction on aluminium thin foils. Wear 23 (1973) 21.

Bowden, F. P.; Tabor, D.: The friction and lubrication of solids. (Part II). Oxford: Clarendon Press, 1964.

Buckley, D. H.: Surface effects in adhesion, friction, wear and lubrication. Amsterdam: Elsevier, 1981, p. 389, 322.

Carter, F. W.: On the action of a locomotive driving wheel. Proc. Roy. Soc. London A 112 (1926) 151.

Challen, J. M.; Oxley, P. L. B.: An explanation of the different regimes of friction and wear using asperity deformation models. Wear 53 (1979) 229.

Coulomb, E.: Théorie des machines simples. Mem. Math. Phys. Paris 10 (1785) 161.

Czichos, H.: Die Energieverlustmechanismen der Rollreibung. Schmiertech. Tribol. 16 (1969) 62.

Czichos, H.: Über den Zusammenhang zwischen Adhäsion und Elektronenstruktur von Metallen bei der Rollreibung im elastischen Bereich. Z. Angew. Phys. 27 (1969) 40.

Czichos, H.: Festkörperreibung – Teilgebiet der Tribologie. Umschau 98 (1971) 116.

Czichos, H.: The mechanism of the metallic adhesion bond. J. Phys. D, Appl. Phys. 5 (1972) 1890.

Czichos, H.: Systemanalyse und Physik tribologischer Vorgänge, Teil 1: Grundlagen, Teil 2: Anwendungen. Schmiertech. Tribol. 22 (1975) 126 und 23 (1976) 6.

Czichos, H.: Tribology – a systems approach to the science and technology of friction, lubrication and wear. Amsterdam: Elsevier, 1978, p. 218, 341, 221.

Derjaguin, B. V.; Smilga, V. P.: Electrostatic component of the rolling friction force moment. Wear 7 (1964) 270.

Drescher, H.: Die Mechanik der Reibung zwischen festen Körpern. VDI-Z. 101 (1959) 697.

Eldredge, K. R.; Tabor, D.: The mechanisms of rolling friction. Proc. Roy. Soc. London A 229 (1955) 181.

Ferrante, J.: Exoelectron emission from a clean annealed magnesium single crystal during oxygen adsorption. ASLE Trans. 20 (1976) 328.

Flom, D. G.; Bueche, A. M.: Theory of rolling friction for spheres. J. Appl. Phys. 30 (1959) 1725.

Gane, N.; Skinner, J.: The generation of dislocations in metals under a sliding contact and the dissipation of frictional energy. Wear 25 (1973) 381.

Green, A. P.: The plastic yielding of metal junctions due to combined shear and pressure. J. Mech. Phys. Solids 2 (1955) 197.

Greenwood, H.; Minshall, H.; Tabor, D.: Hysteresis losses in rolling and sliding friction. Proc. Roy. Soc. London A 259 (1961) 480.

Gümbel, L.: Reibung und Schmierung im Maschinenbau. Berlin: Krayn, 1925.

Habig, K.-H.: Zur Struktur- und Orientierungsabhängigkeit der Adhäsion und der trockenen Gleitreibung von Metallen. Materialprüfung 10 (1968) 417.

Hamilton, G. M.: Plastic flow in rollers loaded above the yield point. Proc. Inst. Mech. Engrs. 177 (1963) 667.

Harper, W. R.: Contact and frictional electrification. Oxford: Clarendon Press, 1967.

Heathcote, H. L.: The ball bearing. Proc. Inst. Automotive Engrs. 15 (1921) 1569.

Heilmann, P.; Rigney, D. A.: An energy-based model of friction and its application to coated systems. Wear 72 (1981) 195.

Heinicke, G.: Tribochemie. Berlin: Akademie-Verlag, 1984.

Holland, J.: Die Grundlagen der Reibung und ihre Bedeutung für die Funktionsfähigkeit von Maschinen-elementen, in: Reibung und Verschleiß von Werkstoffen, Bauteilen und Konstruktionen (Czichos, H., Federführender Autor). Grafenau: Expert-Verlag, 1982, S. 36.

Kendall, K.: Rolling friction and adhesion between smooth solids. Wear 33 (1975) 351.

Kornfeld, M. J.: Frictional electrification. J. Phys. D, Appl. Phys. 9 (1976) 1183.

Kostetski, B. I.; Nazarenko, P. V.: Influence of changes of dislocation structure on the relation between friction and normal pressure. Soviet Physics Doklady 9 (1965) 1011.

Lancaster, J. K.: A review of the influence of environmental humidity and water on friction, lubrication and wear. Tribology International 23 (1990) 371.

Landman, U.; Luedtke, W. D.; Burnham, N. A.; Colton, R. J.: Atomistic mechanisms and dynamics of adhesion, nanoindentation and fracture. Science 248 (1990) 454.

Marx, U.; Feller, H. G.: Korrelation zwischen tribologischen und mechanischen Eigenschaften. Metall 33 (1979) 380.

Merwin, J. W.; Johnson, K. L.: Analysis of plastic deformation rolling contact. Proc. Inst. Mech. Engrs. 177 (1963) 676.

Nakayama, K.; Suzuki, N.; Hashimoto, H.: Triboemission of charged particles and photons from solid surfaces during frictional damage, in: Proc. Int. Conference on Frontiers of Tribology, April 1991. London: Physical Society.

Nakayama, K. and Nevshupa, R.A.: Plasma generated in a gap around a sliding contact. J-Phys.D: Appl. Phys. 35 (2002) L53-L56

Nicholas, J. F.: The dissipation of energy during plastic deformation. Acta Metallurg. 7 (1959) 544.

Niedrig, H.: Physik, in: HÜTTE – Die Grundlagen der Ingenieurwissenschaften (Czichos, H., Herausge-ber). Berlin: Springer, 1991.

Ohmae, N.; Okuyama, T.; Tsukizoe, T.: Influence of electronic structure on the friction in vacuum of 3d transition metals in contact with copper. Tribology International 11 (1980) 177.

Poritsky, H.: Stresses and deflections of cylindrical bodies in contact with application to contact of gears and of locomotive wheel. Trans. ASME, J. Appl. Mech. 72 (1950) 191.

Rabinowicz, E.: Friction and wear of materials. New York: Wiley, 1965.

Reynolds, O.: On rolling friction. Phil. Trans. Roy. Soc. London 116 (1876) 155.

Sherif, H. A.: Effect of contact stiffness on the establishment of self-excited vibrations. Wear 141 (1991) 227.

Sin, H. C.; Saka, N.; Suh, N. P.: Abrasive wear mechanisms and the grit size effect. Wear 55 (1979) 163.

Suh, N. P.; Sin, H. C.: The genesis of friction. Wear 69 (1981) 91.

Suh, N. P.: Tribophysics. Englewood Cliffs: Prentice Hall, 1986, p. 73.

Tabor, D.: Friction – the present state of our understanding. Trans. ASME F, J. Lubric. Technol. 103 (1981) 169.

Thompson, P. S.; Robbins, M. O.: Origin of stick-slip motion in boundary lubrication. Science 250 (1990) 792.

Tolstoi, D. M.: Significance of the normal degree of freedom and natural normal vibrations in contact friction. Wear 10 (1967) 199.

Wortmann, J.; Feller, H. G.: Exo-Elektronenemission nach tribomechanischer Oberflächenbeanspruchung. Z. Metallkunde. 67 (1976) 688.

Woska, R.; Barbehön, J.: Metallische Adhäsion unter trockener Reibung. Z. Werkstofftech. 13 (1982) 348.

Yoshioka, T.; Fujiwara, T.: Measurement of propagation initiation and propagation time of rolling contact fatigue cracks by observation of acoustic emission and vibration, in: Interface Dynamics (Dowson, D., Taylor, C. M., Godet, M. and Berthe, D., Editors). Amsterdam: Elsevier, 1988, p. 29.

Zum Gahr, K. H.: Abrasiver Verschleiß metallischer Werkstoffe. Fortschr.-Berichte VDI-Z., Reihe 5, Nr. 57. Düsseldorf: VDI-Verlag, 1981.

Kapitel 5

Apostolakis, G.: The concept of probability in safety assessment of technological systems. Science 250 (1990) 1359.

Archard, J. F.: Contact and rubbing of flat surfaces. J. Appl. Phys. 24 (1953) 981.

Archard, J. F.: Wear theory and mechanisms, in: Wear Control Handbook (Peterson, M. B. and Winer, W. O., Editors). New York: American Society of Mechanical Engineers, 1980, p. 35.

ASM Handbook Volume 18, Friction, Lubrication and Wear Technology, Oct. 1992, ISBN 0-87170-380-7

Aurich, D.: Bruchvorgänge in metallischen Werkstoffen. Karlsruhe: Werkstofftechnische Verlagsgesellschaft, 1978.

Bergling, G.: Betriebszuverlässigkeit von Wälzlagern. Kugellager-Z. 51 (1976) 1.

Birolini, A.: Qualität und Zuverlässigkeit technischer Systeme. Berlin: Springer, 1990.

Broszeit, E.: Verschleiß durch Oberflächen-Zerrüttung an wälzbeanspruchten Bauteilen, in: Reibung und Verschleiß von Werkstoffen, Bauteilen und Konstruktionen (Czichos, H., Federführender Autor). Grafenau: Expert-Verlag, 1982, S. 112.

Buckley, D. H.: Surface effects in adhesion, friction, wear and lubrication. Amsterdam: Elsevier, 1981, p. 456.

Burwell, J. T.: Survey of possible wear mechanisms. Wear 1 (1957) 119.

Bhushan, B. (ed.): Springer Handbook of Nanotechnology, Berlin Heidelberg, Springer 2004

Compilation of ASTM Standard Definitions, 8th edition, 1994, ISBN 0.8031-1804-X

Czichos, H.; Habig, K.-H.: Grundvorgänge des Verschleißes metallischer Werkstoffe – Neuere Ergebnisse der Forschung. VDI-Berichte Nr. 194, 1973, S. 23.

Czichos, H.: Tribology – a systems approach to the science and technology of friction, lubrication and wear. Amsterdam: Elsevier, 1978, p. 105.

Czichos, H.: Systemtechnische Analyse und Beschreibung von Verschleißvorgängen. Z. Metallkunde. 71 (1980) 421.

Czichos, H.: Importance of properties of solids to friction and wear behaviour, in: Tribology in the 80's (Proc. Int. Conf. Cleveland) Washington: NASA, Conf. Publ. 2300, 1984, p. 71.

Dally, J. W.; Chen, Y.-M.; Jahanmir, S.: Analysis of subsurface crack propagation and implications for wear of elastically deforming materials. Wear 141 (1990) 95.

de Gee, A. W. J.: Adhäsionsverhalten von Werkstoffen und Maßnahmen zur Verhinderung des „Fressens" von Bewegungselementen, in: Reibung und Verschleiß von Werkstoffen, Bauteilen und Konstruktionen (Czichos, H.: Federführender Autor). Grafenau: Expert-Verlag, 1982, S. 75.

Deyber, P.: Möglichkeiten zur Einschränkung von Schwingungsverschleiß, in: Reibung und Verschleiß von Werkstoffen, Bauteilen und Konstruktionen (Czichos, H.: Federführender Autor). Grafenau: Expert-Verlag, 1982, S. 149.

Engel, P. A.: Impact wear of materials. Amsterdam: Elsevier, 1978.

Fink, M.; Hofmann, U.: Zur Theorie der Reiboxydation. Arch. Eisenhüttenwes. 6 (1932) 161.

Fleischer, G.: Probleme der Zuverlässigkeit von Maschinen. Wiss. Z. TH Magdeburg 16 (1972) 289.

Fleischer, G.; Gröger, H.; Thum, H.: Verschleiß und Zuverlässigkeit. Berlin: VEB Verlag Technik, 1980.

Föhl, J.: Möglichkeiten des Verschleißschutzes von Bauteilen gegenüber abrasivem und erosivem Verschleiß, in: Reibung und Verschleiß von Werkstoffen, Bauteilen und Konstruktionen (Czichos, H., Federführender Autor). Grafenau: Expert-Verlag, 1982, S. 86.

Füchsel, M.: Über Verschleißbarkeit der Werkstoffe bei trockener Reibung. Organ Fortschr. Eisenbahnwes. 84 (1929) 413.

Habig, K.-H.: Verschleiß und Härte von Werkstoffen. München: Hanser, 1980.

Habig, K.-H.: Grundlagen des Verschleißes unter besonderer Berücksichtigung der Verschleißmechanismen, in: Reibung und Verschleiß von Werkstoffen, Bauteilen und Konstruktionen (Czichos, H., Federführender Autor). Grafenau: Expert-Verlag, 1982, S. 149.

Halling, J.: A contribution to the theory of mechanical wear. Wear 34 (1975) 239.

Heidemeyer, J.: Einfluss der plastischen Verformung von Metallen bei Mischreibung auf die Geschwindigkeit ihrer chemischen Reaktionen. Schmiertech. Tribol. 22 (1975) 84.

Heitz, E.; Ehmann, I.: Mechanisch-chemische Effekte bei der Erosionskorrosion. Tribologie-Fachtagung der GfT, Essen, Sept. 1990, Tagungsbeitrag 6/1.

Hirth, J. P.; Rigney, D. A.: Crystal plasticity and the delamination theory of wear. Wear 39 (1976) 133.

Holm, R.: Electrical contacts. Stockholm: Gebers Verlag, 1946. Berlin: Springer, 1967.

Hong, H.; Hochman, R.F.; Quinn, T.F.J.: A New Approach to the Oxidational Theory of Mild Wear. Tribol. Trans. 31 (1988) 71.

Hornbogen, E.: The role of fracture toughness in the wear of metals. Wear 33 (1975) 251.

Klaffke, D.: Fretting wear of ceramics. Tribology International 22 (1989) 89.

Krushow, M. M.: Principles of abrasive wear. Wear 28 (1974) 69.

Lancaster, J. K.: A review of the influence of environmental humidity and water on friction, lubrication and wear. Tribology International 23 (1990) 371.

Lang, O. R.: Surface fatigue of plain bearings. Wear 43 (1977) 25.

Littman, W. E.: The mechanisms of contact fatigue, in: Interdisciplinary approach to the lubrication of concentrated contacts (P. M. Ku, Editor). Washington: NASA, SP-237, 1970, p. 309.

Lorösch, H.-K.: Neue Erkenntnisse aus Ermüdungsversuchen mit Wälzlagern. Wälzlagertechnik 15 (1976) 7.

Mc Cormick, N. J.: Reliability and risk analysis. New York: Academic Press, 1981.

Mølgaard, J.: Die Entwicklung von Verschleißprozeßthesen. Schmiertech. Tribol. 23 (1976) 126.

Peeken, H.: Die tribologisch richtige Konstruktion. VDI-Z. 118 (1976) 201.

Plesset, M. S.; Chapman, R. B.: Collapse of an initially spherical vapour cavity in the neighbourhood of a solid boundary. J. Fluid Mech. 47 (1971) 283.

Quinn, T. F. J.: The role of oxidation in the mild wear of steel. Brit. J. Appl. Phys. 13 (1962) 33.

Rabinowicz, E.: Friction and wear of materials. New York: Wiley, 1965.

Rabinowicz, E.: Abrasive wear resistance as a material test. Lubrication Engineering, Vol. 33, 1977, p. 378 ff

Rieger, H.: Kavitation und Tropfenschlag. Karlsruhe: Werkstofftechnische Verlagsgesellschaft, 1977.

Schlicht, H.: Der Überrollvorgang bei Wälzelementen. Härt.-Tech. Mitt. 25 (1970) 47.

Scott, D.; Seifert, W. W.; Westcott, V. C.: The particles of wear. Sci. Amer. 230 (1974) 88.

Sitnik, L.; Berger, J.; Pohl, M.: Beeinflussung der Kavitationserosion durch den Gefügezustand der Werkstoffe. Härt.-Tech. Mitt. 39 (1984) 71.

Suh, N. P.: The delamination theory of wear. Wear 25 (1973) 111.

Thiessen, P. A.: Meyer, K.; Heinicke, G.: Grundlagen der Tribochemie. Berlin: Akademie-Verlag, 1967.

Uetz, H.: Strahlverschleiß. Mitt. Vereinig. Großkesselbetreiber 49 (1969) 50.

Uetz, H.; Föhl, J.: Einfluss der Korngröße auf das Strahlverschleißverhalten von Metall und nichtmetallischen Werkstoffen. Wear 20 (1972) 299.

Uetz, H.; Khosrawi, M. A.: Strahlverschleiß. Aufbereitungstechnik 21 (1980) 253.

Wahl, H.: Verschleißprobleme im Braunkohlenbergbau. Braunkohle 3 (1951) 75.

Waterhouse, R. B.: Fretting corrosion. Oxford: Pergamon Press, 1972.

Wellinger, K.; Uetz, H.: Gleitverschleiß, Spülverschleiß, Strahlverschleiß unter Wirkung von körnigen Stoffen. VDI-Forschungsheft 449, Forsch. Ing. Wes. 21 (1955) 1.

Wellinger, K.; Uetz, H.: Verschleiß durch körnige mineralische Stoffe. Aufbereitungstechnik 4 (1963) 193 und 319.

Wermuth, M.: Wahrscheinlichkeitsrechnung und Statistik, in: HÜTTE – Die Grundlagen der Ingenieur-wissenschaften (Czichos, H., Herausgeber). Berlin: Springer, 1991.

Wuttke, W.: Tribophysik. Leipzig: VEB Fachbuchverlag, 1986.

Zum Gahr, K.-H.: Furchungsverschleiß duktiler Metalle. Z. Metallkde. 73 (1982) 267.

Zum Gahr, K.-H.: Microstructure and wear of materials. Amsterdam: Elsevier, 1987, p. 96, 98.

Kapitel 6.2

Berthe D.; Godet M.: A More General Form of Reynolds Equation – Application to Rough Surfaces. Wear 27 (1973), S. 345-357

Boussinesq, J.: Application des Potentials a l'Etude de l'Equilibre et du Mouvement des Solides Elastiques. Paris: Gauthier-Villars, 1885

Dowson, D.; Higginson, G.R.: Elastohydrodynamic Lubrication- SI Edition, Pergamon, Oxford, (1977)

Greenwood, J. A.; Williamson, J. B. P.: Contact of nominally flat surfaces. In: Series A, Mathematical, physical and engineering sciences, Proceedings of the Royal Society, London 295 (1966), S. 300-319

Greenwood, J.A. und Tripp, J.H.: The Contact of Two Nominally Flat Rough Surfaces, Proc. Instn. Mech. Engrs. 185, 1970-1971

Knoll, G., Lang, J. und Rienäcker, A.: Transient EHD Connecting Rod Analysis: Full Dynamic Verus Quasi-static Deformation. Trans. ASME, Ser. F, Journal of Tribology, Vol. 118, 1995, S. 349-355

Knoll, G., R. Schönen und K. Wilhelm. „Full Dynamic Analysis of Crankshaft and Engine Block with Special Respect to Elastohydrodynamik Bearing Coupling", ASME/ICED Spring Technical Conference, 1997

Knoll, G., V. Lagemann: Simulationsverfahren zur Charakterisierung rauer Oberflächen, Teil 1 und 2, Tribologie und Schmierungstechnik, 49. Jahrgang, 1/2002-2/2002

Lui, J.Y.; Taillian, T.E.; McCool, J.I.: Dependence of bearing fatigue life on film thickness to surface roughness ratio. Trans. ASME, (1975), 18, No.2, S. 144-152

Patir, N.; Cheng H.S.: An Average Flow Model for Determining Effects of Three Dimensional Roughness on Partial Hydrodynamic Lubrication. Trans. ASME Ser. F, Journal of Lubrication Technology 100 (1978), S. 12-17

Patir, N.; Cheng H.S.: An Average Flow Model for Determining Effects of Three Dimensional Roughness on Partial Hydrodynamic Lubrication. Trans. ASME Ser. F, Journal of Lubrication Technology 100 (1978), S. 12-17

Peeken H. J., Knoll G., Rienäcker A., Lang J., Schönen R., On the Numerical Determination of Flow Factors, ASME Journal of Tribology, 1996

Peklenik, J.: Grundlagen zur Korrelationstheorie technischer Oberflächen. In: Industrie-Anzeiger, Essen, 87. Jg. (1965), Nr. 26, S. 456-462

Peklenik, J.: Investigations of the Surface Typology. In: Annals of the C.I.R.P. Vol. XV (1967), S. 381-385

Stribeck, R.: Die wesentlichen Eigenschaften der Gleit- und Rollenlager. VDI-Z. 46 (1902) S. 1341, 1432, 1463.

Kapitel 6.3

Daniel, S.G.: The adsorption on metal surfaces of long chain polar compounds from hydrocarbon solutions. Trans. Faraday Soc. 47 (1951) 1345.

Fuller, D.: Theorie und Praxis der Schmierung. Stuttgart: Berliner Unions Verlag, 1960.

Groszek, A.J.: Heat of preferential adsorption of surfactants on porous solids and its relation to wear of sliding steel surfaces. ASLE Trans. 5 (1962) 105.

Habig, K.-H.; Kelling, N.: Untersuchungen der Verträglichkeit von Schmierölen mit metallischen Gleit-lagerwerkstoffen bei tribologischer Beanspruchung, in: Tribologie Band 6 (Bunk, W., Hansen, J. u. Geyer, M., Herausgeber). Berlin, Heidelberg, New York, Tokyo: Springer, 1983, S. 165.

Iliuc, I.: Tribology of thin layers. Amsterdam, Oxford, New York: Elsevier, 1980.

Lockwood, F.E.; Bridger, K.; Hsu, S.M.: Heats of immersion, friction, and wear of base oil fractions. Tribol. Trans. 32 (1989) 506.

Nakayama, K.; Studt, P.: The adsorption of polar cyclic compounds on iron surfaces from hydrocarbon solutions and their lubricating properties. Wear 116 (1987) 107.

Quilty, C.J.; Martin, P.: The effect of antiwear additives on the lubrication properties of corrosion preventive oils. Lubric. Engng. 25 (1969) 240.

Reynolds, O.: On the theory of lubrication and its application to Mr. Beauchamp Tower's experiments, including an experimental determination of the viscosity of olive oil. Phil. Trans. Roy. Soc. London 177 (1886) 157.

Rowe, C.N.: Lubricated Wear, in: Wear Control Handbook (Peterson, M.B. and Winer, W.O., Editors). New York: American Society of Mechanical Engineers, 1980, p. 143.

Sakurai, T.; Sato, K.: Study of corrosivity and correlation between chemical reactivity and load-carrying capacity of oils containing extreme pressure agents. ASLE Trans. 9 (1966) 77.

Studt, P.: Zusammenhang zwischen Adsorbierbarkeit und Wirksamkeit von Hochdruckzusätzen in Schmierölen. Erdöl Kohle 21 (1968) 784.

Studt, P.: Boundary lubrication: adsorption of oil additives on steel and ceramic surfaces and its influence on friction and wear. Tribology International 22 (1989) 111.

Uetz, H.; Khosrawi, M.A.; Föhl, J.: Mechanism of reaction layer formation in boundary lubrication. Wear 100 (1984) 301.

Willermet, P.: An evaluation of several metals and ceramics in lubricated sliding. ASLE Trans. 30 (1987) 128.

Zisman, W.A.: Friction, durability and wettability properties of monomolecular films on solids, in: Friction and Wear, Detroit 1957 (R. Davies, Editor). Amsterdam: Elsevier, 1959.

Kapitel 7

Celis, J.-P., Wu, P. Q., Garcia Diego, I, Drees, D., Ponthiaux, P., Wenger, F.: Tribo-corrosion of metallic materials and coatings. Actas das 8. Jornadas Portugoesas de Tribologia. Univ. de Aveiro, Portugal, 2002.

B. Isecke: Corrosion, in: Springer Handbook of Materials Measurement Methods (H. Czichos, T. Saito, L. Smith Editors). Berlin: Springer, 2006.

Hassel, A. W.: Mikroskopische Aspekte der Tribokorrosion. JSPS-Veröffentlichungen, 02/2004. www. jsps.club.de

Hassel, A. W. and Smith, A. J.: Single particle impact experiments for studying particle induced flow corrosion. Corros. Sci 40 (2007) 231.

Quinn, T. F. J.: The role of oxidation in the mild wear of steel. Brit. J. Appl. Phys. 13 (1962) 33.

Kapitel 8

Allers, W., Schwarz, A., Schwarz, U.D., and Wiesendanger, R.: A scanning force microscope with atomic resolution in ultrahigh vacuum and at low temperature. Rev. Sci. Instrum. 69 (1998) 221.

Baugh, E. and Talke, F. E., „The Head/Tape Interface: A Critical Review and Recent Results", Tribology Transactions, 39, 2, (1996), 306-313.

Baumgart, P., Krajnovich D. J., Nguyen T. A., Tam A. C., „A new laser texturing technique for high performance magnetic disk devices", IEEE Trans. on Magnetics, 31, (1995), 2946-51.

Begelinger, A.; de Gee, A. W. J.: Thin film lubrication of sliding point contacts of AISI 52100 steel. Wear 28 (1974) 103.

Benzing, R.; Goldblatt, I.; Hopkins, V.; Jamison, W.; Mecklenburg, K.; Peterson, M.: Friction and wear devices. Park Ridge: American Society of Lubrication Engineers, 1976.

Bhushan, Bh., ed.: Micro/Nanotribology and Its Applications. Kluwer Academic Publishers, Dordrecht, (1997).

Bhushan, Bh., ed.: Modern Tribology Handbook. CRC Press, Boca Raton (2001).

Binnig, G., Rohrer, H.: Scanning tunneling microscopy. Helv. Phys. Acta 55 (1982) 726.

Binnig, G., Quate, C.F., Gerber, C.: Atomic Force Microscope. Phys. Rev. Lett. 56 (1986) 930.

Binnig, G., Rohrer, H.: Scanning tunneling microscopy from birth to adolescence. Rev. Mod. Phys. 59 (1987) 615.

Boness, R. J.; Mc Bridge, S. L.; Sobczyk, M.: Wear studies using acoustic emission techniques. Tribology International 23 (1990) 291.

Briggs, D.; Seah, M.P. (Eds): Practical Surface Analysis. John Wiley&Sons, Chichester, 1992

Czichos, H.; Kirschke, K.: Investigations into film failure (transition point) of lubricated concentrated contacts. Wear 22 (1972) 321.

Czichos, H.: Failure criteria in thin film lubrication: the concept of a failure surface. Tribology International 7 (1974) 14.

Czichos, H.: A systems analysis data sheet for friction and wear tests and an outline for simulative testing. Wear 41 (1977) 45.

Czichos, H.: Tribology – a systems approach to the science and technology of friction, lubrication and wear. Amsterdam: Elsevier 1978, p. 251.

Czichos, H.: Systematik tribologischer Prüfungen, in: Tribologie Band 8 (Bunk, W., Hansen, J. und Haag, H., Herausgeber). Berlin: Springer, 1984, S. 9.

Czichos, H.; Becker, S.; Lexow, J.: Multilaboratory tribotesting: Results from the Versailles Advanced Materials and Standards Programme on Wear Test Methods. Wear 114 (1987) 109.

Czichos, H.; Becker, S.; Lexow, J.: International multilaboratory sliding wear tests with ceramic and steel (VAMAS 2nd round robin). Wear 135 (1989) 171.

Fischer, K.-F.; Ketting, M. Woydt, M.: Ceramic component in tracks for construction equipment. Proc. 6th European ISTVS Comf. 28.-30. September 1984, Vienna, Vol. II,P. 673-695, ISSN 1022-0313.

Fujisawa, S., Kishi, E., Sugawara, Y., and Morita, S.: Atomic-scale friction observed with a two-dimensional frictional-force microscope. Phys. Rev. B, 51 (1995) 7849.

Gervé, A.: Zur Früherkennung von Verschleißschäden und Funktionsüberwachung laufender Maschinenanlagen, in: Reibung und Verschleiß von Werkstoffen, Bauteilen und Konstruktionen (Czichos, H., Federführender Autor). Grafenau: Expert-Verlag, 1982, S. 205.

Giessibl, F.J.: Forces and frequency shifts in atomic-resolution dynamic-force microscopy. Phys. Rev. B,56 (1997) 16010.

Godfrey, D.: Diagnosis of wear mechanisms, in: Wear Control Handbook (Peterson, M. B. and Winer, W. O., Editors). New York: American Society of Mechanical Engineers, 1980, p. 283.

Gnecco, E.; Bennewitz R.; Gyalog, T.; Loppacher, Ch.; Bammerlin, M.; Meyer, E.; and Güntherodt, H.-J.: Velocity Dependence of Atomic Friction. Phys. Rev. Lett. 84 (2000) 1172.

Grill A., „Tribology of diamondlike Carbon and related materials: an updated review", Wear, 94-95, (1997), 507-13.

Gui J., Marchon B., „ A Stiction model for a head-disk interface of a rigid disc drive", J Appl. Phy., 78, (1995), 4206-17.

Habig, K.-H.: Möglichkeiten der Modell-Verschleißprüfung. Materialprüfung 17 (1975) 358.

Habig, K.-H.: Possibilities of model wear testing, in: Metallurgical Aspects of Wear (E. Hornbogen and K.-H. Zum Gahr, Editors). Oberursel: Deutsche Gesellschaft für Metallkunde, 1981, S. 237.

Habig, K.-H.: Die Aussagefähigkeit von Reibungs- und Verschleißprüfungen, in: Werkstoffprüfung 1990. Berlin: Deutscher Verband für Materialforschung und -prüfung, 1990, S. 223.

Heinke, G.: Verschleiß – eine Systemeigenschaft. Auswirkungen auf die Verschleißprüfung. Z. Werkstofftech. 6 (1975) 164.

Heinz, R.: Betriebs- und Laborprüftechniken für reibungs- und verschleißbeanspruchte Bauteile, in: Reibung und Verschleiß von Werkstoffen, Bauteilen und Konstruktionen (Czichos, H., Federführender Autor). Grafenau: Expert-Verlag, 1982, S. 169.

Heller, A.: Einfluss von Gefüge- und Bearbeitungsparametern auf die tribologischen Eigenschaften von Zylinderlaufbahnen aus Grauguß. Diplomarbeit September 1995, Otto-von-Guericke-Universität Magdeburg, D-39016 Magdeburg.

Hölscher, H., Schwarz, A., Allers, W., Schwarz, U.D., and Wiesendanger, R.: Quantitative analysis of dynamic-force-spectroscopy data on graphite (0001) in the contact and noncontact regimes. Phys. Rev. B 61 (2000) 12678.

Hölscher, H., Allers, W., Schwarz, U.D., Schwarz, A., and Wiesendanger, R.: Simulation of NC-AFM images of xenon (111). Appl. Phys. A 72 (2001) 35.

Homola, A.M., Israelachvili, J.N., Gee, M.L., and McGuiggan: Measurement of and Relation Between the Adhesion and Friction of Two Surfaces Separated by Molecularly Thin Liquig Films. J. Tribology 111 (1989) 675.

Hu, Y., Bogy D. B., „Dynamic stability and spacing modulation of sub-25 nm fly height sliders", ASME J. Trib., 119, (1996), 646-52.

Israelachvili, J.N.: Intermolecular and Sueface Forces. Academic Press, London (1992).

Jarvis, S.P.; Oral, A.; Weihs, T.P.; Pethica, J.B.: Anovel microscope and point contact probe. Rev. Sci. Instrum. 64 (1993) 3515.

Jarvis, S.P.; Yamada, H.; Kobayashi; K., Toda, A.; Tokumoto, H.: Normal and lateral force investigation using magnetically activated force sensors. Applied Surface Science 157 (2000) 314.

John, P. M.: Statistical design and analysis of experiments. London: Macmillan, 1971.

Kang, H.-J., Perettie, D. J., Talke F. E., „A study of phase separation characteristics of perfluoropolyethers/posphazene (x-1p) lubricant mixtures on hard disk surfaces", IEEE Trans. on Magnetics, 35, 5, (1999), 2385-2387.

Ketting,M.; Kunkel, W.; Woydt, M.: Gleiskettenbuchsen aus Keramik. Keramische Zeitschrift 48(6) 1996 494-499.

Klaffke, D.: Fundamentals of Tribotesting. Tribotest 6-4 (2000) 373.

Knigge, B., Talke F. E., and P. Baumgart, „Acoustic Emission and Stiction Analysis of Laser Textured Media", IEEE Trans. on Magn. 35, 2, (1999), 921-926.

Kolar, D.; Dohnal, M.: Fuzzy description of ball-bearing wear. Wear 110 (1986) 35.

Kotz, S.; Johnson, N. L.; Read, C. B.: Encyclopedia of statistical sciences. New York: Wiley, 1982, p. 359.

Krim, J.: Friction at the Atomic Scale. Scientific American Oct. 1996, 48 und Reibung auf atomarer Ebene. Spektrum der Wissenschaften Dez. 1996, 80.

Krotil, H.-U., Stifter, Th., Waschipky, H., Weishaupt, K. Hild, S., and Marti, O.: Pulsed Force Mode: a New Method for the Investigation of Surface Properties. Surf. Interface Anal. 27 (1999) 336.

Krotil, H.-U., Weilandt, E., Stifter, Th., Marti, O, and Hild, S.: Dynamic Friction Force Measurement with the Scanning Force Microscope. Surf. Interface Anal. 27 (1999) 341.

Lattka, A. L.; Utz, W.: Harte Anforderungen – PCI Transient Recorder überwacht Maschinenschwingungen. Meßtechnik 6 (1990) 8.

Lee, H. J, Lee J. K, Zubeck R., Smallen M. and Hollars D., „Properties of sputter-deposited. hydrogenated carbon films as a tribological overcoat used in rigid magnetic disks", Sur. Coat. Tech., 54-55, (1992), 552-6.

Lim, S. C.; Ashby, M. G.: Wear–mechanism maps. Acta Metallurg. 35 (1987) 1.

Lüthi, R.; Meyer, E.; Howald, L.; Bammerlin, M.; Güntherodt, H.-J.; Gyalog, T.; and Thomas, H.: Friction force microscopy in ultrahigh vacuum: an atomic-scale study on KBr(001). Tribol. Lett. 1 (1995) 129.

Mate, C.M.; McClelland, G.M.; Erlandsson, R.; Chiang, S.: Atomic-Scale Fristion of a Tungsten Tip on a Graphite Surface. Phys. Rev. Lett. 59 (1987) 1942.

Mee, C. D. and Daniels, E. D., Magnetic Recording, McGraw-Hill Book Company, (1986).

Mittmann, H. U.; Czichos, H.: Reibungsmessungen und Oberflächenuntersuchungen an Kunststoff-Metall-Gleitpaarungen. Materialprüfung 17 (1975) 366.

Montgomery, D. C.: Design and analysis of experiments. New York: Wiley, 1978, p. 180.

Mücke, W.: Zur Anwendung der statistischen Versuchsplanung in der Tribotechnik. Schmierungstechnik 11 (1980) 140.

Perettie, D. J, Morgan T. A., Zhao Q., Kang H. J., Talke F. E., „The use of phosphazene additives to enhance the performance of PFPAE lubricants", J. Magn. Magn., 193, (1999), 318-21.

Persson, B.N.J., and Tossatti, E., ed.: Physics of sliding friction. Kluwer Academic Publishers, Dordrecht (1996).

Persson, B.N.J.: Sliding friction. Springer, Berlin (1998).

Rabinowicz, E.: Investigating a tribological failure. Wear 136 (1990) 199.

Razim, C.; Rodrian, U.: Untersuchungen zum Schichtaufbau und Verschleißverhalten hochbelasteter, nitrierter Schraubenräder. Härt.-Tech. Mitt. 40 (1985) 141.

Reiners, G.: Werkstoffprüfung von Oberflächen. Ingenieur-Werkstoffe 2 (1990) 57.

Riviere, J.C.; Myhra, S.; Handbook of Surface and Interface Analysis. Methods for Problem-Solving. Marcel Dekker Inc., New York, 1998

Sachs, L.: Statistische Methoden. Berlin: Springer, 1984.

Salomon, G.: Failure criteria in thin film lubrication – the IRG program. Wear 36 (1976) 1.

Santner, E.: Rechnergestützte Prüftechnik in der Tribologie. Materialprüfung 32 (1990) 18.

Santner, E.: Reibkraftschwankungen – Quellen, Informationsquelle, Probleme. Tribologie + Schmierungstechnik 47 (2000) 19.

Santner, E., Koehler, N.: Tribological testing of TiN-coatings in dry sliding contacts – Evaluation of an international multilaboratory project, WORLD Tribology Congress, ISBN 1-86058-109-9, 1997, p. 501

Segieth, C.: Verschleißuntersuchungen an Raupenlaufwerken von Baumaschinen. Fortschrittberichte VDI, Reihe 1, Nr. 192. Düsseldorf: VDI-Verlag, 1990.

Singer, I.L. and Pollock, H.M.: Fundamentals of Friction: Macroscopic and Microscopic Processes. NATO ASI Series, Kluwer Academic Publishers, Dordrecht (1992).

Stange, K.; Henning, H.-J.: Formeln und Tabellen der mathematischen Statistik. Berlin: Springer, 1966.

Talke, F. E., „An Overview of Current Tribology Problems in Magnetic Recording", Proceedings of the 26th Leeds-Lyon Symposium on Tribology, Elsevier Press, in press, (1999).

Talke, F. E., „Investigation of Tape Edge Wear," Wear, 17, (1971), 21-32.

Uedelhoven, W.; Franzl, M.; Guttenberger, J.: The use of automated image analysis for the study of wear particles in oil-lubricated tribological systems. Wear 142 (1991) 107.

Unger, W.: Oberflächen und Schichtanalytik. Tagungsband zum Workshop „Bewertung und Charakterisierung technischer Oberflächen für die verarbeitende Industrie" FDS e.V. und NEMA e.V., Bergisch Gladbach und Chemnitz, 2000

Wahl, M. P., Lee, P. and Talke, F. E., „An Efficient Finite Element-Based Air Bearing Simulator for Pivoted Slider Using Bi-conjugate Gradient Algorithms", Tribology Transactions, 39, 1, (1996), 130-138.

Weingraber, H. von; Abou-Aly, M.: Handbuch Technische Oberflächen. Braunschweig: Vieweg, 1989.

Weissner, S. and Talke, F. E., „A New Finite-Element Based Suspension Model Including Displacement Limiters for Load-Unload Simulations", in press, Journal of Tribology, (2001).

Woydt, M.; Kelling, N.: Characterization of the tribological behaviour of lubricants and materials for the tribosystem „piston ring/Cylinder Liner. STP 1404 „Bench testingof industrial fluid lubrication and wear properties used in machinery applications",ASTM D2, 2001.

Zhao, Q. and F. E. Talke, „Effect of Environmental Conditions on the Stiction Behavior of Laser Textured Hard Disk Media", Tribology International 33, (2000), 281-287.

Zhao, Q. and Talke, F. E., „Stiction and Deformation Analysis of Laser Textured Media with Crater-Shaped Laser Bumps", Tribology Transactions 43, 1, (2000),1-8.

Zeng, Q. H. and Bogy, D.B., „A Dimplified 4-DOF Suspension Model for Dynamic Load-Unload Simulation and its Application", J. of Tribology, Trans. ASME, vol. 122, no.1, (2000), 274-279.

Kapitel 8.4

Berg, S.; Prellberg, Th.; Johannsmann, D. : Nonlinear contact mechanics based on ring-down experiments with quartz crystal resonators. Rev. Sci. Instrum. 74 (2003) 118.

Bhushan Bh.; Gupta, B.K.; Van Cleef, G.W.; Capp, C.; Coe, J.V.: Fullerene (C60) Films for Solid Lubrication. Tribology Transactions.

Bhushan, Bh., Israelachvili, J. N.; Landmann, U. : Friction, Wear and Lubrication at the Atomic Scale. Nature. 374 (1995) 607.

Bhushan, B. (ed.): Springer Handbook of Nanotechnology, Berlin Heidelberg, Springer 2004

Binnig, G., Rohrer, H.; Gerber, Ch.; Weibel, E.: Tunneling through a controllable vacuum gap. Appl. Phys. Lett. 40 (1982) 178

Binnig, G., Rohrer, H.: Vacuum Tunnel Microscope. Helv. Phys. Acta 55 (1982) 128.

Binnig, G., Quate, C.F., Gerber, C.: Atomic Force Microscope. Phys. Rev. Lett. 56 (1986) 930.

Bonse, J., Sturm, H., Schmidt, D., Kautek, W.: Chemical, morphological and accumulation phenomena in ultrashort-pulse laser ablation of TiN in air. Appl. Phys. A 71 (2000) 657.

Burnham, N.A., Chen, X., Hodges, C.S., Matei, G.A., Thoreson, E.J., Roberts, C.J., Davies, M.C., Tendler, S.J.B.: . Comparison of calibration methods for atomic-force microscopy cantilevers. Nanotechnology 14 (2003) 1.

Butt, H.-J.; Cappella, B., Kappl, M.: Force measurements with the atomic force microscope: Technique, interpretation and applications. Surf. Sci. Rep. 59 (2005) 1-152

Cannara, R.J.; Brukman, M.J.; Cimatu, K.; Sumant, A.V.; Baldelli, S.; Carpick, R.W.: Nanoscale Friction Varied by Isotopic Shifting of Surface Vibrational Frequencies. Science 318 (2007) 780.

Colburn, T. J.; Leggett, G. J.: Influence of solvent environment and tip chemistry on the contact mechanics of tip-sample interactions in friction force microscopy of self-assembled monolayers of mercaptoundecanoic acid and dodecanethiol. Langmuir 23 (2007) 4959.

Colchero, J.; Luna, M.; Baro, A.M.: Lock-in technique for measuring friction on a nanometer scale. Appl. Phys. Lett. 68 (1996) 2896.

Dinelli, F.; Biswas, S.K.; Briggs, G.A.D; Kolosov, O.V.: Ultrasound induced lubricity in microscopic contact. Appl. Phys. Lett. 71 (1997) 1177

Elias, H.-G.: Makromoleküle, Physikalische Strukturen und Eigenschaften, Bd.2, Weinheim, Wiley-VCH 2001

Feynman, R.P.: There's Plenty of Room at the Bottom - An Invitation to Enter a New Field of Physics. Vortrag, Jahrestagung der American Physical Society . California Institute of Technology (Caltech), Pasadena, USA, 29.12.1959. http://www.zyvex.com/nanotech/feynman.html

Frechette, J.; Vanderlick, T.K.: Making, Breaking, and Shaping Contacts by Controlling Double Layer Forces. Ind. Eng. Chem. Res. 48 (2009) 2315.

Gao, J.P.; Luedtke, W.D.; Gourdon, D.; Ruths, M.; Israelachvili, J.N.; Landman, U.: Frictional forces and Amontons' law: from the molecular to the macroscopic scale. J. Phys. Chem. 108 (2004) 3410.

Gee, M.L.; McGuiggan, P.M.; Israelachvili, J.N.; Homola, A.M.: Liquid to solid-like transitions of molecular thin films under shear. J. Chem. Phys. 93 (1990) 1895.

Geike, T.: Theoretische Grundlagen eines schnellen Berechnungsverfahrens für den Kontakt rauer Oberflächen. Dissertation TU Berlin (2008). http://opus.kobv.de/tuberlin/volltexte/2008/1748/

Hembacher, S., Giessibl, F.J., Mannhart, J.: Force microscopy with light-atom probes. Science 305 (2004) 380.

Hinrichsen, G.; Sturm, H.; Schulz, E.; Munz, M.: Bericht zum Teilprojekt A1 im Sfb605 "Elementare Reibereignisse", G.-P. Ostermeyer u. S. Hess (Hrsg.), TU Berlin (2001), S. 60. s. http://www.2.tu-berlin.de/sfbs/sfb605/tp_a1.html

Homola, A.M.; Israelachvili, J.N.; Gee, M.L.; McGuiggan, P.M.: Measurement of and relation between the adhesion and friction of two surfaces separated by molecularly thin liquid-films. J. Tribology 111 (1989) 675.

Israelachvili, J.N.; McGuiggan, P.M.: Adhesion and short-range forces between surfaces. Part I: New apparatus for surface force measurements. J. Mater. Res. 5 (1990) 2223.

Israelachvili, J.N.: Intermolecular and Surface Forces. Academic Press, London (1991).

Johnson, K.L.; Kendall, K.; Roberts,A.D.: Surface energy and contact of elastic solids. Proc. R. Soc. London Ser. A 324 (1971) 301.

Johnson, K.L.; Greenwood, J.A.: An adhesion map for the contact of elastic spheres. J. Coll. Interf. Sci. 192 (1997) 326.

Kageshima, M.; Ogisoa, H.; Tokumoto, H.: Lateral forces during manipulation of a single C60 molecule on the Si(0 0 1)-2×1 surface. Surface Science 517(2002) L557.

Krätschmer, W.; Lamb, L.D.; Fostiropoulos, K.; Huffman, D.R.: Solid C60: a new form of carbon. Nature 347 (1990) 354

Krim, J.: QCM tribology studies of thin adsorbed films. Nano Today 2 (2007) 38

Krotil, H.U., Weilandt, E., Stifter, T., Marti, O., Hild, S.: Dynamic friction force measurement with the scanning force microscope. Surf. Interf. Anal. 27 (1999) 341.

Li, Q., Kim, K.-S., Rydberg, A.: Lateral force calibration of an atomic force microscope with a diamagnetic levitation spring system. Rev. Sci. Instrum. 77 (2006) Art.No. 065105

Littmann, W.; Storck, H.; Wallaschek, W.: Sliding friction in the presence of ultrasonic oscillations: superposition of longitudinal oscillations. Arch Appl Mech 71 (2001) 549.

Mark, J.E. (ed.): Physical Properties of Polymers Handbook, Woodbury, NY, U.S.A., AIP Press 1996.

Martsinovich, N.; Kantorovich, L.: Modelling the manipulation of C60 on the Si(001) surface performed with NC-AFM. Nanotechnology 20 (2009) 135706.

Mate, C.M.; McClelland, G.M.; Erlandsson, R.; Chiang, S.: Atomic-Scale Friction of a Tungsten Tip on a Graphite Surface. Phys. Rev. Lett. 59 (1987) 1942.

McGuiggan, P.M.; Gee, M.L.; Yoshizawa, H.; Hirz, S.J.; Israelachvili, J.N.: Friction studies of polymer lubricated surfaces. Macromolecules 40 (2007) 2126.

Meyer, E.; Overney, R.M.; Frommer, J.; 1995. Handbook on Micro/Nano Tribology. [Hrsg.] B. Bushan. Boca Raton : CRC Press, 1995. S. 223.

Meyer, E., Lüthi, R., Howald, L., Bammerlin, M., Guggisberg, M., Güntherodt, H.-J.: Site-specific friction force spectroscopy. J. Vac. Sci. Technol. B 14 (1996) 1285.

Mo, Y., Turner, K.T., Szlufarska, I.: Friction laws at the nanoscale. Nature 457 (2009) 1116.

Munz, M.; Schulz, E.; Sturm, H.: Use of scanning force microscopy studies with combined friction, stiffness and thermal diffusivity contrasts for microscopic characterization of automotive brake pads. Surf. Interf. Anal. 33 (2002) 100.

Munz, M., Cappella, B., Sturm, H., Geuss, M.: Materials contrasts and Nanolithography Techniques in Scanning Force Microscopy (SFM) and their application to polymers and polymer composites. Adv. Polym. Sci. 164 (2003) 87.

Ogletree, D.F., Carpick, R.W., Salmeron, M.: Calibration of frictional forces in atomic force microscopy. Rev. Sci. Instrum. 67 (1996) 3298.

Painter, P.C.; Coleman, M.M.: Fundamentals of Polymer Science, 2nd edition, Lancaster, PA, U.S.A.: Technomic Publishing Company, 1998.

Perssons, B. N. J.: Sliding Friction: Physical Principles, Applications. Berlin Heidelberg : Springer, 1998.

Pohlmann, R.; Lehfeldt, E.: Influence of ultrasonic vibration on metal friction. Ultrasonics 4 (1966) 178.

Popov, V.: Kontaktmechanik und Reibung: Ein Lehr- und Anwendungsbuch von der Nanotribologie bis zur numerischen Simulation. Berlin Heidelberg: Springer, 2009.

Prunici, P., Hess, P.: Quantitaive characterisation of crosstalk effects for friction force microscopy with scan-by-probe SPMs. Ultramicorscopy 108 (2008) 642.

Reinstädtler, M.; Kasai, T.;Rabe, U.; Bhushan, B., Arnold, W.: Imaging and measurement of elasticity and friction using the TR mode. J. Phys. D: Appl. Phys. 38 (2005) R269.

Scheel, H.J.; Binnig, G.; Rohrer, H.; Atomically flat LPE-grown facets seen by Scanning Tunneling Microscopy. J. Cryst. Growth 60 (1982) 199

Sheiko, S.S., Möller, M., Reuvekamp, E.M.C.M., Zandbergen, H.M.: Calibration and evaluation of Scanning-Force-Microscopy Probes. Phys. Rev. B 48 (1993) 5675.

Socoliuc, A.; Gnecco, E.; Maier, S.; Pfeiffer, O.; Baratoff, A.; Bennewitz, R.; Meyer, E.: Atomic-scale control of nanometer-sized contacts. Science 313 (2006) 207.

Song, Y., Bhushan, B.: Atomic force microscopy dynamic modes: modeling and applications. J. Phys.: Condens. Matter 20 (2008) Art. No. 225012

Steiner, M.; Failla, A.V.; Hartschuh, A.; Schleifenbaum, F.; Stupperich, C.; Meixner, A.J.: Controlling molecular broadband-emission by optical confinement. New J. Phys. 10 (2008) 123017.

Sturm, H.; Schulz, E.: Atomic force microscopy with simultaneous a.c. conductivity contrast for the analysis of carbon fibre surfaces. Composites Part A 27A (1996) 677.

Sturm, H.: Scanning force microscopy experiments probing micromechanical properties on polymer surfaces using harmonically modulated friction techniques - I. Principles of operation. Macromol. Symp. 147 (1999) 249

Sturm, H., Schulz, E., Munz, M.: Scanning force microscopy experiments probing micromechanical properties on polymer surfaces using harmonically modulated friction techniques - II. Investigations of heterogeneous systems. Macromol. Symp. 147 (1999) 259

Sturm, H.: Modulated Lateral Force Microscopy (MLFM): A Scanning Force Microscopy tool for surface analysis and modification. Proc. 2nd Vienna Intern. Conf. Micro/Nano-Tech., Wien 2007, p. 143.

Ternes; M.; Lutz, C.P.; Hirjibehedin, C.F.; Giessibl, F.J.; Heinrich, A.J.: The force needed to move an atom on a surface. Science 319 (2008) 1066.

Tocha, E., Stefański, E., Schönherr, H., Vancso, G.J.: Development of a high velocity accessory for atomic force microscopy-based friction measurements. Rev. Sci. Instrum. 76 (2005) Art.No. 083704.

Tocha, E., Schönherr, H., Vancso, G.J.: Surface relaxations of poly(methyl methacrylate) assessed by friction force microscopy on the nanoscale. Soft Matter. 5 (2009) 1489.

Varenberg, M., Etsion, I., Halperin, G.: An improved wedge calibration method for lateral force in atomic force microscopy. Rev. Sci. Instrum. 74 (2003) 3362.

Vives, G.; Tour, J.M.: Synthesis of Single-Molecule Nanocars. Acc. Chem. Res. 42 (2009) 473.

Wiesendanger R., Anselmetti D.: STM on layered materials. In: Scanning Tunneling Microscopy I, Wiesendanger, R. und Güntherodt, H.-J. (Hrsg.), Springer Series in Surface Science Vol. 20, Springer-Verlag, Berlin (1992) p. 131

Zappone, B.; Rosenberg, K.J.; Israelachvili, J. N.: Role of nm roughness on the adhesion and friction of a rough polymer surface and a molecularly smooth mica surface. Tribology Letters 26 (2007) 191.

Zhang, P.; Lu, J.; Xue, Q.; Liu, W.: Microfrictional Behavior of C60 Particles in Different C60 LB Films Studied by AFM/FFM. Langmuir 17 (2001) 2143.

Zykova-Timan, T., Ceresoli, D., Tosatti, E.: Peak effect versus skating in high-temperature nanofriction. Nature Materials 6 (2007) 230.

Kapitel 9.1

Berns H, Fischer A. Abrasive wear resistance and microstructure of Fe-Cr-C-B hard surfacing weld deposits. Wear (1986) S.112

Berns H, Fischer A. Microstructure of Fe-Cr-C Hardfacing Alloys with Additions of Nb, Ti and, B. Materials Characterization 39 (1997) S.499

Berns H, (Hrsg.) Hartlegierungen und Hartverbunde. Berlin, Germany: Springer Verlag, 1998.

Broeckmann C, Höfter A, Packeisen A. Cladding of briquetting tools by hot isostatic pressing for wear resistance. International Journal of Powder Metal-lurgy (Princeton, New Jersey) 44 (2008) S.49.

Fernandez JE, Vijande R, Tucho R, Rodriguez J, Martin A. Materials selection to excavator teeth in mining industry. Wear (2001) S.250

Fischer A, Well-Founded Selection of Materials for Improved Wear Resistance, (Proc.Conf.) K.C.Ludema (Ed.) "Wear of Materials 95", 4.1995, Boston, MA, USA, s.a. Wear 194 (1996) S.238

van den Heuvel B. Verschleisserscheinungsformen im Braunkohletagebau - Verschleissminimierung durch Anwendung moderner Werkstofftechnologie. Braunkohle 48 (1996) S.501.

Theisen W. Hip Cladding of Tools. In: Bergström J, Fredriksson G, Johansson M, Kotik O, Thuvander F, editors. 6th Int. Tooling Conf. Karlstad, Schweden: Karlstad University Press, (2002). S.947.

Kapitel 9.2

Akagaki, T.; Kato, K.: Wear mode diagram in lubricated sliding friction between carbon steels. Proceedings of the 5th International Congress on Tribology, Espoo, Finland, (1989) Vol. 2, S.68.

Bamberger, E.N.: Effect of materials – metallurgy view point, in: Interdisciplinary approach to the lubrication of concentrated contacts (P.M. Ku, Editor) Washington: NASA, SP-237, 1970.

Barwell F.T.: The tribology of wheel on rail. Tribology International 7 (1974) S.146.

Berns, H.: Wear resistant steels, in: Metallurgical Aspects of Wear (E. Hornbogen and K.-H. Zum Gahr, Editors). Oberursel: Deutsche Gesellschaft für Metallkunde (1981) S.367.

Berns, H.; Franke, H.-G.: Einfluß von harten Phasen auf den abrasiven Verschleißwiderstand von Manganhartstahl. Stahl Eisen 106 (1986) S.967.

Berns H, (Hrsg.) Hartlegierungen und Hartverbunde. Berlin, Germany: Springer Verlag, 1998.

Berns H, Ebert FJ, Zoch HW. The new low nitrogen steel LNS - A material for advanced aircraft engine and aerospace bearing applications. ASTM Special Technical Publication 1327 (1998) S.354.

Berns H, Theisen W. Eisenwerkstoffe - Stahl und Gusseisen. Berlin, Germany: Springer Verlag, 2006.

Childs, T.H.C.: The sliding wear mechanisms of metals, mainly steels. Tribology International 13 (1980) S.285.

Clayton, P.; Sawley, K.J.; Bolton, P.J.; Pell, G.M.: Wear behaviour of bainitic steels, in: Wear of Materials 1987 (K.C. Ludema, Editor). New York: American Society of Mechanical Engineers, 1987, S.133.

Czichos, H.; Becker, S.; Lexow, J.: Multilaboratory tribotesting: results from the Versailles Advanced Materials and Standards programme on wear test methods. Wear 114 (1987) S.109.

Dearden, J.: Wear of steel rails and tyres in railway service. Wear 3 (1960) S.43.

DIN 17 230, Wälzlagerstähle; Technische Lieferbedingungen. Berlin: Beuth Verlag, September (1980).

Eube, J.; Haustein, F.; Kästner, R.; Leuner, F.; Vocke, G.: Stahl-. Herausgeber DIN Deutsches Institut für Normung e.V., Verlag Stahleisen GmbH, (1999)

Feinle, P.; Habig, K.-H.: Versagenskriterien von Stahlgleitpaarungen unter Mischreibungsbedingungen: Einflüsse von Stahlzusammensetzung und Wärmebehandlung. Berlin: Bundesanstalt für Materialprüfung, Forschungsbericht 121 (1986).

Finnie, J.; Wolak, J.; Kabil, J.H.: Erosion of metals by solid particles. J. Mater. 2 (1967) S.682.

Gürleyik, M.Y.: Gleitverschleißuntersuchungen an Metallen und metallischen Hartstoffen und nichtmetallischen Hartstoffen unter Wirkung körniger Gegenstoffe. Diss. TH Stuttgart, 1967.

Habig, K.-H.: Comparative programme on the reproducibility of friction measurements and selection of suitable reference materials for calibration purposes. Brüssel: Commission of the European Communities, BCR Information Report EUR 11674 EN (1988).

Habig, K.-H.: Untersuchungen des Gleit- und Furchungsverschleißes an thermochemisch behandelten Stählen. Z. Werkstofftech. 13 (1982) S.207.

Habig, K.-H.; Chatterjee-Fischer, R.; Hoffman, F.: Adhäsiver, abrasiver und tribochemischer Verschleiß von Oberflächenschichten, die durch Eindiffusion von Bor, Vanadin oder Stickstoff in Stahl gebildet werden. Härt.-Tech. Mitt. 33 (1978) S.28.

Habig, K.-H.; Yan, Li: Rauheits- und Verschleißprüfungen an Verschleiß-Schutzschichten. Härt.-Tech. Mitt. 37 (1982) S.180.

Heller, W.; Schmedders, H.; Klein, H.: Stähle für den Eisenbahn-Oberbau, in: Werkstoffkunde Stahl; Band 2: Anwendung. Herausgegeben vom Verein Deutscher Eisenhüttenleute. Berlin, Heidelberg, New York, Tokyo: Springer Verlag; Düsseldorf: Verlag Stahleisen mbH (1985) S.594.

Hurricks, P.L.: Somme metallurgical factors controlling the adhesive and abrasive wear resistance of steels. A review. Wear 26 (1973) S.285.

Jost, N.; Schmidt, I.: Friction induced martensitic transformation in austenitic manganese steels. Wear 111 (1987) S.377.

Kecke, H.J.; Röthig, J.: Minimierung des Schädigungsprozesses durch neuartige Werkstoffe. Schmierungstechnik 18 (1887) S.238.

Khrushchov, M.M.; Soroko-Novitskaya, A.A.: Resistance of carbon steels to abrasive wear. Izv. Akad. Nauk SSSR, Otdel Tekh. Nauk (1955) Nr. 12, S.35.

Krause, H.; Scholten, J.: Untersuchungen zum Einfluß der Gefügeausbildung auf das Wälzreibungs- und Verschleißverhalten vergüteter Stähle. Forschungsberichte des Landes Nordrhein-Westfalen Nr. 2830. Opladen: Westdeutscher Verlag, 1979.

Lim, S.C.; Ashby, M.F.; Brunton, H.J.: Wear rate transitions and their relationship to wear mechanisms. Acta Metall. 35 (1987) S.1343.

Mailänder, R.; Dies, K.: Beitrag zur Erforschung der Vorgänge beim Verschleiß. Arch. Eisenhüttenwes. 16 (1943) S.385.

Müller, K.: Reibkorrosion – Entstehung und Abhilfemaßnahmen. Schmiertech. Tribol. 26 (1979) S.176.

Pearson, B.R.; Waterhouse, R.B.: The fretting wear of steel ropes in sea water – the effect of cathodic protection, in: Wear of Materials 1985 (K.C. Ludema, Editor). New York: American Society of Mechanical Engineers (1985) S.79.

Razim, C.: Neue Werkstoffe im Automobilbau. VDI-Berichte Nr. 670 (1988), S.1.

Riedner S, Berns H, Tyshchenko AI, Gavriljuk VG, Schulte-Noelle C, Trojahn W. Nichtmagnetisierbarer Warmbeständiger Nichtrostender Stahl für Wälzlager. Materialwissenschaft und Werkstofftechnik 39 (2008) S.448.

Schultheiss, H.: Über die besondere Eigenart des Schienenstahls. Eisenbahningenieur 27 (1976) S.91.

Schumacher, W.: Effect of nitrogen and nickel on the galling and wear resistance of austenitic stainless-steels, in: Wear of Materials 1983 (K.C. Ludema, Editor). New York: American Society of Mechanical Engineers (1983) S.460.

Shen, D.: Friction and wear of eutectoid and hypereutectoid steels, in: Wear of Materials 1983 (K.C. Ludema, Editor). New York: American Society of Mechanical Engineers, (1983) S.194.

Stelzer, R.; Deutscher, O.: Verschleißschutz von Stahl. Düsseldorf: VDI-Verlag GmbH, (1983).

Uetz, H.: Grunderkenntnisse auf dem Verschleißgebiet vor allem im Hinblick auf die Verschleißprüfung. Metalloberfläche 23 (1969) S.199.

Uetz, H.; Nounou, M.R.; Halach, G.: Gleitverschleißuntersuchungen an unlegierten Radreifen- und Schienenstählen sowie austenitischen Auftragschweißungen zur Nachahmung der Beanspruchung bei Kurvenfahrt von Straßenbahnen. Schweißen Schneiden 24 (1972) S.438.

Uetz, H.; Khosrawi, M.A.: Strahlverschleiß. Aufbereitungstechnik 21 (1980) S.253.

Vogt, K.; Forch, K.; Oedinghofen, G.: Stähle für rollendes Eisenbahnzeug, in: Werkstoffkunde Stahl; Band 2: Anwendung. Herausgegeben vom Verein Deutscher Eisenhüttenleute. Berlin, Heidelberg, New York, Tokyo: Springer Verlag; Düsseldorf: Verlag Stahleisen mbH (1985) S.594.

Wang, G. Härtbare nichtrostende PM-Stähle und Stahlverbunde mit hohem Stickstoffgehalt. Fortschr.-Ber. VDI Reihe 5, Nr. 277, VDI-Verlag, Düsseldorf (1992)

Wahl, H.: Verschleißprobleme im Braunkohlenbergbau. Braunkohle Wärme Energie 5/6 (1951) S.75.

Wellinger, K.; Uetz, H.: Gleitverschleiß, Spülverschleiß, Strahlverschleiß unter der Wirkung von körnigen Stoffen. VDI-Forschungsheft 449 Ausgabe B, Band 21 (1955).

Whright, K.H.R.: Fretting corrosion of cast iron, in: Proc. Conf. Lubrication and Wear 1957. London: Institution of Mechanical Engineers (1958) S.628.

Zum Gahr, K.-H.: Microstructure and wear of materials. Amsterdam: Elsevier (1987).

Zaretsky, E.V.; Anderson, W.J.: Effect of materials – general background, in: Interdisciplinary approach to the lubrication of concentrated contacts (P.M.Ku, Editor). Washington: NASA, SP-237 (1970).

Kapitel 9.3

Berezovski, M.M. et al.: Russ. Engng. J. (1966) No. 5, 46-49, zitiert in: Röhrig, K.; Gerlach, H.-G.; Nickel, O.: Legiertes Gußeisen, Band 2. Düsseldorf: Gießerei-Verlag GmbH (1974).

Borik, F.: Rubber wheel abrasion test. SAE Pap. 700687, Sept. (1970).

Borik, F.; Sponseller, D.L.; Scholz, W.G.: Gouging abrasion tests for material used in ore and rock crushing. Part I: Description of the test, Part II: Effect of metallurgical variables on gouging wear. J. Mater. 6 (1971) S.576.

J.-P Chobaut et P. Brenot : Optimisation des cycles de traitement bainitique pour l'obtention de fontes ADI compétitives sur le marché des pièces d'usure ; Traitement Thermique, No. 319, Novembre (1999) S.37

Garber, M.E. et al.: Effect of carbon, chromium, silicon and molybdenum on the hardenability and wear resistance of white cast irons. Metal Sci. Heat Treat. 6 (1969) S.344.

Krainer, E.; Kos, B.; Kumstorny, F.: Verschleiß in Zerkleinerungsanlagen. Zement Kalk Gips 29 (1976) S.15.

La Belle, J.E.: Wear resistance of cast-iron components, in: Handbook of Mechanical Wear (C. Lipson and L.V. Colwell, Editors). Ann Arbor/Michigan: University of Michigan Press, (1961) S.378

Leach, P.W.; Borland, D.W.: The unlubricated wear of flake graphite cast iron. Wear 85 (1983) S.247.

Leech, P.W.: Comparison of the sliding wear process of various cast irons in the laser-surface-melted and as cast forms. Wear 113 (1986) S.233.

Lin, H.; Quingde, Z.: The behaviour of 28% chromium white cast iron in abrasion and corrosion-abrasion wear, in: Wear of Materials 1987 (K.C. Ludema, Editor). New York: American Society of Mechanical Engineers (1987) S.653.

Molian, P.A.; Baldwin, M.: Wear behaviour of laser surface-hardened gray and ductile cast irons. Part 1: Sliding wear. Trans. ASME, J. Tribol. 108 (1986) S.326.

Montgomery, R.S.: Hardness as a guide to wear characteristics of tin-containing nodular cast iron. Wear 24 (1973) S.247.

Nakamura, J.; Hirayama, S.: Wear tests of grey cast iron against ceramics. Wear 132 (1989) S.337.

Norman, T.E.: A review of materials for grinding mill liners, in: Symp. Materials for the Mining Industry, Vail 1974, edited by Climax Molybdenum Co. (1974).

Opitz, H.; Hensen, F.; Domrös, D.: Verschleißuntersuchungen an Werkzeugmaschinen-Führungen unter besonderer Berücksichtigung des Fressverschleißes. Forschungsberichte des Landes Nordrhein-Westfalen Nr. 1497. Köln, Opladen: Westdeutscher Verlag (1965).

Rac, A.: Influence of load and speed on wear characteristics of grey cast iron in dry sliding – selection for minimum wear. Tribology International 18 (1985) S.29.

Röhrig, K.: Gefüge und Beständigkeit gegen Mineralverschleiß von carbidischem Gußeisen. Gießerei 58 (1971) S.697.

Röhrig, K.: Verschleißfester Guss legiert mit Molybdän, herausgegeben von Climax Molybdenum Co., (1974).

Röhrig, K.: Einflußfaktoren auf die Beständigkeit von Eisenwerkstoffen gegen Mineralverschleiß. VDG-Fachbericht 01 (1975).

Röhrig, K.: Verschleißbeständige weiße Gusseisenwerkstoffe, Eigenschaften und Anwendung, Konstruieren und Giessen, 24. Jg., Nr.1 (1999) S.6

Stähli, G.: Beitrag zum Verschleißverhalten von Gusseisen im Härtebereich seiner wirtschaftlichen Zerspanbarkeit. Gießerei 52 (1965) S.406.

Tomlinson, W.J.; Dennison, G.: Effect of phosphide and matrix microstructure on the dry sliding wear of grey cast iron. Tribology International 22 (1989) S.259.

Uetz, H.: Abrasion und Erosion. München, Wien: Hanser, (1986).

Wendt, F.: Bainitisch gehärtete Bremsscheibe, Patent DE 197 53 116 C1 du 08.07.99 (PCT WO 99/28641)

Wilson, P.; Eyre, T.S.: Effect of matrix structure and hardness on the wear characteristics of s.g. cast iron. Wear 14 (1969) S.107.

Wolf, K.-P.; Winkler, L.: Verschleißverhalten von Gusseisen mit Kugelgraphit bei gleitender und rollender Beanspruchung. Schmierungstechnik 20 (1989) S.260

Zum Gahr, K.-H.: Microstructure and wear of materials. Amsterdam, Oxford, New York, Elsevier (1987).

Kapitel 9.4

Berns, H. (Hrsg.): Hartlegierungen und Hartverbundwerkstoffe. Springer Verlag Heidelberg (1998)

Berns, H.; Fischer, A.; Theisen, W.: Abrasive wear resistance and microstructure of Ni-Cr-B-Si hardfacing alloys with additions of Al, Nb, Mo, Fe, Mn and C, in: Wear of Materials 1987 (K.C. Ludema, Editor). New York: American Society of Mechanical Engineers (1987) S.535.

Bhansali, K.J.: Wear coefficients of hard-surfacing materials, in: Wear Control Handbook (M.B. Peterson and W.O. Winer, Editors). New York: American Society of Mechanical Engineers (1980) S.373.

Cameron, C.B.; Ferris, D.P.: Tribaloy intermetallic materials: new wear and corrosion resistant alloys. Cobalt (1974) No. 3.

van Chuong, N. Härtbare PM-Hartlegierungen mit gradierter Struktur. Fortschr.-Ber. VDI-Reihe 5, Nr. 192, VDI-Verlag, Düsseldorf (1990)

Fischer, A.: Hartlegierungen auf Fe-Cr-C-B-Basis für die Auftragsschweißung. Fortschr.-Berichte VDI-Z. Reihe 5, Nr. 83. Düsseldorf: VDI-Verlag (1984).

Knotek, O.: Hartlegierungen, Hartstoffe, Sinterhartmetalle einschließlich harte Beschichtungen, in: Abrasion und Erosion (H. Uetz, Herausgeber). München, Wien: Hanser (1986) S.385.

Knotek, O.; Lugscheider, R.; Eschnauer H.R.: Hartlegierungen zum Verschleißschutz. Düsseldorf: Verlag Stahleisen (1975).

Moll H, Theisen W, Hammelmann R, Meier H. Prozessintegriertes Pulverbeschichten durch Radial-axial Ringwalzen. Materialwissenschaft und Werkstofftechnik 38 (2007) S.459.

Scholl, M.; Devanathan, R.; Clayton, P.: Abrasive and dry sliding wear resistance of Fe-Mo-Ni-Si and Fe-Mo-Ni-Si-C weld hardfacing alloys. Wear 135 (1990) S.355.

Theisen W, Karlsohn M. Hot direct extrusion-A novel method to produce abrasion-resistant metal-matrix composites. Wear 263 (2007) S.896.

Kapitel 9.5

Blau, P.J.; DeVore, C.E.: Temperature effects on the break-in of nickel aluminide alloys, in: Wear of Materials 1989 (K.C. Ludema, Editor). New York: American Society of Mechanical Engineers (1989) S.305.

Buckley, D.H.: Adhäsion, Reibung und Verschleiß von Kobaltlegierungen. Kobalt 38 (1968) S.17.

Dunckley, P.M.; Quinn, T.F.J.; Salter, J.: Studies of the unlubricated wear of a commerical cobalt-base alloy at temperatures up to about 400 °C. ASLE Trans. 19 (1976) S.221.

Iwabuchi, A.: Fretting wear of Inconel 625 at high temperature in high vacuum. Wear 106 (1985) S.163.

Fischer, A. Subsurface Microstructural Alterations during Sliding Wear of Biomedical Metals. Modelling and Experimental Results. Comput. Mater. Sci. 46 (2009) S.586

Liu, T.C.: Design of ordered intermetallic alloys for high temperature structural use, in: High Temperature Alloys: Theory and Design (J.O. Steigler, Editor). New York: AIME (1984) S.289.

Schumacher, W.: Effect of nitrogen and nickel on the galling and wear of austenitic stainless steels, in: Wear of Materials 1983 (K.C. Ludema, Editor). New York: American Society of Mechanical Engineers (1983) S.460.

Theisen, W. Neue Hartlegierungen auf Ni- und Co-Basis für die Auftragschweißung. Fortschr.-Ber. VDI Reihe 5, Nr. 153, VDI-Verlag, Düsseldorf (1988)

Thoma, M.: A cobalt/chromic oxide composite coating for high temperature wear resistance. Plating Surface Finish. 71 (1984) S.51.

Thoma, M.: High wear resistance at high temperatures by a Co + Cr_2O_3 electrodeposited composite coating. MTU Berichte 85/41 (1985).

Zum Gahr, K.-H.; Grewe, H.; Brezina, P.; Broszeit, E.; Habig, K.-H.; Ibe, G.: Einfluss einer Ausscheidungshärtung auf den Verschleiß bei metallischen Werkstoffen. Oberursel: Deutsche Gesellschaft für Metallkunde (1989).

Kapitel 9.6

Brüser, P.; Smolong, M.: Verschleißuntersuchungen bei Schmierung von Aluminium- und Bronzelegierungen mit Polyglykolen. Antriebstechnik 27(1988) S.53.

de Gee, A.W.J.; Vaessen, G.H.G.; Begelinger, A.: The influence of composition and structure on the sliding wear of copper-tin-lead-alloys. ASLE Trans. 12 (1969) S.44.

Glaeser, W.A.: Wear properties of heavy loaded copper-base bearing alloys. J. Met. 35 No. 10 (1983) S.50.

Koeppen, H.: Kupfer-Beryllium für Gleitlager und verschleißfeste Anwendungen. Metall 27 (1973) S.696.

Kohl, P.: Zum ökonomischen Einsatz von Kupfergusswerkstoffen in Gleitpaarungen. IfL-Mitt. 26 (1987) S.195.

Kohl, P.; Willkommen, H.: Auswertung von Laststeigerungs-Versuchen an Lagerwerkstoffen zur Ermittlung von Kennwerten des Abtragverschleißes. IfL-Mitt. 25 (1986) S.183.

Krause, H.; Hammel, C.: Verschleißminderung an hochbelasteten Gelenkverbindungen, in: Tribologie Band 6 (Bunk, W., Hansen, J. u. Geyer, M., Herausgeber). Berlin, Heidelberg, New York, Tokyo: Springer (1983) S.207.

Lancaster, J.K.: The formation of surface films at the transition between mild and severe metallic wear, Proc. Royal Soc. of London, Series A, Vol. 273 (1963) S.466

Reid, J.V.; Schey, J.A.: Adhesion of copper alloys, in: Wear of Materials 1985 (K.C. Ludema, Editor). New York: American Society of Mechanical Engineers (1985) S.550.

Taga, Y.; Isogai, A.; Nakayama, K.: The role of alloying elements in the friction and wear of copper alloys. Wear 44 (1977) S.377.

Wellinger, K.; Uetz, H.; Gürleyik, M.: Gleitverschleißuntersuchungen an Metallen und nichtmetallischen Hartstoffen unter Wirkung körniger Stoffe. Wear 11 (1968) S.173.

Wert, J.J.; Sloan, G.A.; Cook, W.M.: The influence of stacking fault energy and adhesion on the wear of Cu and Al-bronze, in: Wear of Materials 1983 (K.C. Ludema, Editor). New York: American Society of Mechanical Engineers (1983) S.81.

Wieland-Werke AG: Kupferwerkstoffe, Herstellung, Eigenschaften und Verarbeitung, März 1999, 6. Überarbeitete Auflage, D-89070 Ulm

Zum Gahr, K.-H.; Grewe, H.; Brezina, P.; Broszeit E.; Habig, K.-H.; Ibe, G.: Einfluß einer Ausscheidungshärtung auf den Verschleiß bei metallischen Werkstoffen. Oberursel: Deutsche Gesellschaft für Metallkunde (1989).

Kapitel 9.7

Andrews, J.B.; Seneviratne, M.V.; Zier, K.P.; Jatt, T.R.: The influence of silicon content on the wear characteristics of hypereutectic Al-Si alloys, in: Wear of Materials 1985 (K.C. Ludema, Editor). New York: American Society of Mechanical Engineers (1985) S.180.

Antoniou, R.; Subramanian, C.: Wear mechanism map for aluminium alloys. Scripta Metallurg. 22 (1988) S.809.

Barbezat, G.: The state of the art of the internal Plasma Spraying on cylinder bore in AlSi cast alloys, Int. J. of Automotive Technology, Vol. 2, No. 2, June (2001) S.47

Bergmann, H.W., H. Lindner und H. Kreienkamp: Verfahren zum Bearbeiten der Oberflächen von Werkstücken, EP 0 745 450 A2 vom 04.12.1996

Blau, P.J.; Whitenton, E.P.: Some mechanisms in the unlubricated running-in behaviour of an Al-Si-Cu alloy against 52800 steel. Tribology International 15 (1982) S.209.

Chen, H. and A.T. Alpas: Sliding wear map for the magnesium alloy Mg-9Al-0,9Zn (AZ91), Wear 246 (2000) S.106

De Silva, E.: Cool coatings, Materials World, February (1997) S.92

Ebisawa, T. and R. Saikudo: Formation of AlN on Al surfaces by ECR nitrogen plasmas, Surface and Coatings Technology 86-87 (1996) S.622

Fischer, D. und W. Löschau; Hartstoffdispersionsschichten auf Aluminium-Legierungen zum Verschleißschutz, Härtereitechnische Mitteilungen, 52 (1997) 4, S.217

Goto, H.; Ashida, M.; Endo, K.: The influence of oxygen and water vapour on the friction and wear of an aluminium alloy under fretting conditions. Wear 116 (1987) S.141.

Horn, W.; Ziegler, W.: The wear behaviour of aluminium alloys, in: Metallurgical Aspects of Wear (E. Hornbogen u. K-H. Zum Gahr, Editors). Oberursel: Deutsche Gesellschaft für Metallkunde (1981) S.223.

Iha, A.K.; Prasad, S.V.; Upadhyaya, G.S.: Dry sliding wear of sintered 6061 aluminium alloy – graphite particle composites. Tribology International 22 (1989) S.321.

Iyer, K. et al.: Analysis of fretting and fretting corrosion in airframe riveted connections, NATO-AGARD Conf. Proc. 589 (ISBN 92-836-0029-0) October (1996) Paper13

Jasim Mohamed, M.K.; Dwarakadasa, E.S.: Wear in Al-Si-alloys under dry sliding conditions. Wear 119 (1987) S.119.

Kuroishi, N.; Odani, Y.; Takeda, Y.: High strength, high wear resistance aluminium silicon PM alloys. Metal Powder Rep. 40 (1985) S.642.

Lensch, G., T. Bady und M. Bohling: Verschleißbeständige Aluminiumoberfläche durch Laserlegieren mit speziellen Strahlwerkzeugen, Aluminium, 76(3) (2000) S.156

Paatsch, W.: Verschleißbeständige Aluminiumwerkstoffe, Metall-Oberfläche 51 (1997) 9, S.678

Pramila Bai, B.N.; Biswas, S.K.: Characterisation of dry sliding wear of Al-Si-alloys. Wear 120 (1987) S.61.

Razavizadeh, K.; Eyre, T.S.: Oxidative wear of aluminium alloys. Wear 79 (1982) S.325.

Razavizadeh, K.; Eyre, T.S.: Oxidative wear of aluminium alloys: Part II. Wear 87 (1983) S.261.

Reddy, A.S., Pramila Bai, B.N., Murthy, K.S.S., Biswas, S.K.: Mechanism of seizure of aluminium-silicium alloys dry sliding against steels, Wear 181-182 (1995) S.658

Reinhold, B. et al.: Nitrieren von Aluminiumwerkstoffen im DC-Puls-Plasma, Härtereitechnische Mitteilung 52 (1997) 6, S.350

Reinicke, R., Hoffmann, J. und K. Friedrich: Zusammenhang von mechanischen Eigenschaften und Verschleißverhalten von kurzfaserverstärktem Polyamid-46. Tribologie und Schmierungstechnik 47 (2000) S.51

Sarkar, A.D.; Clarke, J.: Wear characteristics, friction and surface topography observed in the dry sliding of as-cast and age-hardening Al-Si alloys. Wear 75 (1982) S.71.

Sherman, I. and D.W. Hoeppner: SEM analysis of fretting wear in magnesium and coated magnesium samples, Proc. of the Int. Conf. on Wear of Materials, Reston VA (1983) S.256

Strazzi, E. and W. Dalla Barba: Protection of Aluminium by means of nitride coatings, Proc. 2nd Int. Congress on Aluminium Vol. 1 (1993) S.129

Tiwari, S.N.; Pathak, J.P.; Malhotra, S.L.: Seizure resistance of leaded aluminium bearing alloys. Mater. Sci. Technol. 1 (1985) S.1040.

Wilson, S. and A.T. Alpas: Effect of temperature on the sliding wear performance of Al alloys and Al matrix composites, Wear Vol. 196 (1996) S.270

Yamada, Y., H. Miura, M. Okamoto, T. Matsufuji, T. Tatsumi, K. Fujii: Nitriding agent, US patent 5,888,269 vom 30. March 1999

Yang, J.; Chung, D.L.: Wear of bauxite-particle-reinforced aluminium alloys. Wear 135 (1989) S.53.

Zum Gahr, K.-H.; Grewe, H.; Brezina, P.; Broszeit, E.; Habig, K.-H.; Ibe, G.: Einfluss einer Ausscheidungshärtung auf den Verschleiß bei metallischen Werkstoffen. Oberursel: Deutsche Gesellschaft für Metallkunde (1989).

Kapitel 9.8

Bergmann, H.W.: Thermomechanische Behandlung von Titan und Titanlegierungen durch Laserumschmelzen und Gaslegieren. Z. Werkstofftech. 16 (1985) S.392.

Buckley, D.H.: The influence of various physical properties of metals on their friction and wear behaviour in vacuum. Mater. Engng. Quarterly 60 (1967) S.44.

Gaucher, A. et B. Zabinski: Nouvelles possibilités de frottement des alliages de Titane: Le Tifran, Journal du Frottement Industriel, No. 3 (1979) S.12

Gras, R. et R. Courtel: Frottement à haute température du titane et de l'alliage TiAl6V4. Wear 26 (1973) S.1

Hong, H. and W.O. Winer; A fundamental tribological study of Ti/Al$_2$O$_3$ contact in sliding wear, Transactions of the ASME, Vol. 111 (1989) S.504

Jiang Xiaoxia; Li Shizhuo; Duan Chengtian; Li Ming: A study of the corrosive wear of Ti-6Al-4V in acid medium. Wear 129 (1989) S:293.

Mercer, A.P.; Hutchings, I.M.: The influence of atmospheric composition on the abrasive wear of titanium and Ti-6Al-4V, in: Wear of Materials 1987 (K.C. Ludema, Editor). New York: American Society
of Mechanical Engineers (1983) S.627.

Nutt, S.R.; Ruff, A.W.: A study of the friction and wear behaviour of titanium under dry sliding conditions, in: Wear of Materials 1983 (K.C. Ludema, Editor). New York: American Society of Mechanical
Engineers (1983) S.426.

Pouilleau, J., D. Devilliers, F. Garrido, S. Durand-Vidal and E. Mahé: Structure and composition of
passive titanium oxide films, Materials Science and Engineering B47 (1997) S.235

Suchentrunk, R., W. Herr, B. Matthes, E. Broszeit and M. Meyer: nfluence of substrate material and
deposition parameters on the structure, residual stresses, hardness and adhesion of sputtered CrxNy
hard coatings, Surface and Coatings Technology, 60 (1993) S.428

Suchentrunk, R., H. Bebien, J. Haushart and M. Meyer: C. magnetron sputtering of oxidation-resistant
chronium and CrN films monitored by optical emission spectrometry, Materials Science and Engineering A139, (1991) S.126

Waterhouse, R.B.: The fretting wear of stainless steel (type 321) and a titanium alloy (Ti-6Al-4V) at
elevated temperatures, in: Internationales Jahrbuch der Tribologie (W.J. Bartz, Editor). Grafenau: Expert-Verlag, Vincentz Verlag (1981) S.269.

William, J.W.; Buchanan, R.A.: Ion implantation of surgical Ti-6Al-4V alloy. Mater. Sci. Engng. 69
(1985) S.237.

Kapitel 9.9

Ammann, E.; Hinnüber, J.: Die Entwicklung der Hartmetalllegierungen in Deutschland. Stahl Eisen 71
(1951) S.1081.

Anand, K.; Conrad, H.: Microstructure effects in the erosion of cemented carbides, in: Wear of Materials
1989 (K. Ludema, Editor). New York: American Society of Mechanical Engineers (1989) S.135.

Baldoni, J.G.; Wayne, S.F.; Buljan, S.T.: Cutting tool materials: mechanical properties – wear-resistance
relationships. ASLE Trans. 29 (1986) S.347.

Ball, A.: A comparative study of the wear resistance of hard materials, in: Science of Hard Materials.
Proceedings of the International Conference of Hard Materials, Rhodos 1984 (E.A. Almond, C.A.
Brookes and R. Warren, Editors).Institute of Physics Conference Series No. 5. Bristol, Boston: Adam
Hilger Ltd. (1986) S.861.

Budinski, K.G.: Tool Materials, in: Wear Control Handbook (M.B. Peterson and W.O. Winer, Editors).
New York: American Society of Mechanical Engineers (1980) S.931.

Chavanes, A. and E. Pauty: Fuel pump and injector coomponents made from wear resistant cermets, SAE
2002-01-0610

Echtenkamp, A.L.: Combating corrosion/wear with hard carbide alloys. Lubric. Engng. 35 (1979) S.577.

Feld, H.: Verschleißprüfung und Verschleißverhalten von Hartmetallen. Z. Werkstofftech. 9 (1978)
S.172.

Kolaska, H. und K. Dreyer: Hartmetalle, Cermets und Keramiken als verschleißbeständige Werkstoffe,
Metall, 45. Jahrgang, Heft 3 (1993) S.224

Larsen-Basse, J.: Effect of hardness and local fracture toughness on the abrasive wear of WC-Co alloys,
in: Prodeedings of the International Conference Tribology – Friction and Wear, Fifty years on, London
1987, Vol. 3. London: Institution of Mechanical Engineers (1987) S.277.

Ninham, A.J.; Levy, A.V.: The erosion of carbide-metal-composites, in: Wear of Materials 1989 (K.
Ludema, Editor). New York: American Society of Mechanical Engineers (1989) S.825.

Schedler, W.: Hartmetall für den Praktiker; Aufbau, Herstellung, Eigenschaften und industrielle Anwendung einer modernen Werkstoffgruppe. Düsseldorf: VDI-Verlag GmbH (1988).

Woydt, M.; Skopp, A.; Dörfel, I.; Wittke, K.: Wear Engineering Oxides/Anti-wear Oxides, tribology
Transactions, Vol. 42(1), 1999, p. 21-31 und in Wear Vol. 218 (1998) S.84

Woydt, M., A. Chavanes and E. Pauty: Titanium-molybdenum carbonitride as light-weight and wear
resistant monolithic material, Wear (2003)

Kapitel 9.10

Barceinas-Sánchez, J.D.; Rainforth, W.M.: Transmission electron microscopy study of a 3Y-TZP worn under dry and water-lubricated sliding conditions. J. Am. Ceram. Soc. 82, 6 (1999) S.1483

Buckley, D.H.: Surface effects in adhesion, friction, wear and lubrication. Amsterdam, Oxford, New York: Elsevier (1981).

Crane, N.; Breadsley, R.: Measurement of the friction and wear of PSZ and other hard materials using a pin and disc machine. Tribology Conference Melbourne (1987).

Chen, Y.M.; B. Rigaut, J.C. Pavy, F. Armanet: Wear particles forming by phase transformation in PSZ ceramics during high speed sliding. Wear Particles, paper III(vi), p. 115-120, In: Tribology Series, 21, Edts.: D. Dowson et al., Elsevier Publishers (1992)

Derby, J.; Seshadri, S.G.; Srinivasan, M.: Non lubricated sliding wear of Al_2O_3, PSZ, and SiC, in: Fracture Mechanics of Ceramics, (1986) S.113.Effner, U,; Woydt, M.: Wälzverschleiß und Endbearbeitung von Ingenieur-Keramiken. BAM-Forschungsbericht Nr. 237, Berlin, 2000, ISBN 3-89701-520-x; in english (BAM Research Report 259, 2002, ISBN3-89701-976-0)

Effner, M.; Woydt, M.: Siliciumcarbid-Werkstoffe für die Wälzbelastung. Tribologie&Schmierungstechnik, 47. Jg., No. 4 (2000) S.5

Evans, A.G.; Wilshaw, T.R.: Quasi-static solid particle damage in brittle solids. I. Observations, analysis and implications. Acta Metall. 24 (1976) S:939.

Evans, A.G.; Marshall, D.B.: Wear mechanisms in ceramics, in: Fundamentals of Friction and Wear of Materials. Metals Park/Ohio: ASM (1980) S.439.

Feller, H.G.; Wienstroth, V.: Gleitverschleiß bei oszillierender Belastung an Metall-Keramik-Systemen. Z. Metallkde. 80 (1989) S.352.

Fischer, T.E.; Anderson, M.P.; Jahanmir, S.: Friction and wear of tough and brittle zirconia in nitrogen, air, water, hexadecane and hexadecane containing stearic acid, in: Wear of Materials 1987 (K.C. Ludema, Editor). New York: American Society Mechanical Engineers (1987) S.257.

Fischer, T.E.; Anderson, M.P.; Jahanmir, S.: Influence of fracture toughness on the wear resistance of yttria-doped zirconium oxide. J. Amer. Ceram. Soc. 72 (1989) S:252.

Gates, R.S.; Hsu, S.M.; Klaus, E.E.: Tribochemical mechanism of alumina with water. Tribol. Trans. 32 (1989) S:357.

Gee, M.G.: Mechanisms of sliding wear for ceramics, in: Proceedings of the 5th International Congress on Tribology 1989 (K. Holmberg and I. Nieminen, Editors). Espoo, Finland, Vol. 5 (1989) S.156.

Habig, K.-H.; Woydt, M.: High temperature sliding friction and wear of silicon infiltrated silicon carbide, in: Wear of Materials 1989 (K.C. Ludema, Editor). New York: American Society of Mechanical Engineers (1989) S.419.

Habig, K.-H.; Woydt, M.: Sliding friction and wear of Al_2O_3, ZrO_2, SiC and Si_3N_4, in: Proceedings of the 5th International Congress on Tribology, 1989 (K. Holmberg and I. Nieminen, Editors). Espoo, Finland, Vol. 3 (1989) S.106.

Holmberg, K.; Anderson, P.; Valli, J.: Three-body-interacton in metal-ceramic and ceramic-ceramic contacts, in: Interface Dynamics (D. Dowson, C.M. Taylor, M. Godet and D. Berthe, Editors). Amsterdam: Elsevier (1988) S.227.

Hornbogen, E.: Der Einfluss der Bruchzähigkeit auf den Verschleiß metallischer Werkstoffe. Z. Metallkunde 66 (1975) S.507.

Hsu, S. M.; Wang, Y. S.; Munro, R. G.: Quantitative wear maps as a visualisation of wear mechanism transitions of ceramic materials, in: Wear of Materials 1989 (K. C. Ludema, Editor). New York: American Society of Mechanical Engineers (1989) S.723.

Ishigaki, H.; Kawaguchi, I.; Iwasa, M.; Toibana, V.: Friction and wear of hot pressed silicon nitride and other ceramics, in: Wear of Materials 1985 (K.C. Ludema, Editor). New York: American Society of Mechanical Engineers (1985) S.13.

Jahanmir, S.; Fischer, T.E.: Friction and wear of silicon nitride lubricated by humid air, water, hexadecane and hexadecane + 0.5 percent stearic acid. Tribol. Trans. 31 (1988) S.32.

Kerkwijk,B.;E. Mulder, H. Verweij: Zirconia-alumina ceramic composites with extremly high-wear resistance. Advanced Engineering Materials Vol. 1(1) (1999) S.69

Kim, S.S.; Kato, K.; Hokkirigawa, K.; Abe, H.: Wear mechanism of ceramic materials in dry rolling friction. Trans. ASME, J. Tribol. 108 (1986) S.522.

Kim, S.; Kato, K.; Hokkirigawa, K.: Seizure and wear in alumina ceramics. J. JSLE 8 (1987) S.123.

Kimura, Y.; Okada, K.; Enomoto, Y.; Tomizawa, H.: Effect of water on friction and wear of silicon nitride in lubricated sliding, in: Proceedings of the 5th International Congress on Tribology, 1989 (K. Holmberg and I. Nieminen, Editors). Espoo, Finland, Vol. 3 (1989) S.120.

Klaffke, D.: Fretting wear of ceramics. Tribology International 22 (1989) S.89.

Kuhlmann-Wilsdorf, D.: persönliche Mitteilung (27. April 1989), University of Virginia, Charlottesville, VA, USA .

Martin, J.M.; LeMogne, T.; Montes, H.; Gardos, N.N.: Tribochemistry of alpha silicon carbide under oxygen partial pressure, in: Proceedings of the 5th International Congress on Tribology 1989 (K. Holmberg and I. Nieminen, Editors).Espoo, Finland, Vol. 3 (1989) S.132.

Myoshi, K.; D.H. Buckley: Changes in surface chemistry of SiC (0001) surface with temperature and their effect on friction. NASA Technical Paper 1756, Nov. (1980)

Löffelbein, B.; Woydt, M.; Habig, K.-H.: Reibungs- und Verschleißuntersuchungen an Gleitpaarungen aus ingenieurkeramischen Werkstoffen in wässrigen Lösungen. BAM-Forschungsbericht Nr. 186, 1992, ISBN 3-89429-211-3

Löffelbein, B.; Woydt, M.; Habig, K.-H.: Sliding firction and wear of ceramics in neutral, acid and basic aqueous solutions, Wear 162-164 (1993) S.220

Piispanen, T.: Rolling contact fatigue behaviour of ceramic materials. Tribologia 6 (1987) S.5.

Sasaki, S.: The effects of surrounding atmosphere on the friction and wear of alumina, zirconia, silicon carbide and silicon nitride. Wear 134 (1989) S.185.

Shimanchi, T.; Murakami, T.; Nakagaki, T.; Tsuya, Y.; Umeda, K.: Tribology at high temperature for uncooled heat insulated engine. SAE Tech. Paper 840429 (1984).

Skopp, A.; Woydt, M., Habig, K.-H.: Tribological behavior of silicon nitride materials under unlubricated sliding between 22 °C and 1000 °C. Wear Vol. 181-183 (1995) S.571

Tomizawa, H.; Fischer, T.E.: Friction and wear of silicon nitride and silicon carbide in water; hydrodynamic lubrication at low sliding speed obtained by tribochemical wear. ASLE Trans. 30 (1987) S.41.

Willermet, P.: An evaluation of several metals and ceramics in lubricated sliding. ASLE Trans. 30 (1987) S.128.

Woydt, M. und K.-H. Habig: Technisch-physikalische Grundlagen zum tribologischen Verhalten keramischer Werkstoffe -Literaturübersicht-, BAM-Forschungsbericht Nr. 133, Januar 1987, ISBN 3-88314-609-9

Woydt, M.: Reibung und Verschleiß von Zirkondioxidgleitpaarungen in Abhängigkeit von Temperatur und Gleitgeschwindigkeit. Diss. TU Berlin (1989).

Woydt, M.: Werkstoffkonzepte für den Trockenlauf. Tribologie & Schmierungstechnik, 44. Jg. Heft 1, (1997) S.14

Woydt, M.; Effner, U.: Zirkondioxid: Ein neuer Werkstoff für Wälzkontakte? Tribologie & Schmierungstechnik, 44. Jahrgang, Heft 3 (1997) S.124

Woydt, M.; Skopp, A.; Habig, K.-H.: Einfluß von Temperatur und Gleitgeschwindigkeit auf Festkörpergleitreibung und Verschleiß von Si₃N₄ bis 1000 °C. Ceram. Forum Int./Ber. DKG 66 (1989) S.426.

Woydt, M.; Kadoori, J.; Habig, K.-H; Hausner, H.: Unlubricated sliding behaviour of various zirconia-based ceramics. J. of the European ceramic Society 7 (1991) S.135

Woydt, M.; Skopp, A.; Dörfel, I.; Wittke, K.: Wear Engineering Oxides/Anti-wear Oxides, tribology Transactions, Vol. 42(1), 1999, p. 21-31 und in Wear Vol. 218 (1998) S.84

Woydt, M.: Tribological characteristics of polycrystalline Magnéli-type titanium dioxydes, Tribology Letters, Vol. 8, August (2000) S.117

Woydt, M. (Hrsg.): Tribologie keramischer Werkstoffe, Grundlagen, Werkstoffneuentwicklungen, industrielle Anwendungsbeispiele, Expert Verlag, D-71272 Renningen, Band 605, (2001), ISBN 3-8169-1744-5

Yamamoto, Y.; Okamoto, K.; Ura, A.: Influence of wear particles on wear and friction of silicon carbide in dry air and argon atmospheres, in: Proceedings of the 5th International Congress on Tribology 1989 (K. Holmberg and I. Nieminen, Editors). Espoo, Finland, Vol. 3 (1989) S.138.

Yust, C.S.: persönliche Mitteilung (1988).

Zum Gahr, K.-H.: Sliding wear of ceramic/ceramic, ceramic/steel and steel/steel pairs in lubricated and unlubricated contact, in: Wear of Materials 1989 (K.C. Ludema, Editor). New York: American Society of Mechanical Engineers (1989) S.431.

Zum Gahr, K.-H.: Microstructure and wear of materials. Amsterdam: Elsevier (1987).

Zum Gahr, K.-H.: Trockener Gleitverschleiß an Ingenieurkeramiken und Stählen durch mineralische Stoffe. Materialwiss. Werkstofftech. 19 (1988) S.157.

Kapitel 9.11

Broszeit, C.; C. Friedrich, C.; Berg, G.; Berger, C.: Datensammlung zu Hartstoffeigenschaften, Mat.-wiss. Werkstofftech., 28 (1997) S.59

Buckley, D.H.: Adhäsion, Reibung und Verschleiß von Kobalt und Kobaltlegierungen. Kobalt 38 (1968) S.17.

Bunshaw, R.F.: Deposition technologies for films and coatings. Developments and applications. Park Ridge, N. J.: Noyes Publications (1982).

Dimigen, H.; Enke, K.; Hübsch, H.; Schaal, U.: Reibungsarme und verschleißfeste Schichten. in: Tribologie Band 7 (Bunk, W., Hansen, J. u. Geyer, M., Herausgeber). Berlin, Heidelberg, New York, Tokyo: Springer (1983) S.135.

Enke, K.; Dimigen, H.; Hübsch, H.: Frictional properties of diamond-like carbon layers. Appl. Phys. Letter 36 (1980) S.291.

Gangopadhay; A:. Mechanical and tribological properties of amorphous carbon films. Tribology Letters, Vol. 5 (1998) S.25

Gardos, M.N.: The effect of anion vacancies on the tribological properties of rutile (TiO_{2-x}). Tribol. Trans. 31 (1988) S:427.

Habig, K.-H.; Chatterjee-Fischer, R.; Hoffmann, F.: Adhäsiver, abrasiver und tribochemischer Verschleiß von Oberflächenschichten, die durch Eindiffusion von Bor, Vanadin oder Stickstoff in Stahl gebildet werden. Härt.-Tech. Mitt. 33 (1978) S.28.

Habig, K.-H.; Yan Li: Rauheits- und Verschleißprüfungen an Verschleißschutzschichten. Härt.-Tech. Mitt. 37 (1982) S.180.

Habig, K.-H.; Favery, D.; Kelling, N.: Ergebnisse von Rauheits- und Verschleißuntersuchungen an Verschleißschutzschichten. Härt.-Tech. Mitt. 40 (1985) S.283.

Habig, K.-H.: CVD und PVD-coatings – properties, tribological behaviour, applications. J.Vac. Sci. Technol. A4 (1986) S.2832.

Habig, K.-H.: Methodik und Ergebnisse von Verschleißuntersuchungen an Hartstoffschichten, in: Hartstoffschichten zur Verschleißminderung (H. Fischmeister u. H. Jehn, Herausgeber). Oberursel: Deutsche Gesellschaft für Metallkunde (1987) S.283.

Habig, K.-H.: Anforderungen an Verschleißschutzschichten. VDI-Berichte Nr. 702 (1988) S.31.

Habig, K.-H.: Friction and wear of sliding couples coated with TiC, TiN or TiB_2. Surface Coat. Technol. 42 (1990) S.133.

Habig, K.-H.: Wear behaviour of surface coatings on steels. Tribology International 22 (1989) S.65.

Hintermann, H.; Laeng, P.: in: Haftung als Basis für Stoffverbunde und Verbundwerkstoffe (W. Brockmann, Herausgeber). Oberursel: Deutsche Gesellschaft für Metallkunde (1982) S.87.

Hunger, H.-J., G. Trute, G. Löbig und D. Rathjen: Plasmaaktiviertes Gasborieren mit Bortrifluorid, Härterei-Technische-Mitteilungen, 52, (1997) S.1

Kehrer, H.-P.; Ziese, J.; Hofmann, F.: Mechanische Eigenschaften von Werkstoffen mit Verschleißschutzschichten. Härt.-Tech. Mitt. 37 (1982) S.174.

Klaffke, D.; Wäsche, R.: Tribological behaviour of tungsten doped i-carbon layers deposited on silicon infiltrated silicon carbide under sliding and fretting conditions up to 250 °C. Proc. 5th Int. Cong. on Tribology, 1989, Espoo Finnland, Vol. 3 (1989) S.100

Klaffke, D.; Skopp, A.: Are thin hard coatings (TiN, DLC, diamond) beneficial in tribologically stressed vibrational contacts? –Effects of operational arameters and relative humidity. Surface&Coatings Technology, Vol. 98,(1998) S.953

Kopacz, U.; Jehn, H.: Härte dünner Nitrid- und Carbidschichten, in: Hartstoffchichten zur Verschleißminderung (H. Fischmeister u. H. Jehn, Herausgeber). Oberursel: Deutsche Gesellschaft für Metallkunde (1987) S.215.

Kunst, H. u.a.: Verschleiß metallischer Werkstoffe und seine Verminderung durch Oberflächenschichten. Grafenau: Expert-Verlag (1982).

Le Huu, T.; Zaidi, H.; Paulmier, D.: Friction and wear properties of hard carbon coatings at higher sliding speeds. Wear, Vol. 203-204 (1997) S.442

Lugscheider, E.: (Hrsg.) Handbuch der thermischen Spritztechnik, Technologie-Werkstoffe-Fertigung, 2002, Fachbuchreihe Schweisstechnik, Band 139, ISBN 3-87155-186-4

Pursche, G.: Oberflächenschutz vor Verschleiß. Berlin: Verlag Technik (1990).

Pursche, G.; Schmidt, G.: Auswahl technisch geeigneter Verschleißschutzschichten. Schmierungstechnik 20 (1989) S.36.

Robertson, J.: Properties of diamond-like carbon. Surface and Coatings Technology, Vol. 50 (1992) S.185

Röser, K.: Erzeugung von Verschleißschutzschichten mit CVD-Verfahren, Bestimmung von Eigenspannungen und Texturen. Härt.-Tech. Mitt. 40 (1985) S.276.

Ruff, A.W.; Lashmore, D.S.: Dry sliding wear studies of nickel-phosphorous and chromium coatings on 0-2 tool steel. ASTM STP 769 (1982) S.134.

Simon, H.; Thoma, M.: Angewandte Oberflächentechnik für metallische Werkstoffe. München, Wien: Hanser (1985).

Stecher, E.; Spengler, A.: Technologische und werkstoffliche Einflüsse auf die Wälzfestigkeit thermochemisch oberflächengehärteter Stähle. Maschinenbautechnik 28 (1979) S.106.

van der Zwaag, S.; Field, J.E.: The effect of thin hard coatings on the Hertzian stress field. Phil. Mag. A 46 (1982) S.133.

Wellinger, K.; Uetz, H.; Gürleyik, M.: Gleitverschleißuntersuchungen an Metallen und nichtmetallischen Hartstoffen unter Wirkung körniger Stoffe. Wear 11 (1968) S.173.

Wiegand, H.; Heinke, G.: Beitrag zum Verschleißverhalten galvanisch abgeschiedener Nickel- und Chromschichten sowie chemisch abgeschiedener Nickelschichten im Vergleich zu einigen Stählen. Metalloberfläche 24 (1970) S.163.

Woydt, M.; Kadoori, J.; Hausner, H.; Habig, K.-H.: Werktoffentwicklung an Ingenieurkeramik nach tribologischen Gesichtspunkten. Ceram. Forum Int./Ber. DKG 67 (1990) S.123.

Kapitel 9.12

Bahadur S, Sunkara C. Effect of transfer film structure, composition and bonding on the tribological behavior of polyphenylene sulfide filled with nano particles of TiO2, ZnO, CuO and SiC. Wear 258, 9 (2005) S.1411

Briscoe, B.J.: Interfacial friction of polymer composites, in: Friction and Wear of Polymer Composites (K. Friedrich, Editor). Amsterdam, Oxford, New York, Tokyo: Elsevier (1986) S.25.

Cho MH, Bahadur S. Study of the tribological synergistic effects in nano CuO-filled and fiber-reinforced polyphenylene sulfide composites. Wear 258, 5-6 (2005) S.835

Czichos, H.; Feinle, P.: Tribologisches Verhalten von thermoplastischen, gefüllten und glasfaserverstärkten Kunststoffen – Kontaktdeformation, Reibung und Verschleiß, Oberflächenuntersuchungen. Berlin: Bundesanstalt für Materialprüfung, BAM-Forschungsbericht 83 (1982).

Eyerer P, Hirth Th, Elsner P. (Hrsg.) Polymer Engineering. Springer, Berlin (2008)

Erhard, G.; Strickle, E.: Maschinenelemente aus thermoplastischen Kunststoffen – Grundlagen und Verbindungselemente. Düsseldorf: VDI-Verlag (1974).

Erhard, G.; Strickle, E.: Maschinenelemente aus thermoplastischen Kunststoffen, Band 2: Lager und Antriebselemente. Düsseldorf: VDI-Verlag (1978).

Erhard G.: Zum Reibungs- und Verschleißverhalten von Polymerwerkstoffen. Diss. Universität Karlsruhe (1980).

Santner, E. and Czichos, H.: Tribology of polymers. Tribology International 22 (1989) S.104.

Erhard, G.: Zum Gleitreibungsverhalten von Paarungen von Polymerwerkstoffen gegen Stahl und gegen Polymerwerkstoffe. VDI-Berichte Nr. 600.3 (1987) S.71.

Friedrich K. (Editor): Friction and wear of polymer composites. Amsterdam, Oxford, New York, Tokyo: Elsevier (1986).

Friedrich, K.: Wear of reinforced polymers by different abrasive counterparts, in: Friction and Wear of Polymer Composites (K. Friedrich, Editor). Amsterdam, Oxford, New York, Tokyo: Elsevier (1986) S.233.

Friedrich K, Stoyko F, Zhong Zh. Polymer Composites: From Nano- to Macro-Scale. Springer, Berlin (2005)

Hachmann H. Das Reibungs- und Verschleißverhalten der Kunststoffe,VDI BW 857 (1973)

Hahn M, Fischer A. Characterization of thermally sprayed micro- and nanocrystalline cylinder wall coatings by means of a cavitation test. Proceedings of the Institution of Mechanical Engineers, Part J: Journal of Engineering Tribology 223 (2009) S.27.

Halach, G.: Gleitreibungs- und Gleitverschleißverhalten von Kunststoffen in Abhängigkeit von verschiedenen Einflußgrößen, in: Belatungsgrenzen von Kunststoff-Bauteilen, herausgegeben von der VDI-Gesellschaft Kunststofftechnik (VDI-K). Düsseldorf: VDI-Verlag (1975) S.177.

Koerner, G.; Rossmy, G. Sänger, G.: Oberflächen und Grenzflächen. Goldschmidt-Hauszeitschrift 2 , Heft 29 (1974) S.2.

Lancaster, J.K.: Basic mechanism of friction and wear of polymers. Plast. Polym. 41 (1973) S.297.

Lancaster, J.K.; Giltrow, J.P.: The role of the counterface in the friction and wear of carbon fibre reinforced thermosetting resins. Wear 16 (1970) S.357.

Lancaster, J.K.: Dry bearings: a survey of materials and factors effecting their performance. Tribology International 6 (1973) S.219.

Lin Ye, Friedrich, K.: Sliding wear of SINIMID compounds agaist steel. J, Material Science Letters 11 (1992) S.356

Mittmann, H.U.; Czichos, H.: Reibungsmessungen und Oberflächenuntersuchungen an Kunststoff-Metall-Gleitpaarungen. Materialprüfung 17 (1975) S.366.

Owens, D.K.; Wendt, R.C.: Estimation of surface free energy of polymers. J. Appl. Polymer Sci. 13 (1969) S.1741.

Potente, H.; Krüger, R.: Bedeutung polarer und disperser Oberflächenspannungsanteile von Plastomeren und Beschichtungsstoffen für die Haftfestigkeit von Verbundsystemen. Farbe Lack 84 (1978) S.72.

Rabel, W.: Einige Aspekte der Benetzungstheorie und ihre Anwendung auf die Untersuchung und Veränderung der Oberflächeneigenschaften von Polymeren. Farbe Lack 77 (1971) S.997.

Sinha SK, Briscoe BJ. Polymer Tribology.Imperial College Press, London, England (2009)

Uetz, H.; Wiedemeyer, J.: Tribologie der Polymere. München, Wien: Hanser (1985).

Underwood, G., S.: Wear Performance of Ultra-Perfomance Engineering Polymers at High PVs. SAE International 2002-01-0600

Wu, S.: Polar and nonpolar interactions in adhesion. J. Adhesion 5 (1973) S.39.

Kapitel 10

Deyber, P.: Möglichkeiten zur Einschränkung von Schwingungsverschleiß, in: Reibung und Verschleiß von Werkstoffen, Bauteilen und Konstruktionen (Czichos, H., Federführender Autor). Grafenau: Expert-Verlag, 1982, S. 149.

Klamann, D.: Schmierstoffe und verwandte Produkte; Herstellung – Eigenschaften – Anwendung. Weinheim: Verlag Chemie, 1982.

Mang, Th. and W. Dresel (ed): Lubricants and Lubrication, Weinheim, Wiley-VCH GmbH, 2001

Möller, U.J.; Boor, U.: Schmierstoffe im Betrieb. Düsseldorf: VDI-Verlag, 1987.

Kapitel 10.1

ASTM D 664
Standard test method for neutralization number by potentiometric titration. Philadelphia: ASTM, 1981.

ASTM D 3829
Standard method for predicting the borderline pumping temperature of engine oil. Philadelphia: ASTM, 1983.

DIN 51 377
Prüfung von Schmierstoffen; Bestimmung der scheinbaren Viskosität von Motoren-Schmierölen bei niedriger Temperatur mit dem Cold-Cranking-Simulator. Berlin: Beuth Verlag, Januar 1978.

DIN 51 382
Prüfung von Schmierstoffen; Bestimmung der Scherstabilität von Schmierölen mit polymeren Zusätzen; Verfahren mit Dieseleinspritzdüse; Relativer Viskositätsabfall durch Scherung. Berlin: Beuth Verlag, Juni 1983.

DIN 51 511
Schmierstoffe; SAE-Viskositätsklassen für Motoren-Schmieröle. Berlin: Beuth Verlag, August 1985.

DIN 51 519
Schmierstoffe; ISO-Viskositätsklassifikation für flüssige Industrie-Schmierstoffe. Berlin: Beuth Verlag, Juli 1976.

DIN 51 550
Viskosimetrie; Bestimmung der Viskosität; Allgemeine Grundlagen. Berlin: Beuth Verlag, Dezember 1978.

DIN 51 561
Prüfung von Mineralölen, flüssigen Brennstoffen und verwandten Flüssigkeiten. Messung der Viskosität mit dem Vogel-Ossag-Viskosimeter. Temperaturbereich: ungefähr 10–150 °C. Berlin: Beuth Verlag, Dezember 1978.

DIN 51 562, Teil 1
Viskosimetrie; Messung der kinematischen Viskosität mit dem Ubbelohde-Viskosimeter Normal Ausführung. Berlin: Beuth Verlag, Januar 1983.

DIN ISO 2909
Mineralölerzeugnisse; Berechnung des Viskositätsindex aus der kinematischen Viskosität. Berlin: Beuth Verlag, Juli 1979.

DIN ISO 3771
Mineralölerzeugnisse; Gesamtbasenzahl; Bestimmung durch potentiometrische Perchlorsäure-Titration. Berlin: Beuth Verlag, April 1985.

DIN-Taschenbuch 20
Mineralöle und Brennstoffe 1; Eigenschaften und Anforderungen. Berlin: Beuth Verlag 1987.

DIN-Taschenbuch 32
Mineralöle und Brennstoffe 2; Prüfverfahren. Berlin: Beuth Verlag 1987.

DIN-Taschenbuch 57
Mineralöle und Brennstoffe 3; Prüfverfahren. Berlin: Beuth Verlag 1987.

DIN-Taschenbuch 58
Mineralöle und Brennstoffe 4; Prüfverfahren. Berlin: Beuth Verlag 1987.

DIN-Taschenbuch 192
Schmierstoffe; Eigenschaften, Anforderungen, Probennahme. Berlin: Beuth Verlag 1988.

DIN-Taschenbuch 203
Prüfung; Schmierstoffe. Berlin: Beuth Verlag 1989.

DIN-Taschenbuch 228
Mineralöle und Brennstoffe 5; Prüfverfahren. Berlin: Beuth Verlag 1987.

Dubbel Taschenbuch für den Maschinenbau. Berlin, Heidelberg, New York: Springer, 1981.

Gommel, G.P.: Moderne Autogetriebeöle. Tribol. Schmierungstech. 36 (1989) 13.

ISO 3448
Industrial liquid lubricants; ISO viscosity classification. Genève: International Organization for Standardization.

Klamann, D.: Schmierstoffe und verwandte Produkte; Herstellung – Eigenschaften – Anwendung. Weinheim: Verlag Chemie, 1982.

Manning, R.E.: Computational aids for kinematic viscosity conversion from 100 and 210 °F to 40 and 100 °C. ASTM J. Test. Eval. 2 (1974) 522.

Meyer, K.: Schichtbildungsprozesse und Wirkungsmechanismen schichtbildender Additive für Schmierstoffe. Tribol. Schmierungstech. 32 (1985) 254.

Möller, U.J.; Boor, U.: Schmiertoffe im Betrieb. Düsseldorf: VDI-Verlag, 1987.

Kapitel 10.2

DIN ISO 2137
Mineralölerzeugnisse; Schmierfett; Bestimmung der Konuspenetration. Berlin: Beuth Verlag, Dezember 1981.

Klamann, D.: Schmierstoffe und verwandte Produkte; Herstellung – Eigenschaften – Anwendung. Weinheim: Verlag Chemie, 1982.

Mader, W.: Hinweise für die Anwendung von Schmierfetten. Hannover: Vincentz Verlag, 1979.

Möller, U.J.; Boor, U.: Schmierstoffe im Betrieb. Düsseldorf: VDI-Verlag, 1987.

Kapitel 10.3

Amato, I.; Martinengo, P.C.: Some improvements in solid lubricant coatings for high temperature operations. ASLE Trans. 16 (1973) 42.

Bartz, W.J.; Holinski, R: Synergistische Effekte bei der Anwendung von Festschmierstoffen in gebundener Form (2). Tribol. Schmierungstech. 33 (1986) 223.

Bartz, W.J.; Xu, J.: Wear behaviour and failure mechanisms of bonded solid lubricants. Lubric. Engng. 43 (1987) 514.

Bowden, F.P.; Tabor, D.: The friction and lubrication of solids. (Pt. I). Oxford: University Press, 1950, p. 111.

Buckley, D.H.: Surface effects in adhesion, friction, wear, and lubrication. Amsterdam, Oxford, New York: Elsevier 1981.

Donnet, C.; Belin, M; Le Mogne, T.; Martin, J.M.: Tribological behavior of solid lubricated contacts in air and high-vacuum environments. In: The Thrid Body Concept, Editors: Dowson et al., tribology Series 31, Elsevier, 1996.

Erdemir, A.; Bindal, C.; Zuiker, C.; Savrun, E.: tribology of naturally occurring boric acid films on boron carbide, Surface and Coatungs technology 86-87 (1996) 507-510

Gardos, M.: The effect of anion vacancies on the tribological properties of rutile (TiO_{2-x}). Tribol. Trans. 31 (1988) 427.

Habig, K.-H.: Friction and wear of sliding couples coated with TiC, TiN or TiB_2. Surface Coat. Technol. 42 (1990) 133.

Kuwano, H.; Nagai, K.: Friction reducing coatings by dual fast atom beam technique. J.Vac.Sci.Technol. A4 (1986) 2993.

Peterson, M.B.; Calabrese, S.J.; Stupp, B.: Lubrication with naturally occuring double oxide films. Arnold, Md.: Wear Sciences Inc., 1982.

Peterson, M.B.; Kanakia, M.: Solid lubricants in: Proceedings of the Int. Conference Engineered Materials for Advanced Friction and Wear Applications. (Smidt, F.A. and Blau, P.J., Editors). Metals Park, Ohio: ASM International, 1988, p. 153.

Sliney, H.E.; Strom, T.N.; Allen, G.P.: Fluoride solid lubricants for extreme temperatures and corrosive environments. ASLE Trans. 8 (1965) 307.

Spalvins, T.; Buzek, B.: Frictional and morphological characteristics of ion plated soft metallic films. Thin Solid Films 84 (1981) 267.

Wäsche, R.; Habig, K.-H.: Physikalisch-chemische Grundlagen der Feststoffschmierung – Literaturübersicht. Berlin: Bundesanstalt für Materialforschung und -prüfung (BAM), Forschungsbericht Nr. 158, 1989.

Wagner, R.C.; Sliney, H.E.: Effects of silver and group II fluid solid lubricant additions to plasmasprayed chromium carbide coatings for foil gas bearings to 650 °C. Lubric. Engng. 42 (1986) 594.

Woydt, M.; Kadoori, J.; Hausner, H.; Habig, K.-H.: Werkstoffentwicklung an Ingenieurkeramik nach tribologischen Gesichtspunkten. Ceram. Forum Int./Ber. DKG 67 (1990) 123.

Woydt, M. und J. Kleemann: Reibungs- und verschleißarmes Festkörpergleiten von Keramik-/Kohlenstoffpaarungen bis 450 °C, Tribologie&Schmierungstechnik, 1/2003, 50. Jg., p. 34-41

Kapitel 11.1

Anderson, J.C.: The wear and friction of commercial polymers and composites, in: Friction and Wear of Polymer Composites (K. Friedrich, Editor). Amsterdam, Oxford, New York, Tokyo: Elsevier, 1986, p. 329.

Anderson, W.J.: Rolling-element bearings, in: Tribology – Friction, Lubrication, and Wear (A.Z. Szeri, Editor). Washington, New York, London: Hemisphere Publishing Corporation, 1980, p. 397.

Andréason, S.: Modifizierte Lebensdauerberechnung von Wälzlagern. Antriebstechnik 16 (1977) 141.

Bely, V.A.; Sviridenok, A.I.; Petrokovets, M.I.; Sarkin, V.G.: Friction and wear in polymer-based materials. New York, Toronto, Sydney, Paris, Frankfurt: Pergamon Press, 1982, p. 317.

Booser, E.R.: Sliding bearing materials. Mach. Design 46 (1974) 37.

Brändlein, Eschmann Hasbergen, Weigand: Die Wälzlagerpraxis. Mainz: Vereinigte Fachverlage (1995).

Briscoe, B.J.; Steward, M.: The effect of carbon and glass fillers on the transfer film behaviour of PTFE composites, in: Tribology 1978, Bury St. Edmunds: Mechanical Engineering Publications, 1978, p. 17.

Buske, A.: Lager für hohe Anforderungen. Berlin: Lilienthal-Gesellschaft, 1940.

Buske, A.: Die Abhängigkeit der Lagerbelastbarkeit von der Lagerbauform, Bericht über die Schmierstoff-Tagung, Teil 1: Reibung und Verschleiß, Kälteverhalten, 11./12. 12. 1941, Berlin-Adlershof, S. 119-148

Czermin, C.: Neue Werk- und Schmierstoffkonzepte für Radialgleitlager – Experimentelle Ermittlung des Potentials und der Anwendungsgrenzen,
Forschungsberichte des Instituts f. Maschinenkonstruktionslehre und Kraftfahrzeugbau, Uni Karlsruhe, Band 3, ISSN 1615-8113, 2000

Czichos, H.; Feinle, P.: Tribologisches Verhalten von thermoplastischen, gefüllten und glasfaserverstärkten Kunststoffen – Kontaktdeformation, Reibung und Verschleiß, Oberflächenuntersuchungen. Berlin: Bundesanstalt für Materialprüfung, Forschungsbericht 83 (1982).

DIN ISO 281, Teil 1
Wälzlager; Dynamische Tragzahlen und nominelle Lebensdauer, Berechnungsverfahren. Berlin: Beuth-Verlag, Februar 1979.

DIN ISO 4381
Gleitlager; Blei- und Zinn-Gußlegierungen für Verbundgleitlager. Berlin: Beuth-Verlag, Oktober 1982.

DIN ISO 4382, Teil 1
Gleitlager; Kupferlegierungen; Kupfer-Gußlegierungen für Massiv- und Verbundgleitlager. Berlin: Beuth-Verlag, Oktober 1982.

DIN ISO 4382, Teil 2
Gleitlager; Kupferlegierungen; Kupfer-Knetlegierungen für Massiv-Gleitlager. Berlin: Beuth-Verlag, Oktober 1982.

DIN ISO 4383
Gleitlager; Metallische Verbundwerkstoffe für dünnwandige Gleitlager. Berlin: Beuth-Verlag, Oktober 1982.

DIN ISO 7148, Teil 1
Gleitlager; Prüfung des tribologischen Verhaltens von Lagerwerkstoffen; Prüfung des Reibungs- und

Verschleißverhaltens von Lagerwerkstoff-Gegenkörperwerkstoff-Öl-Kombinationen unter Grenzreibungsbedingungen. Berlin: Beuth-Verlag, Oktober 1987.

DIN 17 230
Wälzlagerstähle; Technische Lieferbedingungen. Berlin: Beuth-Verlag, September 1980.

DIN 31 652; Teil 1
Gleitlager; Hydrodynamische Radial-Gleitlager im stationären Betrieb; Berechnung von Kreiszylinderlagern. Berlin: Beuth-Verlag, April 1983.

DIN 31 652, Teil 2
Gleitlager; Hydrodynamische Radial-Gleitlager im stationären Betrieb; Funktionen für die Berechnung von Kreiszylinderlagern. Berlin: Beuth-Verlag, Februar 1983.

DIN 31 652, Teil 3
Gleitlager; Hydrodynamische Radial-Gleitlager im stationären Betrieb; Betriebsrichtwerte für die Berechnung von Kreiszylinderlagern. Berlin: Beuth-Verlag, April 1983.

DIN 31 661
Gleitlager; Begriffe, Merkmale und Ursachen von Veränderungen und Schäden. Berlin: Beuth-Verlag, Dezember 1983.

DIN 50 282
Gleitlager; Das tribologische Verhalten von metallischen Werkstoffen; Kennzeichnende Begriffe. Berlin: Beuth-Verlag, Februar 1979.

Erhard, G.; Strickle, E.: Maschinenelemente aus thermoplastischen Kunststoffen – Grundlagen und Verbindungselemente. Düsseldorf: VDI-Verlag, 1974.

Erhard, G.; Strickle, E.: Maschinenelemente aus thermoplastischen Kunststoffen, Band 2: Lager und Antriebselemente. Düsseldorf: VDI-Verlag, 1978.

Eschmann, P.: Das Leistungsvermögen der Wälzlager. Berlin, Göttingen, Heidelberg: Springer, 1964.

Evans, D.C.; Lancaster, J.K.: Diskussion der Arbeit von Anderson, J.C.; Robbins, E.J.: in: Wear of nonmetallic materials, Proceedings of the 3rd Leeds-Lyon Symposium on Tribology (Dowson, D., Editor). London: Mechanical Engineering Publications, 1978.

Grünthaler, K.-H., W. Lucchetti und E. Schopf: Gleitlager für höchste Beanspruchungen in Verbrennungsmotoren, MTZ 59 (1998) 4 S. 260-264

Habig, K.-H.; Broszeit, E.; de Gee, A.W.J.: Friction and wear tests on metallic bearing materials for oil lubricated bearings. Wear 69 (1981) 43.

Habig, K.-H.; Kelling, N.: Untersuchungen der Verträglichkeit von Schmierölen mit metallischen Gleitlagerwerkstoffen bei tribologischer Beanspruchung. in: Tribologie Band 6 (Bunk, W., Hansen, J. u. Geyer, M., Herausgeber). Berlin, Heidelberg, New York, Tokyo: Springer, 1983, S. 165.

Härterei-Technische Mitteilung; 3/2002, Band 57, Carl Hanser Verlag, komplett

Hodes, E.; Mann, G.; Roemer, E.: Lagerwerkstoffe – Übersicht, in: Ullmanns Encyklopädie der technischen Chemie, Band 16. Weinheim: Verlag Chemie GmbH, 1978.

Kleinlein, E.: Schmierstoffe bei Mischreibung. Schweinfurt: FAG-Publ. Nr. WL 811121/DA, 1991.

Kühnel, R.: Werkstoffe für Gleitlager. Berlin: Springer, 1952.

Lancaster, J.K.: Dry bearings: a survey of materials and factors affecting their performance. Tribology 6 (1973) 219.

Lang, O.R.: Gleitlager-Ermüdung unter dynamischer Last. VDI-Berichte Nr. 248 (1975) 57.

Lang, O.R.; Steinhilper, W.: Gleitlager (Konstruktionsbücher Band 31). Berlin, Heidelberg, New York: Springer, 1978.

Löhr, R.; Eifler, D.; Macherauch, E.: Grundlagenorientierte Untersuchungen zum Dauerschwingverhalten von Gleitlagerwerkstoffen. Tribol. Schmierungstech. 32 (1985) 278.

Lorösch, H.-K.; Vay, J.; Weigand, R.; Gugel, E.; Kessel, H.: Die Ermüdungsfestigkeit von Kugeln aus HPSN für extrem schnellaufende Wälzlager. Wälzlagertechnik (1980), H.1, 33.

Metals Handbook. 8. Edition, Vol. 1. Metals Park, Ohio: American Society for Metals, 1961.

Mittelbach, B.: Eigenschaften von Gleitlagerwerkstoffen auf Kupferbasis. ZwF Z. Wirtsch. Fertig. 66 (1971) 489.

Neale, M.J.: Tribology Handbook. London: Butterworth, 1973.

Niemann, G.: Maschinenelemente, Band 1: Konstruktion und Berechnung von Verbindungen, Lagern, Wellen. Zweite, neu bearbeitete Auflage. Berlin, Heidelberg, New York: Springer, 1981.

Oshiro, H., T. Tomikawa, S. Kamiya and K. Hashizume: Copper alloy and sliding bearing having improved seizure resistance, US patent 6,254,701 B1 vom 03. Juli 2001

Parker, R.J.; Zaretsky, E.V.: Fatigue life of high speed ball bearing with Si_3N_4 balls. Trans. ASME, J. Lubric. Technol. 97 (1975) 350.

Peeken, H.: Gleitlagerungen, in: Dubbel Taschenbuch für den Maschinenbau, 14. Auflage (W. Beitz und K.-H. Küttner, Herausgeber). Berlin, Heidelberg, New York: Springer, 1981, S. 426.

Peeken, H.; Knoll, G.; Schüller, R.: Betriebsnahe Lebensdaueruntersuchungen an Gleitlager-Verbundwerkstoffen. VDI-Z 123 (1981) 195.

Peeken, H.; Hermes, G.; Viester: Hydrodynamisches Verhalten von Gleitlagern mit Wellen aus nichtrostendem Stahl – Abschlußbericht. Frankfurt: Forschungsvereinigung Antriebstechnik, 1987.

Peeken, H.: Konstruktive Maßnahmen zur Verschleißminderung. Manuskript zum Lehrgang „Reibung und Verschleiß von Werkstoffen, Bauteilen und Konstruktionen". Ostfildern: TA Esslingen, 1990.

Peterson, M.B.: Design considerations for effective wear control, in: Wear Control Handbook (M.B. Peterson and W.O. Winer, Editors). New York: American Society of Mechanical Engineers, 1980, p. 475.

Römer, E.: Werkstoffe und Schichtaufbau bei Gleitlagern. Z. Werkstofftech. 4 (1973).

Ruß, A.G.: Vergleichende Betrachtung wartungsfreier und selbstschmierender Gleitlager. Vortrag im Rahmen des Lehrganges „Selbstschmierende und wartungsfreie Gleitlager", TA Esslingen 15./16.11.1982. Loc. cit. H. Uetz; J. Wiedemeyer: Tribologie der Polymere. München, Wien: Hanser, 1985.

Schmid, E.; Weber, R.: Gleitlager. Berlin: Springer, 1953.

Schopf, E.: Notlaufeignung von Gleitlagern aus metallischen Werkstoffen. Antriebstechnik 22 (1983) Nr. 5, 56.

Sibley, L.B.: Rolling bearings, in: Wear Control Handbook (M.B. Peterson and W.O. Winer, Editors). New York: American Society of Mechanical Engineers, 1980, p. 699.

Sibley, L.B.; Zlotnik, M.: Considerations for tribological applications of engineering ceramics. Mater. Sci. Engng. 71 (1985) 283.

Spikes, R.H.; Davison, C.H.; Mac Quarrie, N.A.: An assessment of dynamic embeddability relating to automotive bearing materials under thin oil film conditions, in: Developments in numerical and experimental methods applied to tribology (D. Dowson, C.M. Taylor, M. Godet and D. Berthe, Editors). London: Butterworth, 1984, p. 197.

Steinhardt, E.: Lagerauslegung und Lagereigenschaften von Flugtriebwerken. MTU Focus 2 (1989) 24.

Stöcklein, W.: Aussagekräftige Berechnungsmethode zur Dimensionierung von Wälzlagern. Tribol. Schmierungstech. 34 (1987) 270.

Tanaka, K.; Uchiyama, Y.: Friction, wear and surface melting of crystalline polymers, in: Advances in Polymer Friction and Wear, B (L.H. Lee, Editor). London: Plenum Press, 1974, p. 499.

Timmermann, K.-H.: Zur Verträglichkeit von Lagerwerkstoff/Schmierstoff- Paarungen. Schmiertech. Tribol. 26 (1979) 118.

VDI-Richtlinie 2204, Blatt 1-4, Entwurf
Auslegung von Gleitlagerungen. Düsseldorf: VDI-Gesellschaft Entwicklung, Konstruktion, Vertrieb, 1990.

Vogelpohl, G.: Betriebssichere Gleitlager. Berlin, Göttingen, Heidelberg: Springer, 1958.

Wächter, K.: Konstruktionslehre für Maschineningenieure. Berlin: VEB Verlag Technik, 1988.

Winer, W.O.; Cheng, H.S.: Film thickness, contact stress and surface temperatures, in: Wear Control Handbook (M.B. Peterson and W.O. Winer, Editors). New York: American Society of Mechanical Engineers, 1980, p. 81.

Woydt, M. und U. Effner: Zirkondioxid: Ein neuer Werkstoff für Wälzkontakte?, Tribologie&Schmierungstechnik, 44. Jahrgang, 1997, Heft 3, S. 124-127

Kapitel 11.2

Beitz, W.; Martini, J.: Reibungs- und Verschleißverhalten von spritzgegossenen Kunststoffrädern bei unterschiedlichen Betriebsbedingungen. VDI-Berichte Nr. 600.3 (1987) 299.

DIN 868
Allgemeine Begriffe und Bestimmungsgrößen für Zahnräder, Zahnradpaare und Zahnradgetriebe. Berlin: Beuth Verlag, Dezember 1976.

DIN 3390, Teil 1
Grundlagen der Tragfähigkeitsberechnung von Gerad- und Schrägstirnrädern. Berlin: Beuth Verlag, März 1980.

DIN 3990, Teil 2
Grundlagen für die Tragfähigkeitsberechnung von Gerad- und Schrägstirnrädern, Berechnung der Zahnflankentragfähigkeit Grübchenbildung, Berlin: Beuth Verlag, März 1980.

DIN 3990, Teil 4
Grundlagen für die Tragfähigkeitsberechnung von Gerad- und Schrägstirnrädern, Berechnung der Freßtragfähigkeit. Berlin: Beuth Verlag, März 1980.

Dudley, D.W.: Gear Wear, in: Wear Control Handbook (M.B. Peterson and W.O. Winer, Editors). New York: American Society of Mechanical Engineers, 1980, p. 755.

Erhard, G.; Strickle, E.: Maschinenelemente aus thermoplastischen Kunststoffen, Band 2: Lager und Antriebselemente. Düsseldorf: VDI-Verlag, 1978.

Michaelis, K.: Tribologie des Zahnrades. Skriptum zur gleichzeitigen Vorlesung, TU München 1986, zitiert von Oster, P., VDI-Berichte Nr. 600.3 (1987) 335.

Niemann, G.; Winter, H.: Maschinenelemente, Band 2: Getriebe allgemein; Zahnradgetriebe – Grundlagen; Stirnradgetriebe. 2. Auflage. Berlin, Heidelberg, New York, Tokyo: Springer, 1985.

Oster, P.: Einfluss von Werkstoff und Wärmebehandlung auf die Flankentragfähigkeit von Stirnrädern. VDI-Berichte Nr. 600.3 (1987) 335.

Plewe, H.J.: Untersuchungen über den Abriebverschleiß von geschmierten, langsam laufenden Zahnrädern. Diss. TU München, 1980.

Schönnenbeck, G.: Einfluss der Schmierstoffe auf die Zahnflankenermüdung (Graufleckigkeit und Grübchenbildung) hauptsächlich im Umfangsgeschwindigkeitsbereich 1...9 m/s. Diss. TU München, 1984.

Winer, W.O.; Cheng, H.S.: Film thickness, contact stress and surface temperatures, in: Wear Control Handbook (M.B. Peterson and W.O. Winer, Editors). New York: American Society of Mechanical Engineers, 1980, p. 81.

Winter, H.; Plewe, H.-J.: Abriebverschleiß und Lebensdauerberechnung an geschmierten, langsam laufenden Zahnrädern, Teil I: Versuchsprogramm und Versuchsergebnisse. Antriebstechnik 21 (1982) 231. Teil II: Berechnungsverfahren und Schadensgrenzen. Antriebstechnik 21 (1982) 282.

Kapitel 11.3

Abar, J.W.: Rubbing contact materials for face type mechanical seals. Lubric. Engng. 20 (1964) 381.

Johnson, R.L.; Schoenherr, K.: Seal wear, in: Wear Control Handbook (M.B. Peterson and W.O. Winer, Editors). New York: American Society of Mechanical Engineers, 1980, p. 727.

Mayer, E.: Axiale Gleitringdichtungen. Düsseldorf: VDI-Verlag, 1982.

Paxton, R.R.: Manufactured carbon: a self lubricating material for mechanical devices. Boca Raton, Florida: CRC Press, 1979.

Peeken, H.; Dedeken, R.: Elastohydrodynamische Gleitringdichtungen. VDI-Berichte Nr. 600.3 (1987) 287.

Thiele, E: Werkstoffe für Gleit- und Gegenringe in Gleitringdichtungen, In: Handbuch Dichtungspraxis,2000, Vulkan-Verlag, Essen, Hrsg.: Wolfgang Tietze

Kapitel 11.4

Balzers AG: Benefits of PVD coatings, Automotive Engineering International, July 2002, p. 101

Buran, U.: Stand und Entwicklung von Beschichtungen für Kolbenringe, in: Tribotechnische Werkstoffe im Kraftfahrzeug (M. Woydt u. E. Lübbing, Herausgeber). Schriftenreihe Praxis-Forum, D-14089 Berlin, 1990, S. 133.

Buran, U.: Kolberinghandbuch, Januar 1995, AE Goetze GmbH, D-51388 Burscheid, Nr. 894230-08/95

Dück, G.: Tendenzen in der Kolbenringentwicklung. MTZ 30 (1963) 100.

Eyre, T.S.; Dutta, K.K.; Davies, F.A.: Characterization and simulation of wear occurring in the cylinder bore of the internal combustion engine. Tribology International 23 (1990) 11.

Fuchsluger, J.H.; Vandusen, V.L.: Unlubricated piston rings, in: Wear Control Handbook (M.B. Peterson and W.O. Winer, Editors). New York: American Society of Mechanical Engineers, 1980, p. 667.

Gasthuber, H., R. Schäfer, M. Schulz and M. Wiesner: Is a lifetime lubricated combustion engine possible? Proc. Annual Meeting German Society of Tribologists (GfT), 27.-29. September 1999, Göttingen

Holland, J.: Die Grundlagen der Reibung und ihre Bedeutung für die Funktionsfähigkeit von Maschinenelementen, in: Reibung und Verschleiß von Werkstoffen, Bauteilen und Konstruktionen (H. Czichos, Herausgeber). Grafenau: Expert-Verlag, 1982, S. 36.

Lindner, H., H.W. Bergmann, S. Recihstein, C. Braaandenstein, A. lang, R. Queitsch und E. Stengel: Präzisionsbearbeitung von Grauguß-Zylinderlaufbahnen von Verbrennungskraftmaschinen mit UV-Photonen,Proc. 13th Int. Coll. Tribology, 15.-17. Jan. 2002, Esslingen, ISBN 3-924813-48-5, Vol. III, p. 2373-2396

Thiele, E.: Mechanische Reibungsverluste in Hubkolbentriebwerken. Tribol. Schmierungstech. 33 (1986) 290.

Ting, L.L.: Lubricated piston rings and cylinder bore wear. in: Wear Control Handbook (M.B. Peterson and W.O. Winer, Editors). New York: American Society of Mechanical Engineers, 1980, p. 609.

Todsen, U.; Kruse, H.: Schmierung, Reibung und Verschleiß am System Kolben-Ring-Zylinder von Hubkolbenmaschinen (1). Tribologie&Schmierungsechnik (1985) 151.

Woydt, M., O. Storz and H. Gasthuber: Tribological properties of thermal sprayed Magnéli-type coatings with different stoichiometries (Ti$_n$O$_{2n-1}$), Surface and Coatings Technology 140 (2001) 76-81 und Proc. Int. Tribology Conference, Nagoya, 29.10-02.11.2000, Vol. II, p. 989-993, ISBN 4-9900139-4-8

Yamamoto, H., T. Hyuga, H. Watanabe, M. Kobayashi, T. Matsui and T. Komuro: Ion plated piston top ring for a high speed diesel engine, JSME preprint No. 940-30, 1994,.p. 506-508

Zwein, F. und A. Robota, A::Einfluß der Zylinderlaufbahntopografie auf den Ölverbrauch und die Partikelemissionen eines DI-Dieselmotors, MTZ Motortechnische Zeitschrift 60(4), 1999, p. 246-255

Kapitel 11.5

Alamsyah, C.; Dillich, S.; Pettit, A.: Effects of initial surface finish on cam wear. Wear 134 (1989) 29.

Dowson, D.; Higginson, G.R.: Elastohydrodynamic lubrication. Oxford: Pergamon Press, 1966.

Eyre, T.S.; Crawley, B.: Camshaft and cam follower materials. Tribology International 13 (1980) 147.

Holland, J.; Ruhr, W.: Auslegung und Optimierung von Nockentrieben hinsichtlich des Verschleißverhaltens. MTZ 47 (1986) 37.

Korcek, K., R.K. Jensen, M.D. Johnson and J. Sorab: Fuel efficient engine oils, additive interactions, boundary friction and wear, Tribology Series 36, Lubrication at the Frontier, 1999, 13-24

Monteil, G.; Lonchampt, J.; Roques-Carmes, C.; Godet, M.: Interface composition in Hertzian contacts: application to the cam-tappet system, in: Interface Dynamics (D. Dowson, C.M. Taylor, M. Godet, D. Berthe, Editors). Amsterdam: Elsevier, 1988, p. 355.

Müller, R.: Der Einfluß der Schmierverhältnisse am Nockentrieb. MTZ 27 (1966) 58.

Neale, M.J.: Tribology Handbook. London: Butterworth, 1973.

Peppler, P.: Schalenhartguß – gegossene oder umschmelz-gehärtete Nockenwellen. ATZ Automobiltech. Z. 85 (1983) 577.

Peppler, P.: Forderungen an die Randzone bei Nocken und ihren Gegenläufern. VDI-Berichte Nr. 866 (1990) 123.

Werner, G.D.; Ziese, J.: Verbesserung der Verschleißbeständigkeit an Nockenwellen durch gezielte Nitrier- und Oxidierbedingungen. VDI-Berichte Nr. 506 (1984) 59.

Wilson, R.W.: Designing against wear – wear of cams and tappets. Tribology 2 (1969) 166.

Winer, W.O.; Cheng, H.S.: Film thickness, contact stress and surface temperatures, in: Wear Control Handbook (M.B. Peterson and W.O. Winer, Editors). New York: American Society of Mechanical Engineers, 1989, p. 81.

Kapitel 12

Baugh, E. and Talke, F. E.: The Head/Tape Interface: A Critical Review and Recent Results. Tribology Transactions, 39, 2, (1996), 306-313.

Baumgart, P., Krajnovich D. J., Nguyen T. A., Tam A. C.: A new laser texturing technique for high performance magnetic disk devices. IEEE Trans. on Magnetics, 31, (1995), 2946-51.

Grill A.: Tribology of diamondlike Carbon and related materials: an updated review. Wear, 94-95, (1997), 507-13.

Gui J., Marchon B.: A Stiction model for a head-disk interface of a rigid disc drive. J Appl. Phy., 78, (1995), 4206-17.

Hu, Y., Bogy D. B.: Dynamic stability and spacing modulation of sub-25 nm fly height sliders. ASME J. Trib., 119, (1996), 646-52.

Kang, H.-J., Perettie, D. J., Talke F. E.: A study of phase separation characteristics of perfluoropolyethers/posphazene (x-1p) lubricant mixtures on hard disk surfaces. IEEE Trans. on Magnetics, 35, 5, (1999), 2385-2387.

Knigge, B., Talke F. E., and Baumgart, P.: Acoustic Emission and Stiction Analysis of Laser Textured Media. *IEEE Trans. on Magn.* 35, 2, (1999), 921-926.

Lee, H. J, Lee J. K, Zubeck R., Smallen M. and Hollars D.: Properties of sputter-deposited hydrogenated carbon films as a tribological overcoat used in rigid magnetic disks. Sur. Coat. Tech., 54-55, (1992), 552-6.

Mee, C. D. and Daniels, E. D.: Magnetic Recording. McGraw-Hill Book Company, (1986).

Perettie, D. J, Morgan T. A., Zhao Q., Kang H. J., Talke F. E.: The use of phosphazene additives to enhance the performance of PFPAE lubricants. J. Magn. Magn., 193, (1999), 318-21.

Talke, F. E.: An Overview of Current Tribology Problems in Magnetic Recording. Proceedings of the 26th Leeds-Lyon Symposium on Tribology, Elsevier Press, in press, (1999).

Talke, F. E.: Investigation of Tape Edge Wear. Wear, 17, (1971), 21-32.

Wahl, M. P., Lee, P. and Talke, F. E.: An Efficient Finite Element-Based Air Bearing Simulator for Pivoted Slider Using Bi-conjugate Gradient Algorithms. Tribology Transactions, 39, 1, (1996), 130-138.

Weissner, S. and Talke, F. E.: A New Finite-Element Based Suspension Model Including Displacement Limiters for Load-Unload Simulations. in press, Journal of Tribology, (2001).

Zhao, Q. and Talke, F. E.: Effect of Environmental Conditions on the Stiction Behavior of Laser Textured Hard Disk Media. Tribology International 33, (2000), 281-287.

Zhao, Q. and Talke, F. E.: Stiction and Deformation Analysis of Laser Textured Media with Crater-Shaped Laser Bumps. Tribology Transactions 43, 1, (2000),1-8.

Zeng, Q. H. and Bogy, D.B.: A Simplified 4-DOF Suspension Model for Dynamic Load-Unload Simulation and its Application. J. of Tribology, Trans. ASME, vol. 122, no.1, (2000), 274-279.

Kapitel 13

Achanta, S., J-P- Celis: Nanotribology of MEMS / NEMS. in: Gnecco, E.; Meyer, F. (Eds.): Fundamentals of Friction and Wear at the Nanoscale. Berlin: Springer, 2007.

Ahna, H.-S., Cuonga, P. D., Park, S., Kim, Y.-W., Lim, J.-C.: Effect of molecular structure of self-assembled monolayers on tribological behaviour in nano/microscales. Wear 255 (2003) 819- 825.

Ashurst , W. R., Yau, C. Carraro, C., Maboudian, R., Dugger, M. T.: Dichlorodimethylsilane as an anti-stiction monolayer for MEMS. J. MEMMS, (2001) 41-49.

Bhushan, B. (ed.): Springer Handbook of Nanotechnology, Berlin Heidelberg, Springer 2004

Bhushan, B., Kasai, T., Kulik, G., Barbieri, L., Hoffmann, P.: AFM study on perfluoroalkylsilane selfassembled monlayers for anti-stiction in MEMS/NEMS. Ultramicroscopy, 105 (2005) 176-188.

Czichos, H.: Mechatronik. Wiesbaden: Vieweg+ Teubner, 2008

Houston, M. R., Howe, R. T., Maboudian, R.: Proc. Solid-State Sensors and Actuators-Traansducers 95. Stockholm (1995) 210.

Kraussa, A. R.: Ultrnanocrystalline diamond thin films for MEMS and moving mechanical asseembly devices. Diam. Relat. Mater., 10 (2001) 1952-1961.

Li, X. and Bhushan, B.: Micro/nanomechanical characterization of ceramic films for microdevices. Thin Solid Films, 340 (1999) 210-217.

Lu, X-C., Shi, B., Li, L. K. Y., Luo, J., Wang, J., Li, H.: Investigation on microtribological behavior of thin films using friction force microscopy. Surf. Coat. Technol. 128/129 (2000) 341-345.

Maboudian, R., Ashurst, W., R., Carraro, C.: Self-assembled monolayers as ani-stiction coatings für MEMS. Sens Actuators, 82 (2000) 219-223.

Radhakrishnan, G., Robertson, R. E., Adams, P. M., Cole, R. C.: Integrated TiC coatings for moving MEMA. Thin Solid Films, 420/421 (2002) 553-564.

Romig, A. D., Dugger, M. T., McWorther: Materials issues in microelectromechanical devices: science, engineering, manufacturability and reliability. Acta Mater. 51 (2003) 5837-5866.

Tabata, O. and Tsuchiya, T.: Reliability of MEMS. Weinheim: Wiley-VCH Verlag 2008.

Voevodin, A. A., and Zabinski, J. S.: Supertough wear-resistant coatings with „chameleon" surface adaptation. Thin Solid Films, 128/129 (2000) 223-231.

Williams, J. A. and Le, H.R.: Tribology and MEMS. J. Phys. D: Appl. Phys. 39 (2006) R201.

Yoon et al.: Tribological properties of nano/micrro-patterned PMMA surfaces on silicon wafer. Proc. World Tribology Congress III, Sept. 2005.

Kapitel 14.1, 14.2, 14.3

Bartz, W.: Schäden an geschmierten Maschinenelementen Expert-Verlag, Renningen-Malmsheim, 1999 ISBN 3816916562

Belonenko, V. N.: Role of bulk viscosity and acoustic parameters in tribological problems. Ultrasonics 1991 Vol 29 März, 1991

Collège International pour l'Etude Scientifique des Techniques de Production Mechanique (CIRP): Wörterbuch der Fertigungstechnik, Bd.3: Produktionssysteme, Springer Verlag Berlin Heidelberg, 2004

DIN 50320: Verschleiß: Begriffe, Systemanalyse von Verschleißvorgängen, Gliederung des Verschleißgebietes. Hrsg.: Deutscher Normenausschuss. Ausg. Dez. 1979 zurückgezogen

DIN 69651: Werkzeugmaschinen; Klassifizierung der Werkzeugmaschinen für Metallbearbeitung, Nummernschema, Kennzahlenschlüssel für Maschinengattungen, 1974 zurückgezogen

Gaul, L.; Albrecht H.; Wirnitzer J.: Semi-active friction damping of large space truss structures. Shock and Vibration, Vol. 11, S. 173-186, 2004

Habig, K. H.: Verschleiß und Härte von Werkstoffen. Carl Hanser Verlag, München, Wien, 1980

Mäurer, M.: Tribologische Untersuchungen an Radialgleitlagern aus Kunststoff. Dissertation, Technische Universität Chemnitz, 2003

Majcherczak, D.; Dufrenoy, P.; Berthier, Y.: Tribological, thermal and mechanical coupling aspects of the dry sliding contact. Tribology International 40 (2007), S. 834-843. 2007

Popov, V.: Kontaktmechanik und Reibung - Ein Lehr- und Anwendungsbuch der Nanotribologie bis zur numerischen Simulation. Berlin; Heidelberg, Springer 2009

Petuelli, G.: Theoretische und experimentelle Bestimmung der Steifigkeits- und Dämpfungseigenschaften normalbelasteter Fügestellen. Dissertation, RWTH Aachen, 1983

Spur, G.: Die Genauigkeit von Maschinen: Eine Konstruktionslehre. München; Wien: Hanser, 1996

Uhlmann, E.; Spur, G.; Bayat, N., Patzwald, R.: Application of magnetic fluids in tribological systems. Journal of Magnetism and Magnetic Materials 252 (2002), S. 336-340, 2002

Weck, M.; Brecher, C.: Werkzeugmaschinen – Konstruktion und Berechnung. 8. Auflage Springer, Berlin Heidelberg, 2006

Kapitel 14.4, 14.5

Bach F.-W., Möhwald K., Wenz T.: Moderne Beschichtungsverfahren. Stuttgart: Wiley-VCH, 2005

Boudina, A.: Herstellung und Charakterisierung von diamantartigen Kohlenstoffschichten. Dissertation, Universität Karlsruhe, 1993

Bobzin, K., Bagcivan, N., Immich, P., Pinero, C., Goebbels, N., Krämer, A.: PVD – Eine Erfolgsgeschichte mit Zukunft, Mat.-wiss. u. Werkstofftech. 2008, 39, No. 1, p. 5 - 12

Bouzakis, E.: Steigerung der Leistungsfähigkeit PVD-beschichteter Hartmetallwerkzeuge durch Strahlbehandlung. Aachen: Aprimus-Verlag, 2008

Brücher, M.: CVD-Diamant als Schneidstoff. Dissertation, Technische Universität Berlin, 2003

Bürgel, R.: Handbuch Hochtemperaturwerkstofftechnik. Vieweg & Sohn Verlag, 3. Auflage, 2006

Clark, I. E.; Sen, P. K.: Fortschritte bei der Entwicklung ultraharter Schneidstoffe. Industrie Diamanten Rundschau, Vol. 32, 1998

Frank, M.; Breidt, D.; Cremer, R.: Nanokristalline Diamantschichten für die Zerspanung, Vakuum in Forschung und Praxis 18, 2006

Frey, K. (Hrsg.): Dünnschichttechnologie, VDI-Verlag GmbH, Düsseldorf , 1987

Grams, J.: Untersuchungen zum Fräsen mit CVD-diamantbeschichteten Werkzeugen. Dissertation, RWTH Aachen, 2004

Goss, J. P.; Eyre, R. J.; Briddon, P.R.: Theoretical Models for Doping Diamond for Semiconductor Applications. Weinheim: WILEY -VCH Verlag, 2008

Kalpakjian, S.; Schmid, S. R.: Manufacturing Engineering and Technology. Prentice-Hall Inc., 2001

Kasper, M.: Mikrosystementwurf. Berlin: Springer, 1999

Klein, K.: Auslegung dünner Hartstoffschichten für Zerspanwerkzeuge. Dissertation, TU Berlin, 2005

Kotschenreuther, J.: Empirischer Erweiterung von Modellen der Makrozerspanung auf den Bereich der Mikrobearbeitung. Dissertation, Universität Karlsruhe (TH), 2008

Morey, B.: Tool-Coating Advances Continue, Manufacturing Engineering, Vol. 140, No. 4, 2008

Müller, P.: Mit glatter Schicht tiefer ins Loch. Schweizer Maschinenmarkt, Ausgabe 13, 2001

Olsen, R.; Aspinwall D.; Dewes, R.: Electrical discharge machining of conductive CVD diamond tool blanks, Journal of Materials Processing Technology, 155-156, 2004, S. 1227- 1234.

Schatt, W.; Simmchen, E.; Zouhar, G.: Konstruktionswerkstoffe des Maschinen- und Anlagenbaues. Stuttgart: Wiley-VCH, 2003

Schauer, K.: Entwicklung von Hartmetallwerkzeugen für die Mikrozerspanung mit definierter Schneide. Dissertation, Technische Universität Berlin, 2006

Spur, G.; Stöferle, T.: Handbuch der Fertigung. Carl Hanser Verlag, 1985

Suzuki K.; Iwai M., Nimoiya S.; Takeuchi K.; Tanaka K.; Tanaka Y.: A new diamond wheel containing boron doped diamond abrasives enahbling electrically conductive cutting edge and high thermal stability, Key Engineering Materials, Band 291-292, 2005

Tikal, F.: Schneidkantenpräparation: Ziele, Verfahren und Messmethoden., Kassel University Press GmbH, 2009

Uhlmann, E.; Fuentes, J.A.O.; Keunecke, M.: Machining of High Performance Workpiece Materials with cBN Coated Cutting Tools. Thin Solid Films 518, 2009

Uhlmann, E.; Huynh, Q. U.; Chen, L.; Müller, M.; Sabi, T.; Ewert, P.; Wagner, M.H.: µ-structuring of polymer stents. 1st International Symposium of the Volkswagen Foundation on Functional Surfaces, Bremen, June 18 & 19, 2008

VDI3842: Qualitätssicherung bei der PVD- und CVD-Hartstoffbeschichtung. Berlin: Beuth Verlag GmbH, 2002

VDI2840: Kohlenstoffschichten – Grundlagen, Schichttypen und Eigenschaften. Berlin: Beuth Verlag GmbH, 2005

VDI2841: CVD-Diamant-Werkzeuge – Systematik, Herstellung und Charakterisierung, Berlin: Beuth Verlag GmbH, 2008

Wiemann, E.: Hochleistungsfräsen von Superlegierungen. Dissertation, Technische Universität Berlin, 2006

Kapitel 15.1

Daub, H. W., Dreyer, K., Happe, A., Holzhauer, H., Kassel, D.: Leistungspotentiale von Feinst- und Ultrafeinstkorn- Hartmetallen und ihre Herstellung. In: Pulvermetallurgie in Wissenschaft und Praxis, Band 11, Hrsg.: H. Kolaska, Oberursel: DGM Informationsgesellschaft, 1995

DIN 8589 Teil 0: Fertigungsverfahren Spanen: Einordnung, Unterteilung, Begriffe. Berlin: Beuth Verlag, 1981-03

Fripan, M, Schneider, J.: Keramische Schneidstoffe. VDI-Berichte 1399: Hochleistungswerkzeuge – Schlüssel für innovative Zerspantechnologien, Düsseldorf: VDI-Verlag, 1998, S. 117 –143

Gerschwiler, K.: Untersuchungen zum Verschleißverhalten von Cermets beim Drehen und Fräsen. Dissertation, RWTH Aachen, 1998

ISO 3685-1993: Tool-life testing with single-point turning tools. Berlin: Beuth-Verlag, 1993

Klocke, F., Krieg, T.: PVD-Werkzeugbeschichtungen und umweltverträgliche Kühlschmierstoffe zum Zerspanen von Stahlwerkstoffen. In: Zerspanen im modernen Produktionsprozess. Hrsg.: Weinert, K., Institut für Spanende Fertigung, Universität Dortmund, 2001, S. 81 – 92

König, W.; Klocke, F.: Fertigungsverfahren 1 – Drehen, Fräsen, Bohren. 5. überarbeitete Auflage. Berlin Heidelberg New York: Springer-Verlag, 1997

Kolaska, H.: Pulvermetallurgie der Hartmetalle. Vorlesungsreihe. Hagen: Fachverband Pulvermetallurgie, 1992

N. N.: Produktinformation der Firma Widia GmbH, Essen, 2000

N. N.: Produktinformation der Firma De Beers Industrial Diamonds, Düsseldorf, 2000

N. N.: Produktinformation der Firma CeramTec, Plochingen, 2000

Schedler, W.: Hartmetall für den Praktiker: Aufbau, Herstellung, Eigenschaften und industrielle Anwendung. Hrsg.: Plansee TIZIT GmbH, Düsseldorf: VDI-Verlag, 1988

Stahl-Eisen-Prüfblatt 1162-69: Verschleißstandzeit-Drehversuch. 2. Ausgabe, Düsseldorf: Verlag Stahleisen, 1969

VDI Richtlinie 3397: Kühlschmierstoffe für spanende Fertigungsverfahren. Berlin: Beuth Verlag

Vieregge, G.: Zerspanung der Eisenwerkstoffe. Düsseldorf: Verlag Stahleisen, 1970

Kapitel 15.2

Balbach, R.: Tribologisches Verhalten von Aluminiumfeinblech unterschiedlicher Oberflächenmikrostrukturen. Aluminium 62 (1986) 815.

Doege, E.; Fetzer, H.; Kellenbenz, R.; Bergmann, E.: Tiefziehen auf einfach- und doppelwirkenden Karosseriepressen unter Berücksichtigung des Gelenkantriebes. Werkstatt Betrieb 104 (1971) 727.

Doege, E.; Granert, R.; Schneider, R.: Stand und Entwicklungstendenzen auf dem Gebiet der Umformtechnik. Tribol. Schmierungstech. 32 (1985) 34.

Doege, E.; Hesberg, U.: Reibungszustände und Reibungszahlen beim Tiefziehen von Stahlblechen, in: Tribologie in der Umformtechnik. Herausgegeben von der Gesellschaft für Tribologie e.V., 1989.

Habig, K.-H.; Chatterjee-Fischer, R.; Hoffmann, F.: Adhäsiver, abrasiver und tribochemischer Verschleiß von Oberflächenschichten, die durch Eindiffusion von Bor, Vanandin oder Stickstoff in Stahl gebildet werden. Härt.-Tech. Mitt. 33 (1978) 28.

Joost, H.-G.: Untersuchung über die Anwendbarkeit von beschichteten und oberflächenbehandelten Gesenkschmiedewerkzeugen. Diss. Univ. Hannover, 1980; siehe auch: Ind.-Anz. 103 (1981) No. 64, 24.

Kiefer, J.; Schindler, A.: Verschleißverhalten von Innenbüchsenwerkstoffen für das Strangpressen von Nichteisenmetalllegierungen. Z. Werkstofftech. 14 (1983) 126.

Lange, K.: Lehrbuch der Umformtechnik. Berlin: Springer, 1972.

Nürnberger, G.: Einflüsse auf Reibung und Verschleiß beim Tiefziehen, in: Tribologie in der Umformtechnik. Herausgegeben von der Gesellschaft für Tribologie e.V., 1989.

Pawelski, O.: Neuere Vorstellungen über den Einfluss der Geschwindigkeit auf die Schmierung beim Kaltwalzen. Rheol. Acta 2 (1962) 273.

Pawelski, O.: Über die Bedeutung des Schmierstoffes im Walzspalt und im Walzenlager für die Umformvorgänge beim Kaltwalzen. Stahleisen Sonderberichte, Heft 3. Düsseldorf: Verlag Stahleisen, 1963, S. 68, 117.

Pawelski, O.: Ein neues Gerät zum Messen des Reibungsbeiwertes bei plastischen Formänderungen. Stahl Eisen 84 (1964) 1233.

Pawelski, O.: Untersuchungen über die Reibung bei der bildsamen Formgebung. Forschungsberichte des Landes Nordrhein-Westfalen Nr. 1978. Köln, Opladen: Westdeutscher Verlag, 1968.

Schey, J.A.: Tribology in metalworking. Metals Park, Ohio: American Society for Metals, 1983.

Schmoeckel, D.; Frontzek, H.: Maßnahmen der Verschleißminderung an Werkzeugen der Kaltumformung. VDI-Berichte Nr. 600.3 (1987) 373.

Voss, H.; Wetter, E.; Nelthöfel, F.: Verschleißverhalten von vergüteten Gesenkstählen. Arch. Eisenhüttenwes. 38 (1967) 379.

Verderber, W.: Werkzeuge für die Warmformgebung. VDI-Berichte Nr. 600.3 (1987) 399.

Wagemann, A: Umformwerkzeuge aus Keramik, In: Mathias Woydt (Hrsg.), Tribologie keramischer Werkstoffe – Grundlagen – Werkstoffneuentwicklungen – Industrielle Anwendungsbeispiele, Kontakt&Studium, Band 605, 2000, ISBN 3-8169-1744-5, Expert Verlag, D-71268 Renningen

Westheide, H.: Einfluss von Oberflächenbeschichtungen auf den Werkzeugverschleiß bei der Massivumformung. IFU-Berichte der Universität Stuttgart, Band Nr. 87. Berlin, Heidelberg, New York, Tokyo: Springer, 1986.

Woska, R.: Einfluss ausgewählter Oberflächenschichten auf das Reib- und Verschleißverhalten beim Tiefziehen. Diss. TH Darmstadt, 1982.

Kapitel 16

Buckley, D. H.: Friction, Wear and Lubrication in Vacuum. NASA Scientific and Technical Publication SP-277. Washington: 1971

De Barros Bouchet, M.I.; Le Mogne, Th.; Martin, J.M.; Vacher, B.: Lubrication of Carbon Coatings with MoS2 Single Sheet Formed by MoDTC and ZDDP Lubricants, Lub. Sci. 18 (2006) 141-149

Donnet, C.; Martin, J.-M.; Le Mogne, Th.; Belin, M.: Super Low Friction of MoS2-Coatings in Various Environments, Tribol. Int. 29 (1996) 123-128

Donnet, C.; Fontaine, J.; Le Mogne, T.; Belin, M.; Héau, C.; Terrat, J.P.; Vaux, F.; Pont, G.: Diamond-like carbon-based funktionally gradient coatings for space tribolgy, Surf. Coat. Technol. 120-121 (1999) 548-554

Dube, M.J.; Bollea, D.; Jones Jr., W.R.; Marchetti, M.; Jansen, M.J.: A New Synthetic Hydrocarbon Liquid Lubricant for Space Applications, Tribol. Lett. 15 (2003), 3-8

Endrino, J.L.; Nainaparampil, J.J.; Krzanowski, J.E.: Microstructure and Vacuum Tribology of TiC-Ag Composite Coatings deposited by Magnetron Sputtering-Pulsed Laser Deposition, Surf. Coat. Technol. 157 (2002) 95-101

Friedrich, K,; Lu, Z.; Häger, A.M.: Overview on polymer composires for friction and wear application, Theor. Appl. Fract. Mech. 19 (1993), 1-11

Fontaine, J,; Donnet, C.; Erdemir, A.: Fundamentals of the Tribology of DLC Coatings, Springer US, 2008

Gamulya, G.D; Dobrovolskaya, G.V.; Lebedeva, I.L.; Yukhno, T.P.: General Reguarities of Wear in Vacuum for Solid Film Lubricants Formulated with Lamellar Materials, Wear 93 (1984), 319-332

Gardos, M.N.: Self-Lubricating Composites for Extreme Environmental Conditions. In Friction and Wear of Polymer Composites (Friedrich, K.), Composites Materials Series, (Pipes, R.B.), Elsevier New York (1986), Vol. 1, 397-447

Gasparotto, M.; Elio, F.; Heinemann, B.; Jaksic, N.; Mendelevitch, B.; Simon-Weidner, J.; Streibl, B.: The WENDELSTEIN 7-X Mechanical Structure Support Elements: Design and Tests, Fusion Engineering and Design 74 (2005) 161-165

Gellman, A.J.; Ko, J.S.: The Current Status of Tribological Surface Science, Tribol. Lett. 10 (2001), 39-44

John, P.J.; Cutler, J.N.; Sanders, J.H.: Tribological Behaviour of a Multialkylated Cyclopentane Oil under Ultrahigh Vacuum Conditions, Tribol. Lett. 9 (2001) 167-173

Johnson, R.L.; Anderson, W.J: Summara of Lubrication Problems in Vacuum Environment, Proc. USAF Aerospace Fluids and Lubricants Conf. 16.-19. 04.1963, San Antonio, USA

Jones, W.R.; Jansen, M.J.:Space Tribology, NASA/TM-2000-209924 (2000)

Jousten, K. (Hrsg.): Wutz Handbuch Vakuumtechnik: Theorie und Praxis, Wiesbaden: Vieweg, 2006

Kellogg, L.G.; Giles, S.: Ultra-High Vacuum and High-Temperature Friction and Self-Welding Facilities, Trans. 9th Nat. Vac. Symp. Am.Vac. Soc, 1962

Kitsunai, H.; Hokkirigawa, K.: Transistions of microscopic wear mode of silicon carbide coatings by chemical vapour deposition during repeated sliding observed in a scanning electron microscope tribosystem, Wear 185 (1995) 9-15

Krzanowski, J.E.; Endrino, J.L.; Nainaparampil, J.J.; Zabinski, J.: Composite Coatings Incorporating Solid Lubricant Phases, J. Mat. Eng. and Perf. 13 (2004) 439-444

Martin, J.M.; Le Mogne, Th.; Boehm, M.; Grossiord, C.: Tribochemistry in the analytical UHV tribometer, Tribol. Int. 32 (1999) 617-626

McFAdden, C.F.; Gellman, A.J.: Recent Progress in Ultrahigh Vacuum Tribometry, Tribol. Lett. 4 (1998), 155-161

Min, S.; Inasaki, I.; Fujimura, S.; Wada, T.; Suda, S.; Wakabayashi, T.: A Study on Tribology in Minimal Quantity Lubrication Cutting, CIRP Annals – Manufacturing Technology 54 (2005), 105-108

Miyoshi, K.: Considerations in vacuum tribology (adhesion, friction, wear, and solid lubrication in vacuum). Tribol. Int. 32 (1999), 605-616

Onate, J.I.; Brizuela, M.; Bausa, M.; Garcia, A.; Braceras, I.: Vacuum Tribology Testing of Alloyed MoS2 Films at VTM Model of TriboLAB, Proc. 10th European Space Mechanisms and Tribology Symposium, 24-26 Sept. 2003, San Sebastian, Spain

Roberts, E.W.: Thin Solid Lubricant Films in Space, Tribol. Int. 23 (1990) 95-104

Rusanov, A.; Fontaine, J.; Martin, J.-M.; Le Mogne, T.; Nevshupa, R.: Gas desorption during friction of amorphous carbonf ilms. J. of Physics: Conf. Series 100 (2008) 082050

Sanders, J. H., Cutler, J. N., Miller, J. A., Zabinski, J. S.: In vacuuo tribological investigations of metal, ceramic and hybrid interfaces for high-speed spacecraft bearing applications. Tribol. Int, 32 (2000), 649-659

Scherge, M.; Li, X.; Schaefer, J.A.: The Effect of Water on Friction of MEMS, Tribol. Lett. 6 (1999), 215-220

Sun, X.J.; Li, J.G.: Tribological Characterisation of Electrodeposited Nickel-Titania Nanocomposite Coatings Sliding Against Silicon Nitride in High Vacuum, Surf. Eng. 24 (2008) 236-239

Suzuki, A.; Shinka, Y.; Masuko, M.: Tribological Characteristics of Imidazolium-based Room Temperature Ionic Liquids under High Vacuum, Tribol. Lett. 27 (2007) 307-313

Takano, A.: Tribology-related space mechanism anomalies and the newly construc-ted high-vacuum mechanism test facilities in NASDA. TRIBOL INT, Bd. 32 (1999), S. 661-671

Theiler, G.; Gradt, Th.: Tribological Behaviour of PEEK Composites in Vacuum Environment. Proc. 12th European Space Mechanisms and Tribology Symposium (ESMATS 2007), Liverpool, UK, 2007

Theiler, G.; Gradt, Th.; Banova, Z.; Schlarb, A.K.: PEEK-Komposite für Reibsysteme in der Vakuumtechnik, Tribologie u. Schmierungstechnik 55 (5/2008), 25-30

Van Rensselar, J.: Aerospace Lubricants: Solid is essential in every sense, Tribology & Lubrication Technology, 3 2009, 42-52

Zum Gahr, K.-H.: Microstructure an Wear of Materials,. Amsterdam: Elsevier, 1987

Kapitel 17

Attoos, K.; Clair, D; Poncet, A.; Savary, F, Veness, R.: The Measurement of Friction Coefficient down to 1.8 K for LHC Magnets, Cryogenics 34 (1994) 689-692

Bozet, J.-L.: Modelling of Friction and Wear for Designing Cryogenic Valves, Tribol. Int. 34 (2001), 207-215

Bozet, J.-L.: Type of Wear for the Pair Ti6Al4V/PCTFE in Ambient Air and Liquid Nitrogen, Wear 162-164 (1993), 1025-1028

Brydson, J.A.: The Glass Transition, Melting Point and structure, in Jenkins, D.D. (ed.): Polymer Science, A material science handbook, Amsterdam, London: North-Holland Publ. Comp. (1972), Chapter 3

Burris, D.L.: Investigation of the Tribological Behavior of Polytetrafluoroethylene at Cryogenic Temperatures, STLE Tribol. Trans. 51 (2008), 92-100

Burton, J.C.; Taborek, P.; Rutledge, J.E.: Temperature Dependence of Friction under Cryogenic Conditions in Vacuum, Tribol. Lett. 23 (2006), 131-137

Donnet, C.; Martin, J.-M.; Le Mogne, Th.; Belin, M.: How to Reduce Friction in the Millirange by Solid Lubrication, Proc. Int. Tribol. Conf., Yokohama, 1995, 1135-1158

Donnet, C.; Martin, J.-M.; Le Mogne, Th.; Belin, M.: Super Low Friction of MoS_2-Coatings in Various Environments, Tribol. Int. 29 (1996) 123-128

Frey, H.; Eder, F.-X.: Tieftemperaturtechnologie, VDI-Verlag, Düsseldorf, 1981

Friedrich, K.; Theiler, G.; Klein, P.: Polymer Composites for Tribological Applications in a Range between Liquid Helium and Room Temperature, in Sinha, S.K.; Briscoe, B.J. (ed.) Polymer Tribology, Imperial College Press, London, 2009

Gardos, M.N.: Self-Lubricating Composites for Extreme Environmental Conditions. In Friction and Wear of Polymer Composites (Friedrich, K.), Composites Materials Series, (Pipes, R.B.), Elsevier New York (1986), Vol. 1, 397-447

Gasparotto, M.; Elio, F.; Heinemann, B.; Jaksic, N.; Mendelevitch, B.; Simon-Weidner, J.; Streibl, B.: The WENDELSTEIN 7-X Mechanical Structure Support Elements: Design and Tests, Fusion Engineering and Design 74 (2005) 161-165

Gläeser, W.A.; Kissel, J.W.; Snediker, D.K.: Wear mechanisms of polymers at cryogenic temperatures. Polymer Sci. & Technol.. 5B (1974) 651-662

Gradt, Th.; Börner, H.; Hübner, W.: Low Temperature Tribology at the Federal Institute for Materials Research and Testing (BAM). 9th European Space Mechanisms and Tribology Symposium. Liège, 19.-21.Sept. 2001, S.317-320

Gradt, T.; Börner, H.; Schneider, T.: Low Temperature Tribometers and the Behaviour of ADLC Coatings in Cryogenic Environment, Tribol. Int. 34 (2001), 225-230

Gradt, T.; Hübner, W.; Ostrovskaya, Ye.: Tribologisches Verhalten von Gleitlacken für kryogene Anwendungen. Tribologie u. Schmierungstechnik, 51, 6/2004, 37-40

Gradt Th.; Assmus K.: Tribological Behaviour of Solid Lubricants at Low Temperatures Proc.21st Internationonal Cryogenic Engineering Conference (ICEC 21) Prague, Czech. Rep., 17-21 July 2006, ICARIS Publishing House, Prague, Czech Rep., 173-176

Gradt, Th.; Aßmus, K.; Börner, H.; Schneider, Th.: Apparatus for Friction Tests of Support Elements in Fusion Devices, Journal of Physics: Conference Series 100 (2008) 062032

Hou, Y.; Zhu, Z.H.; Chen, C.Z.: Comparative Test on two Kinds of New Compliant Foil Bearings for Small Cryogenic Turbo-Expander, Cryogenics 44 (2004) 69-72

Hübner, W.; Gradt, T.; Schneider, T., Börner, H.: Tribological Behaviour of Materials at Cryogenic Temperatures. Wear 216 (1998), 150-159

Hübner, W.: Phase Transformations in Austenitic Stainless Steel During Low Temperature Tribological Stressing, Tribol. Int. 34 (2001) 231-236

Hübner, W.; Gradt, T.; Assmus, K.; Pyzalla, A.; Pinto, H.; Stuke, S.: Hydrogen Absorption by Steels during Friction. Hydrogen and Fuel Cells 2003 Conference and Trade Show, Vancouver, Canada, June 8-11, 2003, Proceedings (CD)

Kragelsky, I.V.: Friction at low temperatures, Friction Wear Lubrication - Tribology Handbook, Pergamon, 75-91, 1981

Kuleba, V.I.; Ostrovskaya, Ye.L.; Pustovalov, V.V.: Effect of Superconducting Transition on Tribological Properties of Materials, Tribol. Int. 34 (2001) 237-246

Moulder, J.C.; Hust, J.G.: Compatibility of Materials with Cryogens, in Materials at Low Temperatures, ed. P. Reed and A.F. Clark, American Soc. for Metals, USA, 1983

Ostrovskaya, Ye.,L.; Strelnitskij, V.E..; Kuleba, V.I Gamulya, G.D.: Friction and Wear Behavior of Hard and Superhard Coatings at Cryogenic Temperatures, Tribol. Int. 34 (2001) 255-263

Popov, V.L.: Electronic and Phononic Friction of Solids at Low Temperatures, Tribol. Int. 34 (2001) 277-286

Popov, V.L.: Superslipperiness at Low Temperatures: Quantum Mechanical Aspects of Solid State Friction, Phys. Rev. Lett. 83 (1999), 1632-1635

Quillien, M.; Gras, R.; Collongeat, Kachler, Th.: A Testing Device for Rolling-Sliding Behavior in Harsh Environments: The Twin-Disk Cryotribometer, Tribol. Int. 34 (2001) 287-292

Read, D.T.: Mechanical Properties, in Materials at Low Temperatures, ed. P. Reed and A.F. Clark, American Soc. for Metals, USA, 1983

Roberts, E.W.: Thin Solid Lubricant Films in Space, Tribol. Int. 23 (1990) 95-104

Sherbiney, M.A.; Hallin, J., Friction and Wear of Ion-Plated soft Metallic Films, Wear 45 (1977) 211-220

Subramonian, B.; Kato, K.; Adachi, K.; Basu, B.: Experimental Evaluation of Friction and Wear Properties of Solid Lubricant Coatings on SUS440C Steel in Liquid Nitrogen, Tribol. Lett. 20 (2005), 263-272

Subramonian, B.; Basu, B.: Development of a High-Speed Cryogenic Tribometer: Design Cocept and Experimental Results, Mat. Sci. Eng. A 1-2 (2006) 72-79

Tanaka, K.: Effects of Various Fillers on the Friction and Wear of PTFE-Based Composites, in K. Friedrich (ed.): Friczrion and Wear of Polymer Composites, Composite Materials Series 1, Elsevier, Amsterdam (1986), 137-174

Theiler, G.; Hübner, W.; Gradt, T.; Klein, P.: Friction and Wear of Carbon Fibre Filled Polymer Composites at Room and Low Temperatures, Materialwissenschaft und Werkstofftechnik 35 (2004) 10/11, 683-689

Theiler, G.; Hübner, W.; Klein, P.; Friedrich, K.: Tribologisches Verhalten der Werkstoffpaarung Verbundwerkstoff/Stahl bei tiefen Temperaturen. Tribologie u. Schmierungstechnik 52 (2005) 20-25

Theiler G.; Gradt T.: Polymer Composites for Tribological Applications in Hydrogen Environment. 2. International Conference on Hydrogen Safety, San Sebastian, 11-13 Sept. 2007

Yukhno, T.P.; Vvedenskij, Yu.V.; Sentyurikhina, L.N.: Low temperature investigations on frictional behaviour and wear resistance of solid lubricant coatings. Tribol. Int.. 34 (2001), 293-298

Zinenko, S.A.; Silin, A.A.: The effect of Abnormal Superconductor Friction, Wear 140 (1990), 39-47

Kapitel 18

Berger, L.-M., S. Saaro und M. Woydt: Reib-/Gleitverschleiß von thermisch gespritzten Hartmeallschichten Jahrbuch Oberflächentechnik 2007, Band 63, Herausgeber: R. Suchentrunk.Bad Saulgau: Eugen G. Leuze Verlag, 2007, S. 242-267 (ISBN 978-3-87480-234-5)

Berns, H. and A. Fischer: Tribological stability of metallic materials at elevated temperatures. WEAR 162-164 (1993) 441-449

Buckley, D.H.: Friction characteristics in vacuum of single and polycrystalline aluminium oxide in contact with themselves and with various metals, ASLE Transactions 10, (1967)134-145

Crook, P.: The development of a series of wear resistant materials with properties akin to those of the cobalt-chromium alloys, Proc. Int. Conf. Wear of Materials, 1981, Vol. I, p. 202-209

Gienau, M., N. Kelling, N. Köhler and M. Woydt: Ultra-Hightemperature-Tribometer up to 1600 °C. Ceramic Engineering and Science Proceedings, 2004, Vol. 25, issue 4, p. 333-339, ISBN 0196-6219

Havstad, P.H., I.J. Garwin and W.R. Wade, A ceramic insert uncooled diesel engine, SAE 860447

Hong, H., R.F. Hochman and T.F.J. Quinn: A new approach to the oxidational theory of mild wear, STLE Transactions, 31/1 (1987) 71-75

Inman, I.A., S.R. Rose and P.K. Datta: Studies of high temperature sliding wear of metallic dissimilar interfaces II: Incoloy MA956 versus Stellite 6. Tribology International 39 (2006) 1361-1375

Klaffke, D., T. Carstens and A. Bernerji: Influence of grain refinement on the high temperature fretting behaviour of IN 738 LC. WEAR, Vol. 160 (1993,) 361-366

Magnéli, A.: Structures of the ReO3-type with recurrent dislocations of atoms: „Homologous series" of molybdenum and tungsten oxides, Acta Crystallographica, 6, (1953) 495-500

Mörgenthaler, K.D.: Keramikteile im Motorenbau, Anforderungen und Eigenschaften. In: mechanische Eigenschaften keramischer Konstruktionswerkstoffe, DGM Informationsgesellschaft, 1993, ISBN 3-88355-194-5, p. 17-28

Scott, F.H.: The influence of oxidation on the wear of metals and alloys. New Directions in Tribology: Plenary and invited papers presented at the First World Tribology Congress, London, UK, 08.-12. September 1997, Editor: I.M. Hutchings, ISBN 1-86058-099-8, pp.

Semenov, A.P: Tribology at high temperatures Tribology International, 28/1 (1995) 45-49.

Sliney, H.E.: Solid lubricant materials for high temperatures – a review. Tribology International, October 1982, p. 303-315

Skopp, A. and M. Woydt: Ceramic-ceramic composite materials with improved friction and wear properties. Tribology International, 25/11 (1992) 61-70

Spaltmann D., M. Hartelt and M. Woydt: Triboactive Materials for Dry Reciprocating Sliding Motion at Ultrahigh-Frequency. WEAR 266/1-2 (2009) 67-174

Thoma. M.: High wear resistance at high temperatures by Co+Cr2O3 electrodeposited composite coating. WEAR, 162-164 (1993) 1045-1047

Tkachenko, Y. G., V.N. Klimenko, I.N. Gorbatov, V.A. Maslyuk and D.Z. Yurchenko: Friction and wear of chromium carbide nickel alloys at high temperatures of 20–1.000 °C. Soviet Powder Metallurgy and Metal Ceramics, 17/11 (1978) 864-867

Woydt, M.: Tribological characteristics of polycrystalline titaniumdioxides with planar defects. Tribology Letters, 2000, Vol. 8, No. 2-3, Special issue „Lubricious Oxides", p. 117-130

Woydt, M. , K.-H. Habig: High temperature tribology of ceramics. Tribology International, 22/22 (1989) 75-88

Woydt, M., J. Kadoori, H. Hausner und K.-H. Habig: Unlubricated tribological behaviour of various zirconia based ceramics.. J. of European Ceramic Society 7/4 (1991) 123-130

Woydt, M., A. Skopp, I. Dörfel and K. Witke: Wear engineering oxides/Anti-wear oxides. Wear 218/1 (1998) 84-95

Yarim, R. M. Woydt und R- Wäsche: Gleitverschleißverhalten von SiC-TiC-TiB2-Verbundwerkstoffen bis 800 °C und 4 m/s. Tribologie&Schmierungstechnik, 50/2 (2003) 5-15

Kapitel 19

Czichos, H.; Feinle, P.: Tribologisches Verhalten von thermoplastischen, gefüllten und glasfaserverstärkten Kunststoffen – Kontaktdeformation, Reibung und Verschleiß, Oberflächenuntersuchungen. Berlin: BAM-Forschungsbericht Nr. 83, Juli 1982.

Czichos, H. (Federführender Autor): Reibung und Verschleiß von Werkstoffen, Bauteilen und Konstruktionen. Grafenau: Expert-Verlag, 1982.

Czichos, H.: Werkstoffe, in: HÜTTE – Die Grundlagen der Ingenieurwissenschaften (Czichos, H., Herausgeber). Berlin: Springer, 1991.

Erhard, G.; Strickle, H.: Maschinenelemente aus thermoplastischen Kunststoffen. Düsseldorf: VDI-Verlag, 1974.

Kapitel 20

Allianz: Handbuch der Schadensverhütung. München (1984).
DIN 3979
Zahnschäden an Zahnradgetrieben; Bezeichnung, Merkmale, Ursachen. Berlin: Beuth Verlag, 1979.
DIN 31 661
Gleitlager; Begriffe, Merkmale, Ursachen von Veränderungen und Schäden. Berlin: Beuth Verlag, 1983.
Segieth, C.: Verschleißuntersuchungen an Raupenlaufwerken von Baumaschinen. Fortschrittberichte VDI, Reihe 1, Nr. 192. Düsseldorf: VDI-Verlag, 1990.
Sick, H.: Die Erosionsbeständigkeit von Kupferwerkstoffen gegenüber strömendem Wasser. Werkstoffe Korrosion 23 (1972) 12.
VDI-Richtlinie 3822
Schadensanalyse; Schäden durch tribologische Beanspruchung. Düsseldorf: VDI-Verlag, Entwurf Blatt 5.1 (1984); Entwurf Blatt 5.2 (1989).

Kapitel 21

Buckley, D. H.: Surface effects in adhesion, friction, wear and lubrication. Amsterdam: Elsevier, 1981, p. 389, 322.
Feynman, R. P.; Leighton, R. B.; Sands, M.: The Feynman Lectures on Physics. Reading: Addison-Wesley, 1963. (Dt. Übersetzung, Band 1, Oldenburg-Verlag München, 2007)

Kapitel 22

Bray, D. E. and Stanley, R. K., 1997, *Nondestructive Evaluation: a Tool in Design, Manufacturing and Service*, CRC Press, Boca Raton, FL.
Eisenmann, Sr., R. C. and Eisenmann, Jr., R. C., 1998, *Machinery Malfunction Diagnosis and Correction,* Prentice Hall, Upper Saddle River, NJ.
Harris, T. A., 2000, *Rolling Bearing Analysis*, 4th Edition, Wiley-Interscience, New York.
Hines, W. W. and Montgomery, D. C., 1990, *Probability and Statistics in Engineering and Management Science*, 3rd Edition, John Wiley & Sons, New York.
Hunt, T., 1996, *Condition Monitoring of Mechanical and Hydraulic Plant: a Concise Introduction and Guide*, Chapman & Hall, New York.
Kosko, B., 1992, *Neural Networks and Fuzzy Systems: a Dynamical Systems Approach to Machine Intelligence,* Prentice Hall, Englewood Cliffs, NJ.
Moran, G. C. and Labine, P., eds., 1986, *Corrosion Monitoring in Industrial Plants using Nondestructive Testing and Electrochemical Methods*, ASTM, Philadelphia, PA.
Newland, D. E., 1993, *An Introduction to Random Vibrations, Spectral and Wavelet Analysis*, John Wiley & Sons, New York.
Omega Engineering, Inc., 2008, *Flow, Level and Environmental Handbook*, Stamford, CT.
Omega Engineering, Inc., 1998, *Temperature Handbook*, Stamford, CT.
Rao, B. K. N., ed., 1996, *Handbook of Condition Monitoring*, First Edition, Elsevier Science Ltd., Oxford, UK.
Smith, A. M., 1993, *Reliability-Centered Maintenance*, McGraw Hill, New York.
Smith, J. D., 1983, *Gears and their Vibration: A Basic Approach to Understanding Gear Noise,* Mercel-Dekker, New York.
Tavner, P. J. and Penman, J., 1987, *Condition Monitoring of Electrical Machines*, John Wiley & Sons, New York.
Totten, George G., 2000, *Handbook of Hydraulic Fluid Power Technology*, Marcel-Dekker, New York

Sachwortverzeichnis